前沿生命的启迪

乔中东　贺　林　主编

科学出版社

北　京

内 容 简 介

本书的撰写集结了上海交通大学生命科学技术学院、Bio-X研究院、医学院、系统生物医学研究院、药学院、农业与生物学院和生物医学工程学院的几十位著名学者，包括两院院士、中组部“千人计划”入选者、教育部“长江学者”等，他们将自己近年来的研究成果和心得汇集成本书。全书分为五部分：新理论和新探索、新方法、现代生物技术在医学领域中的应用、新药研发、现代生物技术在农业中的应用，具体包括38篇主题文章。

本书适合生命科学相关专业的硕士、博士研究生阅读参考，对于从事生命科学研究的学者也有很好的借鉴作用。

图书在版编目(CIP)数据

前沿生命的启迪 / 乔中东，贺林主编. — 北京：科学出版社. 2016. 9

ISBN 978-7-03-049733-8

Ⅰ. ①前… Ⅱ. ①乔… ②贺… Ⅲ. ①生物学 - 文集 Ⅳ. ① Q-53

中国版本图书馆CIP数据核字（2016）第206695号

责任编辑：王海光 / 责任校对：郑金红　赵桂芬

责任印制：吴兆东 / 封面设计：北京图阅盛世文化传媒有限公司

科学出版社出版

北京东黄城根北街16号

邮政编码：100717

http://www.sciencep.com

北京虎彩文化传播有限公司印刷

科学出版社发行　各地新华书店经销

*

2016年9月第　一　版　开本：787×1092　1/16

2023年1月第三次印刷　印张：41

字数：932 000

定价：198.00元

（如有印装质量问题，我社负责调换）

《前沿生命的启迪》
编委会

主　编： 乔中东　贺　林

编　者：（按姓氏拼音排序）

白　云　曹成喜　储锡霞　戴　昊　邓子新　丁新保　高　波
高艳霞　巩芷娟　郭书娟　郭晓莉　韩泽广　贺　光　贺　林
黄　钢　蹇华哗　姜宗来　康前进　李　伟　李　阳　李　瑶
李卫东　李文锦　李志强　连红莉　梁　波　梁晶丹　刘诚喜
马　钢　马晴雯　马小京　潘琪芳　彭华松　乔之光　乔中东
秦胜营　邵　菁　申　剑　师咏勇　孙　涛　孙俊峰　唐克轩
陶生策　童善保　汪志军　王　戬　王　兰　王　磊　王莲芸
王升跃　王一飞　王朝霞　魏冬青　吴　更　吴　际　吴　茜
吴　强　肖　湘　辛　玫　徐汪节　宣黎明　颜景斌　杨洪全
杨立桃　殷　明　曾凡一　曾溢滔　张　伟　张　旭　张大兵
张美幸　张雪洪　张永红　赵　藜　赵立平　赵全菊　郑华军
周　培　周　伟　周　颖

秘　书：（按姓氏拼音排序）

王朝霞　吴　茜　张美幸

编写者单位： 上海交通大学生命科学技术学院
上海交通大学 Bio-X 研究院
上海功能性调味品工程技术研究中心
上海浦东解码生命科学研究院
上海交通大学医学院
上海交通大学系统生物医学研究院
上海交通大学农业与生物学院
上海交通大学医学遗传研究所
上海交通大学附属儿童医院
上海交通大学生物医学工程学院
上海交通大学药学院
国家人类基因组南方研究中心
上海交通大学脑科学与技术研究中心

序

近年来，随着生物技术的发展，生命科学研究进入了一个崭新的时代。大规模测序技术、各种新型的基因打靶技术日新月异，海量的基因组学数据，让我们可以从单基因水平研究生物多样性，也可以从整体水平观察环境及遗传因素对个体的影响。这种以现代生物技术为导向的革命，推动着生命科学研究的进程，也加速了医学和农业科学的发展。而精准医学口号就是在这种背景下产生的。

最近10多年来，上海交通大学在生命科学领域的研究取得了长足的进步，在很多领域里受到了国内外同行的关注。由乔中东教授和贺林院士主持编写的《前沿生命的启迪》正是汇集了上海交通大学近年来在生命科学研究领域中的成果。读完这本书，我有以下几个感受。

1. 该书的作者，聚集了两院院士、中组部“千人计划”入选者、教育部“长江学者”、国家自然科学基金委“杰青基金”获得者等一大批最优秀的学者，以及他们的最新研究成果，代表了上海交通大学在生命科学研究领域的水平。

2. 书中的内容既有诸如新医学等概念和对未来医学发展的展望，也有新的生物技术在医学、农业科学和微生物研究中的应用及进展，还包括了生命伦理学、转基因植物检测等大家关心的问题。

3. 该书系统地反映了生命科学 / 医学各领域的方方面面，各章节的内容是各位作者科研工作的心得和体会，自成一体，因此，读者可以根据自己的偏好和需要分开阅读。

由于该书内容的前沿性和科学性，我深信读者一定会从中得到很好的借鉴与参考。衷心期望该书能受到广大读者朋友的喜欢，促进我国生命科学研究和生物技术的发展。

林其谁

2016年3月18日于上海

前　　言

伴随着季节变换，一阵阵秋风袭来，让原本郁郁葱葱的绿叶呈现出或黄或红的斑斓。跟着秋风，树叶缓缓飘下，仿佛不愿离开养育它的枝头。踏着秋天的步伐，我们漫步在上海交通大学校园的林荫道上，试图寻找两片完全一模一样的树叶（图 1）。其实我们都知道，同一棵树的树叶，它们的基因组是一样的，但因为环境因素对它们的发育造成了不同的影响，所以不会有两片一模一样的树叶。尽管每每失望，但大家仍乐此不疲。挂在银杏枝头的簇簇白果，预示着收获，也预示着新的生命。

图 1　上海交通大学闵行校区秋天一瞥

每年在这收获的季节里，我们都会夹着教材，带着课件走进教室，和上海交通大学的博士研究生探讨生命的奥秘。学生们很好学，也很聪明。他们一直都在追问我们每位老师：什么是生命？如何从生命的角度诠释人类？我们从哪里来？从遗传物质的角度看，我们和其他生物有什么联系？等等。诸如此类的问题接踵而来。我们这些大半辈子研究生命的教师也不得不小心应对，生怕一个不小心让学生问得下不了台。

从哲学的角度，我们可以说，所谓生命就是一个从开始到存续再到结束的循环过程，在这个循环过程中，循环的个体不断延续。但是从生物学的角度，大家约定俗成的概念就是所有的有机生命都是生命。我们不难区分什么东西是有生命的，什么东西是没有生命的。但如何给生命下一个科学的定义让我们很为难。恩格斯基于 19 世纪生物学的发展，在《反杜林论》中给生命下了这样一个定义：生命是蛋白体的存在形式。这个存在形式的基本因素在于和它周围外部自然界不断地进行新陈代谢，而且这种新陈代谢一旦停止，生命就随之停止，结果便是蛋白质的分解。虽然囿于科学研究的限制，恩格斯还不知道生命的复制过程中最重要的物质是核酸。但他用一个所谓的蛋白体给后人留下了遐想的空间，也将杜林所说的生命是存在于细胞之上的概念进行了修正。假如把生命定义为细胞结构之上的活动，就难以解释生命的起源问题，也很难解释生命从无机到有机这个渐变过程。他用蛋白体这个假设性的概念，就将生物体内的各种生命活动定义为各种化学反应，是一种高级的可以与外部环境进行不断的交换，并进行新陈代谢的过程。

今天，我们站在巨人的肩膀上，面对着人类基因组计划完成后的海量数据，尝试着从现代生物学的角度去诠释生命：生命就是由携带遗传信息的核酸，通过 RNA 和蛋白质体现这些遗传信息的功能，并通过这些物质的不断繁衍往复，循环着生命的过程。在这个生命体系中，有机物充当了生命的载体，使之有别于其他可以循环或可以进行新陈代谢的非生命的过程。

面对学生渴望的眼神，我们对他们说：我们授课的目的不是为了帮助你们获得上海交通大学的毕业文凭，也不是为了你们有个更好的前程，而是想让你们跟随我们，在所展示的前沿生命中得到启迪，以期达到以现代生物学的视野观察大自然的美妙，用现代生物学的方法，让世界变得更加缤纷，让我们的生活更加美好！让大家在获得知识的同时，获得快乐与满足！

每一位讲课的教授，无不从最浅显的故事开始，讲述着发生在自己身边的故事，让大家知道了我们自己体内的微生物可以影响我们的身体健康，海洋微生物除了增加世界的美妙，还可以让我们观察生命从海洋起源到智慧人类的历程。教授们通过授课还启发大家，是否可以通过努力，把我们的生命线拉得更长，让我们的晚年更加健康，生活更加美好（图 2）。

本书共 5 篇 38 章，分别邀请了上海交通大学生命科学技术学院、Bio-X 研究院、医学院、药学院、农业与生物学院、生物医学工程学院及系统生物医学研究院的中国科学院院士、中国工程院院士、“千人计划”讲席教授、“长江学者”特聘教授等著名学者参与编

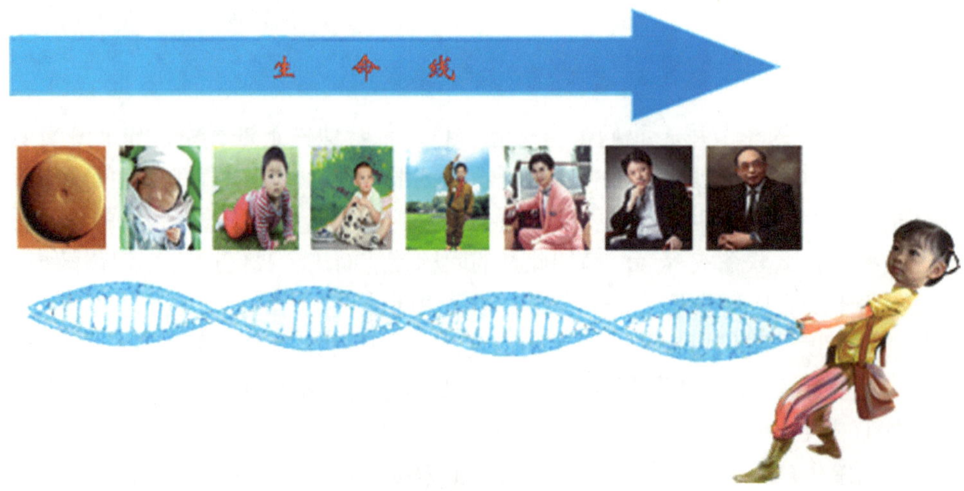

图 2　基因技术的发展必将延长人类的寿命

写。第一篇是新理论和新探索，包括基因（组）与人生，医学科学走向何方？——反思与展望，医学是科学常青树上永不成熟的果实，细菌DNA骨架上的磷硫酰化修饰，生命伦理学思考，深海微生物，血管力学生物学研究进展，吸烟对心血管系统和男性生殖影响的分子机制，精神分裂症的研究现状，肠炎的遗传学、免疫学和微生物学研究进展，肿瘤生物学，新医学——解决人类健康的真正钥匙等12个章节。第二篇为新方法，包括新一代测序技术与基因组学研究，蛋白质芯片及在生命科学中的应用，自由流电泳技术与生物应用，神经工程概论及进展，核医学分子影像在肿瘤诊疗中的应用，Hedgehog信号转导通路中的重要蛋白Sufu的晶体结构研究及Sufu-Gli1复合物的晶体结构研究，精神疾病动物模型研究进展等7个章节。第三篇是现代生物技术在医学领域中的应用，包括遗传病基因诊断技术的发展与现状，全基因组关联分析在复杂疾病遗传机制研究的应用，高通量测序技术的临床应用，精准医学与个体化医学，生殖干细胞研究进展，干细胞宫内移植动物模型，A1型短指/趾症的研究，从人类基因组到大脑发育：原钙黏蛋白在脑发育中的调控与功能研究，microRNA与神经发育和神经系统疾病，基因工程是实现人类梦想的新途径等10个章节。第四篇为新药研发，包括生物信息与药物创新，新药研发过程、面临的挑战及其思考，以肠道菌群为靶点防治代谢综合征的研究：膳食、肠道菌群与代谢综合征，微生物药物：从筛选到合成生物学，微生物药物的高产工程菌株构建与发酵优化等5个章节。最后一篇是现代生物技术在农业中的应用，包括植物光信号转导，转基因植物与植物代谢，转基因植物安全评价与检测，农业生态环境的安全与控制等4个章节。从各章节目录中可以看出，本书无论是新医学等概念，还是最先进的DNA大规模测序技术；无论是DNA的硫修饰，还是合成生物学；无论是医学，还是微生物学等，都较好地体现了上海交通大学生命科学领域的研究水平，并体现了上海交通大学在生命科学研究领域诸多方面的领先地位。

本书中虽然不能给大家提供一个更确切的有关生命的定义，但通过展示生命科学的重大发现，阐述了生命科学的基本原理。我们深信，只有掌握了坚实的生命科学知识，才能理解生命科学的最新进展和实际应用价值。只有掌握了更广、更深的生命科学基本知识，才能将日益增加的生物学知识融会贯通，并站在更高的角度去理解、去运用所学到的知识，展现出交叉学科研究的巨大优势。

由于生命科学是一门实验科学，因此，我们通过展示生命科学的科学概念，从观察和验证的发展历程，阐述生命科学的进程。每位老师都会阐明他们是如何提出假说，并通过实验来验证科学原理的。我们更相信，科学就是一个观察、验证和发现的渐进过程。

由于同学们对发生在自己身上的生物学现象更感兴趣，因此他们能更容易用人类生物学的例子理解复杂的生命现象和概念。进而，可以运用人类生物学的实例来尽可能清晰地阐述生命科学原理。在课堂教学中，我们还会将人类基因组计划、克隆人、基因诊断、基因修改和基因治疗等最新的进展介绍给大家。也会告诉大家在转基因植物、DNA指纹、基因工程、克隆、干细胞等研究中面临的社会、法律和伦理学的争论。我们坚信，通过和大家一起讨论这些内容，同学们会掌握更多、更深入的综合知识体系。

由于生命科学的发展总是在解决各种生物学问题中前进，因此在介绍各自的研究进展时，我们特别注重将自己的研究是如何设计、实验是如何实施、结论是如何得出等一整套的过程详细告诉大家。尽管各自的内容是独立的，但综合起来就是生命科学研究的基础和进展，以及对未来的展望。通过课程的完整讲述，我们将会带给大家一个有关生命科学关键概念发展过程中观察和验证的相互逻辑关系。在教学过程中，我还要求学生自己总结每一章的重点内容、分析其逻辑关系、提出各章的名词解释，以掌握基本的内容。我们更期望学生在课后，利用自己的实验室，从事与生命科学有关的研究，特别是用电子信息、纳米技术、机械工程等原理和方法解决生物学问题。这其实也是我们开设“生命科学引论”这门课最主要的目的。

秋风催，菊花黄，硕果更显香。本书近百万字，凝聚了三十几位著名教授和他们的助手及学生的心血。本书编辑的初期，王朝霞副教授做了很多统筹工作，之后博士研究生张美幸做了大量的文章整理编排工作，吴茜老师进行了大量联系和协调工作，博士研究生张东在图片处理中也付出了辛勤劳动。更让我们感动的是，林其谁院士欣然作序，更加客观地反映了这本书本身的价值。上海交通大学教务处、上海功能性调味品工程技术研究中心和上海浦东解码生命科学研究院给予了经费资助，使得本书能及时完成。在此我们对他们的辛勤付出表示由衷的感谢，并期望通过本书的出版，能够体现上海交通大学在生命科学研究领域的引领现状，并为促进读者理解生命科学、对生命科学产生兴趣起到积极作用。

乔中东　贺　林

2015 年 11 月 12 日于思源湖畔

目　　录

序
前言

第一篇　新理论和新探索

1　基因（组）与人生 …… 2
　1.1　基因学和基因组学的核心作用 …… 2
　1.2　人类基因组计划 …… 4
　1.3　基因组学的应用（转化医学及转化知识） …… 6
　　1.3.1　疾病与“掌握在自己手中”的疾病 …… 6
　　1.3.2　解决这些问题的关键 …… 8
2　医学科学走向何方？——反思与展望 …… 10
　2.1　中国面临的挑战和机遇 …… 10
　2.2　打破有关美国健康与医疗卫生服务的三个“神话” …… 12
　2.3　21 世纪的医学科学展望 …… 14
　　2.3.1　高举人的医学旗帜 …… 14
　　2.3.2　医学科学的第三次革命 …… 17
　　2.3.3　促进学科交叉和转化医学研究 …… 20
　2.4　大力倡导整合医学与公众参与式医学 …… 20
　主要参考文献及建议进一步阅读的书目 …… 23
3　医学是科学常青树上永不成熟的果实 …… 26
　3.1　医学研究的基本范畴 …… 26
　　3.1.1　生命 …… 27
　　3.1.2　健康 …… 27
　　3.1.3　疾病 …… 28
　　3.1.4　衰老 …… 29
　　3.1.5　死亡 …… 30
　3.2　中西医发展的比较 …… 30
　　3.2.1　比较中西医特点 …… 31
　　3.2.2　经络与针灸对人类健康的贡献 …… 31
　　3.2.3　中西医融合研究结硕果 …… 37
　3.3　现代医学研究的重大突破 …… 38
　　3.3.1　辅助生殖技术的发明解决不孕不育问题 …… 38

3.3.2 接种疫苗控制传染病流行 ……38
3.3.3 显微外科技术的发明促进了器官移植和断肢再植 ……39
3.3.4 先进技术在临床医学中广泛应用 ……40
3.4 攻破医学难题又遇新挑战 ……42
3.4.1 新发现的传染病 ……42
3.4.2 恶性肿瘤 ……44
3.4.3 疾病谱和死亡谱发生变化 ……45
3.5 展望未来医学发展的方向 ……46
3.5.1 以人为本，强化个性化和精准医学治疗 ……46
3.5.2 我国人口老龄化与慢性病的防治 ……46
3.5.3 遗传病和罕见病的基因疗法 ……47
3.5.4 脑科学与认知神经科学 ……47
3.5.5 多学科交叉研究，促进转化医学 ……47
参考文献 ……48
4 细菌 DNA 骨架上的磷硫酰化修饰 ……50
4.1 DNA 异常修饰现象的发现 ……50
4.1.1 DNA 异常修饰的琼脂糖凝胶电泳表型 ……50
4.1.2 DNA 异常修饰的脉冲场凝胶电泳表型 ……51
4.2 DNA 硫修饰的论证和结构解析 ……52
4.2.1 DNA 硫修饰的遗传学证据 ……52
4.2.2 同位素示踪 DNA 硫修饰 ……53
4.2.3 DNA 硫修饰的结构 ……53
4.3 DNA 上修饰的序列特征 ……55
4.3.1 DNA 硫修饰位点保守性 ……55
4.3.2 DNA 硫修饰序列保守性 ……56
4.3.3 基因组全谱测序 DNA 硫修饰位点 ……57
4.4 DNA 硫修饰的鉴定方法 ……58
4.4.1 普通琼脂糖和脉冲场凝胶电泳检测 Dnd 表型 ……58
4.4.2 过氧乙酸（PAA）方法鉴定 DNA 的 Dnd 表型 ……59
4.4.3 HPLC-MS 检测 Dnd 二核苷 ……60
4.4.4 单分子实时测序 ……60
4.4.5 碘切割依赖的深度测序检测硫修饰位点 ……60
4.5 DNA 硫修饰的化学性质 ……62
4.5.1 早期对异常修饰 DNA 的化学性质的研究 ……62
4.5.2 硫修饰 DNA 与烷基化试剂的反应机制 ……62
4.5.3 硫修饰 DNA 氧化还原的化学机理 ……63
4.6 DNA 硫修饰的生物学意义 ……64
4.6.1 硫修饰与限制系统 ……64
4.6.2 识别和切割 DNA 硫修饰的限制系统 ……64

4.6.3 DNA 硫修饰的抗逆属性 ······65
4.7 硫修饰 DNA 基因簇的广泛性和可移动性 ······66
4.8 硫修饰相关蛋白的生物化学初步探究 ······68
4.9 DNA 硫修饰待解问题和展望 ······69
参考文献 ······69
5 生命伦理学思考 ······72
5.1 生命伦理学的兴起与发展 ······72
5.1.1 希特勒借“优生学”实施种族大屠杀 ······72
5.1.2 原子弹和“普格瓦什运动” ······73
5.1.3 基因重组和“伯格会议” ······73
5.1.4 撤销生命维持系统和伦理委员会成立 ······73
5.1.5 人类基因组计划与伦理法律研究 ······74
5.2 生命科学技术发展引发的伦理之争 ······74
5.2.1 基因研究与伦理 ······75
5.2.2 克隆技术和干细胞研究与伦理 ······78
5.3 辅助生殖技术发明诱发的伦理和社会问题 ······82
5.3.1 什么是辅助生殖技术 ······82
5.3.2 辅助生殖引发的伦理和社会问题 ······83
参考文献 ······87
6 深海微生物 ······89
6.1 深海与深海生态系统 ······89
6.2 深海微生物多样性 ······90
6.2.1 深海海水 ······90
6.2.2 深海沉积物 ······91
6.2.3 洋壳 ······93
6.2.4 深海热液口 ······94
6.3 深海微生物的高压适应性机理 ······95
6.3.1 嗜压微生物 ······95
6.3.2 压力对细胞膜脂肪酸组成的影响 ······97
6.3.3 压力对厌氧呼吸的影响 ······97
6.3.4 高压对 DNA 结构和功能的影响 ······98
6.3.5 高压对核糖体结构及组装的影响 ······99
6.3.6 高压对细菌运动性的影响 ······99
6.4 决定微生物环境适应性的核心环境参数——温度 ······99
6.5 结束语 ······102
参考文献 ······102
7 血管力学生物学研究进展 ······109
7.1 心血管系统与血液循环的概念 ······110
7.1.1 心血管系统的组成和基本结构 ······110

7.1.2 血液循环的概念 …… 111
7.2 血管力学的基本概念 …… 112
7.2.1 应力和应变的基本概念 …… 112
7.2.2 血管的力学环境与血管重建 …… 113
7.3 细胞力学实验的基本模型与技术 …… 114
7.3.1 细胞切应力加载模型 …… 114
7.3.2 细胞张应变（牵张）加载模型 …… 116
7.3.3 微管吸吮技术 …… 116
7.3.4 原子力显微技术 …… 117
7.3.5 磁扭转细胞测量术 …… 117
7.4 血管力学生物学研究进展 …… 118
7.4.1 力-血管蛋白质组学研究 …… 118
7.4.2 切应力条件下 EC 与 VSMC 之间的相互影响及其机制 …… 121
7.4.3 周期性张应变对 VSMC 功能的影响及其机制 …… 125
7.4.4 周期性张应变对 VSMC 迁移的作用及机制 …… 128
7.4.5 流体切应力对内皮祖细胞分化的影响及其机制 …… 129
7.4.6 低切应力对在体动脉重建的影响及其力学生物学机制 …… 134
参考文献 …… 138
8 吸烟对心血管系统和男性生殖影响的分子机制 …… 140
8.1 吸烟对心血管系统的危害 …… 141
8.1.1 尼古丁与血管内皮细胞损伤 …… 141
8.1.2 尼古丁与单核巨噬细胞 …… 143
8.1.3 尼古丁与血管平滑肌细胞 …… 144
8.2 吸烟对生育功能的影响 …… 145
8.2.1 吸烟与男性生殖力及出生缺陷 …… 145
8.2.2 吸烟致男性不育的分子机制 …… 146
参考文献 …… 150
9 精神分裂症的研究现状 …… 153
9.1 精神分裂症的概述 …… 153
9.2 精神分裂症的表型和诊断 …… 154
9.2.1 精神分裂症的表型 …… 154
9.2.2 精神分裂症的整体症状 …… 154
9.2.3 精神分裂症的认知变化 …… 154
9.2.4 精神分裂症的脑结构变化 …… 155
9.3 精神分裂症的发病假说 …… 157
9.3.1 多巴胺假说 …… 157
9.3.2 5-羟色胺假说 …… 158
9.3.3 谷氨酸和 NMDA 受体假说 …… 159
9.3.4 神经发育假说 …… 160

9.3.5　神经退行性假说 …… 162

9.4　精神分裂症的病因学研究 …… 162

9.4.1　精神分裂症的遗传因素 …… 162

9.4.2　精神分裂症的非遗传因素 …… 164

9.5　精神疾病的研究方法和进展 …… 166

9.5.1　连锁分析和定位克隆 …… 166

9.5.2　遗传关联分析及全基因组关联分析 …… 166

9.5.3　细胞遗传学筛查 …… 170

9.5.4　深度重测序 …… 170

9.5.5　表观遗传学 …… 171

9.5.6　差异表达 …… 171

9.5.7　系统生物学方法 …… 172

9.5.8　影像遗传学 …… 173

9.5.9　转基因小鼠模型 …… 174

9.6　代表性的精神分裂症易感基因 …… 174

9.6.1　*DISC1* 基因 …… 174

9.6.2　*AKT* 基因 …… 174

9.6.3　*ERBB4/NRG1* 基因 …… 175

9.6.4　*CHRNA7* 基因 …… 175

9.7　结束语 …… 176

参考文献 …… 176

10　肠炎的遗传学、免疫学和微生物学研究进展 …… 182

10.1　克罗恩病的遗传学特征 …… 182

10.1.1　模式识别受体：NOD2（核苷酸结合寡聚域 2）…… 183

10.1.2　IL17 介导的反应 …… 185

10.1.3　自噬 …… 186

10.2　溃疡性结肠炎的遗传学特征 …… 186

10.2.1　人类白细胞抗原（HLA）区域 …… 186

10.2.2　免疫调节因子及信号分子 …… 187

10.2.3　肠屏障功能基因 …… 187

10.2.4　IBD 与其他疾病的遗传性重叠 …… 187

10.3　肠道菌群与 IBD …… 188

10.4　结束语 …… 189

参考文献 …… 189

11　肿瘤生物学 …… 192

11.1　诱发肝癌的主要风险因素 …… 193

11.1.1　乙型肝炎病毒感染 …… 193

11.1.2　丙型肝炎病毒感染 …… 194

11.2　基因组不稳定性 …… 195

11.2.1 染色体不稳定性和癌基因 …… 196
11.2.2 体细胞中的基因突变 …… 197
11.2.3 异常的表观遗传修饰 …… 201
11.3 不受控制的信号通路 …… 202
11.3.1 与细胞周期和增殖相关的信号通路 …… 202
11.3.2 与发育和分化相关的信号通路 …… 203
11.3.3 与细胞侵袭和转移相关的信号通路 …… 204
11.3.4 与炎症相关的信号通路 …… 205
11.3.5 染色质重塑复合物 …… 206
11.4 临床意义 …… 207
11.4.1 生物学标志物 …… 207
11.4.2 靶向治疗 …… 207
11.5 结束语 …… 208
参考文献 …… 209
12 新医学——解决人类健康的真正钥匙 …… 216
12.1 “精准医学”——2015 年医学最热门词汇 …… 216
12.2 “转化医学”——昔日的时髦，今日的新常态 …… 218
12.3 “个体化医学”——历史发展的必然 …… 218
12.4 “遗传咨询”——核心纽带作用 …… 219
12.4.1 遗传咨询政策缺失，专业机构缺乏 …… 220
12.4.2 没有专业的遗传咨询师，技术人员不足 …… 220
12.4.3 遗传咨询开展水平不一，地域分布不均 …… 220
12.4.4 群众认知不足，科普教育薄弱 …… 220
12.5 “新医学”——健康大业的主导力量 …… 220
12.6 小结 …… 222

第二篇 新 方 法

13 新一代测序技术与基因组学研究 …… 226
13.1 新一代高通量测序技术的发展 …… 226
13.1.1 测序技术发展历程及特点 …… 226
13.1.2 第二代大规模平行测序技术 …… 227
13.1.3 第二代测序技术的基本原理 …… 227
13.1.4 半导体 DNA 测序技术 …… 228
13.1.5 第三代单分子实时测序技术 …… 229
13.2 第二代测序技术的应用 …… 230
13.2.1 基因组的测序及重测序 …… 230
13.2.2 转录组及表达谱分析 …… 230
13.2.3 非编码 RNA（ncRNA）测序 …… 230
13.2.4 基因转录因子调控研究（ChIP-seq）…… 231

13.2.5 DNA 甲基化测序 …… 231
13.3 测序技术在肿瘤研究中的应用 …… 231
13.3.1 全基因组测序 …… 232
13.3.2 全外显子测序 …… 232
13.4 测序技术在病原生物基因组研究中的应用 …… 233
13.4.1 基因组序列结构解析 …… 233
13.4.2 细粒棘球绦虫的寄生特性 …… 233
13.4.3 细粒棘球绦虫双向发育调控机制 …… 234
参考文献 …… 235
14 蛋白质芯片及其在生命科学中的应用 …… 237
14.1 蛋白质芯片简介 …… 237
14.2 蛋白质芯片在生命科学中的应用 …… 239
14.2.1 蛋白质芯片在蛋白质组学中的应用 …… 239
14.2.2 蛋白质芯片在疾病诊断中的应用 …… 239
14.2.3 蛋白质芯片在药物筛选中的应用 …… 240
14.2.4 蛋白质芯片在兴奋剂检测中的应用 …… 241
14.3 蛋白质芯片研究方面的最新进展 …… 241
14.3.1 肺结核分枝杆菌全蛋白质组芯片的构建及应用 …… 242
14.3.2 凝集素芯片的应用研究 …… 244
14.4 结束语 …… 247
参考文献 …… 248
15 自由流电泳技术与生物应用 …… 251
15.1 电泳基本原理 …… 251
15.1.1 自由流区带电泳 …… 251
15.1.2 自由流等速电泳 …… 253
15.1.3 自由流等电聚焦电泳 …… 254
15.1.4 自由流反应界面电泳 …… 255
15.2 仪器设备 …… 256
15.2.1 制备型 FFE 设备 …… 256
15.2.2 微 / 分析型 FFE 设备 …… 258
15.3 生物应用 …… 260
15.3.1 细胞分离 …… 260
15.3.2 细胞器分离 …… 261
15.3.3 蛋白质分离 …… 262
15.3.4 核酸分离 …… 264
15.3.5 药物分离 …… 265
15.3.6 蛋白酶分离 …… 266
15.3.7 生物监测 …… 266
15.4 结束语 …… 267

参考文献 …… 268
16 神经工程概论及进展 …… 272
16.1 神经影像 …… 272
16.2 脑机接口 …… 274
16.3 神经计算与建模 …… 276
16.4 神经假体 …… 277
16.5 认知神经工程 …… 279
16.6 神经调控技术 …… 281
16.7 神经康复工程 …… 283
参考文献 …… 285
17 核医学分子影像在肿瘤诊疗中的应用 …… 288
17.1 PET/CT 显像 …… 288
17.1.1 ^{18}F-FDG 显像 …… 289
17.1.2 非 ^{18}F-FDG 显像 …… 290
17.2 PET/CT 的临床应用 …… 293
17.2.1 ^{18}F-FDG PET/CT 在肿瘤诊断中的应用 …… 293
17.3 PET 与肿瘤生物调强和适形放疗 …… 301
17.3.1 PET 与放射治疗计划 …… 301
17.3.2 PET 与放射治疗疗效随访 …… 302
17.4 PET 与肿瘤早期治疗反应监测 …… 302
17.5 PET 与临床决策 …… 304
17.5.1 PET 与临床分期 …… 305
17.5.2 PET 的成本效益分析 …… 306
17.6 结束语 …… 306
参考文献 …… 307
18 Hedgehog 信号转导通路中的重要蛋白 Sufu 的晶体结构研究及 Sufu-Gli1 复合物的晶体结构研究 …… 308
18.1 Hedgehog 信号通路、Gli/Ci、Sufu 蛋白 …… 308
18.2 蛋白质晶体生长 …… 309
18.3 晶体衍射与结构解析 …… 311
18.4 hSufu 结构 …… 311
18.5 果蝇 dSufu 晶体结构 …… 314
18.6 hSufu 与 dSufu 的晶体结构比较 …… 315
18.7 dSufu 的 NTD 和 CTD 之间的相互作用 …… 315
18.8 Sufu-Gli 复合物的结晶 …… 317
18.9 Sufu-Gli 复合物的晶体衍射数据收集与结构解析 …… 317
18.10 Sufu 与 Gli 的相互作用界面 …… 319
18.11 Gli/Ci 上关键氨基酸残基的突变破坏其与 Sufu 的结合 …… 321
18.12 Sufu 上关键氨基酸的突变将会破坏其与 Gli 的结合 …… 322

参考文献 …… 324
19 精神疾病动物模型研究进展 …… 325
19.1 精神分裂症小鼠模型 …… 326
19.1.1 早期发育阶段 …… 328
19.1.2 成年阶段 …… 328
19.2 抑郁症模型 …… 329
19.3 行为学检测方法 …… 331
19.4 精神疾病神经环路研究的新方法 …… 333
19.4.1 电压敏感染料成像 …… 333
19.4.2 显微光学切片断层成像技术 …… 334
19.4.3 光遗传学技术 …… 336
参考文献 …… 337

第三篇 现代生物技术在医学领域中的应用

20 遗传病基因诊断技术的发展与现状 …… 342
20.1 遗传病基因诊断技术的发展概况 …… 342
20.2 遗传病基因诊断技术的最新进展 …… 343
20.2.1 基因芯片技术 …… 343
20.2.2 MLPA- 微阵列芯片技术 …… 344
20.2.3 高通量测序技术 …… 346
20.3 国内遗传病基因诊断的发展及应用示例 …… 347
20.3.1 “谢上海”的诞生 …… 347
20.3.2 首例苯丙酮尿症的产前基因诊断 …… 348
20.3.3 首例血友病 B 的产前基因诊断 …… 348
20.3.4 不同时期杜氏肌营养不良的基因诊断 …… 348
20.4 结束语 …… 350
参考文献 …… 350
21 全基因组关联分析在复杂疾病遗传机制研究的应用 …… 352
参考文献 …… 360
22 高通量测序技术的临床应用 …… 363
22.1 高通量测序简介 …… 363
22.2 高通量测序的数据分析原理 …… 365
22.3 临床应用 …… 368
22.3.1 无创产前检测 …… 368
22.3.2 胚胎植入前遗传学筛查 …… 373
22.3.3 单基因遗传病检测 …… 376
22.4 数据库介绍 …… 378
22.4.1 突变数据库 …… 378

22.4.2 疾病数据库 …… 380
22.4.3 药物靶点数据库 …… 383
参考文献 …… 385
23 精准医学与个体化医学 …… 387
23.1 什么是精准医学及个体化医学? …… 387
23.2 精准医学与个体化医学研究及应用进展 …… 389
23.2.1 心血管疾病领域研究及应用进展 …… 389
23.2.2 肿瘤疾病领域研究及应用进展 …… 390
23.2.3 精神及神经疾病领域研究及应用进展 …… 392
23.2.4 药物不良反应领域研究及应用进展 …… 393
23.3 结束语 …… 396
参考文献 …… 397
24 生殖干细胞研究进展 …… 401
24.1 精原干细胞研究进展 …… 401
24.1.1 精原干细胞的起源与定位 …… 401
24.1.2 精原干细胞的培养建系 …… 402
24.2 雌性生殖干细胞研究进展 …… 406
24.2.1 雌性生殖干细胞的研究历史 …… 406
24.2.2 雌性生殖干细胞的分离培养和生物学特征 …… 409
24.2.3 雌性生殖干细胞的衰老 …… 410
24.3 展望 …… 411
24.3.1 生殖干细胞自我更新和分化机制研究 …… 411
24.3.2 生殖干细胞在转基因动物构建方面的研究 …… 411
24.3.3 生殖干细胞的临床应用 …… 412
24.3.4 生殖干细胞在再生医学方面的研究 …… 412
参考文献 …… 412
25 干细胞宫内移植动物模型 …… 419
25.1 造血干细胞及宫内移植 …… 419
25.2 造血干细胞宫内移植小鼠模型 …… 420
25.2.1 造血干细胞宫内移植小鼠模型的建立 …… 420
25.2.2 宫内干细胞移植治疗β地贫小鼠 …… 421
25.2.3 宫内移植治疗小鼠肝损伤 …… 424
25.3 人/山羊嵌合体模型 …… 427
25.3.1 人/山羊嵌合体模型的建立 …… 427
25.3.2 人/山羊嵌合体疾病模型 …… 428
25.4 宫内移植治疗疾病 …… 430
参考文献 …… 432
26 A1 型短指/趾症的研究 …… 437
26.1 A1 型短指/趾症的历史 …… 437

26.2 A 型短指 / 趾症的表型分类 …… 438
26.3 A1 型短指 / 趾症病例 …… 440
26.4 A1 型短指 / 趾症致病基因 *IHH* 的发现 …… 443
26.5 Hedgehog 信号通路及其与骨发育的关系 …… 446
26.6 A1 型短指 / 趾症致病机理的发现 …… 449
26.7 结束语 …… 456
参考文献 …… 457
27 从人类基因组到大脑发育：原钙黏蛋白在脑发育中的调控与功能研究 …… 461
27.1 基因组结构 …… 461
27.1.1 一维基因组（1D genome）…… 461
27.1.2 二维基因组（2D genome）…… 465
27.1.3 三维基因组（3D genome）…… 466
27.1.4 四维基因组（4D genome）或四维细胞核组（4D nucleome）…… 469
27.2 基因组表达 …… 470
27.3 原钙黏蛋白在脑发育中的功能 …… 472
27.3.1 原钙黏蛋白特征 …… 472
27.3.2 神经元迁移 …… 474
27.3.3 神经元树突发育 …… 474
27.4 结束语 …… 475
参考文献 …… 476
28 microRNA 与神经发育和神经系统疾病 …… 478
28.1 miRNA 在中枢神经系统发育过程中的作用—— Dicer 酶敲除实验 …… 479
28.1.1 miRNA 在神经干细胞和神经祖细胞发育中的作用 …… 480
28.1.2 miRNA 对神经元成熟和突触形成的调节 …… 483
28.2 神经系统疾病中的 miRNA …… 483
28.2.1 小脑症 …… 484
28.2.2 妥瑞综合征 …… 484
28.2.3 精神分裂症 …… 485
28.2.4 阿尔茨海默病 …… 485
28.2.5 亨廷顿舞蹈病 …… 485
28.2.6 帕金森病 …… 486
28.2.7 唐氏综合征 …… 486
28.2.8 脑卒中 …… 486
28.2.9 颞叶癫痫 …… 486
28.2.10 抑郁症 …… 487
28.3 结束语 …… 487
参考文献 …… 487
29 基因工程是实现人类梦想的新途径 …… 492
29.1 基因工程的发展史 …… 492

29.2 基因工程药物 …… 493
29.3 疾病病因的研究 …… 495
29.4 基因诊断 …… 495
29.5 转基因动物和基因治疗 …… 496
29.6 转基因植物 …… 498
29.7 结束语 …… 499

第四篇 新药研发

30 生物信息与药物创新 …… 502
30.1 基于配体的预测方法 …… 503
30.2 基于靶标的预测方法 …… 505
30.3 机器学习方法 …… 507
30.4 网络信息学方法 …… 509
参考文献 …… 510
31 新药研发过程、面临的挑战及其思考 …… 512
31.1 药物研究简史 …… 513
31.2 新药研发过程 …… 513
31.2.1 新药的临床前研究 …… 514
31.2.2 新药临床试验 …… 515
31.3 新药研发面临的挑战及其思考 …… 516
31.3.1 新药研发面临的挑战——投入增加，产出减少 …… 516
31.3.2 新药研发面临挑战的原因及其思考 …… 517
31.4 结束语 …… 521
参考文献 …… 521
32 以肠道菌群为靶点防治代谢综合征的研究：膳食、肠道菌群与代谢综合征 …… 522
32.1 失调的肠道菌群是肥胖和糖尿病的病因学因子 …… 523
32.2 膳食和中药通过改变肠道菌群影响代谢综合征 …… 526
32.3 结束语 …… 529
参考文献 …… 529
33 微生物药物：从筛选到合成生物学 …… 532
33.1 微生物药物的筛选 …… 533
33.2 微生物药物合成生物学的遗传和生化基础——微生物药物的生物合成途径解析 …… 534
33.2.1 聚酮类微生物药物的生物合成 …… 534
33.2.2 非核糖体聚肽类微生物药物的生物合成 …… 539
33.2.3 核糖体肽类微生物药物的生物合成 …… 541
33.2.4 氨基糖苷类微生物药物的生物合成 …… 542
33.2.5 核苷类微生物药物的生物合成 …… 542

33.3 微生物药物的合成生物学 …… 544
33.3.1 微生物药物生物合成途径的优化设计 …… 545
33.3.2 利用合成生物学方法创制新结构的肽核苷类抗生素 …… 545
33.4 微生物药物生物合成后修饰的合成生物学基础 …… 547
33.5 微生物药物的异源合成 …… 548
33.5.1 链霉菌作为微生物细胞工厂生产微生物药物 …… 548
33.5.2 大肠杆菌作为微生物细胞工厂生产微生物药物 …… 549
33.5.3 酵母作为微生物细胞工厂生产微生物药物 …… 550
参考文献 …… 552
34 微生物药物的高产工程菌株构建与发酵优化 …… 556
34.1 高产菌株的选育 …… 557
34.1.1 诱变育种 …… 557
34.1.2 基因工程育种 …… 560
34.1.3 工程菌株选育小结 …… 563
34.2 发酵条件优化 …… 563
34.2.1 重要的发酵过程参数 …… 564
34.2.2 响应面方法优化 P3Δlon 菌株发酵培养基 …… 564
34.2.3 发酵过程调控 …… 569
参考文献 …… 574

第五篇 现代生物技术在农业中的应用

35 植物光信号转导 …… 576
35.1 拟南芥的主要光受体 …… 577
35.1.1 蓝光受体隐花色素 CRY …… 577
35.1.2 蓝光受体向光素 PHOT …… 578
35.1.3 远红光/红光受体光敏色素 PHY …… 580
35.2 不同光受体互作调控植物的不同发育过程 …… 582
35.2.1 CRY 和 PHY 协同调控光形态建成 …… 582
35.2.2 CRY 和 PHY 协同调控生物节律性 …… 582
35.2.3 CRY2 和 phyB 调控开花时间的拮抗作用 …… 583
35.2.4 CRY 和 PHOT 在调控光形态建成和光诱导的运动反应中的协同作用 …… 583
35.2.5 CRY、PHOT 和 PHY 在调控气孔发育和气孔开放中的叠加效应 …… 583
35.3 光信号传递过程中的重要关键因子 …… 584
35.3.1 光信号传递过程中关键负调控因子 COP1 …… 584
35.3.2 光信号传递过程中关键负调控因子：SPA1 …… 584
35.3.3 光信号传递过程中的关键正调控因子：HY5 和 HYH …… 585
35.3.4 光信号传递过程中的关键正调控因子：HFR1、LAF1 和 PIL1 …… 585
35.4 主要的光信号转导相关机理 …… 585

35.4.1 CRY 信号转导机理 …… 586
35.4.2 PHY 信号转导机理 …… 586
35.5 结束语 …… 587
参考文献 …… 587
36 转基因植物与植物代谢 …… 591
36.1 转基因植物国内外发展现状 …… 591
36.2 转基因植物安全性评价 …… 593
36.3 植物代谢及代谢工程 …… 594
36.3.1 维生素代谢工程 …… 595
36.3.2 青蒿素代谢工程 …… 597
36.3.3 长春花萜类吲哚生物碱代谢工程 …… 600
参考文献 …… 600
37 转基因植物安全评价与检测 …… 602
37.1 转基因植物的概念 …… 602
37.2 转基因植物研究与产业化现状 …… 602
37.3 转基因植物安全管理 …… 604
37.4 转基因植物的安全评价 …… 606
37.4.1 分子特征及遗传稳定性 …… 606
37.4.2 环境安全 …… 607
37.4.3 食用安全 …… 608
37.5 转基因植物检测技术 …… 608
37.5.1 DNA 检测 …… 608
37.5.2 蛋白质检测 …… 613
37.5.3 标准物质与检测方法标准化 …… 613
参考文献 …… 616
38 农业生态环境的安全与控制 …… 620
38.1 引言 …… 620
38.1.1 农业环境污染现状 …… 620
38.1.2 污染的生境威胁着人类健康 …… 621
38.2 农业环境污染物的生物检测新技术 …… 622
38.3 设施农业生境污染控制与修复 …… 625
38.3.1 设施农业次生盐渍化土壤的修复改良 …… 625
38.3.2 农业废弃物的清洁化收集与资源化循环利用 …… 626
参考文献 …… 628

第一篇

新理论和新探索

1

基因（组）与人生

世界上最有名也最难回答的三个问题是：我是谁？我从哪里来？我要到哪里去？

纵观人的一生，这三个问题贯穿其生命的始终。是什么决定了“我”的本质？是什么造就了今天的“我”？又是什么在冥冥中预示了“我”的未来或是结局？生命从何而源起，又源何而结束，这个谜团困扰人类多年。人们渴望解开生命之谜的愿望从未磨灭，但是多年的努力并未带来实质性的突破，直到人们回过头来开始进行人的所有基因，即基因组的研究，全面探讨这个“似看得见，又摸不到，但肯定猜不透”的人体奥秘，形成了基因组学（genomics），并开启了人类基因组计划（human genome project，HGP），标志着正式开始了解码生命的旅程。生命的起源、种间的区别或个体差异、疾病发生的机制或易感性，以及长寿、衰老和死亡等生命现象的本质，也许都将随着这一旅程的延续，随着人们对基因（组）的进一步解码而被我们所了解。

1.1　基因学和基因组学的核心作用

生命的起源充满了奇妙，整个过程由精子和卵子相遇的瞬间所启动。这个决定性的会面实属不易，因为数亿精子中只有一个精子脱颖而出，得到卵子的青睐。瑞士知名摄影师 Lennart Nilsson 花费 10 年时间拍摄了一组照片，记录了一个新生命孕育的全过程。Nilsson 将光导管与内窥镜相机连接，可以观察到胎囊内部，拍摄出数千张子宫内胚胎和胎儿的照片，向全世界展示了人类生命诞生的伟大过程。

如果说这是通过 Nilsson 灵巧的双手结合现代科技创造的奇迹，那么早在 1856 年，在没有任何高精尖仪器和设备的帮助下，修道士孟德尔（Gregor Johann Mendel）的发现则更让人惊叹。1856 年，孟德尔开始进行豌豆杂交试验，通过观察豌豆的 7 对性状总结出了遗传学两大定律——分离定律和自由组合定律，于 1865 年发表了《植物杂交实验》的论文。然而论文在发表之初，并没有引起人们的注意。直到 35 年之后，即 1900 年，孟德尔关于遗传的定律重新被荷兰的狄夫瑞斯（deVries）、德国的科伦斯（Correns）和奥地利的切尔迈克（Tschermak）三位遗传学家分别发现，才引起了整个生物学界的关注。狄夫瑞斯于 1900 年 3 月 26 日发表了和孟德尔的发现相同的论文；科伦斯的论文被杂志收到的时间是 1900 年 4 月 24 日；而切尔迈克的论文接收时间是 1900 年 6 月 20 日。也就在这一年，他们也都各自发现了孟德尔的论文，这才意识到自己所做的工作早在 35 年前孟德尔就做过了。这就是著名的“孟德尔定律”的再发现，自此也奠定了孟德尔“遗传学之父”的地位，分离定律和自由组合定律被统称为“孟德尔定律”，而遵循孟德尔定律的遗传病则被称为“孟德尔遗传病”。

孟德尔遗传病又称为单基因遗传病，顾名思义，是由一对等位基因控制的疾病或病理性状，只要单个基因发生突变就足以导致疾病表型的一类遗传性疾病，其传递方式遵循孟德尔分离定律。根据致病基因所位于的染色体不同及疾病遗传方式的不同，又可以分为常染色体显性遗传病、常染色体隐性遗传病、X 连锁显性遗传病、X 连锁隐性遗传病及 Y 连锁遗传病。目前已发现的单基因遗传病有 7000 多种，并且还在增加，常见的有血友病、囊性纤维化及软骨发育不全等。

另外，在此有必要介绍一种经典的孟德尔疾病——A1 型短指（趾）症（brachydactyly type A1，BDA1）。该病是 1903 年被发现的第一例符合孟德尔遗传规律的常染色体显性遗传病，是纳入世界各国遗传学和生物学教科书的一个经典案例。其表现为患者的手指或脚趾骨骼发育畸形，中间指（趾）节缩短，甚至与远端指（趾）节融合。自被发现以来，世界各国的科学家都在竞相研究 A1 型短指（趾）症的致病机理，可这个困扰遗传学界的百年之谜一直到 2000 年才被我带领的科研团队破解。通过深入研究，在我国贵州、湖南的偏僻深山里发现患有 A1 型短指（趾）症的三个家系，于 2000 年将 A1 型短指（趾）症的致病基因定位于 2 号染色体长臂的特定区域；次年，则首次发现并克隆了导致 A1 型短指（趾）症的 *IHH* 基因。而此后 8 年，我们的科研团队再接再厉，与香港大学紧密合作，成功培育出 A1 型短指（趾）症的小鼠模型，通过对 A1 型短指（趾）症小鼠模型的“体内”和细胞的“体外”研究，结果发现 A1 型短指（趾）症致病基因 *IHH* 的点突变造成骨骼组织中“刺猬”信号能力和信号范围发生改变，最终导致中间指（趾）节的严重缩短，甚至消失。至此，我们不仅清晰地阐述了 A1 型短指（趾）症发生的分子机制，还发现 *IHH* 基因可能参与指骨的早期发育调控，相关的研究成果也被发表在国际权威学术杂志 *Nature*（《自然》）上。由于这是一类孟德尔常染色体显性遗传病，因此，这项研究的结果可直接用作产前诊断，清除所有 A1 型短指（趾）症，是一例成功的转化医学的案例。

1910 年，又一位伟人为遗传学定律增添了新的内容，他就是摩尔根（T. H. Morgen）。摩尔根根据黑腹果蝇的研究提出了连锁交换定律，与孟德尔的分离定律和自由组合定律合称为遗传学的三大定律，因此，摩尔根也被誉为“现代实验生物学奠基人”。

在遗传学三大定律的基础之上，20 世纪上半叶生物学成为了发展最快、变化最猛的学科，科学家通过不懈的努力终于确定脱氧核糖核酸（DNA）为遗传物质。然而在 DNA 被确认为遗传物质之后，科学家又面临着另一个难题：DNA 应该有什么样的结构，才能担当遗传的重任？它必须能够稳定地携带遗传信息，能够精确地自我复制，传递遗传信息，能够让遗传信息得到表达以控制细胞活动，并且能够变异并保留变异。这些特点，缺一不可。那么，如何构建一个 DNA 分子模型解释这一切？ 1953 年 4 月 25 日，英国的《自然》杂志刊登了美国的沃森（J. D. Watson）和英国的克里克（F. H. C. Crick）在英国剑桥大学合作的研究成果：DNA 双螺旋结构的分子模型，这一成果后来被誉为 20 世纪以来生物学方面最伟大的发现，标志着分子生物学的诞生。

关于这个伟大的发现还有一段小“故事”。1953 年 2 月 28 日，37 岁的克里克走进剑桥大学的雄鹰酒馆（图 1-1），在那里他向一群困惑的听众宣布，他和一位朋友发现了“生命的秘密”。相信当时大多数人都以为这是“酒后戏言”，只有当沃森和克里克于 1953 年 4 月 25 日首次发表关于 DNA 双螺旋结构的论文时，这一生命的秘密才真正展现在人类面前。时至今日，这个小酒馆还吸引着世界各地年轻的学者到此，畅谈人生理想，进行思想上的碰撞。

图 1-1　剑桥大学的雄鹰酒馆（A）和当年的运算符号（目前被用作天花板，B）。
酒精饮料外加无顾忌地运算带来的是最富有创造性的时刻

1.2　人类基因组计划

在人类基因组计划以前，遗传学或称基因学（genetics）偏重于单个基因的研究，而人类基因组计划则是把目光投向整个基因组的所有基因，从整体水平去考虑基因的存在、基因的结构与功能、基因之间的相互关系等。人类基因组计划的正式启动标志着人类解码生命的真正开始，其规模和意义远远超过阿波罗登月计划和曼哈顿原子弹计划，被认为是

人类探索自身奥秘迈出的重要一步。

对人类基因组的研究在 20 世纪 70 年代已具有一定的雏形，80 年代在许多国家已形成一定规模，并在以下几个事件的影响下促成了美国人类基因组计划（human genome project，HGP）。

1984 年在犹他州的阿尔塔，R White 和 M Mendelsonhn 受美国能源部的委托主持召开了一个小型专业会议，讨论测定人类整个基因组的 DNA 序列的意义和前景。1985 年 5 月在加利福尼亚州 Santa Cruz，由美国能源部的 RL Sinsheimer 主持的会议上提出了测定人类基因组全序列的动议，由此形成了美国能源部的“人类基因组计划”草案。1986 年 3 月，在新墨西哥州的 Santa Fe 讨论了这一计划的可行性，随后美国能源部宣布实施这一草案。1986 年著名遗传学家 McKusick V 提出从整个基因组的层次研究遗传的科学，称为“基因组学”。同年，诺贝尔奖获得者 R Dulbecco 在 *Science* 上发表了一篇有关开展人类基因组计划的短文，题为《癌症研究的转折点——人类基因组的全序列分析》（*From Genome to Cancer-Why the Time is Right*），回顾了 20 世纪 70 年代以来癌症研究的进展，使人们认识到包括癌症在内的人类疾病的发生，都与基因直接或间接有关；同时，他指出要么仍处在用“零敲碎打”的方法（piecemeal approach）开展研究，要么从整体上研究和分析整个人类基因组及其序列。R Dulbecco 在他的文章中还指出：“这一计划的意义，可以与征服宇宙的计划媲美。我们也应该以征服宇宙的气魄来开展这一计划。”并且谈到：“这样的工作是任何一个实验室难以单独承担的项目。这个世界上发生的一切事情，都与这一人类的 DNA 序列息息相关。”直到今天，我们都能感受到 R Dulbecco 的过人胆识和高瞻远瞩，更加能够理解这篇短文在当时引起全世界巨大反响的重大意义所在。这也是为什么人们最终选择和接受“人类基因组计划”作为全球性重大计划的原因。

历经 5 年左右的辩论后，美国国会正式批准美国的“人类基因组计划”（HGP）于 1990 年 10 月 1 日正式启动。其规模是世界上最大的，总体计划是在 15 年内投入至少 30 亿美元进行人类全基因组的分析。然而，除了早期的政府介入外，时至今日，世界上几乎所有大大小小的医药公司都卷入了这场所谓的 HGP，无形中已形成了一场“抢基因”大战。为了迎接挑战，由 F Collins 领导的美国国家人类基因组计划和 M Morgan 负责的由 Wellcome 慈善基金会所资助的英国人类基因组计划决定于 2000 年春天完成人类基因组具有 90% 序列的“工作框架图”，而到 2003 年完成具有 99.99% 的高精度的序列图。2003 年 5 月 28 日至 6 月 2 日，在冷泉港，发布了人类基因组完成图，自此人类走进了生物学的新纪元！ HGP 给我们的生活带来了方方面面的深刻变化，在 HGP 的基础之上，相关的“基因组学与生物”、“基因组学与健康”、“基因组学与社会”、计算生物学，以及相关的教育、培训、资源、技术开发等研究和产业开始迅速发展起来。而在 HGP 进行过程中，生物和社会科学家、医疗健康专家、历史学家、法律行家等越来越认识到伦理问题不容忽视。因此，HGP 一开始就包含了一个子计划，专门对基因组研究的伦理、法律和社会影响（ethical，legal and social implication，ELSI）进行探讨。ELSI 已具有实际结构（图 1-2），研究探讨隐私权的问题、合理使用遗传信息、安全有效地整合遗传信息到临床应用、围绕着遗传学研究的伦理问题，以及专业和公共的教育问题。这一研究的结果正用于指导遗传学的研究及发展相关的健康专业和公共政策。

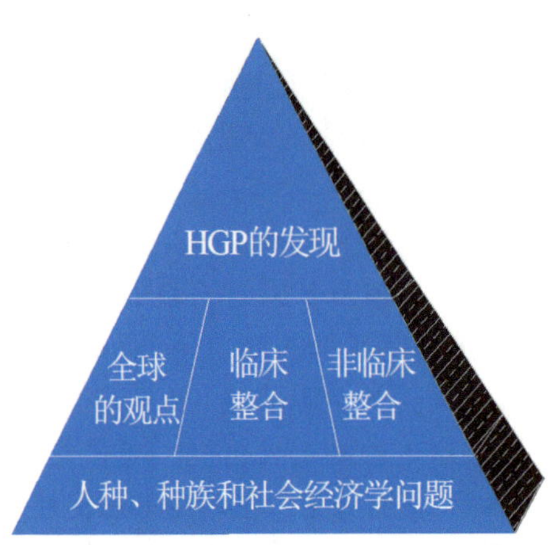

图 1-2 ELSI 内容（1998~2003 年人类基因组计划研究目标的金字塔）（Collins et al.，1998）

第 1 个目标（处在塔的顶端）是处理完成第一个人类 DNA 序列和研究人类遗传多样性过程中出现的问题，它的成功完成是决定 ELSI 研究议程的重要因子。第 2 和第 3 个目标集中在整合新发现的信息到临床、非临床及研究工作的设置中。第 4 个目标是检查这些信息与各类哲学、神学及伦理学概念的相互作用。最后的目标是为以上所有工作提供基础，检测遗传信息的理解和使用是如何被社会经济因素及人种和种族划分概念影响的

同时，在基因组学（genomics）的基础上，结合生物信息学（bioinformatics）的催生作用，使得其他各类组学得到了迅猛发展，其中包括：转录组学（transcriptomics）、蛋白组学（proteomics）、代谢组学（metabolomics）、生理组学（physiomics）、结构基因组学（structural genomics）等。但是，解读人类基因组全序列仅是实现解码生命的第一步，这一项目更重要的使命是：了解这些序列的作用是什么，具有哪些功能，对遗传疾病的产生有什么影响。

1.3 基因组学的应用（转化医学及转化知识）

1.3.1 疾病与“掌握在自己手中”的疾病

1.3.1.1 中国人口健康的主要杀手——复杂疾病

复杂疾病占我国总发病率的 90% 以上，其引起的死亡人数占总死亡人数的 90% 以上，其带来的巨大经济负担占医疗总负担的 90% 以上 [大约相当于我国国内生产总值（GDP）的 7%]。根据 2010 年的数据统计，城市前十位疾病死亡原因及构成为：恶性肿瘤（26.81%），心脏病（21.45%），脑血管病（19.61%），呼吸系统疾病（12.32%），损伤和中毒外部原因（5.67%），内分泌、营养和代谢疾病（2.82%），消化系统疾病（2.48%），精神系统疾病（1.12%），泌尿生殖系统疾病和传染病等（资料来源：卫生部）。

当前，心脑血管疾病死亡率为各种疾病死亡率之首。据世界卫生组织（WHO）估计，每年大约有 1700 万人死于这种慢性病，占全球总死亡人数的 30% 左右。也就是说，每 3 个死者中，就有 1 个是因为心脑血管疾病。《中国心血管病报告 2005》披露，2003 年中

国心血管病的直接医疗费用高达1301.17亿元，占当年医疗总费用的22.65%。1993~2003年，中国心血管病的医疗费用年均增长速度为17.33%，而相比之下，同期国内生产总值的年均增长速度为8.95%。随着中国人口的快速老龄化，随之而来的可能是心血管病的大流行。

根据《中国癌症预防与控制规划纲要（2004—2010）》，我国恶性肿瘤的发病率和死亡率从20世纪70年代以来就一直呈上升趋势，至90年代的20年间，癌症死亡率上升29.42%，年龄调整死亡率上升11.56%。2000年癌症发病人数180万~200万，死亡人数140万~150万，在城镇居民中已占死因的首位。在我国，高发的恶性肿瘤类型包括肺癌、肝癌、胃癌、食管癌、结直肠癌及乳腺癌等。1990年，我国因恶性肿瘤造成的伤残调整生命年限（DALY）占疾病总负担的8.7%，并推测到2020年此比例将上升至18.7%（资料来源：《世界卫生组织统计年鉴》）。

根据世界卫生组织2007年的数据显示，中国糖尿病的发病率呈逐年上升趋势，目前发病率已经达到2%，且发病人数以每年100万的速度递增；同时有2500万人处于糖尿病前期的糖耐量降低人群，若不及时干预，其中约有1/3患者将进入2型糖尿病阶段。2013年，《美国医学协会杂志》（*JAMA*）发表的一项研究显示：目前中国糖尿病患者已达1.14亿，约占全球糖尿病患者总数的1/3。研究指出："数据显示，中国总人口中的糖尿病患病率可能已经达到了警戒水平，如果不采取有效的国家干预，在不久的将来，中国有可能暴发大规模与糖尿病相关的并发症，包括心血管疾病、脑卒中、慢性肾脏疾病。"

而另一个以"亿"为数量级发生的复杂疾病是精神障碍疾病。据推测，中国目前至少有1亿人患有各种精神障碍。而根据2009年9月16日的《科学新闻》杂志报道：中国目前约有1.73亿人患有不同类型的精神障碍；其中1.58亿人从未接受过精神卫生专业治疗；2004年中国精神疾病与自杀造成的负担占全部疾病负担的20.4%，而政府用于精神卫生领域的经费仅占全部卫生经费预算的2.35%。如果说恶性肿瘤等疾病杀死的是人类的肉体，那么精神疾病侵蚀的就是人类的灵魂。如果将伤残与死亡均看作生命的损失，我国因精神疾病造成的伤残调整生命年限（DALY）约占疾病总负担的1/5，在中国疾病总负担中排名首位（资料来源：《世界卫生组织统计年鉴》）。正如我在第73期"东方科技论坛"上所说的："不管我们愿意与否，我们正无情地进入到了'精神疾病时代'，面对着精神卫生问题的严峻挑战。"

此外，我国还是出生缺陷高发的国家之一。在中国，出生缺陷的发生率为4%~6%，即每年新增的出生缺陷儿为80万~120万例，其中1/3的患儿积极治疗后病情好转或得到控制，1/3早夭，剩下的1/3将终身残疾。据统计估算，在我国现有的8000多万残疾人中，70%是出生缺陷所致。出生缺陷已连续10年成为上海市新生儿死亡的第一位因素，每年有12万~14万新生儿出生，新增出生缺陷的儿童为6000~7000人。这些触目惊心的数字让人扼腕。根据最新发布的《中国出生缺陷防治报告（2012）》，在2000~2011年，先天性心脏病、总唇裂（唇裂伴或不伴腭裂）、多指（趾）、脑积水、神经管缺陷等10类出生缺陷疾病是我国排名前十的高发畸形。出生缺陷不仅给患儿及其家庭带来了极大的苦难，也给整个社会和国家带来了沉重的经济负担。根据2003年的资料保守估计，我国每年仅由神经管缺陷造成的直接经济损失就超过2亿元，每年新发的先天性心脏病患儿生命周期的诊疗费用更是超过126亿元。

1.3.1.2　欠佳的卫生政策

“没什么，别没钱；有什么，别有病。”这是老百姓的一句俗语，话虽简单却说明了每个人都必须要面对的问题。而事实上，在过去的几十年间，世界上许多国家的医疗费用增长率都超过了国内 GDP 的增长速度（图 1-3）。我国的情况也极不乐观，扣除通货膨胀因素，2006 年 GDP 总量是 1978 年的 13.3 倍，与此同时，我国疾病负担占 GDP 比例从 1978 年的 3.02% 上升到 2006 年的 4.67%，其中有一半的费用是由个人负担的。2009 年 GDP 总值是 1978 年的 18.7 倍，而卫生总费用占 GDP 比例仅上升到 5.1%，卫生总费用中个人负担的部分尽管略弱半数，但没有大的改善。从这个含意看，用于医疗的总费用绝对值逐年相应有所增加，但百姓的负担也在成比例的增加。

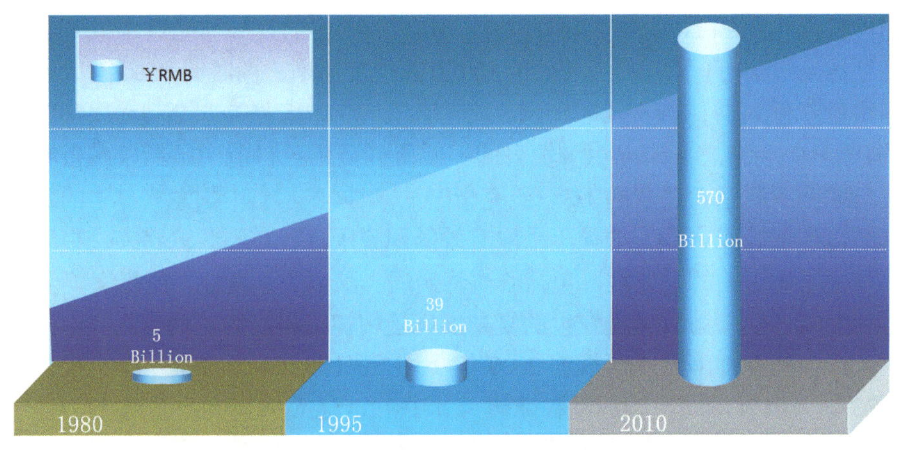

图 1-3　1980~2010 年中国政府的医疗开支

来源：中华人民共和国国家卫生和计划生育委员会《2013 中国卫生统计年鉴》

http://www.moh.gov.cn/htmlfiles/zwgkzt/ptjnj/year2013/index2013.html

严峻的医疗现状也导致医患关系不断恶化，医闹、伤医、杀医、仇医、黑医的事件层出不穷，医生和患者皆是怨声载道。对于患者来说，难以得到自己的医疗记录，难以比较治疗的选择，更是难以知道最终还要花多少钱，所有的这些都让他们觉得自己受到了“忽略”。但是究其原因，并不都是医生的责任，我们当然应该把疾病“掌握在自己手中”，但绝不是通过仇恨医生的极端方式。

1.3.2　解决这些问题的关键

如何解决这些问题？“老”医学无法发挥作用，只有靠“新”医学来改变现状。那么什么才是“新医学”？

先从当下几个时髦并且相关的词汇来谈一谈吧。最新最热的莫过于“精准医学”（precision medicine）。2015 年 1 月 20 日，美国总统奥巴马在《国情咨文》中提出“精准医学计划”，预算 2.15 亿美元，希望以此“引领一个医学时代”。新闻一经发布，我国上上下下热闹非凡，不少人给美国总统点“赞”。还有传闻，受奥巴马影响，中国将在 15 年内投入 600 亿元人民币启动并发展中国版的“精准医学计划”。也有人质疑，美国版精准

医学计划是否符合我国的情况？是否存在“水土不服”的可能？此外，精准医学的命运是否会和另一个曾经红极一时的热词“转化医学”（translational medicine）一样，如火如荼地发展了 20 多年，却很难拿出非常成功的例子？还有所谓的“个体化医学”（personalized medicine）和精准医学的关系是什么？近两年，随着基因检测技术的发展和应用，“遗传咨询”（genetic counseling）也逐渐被人们所了解，那么“遗传咨询”又是如何与精准医学对接的呢？

只有对以上问题加以深入思考，梳理好这些词汇的关系，才有可能真正了解究竟什么才是现代医学的核心，什么才是现代医学发展的方向。围绕着这些，我将在第 12 章“新医学——解决人类健康的真正钥匙”进行进一步深入的探讨。

（贺　林）

2

医学科学走向何方？——反思与展望

20 世纪的医学科学取得了令人瞩目的进展，新理论日新月异，新技术层出不穷，已为解除折磨人类的病痛及实现延年益寿的梦想展现了光明的前景。但当今医学科学也正处在一个十字路口，我们不得不正面回答以下三个不容回避的尖锐问题。

（1）医学的终极目标究竟是什么？医学是科学吗？医学是一门什么性质的科学？医学科学有哪些属性？医学科学是万能的“救世主”吗？

（2）人类基因图谱的绘制，以及细胞信号转导通路网络的解密真的能完全揭开生命之谜吗？当今是分析科学的黄金时代，基因决定论和还原论思潮大行其道，这是否会将医学科学引入一条死胡同？

（3）世界各国医疗卫生开支剧增，临床医学专业分工过细及医患关系日趋紧张究竟是如何造成的？医学的理念、战略和服务模式是否应当重新加以审视？一句话，医学科学的未来发展之路究竟走向何方？

2.1　中国面临的挑战和机遇

中国是世界上人口最多的发展中国家，中国的医疗卫生事业已取得了举世瞩目的伟大成就。以上海市 2014 年的三大健康指标为例，平均期望寿命 82.29 岁，婴儿死亡率 4.83‰，孕产妇死亡率 6.74/10 万，均已达到世界先进国家水平。医疗卫生体制改革是我国“十二五”期间的重点工程，又可称为“三基工程”，即基本医疗保障制度、基本医疗卫生服务体系及基本药物制度。2011 年国务院又发布了建立全科医生制度的指导意见。截至当时，全国城乡居民基本医疗保险参保人数已达 12.7 亿人，覆盖全人口的 95%，成为全世界最大的医保网。2011 年 7 月，中国每千人中医生人数为 1.7 人，在世界排名第 60 位，高于中国人均 GDP 排名。同期新加坡千人中医生人数为 1.5 人，韩国 1.7 人，日本 2.1 人。总体上来说，中国不缺医生，中国更不缺高端仪器设备和大型医院设施。瑞典是发明 PET-CT 的国家，但全国只有一台 PET-CT 在临床使用。实行全民医疗保险的加拿大，全国只有 9 台 PET-CT 在使用，而在中国 PET-CT 则已遍地开花。我们必须清醒地看到，当今中国的医学科学和医疗卫生服务正面临 4 个严峻的挑战，当然这同时也是 4 个空前的机遇，我们必须迎接挑战，抓住机遇，顺应国际医学科学的发展趋势，探索适合中国国情的医学科学可持续发展之路。

（1）医学科学的目标是维护与促进健康，而中华民族的健康是全面建成小康与和谐社会、实现中华民族伟大复兴之梦的重要基石，公共卫生和医疗健康服务是全社会的共同事业，但这一论断目前尚未形成全社会的共识。全社会必须认识到：社会在发展，文明在进

步，人的寿命在延长，但一个人若没有健康，就没有生命的质量。**医学追求的目标是：减少疾病负担，推迟衰老和死亡，延长健康寿命（health expectancy），提高生存质量**。每一个公民都有得到基本健康与医疗卫生服务的权利，每一个公民必须得到与健康相关的正确信息，必须有足够的知情权、选择权和话语权，同时每一个公民也必须对自己的健康负责。医疗卫生事业是非盈利性质的社会公益事业，国家必须制定科学的卫生政策，为所有的公民（不管富裕或贫穷，不管是高官或是普通公民）提供公平有效的基本医疗卫生服务，这不是一种恩施，而是每一个负责任的现代化国家和政府不可推卸的责任。

（2）人口数量、素质、分布及年龄结构正在发生深刻变化。中国生殖健康的现状不容乐观，对于人口流动、老龄化及城市化带来的一系列健康、经济与社会问题必须未雨绸缪。有人形象化地把当今中国社会称为：一个城市化全面推进的社会，一个人口加速老龄化的社会，一个生育率低于替代水平的社会，一个男女出生性别比失衡的社会，一个出生质量堪忧的社会，一个人口频繁流动的开放社会。以人口老龄化来说，2015 年全国 60 岁以上的老年人口高达 2.21 亿，其中 80 岁及以上的老人有 2400 万，65 岁以上的空巢老人超过 5100 万，到 21 世纪中叶，60 岁以上的老年人将占全部人口的 30% 以上，这对未富先老、有 13 亿人口的中国来说，是极为严峻的挑战。再以出生质量为例，出生缺陷已经成为我国一个重大的公共卫生问题。我国出生缺陷的发生率约为 5.6%，每年新增 80 万 ~100 万出生缺陷儿，其中包括 13 万先天性心脏病、3.5 万先天性听力障碍、2.5 万唐氏综合征、2.3 万唇腭裂，以及 1.8 万神经管缺陷。出生缺陷是我国婴儿死亡的主要原因，30% 的出生缺陷儿在 5 岁前死亡，40% 造成终生残疾，占我国残疾人总数的 9.6%。减少出生缺陷和提高出生质量任重道远。

（3）我国居民的疾病谱（disease spectrum）正在发生深刻的变化，可称为 double ‘Cs’ disease burdens，即传染病（communicable disease）与慢性病（chronic disease）双重负担。环境 / 行为 / 生活方式 / 应激对人民健康的影响不容忽视，慢性病（高血压、心脑血管疾病、糖尿病、肿瘤、老年病等）已成为影响我国人民健康及生活质量的主要威胁。所谓慢性病，是指那些可以预防的、病程漫长的、不能自行好转的、不可能完全治愈的疾病。据不完全统计，我国每 10 个人中就有 1 个慢性病患者。我国约有 3 亿高血压病患者，1 亿糖尿病患者，7000 万骨质疏松症患者，900 万阿尔茨海默病患者，每年有 700 万人死于脑卒中，每年新增 300 万肿瘤患者。在我国每年约 1030 万由于各种因素导致的死亡人群中，慢性病所占的比例超过 80%。据估算，未来 20 年，现年 40 岁以上的人群中，慢性病患者将增长 2 倍，慢性病患者快速增长则发生在未来 10 年内，糖尿病患者将是慢性病的最大人群，而肺癌将增加 4 倍。庞大的慢性病患者群已经成为拖累当今我国经济和社会发展，吞噬我国医改成果的主要原因之一。

（4）医学理念陈旧，目前依旧遵循一切以疾病为主导的医学模式，尚未真正从医学的生物学模式向生物—社会—心理综合模式过渡。表现为：重视疾病的诊断治疗，轻视疾病的预防及公众的理解、认知和主动参与，忽视医学的人文属性，医学人文关怀严重缺位，医患矛盾日益激化，暴力伤医事件频发。我国至今仍未建立家庭医生 / 全科医生—社区医院—二级、三级医院的分级就医和双向转诊制度，未能合理整合卫生资源及充分发挥家庭与社区在健康教育、健康促进和健康管理中的重要作用。国家对医学与健康的投资不足，投资重点发生偏差。医疗卫生事业产业化，以药养医，以械补医。卫生资源分布不均，服务不公，基本卫生保健服务还未能真正覆盖全人群。一句话，资源不足和分布不均的背后是结构失衡及服务不公，必须痛下决心在资源均匀分布、合理调整结构及建立公平服务体系三个方面加以彻底改革，这才是医疗卫生体制改革的“牛鼻子”。医疗卫生体制改革必须加强国家层面上的系统思考与顶层设计，以防止政出多门，朝令夕改。应当尽快建立起一整套统筹协调的医疗保障、医疗服务、公共卫生、药品供应、资金筹措、健康保险、医保支付、社会救助、监督管理、信息共享、法律法规及人才培养的综合配套系统工程，尽快建立起这一整套系统工程，才是解决医患矛盾激化的根本出路，才能真正实现从关注20%人群的疾病诊治走向对100%人群的人文关怀与健康促进。

简而言之，中国医疗卫生事业面临的严峻挑战可以归纳如下。

A　Ageing，人口老龄加速

B　Birth Quality，出生质量堪忧

C　Chronic Disease，慢性疾病蔓延

D　Depression & Dementia，精神障碍高发

E　Emergency，突发事故频繁

F　Framework of Health Service，服务架构缺陷

2.2　打破有关美国健康与医疗卫生服务的三个“神话”

毫无疑问，美国不愧为世界一流的医学强国，设备一流，技术一流，学术地位一流，我国是否能简单复制美国医学发展的模式？在美国绚烂夺目的“世界一流医学强国神话”的背后究竟是怎样一番景象？

第一，美国对医学与健康的投资占其全国GDP的17%，维持着世界上最为昂贵的医疗卫生体系。一个四口之家每年的平均医疗开支为3.3万美元，几年后还将翻一倍。理论上这应当是世界上最好和最有成效的医疗卫生体系。但事实上，在世界卫生组织对全球192个国家健康水平排序中，美国仅位居第37位，其投资总量与实际效果之间明显不成比例。从疾病谱来看，慢性病占美国人死亡原因的70%，消耗了其3/4的医疗卫生开支。肿瘤成为美国人的主要慢性病之一；此外，1/4美国人患心脏病，1/7美国人患阿尔茨海默病，1/12美国人患哮喘，1/14美国人患糖尿病。美国当前面临的一个严酷事实是医疗卫生开支与日俱增，国家和公众均已不堪重负。这主要是因为目前美国的医疗服务体系仍然集中于疾病的诊断与治疗，而忽视了疾病预防和健康促进。我们每天都在呼吁中国政府增加对健康和医疗卫生的投资，这无疑是十分重要的。但美国的案例告诉我们，在增加对医学和健康投资的同时，关键是要确定投资的重点和战略。尤其应当考虑中国是一个世界上人口最多、经济基础还较薄弱、地域差异显著的发展中国家。该增加多少钱，钱该投向何处，如何来监督这些钱的使用，以及如何正确评估投资的真正效益都需要我们深思熟虑及认真对待。

第二，美国的医疗科学技术十分发达，几乎每天都有新的诊疗技术问世。电子计算机断层扫描（CT）、磁共振成像（MRI）、正电子发射断层显像（PET）等影像技术及大量分子生物学诊疗手段在全球均居于前列。事实上，美国公众十分迷信此类高科技手段，广大医生为了防止患者的诉讼，也常采用过度诊断与过度治疗以保护自己，这些均造成医疗开支剧增。更为严重的是在这种一切依靠高科技（包括诊断仪器、方法和诊疗手段）的思

维统治下，实际上已经形成了医疗保险公司、制药企业及医疗仪器公司与盈利性医院联手的“共同利益集团”，他们“绑架”并“劫持”了美国的医疗卫生投资。中国的现状正在亦步亦趋，甚至愈演愈烈。除高科技诊疗方法外，中国公众还迷信新药、贵重药、进口药及补药。有人形象地说：“目前医生和患者之间插入了‘第三者’，这个‘第三者’就是CT、MRI与PET，以及一系列高端化验项目。”我十分赞同美国Andrew Weil教授提倡的“Low-Tech & High-Touch Medicine”，可以翻译成“以人为本，一切为了患者，尽量采用性价比高的适宜技术为居民提供医疗卫生服务”。在当前我国医患矛盾日益激化之时，我们应当重塑医生与患者之间平等的良性互动关系，积极调动患者自身的愈合能力，改变患者的不良行为与生活方式，尽量采用无损伤、安全、有效和性价比高的诊疗技术。不能盲目追求高新科技（包括诊断仪器、方法及治疗手段），要防止过度诊断与过度治疗，要以人为本，一切为了患者，尽量采用物有所值的适宜技术提供医疗卫生服务，正如George Sarton博士指出的：“科学家的‘技术迷恋症’和‘技术性头脑’有可能使他们麻木不仁，丧失人道准则。”我们提倡开发和采用5A级的医疗卫生技术，即appropriate（合宜的）、acceptable（可接受的）、available（可提供的）、accessible（可及的）及affordable（可承担的）。我们一定要记住爱因斯坦的谆谆教诲：“如果你们想使你们的工作有益于人类，那么你们只懂得应用科学本身是不够的。关心人的本身应当始终成为一切科学技术奋斗的主要目标。这样才能保证我们的科学成果能真正造福人类，而不至于成为祸害。在你们埋头于图表和方程时，千万不要忘记这一点。”

第三，美国的医学教育及医学研究也是全球之冠，培养了大批名医及世界一流的医学科学家，历届诺贝尔医学奖获得者中美国学者占了大部分。世界顶级医学杂志的论文相当大一部分也是美国作者撰写的，SCI论文数及影响因子（impact factor，IF）毫无悬念地雄踞世界之首。但一些美国资深教授也一针见血地指出，当前美国的医学教育与医学研究仍被“正统”的以疾病诊治为中心的医学理念所统治，遗忘了“医学的终极目的应当是预防疾病及促进健康”。医学教育中忽视人的行为、生活方式、环境、营养及心理对健康的深刻影响。医学研究也常采用“还原论”哲学下的线性思维方式来分析复杂的生命现象和疾病发生机制，对科研人员也常以论文数量及IF高低论高下。我国的现状有过之而无不及，当前不少临床医学研究中存在以下六“多”、六“少”的倾向：跟风赶潮急功近利多，坚持不懈潜心研究少；临床患者及标本收集多，信息齐全资料完整少；短时期院内诊疗评估多，长时期出院后随访跟踪少；单中心回顾性研究多，多中心前瞻性队列研究少；单学科描述性研究多，多学科整合医学研究少；论文数量学术报告多，真正解决临床实际问题少。

以高校教授职称晋升来说，科研项目的数量与等级、科研成果奖励的级别、SCI论文数及IF高低是一种最简单的“对号入座”的评价手段。其实对于一所世界一流的医科大学来说，我们不仅需要大量高水平的研究成果与论文，更重要的是把这些研究成果真正转化为新的疾病诊疗和预防的措施和路径，并为制定公共卫生政策提供科学依据。与此同时，我们还需要一大批执着敬业、言传身教的医学教育家和一大批医术精湛、德艺双馨的临床医生。说起医学教育，我们必须认识到，今天的医学生就是明天的医生。21世纪的医学科学发展对医学人才的品格和能力提出了新的要求，而当今中国的医学教育及继续教育弊病丛生，主要表现如下。

* 学制：多种学制并存，培养目标及定位不明确。

* 模式：以疾病为主导的传统生物医学模式。

* 课程：基础与临床分离，以学科为基础。

* 方法：教师为中心，学生被动应付。

* 评估：知识为主，忽视能力、素质及人格的综合评价。

* 学位：学士、硕士、医学博士（MD）和科学博士（PhD）的标准混淆不清，与毕业后的医师职务培养体系未能顺利衔接。

* 管理：干预太多，管得太死，不利于形成多样化的改革创新格局。

我们必须超前筹划，中国的医学教育改革（包括教学理念、课程设置、教学方法及评估体系的改革）已迫在眉睫，势在必行。

总之，尽管当今医学科学进展日新月异，但近代西方医学从理念、战略、服务模式到临床实践，已陷入一个进退两难的困境，主要表现如下。

还原论及基因决定论大行其道，把一个完整的人体简单地视作数百万亿个细胞的“集合体”，武断地认为阐明细胞信号转导网络及基因表达的调控机制就能最终解开生命与疾病之谜。

基于一元一次方程的直线思维方式，忽视人的整体观，简单化地挥舞杀灭（killing）、阻抑（suppressing）及抵抗（anti）三根大棒作为对付各种疾病的治疗原则。

临床分科越来越细，缺乏对疾病和健康问题的整合判断和综合干预，过度依赖乃至迷信高科技诊疗技术，过度体检、过度诊断与过度治疗。制药企业、医疗仪器公司、医疗保险公司与盈利性医院联手形成“共同利益集团”，“劫持”了大量的医疗资源。

重点聚焦疾病的诊断与治疗，轻视疾病的预测和预防，忽视环境（包括自然环境与社会环境）、心理、行为、饮食及生活方式对人类健康与疾病的影响，忽视公众的健康教育、健康促进与健康管理，忽视公众的知情权、选择权、话语权和主动参与的决策权。

关键在于目前存在的只是一个疾病处置系统（disease management system**），还没有建立起一个真正的整合型医疗卫生和健康服务系统（**integrated health care service system**）。**

2.3 21 世纪的医学科学展望

2.3.1 高举人的医学旗帜

首先要明确和界定医学的属性，医学不仅是关于疾病的科学，还应该是关于健康的科学。医学的任务不仅是防治疾病，更为重要的是改善人们的生活质量，提高人群的健康水平，延长人的健康寿命。医学的终极目标是维护与促进全人类的健康，我们的口号是：人人享有卫生保健 Health For All！

有人说“21 世纪是生命与医学科学的新纪元”，这主要是从自然科学发展趋势做出的判断。那么，医学究竟是一门什么性质的学科？医学是单纯的自然科学吗？医学还有哪些其他属性？答案是十分清晰的，医学有如下三个重要的属性。

第一，科学的医学：医学是一门研究有关人类生命与疾病的自然科学。医学科学是对人类疾病发生发展的原因和机理、诊断、治疗、预防、预测、护理与康复的知识不断积累与升华的结晶。

第二，技术的医学：医学又是一门技术科学，依赖 Bio-X 及 Med-X 的理念与机制，通过学科交叉合作，不断研制和开发新的实验室技术、医学影像技术、互联网移动和远程医疗技术及疾病诊治与康复技术，以期使临床医学的水平不断被改进，日臻完善。

第三，人的医学：医学的对象是人，因此医学必须是一门“人学”，必须从“以人为本”的基本准则出发，以社会的、环境的、哲学的、历史的、文化的、艺术的、宗教的、心理的、精神的、行为的、身心相互依存的、人性的、人道的整体综合观点去看待人类的健康与疾病问题。**因为医学面对的不单纯是疾病，医学面对的是一个活生生的人，一个患病的人，一个渴望健康的人，一个有不同心理状态、不同精神特质、不同宗教信仰、不同生活方式及不同行为习惯的人**。正如 100 年前，临床医学鼻祖威廉·奥斯勒教授指出的那样，“医学实践的弊端在于：①历史洞察的缺乏；②科学与人文的断裂；③技术进步与人道主义的疏离”。其实，100 多年前的这三道难题至今依旧困扰着现代医学界，依然是阻挠医学科学可持续发展与医疗卫生体制改革的主要障碍。当前医学的致命之殇是医学人文关怀严重缺失，当务之急是高举“人的医学”的旗帜，让医学回归人本主义已迫在眉睫。高举“人的医学”的旗帜不是一句口号，必须要付诸行动，加强医学人文修养，当务之急是提高医生的人文素质。提高人文素质当然要加强人文知识的学习。但必须指出的是，光开设人文知识课程与讲座不等于能真正提高医生的人文素养。人文素养是让人文知识真正进入人的认知本体，并扎根和渗入人的生活与行为的方方面面。人文素养是一种根植于内心的素养；一种无需他人提醒的自觉；一种以承认约束为前提的自由；一种能设身处地为别人着想的善良。我们需要培养和造就一大批具有深厚文化底蕴和崇高道德品质的医生。每一个医生必须认识到，救死扶伤、治病救人是医生的神圣职责。医学是一种专业，而非一种交易；医学是一种使命，而非一种行业。医生必须全心全意地为所有的公民（不管是富裕还是贫穷，不管是高官还是普通百姓）提供公平优质的基本医疗卫生服务，力戒知识傲慢、技术傲慢、金钱傲慢与权力傲慢。始终坚持人道主义精神，始终保持崇高的职业道德与生命伦理原则。医患互动交流是正确诊断与治疗和防范医疗纠纷的关键，每一个医生必须设身处地为患者着想，换位思考，真正体恤患者的疾苦，做到心扉敞开、心路清晰、心地善良、心灵平静。即便开展移动和远程医疗，也必须建立起医患之间的良性互动。近半个多世纪以来，国际学术界与学术机构对提倡“人的医学”，从理念宗旨到行动纲领进行了一系列探索与实践，其主要标志如下。

（1）1948 年 WHO 对健康作了完整的定义：健康不仅意味着疾病与羸弱的消除，健康是体格、精神与社会的完全健全与和谐的状态。

（2）1977 年美国罗切斯特大学恩格尔教授在《科学》杂志上发表了一篇论文《呼唤新的医学模式：对生物医学模式的挑战》，这是后来成为当代医学观念变革思想旗帜的“生物—心理—社会医学模式”的首次亮相。

（3）1978 年 WHO 提出了“人人享有初级卫生保健”的口号与行动纲领，指出必须做到覆盖全人群（universal coverage），为每一位公民提供基本卫生保健服务（essential health care package），大力推动了世界各国的社会福利改革与全民医保制度的实施。

（4）根据初级卫生保健服务（primary health care）全覆盖的要求，WHO 提出必须培养五星级医生（five star-doctor）的规划。所谓五星级医生，是指一个合格的医生必须是：

* care provider，医疗卫生服务的提供者。

* health educator，健康教育工作者。
* decision maker，医疗卫生服务的决策者。
* service manager，医疗卫生服务的经营者。
* community leader，社区卫生服务的领导者。

五星级医生必须，也应当是传播和实践“人的医学”的忠诚卫士！

必须强调，医疗行为本身具有高度的探索性、不确定性和风险性，有着许多与其他行业不同的特有规律。危害健康的疾病千差万别，人与人之间的个体差异又很大，疾病的突然变化随时可能发生，治疗的效果取决于多方面因素的共同作用。为此，应当理直气壮地在全社会正确宣传医疗活动的特殊属性，引导包括患者和媒体在内的所有人尊重医疗活动的客观规律。随着科学技术的发展，检查、诊断、治疗疾病的手段更多了，但是，医生是人而不是“神”，医疗技术再发展、再先进也不可能包医百病，医护人员再努力、再尽心也有力不从心之处。美国医生特鲁多的墓碑上的名言“有时是治愈，常常是安慰，总是去帮助”，生动地表达了医生的职业操守和医疗活动的局限性。医生与患者应当是信任合作关系。所谓合作，是指为了共同的目的一起工作或者共同完成某项任务。“共同的目的”或者“共同完成某项任务”强调的都是在目的或者任务上的一致性，这是合作的大前提。医患关系在本质上应当是信任合作关系，而不是商业交易关系，更不是敌对关系。通俗地说，疾病是患者与医生共同的“敌人”，医患双方是基于维护生命权与健康权结成的“利益共同体”，做出正确诊断、尽最大可能治愈疾病或恢复功能或减轻痛苦或予以安慰是医患双方的共同任务。医生如果得不到患者的配合和支持，再高明的医术也会寸步难行。医疗活动客观上要求医患双方紧密合作，由于多数患者不可能充分掌握医学知识，即便不能“齐心”，至少也应当“协力”，而不是猜疑甚至对立的状态。患者面对自身的疾病、患者亲属面对医疗行为应当有理性客观的认识，疾病治愈、好转或得到安慰都是医疗行为的正常结果。医患关系的正常化需要全社会的共同努力，尊重生命、尊重患者、尊重医务人员三者之间最为重要的是医生、患者之间的相互尊重。医生救死扶伤应当尽心竭力，患者也应当理解体谅医生的难处。医患之间出现纠纷，患者和医生都应当换位思考，设身处地为对方着想，理性地接受医患纠纷调解机构的调解。即便是认为医生有违背医德的行为，也应当依法维护自身的合法权益。

建立相互信任合作的医患关系是全世界医学界面临的永恒主题。最近，英国综合医学委员会修订并颁布了《医师的职责》，并决定从2013年4月22日开始实施。主要内容如下。

健康所系，性命相托，患者的信任是我们工作的前提。我们必须尊重生命，保证医疗行为合乎以下四项规范要求，才能不辜负患者的托付。

1）知识、技能和执行

* 将医疗工作放在第一位。
* 提供优质医疗服务。
* 及时更新专业知识和技能。
* 清楚自己的能力范围，绝不逾越。

2）安全与质量

* 一旦发现患者的安全、尊严或舒适得不到保障，应当立即着手解决。
* 保护并促进患者及公众的健康。

3）沟通、合作与团队

* 视患者为独立的个体，尊重他们。
* 礼貌、体贴地照料患者。
* 尊重患者的隐私。
* 与患者携手战胜疾病。
* 倾听并回答患者的担忧和要求。
* 用通俗的语言，将患者想知道或需要知道的医疗信息告诉他们。
* 尊重患者参与治疗决策的权利。
* 帮助患者自我照料，促进和保持他们的健康。
* 与同事合作实现患者的最佳利益。

4）维护信任

* 诚实、坦率、正直。
* 绝不歧视病患或同事。
* 绝不滥用患者及公众的信任。

他山之石、可以攻玉，这份有关《医师的职责》的文件，真可谓句句中的，字字珠玑。其中有关医患关系方面的条款，对我们今天化解医患矛盾更有直接的参考与借鉴意义。尤其重要的是以下三条：①始终把患者的利益与感受放在第一位；②对患者的诉求必须耐心倾听，细心剖析，诚心交流与真心帮助；③尊重患者的知情权、话语权与决策权，与患者共同决策，真心实现以患者为中心的医疗保障服务。

2.3.2 医学科学的第三次革命

近代西方医学自从19世纪Koch三原则及Virchow细胞病理学说问世以来，发展迅猛。20世纪DNA双螺旋模型及人类基因组计划的实施更带来了一场史无前例的革命。可以说，没有近代西方医学的卓著成就，就没有今天人类社会的高度文明。在医学科学漫长的发展历程中，可以追溯到三次里程碑式的革命。

第一次革命：发现并描述疾病，用现代科学知识（尤其是人体解剖学、生理和病理学、医学微生物学）解释疾病的发生与发展。

第二次革命：探讨疾病发生和发展的细胞与分子机理，由此开发出有针对性的诊治方案，人类基因组计划和干细胞研究是其重要标志。

第三次革命：根据疾病发生与发展有关的遗传背景及相应的环境（包括自然环境和社会环境）、人的行为与生活方式，设计个性化的疾病预测、预防和整合干预方案，大力倡导整合医学和公众主动参与式医学，真正实现从以疾病为主导过渡到以健康为主导的医学理念与模式。

21世纪的医学科学将是以健康为主导，重视影响健康诸因素及其相互关联的系统生物学思考，对健康问题和复杂疾病采用多元非线性思维模式，分析其病因、病程与发生机制，树立生命全程健康整合干预理念，进而采用多靶点、多环节的综合防治模式，建立一整套个性化的疾病预测、预防、诊断与治疗的方案，并重视将健康教育、健康管理与健康促进三者有机整合，真正实现医学科学的三大战略转移。

（1）目标上移：从以疾病诊治为主导走向以健康促进为主导。

（2）重心下移：从以医院为基地走向社区与家庭健康综合服务模式。

（3）关口前移：从单纯疾病诊治走向将诊治与疾病预测和预防，以及健康促进和健康管理相结合，有人形象地称为21世纪的“4P”医学：

* personalized medicine，个性化医学。

* predictive medicine，预测医学。

* preventive medicine，预防医学。

* public participatory medicine，公众参与式医学。

2011年，美国科学院、美国工程院、美国国立卫生研究院及美国科学委员会共同发出“迈向精准医学”的倡议，并由美国国家智库发表了由著名的基因组学家Maynard V. Olson博士参与起草的关于精准医学的报告，这篇报告提出了通过遗传关联分析和临床研究的紧密接轨，以实现人类疾病的个性化精准治疗和有效预警。从这个意义上来说，精准医学还是属于个性化医学的范畴。2015年1月30日美国总统奥巴马正式批准精准医学计划，提议在2016财政年度向该计划投入2.15亿美元，以推动个性化医疗的发展。简单来说，精准医学就是根据每个患者的个人特征，量体裁衣式地制定针对性的治疗方案，它是由个性化医学理念联合最新的遗传检测技术发展而来。遗传技术并不仅仅只是基因检测，其范围更广，是对受检者本身与相关微生物（如感染因子、共生微生物等）的遗传物质（包括DNA、RNA和染色体）及其产物（如蛋白质、代谢物及小分子）进行检测，为疾病预测、预警、诊断和治疗、公共健康管理提供信息与线索。精准医学的近期目标是为癌症患者找到更多更有效的治疗手段，而远期目标是为实现多种疾病的个性化治疗提供有价值的信息。精准医学在时间上是承接人类基因组计划，而在本质上是对现行的以“试用—错误—再试用”（try—error—re-try）的药物治疗方案为主体的医疗模式进行改革，因而将深刻影响和大大改变未来的医疗行为及药物研发和使用。运用精准医学原理进行肿瘤治疗已取得令人瞩目的成就。例如，有越来越多的乳腺癌、肺癌、肠癌、黑色素瘤和白血病患者会在治疗过程中接受基因组检测，然后根据每个患者基因组的差异制定特异性的治疗方案。根据肺癌的异质性，找到每个患者肺癌的特定驱动基因（如*EGFR*突变、*ALK*基因融合、*MET*扩增等），采用特异性的靶向治疗。2014年美国知名肿瘤专家Javadi博士采用“第二代基因测序技术”，详细分析了肿瘤标本中逾100种癌症相关基因，并通过肿瘤中的基因突变信息，结合患者自身癌细胞独特的基因特征进行确诊，制定个性化的最佳治疗方案，并试图将免疫治疗、化疗、生物治疗和靶向治疗有机结合。治疗三个月后，所有的患者都比预期的生存时间延长了，大部分患者的癌细胞减少40%~60%，个别患者的癌细胞消失了90%。又如，将一小段合成的双链RNA引入细胞，即能触发核糖核酸干扰（RNAi）机制，从而摧毁合成的和任何与之匹配的、与肿瘤生长相关的信使RNA，阻止与肿瘤生长相关的蛋白质的生成，使肿瘤停止生长。学术界称为“精准癌症医学”（precision cancer medicine）。从理论上来说，触发核糖核酸干扰机制以攻击单个基因的技术有可能用于其他许多疾病的治疗。

精准医学虽然前景光明，但也面临许多不容忽视的挑战。

（1）技术上的难题：测序技术和测序时间，以及测序经费。目前对一个人的全基因组测序需要两周时间，费用约1000美元。当然随着基因测序技术的进步，测序时间会缩短，测序开支会下降。但对于大多数国家来说，如大规模使用，还是一个卫生经济的难题。

（2）分析结果的难题：精准医学是对受检者本身与相关微生物（如感染因子、共生微生物等）的遗传物质（包括 DNA、RNA 和染色体）及其产物（如蛋白质、代谢物及小分子）进行检测，要在一个人海量的生物信息中，找到与疾病明确相关的基因靶点，好比大海捞针，谈何容易。况且许多疾病的发生与发展是一个多因素相互关联的复杂过程，不一定能找到一个独特的靶点，疾病不同阶段的发病机制也不尽相同。例如，在肿瘤发生过程中，常涉及一系列的分子机制（carcinogenesis-associated key molecular events），不能用一元一次代数方程的思维方式去寻求解决方案。

（3）药物研发成本的难题：由于发现了肿瘤的异质性，许多常见的肿瘤，如乳腺癌、肺癌和白血病等，在精准医学的计划里被进一步分解成具有各种特异性驱动基因的亚型，每一种亚型都需要研制开发出不同的特定药物，导致受益于某种药物的人数越来越少，使许多常见疾病的药物的受益面变成小众化，这将使药物研制开发的经费大大提升。

（4）解决方案决策的难题：精准医学分析的结果常常告诉我们的是某个人患某种疾病的概率，而不是确切的疾病诊断，这会给医生的决策带来困难。例如，好莱坞女星安吉丽娜·朱莉由于具有 *BRCA1* 基因突变，而且有明显的家族史，因此她预防性地切除了乳腺、卵巢和输卵管，因为 *BRCA1* 基因突变患卵巢癌的风险为 50%，而患乳腺癌的风险为 87%。但是必须指出的是，预防性切除不能消除所有癌症的风险，*BRCA1* 基因突变除了与卵巢癌和乳腺癌有关外，还与大肠癌、腹膜癌、内膜癌等有关，切除卵巢和乳腺并不能降低其他相关癌症的发病风险。事实上，癌症往往是由多种因素共同作用的结果，消除所有的风险是不可能的。

（5）伦理和法律的难题：由于基因测序的结果涉及个人的隐私，是每个人的身份和私密信息的重要部分，当前移动医疗和大数据信息飞速发展，如何更好地保护个人数据隐私，构筑数据安全网络，将是不得不考虑的问题。目前精准医学采集的数据大多来自志愿者，不能简单地把所有的数据混在一起使用。再者，人们不得不面临前所未有的基因伦理挑战。例如，当一名年轻人前往医院就诊时，基因测序数据可能有助于当时的疾病诊断，但若同时预测其数年后将有可能罹患乳腺癌或阿尔茨海默病，我们将如何处理和使用这个信息？此外，精准医学的结果常常是发病的概率是多少，还可能有假阳性或假阴性的结果，我们又该如何处理？概率高或假阳性不等于一定发病，若直接告诉患者会不会加重其心理负担，或导致过度治疗？概率低或假阴性不等于不发病，以后万一发病可能会导致医患纠纷，甚至法律诉讼。为了促进精准医学健康发展，必须未雨绸缪，事先做好相关伦理规范和法律法规的制定，并加强在国家宏观层面上的统筹和监管。

总而言之，21 世纪的医学将会发生一系列的巨大变革。

（1）从以疾病为主导的医学理念转向以健康为主导的医学理念；从医学的生物学模式转向医学的生物—心理—社会综合模式。

（2）从现有一切以疾病为中心的疾病处置系统转向为患者、家庭与社区提供综合性优质健康与卫生服务系统。

（3）从聚焦于疾病转向以人为本，时时处处体现人文关怀；从关注 20% 人群的疾病处置转向对 100% 人群的健康关爱。

（4）从以医院为主要基地转向以社区及家庭为基础的健康与卫生服务；实行分级就医与双向转诊制度，整合并充分利用各种卫生资源（包括人力资源），以期发挥最大效益。

（5）从依赖高科技的昂贵诊疗技术转向依赖适宜技术的人性化整合性健康干预；在普遍为每个公民提供基本医疗卫生服务（essential care package）的基础上，也有更为先进的服务项目（optimal care package）可供选用。

（6）从单纯的疾病诊治转向疾病预防与预测、健康教育、健康促进与健康管理有机整合，真正实现生命全程健康关怀。

2.3.3 促进学科交叉和转化医学研究

生命与医学科学正走向前沿，新兴学科不断涌现，学科之间正在交叉融合，共振共鸣。只有加强学科交叉（interdisciplinary）与整合（integration），才有望不断创新（innovation），我称其为现代科学的三个“I”。必须重视转化医学（translational medicine）研究。

所谓转化医学研究不能简单地理解为 bench to bedside，不能单纯依靠基础与临床医学的对话与合作。转化医学不是一个口号，也不是一个学科，更不是一个标签。转化医学是一种理念，一个战略，关键是建立有效机制来促进以下三个转化：①如何从临床医学的实际问题与公共卫生的需求出发，转化为基础及实验室或公共卫生现场干预的研究课题和思路；②如何将基础及实验室或公共卫生现场研究的结果转化为小规模临床试验或小样本人群干预；③在此基础上，如何进一步开展周密设计的循证医学及多中心的临床研究或公共卫生健康干预试点，以期真正解决实际问题，不断提高医学与卫生服务水平。衡量转化医学的成果不能单凭项目（project）、论文（paper）和学术报告（presentation）。衡量转化医学的成果主要依靠以下 7 个“P”：product（产品）；patent（专利）；procedure（诊疗措施）；pathway（诊疗路径）；program（公共卫生干预方案）；policy（卫生政策）；public awareness（公众认知与行动）。我认为这 7 个“P”才是转化医学的内涵与真谛。我将它们称为 3D 医学，即 from demand & discovery to delivery，从需求出发，经过研究转化为实际行动。

在进行转化医学研究的过程中，必须严格遵守国际公认的生命伦理四大准则，即有利、尊重、公正、互助。具体包括：有利于患者原则，知情同意原则，保护后代原则，社会公益原则，互盲和保密原则，严防商业化原则，以及伦理监督原则。要记住：科学解决“是不是”的问题，伦理学解决“该不该”的问题，法律则解决“准不准”的问题。要重视各种医学技术的伦理、法律、社会和经济的影响（ethical，legal，social & economic implications）。

2.4 大力倡导整合医学与公众参与式医学

相对于近代西方主流医学，整合医学在历史上曾被称为替代医学（alternative medicine）或补充医学（complementary medicine），并被主流医学界不屑一顾，嗤之以鼻。其实回顾科学发展历程，可以发现，分析—综合—再分析—再综合是科学（包括医学）发展的真实历史轨迹，今天是分析科学为主导的西方近代医学的黄金时代，明天我们必将迎来一个综合科学为主导的整合医学（holistic integrative medicine）的新纪元。所谓整合医学的要点可归纳如下。

（1）医学的目标是维护与促进人类健康，而不是单纯治疗疾病，医学关注的不能只是细胞、基因、抗体、信号通道等，医学必须关注的是这些细胞与基因的载体——活生生的

人，一个渴望健康的人，要高举“人的医学”大旗，真正体现医学人文关怀，以人为本。

（2）树立人的躯体与精神相互统一、生理与心理相互依存，以及人的体格、心理、精神和行为及生活方式相互关联、相互制约、互为因果的全人医学（whole person medicine）整体观。

（3）采用多元非线性思维模式，全面分析影响健康的各种因素：包括社会环境、自然环境、遗传与表观遗传、行为、饮食与生活方式和医疗卫生服务体系，以及这些因素之间的相互关联，充分考虑人的心理、饮食、行为与生活方式对健康和疾病转归的深刻影响。

（4）根据疾病发生与发展的有关遗传背景及相应的环境、行为与生活方式，设计有针对性的个性化综合干预方案，对复杂疾病的不同阶段采取多靶点、多环节及多方位的综合处置模式。

（5）倡导多学科合作梯队（multi-disciplinary team，MDT）战略，即聚焦一个疾病或健康问题（如肿瘤防治），组织来自多个学科的专家（除临床内科、外科与影像学和检验科室外，还应包括基础学科、心理学和公共卫生与流行病学专家联合攻关），以期建立最佳临床路径（optimal clinical pathway），用最短时间和最低开支，提供疗效最佳、不良反应最少和患者满意度最高的医疗卫生服务途径，并为公共卫生政策的制定及公众健康教育、健康促进和健康管理提供科学依据。

（6）建立良性互动的医患之间相互信任与合作的和谐关系，医患双方是基于维护生命的尊严、减轻疾病的折磨和提高健康水平结成的“利益共同体”，以期共同制订与实施防治疾病与健康促进的整合干预方案，充分调动患者的主观能动性。一个人若没有健康（包括体格、心理与社会的完全健全与和谐的状态）就没有生命的质量。每个患者都有得到基本健康卫生服务的权利（也包括知情权、选择权与话语权），同时每个患者也必须对自己的健康负责。医生和医疗机构只能帮助解决和判断个人的健康问题，尽力协助其改善或恢复健康，患者的理解和主动配合是举足轻重的。其实，健康是一种选择，每个人必须学会如何选择健康的生活方式，每个人必须对自己的健康负责，把健康人生的主动权抓在手中，维系每个人在医疗保健活动中的自主与尊严。每位医生要学会对患者耐心倾听，细心观察，诚心交流，精心诊治，真心关爱。正如医学鼻祖希波克拉底所说：“有两样东西能治疗疾病，一个是药物，另一个是语言。”每位医生要学会为每个患者开具两张处方：一张是治疗疾病的处方，另一张是健康教育和疾病预防的处方，第二张处方就是医生的语言。两张处方相辅相成，既体现了医生的精湛医术和人文关怀，抚慰了患者的痛苦，又传播了疾病防治的知识和技巧，提高了公众的自我保健意识，这就是公众参与式医学（public participatory medicine）的宗旨。

（7）关口前移，从目前单纯的疾病诊治向前移到疾病的预测与预防，把健康教育、健康促进与健康管理三者有机结合，将卫生资源与卫生服务的重心不断地从医院下沉到社区和家庭，趋向医疗卫生服务的整合与协同，真正实现生命全程健康关怀（whole life span health care）。

（8）人的一生从分娩起步，但人的生命则始于受精，所以所谓人的“生命全程”是指从精子与卵子相结合开始，经过266天在母体子宫内的胚胎发育，足月分娩后再经历婴儿期、儿童期、青春期、成年期、更年期、老年期，直至死亡。人生的不同阶段，各有其特殊的生理特征和健康需求，所谓生命全程健康关怀是指针对生命不同阶段的健康需求提供特殊的医学卫生服务。必须指出的是，生命全程中每一阶段的发育和健康水平都会对生命后续阶段的健康和疾病产生深刻的影响。以老年人多发的骨质疏松症为例，人的各个年龄阶段都应当重视骨质疏松症的预防，婴幼儿和年轻人的生活方式都与成年后骨质疏松症的发生有密切关系。大量研究表明，许多儿童期疾病乃至成年期的慢性病都可追踪到配子和胚胎发育期的问题。动物实验表明，宫内感染可影响子代神经及智力发育。其他与胎儿期异常有关的儿童疾病还包括哮喘、神经系统发育异常、肥胖症，甚至婴儿猝死症。胎儿发育迟缓及出生低体重儿，其成年后患高血压、糖尿病、骨质疏松症、肿瘤、多囊卵巢及不孕症的可能性明显增加，这就是所谓“成人疾病的发育起源学说”（developmental origin of health and adult disease）。从某种意义上来说，衰老是一个“正常的生理过程”，是不可避免的，但可以减轻衰老的症状并推迟其发生，即与衰老相关的疾病是可以尽早预防和及时干预的。目前国际的共识是：To Prevent the Preventable and to Postpone the Inevitable（预防可以预防的，推迟不可避免要发生的）。美国约翰·霍普金斯大学医学院 Jose M. Saavedra 教授在 2014 年撰文指出：母婴健康是人类远期健康的重要因素，生命早期 1000 天（从受孕到出生后 2 岁）的发育过程具有可塑性，是完成生命早期发育重编程的关键阶段，因此这个生命早期 1000 天对于人一生的健康至关重要，健康人生要赢在起跑线上。

（9）整合医学十分重视现代医学与传统医学的互补联动。系统生物医学（medical systems biology）概念的提出，标志着从一元一次线性代数的思维方式走向多元函数非线性数学分析模型的战略。建立在人体解剖与生理学和细胞病理学基础上的西方现代医学，重视发现病原体，重视细致观察身体局部的细胞与分子病变，重视以实证为基础的循证医学，进而提出针对这些病因、病变及证据的治疗手段，强调治疗剂量及疗程的统一规范。而中国传统医学则是建立在千百年来对人与环境相互影响、相互制约，以及人作为一个整体的基本认识的基础之上。强调天人合一，强调人的整体性、复杂性，强调五行相生相克及阴阳平衡。在疾病治疗中强调扶正祛邪，以及因人而异的同病异治和异病同治的辨证论治的原则，并提出“治未病”的理念。由此可见，通过跨文化思考与跨文化交流，进而使西方现代医学与中国传统医学两者相互补充与相互融合是未来医学发展的大方向。

（10）为社区居民提供整合型的卫生保健服务（integrated health care），即从当地居民的实际健康需求出发，提供个性化、灵活多样和高质量的健康卫生服务，强调以人为中心和鼓励当地居民主动参与。“整合”可以包括机构、组织、系统、模式之间的协同与合作，跨越了初级卫生保健、医院诊治、家庭与生殖健康服务、慢性病防治、社区照护、老年关怀与社会服务的界限，推动和健康相关的各种卫生服务与社会服务的有效衔接和融合。整合型保健以需方为中心，而不是以疾病或服务提供者为中心，注重患者的切身体验，具有更多的灵活性和选择性，通过多学科、跨专业、跨部门的团队合作，尽量减少和避免不必要的住院，尽可能在社区和家庭提供医疗卫生服务，以帮助患者尽快恢复独立自主的生活。针对当前中国医疗卫生服务的现状，建议采取以下 4 项主要措施：①大力发展初级卫生保健和社区卫生服务，尽快改变以医院服务为主导的现状，切实贯彻以健康为主导的整合医学理念；②建立以全科医生为“健康守门人”的制度，切实执行社区首诊和社区与医院双向转诊，推动卫生资源的纵向有机整合；③组建多学科服务团队，针对不同病种及重点与高危人群建立整合性服务途径（integrated care pathway），探索以人为中心的案例管理

(case management)和个性化服务方案(personalized care planning)，强调患者的参与和自主；④建立相关政府部门和社会团体间的沟通与协调机制，推动初级卫生保健、妇幼卫生、计划生育和优生优育、家庭健康促进、慢性病防治、老年关爱、精神卫生和社会服务的有机整合。

由此可见，整合医学是一个在不同层次与不同学科之间，以及不同机构与服务模式之间的有机整合，整合医学既是一个理念和战略，又是一个模式和途径，旨在充分利用与整合资源，力求为广大公众提供最佳医疗和卫生服务。在提供整合医学服务时，广大公众的主动参与(active participation)和自主意识(independence)是能否真正取得成效的关键之一，广大公众必须有知情权、话语权、选择权和决策参与权。因此，整合医学与公众参与式医学两者之间必然相互依存，相互补充，相辅相成，相得益彰。英国哲学家培根说过："知识就是力量"，我的观点是：知识不会自动转变为力量，只有实践才能使知识转变为力量，只有通过千百万公众主动自觉和有组织的实践，知识才能转变成认识世界和改造世界无穷无尽的伟大力量。

整合医学不同于全科医学（ general medical practice ）。全科医学是人民健康的守门人，是前哨兵；整合医学着眼于在更高层次上的整合与升华，聚焦重点难点，制定规范指南，引领科学发展。

整合医学必须从经验型（ experience-based ）过渡到循证医学（ evidence-based medicine ）。尽量采用双盲随机和前瞻性的配对队列多中心临床研究。

整合医学应当采用多学科合作攻关转化医学战略，目标是将研究成果尽快转化为疾病诊治和预防预测与健康促进的新产品、新手段、新途径、新方案及新政策。

建立一个专家、政府与公众的对话交流平台，以期取得三者的共识，这是整合医学能否取得成效的关键之一。所有的科学家要学会用三种语言交流互动，即专业语言、政治语言和公众语言（ professional，political and public languages ）我将其称为"3P"语言。

最后我想借用刘德培院士的"9P"医学（其要素见下表）的理念作为本章的总结，不过我在"9P"的基础上再加一个"P"，即以人为本的医学（ people-centered medicine ）。

健康	保护 protection	促进 promotion	延长 prolonging
疾病	预测 prediction	预警 pre-warning	预防 prevention
人本	人群 population	参与 participation	个体化 personalization

关键是将我们的"10P"医学理念转变为具体行动。

主要参考文献及建议进一步阅读的书目

2.1 中国面临的挑战和机遇

王一飞. 2015. 面向21世纪，探索中国高等医学教育的新模式 // 王一飞著. 理想的行者：我的教育人生. 上海：上海交通大学出版社：37-54.

王一飞. 2015. 对我国卫生事业发展与改革的思考及建议 // 王一飞著. 理想的行者：我的教育人生. 上海：上海交通大学出版社：55-64.

王一飞. 2015. 对科技创新人才培养与我国高等教育的几点思考 // 王一飞著. 理想的行者：我的教育人生. 上海：上海交通大学出版社：65-99.

王一飞. 2015. 编辑部评论：医学的目标是延长健康寿命. 家庭用药，5：1.
中华人民共和国卫生部. 2008. 中国公民健康素养——基本知识和技能（试行）.
中华人民共和国卫生部. 2012. 健康中国 2020 战略研究报告.
World Health Organization. 2010. International Classification of Disease：Version 10（ICD-10）. WHO Publication，Geneva，Switzerland.
World Health Organization. 2014. World Health Report 2013：Research for Universal Health Coverage. WHO Publication，Geneva，Switzerland.
World Health Organization. 2015. World Health Report 2014：Towards Universal Health Coverage：A Global Toolkit for Evaluating Health Workforce Education. WHO Publication，Geneva，Switzerland.

2.2 打破有关美国健康与医疗卫生服务的三个“神话”

王一飞. 2015. 在美国世界一流医学强国“神话”的背后 // 王一飞著. 理想的行者：我的教育人生. 上海：上海交通大学出版社：220-226
Andrew Weil. 2009. Why Our Health Matters：A Vision of Medicine That Can Transform Our Future. New York：Hudson Street Press.
Spence D. 2012. 糟糕的医疗现状：归因于现代医学？英国医学杂志（中文版），5（医学人文专刊四）：15-16.
World Health Organization. 2011. World Health Report 2010：Health Systems Financing. WHO Publication，Geneva，Switzerland.
World Health Organization. 2001. World Health Report 2000：Health Systems：Improving Performance. WHO Publication，Geneva，Switzerland.

2.3 21 世纪的医学科学展望

贾伟，赵立平，陈竺. 2007. 系统生物医学：中西医学研究的汇聚. 中医药现代化，9（2）：1-5.
鲁肃. 2015-3-15. 精准医疗计划：机遇与挑战. 文汇报. 第七版.
田玲，张宏梁，马凌飞. 2010. 国内外转化医学发展现状与展望. 医学研究杂志，40（1）：17-20.
王一方，李政道，叶铭汉，许智宏. 2011. 医学是什么. 北京：北京大学出版社.
王一方. 2008. 人的医学. 南京：江苏教育出版社.
王一飞. 2010. 21 世纪的 4P 医学与生殖健康. 国际生殖健康与计划生育杂志，29（1）：2，4.
王一飞. 2013. 医学科学走向与医院发展战略——反思与展望 // 王一飞著. 理想的行者：我的教育人生. 上海：上海交通大学出版社：211-219.
王一飞. 2015. 什么是医疗卫生体制改革的“牛鼻子” // 王一飞著. 理想的行者：我的教育人生. 上海：上海交通大学出版社：240-242.
王一飞. 2015. 由医患矛盾激化引发的思考 // 王一飞著. 理想的行者：我的教育人生. 上海：上海交通大学出版社：227-239.
王一飞. 2015. 约法三章，重塑相互信任合作的医患关系 // 王一飞著. 理想的行者：我的教育人生. 上海：上海交通大学出版社：243-245.
王一飞. 2015-1-4. 破跟风思维，练创新内功. 文汇报. 头版.
英国国家医疗卫生和临床优选研究所. 2012. 英国国家医疗卫生和临床优选研究所（NICE）指南概述：改善英国国家医疗卫生服务体系的患者就医体验. 英国医学杂志（中文版），15（医学人文专刊四）：3-6.
英国医学杂志述评. 2012. 把患者放在第一位. 英国医学杂志（中文版），15（医学人文专刊四）：1-2.
英国综合医学委员会. 2013. 医师的职责. 英国医学杂志（中文版），16（医学人文专刊五）：1-2.
于军. 2013. 人类基因组计划回顾与展望：从基因组生物学到精准医学. 自然杂志，35（5）：326-331.
张田勘. 2015-3-15. 开启“个性化医疗”时代. 文汇报. 第七版.
Anderson M B，Kanter S L. 2010. Medical Education in the United States and Canada 2010. Academic Medicine，85（9）：S2-S18.
Calman K. 2007. Medical Education：Past，Present and Future. Netherland：Elsevier，Amsterdam.
Huang H F，Sheng J Z. 2014. Gamete and Embryo-fetal Origins of Adult Diseases. Germany：Springer Heidelberg.

Porter R. 1996. The Cambridge Illustrated History of Medicine. Cambridge University Press

World Health Organization. 2004. World Health Report 2003: Shaping the Future. WHO Publication, Geneva, Switzerland.

2.4 大力倡导整合医学与公众参与式医学

王一飞. 2014. 投资健康，收获幸福：从您的健康账户谈起. 上海：上海文化出版社.

Bell I R, Caspi O, Schwartze G E. 2002. Integrative medicine and systemic outcomes research: issues in the emergence of a new model for primary health care. Arch Intern Med, 162 (4) 133-140.

Klingler B, Maizes V, Schachter S. 2004. Core Competence in Integrative Medicine for Medical School Curricula: A Proposal. Academic Medicine, 79 (6): 521-531.

Snyderman R, Weil A. 2002. Integrative Medicine: Bringing Medicine Back to Its Roots. Arch Intern Med, 162 (4): 395-397.

World Health Organization. 2003. World Health Report 2002: Reducing Risks, Promoting Healthy Life. WHO Publication, Geneva, Switzerland.

World Health Organization. 2007. World Health Report 2006: Working Together for Health. WHO Publication, Geneva, Switzerland.

World Health Organization. 2009. World Health Report 2008: Primary Health Care. WHO Publication, Geneva, Switzerland.

（王一飞）

3

医学是科学常青树上永不成熟的果实

谈到“医学”，每个人对医学的认知深浅各有不同。医学（medicine）一词，源于拉丁语“Medeor”一词，原意“治疗术”。医学是由古代劳动人民创造的，与人类文明同时产生。现代医学（20 世纪以后的西医，现代中国医学从 1949 年至今）的发展不过百年历史。人们对医学的认识永无止境。

我国著名的社会科学家于光远认为：医学既是自然科学又是社会科学，是两大学科门类相结合的科学。当然这是就医学总体的属性来说的，而就构成医学体系的每一具体学科来说，则要进行区别对待，不能认为每一门具体学科都具有双重属性。有的学科自然科学性很强，甚至完全属于自然科学，如解剖学、生理学、生物化学、微生物学等。有的学科则社会科学性很强，如社会医学、医学伦理学、卫生经济学等。

英国《简明大不列颠百科全书》这样描述：“医学是研究如何维持健康及预防、减轻、治疗疾病的科学，以及为上述目的而采用的技术”。《中国百科大辞典》（1990 年）的定义是：“医学是认识、保持和增强人体健康，预防和治疗疾病，促进机体康复的科学知识体系和实践活动。”医学作为一种社会现象，是有其发展的过去、现在和将来的。随着科学技术的进步、社会的发展和人民对卫生保健与健康的需求，医学的总体观、地位、作用与范畴，也将随之发生规律性的变化（王莲芸 2010）。

随着人类基因组序列（大型生物数据库）的完成，功能基因组的深入研究，表征患者（如蛋白质组学、代谢组学、基因组学、多样的细胞检测甚至移动健康技术）和分析大型数据集的计算工具近期获得发展。2015 年 1 月美国提出了精准医学（precision medicine）（Collins and Varmus 2015），这将引起颠覆医学的革命。精准医疗就是考虑个体差异的预防和治疗策略。精准医学以基因测序行业快速发展、生物医学分析的日渐成熟和生物大数据云计算技术的日新月异为前提，将会从现在“对症医疗”的模式逐步转化为“对个体医疗”的模式，针对每个人不同的生物医学特征设定不同的医疗方案，这也是对传统医疗模式的革命和创新。

精准医学的目的是提高临床医学与解剖学和临床病理学，以及医学遗传学之间的合作。病理学家可以贡献他们的基因组学、蛋白质组学和代谢组学，以及个别患者分子表型的精确表征的知识（Mata et al. 2015）。

3.1 医学研究的基本范畴

不管是中医还是西医研究的对象是人。医学研究人的生命（life）活动和人的健康与疾病等问题。因而生命、健康、疾病、衰老和死亡都是医学的基本范畴。

3.1.1　生命

生物具有新陈代谢、遗传、变异、生长、发育和感应性等特征，但生命体最基本的特征就是能够进行自我更新和自我复制，能把生命的特征代代相传，使其将固有的特性稳定地遗传下去。

从现代科学研究的成果来看，生命的物质基础是蛋白质和核酸。核酸分子可以通过自我复制，把遗传信息一代一代传下去，又可以通过遗传信息去控制蛋白质的合成。在生物体内，蛋白质的主要功能是负责代谢，核酸则主要负责遗传，而且核酸的遗传信息决定蛋白质的性质。蛋白质的催化作用又控制着核酸的代谢，两者相互配合相互制约，共同完成各项生命活动。

从生物学上来说，由于受精卵可以发育成人，受精卵便是一个生命个体的开端。然而从社会学上来说，很难认为一个受精卵是一个独立的有人权的个体。人的生命到底从何时开始，许多问题尚在争议与商榷之中。有人认为刚出生的婴儿才能算“人”，因为他开始有感觉。因此，人的生命和生物学的生命是有区别的。

人类有机体从最初的受精卵、胚胎、胎儿到出生为婴儿，经历幼年、少年、青年、中年、壮年、老年，最后死亡。在这个连续的过程中又可划分为许多阶段，每个阶段之间有一定的质的区别。如果认为人的生命从受精卵形成就开始，直到死亡，那就意味着在这连续过程中只有量变，没有质变了。人的生命应该比生物学的生命包括更多的内容。例如，一个去掉大脑皮层的男人，他可以继续产生精子，继续维持他的生物学生命，但是他在社会上作为人存在的实际基础已经失去了，即已经失去了人的生命价值。Hartt认为，人类生命包括“生物人”（human）和“意识人”（person）两个阶段。生物人属“生物学生命”阶段，意识人属“社会学生命”阶段。

关于人的生命的概念较一致的看法为人的生命是处于一定社会环境关系中具有自我意识的生物实体。人的生命本质特征是具有自我意识。正是这种自我意识，把人与非人的灵长类区别开，把人与受精卵、胚胎、胎儿及脑死亡者区别开来。正是这种自我意识使人体发展的全部连续过程发生质的变化：当人体发展到产生自我意识时，生物学生命发展为人的生命；当不可逆地丧失自我意识时，人的生命又回归为生物学生命。

3.1.2　健康

健康（health）与疾病是医学最基本的概念。历史上的各种有关健康与疾病的观念，是当时认识水平的反映，是一定历史时期的产物，其共同的特点是认为健康就是没有疾病，这是健康的消极定义，已受到越来越多人的非议。有人提出在“健康”和“疾病”之间还应有一个“没有疾病”的亚健康状态。健康和疾病是对立的两极，这两极之间存在着过渡状态。例如，斑秃等是疾病，但不影响健康；某些残疾人，如聋哑等，虽因疾病导致局部功能障碍，但有的人还能进行体育比赛，我们不能认为他们不健康。从另外一个角度分析，健康不等于没有感染。一些人外表健康，实际上潜伏着感染病菌或存在其他有害因素。例如，一些具有过敏反应体质的人，如果他不与特异的过敏原接触，则他的身体处于健康状态，而一旦接触特异的变应原，他就会处于疾病状态，甚至危及生命。那么，这个人在不接触变应原的时期，我们不能说他不健康。目前社会上有许多乙型肝炎病毒携带者，他们没有任何症状，也保持着健康状态。此外，一些人身体强壮，能抵抗感染，能适应物理环境的改变，可他的精神不健全，也不能认为他是健康的。

早在1948年世界卫生组织（WHO）提出了关于健康的定义，即“健康不仅是没有疾病和衰弱，而且是个体在身体上、精神上、社会上的完满状态（health is a state of complete physical mental and social wellbeing and not merely the absence of disease or infirmity）”。这就是人们所指的身心健康，也就是说，一个人在躯体健康、心理健康、社会适应良好和道德健康四方面都健全，才是完全健康的人。有人对这几方面的健康作了如下解释。

躯体健康：一般指人体生理的健康。

心理健康：一般有三个方面的标志：①具备健康心理的人，人格完整，自我感觉良好；情绪稳定，积极情绪多于消极情绪，有较好的自控能力，能保持心理上的平衡；有自尊、自爱、自信心及自知之明。②一个人在自己所处的环境中，有充分的安全感，且能保持正常的人际关系。③健康的人对未来有明确的生活目标，能切合实际地、不断地进取，有理想和事业的追求。

社会适应良好：指一个人的心理活动和行为，能适应当时复杂的环境变化，为他人所理解，为大家所接受。

道德健康：最主要的是不以损害他人利益来满足自己的需要，有辨别真伪、善恶、荣辱、美丑等是非观念，能按社会认为的规范准则约束、支配自己的行为，能为人类的幸福作贡献。

此外，结合《世界卫生组织宪章》和2000年人人享有卫生保健的要求，从国际社会的高度来认识、享受最高标准的健康被认为是一种基本人权；健康是社会发展的组成部分，健康是对人类的义务，人人都享有健康平等的权利。

世界卫生组织提出健康的十条标准：①精力充沛，能从容不迫地应付日常生活和工作压力而不感到过分紧张。②处事乐观，态度积极，乐于承担责任，事无巨细不挑剔。③善于休息，睡眠良好。④应变能力强，能适应环境的各种变化。⑤能够抵抗一般性感冒和传染病。⑥体重适当，身材匀称，头、臂、臀比例协调。⑦眼睛明亮，反应敏锐，眼睑不发炎。⑧牙齿清洁，无龋齿，无痛感；齿龈颜色正常，不出血。⑨头发有光泽，无头屑。⑩肌肉、皮肤富有弹性，走路轻松有力。

根据世界卫生组织的年龄分期：44岁以前的人被列为青年；45~59岁的人被列为中年；60~74岁的人为较老年（渐近老年）；75~89岁的人为老年；90岁以上为长寿者。健康标准对不同年龄、不同性别的人则有不同的要求。

3.1.3 疾病

疾病（disease）是机体在一定病因的损害性作用下，因自稳调节紊乱而发生的异常生命活动过程。在多数疾病中，机体对病因所引起的损害发生一系列抗损害反应。自稳调节的紊乱，损害和抗损害反应，表现为疾病过程中各种复杂的机能、代谢和形态结构的异常变化，而这些变化又可使机体各器官系统之间，以及机体与外界环境之间的协调关系发生障碍，从而引起各种症状、体征和行为异常，特别是对环境适应能力和劳动能力的减弱甚至丧失。疾病的基本特征如下。

第一，疾病是有原因的。疾病的原因简称病因，它包括致病因子和条件。目前虽然对

有些疾病的原因还不清楚，但随着医学科学的发展，迟早总会被阐明的。疾病的发生必须有一定的原因，但往往不单纯是致病因子直接作用的结果，与机体的反应特征和诱发疾病的条件也有密切关系。因此研究疾病的发生，应从致病因子、条件、机体反应性三个方面来考虑。

第二，疾病是一个有规律的发展过程。在其发展的不同阶段，有不同的变化，这些变化之间往往有一定的因果联系。掌握了疾病发展变化的规律，不仅可以了解当时所发生的变化，而且可以预计它可能的发展和转归，及早采取有效的预防和治疗措施。

第三，患病时，体内发生一系列的功能、代谢和形态结构的变化，并由此而产生各种症状和体征，这是我们认识疾病的基础。这些变化往往是相互联系和相互影响的，但就其性质来说，可以分为两类，一类变化是疾病过程中造成的损害性变化，另一种是机体对抗损害而产生的防御代偿适应性变化。

第四，疾病是完整机体的反应，但不同的疾病又在一定部位（器官或系统）有它特殊的变化。局部的变化往往受到神经和体液因素调节的影响，同时又通过神经和体液因素而影响全身，引起全身功能和代谢变化。所以认识疾病和治疗疾病，应从整体观念出发，辩证地处理好疾病过程中局部和全身的相互关系。

第五，患病时，机体内各器官系统之间的平衡关系和机体与外界环境之间的平衡关系受到破坏，机体对外界环境的适应能力降低，劳动力减弱或丧失。治疗的着眼点应放在重新建立机体内外环境的平衡关系，恢复劳动力。

病理过程是指存在于不同疾病中共同的、成套的机能、代谢和形态结构的异常变化。例如，阑尾炎、肺炎及所有其他炎性疾病都有炎症这个病理过程，包括变质、渗出和增生等基本病理变化。病理过程可以局部变化为主，如血栓形成、栓塞、梗死、炎症等，也可以全身反应为主，如发热、休克等，一种疾病可以包含几种病理过程，如肺炎球菌性肺炎时有炎症、发热、缺氧甚至休克等病理过程。

患病机体的主要表现：①对损伤发生抗损伤反应；②存在功能、代谢和形态结构异常变化；③出现症状、体征和（或）社会行为异常；④对环境的适应能力降低和劳动力减弱或丧失。

3.1.4 衰老

衰老（caducity）是指机体性成熟以后，随着年龄的增大显示的由机体某个或某些器官的老化和组织的改变，而导致形态、功能、抵抗力和适应性等各方面的退行性变化，是从性成熟以后逐渐加速的、持续不可逆的发展过程，是一个不可抗拒的自然规律。

衰老的进程：20 岁之前，随着年龄的增长，男人到 14 岁、女人到 12 岁性发育成熟，到 18 岁，男人性能力达到最高峰，每日性激素分泌达到最高量。25 岁，肌肉发育达到最高峰，头发长得最粗。实际上，在青春发动期之前胸腺分泌的胸腺激素量已开始降低，25 岁时身高可能已开始降低。30~40 岁，度过体能巅峰状态，30 岁以后体能将每年降低 0.8%。这一阶段心肌开始变厚，听觉开始衰退（10 岁时达最高峰），皮肤失去弹性，额纹及笑纹开始出现，肌肉组织仍健全，但脊椎及背间盘开始衰退，使各椎骨间的间隙缩小。40 岁后开始弯腰驼背，女人此时的性能力达到高峰。40~50 岁，开始衰老。40 岁的男人将较20岁时体重增加10~20磅①，身高减少1/8英寸②。身体的自然抵抗力开始衰退，淋巴细胞杀死癌细胞的能力大减。头发开始灰白、变细，毛囊直径缩小约2μm。大部分男人45岁后视力变成远视。50岁前期衰退加速，皮肤松弛，皱纹日渐明显，近物看不清楚，原是近视眼者可能变为“正常”，因这两种效果彼此抵消。许多妇女分泌女性激素开始减少，她们正值更年期，已超过生殖年龄。胰腺产生的胰岛素减少，因而易患糖尿病。指甲长得较慢，味觉渐失敏锐。50岁后期，迅速衰退。到55岁，肌肉及其他组织开始衰老，体重开始减轻，但新陈代谢亦逐渐减缓，可能积聚较多脂肪而增加体重。男人仍能生殖，但精液减少。男人讲话的声音可能自C调升至降E调，因为声带僵硬致使其振动频率提高。大脑中数十亿神经细胞变得不甚活泼，但健康的成人只感觉轻微的记忆力损失。60~70岁，身高变矮，体力下降，60岁的人身高较青年时矮了1/4英寸，到70岁便矮了1英寸。到了60岁，男人的臂力只有25岁时的一半，肺活量降低一半。到了70岁，鼻、耳及耳垂增长1/4至半英寸，只剩下36%的味蕾仍有效。

3.1.5 死亡

与生相对应的是死。死亡（death）是生物个体存在的最终阶段，是机体生命活动不可逆转的终结。死亡是医学实践面临的现实问题。死亡的定义随着医学的发展而有所改变。

经典的关于死亡的定义认为：“死亡就是生命现象的停止”。1951年《B1ack法律辞典》定义为：“血液循环的完全停止，呼吸、脉搏的停止。”这就是传统的“循环-呼吸标准。”

由于医学科学的巨大进步，心肺复苏技术可以停止临床死亡的发展，可使心跳呼吸停止的人复活。还可用人工心脏、人工肺或心脏移植，使心搏骤停或原来心脏失去功能的人继续存活。这时，循环呼吸标准就不适用了。另外，一些大脑已受到不可逆损害的患者，仍可用呼吸机维持肺、心脏、肾等器官的功能而继续维持心跳，从伦理上，如何看待这些没有大脑活动的植物人，这也是现代医学所面临的现实问题。

脑是比心脏更容易死亡的器官。脑血流停止10s，脑细胞活动即迟钝，意识朦胧；脑部停止供氧3~4min，则发生变性和不可逆性损伤，中断6min则出现“脑死亡”。脑死亡是指全脑的功能不可逆的消失和停止。脑死亡的标准：①不可逆昏迷和大脑全无反应性；②脑电波消失；③呼吸停止，人工呼吸15min仍无自主呼吸；④颅神经反射消失；⑤瞳孔散大或固定；⑥脑血液循环停止（经脑血管造影证实）。

3.2 中西医发展的比较

西医主要重视机体的微观变化，而中医则重点探讨机体的宏观变化，这是两个完全不同的体系。《黄帝内经》和《希波克拉底全集》代表着中、西两座医学的峰巅之作便自然而然的诞生了。《黄帝内经》的问世，标志着中医学已从简单的临床经验积累，升华到系统的理论总结。

---

① 1磅≈0.453 592 kg

② 1英寸=2.54cm

3.2.1　比较中西医特点

比较《黄帝内经》和《希波克拉底全集》，二者的理论建构有诸多相似之处：废巫存医、整体观念、调节平衡、哲学思辨、临床实践。其中《黄帝内经》强调以五脏为中心的整体观，从外测内，可以不依赖解剖形态学而照样诊治疾病。其理论体系是自洽的，难以突破；《希波克拉底全集》虽然没有系统的解剖学和生理学等基础知识，但强调具体的解剖结构，这些差异为中、西医学的发展各成体系奠定了基础。

但是并不是中医绝对不重视解剖，我国医学史上富有创新精神的医学实践家王清任非常重视人体解剖学，亲自观察尸体结构，并绘图以示；临证亦颇有卓见，他编著《医林改错》，注重实证研究，纠正了古医籍中关于解剖知识的某些错误，肯定了“脑主思维”，发展了淤血理论。

西医是以古希腊、古罗马医学为基础，结合其他自然科学的进步逐渐形成和发展起来的。西医作为一门科学，16 世纪西方新兴医学特别是比利时维萨留斯《人体的构造》中的人体生理知识给予了一定介绍。19 世纪以来在西学东渐的背景下，西医通过多种渠道传入中国。西医最初走进中国时，不是具体医道的传播，而是以介绍西医的基础生理学知识为主（汤其群 2014）。在中国上海、北京等地建立了教会医院，新中国成立后在各地建立了以西医为主的医院和医学院校。虽然传统中医和西医研究的对象都是人，但是各有千秋（表 3-1）。

表 3-1　中、西医学比较

比较内容	中医学	西医学
产生背景	经验医学到实践医学	经验医学到实践医学
医学模式	自然哲学医学模式	生物—心理—社会医学模式
思维方式	形象思维	逻辑思维
研究对象	患者	患者
研究内容	阴阳五行、藏象、气血、四诊八纲、经络等	人体解剖学、组织胚胎学、生理学、病理学、生物化学、免疫学等
研究方法	观察法（直接领悟，取类比象）	实验分析法
治疗	根据症状进行辨证论治	病因治疗或对症治疗
药物作用模式	中药的有效成分是活性物质群，作用于多靶点，呈现多效应，调整机体是其主要作用方式	化学实体是单一化合物，有特定的作用靶点，具有专一性的作用方式，对抗是其主要作用机制
特点	“天人合一”的自然观、身心统一的整体观、辨证施治的治疗观，注重整体和七情（心理因素）在致病和治疗中的作用	从器官、组织、细胞、亚细胞乃至分子水平研究，说明人体的结构和功能，以及疾病的发生、诊断、预防和治疗
不足	与西医相比，实验分析方法不足	与中医相比，整体综合不足

3.2.2　经络与针灸对人类健康的贡献

在中国采用针灸治疗疾病已有 2000 多年的历史了，因为在《黄帝内经》就记载着“经络学说”的各种疾病。针灸是以经络（meridian and collateral）为基础的。

3.2.2.1 经络

经络是运行气血的通路。经和络既有联系又有区别。经指经脉，犹如途径，贯通上下，沟通内外，是经络系统中的主干；络为络脉，它譬如网络，较经脉细小，纵横交错，遍布全身，是经络系统中的分支。经络学说是祖国医学理论的重要组成部分，是针灸学的理论核心。《黄帝内经》关于经络的记载为，它内属于脏腑，外络于肢节，沟通内外，贯穿上下，将人体各部的组织器官联系成为一个有机的整体；并借以运行气血，营养全身，使人体各部的功能活动得以保护协调和相对平衡。

脏腑、经络之气输注于体表的部位称为腧穴，是针灸施术的部位。针灸刺激通过腧穴、经络的作用，调动人体内在的抗病能力，调节机体的虚实状态以达到防治疾病的目的。所以经络和腧穴的理论，对生理、病理、诊断和治疗等方面，均有重要的意义。

经络系统由十二经脉、奇经八脉、十五络脉和十二经别、十二经筋、十二皮部及许多孙络、浮络等组成。十四经脉是指十二经脉（表 3-2）和奇经八脉中的任脉、督脉。

表 3-2 十二经脉名称表

阴经（属脏）	阳经（属腑）	循行部位（阴经行于内侧，阳经行于外侧）	
手太阴肺经	手阳明大肠经		外侧
手厥阴心包经	手少阳三焦经	上肢	中间
手少阴心经	手太阳小肠经		内侧
足太阴脾经	足阳明胃经		前侧
足厥阴肝经	足少阳胆经	下肢	外侧
足少阴肾经	足太阳膀胱经		后侧

十二经脉的走向规律。十二经脉的走向规律为“手之三阴从胸走手，手之三阳从手走头，足之三阳从头走足，足之三阴从足走腹。”《黄帝内经·灵枢·逆顺肥瘦》中十二经脉的流注次序为（图 3-1）：起于肺经→大肠经→胃经→脾经→心经→小肠经→膀胱经→肾经→心包经→三焦经→胆经→肝经，最后又回到肺经。周而复始，环流不息。

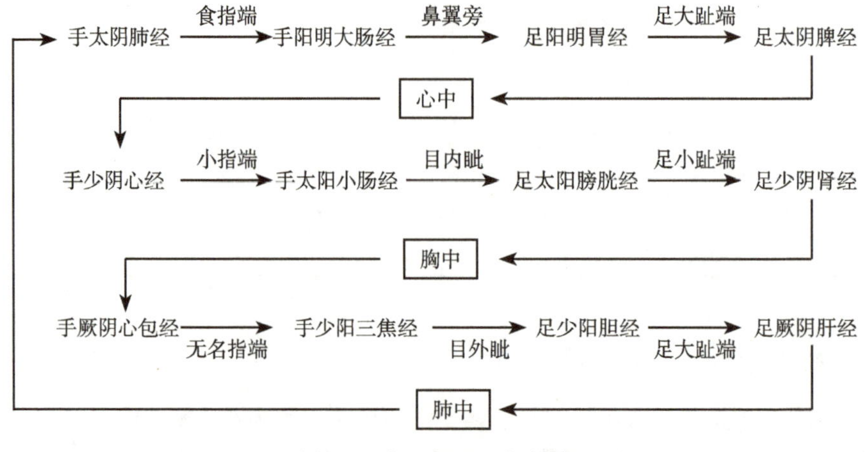

图 3-1 十二条正经流注图

任脉：为诸条阴经交会之脉，故称“阴脉之海”，具有调节全身阴经经气的作用。任脉循行：起于小腹内，下出会阴部，向上行于阴毛部，沿腹内向上经前正中线到达咽喉部，再向上环绕口唇，经面部入目眶下。足三阴经在小腹与任脉相交，手三阴经借足三阴经与任脉相通。

督脉：称“阳脉之海”，诸阳经均与其交会（在大椎穴），具有调节全身阳经经气的作用。督脉循行：起于小腹内，下出于会阴部，向后行于脊柱的内部，上达项后风府，进入脑内，上行巅顶，沿前额下行鼻柱。

3.2.2.2 对针灸机理的探究

针灸的基础理论就是经络，而针灸的穴位效果则是患者感到局部酸、麻、胀、憋、困、凉或温，这称为“得气”。在东方除了中国，日本、韩国、越南等国家使用针灸历史也很悠久。在 1980 年针灸已被推荐到世界卫生组织作为一种有效的替代治疗疾病的方法。进入 20 世纪后西方发达国家德国、法国、美国等的人们采用针灸作为治疗疼痛性疾病（如癌症引起的疼痛）的辅助手段。但是，影响针灸广泛推广应用的原因是，对其产生的生物学机理不甚清楚。因此，对经络的科学研究日益重视。

1）经络穴位的组织结构

经络上的穴位，位于肌肉、腱、关节、椎间孔，或在颅骨的骨缝线。穴位基于神经连接，而触发点位于机体的肌筋膜。触发点的压痛点在肌肉，其中有感觉神经。感觉神经遍布全身。虽然经络没有可识别的解剖结构，但它们似乎成为了一个路线图，以确定各个穴位的位置（Zhou and Benharash 2014a）。有研究表明，腧穴覆盖神经束。许多研究显示，涉及胃肠道经脉（足阳明胃经）覆盖在腓深神经；在心血管领域中的经络（手厥阴心包经），其覆盖着正中神经。在经络理论中，内关（位于前臂，属于手厥阴心包经）是治疗心脏病的主要穴位，而正中神经将传入纤维信息传递至颈髓 6 至胸髓 1（C6 至 T1）。它是从脊髓发出支配心肌和冠状动脉（胸髓 1 至胸髓 5）的附近的交感神经节前神经元。刺激这些穴位会产生更多的传入放电，这些神经元（直接在脊髓水平，或激活抑制系统在脊髓上水平）抑制交感神经输出，降低心肌耗氧量，抑制心肌缺血，从而缓解心绞痛疼痛。相比之下，治疗低血压和休克，通常使用人中、承浆和十宣。

在脸上和前额区域的穴位位于三叉和（或）面神经皮支。行走在背部的足太阳膀胱经上的穴位，它们既可以在神经干离开椎间孔，也可在终端分支的尖端。有的穴位在两个不同的神经吻合部位或在一根神经分支双侧处可以找到其触发点。针刺耳部穴位可治疗不同疾病，从组织结构来看，这些穴位恰好有来自迷走神经、舌咽神经、面神经和枕神经分支的密集分布。由此可见，针刺这些耳部穴位，就是通过针刺神经末梢来达到治疗多种内脏和躯体疾病的目的。

2）针灸调节生理功能

在 20 世纪，研究人员一直试图科学地确定身体的这些经络腧穴，即人体不同区域可具有异常高或低的导电性，并且这样的异常传导是关系很密切的经络线。针灸最重要的概念是腧穴在生理与病理之间的动态平衡。当穴位的敏感程度发生变化时，这种动态平衡随之变化。在针灸过程中判断疗效的重要参数是“得气”。由于针灸疗效的生理机制在很大程度上是未知的，应从神经生理学方面理解这一现象（Zhou and Benharash 2014b）。鉴于针灸“得气”感知觉的广泛性，许多研究者试图科学鉴定参与这种反应的人体神经纤维的类型。现在普遍认为针刺穴位涉及大量、多种类型神经纤维，包括传导速度快的有髓 β 纤维（具有更高的阈值）、传导速度慢的无髓 C 纤维（具有较低的阈值）（表 3-3）。

表 3-3 针刺感觉与传入神经纤维功能的关系

传入神经纤维类型	直径 /μm	传导速度 /（m/s）	功能	针灸感觉
β（有髓鞘）	8~13	40~70	触觉、振动	麻木
Aγ	4~8	15~40	触觉、压觉	沉重、压觉、发胀
Aδ	1~4	5~15	痛觉、温觉、凉觉、压觉	痛觉、压觉、温觉、凉觉
C（无髓鞘）	0.2~1	0.2~2	痛觉、温觉、凉觉、自主神经突触后压觉、嗅觉	痛觉、温觉、凉觉、压觉

注：引自 Hisamitsu and Ishikawa 2014

在神经的空间分布方面，许多研究证实深度针刺反应依赖肌肉层的渗透，浅表神经反应可能在“得气”中发挥重要作用，表层和深层之间存在显著网络连接。也有实验表明，虽然各级所有的神经纤维都参与，但肌内神经网络可能起主要作用。

鉴于针灸感觉的复杂性，一个国际专家小组认为，在针刺的部位可分为两个集群的感觉：①得气，包括疼痛、沉闷、沉重、麻木、辐射、扩散；②急性刺痛，包括如烧、热、痛、捏、锐痛。总之，得气很可能是由缓慢传导痛觉纤维传递信号。这种信号通过中枢神经系统整合其他感觉纤维输入信息，达到针刺效应。

世界卫生组织和美国国立卫生研究院已经指出，针灸可以有效地治疗神经系统疾病和镇痛。此外，针灸被认为具有调节多种生物学功能的作用。有研究表明（Hisamitsu and Ishikawa 2014），针灸刺激影响血液的细胞因子水平、激素水平和白细胞数目。针刺穴位可以改变局部血液的流动性和血流量。血细胞和血浆成分的变化可影响血液流动性和血细胞的活动，如红细胞的凝集、白细胞黏附及血小板聚集。中医认为气滞血瘀表现为肿胀、黑眼圈等，这与血液的流动性有关。Oketsu 从血液的流动性和血管阻力的角度研究，结果发现针灸刺激是治疗与血液流动性降低相关疾病的有效办法。

美国的研究学者报道，有些患者经卵巢癌、睾丸癌手术切除卵巢、睾丸后，在化疗过程中常会出现阵发性皮肤潮红、出汗、心悸、头晕、恶心、寒战、乏力、睡眠不好或情绪障碍。这些症状可能持续数年，并且会影响工作、社会活动和机体生活质量。由于缺乏治疗方案，癌症患者往往求助于综合疗法，许多患者加上针灸治疗。特别是针对雌激素受体阳性的女性患者，又不能采取激素治疗者适合针灸的方法（Garcia et al. 2015）。他们的研究发现，针刺改变 β 内啡肽的浓度，提出皮肤潮红可能与下丘脑的 β 内啡肽浓度降低有关，激素水平的变化可导致体温调定点的下降和降钙素基因相关肽（一种强效血管扩张剂可能介导血管舒缩症状）的释放增加。针灸可能的机制是改善了患者神经内分泌 - 免疫网络内环境，体现在诱发 β 内啡肽的释放增多，导致外周 β 内啡肽水平上升。

3）代谢变化与免疫功能

针灸经络系统（the acupuncture meridian system，AMS）是中国传统医学中的重要组

成部分（Zhao 2015）。它是由体表皮肤、组织间隙联结人体脏腑而形成的一个天然的网络。有些学者提出一个新的假设，即针灸经络系统就像一种辅助的呼吸系统。也就是说经络收集由组织代谢产生（不能经血液循环排泄）的 CO_2，并通过人体的皮肤毛孔排出 CO_2，从而防止机体内环境中的 CO_2 压力增加。因此，局部血液循环不会被堵塞，身体就会保持健康。除了神经调节和体液调节，经络调控是生理调节的重要方法。虽然，经络在代谢过程中起着非常重要的作用，但是，很难用现代西方医学原理解释。有研究认为针灸经络系统具有识别低流动阻力的水通道（通过摄入营养和排出代谢废物），提供物理或化学信息的功能。有人基于连续的混沌理论，证实了针灸经络系统是神经血管束及其较小分支的网络。

《黄帝内经》的针灸经络系统是从人体的其他系统分离的辅助呼吸系统。它与血管或气管不同，是天然形成的、位于组织间隙内的气体通道，其中包括一个更大的空间来容纳更多的气体存在的穴位。阴经与阳经彼此相连，并与络脉连接，体表的穴位与内部脏腑形成一个互动"合奏"。在特殊情况下，如严重的疾病，大多数由代谢所产生的 CO_2 通过血液循环由肺部排出，存在于皮肤的少量 CO_2 通过经络排出体外。因为经络系统微调呼吸，所以认为经络系统是一个辅助的呼吸系统。经络系统对保持机体内环境的酸碱平衡是有益的。

当人体患病时，细胞代谢增强，CO_2 产生增多，内环境的局部压力升高。针灸皮肤上的穴位（图 3-2），通过经络促进脏腑排出增多的 CO_2，这将有助于脏腑的代谢和免疫系统恢复正常工作。

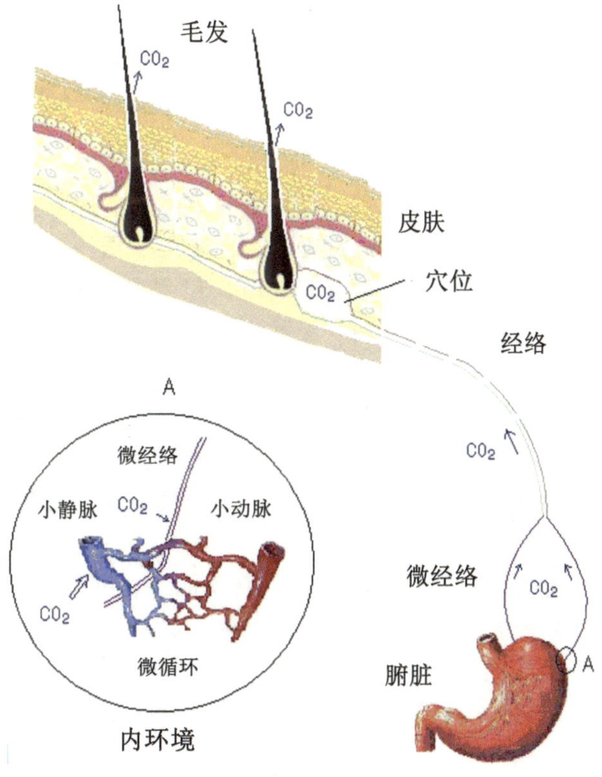

图 3-2 针灸与脏腑的关系（Hisamitsu and Ishikawa 2014）

此外，在患病的情况下，位于相应经络的体表穴道的 CO_2 浓度增高，与组织液中的水形成碳酸，在碳酸酐酶的作用下，又可解离出 H^+，从而产生肿胀感觉、疼痛。针灸的病理原理可能是通过排出 CO_2 和其他废物，改变细胞内环境，使组织细胞得到氧气和营养（图 3-3）。当内脏发生炎症时，代谢增强和产生更多的 CO_2。如果不及时排出 CO_2，局部压力将上升，局部血液循环将被阻止。通过针灸排出 CO_2，使内部环境的压力降低，微循环才会恢复正常。

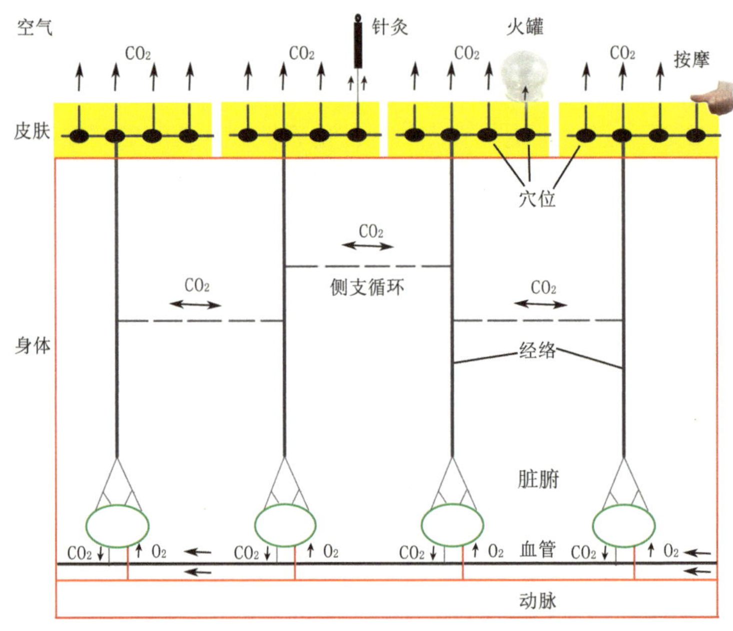

图 3-3　针灸（或拔火罐和按摩）与血液循环的关系（Hisamitsu and Ishikawa 2014）

对于这个假说的验证实验，早在1984年匈牙利Hungarian Eory采用 CO_2 测定仪（Frewil CO_2）已经测量到手厥阴心包经上的劳宫穴经皮肤排放 CO_2。进一步的研究发现，针灸手太阴肺经上的穴位也可测量到经皮肤排出的 CO_2。1992 年中国医生张维波等，采用平补平泻的手法针刺心包经间使穴，使用高灵敏度 CO_2 呼出量测定仪测定针刺前、针刺中和针刺后心包经间使穴近心端和远心端三寸左右处经脉线上与线外对照区的 CO_2 呼出量（张维波和李宏 1996）。结果发现，针刺后无论是经脉线上还是经脉线外，皮肤的 CO_2 呼出量都显著升高；远心端的经脉线上与线外无显著差异，近心端经脉线上的升高幅度显著高于经线外；起针以后，都有不同程度的回降，而经脉线上的回降比较显著。说明针刺对外周组织特别是经脉线组织的能量代谢有促进作用，提示针刺可能有通过代谢调整发挥治疗作用的机制。

在一般情况下，经络畅通，人体保持健康，对疾病有足够的抵抗力。当身体不适时，细菌和病毒活跃，免疫系统无法杀死它们。此时，通过针刺穴位排出 CO_2 可有效地恢复内环境的平衡，提高了免疫系统功能，从而进一步保护了身体。有人推测经络可能与淋巴系统有关，因为淋巴系统遍布全身。尽管一些实验数据提供了证据支持这个假设，但还需要进一步的研究来证明这一点。

总之，到目前为止，仍未用现有的科学方法完全证实针灸得气的原理。因为较为肯定

的是针灸可以镇痛，科学研究正在采用最先进的设备、最先进的技术进行研究，如功能性磁共振成像、正电子发射计算机断层显像（positron emission tomography，PET）等，继续深入探究按照经络、针刺穴位治疗疾病的机理。

3.2.3 中西医融合研究结硕果

中国医学具有鲜明的特点，既要西为中用，又要弘扬传统的祖国医学，造福于人类。利用现代医学科学的研究手段，分析和诠释中医中药的作用机理，如青蒿素治疗疟疾和“砒霜”治疗白血病。

3.2.3.1 青蒿素治疗疟疾

疟疾（malaria）是人类的一种古老的疾病，我国早在3000多年前的殷商时代就已有疟疾流行的记载（李雍龙 2008）。经研究发现，疟疾是一种由按蚊传播的寄生在红细胞中的疟原虫引起的传染病，主要在夏秋季或热带地区（非洲）流行。当人们感染这种病原生物后就会出现高热、寒战、贫血、肝脾肿大，严重者中枢神经系统受累，导致死亡。

在20世纪60年代，我国执行以预防为主、减少疾病为医疗卫生行业的指导方针。我国从中草药中寻找抗疟新药一直是整个工作的主流，但是，通过对数千种中草药的初步筛选，没有任何重要发现。中国中医科学院研究员屠呦呦多年来从事中药和中西药结合的研究工作，整理了一个从2000余方药中选编的以640种药物为主的抗疟药方，克服重重困难从黄花蒿中分离纯化出治疗疟疾的有效成分青蒿素，在全世界推广应用，挽救了全球数百万疟疾患者的生命。2011年因为这项研究成果她获得美国拉斯克临床医学奖（Lasker 2011）（该奖是医学界最高的科学奖励，仅次于诺贝尔生理学或医学奖）。

2015年10月5日，屠呦呦获诺贝尔生理学或医学奖，以表彰其在抗疟领域的突出贡献。这不仅是对中国医学科学工作者创新精神的肯定，而且是对利用现代科学技术从分子水平挖掘中医中药宝库的鼓励。

3.2.3.2 上海方案治疗白血病

众所周知，“砒霜（三氧化二砷）”是剧毒品，在影视片中用砒霜毒害他人，屡见不鲜。而在中医临床中，以毒攻毒疗法也是中医治疗中最常用的方法之一。简单地说，以有毒的中药治病的方法为“以毒攻毒”疗法，超常规方法治病大都属于“以毒攻毒”法。在国际上有名的“上海方案”，就是利用“砷剂”治疗白血病。这是由上海交通大学医学院附属瑞金医院中国工程院院士王振义和陈赛娟、中国科学院院士陈竺团队完成的“髓系白血病发病机制和新型靶向治疗研究”项目，开发出被称为“上海方案”的全反式维甲酸和三氧化二砷联合疗法，使千千万万白血病患者得以存活。他们通过外显子组测序、基因定位克隆等技术，在国际上率先发现一批新的白血病诊断和预后监测的分子标志和药物靶标，并成功研制了新型联合靶向疗法，使急性早幼粒细胞白血病（acute promyelocytic leukemia，APL）成为第一个可治愈的髓系白血病（不用移植，5年存活率达九成，“上海方案”让白血病治愈成为可能）。诠释了三氧化二砷（As_2O_3）治疗白血病的分子机制，诱导白血病细胞凋亡和分化（Chen et al. 2014；Xu et al. 2014；Li et al. 2014；Zhang et al. 2010）。

他们首创的靶向治疗急性早幼粒细胞白血病（APL）的“上海方案”（2015年获上海

市自然科学奖特等奖，入选2010年及2012年中国科学十大进展）已广泛应用于世界多个血液中心。他们发现三氧化二砷对APL细胞有双重作用：在较高浓度时通过巯基依赖的途径，使线粒体跨膜电位下降，激活凋亡信号传导途径，使恶性细胞发生凋亡；而在较低浓度时诱导细胞分化。他们还发现三氧化二砷能选择性地作用于PML-RARa融合蛋白，提出了针对APL融合基因产物靶向治疗的思路和理论。

他们研究中药复方黄黛片（成分为青黛、雄黄、太子参、丹参等，为二硫化二砷制剂），解释中医在组方时的原则，君、臣、佐、使。他们使用现代技术从分子水平解析复方黄黛片配方中各项成分是如何相互配合、发挥药效的。最终，他们成功运用现代医药技术解释了复方黄黛片不同成分配伍所产生的协同作用，从而发挥清热解毒、益气生血、促进白血病细胞凋亡的作用。

他们不仅用现代生命科学技术研究和发扬光大了中医中药，还帮助人们进一步理解中医中药在治疗疾病中的作用机理。

3.3 现代医学研究的重大突破

随着物理学、化学、机械、电子显微镜等学科的现代化发展，生命科学研究的方法越来越多，现代医学研究也随之而发展，在解决临床问题和造福于人类过程中取得了重大突破。

3.3.1 辅助生殖技术的发明解决不孕不育问题

英国生理学家罗伯特·爱德华兹在体外受精技术领域做出了开创性贡献，2010年他获得诺贝尔生理学或医学奖。

辅助生殖技术包括：体外受精/胚胎移植（第一代），将配子或合子在输卵管内移植或宫腔内移植；卵胞浆内单精子注射（intracytoplasmic sperm injection，ICSI）（第二代）；植入前胚胎遗传学诊断（preimplantation genetic diagnosis，PGD）（第三代）。

全世界大约有10%的夫妇遭受不育症的折磨，不育给这些家庭带来了痛苦和创伤。单纯药物治疗对众多不育症的疗效非常有限，但这一切都随着体外受精技术的产生而得到解决。体外受精是一种安全有效的方法，20%~30%的体外受精卵最终可以发育为胎儿。1978年7月25日，世界上第一个试管婴儿诞生。我国大陆首例试管婴儿于1988年3月10日降生于北京医科大学附属第三医院。

目前，全球大约已有400万人通过体外受精技术出生，其中许多人通过自然方式生育了下一代。

3.3.2 接种疫苗控制传染病流行

1958年6月30日，《人民日报》向全世界宣告，我国血吸虫病重点流行区域之一的江西省余江县消灭了血吸虫。毛泽东同志看到这一消息，欣然命笔，写下了著名的诗篇《送瘟神》（1958年6月30日）：绿水青山枉自多，华佗无奈小虫何！千村薜荔人遗矢，万户萧疏鬼唱歌。说明了当时我国传染病流行如此严重。新中国成立后，我国在控制疾病方面提出以预防为主的指导方针。经过一代又一代医学科学家的潜心研究，对防治人类疾病做

出了卓越贡献，医学发展取得了巨大的成绩。

在 20 世纪 50~80 年代初出生的新生儿都要接种牛痘，用于预防天花病毒感染，这是人类采用免疫接种在世界上消灭的第一种烈性传染病。1980 年 5 月 8 日在第 33 届世界卫生组织的大会上宣布天花已在地球上灭绝，我国于 1982 年以后才停止接种牛痘疫苗。其他两种甲类传染病鼠疫、霍乱偶有散发病例，但基本得到控制。

现在有些国家，如美国已经消灭了脊髓灰质炎，我国在强化免疫后，脊髓灰质炎的发病率也逐渐下降，仅在个别地区有散发的病例。经过不懈的努力，我国将来一定能消灭脊髓灰质炎。

在世界卫生组织的倡导下，我国医疗卫生行业的努力下，就新生儿开展预防接种，对传统的传染病进行了计划性、免费性、系统性、程序式、网络式管理。不管是农村还是城市孩子一出生就要接种 7 种计划内疫苗（一类疫苗），这些疫苗及其预防的传染病分别是：卡介苗（预防结核病）、乙肝疫苗（乙型病毒性肝炎）、脊髓灰质炎疫苗（小儿麻痹）、百白破三联疫苗（百日咳、白喉、破伤风）、麻疹疫苗（麻疹病毒感染）、乙脑疫苗（流行性乙型脑炎）、流脑疫苗（流行性脑脊髓膜炎）。

3.3.3 显微外科技术的发明促进了器官移植和断肢再植

显微镜的发明将人类从大体宏观带入了微观世界。它不仅在认识微观世界上发挥了决定性作用，也在临床诊疗疾病方面大大开阔了人们的视野。显微外科技术是外科医生借助于手术显微镜的放大，使用精细的显微手术器械及缝合材料，对细小的组织进行精细手术。它是一项专门的外科技术，现已广泛应用于手术学科的各个专业。断肢再植、器官移植等里程碑式的医学突破都是在显微外科技术发明的基础上而发展起来的。

3.3.3.1 器官移植

国际器官移植学会把公元前 300 年的名医扁鹊作为器官移植的鼻祖。但世界上第一例肾移植成功是在 1954 年 12 月 23 日约瑟夫・默里为患有严重肾病的孪生兄弟之间进行了肾移植，挽救了同卵双胞胎兄弟，是医学历史上器官移植的里程碑。约瑟夫・默里没有想到，他自己会因手术而于 1990 年获得诺贝尔生理学或医学奖。

现在的移植术种类很多：输血是深入人心的移植术、皮肤移植是移植术的先驱、角膜移植是移植免疫的豁免区域、肾移植是外科禁区的彻底突破、肝胰脾移植是移植术拓展的新领域、骨髓移植是挽救白血病患者生命的希望，心脏和肺等多器官联合移植是移植术领域的又一突破。

不同器官移植预后不尽相同，肝移植及肾移植的患者预后相对较好。肾移植在器官移植中疗效最显著，患者存活率超过 97%。肝移植目前术后 1 年生存率为 80%~90%，5 年生存率达 70%~80%，最长存活时间可达 30 多年。

但是，器官来源是最严重的瓶颈问题，近来报道因心脏病死亡后捐献肾等其他器官可能是解决中国器官移植的路径（Pan et al. 2015）。

3.3.3.2 断肢再植

当一个人突然遇到意外，使自己的肢体或耳朵离体后，又能迅速缝合到自己的身体上，这需要经过显微外科手术才能完成。在 20 世纪 50 年代之前，这还是一个梦想。我国陈中伟等于 1963 年首先报告成功地再植 1 例完全断离前臂，功能恢复良好。其技术难点在于骨支架和血液循环的重建、肌肉肌腱缺损修复等。

3.3.4　先进技术在临床医学中广泛应用

随着现代科学技术乃至计算机的发明和发展，各种影像诊断的仪器设备在医学领域的应用越来越广泛。

3.3.4.1　X 射线在医学中的应用

德国著名物理学家伦琴在 1895 年发现了 X 线，1901 年由此荣获首届诺贝尔物理学奖。从此，X 光机在临床诊断疾病中广泛应用。X 线成像原理与 X 线的性质、人体组织密度和厚度有关，X 线能够穿过人体是由 X 线的特性决定的（表 3-4）。

表 3-4　人体组织密度差异和 X 线影像关系表

组织	密度	吸收 X 线的量	透过 X 线的量	X 线影像	
				透视	照片
骨、钙化灶	高	多	少	暗	白
软组织、液体	稍低	稍少	稍多	较暗	灰
脂肪	更低	更少	更多	较亮	深灰
气体	最低	最少	最多	最亮	黑

在发明 X 光机的基础上结合电子计算机技术又发明了计算机断层扫描成像（computed tomography，CT）。它是计算机技术和 X 线检查技术相结合的产物。CT 是用 X 线束对人体层面进行扫描，取得信息，经计算机处理而获得的重建图像，所显示的是断面解剖图像，其密度分辨率明显优于普通 X 线图像；从而显著扩大了人体的检查范围，提高了病变的检出率和诊断的准确率。1979 年美国科学家科马克、英国科学家豪斯费尔德因发明 CT 扫描而共同获得诺贝尔生理学或医学奖。

3.3.4.2　核磁共振成像

核磁共振是自旋的原子核在磁场中与电磁波相互作用的一种核物理现象，也称为磁共振成像（magnetic resonance imaging，MRI）。参与 MRI 的因素较多，信息量大而且不同于现有各种影像学成像技术，在诊断疾病中有很大的优越性和应用潜力。由于磁共振成像具有高对比度、无骨伪影、可任意方位断层等优点，对脑、甲状腺、肝、胆、脾、肾、胰、肾上腺、子宫、卵巢、前列腺等实质器官，以及心脏和大血管有绝佳的诊断功能。2003 年诺贝尔生理学或医学奖授予美国化学家保罗·劳特布尔和英国物理学家彼得·曼斯菲尔德，以表彰他们在医学诊断和研究领域内所使用的核磁共振成像技术的突破性成就。

3.3.4.3　正电子发射计算机断层显像

正电子发射计算机断层显像（positron emission computed tomography，PET）是放射性同位素在医学领域的应用。它是将某种物质，一般是生物生命代谢中必需的物质，如葡萄

糖、蛋白质、核酸、脂肪酸，标记上短寿命的放射性核素（如 ^{18}F、^{11}C 等），注入人体后，通过对该物质在代谢中的聚集，反映生命代谢活动的情况，从而达到诊断的目的。PET 技术是目前唯一的用解剖形态方式进行功能、代谢和受体显像的技术，具有无创伤性的特点。它的图像质量好、灵敏度高、分辨率变小、适用面广，可进行身体各部位的检查，最大的优点是可以获得全身各方位的断层像，对肿瘤转移、复发的诊断尤为有利，是目前临床上用以诊断和指导治疗肿瘤的最佳手段之一。

3.3.4.4 超声波检查

超声波（ultrasonography，USG）是指超过正常人耳能听到的声波，频率在 20 000 Hz 以上。超声波检查是利用超声波的物理特性和人体器官组织的声学性质上的差异，以波形、曲线或图像的形式显示和记录，借以进行疾病诊断的检查方法。

超声诊断的优点：所用设备没有 CT 或 MRI 设备昂贵，可获得器官的任意断面图像，观察运动器官的活动情况，成像快，诊断及时，无痛苦与危险，属于非损伤性检查，因此，在临床上已普及应用，是医学影像学中的重要组成部分。B 型超声图像检查应用极广，遍及颅脑、心脏、血管、肝、胆、胰、脾、胃肠、胸腔、肾、输尿管、膀胱、尿道、子宫、盆腔附件、前列腺、精囊、睾丸、肢体、关节及眼、甲状腺、乳腺、唾腺等表浅小器官。

3.3.4.5 内窥镜检查

1933 年出生在上海金山的高锟，被誉为“光纤之父”，因在光学通信领域对光在光纤中传输方面所取得的开创性成就，2009 年他获得诺贝尔物理学奖。人们利用光导纤维传送冷光源发明了多种检查人体空腔器官的内窥镜。现在内窥镜的应用广泛，如纤维喉镜、支气管镜、胃镜、肠镜、胆道镜、阴道镜等。借助内窥镜医生可以直接发现黏膜病变，并能取活检标本。

但是，胃镜只能看到十二指肠球部，对于具有 5~7m 长的盘曲在腹腔的小肠，一般胃镜和肠镜都无法看到小肠黏膜上皮的改变。

20 世纪 80 年代有一位以色列国防部的机械工程师葛瑞尔·伊丹（Gavriel Iddan）与一位内科医生聊起内窥镜检查的过程，他联想到自己熟悉的智能导弹上的遥控摄像装置，并由此产生了研制无线内窥镜的最初设想。此后，在他的带领下经过 20 年的研制终于在 2001 年生产出世界上第一个胶囊式内窥镜，并率先进入临床使用，这一产品在全世界引起了巨大的反响。胶囊式内窥镜的诞生开辟了内镜技术医学应用的新领域，且与胃镜和肠镜具有良好的互补性，解决了小肠盲区的问题，成为消化学科发展史上的一个重要里程碑。

可是，光纤内窥镜无法观察到空腔器官的管壁结构，或肿瘤内部的结构。美国科学家在胃镜上加了超声探头，发明了超声胃镜。它除了帮助医生观察胃肠道黏膜表面的病变，还可以通过超声探头观察到内部的变化，如是实性肿瘤还是囊性肿瘤。

3.3.4.6 机器人手术系统

开展手术切除人体某些脏器的炎症或肿瘤已有 1000 多年的记载，但是由于人的视野有限、肿瘤所在部位不一定都能操作到位，这给医生和交叉研究提出挑战。经过多年的研究，将内窥镜、计算机、多种传感器与具有多个臂的机器人组合在一起，研制出机器人手术系统。例如，由美国 Intuitive Surgical 公司研制的达·芬奇外科手术系统，是一种外科机器人，具有多个臂，从一个控制台远程操作，并能够 7 个自由度和多轴向旋转地模仿人手腕状运动，因此扩大了三维可视化，大大提高了手术的准确性和安全性。从 2002 年开始在外科系统广泛应用机器人手术系统，如泌尿生殖、消化系统、肺部、神经系统等手术中（Xu et al. 2015；Vaccarella et al. 2012）。

3.3.4.7 介入治疗

在 20 世纪 80 年代兴起了一种介于内科和外科之间的治疗手段，称为介入治疗，即包括血管性和非血管性治疗。也就是在医学影像设备（B 超、CT、MR、透视机器、血管造影机等数字化仪器）的引导下，在微创的情况下，将特制的导管、导丝等精密器械引入人体，对体内的疾病进行诊断和局部治疗。介入治疗的穿刺点仅有几毫米，不用手术刀切开人体组织就能治疗，而通常情况下内科无法实施治疗措施，如对血管瘤、血管畸形、子宫肌瘤、肺癌、肝癌、肝硬化等疾病。此外，还可以利用人体的自然管道，如食管、肠管、血管，植入特殊材料制成的支架，以保障管道的畅通。例如，对于肿瘤造成消化道梗阻、因血栓形成堵塞血流。

3.3.4.8 靶向治疗

在临床上除了传统的手术治疗、化学治疗、放射治疗外，随着细胞生物学和分子生物学的发展，近几年在临床治疗疾病中从组织细胞、分子水平设计的治疗称为靶向治疗。针对异常组织常用的靶向治疗方法有射频消融术、激光治疗、高强度聚焦超声、精确靶向外放射治疗（X 刀、γ 刀）、氩氦超导手术治疗系统、放射性粒子植入间质内照射治疗、血管内介入治疗和局部药物注射治疗，以及神经靶向修复治疗等。

随着分子生物学研究的深入，可从细胞、分子水平了解发病机制，从分子水平设计药物，主要用于治疗肿瘤。目前所用的分子靶向治疗的药物有：具有靶向性的表皮生长因子受体（EGFR）阻断剂（如针对胰腺癌的靶向药物）、针对某些特定细胞标志物的单克隆抗体、酪氨酸激酶受体抑制剂、肿瘤血管生成抑制剂（如内皮抑素）等。

3.4 攻破医学难题又遇新挑战

随着社会经济的快速发展，人们生活方式、生活环境的改变，人类疾病谱发生了巨大变化，以肿瘤、心血管疾病、遗传和代谢性疾病为代表的多因素致病的危险性急剧增加，人类健康面临着更多新的挑战。

3.4.1 新发现的传染病

20 世纪 80 年代，当人们在欢欣鼓舞庆贺天花病毒在世界上灭绝时，新的攻击人类免疫系统中 T 淋巴细胞的人类免疫缺陷病毒（human immunodeficiency virus，HIV）出现了。1981 年美国首先报道了 5 例艾滋病患者，据研究，这种疾病是从非洲传入美国的。1985

年一位外籍艾滋病患者死于我国北京。从此艾滋病在全球传播，截至 2014 年年底，报告存活的感染者和患者为 50.1 万例（人民网 2015）。

2002 年 11 月中旬，在我国广东省首先发现一种新的疾病，当时难以确诊，到了 2003 年冬季和 2004 年春季在中国多地流行这种严重的呼吸道传染病，称为“传染性非典型肺炎”，经研究发现是一种从来没有听说过的冠状病毒感染。2004 年 3 月 15 日世界卫生组织将由这种病毒引起的疾病称为严重急性呼吸道综合征（severe acute respiratory syndrome，SARS），在全球范围内可能 SARS 病例的死亡率为 4%。

2012 年 6 月，中东地区流行呼吸道综合征，经研究发现是由高致命性的呼吸道冠状病毒引起的中东呼吸综合征（Middle East respiratory syndrome，MERS），到 2015 年 5 月、6 月传入韩国。据研究发现，这种冠状病毒的天然宿主是骆驼。截至 2015 年 5 月 31 日全球在实验室确诊病例 1180 人中有 483 人死亡（40% 的死亡率）（Zumla et al. 2015）。

2013 年 12 月，埃博拉病毒（Ebola virus）在几内亚暴发，逐步蔓延到利比里亚、尼日利亚、塞拉利昂等国。据报道此次疫情的最初感染者为一名 2 岁男童，通过接触蝙蝠感染了埃博拉病毒。埃博拉病毒是一种人畜共患的病原体，在 1976 年出现“埃博拉”，它被称为“来自黑非的死亡之神”，往往是由野生动物库传播给人类，与感染者分泌物的直接接触，如患者的唾液、呕吐物、粪便、汗液、眼泪或血液传播。非洲人有个习俗就是与死去的亲人近距离接触，因而造成家族性感染。由世界卫生组织（WHO）领导的埃博拉疫苗最终于 2015 年由加拿大科学家研发出来了（Martin 2015）。

2015 年 Ali Hassoun 报道了他们研究健康护理专业人员的呼吸道病原体定植季节变化结果，发现在冬季和夏季，鼻咽部的病原体不同，在冬季上呼吸道的冠状病毒较夏季明显增多（图 3-4）（Hassoun et al. 2015）。

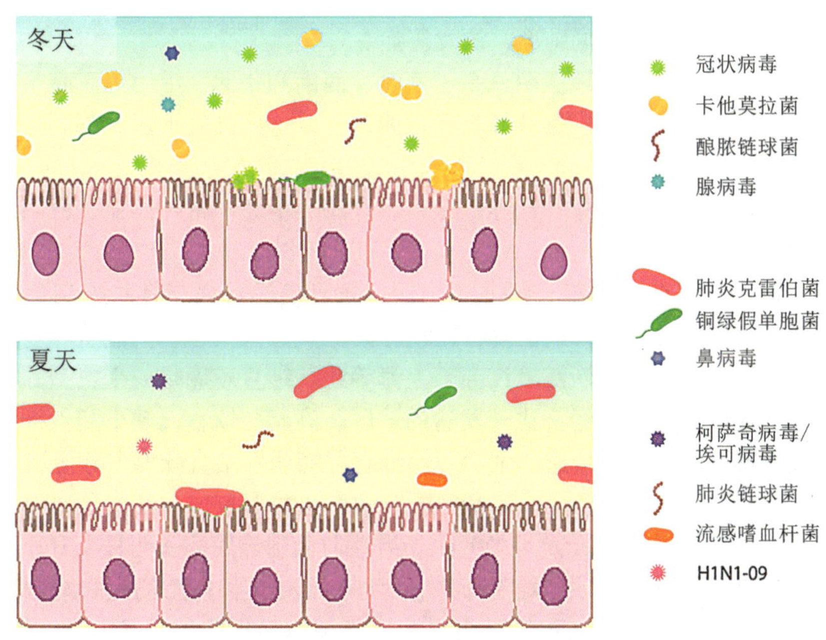

图 3-4　不同季节鼻咽部定植的不同病原体

虽然从1928年英国细菌学家弗莱明首先发现了世界上第一种抗生素青霉素，至今已经有无数种抗生素问世，但是，这些抗生素只对细菌和真菌有抑菌和杀菌作用，对病毒感染则无效。对于大多数病毒感染现在还没有特效药，如果身体的免疫力强，通过病毒感染后复制的自限性，则可恢复健康。对于艾滋病、SARS病毒、埃博拉病毒等仍有待于人类通过研究有效的疫苗来预防传染病的流行。

3.4.2 恶性肿瘤

有些病毒感染人体细胞后，由于病毒自身不能复制病毒颗粒，需要在人体活细胞中将病毒的DNA整合在人体细胞的DNA链上进行复制，利用人体细胞质中的核糖体翻译病毒的蛋白质衣壳，然后再组装成病毒颗粒。在这个过程中，容易诱发人体细胞发生恶变，导致肿瘤形成。

器官移植后为了抑制排异反应，需要长期使用免疫抑制剂，之后可能发生与感染有关的肿瘤。例如，人类疱疹病毒与卡波西肉瘤、EB病毒与非霍奇金淋巴瘤的发病相关。此外，患皮肤鳞状上皮癌的风险也将增加（Grulich and Vajdic 2015）。也有报道肝移植术后可并发头部、颈部和食管癌（Piselli et al. 2015）。

由全国肿瘤登记中心发布的《2012年中国肿瘤登记年报》来源于24个省的72个监测点，覆盖8547万人。该年报显示，我国每年新发肿瘤病例约为312万例，平均每分钟有6人被诊断为癌症，有5人死于癌症。

我国发病率居前三位的恶性肿瘤分别为：肺癌、胃癌、结直肠癌；死亡率居前几位的癌症主要有肺癌、肝癌、胃癌、食管癌、结直肠癌。

根据《2012年中国肿瘤登记年报》，我国发病率居前几位的恶性肿瘤分布呈现出如下特点。

肺癌：高发地区为东北、云南等地。这些地区大都是矿产业比较集中的地方，大气污染会使大量致癌物质侵蚀人们的肺部，诱发癌症。

肝癌：华东、华南和东北地区明显高于西北、西南和华北，沿海地区高于内地。肝癌有两个最重要的致病因素，即病毒性肝炎和黄曲霉素，这些高发地区大都同时符合这两项条件。

胃癌：高发地区主要有上海、江苏、甘肃、青海、福建。常吃高盐、腌制的食品是这些地区普遍的饮食习惯。

食管癌：高发地区包括河南、河北、山西。食管癌的发病与常吃腌制食物、粗硬食物，以及过烫的食物反复灼伤或损伤食管黏膜有关。

结直肠癌：高发地区包括浙江、江苏、上海等地。结直肠癌是一个典型的“富贵病”，其发病率较高的地区也是我国经济比较发达的地区。高脂肪饮食、缺少膳食纤维摄入及久坐少动、不按时排便等城市人普遍的生活习惯都有可能诱发结直肠癌（陈俊珺 2013）。

《2015年中国癌症统计》显示：肺癌仍居发病率死亡率首位，其次是胃癌，食管癌和肝癌也是引起死亡的原因（Chen et al. 2016）。男性前列腺癌发病率明显上升，而女性癌症发病率第一位的是乳腺癌。按照平均寿命74岁计算，人一生中患恶性肿瘤的概率是22%，肿瘤已经成为一种常见疾病。从年龄发病率看，45岁以后发病率明显上升，故应在40岁开始重视针对肿瘤的健康体检。

我国城市的肿瘤发病率高于农村，而农村死亡率高，这与农村医疗资源、诊治水平差有关。城市地区应加强肺癌、乳腺癌、结直肠癌的防治，农村地区应加强上消化道癌症的防治。

根据世界卫生组织 2015 年 2 月统计报道，癌症是全球一个主要死亡原因，在 2012 年造成 820 万人死亡。癌症的主要种类为：肺癌（159 万例死亡）、肝癌（74.5 万例死亡）、胃癌（72.3 万例死亡）、结直肠癌（69.4 万例死亡）、乳腺癌（52.1 万例死亡）、食管癌（40 万例死亡）（WHO 2015a）。

3.4.3 疾病谱和死亡谱发生变化

在没有广泛推广应用免疫预防接种之前，传染病是主要危害人类健康的疾病，也是引起死亡的主要原因。随着强制免疫接种工作的开展和抗生素的发明，大多数传染病得到有效控制。经过大量的流行病学研究发现，影响人类健康的疾病谱发生变化，如心脑血管病、肿瘤、呼吸系统疾病的发病率和死亡率有增高的趋势。

据世界卫生组织（Global Action Plan for the Prevention and Control of Noncommunicable Disease 2013~2020）指出：非传染性疾病（noncommunicable disease）主要是心血管疾病、癌症、慢性呼吸道疾病和糖尿病，这些疾病是世界上最大的杀手。全球超过 3600 万人死于非传染性疾病（全球死亡人数的 63%），其中每年包括年龄在 30~70 岁的人超过 1400 万人死亡。医治这些慢性病已经成为低收入和中等收入国家人们的经济负担，在未来的 15 年中这些疾病成为人们过早死亡的主要原因（WHO 2013）。

针对心脑血管病的发病原因的探究发现，与现代人的生活方式改变密切相关。尤其对于吃得较为精细的人，摄入高热量、高油脂、高盐的食物，运动量较小，又不从事体力劳动的人容易导致高血糖、高血脂、高血压，进而引起动脉粥样硬化、血栓形成、心脑血管梗塞，最终导致心肌梗死和脑梗死。

不健康的生活方式还会使人体细胞化生，继之发生调控异常，呈克隆性增生，即形成肿瘤。例如，吸烟引起气管黏膜上皮细胞由假复层纤毛柱状上皮细胞变成鳞状上皮细胞，就是一种化生现象，假如继续吸烟（作为一种致瘤因素），气管黏膜上皮在鳞状化的基础上发展成鳞状细胞癌。又如，食管癌和胃癌的发病多数与喜欢吃腌制食品、辣、烫食物有关。乙型肝炎的结局则有可能发展为肝癌。白血病的诱发因素包括环境中的苯、甲醛等有害物质超标。近几年来脑瘤的发病率也在攀升，研究推测可能与手机等电子产品过度使用有关（Coureau et al. 2014；Elwood 2014）。白天长时间地频繁使用手机，晚上则习惯性地将手机放在枕边，这有可能增加脑肿瘤的患病风险。脑肿瘤在人类十大常见肿瘤中的致死和致残率分别高居第二位和第四位（Gong et al. 2014）。

肿瘤的发病不仅与环境污染有关，也与呼吸系统疾病的发病有关。每年呼吸科专科委员会开会，雾霾对呼吸系统的影响引起专家的极度关注。

近年来，许多研究人员更加重视空气污染与慢性阻塞性肺疾病（COPD）之间的关联（Hu et al. 2015）。阴霾是一种严重的室外空气污染，影响着中国的大部分地区。在中国，研究表明室外空气污染对儿童和成年人的肺功能有不良影响，并可使慢性阻塞性肺疾病的症状加重。因此室外空气污染可能是导致慢性阻塞性肺疾病患者死亡的危险因素（Pan et al. 2014；Othman et al. 2014）。

3.5 展望未来医学发展的方向

诺贝尔物理学奖获得者朱棣文预言：将来科学上革命性的突破最有可能在一些交叉学科领域（生物学、化学、物理学等学科），目前在这些学科的交叉结合点上已有非常优秀的技术，如基因芯片可以帮助人们诊断疾病、治疗疾病和有助于人们认识细胞的相互作用。因此，在21世纪医学可能的发展方向是以人为本，树立以预防为主的理念，重视生活方式对慢性疾病发病的影响，加强多学科与医学交叉研究。

3.5.1 以人为本，强化个性化和精准医学治疗

2015年1月20日奥巴马在《国情咨文》中作为重点内容提出，21世纪的经济将有赖于美国的科学技术和研究开发（Ghitza 2015）。我们已经消灭了脊髓灰质炎，并初步解读了人类基因组。过去对那些患有囊泡纤维化的患者不能治愈的疾病，将来有可能经过基因治疗使他们转危为安。当天晚上，奥巴马宣布要启动一个新的计划“精准医学（precision medicine）”。这一计划将使我们向着治疗癌症、糖尿病等顽症的目标迈进一步。通过建立人的基因与疾病大数据库，使我们每一个人的基因差异更加明确，即都能获得自己的个体化信息。这将对个体化用药发挥积极的推动作用，使我们自己、我们的家人更加健康。这将引起一场医学领域的革命，是对现有医疗模式的创新。

2015年3月我国科技部召开国家首次精准医学战略专家会议，精准医疗计划将在两年内启动，并敲定在2030年前，中国精准医疗将投入600亿元，国内精准医疗将在巨额资金带动下为我国医疗方式带来全新的变革。《国家中长期科学和技术发展规划纲要（2006~2020年）》强调“疾病防治重心前移，坚持预防为主，促进健康和防治疾病结合”。

医学正在从生物医学模式向生物—心理—社会医学模式转变，乃至向大生态医学模式转化。人是社会的人，人的社会属性决定其生存状态，人的精神状态可以在基因表达水平上影响免疫应答的能力。美国以抽烟为代表的生活行为的改善使其相关癌症发病率明显下降，说明人的行为习惯的改变可能会预防疾病的发生。医学将从以病为主转到以人为主，从以个人为主转到以人群为主，从以解决个人问题为主转到以提高人的健康水平、提高人的生活质量为主。

由于人类基因组计划的完成及整合生物学和系统生物医学的生命研究，催生了“4P”医学新模式，即预测性（predictive）、预防性（preventive）、个体化（personalized）和参与性医学（participatory）。第四个P“参与性医学”，意指每个个体均应对自身健康尽责，积极参与疾病防控和健康促进。这个模式，开辟了对慢性疾病的早期预防和早期治疗的新途径（王莲芸 2009）。

3.5.2 我国人口老龄化与慢性病的防治

推进医疗机构与养老机构等加强合作。推动中医药与养老结合，充分发挥中医药“治未病”和养生保健优势。建立健全医疗机构与养老机构之间的业务协作机制，鼓励开通养老机构与医疗机构的预约就诊绿色通道，协同做好老年人慢性病管理和康复护理。增强医疗机构为老年人提供便捷、优先优惠医疗服务的能力。支持有条件的医疗机构设置养老床

位。推动二级以上医院与老年病医院、老年护理院、康复疗养机构、养老机构内设医疗机构等之间的转诊与合作。在养老服务中充分融入健康理念，加强医疗卫生服务支撑（国务院 2015）。

中国癌症防控的对策包括政府制定癌症防控的长期战略，加强癌症防治的宣传与教育（全民防癌），加大环保和食品安全立法，推进中国控烟、限酒的实施，加大以预防为主的支撑力度，支持癌症筛查和早诊早治，建立农村与城市肿瘤防控体系，加强国际合作（赵平 2013）。发展社区健康医疗服务。提高社区卫生机构对慢性病、肿瘤、精神疾病等的管理和服务。美国癌症协会近来提出，发展社会、社区、邻里等环境因素参与评估癌症，有利于对癌症患者的处理和治疗（Gomez et al. 2015）。

重视对重大疾病的防控，如艾滋病、结核病、乙型肝炎、血吸虫病。加强对慢性病的防治，如心血管疾病、糖尿病、慢性呼吸系统疾病。

加强对精神疾病的防治工作。2015 年 7 月 14 日在日内瓦召开的世界卫生组织心理健康会议上报道：在世界范围内，有心理障碍的人中仅有 1/10 的人被关注，在全球范围内从事心理健康工作的医务工作者仅为 1%。这意味着，将近 1/2 的世界人口生活在一个每 10 万人还平均不到一名精神病医生的国家（WHO 2015b）。报告还指出，人们对心理健康的支出仍然很低。在心理健康方面，低收入和中等收入国家花费少于美国人均每年 2 美元，而高收入国家花费为 50 美元。由此可见，培训从事心理健康的工作人员对初级保健至关重要，这是认识、预防和治疗严重的、常见的精神障碍患者必不可少的人力建设。

3.5.3 遗传病和罕见病的基因疗法

基因疗法：后基因组时代（蛋白质组学时代）即将来临。可以说，基因组工程的伟大使后基因组时代暂时还只能是一个美丽的梦想，其成就离临床应用还有很长一段路要走。而蛋白质研究将成为 21 世纪细胞生物学研究的中心内容。

随着人类基因框架图的完成，人类第一次可以从分子水平阐述人的生命现象，而这必然给医学带来质的飞跃。采用基因敲除或基因导入（基因编辑技术 CRISPR）可治疗某些遗传病，单基因遗传病如血友病，多基因遗传病如高血压，获得基因病如 AIDS（获得性免疫缺陷综合征）、乙型肝炎等疾病期待得到预防和治疗。

3.5.4 脑科学与认知神经科学

人类将在脑科学、认知神经科学研究和人类起源与进化的几个重大问题上取得突破性进展，这也将是科学发展的一个新高峰。脑与认知神经科学的进展将进一步揭示人类意识、思维的本质，为攻克脑的疾病提供基础。同时为开发智能计算机、仿脑的信息系统，以及能像人一样思维和动作的机器人创造了条件，这将对人类文明进程产生不可估量的影响。

3.5.5 多学科交叉研究，促进转化医学

细胞工程、3D 打印技术等基础研究成果将应用到临床医学治疗之中，如干细胞的研究可用于治疗白血病，而组织工程学将使整形外科、器官移植有取之不尽的材料。

信息技术和生物技术的交叉、嫁接将产生生物信息学，医学工作的方法将得到彻底的

改变。例如，远程医疗将大行其事。高准确性机器人跟踪瞄准系统，使得21世纪显微外科将会全面发展，应用显微外科技术开展实验外科、胎儿外科并与高新技术紧密结合必将改造整个医学。因此，显微外科将是21世纪医学的主旋律，即脏器清晰图像的获得，把生化病理研究推向分子结构的水平和直接提供有关成像组织的化学成分的信息，使研究步入断层显像的新时代。通过交叉学科的研究，碰撞出精彩的火花，不断发明创造新的医学仪器、医疗设备、治疗手段，从而减轻病痛，造福于人类，让人延年益寿。

综上所述，医学是科学常青树上永不成熟的果实，当旧的医学问题被攻破之后，新的问题又产生了，因此，对医学科学的研究和探索永无止境。

参考文献

陈俊珺. 2013. 解放周末·健康. 解放日报. 2013年2月1日.

国务院. 2006. 国家中长期科学和技术发展规划纲要（2006—2020年）. http：//www.gov.cn/gongbao/content/2006/content_240244.htm[2015-07-30].

国务院. 2015. 国务院办公厅关于印发全国医疗卫生服务体系规划纲要（2015—2020年）的通知. http：//www.gov.cn/zhengce/content/2015-03/30/content_9560.htm [2015-07-30].

郝捷，陈万青. 2012年中国肿瘤登记年报. 北京：军事医学科学出版社.

李雍龙. 2008. 人体寄生虫学. 7版. 北京：人民卫生出版社.

人民网. 2015. 卫计委：我国艾滋病疫情总体保持低流行水平. http：//www.people.com.cn[2015-04-15].

汤其群. 2014. 绳其祖武 倍道而行——漫谈基础医学的历史与未来. 光明日报. 2014年10月21日.

王莲芸. 2009. 大学生健康导论. 北京：高等教育出版社.

王莲芸. 2010. 现代医学导论. 2版. 北京：科学出版社.

张维波，李宏. 1996. 针刺对经脉线皮肤二氧化碳呼出量影响的观察. 中国针灸，16（1）：39-42.

赵平. 2013. 中国癌症流行态势与对策. 医学研究杂志，（10）：3.

Chen W，Wang J，Zhao A，et al. 2014. A distinct glucose metabolism signature of acute myeloid leukemia with prognostic value. Blood，124（10）：1645-1654.

Chen W Q，Zheng R S，Peter D B，et al. 2016. Cancer Statistics in China，2015. CA Cancer J Clin，66（2）：115-132.

Collins F S，Varmus H. 2015. A new initiative on precision medicine. N Engl J Med，372（9）：793-795.

Coureau G，Bouvier G，Lebailly P，et al. 2014. Mobile phone use and brain tumours in the CERENAT case-control study. Occup Environ Med，71（7）：514-522.

Elwood J M. 2014. Mobile phones，brain tumors，and the limits of science. Bioelectromagnetics，35（5）：379-383.

Garcia M K，Graham-Getty L，Haddad R，et al. 2015. Systematic review of acupuncture to control hot flashes in cancer patients. Cancer，121（22）：3948-3958.

Ghitza U E. 2015. A commentary on "A new initiative on precision medicine". Front Psychiatry，6：88.

Gomez S L，Shariff-Marco S，Derouen M，et al. 2015. The impact of neighborhood social and built environment factors across the cancer continuum：current research，methodological considerations，and future directions. Cancer，121（14）：2314-2330.

Gong X，Wu J，Mao Y，et al. 2014. Long-term use of mobile phone and its association with glioma：a systematic review and meta-analysis. Zhonghua Yi Xue Za Zhi，94（39）：3102.

Grulich A E，Vajdic C M. 2015. The epidemiology of cancers in human immunodeficiency virus infection and after organ transplantation. Elsevier：247-257.

Hassoun A，Huff M D，Weisman D，et al. 2015. Seasonal variation of respiratory pathogen colonization in asymptomatic health care professionals：a single-center，cross-sectional，2-season observational study. American Journal of Infection Control，43（8）：865-870.

Hisamitsu T，Ishikawa S. 2014. Changes in blood fluidity caused by electroacupuncture stimulation. J Acupunct Meridian Stud，7（4）：180-185.

Hu G，Zhong N，Ran P. 2015. Air pollution and COPD in China. J Thorac Dis，7（1）：59.

Lasker DeBakey award. 2011.Clinical medical research award. http：//www.laskerfoundation.org/awards/2011clinical.htm[2015-07-30].

Li J，Zhu H，Hu J，et al. 2014. Progress in the treatment of acute promyelocytic leukemia：optimization and obstruction. Int J Hematol，100（1）：38-50.

Martin E. 2015. In addition to its breakthrough of the year，science named nine runners-up as significant scientific achievements of 2015. Science，350：1461.

Mata D A，Katchi F M，Ramasamy R. 2015. Precision Medicine and Men's Health. Am J Mens Health：1557988315595693.

Othman J，Sahani M，Mahmud M，et al. 2014. Transboundary smoke haze pollution in Malaysia：inpatient health impacts and economic valuation. Environmental Pollution，189：194-201.

Pan Q，Yu Y，Tang Z，et al. 2014. Haze，a hotbed of respiratory-associated infectious diseases，and a new challenge for disease control and prevention in China. American Journal of Infection Control，42（6）：688.

Pan X，Xiang H，Linjuan L，et al. 2015. Preliminary results of transplantation with kidneys donated after cardiac death：a path of hope for organ transplantation in China. Nephrology Dialysis Transplantation：v49.

Piselli P，Burra P，Lauro A，et al. 2015. Head and neck and esophageal cancers after liver transplant：results from a multicenter cohort study. Italy，1997—2010. Transplant International，28（7）：841-848.

Vaccarella A，Enquobahrie A，Ferrigno G，et al. 2012. Modular multiple sensors information management for computer-integrated surgery. Int J Med Robot，8（3）：253-260.

Warren alpert foundation prize. 2015. For me，this award is not only an honor but a responsibility. -Tu Youyou，http：//www.warrenalpert.org[2015-07-30].

WHO. 2013. Global action plan for the prevention and control of noncommunicable diseases 2013—2020. http：//www.who.int/iris/handle/10665/94384#sthash.8hsoj2CJ.dpuf [2016-1-25].

WHO. 2015a. World Health Organization Cancer. http：//www.who.int/mediacentre/factsheets/fs297/en/[2015-07-30].

WHO. 2015b. Global health workforce，finances remain low for mental health. http：//www.who.int/mediacentre/news/notes/2015/finances-mental-health/en [2015-07-30].

Xu J，Wang Y，Dai Y，et al. 2014. DNMT3A Arg882 mutation drives chronic myelomonocytic leukemia through disturbing gene expression/DNA methylation in hematopoietic cells. Proc Natl Acad Sci USA，111（7）：2620-2625.

Xu J，Wei Y，Wang X，et al. 2015. Robot-assisted one-stage resection of rectal cancer with liver and lung metastases. World J Gastroenterol，21（9）：2848.

Zhang X，Yan X，Zhou Z，et al. 2010. Arsenic trioxide controls the fate of the PML-RARα oncoprotein by directly binding PML. Science，328（5975）：240-243.

Zhao L. 2015. Acupuncture meridian of traditional chinese medical science：an auxiliary respiratory system. J Acupunct Meridian Stud，8（4）：209-212.

Zhou W，Benharash P. 2014a. Effects and mechanisms of acupuncture based on the principle of meridians. J Acupunct Meridian Stud，7（4）：190-193.

Zhou W，Benharash P. 2014b. Significance of "Deqi" response in acupuncture treatment：myth or reality. J Acupunct Meridian Stud，7（4）：186-189.

Zumla A，Hui D S，Perlman S. 2015. Middle East respiratory syndrome. Lancet，386（9997）：995-1007.

（王莲芸　乔之光）

4

细菌 DNA 骨架上的磷硫酰化修饰

DNA 是生命科学最引人注目的领域之一，由碳、氢、氧、氮和磷 5 种元素构成。DNA 双螺旋结构开创了分子生物学新时代。在基本 DNA 骨架外，DNA 修饰是另一个专门领域，细菌甲基化修饰对分子生物学的发展具有里程碑式的贡献，开启了 DNA 甲基化修饰新领域，并由此诞生了一个新学科：表观遗传学。2007 年，邓子新研究团队和美国科学家合作在 DNA 骨架上发现了 R- 构型的磷硫酰化修饰，是对 DNA 结构修饰的又一全新补充。这是迄今为止在天然 DNA 骨架上发现的第一种生理修饰（Zhou et al. 2005；Wang et al. 2007）。这是对 DNA 结构理论的又一原创性贡献，打开了又一崭新的学科领域，具有重大的生物学或生物工程学意义。

4.1 DNA 异常修饰现象的发现

4.1.1 DNA 异常修饰的琼脂糖凝胶电泳表型

早在 20 世纪 80 年代，周秀芬等研究人员发现一株放线菌中的变铅青链霉菌（*Streptomyces lividans*）[土壤放线菌模式菌株天蓝色链霉菌（*Streptomyces coelicolor*）的姐妹菌]的总 DNA（Zhou et al. 1988），在常规琼脂糖凝胶电泳过程中，DNA 样品降解，这种现象与 Tris- 乙酸电泳缓冲液的“good、bad”有关（图 4-1）。在“good”电泳缓冲液中，从 *S. lividans* 中提取的染色体 DNA 及质粒可以正常电泳，琼脂糖凝胶电泳呈现清晰明确的 DNA 带型；如图 4-1 右图中泳道 1、4 和 5，在“bad”电泳缓冲液中，*S. lividans* 的 DNA 在琼脂糖凝胶电泳中表现为模糊的带型（smear）。但来自大肠杆菌（*Escherichia coli*）和 *S. coelicolor* 的质粒及总 DNA 在这两种电泳缓冲液中均为清晰明确的电泳带型。通过不同来源的 DNA 样本作对照，实验排除了提取 DNA 及其电泳检测过程中引入的系统误差和偶然误差，证明只有 *S. lividans* 的 DNA 在 Bad Buffer 中电泳降解，*S. lividans* 的 DNA 与其他物种 DNA 呈现明显不同的降解表型（DNA degradation phenotype，DNd），称为 Dnd 表型。这是 DNA 存在异常修饰的第一个经典的特征性电泳现象。

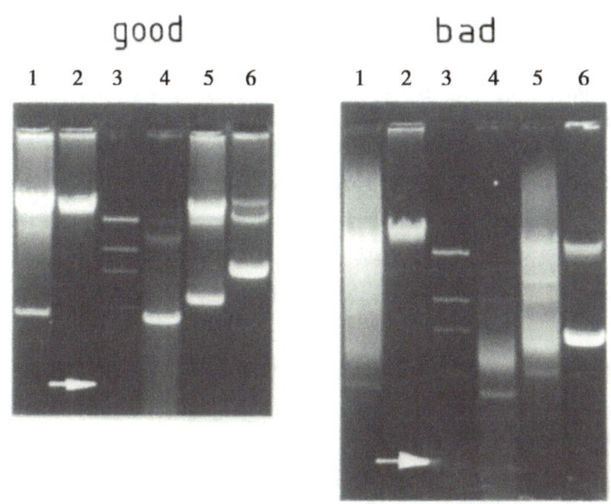

图 4-1 变铅青链霉菌 DNA 在“bad”缓冲液中的特异性降解（Zhou et al. 1988）

标有“good”和“bad”的两块凝胶含有同样的DNA样品：泳道1~4分别是：*S. lividans* 66总DNA（含有6.2kb的质粒）；*S. coelicolor* 总 DNA，用 *Hind* Ⅲ酶切的 lambda DNA，箭头指向 2.3kb 的片段；*S. lividans* 66 6.8kb 的质粒；大肠杆菌总DNA（含有9.6kb的质粒）。第5泳道为不同批次提取的*S. lividans* 66总DNA（含有 6.8kb 大小的质粒）。第 6 泳道为大肠杆菌 9.6kb 的质粒

4.1.2 DNA 异常修饰的脉冲场凝胶电泳表型

图 4-2 中为典型的脉冲场凝胶电泳（PFGE）的 Dnd 表型，*Mycobacterium abscessus* 物种在基因组分型中，其中 12 株中有 8 株的 DNA 降解（Zhang et al. 2004）。随着研究的深

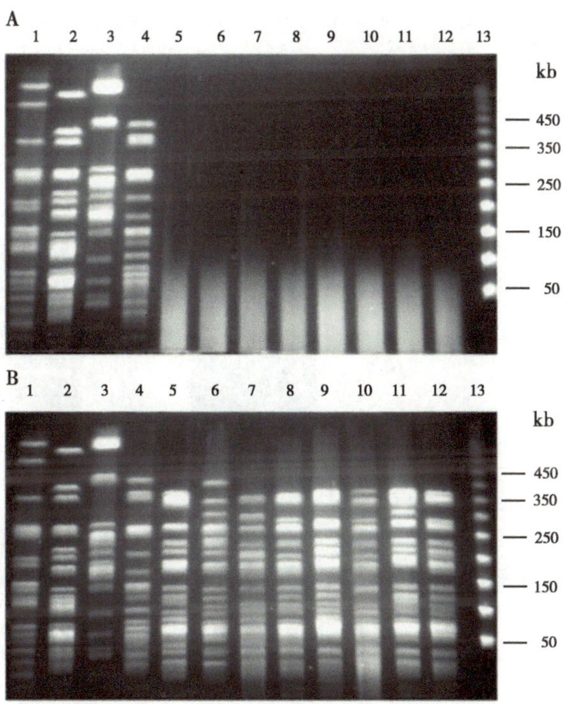

图 4-2 脉冲场凝胶电泳中 DNA 异常修饰的表型（Alonso et al. 2005）

A．5~12 泳道为典型的 PFGE 的降解表型；B．加入硫脲的正常 DNA 对照

入，发现多个菌属的细菌基因组 DNA 在 PFGE 过程中遇到降解现象而无法进行微生物的亚种分型，如 *Salmonella enterica* subsp. *enterica* serovar Ohio、*Salmonella* serovar. Newport、enterohemorrhagic *Escherichia coli*（non-O157）、*Streptomyces lividans*、*Streptomyces avermitilis*、*Pseudomonas fluorescens*（PfO-1）、*Mycobacterium abscessus*、*Clostridium difficile* 等菌株，它们的 DNA 在脉冲场电泳中呈现降解表型（Alonso et al. 2005；Xie et al. 2012；Zhang et al. 2004）。

4.2 DNA 硫修饰的论证和结构解析

4.2.1 DNA 硫修饰的遗传学证据

是否来自变铅青链霉菌的 DNA 本身异常导致在电泳缓冲液中发生断裂？周秀芬等从近 400 株变铅青链霉菌中用诱变剂亚硝基胍（NTG）筛选到一株基因组 DNA 非降解突变菌株 ZX1（Zhou et al. 2005）。用 *Ase* Ⅰ 酶切野生菌与突变菌株的基因组 DNA，经脉冲场凝胶电泳（PFGE）分析，发现突变菌株 ZX1 比野生菌的染色体缺失了一段约 90kb 的 DNA 片段，李爱英等通过构建 DNA 文库、Southern 杂交和亚克隆，精确定位了这段 DNA 缺失区域的边界，再通过物理图谱定位、遗传回补手段，将与 Dnd 表型相关的区域具体精确到 8.3kb 的片段上；随后贺新义等对 93kb 的 DNA 片段进行了测序，发现 93kb 的 DNA 片段一侧与野生型菌株中缺失部位的另外一侧存在两个完全相同的正向重复序列：TCAGATGTCCCGGAA，归属于一类基因组岛，*dnd* 基因簇坐落于基因岛靠近正向重复的一端（He et al. 2007）。这两个重复序列介导了 ZX1 菌株的 93kb 基因组 DNA 的重组，后期经过实验再次证明，通过诱变或自发突变就可从野生菌基因组中得到缺失这个基因组岛的突变菌株，同时也丧失了 Dnd 降解表型。

生物信息学比对分析与降解表型关联的 DNA 序列，预测了 5 个相关基因，分别命名为 *dndA*、*dndB*、*dndC*、*dndD* 和 *dndE*，基因排列方式见图 4-3（Zhou et al. 2005）。通过

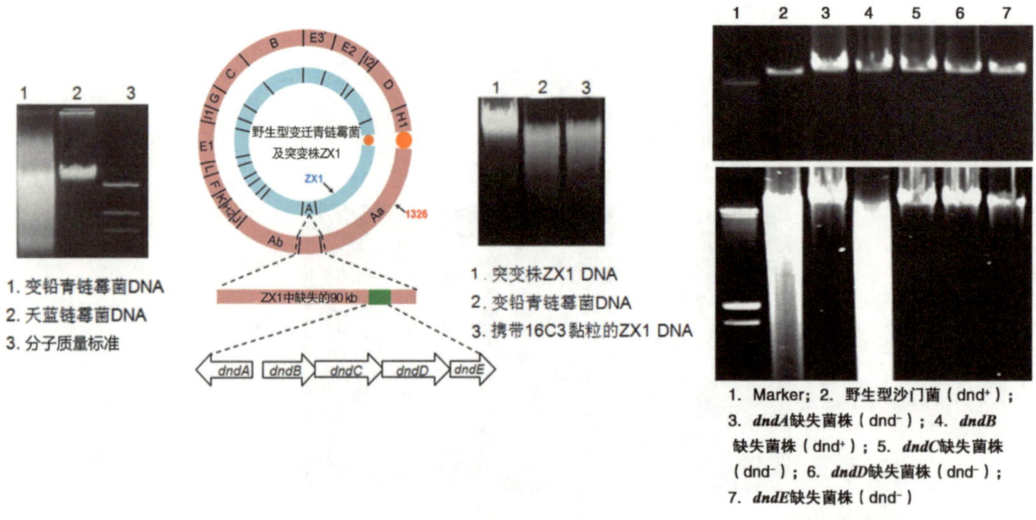

图 4-3 突变株 ZX1、基因簇和 5 个相关基因突变菌株的 DNA 的 Dnd 降解表型（Zhou et al. 2005；Xu et al. 2009）

遗传学同框缺失和回补实验分析，当链霉菌中 *dndA*、*dndC*、*dndD* 和 *dndE* 4 个基因分别突变，均导致 Dnd 表型丢失，回补后 Dnd 表型恢复；而 *dndB* 基因的缺失，则加剧了 Dnd 降解表型（Liang et al. 2007）。通过转录分析，*dndB~dndE* 组成了一个转录本，即 4 个基因以一个顺反子共转录，*dndA* 与这 4 个基因形成两个反方向的开放可读框，证明硫修饰以基因簇形式存在（Xu et al. 2009）。

遗传学结果将 Dnd 表型和基因型间直接建立了关联，证明 DNA 的降解表型直接由遗传物质决定。

4.2.2 同位素示踪 DNA 硫修饰

DndA 与 DndC 蛋白功能预测与硫代谢相关，周秀芬等用 $Na_2{}^{35}SO_4$ 对喂养野生型变铅青链霉菌 1326、阿维链霉菌、荧光假单胞菌 PfO-1 和天蓝色链霉菌 A3（2），突变株 ZX1、HXY1 和 LA2（Zhou et al. 2005）（图 4-4）。泳道 1、6、7 的 DNA 上检测到放射性硫信号，泳道 2、3、4、5 作为阴性对照没有检测到同位素信号。变铅青链霉菌 1326、阿维链霉菌、荧光假单胞菌 PfO-1 三菌株均具有 Dnd 表型（Dnd^+），基因组上均含有 *dnd* 基因簇，其他均为无 Dnd 表型（Dnd^-），基因组上也均无 *dnd* 基因簇。这组实验证明 DNA 上存在硫修饰。同位素喂养实验是提出 DNA 硫修饰概念的第一个有力证据。

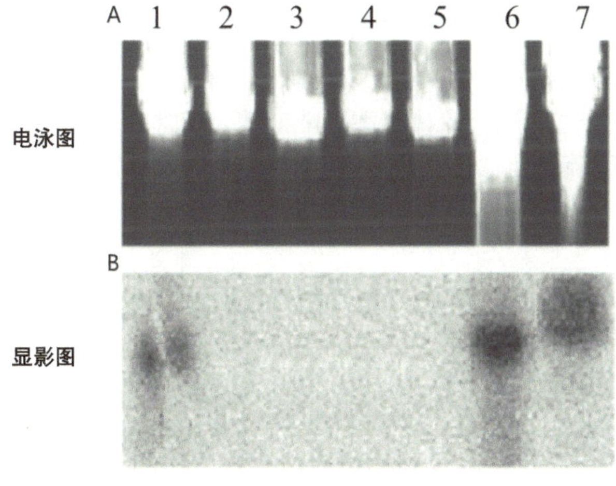

1. 野生型变铅青链霉菌 1326（*dnd*⁺）
2. 突变株 ZX1
3. 天蓝色链霉菌 M145（*dnd*⁻）
4. *dndA* 基因突变株 HXY1
5. *dndC* 基因突变株 LA2
6. 阿维链霉菌（*dnd*⁺）
7. 荧光假单胞菌 pfO-1（*dnd*⁺）

图 4-4　放射性 ^{35}S 检测（Zhou et al. 1988）

A. 不同菌株 DNA 的凝胶电泳图；B. 凝胶电泳后，DNA 被转膜并放射自显影

4.2.3 DNA 硫修饰的结构

2007 年，王连荣等重复了同位素喂养实验（Wang et al. 2007）。用 35[S]-L- 半胱氨酸喂养 Dnd 表型 [Dnd^+，大肠杆菌 B7A、DH10B（含有 pJTU1238- 携带沙门菌的硫修饰基因簇的高拷贝质粒，赋予 DH10B 工程菌株 Dnd 表型）] 和对照 [Dnd^-，DH10B（含有质粒 SK+，对照）] 菌株，通过核酸酶 P1、蛇毒磷酸二酯酶和碱性磷酸酶水解基因组 DNA 成核苷酸，结合液体闪烁计数器检测每个组分的放射性强弱（图 4-5），与对照组比较，跟踪正离子模式的定位高压液相色谱（HPLC）上的 Dnd^+ 的核苷酸的差异同位素峰下的紫外峰，

收集脱氧核苷（HPLC 上的出峰保留时间 39~40min），再利用高效液相色谱 - 电喷雾飞行时间质谱联用（HPCL/ESI-TOF MS）分析技术对其组分进行检测分析，此物质精确荷质比 597.138，进一步抽提到荷质比信号分别为：597、446、348、152 和 136（图 4-6），与合成的标准品中的 R_P- 构型的 5′-d（GpsA）-3′ 完全一致，推出其分子式为 $C_{20}H_{25}N_{10}O_8PS$。

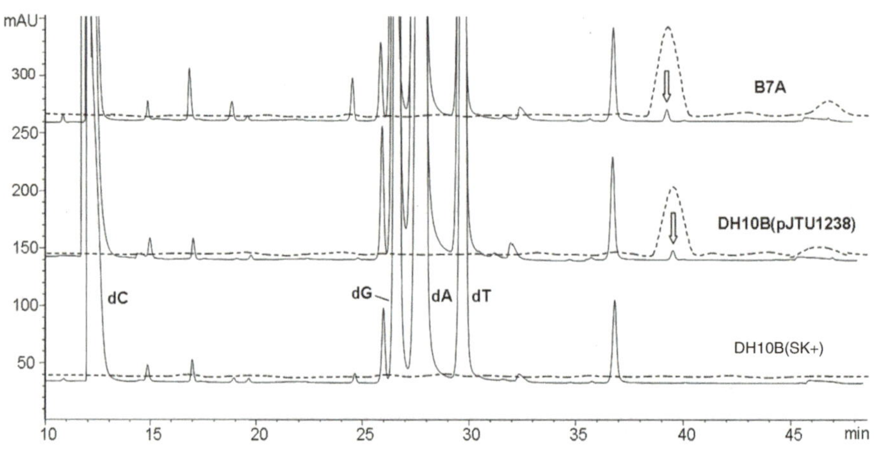

图 4-5　HPLC 分离 ^{35}S 标记的基因组 DNA 酶解产物

用核酸酶 P1、蛇毒磷酸二酯酶和碱性磷酸酶水解 DNA，通过 HPLC 进行检测（实线）跟踪，液体闪烁计数器检测流出成分（虚线）。箭头所指为含硫修饰的二核苷 $G_{PS}A$

根据上述实验证据推测大肠杆菌 B7A、DH10B（pJTU1238）的 DNA 硫修饰特异性发生在 5′-d（GA）-3′ 之间，在两个核苷之间通过硫代磷酸二酯键替代正常的氧磷酸二酯键进行 DNA 长链的连接，称为 DNA 磷硫酰化修饰（图 4-7），这是迄今为止发现的第一个在 DNA 骨架上发生的生理修饰。

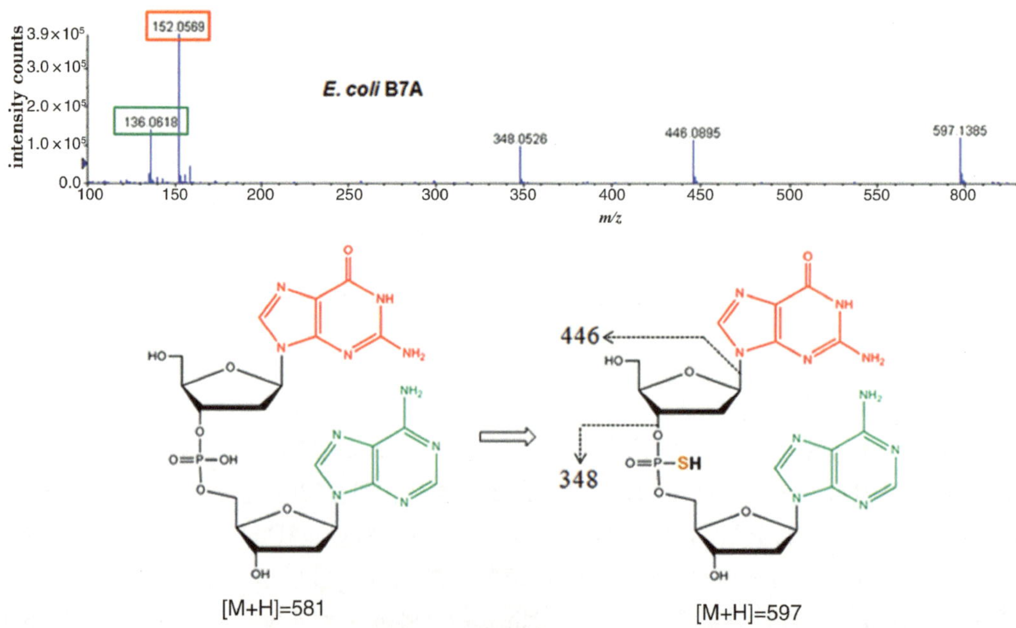

图 4-6　硫化修饰二核苷酸的荷质比（Wang et al. 2007）

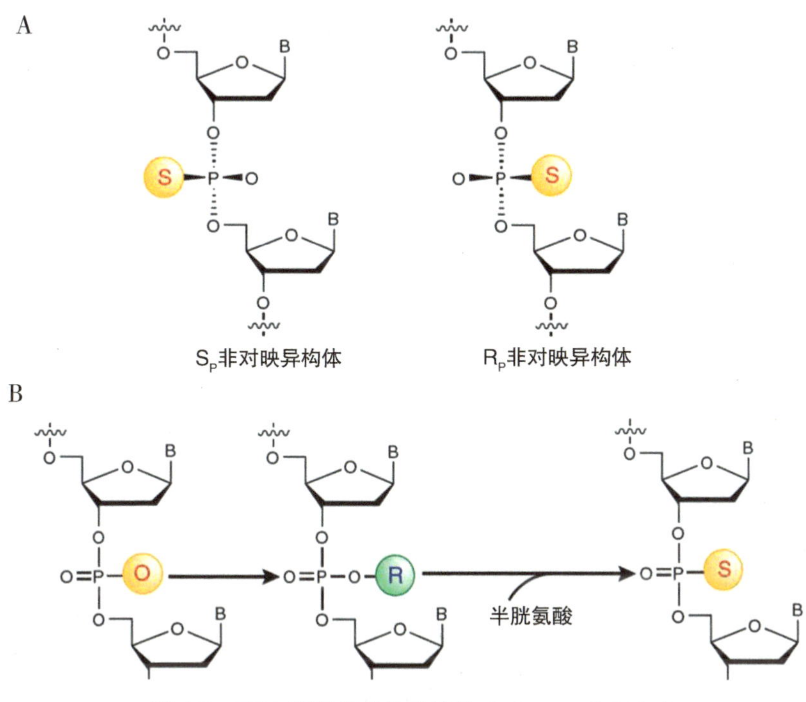

图 4-7 DNA 硫修饰的化学结构（Wang et al. 2007）

4.3 DNA 上修饰的序列特征

4.3.1 DNA 硫修饰位点保守性

2011 年王连荣等通过 HPLC-MC 推测出 DNA 硫修饰的结构，随后对不同栖息地中分离的具有硫修饰基因簇的一些菌株，用同样的方法对它们的硫修饰 DNA 进行了结构鉴定（Wang et al. 2011）。荧光假单胞菌 PfO-1、希瓦氏菌 *Shewanella pealeana* ATCC 700345、遍在远洋杆菌 Candidatus *Pelagibacter ubique* HTCC1002、海洋细菌 *Hahella chejuensis* KCTC 2396、海洋杆菌 *Oceanobacter* sp. RED65，以及厌氧菌 *Geobacter uraniumreducens* Rf4 中 DNA 骨架上特异性发生在 5′-d（GA）-3′、5′-d（GT）-3′和 5′-d（GG）-3′三种二核苷酸之间的 R_p 构型的磷硫酰化硫修饰，见表 4-1。DNA 硫修饰是微生物中普遍存在的生命现象。

表 4-1 不同细菌中 DNA 硫修饰二核苷的鉴定

Bacterium	PT modifications per 10^6 nt						
	d（$G_{ps}A$）	d（$G_{ps}T$）	d（$G_{ps}G$）	d（$C_{ps}A$）	d（$A_{ps}A$）	d（$T_{ps}A$）	Total PT
E. coli B7A	370 ± 11	398 ± 17	—	—	—	—	768 ± 27
S. enterica 87	362 ± 9	370 ± 11	—	—	—	—	732 ± 20
DH10B（pJTU1980）	529 ± 48	543 ± 62	—	2 ± 0	3 ± 0	2 ± 0	1078 ± 109
DH10B（pJTU1238）	717 ± 52	774 ± 53	—	4 ± 0	6 ± 1	5 ± 0	1505 ± 103

续表

Bacterium	PT modifications per 10^6 nt						
	d($G_{ps}A$)	d($G_{ps}T$)	d($G_{ps}G$)	d($C_{ps}A$)	d($A_{ps}A$)	d($T_{ps}A$)	Total PT
P. fluorescens pfO-1	—	—	451 ± 9	—	—	—	451 ± 9
*S. lividans*1326	—	2 ± 0	471 ± 39	—	—	—	474 ± 39
G. uraniumreducens Rf4	—	3 ± 0	517 ± 14	—	—	—	520 ± 13
B. marisrubri RED65	438 ± 23	3 ± 0	—	—	—	—	440 ± 23
S. pealeana ATCC 700345	316 ± 9	172 ± 2	—	—	—	—	489 ± 11
H. chejuensis KCTC 2396	286 ± 9	*	—	—	—	—	286 ± 9

* 低于仪器检测极限；

—未检测到。

4.3.2 DNA 硫修饰序列保守性

早在 DNA 硫修饰结构解析之前的 20 世纪 80 年代末，周秀芬等研究人员通过用激活的电泳缓冲液处理 *S. lividans* 的质粒 pIJ699，得到清晰的断裂电泳片段，进一步通过二维电泳证明已经断裂的片段不再断裂，说明二维胶上的片段不再有修饰位点（Zhou et al. 1988）。随后 90 年代初 Dyson 等（Boybek et al. 1998；Dyson and Evans 1998；Ray et al. 1995）用引物延伸法对激活的 pIJ101 上的断裂位点进行了系统性研究。通过 Southern 杂交检测激活断裂的片段，然后用引物延伸测序法得到一个断裂位点，其周围的碱基序列为 CCGGCCGG，分析了其周围 160bp 的上下游序列，发现含有三个正向重复和两个倒转重复，当删除左侧的正向重复时修饰频率下降；左侧的倒转重复直接关联 DNA 修饰；保留第二个正向重复修饰则观察不到修饰的发生。DNA 复杂的二级结构可能影响位点修饰的优先性。早期多组实验证据支持异常修饰的 DNA 激活断裂发生在特定的位置。

2007 年，梁晶丹等进一步研究了链霉菌的 DNA 硫修饰位点的保守共有序列（Liang et al. 2007）。通过激活电泳处理变铅青链霉菌野生菌中含硫的线性化质粒后，在凝胶上观察到线性化的质粒呈现两个高丰度的断裂片段，经过克隆和测序，证明这个断裂点是一个集中修饰的位点，称为优先修饰位点；同一个质粒在 *dndB* 基因同框缺失菌株中其硫修饰优先修饰位点丰度降低，其他潜在的修饰位点的修饰频率增加。通过系统突变证实，在一段序列（5′-c—cGGCCgccg-3′）上的 4 个高度保守的核心碱基（5′-GGCC-3′）是修饰发生所必需的；两翼序列 5′-c—c 和“gccg”只在 *dndB* 突变株中其修饰降低甚至完全消失。实验推测 *dndB* 直接或间接决定了修饰复合物对修饰位点的优先修饰。从胶图中观测到断裂的两个片段加和正好等于质粒全长，通过测序也证明质粒上潜在的修饰保守序列有多处，但在一个质粒中的保守序列仅发生一处硫修饰，质粒上其他共有的修饰保守序列不再修饰，似乎质粒具有硫修饰免疫性。对于这个现象的机制还不清楚。

用激活的片段对末端进行克隆并测序，梁晶丹等通过比对鉴定了 5 个物种的硫修饰保守序列和修饰位点，见图 4-8。

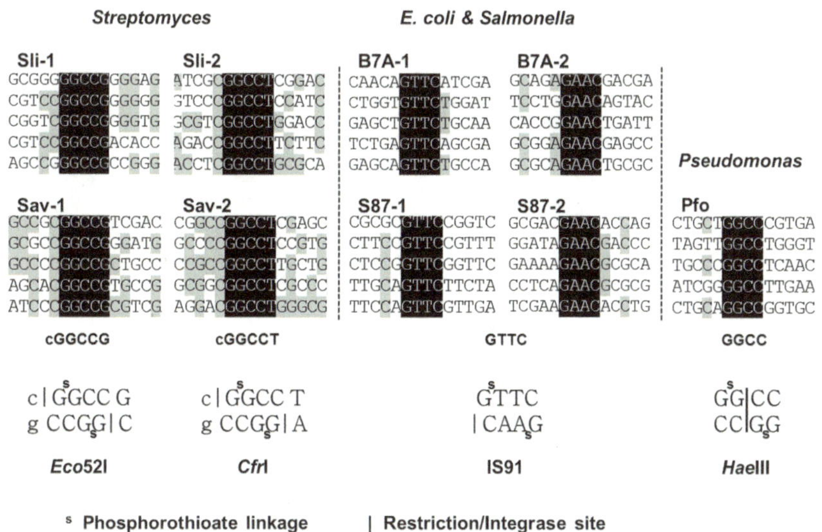

图 4-8　5 个物种的硫修饰保守序列和修饰位点

4.3.3　基因组全谱测序 DNA 硫修饰位点

曹博等通过单分子实时测序（single molecule real-time sequencing，SMRT）和碘切割依赖的深度测序（deep sequencing of iodine-induced cleavage at PT，ICDS）两种互补技术，首次获得了大肠杆菌 *Escherichia coli* B7A 和 *Vibrio cyclitrophicus* FF75 的全基因组磷硫酰化修饰位点分布图谱（Cao et al. 2014a）（图 4-9）。用合成的硫修饰寡核苷酸作对照，证明生物体内的硫修饰均为 Rp 构型，支持了前期结构解析时的结论。实验结论支持了前期几种方法的部分修饰定位结果：大肠杆菌 B7A 全谱也具有保守的 GpsAAC/GpsTTC 短序列特征，而弧菌 FF75 修饰在单链上，保守短序列为 CpsCA。首次发现硫修饰 DNA 不仅有双链的上下链修饰，还存在单链修饰，且保守序列更短。早期 Eckstein 等建立了磷硫酰键与碘乙醇反应的断裂机制，曹博等利用和发展了这个技术，通过碘乙醇处理菌体的硫修饰总 DNA，将断裂片段连接到测序接头序列上，进一步测序得到其连接处序列，求得保守序列。用单分子实时测序得到 4519 个修饰位点，用碘切割依赖的深度测序得到 2976 个位点。两种测序方法相互补充，弥补了相互之间的不足。通过全谱测序定位，在大肠杆菌 B7A 中，4 万多个潜在的保守序列 GAAC/GTTC 中修饰的比例仅占 18%；弧菌中潜在的 16 万个 CCA 序列中修饰的比例仅占 14%。说明硫修饰的保守序列是修饰发生的必要不充分条件。数据统计结果表明大肠杆菌 B7A 基因组上，平均约 1300bp 碱基片段上发生一对 GpsAAC/GpsTTC 的上下链骨架硫修饰。

通过大肠杆菌 DNA 磷硫酰化修饰基因组分布图谱的绘制更全面地了解了微生物基因组全方位的修饰频率和具体的物理位置。将为推动 DNA 磷硫酰化的生物学功能研究及深入理解并揭示这一特殊表观遗传学修饰的生物化学过程提供重要依据。

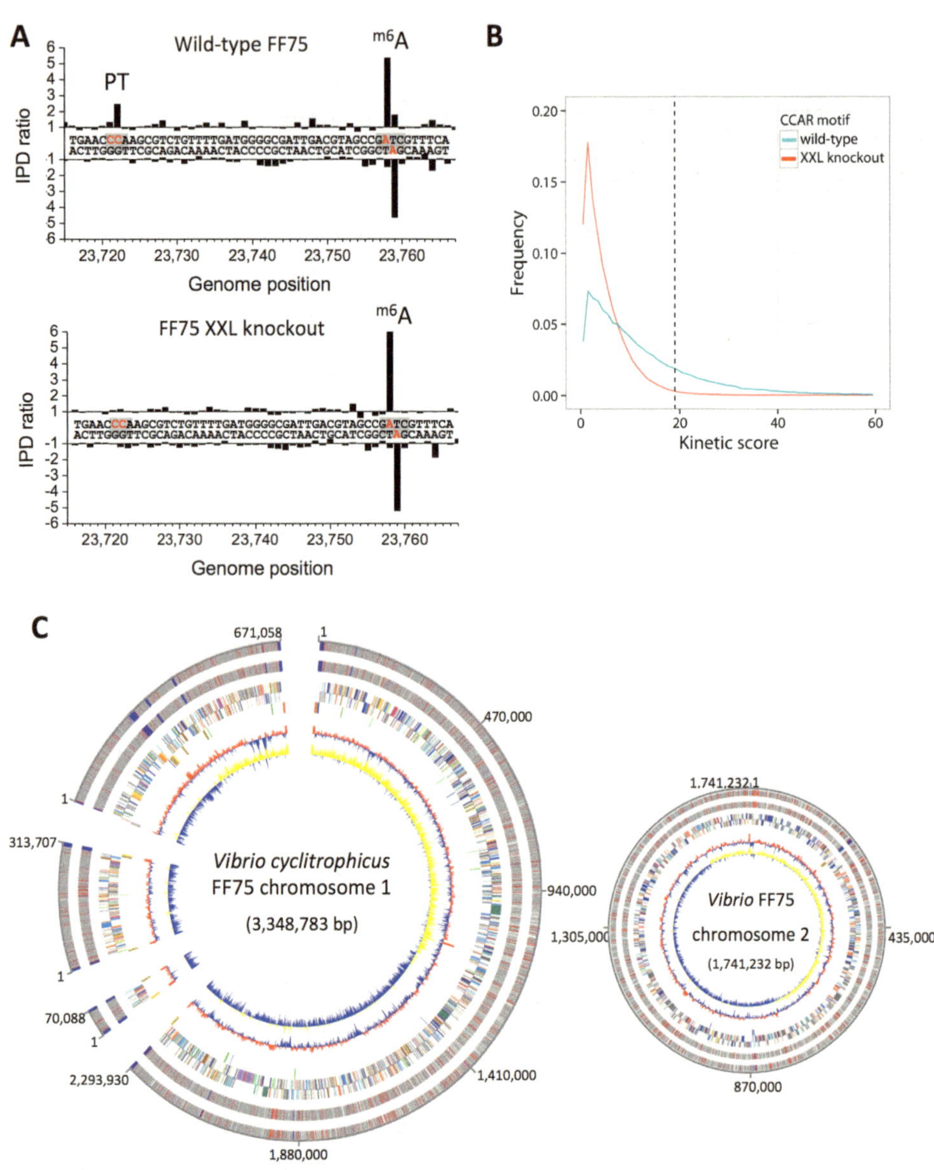

图 4-9　大肠杆菌 B7A 和弧菌 FF75 的全基因组磷硫酰化修饰位点分布图谱

4.4　DNA 硫修饰的鉴定方法

4.4.1　普通琼脂糖和脉冲场凝胶电泳检测 Dnd 表型

约 30 年前，无论用常规 TAE 或 TBE 缓冲液进行常规核酸电泳，还是脉冲场凝胶电泳（最大限度地降低提取 DNA 过程中的机械损伤），很难得到 *S. lividans* 的 DNA 样品的正常酶切图谱，胶上总是呈现 DNA 降解表型。通过实验排查降解现象非内源核酸酶污染，也非电泳缓冲液中被微生物污染所致（Zhou et al. 1988）。

经过研究电泳过程发现，电泳槽中的 TAE 缓冲液，只需要在正常的电泳条件下，几

分钟后从阳极附近取出的缓冲液，即具有切割异常修饰质粒 DNA 和总 DNA 的活性，这种缓冲液被称为“激活”缓冲液（Zhou et al. 1988）。利用经过 30min 正常电泳的阳极取出的“激活”缓冲液处理被检 DNA，成为实验室鉴别异常修饰 DNA（Dnd 表型）的一种常用方法。另外，通过长时间（一般大于 6h）TAE 缓冲液对异常修饰 DNA 进行电泳，也可获得 Dnd 表型。

分离大分子 DNA 的脉冲场凝胶电泳（pulsed field gel electrophoresis，PFGE）广泛用于细菌分型。PFGE 常用 0.5 × TBE 缓冲液，其电泳槽含有 6 个角度的电极，大于 10kb 的长片段 DNA 的有效分离一般需要长时间电泳。几乎所有的硫修饰 DNA，用软琼脂包埋块，通过 PFGE 后，均可得到稳定的 Dnd 表型，所以脉冲场凝胶电泳检测硫修饰 DNA 的 Dnd 表型是实验室鉴定硫化修饰 DNA 样本的有效手段之一。

Dyson 实验室（Boybek et al. 1998；Dyson and Evans 1998；Ray et al. 1995）经过测试多种电泳缓冲液，发现甘氨酸、丙氨酸、组氨酸替换 Tris，也可使异常修饰 DNA 断裂，而用 HEPES 电泳缓冲液电泳则不具备激活异常修饰 DNA 的能力。另外，Ray 等用 5μm 硫脲，即可有效抑制异常修饰 DNA 的电泳降解（Chen et al. 2012）。实验室常用含有 50μm 硫脲的 TAE 电泳缓冲液抑制电泳过程中的 Dnd 表型。进一步研究发现含不完全氧化硫的化合物都能有效地抑制异常修饰 DNA 的断裂。

综上所述，目前有两种有效抑制异常修饰 DNA 降解的方法，一是选用 HEPES 缓冲液电泳；二是电泳过程中在电泳缓冲液 TAE 或 TBE 中加入 5~50μm 硫脲，这两种方法广泛应用于脉冲场电泳对异常修饰 DNA 菌株基因组的分型（图 4-2B）。

4.4.2 过氧乙酸（PAA）方法鉴定 DNA 的 Dnd 表型

普通琼脂糖凝胶电泳激活液鉴定硫修饰 DNA 的 Dnd 表型具不稳定、重复性差、易波动等缺点，Dnd 表型鉴定容易失败。PFGE 鉴定 Dnd 表型，过程烦琐并需专门仪器，鉴定周期长。

通过改进 Dyson 等的方法，梁晶丹等（Liang et al. 2008）将过氧化氢和乙酸按照等物质的量比混合，密封避光放置于 30℃恒温箱，24h 制备可工作的 PAA 母液，用 5μmol/L 的 PAA，37℃处理 5min 即可使硫修饰 DNA 在硫骨架处断裂，通过常规琼脂糖凝胶电泳即可得到稳定的硫修饰 Dnd 表型。建立了稳定、简单的 PAA 激活断裂硫修饰 DNA 的鉴定方法（图 4-10）。

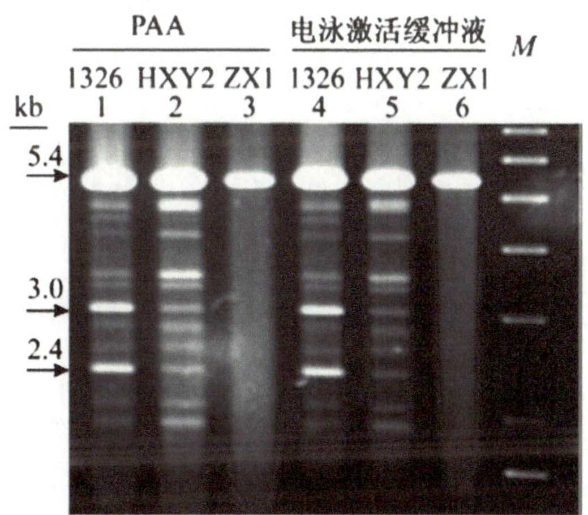

图 4-10 PAA 与电泳激活缓冲液对变铅青链霉菌质粒 pHZ209 的切割比较

当硫修饰质粒 DNA 在电泳过程中呈现 Dnd 降解表型：即边电泳边断裂，电泳凝胶则呈现弥散的 DNA 表型（smear）。当用阳极附近的电泳缓冲液处理含硫修饰的线性化质粒 DNA，回收后再行电泳，则保证了修饰位点被激活溶液同步断裂，达到最大饱和切割，使硫修饰 DNA 电泳凝胶上呈现清晰稳定的断裂带型，线性化硫修饰质粒 DNA 被激活断裂后在琼脂糖凝胶上电泳的结果类似于限制性内切酶对DNA的切割（图4-10中泳道1、2、4和5），这是典型的硫修饰质粒的Dnd表型。

4.4.3 HPLC-MS检测Dnd二核苷

早期研究硫代核苷酸，主要用于反义药物、干扰RNA等研究领域，均是由于磷硫酰键对很多核酸酶具有抗性的化学属性。王连荣等（Wang et al. 2011，2007）利用了硫代核苷酸的这个属性，用核酸酶P1、蛇毒磷酸二酯酶和碱性磷酸酶的组合对硫修饰DNA进行酶解，通过控制酶解时间和用量，使普通的DNA磷酸二酯键全部水解，留下硫代磷酸二酯键的二核苷，水解产物再进行高效液相色谱/电喷雾飞行时间质谱联用（HPLC/ESI-TOF MS），在正离子模式下，鉴定硫修饰脱氧核糖核苷分子的精确荷质比，如B7A中的硫修饰脱氧核糖核苷所对应的荷质比分别是597.1385和597.1383，同时都伴随着荷质比为446.089、348.052、152.057和136.061的片段离子，用标准品GsA的二核苷作内参即可判断这些特征荷质比为GsA的二核苷修饰。其他修饰核苷如GsG、GsT等检测方法相似。例如，对变铅青链霉菌中的硫修饰DNA分子进行液相层析串联质谱（LC-MS）分析时，检测到的特征性质谱信号的新荷质比：613、462和136，暗示这些信号可能来自5′-d（GsG）-3′。

4.4.4 单分子实时测序

单分子实时测序（single molecule real-time sequencing，SMRT）技术近期（Cao et al. 2014a）已被应用于对硫修饰基因组的全谱进行测序定位。构建被测基因组基因文库，经过超长读长DNA聚合酶的边合成边测序，通过检测器检测相邻两个碱基之间的测序时间与正常碱基间的相邻两峰之间的距离的差异，判断是否有碱基修饰情况。如果存在修饰碱基，则通过聚合酶时的速度会减慢，测序峰间的距离将增大，借以推断检测DNA上的修饰，如甲基化、硫修饰等信息。测序结果表明，实时测序到硫修饰位点时，聚合酶聚合时间延续，核苷之间的出峰距离增大，同时用合成的寡聚硫代核苷作为标准品，定位和判断修饰的位置（图4-11A）。第三代测序法可以对基因组全谱进行很好的定位。

4.4.5 碘切割依赖的深度测序检测硫修饰位点

Nakamaye等在早期研究了硫修饰核苷与烷基化试剂的反应机制，曹博等（Cao et al. 2014a）发展了这个技术，用溶解于乙醇的碘在硫代处断裂的性质，结合HPLC/MS，检测基因组切断的最大程度。因为已知断裂后片段两端出现突出黏性末端，用一个平末端带A的尾连接补平不齐的末端，再设计一个已知的5′端带磷酸、3′端带T的互补片段与之连接，通过超声，将基因组打断成一定长度的片段，然后再设计一对含有Illumina荧光的接头子，用接头子上的序列引物进行测序，利用这种方法，可以测得基因组上的修饰位点，通过序列比对，分析出硫修饰的具体位置和保守序列。方法示意图见图4-11B和图4-12。

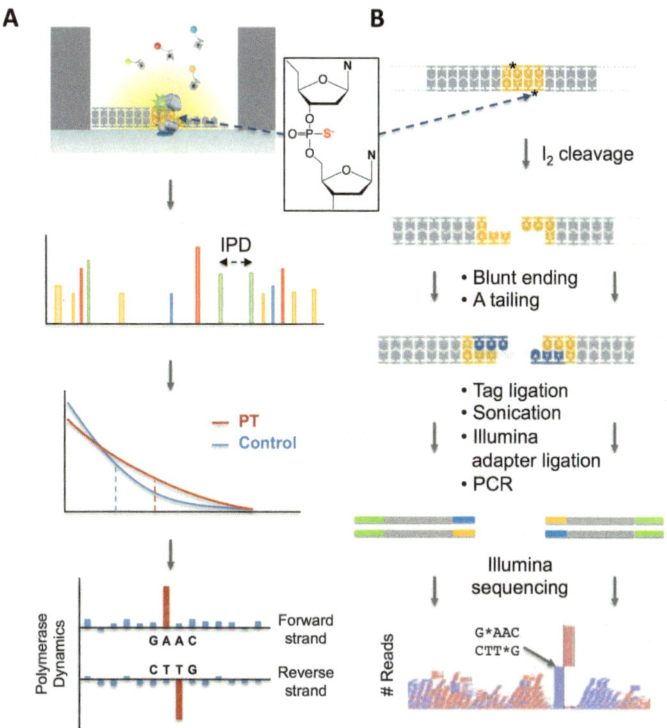

图 4-11 单分子实时测序和碘切割依赖的深度测序检测硫修饰位点

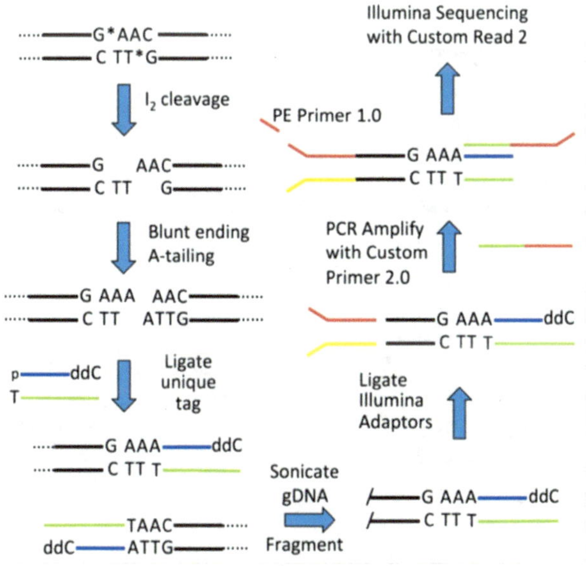

图 4-12 碘切割依赖的深度测序检测硫修饰位点示意图

4.5　DNA 硫修饰的化学性质

4.5.1　早期对异常修饰 DNA 的化学性质的研究

Dnd 现象发现早期，周秀芬等在电泳缓冲液中加入少量亚铁离子，激活了降解硫修饰 DNA 的能力。20 世纪 90 年代，Dyson 实验室（Ray et al. 1995）通过研究推论认为，断裂硫化 DNA 的机制基本是通过一级氨的官能团和过氧酸形成的双功能试剂造成异常修饰 DNA（当时结构未知）的位点断裂。Ray 等发现含不完全氧化硫的化合物都能有效地抑制断裂，且抑制断裂与抑制剂化合物硫的构型有关。对于含有巯基的化合物，抑制断裂与巯基的解离常数有关，解离常数越低，则抑制断裂所需浓度越低；DNA 断裂与还原剂的还原电势成正相关。用过氧乙酸处理修饰 DNA 后，通过含有氨基的化合物如腐氨、外切核酸酶Ⅲ都没有检测到 DNA 的 AP 位。实验结果暗示，异常修饰的 DNA 的断裂机理，不同于 DNA 的甲基化的脱嘌呤 / 脱嘧啶位点（AP site）中间过程，推理碱基上没有修饰。

4.5.2　硫修饰 DNA 与烷基化试剂的反应机制

根据 Nakamaye 等（1988）的文献报道，用于体外降解硫代磷酸二酯键最常用的两种烷基化试剂是 2- 碘乙醇（2-iodoethanol）和 2, 3- 环氧 -1- 丙醇（2, 3-epoxy-1-propanol）。其中，2- 碘乙醇对 5′-d（CST）-3′ 的化学降解反应如图 4-13 所示。首先，2- 碘乙醇中的碘原子与硫代磷酸二酯键上的巯基发生缩合反应并生成具有类似磷酸三酯键的结构，反应

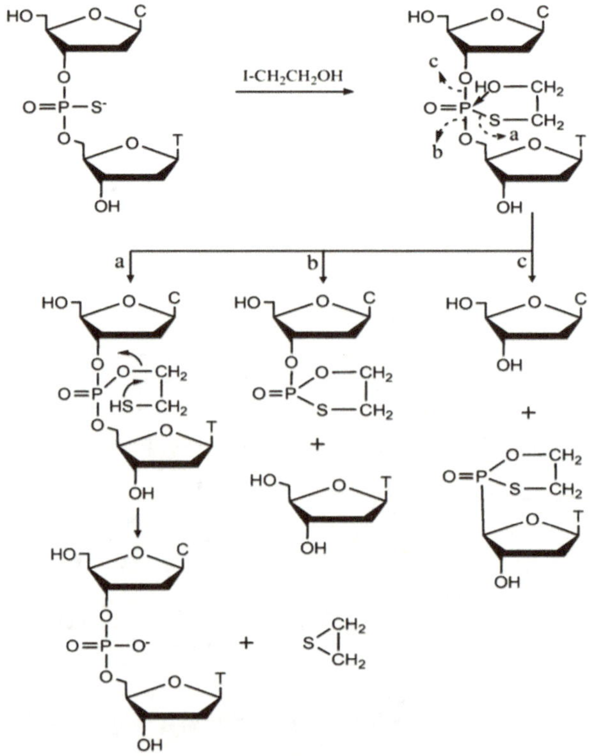

图 4-13　硫代磷酸二酯键烷基化及降解途径

中间产物的羟基再对磷原子发生亲核加成反应，导致这个磷酸三酯键的结构不稳定，电子向三个方向转移，产生了三个不同的反应途径：途径 a 的反应如下，5′-d（CpsT）-3′发生脱硫后形成正常的磷酸二酯键的 5′-d（CT）-3′及环硫乙烷；途径 b 的反应步骤是，当电子通过 3′端磷 - 氧键转移，这个中间产物则被降解为脱氧胞苷衍生物和脱氧胸苷；如果电子通过 5′端 - 磷 - 氧键转移，中间产物将走途径 c，产生脱氧胞苷和脱氧胸苷衍生物。最终整个反应体系产生 5 种产物：脱硫二核苷 5′-d（CT）-3′（即正常核苷酸）、脱氧鸟苷、脱氧胸苷、脱氧鸟苷衍生物和脱氧胸苷衍生物。

4.5.3　硫修饰 DNA 氧化还原的化学机理

谢新强等（Xie et al. 2012）用乙酸和 H_2O_2 反应生成的 PAA 与硫修饰二核苷反应，通过 HPLC/MS 分析各个产物后，推测出电泳过程中降解的机制也即硫修饰骨架与过氧化物的化学反应机制，与 Dyson 的早期推测不同，激活断裂反应不需要一级氨参与。在水中的 dGsA 可以和 PAA 直接进行反应，将硫修饰二核苷氧化切割成 6 个产物（图 4-14 上化合物 2~7 紫外峰），利用 HPLC 的保留时间、紫外吸收特征、高分辨质谱、二级质谱等特性与人工合成的标准品比较，证实了各个化合物的结构：1 为硫修饰二核苷 G_SA，2 是氢磷酸二酯（G_HA），3 为正常的二核苷酸 GA，4 是鸟嘌呤脱氧核糖核苷的氢磷酸单酯，5 是腺嘌呤脱氧核糖核苷，6 是鸟嘌呤脱氧核糖核苷，7 是腺嘌呤脱氧核糖核苷的氢磷酸单酯。硫修饰二核苷激活断裂的化合物的分子结构见图 4-14。

化合物 2~7 均不含硫，没有检测到氧化后的硫的去向。因为硫修饰核苷的量的限制，

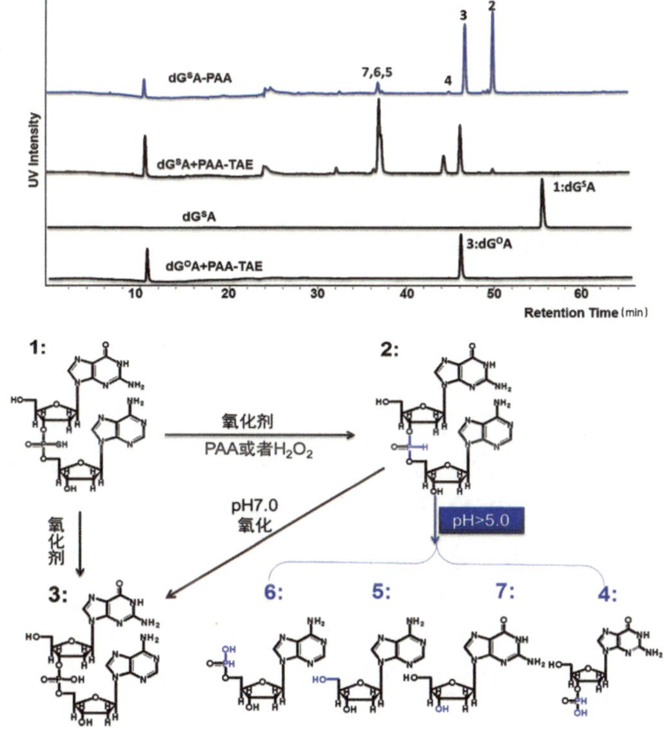

图 4-14　硫修饰 DNA 在普通电泳过程中降解的化学机理

研究者用磷硫酰化二乙酯作为底物和 PAA 或者过氧化氢反应，冻干后发现有刺激气味的黄色物质产生，用气相层析 - 质谱（联用）仪（GC-MS）确定了该物质是单质硫，证明磷硫酰化键中的硫原子在氧化剂的作用下被氧化形成单质硫。

确定了硫修饰 DNA 电泳过程中降解的机制，通过在酸性环境下（1% 乙酸溶液中）制得高比例的过渡态氢磷酸二核苷（化合物 2），产物冷冻干燥后在 pH > 5.0 的条件下发生氢磷酸二核苷的水解断裂，最终提出了磷硫酰化 DNA 被 PAA 通过两步反应而降解。而氢磷酸酯化的 DNA 在 pH7.0 条件下可以被氧化为正常的磷酸酯化的 DNA。

通过系统研究硫修饰 DNA（sDNA）与过氧化物反应，揭示 sDNA 可与多种过氧化物发生氧化还原反应，过氧化物氧化 DNA 上的硫，经脱硫步骤生成氢磷酸酯化 DNA，在碱性条件下发生水解断裂；硫化修饰 DNA 也可被氧化脱硫转化成正常 DNA；实验证明 sDNA 还具有还原或中和过氧化氢的能力。

4.6 DNA 硫修饰的生物学意义

硫修饰在漫长进化过程中得以保留，并在细菌中广泛存在，暗示其对宿主具有重要的生物学意义。

4.6.1 硫修饰与限制系统

徐铁钢等（Cao et al. 2014a，2014b；Xu et al. 2010）从硫修饰的沙门菌 *Salmonella enterica* 入手，发现该菌株接受转化质粒的效率大不相同，例如，有硫修饰的质粒很容易转化，但是没有硫修饰的质粒绝大部分被拒之门外。进一步的研究发现，这一差异是由硫修饰基因簇 *dndBCDE* 下游的 *dndFGH* 基因簇导致的。*DndBCDE* 与 *DndFGH* 构成了一套限制 - 修饰体系，能够利用 *DndABCDE* 对自身 DNA 进行序列特异性硫修饰，作为识别标签来区分外源 DNA，并利用 *DndFGH* 实施切割，从而维持宿主的遗传稳定性（图 4-15）。

4.6.2 识别和切割 DNA 硫修饰的限制系统

DNA 骨架上的硫修饰是否像甲基化一样携带了表观遗传信息？回答这个问题需要确定是否存在能够和 DNA 硫修饰相互作用的特异性蛋白。DNA 硫修饰最初被发现于变铅青链霉菌，而与其基因组序列相似度高达 99% 的近缘菌株天蓝色链霉菌中却没有硫修饰。刘光等（Liu et al. 2010）尝试在天蓝色链霉菌中异源表达硫修饰基因簇时发现，这种硫修饰的异源表达对天蓝色链霉菌致死。通过序列比对、基因缺失及结合转移效率监测，从天蓝色链霉菌中可移动的基因组中分离并鉴定了一个能识别硫修饰的限制系统：Ⅳ型限制酶 ScoA3McrA。ScoA3McrA 限制酶体现了两个独特的限制功能：第一，ScoA3McrA 识别甲基化的特异性位点 C5mCWGG，并在距其 12~16bp 处切割；第二，ScoA3McrA 还特异性识别硫修饰位点，并在距离修饰位点 16~28 碱基处进行双链切割（序列见图 4-16）。这是第一例分离到的可以特异性识别并切割硫修饰位点的限制系统。对于 ScoMCrA 识别硫修饰的分子机理的研究正在进行当中。

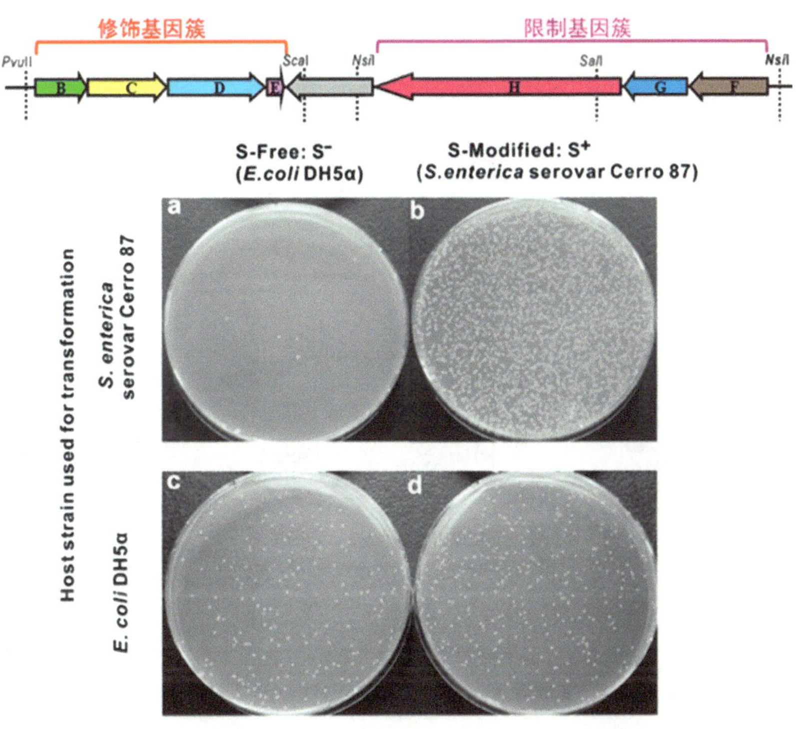

图 4-15 *dndBCDE-dndFGH* 基因的组成及硫修饰质粒的转化

硫修饰质粒很容易转化入野生型沙门菌 *S. enterica*，没有硫修饰的质粒则很难进入。而两种质粒转化没有硫修饰的大肠杆菌的效率是一样的

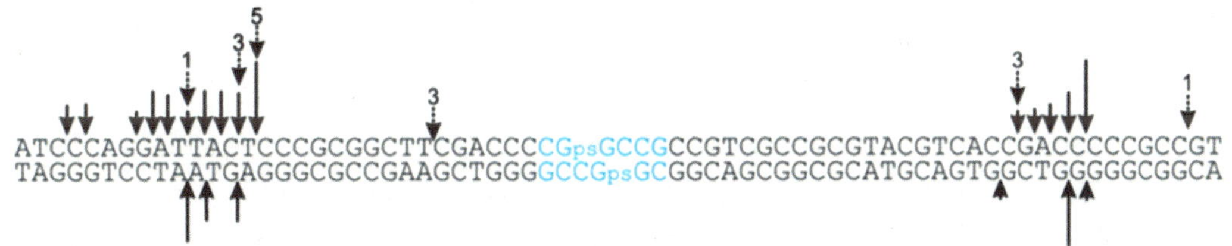

图 4-16 Ⅳ型限制酶 ScoMcrA 识别硫修饰 DNA 并在磷硫酰化位点两侧进行双链切割

实心箭头代表切割位点，是通过 DNase Ⅰ保护印迹实验鉴定的，箭头的长度越长，代表了切割效率越高。虚线箭头代表通过切割片段末端克隆的方法得到的切割位点，上面的数字是指被测到的次数。蓝色的碱基是指有限硫修饰位点，ps 代表硫修饰

这些研究结果表明，DNA 硫修饰可能参与了可移动遗传元件的平行传递过程。这也与当前已知 DNA 硫修饰基因簇，均位于可移动 DNA 遗传元件上的观察相一致。

4.6.3 DNA 硫修饰的抗逆属性

DNA 硫修饰的降解表型表明，修饰 DNA 相对于正常 DNA 有特殊的化学性质。使用过氧化物处理修饰 DNA 发现，硫修饰 DNA 可以和过氧化物发生反应，还原过氧化物，有清除过氧化物的作用。生命生存的地球是富氧环境。有氧代谢会为生命提供能量，但也会在细胞内积累活性氧，进而会导致膜脂、蛋白质及 DNA 等大分子的氧化损伤。氧化损

伤导致生物的突变、衰老及疾病。梁晶丹等（Liang et al. 2007）发现，硫修饰赋予了宿主抗氧化的能力，在不同浓度的氧化压力下，能够显著增强宿主的存活能力（图 4-17）。体外实验也证明硫修饰 DNA 可以在氧化剂（如过氧化氢）的作用下脱硫成正常的 DNA，而没有硫修饰的 DNA 则发生了断裂。所以，DNA 硫修饰系统可能是细菌在各自的生境中抵抗外部氧化胁迫压力而发展出来或平行转移而来的生命优势，是保护细菌对抗氧化压力的一道屏障。DNA 的硫修饰是一种新的微生物抗氧化系统。

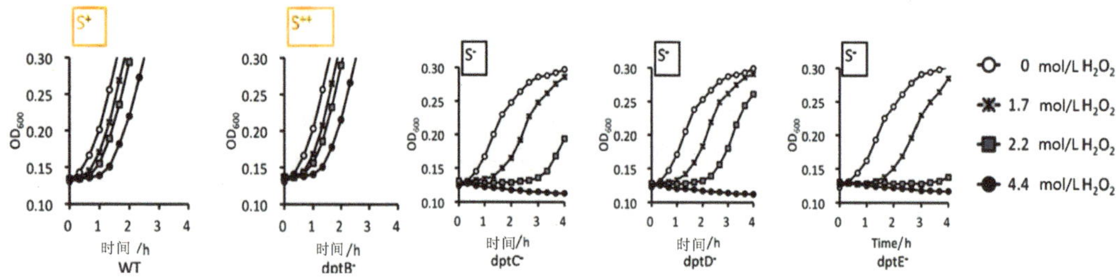

图 4-17 肠道致病菌 *Salmonella* 与 *dnd* 基因突变在不同浓度氧化压力下的存活能力

4.7 硫修饰 DNA 基因簇的广泛性和可移动性

欧竑宇、贺新义等（He et al. 2007；Ou et al. 2009；Zhang et al. 2012）分析 GeneBank 微生物基因组数据显示，*dnd* 基因簇广泛地存在于动植物致病（毒）菌、抗生素药物产生菌、生物固氮菌、海洋及极端环境等微生物中。不仅如此，比对分析 *dnd* 上下游基因的功能及排布，发现了整合酶基因（*int*）、转座酶基因（*tnp*）、正向重复序列（DR）、基因组岛插入热点（如 tRNA），这些都是非常明显的可移动因子的特征（图 4-18）。基于此发现变铅青链霉菌的 *dnd* 基因簇位于 92kb 的基因岛上，通过实时定量 PCR 检测，发现该基因组岛可以从染色体上环出，环出的频率为 0.016%~0.027%，这是首例报道的链霉菌基因组岛。我们随后通过温敏型质粒构建了基因小岛，成功模拟了链霉菌基因岛整合、环出、再整合的过程，从中鉴定了决定整个催化过程的蛋白质和整合位点，解释了 DNA 硫修饰在自然界横向传播、广泛分布的机制。

2013 年 Barbier 等（Barbier et al. 2013）发现在拟杆菌（Bacteroidetes）中以印度黄杆菌为例（*Flavobacterium indicum*），硫修饰基因簇另外一种排布方式（图 4-19），与早期发现的硫修饰基因簇序列不同的是，经序列比对，*dndE* 后面融合了一个 helicase 酶，在 *dndB* 基因前后还有两个偶联的未知基因 *X* 和 *Y*，目前这些基因与硫修饰的关系未知。

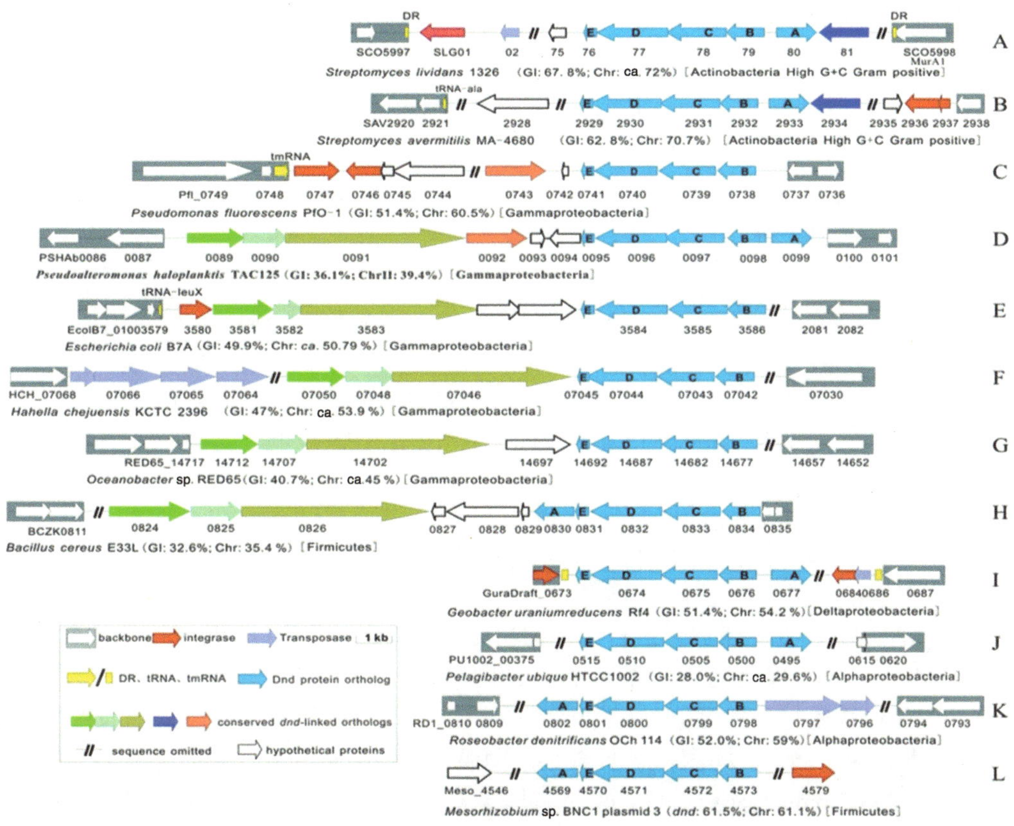

图 4-18　携带 *dnd* 基因簇的细菌基因组岛及其毗邻染色体骨架图谱

dnd 基因簇示以蓝色的箭头，带有的标记是以变铅青链霉菌中各个基因命名为参照，红色、亮紫色及黄色箭头代表的是功能类似的一类基因，但是并不表示它们具有序列同源性，而剩下来的填充箭头表示的是具有序列同源性的一类基因。没有填充的箭头表示可能的蛋白质编码基因，框起来的箭头表示的是基因组岛两侧的骨架。基因组岛和染色体的 G+C 百分含量，以及这些微生物在分类学上的分支，分别以括号和方括号在图中表示

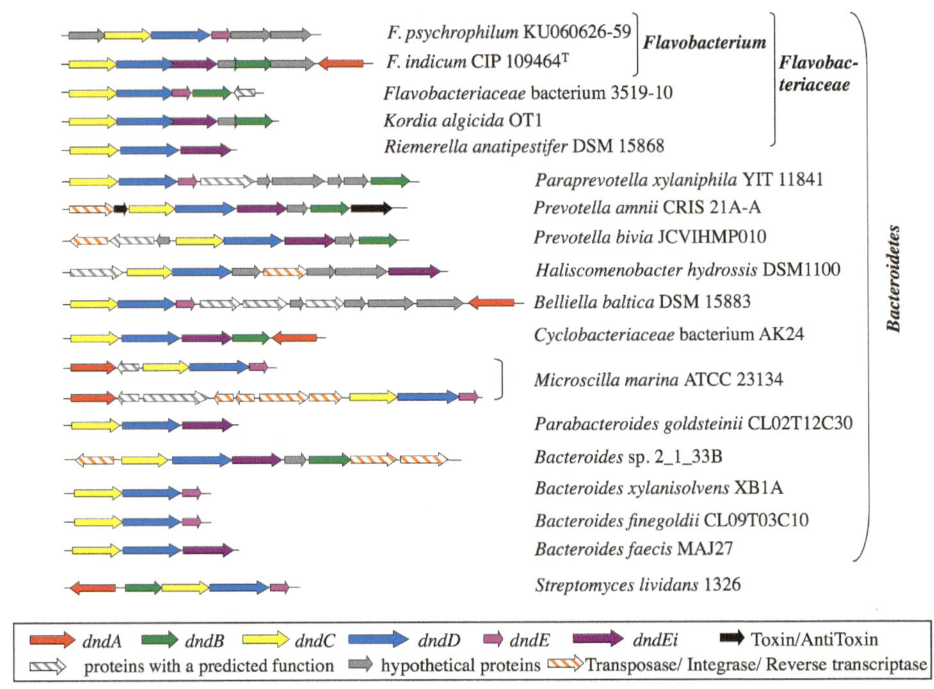

Supplementary Figure S1. Organization of *dnd* genes clusters in 17 members of the phylum *Bacteroidetes*.

图 4-19 拟杆菌（Bacteroidetes）新型硫修饰基因簇排布方式

4.8 硫修饰相关蛋白的生物化学初步探究

对 *dnd* 基因簇的 5 个蛋白质进行可能的功能预测结果是：DndA 与脱硫酶具有高度同源性；DndB 与 DNA 修复的 ATP 酶有 37% 的同源性，还与 ABC 转运蛋白有 36% 的同源性，另外，DndB 还与一组可能的转录调节因子显示出明显的氨基酸序列同源性；DndC 与 ATP 硫酸化酶（35% 的同源性）具有一定同源性，同时还与 3′ - 磷酸腺苷 -5′ - 磷酸硫酸还原酶（PAPS reductuase）（35% 的同源性）高度同源；DndD 与 SMC 家族蛋白有一定同源性，具有 ABC 转运蛋白中 ATP/GTP 结合的“Walker A”模块；DndE 与 NCAIR（phosphoribosylaminoimidazole carboxylase）合成酶部分序列具有 61% 的同源性，这种酶可与 ATPase 偶联成酶复合物。

5 个蛋白质的生物化学初步功能研究进展简述如下。

安贤惠等（An et al. 2012）通过 *Salmonella* 菌株在大肠中异源表达和基因敲除等实验证实，只有半胱氨酸脱硫酶（IscS 等同于 DndA）直接负责 DNA 硫化修饰过程，其他两个脱硫酶不参与 DNA 硫化修饰；DNA 骨架硫修饰不经过目前发现的所有 IscS 硫代谢通路；经细菌双杂交系统（B2H）和免疫共沉淀实验技术（IP）验证，半胱氨酸脱硫酶与硫修饰系统中的两个蛋白质相互作用，锁定了半胱氨酸脱硫酶（IscS）是硫化修饰过程中唯一的脱硫酶，发现了 IscS 的又一新的硫代谢通路靶点。王连荣、曹博等（Cheng et al. 2015）分别论证了 DndB 是 *dndBCDE* 的启动子的抑制子。由德林等（You et al. 2007）用 DndA 体外重构了失活的 DndC 的铁硫簇，证明 DndC 为四铁四硫蛋白。姚芬等（Hu et al. 2012）

测定了 DndC 和 DndD 具有 ATP 酶活性。陈福坤等（Chen et al. 2012）解析了变铅青链霉菌的 DndA 的晶体结构，为二聚体，与 IscS 高度同源。胡伟等（Chen et al. 2011；Hu et al. 2012）解析了 DndE 蛋白，发现八体的 DndE 能与 Nick 的 DNA 结合。来崇德等（Lai et al. 2014）对 DndE 进行了系统突变，发现了与硫修饰丰度相关的残基。曹博等（Cao et al. 2015）用体外无细胞体系证明可以修饰双链 DNA，修饰的发生不需要保守的识别序列，目前还没有用 Dnd 复合物重构出体外的硫修饰反应，对硫修饰的生物化学通路的了解还很有限。张义超等（Zhang et al. 2012）通过生物物理学的热力学计算，发现 Rp 硫修饰核苷为 β 螺旋去稳定性 DNA 构型（β-helical destabilization），可能为修饰过程和修饰结果提供了生物学上的有力构型。

4.9　DNA 硫修饰待解问题和展望

DNA 硫修饰引发了一系列值得深究的问题。德国马普实验医学研究院弗里茨·爱克斯坦提出了如下问题。

大自然为什么选择这一特定的修饰方式？是通过什么机制使复制后的 DNA 上的磷酸发生磷硫酰化？

将磷硫酰化变成磷酸的是耗能小的反向化学反应，而将硫掺入磷酸中则注定是个吃力的需能过程。这里首要的就是活化磷酸二酯键。例如，先通过对其中一个氧的甲基化、酰化或者腺苷化来实现，然后再经过亲核攻击将这个活化后的基团替换成硫。直到现在还不知道完成这种转化的酶是哪一个，以及在复合物中怎样协作完成的。

DNA 如何选择硫化修饰的位点？

在得知磷硫酰化结构之前，DNA 切割位点的序列有一段保守的核心序列（如 GGCC），暗示硫化发生在 d（GpG）间，曹博等初步实验结果证明体外无细胞体系对修饰位点相邻的两侧序列没有特定的要求，修饰只在双链发生，对硫化反应是否还受制于 DNA 的拓扑结构还没有阐述。对硫化修饰的生物化学途径还没有透彻地阐述。

这种磷硫酰化修饰究竟有什么功能，能给迄今已知的这么多的细菌带来哪些好处？

早期硫修饰寡核苷酸由于其具有抗核酸酶的活性，而用于反义 DNA 等治疗中。在微生物体内是否也具有抗机体内某些核酸酶的活性？修饰后的 DNA 也可能改变与转录机器的相互作用进而影响基因的表达水平。

DNA 上硫修饰的微小改变，如何实现抗氧化功能的？

对硫修饰 DNA 全基因组测序和定量后发现，硫修饰在体内的丰度很低，每个细胞约为微摩尔级别，含有硫修饰的菌体如何实现清除毫摩尔的氧化剂？其抗氧化的机制有待阐述。

毫无疑问，这一发现打开了一扇全新的窗户，将大大激发人们对 DNA 大分子上众多新谜面的探索热情。

参 考 文 献

Alonso R，Martin A，Pelaez T，et al. 2005. An improved protocol for pulsed-field gel electrophoresis typing of *Clostridium difficile*. J Med Microbiol，54（2）：155-157.

An X, Xiong W, Yang Y, et al. 2012. A novel target of IscS in *Escherichia coli*: participating in DNA phosphorothioation. PLoS One, 7 (12): e51265.

Barbier P, Lunazzi A, Fujiwara-Nagata E, et al. 2013. From the *Flavobacterium* genus to the phylum Bacteroidetes: genomic analysis of *dnd* gene clusters. FEMS Microbiol Lett, 348 (1): 26-35.

Boybek A, Ray T D, Evans M C, et al. 1998. Novel site-specific DNA modification in *Streptomyces*: analysis of preferred intragenic modification sites present in a 5.7 kb amplified DNA sequence. Nucleic Acids Res, 26 (14): 3364-3371.

Cao B, Chen C, DeMott M S, et al. 2014a. Genomic mapping of phosphorothioates reveals partial modification of short consensus sequences. Nat Commun, 5: 3951.

Cao B, Cheng Q, Gu C, et al. 2014b. Pathological phenotypes and *in vivo* DNA cleavage by unrestrained activity of a phosphorothioate—based restriction system in *Salmonella*. Mol Microbiol, 93 (4): 776-785.

Cao B, Zheng X, Cheng Q, et al. 2015. *In vitro* analysis of phosphorothioate modification of DNA reveals substrate recognition by a multiprotein complex. Sci Rep, 5: 12513.

Chen F, Lin K, Zhang Z, et al. 2011. Purification, crystallization and preliminary X-ray analysis of the DndE protein from *Salmonella enterica* serovar Cerro 87, which is involved in DNA phosphorothioation. Acta Crystallogr Sect F Struct Biol Cryst Commun, 67 (11): 1440-1442.

Chen F, Zhang Z, Lin K, et al. 2012. Crystal structure of the cysteine desulfurase DndA from *Streptomyces lividans* which is involved in DNA phosphorothioation. PLoS One, 7 (5): e36635.

Chen S, Wang L, Deng Z. 2010. Twenty years hunting for sulfur in DNA. Protein Cell, 1 (1): 14-21.

Cheng Q, Cao B, Yao F, et al. 2015. Regulation of DNA phosphorothioate modifications by the transcriptional regulator DptB in *Salmonella*. Mol Microbiol, 97 (6): 1186-1194.

Dyson P, Evans M. 1998. Novel post-replicative DNA modification in *Streptomyces*: analysis of the preferred modification site of plasmid pIJ101. Nucleic Acids Res, 26 (5): 1248-1253.

He X, Ou H Y, Yu Q, et al. 2007. Analysis of a genomic island housing genes for DNA S—modification system in *Streptomyces lividans* 66 and its counterparts in other distantly related bacteria. Mol Microbiol, 65 (4): 1034-1048.

Hu W, Wang C, Liang J, et al. 2012. Structural insights into DndE from *Escherichia coli* B7A involved in DNA phosphorothioation modification. Cell Res, 22 (7): 1203.

Lai C, Wu X, Chen C, et al. 2014. *In vivo* mutational characterization of DndE involved in dna phosphorothioate modification. PLoS One, 9 (9): e107981.

Liang J, Wang Z, He X, et al. 2007. DNA modification by sulfur: analysis of the sequence recognition specificity surrounding the modification sites. Nucleic Acids Res, 35 (9): 2944-2954.

Liang J, Wang Z, Zhou X. 2008. DNA modification by sulfur: analysis of Dnd phenotype by peracetic acid-TAE treatment. Journal-Shanghai Jiaotong University-Chinese edition, 42 (1): 0005.

Liu G, Ou H Y, Wang T, et al. 2010. Cleavage of phosphorothioated DNA and methylated DNA by the type IV restriction endonuclease ScoMcrA. PLoS Genet, 6 (12): e1001253.

Nakamaye K L, Gish G, Eckstein F, et al. 1988. Direct sequencing of polymerase chain reaction amplified DNA fragments through the incorporation of deoxynucleoside α-thiotriphosphates. Nucleic Acids Res, 16 (21): 9947-9959.

Ou H Y, He X, Shao Y, et al. 2009. dndDB: a database focused on phosphorothioation of the DNA backbone. PLoS One, 4 (4): e5132.

Ray T, Mills A, Dyson P. 1995. Tris—dependent oxidative DNA strand scission during electrophoresis. Electrophoresis, 16 (1): 888-894.

Wang L, Chen S, Vergin K L, et al. 2011. DNA phosphorothioation is widespread and quantized in bacterial genomes. Proc Natl Acad Sci USA, 108 (7): 2963-2968.

Wang L, Chen S, Xu T, et al. 2007. Phosphorothioation of DNA in bacteria by dnd genes. Nat Chem Biol, 3 (11): 709-710.

Xie X, Liang J, Pu T, et al. 2012. Phosphorothioate DNA as an antioxidant in bacteria. Nucleic Acids Res, 40 (18): 9115-9124.

Xu T, Liang J, Chen S, et al. 2009. DNA phosphorothioation in *Streptomyces lividans*: mutational analysis of the dnd locus.

BMC Microbiol，9（1）：41.

Xu T，Yao F，Zhou X，et al. 2010. A novel host-specific restriction system associated with DNA backbone S-modification in *Salmonella*. Nucleic Acids Res，38（20）：7133-7141.

You D，Wang L，Yao F，et al. 2007. A novel DNA modification by sulfur：DndA is a NifS-like cysteine desulfurase capable of assembling DndC as an iron-sulfur cluster protein in *Streptomyces lividans*. Biochemistry，46（20）：6126-6133.

Zhang Y，Yakrus M A，Graviss E A，et al. 2004. Pulsed-field gel electrophoresis study of *Mycobacterium abscessus* isolates previously affected by DNA degradation. J Clin Microbiol，42（12）：5582-5587.

Zhang Y C，Liang J，Lian P，et al. 2012. Theoretical study on steric effects of DNA phosphorothioation：B-helical destabilization in Rp-Phosphorothioated DNA. J Phys Chem B，116（35）：10639-10648.

Zhou X，Deng Z，Firmin J L，et al. 1988. Site-specific degradation of *Streptomyces lividans* DNA during electrophoresis in buffers contaminated with ferrous iron. Nucleic Acids Res，16（10）：4341-4352.

Zhou X，He X，Liang J，et al. 2005. A novel DNA modification by sulphur. Mol Microbiol，57（5）：1428-1438.

（汪志军　梁晶丹　邓子新）

5

生命伦理学思考

生命伦理学是随着生命科学技术发展、运用而生的一门新型的交叉学科。1971 年美国威斯康星大学的生物学家和癌症研究者 van Rensselaer Potter 提出了生命伦理学（bioethics）一词，他认为这是一门把生物学知识和人类价值体系知识结合起来的新学科。普雷斯顿认为伦理学问题就是关注什么是公正、公平、正义和善，关注我们应该做什么。从事与生命科学相关专业的工作者应当遵守生命伦理学的基本原则，即自主、知情同意、不伤害、行善和公正原则。1964 年 6 月在芬兰的赫尔辛基召开的第 18 届世界医学协会联合大会制定了关于开展人体实验的生物医学研究的道德规范，发布了《赫尔辛基宣言》，随着生命科学研究的不断深入，到 2013 年对这个国际文件先后修订了 10 次，制定出 37 条详实的行为原则，其宗旨就是不断完善以人作为受试对象的生物医学研究的伦理原则和限制条件（Association and Others 2001）。

在探究生命科学的自然科学技术问题时，人们应思考在研究过程中或实验中可能引发的人文、哲学、法律等社会问题，如“天才基因检测”靠谱吗？克隆人与自然人一样吗？以保障生命科学事业与社会科学的和谐发展，促进人类健康生存（Vaughn 2013）。

5.1 生命伦理学的兴起与发展

生命伦理学是生命科学技术发展中遇到社会科学问题所产生的不可回避的一门新学科。它在生命科学与社会科学之间架起了一座相互沟通和相互促进的桥梁。而生命伦理学的兴起和被认可与国际上发生的五大事件密切相关（沈铭贤 2004）。

5.1.1 希特勒借“优生学”实施种族大屠杀

20 世纪二三十年代，德国一些科学家和医生信奉优生学，认为人类天生就是不平等的，把《人类遗传学和种族卫生概论》送给希特勒。希特勒借“优生学”，成为他推行种族屠杀政策的重要“科学”依据。1939 年 9 月 1 日，希特勒签署了“仁慈死亡”法令。德国纳粹分子借用科学实验和优生之名，除纳粹党官员外，还有许多医学教授和高级专家参与，用人体实验杀死了 600 万犹太人、战俘及其他无辜者，因为这些人被纳粹统称为“没有价值的生命”。第二次世界大战德国战败后，在纽伦堡国际军事法庭审判中，涉及种族大屠杀的集中营事件，其中有 23 名医学方面的战犯。同时，纽伦堡法庭还制定了人体实验的基本原则，作为国际上进行人体实验的行为规范，即《纽伦堡法典》，并于 1946 年公布于世界。《纽伦堡法典》强调受试者的自愿同意绝对必要。

可是，1939~1945 年，日本“731”等细菌部队，在我国进行惨无人道的细菌武器试

验，并播撒细菌武器，造成严重恶果。但在第二次世界大战后，美国为了获取人体试验资料（所谓“无价之宝”），却掩盖了日本侵略者的这一罪行。

5.1.2 原子弹和“普格瓦什运动”

居里夫人（玛丽·居里 1867~1934 年）在 1903 年由于发现了镭元素并测量了其原子量而获得诺贝尔物理学奖，1911 年由于发现钋和镭及提炼出纯镭的工作，她又获得诺贝尔化学奖。由于居里夫人长期接触放射性物质，于 1934 年 7 月 3 日因白血病逝世。1939 年，有的科学家得知德国将要利用核裂变产生巨大能量的原理，制造原子弹。美国为了赶在德国之前制造出原子弹，从欧洲和美国招募了大量科学家研制原子弹。据说在他人的怂恿下，爱因斯坦给罗斯福总统写了一封信，建议研制原子弹。1942 年美国开始了号称“曼哈顿计划”的绝密项目，历时 3 年，耗资 20 亿美元，于 1945 年 7 月成功地进行了世界上第一次核爆炸。美军为了回击日本偷袭珍珠港事件，1945 年 8 月相继在日本广岛、长崎投下名为“小男孩”和“胖子”的原子弹，造成数十万人伤亡。

在日本的广岛和长崎遭原子弹轰炸以后，人们已经看到原子弹是人类自己制造的毁灭自身的可怕工具。此时，爱因斯坦非常后悔给罗斯福总统去信。英国哲学家、数理逻辑学家、历史学家伯特兰·罗素（Bertrand Russell，1872~1970 年）坚决反对核战争，到处演讲宣传他的反战思想，并得到爱因斯坦的支持。在 1955 年发表《罗素 - 爱因斯坦宣言》，呼吁年轻人“学会用新的方式来思考”，反对使用核武器，用和平方法解决争端。之后不久的 1957 年，罗素与一些著名的社会学家和科学家在加拿大普格瓦什村召开会议，研讨禁止使用核武器并推动裁军，此后“普格瓦什会议”定期召开，引发了深远和广泛的社会影响。特别是爱因斯坦谆谆教诲青年科学家：“在你们埋头于图表和方程时，千万不要忘记用科学造福于人类，而不致成为祸害”。

5.1.3 基因重组和“伯格会议”

众所周知，在 20 世纪 50 年代，由沃森和克里克提出了 DNA 双螺旋结构，科学家对生物学的研究兴趣愈加强烈，其中有位生物化学家叫保罗·伯格（Paul Berg）在实验室发明了基因重组技术。他被称为“基因重组之父”，并于 1980 年因研究出 DNA（脱氧核糖核酸）重组体技术而获诺贝尔化学奖。在 1975 年 2 月伯格担心其他实验室可以利用基因重组技术制作出危害人类的“超级生命”，他组织了 150 多位同行著名科学家在美国加利福尼亚州召开了举世闻名的伯格会议（The Asilomar Conference on Recombinant DNA）研讨会。与会人员要求对于基因重组研究工作应制定自律原则，会后伯格向美国国立卫生研究院强烈建议，制定出《通用重组 DNA 分子研究准则》，并将此公布于众，引起了强烈反响（Berg et al. 1975）。大家一直在讨论一个关键问题，即如何既不阻碍科学本身的发展，又能限制重组生命给人类带来的危害。这是生命科学家首次主动暂停极有前景的科学试验，首次通过国际协作组织主动约束自己的前沿研究。

5.1.4 撤销生命维持系统和伦理委员会成立

生命科学包括医学的研究在保障人类健康方面做出了巨大贡献，使人的寿命大大延长。但是，当死亡就要来临时，患者的亲人往往难以接受这个现实。例如，脑死亡者依靠人工呼吸机、心脏起搏器等，可以维持呼吸、心跳等功能，一旦撤除将很快死亡。在20世纪六七十年代，美国就发生了多起关于申请撤除生命维持系统的案件。有一个美国孩子名叫克伦·安·昆兰（Karen Ann Quinlan），从12岁（1966年）起就昏迷不醒，依靠人工呼吸机来维持心跳和呼吸，全身插着输液管、导尿管、鼻饲管，10年过后（1976年）这个可怜的孩子也没有醒过来，也没有自主呼吸和心跳（Luce 2013）。孩子的父母向医院提出申请“撤除一切治疗”，但医院因无法律依据，不能拔出维持生命的仪器和管道。无奈之下这对夫妇只好向当地最高法院（新泽西州）提出请求，希望法院命令医生给这个被抢救了10年之久、仍无生还希望的孩子去掉人工呼吸机。1976年经当地最高法院审理，认为当主治医生确诊继续治疗无效时，病患的亲人（监护人）可以要求停止继续治疗（也就是被理解为患者有拒绝继续治疗的权利）。依据法院的判决，医生才拔掉克伦·安·昆兰身上的治疗管和撤除了人工呼吸机。

“昆兰案件”引起社会的激烈讨论和争论，究竟一个人及其家属有无要求死亡的权利？在这个两难境地的情况下催生了美国的医院成立生命伦理委员会。现在伦理委员会遍及国内外各大医院，其委员涉及医生、律师、哲学、社区等专业人士。但是，关于有尊严地死亡的讨论一直没有终止。

5.1.5　人类基因组计划与伦理法律研究

在1990年正式启动人类基因组计划（human genome project，HGP）的同时，美国国立卫生研究院（National Institutes of Health，NIH）设立了重要的伦理、法律和社会影响（ethical，legal，and social issue，ELSI）计划，它作为人类基因组的一个子项目，对人类基因组计划给予初步评估。特别引人关注的是在人类基因组计划30亿美元的经费中，拨款5%（1.5亿美元）进行伦理、法律和社会问题的研究（McEwen et al. 2014）。首任HGP负责人沃森特别重视ELSI计划，在美国国家人类基因组研究所内正式开展关于ELSI研究发展计划（National Human Genome Research Institute，NHGRI）。承认在人类基因研究中对伦理、法律和社会方面会产生极大的影响（Walker and Morrissey 2014）。科学家、医护人员、政府官员参与讨论HGP伦理、法律和社会问题和制定相应的法律和政策。从人类基因组计划开始研究至今已有26年了，涉及的基因检查、诊断和治疗都与每个人的基因隐私有关，因此，我们每个人都有必要密切关注这些伦理、法律和社会问题。

以上这些事件足以说明，生命伦理学的兴起既是必然的、合理的，又是生命科学技术发展的内在要求。

5.2　生命科学技术发展引发的伦理之争

20世纪生命科学技术发展突飞猛进，促使细胞生物学、分子生物学的研究硕果累累，特别是对遗传物质的研究表现极为突出。首先是基因研究经历的4个阶段：第一阶段人们弄清了细胞遗传的基础是染色体；第二阶段弄清了遗传的分子基础是DNA双螺旋结构；第三阶段随着DNA重组技术的发明，通过研究细胞阅读遗传信息的生物学机理，解开了医学的信息学基础；第四阶段利用测序技术，测出人类单个基因乃至整个人类基因组的序列，基因组学蓬勃兴起。另一个就是克隆技术的发明，从克隆基因到克隆动物都取得了卓

越的成果。随着这些生命科学技术的发展，哲学家、法学家等社会科学家提出了基因和克隆所引发的伦理问题。

5.2.1 基因研究与伦理

开展基因研究的目的就是探索遗传因素对健康的影响。世界卫生组织提出：生物遗传因素对个人健康和寿命的影响占15%。而基因诊断（gene diagnosis）是利用分子生物学技术从DNA水平检测人类遗传性疾病的基因缺陷，又称DNA分析法。这与传统诊断（通过表型研究基因型）遗传病不同，基因诊断是通过基因型诊断来预测遗传病的表现型，也可看作逆向诊断。基因诊断、基因健康和每个老百姓的健康息息相关。但是，基因研究遇到严峻的伦理挑战。例如，在理论上关于基因决定论问题，在实践中遇到基因检测、治疗、生殖、克隆和生态5个层面的碰撞（沈铭贤 2008）。

5.2.1.1 理论上遇到的难题——基因决定论

基因研究难道真是应验了“龙生龙、凤生凤，老鼠生来会打洞”吗？自从2000年6月宣布人类基因组物理框架图完成，就有人提出“基因决定论”（genetic determinism）的观点，认为一个人的基因不仅决定这个人的体形外貌，而且决定他/她将来是同性恋或是异性恋者、攻击性的强弱、会不会信教等。甚至有人针对0~12周岁的儿童推出“天赋基因检测”，包括乐观、冒险、交际、音乐、表演、文学等40种不同天赋基因。那么，这种天赋基因检测靠谱吗？

在2014年的全球华人遗传学大会上，专家给出的答案为天赋基因检测是忽悠人。因为人格养成与后天生长环境密切相关。例如，“狼孩”、“猪孩”、“孟母三迁”的故事，以及素有“近朱者赤、近墨者黑”的描述。社会生物学家认为人的本质构成是生物性与社会性的对立统一。这就是人与其他动物的不同，不能将人的基因对于人的生命活动的影响走向简单化、极端化、神秘化，对于“基因决定论”需要进行冷静的思考。遗传学对基因所能解释的大多还限于人类的某些生理特征，至于行为特征与遗传之间关系的研究，现在才处于起步阶段。

关于某些方面的才能离不开专业知识的学习和专业技能的训练。并且天赋基因检测违背了基因研究的初衷。因为基因研究的主流方向是为了攻克人类的疑难杂症，人类可以找到癌症的基因致命点；在胎儿出生前测出5000多种单基因疾病，减少出生缺陷。人类基因组计划首任负责人沃森有句名言：过去我们认为自己的命运存在于我们的星座中。现在我们知道，在很大程度上，我们的命运存在于我们的基因中。这句话主要指的是人的疾病基因与人的命运关系。

邱仁宗教授认为自从基因概念的提出，DNA双螺旋结构的发现，尤其是人类基因组取得决定性进展以来，基因决定论也逐渐发展，似乎人的发育、疾病的发生发展、行为的模式及其他各种性状的出现，都仅仅是基因的作用。于是，出现了将人类不良行为“医学化”或认为只要将基因设计好了，就能产生一个“超人”的种种看法，甚至将人的本质归结为“基因组”。这种理论被称为基因决定论或基因本质论（邱仁宗 2006）。它认为生物体的发育、疾病、性状和行为模式仅是DNA编码规定程序的执行，基因决定一切，这是过分简单化了。其实，环境与基因以某种方式相互作用，产生我们身体的特性（或表型），但如何相互作用目前谁也不能确切回答。

也有学者认为基因决定论是基因实体论的表现。它从构成生命的实体出发，把生命看作一类特殊物质实体，把人类基因序列与人的发育、衰老模式与时间表结合在一起。基因实体论强调，根据自然法则和科学规律，生命系统中一切可能发生的事情都是由某种原因所决定，基因就是其终端。人所有的一切，从智商到犯罪，都归结为相关的基因或基因群，所有的基因都被自然选择予以保留或者淘汰，因此，人类就可以从基因组中捕捉它们，予以鉴定，根据需要对它们加以选择或遏制（张春美 2012）。

还有人认为基因决定论是宿命论的另一种表现（Pender 2012）。在这种观念的影响下，我们如何理解环境因素和社会因素对一个人成长的综合影响？这是令我们值得深思的一个问题。因为有研究表明，同卵孪生的人即使基因完全相同，也会在现实生活中形成个性完全不同的人。例如，美国俄亥俄州 63 岁的连体兄弟罗尼和唐尼（2014 年）的基因完全一致，虽然他们都喜欢看电影，但所爱看的电影类型完全不同，他们的个性迥异。

5.2.1.2 基因检测和治疗中的伦理问题

美国国家人类基因研究所提供的 7 类现已比较普遍的基因检测为：①诊断检测，用来精确判定导致个体生病的基因。诊断检测的结果可以帮助个体及时做出如何治疗或管理健康的选择。②预测和症状发生前的遗传基因检测，用来发现可能增加个体患病概率的基因变化，这些检测的结果可用于对个体患上某种特定疾病的风险预测，从而可能对个体的生活方式及健康保健的调整有所帮助。③载体检测，用来发现携带有和疾病相关的易感基因的个体，载体本身可能没有任何疾病的性状，但是它们具有把易感基因遗传到下一代的能力。下一代就有可能出现疾病或成为新的载体。④产前检查，用来帮助识别在怀孕期间胎儿是否有某些严重的疾病。⑤新生儿筛查，用来检查发现出生 1~2 天的新生儿是否患有会影响健康和今后发生的已知疾病。⑥药物基因组学检测，用来提供关于特定药物在人体内如何产生作用的信息，这种检测能帮助个体的医疗保健人员根据受检者的基因构成，选择效果最好的药物。⑦研究性遗传基因检测，用来更多地了解基因对健康和疾病的贡献。此类研究的结果可能不直接有益于参与者，但它们可以帮助研究人员更好地理解人体、健康和疾病，从而推动医学及健康科学的进步，使后人受益。

2015 年 7 月我们国家卫生和计划生育委员会医政医管局发布《药物代谢酶和药物作用靶点基因检测技术指南（试行）》和《肿瘤个体化治疗检测技术指南（试行）》的通知（中华人民共和国国家卫生和计划生育委员会 2015a），说明我国在基因检测方面逐步走向规范。在《药物代谢酶和药物作用靶点基因检测技术指南（试行）》中指出药物体内代谢、转运及药物作用靶点基因的遗传变异及其表达水平的变化可通过影响药物的体内浓度和敏感性，导致药物反应性的个体差异。药物基因组学已成为指导临床个体化用药、评估严重药物不良反应发生风险、指导新药研发和评价新药的重要工具，部分上市的新药仅限于特定基因型的适应证患者。美国食品药品监督管理局（FDA）已批准在 140 余种药物的药品标签中增加药物基因组信息，涉及 42 个药物基因组生物标记物。在《肿瘤个体化治疗检测技术指南（试行）》中明确指出基因检测的项目包括：基因突变检测项目（EGFR、KRAS、BRAF、C-KIT、PDGFRA）、基因表达检测项目（原癌基因 HER2）、融合基因检测项目（EML4-ALK）、基因甲基化检测项目（MGMT）。

对这些与肿瘤相关的基因正确解读就显得尤为重要。例如，*KRAS* 基因突变发生在肿瘤恶变的早中期，并且原发灶和转移灶的 *KRAS* 基因状态基本保持一致。目前研究发现，*KRAS* 基因在膀胱、乳腺、直肠、肾、肝、肺、卵巢、胰腺、胃，还有造血系统等均有一定频率的突变，其中以结直肠癌、胰腺癌和肺癌的发生率比较高，在胰腺癌组织高达 90% 以上，在肺癌中则以肺腺癌为主，突变率为 20%~30%，结直肠癌患者突变率为 27%~43%。对于某一个人而言，应该给予何种恰当的解释和判断呢？

难道都像好莱坞女星安吉丽娜·朱莉（Angelina Jolie）那样，被检查出 *BRCA1* 基因发生了突变，就主动切除乳腺（2013 年）、卵巢和输卵管（2015 年）？手术后，朱莉患有乳腺癌的概率由 87% 下降到 5%。朱莉预防癌变发生而积极采取手术切除器官的做法，引起强烈的社会反响和跟风效应（Evans et al. 2014）。在国内外都有报道，因被检查出 *BRCA1/2* 基因突变的人，便行乳腺和卵巢切除术。因为有研究证实 *BRCA1/2* 是两种具有抑制恶性肿瘤发生的基因。它们就像修理工，修复被损伤的 DNA。如果 *BRCA1/2* 基因发生了突变，它们就变成了不合格的“修理工”，导致卵巢癌和乳腺癌发生的概率大幅度上升（Høberg-Vetti et al. 2015）。

对于 *BRCA1/2* 基因突变（检查流程见图 5-1），人们可以进行预防性卵巢和乳腺切除术。假如发现 *KRAS* 基因突变，又没有找到具体病灶时，就不能有目标地切除哪一个器官，或采用靶向药物治疗。对此，同样存在伦理问题。例如，受检人是否知情，所有的实验技术和仪器设备性能是否可靠。检验所得到的结果是通知受检本人，还是通知用人单位或保险公司，这就涉及基因隐私和知情同意的伦理问题。

1）基因检测的伦理之争

个体的遗传物质即基因组终生不变，所患的遗传病也具有终生性。

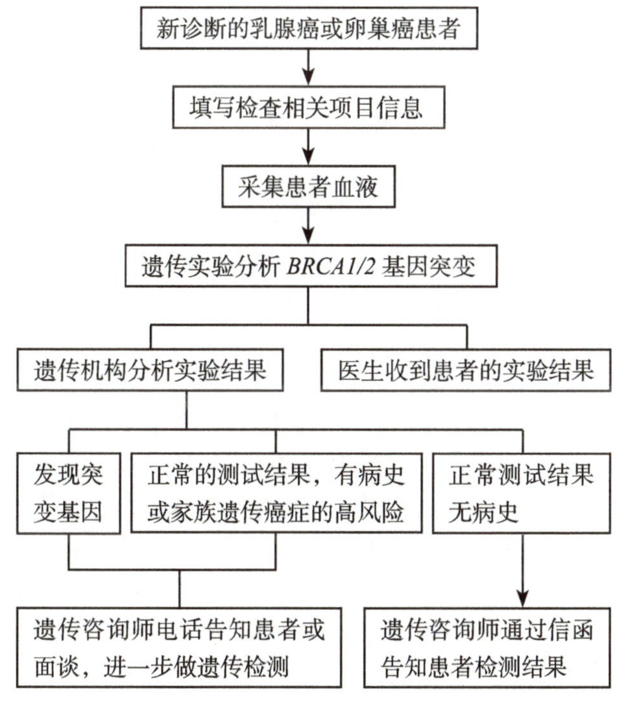

图 5-1 *BRCA1/2* 基因突变检查流程图

在现阶段，许多遗传病还缺乏有效的治疗手段。就染色体病和单基因遗传病而言，治疗多限于改善临床症状。

因异常的遗传物质可传递给下一代，基因检测结果不仅关系到患者本人，也涉及家庭其他成员和亲属，从而引发一系列个人心理和社会伦理问题。

遗传性疾病的终生性、难治性和遗传性要求基因健康管理师在提供遗传服务时，应充分认识到这些特点，并考虑到遗传服务对个人、家庭成员甚至社会可能产生的负面影响。

2）基因检测的伦理争论的焦点

接受基因检测者是否是自由选择，还是带有政策性和强制性。

基因检测是否为强制性推行，但如本人自愿，是否得到受试者的知情同意，在研究机构和临床单位之间进行的基因检测有无差别。

基因检测使用的技术和方法是否正确，对受检人有无伤害。

在基因检测中发现有问题的个体，是否会受到社会的歧视和伤害。

对有问题的个人，其利益会受到影响吗？如婚姻、生育自由及其与社会群体利益是否发生冲突。

对被查出有问题的个体能否得到社会的经济援助，在医疗救助服务中能否体现公正、公平和人人享有机会。

对儿童，尤其是胎儿出生前的基因检测是否享有知情权和生存权等。

在2004年4月联合国教育、科学文化组织（联合国教科文组织）的一次生物安全问题的会议上，呼吁全球必须在人类基因组研究中，坚决反对基因决定论，不能把人看作一堆基因，不能以“还原论”的观点看待基因功能。基因不是人的全部，人的生长发育中具备有理想、有情感、有信仰及处理人际关系的能力，除先天因素外，与社会环境长期作用密不可分，特别是环境对人格形成至关重要。

5.2.2　克隆技术和干细胞研究与伦理

克隆（clone）一词源于希腊语的“klōn”（嫩枝），其遗传学的定义为不同的个体含有相同的DNA或基因组。克隆可以是自然克隆。例如，由无性生殖或是由于偶然的原因产生两个遗传上完全一样的个体（如同卵双胞胎）。克隆一词有两方面的含义，一方面是指一个遗传背景完全一致的群体，另一方面的含义则指克隆的过程。“克隆”在生物的分子、细胞、个体三个不同的层次上有不同的含义。尽管一对双胞胎是通过相同的DNA自然“克隆”出来的，但是他们并非同一个人，他们有各自的经历和不完全重合的人格。如果一个人通过克隆的手段来复制一个和自己基因相同的人，作为自己的“孩子”，以使自己能“血脉相传”。这在伦理上“传宗接代”的意义和传统的意义是不一致的，因为这样实际上是创造出了自己的双胞胎兄弟或姐妹。引起伦理之争的克隆是指科学家通过有意识地设计来产生的完全一样的生物复制体。也就是说是利用生物技术手段，由无性生殖产生与原个体具有完全相同基因组后代的过程，是无性繁殖产生后代个体的过程，在实验室培育出一个在遗传上与亲本个体完全一样的多细胞生物（乔中东和王莲芸 2012）。自从克隆羊多莉诞生以来，有关克隆人的伦理学争论就一直喋喋不休。世界上的各种政治组织和各国政府都明确反对生殖性克隆，支持治疗性克隆。

生殖性克隆就是采用克隆技术产生一个独立生存的新个体。治疗性克隆则是指把患者

体细胞的细胞核转移到去核卵细胞中形成重组胚，把重组胚在体外培养成囊胚，然后从囊胚内分离出胚胎干细胞，获得的胚胎干细胞使之定向分化为所需的特定细胞类型（如神经细胞、肌肉细胞和血细胞），以用于替代那些因缺血、炎症等死亡的细胞（图 5-2）。这种方法的最终目的是用于干细胞治疗，而非克隆新个体。

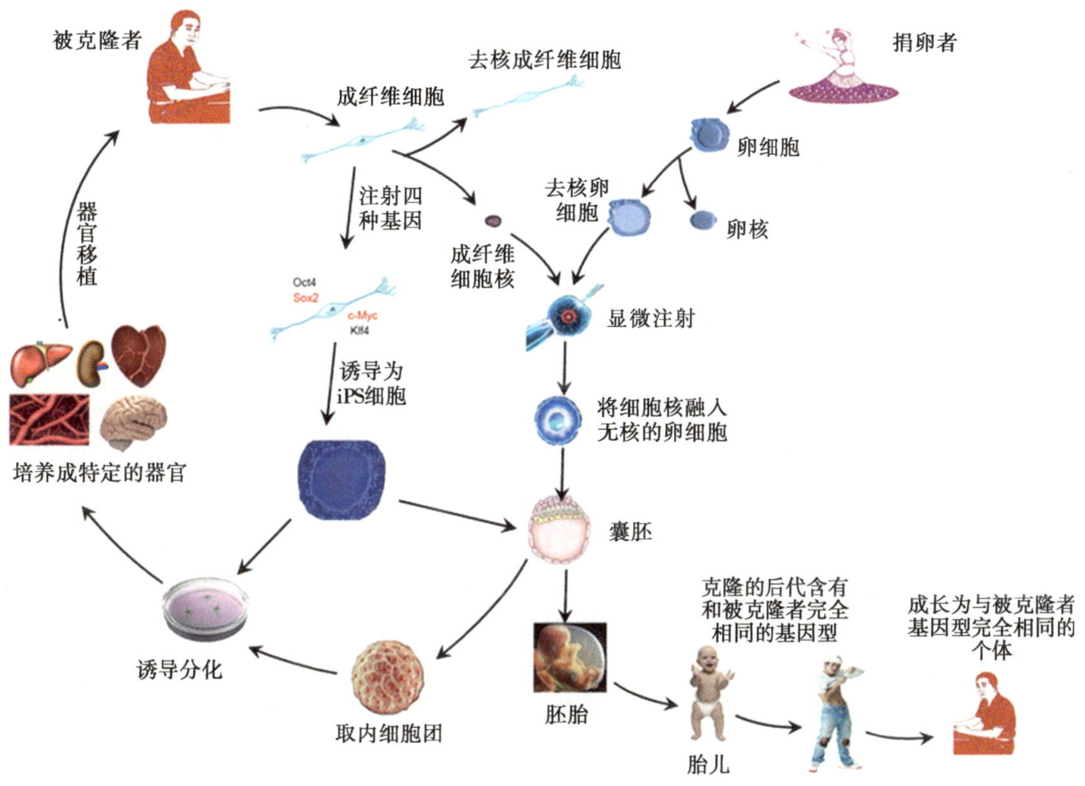

图 5-2　克隆人或器官的技术路线

而科学家则对克隆技术的不完善心存疑虑。为了克服克隆过程中的伦理学障碍和技术缺陷，科学家在核移植技术的基础上，又发展了异种核移植技术，诱导多能干细胞技术等。诱导的多能干细胞可以分化成各种组织，且能发育成小鼠，这些方法使克隆技术不再破坏胚胎，避免了伦理学纠纷。尽管科学技术在进步，但是人们对克隆人仍有很多不解和困惑。

有史以来，生物学家主动叫停的研究有三次，即 1975 年关于 DNA 重组、1997 年人的生殖性克隆、2012 年恢复流感病毒的功能实验（Vogel 2015）。关于人类早期胚胎研究引发的争议，2015 年 3 月 Gretchen Vogel 在 *Science* 发表了 *Embryo engineering alarm researchers call for restraint in genome editing*。虽然许多欧洲国家禁止人类生殖性基因工程，但是在中国和美国并没有这样的法律。我国于 2015 年 8 月出台了《干细胞临床研究管理规范》（中华人民共和国国家卫生和计划生育委员会 2015b）。

5.2.2.1　生殖性克隆引发的伦理问题

体细胞克隆技术的进步在宗教界、法学界、哲学界、社会学界引发了轩然大波。绝大多数人能接受克隆技术派生出的治疗性克隆，但是对生殖性克隆反响强烈，并引发了激烈的伦理争议。各国政府有关人士、民间组织纷纷发表看法，指出克隆人类有悖于伦理道德。联合国教科文组织、世界卫生组织、国际人类基因组伦理委员会和各国政府明确表示反对生殖性克隆。基督教、天主教等更是认为生命是上帝创造的，怎么允许人类自己来制造呢？克隆人是基因决定论的理论产物。基因决定论无论在理论形态、技术形态上还是在社会生活中都存在困境，尤其在克隆人的形态上，由于片面强调克隆人作为人的生物性，忽视其精神和社会属性，导致了克隆人只有价值，而丧失了应有的尊严和人性。

1）克隆人与被克隆者之间的关系如何界定

人们最担心的是克隆人的出现会弄乱人际关系。很多人都会问克隆人与提供基因组的人之间是什么关系？他们与代孕母亲是什么关系？父子？兄弟？母子？母女？好像都不是。原本具有同样的基因组，结果年龄相差很大，或者几十岁，但是从生物学意义上讲他们又是孪生兄弟姐妹。所以，在早期人们担心，人类的生殖性克隆会导致伦理关系和法律关系的紊乱与解体。人类繁殖后代的过程不再需要两性共同参与，将对现有的社会关系、家庭结构造成难以承受的巨大冲击（Galletti 2006）。

其实，这种疑虑完全没有必要。因为在人类历史上，人类处理人伦关系、血缘关系、家庭关系及法律关系，都有相当的经验积累。过去我们也有没有任何血缘关系的父子关系，如养子、养母之间就无任何血缘关系。也有一半血缘关系的，如继子、继父这样的家庭。既然人类历史上有不同的亲缘关系，或者没有亲缘关系组成的家庭，可以维系一个非常有序的伦理关系及法律关系的话，那么，克隆人不会带来新的问题。如果非要将克隆人与供体的人际关系进行界定，我们可以根据当时所处的环境，将克隆人定义为父子、母子、兄弟、姐妹等。毕竟人类的克隆只是在一个很小的范围内，克隆的数量也不会很大，所以，由此引发的伦理学问题是微乎其微的。

2）克隆人损害了人的尊严

“人的尊严”的概念是克隆立法的基础，有伦理学家指出克隆人一定会侵犯人的尊严（Caulfield 2003）。将克隆人作为人体器官的工厂是对生命的最大不尊重。因为“人”不仅是在系统发育谱上属于脊椎动物门、哺乳动物纲、灵长科、人科、人属的人，而且是心理、社会的人。因此。人是生物、心理、社会的集合体，具有特定环境下形成的特定人格。而克隆人只是与他的亲本有着相同基因组的复制体，而人的特殊心理、行为、社会特征和特定的人格是不能复制，克隆不出来的。所以，克隆人不是完整的人，是一个丧失自我的人。支持克隆人的动机和目的，都只是把克隆人作为“物化”和“工具化”。全世界都异口同声地谴责这种把克隆人物化和工具化的违反人权、损害人类尊严的行为。

3）现有的克隆技术产生不出希特勒

很多人怀疑，克隆人会用于政治的目的，克隆出许多诸如希特勒、萨达姆这样的战争狂人，将给世界造成新的灾难。我们知道，这完全是对克隆技术的误解造成的。克隆仅仅能够产生一个基因组完全相同的个体，即生物学上完全相同的个体，但不会产生一个社会意义上完全相同的人。因为人的情感、智力和行为受到环境因素的极大影响。尽管人类的行为、人格特质等与遗传密切相关，但是在人类成长发育的过程中，后天环境起了很大的决定性作用。所以复制一个希特勒是不可能的，克隆爱因斯坦同样也是不可能的。

4）克隆不会破坏生物的多样性

有人担心克隆技术会导致基因多样性的丧失。其实这也是无需担心的。尽管有性繁殖会不断增加新基因的出现，维系人类这个物种的基因多样性。但是，由于克隆这种无性繁殖的方法，毕竟是在一个极小的范围内进行的，大部分人还是遵循有性生殖的途径出生的。所以，人们担心通过克隆复制会导致基因多样性的丧失，危害整个物种的安全是没有必要的。当然，若大规模的或者完全通过克隆技术来繁衍人类，则是另外一个问题了。从生物多样性上来说，大量基因结构完全相同的克隆人，可能诱发新型疾病的广泛传播，对人类的生存不利。

5）克隆人的心理缺陷可能会形成新的社会问题

有的科学家认为，科学在进步，技术在发展。原子能的和平利用给人类带来了诸多的益处，但是，政治家为了达到政治目的，雇用了一批科学家，将原子能发展成为了原子弹。所以，只要科学技术发展到了一定的阶段，阻碍克隆人的技术已经完全被克服，我们就不会再克隆出有畸形的人，从整体而言克隆人是一个健全的人，但是，克隆人可能因自己的特殊身份而产生心理缺陷，就会形成新的社会问题。

5.2.2.2 克隆技术的发展要符合生命伦理的基本原则

我们是否也可以克隆人呢？克隆人是否会像今天的试管婴儿一样可以突破伦理学的障碍呢？克隆人是否也可以像试管婴儿一样被人们广泛接受呢？

是否能够接受克隆人，我们首先需要看克隆人是否符合生命伦理学的原则。多数学者将自主（autonomy）、不伤害（nonmaleficence）、行善（beneficence）和公正（justice）等四大原则作为判断是否符合伦理学的标准。克隆人是否符合这四大原则呢？

1）克隆人破坏了自主原则

我们经常讲个体的独特性是神圣不可剥夺的。我们曾就克隆人这一问题小范围地问过周围的同事，假如克隆人的技术过关了，伦理学上也允许，你愿意克隆一个你自己吗？有的同事坚定地回答说，不愿意！“因为我想保持我自己的唯一性”。而自己的唯一性是怎么决定的呢？这是因为有性生殖配子的产生过程中，精母细胞 / 卵母细胞经过 2 次减数分裂，染色体经历了大量的交换，父系和母系基因组都发生了重组，每个精子和卵子中所携带的基因组都不完全一样。这样在形成配子的过程中，哪个精子与卵子结合纯粹是偶然发生的。这种偶然性就是新的生命不可剥夺的自主权利。而生殖性克隆在这个意义上就剥夺了个体的自主权，把新个体的不确定性和唯一性给剥夺了。为了保持某种遗传倾向或某个个体的基因组，而进行的生殖性克隆显然是不合适的。因此，为了某一个意义来设计生命是不可取的。为了保住某种特长，为了使个子更高、睫毛更长、眼睛更大、皮肤更白等，来设计、制造下一代，这是对个体自主原则的剥夺（Lane 2006）。

2）克隆人在心理上和身体上都受到了伤害

克隆人实际上是被伤害的，这种伤害除了我们上面提到的为了某种特殊的目的，如为了基因组提供者的健康而被克隆的人以外，克隆人本身在社会上的地位的不确定性，也是其精神痛苦的原因之一。一般的人可能会有一个误解，认为克隆某一个人，会伤害到谁呢？仅仅是从供体身上取了一些细胞，现在的技术又这么发达，也不需要破坏胚胎了。现在虽然对代孕母亲会造成伤害，但科学技术总是在进步，将来总有一天会用仪器代替代孕母亲，那个时候还会对谁造成伤害呢？其实，克隆技术本身目前并不成熟，为了使技术更加成熟，就必须进行大量的实验使之成熟。虽然早期可以用动物进行试验，但这一过程必然要过渡到人体。既然是做实验就必然面临很多不确定的因素，只有经过了大量的失败，才能成功。我们试想，在克隆人的研究中，出现了大量缺胳膊少腿的人，我们将如何面对。我们为了解除克隆羊多莉早衰的痛苦而将其安乐死。假如克隆人出现了各种各样的畸形和病痛，我们能够怎么做？

3）克隆人绝不能是其他个体器官的提供者

还有人说，我们克隆自己的目的就是等将来有病的时候，取克隆人的器官用于替换已经丧失功能的器官，就像好莱坞大片《逃出克隆岛》中的情节一样。这种想法和做法显然都是有悖于伦理道德的。一个新的生命，它绝不是为了使另一个生命活的时间更长，也不是另外一个生命零件的生产者，更不是为了另外一个生命来饱受伤害和折磨的。也就是说人绝对不应该作为一种工具而没有尊严地被克隆。因此这样的克隆人不是行善，而是形成新的伤害。

4）克隆人打破了人人平等的关系

生殖性克隆的不平等表现在对被克隆的人不平等，而不是对提供体细胞的那个人不平等。相对于提供体细胞的人来说，取几个体细胞是没有什么痛苦的。但是对于被克隆的人是不平等的。因为自然出生的人，他的相貌、他的基因组、他的社会环境都是先天赋予的，而不是被人为指定的，而克隆人的基因组、相貌，甚至身高、将来所要面临的生存环境，以及可能被歧视的身份都是别人赋予的。这样的状态，对被克隆的人是不公平的。

2015 年 8 月我国卫生和计划生育委员会发布《干细胞临床研究管理办法（试行）》，在总则的第五条中明确指出开展干细胞研究的医疗机构要求组建“伦理专家委员会，为干细胞临床研究规范管理提供技术支撑和伦理指导”。建立干细胞临床研究项目立项前伦理审查制度，在项目进行期间接受国家和省级干细胞临床研究专家委员会和伦理专家委员会的监督，促进学术、伦理审查的公开、公平、公正，以确保干细胞临床研究符合伦理规范。

5.3 辅助生殖技术发明诱发的伦理和社会问题

人类的自然生殖过程由性交、输卵管受精、植入子宫内膜、子宫内妊娠等步骤完成。1978 年世界上第一个“试管婴儿”路易丝·布朗出生，1988 年 3 月 10 日，由我国著名的妇产科专家张丽珠培育的中国第一例试管婴儿（郑萌珠）降生于北京医科大学附属第三医院，之后，不孕不育的夫妇就可以借助辅助生殖技术实现拥有自己孩子的梦想。而实施人类辅助生殖技术和人类精子库的伦理原则为：有利于患者的原则，知情同意的原则，保护后代的原则，社会公益的原则，保密的原则，严防商业化的原则，伦理监督的原则。近几年人类辅助生殖技术在带给人类福音的同时也产生了一些伦理和社会问题。

5.3.1 什么是辅助生殖技术

辅助生殖技术（assisted reproductive technology，ART）是指代替自然生殖过程某一步骤或全部步骤的手段，也就是运用医学技术和方法对精子或卵、受精卵、胚胎进行人工操作，以达到受孕目的的技术。辅助生殖技术包括：人工授精、体外受精、胚胎移植、卵子

和精子及胚胎的冷冻保存、受精卵移植到输卵管、代理母亲、单精子卵胞浆内显微注射、植入前遗传学诊断助孕、无性生殖或人的生殖性克隆等。

从目前辅助生殖技术的发展来看主要包括：第一代是体外受精（*in vitro* fertilization，IVF）、第二代为卵胞浆内单精子注射（intracytoplasmic sperm injection，ICSI）、第三代则是植入前胚胎遗传学诊断（preimplantation genetic diagnosis，PGD）或称为植入前遗传学筛查（preimplantation genetic screening，PGS）。不管哪一代技术最后都必须将配子 / 合子移植到子宫腔内，让胚胎在适宜的环境中发育。例如，2014 年上海仁济医院生殖医学科接诊了一对夫妇，双方都是进行性脊髓性肌萎缩症基因携带者，已生育了一个孩子（施捷 2015）。这个孩子因患脊髓性肌萎缩症，5 岁还不能站立和行走，这对夫妇希望通过第三代试管婴儿（PGD）技术生育一名健康的宝宝。通过促排卵、卵胞浆内单精子注射（ICSI）技术受精和胚胎培养，最终获得了 5 枚胚胎，经过遗传室技术人员的检测，其中有 1 枚胚胎正常，于 2015 年 2 月成功移植进入母亲的子宫内，并顺利妊娠，经羊水穿刺确诊成功阻断脊髓性肌萎缩症单基因遗传。这个案例成为上海市首例脊髓性肌萎缩症通过单基因病筛查出生的第三代试管婴儿。

美国约翰·霍普金斯大学医学院生殖内分泌及不育科的 Laura Londra，在 2014 年胎儿和新生儿医学研讨会上发表题为 *Assisted reproduction*：*Ethical and legal issues* 的综述（Londra et al. 2014）。他提出有关实施辅助生殖技术的要点为：①在辅助生殖技术实践中建立准确和完整的国家和国际的报告制度，对改善全世界的不孕不育至关重要。②所创建的辅助生殖技术数据库应当与出生报告程序相连接，这对不孕不育的治疗、围产期新生儿的护理，以及运用辅助生殖技术的短期和长期随访都非常重要。③身份泄露给后代和补偿捐赠（配子和胚胎）者都是最突出的问题。对此，应在全球范围内制定政策和指导方针。④胚胎植入前基因检测可以帮助夫妇避免未来的孩子发生遗传性疾病。然而，由于研究的条件和数据积累所限，应当让受试者知道采用这些技术所承担的风险。⑤使用辅助生殖技术后需要连续不断地动态监测生殖结果。因为第一代的辅助生殖技术的应用只有 30 年，远期有哪些不良后果还不清楚，这样的风险应告知准备选择辅助生殖技术的夫妻，以便让他们做出明智的决策。

5.3.2 辅助生殖引发的伦理和社会问题

任何事物都具有两面性，辅助生殖技术的发明也不例外，在解决不孕不育问题的同时也对家庭、社会、法律、经济产生影响。ART 可能涉及的伦理、法律和社会问题包括：个体层面，家庭层面，社会层面。

5.3.2.1 个体层面的伦理问题

体外受精涉及捐卵子、捐精子、配子和合子、剩余胚胎如何处置等问题。我们国家自古以来就强调“传宗接代”和尊重生命。有不孝有三，无后为大之说。但是剩余胚胎是否算作生命呢？从生物发育的角度分析毫无疑问这些物质具有分裂繁殖发育成个体的潜能。从社会学的角度看，我们能给剩余胚胎颁发一个身份证吗？显然不行，因为在胚胎发育中还有很多不确定因素存在，究竟能否发育成一个人还不知道。那么，剩余胚胎与人的地位等同吗？就如一个鸡蛋不能等同于一只鸡的道理一样。

1）对胚胎地位的认知，胚胎能否继承

2012年2月江苏宜兴的沈某夫妇因自然生育有问题，就到南京市鼓楼医院借助辅助生殖技术孕育一个自己的后代。当医院通知他们可以将体外培养的胚胎移植到这个女子的子宫时，他们因车祸夫妇双亡。之后这对年轻夫妇双方的父母都想继承留在医院的胚胎，可是，因我们国家不允许代孕，医院不能直接将胚胎给失去子女的老人。男方父母为争夺已故儿子遗留的冷冻胚胎处置权，将女方父母及南京市鼓楼医院一并告至宜兴市人民法院。宜兴市人民法院审理认为，冷冻胚胎有生命潜能，属于含有未来生命特征的特殊之物，不能任意转让或继承。2014年5月，一审判决驳回原告的诉讼请求。原告上诉后，2014年9月江苏省无锡中院二审撤销一审判决，支持双方老人共同处置4枚冷冻胚胎。

这个案例成为中国历史上第一例胚胎继承案。冷冻胚胎究竟能否被继承？医院与患者又是怎样的法律关系？该案作为我国首例冷冻胚胎继承权纠纷案，其涉及《中华人民共和国民法总则》、《中华人民共和国物权法》、《中华人民共和国合同法》和《中华人民共和国继承法》等众多法律规则和法理。虽然这个案例已经结案，但是留给人们思考的问题仍然很多，如什么时候我国允许代孕，才能体现这个胚胎的价值，使它发育成为人，完成承载延续血脉的使命。此外，对剩余胚胎如何处置。

图 5-3　伦理学视角下胚胎保护的三个维度

随着辅助生殖技术的发展而引发主体、时空、价值三个维度的胚胎保护伦理讨论（图5-3）。

主体之维：是个人还是整个社会。责任伦理所强调的是前瞻性责任的实现，重点依赖于责任伦理主体。时空之维：应不应该控制超越时空的影响。价值之维：从治病救人到防患于未然。对于冷冻胚胎在医学上的应用，不同的责任观之间存在着冲突。当体现为病患解除疾病痛苦的责任意识时，则认为应用冷冻胚胎技术符合救死扶伤、治病救人的原则，支持该技术的推广应用。反对者则认为，应用该技术是对患者的生命延续和长久健康不负责的表现。有赞同者认为，通过人为获得优质后代，能够让后代更美好地生活，此时承担的是一种事先责任；而反对者对这种人为获得优质后代的行为嗤之以鼻，认为这种行为是将人视为一群基因的堆积和组装，是亵渎人性、人格和人的尊严的一种表现。怎样调整这些冲突的责任观，使各方主体利益得到平衡？一方面要考虑医学进步对整个人类可持续发展的影响，另一方面也要考虑到患者和当代人的利益，使各种责任价值保持一种合理的平衡。人工辅助生育技术的不确定性可能危及到整个人类将来的可持续发展，将一种预防责任意识纳入冷冻胚胎保护的视野，切实保障人的生命健康权免受不可预测的侵扰，保障人种自然属性的完整性，以及人类自然遗传特性免受科技的非正向干扰，已成为司法实践的当务之急（邓志伟和罗理事 2015）。

2）性别选择与伦理

在胚胎移植之前，除了可以进行疾病基因分析外，对有些伴性遗传疾病的诊断亦无可厚非，但是，一些国家（如印度和中国）的人对性别存在偏见，认为生男孩，才是传宗接代。持这种态度的人利用辅助生殖技术选择胎儿的性别，则引发伦理问题和性别歧视问题，违反男女平等的生育原则。这一点考验着从事辅助生殖技术人员的职业道德和职业伦理，他们是否为满足某些人的要求而根据性别选择胚胎。如果这样做，从业人员就助长了

性别歧视，尤其是支持了重男轻女的错误观念。因此，对从业者的执业准则应当明确禁止选择胎儿性别，以防男女比例失衡。因为在世界上有多个专业团体对辅助生殖技术的广泛应用已表示担忧，如不恰当地使用医疗资源、心理伤害、性别歧视、家长对所选性别的后代期望过高等。基于不同性别的精子分离或其他技术的孕前选择，仍处于实验。如果一对夫妇通过正常性生活难以满足他们想要某个性别的孩子，而借助辅助生殖技术实现了他们的意图，这就偏离了辅助生殖技术发明的初衷（Medicine and Others 2015）。

5.3.2.2 家庭层面的伦理问题

通过辅助生殖技术孕育的孩子可能对传统亲子关系与家庭模式产生新的挑战，如果是通过捐精子或捐卵子，或改造了卵母细胞的线粒体所产生的胚胎，胎儿出生后与亲代的关系就比较复杂（图 5-4）。

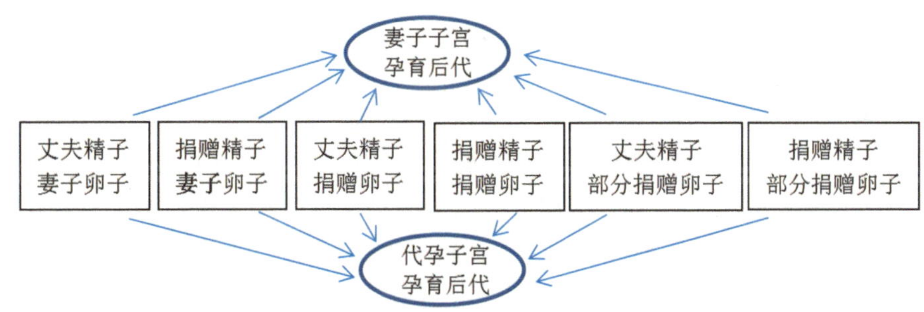

图 5-4　经辅助生殖技术产生的后代与亲代的关系

1）由 ART 所生孩子引发的伦理和法律纠纷

生育或养育孩子的父母可能与生物学（遗传学）上的父母完全不一致，或部分一样。对此，当经过辅助生殖技术出生的孩子长大了，养育孩子的父母愿意告诉这个孩子（他/她）本人是怎样来到这个世界上的吗？选择什么时机告诉他（她）呢？曾有一个这样的孩子长大后得知自己是通过体外受精出生的，她的父亲不是遗传学的父亲，她既担心同学知道她的出生秘密，又整日在想她的生物学父亲长什么样？做什么工作？她是否还有兄弟姐妹？她将自己关闭在狭小房间内，不思茶饭，不想上学，也不愿意与养父母交流，后来患了抑郁症。

再看中国第一起人工授精纠纷案。1984 年 4 月，上海市一年轻妇女怀抱出生仅 11 天的儿子，向法院寻求法律保护。该夫妇原本家庭和睦，但婚后数年不育，经查是由于丈夫精液异常，多方治疗无效。之后，妻子在丈夫同意并帮助下，接受了人工授精并生下一个男孩。但孩子出生一段时间后，公婆发现孩子长相与其父相差甚远，再三询问。当丈夫将实情说出后，全家人百般辱骂，说孩子是"野种"！而丈夫竟然也站到家人一边，硬将其妻儿"扫地出门"，要求离婚！妻子百般无奈，只好抱着刚刚出生不久的儿子到法院，请求法律的保护。

这几年涉及体外辅助生殖技术所生子女在离婚案例和继承财产案例的报道中屡见不鲜。现在法律规定夫妻关系存续期间，双方一致同意利用他人的精子进行人工授精并使女方受孕后，男方反悔，应当征得女方同意。在未能协商一致的情况下男方死亡，其后子女出生，尽管该子女与男方没有血缘关系，仍应视为夫妻双方的婚生子女，享有继承财产的权利。

2）因家庭经济条件贫富差异，造成家庭成员结构的不平等

20 世纪 70 年代初以来我国开始大力推行计划生育；1978 年以后计划生育成为我国的一项基本国策。这项政策执行了 35 年后于 2013 年 8 月我国才开始实行单独二胎政策。2015 年 10 月十八届五中全会决定，全面放开二胎政策。可是在之前就有人利用辅助生殖技术一次生产多个孩子。例如，广州有一对富商久婚不孕，2010 年初借助试管婴儿技术孕育 8 个胚胎，妻子本人怀 3 个，通过中介找来两个代孕者各自分别怀 3 个、2 个，在 2010 年 9 月、10 月先后出生 4 男 4 女八胞胎。他们仅试管婴儿及代孕就耗资近百万元，这个家庭共雇用 11 个保姆（每月开销 10 万元）照顾八胞胎的生活起居（刘显仁和卢迎新 2011）。这个事件引发伦理大讨论，违法我国计划生育基本国策、八胞胎能否健康成长、辅助生殖技术滥用给票子便可得孩子？因为 8 个孩子，3 个母亲，生物学父母，生身父母，这些带有科学色彩的名词让传统的父母含义在这里被完全颠覆。人为多胎还对孕妇身心健康有损害，因为多胎首先要增加孕妇的心脏功能负担。

3）代孕问题

早在 2001 年 8 月，卫生部就已经出台《人类辅助生殖技术管理办法》，严格禁止代孕母亲的试管生产。“代孕”，通常指女性接受他人的委托，在自己体内植入其他夫妇的受精卵，为他人孕育子女的行为。2003 年修订的《人类辅助生殖技术规范》中更是再次强调，禁止实施代孕。即便不找人代孕，做试管婴儿自己生，也要求“对于多胎妊娠实施减胎术，严禁三胎和三胎以上的妊娠分娩。”我国民间一直有“借腹生子”，与主流价值观背离。用现代科学手段“借腹生子”，同样违背传统伦理。

代孕的另一个争论问题是，人的器官难道可以出租吗？每个人的器官都有一定的神圣的性质，大多数国家都反对代孕，因为做器官移植都要经过伦理委员会审批，而代孕就是出租子宫，有钱的人就可以租用她人的子宫，更多地繁殖自己的后代，没钱的人因租用不起子宫就无后代。这从整个社会而言显失公平。

瑞士、德国、西班牙、意大利等国明令禁止代孕行为。在澳大利亚，代孕母亲在法律上被视为孩子的合法母亲，任何将孩子的监护权转给他人的代孕合同都属无效。

4）隐性的问题

例如，高龄妇女和单亲利用辅助生殖技术生育，亲属间、隔代间或同性恋采用 ART 产生的伦理纠纷，匿名捐精可能导致下一代乱伦等社会问题。在若干年后，假如经过捐精出生的孩子非常多，将来有一天，他们相爱了，此后又发现他们的精子源于同一个捐精者，将使他们的身心健康都受到极大的损害，这该如何处理？

5.3.2.3 社会层面的伦理问题

人类辅助生殖技术的发展使社会关系复杂化，可能出现一个人有多个父母。这是对传统家庭与亲子关系的挑战：两个父亲，即遗传的和抚养的。如果经过胞质置换可能会有 4 个母亲：生物学遗传方面 2 个，孕育和抚养各 1 个。此外，延伸出捐精子、捐卵子、剩余胚胎、代孕母亲、多胎等社会问题。

运用人类辅助生殖技术将 5 个特殊利益主体联系在一起，即管子、精子、卵子、肚子、票子（图 5-5）。在自然怀孕状态下，不需要管子，精子和卵子形成受精卵在妻子肚

子里的子宫孕育胎儿，所用的票子也是限于家庭开支，因此，一次怀孕行为，实现了4个利益主体的统一性。但在人类辅助生殖技术里，如果是代孕，则5个利益主体之间都可以是分离的，互不统一。假如精子是捐精者的，卵子是捐卵者的，肚子是代孕者的，管子是医院的，合法夫妻唯一要做的就是付票子，然后可以得到孩子，每一步都各自代表着不同的利益主体。在这样一个利益（商业）主体链中，婴儿成了一个明码标价的商品，原本试管婴儿的价值取向被扭曲了。

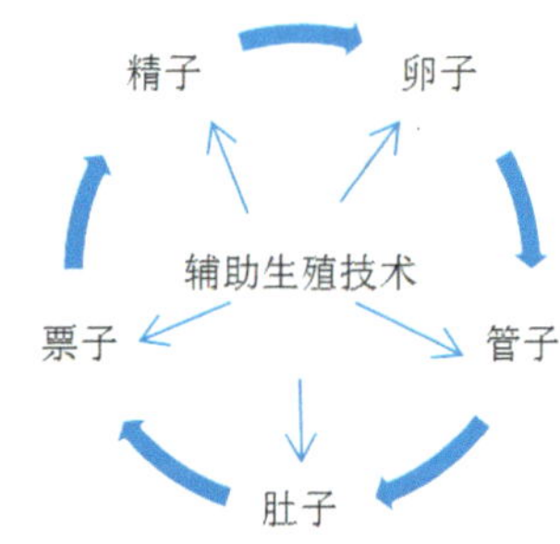

图5-5　运用人类辅助生殖技术涉及的因素

人类辅助生殖技术的发明、发展和应用可能会引发一系列的社会问题，如胚胎商品化、供体的商品化、配子/胚胎进出口、生殖旅行、血亲通婚的隐患、性别选择、ART与卫生资源合理使用、ART中心的准入与监管机制、ART中心布局及转诊机制、公众对ART的认知与表达渠道。世界卫生组织和国家层面制定人类辅助生殖技术规范、指南、条例、准则、法律。

明令禁止代孕未必有很好的效果，禁止代孕的德国、法国、日本等国都无一例外均存在着地下代孕。而放开代孕的国家也有一定问题，如印度也面临着失控的风险，问题重重。辅助生殖技术为那些自身不能够生育的、不具备生育条件的夫妻确实带来了福音，所以很多国家对人类辅助生殖技术做出了规定。但是，对于借腹生子这类事情，一般国家都没有做到法律上的支持和保护。

总之，从事生命科学技术工作人员的科学态度要严谨，加上公众和社会各界人士共同努力，才能确保辅助生殖技术的进步和达到最佳的社会利益。虽然，辅助生殖技术为数以百万计的不育夫妇带来希望，但是，整个社会必须解决由此所产生的伦理、法律和社会问题。许多国家已经采取了措施来规范某些方面的技术，可是，医疗法规和道德层面的问题亟待解决。社会必须协调由ART所带来的责任、权利、费用等问题，以体现相对公平和公正原则（Jesudason et al. 2015）。至关重要的是，ART从业者既要不断追求技术进步，又要预测到随之可能带来的新的社会问题，也就是说技术工作者要有社会和道德责任感。

科学技术永远是一把双刃剑。它同时具有正面效应与负面效应，科学技术不能背离人类追求的价值和目标，伦理学的目的是兴利除弊、扬利抑弊，伦理学宗旨是维护人的尊严与自主权利，使生命科学技术发明和社会科学进步和谐发展。

参考文献

邓志伟，罗理事．2015. 论责任伦理视角下冷冻胚胎保护规则的司法续造——从我国首例冷冻胚胎的继承纠纷案切入．全国法院第二十六届学术讨论会论文集：司法体制改革与民商事法律适用问题研究．

刘显仁，卢迎新．2011. 试管婴＋代孕富商生下“8胞胎”．广州日报，2011-12-19 A6版．

乔中东，王莲芸．2012. 克隆技术引发的伦理之争．生命科学，24（11）：1302-1307.

邱仁宗．2006. 基因决定论和基因本质论的证伪——人类外基因组计划的哲学意义．中国医学伦理学，19（3）：5-6.

沈铭贤．2004. 从克隆人之争看生命伦理学．文汇报，1：4.

沈铭贤．2008. 五个层面的挑战与三大理论难题——试论基因伦理．医学与哲学：人文社会医学版，29（2）：10-14.

施捷．2015. 本市首例脊肌萎缩症单基因筛查第三代试管婴儿获临床妊娠——遗传病夫妇“坏基因”被阻断．新民晚报，

2015-07-16 A10 版 .
张春美 . 2012. 当代基因伦理研究问题探析 . 生命科学，24（11）：1270-1276.
中华人民共和国国家卫生和计划生育委员会 . 2015a. 国家卫生计生委医政医管局关于印发《药物代谢酶和药物作用靶点基因检测技术指南（试行）》和《肿瘤个体化治疗检测技术指南（试行）》的通知 .http：//www.moh.gov.cn/yzygj/s3593/201507/fca7d0216fed429cac797cdafa2ba466.shtml [2015-07-31].
中华人民共和国国家卫生和计划生育委员会 . 2015b. 干细胞临床研究管理办法（试行）.http：//www.nhfpc.gov.cn/qjjys/s3582/201508/edd275573bfc4a139f9c617a44135f5d.shtml [2015-08-21].
Association W M，Others. 2001. World Medical Association Declaration of Helsinki. Ethical principles for medical research involving human subjects. Bull World Health Organ，79（4）：373.
Berg P，Baltimore D，Brenner S，et al. 1975. Asilomar conference on recombinant DNA molecules. Science，188（4192）：991-994.
Caulfield T. 2003. Human cloning laws，human dignity and the poverty of the policy making dialogue. BMC Med Ethics，4（1）：3.
Evans D G，Barwell J，Eccles D M，et al. 2014. The Angelina Jolie effect：how high celebrity profile can have a major impact on provision of cancer related services. Breast Cancer Res，16：442.
Galletti M. 2006. Begetting，cloning and being human：two national commission reports against human cloning from Italy and the USA. Springer：156-171.
Høberg-Vetti H，Bjorvatn C，Fiane B E，et al. 2015. BRCA1/2 testing in newly diagnosed breast and ovarian cancer patients without prior genetic counselling：the DNA-BONus study. Eur J Hum Genet. doi：10.1038.
Jesudason S，et al. 2015. Intersections in reproduction：perspectives on abortion and assisted reproductive technologies：eggs and abortion：“ women-protective” language used by opponents in legislative debates over reproductive health. J Law Med Ethics，43：259-425.
Lane R. 2006. Safety，identity and consent：a limited defense of reproductive human cloning. Bioethics，20（3）：125-135.
Londra L，Wallach E，Zhao Y. 2014. Assisted reproduction：ethical and legal issues. Elsevier：264-271.
Luce J M. 2013. Chronic disorders of consciousness following coma：part two：ethical，legal，and social issues. Chest，144（4）：1388-1393.
McEwen J E，Boyer J T，Sun K Y，et al. 2014. The ethical，legal，and social implications program of the National Human Genome Research Institute：reflections on an ongoing experiment. Annu Rev Genomics Hum Genet，15：481-505.
Medicine E C O T，Others. 2015. Use of reproductive technology for sex selection for nonmedical reasons. Fertil Steril，103（6）：1418-1422.
Pender K. 2012. Genetic subjectivity *in situ*：a rhetorical reading of genetic determinism and genetic opportunity in the biosocial community of FORCE. Rhetoric Public Aff，15（2）：319-349.
Vaughn L. 2013. Bioethics. Oxford：Oxford University Press.
Vogel G. 2015. Embryo engineering alarm. Science，347（6228）：1301.
Walker R L，Morrissey C. 2014. Bioethics methods in the ethical，legal，and social implications of the human genome project literature. Bioethics，28（9）：481-490.

（王莲芸 辛 玫 乔中东）

6

深海微生物

深海生物圈是地球上最大的生物圈之一，在深海的热液口（火山喷发）和冷泉区（甲烷渗漏）存在不依赖于光合作用的独特生态系统，其中热液口被认为可能是生命起源的摇篮。已知深海沉积物中的生物量几乎可以和陆地环境的土壤样品相媲美（Streit and Schmitz 2004）。随着大洋钻探等国际综合研究计划的推进，在地壳下 2km 处的样品中都发现了生命的痕迹（Roussel et al. 2008）。深海微生物在全球物质与能量循环中发挥着重要作用，对深海微生物的多重极端环境适应性机理的研究，将提高我们对生命的起源、生命与环境的协同演化等重要科学问题的认识和理解。同时，深海微生物在适应环境的过程中，进化出独特的代谢途径，能产生特殊的代谢产物和生物活性物质，具有潜在的应用价值，是重要的基因与遗传资源库。

6.1 深海与深海生态系统

海洋面积约占地球总面积的 70%，平均深度为 3800m，最深处可达约 11 000m（马里亚纳海沟）。深海通常是指水深超过 1000m 的海洋环境，是全球最大的独立生态系统，包括深层海水（deep layer water）、表层沉积物（top layer sediment）及冷泉（cold seep）、热液（hydrothermal vent）、多金属结核区（metallic nodules）等地质结构。深层海水是温跃层下边界（约 1800m 水深）与洋底之间的海水。在这样一个深度，阳光无法穿透，无法进行光合作用，其温度基本恒定在 –1~4℃这样一个接近冰冻的范围（Jørgensen and Boetius 2007）。此外，随着水深的增加，静水压也随之增加（每 10m 增加 1 个大气压）。海洋沉积物几乎覆盖所有的海床表面，占地球表面的 65% 以上。厚度从几厘米到几千米，平均厚度为 500m（Fry et al. 2008）。在沉积物中的有机物等营养物质是在海水形成并沉淀到海底的。沉积物中的物质传递以扩散作用为主，有明显的化学梯度。冷泉是在海床的某些地点，富含甲烷、碳水化合物、硫化氢等化学物质的深层空隙水沿着地壳岩层裂缝渗漏到海底表面，或者以泥火山（mud volcano）的形式与泥浆、岩石等一起喷发到海底表面。冷泉的温度与周围海水温度相似，这一点与热液有显著区别。在板块运动活跃的地区，被地热加热过的深部岩浆从洋中脊断裂带喷发，形成热液喷口。热液在喷发过程中不断与周围海水进行热交换随之冷却，在喷口处有明显的温度梯度。热液中富含氢、硫化物等还原性物质，作为能量来源能被微生物和大型动物利用。

现代海洋学上对深海生态系统的研究起始于 1872~1876 年的“挑战者”号航程（HMS Challenger Expedition），并开启深海探秘的英雄时代。在 20 世纪 70 年代之前，人们认为深海生态系统是完全异养的，能量和营养物来源于上层海水中物质的缓慢沉淀，而上层海水中的营养物是通过光合作用产生的，因此，深海生态系统本质上也是受光合作用支撑。1977 年，美国“阿尔文”号深潜器（Alvin ROV）最早在太平洋上的加拉帕戈斯群岛（Galapagos Islands）附近 2500m 的深海热液区发现了完全不依赖于光合作用而独立生存的独立生命体系，这一生态系统里的初级生产力是由微生物代谢热液喷发出的氢气、硫化物、甲烷等进行氧化还原反应，使微生物获得能量并以碳酸盐为最初碳源合成大分子物质，如蛋白质、糖、脂等。由微生物开始，包括大型生物，如长管虫、蠕虫、蛤类、贻贝类，还有蟹类、水母、藤壶等，共同组成了“黑暗食物链”（Spiess et al. 1980；Corliss et al. 1979；Rau and Hedges 1979）。热液生态系统的发现让人们第一次认识到化合作用可以取代光合作用作为生态系统起源和发展的初级生产力。此后，在 20 世纪 80 年代，科学家又陆续发现了冷泉——另一种化合作用支撑的生态系统，从而进一步扩展了人类对深海，以及生命起源和生命极限的认识（Juniper and Sibuet 1987；Childress et al. 1986；Cavanaugh 1983）。进入 21 世纪以来，随着深海采样技术和元基因组技术的发展，研究者能够获得越来越多的海底信息，也彻底改变了人们之前对深海生态系统的认识。首先，深海不只有“荒芜的沙漠”，也有热液、冷泉这样的“生命绿洲”。那里的生物多样性像热带雨林一样高，并参与了所有的海洋生物地球化学循环，直接或间接影响着陆地生物的生存环境（Orcutt et al. 2011；Fang et al. 2010）。其次，随着研究的深入，我们发现深海热液环境与地球早期环境类似，其中发现的超高温、超高压微生物进化速度较慢，多处于进化树的根部，可能保存了地球上最古老的生物信息，是我们研究陆地生命起源，甚至外星生物的一个窗口（Zeng et al. 2009；Stetter 2006）。另外，深海微生物群落长期生活在高压、高温 / 低温等极端环境下，具有显著区别于陆地生物的独特的代谢途径，以及适应于该环境的信号转导和化学防御机制。这就意味着其生命活动中生成的形形色色的化合物有许多也是可利用的天然产物（Thornburg et al. 2010；Leary et al. 2009）。因此，深海独特的生态系统不仅是潜在的生物资源宝库，同时也引发了科学家对诸如生命起源、演化等一系列重大生物学问题的思考。

6.2 深海微生物多样性

6.2.1 深海海水

位于海平面以下 200~1000m 的中远洋带和大于 1000m 的远洋带，是一个完全没有光照的环境。微生物群落主要以海水中颗粒有机物（particulate organic matter，POM）和溶解有机物（dissolved organic matter，DOM）作为碳源和能源（Arıstegui et al. 2002），以硝酸盐、磷酸盐、硫酸盐等无机物作为营养源，分子氧是主要的电子受体。随着深度的增加，海水温度逐渐降到 2~4℃，栖息于此的微生物主要是中温菌和嗜冷菌。与此同时，压力也随着海水深度的增加而增大（10MPa/km），微生物对压力的耐受能力也逐渐增强，并普遍具有耐压 / 嗜压特性（Bartlett 1999）。海水中的微生物种类分布也随着深度（压力）的增加和易降解有机碳（labile organic carbon，LOC）的逐步减少而呈现明显的差异（Moeseneder et al. 2012）。深海海水主要的细菌类群有 Alphaproteobacteria（Rickettsiales 和 Rhodospirilliaceae），Deltaproteobacteria（SAR324 clade 和 *Nitrospina*），Gammaproteobacteria（*Colwellia*、*Shewanella*、*Alteromonas*、*Pseudoalteromonas*），Chloroflexi

（SAR202 clade），Actinobacteria，Deferribacteriales，SAR406 和 Agg47 clade（Brown et al. 2009；Pham et al. 2008；DeLong et al. 2006；Zaballos et al. 2006）。其中，α-变形菌和γ-变形菌是海水中最主要的微生物类群（Zaballos et al. 2006）。通过对不同深度、不同区域海水的细菌群落组成进行比较发现，它们呈现类似的全球分布。例如，Chloroflexi 中的 SAR202 clade 在大西洋百慕大观测站和太平洋夏威夷观测站的海水中都有发现，约占微生物群落的 10%（Morris et al. 2004），然而由于没有纯培养的物种，它们的功能至今尚不得而知。

深海海水中的主要古菌类群有海洋底栖古菌群和海洋古菌群。其中海洋古菌群I（MG-I）是主要类群（Karner et al. 2001；Fuhrman and Ouverney 1998；DeLong et al. 1994）。DeLong 等在海水环境 rRNA 基因测序中首次发现并定义了 MG-I 古菌（DeLong et al. 1994）。在 3000m 以下的深海海水中，MG-I 古菌是原核超微型浮游生物的主要组分（Karner et al. 2001）。Pearson 等通过分析 MG-I 类古菌的膜脂的稳定碳同位素，发现这些古菌能利用无机碳源，意味着这类古菌可能是自养的，具有利用并固定 CO_2 的功能（Pearson et al. 2001）。而 Ouverney 等发现，MG-I 类古菌可以分解氨基酸，说明这类古菌可能是兼性自养或具有丰富的代谢多样性（Ouverney and Fuhrman 2000）。Könneke 等（2005）发现，MG-I 类古菌在自养生长的同时，还具有氨氧化的能力。

6.2.2 深海沉积物

总体来说，深海沉积物中微生物含量的多少与沉积物中的有机物含量和与大陆板块的距离有关（Kallmeyer et al. 2012；Lipp et al. 2008），栖息在沉积物中的微生物以异养微生物为主。在大陆架边缘的表层沉积物中，强烈的化学梯度和高浓度的有机物保证了微生物高的细胞活性，微生物含量在 10^8~10^9cells/cm^3（D'Hondt et al. 2009）。随着沉积物深度增加，能源物质和营养元素浓度逐渐减少并趋于稳定，微生物的含量和细胞活性缓慢下降，在 100m 内微生物含量保持在 10^6~10^7cells/cm^3（Parkes et al. 2000）。而在远洋的深海平原区域，沉积物中微生物含量比大陆架边缘低 2~3 个数量级。D'Hondt 等（2009）在 South Pacific Gyre 深海平原表层沉积物中检测到的微生物含量更低，仅为 10^3~10^4cells/cm^3。但是，广阔的深海平原蕴含了巨大的微生物量（细胞总数为 2.9×10^{29}）（Kallmeyer et al. 2012；Parkes et al. 2000），是研究碳、氮等元素的生物地球化学循环和生命起源的场所，也是当前海洋微生物生态学研究的热点之一（Edwards et al. 2012；Roy et al. 2012；Wang et al. 2012；Fang and Zhang 2011；Orcutt et al. 2011）。

沉积物中的氧气主要来源于上层海水的扩散作用，而氧气是最容易被微生物所利用的电子受体，因此好氧微生物通过氧化沉积物中的有机物获得能量，并具有极高的代谢活性，这导致氧分子在距沉积物表面几毫米到几厘米处被迅速耗尽，而沉积物中的硫酸盐、硝酸盐、铁和锰等为微生物提供了更丰富的电子供体（D'Hondt et al. 2004）。沉积物中最重要的有机物降解途径是硫酸盐还原，占大陆架沉积物有机物降解的 25%~50%（Canfield et al. 1993；Christensen 1989；Reeburgh 1983；Jørgensen 1982），而其他代谢途径因地域和营养源的差异呈现不同的全球分布。例如，硝酸盐还原和铁还原代谢途径主要分布在江河的入海口，或者是有陆源尘埃搬运作用影响的近海区域（Brust and Waniek 2010）。有机物降解会产生大量的 CO_2，这些 CO_2 与 H_2 会被产甲烷菌用于合成甲烷。据估计大约有 10% 的有机物被产甲烷菌转化成 CH_4（Claypool and Kvenvolden 1983），因此 CH_4 产生途径也广泛存在于深海沉积物中。在深层沉积物环境中，非生物成因的 H_2 与 CO_2 可以被微生物利用合成乙酸（Lever 2011；Lever et al. 2010），沉积物中的硫化物、铁、锰矿物的氧化还原等过程也是深部生物圈环境重要的代谢途径（Jørgensen and Nelson 2004）。与此同时，在沉积物和洋壳的交界处，洋壳流体携带的电子受体如氧气、硫酸盐等扩散到沉积物中，为沉积物中的微生物提供了相当可观的营养元素（Lin et al. 2012；Engelen et al. 2008）。

沉积物中的微生物群落组成随着氧浓度、温度、营养元素的种类和含量，以及沉积物的深度等物理化学参数的变化而各不相同。有氧的表层沉积物微生物的多样性相对较高，总体来说，主导细菌类群有α-，δ-，γ- 变形菌（Alpha-，Delta- & Gammaproteobacteria）、酸杆菌（Acidobacteria）、双歧放线菌（Actinobacteria）及浮霉菌（Planctomycetes）（Polymenakou et al. 2009，2005；Li and Wang 2008；Bowman and McCuaig 2003）。在冷泉区，甲烷氧化和硫酸盐还原是主导的代谢途径，因此硫酸盐还原菌 Deltaproteobacteria 和甲烷氧化菌 ANME 是主导微生物（Zhang et al. 2011；Boetius et al. 2000）。对于深层沉积物而言，有机物含量丰富的区域未培养的细菌类群 OP9/JS1 的含量较高，在有机物含量较低的区域则是绿弯菌（Chloroflexi）和变形菌（Proteobacteria）相对含量较高（Inagaki et al. 2006，2003；Webster et al. 2006；Newberry et al. 2004）。而对于高温的沉积物来说，表层和深层的沉积物群落结构一致，ε- 变形菌（Epsilonproteobacteria）含量较高，微生物的群落结构与深海热液区域的微生物组成类似（Nercessian et al. 2005；Teske et al. 2002）。

深海沉积物中的古菌含量丰富，但与这些古菌 16S rDNA 序列有较好亲缘关系的多数类群一般尚无培养菌株。近年来，随着深海钻探和采样技术的发展，辅以高通量测序、宏基因组技术、rRNA 基因和功能基因研究，我们逐渐认识了一些主要的古菌类群。海洋底栖古菌群 B 组（MBG-B）被发现是许多采样点和沉积物样品的古菌 16S rRNA 克隆文库中的主要类群（Vetriani et al. 1999）。MBG-B 古菌最初是在深海沉积物的表层及热液口发现的（Vetriani et al. 1999；Takai and Horikoshi 1999），之后，人们又在其他热液口（Teske et al. 2002；Reysenbach et al. 2000）低温沉积物表层（Inagaki et al. 2003；Reed et al. 2002）甚至冷泉区的表层沉积物中（Knittel et al. 2005），都发现 MBG-B 古菌是主要的古菌群落。可以说，MBG-B 古菌在各种深海沉积物的生境中都有广泛的分布，不过在不同生境中生长的 MBG-B 古菌也是有所不同的。研究表明，在热液口发现的 MBG-B 古菌大多在进化树的根部，而在低温沉积物中发现的 MBG-B 古菌则大多位于进化树的冠部（Teske 2006）。另有研究结果表明，厌氧甲烷氧化或许可以直接或间接地刺激 MBG-B 古菌的生长（DeLong 1992）。

另一个主要的古菌类群是海洋古菌群 I（MG-I）。之前提到，MG-I 最早是在海水中被发现的（Fuhrman 1992；DeLong 1992），所以沉积物中这一类群的起源问题一直引人关注。目前有研究者通过系统发育分析认为，沉积物中的部分 MG-I 类群，是由底层海水中的 MG-I 自然入侵并逐渐分化而来（Sørensen et al. 2004）。和 MBG-B、MG-I 不同，MBG-A 和 MBG-D 仅存在于部分采样点和沉积物样品中，且通常不是主要的古菌类群。这两类古菌最初是在大西洋大陆架表层沉积物及新英格兰近海的深海平原被发现的（Vetriani et al. 1999）。与 MG-I 不同的是，这两类古菌并没有在底层海水中被发现，意味着它们是沉积物中特有的底栖古菌。此外，杂古菌类群 MCG（miscellaneous crenarchaeotic group）也是深海沉积物中主要的古菌类群之一。MCG 的生活环境比 MBG-B 还要广泛，在陆地和海洋、高温和低温、表层和基底的各种环境中均有分布（Teske 2006），且具有代谢活性。对富含 MCG 的沉积

物的碳同位素标记分析发现这一古菌类群有代谢埋藏有机碳的能力（Biddle et al. 2006）。与MCG类似，SAGMEG（南非金矿广古菌群）也是在陆地和深海沉积物中均有分布（Inagaki et al. 2006，2003；Webster et al. 2006；Parkes et al. 2005；Reed et al. 2002）。16S rRNA分析表明，SAGMEG与MCG一样，都具有代谢活性（Sørensen and Teske 2006）。此外，AAG（古老古菌群）和MHVG（海洋热液群）这两支靠近生命系统发育进化树根部的古菌群，也在深海沉积物中有所发现（Sørensen and Teske 2006；Inagaki et al. 2003；Takai and Horikoshi 1999）。

6.2.3 洋壳

洋壳主要由基性、超基性岩构成，含有丰富的铁、硫、镁等矿物。洋壳中流体的体积占全球海水的2%，是地球上最大的含水系统（Johnson and Pruis 2003）。玄武岩是顶层洋壳的主要岩石组分，含有丰富的还原性的铁、锰、硫化物矿物，如二价铁约占9%，二价锰和硫化物各约占0.1%，为微生物提供了相当可观的能量和营养源，而岩石中有机物含量极低（0.01%）。仅有的个别数据表明，暴露在海水中的洋壳表面的微生物丰度在10^5~10^9cells/g。而人们对洋壳深部和沉积物覆盖的洋壳中微生物的丰度和多样性还不了解，对于它们与洋壳年龄、蚀变程度和深度的关系也没有定论。基于我们对大西洋西侧翼North Pond洋壳样品的初步研究结果显示，水深4400m以下，约100m厚沉积物覆盖的玄武岩基底洋壳微生物的丰度在10^4~10^5cells/g，物种多样性较低。

通过洋壳铁和硫的氧化速率建立数学模型，可推算出洋壳中微生物无机自养代谢的初级生产力与海洋沉积物中有机异养代谢的生产力相当（Bach and Edwards 2003），并且在环境样品总DNA中检测到了与碳固定相关的关键基因（Mason et al. 2009）。因此参与铁、锰、硫等关键代谢反应的洋壳微生物可能主要是化能自养微生物（Bach and Edwards 2003），目前人们对洋壳中铁氧化还原微生物的组成及玄武岩中铁的生物转化机制还不了解。分子系统发育学研究发现，玄武岩细菌具有高度多样性，优势菌群为变形菌门（尤其是α-，δ-变形菌）、放线菌门（Actinomyce）、拟杆菌门（Bacteroide）、绿弯菌门、厚壁菌门（Firmicutes）和浮霉菌门（Orcutt et al. 2011；Mason et al. 2009；Santelli et al. 2008）。仔细分析细菌16S rRNA基因的多样性数据，可以发现细菌的生物地质物理分布在一定程度上与不同生境的地质学、地质化学和物理学特征相关，甚至有一些类群专属于深部环境（Edwards et al. 2011）。对于铁氧化细菌，常见的类群有α-变形菌中的*Hyphomona*和*Rhodobacter*、β-变形菌中的*Gallionella*、γ-变形菌中的*Marinobacter*，以及ζ-变形菌中的*Mariprofundus*（Edwards et al. 2011；Emerson et al. 2010；Santelli et al. 2008）。对于铁还原菌，有报道从玄武岩中分离得到了希瓦氏菌（*Shewanella frigimarina*，*Shewanella loihica*）（Gao et al. 2006；Lysnes et al. 2004），并且在玄武岩环境样品总DNA中检测到了与铁还原有关的功能基因（Mason et al. 2009）。锰氧化也是洋壳微生物获得能量的一个重要的代谢途径（Tebo et al. 2005；Templeton et al. 2005；Thorseth et al. 2003）。目前从洋壳环境发现的锰氧化菌类群主要有厚壁菌门中的*Bacillus*、γ-变形菌中的*Marinobacter*和*Pseudoalteromonas*、α-变形菌中的*Sulfitobacter*和Actinobacteria（Mason et al. 2009；Dick et al. 2006）。玄武岩中以矿物形式存在的硫化物（如黄铁矿）也为微生物的生长提供了能量（Bach and Edwards 2003）。目前已报道的在洋壳中发现的硫氧化菌非常少，ε-变形菌常在海洋硫氧化的环境中被检测到，也在个别玄武岩样品中有所发现，同时铁氧化菌也可能参与硫氧化。

对洋壳中微生物参与的氮循环的了解目前还是一片空白。总体来说，玄武岩洋壳中的氮含量非常低（平均 2ppm[①]）（Marty 1995），洋壳流体中也几乎不含氮，只有完全没有沉积物覆盖的洋壳可以从底层海水获得约 40 μmol/L 的硝酸盐和微量的铵盐。通过对环境样品总 DNA 氮代谢相关基因的检测发现，固氮、氨氧化和反硝化等代谢途径的关键基因都存在于洋壳微生物中（Mason et al. 2009），说明洋壳微生物具有多样化的代谢氮源的潜能。Planctomycetes、*Nitrosococcus* 和 *Nitrosospira* 在个别洋壳环境中都有发现（Santelli et al. 2008；Mason et al. 2007），其中 Planctomycetes 是已知的厌氧氨氧化菌，*Nitrosococcus* 和 *Nitrosospira* 通常可以进行好氧氨氧化作用。

6.2.4 深海热液口

深海热液口微生物的群落结构主要取决于热液喷口的类型和周围海水中的微生物类群，微生物丰度也比周围的海水高 3~4 个数量级（Sunamura et al. 2004）。高温的、剧烈的水岩物理-化学反应作用形成的金属矿床和喷出的液体是微生物的理想生境，反应产生的大量不稳定的还原物质可作为微生物的能量来源，是化能合成驱动的热液口生态系统的基础（Reysenbach et al. 2000）。由于热液流体中的 O_2 在加热和水岩相互作用过程中被迅速消耗殆尽，厌氧代谢是热液口流体中的主导代谢途径。化学物质的多样性和动态变化导致了古菌和细菌的高度多样性：不同热液口间微生物群体组成不同，单一热液口随着化学和温度梯度变化微生物分布也不同，同时热液口的不同发育阶段也存在不同的微生物（Wang et al. 2009；Pagé et al. 2008；Huber et al. 2002）。最近的研究结果表明，热液口微生物的群落组成主要由热液流体的化学组成决定，尤其是 H_2 的浓度直接影响了微生物群落的结构组成（Flores et al. 2011）。Auguet 等（2010）分析了古菌在全球不同环境中的分布和多样性，发现深海热液口和淡水水域中的古菌多样性最高，并且指出了一些深海热液口的特有古菌类群，如泉古菌门的热变形菌纲（Thermoprotei）、广古菌门的古丸菌目（Archaeoglobales）、热球菌目（Thermococcales）、甲烷球菌目（Methanococcales）、泉古菌门的 SMTDHV（Crenarchaeota Group 2）等。Takai 等又补充了一些类群，如 AAG（古老古菌族）、SMTDHV Crenarchaeota Group 1、甲烷嗜热菌目（Methanopyrales）、纳古菌门（Nanoarchaeota）、海洋热液群 1 和 2（MHVG-1&-2）等（Takai and Horikoshi 1999）。古丸菌目中研究较多的有硫酸盐还原菌和产甲烷古菌。

热球菌目是热液环境中最常发现并分离的古菌。它们是严格厌氧、具有硫还原能力、异养的超嗜热微生物。甲烷球菌属（*Methanococcus*）和甲烷嗜热菌属（*Methanopyrus*）均嗜热，最适生长温度 98℃，最高可达 110℃。Xie 等（2011）通过宏基因组分析证实了热液口群落的代谢独特性，代谢途径中富集了 DNA 错配修复基因、同源重组和基因水平转移相关基因。Auguet 等（2010）通过比较深海热液口特征指示古菌群落和其他环境中的古菌类群，推测深海热液环境可能是地球上古菌的起源地。我们利用高温高压培养系统，从深海热液环境分离出了一系列超嗜热嗜压厌氧古菌，包括迄今唯一一株绝对嗜压超嗜热古菌（Zeng et al. 2009）。

深海热液羽流和烟囱体中的细菌多样性也非常丰富，主要取决于热液口的类型、年龄和热液流体的化学组成。在热液羽流中最重要的能量代谢是单质硫和硫化物的氧化（McCollom 2007），未培养ε-变形菌（SUP01）和γ-变形菌（SUP05）等占据主导地位（Walsh et al. 2009；Sievert et al. 2008；Sunamura et al. 2004）。其他的主要代谢途径还有好氧甲烷氧

① 1ppm=1×10^{-6}

化（γ- 变形菌中的 I 型和 X 型甲烷氧化菌）（Elsaied et al. 2004）、氨氧化（γ- 变形菌、β- 变形菌中的 *Nitrosomonas* 和 *Nitrosospira*）（Lam et al. 2008）、铁氧化（*Marinobacter*）（Kaye and Baross 2000）、氢氧化（*Nitratifractor salsuginis*）等（Sievert et al. 2008）。Wang 等（2009a）对热液烟囱发育过程中微生物群落功能基因的高通量检测发现：在烟囱最初生长的过程中微生物区系发生了快速而显著的变化，并在 15 天内基本形成稳定的微生物群落；在新生烟囱外壁和成熟烟囱中微生物群体均以细菌为主，在成熟烟囱中，参与硫氧化代谢的细菌为优势种群，而在新烟囱内壁则更多是古菌的功能基因（暗示可能以古菌为主）。跟踪热液烟囱体形成过程的原位实验表明，自养微生物（特别是铁氧化微生物）在烟囱体形成的初期大量繁殖，随后才会出现越来越多的异养微生物（Nercessian et al. 2003；Reysenbach et al. 2000）。玄武岩类型的热液烟囱体富含铁和硫化物矿物，主导微生物类群有 ζ- 变形菌、ε- 变形菌、γ- 变形菌（*Marinobacter* 和 *Halomonas*）（Edwards et al. 2004，2003；Rogers et al. 2003）。而在 Lost City 类型的热液口，烟囱体主要由碳酸盐组成，热液流体中含有大量的 H_2 和 CH_4（Kelley et al. 2005，2001），微生物多样性相对较低（McCollom 2007），主要的细菌类群有γ- 变形菌（有氧甲烷氧化）、ε- 变形菌（硫氧化）、*Nitrospira*（亚硝酸盐氧化）和 Planctomycetes（厌氧氨氧化）（Brazelton et al. 2010，2006）。

6.3 深海微生物的高压适应性机理

6.3.1 嗜压微生物

压力是深海微生物生长的一个重要理化参数，嗜压微生物是指在高于 0.1MPa 的压力条件下生长优于常压条件的微生物。1949 年，ZoBell 等首次提出了嗜压微生物（barophile）的概念，定义为最适生长压力在 0.1MPa 以上的生物（ZoBell and Johnson 1949）。1979 年 Yayanos 等从 5800m 水深的样品中，成功地分离到嗜压菌 *Psychromonas* sp. CNPT-3，此后，不断有嗜压微生物被分离到。1995 年，Yayanos 等正式将嗜压微生物命名为"piezophile"，意为在高压下生长速率高于常压的微生物。深海微生物的研究与深海样品的采集、特殊的培养装置（图 6-1）及相关技术手段有密切的联系。

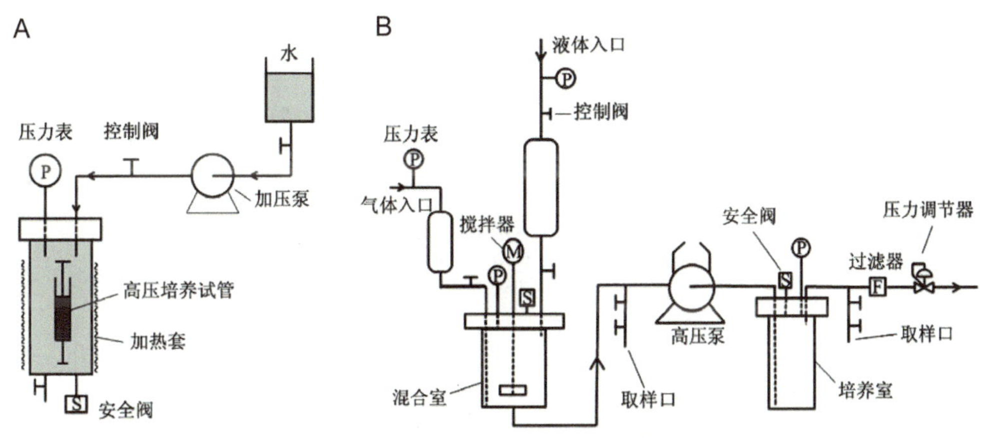

图 6-1 高压微生物培养装置

A. 高温高压培养装置（李学恭等 2013）；B. 高压连续培养装置（Zhang et al. 2010）

嗜压微生物在全球各大水体均有分离（图 6-2），实验表明，在超过 2000m 水深的环境中，更容易分离到嗜压微生物。比较目前分离到的嗜压微生物的生长特性与取样参数可发现，从深海低温环境中得到的往往是嗜压 / 嗜冷细菌，而分离自深海热液环境的嗜压微生物通常是嗜压 / 嗜热古菌。已报道的嗜压细菌主要分布于γ- 变形菌类群中 *Photobacterium*、*Shewanella*、*Colwellia*、*Psychromonas*、*Moritella* 及 *Thioprofundum* 等属，以及部分 α- 变形菌类群及 δ - 变形菌类群。而深海嗜压古菌主要来源于热球菌属（*Thermococcus*）、火球菌属（*Pyrococcus*）和甲烷球菌属（*Methanococcus*）。根据嗜压菌的最适生长温度，可以

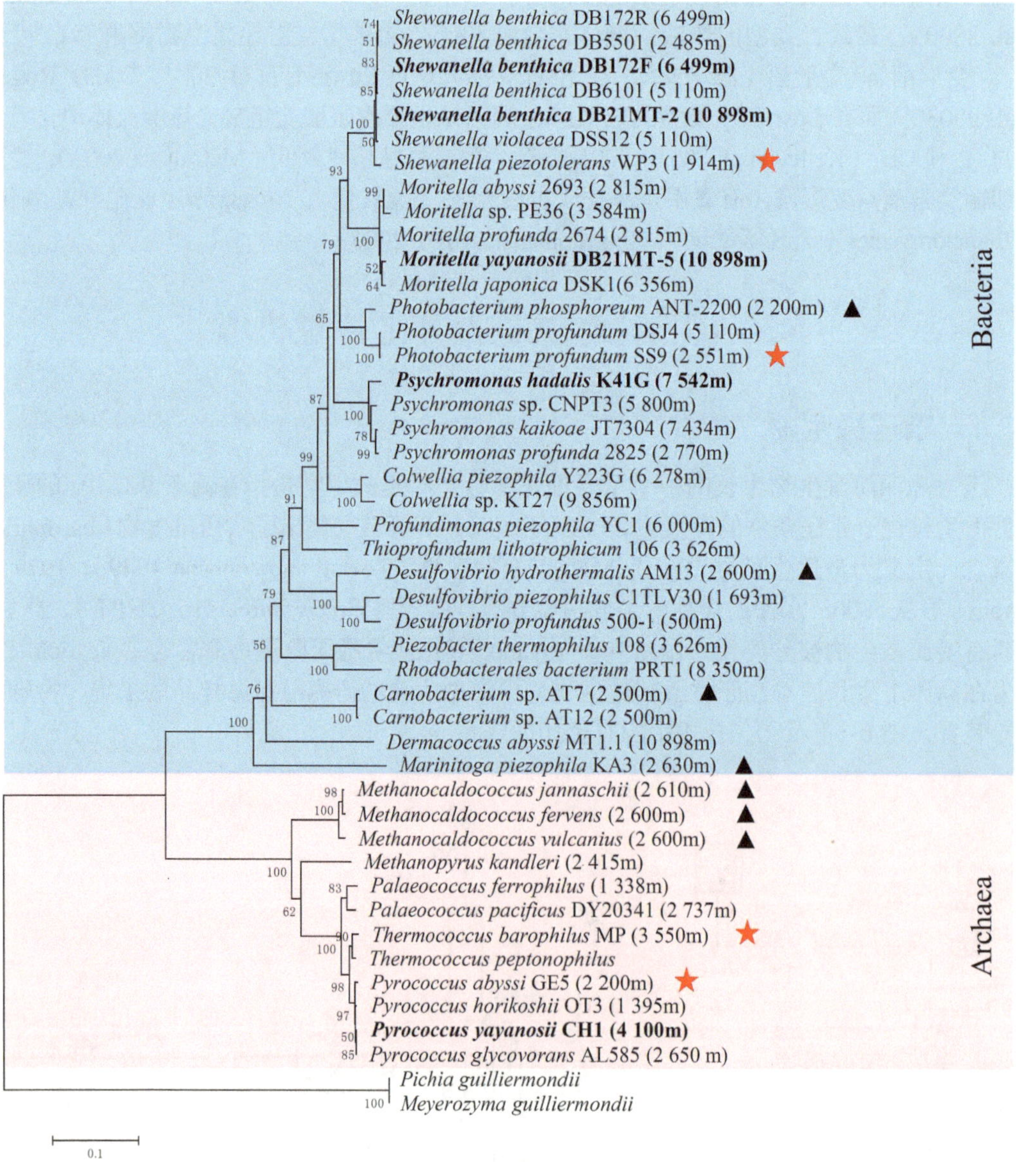

Shewanella benthica DB172R (6 499m)
Shewanella benthica DB5501 (2 485m)
***Shewanella benthica* DB172F (6 499m)**
Shewanella benthica DB6101 (5 110m)
***Shewanella benthica* DB21MT-2 (10 898m)**
Shewanella violacea DSS12 (5 110m)
Shewanella piezotolerans WP3 (1 914m) ★
Moritella abyssi 2693 (2 815m)
Moritella sp. PE36 (3 584m)
Moritella profunda 2674 (2 815m)
***Moritella yayanosii* DB21MT-5 (10 898m)**
Moritella japonica DSK1(6 356m)
Photobacterium phosphoreum ANT-2200 (2 200m) ▲
Photobacterium profundum DSJ4 (5 110m)
Photobacterium profundum SS9 (2 551m) ★
***Psychromonas hadalis* K41G (7 542m)**
Psychromonas sp. CNPT3 (5 800m)
Psychromonas kaikoae JT7304 (7 434m)
Psychromonas profunda 2825 (2 770m)
Colwellia piezophila Y223G (6 278m)
Colwellia sp. KT27 (9 856m)
Profundimonas piezophila YC1 (6 000m)
Thioprofundum lithotrophicum 106 (3 626m)
Desulfovibrio hydrothermalis AM13 (2 600m) ▲
Desulfovibrio piezophilus C1TLV30 (1 693m)
Desulfovibrio profundus 500-1 (500m)
Piezobacter thermophilus 108 (3 626m)
Rhodobacterales bacterium PRT1 (8 350m)
Carnobacterium sp. AT7 (2 500m) ▲
Carnobacterium sp. AT12 (2 500m)
Dermacoccus abyssi MT1.1 (10 898m)
Marinitoga piezophila KA3 (2 630m) ▲
Bacteria
Methanocaldococcus jannaschii (2 610m) ▲
Methanocaldococcus fervens (2 600m) ▲
Methanocaldococcus vulcanius (2 600m) ▲
Methanopyrus kandleri (2 415m)
Palaeococcus ferrophilus (1 338m)
Palaeococcus pacificus DY20341 (2 737m)
Thermococcus barophilus MP (3 550m) ★
Thermococcus peptonophilus
Pyrococcus abyssi GE5 (2 200m) ★
Pyrococcus horikoshii OT3 (1 395m)
***Pyrococcus yayanosii* CH1 (4 100m)**
Pyrococcus glycovorans AL585 (2 650 m)
Archaea
Pichia guilliermondii
Meyerozyma guilliermondii
0.1

图 6-2 嗜压微生物的系统发育树（Zhang et al. 2015）

采用邻接法（1000 replicates）基于 16S rRNA 序列构建。其中星号代表已有遗传操作系统的菌株，三角符号代表包含质粒的菌株，严格嗜压菌用加粗字体表示

分为 4 类（Fang et al. 2010）：低温嗜压菌（＜15℃）、中温嗜压菌（15~45℃）、高温嗜压菌（45~80℃）及超高温嗜压菌（＞80℃）。通常，低温嗜压菌的最适生长压力低于其分离地点的压力，而高温嗜压菌的最适生长压力则高于其分离地点的压力，而且对高温嗜压菌而言，提升培养压力往往可以提高其耐受温度的上限（Boonyaratanakornkit et al. 2007）。根据微生物对压力的耐受情况可以分为几种类型：常压菌、耐压菌、嗜压菌、极端嗜压菌。极端嗜压菌是指不能在常压下生长的微生物，已鉴定的极端嗜压微生物有 8 株，包括 7 株细菌和 1 株古菌（表 6-1）。

表 6-1 已分离的极端嗜压微生物（李学恭等 2013）

菌株	分离地点	分离年份	最适压力/MPa	最适温度/℃
Colwellia sp. MT41	马里亚纳海沟	1981	103.0	2
Moritella yayanosii DB21MT-5	马里亚纳海沟	1998	80.0	10
Shewanella benthica DB21MT-2	马里亚纳海沟	1998	70.0	10
Colwellia hadaliensis BNL-1	波多黎各海沟	1988	92.5	10
Shewanella sp. DB172F	Izu-Bonin海沟	1996	70.0	10
Shewanella sp. PT48	菲律宾海沟	1986	62.0	3
Shewanella sp. PT99	菲律宾海沟	1986	62.0	3
Pyrococcus yayanosii CH1	中大西洋隆起	2009	52.0	98

6.3.2 压力对细胞膜脂肪酸组成的影响

细胞膜具有磷脂双分子层结构，包含有多种膜蛋白，具有重要的生物学功能。细胞膜对于高压比较敏感（Pilavtepe-Çelik et al. 2008），在高压条件下，细胞膜流动性降低，刚性变强，导致膜上的反应受影响，进而影响细胞的生命过程。当细胞膜中的脂肪酸碳链长度相同时，不饱和脂肪酸及分支链脂肪酸的含量增加，能增加细胞膜在高压或低温下的流动性。在深海嗜压微生物细胞膜中往往含有高比例的不饱和脂肪酸或者分支链脂肪酸。当 *Photobacterium profundum* SS9 在高压条件下生长时，其细胞膜中的单不饱和脂肪酸含量增加。分离自马里亚纳海沟的极端嗜压菌 *Shewanella* sp. DB21MT-2 和 *Moritella* sp. DB21MT-5 相对于它们的非嗜压近缘种，细胞膜中也含有更高比率的单不饱和脂肪酸（18∶1；14∶1）（Simonato et al. 2006）。而对深海嗜压菌 *Shewanella piezotolerans* WP3 的研究发现，在高压条件下，其细胞膜中单不饱和脂肪酸的含量降低，而支链脂肪酸和多不饱和脂肪酸（EPA）的含量反而增加。更进一步分析发现，低温、高压条件诱导了 WP3 支链氨基酸 ABC 转运系统的表达，从而增加了支链脂肪酸的含量（Wang et al. 2009b）。

6.3.3 压力对厌氧呼吸的影响

呼吸链的变化也是微生物适应环境的一种策略，当微生物处于不同的压力条件下时，其呼吸链的组成有较大的差异。对 *Shewanella* 微生物的压力适应性研究发现，在低压条件下，微生物呼吸链的酶复合体是由 NADH 脱氢酶、bc1 复合体及细胞色素 c 氧化酶组成，这些复合物也是常压菌呼吸链的组成成分。而在高压条件下，微生物则使用 NADH 脱氢酶、细胞色素 c-551 及醌氧化酶。Tamegai 等对 *Shewanella violacea* DSS12 的研究表明，在高压培养条件下，*cydAB*（d 型细胞色素结构基因）及 *cydCD*（负责 CydAB 的组装及成熟）转录上调。*cydD* 和 *cydC* 位于压力调控启动子的下游，在高压条件下，其表达受到该压力启动子的调控（Tamegai et al. 2005）。而且，深海嗜压微生物往往含有多种不同的呼吸链且存在大量的重复拷贝，呼吸链系统的多样性及重复性可能对微生物适应深海环境发挥了重要作用（Tamegai et al. 2012）。*S. piezotolerans* WP3 基因组包含有多拷贝的厌氧呼吸链，可以利用硝酸盐、亚硝酸盐、延胡索酸盐、TMAO、DMSO 及不可溶三价铁等作为电子受体进行厌氧呼吸（Wang et al. 2008）。对 WP3 硝酸盐还原的研究发现，WP3 有两套编码细胞周质硝酸盐还原酶的基因（*napD1A1B1C* 和 *napD2A2B2*），5 套编码亚硝酸盐还原酶的基因（*nrfA*）。有趣的是两套 nap 系统是各自独立且具有功能的，两套系统对压力均不敏感，而 nap2 系统的丢失使 WP3 生长更好且更具竞争优势。对其近缘种的 nap 系统分析表明，*Shewanella* 微生物 nap 系统的变化反映了高压对其的选择作用（Chen et al. 2011）。CymA 最早的功能是专一性传递电子给铁还原相关的酶，在进化过程中，*Shewanella* 进化出了较强的厌氧呼吸能力（nap2 系统）。随着水深的增加，单一的呼吸系统不能满足其生存的需求，逐渐变得不具有生存优势，WP3（分离自 1914m 水深）可能是通过水平基因转移获得了专一性更强的 nap1 系统，进而保留了两套 nap 系统。而随着水深的继续增加，在长时间的进化过程中，先前的 nap2 系统有可能被丢掉，分离自更深环境的 *S. violacea* DSS12（5110m）和 *S. benthica* KT99（9000m）则只拥有一套 nap 系统（nap1）（Chen et al. 2011）。这一发现暗示压力对微生物基因组的进化具有选择作用。

6.3.4 高压对 DNA 结构和功能的影响

在高压条件下，DNA 双链分子间的氢键变得更稳定，引起解链温度变高，使得其解链成 DNA 单链变得困难，进而使得 DNA 复制、转录及翻译过程受到影响（Macgregor 2002）。深海环境耐 / 嗜压菌的 DNA 结构和功能在高压条件下可以保持正常，而在压力敏感菌株中，DNA 的结构和功能往往受到较大的影响。*recD* 基因是 RecBCD 酶复合体的一个结构基因，该酶复合体的主要功能是 DNA 双链的解旋及产生单链 DNA。嗜压菌 *recD* 基因不同于常压菌，在高压下可以正常发挥其功能。对 *Photobacterium profundum* SS9 压力敏感突变株的分析发现，在其 *recD* 中发生了插入突变，引起了其功能的丧失（Lauro et al. 2008）。SS9 的 RecD 突变株与 *E. coli* RecD 突变株类似，其携带的质粒稳定性降低，结构也发生了变化。将 SS9 野生株的 *recD* 基因在 *E. coli* RecD 突变株中超表达，可使 *E. coli* 耐受高压条件，在高压条件下可以正常地进行细胞分裂。DNA 单链结合蛋白（SSB）在 DNA 的复制和转录过程中发挥着重要的作用。对 *Shewanella* 微生物的研究发现，压力敏感菌 *Shewanella hanedai* 相对于同属的其他嗜 / 耐压菌株，其 SSB 对压力更敏感。进一步分析其 DNA 序列，表明来源于深海耐 / 嗜压菌株的 SSB 具有更少的甘氨酸（使螺旋去稳定）和脯氨酸（解螺旋）氨基酸残基（Chilukuri et al. 2002）。耐 / 嗜压菌株的 SSB 与 DNA 单链的结合浓度相对于其压力敏感近缘种更低，说明在耐 / 嗜压菌中，蛋白质-核酸的相互作用使这类微生物更耐受高压条件。

6.3.5 高压对核糖体结构及组装的影响

生物大分子往往以聚合物的形态行使其生物学功能，高压使得多聚体发生解聚，成为无活性的单聚体分子。高压对蛋白质结构的影响主要表现在蛋白质高级结构及蛋白质构象等方面，压力的增加会影响蛋白质多聚体的结合及稳定性，甚至引起亚基的解聚。由于高压的影响，蛋白质分子空间结构被压缩得更紧密，导致其构象的变化（Aertsen et al. 2009）。细菌的 70S 核糖体是由 50S 亚基和 30S 亚基聚合而成，压力可以影响二者的聚合和解聚，从而对蛋白质的合成产生影响。当压力升高时，核糖体倾向于解聚，说明解聚与体积的减小有关，而核糖体的解聚是导致细胞死亡的一个重要原因（Yang et al. 2012）。当常压菌 *Lactobacillus sanfranciscensis* 处于亚致死压力条件下时，胞内核糖体蛋白基因的表达上调，导致核糖体蛋白的量增加，而核糖体蛋白有利于稳定 30S 亚基和氨酰-tRNA 复合物。而 *P. profundum* SS9 处于高压条件下时，其胞内核糖体蛋白的含量仅发生了很微量的变化，说明嗜压菌的核糖体在高压条件下相对稳定，可以正常行使其功能。在γ- 变形菌类群中，细菌往往含有较多的核糖体操纵子，其数目甚至高达 15 个，核糖体操纵子越多，细菌对环境变化的适应越迅速（Lauro and Bartlett 2008）。此外，对低温嗜压菌 16S rRNA 结构的研究发现，嗜压微生物 16S rRNA 结构中往往含有较长的双链螺旋，而且往往在其 10、11、44 号双链螺旋中发生了序列的插入，暗示 16S rRNA 结构的变化对核糖体的功能产生了重要影响（Lauro et al. 2007）。

6.3.6 高压对细菌运动性的影响

鞭毛对微生物的捕食、趋化性及生物膜的形成等过程具有重要作用，有些种属的鞭毛对细菌的生存至关重要。高压条件下，常压菌的鞭毛合成受影响，甚至不合成鞭毛。而深海嗜压微生物具有发达的鞭毛系统，有些细菌甚至有多套鞭毛系统（Bubendorfer et al. 2012）。在 *P. profundum* SS9 中，包含有两套完整的鞭毛基因簇，分别负责极生鞭毛和侧生鞭毛的合成（Campanaro et al. 2005）。极生鞭毛由 Na^+ 梯度驱动，主要负责在液体中的游动（swimming motility）；而侧生鞭毛则由 H^+ 驱动，主要负责在黏性较大的液体中或固体表面涌动（swarming motility）（McCarter 2004）。高压条件下，SS9 侧生鞭毛的表达上调。在 *S. piezotolerans* WP3 中，其采用了相反的调控策略。WP3 侧生鞭毛在低温下转录上调，在高压条件下轻微受抑制。极生鞭毛则在低温下转录受抑制，而高压诱导极生鞭毛的表达（Wang et al. 2008）。这些研究结果表明，双鞭毛系统对压力的适应采用了多元化的调控机制，SS9 和 WP3 采用了相反的调控策略。双鞭毛系统使得微生物在面临环境压力时有更多的选择，深海嗜压菌的双鞭毛系统更有利于其适应深海低温高压环境。

6.4 决定微生物环境适应性的核心环境参数——温度

通过对地球环境演化历史的回顾，有助于我们对现代极端环境微生物适应性的理解（图 6-3）。在生物演化的过程中，基本的代谢途径大约起源于 30 亿年前，而极端的温度、压力、盐度、酸碱度、氧压力、辐射、干旱、寡营养、重金属和毒物都会影响到生物的代谢过程（David and Alm 2011）。温度是决定微生物环境适应性的核心环境参数；细胞膜的功能占据环境适应的核心位置，包括其屏蔽能力与跨膜运输能力。在极端环境条件下，氧化还原平衡的破坏是对微生物体最主要的生理伤害。对一种极端环境参数适应能力的提升可以通过改变其他环境参数实现。例如，提高培养压力部分等同于降低培养温度的效果；降低 pH 可以减少细胞膜的通透性从而改变温度、压力、盐度等环境参数的适应范围。我们的假设已经部分被实验结果所证实。因为最低、最高和最适盐浓度，酸碱度和温度等相互依赖并且受培养基成分影响，所以很难明确定义嗜多重极端条件的微生物边界特征的范围。

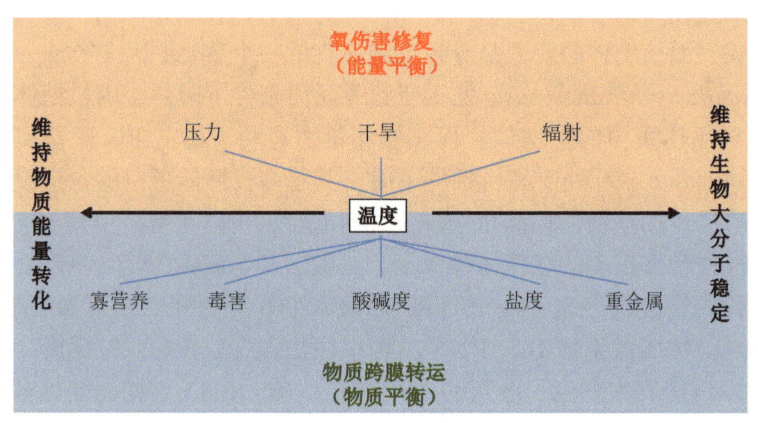

图 6-3 微生物适应极端环境模式图（肖湘和张宇 2014）

虽然对生命起源的太古代海洋的温度一直存在争议，对早期成岩燧石中氧同位素的研究发现太古代海洋的温度为 55~85℃（Knauth 2005）。遗传进化树分析发现，现已发现的位于进化树根部的多为超嗜热微生物。因此，多数证据表明生物演化的过程是逐步适应低温环境的过程。早期生命适应低温的演化过程对现代微生物的生理产生了重要的影响，这也可以从微生物的一些生理表现看出来。例如，微生物的最适生长温度往往与其最高生长温度相近，而在一些低温环境中的细菌和古菌，其最低生长温度与环境温度接近（Cavicchioli 2006）。这一生理结果具有两重指示含义，一是生命起源于较高温环境；二是在低温环境中，微生物处于其代谢极限。

生物对能量的获取和利用是通过催化生物化学反应完成的，因此对温度的敏感具有分子基础。首先，从阿伦尼乌斯方程（Arrhenius equation）可以看出，温度对化学反应速率的影响是指数级的。活化能越高，温度升高时反应速率增加得越快，反应速率对温度越敏感。如果同时存在多个活化能值不同的反应，则高温对活化能高的反应有利，低温对活化能低的反应有利。在微生物体内，一条代谢途径经常由多个步骤组合，当各个步骤的自由能差异较大时这条途径受温度变化影响较大，较容易积累中间产物造成毒性。同样，生物体内有数百条甚至更多的代谢途径，不同的代谢途径受温度变化的影响也不同。维持同一代谢途径上的不同步骤及不同代谢途径间的平衡是保证微生物活性的基本需求。为此，微生物演化出了多种机制。这种抗衡由温度影响导致的代谢失衡的能力决定了其能生存的温度极限。实验室培养的实验数据表明，微生物能耐受的温度大致在 45℃以内（Cavicchioli 2006）。寻找耐受温度范围更大的微生物或者生物体内的某些代谢途径将对研究生命极限与生命起源有重要的意义。

另外，生物大分子（膜脂、DNA、RNA 和蛋白质等）的稳定性也是决定生命耐受极限的关键因子之一，甚至是其理论极限。分子的稳定性与温度及所处的溶液性质等环境参数直接相关。在极端环境下，微生物通过改变细胞内环境、离子修饰、寻找替代和改变酶活性等方式来确保生物大分子的稳定和功能。以高温环境为例，分离自深海热液口的古菌，能够在 85~122℃的环境生长，且最低生长温度一般不低于 50℃。而这些超嗜热微生物特定的生物小分子和中间代谢产物置于体外时即使在其最适生长温度下也是不稳定的。另外，有证据表明双链 DNA 耐受温度的提高可通过提高盐、多胺、阳离子蛋白质浓度及超螺旋实现，而与 G+C 摩尔百分比关系不大（Daniel and Cowan 2000）。尽管二级结构也很重要，RNA 稳定性依赖于主要阳离子修饰（Daniel and Cowan 2000）。而在低温环境下微生物同样面临诸多挑战：酶活性降低，细胞膜流动性降低，营养物与废物转运改变，转录、翻译和细胞分裂速度降低，蛋白质冷变性，不适当的蛋白质折叠，细胞内冰晶形成等；此外，低温下有毒活性氧分子（ROS）显著增加。对此，*Colwellia psychrerythraea* 和 *Desulfotalea psychrophila* 通过提高多个过氧化氢酶和超氧化物歧化酶的表达应对。*Pseudoalteromonas haloplanktis* 演化出抑制有毒活性氧分子存在的方法，如缺失完整的钼蝶呤途径（D'Amico et al. 2006）。嗜冷微生物的特征为在 0℃及其以下能够繁殖，甚至在 −20℃的冰雪中能够代谢，但是无法在 30℃以上生长（Siddiqui and Cavicchioli 2006）。

甲烷产生被认为是最早的生命过程之一（Blank 2009），已知的甲烷产生菌分布于从深海热液到南极湖泊等不同的极端环境。尽管没有一种微生物能生长在水的冰点与沸点之间，但是自然环境中在 110℃以上（*Methanopyrus kandleri*）至 0℃以下（*Methanococcoides burtonii*）的温度范围内都发现有产甲烷菌。这表明产甲烷途径、产甲烷菌共用的主要能量代谢途径及生物合成途径不受生长温度限制。也就是说，对温度的适应不一定绝对需要增加新的代谢途径和细胞过程（Cavicchioli 2006）。甲烷产生途径由 7 个步骤组成，这些步骤的标准吉布斯自由能都接近于 0，并且数值比较接近（−30~6kJ/mol）（Thauer 2011）。这就说明在很大程度上各个步骤反应的可逆性较强，而且各个步骤之间能量的获取和需求比较平衡。这些特点保证了这条古老的途径能够适应极大的温度范围，给我们探寻极端生命形式以启迪。近期，我们通过连续三年的富集培养结合单细胞基因组技术发现了厌氧甲烷氧化途径中的一个关键酶 Mer，从而证实了在 ANME-2 中厌氧甲烷氧化途径是甲烷产生途径的逆反应（Wang et al. 2014）。该结果表明以冷泉为代表的厌氧甲烷途径可以由甲烷产生途径直接逆转所产生，同时能够耐受早期海洋高温环境（在现代环境中发现的 ANME 活性温度为 1~95℃）（Biddle et al. 2012；Rossel et al. 2011），暗示这一途径可以起源于较早的高温地球环境，间接支持了厌氧甲烷途径起源于太古代的观点（Battistuzzi et al. 2004）。

尽管从热力学的角度来看，相同条件下同一代谢途径所获取的自由能是一致的。但在生物演化的过程中，为适应不同的地球环境（生态位），生物利用不同底物浓度的能力是不相同的，细胞内能量分配也是不一致的。对较早起源的 *Methanothermobacter marburgensis*、*Methanobrevibacter arboriphilus* 和较晚起源的 *Methanosarcina barkeri*，单位 ATP 细胞实际生长量分别为 0.3g/mol、0.5g/mol 和 1.5g/mol，其自养生长代谢潜能 Y_{CH4} 分别为 1.3g/mol、3g/mol 和 7.2g/mol，而它们的代时分别为 7h、2h 和 13h（Thauer et al. 2008）。

6.5 结 束 语

深海环境中往往同时存在着多种极端环境，如广泛分布的高压、低温环境，以及存在着急剧变化的温度梯度及化学梯度的深海热液口环境。深海环境中不同的极端条件往往互相影响，低温和高压会对细胞膜结构产生相同的影响，都会使微生物细胞膜流动性降低，刚性增强。而高温则倾向于增大被高压作用改变的反应体积，可以推测高温和高压这两个环境因子在对生命体系的影响上有相互消减的效应。研究发现，高压往往会提升微生物的温度耐受上限（Boonyaratanakornkit et al. 2007）。此外，营养物质的不均匀分布也是深海微生物面临的挑战，这就要求微生物必须对多变的生存环境具有迅速的响应能力。随着深海微生物全基因组序列的不断完成，发现在深海细菌基因组中含有大量的重复基因及功能相似基因，如同时含有多个核糖体操纵子，多个具有不同亲和力的转运相同基质的转运系统及具有多种呼吸能力的呼吸链，有些细菌还具有双鞭毛系统，这些特征使得微生物能够更好地适应深海环境且对环境的改变有着快速的响应。

对深海嗜压微生物的研究已超过了 20 年，目前，对深海嗜压微生物的环境适应性的研究主要集中在 *P. profundum* SS9、*S. benthica* DB172F 和 *S. piezotolerans* WP3 等低温嗜压细菌，其中 *P. profundum* SS9 和 *S. piezotolerans* WP3 已完成全基因组测序并建立了比较完整的遗传操作系统。对这些模式微生物的研究已取得了一些成果，逐渐揭示了微生物适应深海环境的机制。随着现代组学技术的快速发展，从组学水平及分子水平上对深海嗜压微生物进行研究，将有助于进一步理解深海嗜压菌的环境适应机制、与环境的协同演化过程及在全球物质循环过程中的作用。

参 考 文 献

李学恭，徐俊，肖湘 . 2013. 深海微生物高压适应与生物地球化学循环 . 微生物学通报，40（1）：59-70.

肖湘，张宇 . 2014. 极端环境中的生命过程：生命与环境协同演化探讨 . 中国科学：地球科学，6：003.

Aertsen A，Meersman F，Hendrickx M E，et al. 2009. Biotechnology under high pressure：applications and implications. Trends Biotechnol，27（7）：434-441.

Arıstegui J，Duarte C M，Agusti S，et al. 2002. Dissolved organic carbon support of respiration in the dark ocean. Science，298（5600）：1967.

Auguet J C，Barberan A，Casamayor E O. 2010. Global ecological patterns in uncultured archaea. ISME J，4（2）：182-190.

Bach W，Edwards K J. 2003. Iron and sulfide oxidation within the basaltic ocean crust：implications for chemolithoautotrophic microbial biomass production. Geochimica et Cosmochimica Acta，67（20）：3871-3887.

Bartlett D H. 1999. Microbial adaptations to the psychrosphere piezosphere. J Mol Microbiol Biotechnol，1（1）：93-100.

Battistuzzi F U，Feijao A，Hedges S B. 2004. A genomic timescale of prokaryote evolution：insights into the origin of methanogenesis，phototrophy，and the colonization of land. BMC Evol Biol，4（1）：44.

Biddle J F，Cardman Z，Mendlovitz H，et al. 2012. Anaerobic oxidation of methane at different temperature regimes in Guaymas Basin hydrothermal sediments. ISME J，6（5）：1018-1031.

Biddle J F，Lipp J S，Lever M A，et al. 2006. Heterotrophic Archaea dominate sedimentary subsurface ecosystems off Peru. Proc Natl Acad Sci USA，103（10）：3846-3851.

Blank C E. 2009. Phylogenomic dating-the relative antiquity of archaeal metabolic and physiological traits. Astrobiology，9（2）：193-219.

Boetius A, Ravenschlag K, Schubert C J, et al. 2000. A marine microbial consortium apparently mediating anaerobic oxidation of methane. Nature, 407（6804）: 623-626.

Boonyaratanakornkit B B, Miao L Y, Clark D S. 2007. Transcriptional responses of the deep-sea hyperthermophile *Methanocaldococcus jannaschii* under shifting extremes of temperature and pressure. Extremophiles, 11（3）: 495-503.

Bowman J P, McCuaig R D. 2003. Biodiversity, community structural shifts, and biogeography of prokaryotes within Antarctic continental shelf sediment. Appl Environ Microbiol, 69（5）: 2463-2483.

Brazelton W J, Ludwig K A, Sogin M L, et al. 2010. Archaea and bacteria with surprising microdiversity show shifts in dominance over 1, 000-year time scales in hydrothermal chimneys. Proc Natl Acad Sci USA , 107（4）: 1612-1617.

Brazelton W J, Schrenk M O, Kelley D S, et al. 2006. Methane-and sulfur-metabolizing microbial communities dominate the Lost City hydrothermal field ecosystem. Appl Environ Microbiol, 72（9）: 6257-6270.

Brown M V, Philip G K, Bunge J A, et al. 2009. Microbial community structure in the North Pacific ocean. ISME J, 3（12）: 1374-1386.

Brust J, Waniek J J. 2010. Atmospheric dust contribution to deep-sea particle fluxes in the subtropical Northeast Atlantic. Deep Sea Res Part 1 Oceanogr Res Pap, 57（8）: 988-998.

Bubendorfer S, Held S, Windel N, et al. 2012. Specificity of motor components in the dual flagellar system of *Shewanella putrefaciens* CN-32. Mol Microbiol, 83（2）: 335-350.

Campanaro S, Vezzi A, Vitulo N, et al. 2005. Laterally transferred elements and high pressure adaptation in *Photobacterium profundum* strains. BMC Genomics, 6: 122.

Canfield D E, Jørgensen B B, Fossing H, et al. 1993. Pathways of organic carbon oxidation in three continental margin sediments. Mar Geol, 113（1）: 27-40.

Cavanaugh C M. 1983. Symbiotic chemoautotrophic bacteria in marine invertebrates from sulphide-rich habitats. Nature, （5903）: 58-61.

Cavicchioli R. 2006. Cold-adapted archaea. Nat Rev Microbiol, 4（5）: 331-343.

Chen Y, Wang F, Xu J, et al. 2011. Physiological and evolutionary studies of NAP systems in *Shewanella piezotolerans* WP3. ISME J, 5（5）: 843-855.

Childress J J, Fisher C, Brooks J, et al. 1986. A methanotrophic marine molluscan（Bivalvia, Mytilidae）symbiosis: mussels fueled by gas. Science（Washington）, 233（4770）: 1306-1308.

Chilukuri L N, Bartlett D H, Fortes G P. 2002. Comparison of high pressure-induced dissociation of single-stranded DNA-binding protein（SSB）from high pressure-sensitive and high pressure-adapted marine *Shewanella* species. Extremophiles, 6（5）: 377-383.

Christensen J P. 1989. Sulfate reduction and carbon oxidation rates in continental shelf sediments, an examination of offshelf carbon transport. Cont Shelf Res, 9（3）: 223-246.

Claypool G E, Kvenvolden K A. 1983. Methane and other hydrocarbon gases in marine sediment. Annu Rev Earth Planet Sci, 11: 299.

Corliss J B, Dymond J, Gordon L I, et al. 1979. Submarine thermal springs on the Galápagos Rift. Science, 203（4385）: 1073-1083.

D'Amico S, Collins T, Marx J C, et al. 2006. Psychrophilic microorganisms: challenges for life. EMBO Rep, 7（4）: 385-389.

D'Hondt S, Jorgensen B B, Miller D J, et al. 2004. Distributions of microbial activities in deep subseafloor sediments. Science, 306（5705）: 2216-2221.

D'Hondt S, Spivack A J, Pockalny R, et al. 2009. Subseafloor sedimentary life in the South Pacific Gyre. Proc Natl Acad Sci USA, 106（28）: 11651-11656.

Daniel R M, Cowan D A. 2000. Biomolecular stability and life at high temperatures. Cell Mol Life Sci, 57（2）: 250-264.

David L A, Alm E J. 2011. Rapid evolutionary innovation during an Archaean genetic expansion. Nature, 469（7328）: 93-96.

DeLong E F. 1992. Archaea in coastal marine environments. Proc Natl Acad Sci USA, 89（12）: 5685-5689.

DeLong E F, Preston C M, Mincer T, et al. 2006. Community genomics among stratified microbial assemblages in the ocean's interior. Science，311（5760）：496-503.

DeLong E F，Wu K Y，Prézelin B B，et al. 1994. High abundance of archaea in Antarctic marine picoplankton. Nature，371（6499）：695-697.

Dick G J，Lee Y E，Tebo B M. 2006. Manganese（II）-oxidizing *Bacillus* spores in Guaymas Basin hydrothermal sediments and plumes. Appl Environ Microbiol，72（5）：3184-3190.

Edwards K J，Bach W，McCollom T M，et al. 2004. Neutrophilic iron-oxidizing bacteria in the ocean：their habitats，diversity，and roles in mineral deposition，rock alteration，and biomass production in the deep-sea. Geomicrobiol J，21（6）：393-404.

Edwards K J，Becker K，Colwell F. 2012. The deep，dark energy biosphere：intraterrestrial life on Earth. Annu Rev Earth Planet Sci，40（1）：551-568.

Edwards K J，Rogers D R，Wirsen C O，et al. 2003. Isolation and characterization of novel psychrophilic，neutrophilic，Fe-oxidizing，chemolithoautotrophic alpha- and gramma-proteobacteria from the deep sea. Appl Environ Microbiol，69（5）：2906-2913.

Edwards K J，Wheat C G，Sylvan J B. 2011. Under the sea：microbial life in volcanic oceanic crust. Nat Rev Microbiol，9（10）：703-712.

Elsaied H E，Hayashi T，Naganuma T. 2004. Molecular analysis of deep-sea hydrothermal vent aerobic methanotrophs by targeting genes of 16S rRNA and particulate methane monooxygenase. Mar Biotechnol，6（5）：503-509.

Emerson D，Fleming E J，McBeth J M. 2010. Iron-oxidizing bacteria：an environmental and genomic perspective. Annu Rev Microbiol，64：561-583.

Engelen B，Ziegelmüller K，Wolf L，et al. 2008. Fluids from the oceanic crust support microbial activities within the deep biosphere. Geomicrobiol J，25（1）：56-66.

Fang J，Zhang L. 2011. Exploring the deep biosphere. Science China Earth Sciences，54（2）：157-165.

Fang J，Zhang L，Bazylinski D A. 2010. Deep-sea piezosphere and piezophiles：geomicrobiology and biogeochemistry. Trends Microbiol，18（9）：413-422.

Fry J C，Parkes R J，Cragg B A，et al. 2008. Prokaryotic biodiversity and activity in the deep subseafloor biosphere. FEMS Microbiol Ecol，66（2）：181-196.

Fuhrman J A. 1992. Novel major archaebacterial group from marine plankton. Nature，356（6365）：148-149.

Fuhrman J A，Ouverney C C. 1998. Marine microbial diversity studied via 16S rRNA sequences：cloning results from coastal waters and counting of native archaea with fluorescent single cell probes. Aquat Ecol，32（1）：3-15.

Gao H，Obraztova A，Stewart N，et al. 2006. *Shewanella loihica* sp. nov.，isolated from iron-rich microbial mats in the Pacific Ocean. Int J Syst Evol Microbiol，56（Pt 8）：1911-1916.

Huber J A，Butterfield D A，Baross J A. 2002. Temporal changes in archaeal diversity and chemistry in a mid-ocean ridge subseafloor habitat. Appl Environ Microbiol，68（4）：1585-1594.

Inagaki F，Nunoura T，Nakagawa S，et al. 2006. Biogeographical distribution and diversity of microbes in methane hydrate-bearing deep marine sediments on the Pacific Ocean Margin. Proc Natl Acad Sci USA，103（8）：2815-2820.

Inagaki F，Suzuki M，Takai K，et al. 2003. Microbial communities associated with geological horizons in coastal subseafloor sediments from the Sea of Okhotsk. Appl Environ Microbiol，69（12）：7224-7235.

Jørgensen B B. 1982. Mineralization of organic matter in the sea bed—the role of sulphate reduction. Maccarthy，296：643-645.

Jørgensen B B，Boetius A. 2007. Feast and famine-microbial life in the deep-sea bed. Nat Rev Microbiol，5（10）：770-781.

Jørgensen B B，Nelson D C. 2004. Sulfide oxidation in marine sediments：geochemistry meets microbiology. Geological Society of America Special Papers，379：63-81.

Johnson H P，Pruis M J. 2003. Fluxes of fluid and heat from the oceanic crustal reservoir. Earth Planet Sci Lett，216（4）：565-574.

Juniper S K，Sibuet M. 1987. Cold seep benthic communities in Japan subduction zones：spatial organization，trophic strategies and evidence for temporal evolution. Mar Ecol Prog Ser，40（1）：115-126.

Könneke M，Bernhard A E，José R，et al. 2005. Isolation of an autotrophic ammonia-oxidizing marine archaeon. Nature，

437（7058）：543-546.

Kallmeyer J，Pockalny R，Adhikari R R，et al. 2012. Global distribution of microbial abundance and biomass in subseafloor sediment. Proc Natl Acad Sci USA，109（40）：16213-16216.

Karner M B，DeLong E F，Karl D M. 2001. Archaeal dominance in the mesopelagic zone of the Pacific Ocean. Nature，409（6819）：507-510.

Kaye J Z，Baross J A. 2000. High incidence of halotolerant bacteria in Pacific hydrothermal-vent and pelagic environments. FEMS Microbiol Ecol，32（3）：249-260.

Kelley D S，Karson J A，Blackman D K，et al. 2001. An off-axis hydrothermal vent field near the Mid-Atlantic Ridge at 30°N. Nature，412（6843）：145-149.

Kelley D S，Karson J A，Früh-Green G L，et al. 2005. A serpentinite-hosted ecosystem：the Lost City hydrothermal field. Science，307（5714）：1428-1434.

Knauth L P. 2005. Temperature and salinity history of the Precambrian ocean：implications for the course of microbial evolution. Palaeogeography，Palaeoclimatology，Palaeoecology，219（1）：53-69.

Knittel K，Lösekann T，Boetius A，et al. 2005. Diversity and distribution of methanotrophic archaea at cold seeps. Appl Environ Microbiol，71（1）：467-479.

Lam P，Cowen J P，Popp B N，et al. 2008. Microbial ammonia oxidation and enhanced nitrogen cycling in the endeavour hydrothermal plume. Geochim Cosmochim Acta，72（9）：2268-2286.

Lauro F M，Bartlett D H. 2008. Prokaryotic lifestyles in deep sea habitats. Extremophiles，12（1）：15-25.

Lauro F M，Chastain R A，Blankenship L E，et al. 2007. The unique 16S rRNA genes of piezophiles reflect both phylogeny and adaptation. Appl Environ Microbiol，73（3）：838-845.

Lauro F M，Tran K，Vezzi A，et al. 2008. Large-scale transposon mutagenesis of *Photobacterium profundum* SS9 reveals new genetic loci important for growth at low temperature and high pressure. J Bacteriol，190（5）：1699-1709.

Leary D，Vierros M，Hamon G，et al. 2009. Marine genetic resources：a review of scientific and commercial interest. Marine Policy，33（2）：183-194.

Lever M A. 2011. Acetogenesis in the energy-starved deep biosphere–a paradox？ Front Microbiol，2：284.

Lever M A，Heuer V B，Morono Y，et al. 2010. Acetogenesis in deep subseafloor sediments of the Juan de Fuca Ridge Flank：a synthesis of geochemical，thermodynamic，and gene-based evidence. Geomicrobiol J，27（2）：183-211.

Li T，Wang P. 2008. Bacterial and archaeal diversity in surface sediment from the south slope of the South China Sea. Acta Microbiologica Sinica，48（3）：323-329.

Lin H T，Cowen J P，Olson E J，et al. 2012. Inorganic chemistry，gas compositions and dissolved organic carbon in fluids from sedimented young basaltic crust on the Juan de Fuca Ridge flanks. Geochim Cosmochim Acta，85：213-227.

Lipp J S，Morono Y，Inagaki F，et al. 2008. Significant contribution of archaea to extant biomass in marine subsurface sediments. Nature，454（7207）：991-994.

Lysnes K，Thorseth I H，Steinsbu B O，et al. 2004. Microbial community diversity in seafloor basalt from the Arctic spreading ridges. FEMS Microbiol Ecol，50（3）：213-230.

Macgregor R B. 2002. The interactions of nucleic acids at elevated hydrostatic pressure. Biochim Biophys Acta，1595（1）：266-276.

Marty B. 1995. Nitrogen content of the mantle inferred from N_2-Ar correlation in oceanic basalts. Nature，377（6547）：326-329.

Mason O U，di Meo-Savoie C A，van Nostrand J D，et al. 2009. Prokaryotic diversity，distribution，and insights into their role in biogeochemical cycling in marine basalts. ISME J，3（2）：231-242.

Mason O U，Stingl U，Wilhelm L J，et al. 2007. The phylogeny of endolithic microbes associated with marine basalts. Environ Microbiol，9（10）：2539-2550.

McCarter L L. 2004. Dual flagellar systems enable motility under different circumstances. J Mol Microbiol Biotechnol，7（1-2）：18-29.

McCollom T M. 2007. Geochemical constraints on sources of metabolic energy for chemolithoautotrophy in ultramafic-hosted deep-sea hydrothermal systems. Astrobiology，7（6）：933-950.

Moeseneder M, Smith K, Ruhl H, et al. 2012. Temporal and depth-related differences in prokaryotic communities in abyssal sediments associated with particulate organic carbon flux. Deep Sea Res Part 1 Oceanogr Res Pap, 70: 26-35.

Morris R, Rappe M, Urbach E, et al. 2004. Prevalence of the Chloroflexi-related SAR202 bacterioplankton cluster throughout the mesopelagic zone and deep ocean. Appl Environ Microbiol, 70 (5): 2836-2842.

Nercessian O, Fouquet Y, Pierre C, et al. 2005. Diversity of Bacteria and Archaea associated with a carbonate-rich metalliferous sediment sample from the Rainbow vent field on the Mid - Atlantic Ridge. Environ Microbiol, 7 (5): 698-714.

Nercessian O, Reysenbach A L, Prieur D, et al. 2003. Archaeal diversity associated with in situ samplers deployed on hydrothermal vents on the East Pacific Rise (13 N). Environ Microbiol, 5 (6): 492-502.

Newberry C J, Webster G, Cragg B A, et al. 2004. Diversity of prokaryotes and methanogenesis in deep subsurface sediments from the Nankai Trough, Ocean Drilling Program Leg 190. Environ Microbiol, 6 (3): 274-287.

Orcutt B N, Sylvan J B, Knab N J, et al. 2011. Microbial ecology of the dark ocean above, at, and below the seafloor. Microbiol Mol Biol Rev, 75 (2): 361-422.

Ouverney C C, Fuhrman J A. 2000. Marine planktonic archaea take up amino acids. Appl Environ Microbiol, 66 (11): 4829-4833.

Pagé A, Tivey M K, Stakes D S, et al. 2008. Temporal and spatial archaeal colonization of hydrothermal vent deposits. Environ Microbiol, 10 (4): 874-884.

Parkes R J, Cragg B A, Wellsbury P. 2000. Recent studies on bacterial populations and processes in subseafloor sediments: a review. Hydrogeol J, 8 (1): 11-28.

Parkes R J, Webster G, Cragg B A, et al. 2005. Deep sub-seafloor prokaryotes stimulated at interfaces over geological time. Nature, 436 (7049): 390-394.

Pearson A, McNichol A P, Benitez-Nelson B C, et al. 2001. Origins of lipid biomarkers in Santa Monica Basin surface sediment: a case study using compound-specific Δ 14 C analysis. Geochim Cosmochim Acta, 65 (18): 3123-3137.

Pham V D, Konstantinidis K T, Palden T, et al. 2008. Phylogenetic analyses of ribosomal DNA-containing bacterioplankton genome fragments from a 4000 m vertical profile in the North Pacific Subtropical Gyre. Environ Microbiol, 10 (9): 2313-2330.

Pilavtepe - Çelik M, Balaban M, Alpas H, et al. 2008. Image analysis based quantification of bacterial volume change with high hydrostatic pressure. J Food Sci, 73 (9): M423-M429.

Polymenakou P N, Bertilsson S, Tselepides A, et al. 2005. Bacterial community composition in different sediments from the Eastern Mediterranean Sea : a comparison of four 16S ribosomal DNA clone libraries. Microb Ecol, 50 (3): 447-462.

Polymenakou P N, Lampadariou N, Mandalakis M, et al. 2009. Phylogenetic diversity of sediment bacteria from the southern Cretan margin, Eastern Mediterranean Sea. Syst Appl Microbiol, 32 (1): 17-26.

Rau G H, Hedges J I. 1979. Carbon-13 depletion in a hydrothermal vent mussel: suggestion of a chemosynthetic food source. Science, 203 (4381): 648-649.

Reeburgh W S. 1983. Rates of biogeochemical processes in anoxic sediments. Annu Rev Earth Planet Sci, 11: 269.

Reed D W, Fujita Y, Delwiche M E, et al. 2002. Microbial communities from methane hydrate-bearing deep marine sediments in a forearc basin. Appl Environ Microbiol, 68 (8): 3759-3770.

Reysenbach A L, Longnecker K, Kirshtein J. 2000. Novel bacterial and archaeal lineages from an in situ growth chamber deployed at a Mid-Atlantic Ridge hydrothermal vent. Appl Environ Microbiol, 66 (9): 3798-3806.

Rogers D R, Santelli C M, Edwards K J. 2003. Geomicrobiology of deep-sea deposits: estimating community diversity from low - temperature seafloor rocks and minerals. Geobiology, 1 (2): 109-117.

Rossel P E, Elvert M, Ramette A, et al. 2011. Factors controlling the distribution of anaerobic methanotrophic communities in marine environments: evidence from intact polar membrane lipids. Geochim Cosmochim Acta, 75 (1): 164-184.

Roussel E G, Bonavita M A C, Querellou J, et al. 2008. Extending the sub-sea-floor biosphere. Science, 320 (5879): 1046.

Roy H, Kallmeyer J, Adhikari R R, et al. 2012. Aerobic microbial respiration in 86-million-year-old deep-sea red clay. Science, 336 (6083): 922-925.

Sørensen K B, Lauer A, Teske A. 2004. Archaeal phylotypes in a metal-rich and low-activity deep subsurface sediment of the Peru Basin, ODP Leg 201, Site 1231. Geobiology, 2 (3): 151-161.

Sørensen K B, Teske A. 2006. Stratified communities of active archaea in deep marine subsurface sediments. Appl Environ Microbiol, 72 (7): 4596-4603.

Santelli C M, Orcutt B N, Banning E, et al. 2008. Abundance and diversity of microbial life in ocean crust. Nature, 453 (7195): 653-656.

Siddiqui K S, Cavicchioli R. 2006. Cold-adapted enzymes. Annu Rev Biochem, 75: 403-433.

Sievert S M, Hügler M, Taylor C D, et al. 2008. Sulfur oxidation at deep-sea hydrothermal vents. *In*: Metabolism M S. Microbial Sulfur Metabolism. Berlin: Springer: 238-258.

Simonato F, Campanaro S, Lauro F M, et al. 2006. Piezophilic adaptation: a genomic point of view. J Biotechnol, 126 (1): 11-25.

Spiess F, Macdonald K C, Atwater T, et al. 1980. East Pacific Rise: hot springs and geophysical experimer. Science, 207: 28.

Stetter K O. 2006. Hyperthermophiles in the history of life. Philos Trans R Soc Lond B Biol Sci, 361 (1474): 1837-1842; discussion 1842-1833.

Streit W R, Schmitz R A. 2004. Metagenomics–the key to the uncultured microbes. Curr Opin Microbiol, 7 (5): 492-498.

Sunamura M, Higashi Y, Miyako C, et al. 2004. Two bacteria phylotypes are predominant in the Suiyo Seamount hydrothermal plume. Appl Environ Microbiol, 70 (2): 1190-1198.

Takai K, Horikoshi K. 1999. Genetic diversity of archaea in deep-sea hydrothermal vent environments. Genetics, 152 (4): 1285-1297.

Tamegai H, Kawano H, Ishii A, et al. 2005. Pressure-regulated biosynthesis of cytochrome *bd* in piezo- and psychrophilic deep-sea bacterium *Shewanella violacea* DSS12. Extremophiles, 9 (3): 247-253.

Tamegai H, Nishikawa S, Haga M, et al. 2012. The respiratory system of the piezophile *Photobacterium profundum* SS9 grown under various pressures. Biosci Biotechnol Biochem, 76 (8): 1506-1510.

Tebo B M, Johnson H A, McCarthy J K, et al. 2005. Geomicrobiology of manganese (II) oxidation. Trends Microbiol, 13 (9): 421-428.

Templeton A S, Staudigel H, Tebo B M. 2005. Diverse Mn (II) -oxidizing bacteria isolated from submarine basalts at Loihi Seamount. Geomicrobiol J, 22 (3-4): 127-139.

Teske A, Hinrichs K U, Edgcomb V, et al. 2002. Microbial diversity of hydrothermal sediments in the Guaymas Basin: evidence for anaerobic methanotrophic communities. Appl Environ Microbiol, 68 (4): 1994-2007.

Teske A P. 2006. Microbial communities of deep marine subsurface sediments: molecular and cultivation surveys. Geomicrobiol J, 23 (6): 357-368.

Thauer R K. 2011. Anaerobic oxidation of methane with sulfate: on the reversibility of the reactions that are catalyzed by enzymes also involved in methanogenesis from CO_2. Curr Opin Microbiol, 14 (3): 292-299.

Thauer R K, Kaster A K, Seedorf H, et al. 2008. Methanogenic archaea: ecologically relevant differences in energy conservation. Nat Rev Micro, 6 (8): 579-591.

Thornburg C C, Zabriskie T M, McPhail K L. 2010. Deep-sea hydrothermal vents: potential hot spots for natural products discovery? J Nat Prod, 73 (3): 489-499.

Thorseth I, Pedersen R, Christie D. 2003. Microbial alteration of 0-30-Ma seafloor and sub-seafloor basaltic glasses from the Australian Antarctic Discordance. Earth Planet Sci Lett, 215 (1): 237-247.

Vetriani C, Jannasch H W, MacGregor B J, et al. 1999. Population structure and phylogenetic characterization of marine benthic archaea in deep-sea sediments. Appl Environ Microbiol, 65 (10): 4375-4384.

Walsh D A, Zaikova E, Howes C G, et al. 2009. Metagenome of a versatile chemolithoautotroph from expanding oceanic dead zones. Science, 326 (5952): 578-582.

Wang F P, Zhang Y, Chen Y, et al. 2014. Methanotrophic archaea possessing diverging methane-oxidizing and electron-transporting pathways. ISME J, 8 (5): 1069-1078.

Wang F, Lu S, Orcutt B N, et al. 2012. Discovering the roles of subsurface microorganisms: progress and future of deep biosphere investigation. Chin Sci Bull，58（4-5）：456-467.

Wang F，Wang J，Jian H，et al. 2008. Environmental adaptation：genomic analysis of the piezotolerant and psychrotolerant deep-sea iron reducing bacterium *Shewanella piezotolerans* WP3. PLoS One，3（4）：e1937.

Wang F，Zhou H，Meng J，et al. 2009a. GeoChip-based analysis of metabolic diversity of microbial communities at the Juan de Fuca Ridge hydrothermal vent. Proc Natl Acad Sci USA，106（12）：4840-4845.

Wang F，Xiao X，Ou H，et al. 2009b. Role and regulation of fatty acid biosynthesis in the response of *Shewanella piezotolerans* WP3 to different temperatures and pressures. J Bacteriol，191（8）：2574-2584.

Webster G，Parkes R J，Cragg B A，et al. 2006. Prokaryotic community composition and biogeochemical processes in deep subseafloor sediments from the Peru Margin. FEMS Microbiol Ecol，58（1）：65-85.

Xie W，Wang F，Guo L，et al. 2011. Comparative metagenomics of microbial communities inhabiting deep-sea hydrothermal vent chimneys with contrasting chemistries. ISME J，5（3）：414-426.

Yang B，Shi Y，Xia X，et al. 2012. Inactivation of foodborne pathogens in raw milk using high hydrostatic pressure. Food Control，28（2）：273-278.

Yayanos A A，Dietz A S，van Boxtel R. 1979. Isolation of a deep-sea barophilic bacterium and some of its growth characteristics. Science，205（4408）：808-810.

Zaballos M，López-López A，Ovreas L，et al. 2006. Comparison of prokaryotic diversity at offshore oceanic locations reveals a different microbiota in the Mediterranean Sea. FEMS Microbiol Ecol，56（3）：389-405.

Zeng X，Birrien J L，Fouquet Y，et al. 2009. *Pyrococcus* CH1，an obligate piezophilic hyperthermophile：extending the upper pressure-temperature limits for life. ISME J，3（7）：873-876.

Zhang Y，Henriet J P，Bursens J，et al. 2010. Stimulation of *in vitro* anaerobic oxidation of methane rate in a continuous high-pressure bioreactor. Bioresour Technol，101（9）：3132-3138.

Zhang Y，Li X，Xiao X，et al. 2015. Current developments in marine microbiology：high-pressure biotechnology and the genetic engineering of piezophiles. Curr Opin Biotechnol，33：157-164.

Zhang Y，Maignien L，Zhao X，et al. 2011. Enrichment of a microbial community performing anaerobic oxidation of methane in a continuous high-pressure bioreactor. BMC Microbiol，11：137.

ZoBell C E，Johnson F H. 1949. The influence of hydrostatic pressure on the growth and viability of terrestrial and marine bacteria. J Bacteriol，57（2）：179.

（肖　湘　蹇华哗）

7

血管力学生物学研究进展

心脑血管病是危害人类生命健康最严重的疾病之一，其患病率和死亡率均居各类疾病之首。据《2013年中国卫生统计年鉴》记载，2012年我国居民主要疾病死亡率构成中，心脏病和脑血管病合计为41.06%（城市）和38.72%（农村），均居城乡居民主要疾病死亡率的首位。2002年我国成人高血压患病率达18.8%，比1991年增加31%；60岁以上人群的高血压患病率为49.1%，估计我国有高血压患者1.6亿，约占总人口的13%，并以每年约300万人的速度递增，冠心病、脑卒中的发病率亦都在相应增加。心脑血管病治疗的巨额费用成为家庭、社会和国家的沉重负担。探讨心脑血管病发病机理，从而更有效地防治心血管病是世界各国共同关注的重大需求问题。

高血压、动脉粥样硬化、脑卒中和心肌梗死等，其实根本上都是血管疾病。这些心脑血管疾病共同的病理生理机制都是血管结构异常和功能自稳态（homeostasis）失衡，表现为血管细胞迁移、肥大、增殖和凋亡等，具有细胞表型、形态结构与功能的改变，即发生血管重建（remodeling）。血管重建是指机体在生长、发育、衰老和疾病等过程中，血管为适应体内外环境的变化而发生的形态结构和功能的改变。

人体处于力学环境之中，生命活动作为物质运动必将遵循力学规律。生物力学（biomechanics）是应用于生物学的力学。绝大多数生物力学工作的目的是为了丰富生命系统的基本知识并对其进行某种人为干涉（Fung 1993）。生物力学就是对生命过程中的力学因素及其作用进行定量的研究。力学因素影响机体整体、器官、组织、细胞和分子各层次的生物学过程。血管重建受生物、化学和物理等多种体内外因素的影响，其中力学因素在血管重建中的作用尤为重要。力学因素能够调节血管细胞功能，导致膜受体和整合素、信号蛋白激酶、生长因子和细胞因子等一系列心血管活性物质的变化，从而参与血管重建过程，这些过程都与心脑血管疾病有密切的关系，其中包含着许多生物力学和生物学基础问题。

近10年来，生物力学研究深入到细胞分子水平，逐渐形成了一个新兴的学科研究领域“力学生物学”（mechanobiology）。力学生物学是研究力学环境（刺激）对生物体健康、疾病或损伤的影响，研究生物体的力学信号感受和响应机制，阐明机体的力学过程与生物学过程如生长、重建、适应性变化和修复等之间的相互关系，从而发展有疗效的或有诊断意义的新技术，促进生物医学基础与临床研究的发展（Fung 2002；姜宗来 2010）。

血管力学生物学研究是要从基因—蛋白质—细胞—器官—整体不同层次上综合探讨血管的“应力—生长”关系，以血管重建为切入点，着眼于力学环境对心血管系统作用，阐明力学因素如何产生生物学效应（即血管活性物质的变化）而导致血管重建，研究心血管信号转导通路和力学调控途径；血管活性多肽的功能及其分子网络调控机制；寻找力学因素对心血管作用潜在的药物靶标和新的生物标记物。从细胞分子水平深入了解心血管活动和疾病发生的本质，为从生物医学工程的角度，寻求防治血管疾病的新途径奠定力学生物学基础。

血管力学生物学研究不仅追求新现象、新规律的发现，更重视发明和创造。它不拘泥于力学的追求，而要深入临床医学工程。应用流体力学理论、系统生物信息和控制理论，结合先进的流场测试和医学影像技术，宏观与微观相结合、动物实验与力学模型及数值模拟相结合，研究人体主要血管的血流动力学及力学因素与血管组织生物效应的关系，心血管系统建模与定量分析相结合，建立精确规范的心血管功能新的无创检测和分析技术，进一步成为临床辅助诊断和预警的指标体系。

血管力学生物学的这些研究不仅有助于揭示正常血液循环的生物力学机理，认识血管生长、衰老的自然规律，而且对于阐明血管疾病的发病机理，以及提供诊断、治疗的一些基本原理包括心血管新型药物和新技术的研发都将有重要的理论和实际意义。

7.1 心血管系统与血液循环的概念

7.1.1 心血管系统的组成和基本结构

心血管系统是由心、动脉、毛细血管和静脉组成的密闭管道系统，血液在其中循环流动。心血管系统承担物质输运与内分泌功能。血管内皮细胞（endothelial cell，EC）和血管平滑肌细胞（vascular smooth muscle cell，VSMC）是血管壁的主要细胞成分，它们连同弹性纤维和胶原纤维等细胞外基质（extracellular matrix，ECM）形成了血管壁的基本组织结构。这些血管壁的组织成分在结构上互相支撑，在功能上相互影响，在血管生理功能稳态和病理性血管重建中均发挥重要作用。

1）心（heart）

主要由心肌构成，是连接动、静脉的枢纽和心血管系统的“动力泵”，且具有内分泌功能。心内部被房间隔和室间隔分为互不相通的左、右两半，每半又分为心房和心室，故心有 4 个腔：左心房、左心室、右心房和右心室。同侧心房和心室借房室口相通。心房接受静脉，心室发出动脉。在房室口和动脉口处均有瓣膜，它们颇似泵的阀门，可顺流而开启，逆流而关闭，保证血液定向流动。

2）动脉（artery）

动脉是运送血液离心的管道，管壁较厚，可分 3 层：内膜菲薄，腔面为单层 EC，能减少血流阻力；中膜较厚，含 VSMC、弹性纤维和胶原纤维，大动脉以弹性纤维为主，中、小动脉以 VSMC 为主；外膜主要由疏松结缔组织构成，含胶原纤维和弹性纤维，可防止血管过度扩张。动脉壁的结构与其功能密切相关。大动脉中膜弹性纤维丰富，有较大的弹性，心室射血时，管壁被动扩张；心室舒张时，管壁弹性回缩，推动血液继续向前流动。中、小动脉，特别是小动脉中膜 VSMC 可在神经体液调节下收缩或舒张以改变管腔大小，从而影响局部血流量和血流阻力。动脉在行程中不断分支，愈分愈细，最后移行为毛细血管。

3）毛细血管（capillary）

毛细血管是连接动、静脉末梢间的管道，管径一般为 6~8 μm，管壁主要由单层 EC 和基膜构成。毛细血管彼此吻合成网，除软骨、角膜、晶状体、毛发、牙釉质和被覆上皮外，遍布全身各处。毛细血管数量多，管壁菲薄，通透性大，管内血流缓慢，是血液与血管外组织液进行物质交换的场所。

4）静脉（vein）

静脉是引导血液回心的血管。小静脉由毛细血管汇合而成，在向心回流过程中不断接受属支，逐渐汇合成中静脉、大静脉，最后注入心房。静脉管壁也可以分为内膜、中膜和外膜 3 层，但其界线常不明显。与相应的动脉比较，静脉管壁薄，管腔大，弹性小，血容量较大。

7.1.2 血液循环的概念

1）体循环和肺循环（systemic circulation and pulmonary circulation）

在神经体液调节下，血液沿心血管系统循环不息。血液由左心室搏出，经主动脉及其分支到达全身毛细血管，血液在此与周围的组织、细胞进行物质和气体交换，再通过各级静脉，最后经上、下腔静脉及心冠状窦返回右心房，这一循环途径称为体循环（或称大循环 general circulation）。血液由右心室搏出，经肺动脉干及其各级分支到达肺泡毛细血管进行气体交换，再经肺静脉进入左心房，这一循环途径称为肺循环（或称小循环 lesser circulation）（图 7-1）。体循环和肺循环同时进行，体循环的路程长，流经范围广，以动脉血滋养全身各部，并将全身各部的代谢产物和二氧化碳运回心。肺循环路程较短，只通过肺，主要使静脉血转变成氧饱和的动脉血。

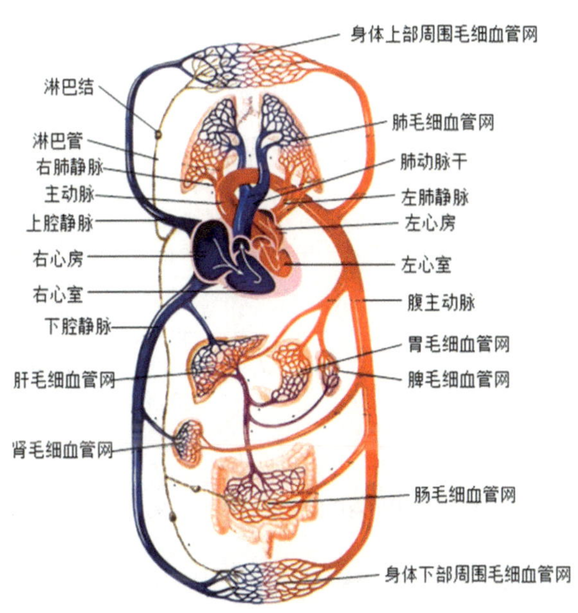

图 7-1 血液循环示意图

2）冠状循环（coronary circulation）

心的血液供应来自左、右冠状动脉；回流的静脉血，绝大部分经冠状窦汇入右心房，一部分直接流入右心房；极少部分流入左心房和左、右心室。心本身的血供循环称为冠状循环。尽管心仅约占体重的 0.5%，但总的冠脉血流量占心输出量的 4%~5%。因此，冠状循环具有十分重要的地位。

7.2 血管力学的基本概念

力是使物体变形和运动（或改变运动状态）的一种机械作用。通常把力使物体变形的作用称为力的变形效应；而力使物体运动的作用称为力的运动效应。人体是处于力学环境之中，生命活动是物质的运动。人体各系统的生理活动均受力学因素的影响，都遵循力学规律。

在人体内广泛存在力对介质、组织和器官的运动效应，如心的收缩力驱动血液在血管内流动并输运到全身、胸部的肋间肌和膈肌的收缩力引起呼吸运动、消化道的蠕动引起的交替性收缩和舒张力促使食物的运送和废物的排出、骨骼肌的收缩力导致骨以关节为支点的运动等都是力的运动效应的例子。

在人体内广泛存在力对组织和细胞的变形效应，如腿部的静脉因血液的重力作用发生扩张变形；将动脉沿横截面剪断，动脉立即发生轴向收缩等。机体组织细胞的变形效应不仅局限在形态变化上，还可导致复杂的生理功能变化。

7.2.1 应力和应变的基本概念

力作用在一定的受力面上，力（F）和截面积（A）之比，称为该物体所受的平均应力（F/A）。当物体受应力（stress）作用后，其长度、形状或体积发生变化，这种变化与其原来的长度、形状或体积之比，称为应变（strain）。

应力作用于固体上，固体会产生 3 种不同的应变。压应力使固体产生压应变，张应力引起张应变，切应力引起切应变（图 7-2）。

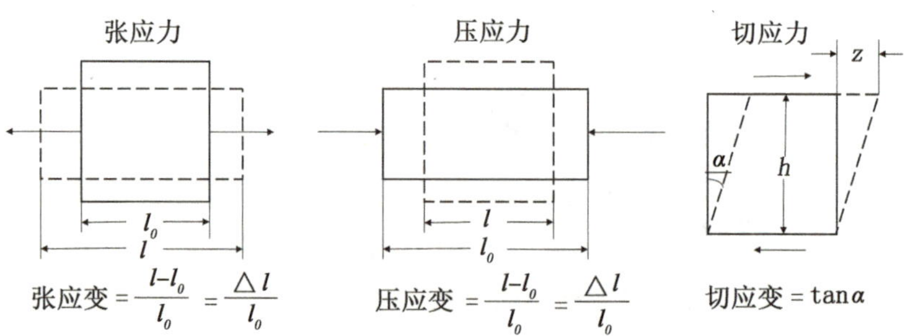

图 7-2 固体在不同应力作用下的应变

切应力（或称剪切应力，shear stress）是与作用面相平行的应力，在切应力作用下固体产生切应变，在一定限度内，其数值与切应力有正比关系，即

$$\tau \propto \tan\alpha \ (\tan\alpha = x/h) \tag{7-1}$$

$$\tau = G\tan\alpha$$

式中，τ 为切应力；α 为顶角；x 为位移；h 为横向长度；比例常数 G 是固体的钢性模量，

也称为切变模量。

流体与固体不同，流体切应力为流体流经物体表面产生的每单位面积的摩擦力。它与物体表面平行，与流体的黏度和速率成正比。

$$\tau \propto V/B,\ \tau = \mu V/B \tag{7-2}$$

式中，τ 为切应力；V/B 为速率；也称为切变率；μ 是液体黏滞系数。

7.2.2 血管的力学环境与血管重建

心血管系统可以视为以心为“动力泵”的力学系统。血液流动、血细胞和血管壁发生形变、血流和血管的相互作用等都蕴含了丰富的力学规律。在心血管系统中，左心室射出的脉动血流可对血管壁产生 3 种主要力学刺激（Chien 2007），如图 7-3 所示：①由血液流动时与血管壁产生的摩擦力，即方向沿血管长轴的切应力（shear stress）；②由血流脉动产生的作用于血管壁上的周期性周向张应力（circumferential stress），即周期性周向牵张（cyclic stretch），血管相应的变形为周期性张应变；③由血流静水压力产生的作用于血管壁上的法向应力（normal stress），即压力。普遍认为，EC 以承受切应力为主，也受周期性牵张的影响，VSMC 则主要受周期性牵张的影响。血流自身的静压力对细胞也许有影响，但在考虑切应力和周期性周向牵张为主要作用时，一般对它不作进一步的讨论。另外，在考虑血管上述主要 3 个方向的受力时，在体血管的轴向（纵向）牵张由于受周围组织的束缚，一般很小，也不被重视。

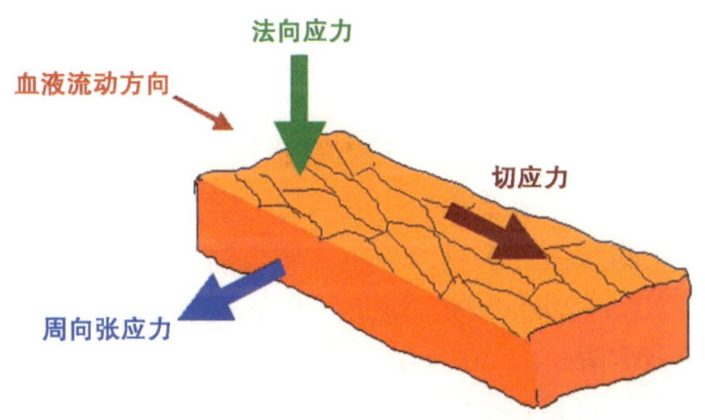

图 7-3　血管壁受力模式图（Chien 2007）

1）低切应力与血管重建

在正常生理状态下，大动脉的血流切应力在 10~70dyn/cm^2。切应力作为血流动力学的关键因素之一，维持血管生理稳态，调节血管细胞的结构和功能，在维持血管的生长和功能方面发挥重要作用。正常的层流切应力有对抗动脉粥样硬化发生的作用（Cunningham and Gotliedb 2005；Chiu et al. 2009），对于血管生理的调节和 EC 功能的完整性、避免动脉粥样硬化的发生至关重要（Chien 2007）。

研究表明，动脉粥样硬化容易发生在血管的分支和弯曲部位，这些部位的特点是血流从正常的层流转变为扰动流，血液切应力不均匀而且分布不规则（Ku et al. 1985；Malek et al. 1999）。在这些区域，切应力一般为 4dyn/cm^2 左右（图 7-4）。扰动流、低切应力和往复切应力可以增加促动脉粥样硬化的基因和蛋白质表达。低切应力通过诱导血管壁的氧化应激反应和炎症发生，从而促进动脉粥样硬化斑块的形成。扰动流在动脉系统内，不仅促进动脉粥样硬化发生，还可以引起术后血管再狭窄、静脉动脉化移植失败、动脉瓣膜钙化；在静脉系统内引起血液反流、回流障碍、由于血液停滞所引起的静脉炎症和血栓，以及慢性静脉疾病。然而，低切应力调控动脉粥样硬化血管重建的力学生物学机制尚未完全阐明。

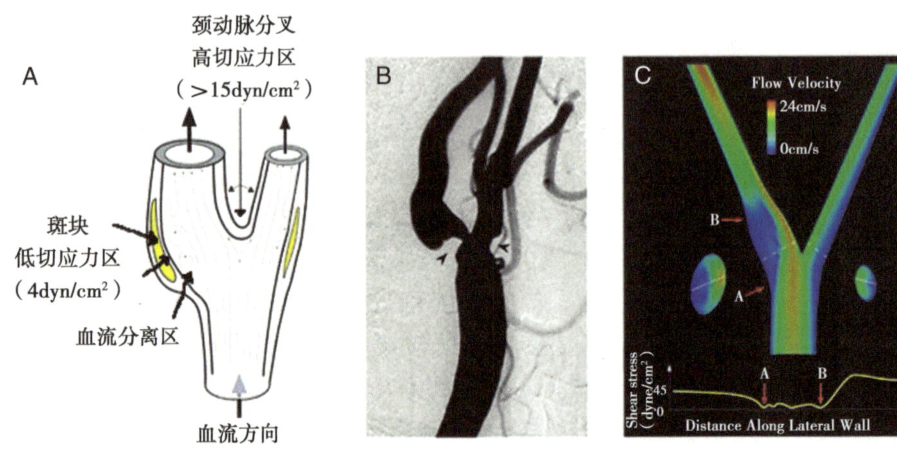

图 7-4　低切应力与动脉粥样硬化的局灶性（Malek et al. 1999）

A．颈动脉分叉处动脉粥样硬化斑块与血液流场的示意图；B．临床患者颈动脉造影，示颈动脉分叉处出现斑块（箭头所指处）；C．基于临床图像的血流动力学计算分析的颈动脉应力分布结果

2）周期性张应变与血管重建

正常生理状态下，在体大动脉的周向张应变为 5% 左右，而在高血压的病理状态下，动脉所承受的应力持续增高，高血压患者的肱动脉承受的张应变可高达 15%（Safar et al. 1981；Williams 1998）。高血压时，EC 和 VSMC 在增高的张应变的作用下，细胞发生形变，细胞膜的整合素、离子通道等结构变化并转导力学信号引起生化反应，激活下游的细胞信号通路，进而调控细胞核内相关基因和蛋白质表达，从而改变细胞的结构和功能（Qi et al. 2010；Jiang et al. 2013；Wan et al. 2015），诱导血管重建。然而，对高血压血管重建的力学生物学机制尚未完全清楚。

总之，阐明力学因素如何导致血管重建的力学生物学机制，对于深入了解心血管活动和疾病发生的本质，以及心血管疾病的防治都具有重要的理论和临床意义。

7.3　细胞力学实验的基本模型与技术

7.3.1　细胞切应力加载模型

平行平板流动腔是最常用的细胞切应力加载模型。平行平板流动腔系统包括 3 个部分，如图 7-5 所示：①平行平板流动腔；②液体灌流系统；③温度及 pH 控制装置。液体灌流系统包括上、下贮液瓶，恒流泵，以及将上、下贮液瓶，恒流泵与平行平板流动腔相连的硅胶管。实验时，整个装置置于 37℃的细胞培养箱内以维持温度恒定。液体 pH 的恒定依赖于二元混合气（5% CO_2+95% 空气）的维持。

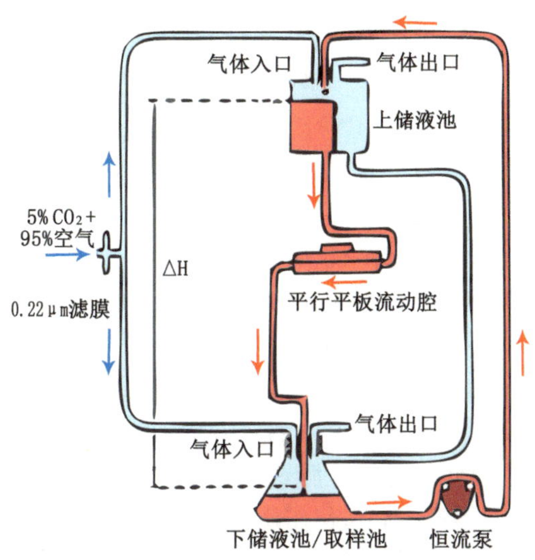

图 7-5 平行平板流动腔系统模式图

该系统的核心部分是一个扁平流动腔，其高度远小于长度和宽度。液体流经流动腔的切应力的大小，采用下式进行计算，即

$$\tau = 6\mu Q/wh^2 \tag{7-3}$$

式中，τ 为壁切应力；Q 为流量；μ 为液体黏度；w 和 h 分别代表流动腔的宽和高。实验中所用的流体均为含 1% 胎牛血清的 M199 培养基，μ 恒定为 0.828g/cm^2。Q 值由流量仪读出。这样，切应力大小就可以通过改变上、下贮液瓶高度来调节。由不同高度的静水压提供恒定的切应力，或由脉动泵提供瞬时剪切力使流入管和流出管之间产生压差，使种植在流动室内的细胞受到均匀或脉动的切应力作用，也可以通过改变流动腔的形状，形成切应力梯度或扰动切应力。

我们建立了 EC 与 VSMC 联合培养模型及用于联合培养的平行平板流动腔（姜宗来等 1999；丛兴忠等 2001）。VSMC 与 EC 分别种植在联合培养杯底多孔聚乙烯（polyethylene terephthalate，PET）膜的上面和下面，PET 膜厚 10μm，有 160 万个 /cm^2，直径为 0.4μm 的微孔。VSMC 的突起与 EC 可通过小孔直接接触，膜两侧的培养液也可通过小孔互相沟通。也就是说，这种 PET 膜类似于体内血管壁的内弹力膜，提供了 EC 和 VSMC 紧密相互作用的结构条件，更好地模拟了这两种细胞的在体解剖关系。如图 7-6 所示，该图为 EC 与 VSMC 联合培养模型及用于联合培养的平行平板流动腔的剖面。平行平板流动腔由上板和下板组成。在上板的中央开孔，联合培养杯能十分紧密地置于其中，且杯底完全与上板下面在同一平面。联合培养杯底 PET 膜的上面种植 VSMC，其下面种植 EC，加载流体后，EC 将承载流体切应力。

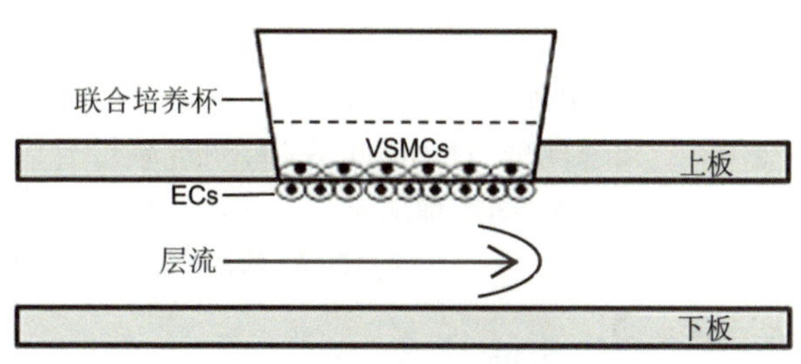

图 7-6 EC 与 VSMC 联合培养平行平板流动腔模式图

除此之外，也有学者应用锥板流动室装置对细胞施加切应力，研究流体切应力对细胞黏附特性的影响，能使培养的 EC 受较大范围切应力，通过保持锥体转速不变而获得定常层流。

7.3.2 细胞张应变（牵张）加载模型

细胞张应变加载模型的基本原理是将所需研究的细胞培养在基底弹性膜（板）上，再将应力作用于弹性膜。细胞贴壁生长，应力可通过弹性膜传递给细胞，从而达到细胞张应变加载的目的。目前，已商品化并应用较广的是一种真空负压加载装置，即 Flexercell 细胞张应变加载系统。该系统的基本工作原理：将细胞种植于特制 Flexercell 六孔培养板内，培养板的底是可变形的硅胶膜。将种植细胞的培养板置于真空基座上，从下方抽吸真空使培养板底的硅胶膜向下发生形变，通过电脑控制真空阀开闭的幅度与频率，达到对种植在硅胶膜上的细胞施加可设定幅度、频率和作用时间的周期性牵张的目的。如图 7-7 所示，左上图示该系统各部分实物；右上图为该系统实验部分在细胞培养箱内的情形；左下图为该系统实验部分。

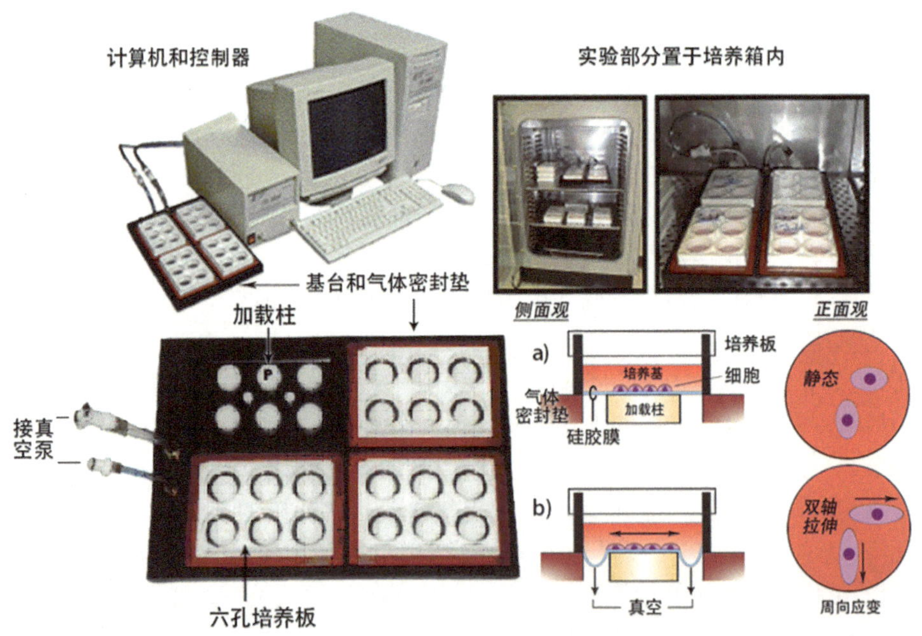

图 7-7 Flexercell 细胞张应变加载系统及工作原理图

（修改自 Flexcell 国际公司 Flexercell 4000T 细胞张应变加载系统使用手册，2003 年）

部分放大，示基台及置于基台的 Flexercell 六孔培养板；右下图为基台与六孔培养板的剖面图，a）示静态情况下基台之上的六孔培养板基底的硅胶膜与黏附其上的细胞无变形；b）示抽吸真空使培养板底的硅胶膜向下发生形变而拉伸，致黏附其上的细胞随之发生双向拉伸变形

7.3.3 微管吸吮技术

微管吸吮技术（micropipette aspiration technique，MAT）通过测量一定负压作用下细胞变形的动力学过程来研究细胞的力学性质。后来，该技术逐渐被拓展到分子生物力学研

究领域，其工作原理是采用微管吸吮方法捕获分别表征特异性相互作用分子的细胞或小球，通过压电晶体驱动器操控微管，实现两细胞或小球间靠近—接触—回拉的动力学循环，记录回拉过程中细胞变形与否、变形大小和解离时间长短等信息来研究分子间相互作用的动力学性质。

7.3.4 原子力显微技术

原子力显微技术（atomic force microscopy，AFM）是在扫描隧道显微技术基础上发展而来的。原子力显微系统主要由弹性微悬臂梁探针、样品池及其操控单元和光学位移检测单元等部分组成。AFM 是通过扫描探针与样品表面原子相互作用而成像的。它采用带有针尖的微悬臂进行扫描，针尖顶部最外层原子与样品表面原子之间的相互作用力使微悬臂发生形变或改变运动状态。一束激光经由微悬臂的光滑背面反射到位置灵敏探测器上，检测微悬臂的偏转以获得样品形貌和作用力等信息。AFM 作为研究活细胞微观结构和细胞力学的有力工具，已广泛地应用于生物活样本的研究。由于细胞膜为双磷脂分子膜，可随 AFM 针尖顺应性改变，因此细胞膜下的一些细胞组分，可通过扫描成像，从而获得细胞表面形貌及肌动蛋白动应力纤维的动态变化信息。通过 AFM 针尖对活体细胞局部施加纳米量级的应力来研究细胞不同区域的弹性和黏滞性等力学特性。

7.3.5 磁扭转细胞测量术

磁扭转细胞测量术（magnetic twisting cytometry，MTC）是利用细胞的胞吞作用，将包被了配体的铁磁性小珠用微注射方法导入细胞内部与细胞骨架结合，或是通过配体包被的修饰铁磁小珠连接至特定的细胞表面受体。然后，给细胞施加可控的外加磁场，记录磁珠在磁场作用下扭矩和相应的角旋转大小（图 7-8），这两者的关系可以通过一个时间参量方程得到，而扭矩场强度则作为主要的初始数据并通过引入不同的参数，可以间接得到细胞力学加载的大小等。该技术主要用于测量配体与受体直接的黏附力，寻找细胞表面受体与细胞骨架之间的力学关系，测量细胞骨架的机械力性质如硬度、剪切模量和黏度等。

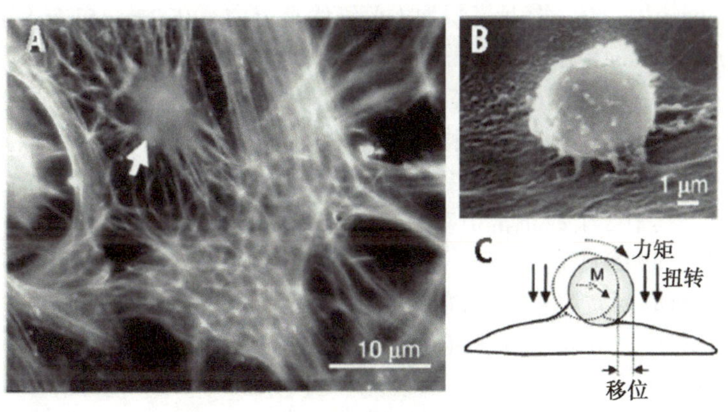

图 7-8　磁扭转细胞测量术工作原理

A. 亚铁磁珠（箭头）通过细胞黏附分子（整联蛋白）与人气道平滑肌细胞的 actin 细胞骨架（鬼笔环肽染色）结合；B. 细胞表面磁珠的扫描电镜图；C. 磁场施加 1 个扭矩引导磁珠旋转并位移，M 表示磁珠的运动方向（引自 Fabry et al. 2001）

7.4 血管力学生物学研究进展

我们依照“生物学实验（高通量生物学检测）—计算建模分析（生物信息学等）—生物学实验（验证）”的科学思路，以血管重建为切入点，着眼于力学环境对心血管系统的作用，阐明力学因素如何产生生物学效应（即血管活性物质的变化）而导致血管重建，研究血管力学信号转导及其分子网络调控机制；寻找力学因素对心血管作用潜在的药物靶标和新的生物标记物。从细胞分子水平深入了解心血管活动和疾病发生的本质，为从生物医学工程的角度，寻求防治血管疾病的新途径奠定力学生物学基础。在本章中，我们主要介绍作者实验室近年来在血管力学生物学领域的一些研究进展。

7.4.1 力-血管蛋白质组学研究

血管重建过程中力学信号通过哪些关键因子引起血管壁细胞不同的生物学效应是血管力学生物学研究的关键科学问题。蛋白质组学（proteomics）研究在特定时间或环境条件下细胞或组织的基因组所表达的全部蛋白质及其相互作用。同时，由于蛋白质不仅是多种致病因子对机体作用的靶分子，而且是大多数药物的靶标乃至直接的药物，因此蛋白质组学还是近年新兴的强有力的寻找药靶的技术平台。我们在国内首次建立了血管体外近生理脉动应力培养系统，实现了不同力学条件下完整血管的体外培养，应用该系统，将生物力学、蛋白质组学与生物信息学相结合，在国内外率先开展了机械应力对血管蛋白质组学影响的研究工作。我们分析了不同力学条件作用下血管的差异蛋白质表达谱。筛选出了 60 余种差异表达的蛋白质，并探讨了蛋白质如 Rho-GDI α 在应力诱导的血管重建中的作用（Qi et al. 2008）。这一研究将蛋白质组学新技术引入力学生物学研究领域，探讨低切应力诱导血管重建的分子机制，为心血管疾病发病机制的研究与血管重建药物治疗靶向的寻找提供了一个全新的力学生物学视角，体现了学科交叉融合的创新特色。

我们取 SD 大鼠的胸主动脉，置于血管体外应力培养系统中，以灌注压 100mmHg①，分别对血管施加正常切应力（normal shear stress，NSS，15dyn/cm^2）和低切应力（low shear stress，LSS，5dyn/cm^2），24h。然后，提取血管组织总蛋白。在 24cm 的窄范围 pH 梯度干胶条 [immobilized pH gradient（IPG）dry strip]（pH 3~10，非线性）上根据蛋白质的等电点不同对样品进行等电聚焦，对胶条进行 SDS 聚丙烯酰胺凝胶电泳，根据蛋白质的分子质量不同对样品进行进一步的分离。最后，用银染将凝胶块上的蛋白质进行染色，将图像用扫描仪扫描，用 Image Master Platinum 软件分析，得出在正常切应力和低切应力作用下血管表达的差异蛋白质 43 个，其中 8 个在正常切应力作用下高表达，35 个在低切应力作用下高表达，如图 7-9 所示（Qi et al. 2011）。对于上述差异表达的蛋白质点进行胶内酶解，应用基质辅助激光解析串联飞行时间质谱（MALDI-TOF MS）分析，用 Mascot 搜索软件对肽段进行匹配和蛋白质查找，得到差异表达蛋白质点。将这些差异表达的蛋白质上传到 IPA（ingenuity pathways analysis）服务器上。IPA 储存、整合了关于基因、药物、化合物、蛋白质家族、生物反应过程及它们之间信号通路的信息。通过蛋白质的功能和在已知信号通路中出现的情况，分析和预测这些蛋白质之间可能存在的相互关系（Qi et al. 2011）。

① 1mmHg=1.333 22 × 10^{2}Pa

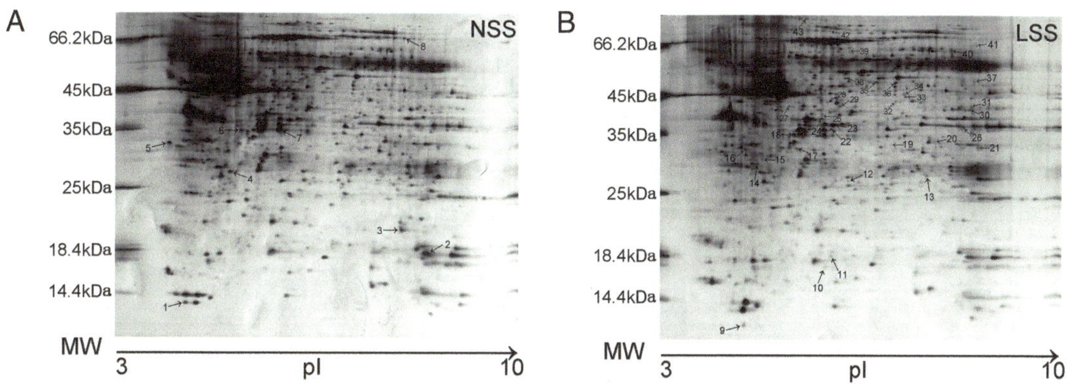

图 7-9 正常切应力和低切应力条件下血管组织的双向电泳结果

不同的蛋白质具有不同的等电点，横向代表通过等电点的不同将蛋白质分开；纵向代表在 SDS 聚丙烯酰胺凝胶中，通过蛋白质的分子质量大小不同而将蛋白质分开。箭头所指的是在两种不同的切应力环境下表达有差异的蛋白质。A．编号 1~8 的蛋白质在正常切应力条件下高表达；B．编号 9~43 的蛋白质在低切应力条件下高表达

之后，基于上述血管蛋白质组学数据和生物信息学分析提示的可能参与应力信号转导的蛋白质分子网络及其在应力调控血管重建中的作用机制，进行生物学实验验证。根据 IPA 预测，我们选择新发现的在应力条件下细胞间信息交流和细胞内信号转导网络中可能起重要作用的两种分泌型分子 PDGF-BB 和 TGF-β1，以及与它们相关联的 3 种蛋白质分子 lamin A、LOX 和 ERK1/2（图 7-10）进行了进一步的研究（Qi et al. 2011）。

我们应用 EC 与 VSMC 联合培养的平行平板流动腔系统对 EC 分别施加 NSS 和 LSS，研究了 PDGF-BB 和 TGF-β1 及其相关蛋白 laminA、LOX 和磷酸化 ERK1/2 在 EC 和 VSMC 相互交流中的作用及其机制（Qi et al. 2011）。

首先，对 EC 施加 LSS 诱导了 EC 和 VSMC 的增殖和迁移，且 LSS 条件下 VSMC 合成 PDGF-BB 和 TGF-β1 增加，提示 VSMC 从收缩表型向合成表型转化。这些结果表明，LSS 诱导的 EC 与 VSMC 功能改变可能在动脉粥样硬化血管重建的发生、发展过程中起重要作用。

然后，通过平行平板流动腔系统对联合培养 EC 和 VSMC 施加切应力，发现 LSS 诱导 EC 和 VSMC 合成和分泌 PDGF-BB 和 TGF-β1；同时，下调了它们的 lamin A 表达，上调了 LOX、磷酸化 ERK 的表达，以及促进细胞迁移和增殖。

为探讨增加的 PDGF-BB 和 TGF-β1 对网络中 lamin A、LOX、ERK1/2 这 3 种分子的作用，以及对血管细胞功能的影响，我们分别应用重组蛋白 rPDGF-BB 和 rTGF-β1 对静态培养的 EC 和 VSMC 进行刺激。结果发现，rPDGF-BB 和 rTGF-β1 能下调 EC 的 lamin A 表达，上调 LOX、磷酸化 ERK 表达，以及迁移和增殖；rPDGF-BB 能下调 VSMC 的 lamin A 表达，上调 LOX、磷酸化 ERK 表达，以及迁移和增殖；而 rTGF-β1 不影响 VSMC 的相关蛋白表达，以及迁移和增殖。也就是说，PDGF-BB 和 TGF-β1 都能影响 EC 的相关蛋白质网络和细胞功能，但只有 PDGF-BB 能够影响 VSMC 的相关蛋白质网络和细胞功能，TGF-β1 不能影响 VSMC 的相关蛋白质网络和细胞功能。

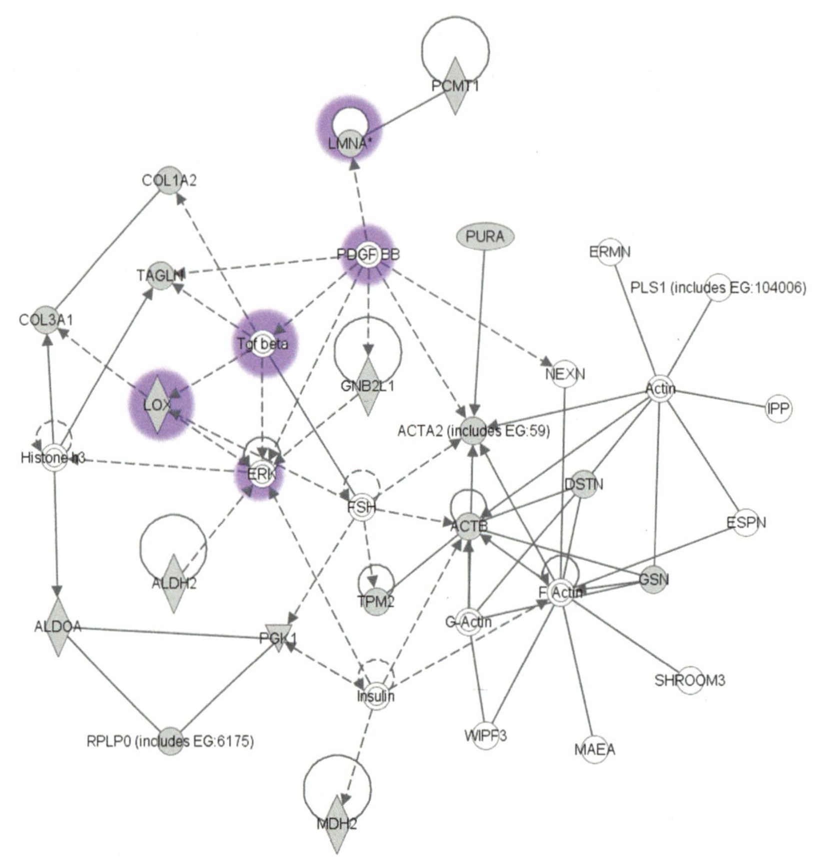

图 7-10 IPA 分析和预测到的在正常切应力和低切应力条件下差异表达的蛋白质信号网络

灰色填充的结点是通过蛋白质组学分析得到的，未填充的结点是 IPA 预测的，线条代表相互作用，箭头代表作用的方向，无箭头代表绑定的相互作用，虚线代表推测的或间接的相互作用（◇酶；◎组或复合体；⬭转录调节因子；▽激酶；○其他；和自身结合的酶；和自身作用的组或复合体；推测的，或通过间接的方式和自身作用的组或复合体；和自身结合的分子。带有光晕的是本研究所关注的几种蛋白质）

接下来，我们探讨了在切应力条件下 EC 合成和分泌的 PDGF-BB 和 TGF-β1 在细胞间信息交流和细胞功能调控中的作用及可能机制。应用特异性 RNA 干扰分别抑制 EC 合成和分泌 PDGF-BB 和 TGF-β1 后，结果表明对 EC 进行 PDGF-BB 的 RNA 干扰，EC 和与之联合培养的 VSMC 的 lamin A 合成增加，LOX 和磷酸化 ERK1/2 合成减少，迁移和增殖减弱；而对 EC 进行 TGF-β1 的 RNA 干扰抑制 EC 的 LOX、磷酸化 ERK1/2 的表达，以及迁移和增殖，但联合培养的 VSMC 的相关蛋白质表达，以及迁移和增殖均无明显变化。这说明，EC 合成和分泌的 PDGF-BB 对 EC 本身和联合培养的 VSMC 都有作用，但 EC 合成和分泌的 TGF-β1 只对 EC 起作用，对联合培养的 VSMC 不起作用。上述结果也与静态条件下重组蛋白刺激实验结果相符。

之后，在探讨切应力条件下 VSMC 合成和分泌的 PDGF-BB 和 TGF-β1 在细胞间信息交流和细胞功能调控中的作用及可能机制时，特异性 RNA 干扰实验方法的应用受到了联合培养应力加载模型的限制。在进行 EC 和 VSMC 联合培养时，先在联合培养杯的底部种上 EC，等到 EC 贴壁后（6h）将联合培养杯翻转，放置在六孔板内，对 EC 进行 RNA 干扰。

24h 后更换 EC 的培养液，然后在联合培养杯的内侧面种上 VSMC。前期预实验结果表明，通过这样的操作步骤，siRNA 片段不会对 VSMC 造成 RNA 干扰。所以，对 EC 进行 RNA 干扰能够达到我们的实验要求。但是，如果在 VSMC 侧进行 RNA 干扰，因为 PET 膜的另一侧已经种上 EC，故 siRNA 片段会通过 PET 膜上的微孔对 EC 造成影响，从而影响实验结果。在这种情况下，我们选择 PDGF-BB 和 TGF-β1 的中和性抗体对 VSMC 进行孵育，结果发现，当 PET 膜两侧分别接种 EC 和 VSMC 后，中和性抗体不会通过 PET 膜上的微孔对 EC 造成影响。因此，我们采用对 VSCM 进行 PDGF-BB 和 TGF-β1 中和性抗体孵育的方法来研究低切应力条件下 VSMC 合成和分泌的 PDGF-BB 和 TGF-β1 在细胞间相互交流中的作用。结果发现，VSMC 合成和分泌的 PDGF-BB 和 TGF-β1 下调联合培养 EC 的 lamin A 表达，上调 LOX、磷酸化 ERK 表达，以及迁移和增殖；VSMC 合成和分泌的 PDGF-BB 下调 VSMC 自身的 lamin A 表达，上调 LOX、磷酸化 ERK 表达，以及迁移和增殖，而 VSMC 合成和分泌的 TGF-β1 不影响 VSMC 自身的相关蛋白质表达，以及迁移和增殖。这说明，VSMC 合成和分泌的 PDGF-BB 和 TGF-β1 都对联合培养的 EC 有作用，VSMC 合成和分泌的 PDGF-BB 对 VSMC 本身起作用，VSMC 合成和分泌的 TGF-β1 对 VSMC 本身不起作用。

除 IPA 提示的 PDGF-BB、TGF-β1、lamin A、LOX 和 ERK1/2 之间的相互作用外，上述实验结果提示了 IPA 未能发现的 2 种相互作用通路：一是，PDGF-BB 能够直接调控 EC 和 VSMC 的 ERK1/2 磷酸化；二是，TGF-β1 能够直接调控 EC 的 lamin A 表达。

综上所述，LowSS 在动脉粥样硬化的血管重建中发挥着重要作用。EC 直接受到切应力的作用，并将力学刺激转导为生物信号，经细胞间通讯，作用于 VSMC 并与之产生相互作用。EC 和 VSMC 的相互作用影响 LowSS 诱导的血管重建。如图 7-11 所示，LowSS 作用于 EC，诱导其分泌 PDGF-BB 和 TGF-β1，作用于 EC 自身，促进 EC 增殖和迁移；PDGF-BB 还通过旁分泌作用上调 VSMC 的 PDGF-BB 和 TGF-β1 分泌，以及 VSMC 的增殖和迁移；VSMC 分泌的 PDGF-BB 和 TGF-β1 则正反馈调节 EC 的增殖和迁移。ERK1/2 的激活，以及 LOX 和 lamin A 的表达可能参与了 PDGF-BB 和 TGF-β1 调控的细胞增殖和迁移。

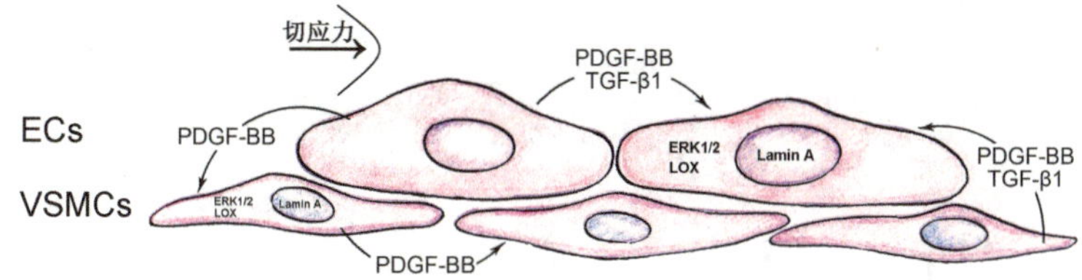

图 7-11 低切应力条件下 PDGF-BB 和 TGF-β1 在 EC 和 VSMC 相互交流中的作用及其机制模式图

7.4.2 切应力条件下 EC 与 VSMC 之间的相互影响及其机制

EC 与 VSMC 是血管壁的主要细胞成分。EC 的管腔面与血流直接接触，受到流体切应力的作用，其基底面又与 VSMC 相邻，EC 与 VSMC 之间的相互作用对血管的生长和功能起重要作用。由于在体条件下生理环境复杂，实验条件不易控制，人们往往通过 VSMC 或 EC 体外培养，控制不同的实验条件，研究它们的生物学特性。关于力学因素对

EC 和 VSMC 的作用，以往的研究多集中于切应力对单独培养 EC 的影响，以及机械张应变对单独培养 VSMC 的作用。显然这些研究忽略了 EC 与 VSMC 的相互作用。为了更好地模拟在体条件下这两种细胞的位置关系及相互作用方式，国外学者建立了多种联合培养（coculture）模型，以研究在同一体系内 VSMC 与 EC 的相互影响。1999 年，我们在国内首先建立了 VSMC 和 EC 联合培养模型，开始了切应力条件下血管 EC 与 VSMC 之间相互影响的研究（姜宗来等 1999；李玉泉等 2000；丛兴忠等 2001）。

7.4.2.1 切应力对与 EC 联合培养的 VSMC 迁移的影响及其机制

VSMC 迁移行为异常是动脉粥样硬化、血管成形术、支架内再狭窄（in-stent restenosis）及静脉旁路移植后阻塞等临床常见血管病变的共同病理表现之一。VSMC 从血管中膜迁移到内膜，进而增殖并分泌 ECM 参与新生内膜的形成。包括机械应力、生长因子在内的多种生化和物理刺激均影响 VSMC 迁移。探讨影响和调控 VSMC 迁移的机制对于理解心血管疾病的发病机制有重要的理论和实际意义。所以，有必要观察流体切应力在完整内膜条件下对 VSMC 迁移的影响。我们应用 EC 和 VSMC 联合培养平行平板流动腔系统，探讨了切应力对与EC联合培养VSMC迁移的影响及其机制（Wang et al. 2006）。如图7-12所示，我们比较了单独培养的 VSMC（VSMC/O）、与 EC 联合培养的 VSMC（VSMC/EC）和应用平行平板流动腔系统各组 VSMC 的迁移能力（Transwell 法），对联合培养 VSMC 的 EC 面施加 15dyn/cm^2 切应力（VSMC/EC+SS），时间均为 12h。结果发现，VSMC 和 EC 联合培养 12h 后，细胞迁移能力就发生了变化，联合培养的 VSMC 迁移能力明显强于单独培养的 VSMC。更有趣的是，当在联合培养的 EC 面加载生理大小切应力（15dyn/cm^2）后，已增强的 VSMC 的迁移能力又恢复到单独培养水平。结果表明，正常生理水平的切应力抑制了 EC 诱导的 VSMC 的迁移。这一结果提示，正常生理水平的切应力对血管壁是一种保护作用。

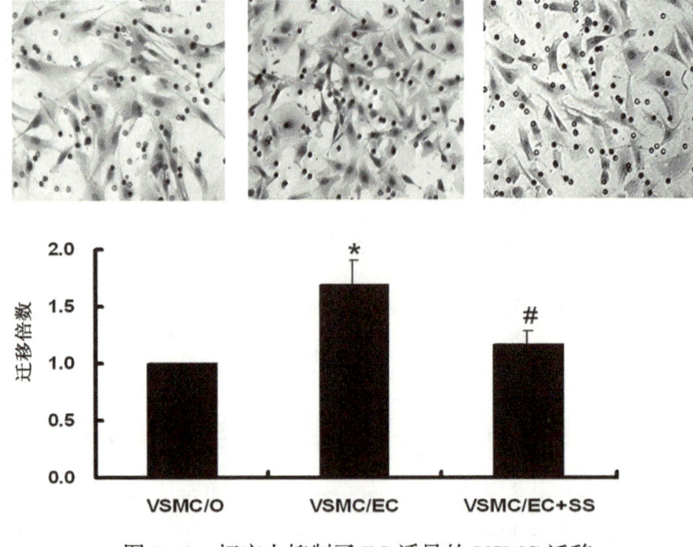

图 7-12 切应力抑制了 EC 诱导的 VSMC 迁移

$*P < 0.05$，与 VSMC/O 对照组比较；

$\#P < 0.05$，与 VSMC/EC 组比较

然而，切应力条件下 EC 对 VSMC 迁移作用的信号转导机制目前仍不清楚。很多研究提示，PI3K/Akt 信号转导途径是细胞内重要的信号转导通路，在细胞的存活、凋亡、增殖，以及细胞骨架的变化等活动中发挥重要的生物学作用。我们的实验证实，EC 可以激活 VSMC 的 PI3K/Akt 信号通路。那么，这条信号通路是否参与调节 EC 诱导的 VSMC 迁移？我们用 PI3K 特异性抑制剂 wortmannin 阻断 PI3K 活性，一方面抑制了 Akt 的磷酸化，另一方面 EC 诱导的 VSMC 的迁移也同样受到抑制，说明 EC 刺激的 VSMC Akt 的活化是 wortmannin 敏感的，证明 PI3K 在 EC 诱导的 VSMC 迁移中起重要作用。为更进一步证实 Akt 在 VSMC 迁移中的作用，用 Akt 抑制剂 Akti（特异性抑制 Akt 的磷酸化，对上游的 PI3K 活性没有影响），阻断了 EC 诱导的 VSMC Akt 的磷酸化，并在一定程度上抑制了 EC 诱导的 VSMC 迁移，说明 PI3K-Akt 通路调节了 VSMC 迁移。

虽然，EC 可以诱导 VSMC 一个相对的长时相持续的 Akt 的磷酸化，但当在 EC 面加载切应力后，未能激活 VSMC 的 P-Akt，可能是加载切应力后，特异地激活了 EC 某种信号通路，这种信号通路拮抗了 EC 激活 VSMC Akt 的磷酸化。另外，我们的实验也观察到，切应力可以抑制 EC 诱导的 VSMC 迁移，同时也抑制了 EC 刺激的 VSMC Akt 的磷酸化。虽然，切应力抑制 EC 刺激的 VSMC 中 Akt 的磷酸化的准确机制并不清楚，但至少可以说明切应力抑制联合培养 VSMC 的 Akt 活化有助于切应力抑制 EC 诱导的 VSMC 迁移，初步明确 PI3K-Akt 信号通路在 EC 诱导 VSMC 迁移过程中的关键作用，其具体机制值得进一步探讨（Wang et al. 2006）。

总之，生理大小切应力条件下，与 EC 联合培养的 VSMC 生理活动更加有序和正常，VSMC 的迁移能力与在体条件下的生理功能更接近。在体状态下 EC 和流体切应力共同构筑成适合 VSMC 生长的生理环境，共同调节 VSMC 迁移等生理活动，若两者的任何一方出现异常，血管的正常生理功能则难以维持。

7.4.2.2 切应力对与 VSMC 联合培养的 EC 迁移的影响及其细胞骨架机制

细胞与 ECM 黏附的部位称为黏着斑（focal adhesion，FA）。FA 通过调节细胞骨架（如肌动蛋白微丝）和细胞膜受体蛋白（如整合素）之间的相互作用，调节细胞与 ECM 黏附。我们应用 VSMC 与 EC 联合培养模型，观察 VSMC 对 EC 黏附的影响，探讨 VSMC 在 EC 黏附中的作用机制。结果发现，VSMC 能增强 EC 的黏附能力。VSMC 可以下调与之联合培养的 EC 的微管聚合状态，同时明显增加 EC 黏附数目和 FA 面积；而 TSA 抑制 VSMC 所下调的 EC 的微管聚合后，导致 VSMC 所诱导的 EC 中 ERK1/2 和 Paxillin 的活性缺失。因此，通过抑制 FA 的形成可以抑制 VSMC 所诱导的 EC 黏附（Wang et al. 2009）。而细胞的黏附能力的改变又是细胞迁移的基础和起始步骤，我们在此基础上，对切应力条件下 VSMC 对 EC 的迁移行为的影响及其机制进行进一步的研究。

我们的结果发现，VSMC 和 EC 联合培养 12h 后，细胞迁移能力就发生了变化，联合培养的 EC 迁移能力明显强于单独培养的 EC。当在单独培养的 EC 面加载生理大小切应力（$15dyn/cm^2$）后，EC 的迁移能力也有所增强。有趣的是，当对与 VSMC 联合培养的 EC 一侧施加生理大小切应力后，就在一定程度上下调了被VSMC诱导的EC迁移。结果表明，正常生理水平的切应力和 VSMC 都可以诱导 EC 迁移，但两种因素同时存在时，对 EC 迁移的影响并不显现为叠加效应（Wang et al. 2010）。

微管作为细胞骨架的重要组成，其动态聚合的水平变化对于细胞的运动及细胞对外部机械刺激的适应能力都有重要的调控作用。微管的解聚可以显著提高细胞的运动。而当微管被乙酰化修饰时，被认为可以维持微管处于聚合的稳定状态。因此，我们假设 VSMC 所诱导的 EC 迁移，可能是通过改变 EC 细胞微管乙酰化水平而起作用。在我们的研究中，发现 VSMC 可以下调 EC 的乙酰化微管水平（图 7-13）。组蛋白去乙酰化酶 6（histone deacetylases 6）作为第 2 类组蛋白去乙酰化酶家族的成员，主要存在于胞质中，可以调节微管的乙酰化修饰水平。当我们用组蛋白去乙酰化酶（HDAC）的抑制剂三丁酸甘油酯（tributyrin）抑制 HDAC6 的活性，使得微管的乙酰化水平大幅度提高的同时，相应细胞的迁移水平也有一定水平的下调（Wang et al. 2010）。

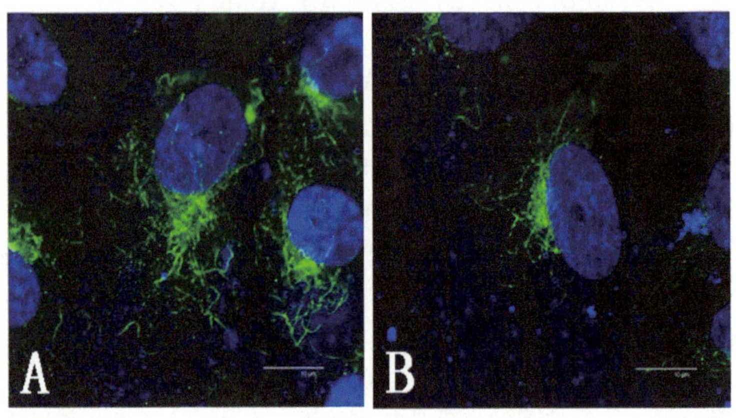

图 7-13 乙酰化微管在 EC 中的表达分布

A. 静止对照组；B. 联合培养组，Bar=10 μm

同样，如果我们采用 RNA 干扰技术用特定的 siRNA 片段来特异性抑制 HDAC6 的表达水平，会得到同样的结果。这些结果可以表明，切应力可以使微管适度乙酰化，也即使微管处于一个比较稳定的聚合状态，从而有效地降低细胞的运动能力。我们的结果证明了在联合培养条件下，EC 的迁移与细胞中乙酰化微管水平的密切相关性，正常生理水平的切应力可以在促进 EC 迁移能力的同时，增强 EC 的 HDAC6 表达水平。与此同时，EC 中微管的乙酰化水平有所降低。这就意味着 EC 微管骨架的稳定程度下降，动态聚集水平提高，有利于细胞运动能力的提高。这些实验结果明确了 HDAC6/acetylated microtubule 信号通路在 VSMC 诱导 EC 迁移过程中的关键作用。

有研究表明，结缔组织生长因子（connective tissues growth factor，CTGF）在有动脉粥样硬化斑块血管中的表达水平与正常部位血管相比提高了 50~100 倍，且 CTGF 水平的提高可以促进 EC 的增殖、迁移和黏附等生理过程。我们的实验发现，静态条件下，联合培养 VSMC 的 CTGF 表达水平与单独培养的 VSMC 相比提高了 50%。这一结果表明，VSMC 经过联合培养后其分泌合成的生长因子 CTGF 的水平提高，而 CTGF 的高表达则有助于 EC 迁移能力的提高。与之相反，将 15dyn/cm^2 的正常水平切应力施加在与 VSMC 联合培养的 EC 一侧后，VSMC 的 CTGF 表达有所下降，接近于 VSMC 单独静止培养水平。结果提示，切应力和 VSMC 同时作为诱导 EC 迁移的因素作用于 EC 时，EC 的迁移能力与 EC 单独加力组相比较并未明显增强，可能是切应力的作用降低了 VSMC 的 CTGF 分泌

所致（Wang et al. 2010）。

综上所述，正常水平的切应力和 VSMC 都可以通过激活 EC 的 HDAC6 的表达，并进一步降低微管骨架的聚合水平，促进 EC 的迁移。当正常水平的切应力和 VSMC 同时作用于 EC 时，由于切应力抑制了 VSMC 分泌 CTGF，从而降低 VSMC 对 EC 迁移的诱导，因此，当正常生理水平的切应力和 VSMC 这两种因素同时存在时并没有显著提高 EC 的迁移能力。结果提示，EC 与 VSMC 联合培养、同时承受正常水平切应力是一种接近体内生理状态的模式。在这种状态下，正常生理水平的切应力和 VSMC 调控 EC 的迁移能力在一个合适的水平，以维持血管结构和功能的稳定，这对于血管壁也是一种保护作用。

7.4.3 周期性张应变对 VSMC 功能的影响及其机制

在心血管系统中，血管壁持续受到左心室射出的脉动血流产生的力学刺激，其中由脉动血流产生的作用于血管壁上的力为周期性周向张应力，即周期性周向牵张，血管相应的变形为周期性张应变（cyclic tensile strain）。位于血管中膜的 VSMC 主要承载血管周期性张应变。在高血压的病理状态下，动脉所承受的应力持续增高，EC 和 VSMC 在增高的张应变的作用下，细胞发生形变，细胞膜的整合素、离子通道等结构发生变化并转导力学信号引起生化反应，激活下游的细胞信号通路，进而调控细胞核内相关基因和蛋白质表达，从而改变细胞的结构和功能，诱导血管重建。

国内外很多细胞体外力学加载模型都试图模拟在体环境中 VSMC 所受到的周期性张应变的力学作用，其中应用较多的是由已商品化的 Flexercell 细胞张应变加载系统所实现的细胞周期性牵拉模型。周期性张应变加载由频率、幅度和时间 3 个重要参数构成。在这个模型中，对细胞所施加张应变的这 3 个基本实验参数均可由计算机控制调节，可以很好地模拟体内 VSMC 受到脉动血流产生的周期性张应变的作用。周期性张应变对 VSMC 功能的影响在国内外已有很多研究，其中多数报道均为周期性张应变加载幅度和时间对细胞功能的影响，但加载频率对 VSMC 功能的影响尚不清楚。在临床上，心率的多样性和不稳定性被认为与心血管疾病的发生密切相关。因此，研究机械张应变对 VSMC 功能的影响，应该考虑张应变的频率在其中的重要调节作用。

7.4.3.1 周期性张应变频率对体外培养 VSMC 表型转化的影响及其机制

VSMC 作为血管壁主要细胞成分之一，根据结构和功能的不同，可人为地将 VSMC 分为收缩型（分化型，differentiated VSMC）和合成型（未分化或去分化型，dedifferentiated VSMC）2 种表型。正常状态下，它们处于主要行使收缩功能的收缩表型，但在动脉硬化和高血压等疾病情况时，受各种刺激因素和生长因子的作用，VSMC 可发生表型转化（phenotypic transformation），由收缩表型去分化为合成表型，并从中层迁入内膜，然后大量增殖，导致血管重建。VSMC 分化表型的改变是动脉粥样硬化、血管成形术后再狭窄和高血压等血管壁增厚和管腔狭窄性血管疾病的共同病理学基础。

为了研究不同频率的周期性张应变加载对体外培养 VSMC 表型转化的影响及其机制，我们应用 Flexercell 细胞张应变加载系统，对体外培养的大鼠 VSMC 施加 10% 周期性张应变，频率分别为 0.5Hz、1Hz 和 2Hz，加载时间均为 24h，以 0Hz，即无加载频率、持续加载 10% 张应变的 VSMC 为对照组。检测 VSMC 表型标志分子 α- 肌动蛋白（α-actin）、肌球蛋白重链（SM1/2）、肌动蛋白相关蛋白 SM22α 和调宁蛋白（h1-calponin）的 mRNA 和蛋白质水平的变化；抑制剂或 RNA 干扰阻断可能的信号调节分子的活性或表达，包括 p38、细胞外信号调节激酶 1/2（extracellular signal-regulated kinase，ERK1/2）、蛋白激酶 B（PKB/Akt）和 Rho-鸟苷酸解离抑制因子（Rho-guanine nucleotide dissociation inhibitor，Rho-GDIα）。结果显示，对体外培养的大鼠 VSMC 分别施加 0.5Hz、1Hz 和 2Hz 10% 周期性张应变，相比静态组，3 种频率的张应变作用都可以诱导 VSMC 收缩表型标志分子 α-actin、MHC、SM22α和 h1-calponin 的 mRNA 或蛋白质表达增高，其中以 1Hz 的机械牵张作用最强，说明一定频率的张应变可以促进体外培养的合成表型 VSMC 向收缩表型转化。进一步的研究表明，周期性张应变引起的 VSMC 表型转化与 p38 信号通路和 Rho-GDIα 密切相关，1Hz 张应变可能通过抑制 Rho-GDIα 的表达，促进 p38 的活化来诱导 VSMC 由合成表型向收缩表型转化（Qu et al. 2007，2008）。结果提示，正常在体情况下，血管应有其最适频率（如 1Hz 左右），防止 VSMC 由收缩表型向合成表型过度转化，以维持血管结构和功能的稳定；组织工程血管构建中可以利用血管张应变频率这一特点，对种植的 VSMC 施加一定频率的张应变，以调节其表型转化，有利于提高种植效果。

7.4.3.2 周期性张应变频率对体外培养 VSMC 排列的影响及其机制

在体的 VSMC 处于收缩表型，围绕血管腔螺旋排列，呈现一定的方向性，行使收缩功能。VSMC 在血管中的规则有序排列对于维持血管形态功能及力学特性非常重要。然而，对于周期性张应变频率调控体外培养的 VSMC 排列的规律尚不清楚。我们应用 FX-4000T 细胞张应变加载系统，对体外培养的大鼠 VSMC 施加不同频率相同幅度的周期性张应变，加载时间为 24h，以 0Hz，即无加载频率、持续加载相同幅度和相同时间张应变的 VSMC 为对照组。结果如图 7-14 所示，相比静态对照组，机械张应变可以诱导体外培养的合成型 VSMC 由原来的无规则排列到呈现一定的方向性，即近似垂直于牵张方向排列，且细胞的表面积明显变小（Liu et al. 2008）。

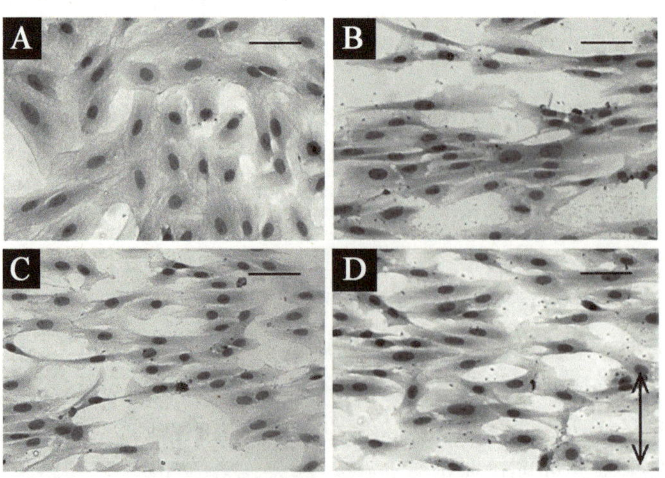

图 7-14 不同频率张应变对血管平滑肌细胞形态和排列的影响
A. 0Hz，24h；B. 0.5Hz，24h；C. 1Hz，24h；D. 2Hz，24h。VSMC 排列方向与加载方向垂直（箭头所示为加载方向）

我们引入了角信息熵（angle information entropy，AIE）来评价细胞排列的规则程度。结果发现，不同频率张应变作用下VSMC的有序排列程度明显不同，通过比对预测1.25Hz的较低频率可促使VSMC更有序排列。阻断信号分子integrin-β1、p38，以及破坏细胞骨架微丝系统都可以显著影响不同频率张应变诱导的VSMC朝向改变的过程。与此同时，我们还发现破坏细胞骨架微丝系统可以使不同频率张应变作用下的integrin-β1活化受到抑制，阻断integrin-β1也可抑制p38活性及细胞骨架微丝系统的聚合程度。结果表明，周期性张应变频率是VSMC排列的重要调控因素，在一定范围内VSMC排列应有其最敏感频率。outside-in及inside-out信号途径参与了不同频率张应变调控VSMC排列的信号转导过程，完整的细胞骨架微丝系统可能是感受应变频率信号的关键结构（Liu et al. 2008）。

7.4.3.3 周期性张应变对VSMC增殖的影响及其机制

VSMC由收缩表型去分化为合成表型，然后快速增殖，被认为是动脉粥样硬化等血管疾病血管重建的重要病理过程。我们对体外培养的大鼠VSMC分别施加1.25Hz、5%正常生理性张应变和1.25Hz、15%的病理性张应变后，与静态对照组相比，发现15%的张应变可以明显促进VSMC的增殖，但5%的张应变抑制了VSMC的增殖（图7-15）。结果表明，正常生理条件下的张应变可以有效抑制VSMC的增殖，从而维持其收缩能力，有利于血管生理稳态。当出现高血压等病理性高牵张时，则会促进VSMC增殖，从而加速血管重建等病理过程（Qi et al. 2010）。

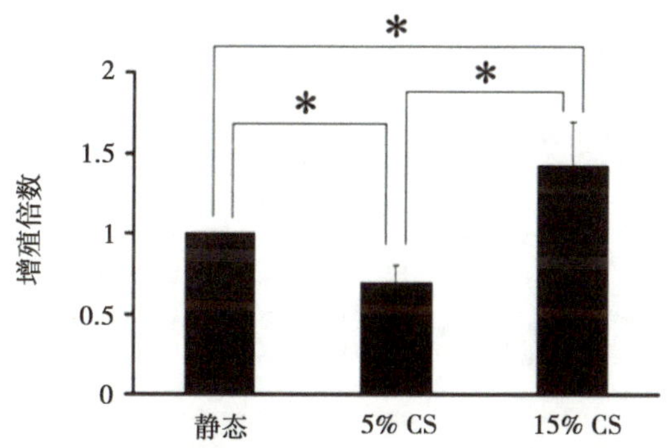

图7-15 不同幅度张应变对VSMC增殖的影响
CS. 周期性张应变；$^*P < 0.05$

我们进一步应用小RNA干扰方法和施加特异抑制剂作用于体外培养的VSMC，发现Rho-GDIα被抑制后VSMC的增殖能力提高，Rac1和p38活性也同时增强，当Rac1活性被抑制后，VSMC的增殖也被抑制，但Rho-GDIα不被影响。结果说明，生理性张应变可以通过促进Rho-GDIα的表达来阻断Rac1和p38的激活，从而抑制VSMC的增殖，相反，病理性张应变则可能通过抑制Rho-GDIα的表达，诱导Rac1和p38的活化，从而促进VSMC的增殖，加速病理过程（Qi et al. 2010）。

此外，我们在大鼠腹主动脉缩窄肾性高血压模型中发现，相对于正常血压的大鼠，高血压大鼠的VSMC增殖指标——增殖细胞核抗原（proliferating cell nuclear antigen，PCNA）、TGF-β1、缝隙连接蛋白Cx43及去乙酰化酶Sirt1和Sirt2的表达都明显上升。进一步研究发现，TGF-β1 可以诱导 VSMC 的 Cx43 和 PCNA 表达，并呈现一定的剂量或时间依赖性。此外，当用 Sirt1 和 Sirt2 的抑制剂抑制 VSMC 的 Sirt1/2 表达时，TGF-β1 诱导的 Cx43 和 PCNA 的表达受到抑制（陈斯国等 2012）。由此推测，高血压时，增高的张应变可能通过上调 VSMC 的 Sirt1 和 Sirt2 蛋白的表达促进 TGF-β1 分泌，从而促进 Cx43 的表达，诱导细胞增殖。而 TGF-β1 与其受体结合后，又如何通过细胞内的信号通路来影响 Sirt1/2 和 Cx43 的表达，还有待于深入研究。

7.4.4 周期性张应变对 VSMC 迁移的作用及机制

VSMC 从血管中膜向内膜迁移是导致动脉粥样硬化和血管成形术后再狭窄等多种血管疾病发生、发展的主要原因之一。VSMC 的迁移受到诸如生长因子、炎性因子和机械应力等多种生物、化学和物理等因素的影响，其中血流动力学因素起着不容忽视的作用。因此，探讨机械应力调控 VSMC 迁移的分子机制具有重要意义。有研究报道，高张应变作用于 VSMC 可以促进其迁移，但对其中的机制说法不一（Li et al. 2003）。我们的研究发现，对体外培养的大鼠 VSMC 分别施加 1.25Hz、5% 和 15% 的周期性张应变后，相比静态对照组和 5% 张应变组，15% 的张应变可以明显促进 VSMC 的迁移（图 7-16），与此同时抑制了 Rho-GDIα 的表达和促进了 Rac1 和 p38 的表达，应用小 RNA 干扰方法分别抑制 Rho-GDIα 和 Rac1 的表达，发现 Rho-GDIα 被抑制后 VSMC 迁移的数目增加，Rac1 和 p38 活性也同时增强，当 Rac1 的活性被阻断后，VSMC 的迁移数目被抑制，但 Rho-GDIα 不被影响。结果提示，病理性高张应变可能通过抑制 Rho-GDIα 的表达，诱导 Rac1 和 p38 的活化，从而促进 VSMC 的迁移，加速病理性血管重建过程。

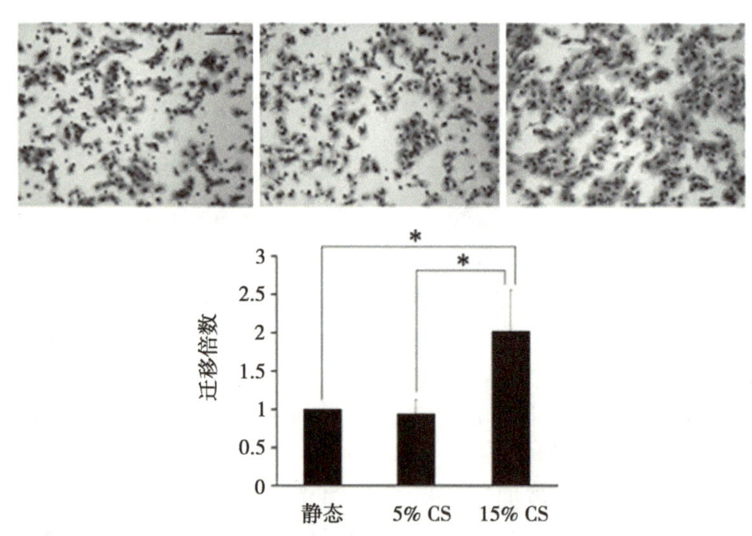

图 7-16 不同幅度张应变对 VSMC 迁移的影响

CS. 周期性张应变；$*P < 0.05$

Akt（又称蛋白激酶 B）是细胞内重要的信号分子，在 VSMC 的增殖、凋亡和迁移等方面起着重要作用。我们对培养的大鼠主动脉 VSMC 分别施加 5% 和 15% 的张应变（1Hz 频率）。在周期性张应变刺激下，细胞的 Akt 瞬时被激活，受力 10min 时其磷酸化

水平达到峰值，且 Akt 的活化依赖张应变作用时间和幅度。与低张应变比较，高张应变条件下 VSMC 的 Akt 活化程度更高。可见，VSMC 的迁移能力与细胞的 Akt 磷酸化水平均受机械张应变的调控，高张应变诱导 VSMC 的迁移，促进 Akt 的磷酸化。PI3K 的抑制剂 wortmannin 可阻断 Akt 的磷酸化并在一定程度上抑制了高张应变诱导的 VSMC 迁移。

细胞迁移与细胞骨架相关，细胞骨架除提供维持细胞形状和细胞极性所需的结构网架外，其具有的动力学特征还可以为细胞提供移动所需的驱动力。VSMC 的细胞骨架主要是由肌动蛋白和少量波形蛋白聚集形成的蛋白纤维交织而成的立体网格结构，其中肌动蛋白在细胞迁移中起关键作用。为了进一步研究机械张应变、Akt 活化和 VSMC 迁移之间的关系，我们采用免疫荧光技术检测 VSMC 在不同幅度机械张应变条件下肌动蛋白 F-actin 的排列变化，并使用 wortmannin 验证 Akt 的磷酸化是否影响 F-actin 的重组。如图 7-17 所示，在 15% 高张应变条件下，VSMC 的 F-actin 肌丝较长，多为无分支，成束状排列；而 5% 低张应变条件下，VSMC 的 F-actin 肌丝排列杂乱无序。wortmannin 预孵育后，在高低张应变条件下，细胞中 F-actin 肌丝排列均呈现无序状态，长形成簇肌丝较少。结果表明，Akt 的磷酸化参与了不同幅度机械张应变条件下 VSMC 肌动蛋白骨架重组的调控。

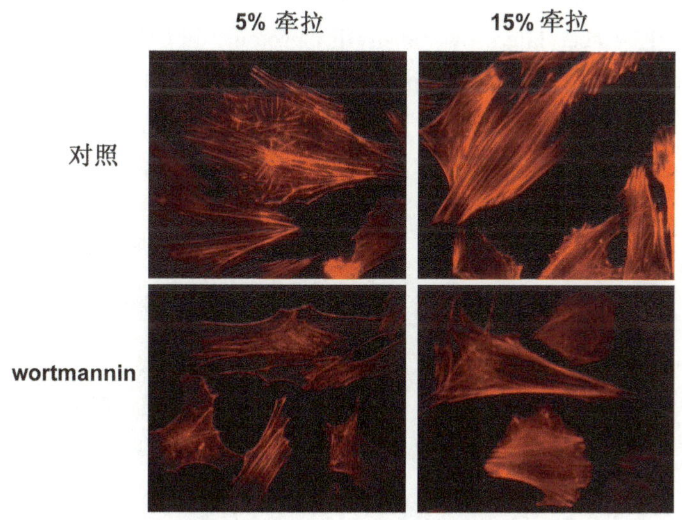

图 7-17　周期性张应变对 VSMC F-actin 重组的影响

F-actin 为罗丹明标记的鬼笔环肽染色

7.4.5　流体切应力对内皮祖细胞分化的影响及其机制

内皮祖细胞（endothelial progenitor cell，EPC）是一种具有分化（differentiation）为成熟 EC 潜能的多能干细胞，它们与造血干细胞（hemopoietic stem cell，HSC）共同来源于胚外中胚层卵黄囊的血岛，出生后主要定居在骨髓。在生理或病理因素刺激下，动员 EPC 从骨髓到循环外周血并迁移、归巢到血管损伤或缺血部位，通过旁分泌促血管生成因子或直接分化为成熟的 EC 参与出生后的血管生成（vasculogenesis），在血管内膜损伤修复和肢体缺血性疾病的新生血管形成中起重要的作用，促进创伤修复和血流恢复。因此，EPC在心肌梗死或肢体缺血的细胞治疗、基因工程载体及构建组织工程血管等方面有很好的潜在应用前景。

EPC从动员到归巢的一系列生物学过程都受到血流复杂的力学环境因素调控。归巢后定位在血管内膜的EPC主要受到血流切应力作用，因此，流体切应力对EPC分化的调节对于血管内膜的稳态平衡（homeostasis）有重要意义。EPC如何感受力学刺激并将力学信号转导为生物响应信号，进而影响细胞功能改变的力学生物学机制有待于进一步阐述。

7.4.5.1 EPC的鉴定

在体外培养中，一般从细胞形态、细胞表面标志和细胞功能方面对EPC进行鉴定。我们首先采用密度梯度离心法和差异贴壁法从人脐血中获得EPC。它们在体外培养的过程中会呈现出一系列形态的改变，在第5~7天具有典型的集落形成单位（colony forming unit，CFU）并伴有条索状结构（cord-like structure）；第2~3周部分细胞增殖能力增强并逐渐分化为铺路石状内皮样细胞（图7-18）。另外，流式细胞技术检测显示，贴壁培养的5~7天的细胞同时表达HSC标志分子CD133和CD34，EC标志分子vWF和CD31（图7-19）。再者，双荧光染色实验表明，培养至5~7天的细胞95%以上吞噬Dil标记的乙酰化低密度脂蛋白（acetylated low density lipoprotein，acLDL），并结合异硫氰酸荧光素（FITC）标记的荆豆凝集素（UEA-lectin），证明具有EC的功能。摄取Di1-acLDL的细胞胞质内可见红色阳性染色；结合FITC-UEA-lectin的细胞可见绿色阳性染色，呈现双荧光染色的细胞可鉴定为正在分化的EPC（图7-20）。

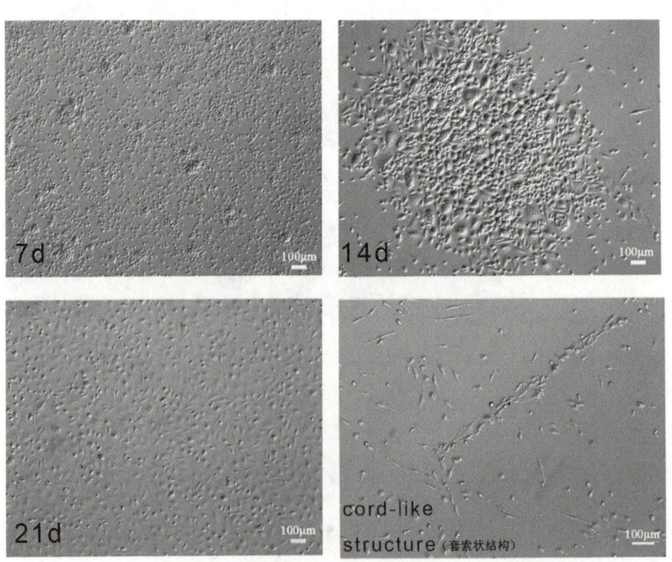

图7-18 EPC体外培养不同时间点的形态特征

人脐血来源的单核细胞种植在I型胶原包被的六孔板上。相差显微镜显示培养7~21天EPC的形态学改变。培养至7天的细胞具有典型的细胞集落形成单位和条索状结构，14天部分细胞增殖开始加快，具有鹅卵石形状的晚期EPC在21天出现并汇合成单细胞层。标尺为100μm

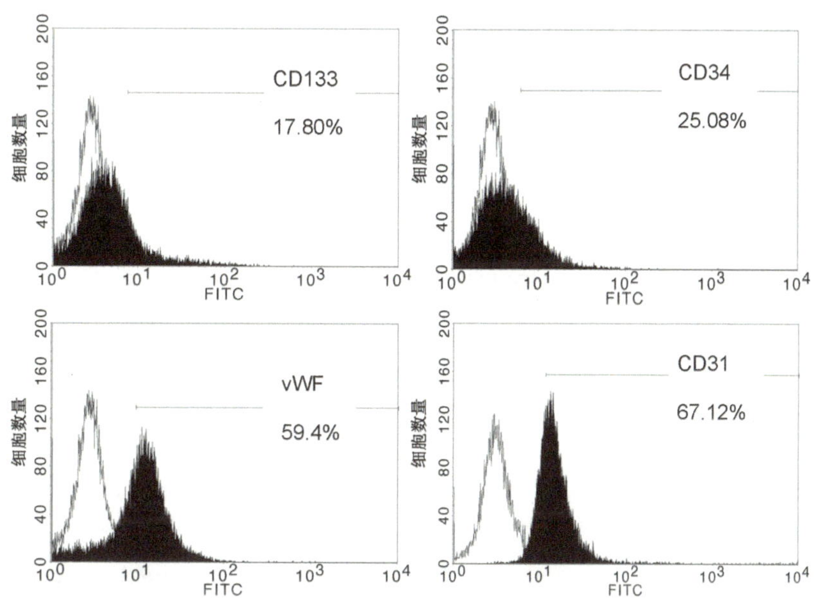

图 7-19 流式细胞技术检测 EPC 细胞表面标志分子的表达

体外培养第 7 天的 EPC 阳性表达造血干细胞标志分子 CD133（17.08% ± 1.58%）和 CD34（25.08% ± 2.25%），内皮细胞标志分子 vWF（59.4% ± 3.85%）和 CD31（67.12% ± 4.20%）。白色区域为同型对照，填充区域为所测抗体的表达

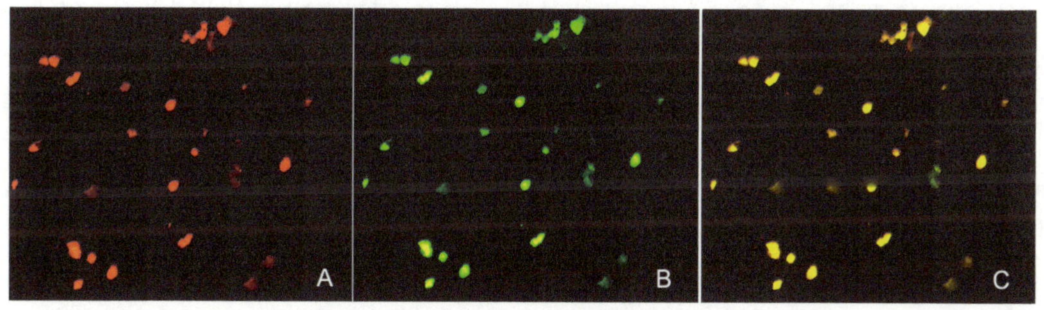

图 7-20 EPC 双荧光标记鉴定

EPC 摄取 Dil-acLDL 呈现红色荧光（A），结合 FITC-UEA-lectin 呈现绿色荧光。同时阳性染色的细胞在合并的图像中呈现黄色（C），鉴定为正在分化的 EPC

7.4.5.2 流体切应力和 VSMC 对 EPC 分化的影响及其机制

流体切应力是影响 EPC 分化的一个重要因素。当 EPC 迁移定位于损伤内膜后，EPC 除与血流直接接触外，还与中膜 VSMC 相接触。于是，我们应用 EPC 和 VSMC 联合培养流动腔模型，对 EPC 侧施加一定大小的流体切应力（5dyn/cm^2），可以更好地模拟在体条件下这两种细胞的位置关系和 EPC 所处的生理、病理环境。结果显示，在联合培养施加流体切应力的条件下，长梭形 EPC 的数量明显增加；EC 标记物 CD31 和 vWF 的表达显著上调，同时祖细胞标记物 CD133 和 CD34 的表达显著下调。流体切应力和 VSMC 分别不同程度地促进 EPC 分化，且切应力促进 EPC 分化的效率高于 VSMC。流体切应力和

VSMC 协同作用促进 EPC 分化的效果比其中任一单因素的影响都要显著。同时，在联合培养条件下，Akt 的活化参与了流体切应力对 EPC 分化的影响。VSMC 促进联合培养的 EPC 黏附，抑制其增殖（Cao et al. 2008）。

7.4.5.3 沉默信息调节因子 1 在切应力诱导 EPC 分化中的作用及其机制

沉默信息调节因子 1（silence information regulator，SIRT1）是一种烟酰胺腺嘌呤二核苷酸依赖的去乙酰化酶（deacetylase），属于进化上高度保守的 Sirtuin 家族体。除了在能量代谢、寿命延长和肿瘤抑制等方面的广泛研究，SIRT1 在心血管系统的发生和血管稳态的调节中也发挥着不可或缺的作用。我们应用平行平板流动腔系统对人脐血来源的 EPC 施加 15dyn/cm^2 生理水平的层流切应力，作用时间 24h，首先证明了切应力促进 EPC 向成熟 EC 分化，且抑制其向平滑肌细胞（smooth muscular cell，SMC）分化，进一步探讨切应力条件下 EPC 分化的相关力学生物学机制，结果显示，切应力明显地诱导了 EPC 的 Akt 磷酸化活性、SIRT1 表达升高、组蛋白 H3 在赖氨酸 9 位点的乙酰化（ac-H3K9）降低，且三者依次在 6h、12h 和 24h 达到峰值。转染 SIRT1 特异性 siRNA 下调了 EPC 的 EC 标志分子 KDR、VE-cadherin、vWF 和 CD31 的表达，促进 SMC 标志分子 α-SMA 和 sm22α 的表达，同时增强了组蛋白 H3 的乙酰化水平；而 SIRT1 激活剂白藜芦醇（resveratrol）对 EPC 分化标志表达和组蛋白 H3 乙酰化作用的结果与之相反。用 PI3K 的抑制剂 wortmannin 孵育 EPC，抑制其 EC 标志分子，却促进了其 SMC 标志分子的表达，并下调了 SIRT1 表达，增强了组蛋白 H3 的乙酰化。此外，体外基质胶微管形成（tube formation）实验表明，SIRT1 促进 EPC 微管状结构的形成与连接。结果表明，SIRT1 参与了切应力诱导的 EPC 向 EC 的分化；并且 PI3K/Akt-SIRT1-ac-H3K9 信号通路在其中起到重要的作用（图 7-21）。这些结果进一步揭示了 HDACs 在体外 EPC 向 EC 分化中的作用，也加深了我们对 EPC 力学响应机制的认识，对于内膜损伤修复、缺血组织新血管的形成和再内膜化，或许可以提供潜在的治疗靶标（Cheng et al. 2012）。

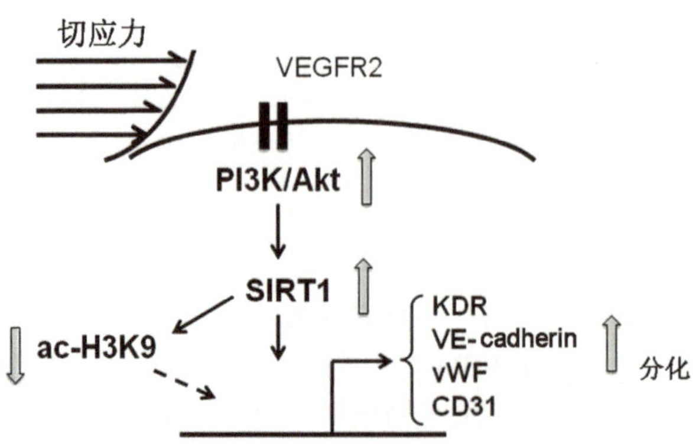

图 7-21 PI3K/Akt-SIRT1-ac-H3K9 调控切应力诱导 EPC 分化的通路示意图

切应力促进 PI3K/Akt 信号通路的激活，SIRT1 表达升高，ac-H3K9 表达降低。PI3K/Akt-SIRT-acH3K9 可能参与了切应力诱导 EPC 向 EC 的分化

7.4.5.4 microRNA 在切应力诱导 EPC 分化中的作用及其机制

microRNA（miRNA）是在真核生物中发现的一类内源性的具有调控功能的单链非编码 RNA，通过降解靶 mRNA 或者阻遏蛋白质的翻译过程，在转录后水平调节基因的表达。miRNA 参与了多种细胞生物学功能的调控，如增殖、分化、肿瘤生成（oncogenesis）及心血管稳态的维持。力学条件下 miRNA 的表达及作用的研究，对于深入认识 EPC 对力学刺激响应的力学生物学机制具有重要意义。我们应用平行平板流动腔系统对 EPC 施加 15dyn/cm^2 生理水平的切应力，作用 12h。结果显示，切应力时间依赖地诱导 EPC 的 miR-34a 表达，并在 12h 达到峰值；应用 3 种靶基因预测数据库预测提示，*FOXJ2* 可能作为 miR-34a 的潜在靶基因参与细胞功能调控。双荧光报道基因实验证明，*FOXJ2* 是 miR-34a 的直接靶基因。然后，分别应用 miR-34a mimics 和 inhibitor 刺激 EPC，进一步验证了 miR-34a 对 *FOXJ2* 的负向调节；并且切应力对 *FOXJ2* 的表达具有抑制作用。miR-34a 正向调控 EPC 的 EC 标志分子 KDR、VE-cadherin、vWF 和 CD31 的表达而负向调控 SMC 标志分子 α-SMA、sm22α、calponin 和 smmhc 的表达。之后，进一步过表达或干扰 *FOXJ2*，结果显示，*FOXJ2* 对 EPC 分化的作用与 miR-34a 的作用相反。此外，干扰 *FOXJ2* 促进了 EPC 在体外基质胶的微管形成。上述结果提示，miR-34a 可能通过负向调控其靶基因 *FOXJ2*，参与了切应力诱导的 EPC 向 EC 分化（图 7-22）。这些结果揭示了切应力条件下 miR-34a 与 EPC 分化的关系，提供了 miRNA 参与 EPC 对力学刺激响应的新机制（Cheng et al. 2014）。

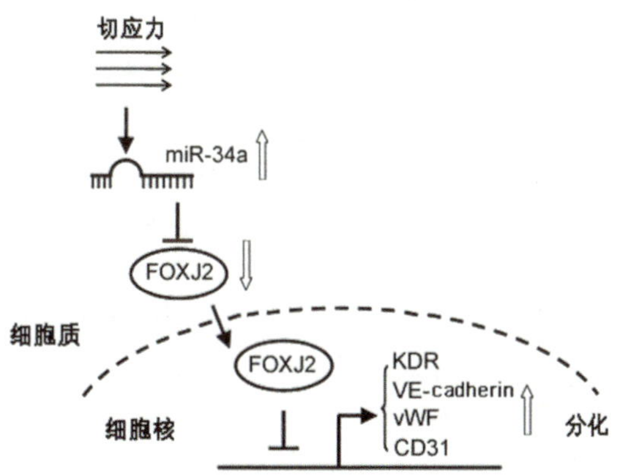

图 7-22 miR-34a-FOXJ2 参与调控切应力诱导 EPC 分化的信号通路示意图

切应力诱导 EPC 中 miR-34a 的表达，而抑制了其靶基因 *FOXJ2* 的表达。miR-34a-FOXJ2 可能参与了切应力诱导 EPC 向 EC 的分化

综上所述，生理水平的层流切应力促进了 EPC 向 EC 分化而抑制其向 SMC 分化；PI3K/Akt-SIRT1-ac-H3K9 和 miR-34a-FOXJ2 可能是其中重要的信号通路。这些研究结果对阐明 EPC 响应力学刺激的信号转导机制有重要意义，也为血管损伤修复和缺血性疾病的治疗提供了新的力学生物学思路。

7.4.6 低切应力对在体动脉重建的影响及其力学生物学机制

动脉粥样硬化、脑卒中、心肌梗死和高血压是一类严重威胁人类生命的重大疾病。人类尸检和在体影像学检查结果都证实了动脉粥样硬化病灶易出现于血管分支开口处，血管叉外侧壁，弯曲血管的内侧壁等。这些部位共同的血流动力学特征是低切应力或扰动流。鉴于血流动力学变化与动脉粥样硬化发生有密切的关系，人们对血流动力学因素在动脉粥样硬化发病机制中的作用进行了广泛研究。

7.4.6.1 一种新的低流体切应力颈总动脉动脉粥样硬化模型

为了更好地研究在体血流切应力对颈总动脉动脉粥样硬化的发生发展的影响，阐明其机制，需要建立一种简便易行、重复性好、有典型动脉粥样硬化病变、易于评价的低流体切应力动脉粥样硬化模型。我们受食物性动脉粥样硬化模型和低流体切应力模型的启发，建立了一种新的低流体切应力颈总动脉动脉粥样硬化模型，用以探讨低流体切应力对颈总动脉动脉粥样硬化的发生发展和血管重建的作用。

我们选用新西兰大白兔（雄性，5 月龄，体重 2.5~3.0kg）。将实验动物随机分为 5 组：①正常对照组（control，C）；②假手术组（sham operation，SO）；③低切应力组（low shear stress，LS）；④高脂组（high cholesterol，HC）；⑤高脂低切应力组（high cholesterol and low shear stress，HCLS）。动物经耳缘静脉麻醉，无菌条件下，充分暴露左侧颈总动脉中段及其颈内动脉与颈外动脉分叉处，结扎左颈外动脉，30min 后血流稳定，用电磁血流量计测量颈总动脉中段平均血流量后，逐层缝合。术后高脂高胆固醇饲料喂养，建立低切应力颈总动脉模型（HCLS 组）。LS 组手术造成低切应力过程同 HCLS 组；SO 组手术过程同前，但不结扎颈外动脉，术后这两组动物用普通饲料喂养。HC 组用高脂高胆固醇饲料喂养；C 组用普通饲料喂养。除 C 组外，其余各组均设 2 周、4 周、8 周和 12 周 4 个时相点。C 组及其余各组动物喂养至各时相点时，在耳中央动脉抽血，检测血清总胆固醇和全血黏度。在动物处死前，再次测量颈总动脉中段平均血流量，然后动脉取材，测量血管直径等形态学数据并用于其他后续研究。

颈总动脉中段平直无分支，管壁均匀，其中血流可以考虑为近似层流，血管平均流体切应力可由 Poiseuille 流体公式计算得到（图 7-23）。结果表明，该动物模型的颈总动脉可以在相当长一段时间（至少到术后 4~8 周）内保持低血流与低切应力状态。

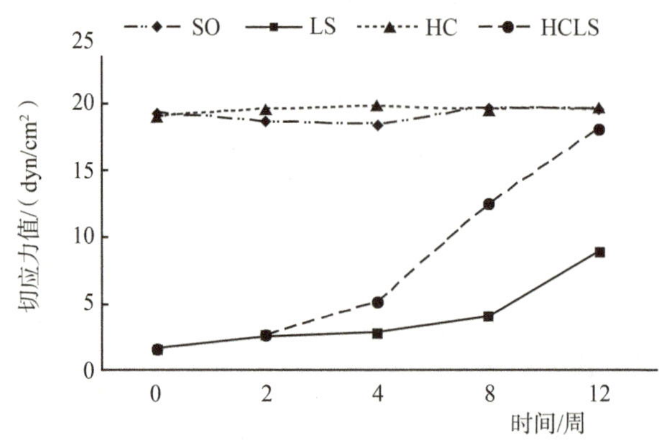

图 7-23 各组动物颈总动脉平均切应力的变化

我们的实验结果显示，手术结扎颈总动脉的分支之一颈外动脉，可以造成颈总动脉管腔变小、血流量减少、切应力降低；高脂喂养可致血胆固醇和血黏度增高。高脂低切应力组喂养8周内，既有切应力减小，又有高脂血症。HE染色显示，高脂低切应力组动脉粥样硬化斑块比单纯高脂组早形成动脉粥样硬化，且第8周时高脂低切应力组的动脉粥样硬化斑块很明显（图7-24）。这些结果表明，低切应力对动脉粥样硬化斑块的形成有明显的促进作用。低切应力与高脂可以共同影响EC和VSMC的形态结构和功能，从而导致动脉血管壁的重建，加快动脉粥样硬化的病理过程。

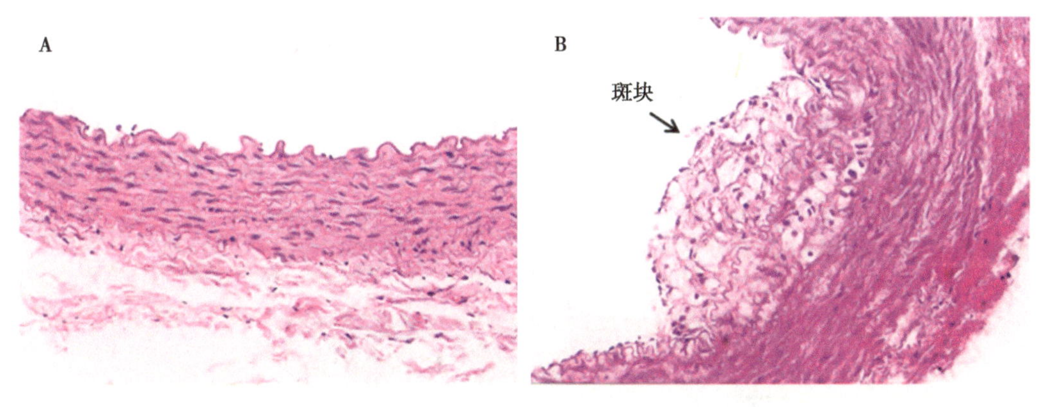

图7-24 颈总动脉组织形态学

石蜡切片，HE染色，显微镜下放大66倍，A. 正常对照组，示动脉组织结构正常；B. 高脂低切应力组（8周），示明显的动脉粥样硬化斑块

7.4.6.2 切应力变化对大鼠颈总动脉重建的影响及其机制

低密度脂蛋白（LDL）和其他脂类物质在动脉壁内的大量聚积是动脉粥样硬化病理变化的主要特征之一。一般认为，血管内皮层通透性的增加是导致动脉壁内大分子物质异常聚积的主要原因。然而，最近人们又注意到动脉壁内大分子物质的聚积不仅与其进入动脉壁的难易程度有关，而且受到血管各层结构对进入壁内的物质转出的阻挡程度的影响。研究大分子物质在血管壁内聚积时，必须考虑血管壁中膜各层弹力膜（elastic lamina，EL）屏障作用的影响。大动脉的内弹力膜（internal elastic lamina，IEL）及其他各层EL都可能是大分子物质出入动脉壁的屏障，而且EL是有窗（fenestrae）的，该窗孔的大小可以影响大分子物质的扩散和转运，窗的大小和面积与EL的屏障功能负相关。因此，有必要对切应力是否通过造成IEL重建，进而影响大分子物质在血管壁内的分布及其可能的调节机制进行深入探讨。

我们分别结扎大鼠左颈总动脉（LCA）的两大分支——颈内动脉和颈外动脉的起始部，使得LCA的血流经由其另一小分支——枕动脉流出，造成LCA低血流低切应力状态，右颈总动脉（RCA）高血流高切应力状态，且不伴有血压变化的动物模型，以不结扎动脉分支的假手术动物作为对照组，研究切应力变化对颈总动脉重建的影响并初步探讨其机制（Guo et al. 2008）。结果显示，在切应力显著降低7天后，LCA管径减小，壁厚内径比增加，张开角减小，VSMC 凋亡和去分化增加，内皮下层增厚；切应力的显著降低导致了 LCA 的基质金属蛋白酶（MMP）活性增加，并伴有 PI3K/Akt/p21 信号通路的活化，应用 MMP 的抑制剂强力霉素可以显著抑制 MMP 的活化，同时也在一定程度上抑制了切应力诱导的 PI3K/Akt/p21 信号通路的活化及 VSMC 的去分化。

除了上述动脉重建的观测外，我们应用激光共聚焦显微镜，重点观测了动脉内弹性膜（IEL）重建。在颈总动脉切应力大小改变后，将辣根过氧化物酶（horseradish peroxidase，HRP，分子质量 44kDa）作为大分子物质示踪剂，把 HRP 由血浆向动脉壁内的传质过程，作为由切应力改变导致动脉壁屏障功能变化的评价指标。观察 IEL 重建，以及 FN 在切应力改变过程中表达和 HRP 在动脉壁内分布的变化。结果显示，切应力的降低导致 LCA 的 IEL 窗减少，通透性改变，大分子示踪剂在 IEL 下层的显著聚积，并伴有纤连蛋白（fibronectin，FN）表达的增加（Guo et al. 2008）。

如图 7-25 所示，结扎 LCA 术后 7 天，低切应力 LCA 的 IEL 窗所占面积显著降低，且窗的平均面积也显著减小；高切应力 RCA 的 IEL 则重建不明显。结果表明，血流切应力的降低导致了明显的动脉壁 IEL 重建。

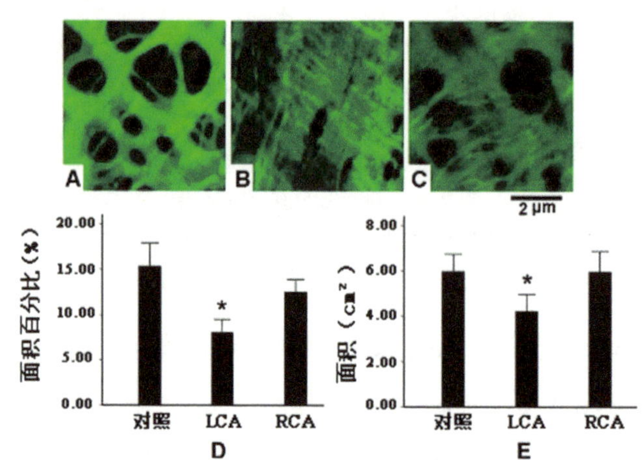

图 7-25　颈总动脉 IEL 的激光共聚焦扫描显微镜观察

A. 正常对照组；B. 低切应力 LCA；C. 高切应力 RCA；D. IEL 窗所占面积百分比；E. IEL 窗面积大小（μm^2）；$*P < 0.05$（与高切应力 RCA 或对照相比）

应用 HRP 示踪剂的观测结果显示，结扎 LCA 术后 7 天，在低切应力 LCA 壁内 HRP 明显聚积于 IEL 下（即第 1 层 VSMC 附近），而非内皮下层，明显区别于高切应力 RCA 所表现出的由血管腔面向外膜逐渐降低的分布规律。此外，低切应力 LCA 壁内聚积的 HRP 量显著高于高切应力 RCA（图 7-26）。结果表明，血流低切应力导致了大分子物质在动脉壁内的明显聚积（Guo et al. 2008）。

目前认为，IEL 窗孔的变化机制可能与该处出现了应力集中现象有关。由于应力集中现象的存在，VSMC 收缩将直接造成 IEL 窗的变化。纤连蛋白（FN）的合成增加将会使细胞与 ECM 的黏附位点增加，并进一步改变血管壁的应力分布。我们有理由相信，FN 的合成增加及细胞与 ECM 的连接复合体的形成增加将导致血管壁中膜 EL 的窗孔发生变化。

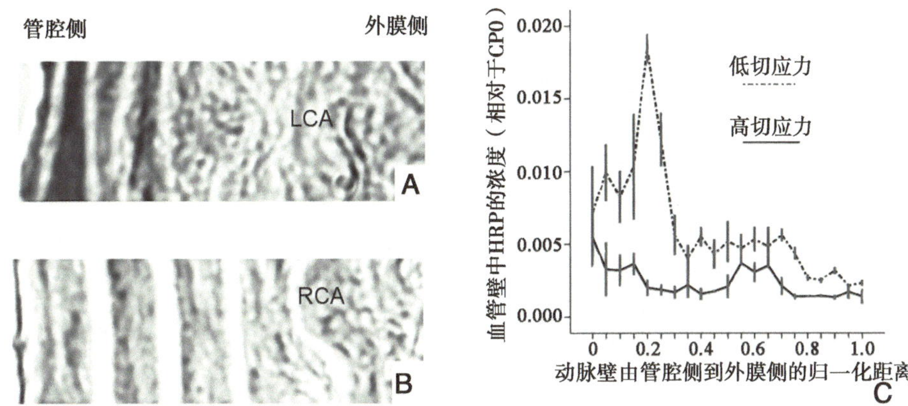

图 7-26　HRP 在 LCA 和 RCA 壁内的分布

血管组织切片图像用 Image J 软件提取 HRP 灰度值，以定量 HRP 反应产物。HRP 在动脉内聚积的量可以通过与已知的标准浓度的颈总动脉样品进行比较而得到。A．LCA；B．RCA；C．动脉壁由管腔侧向外膜侧的 HRP 浓度分布状况。将血管中膜由 IEL 至 EEL 平均连续取 20 个位点，分别测定各点的 HRP 浓度值，最终决定 HRP 在中膜内的浓度分布

上述研究结果表明，血流切应力的显著降低可以在早期（7 天）就造成动脉壁出现结构性重建，其中以 IEL 的重建最为显著，并可导致大分子物质在动脉壁内的异常聚积。血流切应力变化导致 MMP 活性的改变，应用 MMP 的抑制剂，可能在多个环节上发挥拮抗低切应力诱导的血管重建，以维持血管结构和功能的稳定。血管 IEL 窗的改变及相应的屏障功能的变化可能是低切应力导致动脉粥样硬化发生的极早期事件之一。显然，我们还需要对切应力变化导致动脉壁结构和功能的变化进行深入研究，以最终阐明低切应力在动脉粥样硬化发生发展中的作用及其机制。

当前生命科学和医学基础研究的发展趋势之一就是越来越认识到物理因素，尤其是力学因素和调控规律在生命活动和疾病发生发展中扮演着十分重要的角色。后基因组时代的生命活动和重大疾病研究，将在传统生物医学的基础上，多学科综合交叉，深入探讨生命现象的动力学行为，从而为更好地解释生命科学和健康领域的重大科学问题提供帮助，为防治疾病和提高人类健康水平提供重要突破。力学生物学及其在血管领域的研究作为生物力学学科的前沿领域在国际上备受关注。在这一研究领域，我国与国外同行几乎是同时起步，部分研究工作进入了国际先进行列，从理论体系到技术平台，已经具有相当的储备，蓄势待发，适逢其时。当前，医学一方面不断向微观领域深入，从分子水平探索疾病发生和防治规律；另一方面不断向宏观扩展，从生物医学模式向生物—心理—社会医学模式转变，从治疗模式向预防保健、群体和主动参与模式转变。力学生物学研究要紧密配合（适应）这些转变，研究解决其中的关键科学问题，在医疗改革“战略前移、重心下移”、“个体化治疗”及“治未病”方面有所作为。要将力学的模型数学化与生物医学基础研究的精细定量化有机结合，体现学科交叉和综合，深化力学生物学研究的内涵，在解决关键科学问题、明确力学因素在疾病发生发展中作用的同时，致力于发展相关的新技术方法，紧密联系临床防治，提出具有力学生物学特色的新思路，为人类健康事业做出应有的贡献。

参考文献

陈斯国，吴宇奇，李一帆，等 . 2012. 转化生长因子-β1 及 Sirt1/2 参与高血压诱导的血管平滑肌细胞缝隙连接蛋白-43 的表达及细胞增殖 . 生物物理学报，28（9）：743-753.

丛兴忠，姜宗来，李玉泉，等 . 2001. 用于内皮细胞与平滑肌细胞联合培养的流动腔系统 . 医用生物力学，16（1）：1-5.

姜宗来 . 2006. 心血管力学生物学研究的新进展 . 医用生物力学，21（4）：251-253.

姜宗来，陈双红，张炎 . 1999. 内皮细胞平滑肌细胞联合培养的新模型 . 中国学术期刊文摘，5（1）：80-81.

李玉泉，姜宗来，张炎，等 . 2000. 切应力作用下联合培养的血管平滑肌细胞对内皮细胞分泌 t-PA 和 PAI-1 的影响 . 解剖学报，31：93-96.

Cao Y，Bai L，Yan Z Q，et al. 2008. Shear stress and vascular smooth muscle cells promote endothelial differentiation of endothelial progenitor cells via activation of Akt. J Clin Biomech，23：S118-S124.

Cheng B B，Qu M J，Wu L L，et al. 2014. MicroRNA-34a targets Forkhead Box J2 to modulate differentiation of endothelial progenitor cell in response to shear stress. J Mol Cell Cardio，74：4-12.

Cheng B B，Yan Z Q，Yao Q P，et al. 2012. Association of SIRT1 expression with shear stress induced endothelial progenitor cell differentiation. J Cell Biochem，113：3663-3671.

Chien S. 2007. Mechanotrasduction and endothelial cell homeostasis：the wisdom of the cell. Am J Physiol Heart Circ Physiol，292：H1209-H1224.

Chiu J J，Usami S，Chien S. 2009. Vascular endothelial responses to altered shear stress：pathologic implications for atherosclerosis. Ann Med，41：19-28.

Cunningham K S，Gotlieb A I. 2005. The role of shear stress in the pathogenesis of atherosclerosis. Lab Invest，85：9-23.

Fabry B，Maksym G N，Butler J P，et al. 2001. Scaling the microrheology of live cells. Phys Rew Lett，87：148102.

Fung Y C. 1993. Biomechanics：Mechanical Properties of Living Tissues. 2ed. New York：Springer-Verlag：1-17.

Fung Y C. 2002. Celebrating the inauguration of the journal：biomechanics and modeling in mechanobiology. Biomechan Model Machanobiol，1（1）：3-4.

Guo Z Y，Yan Z Q，Bai L，et al. 2008. Flow shear stress affects macromolecular accumulation through modulation of internal elastic lamina fenestrae. Clin Biomech，23：S104-S111.

Jiang J，Qi Y X，Zhang P，et al. 2013. Involvement of Rab28 in NF-κB nuclear transport in endothelial cells. PLoS One，8（2）：e56076.

Ku D N，Giddens D P，Zarins C K，et al. 1985. Pulsatile flow and atherosclerosis in the human carotid bifurcation. Positive correlation between plaque location and low oscillating shear stress. Arteriosclerosis，5（3）：293-302.

Li C，Wernig F，Leitges M，et al.2003. Mechanical stress-activated PKCdelta regulates smooth muscle cell migration. FASEB J，17（14）：2106-2108.

Liu B，Qu M J，Qin K R，et al. 2008. Role of cyclic strain frequency in regulating the alignment of vascular smooth muscle cells *in vitro*. Biophys J，94：1497-1507.

Malek A M，Alper S L，Izumo S. 1999. Hemodynamic shear stress and its role in atherosclerosis. JAMA，282：2035-2042.

Qi Y X，Jiang J，Jiang X H，et al. 2011. Paracrine control of PDGF-BB and TGFβ1 on cross-talk between endothelial cells and vascular smooth muscle cells during low shear stress induced vascular remodeling. PNAS，108（5）：1908-1913.

Qi Y X，Qu M J，Long D K，et al. 2008. Rho-GDI alpha downregulated by low shear stress promotes vascular smooth muscle cell migration and apoptosis：a proteomic analysis. Cardiovasc Res，80：114-122.

Qi Y X，Qu M J，Yan Z Q，et al. 2010. Cyclic strain modulates migration and proliferation of vascular smooth muscle cells via Rho-GDIalpha，Rac1，and p38 pathway. J Cell Biochem，109（5）：906-914.

Qu M J，Liu B，Qi Y X，et al. 2008. Role of Rac and Rho-GDI alpha in the frequency-dependent expression of h1-calponin in vascular smooth muscle cells under the cyclic mechanical strain. Ann Biomed Eng，36（9）：1481-1488.

Qu M J，Liu B，Wang H Q，et al. 2007. Frequency-dependent phenotype modulation of vascular smooth muscle cells under cyclic mechanical strain. J Vasc Res，44：345-353.

Safar M E，Peronneau P A，Levenson J A，et al. 1981. Pulsed doppler：diameter，blood flow velocity and volumic flow of the brachial artery in sustained essential hypertension. Circulation，63：393-400.

Wan X J，Zhao H C，Zhang P，et al. 2015. Involvement of BK channel in differentiation of vascular smooth muscle cells induced by mechanical stretch. Int J Biochem Cell Biol，59：21-29.

Wang H Q，Huang L X，Qu M J，et al. 2006. Shear stress protects against endothelial regulation of vascular smooth muscle cell migration in a coculture system. Endothelium，13（3）：171-180.

Wang Y H，Yan Z Q，Qi Y X，et al. 2010. Normal shear stress and vascular smooth muscle cells modulate migration of endothelial cells through histone deacetylase 6 activation and tubulin acetylation. Ann Biomed Eng，38（3）：729-737.

Wang Y H，Yan Z Q，Shen B R，et al. 2009. Vascular smooth muscle cells promote endothelial cell adhesion via microtubule dynamics and activation of paxillin and the extracellular signal-regulated kinase（ERK）pathway in a co-culture system. Eur J Cell Biol，88（11）：701-709.

Williams B. 1998. Mechanical influences on vascular smooth muscle cell function. J Hypertens，16：1921-1929.

Yan Z Q，Yao Q P，Zhang M L，et al. 2009. Histone deacetylases modulate vascular smooth muscle cell migration induced by cyclic mechanical strain. J Biomech，42（7）：945-948.

（姜宗来）

8

吸烟对心血管系统和男性生殖影响的分子机制

长期以来，吸烟的危害一直是国内外研究的热点问题。香烟在燃烧过程中可以生成近5000种化学物质，其中危害较严重的有44种之多（Hoffmann 1997）。目前医学界和烟草界对香烟烟气中有害物质的关注和研究主要是：①尼古丁；②焦油；③一氧化碳；④自由基；⑤N-亚硝胺；⑥苯并（a）芘等稠环芳烃。在吸烟过程中，烟雾主要分成两部分。其中主流烟雾经过滤嘴过滤掉部分有害物质后被吸烟者吸食，侧流烟雾则直接进入吸烟者周围的空气中，造成环境中这些有害因素的水平急剧上升，使不吸烟者通过“被动吸烟”接触到这些有害物质，从而威胁到不吸烟者的身体健康。尤其是在通风不良的环境中，不吸烟者通过“被动吸烟”接触到的有害物质种类与总量可能更甚于吸烟者通过“主动吸烟”所接触到的有害物质。所以，就有了“吸二手烟危害更大”的说法，而调查也显示不吸烟者暴露于二手烟会增加肺癌、乳腺癌、慢性阻塞性肺疾病等多种疾患的发病风险。近年来，又提出了三手烟的概念，即指烟民“吞云吐雾”后残留在衣服、墙壁、地毯、家具甚至头发和皮肤等表面的烟草烟残留物。调查显示，这些残留物可存在几天、几周甚至数月，并发现尼古丁与常见空气污染物亚硝酸反应可形成强大的致癌物，且儿童更易受到危害。然而，尽管“吸烟危害健康”已是人尽皆知，烟民的队伍却仍在逐渐壮大，且有低龄化和女性化的趋势；而且所谓“电子烟”的安全性也正在受到质疑。因此，实行全面控烟，仍然任重而道远。

控烟难的主要原因是因为吸烟具有成瘾性。香烟烟中的尼古丁是造成吸烟成瘾性的主要成分，它一旦从香烟烟中被吸入人体，很快就进入动脉循环并迅速分布到体内各组织当中，随后由于代谢的作用体内浓度会逐渐下降。在吸烟人群中，尼古丁的血浆浓度维持在10^{-8}~10^{-5}mol/L（Kilaru et al. 2001）。据报道，尼古丁进入脑组织只需10~20s，它可使大脑内神经系统产生一种快乐激素，它能够缓解人紧张、抑郁、烦躁等精神状态，人体持续长期地摄入尼古丁，大脑内神经系统会逐渐对尼古丁的刺激产生依赖，这就是吸烟者对香烟上瘾的主要原因。不管出于什么动机开始吸烟，许多吸烟者在了解吸烟危害后都试图戒烟，但大都有戒烟失败的经历，并且把原因归结于自己意志力的薄弱，改变不了旧有习惯。然而现代医学研究证明，吸烟造成的烟草依赖不是“习惯”，而是一种慢性、高复发性、成瘾性神经精神疾病，已被列入国际疾病分类范畴。戒烟者如果单纯靠毅力戒烟，身体会由于突然缺失尼古丁，而导致内循环和内分泌的失衡，人会出现易怒、心烦、焦虑、急躁、心慌、注意力无法集中的症状，严重的还会出现关节疼痛、肠胃不适，在医学上被称为“戒断综合征”，这些痛苦使很多人无法坚持下去。所以，吸烟成瘾者仅靠个人毅力戒烟效果较差，成功率也很低，必须采取综合控制措施。研究表明，仅凭毅力戒烟者中，只有不到3%的吸烟者能在戒烟后1年内不吸烟；吸烟者在戒烟成功之前，平均会尝试

6~9 次戒烟，复吸现象很常见。对于大部分吸烟者，尤其是已罹患烟草依赖的吸烟者，更需要专业化戒烟干预。实际上，“烟瘾”也就是所谓的“烟草依赖”，如同高血压、高血脂、高血糖一样是一种慢性疾病。三高症需要吃药，戒烟也需要吃药。吸烟是行为，病变在大脑，“硬戒”很困难，需要科学戒烟法，当然更明智的做法是根本不去尝试吸烟。临床上，有相当一部分心血管病患者是烟民，因而虽然很多人知道吸烟会导致严重的呼吸道疾病，但知道长期吸烟会导致心血管甚至生殖功能受损的并不及前者多。因此，本章节将重点讨论吸烟对心血管和生殖系统的影响。

8.1　吸烟对心血管系统的危害

流行病学资料显示，尼古丁是香烟烟雾中的主要危害物质，它可以从多方面影响机体的心血管系统。当人吸烟时，香烟中的尼古丁瞬间就能进入血液，但是这些患者从来不知道烟草可通过多种方式致冠心病，如正常血管内皮可分泌一氧化氮，吸烟可影响这种物质分泌，影响血管的舒张功能。吸烟还可促进血小板聚集，促进血栓形成。香烟中的尼古丁可使心脏传导系统损害，诱发心律失常，使心脏猝死的危险性增加，也使冠状动脉硬化的发生及血栓形成的机会增加。冠心病、心肌梗死、脑供血不足的发病率与死亡率，也随着吸烟量的增加而明显增加，进而出现冠心病、高血压等多种心血管疾病。

长期吸烟者罹患各种心脑血管系统疾病的病理基础均与动脉粥样硬化密切相关，动脉粥样硬化是一个包含炎症反应与抗炎症，细胞增生修复与凋亡破溃相混合的复杂病理过程。血管内皮功能损伤是尼古丁引起的心血管疾病的主要病理特征，在病变发生发展的过程中，单核巨噬细胞分泌细胞因子促使其黏附于内皮细胞表面，并向下入侵刺激平滑肌细胞致其迁移和增殖，内皮细胞功能受损后还可导致血管渗透性增强，内膜增厚，同时血小板黏附逐渐形成血栓。因此，巨噬细胞、内皮细胞和平滑肌细胞在整个过程中均发挥着重要的作用，而每一个病理环节尼古丁都可能参与其中。

8.1.1　尼古丁与血管内皮细胞损伤

内皮细胞的主要功能是维持血管壁的完整，血管内皮损伤是动脉硬化病理发展的第一步（Dimmeler et al. 1998）。吸烟人群中一般都存在血管内皮的损伤。研究显示，血管内皮的损伤主要表现为细胞肿大，胞质空泡性变，细胞表面不规则，细胞器线粒体肿胀。内皮细胞受损后导致血管内皮的缝隙加大，致使血液中的成分渗透到血管内皮下层，进一步导致血管壁受损。尼古丁所引发的血管内皮细胞的形状、性质等改变或损伤，是增加血管外物质渗透性的前提，也是进一步诱发血管炎性疾病的前兆。

8.1.1.1　尼古丁与膜受体 nAChR

尼古丁主要是通过典型的配体门控的离子通道 N 型乙酰胆碱受体 nAChR 而发挥其生物学作用的。nAChR 是由不同的亚基组成的四聚体，存在于中枢和外周神经系统（Ke et al. 1998），尼古丁通过活化 nAChR 而引发多种生理和病理效应。近年来，在非神经系统的细胞中如皮肤的角质形成细胞和肺部支气管细胞中发现了 nAChR，继而在人的血管内皮细胞上也发现了功能性的 nAChR（Macklin et al. 1998）。它们的结构和离子通道的特性与那些表达在神经元和皮肤上的受体相似，被人们称为“非神经元的胆碱能系统”（Wessler et al. 1998）。研究发现，在内皮细胞中，这些 nAchR 分别由 α3、α5、α7、α10、β2、β4 亚基组合而成，其中以 alpha7 亚单位组成的受体发挥功能为主，而 alpha7 亚单位组成的 nAChR 受体对钙离子有高通透性，即尼古丁的作用主要是通过受体 nAChR 的 alpha7 亚型活化实现的，并且可进一步引发血管内皮细胞内钙信号的变化（Wang et al. 2006a）。存在于各种组织中的这些受体主要用于调节和维持细胞形态及内表面的连续性和完整性。因此，尼古丁可以通过 nAChR 的作用来引起血管内皮等的损伤，促进内皮细胞的功能失调及血细胞的黏附和迁移，促进内皮细胞的增生和通透性的改变，增加细胞的转换功能。此外，尼古丁调节 nAChR 亚型的水平并不是通过调节编码 nAChR 亚基的 mRNA 来实现的，而是以通过转录后水平的修饰调节它们的数量。所以，在这些非神经性细胞中，nAChR 也同样在对细胞内信号的转导和调节细胞内的事件变化中发挥着重要作用。另有资料显示，尼古丁发挥它的作用还可通过与 nAChR 不相关的方式，即通过第二信使钙离子的介导，即三磷酸肌醇诱导的细胞内的钙释放，亦或直接作用于可调控的磷酸化蛋白来实现调节细胞内信号转导，如调节一氧化氮合酶（NOS）的活性（Gerzanich et al. 2001）。由此，我们看出，尼古丁除了通过 nAChR 来发挥作用，还可以借助非 nAChR 的方式来执行功能，进入细胞直接调节胞内信号的变化。

8.1.1.2 尼古丁与内皮细胞黏附分子

黏附分子（adhesion molecule，AM）是指由细胞产生、存在于细胞表面、介导细胞与细胞间或细胞与基质间相互接触和结合的一类分子，在动脉硬化发展过程中起着关键作用，它通过识别白细胞上的相应配体来介导血流中白细胞与内皮细胞的黏附及穿越内皮间隙，在局部组织炎症部位聚集，参与集体的免疫反应。其中细胞间黏附分子 -1（intercellular adhesion molecule，ICAM-1）已经成为动脉粥样硬化加速的标志（Labarrere et al. 1997）。在人类的动脉硬化斑块中，发现 ICAM-1 的表达显著增加，在载脂蛋白 E 缺陷老鼠模型中，将 ICAM-1 敲除后动脉硬化斑块形成速度明显降低。在尼古丁与内皮细胞黏附分子表达关系的研究中发现，尼古丁可直接诱导 ICAM-1 表达上调并与环氧合酶（COX-2）和前列腺素（PGE2）的分泌密切相关（Zhou et al. 2010）。前列腺素 E2（prostaglandin E2，PGE2）是 COX-2 合成的重要促炎因子，介导各类炎症反应，尼古丁能诱导血管内皮细胞合成多种前列腺素。环氧合酶（COX）是一种花生四烯酸转化成前列腺素的主要转化酶，涉及血管的多种生理和病理功能，其中 COX-2 为可诱导型，可高水平地表达于炎症细胞和组织，表达水平和炎症的严重程度相关，抑制 COX-2 能减少早期动脉硬化斑块的形成（Burleigh et al. 2005）。上述研究还发现，尼古丁通过 nAChR 激活内皮细胞内 NF-κB 通路而介导 COX-2 表达，从而推动对动脉粥样硬化的发展（Zhou et al. 2010）。

同时，白细胞、血管内皮细胞或其他细胞表面的黏附分子可以被内吞进入细胞，也可以脱落下来，进入血液成为可溶性黏附分子（soluble adhesion molecule，sAM），如可溶性血管细胞间黏附分子 1（sVCAM-1）、可溶性细胞间黏附分子 1（sICAM-1），可溶性选择素 E（sE-selectin）也可以作为内皮细胞被活化的标志（de Caterina et al. 1997）。在尼古丁对血管内皮细胞黏附分子表达的短时效影响研究中发现，使用尼古丁 15min 就可明显

刺激血管内皮细胞上 VCAM-1 和选择素 E 的表达分别为 2.52 倍和 1.92 倍；可溶性黏附分子 sVCAM-1、sE-selectin 分泌分别增长了 87.7% 和 72.56%，短时效应是通过细胞膜表面 α7 受体，引起胞质钙离子内流并进一步活化其下游信号 MAPK 家族中的成员 ERK1/2、p38 而介导的（Wang et al. 2006）。

8.1.2 尼古丁与单核巨噬细胞

尼古丁在诱导吸烟人群的免疫系统炎症反应中具有不可忽视的作用，这主要通过影响巨噬细胞炎性因子的释放，进而与血管内皮细胞发生相互作用而产生的。更有报道称，在香烟烟所诱导的炎性反应中的主体细胞是巨噬细胞，而不是中性粒细胞等其他免疫细胞（Ofulue and Ko 1999）。然而，有些报道则称尼古丁对免疫系统主要是抑制的效果，这种看起来似乎矛盾的结果，实则是因为在研究中使用的尼古丁浓度不同造成的。在模拟重度吸烟人群（每天吸烟在 20 支以上，并连续吸烟 20 年）的研究中发现（Wang et al. 2004; Zhang et al. 2002），香烟提取物或尼古丁可显著刺激巨噬细胞炎性因子肿瘤坏死因子（tumor necrosis factor-α，TNF-α）和白细胞介素 IL-1β的分泌，其中 TNF-α 在刺激 24h 时分泌达到高峰，IL-1β 的表达在尼古丁处理 12h 时水平达到最高，均是之前的 3 倍左右。而又以此为刺激物刺激血管内皮细胞后发现，可在刺激 9h 时使内皮细胞 sVCAM-1 和 sE-selectin 的分泌显著增加，24h 时 sICAM-1 的分泌达到峰值，并且 anti-TNF-α 和 anti-IL-1β 抗体可以下调血管内皮细胞黏附分子的表达状态，其中 anti-TNF-α 抗体对 sICAM-1 和 sVCAM-1 的抑制程度分别为 68.8% 和 70.5%；anti-IL-1β 抗体的抑制程度可以分别达到 52.4% 和 43.59%。随着细胞产生炎性因子的增加，血液中的单核巨噬细胞对血管内皮细胞的黏附程度也有所增加，可达到尼古丁处理前的 3 倍以上，这些均为动脉粥样硬化等心血管疾病提供了病理基础。

作为香烟烟诱导的机体炎症反应的第一道反应防线主要是通过分泌细胞因子来发挥作用，在性激素相关的疾病中，巨噬细胞可以作为性激素调控免疫反应的一个关键环节，大量实验和临床数据表明，在炎性免疫性疾病中一直有性激素的参与。例如，雌激素在炎症性疾病如动脉粥样硬化的初始阶段有抗炎作用，可以通过调节血管内皮细胞的功能来影响炎症反应的过程（Wagner and Clarkson 2005）。在上述研究中发现，雌二醇能有效地降低尼古丁诱导的巨噬细胞 TNF-α、IL-1β 的表达水平，而睾酮则没有显著的调节作用（Wang et al. 2005）。

因而，尼古丁在长时效阶段对血管内皮细胞的影响可以通过巨噬细胞等炎性细胞分泌的细胞因子介导，雌激素对这一炎性过程的调节是通过下调细胞因子的表达来实现的。尼古丁在短时效阶段对血管内皮细胞的影响是通过尼古丁的 α7 受体，引起细胞内钙信号的变化及 MAPK 家族成员 ERK1/2 和 p38 的快速磷酸化介导的，通过这一途径，尼古丁实现了对内皮细胞黏附分子表达的快速上调，而雌激素的保护性调控作用是对血管内皮细胞黏附分子的下调来实现的，而这一过程是通过降低尼古丁对 ERK1/2 和 p38 的磷酸化程度来实现的（Wang et al. 2006a，2006b）（图 8-1）。

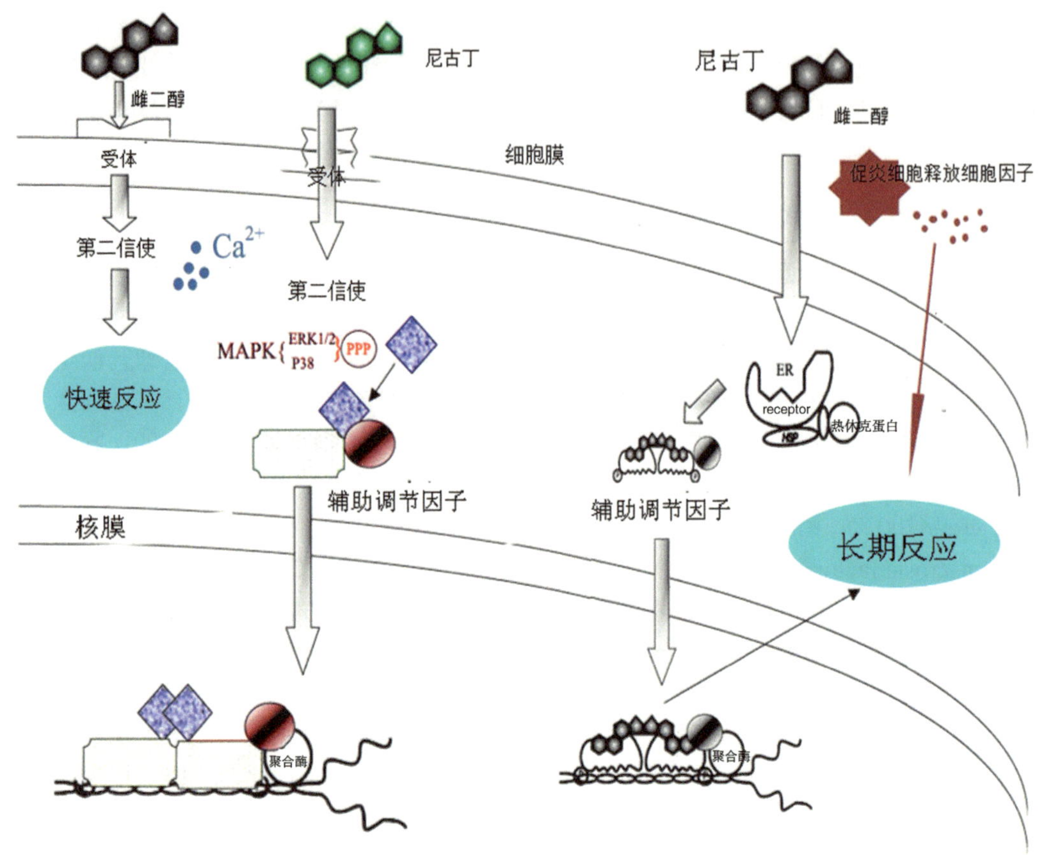

图 8-1 尼古丁对血管系统炎症性疾病的影响是通过上调血管内皮细胞黏附分子的表达来实现的，而雌激素也恰恰是通过对黏附分子表达的有效下调来达到对机体炎性免疫系统的保护作用。其发挥作用的途径在不同时效阶段可以是经典的胞内受体途径，也可以是经过钙离子和 MAPK 家族介导的快速活化途径

8.1.3 尼古丁与血管平滑肌细胞

当尼古丁造成血管壁的第一道生理防线——内皮细胞的功能紊乱之后，进而会影响到位于血管中膜的平滑肌细胞的功能。在尼古丁的刺激下，血管平滑肌细胞可因其表型改变、异常增殖、由血管中膜向内膜迁移，成为动脉粥样硬化斑块形成的又一主体细胞。

研究表明，尼古丁对血管平滑肌细胞有促有丝分裂作用，小剂量的尼古丁可刺激细胞骨架蛋白的合成和聚合，大剂量则会抑制蛋白质合成而直接导致细胞的死亡（Carty et al. 1996）；尼古丁可通过改变平滑肌细胞的表型，即从收缩型转化成合成型、通过诱导有丝分裂原激活的蛋白激酶（MAPK）而引起血管平滑肌细胞移行（di Luozzo et al. 2005）；可通过刺激血管平滑肌细胞血小板源性生长因子（PDGF）的释放从而使平滑肌细胞大量增生等方式促进动脉粥样硬化的形成（Yoshiyama et al. 2011）；尼古丁还可通过激活平滑肌细胞内 NF-κB 途径介导细胞增殖、移行、ICAM-1 等细胞黏附分子表达上调等异常行为学的改变（Wang et al. 2013）。蛋白质组学研究证实，在尼古丁的刺激下，血管平滑肌细胞内多种蛋白质的表达会发生变化，其中包括肌动蛋白（β-actin）等 4 种骨架蛋白和

Rho/ROCK 通路调节蛋白（Wang et al. 2007）。细胞骨架蛋白的表达水平上调与平滑肌细胞的增殖和移行等细胞行为有着密切联系，而 Rho/ROCK 通路更加广泛地参与调控细胞的各项基本功能，如收缩、黏附、形态、转录调节、迁移、增殖、细胞存活和凋亡等生命活动。因而，尼古丁可通过血管平滑肌细胞的异常改变与动脉粥样硬化的发生发展相关联。

8.2　吸烟对生育功能的影响

近年来，吸烟是否会影响生殖功能也备受关注。现发现侧流烟雾可显著地影响精子活力，主流烟雾会导致精子中 DNA 链的断裂。另外，香烟烟雾中的多种化学物质进入机体后会在机体内造成氧化应激，从而对机体的生殖系统造成影响。

8.2.1　吸烟与男性生殖力及出生缺陷

近年来男性精液中精子浓度减少、精子活力降低、精液质量下降的现象引起了人们的关注。这种趋势结合全球不少发达地区老龄化的现象将导致人类生育率进一步降低。低生育率与人口老龄化现象会导致一系列社会问题。许多学者认为，除去遗传因素，环境因子是造成男性精液质量下降的主要原因，其中吸烟、饮酒等行为习惯与人类的生活最为密切，这些生活方式与男性精液质量具有高度的相关性（Toshima et al. 2012）。吸烟行为在人群中非常普遍，全球人口大于 15 岁的人群中约有 1/3 的人每天都要吸烟，吸烟行为在育龄青年中尤为盛行。那么，吸烟究竟会对男性生殖能力造成怎样的影响呢？

一方面，男性吸烟会影响自身的生殖健康。在香烟烟雾对雄性小鼠生育能力影响的研究中发现，虽然香烟烟雾对小鼠体重没有明显影响，但吸烟组小鼠的血氧含量明显降低（陈晓辉等 2014），可使小鼠睾丸的正常组织结构遭到破坏，变得松散无序；精子数量可由原来的 2.13×10^5 个 /mL 下降到 1.26×10^5 个 /mL，活动精子比率也由原来的 71% 降至 36%，精子形态异常，圆头精子数量增加；不仅如此，吸烟小鼠平均产仔数也下降 26.03%，仔鼠存活率降低 6%；因此吸烟可直接导致雄性小鼠生殖能力的下降（古洪元等 2012）。男方重度吸烟（每天吸 20 支烟以上）会增加女方早期流产的风险，因为无论主流烟雾还是侧流烟雾都会导致精子染色体结构的异常并影响到受孕及早期胚胎的发育。人类的体外受精调查也显示，进行胚胎移植后怀孕率下降的现象与女方的吸烟无关，而与男方的吸烟有较高的相关性，这可能是通过精子发生过程中精子染色体受到的损伤所导致，如染色体异倍性发生概率增高（Joesbury et al. 1998）。在一项不育男性吸烟对精液氧化应激水平的研究中，评估了精液活性氧自由基（ROS）和总抗氧化能力（TAC）相对水平（ROS-TAC 数值）与精子 DNA 损伤的相关性，结果发现吸烟会造成精液白细胞浓度增加 48%，ROS 水平提高 107%，ROS-TAC 数值降低 10%，表现出显著的氧化应激状态，从而严重影响精子质量（Saleh et al. 2002）。有资料显示，吸烟男性精液中镉的浓度显著高于非吸烟男性，而精液锌含量显著低于非吸烟男性，受此影响，精子 Ca^{2+}-ATPase 活性、精子活力都呈显著下降趋势（Kumosani et al. 2008）。此外，吸烟还能通过影响男性体内的激素水平的变化而干扰生殖功能（Ochedalski et al. 1994），检测获知吸烟者血清中 17β- 雌二酮水平较不吸烟者显著提高，促黄体生成素、促卵泡激素与催乳素的水平较不吸烟者显著降低，催乳素水平与精子活动能力相关，其水平降低预示精子活动能力也会降低。与此同时，随着激素含量的改变，睾丸中生精细胞会逐渐失去功能，终致精子生成量显著降低。在经过香烟烟雾暴露的大鼠睾丸内，生殖细胞、睾丸间质细胞与睾丸支持细胞的数量都呈现显著下降趋势。

另一方面，男性吸烟还会增加子代父源性疾病风险。资料显示，父亲吸烟与子代罹患先天性疾病、儿童癌症尤其是白血病与淋巴瘤、儿童横纹肌肉瘤的高发生率有关（Venners et al. 2004）。此外，还与新生儿体重相关，据报道吸烟男性的后代出生体重平均要比不吸烟男性后代的出生体重轻30~88g（Martinez et al. 1994）。与此同时，对于男性吸烟对生殖能力的影响，极少数学者持不同观点，这些看似相互矛盾的结果可能是采用的具体研究方法不同所导致的，目前有关吸烟对于男性生殖负面影响的报告仍占据主流位置。因此，男性吸烟对于生殖能力及后代的影响不容忽视。

总之，香烟烟雾中的化学物质能够通过血液循环抵达生殖系统，可以通过改变抗氧化剂的浓度、增加氧自由基的数量、提高细胞非整倍率、造成DNA损伤等方式影响精子与精液，并且可以作用于从精子发生到精子成熟的各个阶段。因为精子的发生主要在睾丸中进行，睾丸中形成的精子进入附睾完成精子的成熟过程，所以吸烟造成的精液质量下降主要受睾丸与附睾内环境变化的影响。而且，男性吸烟除了导致自身生殖能力下降外，还会波及后代的健康。

8.2.2 吸烟致男性不育的分子机制

生物所有外在表征的产生均有其分子基础。对于男性吸烟影响到生殖能力及后代健康状况这一现象，必定有其产生的分子机制。研究这一现象背后的分子机制能够为诊断、治疗及防范这一现象导致的负面影响提供必要的信息与相应的手段。

雄性生殖系统中，睾丸是精子生成的主要场所，而附睾是精子成熟的主要场所，这两个器官对精子与精液的质量具有非常重要的作用。在蛋白质组学的研究中发现，香烟烟雾处理后小鼠睾丸中有超过1000个蛋白质点的表达水平发生变化，其中有27个蛋白质点是1.5倍以上的显著变化。经蛋白质点的质谱分析，鉴定得到27种蛋白质，其中6种上调，21种下调，如热休克相关蛋白2（HSPA2）、磷脂酰乙醇胺结合蛋白1（PEBP1）等，参与精子发生、应激、代谢、细胞稳态等多种细胞活动，涉及PKC（s）、ERK1/2（MAPK）、Akt和NF-κB等多条信号转导通路（图8-2），尤以转录因子NF-κB的抑制性变化引人注目，睾丸细胞内NF-κB的正常表达与激活对维持生殖细胞的增殖与精子的分化具有非常重要的意义。因此，香烟烟雾对NF-κB的抑制作用极有可能会通过影响到生殖细胞的正常增殖与精子的分化而影响精液的质量。且进一步研究发现，表达下调的蛋白Pebp1的基因启动子区域呈现出高甲基化状态，Pebp1是丝裂原激活的蛋白激酶（MAPK）信号转导通路的生理性抑制蛋白，与精子发生直接相关。这表明吸烟可能是通过促使Pebp1基因启动子区域高甲基化，以活化MAPK信号通路来最终影响精子发生过程的（Xu et al. 2013）。

但在单纯尼古丁注射的小鼠模型中有不同的发现。尼古丁注射小鼠睾丸中也发现有超过1000个蛋白质点的表达水平发生变化，其中有19个蛋白质点表达量发生了1.5倍以

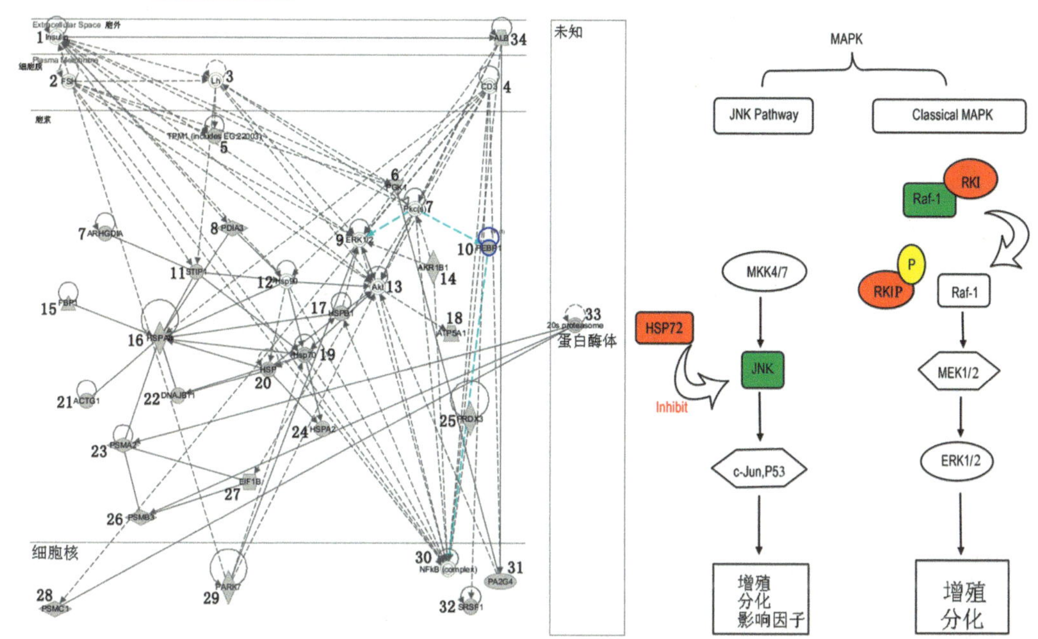

图 8-2 睾丸组织中，发现受吸烟影响的 27 个差异蛋白参与精子发生、应激、代谢、细胞稳态等细胞活动，涉及 PKC（s）、ERK1/2、Akt 和 NF-κB 等信号通路（Xu et al. 2013）

1. Insulin；2. FSH；3. Lh；4. CD3；5. TPM1（includes EG22003）；6. PGK1；7. Pkc（s）；8. PDIA3；9.ERK1/2；10. FEBP1；11. STIP1；12. Hsp90；13. AKT；14. AKR1b1；15. FBP1；16. HSPAB；17. HSB1；18. ATP5A1；19. Hsp70；20. HSP；21. ACTG1；22. DNAJB11；23. PSMA2；24. HSPA2；25. PRDX3；26. PSMB3；27. EIF1B；28. PSMC1；29. PARK7；30. NFκB(complex)；31. PA2G4；32. SRSF1；33. 20s proteasoms；34. ALB

上的显著变化。这其中的 17 种被质谱分析成功鉴定出来，包括 9 种蛋白质表达水平上调，8 种下调，它们主要集中于细胞骨架调节及能量代谢过程中，这两种生物学过程都与细胞运动性能相关。在这些差异表达蛋白中，profilin 1（PFN1）尤为引人注意，因其参与了调控细胞内肌动蛋白的动态平衡过程，从而进一步影响到细胞的运动性能。功能研究显示，尼古丁处理显著提升了小鼠精子的运动能力指标，而这一现象很可能是由于小鼠生精细胞中 PFN1 蛋白的表达上调引发的。进一步的分子机制分析发现，尼古丁处理造成了 *Pfn1* 基因启动子区域低甲基化修饰，导致 PFN1 蛋白的高表达并最终提升小鼠精子的运动能力（图 8-3）。

同样的，香烟烟雾处理后小鼠附睾中也各有超过 1000 个蛋白质点的表达水平发生变化，52 个蛋白质点呈现 2 倍以上的显著变化，其中 20 种上调，32 种下调。然而功能上多与维持机体正常的氧化还原稳态相关，并相对集中作用于谷胱甘肽代谢通路与内质网相关降解途径（ERAD），而这两个通路也与氧化应激存在着密切的关系，这些结果提示香烟烟雾处理后小鼠附睾处于氧化应激状态（图 8-4）。随后附睾组织中 8-OHdG（氧化应激的特异性标志物）的免疫组化检测进一步证实，香烟烟雾处理后的小鼠附睾处于较为严重的氧化应激状态，氧化应激能够活化 ERAD 从而影响蛋白质的正常合成（Zhu et al. 2013）。

精子是男性生殖系统的终末环节，前面已经介绍了吸烟行为对精液质量参数的负面影响。就其分子机制来看，目前已有研究使用基因芯片分析了精子 RNA 表达谱，发现吸烟男性精子 RNA 表达谱发生了显著的变化（Linschooten et al. 2009）。其中有数种转录因子的转录本含量发生了改变。在成熟精子中多数基因是转录静止的，精子中的 RNA 来源

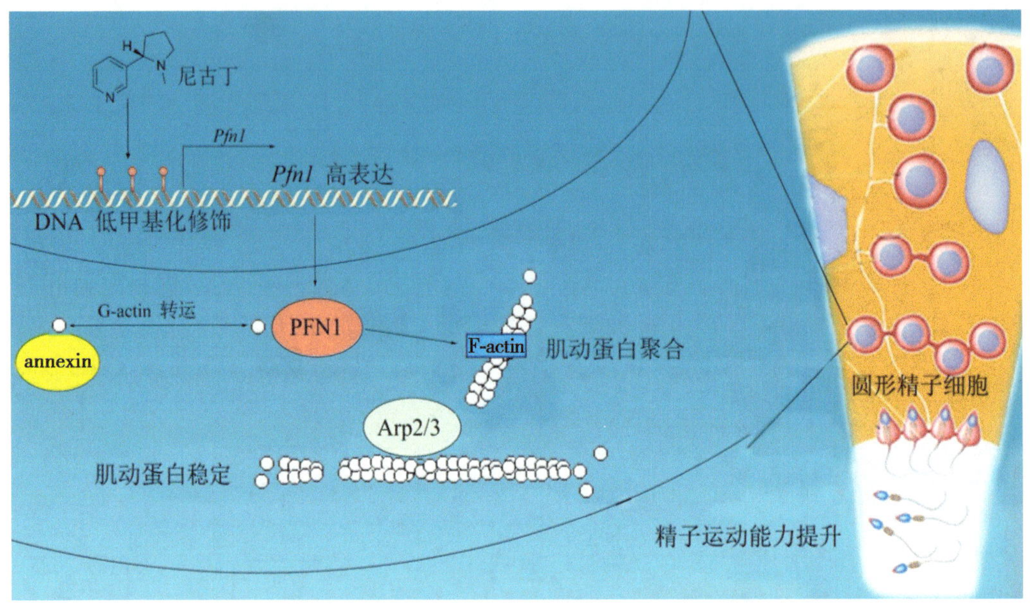

图 8-3　尼古丁处理引发小鼠睾丸组织中 *Pfn1* 基因启动子区域低甲基化从而干扰肌动蛋白动态平衡调节并最终引发精子运动能力提升（Dai et al. 2015）

PFN1 可以与肌动蛋白单体（G-actin）结合并使其隔离，从而促进肌动蛋白纤维在自由端伸长。G-actin 在肌动蛋白螯合蛋白如 PFN 和膜联蛋白（annexin）之间的转运可以调节细胞内 G-actin 的有效浓度。因此在 PFN 和膜联蛋白等的调节下 G/F 肌动蛋白形成一个动态平衡并影响到细胞的运动能力。尼古丁处理引发小鼠睾丸组织中尤其是圆形精子细胞中 *Pfn1* 基因启动子区域低甲基化从而增加其表达水平。这种调节蛋白表达水平的改变会干扰肌动蛋白动态平衡调节并最终引发精子运动能力指标的提升

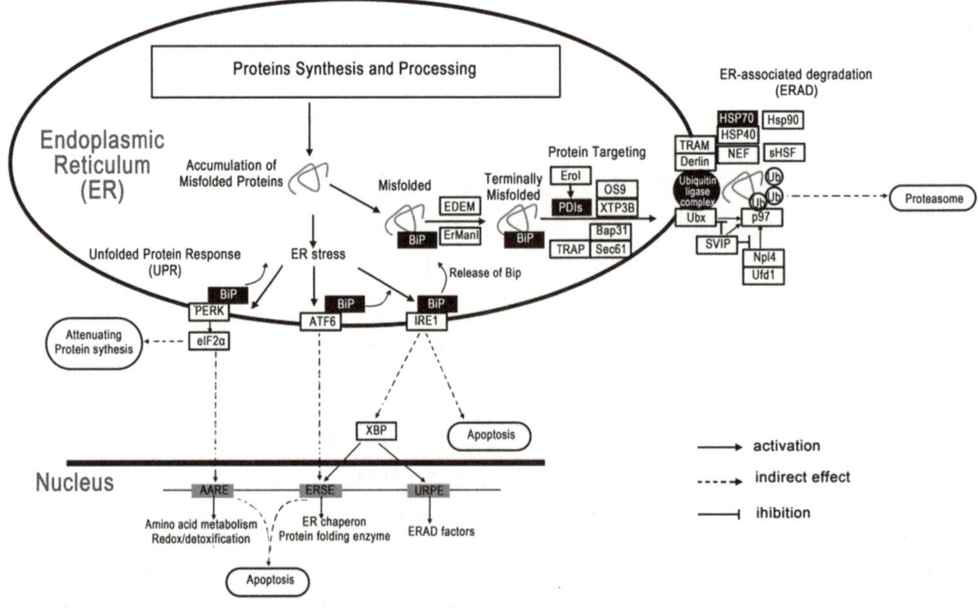

图 8-4　香烟烟雾处理在小鼠睾丸组织中引起了严重的氧化应激（Zhu et al. 2013）

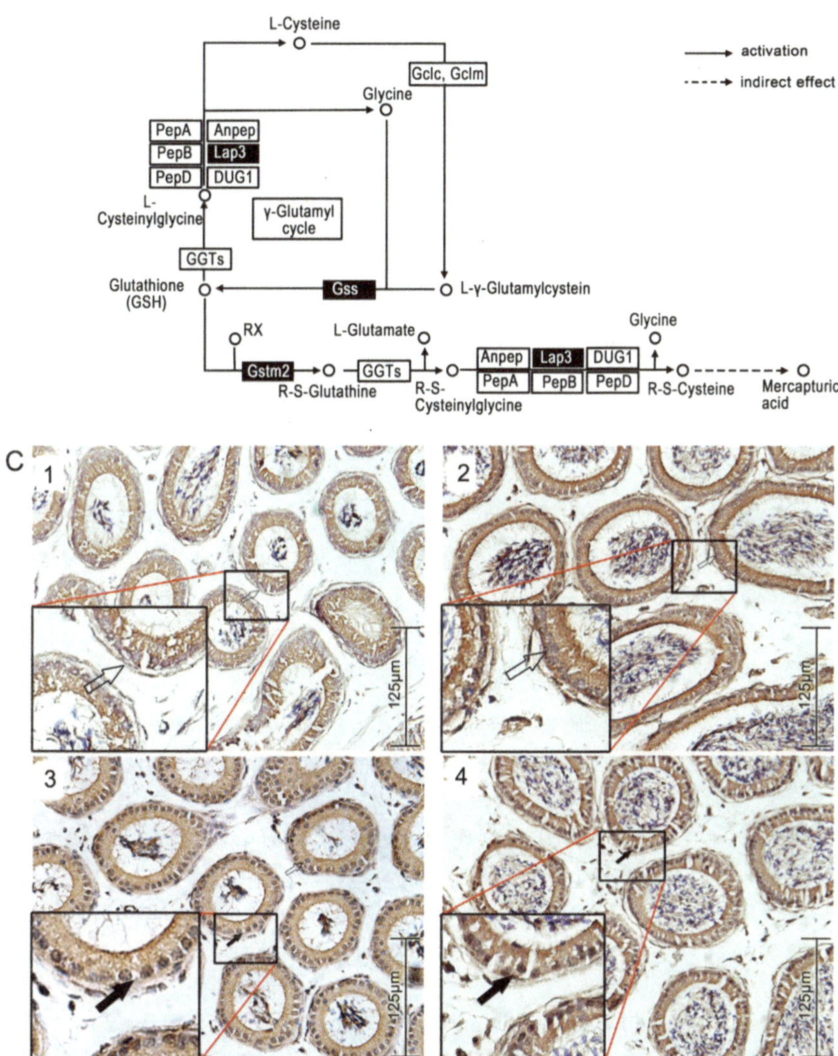

图 8-4　香烟烟雾处理在小鼠睾丸组织中引起了严重的氧化应激（续）（Zhu et al. 2013）

A. 内质网中的蛋白质加工通路图，可见香烟烟雾处理后表达水平发生改变的蛋白质主要集中于 ERAD 通路中。黑框显示吸烟后发生变化的蛋白质。B. 谷胱甘肽代谢通路图。黑框显示吸烟后发生变化的蛋白质。可见香烟烟雾处理后表达水平发生改变的蛋白质主要集中于 γ- 谷氨酰胺循环中。C. 附睾组织中 8-OHdG 的氧化应激状态免疫组化检测（400×）。1. 没有使用一抗孵育的附睾切片。2. 没有使用香烟烟雾处理的对照组小鼠附睾切片。3. 香烟烟雾处理 2 周后的小鼠附睾组织切片。4. 香烟烟雾处理 6 周后的附睾组织切片。正常细胞核被染成浅蓝色（空心箭头标示）；经历了氧化应激的细胞细胞核被染成深褐色，与蓝色叠加而显灰色（实心箭头表示）

于精子发育过程中转录本的残留，能够反映精子发生过程中一些生物事件的细节。转录因子表达的改变会影响、调节精子发生过程中其他基因的表达情况，进而影响精子的发生状态。而且精子中残留的 RNA 在精卵结合后会被带入受精卵，对胚胎早期发育起到调节作用。因而吸烟引起的精子 RNA 表达谱的改变有可能会影响到胚胎的早期发育。在蛋白质组学的研究中，香烟烟雾处理后在小鼠精子中发现超过 1000 个差异蛋白点，38 个蛋白质点呈现 1.5 倍以上的显著变化，经鉴定得到 22 种蛋白质，其中 10 种上调，12 种下调。蛋白质功能和通路分析发现这些差异蛋白如 Aldoa 与 Cs 等都具有催化活性并比较集中于能量代谢的相关通路中，提示吸烟可能会影响精子中 ATP 的生成，从而影响到精子的运动功能（Chen et al. 2015）。

因此，香烟烟雾处理能够导致小鼠睾丸和附睾这两个重要的生殖器官中与生殖能力相关的蛋白质表达发生变化，在睾丸中香烟烟雾能够通过对 NF-κB 的抑制干扰生殖细胞的正常增殖与精子的分化，在附睾中则能够通过造成氧化应激诱导 ERAD 的发生，从而影响蛋白质的正常合成，进一步损害附睾的正常功能。结合其他表达发生显著差异的蛋白质对精子的影响，如睾丸中的 Park7、Prdx3、Dnajb11 和 Pebp1，以及附睾中的 Prdx4、Vim、Anxa2 和 Hspa2 等，香烟烟雾最终通过这些途径降低精子的质量。而吸烟又可直接影响精子的能量代谢及运动相关功能，最终导致生育能力下降。

参考文献

陈晓辉，戴靖波，徐汪节，等. 2014. 被动吸烟对雄性小鼠生殖能力影响的研究. 生殖与避孕，34（10）：805-808.

古洪元，唐茂萍，方鹏，等. 2012. 香烟烟雾对雄性小鼠生育能力的影响. 上海交通大学学报（农业科学版），30（03）：1-5.

Burleigh M E，Babaev V R，Yancey P G，et al. 2005. Cyclooxygenase-2 promotes early atherosclerotic lesion formation in ApoE-deficient and C57BL/6 mice. J Mol Cell Cardiol，39（3）：443-452.

Carty C S，Soloway P D，Kayastha S，et al. 1996. Nicotine and cotinine stimulate secretion of basic fibroblast growth factor and affect expression of matrix metalloproteinases in cultured human smooth muscle cells. J Vasc Surg，24（6）：927-934.

Chen X，Xu W，Miao M，et al. 2015. Alteration of sperm protein profile induced by cigarette smoking. Acta Biochim Biophys Sin，47（7）：504-515.

Dai J，Zhan C，Xu W，et al. 2015. Nicotine elevates sperm motility and induces Pfn l promoter hypomethylation in mouse testis. Andrology，3（5）：967-978.

de Caterina R，Basta G，Lazzerini G，et al. 1997. Soluble vascular cell adhesion molecule-1 as a biohumoral correlate of atherosclerosis. Arterioscler Thromb Vasc Biol，17（11）：2646-2654.

di Luozzo G，Pradhan S，Dhadwal A K，et al. 2005. Nicotine induces mitogen-activated protein kinase dependent vascular smooth muscle cell migration. Atherosclerosis，178（2）：271-277.

Dimmeler S，Hermann C，Zeiher A M. 1998. Apoptosis of endothelial cells. Contribution to the pathophysiology of atherosclerosis？ Eur Cytokine Netw，9（4）：697-698.

Gerzanich V，Zhang F，West G A，et al. 2001. Chronic nicotine alters NO signaling of Ca^{2+} channels in cerebral arterioles. Circ Res，88（3）：359-365.

Hoffmann D H I. 1997. The changing cigarette，1950-1995. J Toxicol Environ Health A，50（4）：307-364.

Joesbury K A，Edirisinghe W R，Phillips M R，et al. 1998. Evidence that male smoking affects the likelihood of a pregnancy following IVF treatment：application of the modified cumulative embryo score. Hum Reprod，13（6）：1506-1513.

Ke L，Eisenhour C M，Bencherif M，et al. 1998. Effects of chronic nicotine treatment on expression of diverse nicotinic

acetylcholine receptor subtypes. I. Dose-and time-dependent effects of nicotine treatment. J Pharmacol Exp Ther, 286(2): 825-840.

Kilaru S, Frangos S G, Chen A H, et al. 2001. Nicotine: a review of its role in atherosclerosis. J Am Coll Surg, 193 (5): 538-546.

Kumosani T A, Elshal M F, Al-Jonaid A A, et al. 2008. The influence of smoking on semen quality, seminal microelements and Ca^{2+}-ATPase activity among infertile and fertile men. Clin Biochem, 41 (14): 1199-1203.

Labarrere C A, Nelson D R, Faulk W P. 1997. Endothelial activation and development of coronary artery disease in transplanted human hearts. Jama, 278 (14): 1169-1175.

Linschooten J O, van Schooten F J, Baumgartner A, et al. 2009. Use of spermatozoal mRNA profiles to study gene–environment interactions in human germ cells. Mutat Res-Fund Mol M, 667 (1): 70-76.

Macklin K D, Maus A D, Pereira E F, et al. 1998. Human vascular endothelial cells express functional nicotinic acetylcholine receptors. J Pharmacol Exp Ther, 287 (1): 435-439.

Martinez F D, Wright A L, Taussig L M. 1994. The effect of paternal smoking on the birthweight of newborns whose mothers did not smoke. Group Health Medical Associates. Am J Public Health, 84 (9): 1489-1491.

Ochedalski T, Lachowicz-Ochedalska A, Dec W, et al. 1994. Examining the effects of tobacco smoking on levels of certain hormones in serum of young men. Ginekol Po, 65 (2): 87-93.

Ofulue A F, Ko M. 1999. Effects of depletion of neutrophils or macrophages on development of cigarette smoke-induced emphysema. Am J Physiol Lung Cell Mol Physiol, 21 (1): L97-L105.

Saleh R A, Agarwal A, Sharma R K, et al. 2002. Effect of cigarette smoking on levels of seminal oxidative stress in infertile men: a prospective study. Fertil Steril, 78 (3): 491-499.

Toshima H, Suzuki Y, Imai K, et al. 2012. Endocrine disrupting chemicals in urine of Japanese male partners of subfertile couples: a pilot study on exposure and semen quality. Int J Hyg Environ Health, 215 (5): 502-506.

Venners S A, Wang X, Chen C, et al. 2004. Paternal smoking and pregnancy loss: a prospective study using a biomarker of pregnancy. Am J Epidemiol, 159 (10): 993-1001.

Wagner J D, Clarkson T B. 2005. The applicability of hormonal effects on atherosclerosis in animals to heart disease in postmenopausal women. Semin Reprod Med, 23 (2) 149-156.

Wang Y, Wang L, Ai X, et al. 2004. Nicotine could augment adhesion molecule expression in human endothelial cells through macrophages secreting TNF-α, IL-1β. Int Immunopharmacol, 4 (13): 1675-1686.

Wang Y, Wang L, Zhao J, et al. 2005. Estrogen, but not testosterone, down-regulates cytokine production in nicotine-induced murine macrophage. Methods Find Exp Clin Pharmacol, 27 (5): 311-316.

Wang Y, Wang Z, Zhou Y, et al. 2006a. Nicotine stimulates adhesion molecular expression via calcium influx and mitogen-activated protein kinases in human endothelial cells. Int J Biochem Cell Biol, 38 (2): 170-182.

Wang Y, Wang Z, Wang L, et al. 2006b. Estrogen down-regulates nicotine-induced adhesion molecule expression via nongenomic signal pathway in endothelial cells. Int Immunopharmacol, 6 (6): 892-902.

Wang Z, Wu W, Fang X, et al. 2007. Protein expression changed by nicotine in rat vascular smooth muscle cells. J Physiol Biochem, 63 (2): 161-169.

Wang Z, Wu W, Tang M, et al. 2013. NF-κB pathway mediates vascular smooth muscle response to nicotine. Int J Biochem Cell Biol, 45 (2): 375-383.

Wessler I, Kirkpatrick C J, Racké K. 1998. Non-neuronal acetylcholine, a locally acting molecule, widely distributed in biological systems: expression and function in humans. Pharmacol Ther, 77 (1): 59-79.

Xu W, Fang P, Zhu Z, et al. 2013. Cigarette smoking exposure alters pebp1 DNA methylation and protein profile involved in MAPK signaling pathway in mice testis. Biol Reprod, 89 (6): 142.

Yoshiyama S, Horinouchi T, Miwa S, et al. 2011. Effect of cigarette smoke components on vascular smooth muscle cell migration toward platelet-derived growth factor BB. J Pharmacol Sci, 115 (4): 532-535.

Zhang X，Wang L，Zhang H，et al. 2002. The effects of cigarette smoke extract on the endothelial production of soluble intercellular adhesion molecule-1 are mediated through macrophages，possibly by inducing TNF-alpha release. Methods Find Exp Clin Pharmacol，24（5）：261-265.

Zhou Y，Wang Z，Tang M，et al. 2010. Nicotine induces cyclooxygenase-2 and prostaglandin E 2 expression in human umbilical vein endothelial cells. Int Immunopharmacol，10（4）：461-466.

Zhu Z，Xu W，Dai J，et al. 2013. The alteration of protein profile induced by cigarette smoking via oxidative stress in mice epididymis. Int J Biochem Cell Biol，45（3）：571-582.

（王朝霞　乔中东　张美幸）

9

精神分裂症的研究现状

9.1　精神分裂症的概述

从有文字记载的时代开始，精神分裂症作为一种脑疾病就严重影响了人类的健康，希腊和希伯来文学中最早记录了精神分裂症独特的临床症状。数千年来关于精神分裂症症状的描述并未发生明显的变化，然而对精神疾病的定义却带有社会历史的痕迹。在不同时期，精神疾病患者曾经被称为先知、预言家，也有被当作魔鬼或者圣人，到了现代社会才被当作患者。直到 19 世纪后半叶，人们才对患精神疾病的人给予体恤。到了 20 世纪初，精神分裂症才从情感性精神病中被区别出来（Tamminga and Holcomb 2005）。

按照所患疾病的类型、病因和疾病严重程度等，精神分裂症分为单纯型、青春型、偏执型、紧张型和混合型 5 种类型。单纯型比较少见，多为青少年发病，通常发病缓慢，阴性症状为主，预后差；青春型较常见，青年发病，起病较急，精神症状丰富易变，病程进展较快，预后较差；偏执型最常见，发病年龄在 30 岁之后，起病缓慢，行为和情感会受妄想幻觉的支配，预后较好；紧张型发病比较少见，青中年发病，起病较急，以木僵等紧张症状为主，病程发展较快，预后较好；混合型属于难以归类为上述任意 4 种类型的其他精神分裂症。

精神分裂症的遗传学基础复杂。与其他复杂疾病类似，精神分裂症的发生是遗传因素与环境因素共同作用的结果，多个易感基因、表观遗传学、随机因素及环境因子都有贡献（Ayhan et al. 2009）。因其临床和遗传异质性的影响，寻找精神分裂症的易感基因并不容易。家系、双生子和寄养子的研究都表明遗传因素在精神疾病的发生中发挥着重要作用，遗传度为 60%~85%（Lichtenstein et al. 2009）；而且，研究者也发现了许多与该病关联的易感风险基因。流行病学、发育遗传学和神经影像学研究提出了精神分裂症的神经发育模型：精神疾病的症状是发病多年历程的最终结果（Owen et al. 2011；Rapoport et al. 2012）；而精神分裂症的神经递质紊乱模型主要包括多巴胺和谷氨酸相关的信号通路紊乱等。

精神分裂症在全世界范围的发病率约为 1%，疾病造成社会经济负担严重，现有诊疗手段有限。因此精神分裂症的基础研究对我国人口健康具有重大的科学价值和社会经济意义。寻找精神分裂症的易感基因，有助于进一步阐释精神分裂症的发病机制，有助于实现精神疾病的早期预防、诊断及治疗、预后效果的判断，并为精神疾病药物新靶点的发现提供依据。

9.2 精神分裂症的表型和诊断

9.2.1 精神分裂症的表型

精神分裂症的临床表型复杂，目前研究者并不十分清楚如何将疾病的特征分成单个的表型，以及这些单个表型如何分别对应特定的症状集合并反映分子靶标的变化。表型的许多方面都是独特的，同时反映了精神分裂症的病理生理特点，如疾病症状、疾病认知和大脑激活模式的变化、死后脑组织的特点及精神分裂症的药理学特征等。

9.2.2 精神分裂症的整体症状

大样本精神分裂症的荟萃分析结果表明，疾病症状至少可以分成三类：①阳性症状，包括幻觉、妄想、思维障碍和偏执；②认知功能紊乱，特别是注意力、工作力和执行力方面；③阴性症状，包括快感缺乏、社会退缩及思维贫乏（Liddle 1987）（表 9-1）。一般多个症状簇会同时发生，一个症状簇会占主导，而症状簇之间可能会有交叉。这些症状簇是单一疾病的多种表现形式，还是每个簇各代表了一部分独立的疾病至今不明。不过，通常认为精神疾病，尤其从病因上来看具有异质性。

表 9-1 精神分裂症的主要症状

精神分裂症阳性症状	精神分裂症阴性症状	精神分裂症认知症状
幻觉（hallucination）	对日常活动失去兴趣	缺乏分析信息的能力
妄想（delusion）	看起来感情麻木	注意力不足
思维障碍（thought disorder）	计划和实际行动的能力降低	记忆力问题
运动障碍（movement disorder）	不注意个人卫生	
	社会退缩	
	兴趣缺乏	

精神分裂症一旦发病往往会伴随患者一生。通常疾病是突发性的、不定期的。其症状通常最早会出现在青少年的晚期和成年的早期，并在发病间歇期表现出令人较为满意的恢复状态。但是，往往会以隐匿的形式发生，在发病后只有部分恢复或者恢复很差。大多数患者在疾病发生的前几年会有显著的社会心理功能退化，在最初退化的几年之后，疾病的发展进入平台期。曾有研究提示，患者的状况在 50 岁之后会得到改善。这些数据与欧洲地区和美国的一些研究结果一致，它们报道了精神分裂症患者晚年有较好的结果，但是也有一些与此不一致的报道（Harvey et al. 2003）。

9.2.3 精神分裂症的认知变化

精神分裂症的核心症状是认知变化，因此对精神分裂症患者大脑活动进行评估，可监测到疾病的异常状态。虽然传统的解剖学和生化特征不能将精神分裂症患者的大脑与正常人的大脑区别开来，但一些心理和生理的检测可以将其明确区分。针对这些差别的任何强

有力的生物学解释，都会帮助我们加深对精神疾病发病机制的理解。

精神分裂症患者在大多数神经心理学的测试中比正常人表现要差。这种现象部分是由精神分裂症的一些症状造成的（如缺乏动力或者分心），也有部分是患者早期发病的后果，以及漫长累积过程中造成的精神患者整体认知功能的不足所致。一些认知缺陷在患者中表现尤为明显，包括工作记忆损伤、注意力不足、语言能力下降、视觉学习能力下降、记忆力减退、处理信息速度下降、社会学习能力下降（Gruzelier et al. 1988）。

近来，精神分裂症的神经心理学特征也被用于定位该病的病理生理特点。例如，精神分裂症患者中，反复出现的数字的记忆能力缺损与患者海马功能的缺失一致。类似的还包括与额叶皮质有关的功能缺损（如语言的流利度、空间和模式识别能力），以及长期记忆的能力受损等。而且，精神分裂症患者在完成需要持续注意力或者警觉度的任务时往往表现较差，这些功能与患者前扣带回的功能相关。记忆力损伤包括外显记忆、语言记忆和工作记忆等，与海马的功能有关。由于保持信息“在线”是正常情况下人们利用刚刚发生的历史背景组织未来思路和行动的关键，患者工作记忆的缺损是其行为异常和功能恶化的一个原因。总之，精神分裂症的这些认知特征暗示了其皮层功能的整体失调。

除了认知功能，精神分裂症患者脑功能的其他方面也出现了异常，包括一些瞬间行为的表型变化，其中包括眼睛的平视和扫视、前脉冲抑制（PPI）和P50听觉诱发电位变化等。瞬间行为是大脑应对外界信号的自发行为，有与之对应的神经解剖学基础，因此可以更直接地反映精神分裂症的神经病理。60%~70%的精神分裂症患者缺乏用眼睛追踪钟摆的平滑运动的能力。他们不能描绘出平滑运动，部分表现出急动或者非常规的（如延迟或追赶运动）追踪形式（Thaker et al. 2000）。此外，患者的反向眼跳运动也表现出异常。前脉冲抑制是所有感觉门控都存在的正常现象，是指惊吓反射中在惊吓刺激（脉冲）之前给予轻微刺激（前脉冲）可以抑制下一个较强刺激反应的现象。大部分精神分裂症患者及他们的家人都表现出PPI异常（Thaker et al. 2000）。通常以P50抑制率（P50 suppression ration）反映感觉门控作用的强弱。P50是一种电生理测量，使两种相同的听力刺激间隔500ms，并分别测量它们引发的大脑电位变化。P50抑制比率小，表明抑制差，有门控功能缺陷；P50抑制率比率大，说明抑制良好，感觉门控作用强。正常人会对第二个信号刺激的反应幅度减小，而80%的精神分裂症患者不表现出抑制或者只有很小的抑制（Tamminga and Holcomb 2005）。

9.2.4 精神分裂症的脑结构变化

神经影像技术的进步带来了一系列成像工具的发展，如功能磁共振成像（functional MRI，fMRI）、弥散张量成像（diffusion-tensor MRI，DTI）、计算机层析成像（computerized tomography，CT）和正电子发射断层扫描技术（positron emission tomography，PET），使得描述大脑活动的高分辨率图像得以建立。许多研究比较了精神分裂症患者和非精神分裂症患者各种皮层结构的平均体积，试图发现可以代表疾病状况的单个神经解剖图谱。但是，由于精神分裂症的异质性，这些研究并没有找到可以代表精神分裂症大脑结构的单个模型。脑结构中神经生物学的改变具有很强的个体性，没有一种结构缺陷是普遍存在于所有精神分裂症患者中的。不过，提取大多数患者共有的特征依旧可以用于分析导致精神分裂症功能缺损的原因（Barch and Ceaser 2012）。

MRI 的有些研究表明，精神分裂症患者有内侧颞皮层（medial temporal cortical）体积减小（包括海马、杏仁核和海马旁回）的现象（Barta et al. 1990；Suddath et al. 1990），这种变化与精神分裂症的幻觉有关（Barta et al. 1990）。然而，这与精神分裂症患者脑结构变化的其他研究结果并不一致，如精神分裂症患者脑室体积增加及灰质体积的减少等（Jung et al. 2010）（图 9-1，图 9-2）。也有报道表明精神分裂症患者新皮层的体积减小。例如，在精神分裂症阴性症状患者中中间额叶皮质体积的减小（Cordes et al. 2015）等。不过，目前研究者依旧不清楚脑结构改变能在多大程度上反映任何内在的病理。

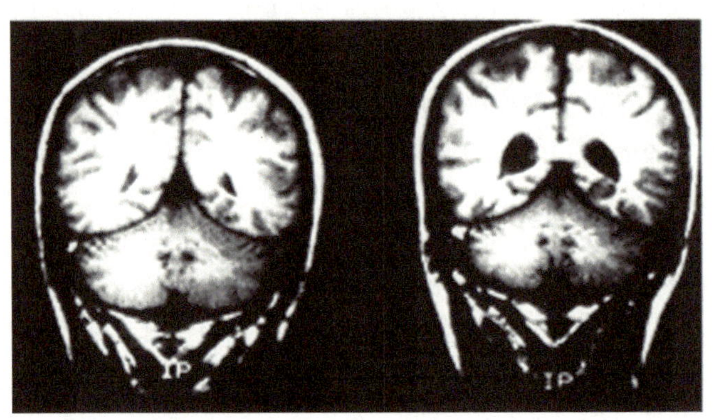

图 9-1 与精神分裂症相关的脑室增加（Jung et al. 2010）

左为正常大脑；右为精神分裂症患者大脑

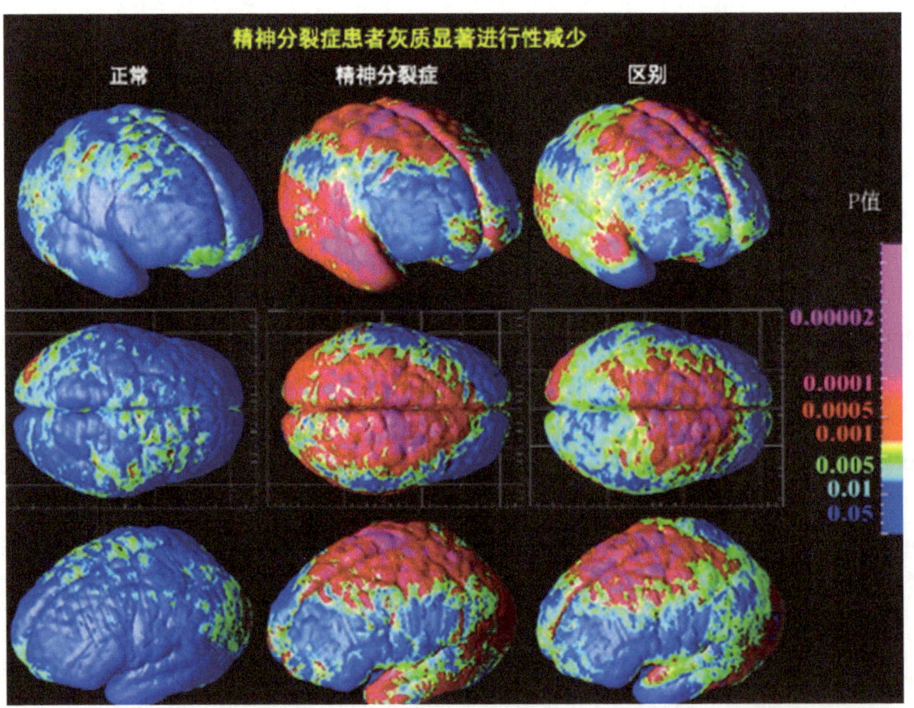

图 9-2 精神分裂症患者灰质存在显著性缺失（Jung et al. 2010）

9.3 精神分裂症的发病假说

9.3.1 多巴胺假说

多巴胺（dopamine，DA）假说是最古老也是最完善的一种关于精神分裂症的假说。它起源于临床观察，后又从抗精神病的治疗中获得了实验验证，并在影像研究中得到了更直接的检测。虽然这个假说依旧不能充分揭示精神分裂症的复杂性，但它还是在疾病的症状和治疗之间建立了直接的关系。

最早的精神分裂症的多巴胺假说提出多巴胺运输的异常活跃是发病的主要原因。例如，精神分裂症的阳性症状是由多巴胺 D2 受体的过度激活导致的，并得到了许多研究的支持（van Os and Kapur 2009）（图 9-3）。该假说并非把多巴胺的过度激活作为精神分裂症的唯一原因，而是把它看作可以导致精神分裂症突触功能障碍的众多原因之一（van Os and Kapur 2009）。非典型抗精神病药物治疗的有效性可以给予佐证。例如，谷氨酸、5- 羟色胺及 NMDA 受体等其他分子也可能在精神分裂症的治疗中发挥作用。多巴胺假说的成立主要是基于以下发现：精神振奋药物可以激活多巴胺受体；非利血平精神安定剂是多巴胺的拮抗物；多巴胺在锥体束外运动系统中发挥重要作用等。此外，精神分裂症患者如果使用极微小剂量（在正常人中不会诱发精神病症状）的类多巴胺分子，如哌甲酯（methylphenidate，MPH）后，有 75% 的患者的类精神病症状水平提高。因此，在精神分裂症患者中使用多巴胺类似物的药物或者提高患者大脑中多巴胺的活性都会加重精神

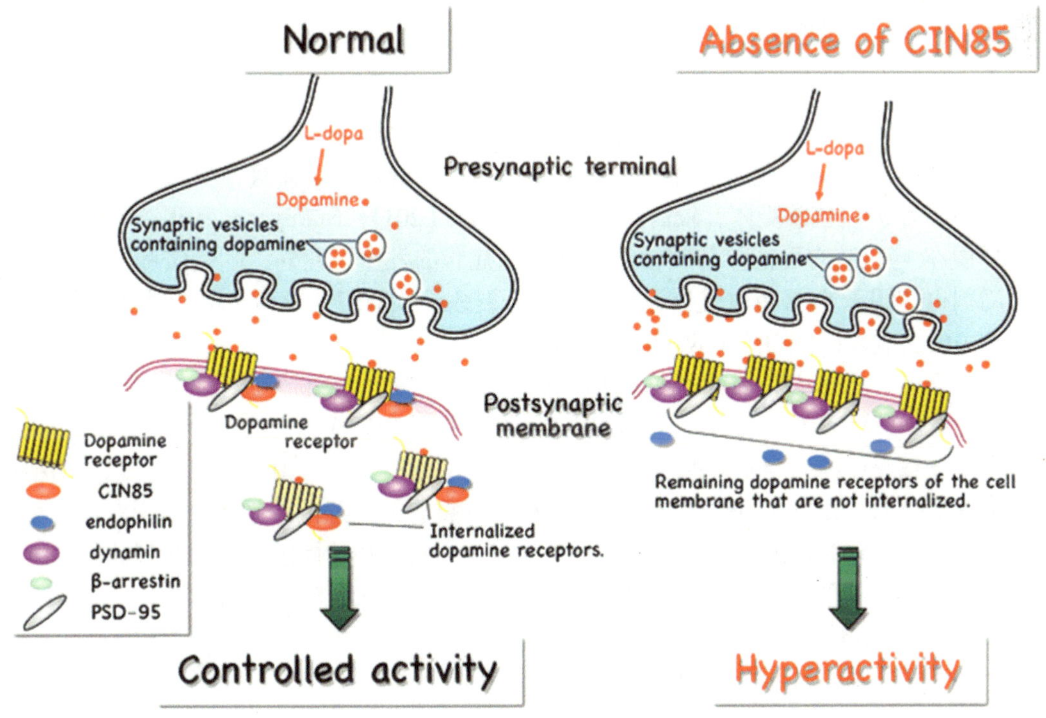

图 9-3 多巴胺受体功能的紊乱会改变细胞的行为（van Os and Kapur 2009）

分裂的病情，证明多巴胺在疾病发病机制中发挥了关键作用。另外，除了增强多巴胺活性的研究，一些降低其活性的研究进一步支持了多巴胺假说。例如，如果使用吩噻嗪类药物阻滞多巴胺与其 D2 受体的结合会导致精神分裂症阳性症状的减轻（van Os and Kapur 2009）。

但是也有一些研究结果反对这种假说。神经影像学方面技术的进步实现了实时显示药物如何在大脑中发挥作用，这使研究者在精神分裂症患者中发现了不一致的结果：抑制多巴胺未必能达到治疗的目的（Laruelle et al. 1996）。例如，受精神分裂症困扰达 10~30 年之久的患者，即使使用抗精神病药物阻断了超过 90% 的 D2 受体，症状依旧得不到缓解。而且，尽管使用阿立哌唑阻断 D2 受体对 60%~70% 首发患者有效，但在慢性患者中缺乏这种反应，从而引发了研究者对多巴胺假说确切性的关注和思考（Urban and Abi-Dargham 2010）。

总的来说，现在的研究结果需要对多巴胺假说进行修改，进一步解释许多研究结果的不一致性，这也反映了神经疾病的复杂性（Moncrieff 2009）。虽然使用阻断多巴胺的神经松弛药物研究支持多巴胺假说，但这种药物的作用可能是由于神经系统受抑制，从而使症状只是看起来得到缓解，实际上药物并没有反转发病机理（Moncrieff 2009）。此外，用兴奋剂诱导类精神疾病症状的内在机理还未得到清楚阐释。因为兴奋剂也会对除多巴胺之外的其他神经递质水平造成变化，所以将精神疾病的发展只归于多巴胺水平的变化是不合逻辑的。而且，多巴胺诱导患者行为的变化（如兴奋、压力、注意力和运动）的报道并不多见（van Os and Kapur 2009）。因此将精神分裂症的精神病症状仅归咎于多巴胺的过度活跃已经无法得到现有数据的支持。

9.3.2 5- 羟色胺假说

治疗精神分裂症的传统药物主要是多巴胺受体的阻断剂，一类被称为氯氮平的非典型的神经安定药除外（Wahlbeck et al. 2000）。这一类新药不仅参与抑制多巴胺受体（特别是 D4 受体），还抑制 5- 羟色胺受体，从而达到抗精神病的疗效。而且，典型和非典型抗精神病药物都对 5- 羟色胺受体有较高的亲和性（Kendall 2011；Sumiyoshi et al. 2013）。因此，神经递质 5- 羟色胺有可能参与精神分裂症阴性症状的发生。此外，吲哚胺和苯乙胺等许多致幻剂也作用于 5- 羟色胺受体，说明精神分裂症导致的幻觉行为也可能是通过与 5- 羟色胺相关的机制发挥作用的（Wahlbeck et al. 2000）。

研究证明，机体应对 5- 羟色胺受体敏感度方面的变化与机体应对神经内分泌方面的挑战时具有一致反应（Meltzer et al. 2012）。而且，精神分裂症患者表现出来的特定症状与 5- 羟色胺能系统中的一定变化存在一定的相关性（Meltzer et al. 2012）。另外，以前用精神安定剂来治疗精神分裂症阴性症状或难治型精神分裂症，5- 羟色胺受体阻断剂在这方面的疗效要比精神安定剂好（Kendall 2011）。此外，在人和动物的体内进行的包括非典型抗精神病药等各种各样的药物实验也证明了 5- 羟色胺在多巴胺能系统中的调节作用（Meltzer et al. 2012）（图 9-4）。

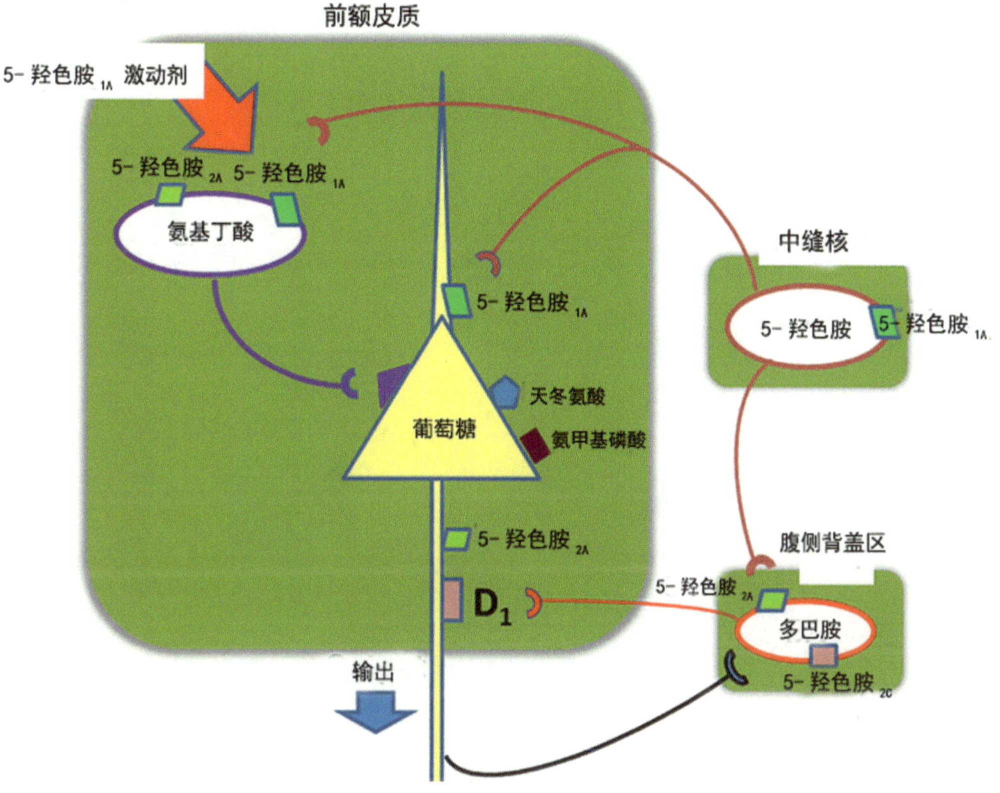

图 9-4 大脑皮层的神经网络包括谷氨酸神经元、γ - 氨基丁酸神经元和多巴胺神经元（Meltzer et al. 2012）

1A 型 5- 羟色胺拮抗剂可以抑制 γ - 氨基丁酸神经元的活性，从而导致谷氨酸神经元的去抑制。这也导致了中脑皮层中多巴胺神经元的激活

9.3.3 谷氨酸和 NMDA 受体假说

有不少研究说明精神分裂症症状与特定谷氨酸通路中离子型谷氨酸受体（N-methyl-D-aspartic acid receptor，NMDA）数量的降低有关，提示了谷氨酸在精神分裂症症状发生中的作用（van Os and Kapur 2009）（图 9-5）。另外，研究发现精神分裂症患者死后的脑组织中 NMDA 受体的水平较低；谷氨酸拮抗剂可以有效模拟精神分裂症症状（如认知缺损），这些现象说明 NMDA 受体的活性不足会导致精神分裂症患者的病理情况（Singh S P and Singh V 2011）。近来的研究指出谷氨酸可以通过抑制脑皮层多巴胺通路的活性从而影响精神分裂症阴性、情感和认知方面的症状。这可能是由于皮层 - 脑干投射区 NMDA 受体活性降低，从而去除了多巴胺激活作用。另外，NMDA 受体活性不足造成中脑边缘部位多巴胺能通路活性的增加，从而也会引起阳性症状，这也与以多巴胺水平失调为中心的多巴胺假说相一致（Konradi and Heckers 2003；Moghaddam and Javitt 2012）。

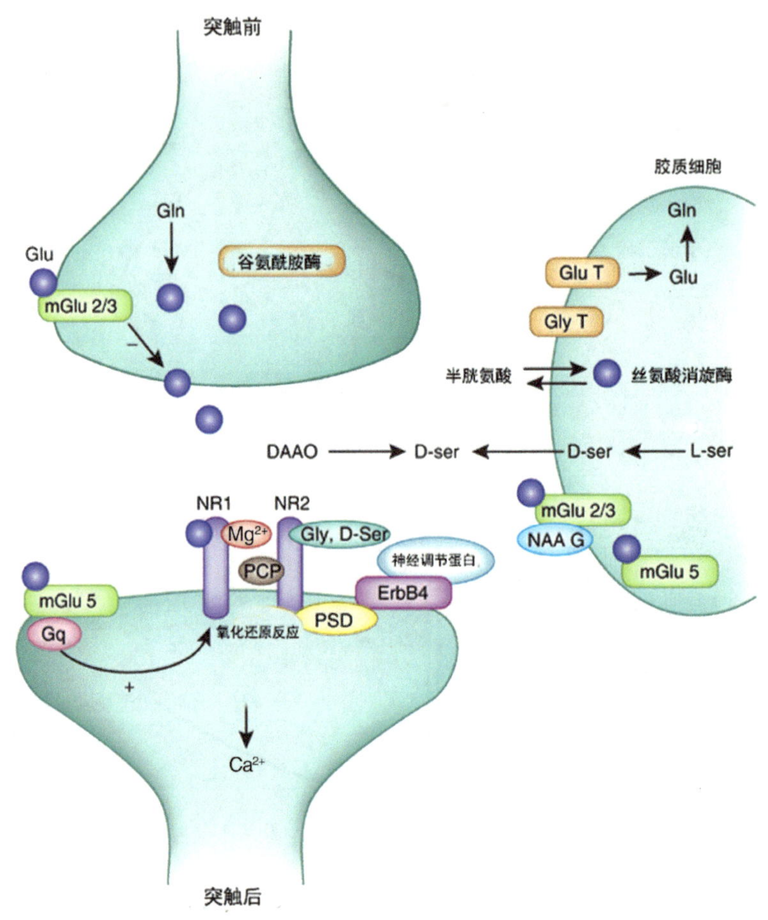

图 9-5 谷氨酸受体的模式图（van Os and Kapur 2009）

描绘了可以作为调节 NMDA 受体功能的潜在靶标，包括 NR1、NR2、mGlu3 和 mGlu5

9.3.4 神经发育假说

有的研究将精神分裂症看作伴随患者一生的神经回路变化导致的一系列神经发育疾病。例如，在子宫中的头三个月所遭受的损伤会引发青少年时期神经网络的病理学变化（Fatemi and Folsom 2009）。而且，与疾病进展一致的灰质及脑室体积的改变也支持这一观点（Insel 2010）。正常的皮层发育包括增殖、迁移、分支（arborization）及髓鞘形成（myelination）；其中前两个过程主要发生在出生前，后两个过程一直延续到出生后 20 年才完成。纵向神经影像学的研究指出，神经元修剪（neuronal arbor）和髓磷脂沉积（myelin deposition）的共同作用是灰质体积逐渐降低的原因；而在这种整体降低之下是更复杂的机制变化。例如，人及非人的灵长动物大脑数据显示，处于青春期和早期成年期的精神疾病患者当出现发病前驱症状和精神疾病症状时，兴奋性突触的强度持续受到了抑制和减弱（图 9-6）（Insel 2010）。而且，儿童患精神分裂症的历程包括抑制性通路细化程度的降低和兴奋性通路的过度削减，最终导致大脑皮层兴奋 - 抑制的不平衡（Insel 2010）。还有研究发现髓鞘化进程的降低会改变神经网络的连通性。虽然这些关于精神分裂症的神经发育机制都有相应研究数据支撑，但不能证明任何一个可能的机制就足以导致疾病症状。

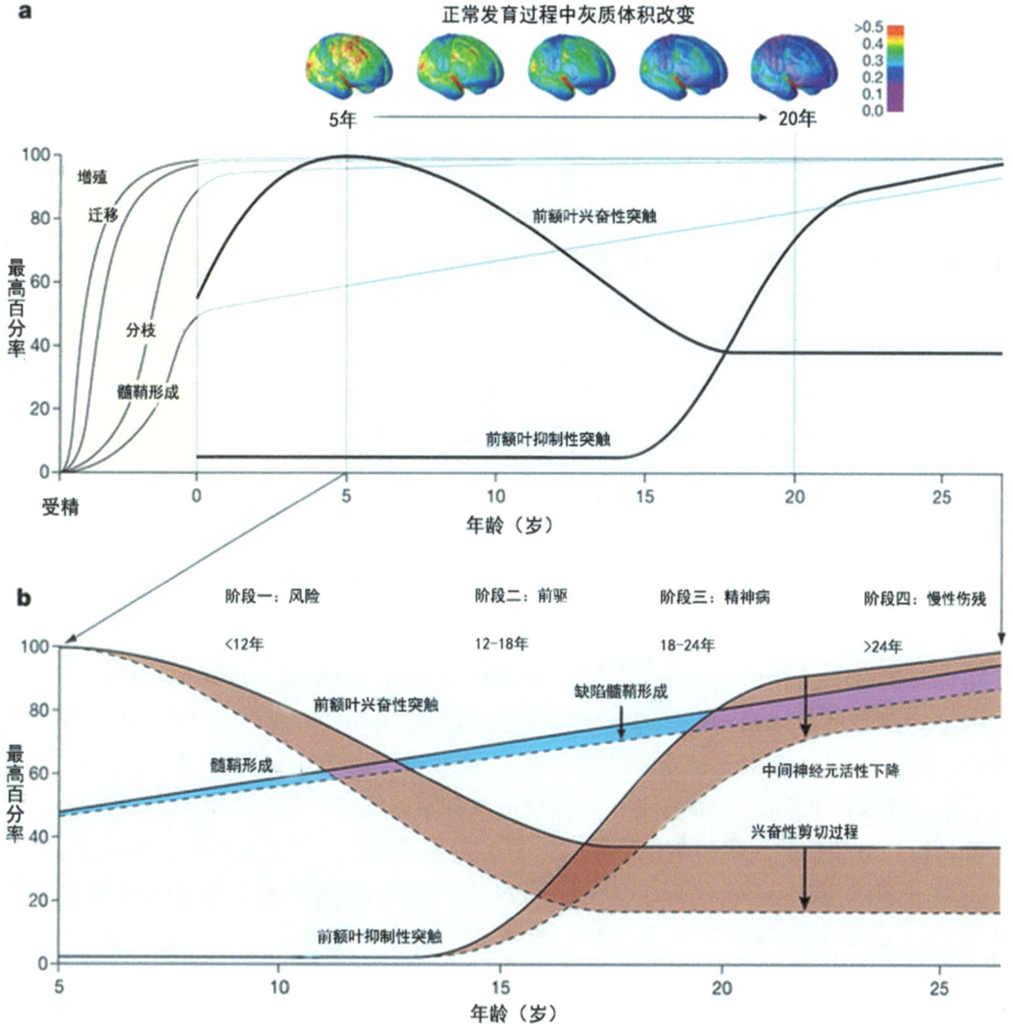

图 9-6 精神分裂症的神经发育模型（Insel 2010）

a. 处于青春期和早期成年期的时候，精神疾病患者出现发病前驱症状和精神疾病症状时，兴奋性突触的强度持续受到抑制和减弱；b. 儿童患精神分裂症的历程包括抑制性通路细化程度的降低和兴奋性通路的过度削减，最终导致大脑皮层兴奋 - 抑制的不平衡。髓鞘化进程的降低会改变神经网络的连通性

不过，对神经发育前驱症状的检测有其实际应用价值，可以用于精神疾病的早期预防和干预。

神经发育的作用也体现在精神分裂症患者的面部形态学特征中。早期大脑发育的畸形也能部分体现在面部畸形上。例如，可以用三维核磁共振成像（3D MRI）形态分析技术研究精神分裂症患者与正常人的面部差异。往往精神分裂症患者的唇、嘴及下巴会比较靠后，看起来面部更窄；而且下颌骨变宽，上颚变短变宽，额头较低，脸中部和下部较长，嘴唇较厚，鼻子较小等（Rubesa et al. 2011）。此外，大脑显著的异常，灰质体积的降低及脑室中脑脊液的增加都是头颅畸形的表现。

9.3.5 神经退行性假说

精神分裂症患者部分胚层区域会出现渐进性萎缩及后续神经元丧失功能的现象，精神分裂症通常被当作一种神经退行性疾病。精神分裂症神经退行性的理论指出，精神分裂症症状的进展源于特定脑区中由神经元死亡、树突的丧失及突触的破坏造成的神经元功能的不断丧失。神经元功能的逐渐丧失可以有多种原因：遗传编码的原因，在子宫中经历过感染、缺氧、营养不良或毒素，多巴胺调节或者谷氨酸的兴奋性毒剂调节；这些最终引发了精神分裂症的阳性形状，并随着神经元的死亡继而发展成阴性性状。兴奋毒性假说认为神经退行性是兴奋性神经递质谷氨酸的过度传递造成的。兴奋性毒性不仅存在于精神分裂症，也存在于各种各样的其他神经疾病中，如帕金森病、阿尔茨海默病、肌萎缩性脊髓侧索硬化症（amyotrophic lateral sclerosis，ALS），甚至在脑卒中疾病中也有。

9.4 精神分裂症的病因学研究

9.4.1 精神分裂症的遗传因素

精神分裂症的遗传倾向性是确定的。精神分裂症的遗传学基础复杂。家系、双生子和寄养子的研究都表明精神分裂症的发生受遗传因素的强大影响，遗传因素占整体风险的 80%。精神分裂症病例大部分都是散发的，且在整个人群中的比率为 1%（Cardno and Gottesman 2000）。但同时，部分精神分裂症也具有家族性的特征，与患病的亲缘系数越接近，罹患精神分裂症的风险也越大。例如（图 9-7），同卵双生子共患病的概率高达近 50%，异卵双生子的共患病概率只有 17%（同卵双生子的共患病概率是异卵双生子的 3 倍）（Cardno and Gottesman 2000）；精神疾病患者的亲属患病概率是整个人群的 10 倍；寄养子的患病风险与他们遗传上的亲属情况有关，与收养亲属无关（Prescott and Gottesman 1993）。这些也说明遗传因素是精神分裂症重要的调控因素，但并不是决定因素。此外，临床上的遗传评估可以发现与遗传状况相关的表型。例如，染色体 22q11 的微缺失与精神分裂症、腭心面综合征（velocardiofacial syndrome，VCFS），以及焦虑、抑郁、注意缺陷多动障碍（attention-deficit hyperactivity disorder，ADHD）、强迫症（obsessive-compulsive disorder）和孤独症谱系障碍（autism spectrum disorder，ASD）都有关联（Gothelf et al. 2004）。精神分裂症是一种多基因遗传病，即致病基因不止一种，在人群的整体层面上可能有成千上万的基因可发挥作用（International Schizophrenia Consortium 2009）。虽然对个体和人群所承受的遗传压力，以及遗传突变的数据和类型还不完全清楚，但基因组学的技术帮助我们阐述这一复杂多基因病的遗传机制。目前主流的观点是：多个基因上的不同变异位点与其他基因和环境风险因子一起发挥作用促成了精神分裂症的发生。精神分裂症有三种主要的遗传模型：常见疾病常见变异位点（common disease-common variant，CD-CV）致病模型和常见疾病罕见变异（common disease-rare variant，CD-RV），以及这两个模型的混合模型——罕见变异位点加常见变异位点及环境因素的修饰作用（图 9-8，图 9-9）（Mitchell and Porteous 2011）。

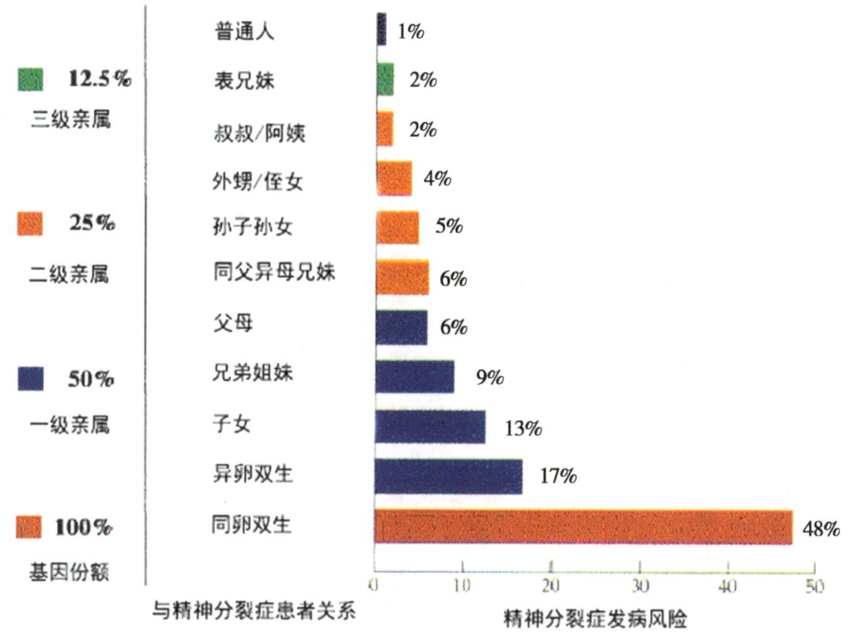

图 9-7 不同人群中精神分裂症的患病情况（Cardno and Gottesman 2000）

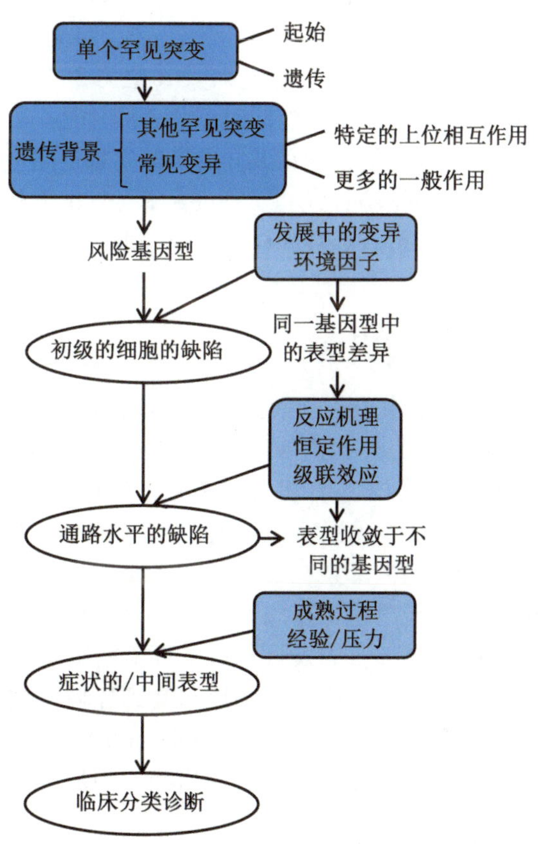

图 9-8 精神分裂症复杂致病机制的框架图

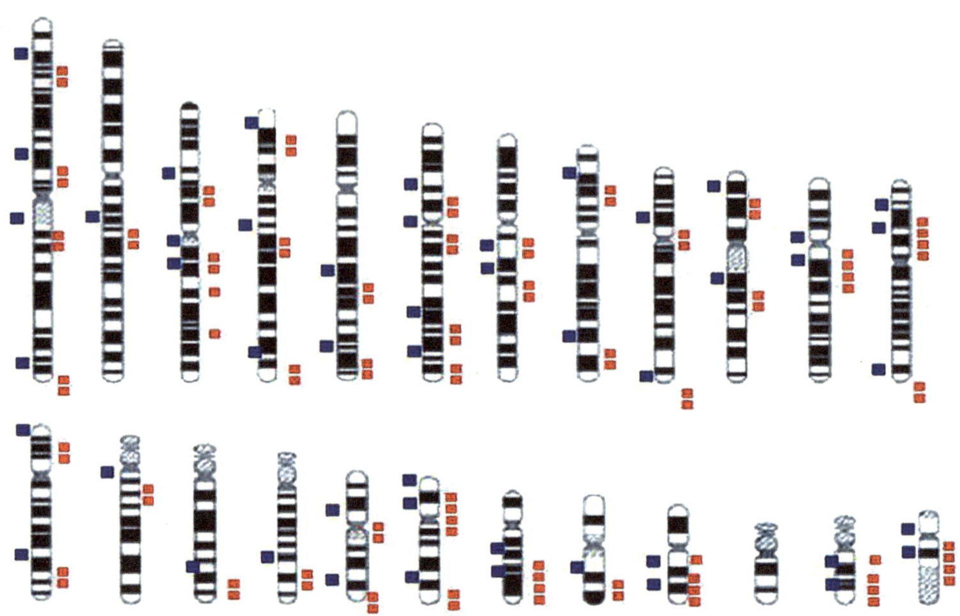

图 9-9 基因组范围内与精神分裂症相关的罕见结构变异（Mitchell and Porteous 2011）

在全基因组范围，常见的单核苷酸多态性（single nucleotide polymorphic，SNP）位点的风险影响较小，比值比（odds ratio，OR）小于 1.5，罕见拷贝数变异（copy number variant，CNV）和罕见突变位点的影响要高很多，OR 值为 3~20。很可能，患病个体既有一个或少数几个高外显率的罕见位点也可能同时有几个低外显率的常见位点来修饰罕见位点的作用。这些遗传风险因素很可能集中在共同的神经生物通路上，从而导致了精神分裂症的一系列症状（Mitchell and Porteous 2011）。Sebat 等（2009）提出许多不同基因上的突变会影响神经发育或功能，最终可以导致同样的临床表型；而同一基因上的各种突变会在不同的个体中导致不同的表型。

9.4.2 精神分裂症的非遗传因素

虽然精神分裂症的发病因素中遗传因素占了很大的比例，但并不一定导致疾病发生，因此非遗传因素也有重要作用。另外，遗传因素对精神分裂症的易感性也受到环境因素的强烈影响。从整体上来说，环境因素，如饥荒、压力、感染和城市化等与精神分裂症的发病率增高是相关的（Brown 2011）。很多流行病学研究（Brown 2011）和转基因动物的研究都清楚地证明了这一点。例如，母亲在妊娠期的 3~6 个月时生病及产前分娩并发症也是精神分裂症的风险因子，冬天出生（夏季怀孕）也会增加患精神分裂症的风险。动物实验也表明精神分裂症的潜在易感基因发挥作用受环境的影响很大。例如，当 *DISC1* 基因突变鼠暴露到早期免疫激活的环境中后，会比未受到环境刺激的突变小鼠表现出更明显的行为层面和分子层面的障碍（Cash-Padgett and Jaaro-Peled 2013）。又如，*IFITM3* 基因突变小鼠只有当受到母体免疫激活以后才表现出相应的从细胞到分子和行为方面上的表型。

环境因素既可能是疾病的保护因素也可能是风险因素（Brown 2011）。然而，环境因素对疾病的作用似乎并没有疾病特异性。例如，锻炼身体可以减缓阿尔茨海默病

（Alzheimer disease）、帕金森病（Parkinson disease）、亨廷顿病（Huntington's disease）和许多其他脑疾病的发展。又如，出生前的免疫激活是精神分裂症和孤独症的易感因素。因此，大部分环境因素可以看作各种脑疾病通用的易感或保护因素（Brown 2011）。有一种假说是，疾病的特异性和表型症状是由遗传因素限制的：同样的环境损害可能没有任何作用或仅有微小的作用；当加上特定的遗传倾向之后，环境因素才会导致明显的行为学表型，这些表型可以用于临床诊断（图 9-10）。近来，美国精神疾病基因组协会（Psychiatric Genomics Consortium）的交叉疾病研究小组（Cross Disorders Group）的研究显示，精神疾病之间有很大的遗传相关性，这在一定程度上证明了上面的假说（Cross-Disorder Group of the Psychiatric Genomics Consortium 2013）。此研究主要表明，在多种精神疾病中存在共享的基因模块。而精神分裂症的全基因组关联分析（GWAS）研究找到了显著不同的疾病易感遗传组分，这说明特定疾病的易感性可能是个体基因组中各种遗传元件组合的结果。因此，同样的遗传元件，在不同的组合下，会导致不同的疾病（Horváth and Mirnics 2015）。

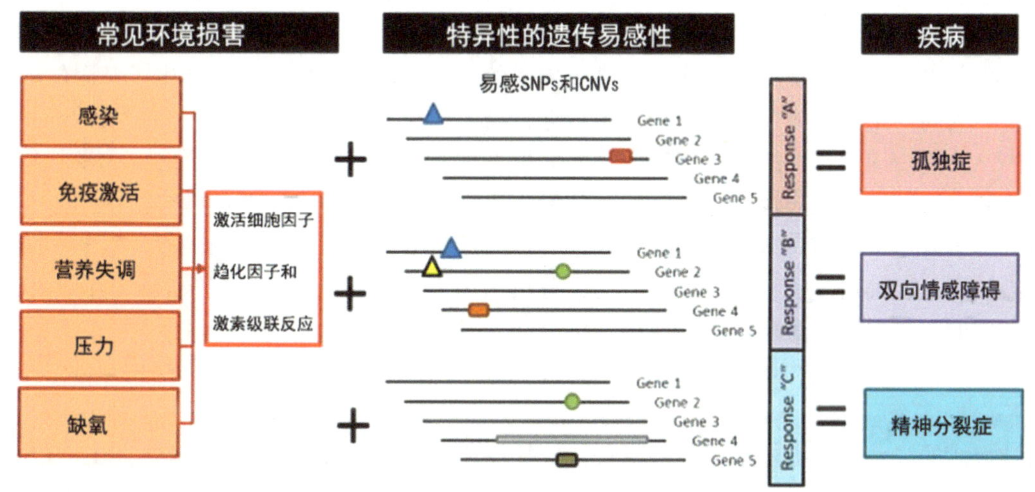

图 9-10　各种各样环境因素以非疾病特异性的方式作为脑疾病的易感因素
（Cross-Disorder Group of the Psychiatric Genomics 2013）

总之，在发病过程中遗传易感因素是一直和环境因素相互作用的；因此，有害环境因素的发生时机、持续情况、发生频率及严重程度会对最后的发病情况有显著影响（Horváth and Mirnics 2009）。除了出生前发育过程中可能会出现精神分裂症的易感因素之外（如出生前母体的感染），青少年时期也会出现多个易感阶段（如青少年吸毒）。单个风险因子仅增加了微小的风险，遗传因子是最强的风险因素。当这些风险因素同时发生时，所造成的可能是倍数形式的影响。而且，这些风险因子提示：疾病发生非常早期的事件对疾病发生的影响会在很晚之后才体现出来。但是，到目前为止研究者还不很清楚在基因与环境的相互作用下，行为学的表型是如何与转录组的变化相关的，而这些过程也只有部分可以在动物上建立模型（Horváth and Mirnics 2015）。

9.5 精神疾病的研究方法和进展

精神分裂症在全世界范围的发病率约为 1%，给患者及家人和社会带来了巨大的心理负担和经济负担。与其他复杂疾病类似，精神疾病的发生也是复杂且多因素的，许多易感基因、表观遗传学、随机因素及环境因子都对疾病有贡献（Ayhan et al. 2009）。家系的、双胞胎和寄养子的研究都表明遗传因素在精神疾病的发生中发挥着重大作用，占整体患病因素的 60%~85%（Lichtenstein et al. 2009）；寻找精神疾病的易感基因并不容易，目前研究者发现大量的易感风险基因与该精神疾病相关联，而我国也开展了大规模的精神疾病的分子遗传学研究，承担了科技部一些关于精神疾病易感基因研究的工作，做出了卓越的贡献。

9.5.1 连锁分析和定位克隆

连锁分析是研究疾病和染色体标记共分离情况的一种方法。其原理主要来自美国遗传学家摩尔根发现的经典遗传学中基因的“连锁与交换定律”，即在减数分裂的四分体时期，同源染色体上的等位基因随着非姐妹染色单体的交换而发生交换，因而产生了基因的同源重组；当同一条染色体上两个位点靠得越近，染色体交叉的机会越少，产生重组的概率就越小，共同传递到子代的概率也越大，我们称这样的两位点是连锁的。反之，如果两位点距离越大，基因发生交换和重组的概率就越大。根据是否考虑具体遗传模式，连锁分析可以分为参数分析和非参数分析。参数连锁分析适用于遗传模式较为清晰的简单疾病，检测效力较高，能确定连锁程度；非参数连锁分析因为不需要预先假定遗传模式，所以对家系要求较低，更适用于复杂疾病的连锁分析。

连锁分析的研究发现了包含精神分裂症关联基因的染色体区段，而不是具有显著作用的一个或多个基因（Owen et al. 2004）。荟萃分析及验证性的研究为如下染色体区域存在精神疾病的风险基因提供了充分的支持：包括染色体 8p（Badner and Gershon 2002；Lewis et al. 2003；Ng et al. 2009）和 22q（Badner and Gershon 2002；Lewis et al. 2003），以及 1q、2q、3p、3q、4q、5q、6p、6q、10p、10q、11q、13q、14p、15q、16q、17q、18q 和 20q（Badner and Gershon 2002；Lewis et al. 2003；Ng et al. 2009）。为了在这些染色体区域上发现真正的精神疾病的风险基因，后续需要投入大量的精力进行精细定位的工作。

9.5.2 遗传关联分析及全基因组关联分析

9.5.2.1 关联分析的原理

遗传的关联分析包括在与精神分裂症关联的连锁区域进行后续关联分析及假说驱动的候选基因的关联研究，其目的是为了决定这些基因是否真正与精神分裂症相关联。全基因组关联分析（genome-wide association study，GWAS）的原理与候选基因的关联分析类似，但它不是以假说为驱动的，而是具有发现性的；GWAS 是通过在全基因组层面上开展大规模的遗传标记分型来寻找与复杂疾病相关的遗传因素的研究方法。

9.5.2.2 关联分析的方法

关联分析是遗传学中寻找疾病易感基因的有利工具，按照数据的采集方法可以分为病例对照设计和家系设计。病例对照实验需要比较两组人群中 SNP 位点的频率差异。对照组样本既可以来自健康人群也可以是从普通人群中随意挑选的个体组合。疾病组中相对于对照组中 SNP 位点频率或者基因型频率的增加很可能会增加疾病的风险。

选择标签 SNP（Tag SNP）指的是选择最小数量的 SNP 来反映一个更完整的 SNP 集合所代表的尽可能多的遗传变异信息。较为简单的做法是用配对的方法计算每对 SNP 之间的连锁不平衡程度，例如，如果 $r^2 > 0.9$，可以选择其中的一个 SNP，而舍掉另外一个（可以优先淘汰分型结果不好的，如缺失值较多的位点）。选择过程可以采用不同的统计方法，更有效的选择依赖于更好的统计分析。在实际操作中，Tag SNP 的选择仅在捕获常见变异位点时才是有效的。虽然选择标签 SNP 会舍去一些信息，但是舍掉的信息量不大，因此不仅可以节约分型成本，而且可以简化分析，降低自由度，从而提高统计效力。

在疾病和健康作为表型的关联分析中，对于单个位点的 SNP（假设为等位基因 *A* 和 *B*）关联检测是基于基因型（*AA*、*AB*、*BB*）的 2×3 的联表。初始假设是该表的行与列之间不存在关联。对该表格的分析可以直接使用观察-预期（observed-expected）统计检验，该统计量遵从自由度为 2 的卡方检验。

这种检验方法不考虑有序关系，而且仅近似卡方分布，意味着样品量越大，这种分析方法越准确。除了基因型模型，显性模型（dominant model）和隐性模型（recessive model）也可以用这种分析方法（图 9-11）。

此外，列联表还可以用逻辑回归模型（logistic regression）进行分析，其中，疾病和健康可以分别用 0 和 1 表示，解释的变量可以用 *AA*、*AB* 和 *BB* 三个水平来表示。逻辑回归模型还可以纳入更多的 SNP、表观遗传风险因子或如疾病严重程度、年龄等临床变量进行分析。对于表型是连续变量或者可以进行标准化处理的情况，可以利用线性回归（linear regression）的模型进行关联分析。

如果进行多个 SNP 位点的关联分析，除了利用逻辑回归以外（SNP-based logistic

(a) 常见遗传模型的全部基因型表格

	AA	AB	BB
Cases	*a*	*b*	*c*
Controls	*d*	*e*	*f*

(b) 显性模型：等位基因B增加风险

	AA	AB+BB
Cases	*a*	*b*+*c*
Controls	*d*	*e*+*f*

(c) 隐性模型：双拷贝数的等位基因B增加风险

	AA + AB	BB
Cases	*a*+*b*	*c*
Controls	*d*+*e*	*f*

(d) 乘法模型：等位基因而非基因型分析：r-fold增加AB的风险；r^2增加BB的风险

	A	B
Cases	2*a*+*b*	*b*+2*c*
Controls	2*d*+*e*	*e*+2*f*

(e) 加法模型：通过基因型的阿米蒂奇趋势检验：r-fold增加AB的风险；2r增加BB的风险

	AA	AB	BB
Cases	*a*	*b*	*c*
Controls	*d*	*e*	*f*

图 9-11 关联分析的不同模型

regression），还可以利用单倍型分析的方法（haplotype-based method）进行分析。这是由于人类基因组可以看作由各个相连的马赛克模块（block）组成的，这些模块在减数分裂时发生重组的概率较低，往往作为一个整体遗传。单倍型（haplotype）正是 block 中的多个 SNP 的结合形式。人类基因组的 block 为 1~100kb，亚洲人平均为 18kb。

上述列联表的方法不仅可以用来评估病例和对照组之间 SNP 位点频率的偏移情况，还可以用来计算相应 SNP 位点对疾病风险的影响。假设有个显性作用 SNP 位点，而且其他研究证明它是一个有功能的突变。对这种相对风险度的精确估计可以用比值比（odds ratio，OR）来表示，它的定义是疾病组相对于对照组中携带风险位点与携带非风险位点的比较。OR 值给出了风险位点携带者和非风险位点携带者疾病风险增加的情况。虽然相对风险也可以用来评估风险，但是由于 OR 值易于计算，且可以给出置信区间（confidence interval，CI），因此更具优势。

按关联分析的研究样本进行划分，关联分析可以分为病例 - 对照关联分析和家系的关联分析。连锁分析和关联分析中的家系实验用到的是传递不平衡检验（transmission disequilibrium test，TDT）（图 9-12），该方法是观察多个核心家系中位点从父母到患病后代的传递情况。如果位点不与疾病关联，位点 A 和 B 有同样的机会从杂合子的父母中得到传递。但是，如果等位基因 *B* 会增加患病的风险，则该等位基因会优先传递给患病的后代。TDT 不受人群层化的影响，也适用于以微卫星为标记的分析。检验统计量 *T* 考虑的是父母双方都为杂合子时，利用两配对样本的 McNemar 检验比较等位基因 *A* 和等位基因 *B* 传递数量的差异。在样本量足够大的情况下，*T* 符合自由度为 1 的卡方分布。当样本量不够大时，可以考虑用二项分布的检验。

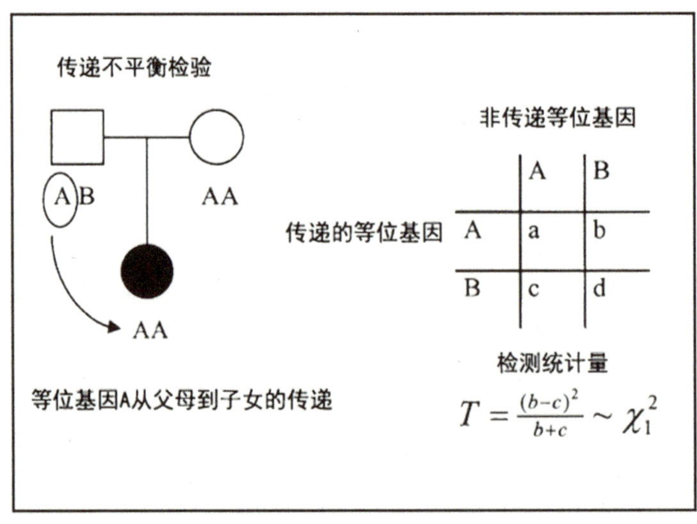

图 9-12　传递不平衡检验

9.5.2.3　关联分析中的人群层化问题

人群层化（population stratification）是指系统性的祖先差异导致的样品疾病组和对照组位点频率的差异。如果人群层化得不到适当的矫正会造成关联分析及全基因组关联分析

（genome-wide association study，GWAS）的假阳性结果。主要的矫正方法包括主成分分析（principal component analysis，PCA）和线性混合模型（linear mixed model，LMM）。

人群结构是一种固定作用，而非随机效果，即对所有样品都是同一个关于遗传祖先的函数。如果基于整体的协方差将人群结构建成随机作用的模型，特别是当遗传标记有显著差异的时候会产生假阳性的结果。将人群结构建成固定作用的模型为人群层化的矫正提供了更高的确定性，但是需要进行 PCA 分析或者类似方法的分析来推断出每个样品的遗传祖先。如果样品中存在家族性结构，通过 PCA 来推断遗传祖先就会受到挑战，因为家族亲缘关系会造成假的主成分。可选的解决办法是从一系列不相关联的样品中推断出单核苷酸多态性载荷（SNP loading）从而计算主成分。如果使用的非相关样本量相对于人群结构的作用足够大，则这种推断方法是充分的。否则，SNP 载荷的统计干扰会使主成分的推断偏向于零。

9.5.2.4 精神分裂症遗传关联分析的研究进展

遗传关联分析通常是通过比较精神分裂症患者和健康对照中常见 SNP 的频率而进行的一类统计检验。到目前为止，总共发现有 1000 多个候选基因、9000 多个 SNP 与精神分裂症存在关联（SEGene database）（Allen et al. 2008）。然而，这些基因中的大多数依旧是假定的风险基因，因为并非所有的关联分析结果都能在其他研究中得到验证（Allen et al. 2008）。尽管缺乏严谨的遗传学证据，体内和体外的功能试验已经证明了这些候选基因关联分析中的许多基因参与了精神分裂症的生物学机制，而且一些基因非常有可能是潜在的新药靶点。这些基因包括编码蛋白酶的 *AKRT1* 基因、编码烟碱型乙酰胆碱受体 α7 亚基（nicotinic acetylcholine receptor alpha 7 subunit）的 *CHRNA7* 基因、编码神经信号转导分子（neuronal signal transducer）的 *DPYSL2* 基因、编码受体酪氨酸激酶（receptor tyrosine kinase）的 *ERBB4* 基因、编码 ERBB4 酪氨酸激酶受体（receptor tyrosine kinase）的配体 *NRG1* 基因、编码代谢型谷氨酸受体（metabotropic glutamate receptor）的 *GRM3* 基因、编码 JNK 信号通路蛋白激酶激酶（JNK signalling pathway protein kinase kinase）的 *MAP2K7* 基因、编码环腺苷酸特异性磷酸二酯酶（cAMP-specific phosphodiesterase）的 *PDE4* 基因、MAPK 激酶激酶（MAP kinase kinase kinase，MKKK）的 *TNIK* 基因等（Allen et al. 2008）。

个体候选基因遗传位点的分析已经被全基因组关联分析（GWAS）大大取代。GWAS 使用微阵列芯片的分型平台可以在全基因组内检测上百万个遗传位点（SNP）。与候选基因的关联研究类似，GWAS 研究者也是要在精神分裂症患者群和不相关的健康对照中比较 SNP 的频率。研究者已经开展了不少关于精神分裂症的全基因组关联分析的研究，但是大部分研究中发现的 SNP 没有达到检测多位点所需要的严谨统计学意义（$P < 5 \times 10^{-8}$），因此没有为精神分裂症的遗传风险因子提供强有力的证据。然而，随着数据分析的进步和研究的优化，一些有前景的风险因子得以脱颖而出。这些方法包括多个不同研究的荟萃分析（meta-analysis），发现阶段与验证阶段数据的合并，寻找与精神分裂症内表型的关联，将精神分裂症患者和症状与之重叠的其他疾病如双相情感障碍症（bipolar disorder）结合起来分析等。

最受支持的区域位于主要组织相容性复合体（major histocompatibility complex，MHC）上，在染色体6p22.1 区域（Irish Schizophrenia Genomics Consortium and the Wellcome Trust Case

Control Consortium 2 2012；Bergen et al. 2012；Jia et al. 2012；Purcell et al. 2009；Ripke et al. 2011；Shi et al. 2009；Stefansson et al. 2009）。但是基因组的这个区域包含许多免疫相关基因，而且关联信号来自于许多不同的 SNP，对精神分裂症既有保护也有风险作用。在找到特定的基因之前需要对这个区域进行更多的研究，决定是否可以作为精神分裂症的潜在药物靶点之前还需要功能验证试验。得到 GWAS 及后续验证试验支持的基因还包括参与细胞粘连的转录因子 *ZNF804A*（Hill et al. 2012；O'Donovan et al. 2008）、编码神经转录因子的 *TCF4* 基因（Stefansson et al. 2009；Steinberg et al. 2011）、编码与钙调蛋白（calmodulin，CaM）结合的突触后蛋白激酶的底物 *NRGN* 基因（Stefansson et al. 2009）、编码将膜蛋白锚定到血影蛋白 - 肌动蛋白（spectrin-actin）细胞骨架上的锚蛋白 *ANK3* 基因（Athanasiu et al. 2010；Ripke et al. 2011）、编码电压依赖的 L 型钙离子通道 α 亚基的 *CACNA1C* 基因（Ripke et al. 2011）、编码乙酰转移酶的 *HHAT* 基因、编码 microRNA 基因的 *MIR137* 基因（Ripke et al. 2011），以及一些 GWAS 中发现的一关区域，包括 8p12 与 1q24.2（Shi et al. 2011）、6p11.2（Steinberg et al. 2014），以及 1p21.3、2q32.3、8p23.2、8q21.3 和 10q24.32~q24.33 区域（Ripke et al. 2011）。最近一次最大规模的精神分裂症的 GWAS 研究发现了与精神分裂症相关的 108 个位点，这些位点大部分定位在与精神分裂症关联的基因上或者基因附近，其中有 83 个是新发现的位点。

9.5.3 细胞遗传学筛查

精神疾病患者基因组的结构变异并不是新现象，Pickard 等（2005a）早在细胞遗传学的筛查中就已经发现少数患者及在一个大的患者家系中存在染色体异常现象，如平衡染色体易位（balanced chromosome translocation）。研究者已经在染色体的断裂点发现了少数有高外显率的风险基因，如 *DISC1*，编码参与胚胎期和成人期神经发生过程的中心蛋白（Millar et al. 2000）、编码神经形成转录因子蛋白的 *NPAS3*（Pickard et al. 2005b）、编码 Kainite 型谷氨酸受体亚基的 *GRIK4*（Pickard et al. 2006）、编码跨膜转运体的 *ABCA13*、编码磷酸丝氨酸氨基转换酶的 *PSAT1*（Knight et al. 2009），以及 *PDE4B* 基因（Millar et al. 2005）。这些基因中的 SNP 位点关联分析得到了阳性结果，因此进一步支持它们作为精神分裂症的风险因素（Allen et al. 2008），而且有些可以作为一些新药物的靶点。

9.5.4 深度重测序

基因组技术的快速发展将高通量的方法 [二代测序（next generation sequencing，NGS）] 带入人类基因组的深度重测序研究中。研究者可以在单个患者中开展候选基因、全基因组、全外显子组的测序来寻找与疾病相关的罕见单核苷酸位点变异或者 DNA 的插入、微缺失（inDel）、重复等染色质结构变异。一些初步研究发现，这样的罕见变异存在于精神分裂症患者中。全外显子组测序表明散发性精神分裂症的 *de novo* 单核苷酸位点变异（single nucleotide variant，SNV）比正常人多（Girard et al. 2011；Xu et al. 2011），而且一些患者携带了个体罕见的疾病特异性变异（Need et al. 2012）。另外，用传统的 Sanger 测序及 NGS 的方法对候选基因进行重测序，结果也发现精神疾病患者与健康对照相比在全基因组范围内有较多的罕见 SNV 和 inDel，包括 *ABCA13*（Knight et al. 2009）、*DISC1*、*KIF17*（Awadalla et al. 2010；Tarabeux et al. 2010），编码微管囊泡转运子的 *KIF17*，编码

NMDA 型谷氨酸受体 2A 的 *GRIN2A*（Tarabeux et al. 2011），编码 NMDA 型谷氨酸受体 2B 的 *GRIN2B*（Awadalla et al. 2010；Myers et al. 2011），编码 NMDA 型谷氨酸受体 3A 的 *GRIN3A*（Shen et al. 2009）、*NRXN1*（Awadalla et al. 2010）、*NPAS3*（Yu et al. 2014），编码中心体蛋白的 *PCM1*（Datta et al. 2010），编码突出骨架蛋白的 *SHANK3*（Awadalla et al. 2010；Gauthier et al. 2010）。这些基因当中，有一些与精神分裂症相关的生物学功能关联。但是，要想确定这些罕见变异对基因表达及功能的作用，首先确定这些罕见变异位点是关键。这些研究说明深度重测序对精神疾病的研究具有深远影响。

9.5.5 表观遗传学

基因组表观遗传学的修饰是研究精神分裂症遗传机制的新兴领域，它可能会提示一些新的患病风险因素。表观遗传学主要是研究 DNA 上遗传的或者新的修饰，如由组蛋白乙酰化、甲基化、磷酸化导致的染色质的甲基化或者构象变化。这些修饰通过促进或者抑制转录因子与调控区域的结合而发挥作用。甲基化主要发生在基因启动子区 CpG 岛的位置。通过比较精神分裂症患者和健康人的唾液样本和死后的脑样本，有少数研究发现了精神分裂症潜在的表观遗传学风险因子。例如，在编码 5- 羟色胺（5-hydroxytrptamine）受体亚基的 *HTR2A* 基因启动子区域（Abdolmaleky and Thiagalingam 2011；Ghadirivasfi et al. 2011）、在编码参与神经迁移过程的细胞外基质蛋白的 *RELN* 基因（Abdolmaleky et al. 2005；Grayson et al. 2006）的启动子区域和在编码转录因子 *SOX10*（SRY-related HMG-box 10）基因的（Iwamoto et al. 2005）启动子区域都存在过度甲基化现象。而在另外一些基因的启动子区域也表现出甲基化不足的现象。例如，研究人员发现从精神分裂症患者死后的脑和唾液中发现 *COMT* 基因的启动子区域甲基化不足的现象；*COMT* 基因编码催化甲基从腺苷甲硫氨酸到儿茶酚胺转移的酶（Abdolmaleky et al. 2006；Nohesara et al. 2011）。从治疗的角度考虑，组蛋白去乙酰化酶抑制剂可以增强 DNA 去乙酰化酶的活性，因而可能具有新的治疗价值。近来一些研究在全基因组范围内对 CpG 岛的甲基化状态进行扫描，发现精神分裂症患者死后的脑组织中有大量基因存在甲基化不足或者过度甲基化的现象，其中一些基因参与了谷氨酸和 γ- 氨基丁酸（GABA）的信号通路（Dempster et al. 2011；Mill et al. 2008）。此外，研究者在精神分裂症患者中也发现了组蛋白修饰异常的现象。例如，在 *GAD1* 基因的启动子区发现了组蛋白 H3 赖氨酸残基的甲基化修饰，该基因编码 GABA 的合成酶（Huang and Akbarian 2007）。而且，一些研究发现某些抗精神病药物可以改变组蛋白修饰。更有意思的是，这些与精神疾病相关的且表观遗传改变的基因往往参与谷氨酸、GABA 和多巴胺的信号通路中，而且这些基因中的 SNP 位点也与精神分裂症相关，如基因 *COMT*、*GAD1*、*RELN* 和 *HTR2A*（Allen et al. 2008）。精神分裂症的表观遗传学研究还处在早期，目前发现的 DNA 修饰还有待进一步的证实，从而确定它们是致病因素本身还是一些致病的细胞反应的结果。此外，这些基因需要进一步的验证和功能试验来确定它们作为潜在药靶的能力。

9.5.6 差异表达

比较患精神分裂的和健康对照的死后人脑组织、动物组织及细胞培养物的蛋白质表达水平，可以为许多风险因素提供其致病的证据。不过我们依旧需要谨慎解读这些发现，因为 mRNA 和蛋白质水平的变化可能一些是原因，一些是结果。此外，我们还需要考虑一些混杂因素。例如，延迟处理可能会影响死后脑组织的分子稳定性及长期使用抗精神病药的不良反应。不过，这些研究已经帮助我们发现了精神分裂症风险因素的疾病相关作用，促进了我们对导致精神分裂症症状的生物学过程的理解。有些分析采用了一些传统的方法，如实时定量 PCR（real-time PCR）、原位杂交（*in situ* hybridization）、免疫组化或者酶联免疫吸附测定（enzyme-linked immunosorbent assay，ELISA）。新技术的产生带来了更全面且具发现性的差异表达分析方法，如用 DNA 微阵列芯片和 RNA 测序的方法（RNA sequencing，RNA-seq）来检测 RNA，以及用二维电泳和质谱分析法来检测蛋白质表达的技术。这些方法不仅为候选的精神分裂症风险基因提供了证据，还让研究者发现了许多新的受到差异调控的基因和蛋白质。通路分析表明这些分子集中在一些相关的信号和神经发育的通路上，将为新的治疗策略提供重要的思路。

9.5.7 系统生物学方法

精神分裂症的遗传学研究发现了与精神分裂症相关的大量风险基因和位点，它们的分子作用集中在各种各样的生物通路中，包括神经发育的通路和神经信号转导的通路，如谷氨酸能（glutamatergic）、多巴胺能（dopaminergic）、γ- 氨基丁酸能（GABAergic）、胆碱能（cholinergic）、血清素能（serotonergic）的信号转导。系统生物学的方法为这些基因参与精神分裂症病理过程提供了更多证据。这些方法包括用细胞培养和动物模型来研究基因功能，以及下游的表型作用对动物行为的影响，通过检测患者和动物模型的相关基因、蛋白质表达情况来分析病理过程，以及进行风险遗传位点与内表型的关联等。又如，将患者的成纤维细胞诱导成全能性干细胞（induced pluripotent stem cell，iPS）并重编程成神经细胞（Brennand et al. 2011）进行更多研究。功能实验是探究基因如何在疾病病理过程中发挥生物学作用的必经之路，也是寻找新药作用到基因网络和通路的充分条件。开发出有效的治疗策略，整合所有这些工具的数据是至关重要的。

9.5.7.1 转录组

转录组是全基因组上的基因在表达水平（mRNA）上的变化。许多研究材料是死后脑组织的 RNA 提取物或者激光分离的患者细胞及动物模型或者细胞培养物的 RNA，然后采用 DNA 微阵列的方法来分析。在不同脑区的不同类型细胞中都进行过基因表达变化的分析，如海马（hippocampus）、小脑（cerebellum）、杏仁核（amygdala）、丘脑（thalamus）和颞叶皮层（temporal cortex）（Horváth et al. 2011；Sequeira et al. 2012）。但是大部分研究都集中在前额皮质，此区域与认知功能有关，并发现与精神分裂症患者的精神失调有关。在前额皮质区，突触可塑性（synaptic plasticity）、神经发育、神经传导、信号转导、髓鞘形成（myelination）、代谢、线粒体功能和免疫反应方面都存在基因表达（Hakak et al. 2001；Middleton et al. 2002；Mirnics et al. 2000）。特别是发现谷氨酸能和 γ- 氨基丁酸能的信号通路得益于受体亚基基因的差异表达分析（Hashimoto et al. 2008；Vawter et al. 2002）。除了 DNA 微阵列芯片，二代测序的方法如 RNA-seq 正在用于全转录组的分析。这种基因组学技术的提升可以提供从转录水平到可变剪接，以及序列变异位点的丰富信息，为开发新疗法提供了关键信息。

9.5.7.2 蛋白质组

蛋白质组是对蛋白质表达差异、转录后修饰和蛋白质之间相互作用进行高通量的整体分析的研究方法。对临床上脑样品的不同脑区进行蛋白质组的分析，发现疾病组与健康对照组相比，存在许多受到上调或下调的蛋白质。这些变化反映了遗传、环境因素及抗精神病药物之间复杂的相互作用。有许多关于精神分裂症蛋白质组学的研究，这些研究发现的蛋白质很少有重叠，且集中在一些功能通路上。例如，在背外侧前额叶皮质（dorsolateral prefrontal cortex）、前扣带皮层（anterior cingulate cortex）、胼胝体（corpus callosum）和岛叶皮层（insular cortex）都发现有蛋白质表达差异，这些蛋白质与代谢、细胞骨架结构、突触、氧化压力、少突胶质细胞（oligodendrocyte）功能、谷氨酸信号转导等过程有关（English et al. 2011; Martins-De-Souza et al. 2010）。分析遗传改变的小鼠的蛋白质组及药物诱导的 NMDA 受体功能缺失的啮齿动物模型，证明了精神分裂症的一些风险因子。例如，在 MK-801 处理的大鼠丘脑（thalamus）、苯环己哌啶（一种麻醉药和致幻剂）处理的大鼠前额叶皮质都发现了 DPYSL2 蛋白的差异表达。DPYSL2 是被多次报道的差异表达蛋白之一。此外，蛋白质组学为使用精神分裂症患者的血液、尿液和血清研究潜在疾病的生物靶标提供了工具。

9.5.7.3 代谢组学

代谢组学是用液相色谱 - 质谱联用（liquid chromatography mass spectrometry）技术和核磁共振（nuclear magnetic resonance）光谱技术来研究小分子代谢物的研究方法，如研究代谢中间产物、激素和其他信号分子。对精神分裂症患者和健康人的组织或者疾病模型进行代谢组学的比较能够将代谢组学的变化与疾病相关的酶的表达变化，以及基因或者蛋白质通路的变化联系起来。代谢物可以作为疾病的分子标记或者为精神分裂症提供新的治疗靶标。血脂水平的变化、葡萄糖利用率及氧化压力的变化受到广泛报道（Pickard 2011）。例如，在最近的血浆代谢组学的分析中，研究人员通过建立代谢物、酶、中间蛋白质产物和精神分裂症风险遗传因子的分子网络，发现了 13 个与精神分裂症候选基因有关的 5 种异常代谢产物（He et al. 2012）。

9.5.8 影像遗传学

影像遗传学是新的领域，综合了遗传学的分析和活的人脑组织结构异常的定量分析。精神分裂症患者脑结构异常的定量分析中，最常见的是患者海马区和侧脑室容量（lateral ventricular volume）异常（Lawrie and Abukmeil 1998）。影像遗传学有助于发现可定量的临床表型的遗传基础，促进精神分裂症的药物发现。例如，可以确定药物靶标的作用，发现生物标记，以及基于个人的遗传基础来检测新的抗精神病药物对大脑结构和功能的影响。到目前为止，大部分研究都是小样本量的，但是候选风险因子的关联研究发现：在 *COMT*、*DISC1*、*ERBB4*（Konrad et al. 2009）、*GRM3*、*NRG1* 和 *ZNF804A*（Hall et al. 2006）基因上存在与脑形态关联的风险位点。需要对这些研究进行大样本量的验证，进一步探讨这些位点对大脑结构和功能的影响，一些研究也采用全基因组范围的方法。

9.5.9 转基因小鼠模型

要找足精神分裂症遗传基础的证据，仅依靠目前发现的上千个相关联的遗传位点是不够的。理解这些位点在生化和细胞机制中的作用，以及它们在神经回路中对突触功能的影响才是决定它们是否可以作为药物靶标的先行条件。神经生物学实验室中，模式小鼠的研究是研究基因功能的常用方法。行为学实验、电生理实验及成像技术是决定特定遗传位点对特定症状的作用必不可少的技术手段。研究这些位点如何影响大脑回路和特定表型可以为这些生物通路可否作为药物靶标提供重要的神经生物学信息。在这些研究中，如何选择与临床转化相关的检测技术至关重要（Pratt et al. 2012）。目前，化合物从临床前研究阶段到进入Ⅰ期临床研究阶段之间会遇到很多障碍，部分原因在于动物行为学的评估不能转化和对应到人的身体状况。

9.6 代表性的精神分裂症易感基因

9.6.1 *DISC1* 基因

DISC1 基因是在一个拥有多个精神分裂症患者的苏格兰大家系中发现的，它处在平衡染色体易位的断裂点处（t1q42.1；11q14.3）（Millar et al. 2000；St Clair et al. 1990）。虽然这种易位只在原始家系的精神分裂症患者中出现过，但是 *DISC1* 基因内部的其他常见和罕见遗传位点也表现出与精神疾病的关联。在过去 10 年，*DISC1* 成为了研究最多的基因（Allen et al. 2008）。与所有候选基因一样，关于 *DISC1* 基因关联分析和测序的结果并不总能得到验证，但是从体外到体内分析的各种遗传、生化和功能试验的数据都大力支持 *DISC1* 作为精神分裂症的风险因子。*DISC1* 基因编码大的多功能支架蛋白，参与调控胚胎及成体神经发生和大脑成熟的过程，包括神经元前体细胞的增殖、分化和迁移（Duan et al. 2007；Porteous et al. 2011；Song et al. 2008）。许多与神经发育、细胞骨架、中心体和突触功能相关的突触蛋白与 DISC1 在特定的信号通路中有相互作用（Camargo et al. 2007，2008）。而且，遗传关联研究还发现编码这些蛋白质的基因是精神分裂症的风险因子（Bradshaw et al. 2011）。DISC1 功能缺陷的模式动物表现出一系列与精神分裂症相关的行为学变化。例如，其在用于检测感觉运动门控的前脉冲抑制（prepulse inhibition，PPI）实验和用于检测抑郁的强迫游泳实验中表现出功能缺陷现象。DISC1 蛋白本身不太可能作为药物控制的靶标，但是对其进行转录后修饰来稳定这个蛋白质或许是可行途径（Hikida et al. 2012）。此外，调控 DISC1 信号通路也是另外一种可能的治疗策略。

9.6.2 *AKT* 基因

AKT 也被称为蛋白激酶 B（PKB），是磷脂酰肌醇 -3 激酶信号通路中的一个调控子，这个通路在癌症发生中发挥着重要作用。AKT 的刺激参与了细胞的存活路径，在许多细胞类型中，提高环腺苷酸水平的药物可以调控 AKT（Anderson and Gonzalez-Rey 2010；Zmuda-Trzebiatowska et al. 2007）。在神经元细胞中 AKT 可以被离子型谷氨酸受体亚型 NMDA 受体和代谢型谷氨酸受体亚型 mGlu2/3 受体的下游信号途径激活（Peineau et al.

2007；Sutton and Rushlow 2011）。AKT 下游激酶——糖原合成酶激酶 -3β（GSK3β）的磷酸化和抑制可以调控 AKT。针对 *AKT1* 基因的 SNP 与精神分裂症的关联研究既有阳性结果也有阴性结果（Emamian 2012）。而且，有研究报道 DISC1 与 GSK3 β 直接相互作用，从而增强了这种关联的可能性。而 AKT1 功能损伤会导致 GSK3β 活性增强，因此 *DISC1* 基因突变会致病是与 AKT-GSK3β 通路参与疾病发生的现象相一致的。由于精神分裂症患者中 AKT 的活性可能是受到抑制的，因此，研究者正在开发一系列选择性抑制 GSK3β 的抑制剂，以便应用到精神疾病的治疗中（Eldar-Finkelman and Martinez 2011）。

9.6.3 *ERBB4/NRG1* 基因

受体酪氨酸激酶是受 *NRG1* 基因编码的神经调节蛋白 1（neuregulin 1，NRG1）激活的。NRG1 与 ERBB4 的结合引发了受体二聚化和酪氨酸残基的磷酸化，产生了蛋白质停泊位点并引起下游信号的级联反应，如 c-Jun 氨基末端激酶（c-Jun N-terminal Kinase，JNK）、细胞外调节蛋白激酶（extracellular signal-regulated kinase，ERK）和磷脂酰肌醇 -3-激酶（phosphoinositide 3 kinase，PI3K）。NRG1 在神经发育过程中发挥多方面作用，如决定细胞命运、中间神经元迁移、形成髓鞘、招募受体和突触可塑性等方面。NRG1/ERBB4 信号通路参与了谷氨酸能、γ- 氨基丁酸能、多巴胺能的神经传递（Shamir et al. 2012）。而且，多种证据都支持 *NRG1* 和 *ERBB4* 是精神分裂症的风险因子（Allen et al. 2008）。染色体连锁分析研究、常见 SNP 及微卫星变异（Allen et al. 2008；Loh et al. 2013；Norton et al. 2006）、*ERBB4* 罕见结构变异的关联研究都发现了 *NRG1* 与精神分裂症相关的阳性结果。但是后续的验证研究并非都是阳性的（Allen et al. 2008）。关于 ERBB4/NRG1 蛋白水平的研究也有不少发现：NRG1 和 ERBB4 的 mRNA 和蛋白质在精神分裂症患者死后脑组织和正常人脑组织中存在差异表达；NRG1 的 mRNA 在海马区表达增加（Hashimoto et al. 2004；Law et al. 2006），其蛋白质水平在前额皮质表达增加（Chong et al. 2008）；而 ERBB4 的 mRNA 和蛋白质在前额皮质表达量都增加了（Chong et al. 2008；Law et al. 2007；Silberberg et al. 2006）。遗传改变的小鼠实验有助于确定这些与精神分裂症相关基因的功能。研究者已经构建了 NRG1 杂合突变鼠、NRG1 异构体的杂合突变鼠、*ERBB4* 的杂合突变鼠及 NRG1/ERBB4 信号通路阻断的小鼠。利用这些鼠系，研究者可以从分子水平和行为水平研究这些蛋白质在精神分裂症相关脑区中的正常功能。此外，这些模型也反映了精神分裂症患者死后脑组织中 mRNA 和蛋白质水平的紊乱。

9.6.4 *CHRNA7* 基因

CHRNA7 基因编码尼古丁乙酰胆碱受体（nicotinic acetylcholine receptor，nAChR）的一个亚基，如作为中枢神经系统中 α- 金环蛇毒素的结合亚基（alpha-bungarotoxin-binding subunit），以五聚体的形式形成 α-7 尼古丁乙酰胆碱受体（alpha-7 nAChR）。与乙酰胆碱的结合引发了受体亚基构型的变化，导致了瞬间的钠离子和钙离子流。这种受体既位于突触前又位于突触后，通常情况下在谷氨酸能神经元的末端，并促进谷氨酸的释放。研究发现染色体 15q13.3 区域的缺失与精神分裂症显著关联，该区域包含 *CHRNA7* 基因（Levinson et al. 2012；Stefansson et al. 2008）。*CHRNA7* 基因的常见变异位点与精神分裂症关联的研究既有阳性结果也有阴性结果（Allen et al. 2008）。还有研究表明，*CHRNA7* 基因的单

倍剂量不足会显著增加患精神分裂症的风险（OR=11.54，P=5.3×10^{-4}）（Stefansson et al. 2008）。不过，在这些遗传学证据之前，*CHRNA7* 基因就已经作为治疗的靶点了。精神分裂症患者普遍吸烟的现象从另一个角度暗示了患者在实验尼古丁进行自我治疗。α-7 尼古丁乙酰胆碱受体的拮抗剂能在一定情况下改善精神分裂症患者的认知能力；相应的动物模型实验表明该拮抗剂可以缓解疾病相关的认知损伤（Levin 2012；Wallace and Porter 2011）。因此，临床和临床前的，以及遗传学的数据强有力地说明 α-7 尼古丁乙酰胆碱受体可以作为精神分裂症的治疗靶点。然而早期临床研究结果说明这样的药物对阳性症状几乎没有效果，对阴性和认知症状的一些患者有效。

9.7 结 束 语

在过去 10 年中，遗传学的研究方法经历了巨大的变革。随着高级分型技术和计算方法的发展，复杂疾病的研究可以越来越顺利地开展。而且，包括二代测序的新技术会加速复杂疾病的遗传发现。尽管精神分裂症的遗传学研究遇到挫折，但大规模的、系统性的合作平台会促进这个领域的发展。随着越来越多的研究关注疾病间的共享遗传贡献及通路中基因之间的相互作用，未来的发现或许会在更大范围和更深程度上对复杂疾病进行遗传领域的评估。最终，复杂疾病在遗传学方面研究的主要目标依然是发现大量会增加疾病易感性的风险因子，确定它们在疾病中的表现和内在病理中的作用，是为了阐明遗传通路，并基于此发现新的疗法，从而在个体基础上针对疾病进行预防和治疗。

参 考 文 献

Abdolmaleky H M，Cheng K H，Faraone S V，et al. 2006. Hypomethylation of MB-COMT promoter is a major risk factor for schizophrenia and bipolar disorder. Hum Mol Genet，15（21）：3132-3145.

Abdolmaleky H M，Cheng K H，Russo A，et al. 2005. Hypermethylation of the reelin（RELN）promoter in the brain of schizophrenic patients：a preliminary report. Am J Med Genet B Neuropsychiatr Genet，134b（1）：60-66.

Abdolmaleky H M，Thiagalingam S. 2011. Can the schizophrenia epigenome provide clues for the molecular basis of pathogenesis？ Epigenomics，3（6）：679-683.

Allen N C，Bagade S，McQueen M B，et al. 2008. Systematic meta-analyses and field synopsis of genetic association studies in schizophrenia：the SzGene database. Nat Genet，40（7）：827-834.

Anderson P，Gonzalez-Rey E. 2010. Vasoactive intestinal peptide induces cell cycle arrest and regulatory functions in human T cells at multiple levels. Mol Cell Biol，30（10）：2537-2551.

Athanasiu L，Mattingsdal M，Kahler A K，et al. 2010. Gene variants associated with schizophrenia in a Norwegian genome-wide study are replicated in a large European cohort. J Psychiatr Res，44（12）：748-753.

Awadalla P，Gauthier J，Myers R A，et al. 2010. Direct measure of the *de novo* mutation rate in autism and schizophrenia cohorts. Am J Hum Genet，87（3）：316-324.

Ayhan Y，Sawa A，Ross C A，et al. 2009. Animal models of gene-environment interactions in schizophrenia. Behav Brain Res，204（2）：274-281.

Badner J A，Gershon E S. 2002. Meta-analysis of whole-genome linkage scans of bipolar disorder and schizophrenia. Mol Psychiatry，7（4）：405-411.

Barch D M，Ceaser A. 2012. Cognition in schizophrenia：core psychological and neural mechanisms. Trends Cogn Sci，16（1）：27-34.

Barta P E，Pearlson G D，Powers R E，et al. 1990. Auditory hallucinations and smaller superior temporal gyral volume in schizophrenia. Am J Psychiatry，147（11）：1457-1462.

Bergen S E，O' Dushlaine C T，Ripke S，et al. 2012. Genome-wide association study in a Swedish population yields support for greater CNV and MHC involvement in schizophrenia compared with bipolar disorder. Mol Psychiatry，17（9）：880-886.

Bradshaw N J，Soares D C，Carlyle B C，et al. 2011. PKA phosphorylation of NDE1 is DISC1/PDE4 dependent and modulates its interaction with LIS1 and NDEL1. J Neurosci，31（24）：9043-9054.

Brennand K J，Simone A，Jou J，et al. 2011. Modelling schizophrenia using human induced pluripotent stem cells. Nature，473（7346）：221-225.

Brown A S. 2011. The environment and susceptibility to schizophrenia. Prog Neurobiol，93（1）：23-58.

Camargo L M，Collura V，Rain J C，et al. 2007. Disrupted in schizophrenia 1 interactome：evidence for the close connectivity of risk genes and a potential synaptic basis for schizophrenia. Mol Psychiatry，12（1）：74-86.

Camargo L M，Wang Q，Brandon N J. 2008. What can we learn from the disrupted in schizophrenia 1 interactome：lessons for target identification and disease biology？ Novartis Found Symp，289：208-216；discussion 216-221，238-240.

Cardno A G，Gottesman，I I. 2000. Twin studies of schizophrenia：from bow-and-arrow concordances to star wars Mx and functional genomics. Am J Med Genet，97（1）：12-17.

Cash-Padgett T，Jaaro-Peled H. 2013. DISC1 mouse models as a tool to decipher gene-environment interactions in psychiatric disorders. Front Behav Neurosci，7：113.

Chong V Z，Thompson M，Beltaifa S，et al. 2008. Elevated neuregulin-1 and ErbB4 protein in the prefrontal cortex of schizophrenic patients. Schizophr Res，100（1-3）：270-280.

Cordes J S，Mathiak K A，Dyck M，et al. 2015. Cognitive and neural strategies during control of the anterior cingulate cortex by fMRI neurofeedback in patients with schizophrenia. Front Behav Neurosci，9：169.

Cross-Disorder Group of the Psychiatric Genomics Consortium. 2013. Identification of risk loci with shared effects on five major psychiatric disorders：a genome-wide analysis. Lancet（British edition），381（9875）：1371-1379.

Datta S R，McQuillin A，Rizig M，et al. 2010. A threonine to isoleucine missense mutation in the pericentriolar material 1 gene is strongly associated with schizophrenia. Mol Psychiatry，15（6）：615-628.

Dempster E L，Pidsley R，Schalkwyk L C，et al. 2011. Disease-associated epigenetic changes in monozygotic twins discordant for schizophrenia and bipolar disorder. Hum Mol Genet，20（24）：4786-4796.

Duan X，Chang J H，Ge S，et al. 2007. Disrupted-in-schizophrenia 1 regulates integration of newly generated neurons in the adult brain. Cell，130（6）：1146-1158.

Eldar-Finkelman H，Martinez A. 2011. GSK-3 inhibitors：preclinical and clinical focus on CNS. Front Mol Neurosci，4：32.

Emamian E S. 2012. AKT/GSK3 signaling pathway and schizophrenia. Front Mol Neurosci，5：33.

English J A，Pennington K，Dunn M J，et al. 2011. The neuroproteomics of schizophrenia. Biol Psychiatry，69（2）：163-172.

Fatemi S H，Folsom T D. 2009. The neurodevelopmental hypothesis of schizophrenia，revisited. Schizophr Bull，35（3）：528-548.

Gauthier J，Champagne N，Lafreniere R G，et al. 2010. *De novo* mutations in the gene encoding the synaptic scaffolding protein SHANK3 in patients ascertained for schizophrenia. Proc Natl Acad Sci USA，107（17）：7863-7868.

Ghadirivasfi M，Nohesara S，Ahmadkhaniha H R，et al. 2011. Hypomethylation of the serotonin receptor type-2A Gene（HTR2A）at T102C polymorphic site in DNA derived from the saliva of patients with schizophrenia and bipolar disorder. Am J Med Genet B Neuropsychiatr Genet，156b（5）：536-545.

Girard S L，Gauthier J，Noreau A，et al. 2011. Increased exonic *de novo* mutation rate in individuals with schizophrenia. Nat Genet，43（9）：860-863.

Gothelf D，Presburger G，Levy D，et al. 2004. Genetic，developmental，and physical factors associated with attention deficit hyperactivity disorder in patients with velocardiofacial syndrome. Am J Med Genet B Neuropsychiatr Genet，126b（1）：116-121.

Grayson D R，Chen Y，Costa E，et al. 2006. The human reelin gene：transcription factors（+），repressors（-）and the methylation switch（+/-）in schizophrenia. Pharmacol Ther，111（1）：272-286.

Gruzelier J，Seymour K，Wilson L，et al. 1988. Impairments on neuropsychologic tests of temporohippocampal and frontohippocampal functions and word fluency in remitting schizophrenia and affective disorders. Arch Gen Psychiatry，

45（7）：623-629.

Hakak Y，Walker J R，Li C，et al. 2001. Genome-wide expression analysis reveals dysregulation of myelination-related genes in chronic schizophrenia. Proc Natl Acad Sci USA，98（8）：4746-4751.

Hall J，Whalley H C，Job D E，et al. 2006. A neuregulin 1 variant associated with abnormal cortical function and psychotic symptoms. Nat Neurosci，9（12）：1477-1478.

Harvey P D，Bertisch H，Friedman J I，et al. 2003. The course of functional decline in geriatric patients with schizophrenia：cognitive-functional and clinical symptoms as determinants of change. Am J Geriatr Psychiatry，11（6）：610-619.

Hashimoto R，Straub R E，Weickert C S，et al. 2004. Expression analysis of neuregulin-1 in the dorsolateral prefrontal cortex in schizophrenia. Mol Psychiatry，9（3）：299-307.

Hashimoto T，Arion D，Unger T，et al. 2008. Alterations in GABA-related transcriptome in the dorsolateral prefrontal cortex of subjects with schizophrenia. Mol Psychiatry，13（2）：147-161.

He Y，Yu Z，Giegling I，et al. 2012. Schizophrenia shows a unique metabolomics signature in plasma. Transl Psychiatry，2：e149.

Hikida T，Gamo N J，Sawa A. 2012. DISC1 as a therapeutic target for mental illnesses. Expert Opin Ther Targets，16（12）：1151-1160.

Hill M J，Jeffries A R，Dobson R J，et al. 2012. Knockdown of the psychosis susceptibility gene ZNF804A alters expression of genes involved in cell adhesion. Hum Mol Genet，21（5）：1018-1024.

Horváth S，Mirnics K. 2015. Schizophrenia as a disorder of molecular pathways. Biol Psychiatry，77（1）：22-28.

Horváth S，Janka Z，Mirnics K. 2011. Analyzing schizophrenia by DNA microarrays. Biol Psychiatry，69（2）：157-162.

Horváth S，Mirnics K. 2009. Breaking the gene barrier in schizophrenia. Nat Med，15（5）：488-490.

Huang H S，Akbarian S. 2007. GAD1 mRNA expression and DNA methylation in prefrontal cortex of subjects with schizophrenia. PLoS One，2（8）：e809.

Insel T R. 2010. Rethinking schizophrenia. Nature，468（7321）：187-193.

International Schizophrenia Consortium. 2009. Common polygenic variation contributes to risk of schizophrenia that overlaps with bipolar disorder. Nature，460（7256）：748-752.

Irish Schizophrenia Genomics Consortium and the Wellcome Trust Case Control Consortium 2. 2012. Genome-wide association study implicates HLA-C*01：02 as a risk factor at the major histocompatibility complex locus in schizophrenia. Biol Psychiatry，72（8）：620-628.

Iwamoto K，Bundo M，Kato T. 2005. Altered expression of mitochondria-related genes in postmortem brains of patients with bipolar disorder or schizophrenia，as revealed by large-scale DNA microarray analysis. Hum Mol Genet，14（2）：241-253.

Jia P，Wang L，Fanous A H，et al. 2012. A bias-reducing pathway enrichment analysis of genome-wide association data confirmed association of the MHC region with schizophrenia. J Med Genet，49（2）：96-103.

Jung W H，Jang J H，Byun M S，et al. 2010. Structural brain alterations in individuals at ultra-high risk for psychosis：a review of magnetic resonance imaging studies and future directions. J Korean Med Sci，25（12）：1700-1709.

Kendall T. 2011. The rise and fall of the atypical antipsychotics. The Br J Psychiatry，199（4）：266-268.

Knight H M，Pickard B S，Maclean A，et al. 2009. A cytogenetic abnormality and rare coding variants identify *ABCA13* as a candidate gene in schizophrenia，bipolar disorder，and depression. American Journal of Hum Genet，85（6）：833-846.

Konrad A，Vucurevic G，Musso F，et al. 2009. ErbB4 genotype predicts left frontotemporal structural connectivity in human brain. Neuropsychopharmacology，34（3）：641-650.

Konradi C，Heckers S. 2003. Molecular aspects of glutamate dysregulation：implications for schizophrenia and its treatment. Pharmacol Ther，97（2）：153-179.

Laruelle M，Abi-Dargham A，van Dyck C H，et al. 1996. Single photon emission computerized tomography imaging of amphetamine-induced dopamine release in drug-free schizophrenic subjects. Proc Natl Acad Sci USA，93（17）：9235-9240.

Law A J，Kleinman J E，Weinberger D R，et al. 2007. Disease-associated intronic variants in the *ErbB4* gene are related to

altered ErbB4 splice-variant expression in the brain in schizophrenia. Hum Mol Genet, 16（2）: 129-141.

Law A J, Lipska B K, Weickert C S, et al. 2006. Neuregulin 1 transcripts are differentially expressed in schizophrenia and regulated by 5′ SNPs associated with the disease. Proc Natl Acad Sci USA, 103（17）: 6747-6752.

Lawrie S M, Abukmeil S S. 1998. Brain abnormality in schizophrenia. A systematic and quantitative review of volumetric magnetic resonance imaging studies. Br J Psychiatry, 172: 110-120.

Levin E D. 2012. alpha7-Nicotinic receptors and cognition. Curr Drug Targets, 13（5）: 602-606.

Levinson D F, Shi J, Wang K, et al. 2012. Genome-wide association study of multiplex schizophrenia pedigrees. Am J Psychiatry, 169（9）: 963-973.

Lewis C M, Levinson D F, Wise L H, et al. 2003. Genome scan meta-analysis of schizophrenia and bipolar disorder, part II: schizophrenia. Am J Hum Genet, 73（1）: 34-48.

Lichtenstein P, Yip B H, Bjork C, et al. 2009. Common genetic determinants of schizophrenia and bipolar disorder in Swedish families: a population-based study. Lancet, 373（9659）: 234-239.

Liddle P F. 1987. The symptoms of chronic schizophrenia. A re-examination of the positive-negative dichotomy. Br J Psychiatry, 151: 145-151.

Loh H C, Tang P Y, Tee S F, et al. 2013. Neuregulin-1（NRG-1）and its susceptibility to schizophrenia: a case-control study and meta-analysis. Psychiatry Res, 208（2）: 186-188.

Martins-De-Souza D, Dias-Neto E, Schmitt A, et al. 2010. Proteome analysis of schizophrenia brain tissue. World J Biol Psychiatry, 11（2）: 110-120.

Meltzer H Y, Massey B W, Horiguchi M. 2012. Serotonin receptors as targets for drugs useful to treat psychosis and cognitive impairment in schizophrenia. Curr Pharm Biotechnol, 13（8）: 1572-1586.

Middleton F A, Mirnics K, Pierri J N, et al. 2002. Gene expression profiling reveals alterations of specific metabolic pathways in schizophrenia. J Neurosci, 22（7）: 2718-2729.

Mill J, Tang T, Kaminsky Z, et al. 2008. Epigenomic profiling reveals DNA-methylation changes associated with major psychosis. Am J Hum Genet, 82（3）: 696-711.

Millar J K, Pickard B S, Mackie S, et al. 2005. DISC1 and PDE4B are interacting genetic factors in schizophrenia that regulate cAMP signaling. Science, 310（5751）: 1187-1191.

Millar J K, Wilson-Annan J C, Anderson S, et al. 2000. Disruption of two novel genes by a translocation co-segregating with schizophrenia. Hum Mol Genet, 9（9）: 1415-1423.

Mirnics K, Middleton F A, Marquez A, et al. 2000. Molecular characterization of schizophrenia viewed by microarray analysis of gene expression in prefrontal cortex. Neuron, 28（1）: 53-67.

Mitchell K J, Porteous D J. 2011. Rethinking the genetic architecture of schizophrenia. Psychol Med, 41（1）: 19-32.

Moghaddam B, Javitt D. 2012. From revolution to evolution: the glutamate hypothesis of schizophrenia and its implication for treatment. Neuropsychopharmacology, 37（1）: 4-15.

Moncrieff J. 2009. A critique of the dopamine hypothesis of schizophrenia and psychosis. Harv Rev Psychiatry, 17（3）: 214-225.

Myers R A, Casals F, Gauthier J, et al. 2011. A population genetic approach to mapping neurological disorder genes using deep resequencing. PLoS Genet, 7（2）: e1001318.

Need A C, McEvoy J P, Gennarelli M, et al. 2012. Exome sequencing followed by large-scale genotyping suggests a limited role for moderately rare risk factors of strong effect in schizophrenia. Am J Hum Genet, 91（2）: 303-312.

Ng M Y, Levinson D F, Faraone S V, et al. 2009. Meta-analysis of 32 genome-wide linkage studies of schizophrenia. Mol Psychiatry, 14（8）: 774-785.

Nohesara S, Ghadirivasfi M, Mostafavi S, et al. 2011. DNA hypomethylation of MB-COMT promoter in the DNA derived from saliva in schizophrenia and bipolar disorder. J Psychiatr Res, 45（11）: 1432-1438.

Norton N, Moskvina V, Morris D W, et al. 2006. Evidence that interaction between neuregulin 1 and its receptor erbB4 increases susceptibility to schizophrenia. Am J Med Genet B Neuropsychiatr Genet, 141b（1）: 96-101.

O'Donovan M C, Craddock N, Norton N, et al. 2008. Identification of loci associated with schizophrenia by genome-wide association and follow-up. Nat Genet, 40（9）: 1053-1055.

Owen M J, O'Donovan M C, Thapar A, et al. 2011. Neurodevelopmental hypothesis of schizophrenia. Br J Psychiatry, 198（3）: 173-175.

Owen M J, Williams N M, O'Donovan M C. 2004. The molecular genetics of schizophrenia: new findings promise new insights. Mol Psychiatry, 9（1）: 14-27.

Peineau S, Taghibiglou C, Bradley C, et al. 2007. LTP inhibits LTD in the hippocampus via regulation of GSK3beta. Neuron, 53（5）: 703-717.

Pickard B. 2011. Progress in defining the biological causes of schizophrenia. Expert Rev Mol Med, 13: e25.

Pickard B S, Malloy M P, Christoforou A, et al. 2006. Cytogenetic and genetic evidence supports a role for the kainate-type glutamate receptor gene, GRIK4, in schizophrenia and bipolar disorder. Mol Psychiatry, 11（9）: 847-857.

Pickard B S, Millar J K, Porteous D J, et al. 2005a. Cytogenetics and gene discovery in psychiatric disorders. Pharmacogenomics J, 5（2）: 81-88.

Pickard B S, Malloy M P, Porteous D J, et al. 2005b. Disruption of a brain transcription factor, NPAS3, is associated with schizophrenia and learning disability. Am J Med Genet B Neuropsychiatr Genet, 136b（1）: 26-32.

Porteous D J, Millar J K, Brandon N J, et al. 2011. DISC1 at 10: connecting psychiatric genetics and neuroscience. Trends Mol Med, 17（12）: 699-706.

Pratt J, Winchester C, Dawson N, et al. 2012. Advancing schizophrenia drug discovery: optimizing rodent models to bridge the translational gap. Nat Rev Drug Discov, 11（7）: 560-579.

Prescott C A, Gottesman, I I. 1993. Genetically mediated vulnerability to schizophrenia. Psychiatr Clin North Am, 16（2）: 245-267.

Purcell S M, Wray N R, Stone J L, et al. 2009. Common polygenic variation contributes to risk of schizophrenia and bipolar disorder. Nature, 460（7256）: 748-752.

Rapoport J L, Giedd J N, Gogtay N. 2012. Neurodevelopmental model of schizophrenia: update 2012. Mol Psychiatry, 17（12）: 1228-1238.

Ripke S, Sanders A R, Kendler K S, et al. 2011. Genome-wide association study identifies five new schizophrenia loci. Nat Genet, 43（10）: 969-976.

Rubesa G, Gudelj L, Kubinska N. 2011. Etiology of schizophrenia and therapeutic options. Psychiatr Danub, 23（3）: 308-315.

Sebat J, Levy D L, McCarthy S E. 2009. Rare structural variants in schizophrenia: one disorder, multiple mutations; one mutation, multiple disorders. Trends Genet, 25（12）: 528-535.

Sequeira P A, Martin M V, Vawter M P. 2012. The first decade and beyond of transcriptional profiling in schizophrenia. Neurobiol Dis, 45（1）: 23-36.

Shamir A, Kwon O B, Karavanova I, et al. 2012. The importance of the NRG-1/ErbB4 pathway for synaptic plasticity and behaviors associated with psychiatric disorders. J Neurosci, 32（9）: 2988-2997.

Shen Y C, Liao D L, Chen J Y, et al. 2009. Exomic sequencing of the ionotropic glutamate receptor N-methyl-D-aspartate 3A gene（GRIN3A）reveals no association with schizophrenia. Schizophr Res, 114（1-3）: 25-32.

Shi J, Levinson D F, Duan J, et al. 2009. Common variants on chromosome 6p22.1 are associated with schizophrenia. Nature, 460（7256）: 753-757.

Shi Y, Li Z, Xu Q, et al. 2011. Common variants on 8p12 and 1q24.2 confer risk of schizophrenia. Nat Genet, 43（12）: 1224-1227.

Silberberg G, Darvasi A, Pinkas-Kramarski R, et al. 2006. The involvement of ErbB4 with schizophrenia: association and expression studies. Am J Med Genet B Neuropsychiatr Genet, 141b（2）: 142-148.

Singh S P, Singh V. 2011. Meta-analysis of the efficacy of adjunctive NMDA receptor modulators in chronic schizophrenia. CNS Drugs, 25（10）: 859-885.

Song W, Li W, Feng J, et al. 2008. Identification of high risk DISC1 structural variants with a 2% attributable risk for schizophrenia. Biochem Biophys Res Commun, 367（3）: 700-706.

St Clair D, Blackwood D, Muir W, et al. 1990. Association within a family of a balanced autosomal translocation with major mental illness. Lancet, 336（8706）: 13-16.

Stefansson H, Ophoff R A, Steinberg S, et al. 2009. Common variants conferring risk of schizophrenia. Nature, 460（7256）:

744-747.

Stefansson H, Rujescu D, Cichon S, et al. 2008. Large recurrent microdeletions associated with schizophrenia. Nature, 455 (7210): 232-236.

Steinberg S, de Jong S, Andreassen O A, et al. 2011. Common variants at VRK2 and TCF4 conferring risk of schizophrenia. Hum Mol Genet, 20 (20): 4076-4081.

Steinberg S, de Jong S, Mattheisen M, et al. 2014. Common variant at 16p11.2 conferring risk of psychosis. Mol Psychiatry, 19 (1): 108-114.

Suddath R L, Christison G W, Torrey E F, et al. 1990. Anatomical abnormalities in the brains of monozygotic twins discordant for schizophrenia. N Engl J Med, 322 (12): 789-794.

Sumiyoshi T, Higuchi Y, Uehara T. 2013. Neural basis for the ability of atypical antipsychotic drugs to improve cognition in schizophrenia. Front Behav Neurosci, 7: 140.

Sutton L P, Rushlow W J. 2011. Regulation of Akt and Wnt signaling by the group II metabotropic glutamate receptor antagonist LY341495 and agonist LY379268. J Neurochem, 117 (6): 973-983.

Tamminga C A, Holcomb H H. 2005. Phenotype of schizophrenia: a review and formulation. Mol Psychiatry, 10 (1): 27-39.

Tarabeux J, Champagne N, Brustein E, et al. 2010. *De novo* truncating mutation in Kinesin 17 associated with schizophrenia. Biol Psychiatry, 68 (7): 649-656.

Tarabeux J, Kebir O, Gauthier J, et al. 2011. Rare mutations in N-methyl-D-aspartate glutamate receptors in autism spectrum disorders and schizophrenia. Transl Psychiatry, 1: e55.

Thaker G K, Ross D E, Cassady S L, et al. 2000. Saccadic eye movement abnormalities in relatives of patients with schizophrenia. Schizophr Res, 45 (3): 235-244.

Urban N, Abi-Dargham A. 2010. Neurochemical imaging in schizophrenia. Curr Top Behav Neurosci, 4: 215-242.

van Os J, Kapur S. 2009. Schizophrenia. Lancet, 374 (9690): 635-645.

Vawter M P, Crook J M, Hyde T M, et al. 2002. Microarray analysis of gene expression in the prefrontal cortex in schizophrenia: a preliminary study. Schizophr Res, 58 (1): 11-20.

Wahlbeck K, Cheine M, Essali M A. 2000. Clozapine versus typical neuroleptic medication for schizophrenia. Cochrane Database Syst Rev, (2): Cd000059.

Wallace T L, Porter R H. 2011. Targeting the nicotinic alpha7 acetylcholine receptor to enhance cognition in disease. Biochem Pharmacol, 82 (8): 891-903.

Xu B, Roos J L, Dexheimer P, et al. 2011. Exome sequencing supports a de novo mutational paradigm for schizophrenia. Nat Genet, 43 (9): 864-868.

Yu L, Arbez N, Nucifora L G, et al. 2014. A mutation in NPAS3 segregates with mental illness in a small family. Mol Psychiatry, 19 (1): 7-8.

Zmuda-Trzebiatowska E, Manganiello V, Degerman E. 2007. Novel mechanisms of the regulation of protein kinase B in adipocytes; implications for protein kinase A, Epac, phosphodiesterases 3 and 4. Cell Signal, 19 (1): 81-86.

（贺　光　李文锦）

10

肠炎的遗传学、免疫学和微生物学研究进展

肠炎是遗传（基因变异）和环境（肠道微生物和人类活动）多种因素相互作用导致的与免疫相关的疾病。不同的环境因素及免疫失衡更容易使遗传易感性的人群患肠炎。就世界范围内而言，每年肠炎的发病率为每一万人 0.5~24.5 人（Lakatos 2006）。在美国和欧洲，肠炎影响了约 360 万人，并且在传统低发病率地区如亚洲、东欧及南美洲等，其发病率呈迅速上升之势。肠炎发病率的上升及流行是随着社会和经济的发展及人们对包括诸如饮食结构的改变、抽烟、口服类避孕用品和压力等西方生活方式的适应进行的。

肠炎可进一步分为溃疡性肠炎（UC）和克罗恩病。溃疡性肠炎可能影响从口腔到肛门的肠道组织的任何部分，引起一系列不同的症状。它主要可引起腹痛、腹泻、呕吐或者体重减轻，但也可能引起如皮疹、关节炎、眼部发炎、疲劳和缺乏注意力等并发症（Baumgart and Sandborn 2007）。溃疡性肠炎是一种结肠溃疡的疾病，以连续方式持续进展，其主要症状为持续性腹痛并伴有出血。

肠炎通常发病于 20~30 岁，多数受感染的人群会复发并且转化为慢性肠炎。遗传因素在肠炎发病机理中的作用的早期流行病学证据来源于以下研究：白人和犹太人有更高的克罗恩病发病率，并呈家族聚集性，克罗恩病在同卵双胞胎中的发病率比异卵双胞胎高，克罗恩病患者的直系亲属发病概率要高于普通人至少 5 倍。克罗恩病的遗传性比溃疡性肠炎要高（对同源双胞胎而言，分别为 37% 和 10%）（Orholm et al. 1991）。

25 年以前，上述的家庭研究促进了对肠炎易感基因的探索。20 世纪 90 年代初期用信息化的微卫星标记建立起来的人类基因组的原始连锁图加快了最初的查询和搜索。对肠炎中的位点关联性的无假设扫描发现了可以用不同途径成功复制的 9 个肠炎易感位点。近年来，全基因组关联（GWA）研究改变了复杂疾病遗传学领域，并且在解析肠炎遗传架构方面取得了巨大突破。迄今为止，已经发现并不同程度地证实了超过 99 个肠炎易感基因位点。其中，71 个位点与 CD 有关，47 个位点与 UC 有关，28 个位点与两者均相关（Lees et al. 2011）。

10.1　克罗恩病的遗传学特征

2008 年，威康信托基金会病例控制协会、美国国家糖尿病 - 消化系统病 - 肾病研究所肠炎遗传学联盟和法国 - 比利时肠炎研究中心共同利用最全面详尽地全基因组关联分析发现了克罗恩病易感性位点（Barrett et al. 2008）。研究者整合了关于克罗恩病的三个研究数据（共有 3230 名患者和 4829 名对照），这些研究结果强烈证实了之前在全基因组水平发

现的 11 个位点，其中包括 *NOD2*（*CARD15*）、*5q31*（*IBD5*）、*IL23R*、*ATG16L1*、*IRGM*、*TNFSF15* 和 *PTPN2* 等。这一研究也揭示了 21 个其他的突变位点，其中包括 *STAT3*、*JAK2*、*ICOSLG*、*CDKAL1* 和 *ITLN1* 等（Barrett et al. 2008）。

10.1.1 模式识别受体：NOD2（核苷酸结合寡聚域 2）

NOD2 含有 10 个羧基末端富含亮氨酸的重复序列，这一结构域可识别微生物肽聚糖，特别是胞壁酰二肽（muramyl dipeptide，MDP）（Coulombe et al. 2009）。目前的研究模型假说为 NOD2 一旦结合到 MDP 上，会寡聚化，随后结合胱天蛋白酶募集区域，此结构域含有丝氨酸 / 苏氨酸激酶 RICK（也称为 RIP2、CARDIAK、CCK 和 Ripk2），RICK 随后将 NOD2 信号直接传递给 IKK 复合物，通过诱导 NF-κB 必需调节剂上某个位点的泛素化，激活 NF-κB 信号途径（Abbott et al. 2004）。许多与克罗恩病相关的 *NOD2* 突变位于此 LRR 区域，导致与 MDP 的结合力降低（图 10-1）。通常认为 NOD2 功能的改变影响克罗恩病的易感性是因为 NOD2 广泛参与宿主对肠道菌群的免疫应答，是联系天然免疫与特异性免疫的重要桥梁。

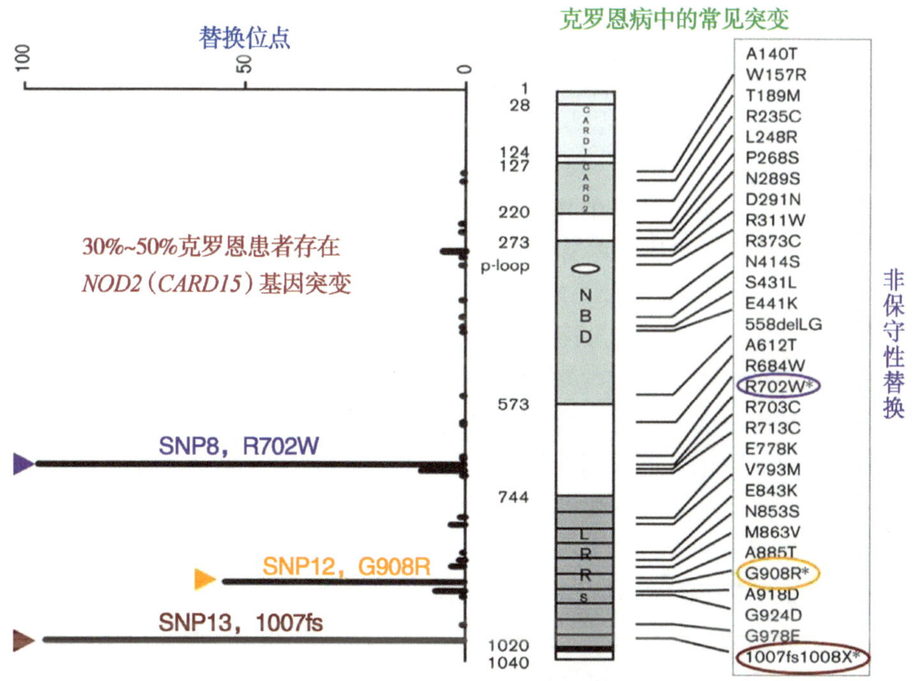

图 10-1 人源 NOD2 的结构和常见的三个与 CD 相关的突变位点（修改自 Hugo et al. 2001）

NOD2 蛋白由三个不同的功能结构域组成：2 个胱天蛋白酶募集区域（caspase recruitment domain，CARD）、一个核苷酸结合寡聚域（NBD）和由 27 个氨基酸组成的富含亮氨酸的重复序列（leucine-rich repeat，LRR）。黑色圆圈代表 NBD 的 ATP/GTP 结合位点基序 A（P 环）的共有序列。与 CD 相关的三个主要的突变位点是 SNP8（R702W），SNP12（G908R）和 SNP13（1007 位移码）。此移码导致 1007 位的亮氨酸突变成了脯氨酸，翻译终止但是，*NOD2* 的突变如何导致对克罗恩病的易感及发病机理一直存在巨大争议。Watanabe 等利用 NOD2 敲除小鼠的研究表明 NOD2 信号可抑制 TLR-2 介导的 NF-κB 信号通路的激活，特别是抑制了 NF-κB 的 c-Rel 亚基（Watanabe et al. 2004）。另外，NOD2 的缺失或与克罗恩病相关的突变会促进 TLR2 介导的 NF-κB-c-Rel 的激活，增强 Th1 细胞反应。这些研究表明，NOD2 可能是 NF-κB-c-Rel 激活及 IL12 表达的负调控因子，*NOD2* 的突变或许使其失去了功能，因此不能控制一些免疫刺激因子如 IL12 的产生和 IL12 介导的由胞内细菌引起的炎症反应。这些体内研究结果与先前的生化证据表明，依据不同的外界刺激，NOD2 可正向或负向调节 NF-κB 信号通路（O'Neill 2004）。NOD2 这种功能上双重属性的生化分析仍然是未知的和具有争议性的。值得注意的是，NOD2 缺失的小鼠不会自发发展成 CD（Pauleau and Murray 2003），这意味着除了 NOD2，还有其他因素共同导致 CD 的产生。

为了研究模拟 NOD2 缺失的不同肠炎模型之间的差异，Noghchi 等（2009）揭示了 NOD2 1007fs 在调控免疫调节因子 IL10 以维持免疫平衡方面扮演的新角色。这一研究揭示了 NOD2 三个主要的 LRR 结构域能够抑制稳态的和激活的 IL10 的转录，这一活性是通过 P38 MAPK 抑制 hnRNP A1 的磷酸化来实现的。在未激活和激活的单核细胞和巨噬细胞中，hnRNP A1 是 IL10 表达的新的调控转录因子。此研究也证实，在 NOD2 缺失及 IL10 低表达的克罗恩病患者中，hnRNP A1 的磷酸化及结合能力均受损（Brand 2009）。1007fs 这一获得性的功能可能导致长期 IL10 的低表达，进而引起自我平衡调节的丧失和肠道黏膜持续性的炎症增强，导致克罗恩病的产生。

尽管 Toll 样受体 4（TLR4）和 NOD2 介导的信号通路已被广泛研究，但在肠道黏膜防御及组织稳态调控过程中二者的相互关联仍未知。迄今为止大部分的研究集中在二者之间的协同作用。另外，对于某些特定的 *NOD2* 突变引起肠炎的分子机制依然不甚清楚。我们最近关于这方面的工作揭示了 NOD2 的新功能：全基因组表达谱分析发现 TLR4 和 NOD2 介导的信号通路具有交叉调控作用。NOD2 可以识别 TLR4 介导的信号强度：当 TLR4 信号低时，NOD2 协同 TLR4 刺激产生 IL12；当 TLR4 信号强时，协同抑制 IL12 的合成，维持肠道黏膜稳态。这种平衡机制是通过 RICK 与 PKC 引起的转录因子 C/EBPα 的 248 位丝氨酸的磷酸化来进行调控的。造血来源的 C/EBPα 缺失的小鼠对化学药物诱导的肠炎更敏感，并且呈完全依赖 IL12 的方式。另外，与传统观点相悖的是，我们发现大部分与克罗恩病相关的 *NOD2* 突变可能是通过选择性削弱 TLR4 介导的 IL12 的产生及宿主防御引起免疫缺陷症状的。

基于以上所揭示的 NOD2 活性及 CD 相关的 1007fs 突变的获得性功能，我们提出了一个工作模型（图 10-2）。在此模型中，TLR4 和 NOD2 信号通路共同作用于 C/EBPα，以调控 IL12 的产生和维持免疫稳态。二者的相互作用被破坏，将会引起依赖于微生物环境的机体稳态朝着两个方向发展：一种可能是导致 IL12 的过度产生和 Th1 主导的肠炎，或者导致细胞因子 IL12 的分泌下降和机体防御机制的损伤。恢复受损伤的机体稳态将是治疗肠炎的一个新策略。

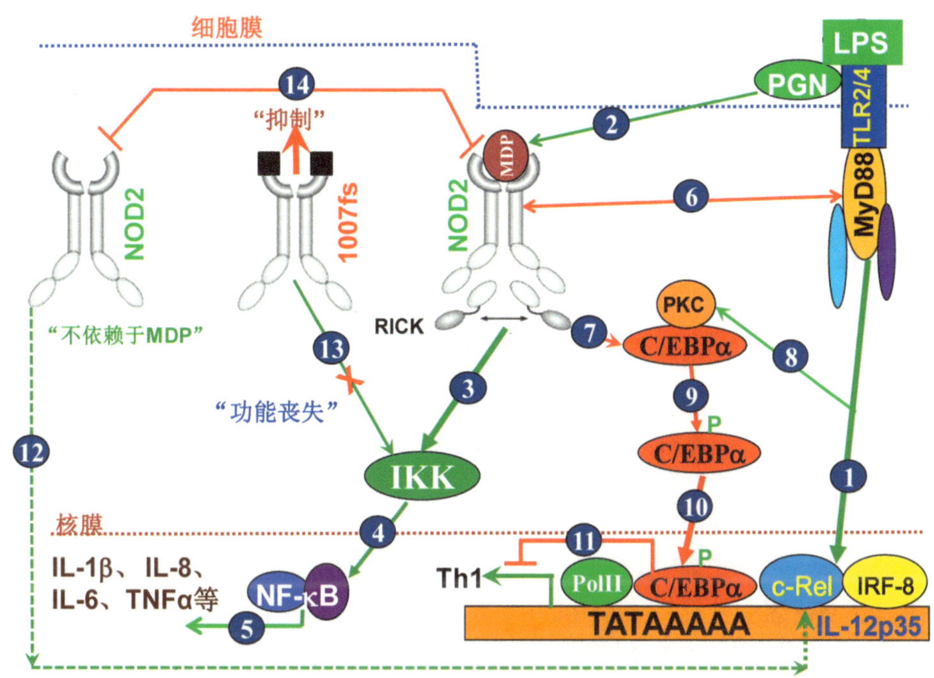

图 10-2　NOD2 和 TLR4 介导信号间相互作用模式图（Kim et al. 2015）

TLR4 介导的信号激活了 NF-κB 和 IRF8，进而诱导 IL-12p35 的转录（①）；由 PGN 产生的 MDP 可以与 NOD2 相互作用（②）后激活和招募丝氨酸苏氨酸激酶 RICK，之后 IKK（③）和 NF-κB（④）被激活，引起促炎性细胞因子如 IL-1β、IL-8、IL-6、TNF α 等的产生（⑤）。NOD2 还具有与 TLR 信号相互作用的新的功能（⑥），NOD2 依赖于 MDP，通过 NOD2 信号诱导 C/EBP α 的表达和细胞核的聚集，抑制了 TLR4 信号通路中 IL12 的产生（⑦）。TLR4 信号通路可以激活蛋白激酶 C（PKC）（⑧），蛋白激酶 C 可以磷酸化 C/EBPα 的 248 位丝氨酸位点，以调节其活性（⑨）。TLR-4 和 MDP 依赖的 NOD2 信号的相互作用提高了 C/EBPα 的转录后修饰，增强了 C/EBP α 调控能力。C/EBPα 进入细胞核和 RNA 聚合酶Ⅱ复合物一起共同结合到 IL-12p35 的启动子上（⑩），选择性地阻断 TLR4 诱导的 *p35* 基因的转录、IL-12 的产生、Th1 介导的炎症反应（⑪）。因此，NOD2 控制了过度的抗原提成和 T 淋巴细胞反应，保持了黏膜的稳态。NOD2 也具有非依赖于 MDP 的活性，这一特性使 TLR4 介导的信号增强，与 LPS 协同作用诱导包括 IL-12 等细胞因子的产生，具体作用机制尚未清晰，但是很大可能是通过激活了转录因子 c-Rel 和 IRF-8（⑫）。NOD2 的移码突变体 1007fs 不能与 MDP 结合，因此失去了诱导 NF-κB 的活性及诱导炎症因子表达的能力（⑬）。另外，NOD2 的 1007fs 移码突变也获得了新的功能：以不依赖于配体的方式直接和 NOD2 单体形成异源二聚体，从而破坏 NOD2 正常的生物活性（⑭）

10.1.2　IL17 介导的反应

通常认为克罗恩病是由 Th1 和 Th17 的 $CD4^{+}$T 淋巴细胞介导的自身免疫疾病。最新发现的 Th17 亚型已引起研究者的广泛兴趣（Brand 2009）。Th17 细胞最主要的功能是产生细胞因子 IL17，IL17 可以在机体感染时清除胞外的病原体，如机体抵抗引起非典型肺炎的克雷伯菌属和肠炎病原菌柠檬酸杆菌属的感染（Happel et al. 2005）。然而，Th17 细胞也可促进炎症并且被认为涉及多种实验性和人类自身免疫疾病的发病机制。在慢性肠炎中，Th17 细胞是诱导小肠上皮屏障的崩溃、引起免疫反应和组织损伤所必需的（Schwartz et al. 2005）。

GWA 研究表明 IL23R 及其他的 5 个与 Th17 分化相关的基因（*IL12B*、*JAK2*、*STAT3*、*CCR6* 和 *TNFSF15*）与克罗恩病的易感性有关，与溃疡性结肠炎部分相关（Duerr et al. 2006）。IL12 在 CD 中的作用可能由 IL23 介导，因为二者共享 IL12B 亚基。利用可同时靶向 Th1 和 Th17 细胞的 IL12/IL23p40 抗体治疗克罗恩病是十分有效的策略（Sandborn et al. 2008）。

10.1.3 自噬

克罗恩病的 GWA 元分析发现，一些位点包含自噬基因（*ATG16L1*、*IRGM* 和 *LRRK2*）（Barrett et al. 2008）。自噬包括一系列过程，涉及将细胞质中的成分传递到溶酶体，以便降解，它包括分子伴侣介导的自噬、小自噬和大自噬。新近的研究证据表明，选择性和非选择性自噬的调控是不同的。对选择性自噬而言，它直接针对微生物或者蛋白质聚合物；而非选择性自噬是细胞饥饿引起的反应。

ATG16L1 是自噬体形成所必需的蛋白质。与 CD 相关的 T300A 变异体位于 WD40 结构域的 C 端，该结构域功能仍未知。T300A 的突变并没有影响细胞自噬，但是异源吞噬功能受到了损坏。这个发现将 ATG16L1 和 NOD2 在抵抗病原体入侵方面结合了起来。尤其是 ATG16L1 和 NOD2/CARD15 突变的相互协同作用增加了 CD 易感性，此现象为克罗恩病发病过程中 ATG16L1 和 NOD2 二者之间可能存在相互作用提供了佐证（Billmann-Born et al. 2011）。

其他一些在初次免疫防御及 CD 易感性或发病机理中发挥重要作用的基因有：*IBD5*、*DLG5*、*PTGER4*、*ORMDL3*、*ITLN1*、*DMBT1* 和 *XBP1*，这些基因参与上皮屏障功能及完整性的维持（van Limbergen et al. 2009）。肠上皮细胞及细胞间的连接有着十分重要的防守作用，它们允许从内腔摄取营养物质的同时，保护此过程不受有害的外来病原体的入侵。相邻的表皮细胞间的紧密联结密封了细胞间隙，构成了调控总体表皮细胞通透性的调控点。通透性增加是肠炎的一个特征，在临床上可预测疾病的复发情况。

10.2 溃疡性结肠炎的遗传学特征

目前，在已被证实的超过 99 个 IBD 易感基因位点中，47 个位点被证实是只与 UC 相关的。IL23R 最初是作为一个 CD 的易感基因被发现的，后来被证实与 UC 的发病也相关。同时，IL-23 信号通路的其他成员：IL12B、JAK2、STAT3 也相继被证实与 CD 和 UC 相关（Franke et al. 2008）。

10.2.1 人类白细胞抗原（HLA）区域

6 号染色体上编码 *HLA* 基因的 MHC 区域与炎症性肠炎相关。此区编码的基因及其多样性的方式调节内源性和外源性的多肽抗原的免疫反应，这成为它参与个体对 IBD 易感性的基础。在此区域内，与 IBD 最相关的是 HLA DRB1 * 0103 等位基因突变，它是 HLA Ⅱ区域的罕见突变（Bouma et al. 1999）。这种突变在欧洲和北美人群的变异频率小于 2%，在犹太人群中有类似的变异频率，但是它不存在于日本人群中。有趣的是，这种种族偏好性也存在于与 *NOD2* 突变相关的 CD 患者中。

10.2.2 免疫调节因子及信号分子

IL10 是由先天性和适应性免疫系统多种细胞分泌的重要免疫调节因子，这些细胞包括 Th1、Th2、Th17 调节性 T 淋巴细胞的某些亚型，树突状细胞，巨噬细胞，肥大细胞及自然杀伤细胞等。IL10 在 UC GWA 的研究中得到了充分的重视（Bouma et al. 1999）。遗传连锁和候选基因测序分析也已识别出了在 IL-10 受体基因 *IL10RA* 和 *IL10RB* 中纯合的、隐形的、功能缺失的突变。*IL10RB* 的纯合突变导致功能性 IL10R2 的缺乏，阻止了 STAT3 的磷酸化和随后的信号通路。相似地，与对照组相比，*IL10RA* 的突变导致 IL10 受体的功能和 STAT3 的磷酸化受损，从而使得 IL10 对单核细胞和单核细胞来源的巨噬细胞释放 TNF α 的抑制功能受损（Glocker et al. 2009）。

10.2.3 肠屏障功能基因

ECM1 编码糖蛋白细胞外基质蛋白 1，它在整个肠道中表达，并且可与基膜相互作用，抑制基质金属蛋白酶 9 及激活 NF-κB 的活性。*HNF4α* 编码转录因子肝细胞核 4α，它在肝、胰腺及肠道中表达，在哺乳动物肠道的发育中发挥着重要作用（Yamagata et al. 1996）。*CDH1* 编码 E- 钙黏蛋白，该蛋白是一种跨膜糖蛋白，是紧密结合上皮的主要组成部分。体外功能实验研究表明，与克罗恩病相关的 CDH1 上单核苷酸多态性（SNP）的出现产生被截短的 E- 钙黏蛋白，这种蛋白在细胞质内聚集，导致表皮结构被破坏（Muise et al. 2009）。*LAMB1* 编码 laminin β1 亚基，该轻链存在于异三聚体层粘连蛋白 1、层粘连蛋白 2 和层粘连蛋白 10 的结构中。层粘连蛋白是基底膜主要的糖蛋白成分，它与整合素一起产生肠道上皮细胞内重要的细胞黏附系统（Teller and Beaulieu 2001）。

10.2.4 IBD 与其他疾病的遗传性重叠

基于文献调查和全基因组关联分析，Lees 等已经确定 51 个 IBD 相关基因与 23 种不同的疾病重叠。这些疾病包括其他肠道疾病（腹腔疾病、结直肠癌）、自身免疫性疾病（多发性硬化、类风湿性关节炎、银屑病、过敏性皮炎、全身性红斑狼疮、强直性脊柱炎、Ⅰ型糖尿病、哮喘和白癜风）、分枝杆菌感染（麻风杆菌）和非免疫疾病（Ⅱ型糖尿病、血脂异常、肥胖和骨质疏松症）。这些基因中与其他疾病最相关的基因包括 *IL2RA*、*PTPN22*（存在于 5 种疾病中）、*FCGR2A*（存在于 4 种疾病中）、*IRF5*、*IL10*、*IL23R*、*IL2/IL21* 和 *ORMDL3*（存在于 3 种疾病中）。研究人员还指出，那些与 CD 和 UC 结肠炎有共同易感位点的疾病通常在关键免疫基因如 *IL23R*、*IL10*、*IL12B*、*IL27*、*IL18RAP* 上存在变异。而与 CD 或 UC 易感性相关的基因变异在适应性免疫过程中通常无明显作用（Lees et al. 2011）。

总之，GWA 研究使以前所未有的速度阐明 IBD 的遗传机理成为了可能，但并不意味着我们已知晓一切。进行中的 CD 元分析和 UC 的 GWA 研究将揭示更多的易感基因。相比之下，毫无疑问的是，对这些基因的功能验证依然落后，这成为将遗传研究发现转化为临床患者治疗的一个“瓶颈”。因此，我们需要在基因功能的研究上做出更多的努力以便更加清晰地阐明 IBD 疾病产生和发展的分子及细胞机制。这种基因型 - 表型关系研究将有助于医生更准确地预测疾病的发生和评估并发症的风险，及时采取手术等治疗手段，并最终对 IBD 治疗提出新的并且有效的治疗策略。

10.3 肠道菌群与 IBD

肠道是人体非常独特的器官，它不仅具有消化、吸收营养物质的功能，而且是重要的免疫器官。脊椎动物的肠道里有大量的共生微生物，包括细菌、真菌和病毒。在人类中，约 100 兆细菌定居于皮肤、口腔和肠道的黏膜表面。大多数微生物生长在小肠远端。宿主和微生物之间经过数百万年的协同进化，导致二者在许多生理过程中的共生关系。宿主为微生物的生存提供富有营养和适宜的生存环境（Hooper and Macpherson 2010）。肠道微生物组和它的代谢产物的活性，直接影响动物生理学的诸多方面（Lee and Hase 2014）。在肠道中，微生物的存在不仅有助于诸如碳水化合物和某些维生素等营养物质的代谢，还能诱导和维持正常的免疫功能。

在一般情况下，肠道组织能够维持对各种环境因素，包括微生物和食物抗原的免疫应答和耐受性之间的精致平衡。但是肠道微生物也能引起疾病或增加在遗传上易感个体疾病发展的风险（Honda and Littman 2012）。微生物群体的破坏所引起的过度炎症反应涉及许多疾病的发生，如肥胖症、炎症性肠疾病（IBD）和肠癌（Walsh et al. 2014）。CD 和 UC 是由免疫系统和在遗传上易感的个体的肠道微生物群之间复杂的相互作用而发生的多因素造成的疾病。此外，复杂的肠道微生物群落的变化和黏膜免疫细胞的破坏助长了艾滋病毒感染过程中的炎症反应（Nwosu et al. 2014）。肠道微生物的组成还影响到对免疫介导的病症的敏感性，如自身免疫性疾病和过敏症（Geuking et al. 2014）。当前我们对导致 CD、UC 免疫功能失调的细胞和分子机制的理解仍然不完全。

人们发现在 CD 患者受损的肠道黏膜内存在肠道细菌及其产物，且 CD 患者体内黏附性 / 侵袭性大肠杆菌、肠球菌等有害细菌感染增加，而肠道益生菌如乳酸杆菌及双歧杆菌量减少。反之，CD 患者经过抗菌药物如甲硝唑、环丙沙星及肠道益生菌的治疗后可得到不同程度的缓解。种种迹象表明，细菌感染是 CD 发病的一个不容忽视的因素，NOD2 通过其抗菌作用抑制 CD 发病。

目前研究发现，CD 患者肠道内细菌拟杆菌门（Bacteroidetes）显著增加，厚壁菌门（Firmicutes）的多样性明显减少，值得一提的是，与 CD 患者关系密切的人也有肠道菌群亚紊乱的情况（Joossens et al. 2011）。目前仍然没有准确的指标去判定多大程度的菌群失调能导致 CD，但是可以确定肠道菌群失调是发生结肠癌的一个危险信号。*NOD2* 基因敲除的小鼠（$Nod2^{-/-}$ 小鼠）与野生型小鼠肠道菌群的结构有显著差异，有研究表明 $Nod2^{-/-}$ 小鼠回肠和粪便中拟杆菌（Bacteroidaceae）的数量增加（Abbott et al. 2004；Mondot et al. 2012）。而通过高通量测序发现属于拟杆菌门的两个属 *Alistipes* 和 *Bacteroides* 在 $Nod2^{-/-}$ 小鼠肠道中丰度增加，属于同一个门的 *Prevotella* 则相反；属于变形菌门（Proteobacteria）的 *Helicobacter hepaticus* 和 *Desulfovibrio* spp. 在 $Nod2^{-/-}$ 小鼠中丰度降低。同样，与 CD 相关的 NOD2 L1007fsinsC 突变的患者肠道中的拟杆菌也是增加的（Frank et al. 2011）。

虽然 CD 的病因还存在很多争议，但是很多动物实验表明肠道菌群在该病的发生和发展过程中都起到了很重要的作用（Inoue et al. 2002）。近年来随着微生物分子生态学技术的发展，特别是高通量测序技术的飞跃性进步，为肠道菌群研究带来了前所未有的机遇。通过对 16S rRNA 基因的短标签测序，能够较为快速、客观、准确地分析肠道菌群

的多样性和结构组成（Binladen et al. 2007），而通过对肠道菌群中所有微生物的基因组总和及其功能进行的元基因组（Metagenome）测序，则可对肠道菌群的功能进行分析（Qin et al. 2010）。将代谢组学（metabonomics）、转录组学（transcriptomics）、蛋白质组学（proteomics）等得出的宿主代谢、基因表达及健康表型的数据，与肠道菌群结构和功能数据，通过生物信息学和多元统计学方法进行关联分析，可以找出影响宿主代谢及健康表型的人体共生微生物种类或功能基因，并研究其与宿主之间的相互关系（Angelberger et al. 2008）。因此，以“全微生物组关联分析（microbiome-wide association study，MiWAS）”方法为核心，比较 CD 个体和健康个体肠道菌群的差异，找出在 CD 发生发展过程中起到关键作用的肠道细菌类群，并研究其功能及其与宿主的互作，将能够阐明肠道菌群在 CD 发生发展中的作用和地位。

为了更清楚地研究菌群失调与肠道炎症的关系，我们有待研究：①怎样的一个特定的菌群紊乱的状态可以引起 CD；② 如何认识特定肠道菌群在肠炎增加中的潜在作用。另外，菌群失调是导致免疫缺陷后引起 CD 的主要原因，还是免疫失调引起的结果。越来越多的证据表明，NOD2 参与了 CD 的发生发展。目前研究的趋势正朝着肠道菌群和人的免疫系统调控两方面进行。但我们仍有许多疑问尚待进一步考证，如为何 NOD2 的变异抑制了先天免疫系统而在 CD 中却发现了肠道对肠腔内各种抗原的过度炎症反应；免疫耐受和免疫激活究竟在 CD 的发病中扮演着怎样的角色；亚洲人群中 CD 的发病更归咎于哪种基因位点的突变；同样作为细菌模式抗原的识别受体，NOD2 和 TLRs 之间存在着怎样的关联。这些都将成为我们将来进一步深入研究的方向，并以此为基础为 CD 的治疗研究出更好的药物和方法。

目前的临床研究表明粪便微生物移植（fecal microbiota transplantation，FMT）可以成功地治疗易复发和难以根治的受艰难梭菌感染的肠炎。肠炎的发生在很大程度上是由于肠道微生物受到破坏，粪便微生物移植可以逆转这种菌群失调状态。即使目前的报道有限，FMT 方法治疗 IBD 在成功性和安全性方面都具有很大的希望。如何利用粪便微生物制备药物使其发挥最大的功效将是未来的研究方向。从长远的角度来看，FMT 在治疗感染、癌症、自身免疫性疾病及代谢疾病方面均具有潜在的价值（Allegretti and Hamilton 2014）。

10.4 结 束 语

肠炎是遗传和环境多种因素相互作用导致的与免疫相关的疾病。*NOD2* 作为克罗恩病的易感基因之一，其在疾病的发生发展过程中的作用机理十分复杂。IL17 介导的反应及一些自噬基因亦与克罗恩病相关。而免疫调节分子 IL10 及 ECM1，*HNF4α* 等肠道屏障基因与溃疡性肠炎关联比较密切。此外，肠道菌群对肠炎的发生及维持是必不可少的。对肠炎的遗传学、免疫学和肠道菌群的综合研究将对了解这种慢性自身免疫疾病的发生机制和临床干预有着根本性的推动作用。

参 考 文 献

Abbott D W，Wilkins A，Asara J M，et al. 2004. The Crohn's disease protein，NOD2，requires RIP2 in order to induce ubiquitinylation of a novel site on NEMO. Curr Biol，14（24）：2217-2227.

Allegretti J R，Hamilton M J. 2014. Restoring the gut microbiome for the treatment of inflammatory bowel diseases. World J Gastroenterol，20（13）：3468-3474.

Angelberger S，Reinisch W，Dejaco C，et al. 2008. NOD2/CARD15 gene variants are linked to failure of antibiotic treatment in perianal fistulating Crohn's disease. Am J Gastroenterol，103（5）：1197-1202.

Barrett J C，Hansoul S，Nicolae D L，et al. 2008. Genome-wide association defines more than 30 distinct susceptibility loci for Crohn's disease. Nat Genet，40（8）：955-962.

Baumgart D C，Sandborn W J. 2007. Gastroenterology 2 - inflammatory bowel disease：clinical aspects and established and evolving therapies. Lancet，369（9573）：1641-1657.

Billmann-Born S，Lipinski S，Bock J，et al. 2011. The complex interplay of NOD-like receptors and the autophagy machinery in the pathophysiology of Crohn disease. Eur J Cell Biol，90（6-7）：593-602.

Binladen J，Gilbert M T，Bollback J P，et al. 2007. The use of coded PCR primers enables high-throughput sequencing of multiple homolog amplification products by 454 parallel sequencing. PLoS One，2（2）：e197.

Bouma G，Crusius J B，Garcia-Gonzalez M A，et al. 1999. Genetic markers in clinically well defined patients with ulcerative colitis（UC）. Clin Exp Immunol，115（2）：294-300.

Brand S. 2009. Crohn's disease：Th1，Th17 or both？ The change of a paradigm：new immunological and genetic insights implicate Th17 cells in the pathogenesis of Crohn's disease. Gut，58（8）：1152-1167.

Coulombe F，Divangahi M，Veyrier F，et al. 2009. Increased NOD2-mediated recognition of N-glycolyl muramyl dipeptide. J Exp Med，206（8）：1709-1716.

Duerr R H，Taylor K D，Brant S R，et al. 2006. A genome-wide association study identifies IL23R as an inflammatory bowel disease gene. Science，314（5804）：1461-1463.

Frank D N，Robertson C E，Hamm C M，et al. 2011. Disease phenotype and genotype are associated with shifts in intestinal-associated microbiota in inflammatory bowel diseases. Inflamm Bowel Dis，17（1）：179-184.

Franke A，Balschun T，Karlsen T H，et al. 2008. Replication of signals from recent studies of Crohn's disease identifies previously unknown disease loci for ulcerative colitis. Nat Genet，40（6）：713-715.

Geuking M B，Koller Y，Rupp S，et al. 2014. The interplay between the gut microbiota and the immune system. Gut Microbes，5（3）：411-418.

Glocker E O，Kotlarz D，Boztug K，et al. 2009. Inflammatory bowel disease and mutations affecting the interleukin-10 receptor. N Engl J Med，361（21）：2033-2045.

Happel K I，Dubin P J，Zheng M Q，et al. 2005. Divergent roles of IL-23 and IL-12 in host defense against *Klebsiella pneumoniae*. J Exp Med，202（6）：761-769.

Honda K，Littman D R. 2012. The microbiome in infectious disease and inflammation. Annu Rev Immunol，30：759-795.

Hooper L V，Macpherson A J. 2010. Immune adaptations that maintain homeostasis with the intestinal microbiota. Nat Rev Immunol，10（3）：159-169.

Hugot J P，Chamaillard M，Zouali H，et al. 2001. Association of NOD2 leucine-rich repeat variants with susceptibility to Crohn's disease. Nature，411（6837）：599-603.

Inoue N，Tamura K，Kinouchi Y，et al. 2002. Lack of common NOD2 variants in Japanese patients with Crohn's disease. Gastroenterology，123（1）：86-91.

Joossens M，Huys G，Cnockaert M，et al. 2011. Dysbiosis of the faecal microbiota in patients with Crohn's disease and their unaffected relatives. Gut，60（5）：631-637.

Kim H，Zhao Q，Zheng H，et al. 2015. A novel crosstalk between TLR4-and NOD2-mediated signaling in the regulation of intestinal inflammation. Sci Rep，Jul 8，5：12018. doi：10.1038/srep12018.

Lakatos P L. 2006. Recent trends in the epidemiology of inflammatory bowel diseases：Up or down？ World J Gastroenterol，12（38）：6102-6108.

Lee W J，Hase K. 2014. Gut microbiota-generated metabolites in animal health and disease. Nat Chem Biol，10（6）：416-424.

Lees C W，Barrett J C，Parkes M，et al. 2011. New IBD genetics：common pathways with other diseases. Gut，60（12）：1739-1753.

Mondot S，Barreau F，Al Nabhani Z，et al. 2012. Altered gut microbiota composition in immune-impaired Nod2（-/-）mice. Gut，61（4）：634-635.

Muise A M，Walters T D，Glowacka W K，et al. 2009. Polymorphisms in E-cadherin（CDH1）result in a mis-localised cytoplasmic protein that is associated with Crohn's disease. Gut，58（8）：1121-1127.

Noguchi E，Homma Y，Kang X Y，et al. 2009. A Crohn's disease-associated NOD2 mutation suppresses transcription of human IL10 by inhibiting activity of the nuclear ribonucleoprotein hnRNP-A1. Nat Immunol，10（5）：471-479.

Nwosu F C，Avershina E，Wilson R，et al. 2014. Gut microbiota in HIV infection：implication for disease progression and management. Gastroenterol Res Pract，2014：e803185. doi：10.1155.

O'Neill L A J. 2004. How NOD-ing off leads to Crohn disease. Nat Immunol，5（8）：776-778.

Orholm M，Munkholm P，Langholz E，et al. 1991. Familial occurrence of inflammatory bowel disease. N Engl J Med，324（2）：84-88.

Pauleau A L，Murray P J. 2003. Role of Nod2 in the response of macrophages to Toll-like receptor agonists. Mol Cell Biol，23（21）：7531-7539.

Qin J，Li R，Raes J，et al. 2010. A human gut microbial gene catalogue established by metagenomic sequencing. Nature，464（7285）：59-65.

Sandborn W J，Feagan B G，Fedorak R N，et al. 2008. A randomized trial of ustekinumab，a human interleukin-12/23 monoclonal antibody，in patients with moderate-to-severe Crohn's disease. Gastroenterology，135（4）：1130-1141.

Schwartz S，Beaulieu J F，Ruemmele F M. 2005. Interleukin-17 is a potent immuno-modulator and regulator of normal human intestinal epithelial cell growth. Biochem Biophys Res Commun，337（2）：505-509.

Teller I C，Beaulieu J F. 2001. Interactions between laminin and epithelial cells in intestinal health and disease. Expert Rev Mol Med，3（24）：1-18.

van Limbergen J，Wilson D C，Satsangi J. 2009. The genetics of Crohn's disease. Annu Rev Genomics Hum Genet，10：89-116.

Walsh C J，Guinane C M，O' Toole P W，et al. 2014. Beneficial modulation of the gut microbiota. FEBS Lett，588（22）：4120-4130.

Watanabe T，Kitani A，Murray P J，et al. 2004. NOD2 is a negative regulator of Toll-like receptor 2-mediated T helper type 1 responses. Nat Immunol，5（8）：800-808.

Yamagata K，Furuta H，Oda N，et al. 1996. Mutations in the hepatocyte nuclear factor-4alpha gene in maturity-onset diabetes of the young（MODY1）. Nature，384（6608）：458-460.

（马小京　赵全菊　张　伟）

11

肿瘤生物学

肿瘤（neoplasm or tumor）是机体的某部分组织细胞在致瘤因素的长期作用下不受控的生长形成的肿块。肿瘤可以分为良性（benign）和恶性（malignant）两大类，良性肿瘤生长相对较慢，与周围组织有明显界限，对机体的危害程度较小。恶性肿瘤也就是我们所说的癌（cancer）生长速度快，细胞分化程度低，具有侵袭身体毗邻部位和蔓延到机体其他组织的能力。与正常细胞相比，癌细胞有以下特点：①不受控的生长；②对抑制生长的信号不敏感；③能够逃避凋亡；④能够无限复制；⑤诱导和维持血管生成；⑥具有转移和侵袭到别的组织的能力（Hanahan and Weinberg 2011）。90%~95% 的癌症是由于环境因素引起的，5%~10% 是由于自身遗传因素引起的（Anand et al. 2008）。环境因素包括接触各种不同类型的致癌物质和不良的生活方式。环境中的致癌物包括：①化学性致癌物，如石棉、烟草烟雾中的成分、黄曲霉毒素和砷等；②物理性致癌物，如紫外线和电离辐射；③生物致癌物，如某些病毒、细菌或寄生虫引起的感染。抽烟、不良饮食习惯、肥胖、缺乏运动和酗酒等长期的不良生活方式也能够引起癌症的发生（Anand et al. 2008）。

根据肿瘤细胞来源的类型不同，可将癌症分为以下几种类型：①癌（carcinoma），肿瘤细胞来源于上皮细胞，这个类型中包含了许多常见的癌症，如从乳腺、前列腺、肺、胰腺和结肠组织细胞发展而来的癌症；②肉瘤（sarcoma），从结缔组织如骨骼、软骨、脂肪和神经等发展成的恶性肿瘤，肿瘤细胞起源于骨髓外的间充质细胞；③淋巴瘤和白血病（lymphoma and leukemia），这两种恶性肿瘤起源于造血细胞；④生殖细胞瘤（germ cell tumor），来源于多能性细胞的恶性肿瘤；⑤胚细胞瘤（blastoma），来源于未成熟的前体细胞或胚胎组织的恶性肿瘤。癌症目前是全球发病和死亡的主要原因，2012 年约有 1400 万新发癌症病例和 820 万例癌症相关病例死亡。预计今后 20 年，新发病例数将增加约 70%。2012 年，男性最常见确诊的癌症是肺癌、前列腺癌、结直肠癌、胃癌和肝癌，而女性最常见确诊的癌症是乳腺癌、结直肠癌、肺癌、宫颈癌和胃癌。全世界每年约 60% 的新的癌症病例发生在非洲、亚洲、中美洲和南美洲，这些地区约占全世界癌症死亡率的 70%（Torre et al. 2015）。癌症已经成为危害人类健康和发展的重要社会问题，研究引起癌症发生和发展的具体分子生物学机制，为癌症的治疗提供新的靶向分子和理论依据已经成为目前生物学研究中的重要研究方向。

癌症是一种由于细胞不受控的增殖引起的疾病，在正常细胞转变成癌细胞的过程中，细胞在遗传或表观遗传等方面都发生了巨大的变化。我们实验室的研究工作主要集中在对肝癌的发生和发展相关的重要基因进行功能研究，并利用基因组学各项技术筛选新的有可能成为肝癌治疗靶标的分子，为肝癌的治疗提供新的靶向分子和理论依据。

在全世界范围内，肝癌（liver cancer）在男性中发病率为第五位，而致死率则是第二位；

在女性中，肝癌发病率为第七位而致死率为第六位。2012 年，约有 78 万新确诊为肝癌的病例，约有 74.5 万人死于肝癌，肝癌病例的增多已成为越来越严重的社会负担。肝癌病例主要集中在东亚和东南亚及非洲的中西部地区，据估计，有一半左右的肝癌患者和肝癌导致的死亡发生在中国（Torre et al. 2015）。70%~90% 的原发性肝癌（primary liver cancer）属于肝细胞癌（hepatocellular carcinoma，HCC）（Perz et al. 2006），而主要从胆管上皮起源的肝内或肝外的胆管细胞癌（cholangiocarcinoma）比较少见（Patel 2011）。本章所指的肝癌特指肝细胞癌。

引发肝癌的主要危险因素包括乙型肝炎病毒（hepatitis B virus，HBV）和丙型肝炎病毒（hepatitis C virus，HCV）感染、酒精性肝病（alcoholic liver disease）、抽烟、食物污染和非酒精性脂肪肝（nonalcoholic fatty liver disease）。约有一半的肝癌病例是由慢性 HBV 感染引起（El-Serag 2011），而 HCV 的感染也成为近 20 年来诱发肝癌病例上升最快的因素（El-Serag and Rudolph 2007）。长时间接触食物污染如黄曲霉毒素能够显著增加慢性 HBV 感染患者患肝癌的风险（Ming et al. 2002）。抽烟也被证明与肝癌发生的风险相关（Kuper et al. 2000）。在西方国家，酒精性肝硬化、非酒精性脂肪肝、代谢综合征及肥胖是肝癌的主要诱发因素（El-Serag 2011）。超过 80% 的肝癌患者有肝硬化的症状（Llovet et al. 2003），肝硬化通常伴随着已有或正在进行的炎症反应和肝细胞坏死，进而引起肝细胞再生、缺失和增殖。HBV 或 HCV 感染等诱发肝癌的危险因素通常会引起肝炎和肝损伤，进而引起肝硬化。末期肝硬化的特点是肝组织再生能力耗尽，伴随着组织纤维化增加和肝细胞的破坏（Sanyal et al. 2010）。尽管肝硬化为肿瘤的发展提供了条件，但是肝硬化可能并不直接导致肝癌的发生，而是可能通过促进和累积基因突变来促进肿瘤的发生和发展。这些新的体细胞突变，可能会激活癌基因（oncogene）或使肿瘤抑制基因（tumor suppressor gene）失活；同时，内源性病毒或化学致癌物引起的基因突变均可能引起肝癌。在肝癌细胞中已发现 *TP53* 和 *β-catenin* 突变，但目前对肝癌的发病机制并不清楚。肿瘤遗传和基因组实验室目前的主要研究方向是：①通过功能基因组方法，发现肝癌中重要基因的突变，尤其是鉴定与肝癌发生和发展相关的驱动型突变（driver mutation）；②筛选在肝癌中异常表达的关键基因，阐明其在肝癌发生和发展的作用及分子机制，为肝癌的预防和治疗提供新的理论基础和靶向分子。

本章主要内容是结合近年来关于肝癌发生和发展分子机制的研究进展，重点介绍我们课题组近几年来相关的研究结果。

11.1　诱发肝癌的主要风险因素

11.1.1　乙型肝炎病毒感染

慢性 HBV 感染在亚洲人群中是诱发肝癌的最常见原因。乙型肝炎病毒属于肝病毒科的一种嗜肝性 DNA 病毒，它包含 4 个基因 *preS/S*、*preC/C*、*P* 和 *X*，它们具有部分重叠的可读框，这 4 个可读框分别编码病毒表面蛋白、病毒核心抗原和“e”抗原、聚合酶及 HBx 蛋白（HBV X protein）。HBx 蛋白在病毒感染（Murakami 2001）和复制（Bouchard et al. 2001）过程中有重要作用，并能够调节多种宿主细胞内基因和病毒基因（Kim et al.

1991；Wang et al. 2004）。

HBV DNA 序列可以插入宿主细胞的基因组中，并可能通过增加或减少染色体DNA、基因转置和突变来诱发癌变（Pollicino et al. 2011）。关于HBV DNA插入宿主细胞基因组DNA序列是否对肝癌的发展有促进作用，目前并不清楚。HBV编码的蛋白质可能通过干扰宿主内癌基因或肿瘤抑制基因促进肝癌的发展。HBx能够与宿主细胞内多种蛋白质结合并调节其活性，HBx能够与核内转录因子如RXR、TBP、CREB、NF-AT和p120EE4F直接结合（Bouchard and Schneider 2004；Rui et al. 2006），促进其对下游基因的转录。有丝分裂的检验点（Kim et al. 2008）和DNA损伤修复（Lee et al. 2005）过程也会受到HBx的影响，从而增加肝细胞基因组不稳定性。同时，HBx也能够调节与肿瘤发生相关的信号通路，如Jak-Stat、Ras/MAPK、PI-3K/AKT、SAPK/JNK、NF-κB和FAK（Bouchard et al. 2006）。在HBx过量表达的转基因小鼠中，HBx能够促进肝癌的发展。HBx能够通过促进肝干/祖细胞扩增和致瘤性来诱导细胞转化（Wang et al. 2012a）。尽管HBx不能直接与DNA结合，但它可能通过遗传学或表观遗传学的机制调控肿瘤相关的信号通路。HBV的感染能够引起肿瘤抑制基因*p16*（Shim et al. 2003）、*GSTP1*（Zhong et al. 2002）在肝癌中过度甲基化，从而使表达量下降，但其中的分子机制目前并不清楚。我们的研究发现，在肝癌细胞株中过量表达HBx蛋白能够引起141个基因显著下调表达，115个基因显著上调表达。我们还发现，HBx能够直接与DNA甲基转移酶（DNA methyltransferase）DNMT3A直接结合，DNMT3A能够催化5′-CpG二核苷酸中胞嘧啶的甲基化（Chen and Li 2004）。HBx招募DNMT3A到一些基因的启动子区域，通过DNA甲基化抑制这些基因的表达。同时，HBx通过抑制DNMT3A与另外一些基因启动子区域的结合降低这些基因启动子区域的甲基化水平，从而激活这些基因的表达（Zheng et al. 2009）。

11.1.2 丙型肝炎病毒感染

丙型肝炎病毒（HCV）是一种缺乏反转录酶的单链RNA病毒，它不能被整合到宿主的基因组中。HCV基因组编码一个包含3000个氨基酸的多聚蛋白，这个蛋白质在翻译后经过病毒和宿主细胞中蛋白酶的作用，形成4种结构蛋白（核心蛋白、糖蛋白E1和E2、p7）和6种非结构蛋白（NS2、NS3、NS4A、NS4B、NS5A、NS5B）（Bouchard and Navas-Martin 2011）。在HCV相关的肝癌患者中，慢性炎症、胰岛素抵抗和肝脂肪变性被认为是HCV感染的致癌因素（McGivern and Lemon 2009）。HCV的核心蛋白、NS3、NS5A和NS5B调控宿主细胞增殖、凋亡和免疫应答，在肝癌的发展过程中有重要的作用。

HBV或HCV感染引起的肝癌都能够调控相同的细胞信号通路，如慢性炎症、氧化应激、内质网应激和细胞转化（Tsai and Chung 2010）。这表明不同病因引起的肝癌可能具有相似的遗传或表观遗传的异常。

除了HBV或HCV感染等外在环境因素对肝癌的发生和发展有影响外，宿主自身的遗传背景也会影响肝癌的进程。一些与免疫相关的基因的多态位点（single nucleotide polymorphism，SNP）会使不同的人对于HBV或HCV的感染产生不同的后果。因此，肝癌的发生与HBV或HCV的感染和病毒感染之后引起的宿主基因组的变化有关，同时也

与宿主自身因素如年龄、性别、种族、有无肝硬化、肝癌家族史、基因组多样性和是否患有其他疾病等相关，这两种因素与一些环境因素如抽烟、酗酒和食物污染等相互作用，诱发肝癌发生和恶化（Han 2012）（图 11-1）。

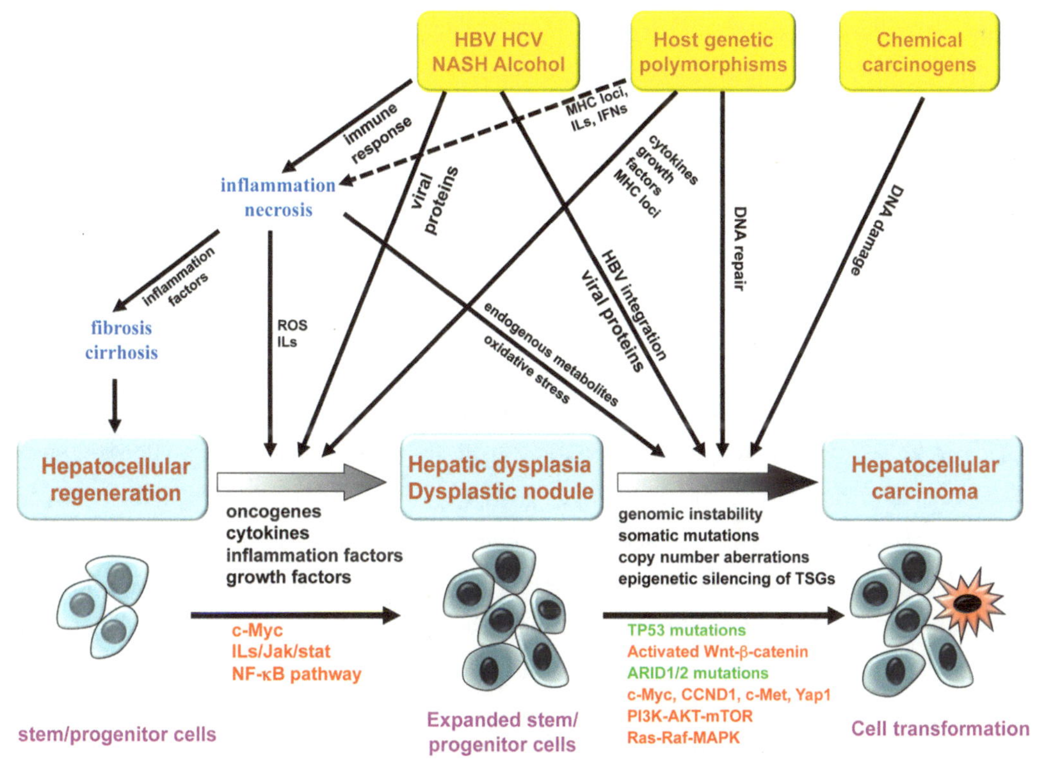

图 11-1 肝癌发展过程中主要风险因素的示意图（Han 2012）

HBV 和 HCV 感染、酒精性脂肪肝、非酒精性脂肪肝和食物污染如黄曲霉毒素等是肝癌发生的主要风险因素（橘黄色字体），一些患者的某些基因的多态位点会使其对肝炎、肝纤维化、肝硬化和肝癌有易感性。在肝癌发病过程中，一些基因的信号通路被激活（红色字体）而另外一些被抑制（绿色字体）

11.2 基因组不稳定性

目前的研究认为，肿瘤是由单个细胞不受控的扩增形成的，在肿瘤形成的过程中伴随着基因组的不稳定和体细胞突变（Stratton 2011；Stratton et al. 2009）。基因组不稳定的表现是：①染色质不稳定，如基因扩增、复制、缺失、重排和易位等；②染色体数目不稳定，如非整倍体（aneuploidy）和多倍体（polyploidy）；③微卫星 DNA 不稳定，是指微卫星 DNA 序列中寡核苷酸重复序列的增加或减少。基因组不稳定的特点是碱基替换、插入或缺失的频率增加。细胞获得肿瘤的恶性标志是癌细胞保留基因组的改变。特定的突变表型相对于其他突变的肿瘤细胞具有选择性优势，从而更快地生长并最终占据其所在的组织（Hanahan and Weinberg 2011）。鉴定这些与肿瘤发生相关的遗传性变异可以为解释肿瘤形成的分子机制提供线索，并为肿瘤治疗提供新的方法。

肝癌的发展是一个多步骤的细胞基因变异的过程，多年的慢性肝病，促进体细胞基因变异的累积。研究者利用微阵列比较基因组杂交（microarray-based comparative genomic hybridization，array-CGH），以及全基因组或全外显子组测序技术来检测体细胞基因拷贝数异常和基因突变，发现在肝癌组织中存在大量的基因组变异。由于 HBV DNA 插入宿主基因组能够引起染色体的增加或缺失和关键基因的突变，从而导致基因组的不稳定，因此，相对于 HCV 感染的肝癌，HBV 感染的肝癌具有更为显著的基因组不稳定性（Pollicino et al. 2011）。除了 HBV 的整合和致癌物黄曲霉毒素直接引起的基因组 DNA 损伤外，慢性炎症和免疫反应引起的肝损伤也是造成基因组不稳定性的主要原因。在促炎的细胞因子刺激下，产生过量的活性氧自由基，能够引起氧化性的 DNA 损伤，或增加体细胞突变的可能性。

11.2.1 染色体不稳定性和癌基因

染色体非整倍性或大段染色质区域缺失和获得等异常在多种不同的肿瘤细胞中均有发现，并与肿瘤发生和发展阶段的恶性增殖有密切关系（Beroukhim et al. 2010；Kolodner et al. 2011）。重要染色质区域发生的体细胞拷贝数异常（somatic copy number aberration，SCNA）能够导致变异基因出现表型，促进突变累积。SCNA 可能通过影响肿瘤细胞总体的转录本而导致肿瘤发生。利用高分辨率 array-CGH 可以检测肿瘤细胞中的 SCNA，为人们进一步探究肿瘤发生的分子机制和发现新的肿瘤基因提供了新的途径。前期的研究发现在肝癌中也存在大量染色体异常，包括染色体 1p、4q、6q、8p、9p、10q、13q、16q 和 17p 的缺失，以及 1q、6p、8q、17q 和 20q 的扩增（Breuhahn et al. 2011）。染色体区域 8q24 是一个在肿瘤中拷贝数增加频率很高的区域，肿瘤基因 *c-myc* 也在此区域，该区域的扩增与病毒感染和酗酒引起的肝癌显著相关（Schlaeger et al. 2008）。8q24 扩增导致了在这个区域的 *Ago2*（Argonaute2）基因拷贝数增加。Ago2 是属于 Argonaute 蛋白家族的成员，该家族成员有两个共同的结构域 PAZ 和 PIWI，在多个物种中均有表达（Carmell et al. 2002；Hutvagner and Simard 2008；Peters and Meister 2007）。人类 Ago2 是 Argonaute 家族中唯一具有内切核酸酶活性的成员（Ma et al. 2004）。Ago2 在 RNA 诱导的沉默复合物（RNA-induced silencing complex，RISC）中，通过其 RNA 酶的活性，切割与 siRNA（small interfering RNA）或 miRNA（microRNA）配对的目标 RNA 序列，Ago2 在多种肿瘤中过量表达（Adams et al. 2009；Chang et al. 2010；Zhou et al. 2010）。我们的研究发现，Ago2 在肝癌中基因拷贝数增加，其 mRNA 水平和蛋白质水平在肝癌组织中显著上调，Ago2 的过量表达促进肝癌细胞增殖，锚定非依赖克隆形成、细胞迁移和肿瘤转移。而敲减 Ago2 表达之后，肝癌细胞锚定非依赖的克隆形成能力、细胞迁移和肿瘤转移能力降低。Ago2 可与肿瘤转移相关蛋白 FAK（focal adhesion kinase）启动子区域结合，促进 FAK 的转录并刺激其相关信号通路的活化（Cheng et al. 2013）。

为了进一步发现更多的染色质拷贝数增加区域，我们对 43 例肝癌样本进行 DNA 拷贝数分析，发现位于染色体 11q14.1 区域的基因 *NOXIN* 在 1/3 的肝癌样本中存在 DNA 拷贝数增加。*NOXIN* 能够被一氧化氮（nitric oxide，NO）、γ 射线和紫外线（ultraviolet）、过氧化氢（hydrogen peroxide）、阿霉素（adriamycin）和细胞因子等诱导表达（Nakaya et al. 2007；Won et al. 2014）。但是，NOXIN 在肿瘤中的作用并不清楚。我们研究发现，*NOXIN* 的过量表达能够促进肝癌细胞增殖、增强细胞克隆形成和细胞迁移能力，而敲减 *NOXIN*

的表达可抑制肿瘤细胞的上述能力。实验进一步证明 NOXIN 与 DNA 聚合酶 α 结合，作为 DNA 聚合酶引发酶复合物的辅因子促进 DNA 的合成，从而促进肝癌发展（Zhang et al. 2015）（图 11-2）。

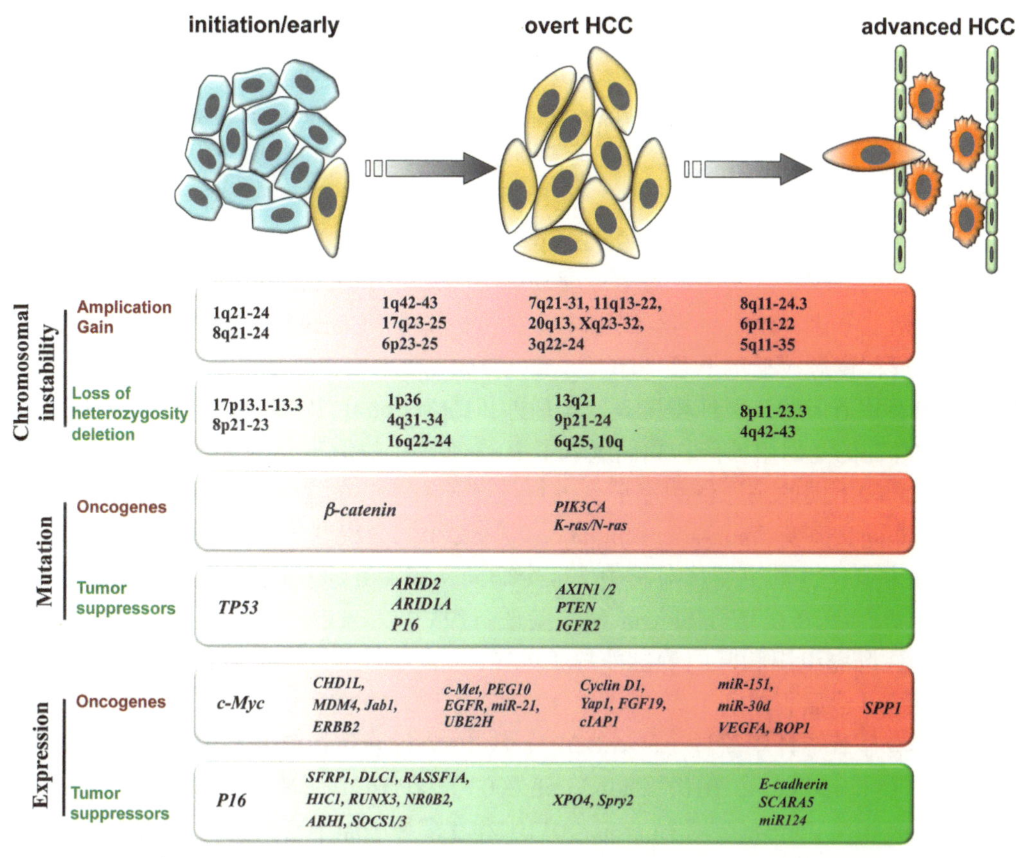

图 11-2 基因组不稳定性及体细胞突变和一些基因的异常表达在肝癌发展过程中的影响（Han 2012）
图中显示了主要的染色体不稳定性损伤，包括染色体扩增、增加、杂合性缺失（LOH）和缺失。激活的癌基因和失活的肿瘤抑制基因分别在红色和绿色方框中表示。在基因表达异常组中仅显示了部分已知的在肝癌中异常表达的基因

11.2.2 体细胞中的基因突变

基因组不稳定的另外一个特点是体细胞突变频率增加，突变包括点突变，插入和缺失突变，以及由 DNA 断裂和非正常连接引起的染色质重排。在肝癌中也发现存在单个基因的激活或失活突变。在肝癌中，已报道的基因突变有癌基因如 β-*catenin* 和肿瘤抑制基因如 *TP53* 的体细胞突变。10%~61% 的肝癌病例存在 *TP53* 突变，该基因编码的蛋白质第 249 位氨基酸的密码子是肝癌样本中的突变热点位置，该位点的突变与食物中黄曲霉毒素的污染相关，由黄曲霉毒素污染所引起的肝癌 *TP53* 的突变频率相对较高（Hussain et al. 2007；Imbeaud et al. 2010）。突变频率相对较低的肿瘤抑制基因有 *P16*、*P14arf*、*AXIN1*、*AXIN2*、*TIP30*、*IGFR2*、*KLF6*、*Caspase-8*、*PTEN*、*HNF1-α*、*SMAD2*、*SMAD4*、*PHF6*

和 *LKB1/STK11*（Imbeaud et al. 2010；Nault and Zucman-Rossi 2011；Villanueva et al. 2007），这说明在不同的肝癌患者中，由于病因和临床病理特点不同，存在明显的异质性。也可能是由于肝癌的发生需要多个肿瘤抑制基因同时突变。*β-catenin* 功能获得性突变在肝癌中的频率为 10%~40%，*β-catenin* 的突变多与存在 HCV 感染的肝癌相关（de La Coste et al. 1998；Miyoshi et al. 1998）。相对突变频率较低的癌基因突变如 *EGFR*、*Erb2*、*K-ras* 和 *N-ras*、*PIK3CA*、*LMCD1*、*GNAS* 和雄激素受体（androgen receptor），在肝癌样本中也有发现（Imbeaud et al. 2010；Nault and Zucman-Rossi 2011；Villanueva et al. 2007）。近年来，随着高通量测序技术的出现，研究者已经开始在全基因组水平或全外显子组水平检测不同肿瘤组织中存在的体细胞突变。目前，借助新的技术手段，已经发现上千个基因的突变，虽然大部分基因的突变属于伴随型突变（passenger mutation），并不会使肿瘤细胞获得生长优势，但是也发现了一些关键基因的驱动型突变（driver mutation），这些突变能够影响正常细胞增殖、分化、死亡和与组织微环境的平衡作用（Hanahan and Weinberg 2011）。

伴随着肝门静脉癌栓的肝癌（HCC with portal vein tumor thrombosis，PVTT）是由于肝癌的肝内转移造成的，恶性程度高，预后差（Llovet et al. 1999）。为了鉴定在这种有转移的肝癌中存在的基因组损伤，我们选取了 10 个有 HBV 感染、伴随肝门静脉血栓的肝癌病例，利用两种不同的高通量测序平台进行外显子测序。在这 10 例肝癌病例中，我们发现了 331 个非同义突变（non-silent mutation）、112 个同义突变（synonymous mutation）和 32 个发生在非翻译区的突变。对其中 224 个非同义突变在原发性肝癌和伴随肝门静脉血栓的肝癌中进行 PCR 扩增和 Sanger 测序验证，193 个（86.2%）得到验证。通过比较 10 例患者原发性肝癌组织和肝门静脉癌栓（PVTT）的基因突变，发现有 65 个突变的测序检出数量有统计学显著差别（表 11-1）。我们发现，在 10 例病例中有 10 个基因含两个非同义突变，有显著统计学差异（$P < 0.01$）。这 10 个基因包括已知与 HBV 引起的肝癌相关的 *TP53*（Imbeaud et al. 2010；Staib et al. 2003）、在 HCV 感染的肝癌中突变的 ARID2（AT-rich interactive domain 2）（Li et al. 2011）和在多种肿瘤中有突变的 ARID1A（AT-rich interactive domain-containing protein 1A）（Gui et al. 2011；Jones et al. 2010；Wang et al. 2011；Wiegand et al. 2010）。ARID1A 和 ARID2 均为染色质重塑复合物 SWI/SNF 复合物的成员，该复合物在调节细胞增殖、分化和 DNA 损伤修复等方面具有重要的功能（Wilson and Roberts 2011）。我们在更多的有 HBV 感染的肝癌样本中用 PCR 扩增和 Sanger 测序的方法验证了这 10 个基因的突变情况，发现 *TP53* 和 *ARID1A* 在 110 例肝癌样本中的突变频率分别是 27.3% 和 12.7%。然后，我们在 13 种肝癌细胞系中对 *ARID1A* 进行测序，发现 4 种细胞有 *ARID1A* 突变。在肝癌细胞中敲减野生型 *ARID1A* 表达导致细胞的增殖、迁移和侵袭能力显著增强。结果表明，在肝癌样本中新发现的基因突变可能与肝癌的发病机理相关，其中 ARID1A 有可能成为肝癌治疗和预后的生物标志物（Huang et al. 2012）。*SAMD9L*（sterile alpha motif domain-containing 9-like）位于染色体 7q21.2，在细胞增殖、肿瘤表型和病毒感染后的免疫应答等过程中有重要作用（Lemos de Matos et al. 2013；Li et al. 2007）。*SAMD9L* 在急性髓性白血病中有较高的突变频率（Asou et al. 2009）。在小鼠模型中，*Samd9l* 基因敲除可导致髓系细胞恶性肿瘤（Nagamachi et al. 2013），表明其在肿瘤发生过程中可能有重要的作用。我们研究发现，*SAMD9L* 在 HBV 感染的肝癌中突变频率为 5.6%，敲减 *SAMD9L* 表达能够促进细胞周期 G1-S 期转变和提高 Wnt-β-catenin 通路活性，

从而提高肝癌细胞增殖、克隆形成和体外肿瘤形成能力，提示 *SAMD9L* 在肝癌的发生和发展过程中可能有重要的作用（Wang et al. 2014）。

表 11-1 与肝癌原发灶相比，在 PVTT 中突变测序检出读数显著增高的基因（Huang et al. 2012）

基因名称	突变类型	染色体位置	病例	高通量测序		Sanger测序确认	
				原发性肿瘤	PVTT	原发性肿瘤	PVTT
KCNA2	错义突变	chr1	P51	是	是		是
HRNR	无义突变	chr1	P56	是	是	是	是
FLG2	错义突变	chr1	P48	是	是		是
HMCN1	错义突变	chr1	P48	是	是		是
OR2M5	错义突变	chr1	P929	是	是	是	是
INADL	错义突变	chr1	P55	是	是	是	是
MFSD9	错义突变	chr2	P48	是	是		是
POU3F3	错义突变	chr2	P48	是	是		是
TSN	错义突变	chr2	P51	是	是		是
GTDC1	错义突变	chr2	P51	是	是		是
SCN3A	错义突变	chr2	P929	是	是	是	是
LRP2	错义突变	chr2	P55	是	是	是	是
ITGA6	错义突变	chr2	P51	是	是		是
SLC39A10	错义突变	chr2	P51	是	是		是
SMARCAL1	错义突变	chr2	P929	是	是	是	是
GALNT14	错义突变	chr2	P51	是	是		是
LHCGR	错义突变	chr2	P48	是	是		是
STAMBP	错义突变	chr2	P51	是	是		是
CAMKV	错义突变	chr3	P51	是	是		是
GABRA1	错义突变	chr5	P56	是	是	是	是
GDNF	错义突变	chr5	P929	是	是	是	是
MAP1B	错义突变	chr5	P48	是	是		是
NEDD9	错义突变	chr6	P52	是	是	是	是
DSE	错义突变	chr6	P48	是	是	是	是
CUL9	无义突变	chr6	P51	否	是		是
RUNX2	错义突变	chr6	P52	是	是		是
GCM1	错义突变	chr6	P48	是	是		是
MDN1	错义突变	chr6	P55	是	是	是	是
FUT9	错义突变	chr6	P48	是	是		是
NRCAM	错义突变	chr7	P56	是	是	是	是
AMPH	错义突变	chr7	P48	是	是		是

续表

基因名称	突变类型	染色体位置	病例	高通量测序		Sanger测序确认	
				原发性肿瘤	PVTT	原发性肿瘤	PVTT
CDK14	错义突变	chr7	P55	是	是	是	是
SAMD9L	错义突变	chr7	P929	是	是	是	是
CSMD3	错义突变	chr8	P48	是	是		是
RNF139	错义突变	chr8	P53	否	是		是
ABCA1	错义突变	chr9	P56	是	是	是	是
TAF1L	错义突变	chr9	P48	是	是		是
ARMC4	错义突变	chr10	P929	是	是	是	是
PCDH21	错义突变	chr10	P929	是	是	是	是
PPP2R1B	错义突变	chr11	P929	是	是	是	是
RAG1	错义突变	chr11	P48	是	是	是	是
OR9Q1	错义突变	chr11	P55	是	是	是	是
OR5B12	错义突变	chr11	P53	是	是	是	是
AHNAK	无义突变	chr11	P48	是	是	是	是
NRXN2	错义突变	chr11	P52	是	是	是	是
ARID2	错义突变	chr12	P48	是	是	是	是
AKAP3	无义突变	chr12	P53	否	是		是
FGD6	错义突变	chr12	P51	否	是		是
RNASEH2B	错义突变	chr13	P48	是	是		是
TRIM9	错义突变	chr14	P51	是	是		是
RAB27A	错义突变	chr15	P56	是	是	是	是
IREB2	无义突变	chr15	P50	是	是	是	是
IQGAP1	错义突变	chr15	P56	是	是	是	是
MCTP2	错义突变	chr15	P55	是	是	是	是
AKAP1	错义突变	chr17	P51	是	是		是
RAB3D	错义突变	chr19	P55	是	是	是	是
ZNF671	错义突变	chr19	P53	是	是		是
MBD3L1	错义突变	chr19	P48	是	是	是	是
COX4I2	错义突变	chr20	P48	是	是	是	是
XKR7	无义突变	chr20	P48	是	是	是	是
CCT8	错义突变	chr21	P51	是	是		是
DOCK11	错义突变	chrX	P48	是	是	是	是
USP26	错义突变	chrX	P56	是	是	是	是
FTHL17	错义突变	chrX	P48	是	是	是	是
KDM6A	无义突变	chrX	P51	否	是		是

注：未列出者表明未检出

11.2.3 异常的表观遗传修饰

与正常细胞相比，除了存在基因组的异常之外，肿瘤细胞在表观遗传修饰等方面也存在异常，如全局性基因组甲基化不足、肿瘤抑制基因启动子区域过度甲基化、组蛋白修饰模式异常及染色质修饰相关的酶表达谱异常。DNA 甲基化不足能够导致染色体不稳定，癌基因和转座元件的激活及基因印记丢失。然而，与细胞周期、DNA 损伤修复、致癌物质代谢、细胞与细胞相互作用和凋亡相关的肿瘤抑制基因启动子区域 CpG 岛过度甲基化，是肿瘤发生和发展过程中肿瘤抑制基因失活的重要机制（Esteller 2007）。DNA 过度甲基化能够导致稳定的基因沉默，调节基因表达和染色质结构。

研究发现，与其他类型肿瘤相似，肝癌样本基因组呈现全局性 DNA 甲基化不足，其中包括基因启动子区域甲基化不足，但个别基因启动子区域也存在过度甲基化的状况（Calvisi et al. 2007）。DNA 甲基化的改变在肝硬化病例样本、癌前病变和不同病因引起的肝癌病例中均有发现（Ammerpohl et al. 2012；Arai et al. 2009；Hernandez-Vargas et al. 2010），表明诱发肝癌的危险因素可能通过改变表观遗传修饰促进肝癌的发生和发展，表观遗传修饰的改变可能发生在肿瘤发展前期，甚至可能比基因突变和基因组不稳定性出现要早。全局性 DNA 甲基化不足能够促进癌基因的激活，肿瘤抑制基因启动子区域过度甲基化或不正常的组蛋白修饰可致其失活。因此，为了进一步了解肿瘤形成过程的分子机制，需要发现新的启动子过度甲基化或组蛋白修饰异常的潜在肿瘤抑制基因（Han 2010）。为发现新的与肝癌相关的肿瘤抑制基因，我们用 DNA 甲基化抑制剂 5-氮杂 -2- 脱氧胞苷（5-aza-2′-deoxycytidine DAC）和组蛋白去乙酰化酶抑制剂曲古抑菌素 A（trichostatin A，TSA）处理 15 种肝癌细胞系，然后分析其基因表达谱变化。研究发现一些位于染色体 8p 区域的基因在 DAC 处理后明显上调表达，其中 SCARA5（scavenger receptor class A, member 5）表达水平显著增加，SCARA5 编码一个定位于细胞膜的清道夫受体。我们发现，在肝癌样本中，SCARA5 的表达水平显著下降，其启动子区域 DNA 甲基化水平在多种肝癌细胞系中升高。进一步的实验发现 SCARA5 能够抑制肿瘤细胞增殖、克隆形成和在免疫缺陷小鼠体内的成瘤能力。而敲减 SCARA5 表达能够提高肿瘤细胞在小鼠体内的成瘤能力，以及细胞迁移和侵袭能力。在小鼠体内，SCARA5 表达下降能够促进肝癌细胞向肺转移。这些结果表明，正常 SCARA5 在抑制肝癌发生和转移过程中有重要作用，SCARA5 在肝癌中的表达下降导致 FAK 的磷酸化增加从而激活其下游信号通路，最终导致肿瘤的发生和迁移（Huang et al. 2010）。

除了编码蛋白质的基因之外，在肿瘤中，对于 miRNA（microRNA）和长非编码 RNA（long noncoding RNA）的表观遗传修饰，尤其是 DNA 甲基化也存在异常。为了寻找潜在的肿瘤抑制 miRNA，我们用 DNA 甲基化抑制剂 DAC 和组蛋白去乙酰化酶抑制剂 TSA 处理 8 种不同的肝癌细胞系，然后对 miRNA 的表达谱进行分析，发现位于 19 号染色体的 miRNA 簇（C19MC）中，*miR-517a* 和 *miR-517c* 在 DAC 和 TSA 处理之后表达水平增加，*miR-517a* 和 *miR517c* 可通过抑制 Pyk2（也称为 PTK2β，protein tyrosine kinase 2 beta）而抑制肝癌细胞增殖和克隆形成能力（Liu et al. 2013）。

11.3 不受控制的信号通路

11.3.1 与细胞周期和增殖相关的信号通路

肿瘤抑制基因 *TP53* 和 *RB* 在细胞周期调控中有重要的作用，它们调控两个关键的细胞调控环路，控制着细胞增殖。TP53 在 HBV 或 HCV 感染的肝癌中通常因基因突变而失活，而 RB 通路的调控基因 *p16INK4a*，在肝癌样本中通过表观遗传修饰被沉默（Zang et al. 2011）。CDK4 或 CDK6 通过调节 RB 信号通路调节细胞周期，Cyclin D1 作为 CDK4 或 CDK6 的调节因子，在肝癌样本中普遍存在基因扩增和过量表达。E2F 家族成员在多种恶性肿瘤中异常表达，E2F1、E2F2 和 E2F8 在卵巢癌细胞中表达量升高（Reimer et al. 2006），E2F1 在乳腺癌（breast cancer）（Han et al. 2003）、胰腺导管癌（pancreatic ductal carcinoma）（Yamazaki et al. 2003）和胃癌（gastric cancer）（Xiao et al. 2007）中过量表达。E2F 家族的转录因子如 E2F1 和 E2F3 在肝癌中的过量表达，能够促进与细胞周期相关的基因转录，促进细胞增殖（Deng et al. 2010；Ladu et al. 2008）。我们的研究发现 E2F8 在肝癌样本中表达上调，在肝癌细胞中过量表达 E2F8 能够提高肝癌细胞增殖、克隆形成能力和致瘤能力，而消减 E2F8 表达则能够抑制肿瘤细胞的上述能力。我们还发现，E2F8 能够结合到 Cyclin D1 的调节区域，调控其转录并促进 S 期细胞增多。根据我们的研究结果，E2F8 在肝癌的发展过程中有重要的作用并有可能成为肝癌治疗的靶向分子（Deng et al. 2010）。在与 c-Myc 相关的信号通路中，细胞内 Ras-Raf-MAPK 和 PI3K-AKT-mTOR 信号通路的激活是促进肝癌细胞增殖的关键因素。在肝癌中，细胞外过量的生长因子和活化的酪氨酸激酶受体，如 EGF-EGFR、IGF-IGFR 和 HGF-MET，是激活 Ras-Raf-MAPK 和 PI3K-AKT-mTOR 所需要的。同时，抑制 PI3K-AKT-mTOR 信号通路的 PTEN 和抑制 Ras-Raf-MAPK 信号通路的 RASSF1A 在肝癌样本中经常存在体细胞突变或异常的表观遗传修饰而被下调表达或失活，从而导致这两个信号通路的持续激活（Lambert et al. 2011）。胰岛素受体酪氨酸激酶底物（insulin receptor kinase substrate，IRTKS）与肌动蛋白重新组装和膜突出有关（de Groot et al. 2011；Vingadassalom et al. 2009），但对于 IRTKS 在肿瘤，尤其是肝癌中的作用目前并不清楚。为了研究 IRTKS 与肝癌的发生和发展是否有关，我们首先检测了 IRTKS 在肝癌样本中的表达情况，发现 IRTKS 的 mRNA 和蛋白质在肝癌样本中表达量上升。IRTKS 通过增强 ERK 的活性促进肝癌细胞体内外的增殖，并能够与表皮生长因子受体（epidermal growth factor receptor，EGFR）结合，IRTKS 可能作为 EGFR 的接头蛋白激活胞外信号调节蛋白激酶（extracellular signal-regulated kinase，ERK）信号通路，在肝癌的发展过程中有重要的调节作用（Wang et al. 2013）。

肿瘤 / 睾丸（cancer/testis，CT）基因是一类具有独特表达模式的基因，正常情况下仅在配子细胞和组织的滋养层细胞中表达（Hofmann et al. 2008；Old 2001；Scanlan et al. 2004；Simpson et al. 2005；Stevenson et al. 2007）。CT 基因分为两类：在 X 染色体上的 CT 基因（CT-X gene）和不在 X 染色体的 CT 基因（non-X CT gene）（Hofmann et al. 2008）。在肝癌患者的外周血和肿瘤样本中能检测到一些 CT-X 基因如 MAGE、SSX 和 GAGE 的表

达（Wu et al. 2006；Zhao et al. 2004），这表明 CT-X 基因在肝癌中有异常表达。为了发现 CT 基因中潜在的与肝癌发生和发展可能相关的基因，我们通过分析公共数据库中基因表达谱，发现有 179 个为 CT-X 基因，然后在肝癌细胞内利用 siRNA 分别消减这 179 个基因表达，观察其对细胞增殖和存活的影响，最终发现 9 个基因对肝癌细胞的生存能力有重要影响。其中 *DUSP21*（dual specificity phosphatase 21）编码非典型双重特异性磷酸酶家族的蛋白质，被认为是关键信号通路的调节因子（Patterson et al. 2009）和肿瘤治疗靶标（Zhang 2002）。研究发现，*DUSP21* 是新的 CT 基因，并在 30% 的肝癌样本中过量表达。敲减 *DUSP21* 表达能够抑制肝癌细胞增殖能力、细胞克隆形成能力和致瘤能力，并伴随细胞衰老增加、细胞周期 G1 期阻滞和 p38 促分裂原活化蛋白激酶（mitogen-activated protein kinase，MAPK）信号通路活化。

11.3.2　与发育和分化相关的信号通路

由于一些胎肝细胞（fetal liver cell）和干细胞（stem cell）的标记如 *AFP*（alpha fetoprotein）和 *DLK1*（delta-like 1 homolog，*Drosophila*，DLK1）在肝癌细胞中重新表达，肝癌也被认为是一种与发育和分化相关的恶性肿瘤。最近关于肝癌的转录组研究表明，一些亚型的肝癌与胎肝母细胞（fetal hepatoblast）的基因表达谱具有相似的模式，表明一些肝癌细胞可能是从肝干 / 祖细胞发展而来（Lee et al. 2006；Luk et al. 2011）。我们的研究发现，父系表达基因 *DLK1* 在小鼠胎肝发育到 E18.5 天之前表达量高，但是在成年小鼠肝中不表达，这一结果提示 *DLK1* 与肝的发育相关（Tanimizu et al. 2003）。*DLK1* 在多种肿瘤中表达，如皮肤纤维神经瘤（van Limpt et al. 2003）、肾母细胞瘤（Fukuzawa et al. 2005）和骨髓异常增生综合征（Langer et al. 2004）。*DLK1* 在急性髓性白血病（acute myeloid leukemia，AML）（Langer et al. 2004）、结肠癌、乳腺癌、胰腺癌和肺癌中过量表达（Yanai et al. 2010）。我们研究发现，*DLK1* 在肝癌样本中表达量显著上升，经过 DAC 处理之后，一些肝癌细胞株中 *DLK1* 的表达量显著上升，这表明基因组中印记基因 DNA 甲基化的异常可能是 *DLK1* 在肝癌中上调表达的原因。另外，研究证明 *DLK1* 是一个单等位基因，过量表达 *DLK1* 能够提高肝癌细胞增殖、克隆形成能力和致瘤能力，用 siRNA 干扰细胞内 *DLK1* 表达则抑制肝癌细胞的上述能力（Huang et al. 2007a）。越来越多的研究认为，在肿瘤细胞中，占很小一部分的肿瘤干细胞（cancer stem cell）与肿瘤的起源、生长、转移和复发相关（Al-Hajj and Clarke 2004；Reya et al. 2001）。这一小部分细胞与干 / 祖细胞有类似的特性，如自我更新和分化。肿瘤干细胞存在于多种不同的肿瘤中，CD133、CD90、EpCAM 和 OV6 等膜蛋白被认为可能是肝癌干细胞的生物标记（Tirino et al. 2013）。据研究报道，DLK1 是一个潜在的肝干 / 祖细胞标记（Oertel et al. 2008；Tanaka et al. 2009；Tanimizu et al. 2003），并且在肝癌样本中表达量上升（Huang et al. 2007a）。从小鼠胎肝中分离 DLK1 阳性细胞，移植到成年小鼠体内，这些细胞能够生长成正常的肝（Oertel et al. 2008），这一研究结果提示 DLK1 可能是肝干 / 祖细胞的生物标记分子。我们的研究发现，DLK1 阳性的肝癌细胞具有更强的增殖能力、致瘤能力、自我更新能力和药物抵抗性，提示 DLK1 在肝癌的发生和发展过程中可能有至关重要的作用，是肝癌治疗的潜在靶向分子。利用 siRNA、抗体或小分子抑制剂抑制 DLK1 的功能，可能为肝癌的治疗提供新的方法（Xu et al. 2012）。

Wnt、Hedgehog（Hh）、Notch、TGFβ和 Hippo 信号通路能够调节干细胞增殖、自我更新、分化和生存，其中 Wnt-β-catenin 信号通路在肝癌的发生和发展过程中起关键作用（Nejak-Bowen and Monga 2011）。在肝癌细胞中，β-catenin 的功能获得型突变使其功能增强，促进癌基因如 *c-Myc* 和 *Cyclin D1* 等转录。而 β-catenin 的负调控基因如 *AXIN1*、*AXIN2* 和 *E-cadherin* 在肝癌细胞中由于突变或启动子区域高度甲基化而失去功能。同时，在肝癌样本中普遍存在着 Wnt 信号通路的拮抗基因如 *SFRP1*、*DKK3* 和 *WIF1* 启动子区域高度甲基化，有些伴随杂合性缺失（loss of heterozygosity，LOH）（Ding et al. 2009; Huang et al. 2007b）。激活的 Wnt-β-catenin 信号通路偏向在肝干 / 祖细胞中出现（Yang et al. 2008）。在转基因小鼠动物模型中，Wnt-β-catenin 信号通路的非正常激活能够导致肝肿大，但是并不能形成肝癌（Cadoret et al. 2001; Harada et al. 2002）。表明过量表达或功能获得型突变的 β-catenin 不足以促使肝癌发生，而需要与其他异常改变的信号通路协同才能导致肝癌的发生。

Hh 信号通路的激活在肝癌的发生过程中有重要作用。在肝癌细胞中，一些 Hh 信号通路的成员如 Shh、PTCH1 和 GLI1/2 上调表达，但 Hh 信号通路的负调控基因 *HHIP*，由于启动子区域 DNA 高度甲基化伴随 LOH 而导致表达下降（Tada et al. 2008）。Hh 信号通路的一些基因的高表达与高致瘤性的肝肿瘤干 / 祖细胞相关（Chen et al. 2011）。

关于 Notch 信号通路在肝癌发生和发展过程中的作用存在争议。一些研究表明，Notch 信号通路可能通过诱发细胞周期阻滞、凋亡和抑制 Snail 依赖的侵袭能力阻碍肝癌的发展（Lim et al. 2011a；Viatour et al. 2011）。而另外一些研究证明，HBx 蛋白通过激活 Notch 信号通路促进细胞增殖（Wang et al. 2010），Notch 信号通路的激活与肝癌的转移相关（Wang et al. 2012b）。有研究表明，在 *TP53* 野生型和 *TP53* 突变型的肝癌中，Notch 信号通路对肝癌的发展调控作用不同（Lim et al. 2011b），这表明 Notch 信号通路对肝癌发展的调节具有双向性。

TGFβ 信号通路在肝纤维化、肝硬化和肝癌的发展过程中作用比较复杂（Giannelli et al. 2011）。目前认为该信号通路对肝癌的调节有双向作用，在肝癌发生的早期阶段，TGFβ 被认为是肿瘤抑制基因，而在肝癌发展阶段，TGFβ 诱导肝癌细胞侵袭和转移（Yamazaki et al. 2011）。

Hippo 信号通路通过抑制细胞增殖和促进凋亡来控制器官尺寸。最近的研究发现，该信号通路在多种肿瘤中起关键作用。Yap1 是该信号通路的关键转录因子，它通过调节其下游基因转录促进肝发育和细胞增殖。研究表明 Yap1 在肝癌中 DNA 拷贝数增加，并具有癌基因的功能和作用（Zender et al. 2006）。在转基因动物模型中，过量表达 Yap1 导致肝过度发育和多种器官祖细胞数量增加（Camargo et al. 2007; Overholtzer et al. 2006）。Hippo 信号通路在肝癌中的异常导致肝过度发育和肝癌的发展，并伴随肝干 / 祖细胞数量增加（Lu et al. 2010; Song et al. 2010; Zhou et al. 2009）。

11.3.3 与细胞侵袭和转移相关的信号通路

肿瘤细胞侵袭毗邻组织和向其他组织转移是癌变的重要标志。在细胞侵袭的早期，细胞改变形状，与其他肿瘤细胞及胞外基质（extracellular matrix）连接。在高度转移的肿瘤中，一些编码调节细胞与细胞之间和细胞与胞外基质之间连接的蛋白质显著下降。在肝癌

中，介导细胞之间黏附的关键基因 *E-cadherin*，由于启动子区域高度甲基化而表达下降，从而促进细胞的增殖、侵袭和转移。

在研究工作中，我们利用 array CGH、基因表达谱和表观遗传组的方法分析了用去甲基化药物 DAC 和组蛋白去乙酰化酶（histone deacetylase，HDAC）抑制剂 TSA 处理前后，肝癌细胞中基因表达谱的变化。我们发现，位于染色体 8p 区域的多个基因如 *SCARA5* 和 *DLC1* 等存在等位基因不平衡（Huang et al. 2010），这个区域在之前的研究中发现存在多种肿瘤抑制基因等位基因不平衡的情况（Lu et al. 2007；Pineau et al. 1999）。array-CGH 也显示在 8p 有多个区域在肿瘤中存在等位基因缺失的情况（Huang et al. 2006；Midorikawa et al. 2006；Patil et al. 2005；Poon et al. 2006）。*SCARA5* 能够与 FAK 相互作用，抑制 FAK-Src-Cas 信号通路激活，而在肝癌细胞中，*SCARA5* 表达水平下降引起 FAK、Src 和 p130Cas 磷酸化水平上升，激活 FAK 信号通路，导致肝癌细胞侵袭和转移能力增加（Huang et al. 2010）。与 *SCARA5* 位于相近染色体区域的 *DLC1* 是一个肿瘤抑制基因，*DLC1* 的下调表达导致 Rho 组成性激活并通过改变肌动蛋白应力纤维和细胞黏附而促进肝癌细胞转移（Xue et al. 2008；Zhou et al. 2008）。

调节细胞与胞外基质结合的 *SPP1* 由于基因扩增而在肝癌中过量表达（Huang et al. 2006），*SPP1* 与整合蛋白（integrin）和 CD44 的结合能够激活多种细胞信号通路，导致肝癌细胞存活、黏附、运动、侵袭和转移（Anborgh et al. 2010；Wai and Kuo 2008）。CD151 属于跨膜四蛋白家族，它与整合蛋白结合，激活 PI3K-Akt-Snail 信号通路，促进肝癌细胞运动、侵袭和转移（Ke et al. 2011）。

上皮细胞-间质细胞转变（epithelial-mesenchymal transition，EMT）在癌细胞侵袭和迁移过程中有重要的作用。对调节 EMT 的重要转录因子 Snail、Slug、Twist 和 Zeb1/2 在肝癌细胞中的表达量也有较为深入的研究。肝癌中血管生成水平很高，血管内皮生长因子 A（vascular endothelial growth factor A，VEGF-A）在肝癌样本中通过基因扩增而过量表达（Chiang et al. 2008）。

11.3.4　与炎症相关的信号通路

炎症与肝癌的发生、发展和转移有密切的关系。激活的免疫信号通路可以通过体细胞遗传或表观遗传修饰的改变影响肝癌的发展。一些细胞因子及其受体在 HBV 和 HCV 诱导的肝炎和肝癌中表达量增加。过量表达肝特异性淋巴毒素在小鼠体内诱发肝炎症反应和肝癌（Haybaeck et al. 2009）。除此之外，反应肝微环境免疫应答特征的人体液细胞因子的表达谱能够很好地预测肝癌的静脉转移（Budhu et al. 2006）。炎症细胞能够向周围细胞释放活性诱变剂，加速肿瘤细胞的遗传变异并使细胞恶变（Grivennikov et al. 2010）。炎症也可以向周围细胞提供生长因子、促血管生成因子、胞外基质（extracellular matrix，ECM）修饰酶和诱导信号，这些生物活性分子在维持细胞增殖、限制细胞死亡、激活 EMT、促进血管生成及细胞侵袭和迁移过程中具有重要作用（DeNardo et al. 2010；Hanahan and Weinberg 2011；Qian and Pollard 2010）（图 11-3）。

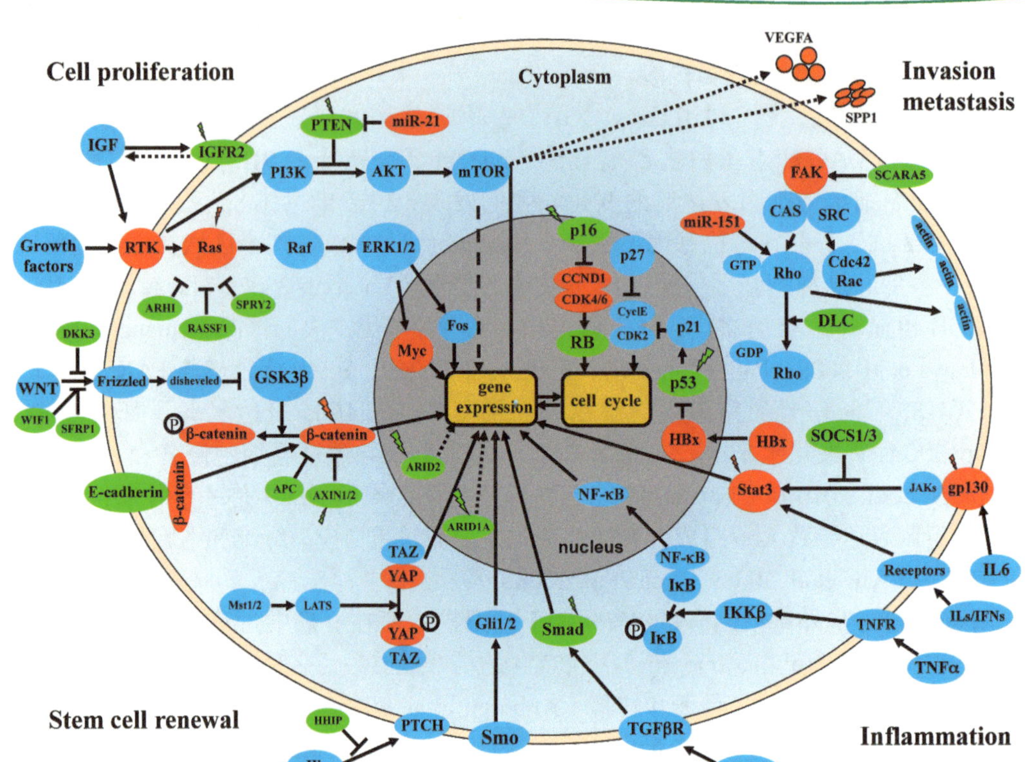

图 11-3 肝癌相关的主要信号通路成分异常的示意图（Han 2012）

通过体细胞突变、基因组扩增或增加而被激活的癌基因或肿瘤促进基因以红色表示；肿瘤抑制基因或抑制转移的基因通过体细胞突变、表观遗传沉默表达或等位基因缺失而失活，以绿色表示。其中一些体细胞突变癌基因和肿瘤抑制基因分别用红色和绿色的闪电符号表示。蓝色框中的基因可能通过未定义的遗传或表观遗传机制调节肝癌的发生和发展

11.3.5 染色质重塑复合物

SWI/SNF 染色质重塑复合物（SWItch/sucrose non-fermentable chromatin remodeling complex）利用 ATP 水解释放的能量重塑核小体分布，调节基因转录。这个复合物能够调控细胞增殖、分化和 DNA 损伤修复（Wilson and Roberts 2011）。SWI/SNF 复合物由 9~12 个成员组成，在肿瘤的发生和发展过程中发挥着重要作用。目前的研究发现，SWI/SNF 复合物的成员在多种肿瘤中有突变。利用外显子测序发现 SWI/SNF 复合物成员 *ARID2* 在肝癌病例中有失活突变（Li et al. 2011）。这个复合物的其他成员在多种肿瘤中也存在失活突变，例如，研究发现 *SNF5*、*PBRM1* 和 *BRG1* 在不同肿瘤中有很高的失活突变频率（Helming et al. 2014）。*ARID1A* 在卵巢透明细胞癌（ovarian clear cell carcinoma）（Jones et al. 2010）、子宫内膜易位相关的卵巢癌（endometriosis-associated ovarian carcinoma）（Wiegand et al. 2010）、膀胱移行性细胞癌（bladder transitional cell carcinoma）（Gui et al. 2011）、胃癌（gastric cancer）（Wang et al. 2011）、肝癌（hepatocellular carcinoma）（Guichard et al. 2012；Huang et al. 2012）和黑素瘤（melanoma）（Hodis et al. 2012）中均有高频率

的失活突变。这些实验结果说明 SWI/SNF 复合物的异常在肝癌的发生和发展过程中可能有重要的作用，关于 SWI/SNF 家族成员异常调控肝癌发展的分子机制需要进行更深入的研究。

11.4 临 床 意 义

11.4.1 生物学标志物

通过新的基因组、表观遗传组和转录组方法，研究者发现一些基因的多态位点、体细胞突变、表观遗传标记的改变、蛋白质或非编码 RNA 表达模式的改变与肝癌的临床特征相关。转录组的数据表明基因表达模式的改变与肝癌的致病源、临床分期、组织分级、血管侵入、药物反应、肿瘤复发和存活时间相关。利用转录组的特征，可以对肝癌进行分类（Breuhahn et al. 2011; van Malenstein et al. 2011; Zucman-Rossi 2010）。根据肝癌样本基因表达、miRNA 表达或长链非编码 RNA 的表达，结合患者的临床信息和病理学特征对肝癌病例进行分类，并构建模型对患者的预后和复发情况进行预测。由于 miRNA 在血浆中稳定，血浆中 miRNA 有可能成为肝癌诊断、分类、预后和药物反应预测的分子标志物（Han 2012）。

11.4.2 靶向治疗

对于大部分肝癌晚期患者，急需全身治疗方法。但是目前为止，Sorafenib 是唯一的分子靶向治疗肝癌的药物，目前已在全世界范围被批准使用，Sorafenib 能够显著延长患者的生存时间，不良反应可控（Cheng et al. 2009; Llovet et al. 2008）。Sorafenib 是多种激酶的抑制剂，能够通过抑制 B-Raf、VEGFR 和 PDGFR 的激酶活性，抑制不同的信号通路活性，从而抑制细胞增殖和血管生成。但是，Sorafenib 的治疗也存在一定的问题，如肿瘤反应性低和患者会产生抗药性等。Sorafenib 的使用是肝癌治疗的突破性进展，表明分子靶向治疗能够在肝癌中发挥作用，同时也提示开发针对新的激活的癌基因或信号通路的分子靶向治疗对于晚期肝癌的个性化治疗是必要的。目前也有许多临床实验评估酪氨酸激酶抑制剂和其他针对已知信号通路和癌基因的肝癌治疗新药物。在大部分的肝癌样本中，肝癌发展所需要的信号通路可能通过间接途径被激活，因此，需要重新评估临床实验的分子机制。鉴定癌基因和肿瘤抑制基因在分子水平的变化很重要。以功能获得型突变、基因拷贝数增加和表达谱的异常变化为依据对肝癌进行分类，可能对于晚期肝癌的个性化治疗有重要作用。能够促进肝癌发展的癌基因可能是合适的靶向分子。以 *EGFR*、*VEGFR* 和 *c-MET* 等在肝癌样本中存在 DNA 扩增的基因为靶向分子筛选的药物目前正在部分肝癌患者中进行实验。在肝癌患者体内抑制过量表达的癌基因对于肝癌的治疗具有重要的作用（Han 2012）。在大量的肝癌样本或动物模型中发现和鉴定特定的癌基因，尤其是在肿瘤中有突变的癌基因，是目前药物开发过程中急需的。除了一些癌基因和激活的信号通路之外，一些与表观遗传相关的因子，如 miRNA 和组蛋白修饰相关的蛋白质也可能成为肝癌治疗的靶向分子（Chang and Hung 2012）。

11.5 结 束 语

肝癌目前是世界上发病率第五、致死率第二的疾病，70% 的肝癌发生在亚洲、非洲和中南美洲地区的不发达国家。预计今后 20 年，肝癌病例将增加 70%。肝癌已经成为严重影响人们健康的疾病。肝癌的发病原因复杂，可能与 HBV 或 HCV 感染引起宿主基因组的变化有关，同时也与宿主自身因素如年龄、性别、种族、疾病家族史、基因组多态性、生活方式、饮食习惯及接触的环境致癌物等有关，这些外在因素与宿主自身因素相互作用，引起了宿主基因组不稳定，通过遗传或表观遗传途径导致一些与细胞存活、增殖、侵袭和迁移等相关的肿瘤基因激活，而抑制这些行为的肿瘤抑制基因功能丧失，从而导致细胞不受控的生长，最终导致肝癌的发生和恶化。到目前为止，针对晚期肝癌的有效靶向治疗药物只有 Sorafenib，虽然该药在提高患者生存期方面有显著效果，但是也存在有效性和抗药性的问题，因此，发现新的靶向分子、开发新的肝癌治疗策略和靶向药物，是目前研究中急需解决的问题。研究肝癌发生和发展过程中关键基因的功能和分子机制能够为肝癌的治疗提供可能的靶向分子，并为药物的开发提供了理论基础。

后续研究需要解决的问题如下。

（1）目前的研究发现 HBV 或 HCV 的感染、食物污染如黄曲霉毒素等是肝癌发生和发展的危险因素。HBV 插入宿主基因组，能够引起宿主基因组不稳定。从污染的食物中摄取的黄曲霉毒素等与肿瘤抑制基因 *TP53* 的蛋白第 249 位突变相关，但是，关于 HBV 在宿主基因组中的特定插入位点，HBV 或黄曲霉毒素所引起的遗传或表观遗传变化并不清楚。结合高通量测序技术，对大规模的肝癌病例进行体细胞基因拷贝数和基因表达谱变化分析，有助于人们进一步揭示由 HBV 插入、病毒蛋白、化学诱变剂等肝癌发生的危险因素所导致的遗传或表观遗传变化。

（2）在肝癌样本中 *TP53* 和 β-*catenin* 的突变频率高，结合这两个基因在体内外的功能实验，它们的突变被认为是肝癌发生和发展过程中的驱动型突变。结合高通量测序技术，目前的研究发现 *ARID2* 和 *ARID1A* 在一些肝癌样本中属于驱动型突变。驱动型突变如 *TP53*、β-*catenin*、*ARID2* 和 *ARID1A*，以及一些重要的信号通路基因突变如 *AXIN1/2* 和 *PTEN*，在肝癌样本中的平均突变频率均小于 50%。在肿瘤的发生和发展过程中，可能需要有几个驱动型突变同时发生，因此，今后的研究有必要利用不同病因导致的肝癌病例，在更大规模的样本中寻找与肝癌发生和发展相关的驱动型突变。对于这些驱动型突变如何导致肝癌的发展和恶化也需要进行深入的研究。

（3）尽管目前已有许多药物包括酪氨酸激酶抑制剂和抗体等正在进行临床实验，但目前比较有效的治疗药物是 Sorafenib，它是一种多种激酶的抑制剂，能够抑制 B-Raf、VEGFR 和 PDGFR 的激酶活性，延长肝癌患者的存活时间。但是，新的疗效更好的肝癌药物的研发仍是目前急需解决的问题。因此，在大规模的肝癌病例中，通过检测患者遗传和表观遗传方面的变化，筛选、鉴定并验证新的靶向分子，针对这些靶向分子开发治疗肝癌的药物对肝癌的治疗有重要的意义。如果能够根据肝癌患者的基因表达谱和基因突变情况进行分类，结合患者的实际情况进行更有针对性的靶向治疗，有可能对延长患者的存活时间具有重要作用。

技术手段简介如下。

array-CGH：array-CGH 是一种高分辨率的检测基因组 DNA 拷贝数差异的实验技术。待检测样本的 DNA 和正常的参考 DNA 用不同的荧光标记，然后一起与点在芯片上的寡核苷酸、细菌人工染色体和 cDNA 组成的 DNA 探针阵列杂交，之后通过芯片扫描计算待测样本 DNA 和参考 DNA 之间荧光信号的差异，计算出在基因组相应位置的 DNA 拷贝数的变化。

外显子测序：外显子测序是利用序列捕获技术捕获全基因组外显子区域 DNA 并富集之后进行高通量测序的实验技术，是一种成本相对较低又能够有效发现生殖细胞或体细胞编码区域突变的实验技术。

参 考 文 献

Adams B D，Claffey K P，White B A. 2009. Argonaute-2 expression is regulated by epidermal growth factor receptor and mitogen-activated protein kinase signaling and correlates with a transformed phenotype in breast cancer cells. Endocrinology，150（1）：14-23.

Al-Hajj M，Clarke M F. 2004. Self-renewal and solid tumor stem cells. Oncogene，23（43）：7274-7282.

Ammerpohl O，Pratschke J，Schafmayer C，et al. 2012. Distinct DNA methylation patterns in cirrhotic liver and hepatocellular carcinoma. Int J Cancer，130（6）：1319-1328.

Anand P，Kunnumakara A B，Sundaram C，et al. 2008. Cancer is a preventable disease that requires major lifestyle changes. Pharm Res，25（9）：2097-2116.

Anborgh P H，Mutrie J C，Tuck A B，et al. 2010. Role of the metastasis-promoting protein osteopontin in the tumour microenvironment. J Cell Mol Med，14（8）：2037-2044.

Arai E，Ushijima S，Gotoh M，et al. 2009. Genome-wide DNA methylation profiles in liver tissue at the precancerous stage and in hepatocellular carcinoma. Int J Cancer，125（12）：2854-2862.

Asou H，Matsui H，Ozaki Y，et al. 2009. Identification of a common microdeletion cluster in 7q21.3 subband among patients with myeloid leukemia and myelodysplastic syndrome. Biochem Biophys Res Commun，383（2）：245-251.

Beroukhim R，Mermel C H，Porter D，et al. 2010. The landscape of somatic copy-number alteration across human cancers. Nature，463（7283）：899-905.

Bouchard M J，Navas-Martin S. 2011. Hepatitis B and C virus hepatocarcinogenesis：lessons learned and future challenges. Cancer Lett，305（2）：123-143.

Bouchard M J，Schneider R J. 2004. The enigmatic X gene of hepatitis B virus. J Virol，78（23）：12725-12734.

Bouchard M J，Wang L H，Schneider R J. 2001. Calcium signaling by HBx protein in hepatitis B virus DNA replication. Science，294（5550）：2376-2378.

Bouchard M J，Wang L H，Schneider R J. 2006. Activation of focal adhesion kinase by hepatitis B virus HBx protein：multiple functions in viral replication. J Virol，80（9）：4406-4414.

Breuhahn K，Gores G，Schirmacher P. 2011. Strategies for hepatocellular carcinoma therapy and diagnostics：lessons learned from high throughput and profiling approaches. Hepatology（Baltimore，Md.），53（6）：2112-2121.

Budhu A，Forgues M，Ye Q H，et al. 2006. Prediction of venous metastases，recurrence，and prognosis in hepatocellular carcinoma based on a unique immune response signature of the liver microenvironment. Cancer Cell，10（2）：99-111.

Cadoret A，Ovejero C，Saadi-Kheddouci S，et al. 2001. Hepatomegaly in transgenic mice expressing an oncogenic form of beta-catenin. Cancer Res，61（8）：3245-3249.

Calvisi D F，Ladu S，Gorden A，et al. 2007. Mechanistic and prognostic significance of aberrant methylation in the molecular pathogenesis of human hepatocellular carcinoma. Clin Invest，117（9）：2713-2722.

Camargo F D，Gokhale S，Johnnidis J B，et al. 2007. YAP1 increases organ size and expands undifferentiated progenitor cells. Curr Biol，17（23）：2054-2060.

Carmell M A，Xuan Z Y，Zhang M Q，et al. 2002. The Argonaute family：tentacles that reach into RNAi，developmental control, stem cell maintenance, and tumorigenesis. Genes Dev, 16（21）: 2733-2742.

Chang C J, Hung M C. 2012. The role of EZH2 in tumour progression. Br J Cancer, 106（2）: 243-247.

Chang S S, Smith I, Glazer C, et al. 2010. EIF2C is overexpressed and amplified in head and neck squamous cell carcinoma. ORL J Otorhinolaryngol Relat Spec, 72（6）: 337-343.

Chen T P, Li E. 2004. Structure and function of eukaryotic DNA methyltransferases. Curr Top Dev Biol, 60: 55-89.

Chen X, Lingala S, Khoobyari S, et al. 2011. Epithelial mesenchymal transition and hedgehog signaling activation are associated with chemoresistance and invasion of hepatoma subpopulations. J Hepatol, 55（4）: 838-845.

Cheng A L, Kang Y K, Chen Z, et al. 2009. Efficacy and safety of sorafenib in patients in the Asia-Pacific region with advanced hepatocellular carcinoma: a phase III randomised, double-blind, placebo-controlled trial. Lancet Oncol, 10（1）: 25-34.

Cheng N, Li Y, Han Z G. 2013. Argonaute2 promotes tumor metastasis by way of up-regulating focal adhesion kinase expression in hepatocellular carcinoma. Hepatology, 57（5）: 1906-1918.

Chiang D Y, Villanueva A, Hoshida Y, et al. 2008. Focal gains of VEGFA and molecular classification of hepatocellular carcinoma. Cancer Res, 68（16）: 6779-6788.

de Groot J C, Schlueter K, Carius Y, et al. 2011. Structural basis for complex formation between Human IRSp53 and the translocated intimin receptor Tir of enterohemorrhagic *E. coli*. Structure, 19（9）: 1294-1306.

de La Coste A, Romagnolo B, Billuart P, et al. 1998. Somatic mutations of the beta-catenin gene are frequent in mouse and human hepatocellular carcinomas. Proc Natl Acad Sci USA, 95（15）: 8847-8851.

DeNardo D G, Andreu P, Coussens L M. 2010. Interactions between lymphocytes and myeloid cells regulate pro- versus anti-tumor immunity. Cancer Metastasis Rev, 29（2）: 309-316.

Deng Q, Wang Q, Zong W Y, et al. 2010. E2F8 contributes to human hepatocellular carcinoma via regulating cell proliferation. Cancer Res, 70（2）: 782-791.

Ding Z, Qian Y B, Zhu L X, et al. 2009. Promoter methylation and mRNA expression of DKK-3 and WIf-1 in hepatocellular carcinoma. World J Gastroenterol, 15（21）: 2595-2601.

El-Serag H B. 2011. Current concepts hepatocellular carcinoma. N Engl J Med, 365（12）: 1118-1127.

El-Serag H B, Rudolph L. 2007. Hepatocellular carcinoma: epidemiology and molecular carcinogenesis. Gastroenterology, 132（7）: 2557-2576.

Esteller M. 2007. Cancer epigenomics: DNA methylomes and histone-modification maps. Nat Rev Genet, 8（4）: 286-298.

Fukuzawa R, Heathcott R W, Morison I M, et al. 2005. Imprinting, expression, and localisation of DLK1 in Wilms tumours. J Clin Pathol, 58（2）: 145-150.

Giannelli G, Mazzocca A, Fransvea E, et al. 2011. Inhibiting TGF-beta signaling in hepatocellular carcinoma. Bba-Rev Cancer, 1815（2）: 214-223.

Grivennikov S I, Greten F R, Karin M. 2010. Immunity, inflammation, and cancer. Cell, 140（6）: 883-899.

Gui Y, Guo G, Huang Y, et al. 2011. Frequent mutations of chromatin remodeling genes in transitional cell carcinoma of the bladder. Nat Genet, 43（9）: 875-878.

Guichard C, Amaddeo G, Imbeaud S, et al. 2012. Integrated analysis of somatic mutations and focal copy-number changes identifies key genes and pathways in hepatocellular carcinoma. Nat Genet, 44（6）: 694-698.

Han S, Park K, Bae B N, et al. 2003. E2F1 expression is related with the poor survival of lymph node-positive breast cancer patients treated with fluorouracil, doxorubicin and cyclophosphamide. Breast Cancer Res Treat, 82（1）: 11-16.

Han Z G. 2010. Epigenetic analysis in the search for tumor suppressor genes. Epigenomics, 2（4）: 489-493.

Han Z G. 2012. Functional genomic studies: insights into the pathogenesis of liver cancer. Annu Rev Genomics Hum Genet, 13: 171-205.

Hanahan D, Weinberg R A. 2011. Hallmarks of cancer: the next generation. Cell, 144（5）: 646-674.

Harada N, Miyoshi H, Murai N, et al. 2002. Lack of tumorigenesis in the mouse liver after adenovirus-mediated expression of a dominant stable mutant of beta-catenin. Cancer Res, 62（7）: 1971-1977.

Haybaeck J, Zeller N, Wolf M J, et al. 2009. A lymphotoxin-driven pathway to hepatocellular carcinoma. Cancer Cell, 16（4）: 295-308.

Helming K C, Wang X, Roberts C W. 2014. Vulnerabilities of mutant SWI/SNF complexes in cancer. Cancer Cell, 26(3): 309-317.

Hernandez-Vargas H, Lambert M P, Le Calvez-Kelm F, et al. 2010. Hepatocellular carcinoma displays distinct dna methylation signatures with potential as clinical predictors. PLoS One, 5(3): e9749.

Hodis E, Watson I R, Kryukov G V, et al. 2012. A landscape of driver mutations in melanoma. Cell, 150(2): 251-263.

Hofmann O, Caballero O L, Stevenson B J, et al. 2008. Genome-wide analysis of cancer/testis gene expression. Proc Natl Acad Sci USA, 105(51): 20422-20427.

Huang J, Deng Q, Wang Q, et al. 2012. Exome sequencing of hepatitis B virus-associated hepatocellular carcinoma. Nat Genet, 44(10): 1117-1121.

Huang J, Sheng H H, Shen T, et al. 2006. Correlation between genomic DNA copy number alterations and transcriptional expression in hepatitis B virus-associated hepatocellular carcinoma. FEBS Lett, 580(15): 3571-3581.

Huang J, Zhang X, Zhang M, et al. 2007a. Up-regulation of DLK1 as an imprinted gene could contribute to human hepatocellular carcinoma. Carcinogenesis, 28(5): 1094-1103.

Huang J, Zhang Y L, Teng X M, et al. 2007b. Down-regulation of SFRP1 as a putative tumor suppressor gene can contribute to human hepatocellular carcinoma. BMC Cancer, 7: 126.

Huang J, Zheng D L, Qin F S, et al. 2010. Genetic and epigenetic silencing of SCARA5 may contribute to human hepatocellular carcinoma by activating FAK signaling. J Clin Invest, 120(1): 223-241.

Hussain S P, Schwank J, Staib F, et al. 2007. TP53 mutations and hepatocellular carcinoma: insights into the etiology and pathogenesis of liver cancer. Oncogene, 26(15): 2166-2176.

Hutvagner G, Simard M J. 2008. Argonaute proteins: key players in RNA silencing. Nat Rev Mol Cell Biol, 9(1): 22-32.

Imbeaud S, Ladeiro Y, Zucman-Rossi J. 2010. Identification of novel oncogenes and tumor suppressors in hepatocellular carcinoma. Semin Liver Dis, 30(1): 75-86.

Jeong J S, Jiang L, Albino E, et al. 2012. Rapid identification of monospecific monoclonal antibodies using a human proteome microarray. Mol Cell Proteomics, 11(6): 0111.016253. doi: 10.1074/mcp. 0111. 016253. Epub 2012 Feb 3.

Jones S, Wang T L, Shih I M, et al. 2010. Frequent mutations of chromatin remodeling gene ARID1A in ovarian clear cell carcinoma. Science, 330(6001): 228-231.

Ke A W, Shi G M, Zhou J, et al. 2011. CD151 amplifies signaling by integrin alpha 6 beta 1 to PI3K and induces the epithelial-mesenchymal transition in HCC Cells. Gastroenterology, 140(5): 1629-1641.

Kim C M, Koike K, Saito I, et al. 1991. HBx gene of hepatitis B virus induces liver cancer in transgenic mice. Nature, 351(6324): 317-320.

Kim S, Park S Y, Yong H, et al. 2008. HBV X protein targets hBubR1, which induces dysregulation of the mitotic checkpoint. Oncogene, 27(24): 3457-3464.

Kolodner R D, Cleveland D W, Putnam C D. 2011. Aneuploidy drives a mutator phenotype in cancer. Science, 333(6045): 942-943.

Kuper H, Tzonou A, Kaklamani E, et al. 2000. Tobacco smoking, alcohol consumption and their interaction in the causation of hepatocellular carcinoma. Int J Cancer, 85(4): 498-502.

Ladu S, Calvisi D F, Conner E A, et al. 2008. E2F1 inhibits c-Myc-driven apoptosis via PIK3CA/Akt/mTOR and COX-2 in a mouse model of human liver cancer. Gastroenterology, 135(4): 1322-1332.

Lambert M P, Paliwal A, Vaissiere T, et al. 2011. Aberrant DNA methylation distinguishes hepatocellular carcinoma associated with HBV and HCV infection and alcohol intake. J Hepatol, 54(4): 705-715.

Langer F, Stickel J, Tessema M, et al. 2004. Overexpression of delta-like (Dlk) in a subset of myelodysplastic syndrome bone marrow trephines. Leuk Res, 28(10): 1081-1083.

Lee A T C, Ren J W, Wong E T, et al. 2005. The hepatitis B virus X protein sensitizes HepG2 cells to UV light-induced DNA damage. J Biol Chem, 280(39): 33525-33535.

Lee J S, Heo J, Libbrecht L, et al. 2006. A novel prognostic subtype of human hepatocellular carcinoma derived from hepatic progenitor cells. Nat Med, 12(4): 410-416.

Lemos de Matos A, Liu J, McFadden G, et al. 2013. Evolution and divergence of the mammalian SAMD9/SAMD9L gene family. BMC Evol Biol, 13: 121.

Li C F, MacDonald J R, Wei R Y, et al. 2007. Human sterile alpha motif domain 9, a novel gene identified as down-regulated in aggressive fibromatosis, is absent in the mouse. BMC Genomics, 8: 92.

Li M, Zhao H, Zhang X, et al. 2011. Inactivating mutations of the chromatin remodeling gene ARID2 in hepatocellular carcinoma. Nat Genet, 43 (9): 828-829.

Lim S O, Kim H S, Quan X, et al. 2011a. Notch1 binds and induces degradation of snail in hepatocellular carcinoma. BMC Biol, 9 (1): 83.

Lim S O, Park Y M, Kim H S, et al. 2011b. Notch1 differentially regulates oncogenesis by wildtype p53 overexpression and p53 mutation in grade III hepatocellular carcinoma. Hepatology, 53 (4): 1352-1362.

Liu R F, Xu X, Huang J, et al. 2013. Down-regulation of miR-517a and miR-517c promotes proliferation of hepatocellular carcinoma cells via targeting Pyk2. Cancer Lett, 329 (2): 164-173.

Llovet J M, Burroughs A, Bruix J. 2003. Hepatocellular carcinoma. Lancet, 362 (9399): 1907-1917.

Llovet J M, Bustamante J, Castells A, et al. 1999. Natural history of untreated nonsurgical hepatocellular carcinoma: rationale for the design and evaluation of therapeutic trials. Hepatology, 29 (1): 62-67.

Llovet J M, Ricci S, Mazzaferro V, et al. 2008. Sorafenib in advanced hepatocellular carcinoma. N Engl J Med, 359 (4): 378-390.

Lu L, Li Y, Kim S M, et al. 2010. Hippo signaling is a potent *in vivo* growth and tumor suppressor pathway in the mammalian liver. Proc Natl Acad Sci USA, 107 (4): 1437-1442.

Lu T, Hano H, Meng C, et al. 2007. Frequent loss of heterozygosity in two distinct regions, 8p23.1 and 8p22, in hepatocellular carcinoma. World J Gastroenterol, 13 (7): 1090-1097.

Luk J M, Burchard J, Zhang C, et al. 2011. DLK1-DIO3 Genomic imprinted microRNA cluster at 14q32.2 defines a stemlike subtype of hepatocellular carcinoma associated with poor survival. J Biol Chem, 286 (35): 30706-30713.

Ma J B, Ye K Q, Patel D J. 2004. Structural basis for overhang-specific small interfering RNA recognition by the PAZ domain. Nature, 429 (6989): 318-322.

McGivern D R, Lemon S M. 2009. Tumor suppressors, chromosomal instability, and hepatitis C virus-associated liver cancer. Annu Rev Pathol-Mech, 4: 399-415.

Midorikawa Y, Yamamoto S, Ishikawa S, et al. 2006. Molecular karyotyping of human hepatocellular carcinoma using single-nucleotide polymorphism arrays. Oncogene, 25 (40): 5581-5590.

Ming L, Thorgeirsson S S, Gail M H, et al. 2002. Dominant role of hepatitis B virus and cofactor role of aflatoxin in hepatocarcinogenesis in Qidong, China. Hepatology, 36 (5): 1214-1220.

Miyoshi Y, Iwao K, Nagasawa Y, et al. 1998. Activation of the beta-catenin gene in primary hepatocellular carcinomas by somatic alterations involving exon 3. Cancer Res, 58 (12): 2524-2527.

Murakami S. 2001. Hepatitis B virus X protein: a multifunctional viral regulator. J Gastroenterol, 36 (10): 651-660.

Nagamachi A, Matsui H, Asou H, et al. 2013. Haploinsufficiency of SAMD9L, an endosome fusion facilitator, causes myeloid malignancies in mice mimicking human diseases with monosomy 7. Cancer Cell, 24 (3): 305-317.

Nakaya N, Hemish J, Krasnov P, et al. 2007. noxin, a novel stress-induced gene involved in cell cycle and apoptosis. Mol Cell Biol, 27 (15): 5430-5444.

Nault J C, Zucman-Rossi J. 2011. Genetics of hepatobiliary carcinogenesis. Semin Liver Dis, 31 (2): 173-187.

Nejak-Bowen K N, Monga S P S. 2011. Beta-catenin signaling, liver regeneration and hepatocellular cancer: sorting the good from the bad. Semin Cancer Biol, 21 (1): 44-58.

Oertel M, Menthena A, Chen Y Q, et al. 2008. Purification of fetal liver stem/progenitor cells containing all the repopulation potential for normal adult rat liver. Gastroenterology, 134 (3): 823-832.

Old L J. 2001. Cancer/testis (CT) antigens—a new link between gametogenesis and cancer. Cancer Immun, 1: 1.

Overholtzer M, Zhang J, Smolen G A, et al. 2006. Transforming properties of YAP, a candidate oncogene on the chromosome 11q22 amplicon. Proc Natl Acad Sci USA, 103 (33): 12405-12410.

Patel T. 2011. Cholangiocarcinoma-controversies and challenges. Nat Rev Gastroenterol Hepatol, 8 (4): 189-200.

Patil M A, Gutgemann I, Zhang J, et al. 2005. Array-based comparative genomic hybridization reveals recurrent chromosomal aberrations and Jab1 as a potential target for 8q gain in hepatocellular carcinoma. Carcinogenesis, 26 (12):

2050-2057.

Patterson K I, Brummer T, O'Brien P M, et al. 2009. Dual-specificity phosphatases: critical regulators with diverse cellular targets. Biochem J, 418: 475-489.

Perz J F, Armstrong G L, Farrington L A, et al. 2006. The contributions of hepatitis B virus and hepatitis C virus infections to cirrhosis and primary liver cancer worldwide. J Hepatol, 45 (4): 529-538.

Peters L, Meister G. 2007. Argonaute proteins: mediators of RNA silencing. Mol Cell, 26 (5): 611-623.

Pineau P, Nagai H, Prigent S, et al. 1999. Identification of three distinct regions of allelic deletions on the short arm of chromosome 8 in hepatocellular carcinoma. Oncogene, 18 (20): 3127-3134.

Pollicino T, Saitta C, Raimondo G. 2011. Hepatocellular carcinoma: the point of view of the hepatitis B virus. Carcinogenesis, 32 (8): 1122-1132.

Poon T C W, Wong N, Lai P B S, et al. 2006. A tumor progression model for hepatocellular carcinoma: bioinformatic analysis of genomic data. Gastroenterology, 131 (4): 1262-1270.

Qian B Z, Pollard J W. 2010. Macrophage diversity enhances tumor progression and metastasis. Cell, 141 (1): 39-51.

Reimer D, Sadr S, Wiedemair A, et al. 2006. Expression of the E2F family of transcription factors and its clinical relevance in ovarian cancer. Ann N Y Acad Sci, 1091: 270-281.

Reya T, Morrison S J, Clarke M F, et al. 2001. Stem cells, cancer, and cancer stem cells. Nature, 414 (6859): 105-111.

Rui E, Moura P R, Goncalves K A, et al. 2006. Interaction of the hepatitis B virus protein HBx with the human transcription regulatory protein p120E4F *in vitro*. Virus Res, 115 (1): 31-42.

Sanyal A J, Yoon S K, Lencioni R. 2010. The etiology of hepatocellular carcinoma and consequences for treatment. Oncologist, 15: 14-22.

Scanlan M J, Simpson A J G, Old L J. 2004. The cancer/testis genes: review, standardization, and commentary. Cancer Immun, 4: 1.

Schlaeger C, Longerich T, Schiller C, et al. 2008. Etiology-dependent molecular mechanisms in human hepatocarcinogenesis. Hepatology, 47 (2): 511-520.

Shim Y H, Yoon G S, Choi H J, et al. 2003. p16 hypermethylation in the early stage of hepatitis B virus-associated hepatocarcinogenesis. Cancer Lett, 190 (2): 213-219.

Simpson A J G, Caballero O L, Jungbluth A, et al. 2005. Cancer/testis antigens, gametogenesis and cancer. Nat Rev Cancer, 5 (8): 615-625.

Song H, Mak K K, Topol L, et al. 2010. Mammalian Mst1 and Mst2 kinases play essential roles in organ size control and tumor suppression. Proc Natl Acad Sci USA, 107 (4): 1431-1436.

Staib F, Hussain S P, Hofseth L J, et al. 2003. TP53 and liver carcinogenesis. Hum Mutat, 21 (3): 201-216.

Stevenson B J, Iseli C, Panji S, et al. 2007. Rapid evolution of cancer/testis genes on the X chromosome. BMC Genomics: 8.

Stratton M R. 2011. Exploring the genomes of cancer cells: progress and promise. Science, 331 (6024): 1553-1558.

Stratton M R, Campbell P J, Futreal P A. 2009. The cancer genome. Nature, 458 (7239): 719-724.

Tada M, Kanai F, Tanaka Y, et al. 2008. Down-regulation of hedgehog-interacting protein through genetic and epigenetic alterations in human hepatocellular carcinoma. Clin Cancer Res, 14 (12): 3768-3776.

Tanaka M, Okabe M, Suzuki K, et al. 2009. Mouse hepatoblasts at distinct developmental stages are characterized by expression of EpCAM and DLK1: drastic change of EpCAM expression during liver development. Mech Dev, 126 (8-9): 665-676.

Tanimizu N, Nishikawa M, Saito H, et al. 2003. Isolation of hepatoblasts based on the expression of Dlk/Pref-1. J Cell Sci, 116 (9): 1775-1786.

Tirino V, Desiderio V, Paino F, et al. 2013. Cancer stem cells in solid tumors: an overview and new approaches for their isolation and characterization. FASEB J, 27 (1): 13-24.

Torre L A, Bray F, Siegel R L, et al. 2015. Global cancer statistics, 2012. CA Cancer J Clin, 65 (2): 87-108.

Tsai W L, Chung R T. 2010. Viral hepatocarcinogenesis. Oncogene, 29 (16): 2309-2324.

van Limpt V A, Chan A J, van Sluis P G, et al. 2003. High delta-like 1 expression in a subset of neuroblastoma cell lines corresponds to a differentiated chromaffin cell type. Int J Cancer, 105 (1): 61-69.

van Malenstein H, van Pelt J, Verslype C. 2011. Molecular classification of hepatocellular carcinoma anno 2011. Eur J Cancer, 47 (12): 1789-1797.

Viatour P, Ehmer U, Saddic L A, et al. 2011. Notch signaling inhibits hepatocellular carcinoma following inactivation of the RB pathway. J Exp Med, 208 (10): 1963-1976.

Villanueva A, Newell P, Chiang D Y, et al. 2007. Genomics and signaling pathways in hepatocellular carcinoma. Semin Liver Dis, 27 (1): 55-76.

Vingadassalom D, Kazlauskas A, Skehan B, et al. 2009. Insulin receptor tyrosine kinase substrate links the *E. coli* O157: H7 actin assembly effectors Tir and EspF (U) during pedestal formation. Proc Natl Acad Sci USA, 106 (16): 6754-6759.

Wai P Y, Kuo P C. 2008. Osteopontin: regulation in tumor metastasis. Cancer Metast Rev, 27 (1): 103-118.

Wang C, Yang W, Yan H X, et al. 2012a. Hepatitis B virus X (HBx) induces tumorigenicity of hepatic progenitor cells in 3, 5-diethoxycarbonyl-1, 4-dihydrocollidine-treated HBx transgenic mice. Hepatology, 55 (1): 108-120.

Wang F, Zhou H, Xia X, et al. 2010. Activated Notch signaling is required for hepatitis B virus X protein to promote proliferation and survival of human hepatic cells. Cancer Lett, 298 (1): 64-73.

Wang K, Kan J, Yuen S T, et al. 2011. Exome sequencing identifies frequent mutation of ARID1A in molecular subtypes of gastric cancer. Nat Genet, 43 (12): 1219-1273.

Wang Q, Zhai Y Y, Dai J H, et al. 2014. SAMD9L inactivation promotes cell proliferation via facilitating G1-S transition in hepatitis B virus-associated hepatocellular carcinoma. Int J Biol Sci, 10 (8): 807-816.

Wang X Q, Zhang W, Lui E L H, et al. 2012b. Notch1-Snail1-E-cadherin pathway in metastatic hepatocellular carcinoma. Int J Cancer, 131 (3): E163-E172.

Wang Y L, Cui F, Lv X X, et al. 2004. HBs4g and HBx knocked into the p21 locus causes hepatocellular carcinoma in mice. Hepatology, 39 (2): 318-324.

Wang Y P, Huang L Y, Sun W M, et al. 2013. Insulin receptor tyrosine kinase substrate activates EGFR/ERK signalling pathway and promotes cell proliferation of hepatocellular carcinoma. Cancer Lett, 337 (1): 96-106.

Wiegand K C, Shah S P, Al-Agha O M, et al. 2010. ARID1A mutations in endometriosis-associated ovarian carcinomas. N Engl J Med, 363 (16): 1532-1543.

Wilson B G, Roberts C W M. 2011. SWI/SNF nucleosome remodellers and cancer. Nat Rev Cancer, 11 (7): 481-492.

Won K J, Im J Y, Yun C O, et al. 2014. Human noxin is an anti- apoptotic protein in response to DNA damage of A549 non-small cell lung carcinoma. Int J Cancer, 134 (11): 2595-2604.

Wu L Q, Lu Y, Wang X F, et al. 2006. Expression of cancer-testis antigen (CTA) in tumor tissues and peripheral blood of Chinese patients with hepatocellular carcinoma. Life Sci, 79 (8): 744-748.

Xiao Q, Li L, Xie Y, et al. 2007. Transcription factor E2F-1 is upregulated in human gastric cancer tissues and its overexpression suppresses gastric tumor cell proliferation. Cell Oncol (Dordr), 29 (4): 335-349.

Xu X, Liu R F, Zhang X, et al. 2012. DLK1 as a potential target against cancer stem/progenitor cells of hepatocellular carcinoma. Mol Cancer Ther, 11 (3): 629-638.

Xue W, Krasnitz A, Lucito R, et al. 2008. DLC1 is a chromosome 8p tumor suppressor whose loss promotes hepatocellular carcinoma. Genes Dev, 22 (11): 1439-1444.

Yamazaki K, Masugi Y, Sakamoto M. 2011. Molecular pathogenesis of hepatocellular carcinoma: altering transforming growth factor-beta signaling in hepatocarcinogenesis. Dig Dis, 29 (3): 284-288.

Yamazaki K, Yajima T, Nagao T, et al. 2003. Expression of transcription factor E2F-1 in pancreatic ductal carcinoma: an immunohistochemical study. Pathol Res Pract, 199 (1): 23-28.

Yanai H, Nakamura K, Hijioka S, et al. 2010. Dlk-1, a cell surface antigen on foetal hepatic stem/progenitor cells, is expressed in hepatocellular, colon, pancreas and breast carcinomas at a high frequency. J Biochem, 148 (1): 85-92.

Yang W, Yan H X, Chen L, et al. 2008. Wnt/beta-catenin signaling contributes to activation of normal and tumorigenic liver progenitor cells. Cancer Res, 68 (11): 4287-4295.

Zang J J, Xie F, Xu J F, et al. 2011. P16 gene hypermethylation and hepatocellular carcinoma: a systematic review and meta-analysis. World J Gastroenterol, 17 (25): 3043-3048.

Zender L, Spector M S, Xue W, et al. 2006. Identification and validation of oncogenes in liver cancer using an integrative

oncogenomic approach. Cell，125（7）：1253-1267.

Zhang Z Y. 2002. Protein tyrosine phosphatases：structure and function，substrate specificity，and inhibitor development. Annu Rev Pharmacol Toxicol，42：209-234.

Zhang Z Z，Huang J，Wang Y P，et al. 2015. NOXIN as a cofactor of DNA polymerase-primase complex could promote hepatocellular carcinoma. Int J Cancer，137：165-175.

Zhao L，Mou D C，Leng X S，et al. 2004. Expression of cancer-testis antigens in hepatocellular carcinoma. World J Gastroenterol，10（14）：2034-2038.

Zheng D L，Zhang L，Cheng N，et al. 2009. Epigenetic modification induced by hepatitis B virus X protein via interaction with *de novo* DNA methyltransferase DNMT3A. J Hepatol，50（2）：377-387.

Zhong S，Tang M W，Yeo W，et al. 2002. Silencing of GSTP1 gene by CpG island DNA hypermethylation in HBV-associated hepatocellular carcinomas. Clin Cancer Res，8（4）：1087-1092.

Zhou D，Conrad C，Xia F，et al. 2009. Mst1 and Mst2 maintain hepatocyte quiescence and suppress hepatocellular carcinoma development through inactivation of the Yap1 oncogene. Cancer Cell，16（5）：425-438.

Zhou X，Zimonjic D B，Park S W，et al. 2008. DLC1 suppresses distant dissemination of human hepatocellular carcinoma cells in nude mice through reduction of RhoA GTPase activity，actin cytoskeletal disruption and down-regulation of genes involved in metastasis. Int J Oncol，32（6）：1285-1291.

Zhou Y，Chen L，Barlogie B，et al. 2010. High-risk myeloma is associated with global elevation of miRNAs and overexpression of EIF2C2/AGO2. Int J Oncol，107（17）：7904-7909.

Zucman-Rossi J. 2010. Molecular classification of hepatocellular carcinoma. Dig Liver Dis，42（3）：235-241.

（王 兰 韩泽广）

12

新医学——解决人类健康的真正钥匙

2015 年年初，美国总统奥巴马在《国情咨文》中提出了一个预算为 2.15 亿美元的“精准医学计划”，希望以此“引领一个医学时代”。新闻一经发布，“精准医学”立刻成为媒体和百姓嘴边的热词。对此，也有人提出了质疑，受此影响，国内亦有不少人士纷纷为美国总统的这一计划点“赞”，有人用“医学革命”来形容它，有人用“开创性”来抬高它，中国政府则明确做出了在十三五期间投巨款发展中式版精准医学的计划。美式版精准医学计划是否符合中国国情？是否存在“水土不服”的可能？直接套用美国总统的“智慧”能否解决具有中国特色的实际问题？这些争论引发了一个让人思考的问题，究竟什么才是现代医学的核心？在盲目堆钱采取“群众运动”式的行动前，我们有无必要从科学价值和临床应用的角度来探讨和思考一下现代医学究竟应如何发展？

为了能“精准”地看到问题的实质，本章重点引用当下时髦并且相关联的词汇进行比较性阐述。通过梳理，期待找出解决人类健康问题的真正钥匙。

12.1 “精准医学”——2015 年医学最热门词汇

奥巴马提出的“精准医学计划”主要涉及以下内容：①启动“百万人基因组计划”（资助 NIH 1.38 亿美元）；做好队列（cohort），建立与临床有关的“史无前例的大数据”。②寻找引发癌症的遗传因素（资助 NCI 78 万美元），继续美国已经开始的癌症基因组研究计划。③建立评估基因检测的新方法（资助 FDA 1000 万美元），保护知识产权与有关版权的管理，保证精准医学和相关创新的需求。④制定一系列相关标准和政策（资助 ONC 500 万美元），保护个人隐私和各种数据。⑤ PPP（public-private partnership，公私合作）模式：企业家和非营利组织参加（图 12-1）。从其主导的方向看，可以简单概括为三个方向：①以科学研究为导向的百万美国人测序与癌症基因组计划；②以政府功能为导向的法规标准的建立；③以市场

图 12-1　美国总统 Obama 于 2015 年 1 月 20 日在《国情咨文》中宣布美国启动精准医学计划

为导向的公私合作模式。

通常来讲，一切有价值的东西常常与“新”联系在一起，那么这一“精准医学”的提法是否是一个新的概念？其实不然。2013 年，我作为会议共同主席主持的“*Nature Genetics* 杂志和安徽医科大学在沪联合举办的学术会议”以及作为东亚遗传学会主席和会议主席在哈尔滨举办的“第十三届东亚遗传学会议”（图 12-2）所用的主题词都是“From GWAS to Precision Medicine”，其中的“precision medicine”即为“精准医学”。而且，此词在学界的正式提出可追溯到 2004 年发表在《新英格兰医学杂志》（*The New England Journal of Medicine*）上的有关概念。

图 12-2 贺林主持的两个国际会议，所用的主题词都是 From GWAS to Precision Medicine

不得不认为，奥巴马“精准医学计划”背后“抄盘手”所起的成功作用。其中又可以看到人类基因组计划的“领头羊”——Francis Collins 和 Craig Venter 的身影。尽管后者在人类基因组计划、人造生命、人类疾病解密（百万人测序）等方面展示出非凡的天赋与才能，但前者有更多的说服政府的才能。因此精准地说，这一计划距离全新概念还有较大差距，更像是对原有计划的叠加与重新组合，用锦上添花描述也许更为确切。

面对没有学过一天生物学的奥巴马仅用2.15亿美元抛出的“精准医学”概念，我国举国上下（包括县区甚至乡镇医院）被调动起来，各地如雨后春笋般超速跟风，争相建立精准医学各类机构，连央视等主流媒体也不示弱，接连报道，这种滥用和泛用概念的行为令许多国人格外担忧。人们更期盼着能在浮躁中多一些智慧的冷思考，多一些专业性思维，尽量避免重演20世纪50年代“大跃进”式的结局。

同时，越来越多的研究和实践启示我们，精准医学不仅与基因型差异或遗传多态相关，在研究以精准医学为标准的个体化医学中，影响个体化用药的因素还包括身高、体重、性别、年龄、伴随的疾病、器官功能、疾病进程和环境因素等。一个绘制准确的战略目标在哪里？对应的考核指标又是什么？

针对中国对这一计划的“引进”，从以往的经验教训几乎可以断言，其结果将是一个包罗万象的中式版“精准医学”大杂烩，因为绝不会有哪个带“医”字头的个体或单位会认为他们不在做精准医学。多少有些令人啼笑皆非，什么时候才是盲目跟风的尽头？不断听到各方的期盼，什么时候我们才能真正从以往“虎头蛇尾”，甚至“蛇头蛇尾”的大项目中得到反思和教训？相信经过我们的努力协调，一定能规划好我们自己要走并应该走的路。

12.2 “转化医学”——昔日的时髦，今日的新常态

如果从1996年 *Lancet* 正式提出“转化医学”这一新名词作为起点开始算，在高调“唱”了20年左右后的今天，在征服疾病的过程中一度看上去比精准医学还要热闹许多的转化医学，却很难拿出几个成功的例子。当然，这与考评的标准有一定相关性。那么，什么样的时间周期才能给民众带来效益？投入产出比是否要考虑？至今，除了其结果没能给人们什么深刻的印象外，转化医学的研究多少反映出了一种低效“乱象”。此时一定有人会问，转化医学究竟是什么？自从这一术语正式出现以来，其内涵不断地发展和演变。实际上，转化医学本身就含有“精准医学”的成分。随着“精准医学”这一热词的出现，转化医学正退到了一个“小瘟鸡”似的“新常态”，人们对它的热忱随着新热词的出现而降低。即使“领地”退让了，但还是有必要重温一下昔日的时髦词汇可能会带来的利与弊。

12.3 “个体化医学”——历史发展的必然

医患关系和制药受限问题已经把个体化医学推到历史的顶端，我们不得不认真面对这一现状。长期研究显示，疾病易感性和药物反应相关位点的频率在不同种族及地理区域间具有显著的分布差异。正如在这个世界上与找不到一双鞋可以满足所有人的脚一样，基因序列的差异，包括表观遗传的差异，使得世界上没有两个一模一样的人，使我们更加明确“茫茫人海，序列各异”的基本道理。

出于这一原因，用药不良反应的人群应是数以万计的概念。不同人群或不同个体对于药物的应答可以轻微不同也可以完全不同，因此“一种方法并不能解决所有问题”。然而，在这个严峻问题的处理上却存在着东西方的显著差异，在西方几乎没有一个大医药公司不在做个体化医疗，而在中国则是几乎没有一个大医药公司在做此事。显而易见，实现个体

化医疗是缓解医患关系的最佳妙方。结成联盟的西方大医药公司正行进在这一征程中。

不管怎样，我国还是开展了一些区别个体差异的分子诊断技术，特别是高度“受宠”的基因检测个体化诊断工作。这一技术主要应用于个体化用药基因检测与对各类疾病的基因诊断，它们形成了个体化医学的两大基本板块。个体化医学还从基因组成或表达变化的差异来把握治疗效果或毒性作用等应答反应，对每个患者进行最适宜的药物治疗。由此可见，所谓的精准医学是个体化医学的基本要素，个体化医学才是历史发展的必然。

2015 年 12 月由中国药理学会药物基因组学专业委员会主办、上海交通大学 Bio-X 研究院等承办的“国际精准医学与未来健康前沿研讨会暨全国第三届药物基因组学学术大会”在打通中国个体化医学之路的共识下，一批从事个体化医学的专业人员自愿组成学术性、公益性、非营利性的个药联盟专业群体，利用药物基因组学和个体化用药知识、技术和方法，以促进个体化医学基因检测技术的产业转化和临床应用，促进国人的安全合理用药。下一步应该做的是，使本不该被分离的“科学”和“产业”重归于好，这 4 个字只能被放在一起用，即“科学产业或产业科学”，以纠正过去分离误区和由此造成的巨大损失，建立起科学产业 - 产业科学大联盟，惠及民众健康，实现“健康中国”。

12.4 “遗传咨询”——核心纽带作用

随着医学与社会的发展，我国人口身体素质明显提高，但许多遗传病和癌症的发病率连年上升，据 2012 年卫生部发布的《中国出生缺陷防治报告》显示，我国出生缺陷发生率约为 5.6%，每年新增出生缺陷约 90 万例。二孩政策正式开始执行后，形势会变得更为严峻。此外，据世界卫生组织 2014 年发布的《世界癌症报告》显示，过去 4 年全球癌症发病率升高 11%，其中中国新增病例最多。

基因检测技术促进了对各类疾病的预防、诊断和治疗，国家也加大了对此技术的支持力度。2014 年 12 月，国家卫生和计划生育委员会（卫计委）公布了第一批高通量测序技术临床应用试点单位，分为遗传病诊断、产前筛查与诊断、植入前胚胎遗传学诊断三个专业。2015 年，卫计委发布了第一批可以开展无创产前检测（NIPT）的产前诊断试点单位，全国 31 个省（市、自治区）共有 109 家机构入选。2016 年，国家发展改革委下发了《国家发展改革委关于实施新兴产业重大工程包的通知》，通知提出了国家实施新兴产业的 7 个重大工程包，其中包括在全国率先建设 30 个基因检测技术应用示范中心。

我国基因测序临床应用大幕自此拉开，基因测序产业正酝酿着一场蓬勃发展的机遇。而在基因测序转向临床应用的过程中，遗传咨询是必不可少的一环。由此，遗传咨询和基因（遗传）检测正式形成了一对手心手背的关系。由于当年参加 1% 人类基因组计划的目的很少被真正认识到，造成研究者对产生的大量信息和数据的使用意识欠缺，使得相当一部分时间对解决与遗传问题相缠绕的疾病的工作停留在空白或无序阶段。直到最近，人们才明白应该用遗传咨询的利器开展相关工作。遗传咨询可分为临床遗传咨询和非临床遗传咨询两类，在此我们主要讨论临床遗传咨询。

与美国、加拿大等这些已经建立了相对完善的遗传咨询体系的发达国家相比，我国的遗传咨询工作处在了时不我待的紧迫时刻，这是因为人们看到了广泛的市场前景。当一条基因组序列可以以千元美元的低成本完成测序的时代到来后，对测序的结果分析和解读将可能带回数万美元或更高的回报。在这一丰厚经济效应产生过程中，遗传咨询无疑会发挥核心纽带作用。但由于历史原因，遗传咨询过去在我国没有得到重视，面临着诸多问题，甚至至今在我国还没有设立这个职业。

12.4.1 遗传咨询政策缺失，专业机构缺乏

我国目前尚未制定任何正式的遗传咨询相关政策及指导性文件，长期以来，没有独立的遗传咨询学科或科室，我国的遗传咨询工作主要是在具有产前诊断资质的医院开展，而且是由普通临床医生兼任，通过调查，超过 1/3 的医院没有开展遗传咨询工作。

12.4.2 没有专业的遗传咨询师，技术人员不足

2015 年前，我国没有专门的机构进行遗传咨询师的认证、考核及遗传咨询资料整理工作，导致遗传咨询人才培养机制不健全，在遗传及相关领域，如癌症风险预测等方面，均没有专业的遗传咨询师职业。对于传统医学教学而言，遗传学一直作为专业基础课讲授，没有相应的科室可以实习，造成医学毕业生忽视遗传咨询的重要性，内外妇儿等传统专业仍然是医学生心目中的就业标准。尽管基因科技日新月异，但难以被普通人理解，因此需要专业遗传咨询人员解读。

12.4.3 遗传咨询开展水平不一，地域分布不均

我国遗传咨询工作开展极为不平衡，总体来说，经济发展好的地方优于经济滞后的地方，南方优于北方，东南沿海优于西部地区，大城市优于小城镇，城镇优于农村。咨询者得不到高质量的服务甚至得不到遗传咨询服务，因此不能排除这可能是导致出生缺陷率居高不下的主要原因。

12.4.4 群众认知不足，科普教育薄弱

遗传教育在我国的科普教育中仍然非常薄弱，许多人对基因、遗传、传染、近亲等概念非常模糊，甚至混淆；有遗传病家族史或者遗传病亲属的人总是抱有侥幸心理，不能及时去医院就诊；许多老百姓对于遗传咨询一无所知，遗传病相应知识匮乏。自愿婚检的男女比例不足 30%，给遗传病的发生提供了可乘之机。因此，在 2015 年“两会”期间，我与卫计委同事提出“遗传咨询势在必行”，并给出解决我国遗传咨询现实难题的几点建议：①加强对遗传咨询的专业性教育；②规范遗传咨询服务；③成立专门的遗传咨询中心；④加强科普教育，提高公众对遗传咨询的认识。若具体落实以上提到的各项措施，可以从根本上改善我国的人口健康状况，指导出生缺陷、癌症、精神疾病等复杂疾病的精准治疗；如果不及时把此事合理处理，将贻误国民健康和浪费大量资金。2015 年前后我有幸成为推动遗传咨询工作的一位敢于“吃螃蟹者”，为我国遗传咨询事业零突破起了促进作用，具体情况我将结合以下的“新医学”进行详细说明。

12.5 “新医学”——健康大业的主导力量

什么是新医学？简而言之，在全国三甲医院，差不多每个医生需要工作 8~10 小时以上，远远地超负荷运转，如果写一个病例的时间超过 3 分钟，当天几乎不可能按时下班。

如此努力地治病，换来的却是我国的出生缺陷率不降反升，及肿瘤、高血压、糖尿病等多种疾病发病率的持续走高。

这是为什么？原因何在？难道是医生的医术不够高明或者不够努力吗？都不是！是由于在面对复杂疾病的诊疗上传统医学或老医学或旧医学显得疲软无力，无法看清疾病深层的问题。为了解决这一问题的困扰，人们启动了伟大的人类基因组计划。这一计划带来了海量的基因组数据和信息，在遗传咨询的纽带作用下与对应的临床疾病特征有机结合后，使人类战胜病魔具备了可能。这就形成了“新医学”的主要架构。因此，新医学的构成应该具有以下等式关系。

新医学 = 老医学 +（基因）组学 + 遗传咨询

新医学是带有革命性的一场医学理念的变换，有希望认为新一轮的生命线延长（至 150 岁）也将从新医学开始，对它的正确认识将会促使我们掌握解决健康问题的方法。

在新医学思路的影响下，对人类健康具有战略意义的“单靶标基因组计划”就此形成。单靶标基因组计划是对人类基因组计划的补充，后者完成的仅是一个人全基因组的参考序列，而前者是正式以组织形式从深层系统向疾病“动刀”或“宣战”。目前已启动的单靶标基因组计划包括：聋病基因组计划、双胎基因组计划、新生儿基因组计划和胚胎基因组计划。这些计划在对疾病认识的加速和领跑方面将起到难以估量的作用。

在新医学理念的推动下，2015 年成为开展有关工作“精彩多姿”的启动年（参见重要事件）：

2015 年 2 月，中国遗传学会遗传咨询分会（CBGC）于上海正式成立，同时，首届学术研讨会也成功举办，成为基因与健康领域中的一个具有里程碑意义的工作，标志着我国由领域学会引导开展规范的遗传咨询培训工作正式启动。

2015 年 4 月，中国遗传学会遗传咨询分会第一期遗传咨询师培训班在上海开班。

2015 年 7 月，第二期遗传咨询师培训班在济南开班。

2015 年 11 月，第三届遗传咨询师培训班在南宁开班。

2015 年 11 月，第四届遗传咨询师培训班在沈阳开班。

2016 年继续热走，又完成了三个初级班、一个中级班、一个普及班和两个合办特别班的培训工作，并首次尝试全球大规模遗传咨询义诊的活动。

中国遗传学会遗传咨询分会成立后的短短数月，就开办了多期遗传咨询师培训班，逾二千名学员参加，反响空前热烈，并且一开始就和美国权威遗传咨询机构全面接轨，采取“高举高打”的气势阔步挺进这个既陌生又急需的领域。计划通过建立专家库和发展会员制，充分发挥专家的技术经验，更好地组织专家开展遗传咨询、学术交流及科学普及等活动，实现中国遗传咨询工作的规范管理和专家资源的共享，从而最终实现两大目标：获准国家级资质资格，与北美和欧洲遗传咨询机构建立联盟关系。2015 年 8 月 6 日，我以中国遗传学会遗传咨询分会（CBGC）主任委员的身份在哈佛医学院发表了以“遗传咨询在精准医学中的重要应用”为主题的演讲，介绍了中国遗传咨询的现状及未来发展的方向和出路，并且阐述了“新医学”概念及遗传咨询的重要性。此次演讲引起了北美同仁对中国的广泛关注和积极评价，为中国遗传咨询走向国际化奠定了基础，提升了 CBGC 的国际影响力。

2015 年 10 月，世界精神病遗传学第 23 届会议（WCPG 2015）在加拿大多伦多召开，此次会议吸引了来自世界各地精神学和遗传学领域 1000 余名专家学者的参与，我应大会邀请并作为共同主席主持了主题为“精神遗传学的全球机遇”的学术演讲，把采用遗传检测和遗传咨询的“新医学”理念也带到了加拿大，在与会者中引起强烈反响。2015 年 12 月，我当选为第三届中国药物基因组学专业委员会主任委员及个体化用药 - 精准医疗科学产业联盟首任理事长。同月，又以理事长身份主持成立了国际精准医学与未来健康前沿研讨会张江分会场暨上海市浦东新区转化医学联盟。2015 年 12 月好事连连，在北京又诞生了中国医师协会医学遗传学分会。这个分会与 CBGC 的成立是一代人辛勤付出的结果，标志着中国已相对健全了“雄鹰的双翼”，前者代表新学科的问世，后者则主要代表了新职业的出世，使得在今后以遗传学为背景和以医学为背景的学者双双有机会进军遗传咨询领域。日子过半的 2016 更是令人兴奋，CBGC 一边已与卫计委联手规范培训，另一边已与人社部就职业构建事宜进行了接洽并初步讨论了下一步方案。

12.6 小　结

综上所述，有几点感受比较明确。并且，通过用大家都熟悉的例子对相关术语间的关系进行一个诠释，以期精准理解。

1. 转化医学是口号，精准医学是标准，个体化医学是目标，遗传咨询是纽带（贯穿始终），新医学是健康钥匙。

2. 要实现这些内容，就要有明确的计划、智慧的思维及脚踏实地的行动。

3. 案例剖析：两位同样美丽的明星（安吉丽娜•朱莉和姚贝娜）（图 12-3），患有同样肿瘤，但有着不一样的命运。在这个实例中，开始阶段对乳腺致癌基因 BRAC1 和 BRAC2 进行的基因检测到手术的进行可以看作转化医学的一个范例；基因检测的准确性由精准医学的精准度表述；个体化差异的结果体现了典型的个体化医药的内容，并且指导用药的种类，包括决定是否使用第一个聚 ADP 核糖聚合酶（PARP）抑制剂、阿斯利康的

图 12-3　不一样结局的两个患乳腺癌的女明星

左为安吉丽娜•朱莉，右为姚贝娜

奥拉帕尼（Olaparib）；遗传咨询可作为基因检测后的手术建议、合理用药决定和未来的治疗方案及效果等的诠释。全部过程体现了新医学的指引和统筹的理念。

4. 我相信，经过首批“敢吃螃蟹人”的携手努力，遗传咨询将成为新一代人追捧的金领职业。

2016 年 8 月在全国卫生与健康大会上，习近平主席明确了我国的战略发展动向：“没有全民健康，就没有全面小康”。由此使人们更加感悟到了建设“健康中国”所处的首要位置，也即没有健康中国就不存在强大中国的真正含义，因此一个全新概念下的“健康中国”将渗透到我们的日常生活。在实现健康中国的征途中，需要的是强有力的通向健康的新思维和新方法。此时的新医学在某种程度上起到健康钥匙的作用，这是历史赋予我们的使命，也是国家给予我们的重托。

（贺　林）

第二篇

新　方　法

13

新一代测序技术与基因组学研究

13.1 新一代高通量测序技术的发展

在分子生物学及其应用领域的研究中，DNA 测序作为一种解读 DNA 遗传编码信息的重要实验技术。60 多年前，DNA 双螺旋结构（double-helix structure）的成功解析为人类获取 DNA 遗传信息奠定了不可或缺的基础（Watson and Crick 1953）。1977 年，英国诺贝尔化学奖获得者 Frederic Sanger 发明了具有里程碑意义的双脱氧链终止测序法（dideoxy chain-termination method），又称 Sanger 法（Sanger's DNA sequencing method）。Sanger 法因为既简便又快速，并经过后续的技术更新，成为完成被誉为生命科学"阿波罗登月计划"的国际人类基因组研究计划最重要的 DNA 测序技术。随着分子生物学的发展，传统的 Sanger 测序技术已经不能完全满足生命科学研究的需要。更多物种的基因组测序项目和人类基因组重测序计划都需要通量更大、时间更短和成本更低的 DNA 测序技术。在 Sanger 法的基础上，整合微流体技术，新一代测序（next-generation sequencing，NGS）技术应运而生。

13.1.1 测序技术发展历程及特点

测序技术最早可以追溯到 20 世纪 50 年代，Whitfeld 等用化学降解的方法测定多聚核糖核苷酸序列。1977 年 Sanger 等发明的双脱氧链终止测序法，以及 Maxam 和 Gilbert 等发明的化学裂解法（chemical degradation method），标志着第一代测序技术的诞生。随着荧光标记和检测技术的出现，DNA 测序技术进入了自动化测序时代。

在国际人类基因组计划完成后，结合微流体技术，美国等几家公司陆续开发了测序通量更大和成本更低的高通量并行化 DNA 测序技术，称为新一代测序技术（NGS）（图 13-1）。主要包括美国 454 公司推出的 454 GS 测序仪（被 Roche 公司收购）、Illumina 公司的 Solexa GA/HiSeq 测序仪、Life Technologies 公司（被 Thermo Fisher 收购）的 SOLiD 测序仪和 Ion Torrent/Ion Proton 测序仪。近年来，单分子测序技术平台也不断产出，如美国 Helicos 公司的单分子测序技术、Pacific Biosciences 公司的单分子实时（single molecule real time，SMRT）测序技术和 Oxford Nanopore Technologies 公司正在研发的纳米孔单分子测序技术。这些无需扩增的 DNA 单分子直接测序技术被称为第三代测序技术。2014 年 1 月，在美国旧金山召开的第 32 届摩根大通保健大会（JP Morgan Healthcare Conference）上，Illumina 公司推出工厂化测序技术平台 HiSeq X-ten 和小型测序平台 NextSeq 500。HiSeq X-ten 由 10 台高通量测序组成，一年可完成 1.8 万个人的基因组测序（30X），而测序成本降至 1000 美元 / 人。当前，测序技术一方面向着通量更高、成本更低、读长更长的方向发展，另一方面向着通量小型化、精确性更高、运行速度更快、适合临床基因检测的方向发展。

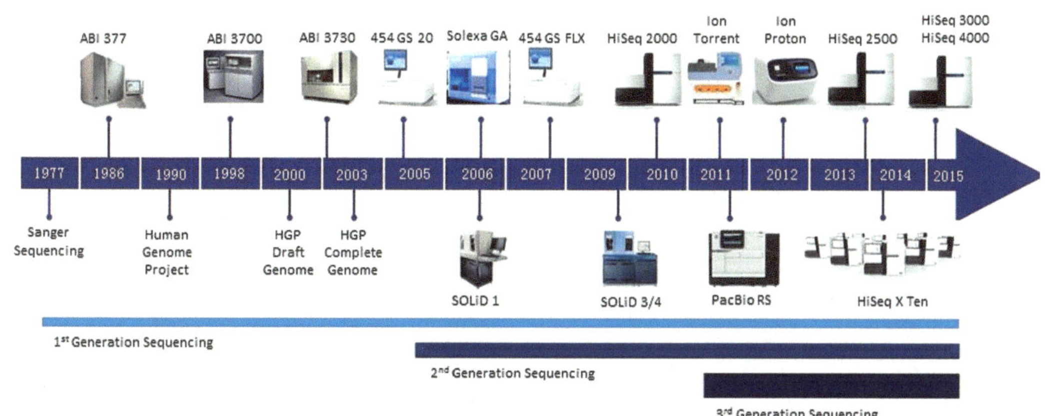

图 13-1　DNA 测序技术发展历程

13.1.2　第二代大规模平行测序技术

随着第一代 DNA 测序技术的广泛应用，科学家先后完成了从噬菌体到人类等模式生物基因组测序计划。但随着生物学和生物医学研究需求的不断提高，第一代测序技术存在成本高、速度慢、通量低、操作复杂等技术瓶颈，难以满足更大规模的基因测序和基因组研究的需求。以美国 454 Life Sciences 公司、Illumina 公司和 Applied Biosystem 公司为代表，先后开发了新一代大规模平行 DNA 测序技术（massively parallel DNA sequencing technology），这一具有里程碑的新一代测序（NGS）技术克服了上述难题，推动了测序技术、基因组学乃至生命科学研究进入了一个史无前例的发展阶段。

NGS，即第二代测序技术，最显著的特征是测序高通量，一次能同时对几十万到几十亿个 DNA 分子进行平行测序，使得对一个物种基因组和转录组进行深度测序变得方便易行。这种大规模平行测序技术的出现令 DNA 测序费用大幅降低，仅为之前的 1‰。同时，测序速度大大加快，1~2 天就可获得数千亿碱基的 DNA 序列数据，实现了人们在短时间内以低廉价格产出大量 DNA 序列数据的梦想。

13.1.3　第二代测序技术的基本原理

NGS 技术平台主要包括 Roche 公司的 454 GS 系列、Illumina 公司的 Solexa GA/HiSeq/NextSeq/MiSeq 系列和 Life Technologies 公司的 SOLiD System。虽然这些技术采取了基本类似的三个步骤：① DNA 片段化和测序文库的构建；②单个 DNA 分子扩增；③测序反应和信号检测与转换。但在具体的 DNA 扩增、测序反应和信号方法检测方面运用了不同的策略（图 13-2）。454 GS 测序平台采用微乳滴 PCR（emulsion PCR，emPCR）扩增技术和焦磷酸盐测序技术（pyrosequencing）。Solexa GA 测序平台应用 DNA 簇生成技术和边合成边测序技术（sequencing by synthesis）。而 SOLiD 系统虽然也采用 emPCR 扩增技术，但测序反应使用了经典的 DNA 连接技术（sequencing by ligation）。

由于各个技术平台在测序长度、测序通量和测序成本方面存在着明显的差别，它们的发展和结局也是天壤之别。SOLiD 系统由于无法进一步增加测序长度，特别是测序数据处理极其复杂，已于 2014 年起停止继续开发。而 454 GS LFX 由于无法继续提高测序通量

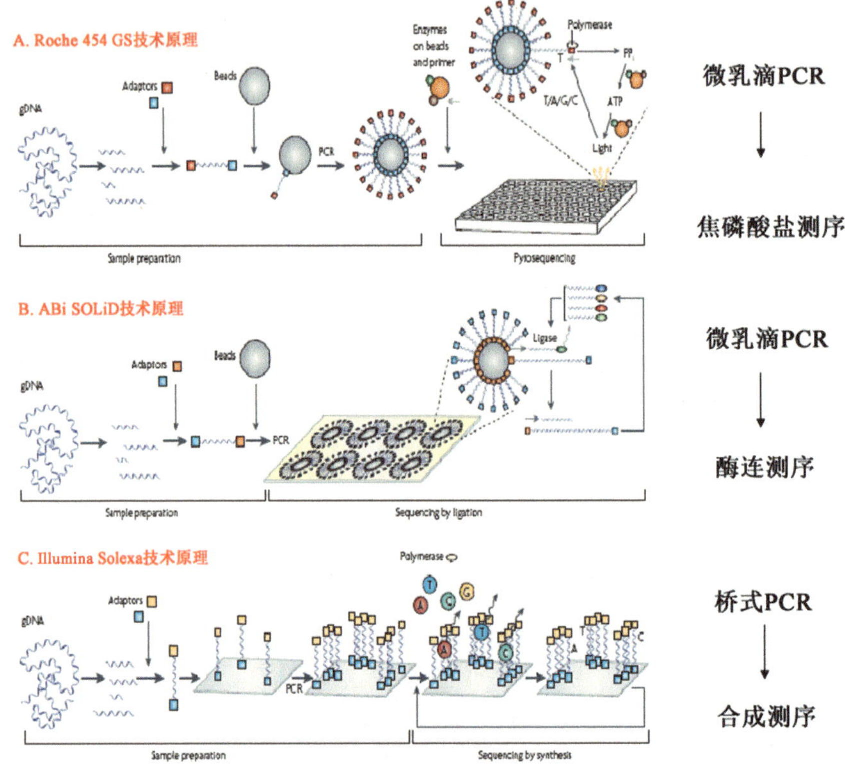

图 13-2　三种 NGS 技术原理示意图

A. 454 GS 测序技术（焦磷酸盐测序法）；B. SOLiD 测序技术（连接测序法）；C. Solexa 测序技术（边合成边测序法）

和降低测序成本已于 2016 年 6 月停止生产。在残酷的测序技术和市场竞争下，SOLiD 系统和 454 GS FLX 相继退出，而 Illumina 的 HiSeq/NextSeq/MiSeq 则因测序通量高且成本低而逐步占据测序技术市场的大部分份额，成为目前基因组测序和基因检测最重要的技术平台。

13.1.4　半导体 DNA 测序技术

美国分子生物学家 Jonathan Rothberg 在完成 454 GS 高通量测序仪后，于 2011 年又成功开发了半导体芯片测序技术（Ion Torrent）。在测序反应中核苷酸被合成到 DNA 分子中，并且释放氢离子，引起局部 pH 发生变化，离子传感器检测到 pH 变化后，即刻便从化学信息转变为数字电子信息，从而获得碱基序列。由于这一技术无需激光光源、无需光学检测和扫描照相系统、使用无荧光染料标记的天然核苷，因此测序成本更低，操作更为简单，测序运行速度更快。

美国 Life Technologies 公司于 2010 年推出首款半导体个人操作基因组测序仪（ion personal genome machine，PGM），因其具有通量较小、测序时间短（数小时）的灵活特点，适合小样本量的基因检测。2012 年 PGM 的升级版 Ion Proton 的测序通量显著增加，可应用于大规模基因组测序。

13.1.5 第三代单分子实时测序技术

2008 年 4 月 Timothy 等开发的直接在 DNA 分子上进行的测序技术，也被称为第三代测序技术。它无需测序的DNA分子必须依赖PCR扩增步骤来增加测序时的碱基信号强度，真正达到了读取单个荧光分子的能力。因此，第三代单分子测序对碱基信号检测的敏感性具有更高的要求。

目前第三代测序技术的原理主要分为两大技术类型：第一种是单分子荧光测序，代表性的技术为美国 Helicos Biosciences 公司 2008 年推出的真正单分子实时测序（true single molecule sequencing，tSMS）技术和 Pacific Biosciences 公司的单分子实时测序（single molecule real time，SMRT）技术。第二种为英国 Oxford Nanopore Technologies 公司开发的纳米孔测序技术。

Pacific Biosciences 的 SMRT 测序技术利用直径 50~100nm、深度 100nm 的孔状纳米光电结构（zero-mode waveguide，ZMW）对单个 DNA 分子进行测序。Phi29 DNA 聚合酶被固定在 ZMW 的底部，模板和引物结合之后被加到酶上。当 DNA 合成进行时，连接上的加有荧光标记的 dNTP 在 ZMW 底部停留的时间较长（约 200ms），并被激光激发，从而被识别。在延伸到下一个碱基时，上一个 dNTP 的荧光基团被切除，进行下一个碱基的检测（Eid et al. 2009）。

13.1.5.1 SMRT 测序技术

SMRT 测序技术的一大优势是超长的序列读长，最新的测序试剂能够得到的最大读长为 30kb，平均读长约 8.5kb，是目前所有商品化测序仪中读长最长的。由于单分子的荧光信号极弱，SMRT 测序的单碱基准确率仅有 87.5%，其成为限制 SMRT 技术广泛应用的最大问题。但由于碱基测序错误是随机产生的，与序列长度、序列组成无关。随着测序长度逐渐增加，提高了循环次数，序列准确率也会逐步改善。通过多重测序和校正，在重复 10 次的条件下，准确率可提高到 99.9%。2012 年冷泉港实验室的 Michael Schatz 开发了一种纠错算法，用二代测序的短读长高精确数据对三代长读长数据进行纠错，称为“混合纠错拼接”的算法被发表在当年 7 月出版的 *Nature Biotechnology* 上。通过混合纠错法，他们发现“数据几近完美”。Pacific Biosciences 的测序仪（PacBio *RS*）经过不断的技术更新，以其测序读长超长为技术特点，继续在全球占有一定的测序技术市场。最新型号的 SMRT 测序仪 SEQUEL 已于 2016 年第一季度上市，其不但保持原有的测序读长，而且测序通量由 PacBio *RS* II 的 0.5~1Gb 增加到 SEQUEL 的 6~7Gb。

13.1.5.2 单分子纳米孔测序技术

纳米孔测序法是借助电泳驱动单个分子逐一通过纳米级小孔来实现测序的。由于 DNA 或 RNA 单个碱基的形状大小不同、带电性质不一样，在通过纳米小孔时，引起孔内电阻变化。在小孔两端保持固定电压，就可检测到小孔的电流变化。通过纳米孔电信号的差异就能检测出通过的碱基类别，从而实现测序。该方法具有测序速度快、读长较长、成本较低、准确度高的特点。但也存在纳米孔材料的稳定性差、DNA 移动速度快、电流变化幅度小的问题，使得产出的数据并不理想，还有待进一步的优化和改进。

目前 Oxford Nanopore Technologies 公司推出的 GridION 和 MinION 测序仪主要是将 α-溶血素和环化糊精组成的纳米孔固定在脂质双分子膜上，两侧为浓度不同的 KCl 溶液，加以 160mV 的电压，并利用 DNA 解旋酶将 DNA 双链解旋为单链，并通过纳米孔进行连续测序（Clarke et al. 2009）。

13.2 第二代测序技术的应用

13.2.1 基因组的测序及重测序

完成一个新物种的基因组测序，称为全新或从头测序（*de novo* sequencing）。完成基因组 DNA 片段测序后，用生物信息学软件进行拼接、组装，从而获得该物种的基因组序列图谱。由于基因组内存在重复序列，且第二代测序读取长度有限，对于简单的微生物需要通过整合第一代和第三代测序技术来构建基因组完成图。而对于大型复杂的基因组，如植物和动物，就目前的所有测序技术和组装软件，只能获得基因组框架图，即在基因组序列中还存在序列空缺（gap）。

当某物种的基因组测序已完成时，需要对同一物种的不同个体基因组进行测序，称为重测序（re-sequencing）。基因组重测序的目的是比较个体间的序列差异。由于该物种的基因组结构都已掌握，因此采用费用低、速度快的第二代测序技术就可满足重测序的需求。例如，2008 年提出的国际千人基因组计划（1000 Genomes project）就是人类基因组计划的延续，也是迄今为止最大的基因组重测序计划，包括近年英国和美国提出的十万人和百万人基因组 / 基因测序计划，以及国内外众多的肿瘤基因组研究计划。

13.2.2 转录组及表达谱分析

基因表达谱（gene expression profile）是指细胞在特定的条件下表达的所有基因的集合，是了解特定发育阶段、环境及病变影响生物分子机制等的重要手段。早期的手段主要依靠基因芯片技术，利用已知的基因序列来设计探针，通过荧光标记和杂交，根据荧光的强度计算基因表达量的高低。由于荧光信号（模糊信号）难以定量，杂交反应易受到多种因素的影响，无法进行大规模基因表达谱的比较和分析。采用第二代或第三代测序技术可对单个细胞样品中的所有 RNA，即整个转录组进行整体测序。对每个细胞中表达的 1~50 000 个拷贝 mRNA 进行数字化检测，包括未知的基因或新的转录本（transcript），能够提供更多的基因剪切方式改变的转录本信息。

13.2.3 非编码 RNA（ncRNA）测序

第二代测序技术除了研究转录组中的 mRNA 外，还被广泛应用于包括微 RNA（microRNA）和长非编码 RNA（lncRNA）等一些非编码 RNA（ncRNA）表达研究中。非编码的小分子 RNA 参与了许多重要的生物发育过程。通过第二代测序技术进行 RNA-seq 的深度测序发现了大量新的 ncRNA，为开展基因表达调控机制和表观遗传学研究创造了有利的条件。

13.2.4 基因转录因子调控研究（ChIP-seq）

染色体免疫共沉淀（chromatin immunoprecipitation，ChIP）技术是研究在调控基因表达时 DNA-蛋白质相互作用的重要手段。把 ChIP 技术与第二代测序技术结合，即 ChIP-sequencing（ChIP-seq），可以在基因组水平上检测某种蛋白质 / 调控因子所结合的 DNA 序列，全面了解蛋白质与 DNA 的相互作用特性。2009 年 Ouyang 等利用 ChIP-seq 技术发现，在小鼠胚胎干细胞中，大约有 65% 的基因表达是由 12 个转录因子调控的（Clarke et al. 2009）。

13.2.5 DNA 甲基化测序

DNA 甲基化修饰是表观遗传效应中最重要的一种形式，通常位于 CG 岛处的胞嘧啶出现高度甲基化现象。在基因组水平上检测 DNA 甲基化位点为解析表观遗传调控机制提供了有效的途径。随着第二代测序仪的飞速发展，DNA 测序成本大幅度下降，为甲基化组（methylome）的研究创造了有利的条件。

近几年来，国内外多个研究小组利用 DNA 重亚硫酸盐处理技术和高通量测序技术，绘制出了多张甲基化图谱。首先将基因组 DNA 经重亚硫酸盐处理，将 DNA 中未发生甲基化的 C 碱基转换成 U 碱基，进行 PCR 扩增后变成 T 碱基，与原来由于甲基化修饰而未发生改变的 C 碱基区分开来，再结合高通量测序技术从而获得 C 碱基是否发生甲基化的信息。这一技术特别适用于绘制单碱基分辨率的 DNA 甲基化图谱。

2011 年 11 月美国芝加哥大学和 Pacific Biosciences 公司研究人员在 *Nature Methods* 上发表了一篇文章，再次让 PacBio 成为关注的焦点（Song et al. 2012）。PacBio 系统的 SMRT 测序技术具有独特的聚合酶动力学检测能力，能够直接检测碱基修饰，不需要进行甲基化测序或重亚硫酸盐测序等额外的实验步骤。这是因为如果 DNA 序列中存在碱基修饰（如甲基化和羟甲基化），聚合酶在加入核苷酸时就会出现可检出的停顿，而这种动力学信号能揭示碱基修饰的存在。到目前为止，PacBio 系统可区分 12 种以上不同类型的碱基修饰。

在 2012 年 7 月的美国微生物学会（ASM）大会上，美国 Robert Mandrell 团队介绍了他们利用 PacBio *RS* 测序技术对导致 2007 年比利时冰淇淋大肠杆菌疫情和 2010 年美国生菜大肠杆菌疫情的暴发株进行的研究。研究人员正是借助了 SMRT 独特的技术，在此次测序研究中直接获得了两个暴发株的甲基化数据。众多文献证明甲基化在微生物生长的基本功能中扮演着重要角色，甲基化能影响微生物的致病力，甲基化类型还可能与病菌在人体内的适应性和毒力有关。研究人员发现，在甲基化水平上，两个暴发株的 6-mA 修饰水平有着明显的差异。

13.3 测序技术在肿瘤研究中的应用

癌症是指人体细胞不受控制地生长和增生，从而引起机体一系列的功能损害。在这个过程中，突变的过度积累被认为是造成恶性肿瘤发生的主要原因。高通量基因组测序技术无疑成为癌症中体细胞的基因突变检测、疾病的诊断和治疗最有效和最直接的研究方法。目前该技术已经被应用在各种肿瘤的研究中，并取得了一系列的研究成果。

13.3.1 全基因组测序

随着第二代高通量测序技术的发展，研究人员在全基因组测序基础上从 SNV、InDel、CNV、SV 等全方位地寻找致病的突变基因。Pleasance 等在 2009 年首次通过全基因组测序（whole genome sequencing，WGS）得到了黑色素瘤的全基因组突变谱，结果发现黑色素瘤的体细胞突变在基因组上分布并不均一，绝大部分的突变都是 C > T 或者 G > A 类型（Pleasance et al. 2010a）。同年，他们又采用了同样的测序方法检测小细胞肺癌，结果却发现 G > T/C > A 的转换在所有突变中占主导地位（Pleasance et al. 2010b）。Wang 等利用 WGS 技术，对 100 例胃癌样品进行了系统分析，包括基因组编码区和非编码区的点突变、插入缺失、拷贝数变异、结构变异、基因表达及甲基化图谱，成功鉴定出已知的胃癌致病基因（*TP53*、*ARID1A* 和 *CDH1*），以及新的基因突变（*MUC6*、*CTNNA2*、*GLI3* 和 *RNF43*）（Wang et al. 2014）。

13.3.2 全外显子测序

2012 年，国家人类基因组南方研究中心采用全外显子测序方法（whole exon sequencing，WEG）完成了 10 例 HBV 阳性肝癌样本的基因组编码基因测序，结果也发现 G > T/C > A 类型为主要的突变类型（Huang et al. 2012）。2011 年上海交通大学医学院附属瑞金医院（Yan et al. 2011）利用 WEG 技术对 9 例 M5 型急性髓细胞白血病（acute myeloid leukemia，AML）的骨髓样本进行测序，除已知致病基因（*NRAS*、*FLT3* 和 *CCND3*）外，科研人员发现 *DNMT3* 也为 M5 型 AML 的致病基因，并揭示了由 *DNMT3* 突变所导致的甲基化异常在 AML 致病中的作用机制。2015 年国家人类基因组南方研究中心与上海交通大学医学院附属儿童医学中心合作，采用高通量测序技术完成了 16 组急性淋巴细胞性白血病（acute lymphoblastic leukemia，ALL）患儿的初发、缓解、复发样本的全外显子测序，发现 373 个潜在的有义单核苷酸变异（non-silent，SNV）位点，其中与嘌呤代谢相关的磷酸核糖焦磷酸合成酶 1（phosphoribosyl pyrophosphate synthetase 1，*PRPS1*）基因在多个复发样本中发生特异性的突变。在随后的 B 细胞型 ALL 复发患儿大样本验证中（中国 134 例和德国 220 例），共发现 24（6.7%）个样本出现了 *PRPS1* 基因突变。通过对 PRPS1 进行进一步功能分析（图 13-3），揭示了 *PRPS1* 基因突变可能是通过减弱 ADP 对 PRPS1 的负反馈抑制，从而导致嘌呤从头合成途径增强，次黄嘌呤核苷酸等代谢产物增多，最终抑制 6- 巯基嘌呤代谢相关基因 *HGPRT1* 与化疗药物的结合。除此之外，研究还发现嘌呤从头合成途径的抑制剂洛美曲索可以有效抑制由 *PRPS1* 基因突变引起的耐药（Li et al. 2015）。

随着测序成本的降低及数据分析手段的发展，通过高通量测序技术将使更多的癌症样本被测序，并鉴定到更多有可能重复发生的致病基因。为了更好地利用这些信息，研究者已经成立了国际癌症基因组联盟（International Cancer Genome Consortium，ICGC），到目前为止该联盟已经公布了超过 10 000 个癌症基因组数据。由此可见，基因组重测序已经

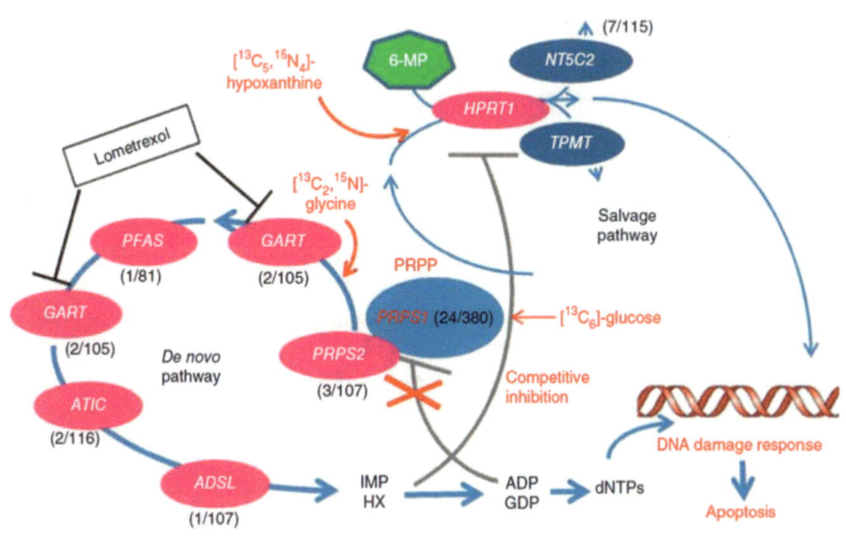

图 13-3 *PRPS1* 基因突变对嘌呤代谢通路的影响及其在 ALL 复发中的作用（Li et al. 2015）

成为癌症研究的工作重点，它的发展必将有益于系统分析致病基因参与的分子通路，将为临床用药提供最有效的依据。

13.4 测序技术在病原生物基因组研究中的应用

测序技术的发展，特别是第二代高通量测序在技术上的突破为揭示病原生物的发生起源、致病机制和遗传基础，以及临床诊断和治疗提供了不可或缺的手段和方法。大量的病原生物、从微小的病毒、细菌到多细胞寄生虫的基因组序列和遗传密码得到解析。2013 年国家人类基因组南方研究中心联合新疆医科大学第一附属医院采用第二代高通量测序技术完成了细粒棘球绦虫基因组测序计划（Zheng et al. 2013）。细粒棘球绦虫寄生于人或其他动物体内，可引起包虫病，是一种严重危害人类健康和畜牧业生产的人兽共患病。包虫病在全世界 120 多个国家流行，我国，尤其在西北地区是重灾区之一。

13.4.1 基因组序列结构解析

通过整合 454 GS FLX 和 Solexa GAII 二代测序平台技术和多种序列组装软件，获得了首个细粒棘球绦虫基因组序列草图。细粒棘球绦虫基因组序列大约由 1.5 亿个碱基组成，包括 30.25% 的重复序列和 11 325 个蛋白质编码基因。全部编码基因跨越基因组 64.1Mb（42.3%），每 1Mb 序列包含 75 个基因，基因密度远远高于日本血吸虫基因组。因此，虽然细粒棘球绦虫基因组（151.6Mb）明显小于日本血吸虫基因组（398Mb），但基因数量（11 325 个）并没有显著减少。

13.4.2 细粒棘球绦虫的寄生特性

在与基因功能和代谢信号转导途径数据库（kyoto encyclopedia of genes and genomes，KEGG）（Kanehisa et al. 2004）比较分析中发现细粒棘球绦虫具有完整基因来完成糖酵解、三羧酸循环和戊糖磷酸途径，但缺乏数个关键基因而无法自身合成嘌呤、嘧啶和大部分氨基酸（丙氨酸、天冬氨酸和谷氨酸除外）（图 13-4），因此必须依赖宿主获得基本的营养物质。在 7 个自主生活或寄生生活的蠕虫之间编码基因的蛋白质同源比对分析中发现细粒棘球绦虫丢失了较多的直系同源基因（KEGG orthology，KO），而这些缺失的 KO 显著富集于与代谢相关的代谢通路，包括氨基酸代谢、脂代谢、次生代谢物合成等，再次说明细粒棘球绦虫对关键代谢产物的宿主依赖性。

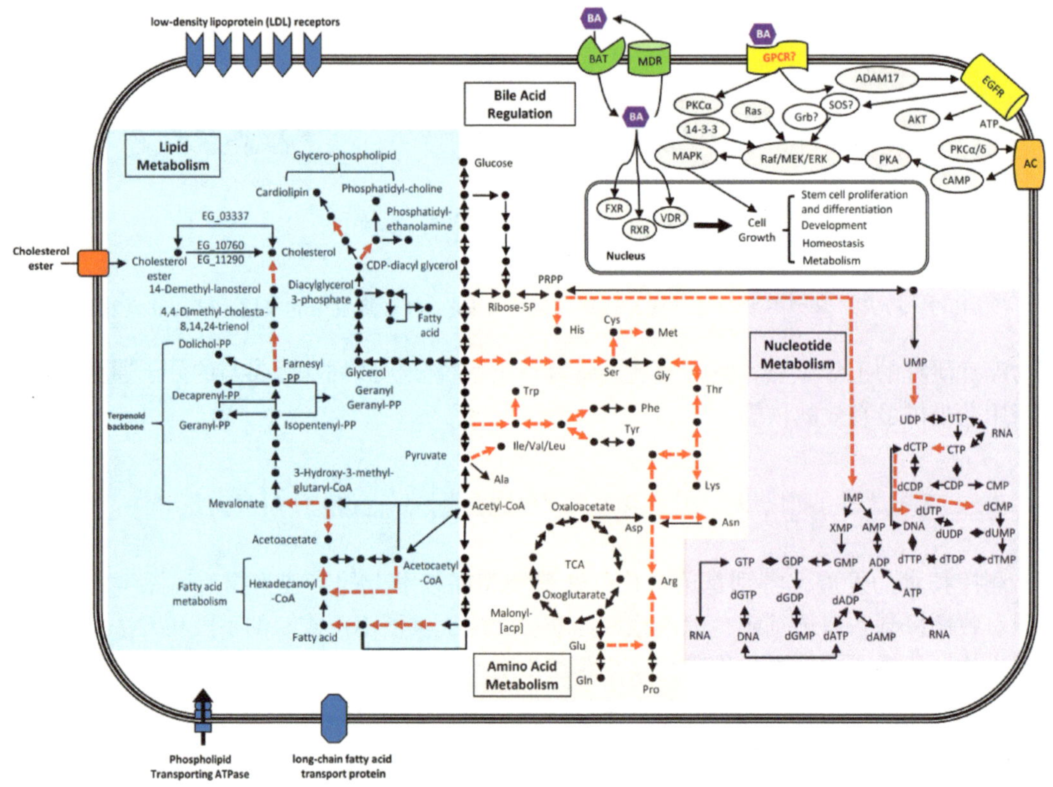

图 13-4　细粒棘球绦虫代谢通路和胆汁酸调控示意图

黑色箭头表示在细粒棘球绦虫基因组中存在的酶，红色表示缺失。图的右上角表示胆汁酸的转运和调控（Zheng et al. 2013）

细粒棘球绦虫编码 219 个蛋白酶/肽酶，其中 25 个是胞外蛋白酶，38 个与细胞膜结合；另外编码 68 个蛋白质和氨基酸转运蛋白，从而有利于其从宿主中获得氨基酸。细粒棘球绦虫可以利用宿主的脂肪，因为它编码 18 个脂肪酶，10 个低密度脂蛋白受体，1 个长链脂肪酸转运蛋白和 2 个 ABC 转运系统。与血吸虫一样（Zhou et al. 2009），细粒棘球绦虫不能从头合成胆固醇，因为缺少几个关键的酶，如鲨烯合酶（EC：2.5.1.21）和鲨烯单加氧酶（EC：1.14.13.132）。这样由宿主提供的胆甾醇酯就成了唯一的胆固醇合成来源（图 13-4），因此细粒棘球绦虫编码胞内固醇 *O*-乙酰转移酶（EG_03337）和跨膜的胆甾醇酯酶（EG_10760/EG_11290）。

13.4.3　细粒棘球绦虫双向发育调控机制

细粒棘球绦虫的一个重要特征就是原头蚴具有双向发育的能力，既可以在狗的肠道中

有性发育成成虫，又可以在中间宿主体内无性发育成一个新的包囊。有学者认为在狗的肠道内高浓度胆汁酸在原头蚴向成虫的分化中起关键作用（Smyth 1990）。已知的两种主要胆汁酸信号受体分别是 G 蛋白偶联受体 TGR5（Keitel and Häussinger 2012）和核激素受体超家族成员——法尼酯衍生物 X 受体（FXR）（Lefebvre et al. 2009）（图 13-4）。在细粒棘球绦虫基因组中始终未发现 TGR5 受体；而是鉴定出 4 个核激素受体基因，与 FXR 和维生素 D 受体（VDR）有较高的同源性。已有报道提出核受体 FXR/VDR 对胆酸盐的敏感性（EC50~10μmol/L）明显低于膜受体 TGR5（EC50 300~600 nmol/L）（Fiorucci et al. 2009），因此研究结果可以解释为什么细粒棘球绦虫原头蚴只有在高浓度胆汁酸存在时，如狗肠道内，才能发育为成虫。基因组学的研究为揭示寄生虫与宿主如何相互作用、寄生虫如何获取生长营养、维持生殖发育、免疫逃避的机制和遗传基础提供了新的途径和视角，为开发包虫病的早期诊断和治疗提供了新的靶点。

参 考 文 献

Clarke J，Wu H C，Jayasinghe L，et al. 2009. Continuous base identification for single-molecule nanopore DNA sequencing. Nat Nanotechnol，4（4）：265-270.

Eid J，Fehr A，Gray J，et al. 2009. Real-time DNA sequencing from single polymerase molecules. Science，323（5910）：133-138.

Fiorucci S，Mencarelli A，Palladino G，et al. 2009. Bile-acid-activated receptors：targeting TGR5 and farnesoid-X-receptor in lipid and glucose disorders. Trends Pharmacol Sci，30（11）：570-580.

Huang J，Deng Q，Wang Q，et al. 2012. Exome sequencing of hepatitis B virus-associated hepatocellular carcinoma. Nat Genet，44（10）：1117-1121.

Kanehisa M，Goto S，Kawashima S，et al. 2004. The KEGG resource for deciphering the genome. Nucleic Acids Res，32（suppl 1）：D277-D280.

Keitel V，Häussinger D. 2012. Perspective：TGR5（Gpbar-1）in liver physiology and disease. Clin Res Hepatol Gastroenterol，36（5）：412-419.

Lefebvre P，Cariou B，Lien F，et al. 2009. Role of bile acids and bile acid receptors in metabolic regulation. Physiol Rev，89（1）：147-191.

Li B，Li H，Bai Y，et al. 2015. Negative feedback-defective PRPS1 mutants drive thiopurine resistance in relapsed childhood ALL. Nat Med，21（6）：563-571.

Pleasance E D，Cheetham R K，Stephens P J，et al. 2010a. A comprehensive catalogue of somatic mutations from a human cancer genome. Nature，463（7278）：191-196.

Pleasance E D，Stephens P J，O' Meara S，et al. 2010b. A small-cell lung cancer genome with complex signatures of tobacco exposure. Nature，463（7278）：184-190.

Smyth J D. 1990. *In vitro* cultivation of parasitic helminths. London：CRC Press.

Song C X，Clark T A，Lu X Y，et al. 2012. Sensitive and specific single-molecule sequencing of 5-hydroxymethylcytosine. Nat Methods，9（1）：75-77.

Wang K，Yuen S T，Xu J，et al. 2014. Whole-genome sequencing and comprehensive molecular profiling identify new driver mutations in gastric cancer. Nat Genet，46（6）：573-582.

Watson J D，Crick F H. 1953. Molecular structure of nucleic acids. Nature，171（4356）：737-738.

Yan X J，Xu J，Gu Z H，et al. 2011. Exome sequencing identifies somatic mutations of DNA methyltransferase gene

DNMT3A in acute monocytic leukemia. Nat Genet，43（4）：309-315.

Zheng H，Zhang W，Zhang L，et al. 2013. The genome of the hydatid tapeworm *Echinococcus granulosus*. Nat Genet，45（10）：1168-1175.

Zhou Y，Zheng H，Chen Y，et al. 2009. The *Schistosoma japonicum* genome reveals features of host-parasite interplay. Nature，460（7253）：345-351.

（王升跃　郑华军　白　云　徐汪节）

14

蛋白质芯片及其在生命科学中的应用

14.1 蛋白质芯片简介

蛋白质是生命活动的执行者和体现者，是生物体最主要的结构成分、催化剂和信号转导分子。一个蛋白质组不是一个基因组的直接产物，同一蛋白质可以多种形式进行翻译后修饰，蛋白质的数目远超基因数目。蛋白质芯片提供了在同一时相分析整个蛋白质组的可能。蛋白质芯片是一种微型化、高通量、可以多个样品平行分析的蛋白质组学技术，已成为生物学研究中的一个强有力的工具。

蛋白质芯片也被称为蛋白质微阵列，其上固定着大量可寻址的蛋白质探针（Chen and Zhu 2006；Zhu et al. 2001），蛋白质芯片具有微型化和多重平行分析的特点。使用蛋白质芯片在一次实验中仅消耗极少量样品，即可实现对待分析样品中多种目标分子的同步检测和分析。在蛋白质芯片发展的早期阶段，有研究者曾尝试将来源于 cDNA 蛋白质表达库的细菌和细菌裂解物直接点制于尼龙膜上以形成阵列，并将此阵列用于蛋白质和蛋白质片段的生物化学活性的筛选和发现（Bussow et al. 1998；Lueking et al. 1999）。该做法并没有得到广泛的接受，其原因在于以下几个方面：目标蛋白质在印制于尼龙膜之前没有进行任何有效的纯化，而是作为一个混合物存在；由于蛋白质来源于 cDNA 表达库，许多蛋白质可能只是以片段存在，从而不能够保证其生物学活性；cDNA 表达库的另一个关键问题是存在大量的冗余，以及不能保证对所有目标蛋白质的有效覆盖。2000 年 *Science* 报道，哈佛大学的 MacBeath 和 Schreiber（2000）将现有的 DNA 芯片点样及检测技术应用到蛋白质芯片，将纯化的蛋白质点至玻片上，通过检测多种已知的蛋白质 - 蛋白质、酶 - 底物及配体 - 适体的反应第一次系统地证明了蛋白质芯片用于各类高通量研究的可行性，同时发现蛋白质芯片具有很高的灵敏度及特异性。2001 年耶鲁大学的 Snyder 实验室以朱衡博士领导的研究小组在 *Science* 上报道了蛋白质芯片领域迄今为止最为引人注目的突破（Zhu et al. 2001），他们成功地构建了全世界第一款蛋白质组芯片，该芯片涵盖了模式生物酿酒酵母几乎全部的蛋白质（5800 个不同的蛋白质），并将该芯片成功地应用于钙调蛋白结合蛋白及磷脂结合蛋白的发现。由于该芯片在蛋白质组学研究中有着传统方法所不可比拟的高通量优势，在其诞生后极短的时间内便被成功地商业化并进一步应用于其他许多重要的生物学研究之中。人类蛋白质组芯片最早由美国约翰•霍普金斯大学开发（Jeong et al. 2002），经过不断升级，目前含有 19 394 个人重组蛋白，覆盖 70% 的人类基因组可读框（ORF）区。重组蛋白采用酵母表达系统，逐个进行表达与纯化鉴定。在芯片上每个蛋白质均设置技术重复，并设有多种质控点，确保实验体系稳定可靠。这是迄今为止最高通量的人重组蛋白质组芯片。该芯片已被应用于多个研究领域，如血清图谱构建、蛋白质 - 蛋白质相互作用和酶学研究等。

蛋白质芯片的制作通常是采用标准的接触式（MacBeath and Schreiber 2000；Zhu et al. 2001）或非接触式芯片点样仪，将目的蛋白质点制于玻璃片之上，并通过多种不同的化学方式而实现蛋白质的有效固定（Delehanty 2004；Delehanty and Ligler 2003；Jones et al. 1998）。目前有多种不同的基片可供选择，常用的基片包括通过随机结合来固定蛋白质（Kusnezow et al. 2003；MacBeath and Schreiber 2000）的醛基芯片、环氧基芯片、Fullmoon 芯片及 Schott 的 NHS 芯片；通过扩散和吸附来固定蛋白质的纤维素膜包被芯片（Kramer et al. 2004；Stillman and Tonkinson 2000）及凝胶包被芯片（Angenendt et al. 2002；Charles et al. 2004），以及通过亲和结合来固定蛋白质的镍包被芯片。已有的报道表明，镍包被芯片相对于其他的以随机方式固定蛋白质的芯片具有 10 倍以上的检测灵敏度。当蛋白质被固定在芯片上后，它们可以被用于多种不同的功能和活性分析。蛋白质芯片的反应信号通常是通过荧光或同位素标记来检测和记录的。图 14-1 所示的是一个典型的酿酒酵母蛋白质组芯片。

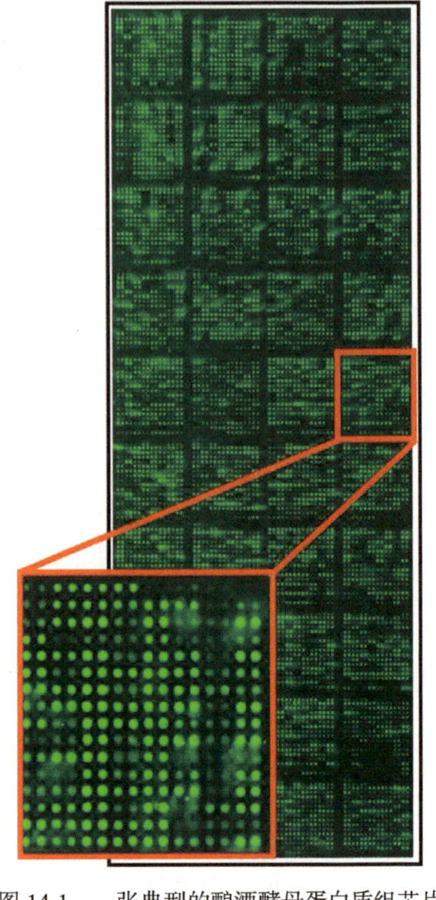

图 14-1　一张典型的酿酒酵母蛋白质组芯片（Tao et al. 2007）

由于芯片上的蛋白质均融合有 GST（谷胱甘肽转移酶）亲和标签。可采用抗 GST 抗体及荧光素标记的二抗来检测芯片的整体质量

蛋白质芯片以其独特的优势已在高通量生物学研究中占据着越来越重要的位置，起到了传统技术所不可比拟的作用，并已成为蛋白质组学研究的关键技术之一。蛋白质芯片技术的最新进展主要体现在关键技术的发展和新应用的开发两个方面。关键技术的发展主要包括：①原核和真核基因的大规模克隆及表达库的构建；②高通量的蛋白质纯化；③基片表面化学的优化；④蛋白质芯片点样系统的改进和开发；⑤蛋白质芯片检测新技术的开发。

根据芯片上固定探针的类型及应用目的的不同，通常可将蛋白质芯片主要分为分析型和功能型两大类。

分析型蛋白质芯片上固定的探针主要是一些已知生物学功能，尤其是具有结合特性的蛋白质分子，如抗体、小肽 - 人主要组织相容性抗原（MHC）复合物及血凝素等，这类芯片已经被广泛地应用于目的生物分子的多重检测，包括检查蛋白质表达水平、细胞表面标志物和糖基化分析、临床诊断和环境食品安全监测等。抗体芯片是分析型蛋白质芯片的代表。

与分析型蛋白质芯片不同，功能型蛋白质芯片将大量纯化的蛋白质甚至是某个物种的全部蛋白质点制在芯片基片上，由于该类芯片上的许多蛋白质的功能未知或者是研究得不透彻，因此该类芯片可以进行发现性和探索性研究，如蛋白质相互作用的研究、蛋白质生物化学活性的分析及免疫反应的研究等。

从其诞生之日至今，蛋白质芯片技术已经取得了长足的发展，新的蛋白质芯片技术也在不断地涌现之中。作为一种非常高效的研究平台，蛋白质芯片技术已经被成功地应用于基础生命科学研究及医学研究。随着时间的推进，蛋白质芯片技术必将会得到进一步完善和发展，作为一种高效的高通量研究平台，蛋白质芯片技术必将在生命科学研究及医学研究中扮演更为重要的角色。在本章节中，主要介绍蛋白质芯片在生命科学中的应用。

14.2　蛋白质芯片在生命科学中的应用

蛋白质芯片在蛋白质组学的研究背景下产生，但其应用不限于蛋白质组学。蛋白质芯片可以用来研究蛋白质 - 蛋白质、蛋白质 -DNA/RNA、蛋白质 - 脂类等的相互作用，细胞识别，蛋白质翻译后修饰，蛋白质表达图谱，以及免疫响应图谱等。同时，也被广泛地应用到了临床、兴奋剂检测等多个领域。

14.2.1　蛋白质芯片在蛋白质组学中的应用

迄今为止，已经报道了多种不同的功能型蛋白质芯片，如人蛋白质芯片（Zhu et al. 2001）、酵母蛋白质芯片（Zhu et al. 2001）及大肠杆菌蛋白质芯片（Lueking et al. 2005）。这些蛋白质芯片，尤其是酵母蛋白质芯片已经被用于多种不同类型的生物学研究之中。耶鲁大学 Snyder 实验室的朱衡博士等构建了全世界第一款蛋白质组芯片（Zhu et al. 2001），该芯片覆盖了酵母蛋白质组的 85%，包括了 5800 种纯化的蛋白质。该芯片首先被用于蛋白质与蛋白质相互作用的研究，通过将生物素标记的钙调蛋白与该芯片进行反应，发现了多个新的能与钙调蛋白发生相互作用的蛋白质。同时该芯片还被用于磷脂与蛋白质相互作用的研究，而磷脂具有重要的生物学功能，在细胞体内作为第二信使存在。具体的实验是将携带有多种磷脂的生物素标记的脂质体与蛋白质芯片反应，通过简单的实验即找到了 150 个磷脂结合蛋白。Gelperin 等（2005）构建了所谓的“MORF”酵母蛋白质组芯片。该芯片上点有 5573 个从酵母中纯化的 C 端带有亲和标签的酵母蛋白质。通过将一个可与酵母糖原特异性结合的多克隆抗体和芯片进行反应，找到了 599 个糖基化蛋白质。进一步的实验确证了 109 个新的 N-连接糖基化蛋白质，这一数目是以前已知酵母 N- 连接糖基化蛋白质的两倍。

14.2.2　蛋白质芯片在疾病诊断中的应用

当人体发生病变时往往会产生一些特定抗原，如癌症或者类风湿性疾病，这些抗原又可以被免疫反应中所产生的抗体所识别。通过蛋白质芯片可以检测到这些自身抗体，从而提示自身抗原的存在并进一步为疾病的诊断、分类及预后提供重要的信息（Lueking et al. 2003）。Robinson 等（2002）将患者血清与蛋白质芯片进行反应来同步分析多种人类疾病。该芯片上点制了与 8 类人类自身免疫性疾病相关的 196 个不同的生物分子，包括蛋白质、小肽、酶复合物、核糖体蛋白质复合物、DNA 及翻译后修饰抗原等。Cahill 等于 2005 年构建了一种基于纤维素膜的蛋白质芯片，该芯片上包含 37 200 个在大肠杆菌中表达的源于人 cDNA 克隆的多肽，并将该芯片用于与斑秃（一种自身免疫性疾病）相关的自身抗原的鉴定。通过实验找到了 8 种自身抗原。该芯片还被用于秃头症和风湿病的相关自身抗原的寻找，通过实验找到了几种有意思的候选分子。

Zhu 等（2006）构建了一种 SARS 冠状病毒蛋白质芯片，该芯片可快速灵敏地区分 SARS 患者和健康人。该芯片上包含了 SARS 冠状病毒的所有蛋白质，以及来源于其他 5 种冠状病毒的蛋白质，如人冠状病毒（HCoV-229E 和 HCoV-OC43）、牛冠状病毒（BCV）、猫冠状病毒（FIPV）及鼠冠状病毒（MHVA59）。SARS 冠状病毒特异的抗体在芯片上的结合可进一步通过荧光标记的抗人抗体而检出。基于芯片上血清的反应结果，来源于不同患者的血清可以被分成 SARS 阳性和 SARS 阴性两大类。与其他常规检测方法（如 ELISA 和 IFA-immunofluorescence assay）的比较显示，94% 的血清可以通过芯片反应而准确地鉴别患者是否感染 SARS，而这种基于芯片的检测方法至少比常规的 ELISA/IFA 分析灵敏 100 倍并且只需消耗极少量的样品。

Kuno 等（2011）运用凝集素芯片分析与肝纤维化密切相关的 α1-酸性糖蛋白（AGP），建立了一种可靠评估从中度肝纤维化到肝硬化的肝纤维化动态变化过程的方法，经验证此种方法的诊断结果优于其他血清学标志物。Huang 等（2010）利用人类生物素标记的抗体芯片，检测了卵巢癌患者和健康人血清中 507 个蛋白质的表达水平，很多蛋白质的表达水平在患者和正常人血清中表现出显著的不同（$P < 0.05$），通过聚类分析和分割点分数分析两组数据，得到了一部分蛋白质，能很好地区分卵巢癌患者和正常人。Felgner 等于 2010 年应用蛋白质芯片进行人畜共患性的布鲁氏杆菌病研究，在进行布鲁氏杆菌蛋白质免疫学检测时，发现迄今布鲁氏杆菌病的诊断靶点 BCSP31 的抗体只存在于感染的山羊血清中，而在被测定的 62 份确认感染布鲁氏杆菌病毒的人血清中并未发现其抗体。

14.2.3 蛋白质芯片在药物筛选中的应用

制药工业中一个最大的瓶颈是如何从大规模的筛选中得到新的候选药物并清楚地了解其作用的分子机制。蛋白质芯片在这方面具有其独特的优势。当将感兴趣的药物与蛋白质组芯片反应时，这时所进行的是该药物对整个蛋白质组的反应。反应的结果可以从蛋白质组水平筛选出该药物结合的目标蛋白质分子，从而可大大地促进药物作用的分子机理研究，同时还可以通过监测非特异的结合来改进药物的设计（Huang et al. 2004b）。

虽然小分子与蛋白质芯片的反应过程较直接，但其标记和检测相对复杂。为了有效地检测小分子与蛋白质芯片结合的信号，常用的标记方法主要有两种。在第一种方式中，目标小分子首先与一个载体蛋白质相交联（如牛血清白蛋白），而后将该载体蛋白质用荧光素进行饱和标记。这种方式的好处是目标分子能够非常有效地被荧光标记，从而有利于最终的芯片结合信号的读出。然而尺寸远远大于目标小分子的载体分子及其上的荧光素也可能会降低目标小分子与芯片上的结合蛋白的结合特异性，并有可能会导致非特异性结合。在第二种方式中，荧光素或者其他检测标签则通过一个柔性的连接分子与目标小分子直接相连。已有文献报道这种直接标记对小分子与蛋白质结合的亲和力影响较小（Huang et al. 2004a；Kim et al. 2005）。

采用标记的小分子进行芯片结合反应的主要问题在于：①绝大部分小分子化合物及 FDA 批准的药物均不带有标记及亲和肽；②当需要对一个化合物添加一个亲和肽的时候往往需要对该化合物进行重新合成；③对化合物的标记往往会影响该化合物的活性。因此，无须标记即可实现检测的方法在检测小分子化合物与蛋白质芯片的反应结果时具有很好的优势，同时采用简单的非标记检测方法还能实现反应结果的实时监测。除了前述的

表面等离子体共振（SPR）及其他实时非标记监测系统之外，另外一种值得一提的技术是所谓的斜入射光反射率差（oblique-incidence optical reflectivity difference，OI-RD）显微镜（Landry et al. 2004）。这一新系统的最大优势在于在表面化学方面的灵活性：任何透明的表面均适用。同时可以从直径小于 300μm 的点上检测到芯片的结合信号，因此该系统非常适合基于蛋白质芯片的高通量实时动力学分析。

14.2.4　蛋白质芯片在兴奋剂检测中的应用

兴奋剂是能够短暂提高人体机能状态的药物，竞赛运动员借此提高竞赛成绩的事情时有发生。为公平起见，国际奥组委严格禁止使用兴奋剂。目前用于检测兴奋剂的方法主要是气相色谱和质谱联用，难以实现高通量分析，且费用较高（Du and Cheng 2006; Mendoza 2002）。清华大学程京教授的研究组首次构建了用于兴奋剂多重检测的蛋白质芯片（Du et al. 2004），将 18 种合成代谢类固醇分别连接到牛血清白蛋白（BSA）上，再将其点制在醛基修饰的基片表面，形成半抗原芯片，在反应样本中加入荧光标记的特异性抗体，通过竞争性免疫检测法对样本中的兴奋剂进行平行检测。之后，该研究组又用 16 种不同种类的世界反兴奋剂机构（WADA）禁用药物同 BSA 的结合物构建芯片（Du et al. 2005a），采用相同的方法对 1347 名运动员及 320 名对照人员的尿液进行检测，并与传统的方法（气相色谱、质谱检测）进行对比，发现二者的检测结果基本一致（相关系数为 0.991）。同时，结果显示，该芯片可以用于检测交叉反应，提示可以根据各种禁用药物的核心结构进行分组，用少量的特异性抗体进行免疫检测，再结合气相色谱、质谱的方法可以快速、高通量地检测待测样本。对于激素等小分子的半抗原的固定，除了使用蛋白质偶合的方法外（Du et al. 2004，2005a，2005b），Tort 等（2009）利用 DNA 引导蛋白质固定的方法，即将不同的小分子偶合到不同的 DNA 片段上，再与芯片上固定的互补 DNA 片段杂交，用这种方法将三种雄性激素类固醇固定在基片上，形成半抗原芯片。重组人促红细胞生成素（rHuEPO）也是一种常用的兴奋剂，Hardy 等（2010）用 rHuEPO 构建芯片，用于检测某些竞赛（如赛马等）中动物体内的相应抗体，从而判断其是否服用禁用药物。

14.3　蛋白质芯片研究方面的最新进展

蛋白质芯片技术近几年在中国发展极为迅速，多位科研工作者已取得一定的研究成果。中国台湾 Chen 等（2015）应用大肠杆菌蛋白质组芯片进行抑郁狂躁型忧郁症（bipolar disorder，BD）研究，证明了大肠杆菌蛋白质组芯片能够筛选血浆抗体差异，并且筛选到的蛋白质能够成功地用于 BD 诊断中，准确率达到 79%；北京协和医院 Hu 等（2012）应用人类基因组编码蛋白质高通量芯片筛选原发性胆汁性肝硬化血清，筛选出有统计学意义的原发性胆汁性肝硬化血清标志物，可作为一种快速全面筛选诊断原发性胆汁性肝硬化（PBC）标志物的技术；西北大学李铮教授等利用凝集素芯片进行研究，实验结果表明 50 岁以上糖尿病和肝病（乙肝、肝硬化和肝癌）患者唾液中糖蛋白唾液酸 α2-3 糖链结构的含量明显低于对照组，说明这些患者易感染禽流感（Zhong et al. 2015）。

蛋白质芯片技术包罗万象，本章节难以全部详细概述。下面我们将重点介绍本课题组在蛋白质芯片研究方面的几项最新研究进展。

14.3.1 肺结核分枝杆菌全蛋白质组芯片的构建及应用

结核病是由结核杆菌感染所致，侵扰人类有7000年的历史。卡介苗和抗生素的出现使结核病一度得到控制。但耐药的产生及与HIV共感染等问题使结核病在世界范围内又死灰复燃。中国是耐多药和广泛耐药结核病疫情最严重的国家之一，耐多药结核病患者14万，占全球1/4~1/3的耐多药结核患者在中国。再加上全球的城市化进程加快、交通日益发达及人口老龄化等又为结核病的流行创造了有利条件，导致结核病的流行正在全球复活。

结核病疫情严重，但临床防治存在困难：①因无特异的结核病生物标志物及其灵敏、快速的检测方法等导致结核病发现率低。②目前无有效疫苗进行结核病预防。尽管卡介苗的普及大大降低了新生儿和青少年结核病的发病率和死亡率，但其存在保护时效较短、不同人群差异很大、对成人无效等问题。③60年来几乎无抗结核新药导致耐药性、不良反应和疗效不足等问题产生。因此迫切需要发展新的结核病诊断试剂、新型疫苗和药物。

针对结核病防控方面所存在的困境，基于我们在蛋白质芯片研究方面的长期优势，以及在结核菌研究方面的前期基础，我们联合国内多家优势单位，如中国科学院武汉病毒研究所、中国科学院北京生物物理研究所等，从2009年开始，由几家单位精诚团结、全力以赴于2014年构建成功首张结核分枝杆菌全蛋白质组芯片（图14-2，图14-3）。参与本项目的老师和学生来自祖国各个地方，都付出了相当的努力和心血来完成这一项有重要意义的课题。芯片的构建成功将为结核病和肺结核分枝杆菌的基础研究和临床相关研究提供强力支撑，并有希望在短期内促使我国在结核病防控方面取得突破。

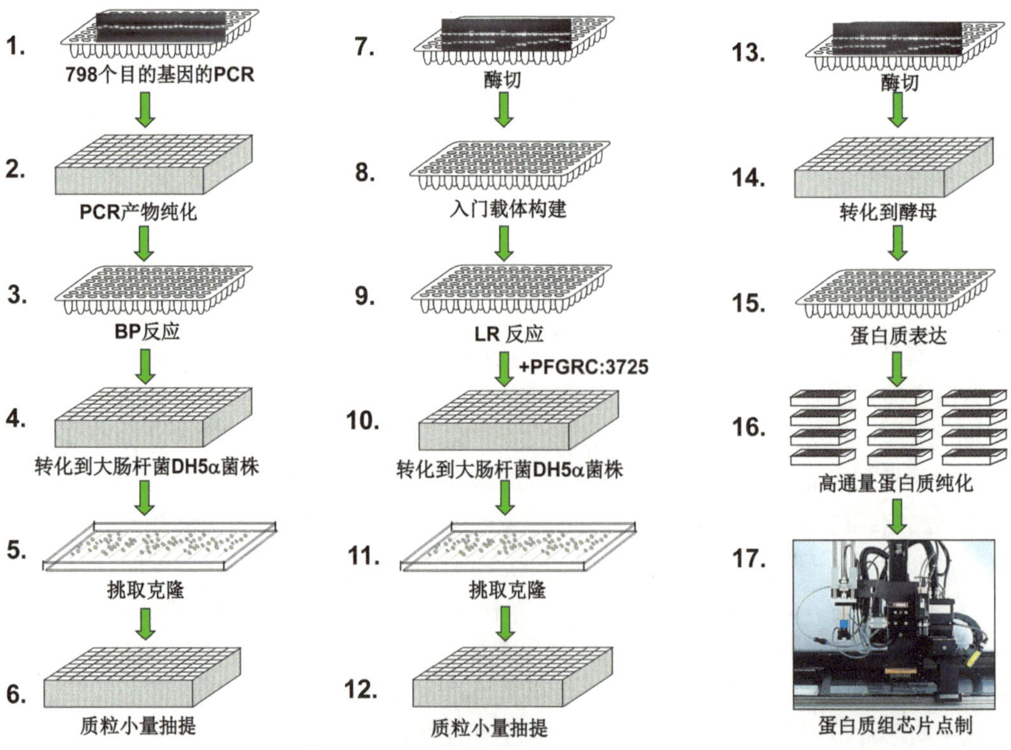

图14-2 结核蛋白质组芯片构建流程图

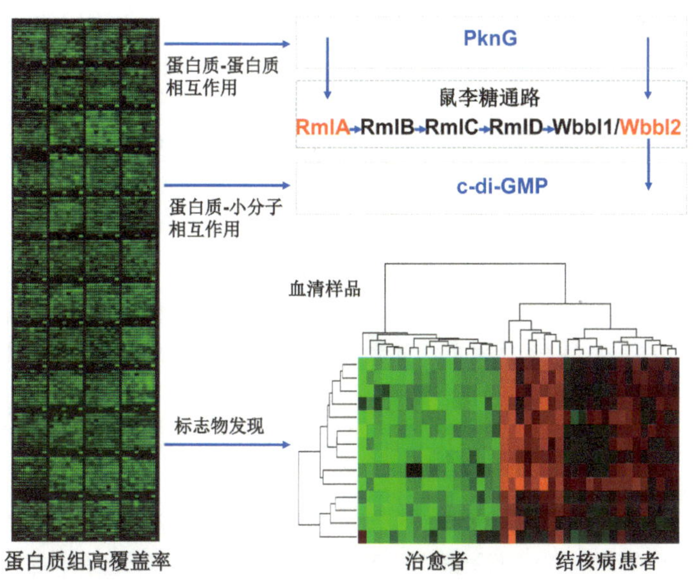

图 14-3 首张结核分枝杆菌全蛋白质组芯片（Deng et al. 2014）

基于该芯片分析了蛋白激酶 PknG 及小分子 c-di-GMP 相互作用的蛋白质，并以此发现结核分枝杆菌的鼠李糖通路可能会受到以上两个分子的同步调控，并且利用芯片发现了 14 个可以区分结核患者和康复者的标记蛋白，为结核病的防控提供了新方法

该蛋白质组芯片含 4262 个结核分枝杆菌基因组阅读框架编码产物，覆盖结核分枝杆菌标准菌株 H37Rv 基因组编码蛋白质的 95%，可用于全局性蛋白质-蛋白质相互作用分析，以研究人免疫细胞-结核杆菌的互作机制；小分子与蛋白质相互作用分析，以进行药物靶标的全局性发现；高通量血清分析，以系统性地进行结核病诊断生物标志物的发现。目前我们基于该芯片进行了一系列基础和临床相关研究。

（1）PknG 的调控机理研究。蛋白质丝氨酸 / 苏氨酸激酶（PSTK）在耐药、病原 - 宿主相互作用、信号转导中起着重要作用，结核分枝杆菌有 11 个 PSTK，其中 PknG 比较特殊，它被分泌到宿主细胞液中，在疾病感染过程中起重要作用，还可能是药物靶标，但是对于 PknG 调控其他蛋白质的机制尚不清楚。针对这一问题，我们将 PknG 加到结核分枝蛋白质组芯片上进行反应，发现了 59 个 PknG 新互作蛋白，经生物膜干涉技术（bio-layer interferometry，BLI）验证，72.3% 得到确证，大部分互作组经酵母双杂系统得到验证，同时发现了 RmlA 蛋白活性受 PknG 磷酸化调控。

（2）c-di-GMP 的相互作用研究。c-di-GMP 是细菌中无处不在的第二信使，参与调节很多细胞过程，如生物膜形成、毒性、能动性和分化等，但是结核分枝杆菌 c-di-GMP 的生理作用尚不清楚，针对这一问题，我们将生物标记的 GMP 加到结核分枝杆菌蛋白质组芯片上进行反应，再用 Cy3-SA 标记芯片上与 GMP 结合的蛋白质，结果发现与 c-di-GMP 相互作用的 30 个蛋白质，经 GO 分析发现可能参与转移酶调控；进行体外验证（WB 或 BLI），发现芯片的可信度较高。

（3）疾病血清标志物的筛选。目前结核病诊断标志物如 ESAT-6、CFP-10 和 Ag85 已被开发成 ELISPOT 方法用于临床检测，但是其还不能够作为区分患者和健康人的诊断依据。为了寻找更好的结核病诊断标志物，我们利用结核分枝杆菌蛋白质组芯片系统筛选了189例结核患者和150例结核病发病后康复的人的血清，经过聚簇分析发现了14个可以区分结核病患者和康复者的标记蛋白，为结核病的防控提供了新方法。

在进一步的研究中，基于该芯片，我们设计四组肺结核相关的血清（健康人、潜伏感染、患者及治疗恢复人群）共计约1600份血清，基于结核分枝杆菌蛋白质组芯片同时进行了IgG和IgM两个通道上的分析。通过严格的数据处理统计分析，我们已经寻找到了几个高度可能的血清标志物，目前已进入最终的验证阶段。

结核分枝杆菌蛋白质组芯片为结核病研究打开了新的窗口，在其基础上可以系统性地发现新的免疫原和新的标志物，从而发展新型高效疫苗、新药和新的检测技术，同时也是结核病基础研究强力的技术平台。

14.3.2 凝集素芯片的应用研究

糖蛋白广泛存在于动物、植物、微生物及病毒中，是一类由一个或多个寡糖链与蛋白质的多肽骨架共价相连构成的结合蛋白。蛋白质糖基化是一种重要的蛋白质翻译后修饰，已有的发现表明在真核生物，尤其是哺乳动物中约有一半以上的蛋白质是被糖基化的，膜蛋白则几乎100%是以糖基化的形式而存在。糖基化作为一种主要的蛋白质翻译后修饰形式，对蛋白质的结构和功能有着重要影响，如蛋白质的折叠、运输及定位等。在许多生物学过程中蛋白质的糖基化均起着重要的作用，如免疫保护、病毒的复制、细胞生长、细胞与细胞之间的黏附及炎症的产生等。已知在细胞膜表面存在大量的糖蛋白，它们在细胞间的识别、黏附、通信联络及免疫应答等方面均起着重要作用，其糖链结构的变化与癌变、发育及感染等过程紧密相关。

传统的研究糖蛋白的技术主要有：液相色谱（liquid chromatography，LC）、质谱（mass spectrometry，MS）、毛细管电泳（capillary electrophoresis，CE）和流式细胞技术（flow cytometry，FCM）等。这些技术能够准确地分析蛋白质上的糖基化位点及糖链结构，但是它们还存在着或多或少的缺陷。例如，流式细胞技术和毛细管电泳虽然快速、简便，但通量较低；液相色谱和质谱能进行高通量实验，但是前期处理非常复杂，耗时耗力。这些方法都不能胜任需要快速和高通量兼顾的活细胞表面糖谱的检测。因此，需要新的快速、高通量的糖结构检测技术来更好地检测活细胞表面糖链结构的实时变化，阐释糖链结构的差异与生物生长发育及疾病之间的关系，发现新的疾病相关糖分子标志物。

凝集素（lectin）是一类特殊的蛋白质，能够可逆地与单糖、寡糖等结合，但是其自身不具备酶的催化活性和抗体的免疫特性。由于它具有特异性识别糖链的能力，长期以来被广泛应用于分析糖复合物的糖链结构。结合蛋白质芯片技术而发展起来的凝集素芯片（Zhou et al. 2015，2011）作为一种新型的糖组学研究技术，以其简便、快速、高通量等优点，吸引了越来越多研究人员的关注。目前，凝集素芯片技术已经被广泛地应用到活体肿瘤细胞的实验室检验和临床血液、组织标本的检验中。并且随着凝集素芯片的推广，越来越多的基于凝集素芯片的新技术正被开发出来，使之更适应于各种检验领域的需要。在可预见的将来，凝集素芯片技术必将在活体细胞表面糖结构检测和临床样本糖标志物分析中占有重要的地位（图14-4）。

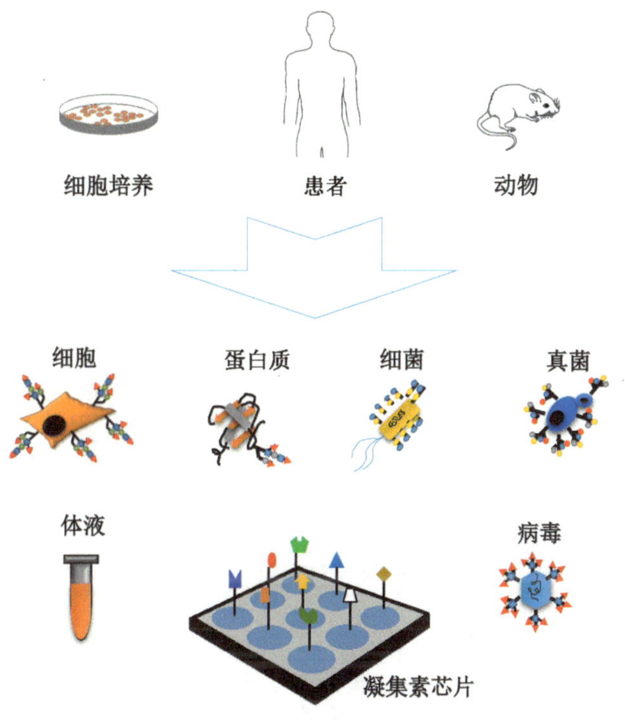

图 14-4　凝集素芯片的应用（Zhou et al. 2011）

我们开发出含有 91 种凝集素的凝集素芯片（Zhou et al. 2015），是目前集合凝集素最多、最全的凝集素芯片。这些凝集素可特异性地结合绝大多数的糖型。下面介绍一款应用于乳腺癌迁移标志物和精子相关研究的凝集素芯片。

（1）乳腺癌迁移标志物研究。乳腺癌是全球女性发病率和死亡率都占首位的癌症。三阴性乳腺癌（triple negative breast cancer，TNBC）患者占乳腺癌患者总数的 15%~20%，因表面激素受体和检测标志物的缺乏，对目前常用的激素疗法和靶向治疗均不敏感，预后较差，易复发，而其中的一个主要原因在于其易迁。TNBC 迁移相关标志物的发现对其发病机制的研究、临床检测和治疗均有重要意义。

应用凝集素芯片技术平台，课题组建立了凝集素芯片检测活细胞表面糖谱的方法，筛查到了具不同转移能力的乳腺癌细胞的凝集素 RCA-I，并通过细胞表面荧光染色验证了芯片结果。然后，通过详细地进行 RCA-I 影响乳腺癌细胞运动研究（黏附、迁移、侵入）的细胞实验，发现 RCA-I 在细胞表面的结合能够抑制乳腺癌细胞的运动，从而进一步确认了 RCA-I 可以与细胞表面的、与细胞运动的信号通路相关的糖蛋白结合。最后，利用 SILAC 标记、凝集素亲和及质谱鉴定等一系列的技术，鉴定出与 RCA-I 相结合的膜蛋白是 POTEI 和 KRT8，分别属于微管蛋白家族和中间纤维蛋白 KRT 家族，都和细胞的运动高度相关（图 14-5）。

课题组成功地建立了一套自凝集素芯片筛查开始至质谱鉴定糖蛋白为结果的细胞表面差异性糖蛋白的搜寻及鉴定方法。并且，利用这个方法成功地找到了与乳腺癌细胞运动相关的两个膜糖蛋白及其效应网络。为寻找与其他肿瘤相关的生物学标志物提供了一种新的思路。

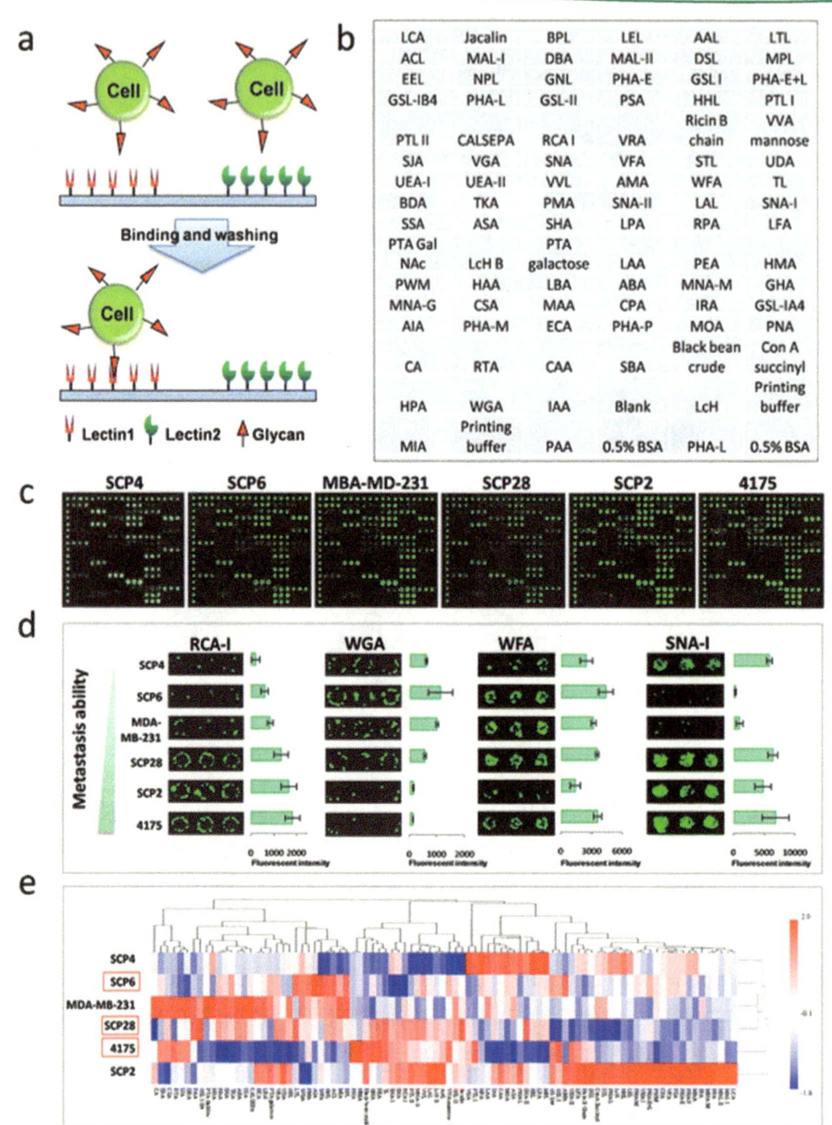

图 14-5　利用凝集素芯片寻找与乳腺癌迁移相关的生物学标志物（Zhou et al. 2015）

a. 利用凝集素芯片筛选荧光标记细胞的原理图；b. 包含有 91 种凝集素的芯片阵列分布图；c. 6 种三阴性乳腺癌细胞的凝集素芯片结合图谱；d. 4 种凝集素显示出对 6 种三阴性乳腺癌细胞有不同的结合能力。荧光强度代表 4 次实验的平均值±标准差；e. 凝集素细胞结合图谱聚类热图

（2）精子相关研究。已有研究表明精子表面的糖萼在精子的运动、成熟及受精过程中具有重要的作用。获得全局性的精子表面糖谱对基础研究（精子糖生物学）和临床研究（不育诊断）都有重要意义。凝集素是一类能够与糖特异性识别的蛋白质，因此它可以作为检测细胞表面糖链的有利手段。然而，由于缺乏有效的技术手段，只有少数几个凝集素用于精子结合检测。为了解决这一问题，我们建立了一套高通量的利用包含有 91 种凝集素的芯片检测不同哺乳动物精子表面糖链的方法。我们利用凝集素芯片分析了人、猪、牛、羊和兔子 5 种不同哺乳动物的正常精子。结果显示 5 种精子均能结合 50 种左右的凝集素，

这说明哺乳动物表面具有复杂多样的糖链。同时，不同动物的精子也具有其特异识别的凝集素。聚类分析表明，依据芯片结果构建的这 5 种哺乳动物的进化距离（除了兔子）和已知文献的报道一致（Xin et al. 2014）。研究者建立的这套方法不仅可以用于检测不同物种来源的精子，也可以检测同一物种来源的不同精子。相信建立的这套利用凝集素芯片筛选精子表面糖谱的方法对基础研究和临床研究都具有重要意义（图 14-6）。

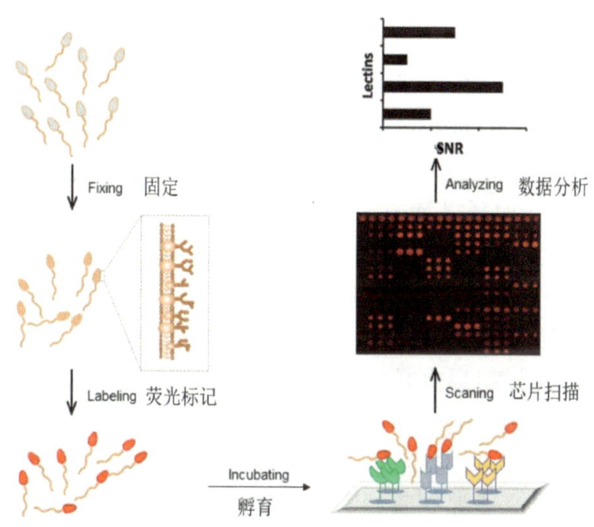

图 14-6 利用凝集素芯片分析人精子细胞表面糖谱变化（Xin et al. 2014）

该研究利用目前识别寡糖最广泛的凝集素芯片来探索精子表面凝集素结合谱。研究者建立了一套完整的用于精子分析的方法，对人精子细胞的保存和染色条件进行了优化，发现了几种可用于鉴别形态及运动正常但实际有问题的精子的凝集素。

14.4 结 束 语

蛋白质芯片作为一项高效的多重检测工具，在生命科学中已经取得了较好的应用。新的蛋白质芯片技术及新的蛋白质芯片应用仍在不断的涌现之中。然而在蛋白质芯片研究上仍然有一些关键瓶颈问题有待解决，只有在解决了这些问题的基础上，蛋白质芯片才有可能走出实验室，在实际工作中得到更为广泛的应用。首先，在蛋白质芯片，尤其是蛋白质组芯片的制备上，目前最可行的方法仍然是基因克隆、蛋白质表达、蛋白质纯化及最终的蛋白质芯片点制。这一过程的操作非常复杂，并且耗费较高，因此绝大多数的实验室几乎不可能制作他们自己的蛋白质芯片，尤其是蛋白质组芯片。现在已有商用的蛋白质芯片可以购买。例如，Life technologies 公司的酵母和人蛋白质组芯片、广州博翀生物科技有限公司的人蛋白质组芯片，但是其价格高昂，非一般实验室所能承受。虽然已有多个实验室在尝试建立一些简便的制备蛋白质芯片的方法，但是到目前为止，它们均未达到实用化的程度，不适合于蛋白质芯片的大规模制备。因此，要想实现蛋白质芯片技术的更为广泛的应用，仍需开发更为高效和实用的蛋白质芯片制备技术。其次，如何提高实验的重现性和稳定性。目前蛋白质芯片的检测重复性较难控制，不同批次或不同实验室构建的蛋白质芯片得到的结果有可能存在较大差异。从载体选择到蛋白质的制备、纯化及固定再到芯片的质控均没有形成一套统一的标准。蛋白质芯片的这一现状非常类似于1998年之前的DNA芯片，由于重现性差而颇受诟病。这一问题的最终解决除了要在技术上进行提升之外，还必须像DNA芯片研究一样成立一个相关的国际组织，制定统一的标准和数据格式要求。幸运的是，这一问题已经引起了人类蛋白质组组织的关注，他们正在起草蛋白质芯片的实验设计和数据描述方面的标准。基于这一问题，我们课题组专门搭建了一个蛋白质芯片数据库（Protien Microarray Database，PMD）：http：//www.protein--microarray.com/。PMD数据库是目前全球唯一的专门储存和分享蛋白质芯片数据的平台，PMD制定了一套全新的蛋白质芯片数据储存标准，对蛋白质芯片实验数据、蛋白质芯片信息进行严格的质控和分类。蛋白质芯片发展至今一直使用DNA芯片的储存标准，即MIAME标准，但是相比于DNA芯片，蛋白质芯片有许多不同的特点。蛋白质芯片有着更多的类型，如蛋白质组芯片、抗体芯片、凝集素芯片等，而且每种类型的芯片都有很多用途，MIAME标准不能很清楚地对各种芯片类型和实验类型进行明确分类，所以，PMD基于蛋白质芯片的特点，制定了一套更加适合蛋白质芯片储存和分享的标准。蛋白质芯片作为研究蛋白质组学的强大工具，其数据量也是较大的，之前也有文献报道了一些蛋白质芯片的数据处理方法，但是都是关注数据处理的部分环节，如数据归一化等，自动化的整合型分析工具至今仍然没有，所以PMD通过整合多个数据分析平台，提供了一套蛋白质芯片分析工具，使用者只需简单地提交原始数据，就能下载完整的分析报告。最后，目前的蛋白质芯片技术不能够做到完全定量，大部分的实验只能做到半定量。为了做到准确定量，需要完善现有的技术或者开发或引入其他的新技术和新手段。虽然蛋白质芯片仍在发展和完善之中，但毫无疑问的是它已经成为了基础生物学研究和医学研究中的一个非常强有力的工具，并且必将在这些方面，尤其是在蛋白质组学研究中发挥越来越重要的作用。

参考文献

Angenendt P，Glokler J，Murphy D，et al. 2002. Toward optimized antibody microarrays：a comparison of current microarray support materials. Anal Biochem，309（2）：253-260.

Bussow K，Cahill D，Nietfeld W，et al. 1998. A method for global protein expression and antibody screening on high-density filters of an arrayed cDNA library. Nucleic Acids Res，26（21）：5007-5008.

Charles P T，Goldman E R，Rangasammy J G，et al. 2004. Fabrication and characterization of 3D hydrogel microarrays to measure antigenicity and antibody functionality for biosensor applications. Biosens Bioelectron，20（4）：753-764.

Chen C S，Zhu H. 2006. Protein microarrays. Biotechniques，40（4）：423-429.

Chen P C，Syu G D，Chung K H，et al. 2015. Antibody profiling of bipolar disorder using escherichia coli proteome microarrays. Mol Cell Proteomics，14（3）：510-518.

Delehanty J B. 2004. Printing functional protein microarrays using piezoelectric capillaries. Methods Mol Biol，264：135-143.

Delehanty J B，Ligler F S. 2003. Method for printing functional protein microarrays. Biotechniques，34（2）：380-385.

Deng J，Bi L，Zhou L，et al. 2014. Mycobacterium tuberculosis proteome microarray for global studies of protein function and immunogenicity. Cell Rep，9（6）：2317-2329.

Du H，Cheng J. 2006. Protein chips for high-throughput doping screening in athletes. Expert Rev Proteomics，3（1）：111-114.

Du H，Lu Y，Yang W，et al. 2004. Preparation of steroid antibodies and parallel detection of multianabolic steroid abuse with conjugated hapten microarray. Anal Chem，76（20）：6166-6171.

Du H，Wu M，Yang W，et al. 2005a. Development of miniaturized competitive immunoassays on a protein chip as a screening tool for drugs. Clin Chem，51（2）：368-375.

Du H，Yang W，Xing W，et al. 2005b. Parallel detection and quantification using nine immunoassays in a protein microarray for drug from serum samples. Biomed Microdevices，7（2）：143-146.

Gelperin D M，White M A，Wilkinson M L，et al. 2005. Biochemical and genetic analysis of the yeast proteome with a movable ORF collection. Genes Dev，19（23）：2816-2826.

Hardy S M，Roberts C J，Brown P R，et al. 2010. Glycoprotein microarray for the fluorescence detection of antibodies produced as a result of erythropoietin（EPO）abuse. Anal Methods，2（1）：17-23.

Hu C J，Song G，Huang W，et al. 2012. Identification of new autoantigens for primary biliary cirrhosis using human proteome microarrays. Mol Cell Proteomics，11（9）：669-680.

Huang J，Zhu H，Haggarty S J，et al. 2004a. Finding new components of the target of rapamycin（TOR）signaling network through chemical genetics and proteome chips. Proc Natl Acad Sci USA，101（47）：16594-16599.

Huang R，Jiang W，Yang J，et al. 2010. A biotin label-based antibody array for high-content profiling of protein expression. Cancer Genomics Proteomics，7（3）：129-141.

Huang Y H，Li D L，Winoto A，et al. 2004b. Distinct transcriptional programs in thymocytes responding to T cell receptor，Notch，and positive selection signals. Proc Natl Acad Sci USA，101（14）：4936-4941.

Jones V W，Kenseth J R，Porter M D，et al. 1998. Microminiaturized immunoassays using atomic force microscopy and compositionally patterned antigen arrays. Anal Chem，70（7）：1233-1241.

Kim S H，Tamrazi A，Carlson K E，et al. 2005. A proteomic microarray approach for exploring ligand-initiated nuclear hormone receptor pharmacology，receptor selectivity，and heterodimer functionality. Mol Cell Proteomics，4（3）：267-277.

Kramer A，Feilner T，Possling A，et al. 2004. Identification of barley CK2alpha targets by using the protein microarray technology. Phytochemistry，65（12）：1777-1784.

Kuno A，Ikehara Y，Tanaka Y，et al. 2011. LecT-Hepa：a triplex lectin-antibody sandwich immunoassay for estimating the progression dynamics of liver fibrosis assisted by a bedside clinical chemistry analyzer and an automated pretreatment machine. Clinica Chimica Acta，412（19-20）：1767-1772.

Kusnezow W，Jacob A，Walijew A，et al. 2003. Antibody microarrays：an evaluation of production parameters. Proteomics，3（3）：254-264.

Landry J P，Zhu X D，Gregg J P. 2004. Label-free detection of microarrays of biomolecules by oblique-incidence reflectivity difference microscopy. Opt Lett，29（6）：581-583.

Lueking A，Horn M，Eickhoff H，et al. 1999. Protein microarrays for gene expression and antibody screening. Anal Biochem，270（1）：103-111.

Lueking A，Possling A，Huber O，et al. 2003. A nonredundant human protein chip for antibody screening and serum profiling. Mol Cell Proteomics，2（12）：1342-1349.

MacBeath G，Schreiber S L. 2000. Printing proteins as microarrays for high-throughput function determination. Science，289（5485）：1760-1763.

Mendoza J. 2002. The war on drugs in sport：a perspective from the front-line. Clin J Sport Med，12（4）：254-258.

Robinson W H，DiGennaro C，Hueber W，et al. 2002. Autoantigen microarrays for multiplex characterization of autoantibody responses. Nat Med，8（3）：295-301.

Stillman B A，Tonkinson J L. 2000. FAST slides：a novel surface for microarrays. Biotechniques，29（3）：630-635.

Tao S C，Chen C S，Zhu H. 2007. Applications of protein microarray technology. Combinatorial Chemistry & High Throughput Screening，10（8）：706-718.

Tort N，Salvador J P，Eritja R，et al. 2009. Fluorescence site-encoded DNA addressable hapten microarray for anabolic androgenic steroids. Trac-TrendAnal Chem，28（6）：718-728.

Xin A J，Cheng L，Diao H，et al. 2014. Comprehensive profiling of accessible surface glycans of mammalian sperm using a lectin microarray. Proteom Clin Appl，11（1）：10.

Zhong Y，Qin Y，Yu H，et al. 2015. Avian influenza virus infection risk in humans with chronic diseases. Sci Rep，5：8971.

Zhou S M，Cheng L，Guo S J，et al. 2015. Lectin RCA-I specifically binds to metastasis-associated cell surface glycans in triple negative breast cancer. Breast Cancer Res，17（1）：544.

Zhou S M，Cheng L，Guo S J，et al. 2011. Lectin microarray：a powerful tool for glycan related biomarker discovery. Comb Chem High Throughput Screen，14：711-719.

Zhu H，Bilgin M，Bangham R，et al. 2001. Global analysis of protein activities using proteome chips. Science，293（5537）：2101-2105.

Zhu H，Hu S H，Jona G，et al. 2006. Severe acute respiratory syndrome diagnostics using a coronavirus protein microarray. Proc Natl Acad Sci USA，103（11）：4011-4016.

（陶生策　郭书娟　李　阳　刘诚喜）

15

自由流电泳技术与生物应用

经典自由流电泳技术（free-flow electrophoresis，FFE）是由 Hannig 于 1961 年发明的，其基本原理如下。背景缓冲液连续不断地从装置入口端注入一个由两块平行平板所构成的狭小分离腔内（厚度为 0.3~0.8mm），与此同时溶解于相应背景缓冲液的样品也连续不断地从装置入口端被注入，在分离腔内形成一条狭长的液流区带；一个垂直于液流涌动方向的电场加载在分离腔的两侧，样品中各个组分根据其在电场中不同的电泳淌度而在分离腔出口端的侧向方向发生不同的偏移；最后被分开的样品组分在出口端被连续不断地收集以备后续进一步的分析和检测（Hannig 1961）。Wagner 在 1989 年发表在 *Nature* 341 卷 10 月 19 日版上已经指出："FFE 对于样品分离收集的连续性和同步性兼具分析和制备双重功能"。

随着微全分析系统（micro-total analysis system，μ-TAS），也即芯片实验室（lab-on-a-chip，LOC）概念的提出，FFE 也越来越小型化、微型化，分析功能越来越强大。即便如此，FFE 的分离原理依然没有发生太大改变。

15.1　电泳基本原理

15.1.1　自由流区带电泳

自由流区带电泳（free-flow zone electrophoresis，FFZE）是最简便的自由流电泳技术，其分离原理如下。颗粒在介质中移动时，会受到来自周围介质的摩擦力。在自由溶液中，这种摩擦力符合斯托克斯定律：

$$f=6\pi r\eta v_i \qquad (15\text{-}1)$$

式中，f 为摩擦阻力；r 为颗粒半径；η 为介质黏度；v_i 为迁移速度。当在介质中施加电场后，颗粒在电场作用下发生移动，所受电场力 F 为

$$F=qE \qquad (15\text{-}2)$$

式中，q 为带电离子的带电量；E 为电场梯度。在自由溶液中，来自于颗粒上的有效电荷和电位梯度的驱动力使得带电离子将沿着与电场相同的方向进行移动，当它们匀速前进时，二者达到平衡，也即

$$f=F \qquad (15\text{-}3)$$

$$6\pi r\eta v_i=qE \qquad (15\text{-}4)$$

$$v_i/E=q/6\pi r\eta \qquad (15\text{-}5)$$

在电场中，带电离子淌度（μ_i）为在单位场强（E）下带电颗粒在时间 t 内的迁移距离

（d），即单位场强（E）下离子迁移的速率（v_i），

$$\mu_i=d/tE \tag{15-6}$$

或

$$\mu_i=v_i/E \tag{15-7}$$

结合公式（15-5）~公式（15-7）可得

$$\mu_i=q/6\pi r\eta \tag{15-8}$$

离子淌度代表的是离子迁移速率特征的物理量，其单位为 $cm^2/(s\cdot V)$，其符号取决于颗粒的净电荷；离子淌度的不同是混合物中目标物质分离的基础。

由 FFZE 的工作原理（图 15-1）可知，物质在电场中的分离主要取决于其在液体中电离后的离子淌度，对于特定离子来说，根据公式（15-8），其离子淌度可以表示如下：

$$\mu_i=|Z_i|q_0/6\pi r\eta \tag{15-9}$$

式中，Z_i 是离子所带电荷；q_0 是基本电荷（1.6022×10^{-19}C）。

样品在电场中的偏移角度随着电场强度的增大和离子电泳淌度的增大而增大，随流速的增大而减小。偏移角度的正切可表示为

$$\tan\theta=\mu_i i/s\kappa\omega \tag{15-10}$$

式中，θ 为偏移角度；i 为电流强度；s 为分离腔的横截面积；κ 为背景缓冲液的电导率；ω 是背景液流的线性速率。由于电流、分离腔的横截面积、背景缓冲液的电导率和背景液流的线性速率在分离过程中保持恒定，因此溶液中唯一不同的就是离子淌度。这样，具有不同淌度的离子就会有不同的偏转角度 θ，从而得到分离（Roman and Brown 1994）。

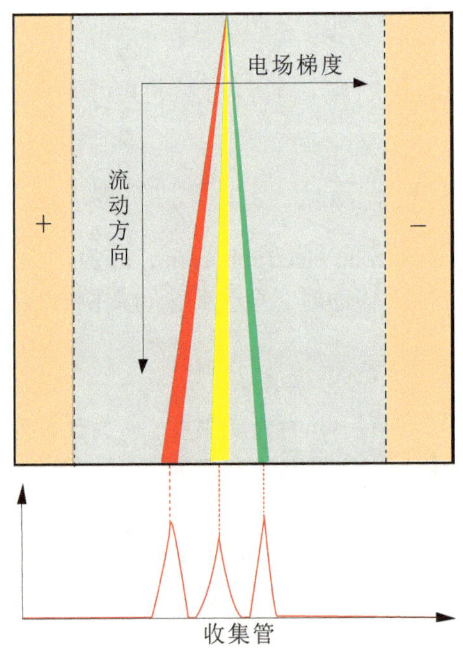

图 15-1　自由流区带电泳分离原理示意图

15.1.2 自由流等速电泳

在等速电泳一词（iso-tach-phoresis，ITP）中，“iso”相当于“equal”，等于“相等”的意思；“tach”相当于“velocity”，等于“速度”的意思，“phoresis”相当于“electrophoresis”，等于“电场中移动”，即“电泳”的意思。自由流等速电泳（free-flow isotachophoresis，FFITP）顾名思义是在该电泳模式达到稳态下，所有被分离的离子以相同的速度移动，它们的离子淌度按顺序梯形递减，即

$$\mu_1 E_1 = \mu_2 E_2 = \mu_3 E_3 = \cdots\cdots \tag{15-11}$$

在等速电泳中，待分离的离子均匀分布在前导离子和尾随离子之间，各区带之间的界面十分清晰（图 15-2）。这是因为如果前导离子扩散到速度慢的区带中，由于其速度快，因此会超越周围速度慢的离子并再次回到前导离子区带中。依此类推，分析其他离子的扩散行为也会得到相似的结果。从公式（15-11）得

$$\frac{\mu_1}{\mu_2} = \frac{E_2}{E_1} = \frac{R_2}{R_1} = \frac{\kappa_1}{\kappa_2} = \frac{T_2}{T_1} \tag{15-12}$$

式中，R、κ 和 T 分别为相溶液电阻、电导和温度。公式（15-12）阐明，在静态的 ITP 中，电场强度、电阻和温度从前导离子到尾随离子呈梯形上升（图 15-3）。公式（15-12）是电导检测器和热检测器的理论基础。

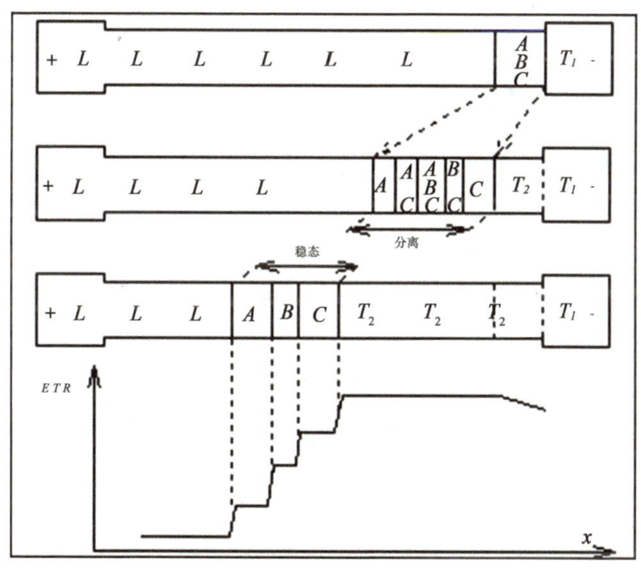

图 15-2　等速电泳 ITP 的示意图，L、T、E、T、R、x、+ 和 – 分别代表前导离子、尾随离子、电场、温度、电阻、x 轴、阳极和阴极

依此可以类推 ITP 在自由流电泳的分离模式（图 15-3）。

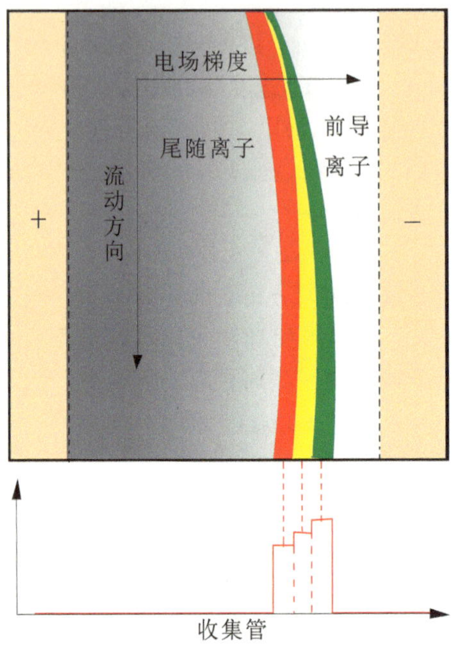

图 15-3　自由流等速电泳分离原理示意图

15.1.3　自由流等电聚焦电泳

等电聚焦（isoelectric focusing，IEF）是利用具有 pH 梯度的支持介质高分辨率分离具有不同 pI 的两性物质（特别是蛋白质）的电泳技术，目前该技术已经被广泛用于自由流电泳中。根据瑞典科学家 Svensson 的描述，只有两个 pK_a 值对绝大多数低分子质量两性电解质的 pI 具有可检测的影响；如果用公式简单描述这一现象，即

$$pI=\frac{1}{2}(pK_1+pK_2) \tag{15-13}$$

如果用 $c_{i,+}$ 和 $c_{i,-}$ 分别表示某两性电解质阳离子和阴离子浓度，用 $c_{i,0}$ 表示处于两性解离状态和未电离状态的某两性电解质的浓度之和，那么该两性电解质的总浓度 c_i 为

$$c_i=c_{i,+}+c_{i,-}+c_{i,0} \tag{15-14}$$

而电离度的定义是

$$a_i=(c_{i,+}+c_{i,-})/c_i \tag{15-15}$$

当两性电解质聚焦在其 pI 后，其电离度为

$$a_i=2/(2+10^{pI-pK_1})c_i \tag{15-16}$$

公式相等的条件是 $c_{i,+}=c_{i,-}$；而 Svensson-Tiselius 微分方程描述了任何一种物质在 IEF 体系中的浓度分布，即

$$\frac{c\mu I}{s\kappa}=D\frac{dc}{dx} \tag{15-17}$$

式中，c 为离子浓度；I 为离子强度；s 为分离腔的横截面积；κ 为背景缓冲液的电导率；D 为扩散系数；dc dx为浓度梯度。当所有的两性电解质都聚焦在各自的 pI 处后，整个电

泳分离腔内便形成稳定的 pH 梯度，待测样品（如复杂蛋白质）便会依据各自的 pI 值聚焦在相应的电解质 pI 处，从而得到分离和收集。

IEF 分离完成后，自由流电泳能够自动将聚焦分离后的组分进行收集。相对于区带电泳和等速电泳而言，FFIEF 的分离度要高出很多，对一些细微 pI 差别的蛋白质能够实现分离（图 15-4）。同时，FFIEF 具有蛋白质样品的富集功能。

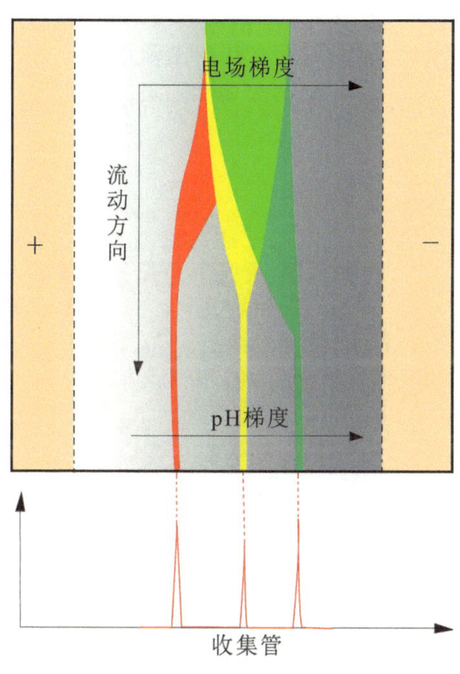

图 15-4　自由流等点聚焦电泳分离原理示意图

15.1.4　自由流反应界面电泳

基于 Deman 和 Rigole 提出的沉淀反应前缘思想和 Pospichal 等提出的静止中和反应界面概念，曹成喜课题组等系统提出了移动反应界面电泳（moving reaction boundary electrophoresis，MRBE）的概念、理论和方法（Cao et al. 2008）。这一理论首先被用于等电聚焦电泳 IEF 动力学理论和技术的发展，系统地解决了 50 年来一直困扰 IEF 的 7 个基础科学问题（动力学基础、阳极漂移、阴极漂移、pH 梯度水平化、Hjerten's pH 梯度置换、IPG pH 梯度稳定性机制、可调控 pH 梯度）。这极大地推动了 IEF 和双向凝胶电泳（two dimensional gel electrophoresis，2DE）成套技术与设备的开发，并使成套技术设备国产化。

几乎同时，MRBE 用于毛细管电泳中富集样品，其基本设想是：在电场作用下，预先充满于毛细管中的正负缓冲液离子很快形成一移动界面，待富集的物质在界面的两边有不同的带电状态；当界面的移动速度稍低于该物质在电场中的移动速度时，由于样品相对于形成的界面来说是后进入电场的，因此一开始是样品在“追”界面，但是当样品“追上”界面并稍稍超过界面时，会因为样品在另一端的缓冲体系中发生电负性的改变而速度变慢，从而又反被界面超过，当样品回到原来缓冲体系后又重新恢复了追赶速度，这样周而复始，最终样品就富集在界面附近；如果此时体系中还有其他移动速度低于界面速度的物质，那么这些物质还可以与待富集的物质得到较好的分离。

之后，这一理论又被应用于自由流电泳中富集样品，形成自由流移动反应界面电泳（free-flow moving reaction boundary electrophoresis，FFMRBE）的基本模式。但是其基本设想有所改变（图 15-5）：样品虽然相对于界面来说也是后进入电场区域，但是不是去“追赶”界面，恰好相反，是与界面相向而行，当样品遇到界面并穿过界面进入界面另一侧的缓冲体系时，由于自身电负性的改变而速度变慢，从而又退回原先进入界面的那一侧，这样周而复始，最终样品就富集在界面附近。在自由流电泳中之所以一般不采用“追”的方式来富集样品，是因为自由流电泳分离腔本身空间有限，可能样品还没“追上”界面就已经流出分离腔了。

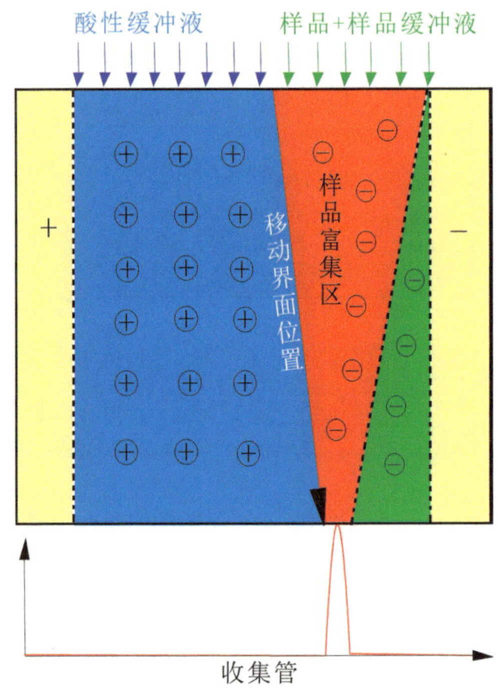

图 15-5　自由流反应界面电泳分离原理示意图

15.2 仪器设备

15.2.1 制备型 FFE 设备

经过 50 多年的发展，目前制备型 FFE 装置已经基本成熟并商业化，主要包括 Bender & Hobein 公司（Munich，Germany）Elphor Vap 系列，Dr. Weber 公司（Munich，Germany）改进型装置 Octopus PZE，美国 Arizona 大学（Tucson）Milan Bier 设计并发展了两种 FFE 装置来避免诸如热对流、电渗流及流体动力学拓宽等问题的影响：Rotofor Prep IEF Cell（由 Bio-Rad 公司商品化）和 RF3 Protein Fractionator（由 Protein Technologies 制造并由 Rainin 公司商品化）、BD 公司的 FFE 系统，以及上海伯楷安生物科技公司的自平衡自由流电泳系统（self-balance FFE system，图 15-6）等。

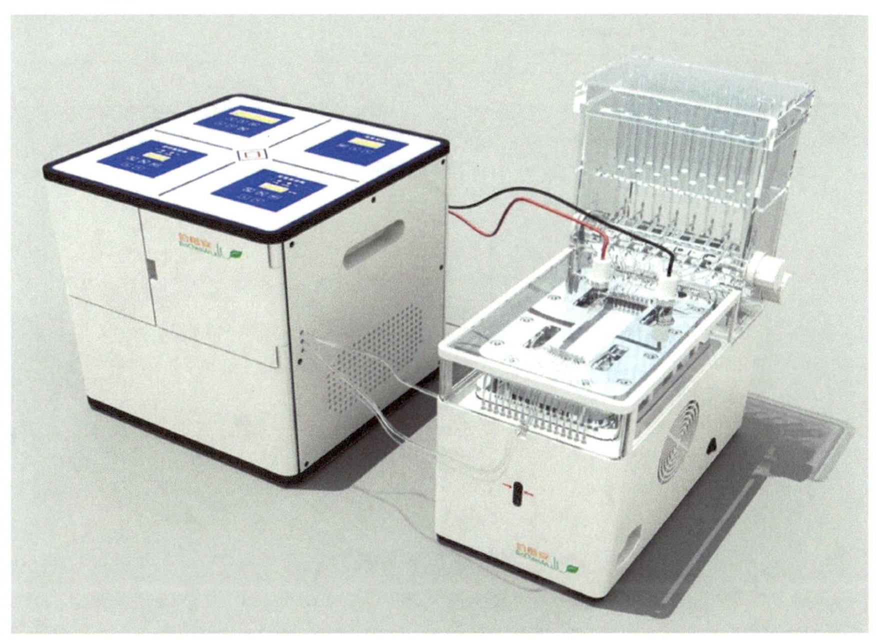

图 15-6 伯楷安 FFE 系统

需要特别指出的是，伯楷安生物科技有限公司的 FFE 系统是目前国内现有的唯一一套商业化的 FFE 装置。该公司极大地简化了 FFE 电泳设备设计，相对于国外同类产品来说，其设计简洁、避免了烦琐的部件，操作更加简便（只需一人），成本更加低廉，基本可以满足普通生物学和医学实验室的科研需求。应该说，这些商业化的制备型 FFE 已经在现有条件下最大限度地解决了困扰 FFE 应用的几个难点，包括样品条带的扩展、装置的热扩散、电极室气泡的消除、提高装置场梯度负荷，以及降低装置成本等。

一般来说，一套制备型 FFE 装置包括 5 个组成部分：进样系统、分离系统、收集系统、冷却系统和电源系统（图 15-7）。进样系统主要是通过蠕动泵将样品和载体电解质缓冲液输送进 FFE 分离腔中，样品和缓冲液一般用不同的泵输送，但是有时也可以用相同的泵。分离系统主要包括分离腔和电极室，其中分离腔里包括输入口（含进样口）、输出口、腔体（含隔膜）。输入口的数量可以在 5~48 个之间进行调整。使用较多输入口的主要目的是可以通过改变每个输入口的载体电解质缓冲液 pH 和电导来建立分离腔中的 pH 和电导梯度。

进样口的位置较为灵活，主要是根据样品在分离腔中的偏转情况选择，一般不选择太靠近电极室的输入口作为进样口。分离腔的腔体通常由上下两块一样大小的材料（一般是玻璃或聚甲基丙烯酸甲酯有机玻璃）组装而成，两块板之间用一定厚度（一般为 0.3~1.0mm）的高分子有机聚合薄膜等间隔物隔开，其中分离腔的厚度直接决定了实验的载样量及散热效率。

目前一般认为分离腔厚度应大于进样口直径的 3 倍，此时由热扩散及流体电动力造成的条带拓宽可以基本忽略。电极设置在分离腔的两侧，通常由一种不易在电场中氧化的金属（如铂）制成，电极需要用盐溶液或缓冲液不断冲洗，以移去在电泳过程中产生的电解物质和气泡。收集系统主要是由输出管道和由玻璃试管或小瓶组成的收集器构成，收集的样品经液相色谱、毛细管电泳、凝胶电泳等方法进行检测。

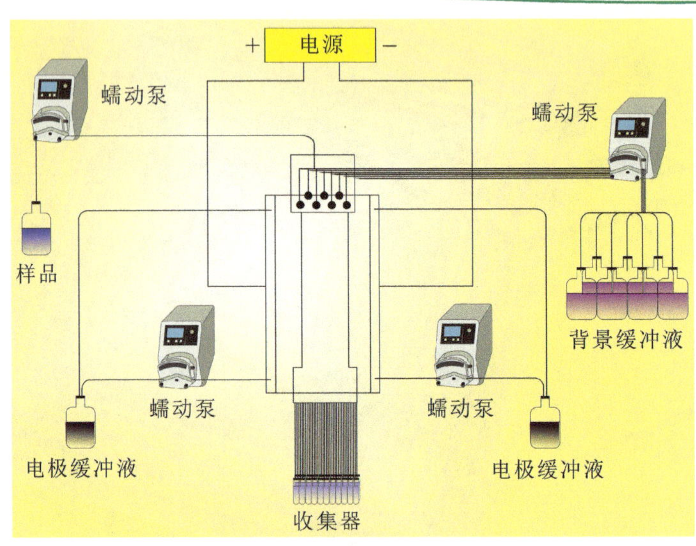

图 15-7 制备型 FFE 装置示意图

FFE 分离室的温度控制极其重要，是 FFE 实验成功的关键因素之一；没有优良的温度控制，在 FFE 分离室中很容易由于焦耳热产生的气泡，无法进行实验。冷却系统主要通过冷却循环水给分离腔降温，以使腔内温度维持在较低（< 10℃）且稳定的水平，以利于消除焦耳热带来的对流影响。电源系统是指能提供 100~3000V 的中高压电源，一般要求所能提供的最大直流电压应达到 300V/cm 以上，最大电流达到 200mA。

15.2.2 微 / 分析型 FFE 设备

目前国内市场上还没有成熟的微 / 分析型 FFE 设备，主要是因为相对于制备型 FFE 来说，分析型 FFE 所面临的一些关键问题尚没有得到很好的解决，这其中最主要的一个问题是如何消除或最大限度地降低电极产生的气泡。由于分析型 FFE 体积微小，在一定场梯度下很短的时间内就可以产生足以破坏分离腔内液流稳定性的气泡。有不少研究工作都是为了解决这一问题，其中一些取得了比较令人满意的结果。Zhang 和 Manz（2003）研制了一种用聚二甲基硅氧烷（PDMS 与硬质玻璃制 Pyrex）的芯片级 / 小型 FFE。在这一设计中他们就是通过开放式的电极室迅速排出电解气体的。Fonslow 等（Fonslow et al. 2006; Fonslow and Bowser 2006）提出了一个带有约 20μm 的浅分离区域和大约是其 4 倍深的密闭式电极室的装置，穿过电极通道的流体速度明显提高，可有效移除电解物质；虽然这个装置需要较多的制作步骤，操作时还需要精确控制流速，但是它可以在高达 589V/cm 的电场（电极室）中进行连续操作，并且能在 50V/cm 分离室电场下连续运行 20min。

Lu 等（2004）采用微加工技术设计了一个将垂直的金电极整合进分离室内的微芯片级 FFE 装置，在低于电解电压（2V）的条件下进行了亚细胞器的 FFIEF，几乎完全避免了通道内的气体形成。由于使用低电场强度进行分离，保留时间需要几分钟，因此该方法只适合于那些低扩散性的物质分离，如细胞碎片、细胞器等。Janasek 等（2006）加工出一套玻璃制的芯片级/小型 FFE 装置，通过 146μm 宽的玻璃墙把分离室与整合的铝电极完全隔绝。当在这一绝缘器上施加一个电场后，靠近绝缘器墙壁液体中的流动电荷就会发生

重新分布，从而通过静电诱导在分离室内形成一个稳定的电场。Kohlheyer 等（2008）率先采用对苯二酚和苯醌的氧化还原反应来替代电极附近水的电解，实验显示分析型 FFE 的分辨率提高了 2.5 倍，且在≤ 215V/cm 的场梯度下，电极附近无气泡产生；但是苯醌的氧化还原反应会在靠近电极附近的分离腔产生剧烈的 pH 改变，这大大减小了有效的分离腔区域。

对于分析型 FFE 来说第二个亟待解决的关键问题是在线检测。分析型 FFE 作为一个分析系统，低检测限是其最关键的指标之一。在分析型 FFE 发明后的相当长一段时间内，装置采用的都是荧光成像分析。在所有的微流分析仪器中，分析物的检测始终受制于样品量和光路检测长度；加之与 HPLC 和 CE 等设备检测器不同的是，分析型 FFE 需要检测的是整个分离通道的宽截面，而不是一个固定的点，这是因为在 FFE 内，分离是发生在整个分离腔内，成像分析是比较好的选择。

对于检测问题，目前采用的方法主要分为两种：可移动的点光源扫描检测器，以及连续对较宽区域拍摄的显微镜和摄像机。后者相对来说更方便，因为检测器不需要移动就可以对所有样品流进行同时在线检测。为了进一步提高检测的灵敏度和选择性，目前绝大多数检测器都是采用激发荧光的方式进行检测，这对于绝大多数显微镜来说已经不是困难；同时为了降低检测限，部分研究采用了激光诱导荧光的方式进行检测（Kohlheyer et al. 2007；Mazereeuw et al. 2000；Raymond et al. 1996）。但是随之而来的问题就是装置的体积变大，不利于携带，且成本较高，维护也比较困难；而且样品需要进行前处理才可方便在线检测，这些都增加了实验的复杂性。

分析型 FFE 第三个面临的关键问题是兼容性。FFE 自从诞生以来，一个重要的优势是可以显著降低样品的复杂度，从而为后续的分离分析奠定了坚实的基础；而要进行后续的分离分析工作，就涉及如何与其他传统分析仪器（如 HPLC、MS 等）很好地连接，从而将 FFE 分离得到的样品进行更高维度的分离，而这也是一直困扰分析型 FFE 发展的瓶颈。早在 2003 年，Zhang 和 Manz（2003）通过研究就指出分析型 FFE 将在蛋白质组学中有更大的应用空间，并建议将分析型 FFE 与 ESI-MS 偶联组成在线自动获取数据型分析工具以便于蛋白质组学的研究。

近期，为了跟踪检测非荧光类的物质，Benz 等将分析型 FFE 与纳喷雾 MS 偶联，经 FFE 分离后的样品被直接引导到电喷雾发射器端，该端口正好位于 MS 的入口处。该装置在样品出口处与 MS 连接的部位设计了一个交叉通道，便于通过该通道补充一些添加剂来辅助电喷射过程，同时还起到分流器的作用（Benz et al. 2015）。而鉴于目前二维 LC 分析时，由于可供分析的总峰容量不足，Geiger 等（2014）设计了一套将第一维的 nLC 与第二维的分析型 FFE 直接相连，从而构建成一套全新的分析系统，极大地解决了第一维 LC 在洗脱峰后，第二维 LC 采峰过疏的问题；这个二维分析系统在 10min 内的蛋白质峰容量高达 2352 个，如果考虑到分离的正交性和峰所占据的分离空间，实际有效的峰容量为 776 个。目前研究工作表明分析型 FFE 可以与 CE 偶联，从而提供更为强大的分析效率，但该研究成果尚未发表。总的来说，这一方面的研究尚处于起步阶段，还需要大量的基础研究工作支持。

15.3 生物应用

15.3.1 细胞分离

早期 FFE 装置研制的一个主要目的就是分离细胞等大颗粒物质，尤其是制备型装置，研究者于 20 世纪 60~80 年代在这一方面进行了大量工作。Hansen 和 Hannig（1982）描述过一种三明治式的被称为“抗原特异性细胞电泳分离法”（antigen-specific electrophoretic cell separation，ASECS），用于分离人类 T 淋巴细胞和 B 淋巴细胞。该方法的原理是当免疫球蛋白反复与抗原相关表位结合后，获得的复合物明显变大，从而使复合物在生理 pH 下电泳淌度显著变小并达到分离的目的。通过 FFZE 和免疫反应技术结合，并调整载体缓冲液的 pH 至目标化合物的等电点处，这时形成的复合物在电场中不再发生偏移，其他样品组分则发生偏移而与其分开。这一理念就是 20 世纪 90 年代提出的“免疫自由流电泳”（immune free-flow electrophoresis，IFFE）。这一方法被证明在分离大鼠肝过氧化物酶体方面非常有效，分离纯度高达 90% 以上，可以与最佳条件下经典的密度梯度离心相媲美（Volkl et al. 1997）。

尽管这个方法具有很高的特异性，但是其中要用到的抗体不仅量有限而且制备技术复杂、代价昂贵，因此不论是 ASECS 技术还是 IFFE 技术都难以获得大规模的应用。除了分离免疫活性细胞，其后 FFE 还被用来从肾皮质组织液中分离均质肾细胞，尤其是分离得到具有高肾素活性的肾细胞，这将对研究与肾素相关的生理过程具有重要意义（Heidrich and Dew 1977，1975）。FFE 也被用来依据表面电荷分离中性粒细胞的不同亚群、胃内分泌细胞，以及从小鼠肾匀浆中直接分离出含有近端小管的复杂组分（Eggleton et al. 1995; Morin et al. 1989; Theurer et al. 1992）。由于大多数细胞表面的电势较小（Hannig and Heidrich 1974），在 FFZE 固有的条带拓宽等不利因素的影响下，细胞之间的异质性将变得不明显。

已有一些利用微型 FFE 装置成功分离细胞的实例。例如，Prest 等（2012）利用自制的 FFE 装置，在等速电泳模式下成功分离得到草生欧文菌（*Erwinia herbicola*，一种致病菌），并通过细胞培养和计数等方法进行了验证。另外研究发现，NADPH 氧化酶 2 所产生的活性氧（ROS）是中性粒细胞实施杀菌功能的关键物质，但是对氧化酶在体内的装配位置还不清楚，研究人员推测内毒素可以促进氧化酶在核内体上进行装配；为了验证相关结论，研究人员首先利用 FFE 技术分离得到中性粒细胞以便于后续实验的开展（Lamb et al. 2012）。Podszun 等（2012）通过一个 Trapping 技术将细菌细胞富集在凝胶和溶液的某一接触面附近，富集效率达到 25 倍，可以富集浓度只有 3×10^2CFU/mL 的细菌溶液。最近，董云超等利用 FFE 技术成功分离金黄色葡萄球菌、大肠杆菌和链球菌等（图 15-8）。

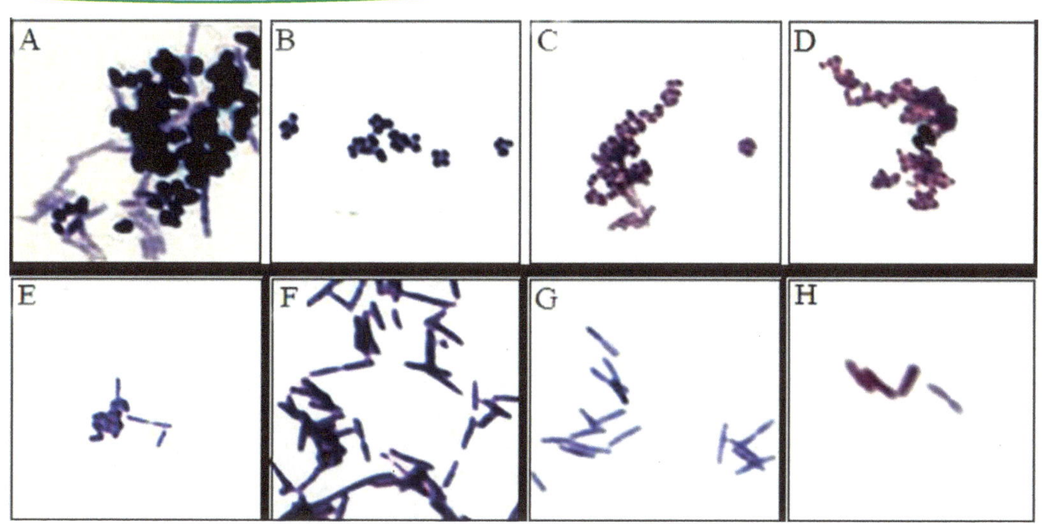

图 15-8　微生物细胞混合物（A）经 FFE 分离成金黄色葡萄球菌（B~D）和大肠杆菌（F~H）（引自 Dong et al. 2011）

15.3.2　细胞器分离

虽然 FFE 直接用于细胞的分离较为困难，但是其在细胞器领域的应用则要广泛得多；这主要得益于细胞器本身的荷质比相对于细胞来说大幅提高，具备分离的基础。在经过离心处理和 FFZE 分离后，细胞器组分纯度一般都得到大幅提高，便于研究集中于细胞器膜上和膜内的相关蛋白质。在利用 FFZE 技术从 *Arabidopsis* 细胞培养液中纯化线粒体的试验中，Eubel 等（2007）获得了纯度大幅度提高的线粒体分离物，将先前被视为线粒体蛋白的杂质分离，将质体和过氧化物酶体与线粒体分开。在其后的研究中（Eubel et al. 2008），过氧化物酶体又被相应地从同一细胞培养液中分离。这些细胞器大量的蛋白质分析显示了有新的蛋白质存在，也有先前确定的跨膜运输蛋白存在，以及一个整合代谢网络的存在。Barkla 等优化了 FFZE 的流程并提高了液泡膜从其他内膜膜泡中的分离，这一结果是在不同植物种类中的微粒体被传统的离心方法去除后实现的（Barkla et al. 2007）；作者同时证明了将微粒体组分与含 ATP 的培养液预先孵育后可以改变液泡膜的电泳淌度，加快其中一部分组分在 FFE 过程中向阳极移动。

Cutillas 等（2005）使用两种策略对比分析了大鼠近端肾小管细胞 brushborder（BB）和 basolateral（Islinger et al. 2010）膜泡中的蛋白质组。通过已建立的镁沉淀将 BB 膜泡从 BB 膜中分离出来，或者通过类似于 FFZE 以细胞分选形式将 BL 膜泡从 BL 膜中分离出来一样的方法进行分离。虽然这两种方法都不能将 BB 和 BL 膜组分蛋白分离出来，但是实验发现经过 FFZE 后各自膜组分中一些已知的标记蛋白可以在各自的膜组分中得到富集；而且发现了一系列特异的有关新陈代谢的酶及参与胞内分选的蛋白质，其中 BB 膜泡含有更多参与胞内分选的蛋白质，而 BL 膜泡则含有更多有关新陈代谢的酶。更为有趣的是，很多具有公认的信号转导功能的蛋白质，如 G 蛋白的 Rab 家族被发现存在于二者近端肾小管的膜区域，实验发现一个被称为 XTRP2 的神经递质传送蛋白被发现定位于 BB 膜上。但是这一事实与先前一致流行的观点完全相左，即关于近端肾小管细胞的信号传递只是局限于 BL 膜上。

近期的另外两个关于这个领域的报道也值得研究人员关注，因为它们清楚地显示出FFZE直到目前一直未曾被注意到的潜力（Zischka et al. 2003）。Zischka等（2006）利用几年前建立的一套实验方案通过FFZE从*Saccharomyces cerevisiae*中将不同线粒体组分分离出来（图15-9）。令人印象深刻的是，实验中对象线粒体的来源：既有来源于不同生物条件下培养的细胞，包括在不同碳源中培养的细胞、去除外膜中的一个主要蛋白TOM70的、具有生理病理学背景（凋亡的酵母株）的，也有来源于实验操作条件下培养的细胞，如机械压力、渗透压、表面蛋白水解等。实验证明这些条件和操作的不同可以影响一个细胞器的表面电荷，进而影响其电泳淌度。

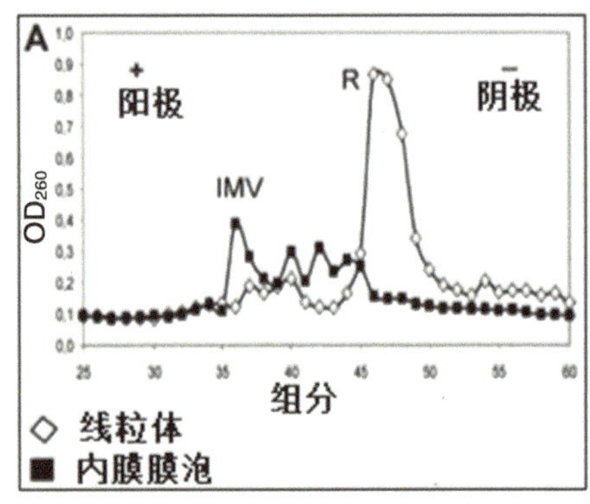

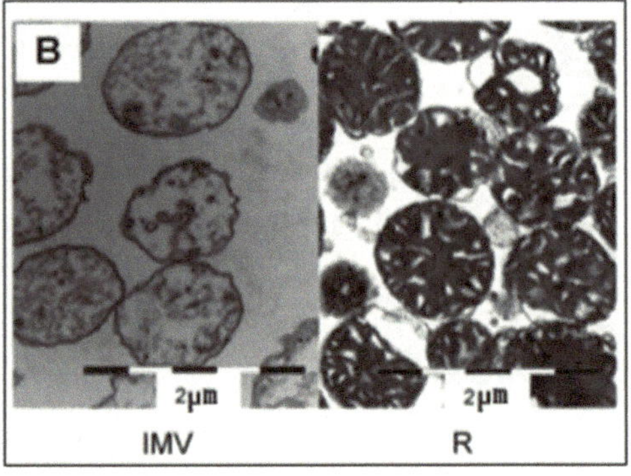

图15-9 分别分离老鼠未经处理的肝线粒体和内膜体的自由流区带电泳峰图（A）和电镜图（B）

关于FFZE的强大潜力在Islinger等（2010）的工作中得到了进一步验证，他们的工作是将过氧化物酶体从大鼠肝中分离出来。这一细胞器的异质性使肝匀浆在经过差速离心之后分成所谓的轻、重两类线粒体组分，而作者的目标就是分析对比重过氧化物酶体的蛋白质组与传统的轻过氧化物酶体的蛋白质组。尽管传统的轻过氧化物酶体可以被密度梯度离心高度纯化，但是只有结合FFZE才能获得高纯度高完整性的重过氧化物酶体；于是作者使用了一种含有两种组分的载体缓冲液将过氧化物酶体成功地从线粒体中分离出来。通过MS鉴定清晰地发现重、轻两类过氧化物酶体的蛋白质组差异，不仅包括诸如尿酸氧化酶等基质蛋白，还包括诸如ABC半转移蛋白PMP70等过氧化物酶体整合膜蛋白，这一研究成果表明我们需要重新认识过氧化物酶体亚细胞群体的真实的生物作用。

15.3.3 蛋白质分离

FFE除了用于细胞及细胞器等大颗粒物质的分离，还被广泛用于蛋白质（组）的研究中，并且被认为是新一代复杂蛋白质样本前处理的强有力手段之一。由于FFIEF具有较高的分辨率且保持蛋白质的水溶状态，因此将这种技术与质谱技术联合应用于蛋白质的鉴定就变得水到渠成。Hoffmann等报道，他们在非变性的pH 3~10缓冲体系中分离了LIM1215细胞的胞质蛋白。作者将经FFE分离出来的样品直接进行传统的SDS-PAGE作为第二向分离并经CBB250-R染色。通过ESI-MS，他们从所选择的蛋白质条带中鉴定出31个蛋白质。对比变性FFIEF，作者发现蛋白质复合物可以获得部分保护（Hoffmann et al. 2001）。

紧接着，另一个科研小组应用他们的方法将 FFIEF 与反向 HPLC 系统结合引入了一个完全纯液相分离体系（Moritz et al. 2004）。在相同的物质和非变性分离条件下，实验人员不仅在一个宽 pH 范围内（pH 3~10）进行了分离实验，而且进行了重叠式窄 pH 梯度范围的分离实验，每个 pH 梯度包含三个 pH 单位。通过这个方法，他们证明 FFIEF 的重复性几乎可以与凝胶式 IEF 相媲美，但是前者在样品载量、分离蛋白的涵盖范围及待分离组分的可溶解性等方面更具优势。在硫脲 / 尿素变性缓冲液中 FFIEF 技术作为样品前处理步骤与 LC-MS/MS 鸟枪法结合被应用到 K5672/CR3 细胞系裂解物的分析中，这一前处理直接使蛋白质的鉴定总量增加了 9 倍（Wang et al. 2004）。另外，FFIEF 分离的复杂蛋白质样本还可以提供相关目的蛋白的等电点信息。

人类血液中包含有非常复杂的蛋白质，其动态变化幅度在 10 个数量级以上。这样就需要非常精密的样品前处理装置来检测那些含量极低却又有可能具有临床价值的蛋白质，但在应用 FFIEF 之前需要去除含量较高的蛋白质，如白蛋白、免疫球蛋白、转铁蛋白等。人们发现经过这样的方法处理后鉴定出的很多低丰度蛋白，同时也是很多临床相关蛋白，如与肿瘤相关的丝氨酸蛋白酶保护肽段等（Moritz et al. 2005）。Cho 等使用了一种包含三种 Prolyte 混合物的不连续分离缓冲液，这种缓冲液可以在分离腔内更快地形成 pH 梯度，从而提高蛋白质的聚焦。另有报道是结合免疫去除和 FFIEF，研究人员发现在 LC-MS/MS 分析前加入 FFIEF 使蛋白质鉴定水平提高 15 倍（Hartwig et al. 2009）。但是在 FFIEF 之前如果没有免疫去除步骤则无法获得能与之比较的结果，人们意识到这一点后开始关注白蛋白去除之后再用 FFE 步骤平行分离剩下的血液组分（Nissum et al. 2007）。如果在白蛋白等电点 6.5 附近插入一个 pH 稳定阶段，则相应的蛋白质将集中分布在 6 个收集管内，给剩余血浆蛋白的分离留出了足够的分离空间，同时相较于线性 pH 梯度来说样品载量更高。

尽管所有的文献都集中于分离可溶性蛋白，但是作为纯液相的电泳技术，FFE 技术在膜蛋白分离方面也取得了一定的进展。相对于其他分离系统，FFIEF 避免了样品从液相到固相或凝胶相过渡中引发的沉淀。在分离疏水蛋白方面，变性 FFIEF 已经可以较好地分离过氧化物酶体膜了，并且通过 MS 检测到了一些整合膜蛋白，如 ABCD3、Pxmp2、mGST1 等，这表明可以通过变性 FFIEF 技术手段让疏水蛋白溶解于水溶液中，使得 FFE 可以成为细胞膜结构蛋白质组学的一个重要样品前处理技术手段（Weber et al. 2004）。FFE 的纯液相特点使其可以分离高度动态的蛋白质分子群，也就是说，FFIEF 不仅可以用于整个蛋白质，而且可以用于胰蛋白酶消化后的小分子肽段产物，提示 FFE 可以在蛋白质组学的鸟枪法中成为 LC 的替代手段。事实上，FFIEF 已经可以替代 2D-LC-MS/MS 鸟枪法中的离子交换色谱（Xie et al. 2005）。相对于传统的 2D 离子交换 / 反向 LC 鸟枪法蛋白质组学来说，FFIEF 可以利用等电点来鉴定蛋白质肽段，这一标准可以极大地降低蛋白质鉴定的假阳性错误（图 15-10）。

为了进一步增大蛋白质鉴定速度，有两种替代方法近期得以报道。Nissum 等（2007）利用 FFIEF/LC-MS/MS 去除人血清中的白蛋白，从而相对于直接进行 LC-MS/MS 去除白蛋白的人血清可以显著提高被鉴定的蛋白质数。另一种方法是一种 3D 肽段分离技术，即将 FFIEF 作为传统的离子交换 / 反向 LC 法的第三个步骤，最近已经被应用于分析癌症患者的唾液（Xie et al. 2008）。通过在 MS 分析之前加入离子交换分离步骤，肽段的鉴定速

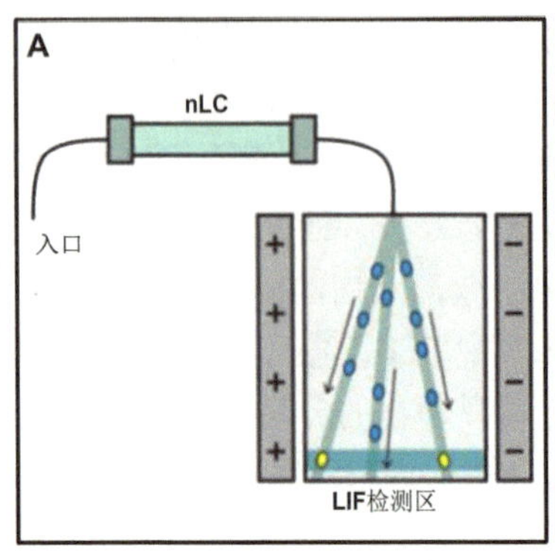

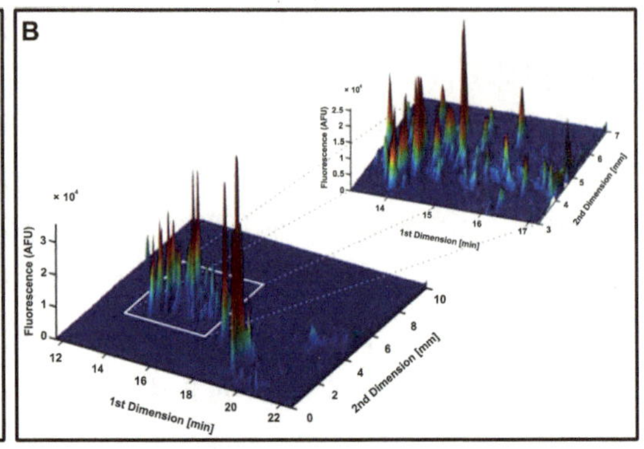

图 15-10 BSA 胰蛋白酶水解产物进行自由流电泳分离示意图（A），然后再进行二维液相分离的等高线图（B）

度大大加快，相对于之前利用的 2D-FFIEF/RC-MS/MS 分析只得到 221 个多肽来说，整个方法可以鉴定出超过 1000 个蛋白质。随着质谱的分辨率和准确性不断提高，通过 FFE 技术收集得到的蛋白质分析结果将有可能覆盖几乎全部细胞蛋白质组。

虽然先前的研究工作主要是解决蛋白质或多肽的分离以便提高蛋白质的鉴定数目，但是近期的一些研究已经表明 FFE 技术也可以在单个蛋白质功能特性的描述上提供帮助。例如，磷酸化或乙酰化等二次蛋白质修饰会影响一个蛋白质的活性及其在细胞中的分布。就这一点而言，通过 FFIEF 技术获得的肽段等电点可以帮助我们缩小搜索范围，从而提高转录后修饰的鉴定可靠性（Griffin et al. 2007）。ESI- 傅里叶变换离子回旋共振质谱（FTICR-MS）是目前分析具有很小分子质量差异的蛋白质亚型方面最精密的仪器。Ouvry-Patat 等在变性与非变性的条件下于 FTICR-MS 鉴定之前进行了 FFIEF，结合这两种技术富集了组蛋白 H2A-IV 亚型，并进行了乙酰化的鉴定，乙酰化被认为调节组蛋白 /DNA 的结合及基因表达（Ouvry-Patat et al. 2008）。类似地，具有非常窄 pH 梯度（pH4.43~5.09）的 FFIEF 已经被用来区别胰岛素样生长因子结合蛋白 -1 不同的磷酸化状态（Nissum et al. 2009）。鉴于 IEF 的液相特点可以设计出各种特定的 pH 梯度用于其他特定的用途，如用于在 pH4~6 时（Drews et al. 2007）不同蛋白酶体复合物的分离或在 pH8~12 时（Sneekes et al. 2009）基本组蛋白的分离。

15.3.4 核酸分离

用 FFE 分离 DNA 这种高分子带电聚合物比较困难，Nkodo 等（2001）首先利用 FFE 技术测定了 ssDNA 和 dsDNA 的扩散系数，并证明 Nernst-Einstein 方程并不适用于 DNA 在 FFE 中扩散系数的测定，且电场梯度实际上对整个热扩散过程影响可以忽略。为了解决 DNA 的分离问题，研究人员往往借助于像凝胶或高分子聚合物溶液等为 DNA 分离提供某种电泳筛分介质。Meagher 等（2005）在综述中论述了另外一种 DNA 末端标记自由溶液电泳（end-labeled free-solution electrophoresis，ELFSE）的技术，该技术可以克服 DNA 的自由穿流（free-draining）问题，即在 DNA 链上标记一个大而不带电的分子。

鉴于核酸的功能往往需要蛋白质参与，因此近几年有一些报道是关于 FFE 在蛋白质与核酸复合物中的应用。对于目前纳米研究领域比较热的 DNA 折纸术（DNA origami），FFE 可以用来分离纯化结合有各种酶类的 DNA 纳米材料，用以研究这些大分子装配之间

的空间相互作用。Timm 等将修饰有来自酿酒酵母的重组 S-selective NADP（+）/NADPH-依赖的氧化还原酶 Gre2 和来自巨大芽孢杆菌的单氧酶 P450 BM3 的还原酶域的 DNA 折纸结构用 FFE 技术分离纯化出来，并定量测定了酶 -DNA 复合物的活性，发现这些酶 -DNA 复合物比自由酶更有活性，说明分子质量大且高度带电的 DNA 纳米结构对于稳定酶这样的蛋白质具有保护作用（Timm and Niemeyer 2015）（图 15-11）。

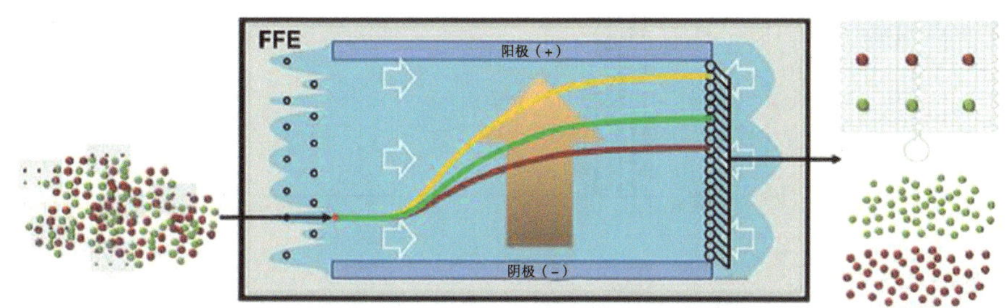

图 15-11 自由流电泳分离蛋白酶修饰的 DNA 折纸结构和未结合的蛋白质（Timm and Niemeyer 2015）

另外，核酸适配体（aptamer）被广泛用于生物传感器领域里指数富集的配体系统进化技术（systematic evolution of ligands by exponential enrichment，SELEX），它实际上就是一段寡核苷酸片段（DNA、RNA 或核酸类似物）。Jing 等利用分析型 FFE 选择与人类免疫球蛋白 E（IgE）特异性结合的 DNA 核酸适配体。在 30min 内，1.8×10^{14} 个序列被引入分离腔内，是基于毛细管进行选择的容量的 300 倍；经过 4 天 4 轮筛选，获得了对 IgE 只有纳摩尔级解离常数的 DNA aptamers（Jing and Bowser 2011）。

15.3.5 药物分离

Vigh 小组通过加入非电荷手性添加剂，精确提出了对映体等电点差值（△ pI）大小并给出了预测关系式，说明利用 FFIEF 分离对映体是可行的。以羟丙基 - β - 环糊精作为手性识别剂，利用 FFIEF 分离模式实现了丹磺酰化苯丙氨酸对映体的制备（Glukhovskiy et al. 2000; Glukhovskiy and Vigh 1999，2000）。我们实验室也在这方面做了一些有益的尝试，Shao 等利用制备型 FFE 在区带电泳下，通过考察背景缓冲液 pH 和浓度，以及装置的冷却系统，优化了铜绿假单胞菌 M18 发酵液中提取的低浓度吩嗪 -1- 羧酸（PCA，0.3mmol/L）的纯化，并且发现装置冷却系统对于分离的影响要大于背景缓冲液 pH 和浓度对于分离的影响，这主要表现在冷却系统使样品的条带得到了较好的控制。在最佳实验条件下（10mm/L pH 5.5 磷酸缓冲液，5.46mL/min 背景缓冲液流速，10min 保留时间，500V），PCA 的回收率达到 85%，且通量在每小时 7mL（Shao et al. 2010）。

该课题组随后利用间歇式 FFZE 成功地分离了铜绿假单胞菌 M18 发酵液中的藤黄绿菌素和 PCA（Shao et al. 2012），并且该课题组之后又通过在背景缓冲液和样品中加入等量的甲醇，以提高 PCA 的处理通量，实验结果显示在最佳实验条件下（30mmol/L pH 7.0 60∶40 磷酸 - 甲醇缓冲液，3.26mL/min 背景缓冲液流速，10min 保留时间，400V），PCA 的回收率达到 93.7%，与不加甲醇的分离情况相比，产量提升了将近 12 倍（Yang et al. 2012）（图 15-12）。

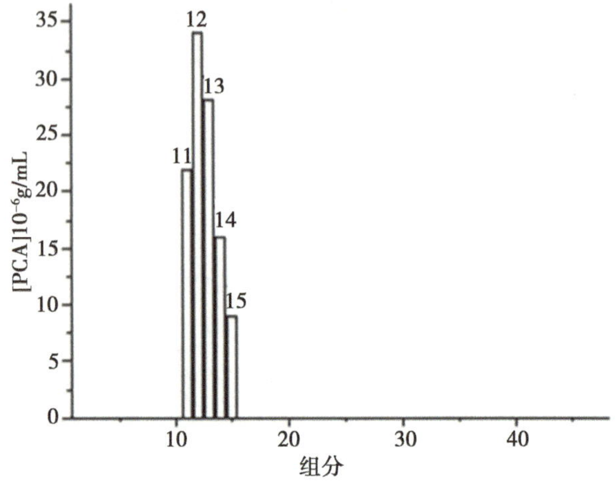

图 15-12 吩嗪 -1- 羧酸（PCA）通过 FFE 分离后的收集情况

试验条件：30mmol/L，40% 甲醇 / 水（*V*/*V*），磷酸缓冲液，背景流速 3.26mL/min，样品流速 10.05μL/min，电极液流速 2.0mL/min，保留时间为 10min，分离电压 400V（Yang et al. 2012）

15.3.6 蛋白酶分离

Hoffstetter-Kuhn 和 Wagner（1990a，1990b）曾经利用 FFZE、FFFSE 以酵母蛋白粗提物中的乙醇脱氢酶作为研究对象，通过对分离缓冲液的 pH、电导、保留时间、分离电压等因素的研究，发现在 pH 8.0、1mS/cm 的 Tris-HCl 缓冲液、10min 保留时间、500V 的条件下，获得乙醇脱氢酶 5.3 的纯化系数和 96% 的产率；增大 FFE 装置的尺寸后，更是达到 4.7 的纯化系数和 93% 的产率；结合 FFFSE，可获得 2.8 的纯化系数和 89% 的产率。

其后，这一课题组又结合 FFITP 以大肠杆菌蛋白粗提物中的酸性蛋白 α- 淀粉酶为研究对象，研究了在分离缓冲液中加入 Triton X-100 来减弱其中可能存在的蛋白质与蛋白质之间的相互作用（Kuhn and Wagner 1989）。由于 FFIEF 对蛋白酶具有良好的聚焦功能，因此被广泛用于蛋白酶的分离中。Küllertz 等（1994）利用商品化的两性电解质在非变性缓冲液中分离了红细胞裂解液中的血红蛋白和顺反式肽酰脯氨酰异构酶，作者分别在 pH 3~5 和 pH 5~8 两个梯度获得了这两种蛋白质的最佳分离。该课题组还在非变性条件下窄 pH 梯度 4~6 时，精确测定了牛脑中中性鞘磷脂酶和 *Antherea* sp. 嗅觉器官中的外激素结合蛋白的等电点。

15.3.7 生物监测

将 FFE 技术应用于环境监测的报道比较少。Keuth 等先利用 CZE 分离腐殖酸（HA）得到两个峰，这主要得益于在硼酸盐缓冲液中添加了羟基羧酸；然后研究人员利用 FFE 通过循环操作分离得到了这两个峰，一个为 HA，另一个为 HA 的金属配合物，并且研究还发现在金属阳离子存在的情况下，HA 将形成稳定的具有不同电泳淌度的复合物，这些复合物可以通过自由流等速电泳得到分离（Keuth et al. 1998）。虽然 Junkers 等（2002）更关心 FFZE 在基于 CZE 分析基础上的制备，但是相关研究关注了土壤里富里酸的分离制

备，而我们知道富里酸是一种肥沃的堆肥土壤中腐殖质结构的一部分，含量极其稀少，但其对地球的生命体具有极其重要的作用，许多医疗报告显示富里酸有预防疾病和延长寿命的功效（图 15-13）。

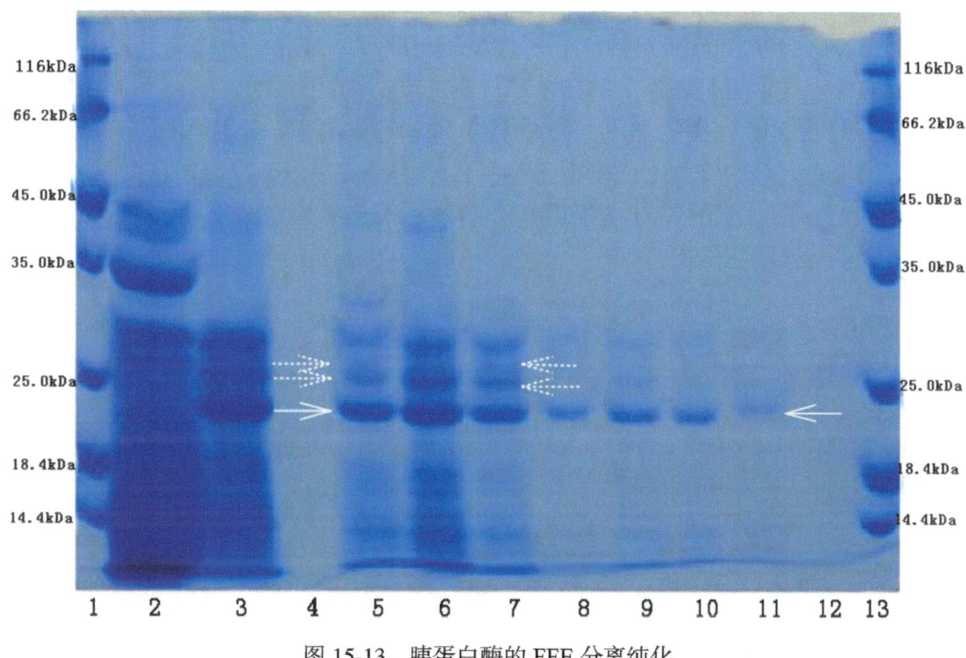

图 15-13 胰蛋白酶的 FFE 分离纯化

组分 1 和 13 为标准蛋白 marker，2 为胰蛋白酶提取物初品，3 为提取物经酸沉淀后初品，5、6 和 7 为优化 FFE 条件分离结果，8、9 和 10 为优化 FFE 条件分离结果；箭头指胰蛋白酶区带

Gaspar 等（2010）将 FFE 离线与 FT 离子回旋质谱联用以解析萨旺尼河富里酸的复杂度。研究人员首先优化了 FFE 与质谱之间的兼容条件，然后对 FFE 分离后得到的每一收集组分进行解析，解析出来的芳香指数被用来描述各收集组分中芳香结构和不饱和结构的分布。实验表明经过 FFE 分离后再经质谱分析所获得的所有组分的离子数要远多于不经 FFE 分离而只经质谱分析的总样本的离子数，显示出 FFE 可以进一步从稀溶液中提供足够后续分析用的样品数。

15.4 结　束　语

FFE 作为纯液相分离技术，其实验环境和条件都比较温和，适合生物活性分子的分离、分析与制备。鉴于制备型 FFE 的理论塔板数并不高，远远不能和 CE、HPLC 等分析仪器相提并论，但是它在降低样本复杂度上具有先天优势，可以为蛋白质组学、代谢组学、基因组学提供强大的样品前处理功能；同时如果将 IEF 引入 FFE，FFIEF 可以通过极高的聚焦原理对样品进行有效的分离分析，其精度不亚于传统分析仪器；当然这主要是针对两性物质，对于绝大多数药物等活性小分子而言，制备型 FFE 的精度尚不能满足需求。

随着荧光、纳米等技术的引入，给样品进行特殊标记已经不是难事，在不追求高通量制备的前提下，分析型 FFE 完全可以担负起有别于传统分析仪器的分析分离功能。像

HPLC、CE 等传统分析设备受制于固定的检测窗口和检测通路，只能被动地等待样品通过特定的窗口才能对样品进行检测，而分析型 FFE 则可以对整个分离腔内正在进行的分离过程进行全程监控，大大提高了检测效率，加之上样量很少，分析时间也很短，使得分析型 FFE 的效率在某些情况下甚至要高于传统分析设备。同时，我们也应该注意到，目前已有大量的工作将分析型 FFE 与传统分析仪器进行联用，从而获得更高通量的检测数据，为大样本量的处理提供了更为强大的技术和设备的支持。

尽管 FFE 作为设备已经商业化，但是对于 FFE 在生物学、医学等领域的应用探索则远远没有达到顶点，这一方面是由于设备本身价格的昂贵，另一方面则是由于相关技术人员的缺乏；我们相信，在不久的将来 FFE 必然会深入普通生物医学的方方面面，为相关的科研人员提供越来越多的支持。

参考文献

Barkla B J，Vera-Estrella R，Pantoja O. 2007. Enhanced separation of membranes during free flow zonal electrophoresis in plants. Anal Chem，79（14）：5181-5187.

Benz C，Boomhoff M，Appun J，et al. 2015. Chip-based free-flow electrophoresis with integrated nanospray mass-spectrometry. Angew Chem Int Ed Engl，54（9）：2766-2770.

Cao C X，Fan L Y，Zhang W. 2008. Review on the theory of moving reaction boundary，electromigration reaction methods and applications in isoelectric focusing and sample pre-concentration. Analyst，133（9）：1139-1157.

Cutillas P R，Biber J，Marks J，et al. 2005. Proteomic analysis of plasma membrane vesicles isolated from the rat renal cortex. Proteomics，5（1）：101-112.

Dong YC，Shao J，Yin XY，et al. 2011. Mid-scale free-flow electrophoresis with gravity-induced uniform flow of background buffer in chamber for the separation of cells and proteins. J Sep Sci，34：1683-1691.

Drews O，Zong C，Ping P. 2007. Exploring proteasome complexes by proteomic approaches. Proteomics，7（7）：1047-1058.

Eggleton P，Wang L，Penhallow J，et al. 1995. Differences in oxidative response of subpopulations of neutrophils from healthy subjects and patients with rheumatoid arthritis. Ann Rheum Dis，54（11）：916-923.

Eubel H，Lee C P，Kuo J，et al. 2007. Free-flow electrophoresis for purification of plant mitochondria by surface charge. Plant J，52（3）：583-594.

Eubel H，Meyer E H，Taylor N L，et al. 2008. Novel proteins，putative membrane transporters，and an integrated metabolic network are revealed by quantitative proteomic analysis of *Arabidopsis* cell culture peroxisomes. Plant Physiol，148（4）：1809-1829.

Fonslow B R，Barocas V H，Bowser M T. 2006. Using channel depth to isolate and control flow in a micro free-flow electrophoresis device. Anal Chem，78（15）：5369-5374.

Fonslow B R，Bowser M T. 2006. Optimizing band width and resolution in micro-free flow electrophoresis. Anal Chem，78（24）：8236-8244.

Gaspar A，Harir M，Hertkorn N，et al. 2010. Preparative free-flow electrophoretic offline ESI-Fourier transform ion cyclotron resonance/MS analysis of Suwannee River fulvic acid. Electrophoresis，31（12）：2070-2079.

Geiger M，Frost N W，Bowser M T. 2014. Comprehensive multidimensional separations of peptides using nano-liquid chromatography coupled with micro free flow electrophoresis. Anal Chem，86（10）：5136-5142.

Glukhovskiy P，Landers T A，Vigh G. 2000. Preparative-scale isoelectric focusing separation of enantiomers using a multicompartment electrolyzer with isoelectric membranes. Electrophoresis，21（4）：762-766.

Glukhovskiy P，Vigh G. 1999. Analytical- and preparative-scale isoelectric focusing separation of enantiomers. Anal Chem，71（17）：3814-3820.

Glukhovskiy P，Vigh G. 2000. Use of single-isomer，multiply charge chiral resolving agents for the continuous，preparative-scale electrophoretic separation of enantiomers based on the principle of equal-but-opposite analyte mobilities. Electrophoresis，21（10）：2010-2015.

Glukhovskij P, Vigh G. 2001. Improved preparative-scale. continuous, free-flow electrophoretic separation of the enantiomers of terbutaline utilizing equal-but-opposite enantiomer mobilities. Electrophoresis, 22（13）: 2639-2645.

Griffin T J, Xie H, Bandhakavi S, et al. 2007. iTRAQ reagent-based quantitative proteomic analysis on a linear ion trap mass spectrometer. J Proteome Res, 6（11）: 4200-4209.

Hannig K. 1961. Die trägerfreie kontinuierliche Elektrophorese und ihre Anwendung. Fresenius J Anal Chem, 181（1）: 244-254.

Hannig K, Heidrich H G. 1974. The use of continuous preparative free-flow electrophoresis for dissociating cell fractions and isolation of membranous components. Methods Enzymol, 31: 746-761.

Hansen E, Hannig K. 1982. Antigen-specific electrophoretic cell separation（ASECS）: isolation by human T and B lymphocyte subpopulations by free-flow electrophoresis after reaction with antibodies. J Immunol Methods, 51（2）: 197-208.

Hartwig S, Feckler C, Lehr S, et al. 2009. A critical comparison between two classical and a kit-based method for mitochondria isolation. Proteomics, 9（11）: 3209-3214.

Heidrich H G, Dew M E. 1975. Preparative free-flow electrophoresis for the isolation of membrane, organelle and cell fractions from rabbit kidney cortex. Curr Probl Clin Biochem, 6: 108-112.

Heidrich H G, Dew M E. 1977. Homogeneous cell populations from rabbit kidney cortex. Proximal, distal tubule, and renin-active cell isolated by free-flow electrophoresis. J Cell Biol, 74（3）: 780-788.

Hoffmann P, Ji H, Moritz R L, et al. 2001. Continuous free-flow electrophoresis separation of cytosolic proteins from the human colon carcinoma cell line LIM 1215: a non two-dimensional gel electrophoresis-based proteome analysis strategy. Proteomics, 1（7）: 807-818.

Hoffstetter-Kuhn S, Wagner H. 1990b. Scale-up of free flow electrophoresis: I. Purification of alcohol dehydrogenase from a crude yeast extract by zone electrophoresis. Electrophoresis, 11（6）: 451-456.

Hoffstetter-Kuhn S, Wagner H. 1990a. Scale-up of free-flow electrophoresis: II. Purification of alcohol dehydrogenase from a crude yeast extract by field step electrophoresis and combined field step-zone electrophoresis. Electrophoresis, 11（6）: 457-462.

Islinger M, Li K W, Loos M, et al. 2010. Peroxisomes from the heavy mitochondrial fraction: isolation by zonal free flow electrophoresis and quantitative mass spectrometrical characterization. J Proteome Res, 9（1）: 113-124.

Janasek D, Schilling M, Manz A, et al. 2006. Electrostatic induction of the electric field into free-flow electrophoresis devices. Lab Chip, 6（6）: 710-713.

Jing M, Bowser M T. 2011. Isolation of DNA aptamers using micro free flow electrophoresis. Lab Chip, 11（21）: 3703-3709.

Junkers J, Schmitt-Kopplin P, Munch J C, et al. 2002. Up-scaling capillary zone electrophoresis separations of polydisperse anionic polyelectrolytes with preparative free-flow electrophoresis exemplified with a soil fulvic acid. Electrophoresis, 23（17）: 2872-2879.

Keuth U, Leinenbach A, Beck H P, et al. 1998. Separation and characterization of humic acids and metal humates by electrophoretic methods. Electrophoresis, 19（7）: 1091-1096.

Kohlheyer D, Eijkel J C, Schlautmann S, et al. 2007. Microfluidic high-resolution free-flow isoelectric focusing. Anal Chem, 79（21）: 8190-8198.

Kohlheyer D, Eijkel J C, Schlautmann S, et al. 2008. Bubble-free operation of a microfluidic free-flow electrophoresis chip with integrated Pt electrodes. Anal Chem, 80（11）: 4111-4118.

Kuhn R, Wagner H. 1989. Free flow electrophoresis as a method for the purification of enzymes from *E. coli* cell extract. Electrophoresis, 10（3）: 165-172.

Kullertz G, Meyer S, Fischer G. 1994. Differentiation by preparative continuous free flow-isoelectric focusing of cyclosporin A inhibitable peptidyl-prolyl cis/trans isomerase of human erythrocytes. Electrophoresis, 15（7）: 960-967.

Lamb F S, Hook J S, Hilkin B M, et al. 2012. Endotoxin priming of neutrophils requires endocytosis and NADPH oxidase-dependent endosomal reactive oxygen species. J Biol Chem, 287（15）: 12395-12404.

Lu H, Gaudet S, Schmidt M A, et al. 2004. A microfabricated device for subcellular organelle sorting. Anal Chem, 76（19）: 5705-5712.

Mazereeuw M, de Best C M, Tjaden U R, et al. 2000. Free flow electrophoresis device for continuous on-line separation in analytical systems. An application in biochemical detection. Anal Chem，72（16）：3881-3886.

Meagher R J，Won J I，McCormick L C，et al. 2005. End-labeled free-solution electrophoresis of DNA. Electrophoresis，26（2）：331-350.

Morin J，Thomas N，Toutain H，et al. 1989. Treatment with an angiotensin converting enzyme inhibitor may increase the nephrotoxicity of gentamicin in rats. Pathol Biol，37（5 Pt 2）：652-656.

Moritz R L，Clippingdale A B，Kapp E A，et al. 2005. Application of 2-D free-flow electrophoresis/RP-HPLC for proteomic analysis of human plasma depleted of multi high-abundance proteins. Proteomics，5（13）：3402-3413.

Moritz R L，Ji H，Schutz F，et al. 2004. A proteome strategy for fractionating proteins and peptides using continuous free-flow electrophoresis coupled off-line to reversed-phase high-performance liquid chromatography. Anal Chem，76（16）：4811-4824.

Nissum M，Abu Shehab M，Sukop U，et al. 2009. Functional and complementary phosphorylation state attributes of human insulin-like growth factor-binding protein-1（IGFBP-1）isoforms resolved by free flow electrophoresis. Mol Cell Proteomics，8（6）：1424-1435.

Nissum M，Kuhfuss S，Hauptmann M，et al. 2007. Two-dimensional separation of human plasma proteins using iterative free-flow electrophoresis. Proteomics，7（23）：4218-4227.

Nkodo A E，Garnier J M，Tinland B，et al. 2001. Diffusion coefficient of DNA molecules during free solution electrophoresis. Electrophoresis，22（12）：2424-2432.

Ouvry-Patat S A，Torres M P，Quek H H，et al. 2008. Free-flow electrophoresis for top-down proteomics by Fourier transform ion cyclotron resonance mass spectrometry. Proteomics，8（14）：2798-2808.

Podszun S，Vulto P，Heinz H，et al. 2012. Enrichment of viable bacteria in a micro-volume by free-flow electrophoresis. Lab Chip，12（3）：451-457.

Prest J E，Baldock S J，Fielden P R，et al. 2012. Miniaturised free flow isotachophoresis of bacteria using an injection moulded separation device. J Chromatogr B Analyt Technol Biomed Life Sci，903：53-59.

Raymond D E，Manz A，Widmer H M. 1996. Continuous separation of high molecular weight compounds using a microliter volume free-flow electrophoresis microstructure. Anal Chem，68（15）：2515-2522.

Roman M C，Brown P R. 1994. Free-flow electrophoresis as a preparative separation technique. Anal Chem，66（2）：86A-94A.

Shao J，Fan L Y，Cao C X，et al. 2012. Quantitative investigation of resolution increase of free-flow electrophoresis via simple interval sample injection and separation. Electrophoresis，33（14）：2065-2074.

Shao J，Fan L Y，Zhang W，et al. 2010. Purification of low-concentration phenazine-1-carboxylic acid from fermentation broth of *Pseudomonas* sp. M18 via free flow electrophoresis with gratis gravity. Electrophoresis，31（20）：3499-3507.

Sneekes E J，Han J，Elliot M，et al. 2009. Accurate molecular weight analysis of histones using FFE and RP-HPLC on monolithic capillary columns. J Sep Sci，32（15-16）：2691-2698.

Theurer D，Hoerer W，Weber G，et al. 1992. Enrichment of gastric endocrine cells by free flow electrophoresis. Regul Pept，40（2）：261.

Timm C，Niemeyer C M. 2015. Assembly and purification of enzyme-functionalized DNA origami structures. Angew Chem Int Ed Engl，54（23）：6745-6750.

Volkl A，Mohr H，Weber G，et al. 1997. Isolation of rat hepatic peroxisomes by means of immune free flow electrophoresis. Electrophoresis，18（5）：774-780.

Wagner H. 1989. Free-flow electrophoresis. Nature，341：669-670.

Wang Y，Hancock W S，Weber G，et al. 2004. Free flow electrophoresis coupled with liquid chromatography-mass spectrometry for a proteomic study of the human cell line（K562/CR3）. J Chromatogr A，1053（1-2）：269-278.

Weber G，Islinger M，Weber P，et al. 2004. Efficient separation and analysis of peroxisomal membrane proteins using free-flow isoelectric focusing. Electrophoresis，25（12）：1735-1747.

Xie H，Bandhakavi S，Griffin T J. 2005. Evaluating preparative isoelectric focusing of complex peptide mixtures for tandem mass spectrometry-based proteomics：a case study in profiling chromatin-enriched subcellular fractions in *Saccharomyces cerevisiae*. Anal Chem，77（10）：3198-3207.

Xie H, Onsongo G, Popko J, et al. 2008. Proteomics analysis of cells in whole saliva from oral cancer patients via value-added three-dimensional peptide fractionation and tandem mass spectrometry. Mol Cell Proteomics, 7（3）: 486-498.

Yang J H, Shao J, Wang H Y, et al. 2012. Simply enhancing throughput of free-flow electrophoresis via organic-aqueous environment for purification of weak polarity solute of phenazine-1-carboxylic acid in fermentation of *Pseudomonas* sp. M18. Electrophoresis, 33（18）: 2925-2930.

Zhang C X, Manz A. 2003. High-speed free-flow electrophoresis on chip. Anal Chem, 75（21）: 5759-5766.

Zischka H, Braun R J, Marantidis E P, et al. 2006. Differential analysis of *Saccharomyces cerevisiae* mitochondria by free flow electrophoresis. Mol Cell Proteomics, 5（11）: 2185-2200.

Zischka H, Weber G, Weber P J, et al. 2003. Improved proteome analysis of *Saccharomyces cerevisiae* mitochondria by free-flow electrophoresis. Proteomics, 3（6）: 906-916.

（邵　菁　曹成喜）

16

神经工程概论及进展

神经工程（neural engineering，neuroengineering）是生物医学工程的一个二级学科。它运用工程技术手段来了解和探索神经系统从微观到宏观不同尺度下的机理，特别关注神经损伤、康复及功能重建。它的主要目的一方面是利用工程手段解决与神经科学相关的问题，了解神经系统的工作机制；另一方面是为神经系统功能的康复提供新方法。神经工程是一个交叉学科，结合了神经科学、医学电子、组织工程、生医光电及信息处理等工程学科，研究范畴相当广泛。

16.1 神 经 影 像

神经影像（neuroimaging）技术泛指能够直接或间接对神经系统（主要是脑）的功能、结构和药理学特性进行成像的技术。根据成像的模式，可以分为结构影像和功能影像。目前，主要的神经影像技术包括计算机断层扫描（computed tomography，CT）、磁共振成像（magnetic resonance imaging，MRI）、正电子发射成像（position emission tomography，PET）、单光子发射计算机断层扫描（single photon emission computer tomography，SPECT）、脑电图（electroencephalography，EEG）、脑磁图（magnetoencephalography，MEG），以及光学成像等。

CT 技术是用 X 射线束从多个方向对人体的某一层面进行扫描，由探测器接收透过该层面的 X 射线，计算获得该层面每个体素的衰减系数或吸收系数，由于不同的组织对 X 射线的吸收能力（或称阻射率）不同，透过衰减系数或吸收系数重建的图像反映出组织结构特征。应用到神经领域中，脑 CT 可以显示大脑的解剖结构，用于快速、准确地显示外伤所致的脑水肿、脑室扩张、颅骨损伤等，排除脑出血。另外通过静脉注射碘造影剂可得到 CT 血管造影，可用于多种脑血管疾病的诊断和鉴别，CT 灌注成像则是一种功能成像，在注射造影剂后连续扫描得到组织的时间-密度曲线，计算血流灌注及动力学信息，可用于缺血性脑卒中的早期诊断、缺血半暗带的确定及脑肿瘤的诊断。

MRI 是一种较新的成像技术，对于软组织的分辨率比 CT 高，因此对神经系统的成像要优于 CT，可以提供高清晰度的脑结构或功能图像（图 16-1）。MRI 利用射频（radio frequency，RF）电磁波对置于梯度磁场中的含有自旋磁矩不为零的原子核（通常为 ^{1}H）的物质进行激发，发生核磁共振（nuclear magnetic resonance，NMR），用感应线圈采集包含组织弛豫信息和质子密度信息的磁共振信号，通过数学方法进行图像重建。弛豫信息包括纵向弛豫时间（T1）和横向弛豫时间（T2），T1、T2 的长短可以反映组织成分与结构。功能磁共振成像（functional magnetic resonance imaging，fMRI）主要基于血氧水平依赖（blood oxygenation level dependent，BOLD）效应，基本原理是神经元功能活动对局部氧耗量和脑血流影响程度不匹配所导致的局部磁场变化。当神经元兴奋时，电活动引起脑血流量显著增加，同时氧的消耗量也增加，但增加幅度较低，其综合效应是局部血液氧含量的增加，去氧血红蛋白的含量降低。氧合血红蛋白是抗磁性物质，对质子弛豫没有影响，而去氧血红蛋白属顺磁物质，可导致横向弛豫时间（T2）缩短。当去氧血红蛋白含量降低时，T2 加权图像信号增强，这就是 BOLD 效应。fMRI 可以在无创条件下直接观察脑皮质功能区激活，其应用几乎涵盖了神经科学的所有领域。弥散张量成像（diffusion tensor imaging，DTI）是磁共振成像的一种特殊形式，利用水分子的弥散各向异性进行成像，是当前唯一能有效观察和追踪脑白质纤维束的非侵入式检查方法。磁共振波谱（magnetic resonance spectroscopy，MRS）技术可以无创检测活体组织器官能量代谢、生化改变，定量分析特定化合物的浓度。MRS 的基本原理是依据磁共振化学位移现象。由于 ^{1}H 在不同化合物中的磁共振频率存在差异，因此它们在 MRS 的谱线中共振峰的位置也就有所不同，据此可判断化合物的性质，而共振峰的面积反映了化合物的浓度，因此可用其进行定量分析。当前常用的是氢质子（^{1}H）波谱技术，已经被广泛地用来检测神经系统的代谢物质变化，常检测的化合物包括 N-乙酰天冬氨酸、肌酸、胆碱、乳酸等。目前，西门子公司开发了 10.5T MRI，为目前可用于人体 MRI 扫描的最强磁场强度。此外，由于传统 MRI 机器的密闭式结构对患者的影响，开放式 MRI 也渐渐成为研发热点之一。

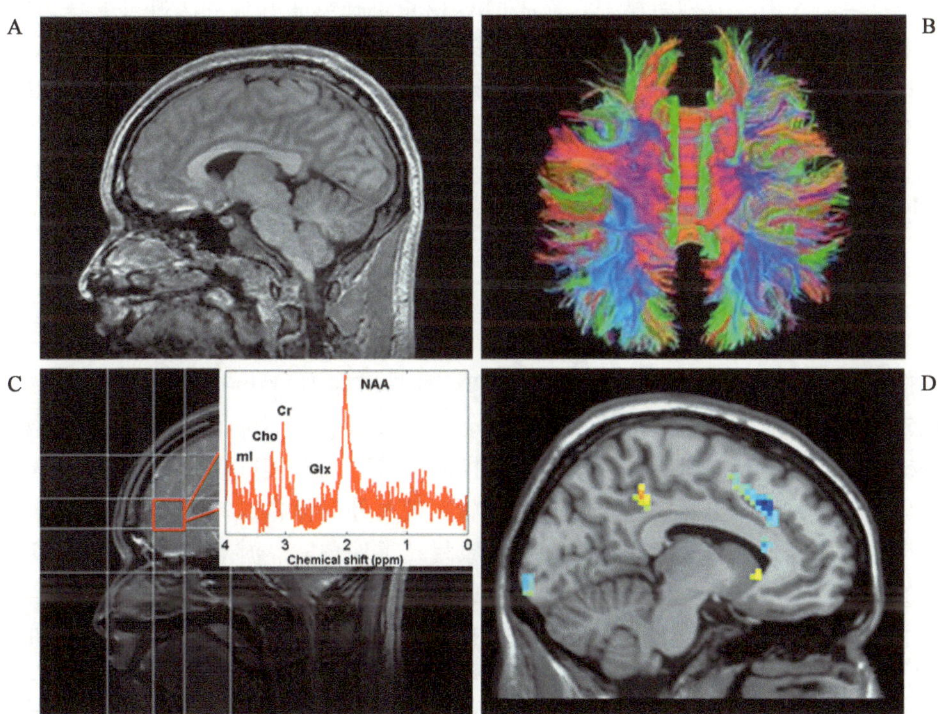

图 16-1　功能磁共振成像模态示意图

A. T1 磁共振成像结构图像；B. 弥散张量成像图示；C. 磁共振波谱成像图示；D. 彩色标记的区域为基于功能磁共振成像得到的脑活动区域叠加到 T1 像后的显示示例

PET 通过将某些代谢物质，如葡萄糖、蛋白质、核酸、脂肪酸，标记上短衰期的放射性核素（如 ^{18}F、^{11}C 等），注射到人体后，放射性核素衰变时释放出正电子，正电子运动很短一段距离后与人体中带负电荷的电子结合湮灭，产生 2 个反方向运动的 511keV 光子，用探测装置同步探测光子，可以检测出该物质在代谢中的聚集从而反映代谢活动情况。通过设计不同的示踪剂，可以诊断不同的神经疾病。目前最常用的示踪剂是 ^{18}F 标记的氟代脱氧葡萄糖，简称 FDG，可以在人体无创地定量测量局部组织的葡萄糖代谢率，被广泛应用于临床神经和精神疾病的诊断。此外，多巴胺 D2 受体拮抗剂 ^{11}C-raclopride 可用于精神分裂症、帕金森病的诊断（Antonini et al. 1994）。^{11}C-flumazenil 可用于癫痫灶的定位和评价外科癫痫手术的效果（Padma et al. 2004）。2012 年后，FDA 相继批准了示踪剂 florbetaben F18、florbetapir F18、flutemetamol F18 用于阿尔茨海默病患者 β-淀粉样蛋白显像（Kung 2012）。

EEG 是用头皮电极记录的脑细胞群的自发性、节律性电活动。EEG 具有毫秒级的时间分辨率，而导联数最多已达到 512，已被广泛应用于癫痫、睡眠障碍等脑疾病的诊断及认知神经科学研究中。MEG 主要通过检测脑内神经细胞脉冲电流产生的生物磁场，来间接推算大脑内部的神经电活动。MEG 不易受到介质的影响，所以空间分辨率比 EEG 高，但是 MEG 容易受到环境干扰，需要严密的电磁场屏蔽环境，而且设备较为昂贵笨重。

目前，联合应用多种成像技术的多模式成像技术取得了很大的成功。PET/CT 是 PET 扫描仪和螺旋 CT 设备功能的一体化完美融合，由 PET 提供功能与代谢信息，CT 提供解剖结构信息，应用于癫痫灶的定位、帕金森病、阿尔茨海默病等疾病的诊断。针对 CT 软组织分辨率差、X 射线辐射等缺点，PET/MRI 设备也在近年问世。2011 年，美国 FDA 批准了世界上首个同机融合的全身型 PET/MRI——西门子 Biograph mMR 系统。另外，飞利浦公司也推出了 Ingenuity TF PET/MR，该机型采用串联式结构，顺序采集 MRI 和 PET 图像，依靠软件来进行图像配准与融合。2015 年，GE 公司也推出了 PET/MRI 一体机 SIGNA PET/MR。此外，同步 EEG-fMRI 技术将高时间分辨率 EEG 和高空间分辨率 fMRI 相结合，成为最近脑功能成像的研究热点，被广泛应用于神经科学的各个领域。

16.2 脑 机 接 口

脑机接口（brain-computer interface，BCI；有时也称为 brain-machine interface），是指不依赖外围神经和肌肉等神经通道，在人或动物的大脑与外部设备之间创建的直接连接通路。脑机接口实质上是一种神经活动解码和控制系统，它直接接收大脑活动的信号，通过信号处理算法进行信号分析和特征提取，最后实现对外界设备的控制。它可为神经肌肉障碍患者提供一条与外界沟通的途径，在运动康复、虚拟现实、游戏娱乐及航空等领域也具有重要的潜在价值。

根据获取大脑神经信号的方式，脑机接口可以分为侵入式脑机接口和非侵入式脑机接口。侵入式脑机接口主要依赖完全植入（大脑皮层）的电极或皮层脑电（electrocorticography，ECoG）。植入大脑皮层的电极往往采用微电极阵列，空间分辨率高，所获取的神经信号质量也比较高。但其缺点是容易引发免疫反应和愈伤组织（疤），进而导致信号质量的衰退甚至消失。

2005 年，Cyberkinetics 公司获得美国 FDA 批准，在 9 位患者身上进行了第一期的运动皮层脑机接口临床试验。瘫痪患者 Matt Nagle 成为了第一位用侵入式脑机接口来控制机械臂的患者，John Donoghue 领导的研究小组将一个包含 96 个电极的微电极阵列植入了

Matt Nagle 的大脑运动皮层，通过训练，Matt Nagle 可以通过思维来控制电视机、假肢和电脑光标（Hochberg et al. 2006）。皮层脑电则需要在颅腔内皮层表面放上电极（将电极放在大脑皮层的表面但不植入大脑），虽然仍需要开颅手术，但是避免了植入电极对皮层神经元的直接损伤，引发免疫反应和愈伤组织的概率较小，然而空间分辨率不如微电极阵列（图 16-2）。华盛顿大学（圣路易斯）的 Daniel Moran 研究小组最早在人体试验了基于皮层脑电图的脑机接口，4 名患者实现了通过皮层脑电对一维电脑光标的控制（Leuthardt et al. 2004）。真正能为大多数使用者接受的是基于头皮脑电的非侵入式脑机接口，也是目前脑机接口研究的主流方向。虽然头皮脑电获取方便，但是空间分辨率低，信号微弱，要从极其有限的导联且微弱的信号中获取有用的信息十分困难。目前，用于脑机接口控制的脑电特征包括 P300、视觉诱发电位（visual evoked potential，VEP）、事件相关去同步或同步[event-related(de)synchronization，ERD/ERS]、皮层慢电位（slow cortical potential，SCP）和 μ 节律等。P300 和 VEP 都属于诱发电位，几乎不需要进行训练，其信号检测和处理方法较简单且正确率较高，不足之处是需要额外的刺激进行诱发，依赖于人的某种知觉（如视觉），并且诱发电位会随着刺激的不断重复呈现出一定的适应性。其他几类信号的优点是可以不依赖外部刺激就可产生，但被试需要大量的特殊训练。目前，美国明尼苏达大学贺斌团队实现了由大脑控制直升机，通过想象左手握拳、右手握拳、左右手同时握拳、左右手都不握拳来控制飞机的左、右、上、下 4 个方向（LaFleur et al. 2013）。脑机接口的另一个问题是它会受到受试者生理状态的影响，不同的受试者甚至同一受试者在不同时间的脑电特征都可能不同，因而适用的脑机接口参数也是不同的。而对于脑卒中、截肢等患者，大脑的可塑性变化更大，所以脑机接口用于患者将面临很多挑战。

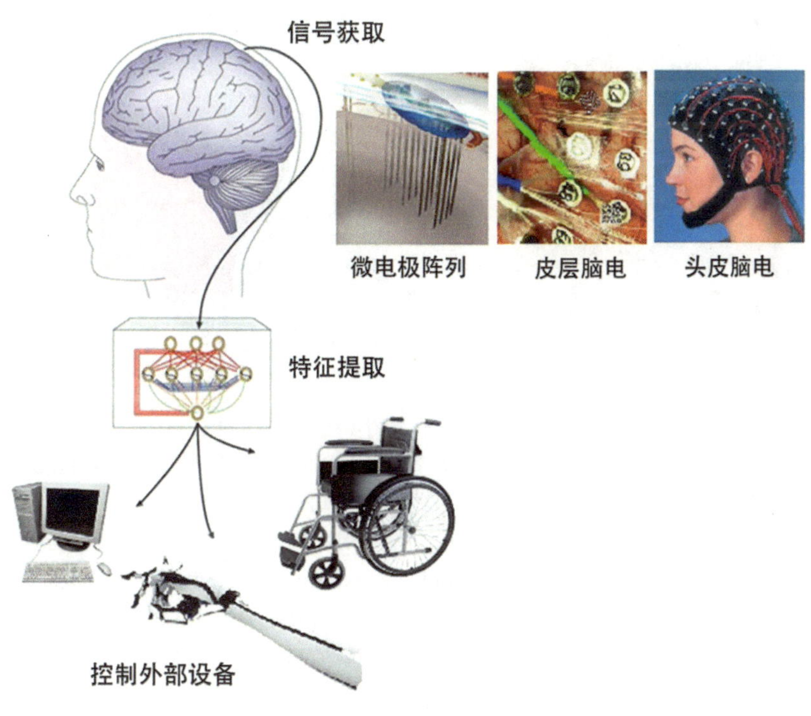

图 16-2　脑机接口示意图

16.3 神经计算与建模

神经计算和建模是指结合神经影像和神经电生理数据，采用数学理论、模型和分析方法在不同层次（从离子通道、单个神经元、神经元集群、脑功能区域及全脑）上研究大脑的工作原理，是一个包括神经科学、影像学、电生理、信息科学、数学和物理等多学科交叉的研究方向，强调脑活动和脑结构的定量化研究。人类大脑由约 10^{11} 个神经元和约 10^{15} 个突触连接构成，是一个高度复杂的动力学系统，具有丰富分层和模块化结构、时空结构，以及动力学行为（图 16-3）。对大脑的理解仅靠有限实验观察到的电生理和神经影像数据来进行描述是远远不够的，需要有计算理论和模型对实验数据进行刻画、综合、演绎和验证，从而更为深入地认识脑的工作机制。神经的理论和计算模型主要有三类：描述性模型（如神经信号分析、神经元集群的编码解码等）用于定量地刻画实验数据；计算理论（如从

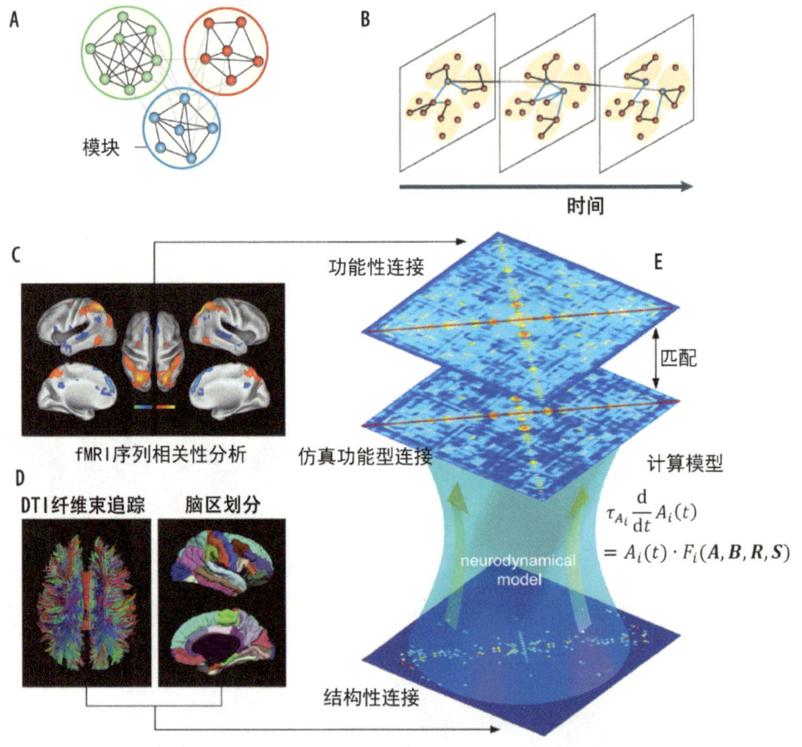

图 16-3 神经影像与脑网络分析示意图（改自 Deco et al. 2013，2015）

A. 图中每个节点表示一个感兴趣脑区，节点之间的连线表示对应脑区之间存在功能性或结构性连接。脑网络存在类似于图中的模块化结构，即同一模块内的节点之间连接紧密，而模块之间的节点之间连接较少。B. 脑网络的动力学行为：脑网络的连接模式随时间不断变化，表现出丰富的动力学行为，这样的动力学行为与脑功能的动态变化相对应。C. 基于 fMRI 的功能性神经影像数据能反映大脑各部位的神经活动，由此可构建功能性脑网络，可以抽象成一个连接矩阵（如 E 中所示）。D. 基于弥散张量成像的神经影像数据可通过追踪脑区之间的神经纤维束连接来量化脑区之间的结构性连接。E. 基于结构性脑连接信息构建脑网络计算模型，通过计算模型又进一步可得到仿真功能性脑网络，并进一步与真实 fMRI 数据得到的功能性脑网络进行比较匹配。通过调整计算模型的参数而使得真实的功能性脑网络和仿真的功能性脑网络达到最佳匹配；基于这样的计算模型可以研究脑网络的动力学特性

计算机学科发展起来的强化学习理论）着眼于从功能上解释和理解大脑的工作过程和机制；脑的生物物理仿真模型是通过构建微分方程或等效电路来描述神经元膜电位、突触、神经网络的（如 Hodgkin 和 Huxley 关于动作电位的粒子电流模型）（Rabinovich et al. 2006；Wang 2010）。

近年来，随着神经影像技术（特别是 MRI）的发展，神经影像和神经计算与建模之间的结合越来越紧密。Watts 和 Strogatz 于 1998 年在 *Nature* 上发表论文，提出了一种小世界网络的模型，并报道了一种小型线虫（*C. elegans*）的神经结构连接网络具有小世界特性（这种网络具有大的聚类系数和小的特征路径长度，分别表示信息在局部网络和全局网络上均具有高的传播效率）（Watts and Strogatz 1998）。随后，这一小世界模型很快被应用于基于神经影像 [特别是功能磁共振（fMRI）和弥散张量成像（DTI）] 的脑网络计算中。大量研究表明，大脑的神经网络（包括功能性脑网络和结构性脑网络）均表现出小世界特性，即有优化的信息传播效率（Bullmore and Sporns 2009）。实际上，脑网络的小世界特性反映了大脑的两个基本组织原则，即功能性分化（segregation）和功能性整合（integration）。

结构性脑网络和功能性脑网络之间的关系，以及功能性神经网络的动力学行为是神经计算和建模的两个重要问题，且这两个问题的研究都主要通过神经影像的建模和计算来进行。当前的脑成像技术只能在神经元集群或功能脑区的尺度上提供大规模的神经结构和神经活动信息，且真实的神经影像数据受测量时间、测量尺度、被试及设备等因素限制，而基于神经计算模型的研究可突破此限制，在更大规模和尺度上研究神经网络的层级和模块结构、动力学特性、结构和功能之间的关系等，为探索脑网络提供了新的途径。目前已有多种基于神经影像的计算模型，如较为常用的神经集群模型（neural mass model）。*NeuroImage* 最近出版了一期脑计算模型专刊，介绍了大量的脑计算模型的方法（Breakspear et al. 2010）。

目前，神经计算和建模仍有很多问题等待进一步研究探索。结构性脑网络是如何形成和限制功能性脑网络的？功能性脑网络是如何反过来塑造结构性脑网络的？发育、老化、学习、精神性疾病或认知训练都会影响脑结构和脑功能，在这些过程中，脑结构和脑功能之间的相互作用关系是什么样的？这些问题都有待进一步探索。

16.4 神经假体

神经假体（neural prosthesis）是一种辅助装置，用来帮助恢复由于神经损伤所造成的功能损失。目前最成功的神经假体当属人工耳蜗，早在 1984 年美国 FDA 就批准了在临床中使用人工耳蜗，现今它已经造福了 10 多万重度失聪的患者。人工耳蜗是一种植入式听觉辅助设备，通过对位于耳蜗内功能尚完好的听神经施加脉冲电刺激而产生一定的声音知觉。人工耳蜗的工作原理是基于耳蜗的频率拓扑（tonotopy）性质。所谓频率拓扑，就是耳蜗的不同部分与不同声音频率的一种规则的对应关系。通过电极阵列刺激耳蜗中听神经的不同位置可以使患者感觉到不同频率的声音。人工耳蜗设备通过麦克风接收外界环境声音，声音经过语音处理器分析后送到信号发射器，而后将经过处理的电子音响信号通过电磁耦合发送给信号接收及解码模块，信号接收及解码模块将接收到的信号转化成驱动电极的电脉冲，通过电线传送到刺激电极，刺激电极阵列置于耳蜗内刺激听神经（图 16-4）。

目前对人工耳蜗的改进一方面是围绕硬件系统展开。目前，各家人工耳蜗公司都在积极研制全植入方式的耳蜗，从而在植入后外观上做到与正常人毫无差异。最近，麻省理工学院联合哈佛大学医学院附属麻省眼耳医院研发了一种无需外置硬件的新型人工耳蜗，该系统不需要由麦克风获取声音，直接由一个小型传感器检测听小骨振动（Yip et al. 2015）。人工耳蜗的改进另一方面是使听到的声音更加丰富、逼真，甚至能使患者欣赏音乐。在时域方面，在基于包络提取来获得时间变化信息过程中加入了声音精细结构的处理。例如，精细结构编码策略（fine structure processing，FSP），可以将人工耳蜗音效提高到接近正常的高清精细水平（Nopp and Polak 2010）。在频域方面，电流驾驶技术（current steering），或者称为“虚拟通道（virtual channel）”，通过调节两个电极释放电流的比值可以产生多个音高感，突破了物理电极数目的限制（目前最多为 22 个电极），为人工耳蜗系统提供了更多的通道，丰富了频域信息（Firszt et al. 2007）。

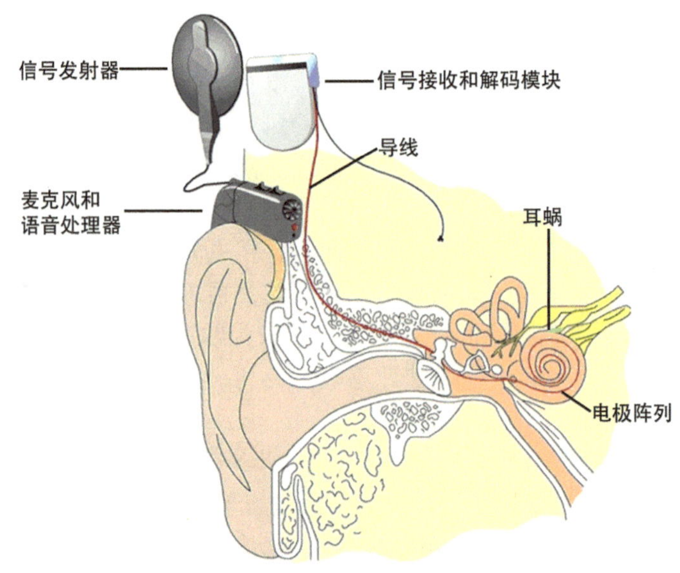

图 16-4　人工耳蜗示意图（改自 Muller 2005）

另一个受到关注的神经假体是视觉假体。视觉假体尝试通过刺激视觉通路上的神经细胞，使盲人产生视觉感受。视觉假体系统与人工耳蜗类似，包括一个视频采集设备、视频处理模块、电刺激编码模块和植入视觉通路特定部位的多电极阵列。视觉假体按照植入部位的不同，大致可以分为视网膜假体、视神经假体和视皮层假体。视网膜假体具有利用光刺激信号处理及传导的自然途径，有利于产生较为准确的视觉感知，但临床应用只限于因视网膜外层病变而引起的失明。视网膜假体又分为视网膜前假体和视网膜下假体。视网膜下假体在视网膜和视网膜色素上皮细胞之间放置电极，刺激视网膜内部的双极细胞、水平细胞及无长突细胞，使得神经信号顺着视网膜网络传输到视网膜神经节细胞。2013 年，德国 Retina Implant AG 公司开发的“Alpha IMS”视网膜下假体在欧洲获得了 CE 标志，用于恢复色素性视网膜变性失明患者的部分视觉。临床试验表明，“Alpha IMS”可以使患者改善物体、方位及人脸识别能力等（图 16-5）。视网膜前假体植入于视网膜的前表面，用来刺激眼睛的输出神经，即神经节细胞。2011 年，欧盟同意美国 Second Sight

公司将他们的视网膜前假体“Augus II”投入临床和市场。2013年，美国FDA也批准了“Augus II”，其成为首个可以在美国使用的商业视觉假体。临床试验中，“Augus II”可以使失明多年的患者恢复一些视觉感知能力，如辨认基本形状，偶尔还能恢复阅读的功能。截至2014年3月，已有80多人植入了“Augus II”系统。视网膜假体以后的改进目标包括提高刺激视觉的空间分辨率、扩大可以感知的视觉区域、长期植入的安全性及有效性等。

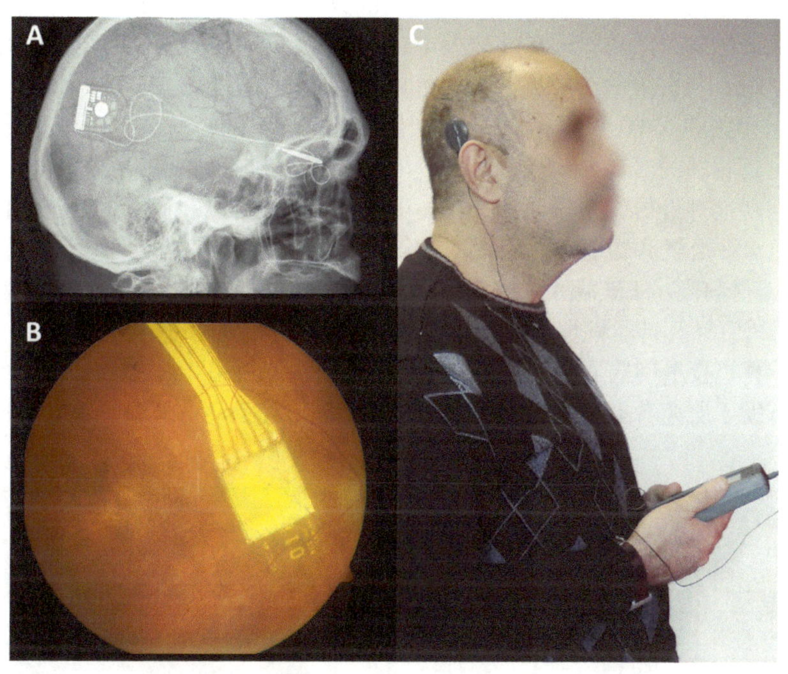

图 16-5 视网膜下假体 Alpha IMS（Stingl et al. 2015）

A. 植入后的X光图像，显示植入电极、导线和接收线圈；B. 植入后的眼底图像；C. 患者可以通过手持控制器打开和关闭植入设备，调节对比度敏感性和亮度

视神经假体突破了视网膜假体植入方法的局限，适合于视网膜的内、外层和神经节细胞层均受到损伤的患者，而且该方案比视皮层假体的危险性要小，视神经的球内段和眶内段位于颅外，手术可以在颅外操作。但是目前视神经假体和视皮层假体都存在一个重要问题，就是视觉信息的编码方式尚不清楚，因此对于电刺激模式与其诱发的视觉感知的映射关系也未知。

16.5 认知神经工程

认知神经科学（cognitive neuroscience）旨在阐明认知活动的脑机制，如注意、情绪、感觉、记忆、学习、语言、决策判断等。而认知神经工程是指用工程学的手段研究认知科学中的具体问题。

认知神经工程采用心理物理学、电生理学、功能神经影像等方法，结合宏观行为学指标（通常包括反应正确率和反应时间）来衡量某种认知活动，并研究其机制。例如，高时间分辨率的生理学方法可以提取出与特定认知活动或过程相关的大脑电信号，主要是事件相关电位（event-related potential，ERP）。事件相关电位的假设是：当对被试施加一种特定的外界刺激时，大脑内部对该刺激信息所做的加工和处理所引起的大脑皮层电位的变化是稳定的。在实际中，头皮记录到的自发脑电信号信噪比较低，由特定刺激所引起的电位活动淹没在随机噪声和更强的自发脑电活动中，但是，当重复施加一种刺激时，头皮脑电中包含的稳定的和该刺激相关的电位活动，通过叠加平均的方法可以得到增强，而随机噪声和自发活动引起的电位变化相对被削弱。当叠加次数足够多时，就可以提取到稳定的与该种刺激相关的显著的电位活动，即事件相关电位。例如，经典的oddball实验发现小概率刺激会诱发一个300ms左右集中在中央区和顶区的正性成分，被称为P300。而Stroop效应会调制早期与注意相关的N100和P100成分，也会影响与语义选择有关的晚期负性成分，这些与认知活动密切相关的ERP成分，已经成为研究认知神经活动机制的重要指标。此外，高空间分辨率的功能神经影像手段（如fMRI、PET等）可以检测脑活动伴随的血流及代谢变化（包括脑血流、血氧和葡萄糖代谢率的变化等），从而揭示与特定认知活动相关的大脑区域（图16-6）。目前同步EEG-fMRI技术使得高时空分辨率地研究认知活动中脑的动态过程成为可能。另外，计算神经科学的进步也给认知神经科学带来新的发展。例如，加拿大科学家利用超级计算机技术创造了一个由250万个模拟的“神经元”组成的人脑的计算模型，这个模型可以有助于研究者更好地了解行为认知与大脑神经活动的关系（Eliasmith et al. 2012）。

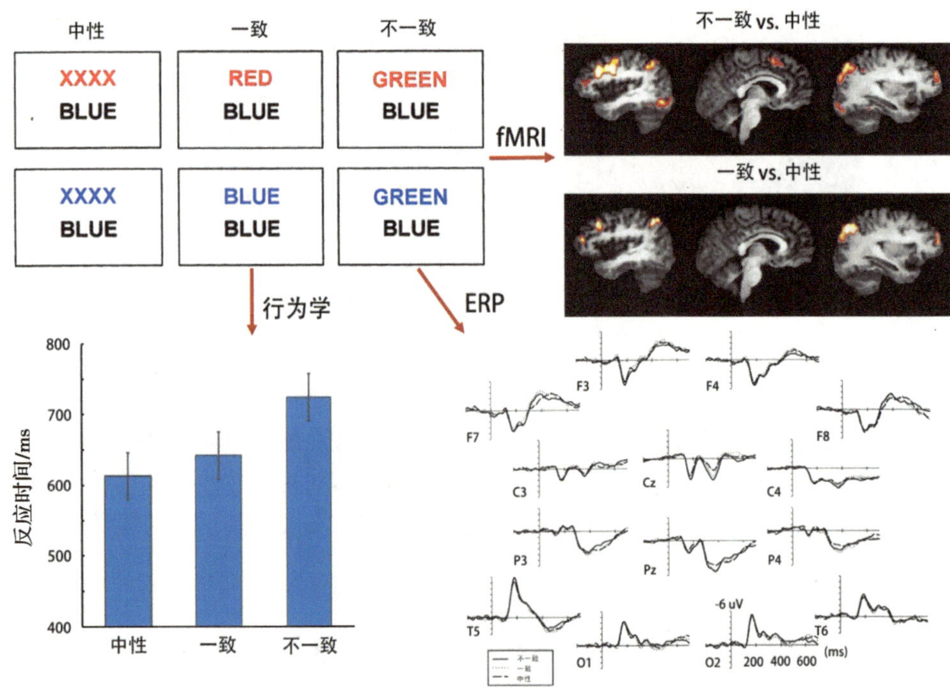

图16-6 Stroop干扰效应的经典实验范式及行为学、ERP、fMRI分析方法

（改自Atkinson et al. 2003；Zysset et al. 2001）

左上图为实验范式，在屏幕上下呈现两个单词，要求判断上面一个单词的颜色是否和下面一行单词的意思一致。上面一排例子应判断为“否”，下面一排例子应判断为“是”。左下图的行为学结果表明当上面一行字的颜色和意思不一致时，反应时间会延长。右上图的fMRI结果发现当颜色和意思冲突时，会激活外侧前额叶、额极区、顶内沟、枕颞外侧回。后下图ERP波形显示在冲突时，中央区和顶叶的P100成分、颞叶的N100成分及额叶的晚期负性成分幅值更大

16.6 神经调控技术

神经调控技术（neuromodulation technique）主要利用声、电、磁或光等刺激手段调节大脑特定神经回路的活动，以达到改变神经系统活动及功能的目的。目前已有的神经调控技术包括深部脑刺激（deep brain stimulation，DBS）、经颅直流电刺激（transcranial direct current stimulation，tDCS）、经颅磁刺激（transcranial magnetic stimulation，TMS）、经颅超声刺激（transcranial ultrasound stimulation，TUS）、光基因（optogenetics）神经调控技术等。

DBS 常被称为“脑起搏器”。将电极植入脑部的靶区域，通过电刺激来调节脑部不正常的活动，从而达到治疗目的。1987 年，Benabid 等第一次成功运用 DBS 刺激患者丘脑来长期治疗帕金森样震颤（Benabid et al. 1987），随后 DBS 技术的研究得到迅速发展。1997 年，美国 FDA 通过了 DBS 作为特发性震颤（essential tremor，ET）的治疗手段，2002 年和 2003 年又分别许可 DBS 治疗帕金森症和肌张力失常（dystonia）。除了多种运动紊乱症，DBS 还可能治疗各种精神疾病，如慢性疼痛、重度抑郁症、强迫症等。关于 DBS 治疗抑郁症的尝试也已经有不少进展。2011 年，美国 Mayberg 研究小组开展的临床试验发现，DBS 可以缓解甚至逆转重度抑郁症患者的病情（Mayberg et al. 2005），并且治疗效果可以长期维持（Crowell et al. 2015；Kennedy et al. 2011）。DBS 在强迫症治疗方面的研究也已经开展了 10 多年，2014 年，Kisely 教授总结了目前的研究进展，认为 DBS 可部分缓解强迫症症状，患者治疗后的耶鲁布朗强迫症症状量表测量值下降（Kisely et al. 2014）。但是该方面的研究目前仍处于小规模的试验阶段，获得的临床资料有限，治疗效果也不稳定。

虽然 DBS 治疗已经在临床中应用，但是其机制仍然未知。目前的主流假说是 DBS 的抑制学说，认为 DBS 抑制了神经元的活动，减少了来自刺激部位的输出（Lozano and Eltahawy 2004）。而越来越多的证据表明 DBS 更可能抑制了复杂神经网络。例如，高频 DBS 抑制了帕金森症病理性的低频网络节律，使神经元按照刺激频率放电（McConnell et al. 2012）。最新的研究表明，帕金森症会导致运动皮层神经元放电与 β 节律的相位过度同步，而 DBS 治疗可以抑制这种运动皮层神经元的过度相位锁定（de Hemptinne et al. 2015）（图 16-7）。

虽然 DBS 可以治疗很多神经疾病，但它需要进行开颅手术，手术过程中需要对电极进行精确定位，技术要求很高。另外电极长期植入脑部，存在并发症和不良反应的问题（Appleby et al. 2007）。脑部电刺激可以治疗疾病，反之也可能引起、头痛、麻痹、感觉异常、意识紊乱、情绪改变、癫痫、抑郁症等精神问题。

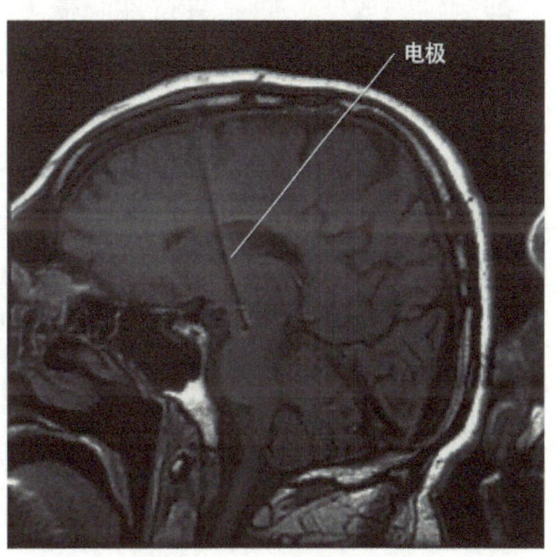

图 16-7　对丘脑底核进行深部脑刺激治疗帕金森症（Kawakami et al. 2005）

tDCS 将两个表面电极（阳极和阴极）放置于头皮上，利用恒定的低强度直流电（1~2mA）来调节大脑皮层的神经元活动。阳极刺激通常使皮层的兴奋性提高，阴极刺激则降低皮层的兴奋性，并通过调节电流强度、刺激部位、电极面积来改变刺激效果。tDCS 技术在神经康复领域中的应用逐渐得到推广，研究发现，tDCS 对于脑卒中后肢体运动障碍、认知障碍、失语症，以及阿尔茨海默病（老年痴呆）、帕金森症及抑郁症、精神分裂症等精神疾病都有不同程度的治疗作用。

TMS 通过外加磁场，利用不同的刺激频率分别达到兴奋或抑制大脑皮层的目的。1985 年，Barker 等首次将 TMS 成功应用在人体大脑。目前，TMS 已经在治疗精神疾病上得到广泛的应用，包括精神分裂症、抑郁症、强迫症、躁狂症、创伤后应激障碍等，其中用于抑郁症的治疗已经通过了美国 FDA 认证。此外，对脊髓损伤、帕金森症、癫痫、脑卒中后康复、外周神经康复、神经性疼痛等有不错的治疗效果。目前用于治疗的基本为重复性 TMS（repetitive transcranial magnetic stimulation，rTMS）。rTMS 的作用与频率有关，高频（＞1Hz）rTMS 能增强皮层兴奋性，低频（≤1Hz）rTMS 则能减弱皮层兴奋性。TMS 具有无痛、无损伤、操作简便、安全可靠等优点，但其空间分辨率较低，大约为 1cm，并且穿透深度也只有 2cm 左右，无法刺激深部神经元。此外，值得一提的是 TMS 可能小概率（约千分之一）地诱发脑癫痫放电。

TUS 被认为是一种很有潜力的大脑刺激方案，目前仍处于动物实验研究阶段，其优势在于确保无创地刺激时仍具有高的空间分辨率，其精度高达毫米，可以对特定功能区域的脑组织进行刺激。2010 年，Tufail 等在小鼠上使用经颅超声脉冲直接刺激小鼠运动皮层，观测到明显的肌肉收缩。随后采用类似的方法刺激小鼠大脑深部海马区域，结果也检测到神经元兴奋放电现象。2011 年，Yoo 等采用低强度聚焦超声经颅刺激兔子的运动皮层，同样能够引发兔子的运动皮层兴奋，并且尝试不同的刺激参数，发现超声还能够抑制兔视觉皮层的兴奋性。

光基因神经调控技术是一种整合了基因工程学、电生理学、光学和电子工程技术的全新的多学科交叉的生物技术手段，2008 年被 *Nature Methods* 评为十大前沿生物技术。与其他神经调控技术相比，具有快速、精确等优点。2005 年，美国斯坦福大学 Karl Deisseroth 研究小组将一种从绿藻提取的光敏蛋白 Channelrhodopsin-2（ChR2）用病毒转染的方法转入哺乳动物细胞内并稳定表达，这种光敏感的阳离子通道蛋白可以使细胞对 450~490nm 波长的蓝光敏感而兴奋（Boyden et al. 2005）；此外，他们将另一种由团藻提取的光敏蛋白 *Natronomonas pharaonis*（NpHR）转入细胞，所编码的氯离子通道蛋白在 573~613nm 波长的黄光作用下能抑制细胞放电，使其兴奋性降低（Zhang et al. 2007）。这样，利用不同波长的光可以对特定神经回路中的细胞活性实现多模态高精度的调控（兴奋或抑制），并在活体动物上实现了对神经回路进行精确的干预和调控。光基因神经调控技术应用于神经系统疾病干预方面的研究已经起步。例如，将 ChR2 导入缺失光感受器的视网膜退化病变动物模型中的视网膜双极细胞，表达有 ChR2 的双极细胞可以产生光敏感并诱发神经节细胞的动作电位，部分恢复视觉功能（Lagali et al. 2008）；在海马或皮层导入 NpHR 可以调控异常动作电位的发放从而控制癫痫样的活动（Tonnesen et al. 2009）。2009 年，光基因技术首次应用于灵长类动物，在长达 8 个月的试验中，光基因技术长期有效并未损伤神经系统（Han et al. 2009）。

那么，除光敏蛋白外，是否有声敏蛋白、磁敏蛋白可以用来实现神经调控呢？2015 年 9 月 14 日，清华大学学者发表了关于磁基因神经调控技术的研究①，该技术当然是一项

① Chinese scientists row over long-sought protein that senses magnetism，http：//www. nature. com/news/chinese-scientists-row-over-long-sought-protein-that-senses-magnetism-1. 18397

重要的发现，但他们使用的磁基因蛋白来自于北京大学谢灿教授的课题组，磁基因蛋白的工作还在审稿中而未正式发表，所以清华学者抢先发表的该论文被质疑违反了学术诚信和学术规范。一天后，Ibsen 等在 *Nature Communications* 发表关于声基因调控技术的研究（Ibsen et al. 2015）。这两项技术为神经调控提供了新的利器。光基因技术因为需要将光纤插入目标区域，属于有创的技术。磁基因技术施加磁场会干扰神经活动电信号的记录，这将限制其在某些研究上的应用。声基因技术和磁基因技术一样无侵入，且声属于机械波，不和电场磁场相干扰；但因超声在空气中传播时衰减很快，往往需要在超声探头和组织之间添加耦合剂才能使超声有效地传播，这会限制声基因技术在某些研究上的应用。光基因技术、磁基因技术和声基因技术都需要转录光敏、磁敏或声敏蛋白到神经元，这一过程可能带来生理毒性等问题。近年来，新的神经调控技术不断涌现，这些技术或将为改变神经科学研究和神经疾病治疗带来革命性的发展。

16.7 神经康复工程

康复工程是工程学在康复医学领域中的应用，是运用工程技术方法，恢复、代偿或重建患者的功能。对由于脑血管意外（如脑卒中）和脊髓损伤，以及意外损伤造成的肢体伤残（如偏瘫、截肢），借助工程手段是目前主要的（有时甚至是唯一的）康复方法。在这里我们主要介绍康复机器人。

康复机器人是工业机器人和医用机器人的结合，可分为康复训练型机器人及辅助型康复机器人。康复训练型机器人主要是代替康复治疗师帮助患者完成各种主动、被动康复训练，与人工帮助训练相比，康复训练型机器人可以进行长时间高强度重复繁杂的训练、精确及个性化的训练及远程家庭式训练。康复训练型机器人通常按照训练部位和功能进行设计，如行走训练、手及上肢运动训练、脊椎运动训练、颈部运动训练等。辅助型康复机器人帮助肢体运动障碍患者完成各种动作，如智能假肢、智能轮椅、导盲机器人、服务机器人等。

神经康复机器人的研究要追溯到 20 世纪的 80 年代。1989 年，美国麻省理工学院开始着手开发用于神经康复的机器人，第一代 MIT-MANUS 诞生，并于 1994 年在纽约 Berke 康复医院用于临床（Hogan et al. 1995）。以上肢康复机器人来说，早期多为末端牵引式系统，即一种以普通连杆机构或串联机器人机构为主体，使机器人末端与患者手臂连接，通过机器人运动带动患者上肢运动来达到康复训练目的的机械系统。这种结构简单、易于控制、价格低廉，但系统与患者相对独立、自由度较少。例如，美国麻省理工学院的 MIT-MANUS 目前包含了 2 个自由度的臂平面运动和 2 个自由度的腕关节运动（Krebs et al. 2007）；美国斯坦福大学的 MIME 可以采集健侧上肢运动的轨迹，镜像到患侧，辅助患侧进行运动（Burgar et al. 2000）；欧洲的 GENTLE/S 使用绳索悬臂，减轻手臂重量对机器人产生的阻力，主要对肩关节与肘关节进行训练（Harwin et al. 2001）。目前这些系统都已经开始了临床康复试验研究，部分已应用于治疗中。例如，大量临床应用表明 MIT-MANUS 系统可以促进脑卒中患者偏瘫上肢的运动功能康复，且康复效果优于常规的康复训练（Fasoli et al. 2003；Lo et al. 2010）。从 21 世纪初起，外骨骼式康复机器人系统，因具有类似人肢体的仿生学外骨骼结构、更真实的模拟运动，受到了广泛的重视，如美国亚利桑那大学研发的 RUPERT（5 个自由度：肩关节屈 / 伸、肘关节屈 / 伸、前臂转动、腕内 / 外摆动、上臂旋内 / 外）(Sugar et al. 2007)、美国华盛顿大学研发的 CADEN-7（7 个自由度：肩关节屈 / 伸、肩关节旋内 / 外、上臂旋转、肘关节屈 / 伸、前臂转动、腕关节屈 / 伸、外展 / 内收）(Perry et al. 2007)、美国西北大学研发的 IntelliArm（10 个自由度：上下运动、肩关节屈 / 伸、旋内 / 外、上臂转动、肘屈 / 伸、转动、腕关节外展 / 内收、手的抓 / 放，以及 2 个自由度的水平运动）(Ren et al. 2009 ）等，但目前这些系统仍处于样机设计及性能分析研究阶段。在脑卒中康复研究中，已证明机电动力的外骨骼装置能改善脑卒中后的步态恢复（Mehrholz and Pohl 2012）；人工气动肌肉驱动的上肢康复机器人可以实现患者基本的功能训练及日常活动（Bishop and Stein 2013）(图 16-8)。

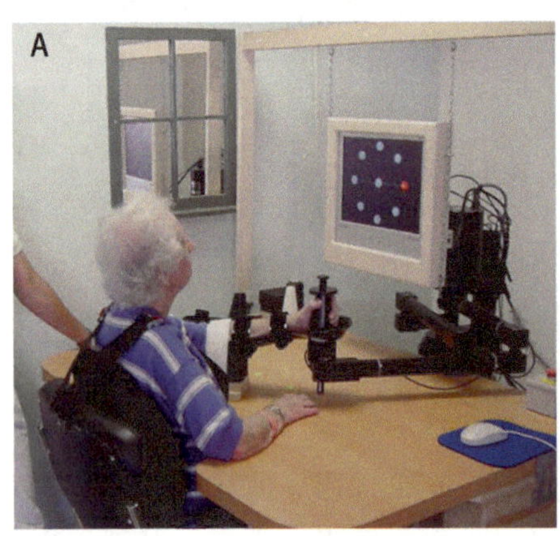

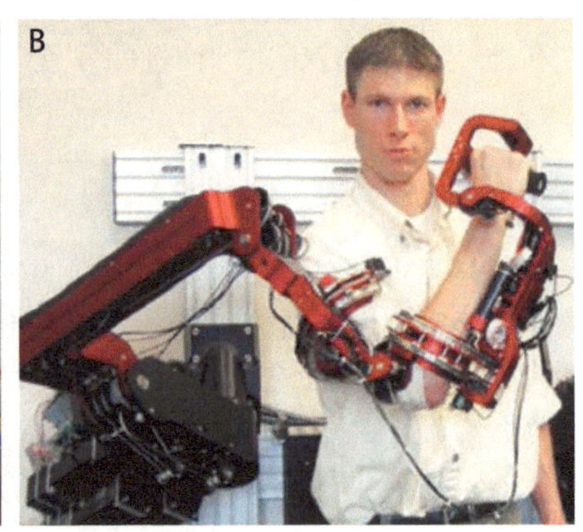

图 16-8　神经康复机器人示例

A. 末端牵引式康复机器人 MIT-MANUS（Krebs et al. 2007）；B. 外骨骼式康复机器人 CADEN-7（Perry et al. 2007）

辅助型康复机器人最受到关注的当属智能假肢。智能假肢需具有以下特性：①患者能自动控制假肢，使假肢与原来的肢体功能更接近；②具备较好的仿真造型，美观耐用。世界上已有多家假肢与机器人公司开发了多功能的机电一体化假肢。例如，英国 Touch Bionics 公司的假肢手 i-LIMB 有 5 个可以独立控制的手指；英国 Shadow Robot 公司的 Shadow 手有 24 个自由度；哈尔滨工业大学的 DLR/HIT II 灵巧手由 5 个相同结构的模块化手指和 1 个独立的手掌构成，每个手指有 4 个关节、3 个自由度。目前智能假肢的控制基本都基于体表肌电（electromyogram，EMG），另外脑机接口与外周神经接口（peripheral nerve interface，PNI）都具有实现假肢控制的潜能。其中，脑机接口方法直接从大脑皮层测量神经电信号或从头皮表面测量脑电信号作为假肢控制信号；外周神经接口方法通过植入肢体内的电极直接测量周围神经所传输的神经电信号作为假肢控制信号。2013 年，*Lancet* 杂志上报道了 Jennifer Collinger 等研究人员的一项临床研究，一名 52 岁的长期瘫痪女性通过基于微电极阵列的脑机接口系统控制机械臂完成了一系列日常生活活动，她能精确地进行够物，调整机械臂的开口大小，抓取不同形状和尺寸的物体，并可以将物体移动到操作空间内的任何地方（Collinger et al. 2013）。2014 年，美国国防部高级研究计划局（DARPA）宣布“手的本体感觉与触觉接口”（hand proprioception and touch interface，HAPTIX）计划，希望通过外周神经接口技术来控制假肢，并反馈真实的“感觉”。

参考文献

Antonini A, Schwarz J, Oertel W H, et al. 1994. [11C]raclopride and positron emission tomography in previously untreated patients with Parkinson's disease: influence of L-dopa and lisuride therapy on striatal dopamine D2-receptors. Neurology, 44 (7): 1325-1329.

Appleby B S, Duggan P S, Regenberg A, et al. 2007. Psychiatric and neuropsychiatric adverse events associated with deep brain stimulation: a meta-analysis of ten years' experience. Mov Disord, 22 (12): 1722-1728.

Atkinson C M, Drysdale K A, Fulham W R. 2003. Event-related potentials to Stroop and reverse Stroop stimuli. Int J Psychophysiol, 47 (1): 1-21.

Benabid A L, Pollak P, Louveau A, et al. 1987. Combined (thalamotomy and stimulation) stereotactic surgery of the VIM thalamic nucleus for bilateral Parkinson disease. Appl Neurophysiol, 50 (1-6): 344-346.

Bishop L, Stein J. 2013. Three upper limb robotic devices for stroke rehabilitation: a review and clinical perspective. Neuro Rehabilitation, 33 (1): 3-11.

Boyden E S, Zhang F, Bamberg E, et al. 2005. Millisecond-timescale, genetically targeted optical control of neural activity. Nat Neurosci, 8 (9): 1263-1268.

Breakspear M, Jirsa V, Deco G. 2010. Computational models of the brain: from structure to function. Neuroimage, 52 (3): 727-730.

Bullmore E, Sporns O. 2009. Complex brain networks: graph theoretical analysis of structural and functional systems. Nat Rev Neurosci, 10 (3): 186-198.

Burgar C G, Lum P S, Shor P C, et al. 2000. Development of robots for rehabilitation therapy: the Palo Alto VA/Stanford experience. J Rehabil Res Dev, 37 (6): 663-673.

Collinger J L, Wodlinger B, Downey J E, et al. 2013. High-performance neuroprosthetic control by an individual with tetraplegia. Lancet, 381 (9866): 557-564.

Crowell A L, Garlow S J, Riva-Posse P, et al. 2015. Characterizing the therapeutic response to deep brain stimulation for treatment-resistant depression: a single center long-term perspective. Front Integr Neurosci, 9: 41.

de Hemptinne C, Swann N C, Ostrem J L, et al. 2015. Therapeutic deep brain stimulation reduces cortical phase-amplitude coupling in Parkinson's disease. Nat Neurosci, 18 (5): 779-786.

Deco G, Ponce-Alvarez A, Mantini D, et al. 2013. Resting-state functional connectivity emerges from structurally and dynamically shaped slow linear fluctuations. J Neurosci, 33 (27): 11239-11252.

Deco G, Tononi G, Boly M, et al. 2015. Rethinking segregation and integration: contributions of whole-brain modelling. Nat Rev Neurosci, 16 (7): 430-439.

Eliasmith C, Stewart T C, Choo X, et al. 2012. A large-scale model of the functioning brain. Science, 338 (6111): 1202-1205.

Fasoli S E, Krebs H I, Stein J, et al. 2003. Effects of robotic therapy on motor impairment and recovery in chronic stroke. Arch Phys Med Rehabil, 84 (4): 477-482.

Firszt J B, Koch D B, Downing M, et al. 2007. Current steering creates additional pitch percepts in adult cochlear implant recipients. Otol Neurotol, 28 (5): 629-636.

Han X, Qian X, Bernstein J G, et al. 2009. Millisecond-timescale optical control of neural dynamics in the nonhuman primate brain. Neuron, 62 (2): 191-198.

Harwin W, Loureiro R, Amirabdollahian F, et al. 2001. The GENTLE/S project: a new method of delivering neuro-rehabilitation. 5th European Conference for the Advancement of Assistive Technology: added value to the quality of life (AAATE '01). Amsterdam: IOS Press.

Hochberg L R, Serruya M D, Friehs G M, et al. 2006. Neuronal ensemble control of prosthetic devices by a human with tetraplegia. Nature, 442 (7099): 164-171.

Hogan N, Krebs H I, Sharon A, et al. 1995. Interactive robot therapist. MIT Patent: #5, 466, 213, USA.

Ibsen S, Tong A, Schutt C, et al. 2015. Sonogenetics is a non-invasive approach to activating neurons in *Caenorhabditis elegans*. Nat Commun, 6: 8264.

Kawakami N, Jessen H, Bordini B, et al. 2005. Deep brain stimulation of the subthalamic nucleus in Parkinson's disease.

WMJ，104（6）：35-38.

Kennedy S H，Giacobbe P，Rizvi S J，et al. 2011. Deep brain stimulation for treatment-resistant depression：follow-up after 3 to 6 years. Am J Psychiatry，168（5）：502-510.

Kisely S，Hall K，Siskind D，et al. 2014. Deep brain stimulation for obsessive-compulsive disorder：a systematic review and meta-analysis. Psychol Med，44（16）：3533-3542.

Krebs H I，Volpe B T，Williams D，et al. 2007. Robot-aided neurorehabilitation：a robot for wrist rehabilitation. IEEE Trans Neural Syst Rehabil Eng，15（3）：327-335.

Kung H F. 2012. The beta-amyloid hypothesis in alzheimer's disease：seeing is believing. ACS Med Chem Lett，3（4）：265-267.

LaFleur K，Cassady K，Doud A，et al. 2013. Quadcopter control in three-dimensional space using a noninvasive motor imagery-based brain-computer interface. J Neural Eng，10（4）：046003.

Lagali P S，Balya D，Awatramani G B，et al. 2008. Light-activated channels targeted to ON bipolar cells restore visual function in retinal degeneration. Nat Neurosci，11（6）：667-675.

Leuthardt E C，Schalk G，Wolpaw J R，et al. 2004. A brain-computer interface using electrocorticographic signals in humans. J Neural Eng，1（2）：63-71.

Lo A C，Guarino P D，Richards L G，et al. 2010. Robot-assisted therapy for long-term upper-limb impairment after stroke. N Engl J Med，362（19）：1772-1783.

Lozano A M，Eltahawy H. 2004. How does DBS work？ Suppl Clin Neurophysiol，57：733-736.

Mayberg H S，Lozano A M，Voon V，et al. 2005. Deep brain stimulation for treatment-resistant depression. Neuron，45（5）：651-660.

McConnell G C，So R Q，Hilliard J D，et al. 2012. Effective deep brain stimulation suppresses low-frequency network oscillations in the basal ganglia by regularizing neural firing patterns. J Neurosci，32（45）：15657-15668.

Mehrholz J，Pohl M. 2012. Electromechanical-assisted gait training after stroke：a systematic review comparing end-effector and exoskeleton devices. J Rehabil Med，44（3）：193-199.

Muller J. 2005. Technical devices for hearing-impaired individuals：cochlear implants and brain stem implants–developments of the last decade. GMS Curr Top Otorhinolaryngol Head Neck Surg，4：Doc04.

Nopp P，Polak M. 2010. From electric acoustic stimulation to improved sound coding in cochlear implants. Adv Otorhinolaryngol，67：88-95.

Padma M V，Simkins R，White P，et al. 2004. Clinical utility of ^{11}C-flumazenil positron emission tomography in intractable temporal lobe epilepsy. Neurol India，52（4）：457-462.

Perry J C，Rosen J，Burns S. 2007. Upper-limb powered exoskeleton design. IEEE/ASME Transactions on Mechatronics，12（4）：408-417.

Rabinovich M I，Varona P，Selverston A I，et al. 2006. Dynamical principles in neuroscience. Reviews of Modern Physics，78（4）：1213-1265.

Ren Y P，Park H S，Zhang L Q. 2009. Developing a whole-arm exoskeleton robot with hand opening and closing mechanism for upper limb stroke rehabilitation. IEEE Int Conf Rehabil Robot：761-765.

Stingl K，Bartz-Schmidt K U，Besch D，et al. 2015. Subretinal visual implant Alpha IMS—clinical trial interim report. Vision Res，111（Pt B）：149-160.

Sugar T G，He J，Koeneman E J，et al. 2007. Design and control of RUPERT：a device for robotic upper extremity repetitive therapy. IEEE Trans Neural Syst Rehabil Eng，15（3）：336-346.

Tonnesen J，Sorensen A T，Deisseroth K，et al. 2009. Optogenetic control of epileptiform activity. Proc Natl Acad Sci USA，106（29）：12162-12167.

Tufail Y，Matyushov A，Baldwin N，et al. 2010. Transcranial pulsed ultrasound stimulates intact brain circuits. Neuron，66（5）：681-694.

Wang X J. 2010. Neurophysiological and computational principles of cortical rhythms in cognition. Physiol Rev，90（3）：1195-1268.

Watts D J，Strogatz S H. 1998. Collective dynamics of 'small-world' networks. Nature，393（6684）：440-442.

Yip M，Jin R，Nakajima H H，et al. 2015. A fully-implantable cochlear implant SoC with piezoelectric middle-ear sensor and arbitrary waveform neural stimulation. IEEE J Solid-State Circuits，50（1）：214-229.

Yoo S S，Bystritsky A，Lee J H，et al. 2011. Focused ultrasound modulates region-specific brain activity. Neuroimage，56（3）：1267-1275.

Zhang F，Wang L P，Brauner M，et al. 2007. Multimodal fast optical interrogation of neural circuitry. Nature，446（7136）：633-639.

Zysset S，Muller K，Lohmann G，et al. 2001. Color-word matching Stroop task：separating interference and response conflict. Neuroimage，13（1）：29-36.

（童善保　郭晓莉　孙俊峰　李　瑶）

17

核医学分子影像在肿瘤诊疗中的应用

恶性肿瘤是人类疾病最常见的致死原因之一。由于恶性肿瘤的发生机制极其复杂，至今尚无诊疗良策，严重威胁人类生存与健康。目前认为，在细胞发生恶性转换的过程中，可能涉及机体各种正常生理、病理反应系统中各种调节因子、信号通路的调节和参与，包括炎症反应、免疫反应、神经调节等。然而，尽管恶性肿瘤发生各不相同，但均具有一些基本特征。包括：生长信号的自给自足（self-sufficiency in growth signal）；抗增殖信号耐受（insensitivity to antigrowth signal）；细胞死亡耐受（resisting cell death）；无限复制能力（limitless replicative potential）；持续的血管生成能力（sustained angiogenesis）；组织侵袭和转移能力（tissue invasion and metastasis）；免疫逃避杀伤（avoiding immune destruction）；促进肿瘤的炎症（tumor promotion inflammation）；细胞能量代谢异常（deregulating cellular energetics）；基因组不稳定和突变（genome instability and mutation）等。

核医学分子影像（nuclear medicine and molecular imaging）是通过示踪技术对疾病进行无创伤性诊断的一种显像方法，具有探测灵敏度高、无创伤、反映机体生理或病理功能等特点。作为现代医学影像的新技术，通过运用影像学手段显示组织、细胞和亚细胞水平的特定分子，反映活体状态下分子水平的动态变化，对其生物学行为在影像方面进行定性和定量研究。该手段已经逐渐被越来越多的科学家当作一种研究、验证和实现转化医学目标的重要工具，以及开发新药物和治疗方法最重要的必要手段之一。

而随着肿瘤分子生物学研究和计算机科学等技术的发展，特别是融合显像仪器的问世，如PET/CT、PET/MRI、SPECT/CT等融合显像设备的商品化与普及应用，核医学分子显像对恶性肿瘤细胞某些基本特征的阐述成为临床核医学的一个重要内容。目前，以^{18}F-FDG PET/CT为代表的分子影像学技术已在临床推广应用，并成为连接分子生物学等基础学科与现代临床医学的重要桥梁，对现代和未来医学模式产生了革命性影响。

17.1 PET/CT显像

正电子核素在衰变过程中发射正电子，这种正电子在组织中运行很短距离后，即与周围物质中的电子相互作用，发生湮没辐射，发射出方向相反、能量相等（511keV）的两个光子。正电子发射型电子计算机断层（positron emission computed tomography，PET）是采用一系列成对的互成180° 排列并与符合线路相连的探测器来探测湮没辐射光子，从而获得机体内正电子核素的断层分布图，显示病变的位置、形态、大小、代谢和功能等，对疾病进行诊断。常用的正电子核素如^{11}C、^{13}N、^{15}O、^{18}F等多为机体组成的基本元素的同位素，临床应用较为广泛，这些核素标记的某些代谢底物或药物不改变标记物本身的生物学

性质，使其具有类似的生理与生化特性，可以准确地揭示活体组织的代谢功能。

PET/CT 是集 PET 和 CT 为一体的融合性显像设备，可以同时显示靶器官细微的组织结构和生化与代谢变化、受体分布与基因表达等（Delbeke et al. 2006）。同机 CT 不仅可以提供局部组织的解剖结构定位，弥补 PET 图像定位不清的缺陷，而且可以对 PET 图像进行衰减校正，获得显像剂分布精确的定量信息，并能提供更为丰富的辅助诊断支持。目前，PET/CT 已经逐渐取代 PET 显像设备，成为临床最重要的分子影像设备之一。

17.1.1 ^{18}F-FDG 显像

17.1.1.1 基本原理和方法

1930 年，Warburg 在实验室里发现，大部分肿瘤细胞即使在有氧情况下也仍然采取以无氧糖酵解为主的能量获取模式，并命名为“Warburg 效应”。这也是 ^{18}F-FDG PET（PET/CT）显像在肿瘤学中应用的理论基础。而随着近年来对“Warburg 效应”的分子机制研究，目前认为“Warburg 效应”也是肿瘤细胞的特征性标志物之一。

显像原理

^{18}F-2-氟-2 脱氧-D-葡萄糖（2-fluorine-18-fluoro-2-deoxy-D-glucose，^{18}F-FDG）是一种与天然葡萄糖结构类似的放射性核素标记化合物，放射性的 ^{18}F 原子取代天然葡萄糖结构中与 2 号碳原子相连的羟基后形成的，可示踪葡萄糖摄取和磷酸化过程。^{18}F-FDG 与天然葡萄糖一样，进入细胞外液后能够被细胞膜的葡萄糖转运蛋白（glucose transporters，GLUT）识别，跨膜转运到细胞液内，被己糖激酶（hexokinase）磷酸化生成 ^{18}F-FDG-6-PO_4。与天然葡萄糖磷酸化生成 6- 磷酸葡萄糖相类似，磷酸化的 ^{18}F-FDG 获得极性后不能自由出入细胞膜；但与 6- 磷酸葡萄糖不同的是 ^{18}F-FDG-6-PO_4 并不能被磷酸果糖激酶所识别进入糖酵解途径的下一个反应过程，而只能滞留在细胞内。通过 PET/CT 成像后，可反映机体器官、组织和细胞利用葡萄糖的分布和摄取水平。

糖酵解水平增加（Warburg 效应）是肿瘤细胞的特征性标志物之一。正常细胞在有氧状态下，通常以氧化磷酸化方式获取生物能量 ATP 供细胞功能所需；大部分肿瘤细胞即使在有氧的情况下，也仍然通过无氧糖酵解获取生物能量，导致糖酵解水平增高。糖酵解水平增高不仅可以快速提供肿瘤细胞行使其生物学功能所需的能量，而且可以满足肿瘤细胞行使其生物学功能所需，大量合成前体物质。癌基因激活（如 *Myc*、*AKT* 等）、抑癌基因失活（如 *p53*）及乏氧因子（HIF）高表达均可诱导肿瘤细胞糖酵解途径相关酶蛋白高表达，使肿瘤细胞糖酵解水平维持在一个较高的水平，促进肿瘤细胞存活。

大部分肿瘤病理类型如非小细胞肺癌、结直肠癌、恶性淋巴瘤等在 ^{18}F-FDG PET/CT 影像中均显示为高摄取（阳性）占位灶。但部分低级别胶质瘤、黏液腺癌、支气管肺泡癌、原发性肝细胞癌、肾透明细胞癌及部分前列腺癌也可以表现为低摄取 ^{18}F-FDG 占位灶。其主要原因可能与葡萄糖转运蛋白表达水平较低、去磷酸化水平较高、肿瘤组织中肿瘤细胞数量较少等因素有关。

在正常生理和良性病理改变情况下，一些细胞也可以以无氧糖酵解为主要代谢模式满足其行使生物功能所需的能量，在 ^{18}F-FDG PET/CT 影像中显示为高摄取。例如，红细胞、神经元细胞在生理状态下，骨骼肌细胞在剧烈运动状态下，心肌细胞在缺血、缺氧状态下，脂肪细胞在受到寒冷、紧张等刺激等。另外，由于淋巴细胞、单核细胞等炎症细胞在行使其吞噬功能时，其能量代谢也是以无氧糖酵解模式为主，因此感染、肉芽肿等炎症病变、增生性病变及一些良性肿瘤等非恶性病理改变在 ^{18}F-FDG PET/CT 影像中也可以表现为高摄取灶（黄钢等 2007）。

17.1.1.2 临床应用与诊断适应证及价值

（1）肿瘤的临床分期及治疗后再分期。

（2）肿瘤治疗过程中的疗效监测和治疗后的疗效评价。

（3）肿瘤的良性、恶性鉴别诊断。

（4）肿瘤患者随访过程中监测肿瘤复发及转移。

（5）肿瘤治疗后残余与治疗后纤维化或坏死的鉴别。

（6）已发现肿瘤转移而临床需要寻找原发灶。

（7）不明原因发热、副癌综合征、肿瘤标志物异常升高患者的肿瘤检测。

（8）指导放疗计划，提供有关肿瘤生物靶容积的信息。

（9）指导临床选择有价值的活检部位或介入治疗定位。

（10）肿瘤高危因素人群的肿瘤筛查。

（11）恶性肿瘤的预后评估及生物学特征评价。

（12）肿瘤治疗新药与新技术的客观评价。

17.1.2 非 ^{18}F-FDG 显像

17.1.2.1 乏氧代谢显像

肿瘤乏氧现象在实体瘤中普遍存在，被认为是肿瘤进展及对治疗不敏感的关键因素。乏氧可通过诱导肿瘤产生乏氧诱导因子激活肿瘤细胞一系列基因、蛋白质的合成和表达，如红细胞生成素，血管内皮生长因子，糖酵解过程中的特异性酶如乳酸脱氢酶 A、葡萄糖转运蛋白 -1，p53，以及编码诱导一氧化氮氧化合成酶和黄素氧化酶等，调控肿瘤细胞的生长、代谢、增殖、肿瘤血管生成、侵袭和转移，使肿瘤细胞在适应乏氧微环境的同时也具有独特的生物学行为。肿瘤的氧合状况是预测肿瘤疗效及评估肿瘤生物学行为的关键因子。

1）硝基咪唑类显像剂

^{18}F-硝基咪唑（^{18}F-fluoromisonidazole，^{18}F-FMISO）是硝基咪唑衍生的显像剂，在 PET 显像中研究最为广泛，也是最先用于人体肿瘤乏氧检测的显像剂。乏氧细胞还原能力强，当具有电子亲和力的硝基咪唑主动扩散透过细胞脂膜，在细胞内硝基还原酶作用下，硝基被还原，还原产物与大分子物质不可逆结合，从而滞留在组织内。在正常氧水平下，硝基咪唑还原后立即被氧化复原成初始状态。^{18}F-FMISO 具有较高的乏氧特异性，在乏氧细胞中的结合率为正常含氧细胞的 28 倍。^{18}F-FMISO 在动物体内的生物学分布，以小肠、肝、肾较高，ID/g 值分别为 0.4%、0.35%、0.33%，而在血液、脾、心脏、肺、肌肉、骨和脑组织中较低。

Eschmann 等对 26 例头颈部肿瘤和 14 例非小细胞肺癌并接受放疗的患者注射 ^{18}F-FMISO 后进行 15min 的动态采集和静态 PET 扫描，并随访 1 年。结果提示药物积聚型曲

线、4h 后最大标准化摄取（standardized uptake value，SUV）及高肿瘤 / 肌肉（T/Mu）或肿瘤 / 纵隔（T/Me）值预示局部肿瘤易复发，肿瘤组织的 FMISO 动力学行为可预估肿瘤的复发情况。

目前此类化合物还有 ^{18}F-fluoroazomycin arabinoside（FAZA）、^{18}F-fluoroetanidazole（FETA）、^{124}I-iodo-azomycin-galactoside（IAZG）等，有望成为新的乏氧显像剂。

2）Cu-ATSM 显像剂

具有代表性的为 ^{64}Cu-ATSM。尽管 Cu-ATSM（diacety-bis-N4-methylthiosenicarbazone）在细胞中潴留的机制不像 FMISO 那样清楚，但因其有较长的半衰期而应用于临床。Cu-ATSM 有着较高的膜通透性，故其摄取和洗脱较快，在注射后 20min 即可显像。

小动物肿瘤模型体内实验证实，Cu-ATSM 的摄取与氧分压成正相关，当氧分压从（28.61 ± 8.74）mmHg 降到（20.81 ± 7.54）mmHg，Cu-ATSM 的摄取明显增加 35%，而当氧分压升至（45.88 ± 15.9）mmHg，Cu-ATSM 的摄取下降至对照组的 48%。在放射性活度曲线中，显示其乏氧组织中的显像剂潴留明显高于正常氧合组织。

Dehdashti 等先后对 14 例宫颈癌和 19 例非小细胞肺癌患者在开始治疗前进行 ^{60}Cu-ATSM PET 显像，预估肿瘤的治疗反应。结果显示，^{60}Cu-ATSM 乏氧显像可提供关于肿瘤的氧合状况从而预估肿瘤的生物学行为，预测治疗效果及患者预后。

17.1.2.2 核苷酸代谢显像剂

较常用的核酸类代谢显像剂包括 ^{11}C-胸腺嘧啶（^{11}C-TdR）和 3′- 脱氧 -3′-^{18}F-氟胸腺嘧啶（3′-deoxy-3′-F-fluorothymidine，^{18}F-FLT）。这类显像剂能参与核酸的合成，可反映细胞分裂繁殖速度。

^{18}F-FLT 是一种胸腺嘧啶类似物，能够和胸腺嘧啶一同进入细胞内，并被细胞质内的人胸腺激酶 -1（thymidine kinase-1，TK-1）磷酸化，但由于 3′端氟原子的置换，其磷酸化后的代谢产物不能进一步参与 DNA 的合成，也不能通过细胞膜返回到组织液而滞留在细胞内。肿瘤细胞在增殖过程中，DNA 的合成需要 TK-1 上调，加快核苷类底物的合成利用，因而处于 S 期的细胞 TK-1 活性增强，^{18}F-FLT PET 通过反映 TK-1 的活性而间接反映肿瘤细胞的增殖状况，有助于对肿瘤进行良恶性鉴别、疗效评估和预后判断，是具有应用前景的肿瘤 PET 显像剂。

17.1.2.3 氨基酸代谢显像剂

氨基酸参与蛋白质的合成、转运和调控，体内蛋白质合成的异常与多种肿瘤及神经精神疾病有关。恶性肿瘤细胞的氨基酸转运增强，这可能与细胞表面发生某种特殊变化有关。细胞恶变需要获得并且有效利用营养成分以维持其能量、蛋白质合成和细胞分裂，因此，氨基酸需求增加很可能是导致氨基酸转运增加的一个非特异性原因。蛋白质代谢中的两个主要步骤是氨基酸摄取和蛋白质合成。细胞恶变后，氨基酸转运率的增加可能比蛋白质合成增加更多，因为不少过程是作用于氨基酸转运而不是蛋白质合成，包括转氨基和甲基化作用。目前，较常用的有 L- 甲基 -^{11}C- 甲硫氨酸（^{11}C-methionine，^{11}C-MET），此外，L-1-^{11}C- 亮氨酸、L-^{11}C- 酪氨酸、L-^{11}C- 苯丙氨酸、L-1-^{11}C- 甲硫氨酸、L-2-^{18}F- 酪氨酸、O-（2-^{18}F- 氟代乙基）-L- 酪氨酸（FET）、L-6-^{18}F- 氟代多巴（^{18}F-FDOPA）、L-4-^{18}F- 苯丙氨酸、

^{11}C-氨基异丙氨酸及^{13}N-谷氨酸等也有应用。

1）^{11}C-甲硫氨酸（^{11}C-MET）

^{11}C-甲硫氨酸是氨基酸类化合物作为示踪剂用于PET显像的典型代表，能够在活体反映氨基酸的转运、代谢和蛋白质的合成。肿瘤细胞合成蛋白质作用增强，所有转运和利用氨基酸的能量增强；肿瘤组织摄取^{11}C-MET与恶性程度相关并明显高于正常组织，而且肿瘤细胞对甲硫氨酸的摄取具有分子立体结构特异性，摄取L-甲硫氨酸明显高于D-甲硫氨酸。而某些肿瘤细胞转甲基通道（transmethylation pathway）活性增强，这是使用^{11}C-L-甲硫氨酸作为亲肿瘤显像剂的另一重要理论基础。^{11}C-MET进入体内后在体内转运，可能参与体内蛋白质的合成，或转化为5-腺苷甲硫氨酸作为甲基的供体。正常生理分布主要见于胰腺、唾液腺、肝和肾。^{11}C-MET的时间-放射性曲线表明，静脉注射后5min左右，正常脑组织和肿瘤组织能迅速摄取MET，并且脑肿瘤组织标准化摄取值（SUV）明显高于正常组织，注射后10min，肿瘤SUV达到峰值，且稳定保持在高水平上。由于^{11}C-MET的摄取、达到平衡和清除较快，临床显像在静脉注射后1h内完成效果较为理想。目前主要用于脑肿瘤、头颈部肿瘤、淋巴瘤和肺癌等肿瘤的诊断。特别在鉴别脑肿瘤的良恶性、肿瘤复发、勾画肿瘤的浸润范围、早期评价治疗效果等方面有其特定的临床价值。

2）^{18}F-酪氨酸（^{18}F-FET）

^{18}F-FET是一种人工合成的酪氨酸类似物，不会被进一步代谢和掺入蛋白质，但恶性细胞中增加的氨基酸转运同样可以体现组织中增加的氨基酸需求，因此其可以进入代谢旺盛的肿瘤组织，作为有效的肿瘤显像剂。与^{18}F-FDG相比较，^{18}F-FET的优点是：脑肿瘤组织与周围正常组织的放射性比值高，肿瘤边界清楚，图像清晰，更易辨认；肿瘤组织与炎症部位或其他糖代谢旺盛的病灶更易鉴别。

17.1.2.4 ^{11}C-胆碱（^{11}C-choline）

细胞中普遍存在磷酸胆碱反应，血液中的胆碱被细胞摄取后可以有不同的代谢途径，如参与氧化反应、参与神经递质的合成、参与磷酸化反应等。在肿瘤细胞内胆碱参与磷脂代谢，由于肿瘤细胞具有短倍增时间、代谢旺盛的特点，因此肿瘤细胞膜的合成同样也是比正常细胞快。^{11}C-胆碱在肿瘤细胞内的代谢最终产物磷脂酰胆碱是细胞膜的重要组成成分，故肿瘤细胞摄取^{11}C-胆碱的速率可以直接反映肿瘤细胞膜的合成速率，成为评价肿瘤细胞增殖的指标。

研究报道，在注射^{11}C-胆碱后大部分脏器在1~5min摄取率最高，然后开始逐渐降低，一般在注射后10~15min开始采集。

^{11}C-胆碱显像在脑皮质、纵隔、心肌及盆腔内本底干扰很小，因此对于这些部位的肿瘤病灶显示要比^{18}F-FDG具有更大的优越性。在对脑肿瘤和前列腺癌的诊断中具有很高的特异性，明显克服了^{18}F-FDG的不足，但是^{11}C半衰期短，无法进行远距离运输，只有具备回旋加速器及相应合成装置的PET/CT中心才能使用^{11}C-胆碱。近年来^{18}F-胆碱（^{18}F-choline）正在临床试用，如^{18}F-代甲基胆碱、^{18}F-氟代乙基胆碱及^{18}F-氟代丙基胆碱等。

17.2 PET/CT 的临床应用

17.2.1 ^{18}F-FDG PET/CT 在肿瘤诊断中的应用

基于大部分肿瘤细胞均具有糖酵解水平增加的特征性表现，^{18}F-FDG PET/CT 对于大部分恶性肿瘤均具有较高的鉴别诊断价值（Christian and Waterstram-Rich 2011）。但由于 ^{18}F-FDG PET/CT 在各种肿瘤病理类型中的灵敏度和特异性差异，在具体肿瘤的临床实践中如何有效地应用 ^{18}F-FDG PET/CT 技术，尚需要在实践的过程中不断总结（Santiago 2014）。

17.2.1.1 肺癌

肺癌是全世界目前发病率和死亡率最高的恶性肿瘤。大陆第三次居民死亡原因调查结果显示，肺癌死亡率在过去 30 年间上升了 465%。肺癌的常见症状包括咳嗽、呼吸困难、体质量下降和胸痛。

肺癌根据其病理分型，分为两大类，包括非小细胞肺癌（non-small cell lung cancer，NSCLC）和小细胞肺癌（small cell lung cancer，SCLC），其中 NSCLC 占 80%~85%。主要包括：腺癌、鳞癌及大细胞肺癌等。鳞癌在肺癌中最常见，约占 1/2，多见于老年男性，与吸烟关系密切，一般生长较慢，淋巴转移较为常见。腺癌约占肺癌的 1/4，女性多见，与吸烟无密切关系，局部浸润和血行远处转移较早。其中细支气管肺泡癌是腺癌的一个重要亚型，占肺癌的 2%~5%，可分为单个结节型、多发结节型和弥漫型，单个结节型中部分病灶生长极缓慢，弥漫型可侵及一侧肺或双侧肺野，类似肺炎表现。大细胞肺癌与吸烟关系密切，生长速度较快，转移早，预后较差。

NSCLC 治疗的常用手段主要包括手术、放疗和化疗三种。单独或联合使用这些手段的依据主要是参考临床分期。准确分期有助于为患者制订正确的治疗方案和提供预后信息。目前国际上对 NSCLC 所采用的统一分期方法为 1997 年美国癌症联合会（American Joint Committee on Cancer，AJCC）和国际抗癌联盟（International Union Against Cancer，UICC）联合修订的肿瘤分期标准（TNM）分期系统。统计资料显示，患者的 5 年生存率Ⅰ期为 47%；Ⅱ期 26%；Ⅲ期 8.4%；Ⅳ期 0.61%。

1）肺孤立性节结的良性、恶性鉴别

侵入性检查获取病理学依据仍是肺内病变定性的“金标准”。这些侵入性检查主要包括纤支镜活检、CT 引导下肺穿刺吸取活检、胸腔镜和开胸切除术。资料报道，纤支镜活检灵敏度约为 79%，CT 引导下肺穿刺活检灵敏度和特异度分别为 98% 和 92%。其主要缺陷在于创伤性及组织活检取材困难等限制。

^{18}F-FDG PET 在非小细胞肺癌中的临床诊断价值已经毋庸置疑。Fischer 等通过荟萃分析总结的 55 个诊断研究显示，^{18}F-FDG PET 诊断非小细胞肺癌的平均灵敏度、特异度分别达到 96% 和 78%。Barger 和 Nandalur（2012）汇总报道双时相 ^{18}F-FDG PET 在非孤立性结节的诊断效率，总计 816 例患者，890 个肺结节。双时相延迟显像 ^{18}F-FDG PET 诊断非孤立性结节总的灵敏度为 85%[95% CI（可信区间）：82%~89%]、特异度 77%（95% CI：

72%~81%）。另外研究认为，^{18}F-FDG PET/CT 应该选择性应用在 10%~60% 概率可能发生恶性肿瘤或高度怀疑恶性拟进行手术的肺孤立性结节患者中。

2）临床分期

原发性肺癌的 TNM 分期结果是临床治疗决策和预后评估的直接依据。其中Ⅰ期、Ⅱ期患者无手术禁忌者应首选手术治疗；ⅢA 期 NSCLC 患者在可切除的 N2 期中应采用手术和放疗、化疗的综合治疗，而对不能手术切除的 N2 期及ⅢB 期患者，放疗及化疗的综合治疗为首选方案，但对于 T4N0 的患者可采用包括手术的综合治疗；Ⅳ期 NSCLC 患者则在可耐受者中首选系统性的全身化疗及生物靶向治疗。^{18}F-FDG PET/CT 是肺小细胞肺癌临床分期最有效的影像诊断技术。

CT、MRI 等形态学影像对纵隔淋巴结的定性存在很大限制。这些显像技术往往基于淋巴结的大小来评价其性质，但淋巴结的良恶性与其大小缺乏良好相关性。正常大小的淋巴结中往往已有肿瘤转移，而临床发现 30%~40% 直径超过 1cm 的淋巴结无转移。资料显示，CT 探测淋巴结转移的敏感性和特异性为 60%~70%，也就是说有 30%~40% 的患者被 CT 误诊为转移淋巴结或漏掉转移性淋巴结。

^{18}F-FDG PET/CT 已经成为纵隔淋巴结分期的标准影像技术。^{18}F-FDG PET/CT 甚至可以定性小于 1cm 的转移性淋巴结。Birim 等（2005）通过荟萃分析系统比较了 PET 和 CT 在探测纵隔淋巴结转移中的价值。总共 570 例肺癌患者，^{18}F-FDG PET/CT 对分期的准确性为 88%；而 CT 的准确性仅为 67%；^{18}F-FDG PET/CT 和 CT 的风险比（OR）为 3.91，意味着 ^{18}F-FDG PET/CT 对临床分期的准确性是 CT 的 3.91 倍；两者相比，NNT 为 5，意味着使用 5 次 ^{18}F-FDG PET/CT 可以增加 1 次临床分期准确性。基于 ^{18}F-FDG PET 在肺癌临床分期中的肯定价值，非小细胞肺癌临床实践指南（NCCN）已经将 ^{18}F-FDG PET/CT 显像作为肺癌临床分期检查非创伤性检查方法之一，认为 ^{18}F-FDG PET/CT 显像可以对非小细胞肺癌进行更准确的分期（包括 Ia 期病例）。然而，由于炎性纵隔淋巴结可以高摄取 ^{18}F-FDG，引起假阳性；具有微转移的正常大小淋巴结可出现假阴性结果。在实践中，必要时仍然需要通过纵隔镜等创伤性检查获取具有高摄取 ^{18}F-FDG 的纵隔淋巴结，行病理检查确诊。另外，术前诱导性化疗也可以影响 ^{18}F-FDG PET/CT 对纵隔淋巴结的定性结果；当需要进行手术前再分期时，最好能够间隔 4~8 周甚至更长时间。

非小细胞肺癌最易转移至肝、肾、骨和脑。^{18}F-FDG PET/CT 在探测除脑转移之外的其他转移灶时具有 CT 和 MRI 不可比拟的优势。资料显示，^{18}F-FDG PET/CT 探测远处转移的灵敏度、特异性和准确度分别可达 94%、97% 和 96%；改变了将近 20% 肺癌患者的治疗决策。

3）肺癌复发病灶的诊断

非小细胞肺癌经积极治疗后，5 年生存率仍然很低，其主要原因就在于手术或放疗后残留或复发。鉴别残留或复发在临床上十分重要，但也有相当的难度。肺癌患者经治疗后，有两种可能：①治疗有效，病灶局部纤维化；②效果不佳，肿瘤持续存在或复发。两种情况在 CT 上的表现难以区别，甚至需要进行有创活检；然而这不仅并发症高，而且有时由于采样时技术上的原因，并非总能找到理想的标本组织，出现假阴性的病理诊断。^{18}F-FDG PET/CT 对于非小细胞肺癌治疗后残留或复发的鉴别具有较高的应用价值。而且，^{18}F-FDG PET/CT 还可以引导活检找到有价值的组织标本，避免假阴性的病理诊断。资料

显示（Berghmans et al. 2008），^{18}F-FDG PET/CT 探测非小细胞肺癌复发的敏感性达 97.1%，特异性为 100%。由于手术治疗后愈合过程及放疗后炎症对 ^{18}F-FDG 摄取的影响，应用 ^{18}F-FDG PET/CT 进行残留或复发探测时，最好在治疗完成后间隔 2 个月左右进行（图 17-1）。

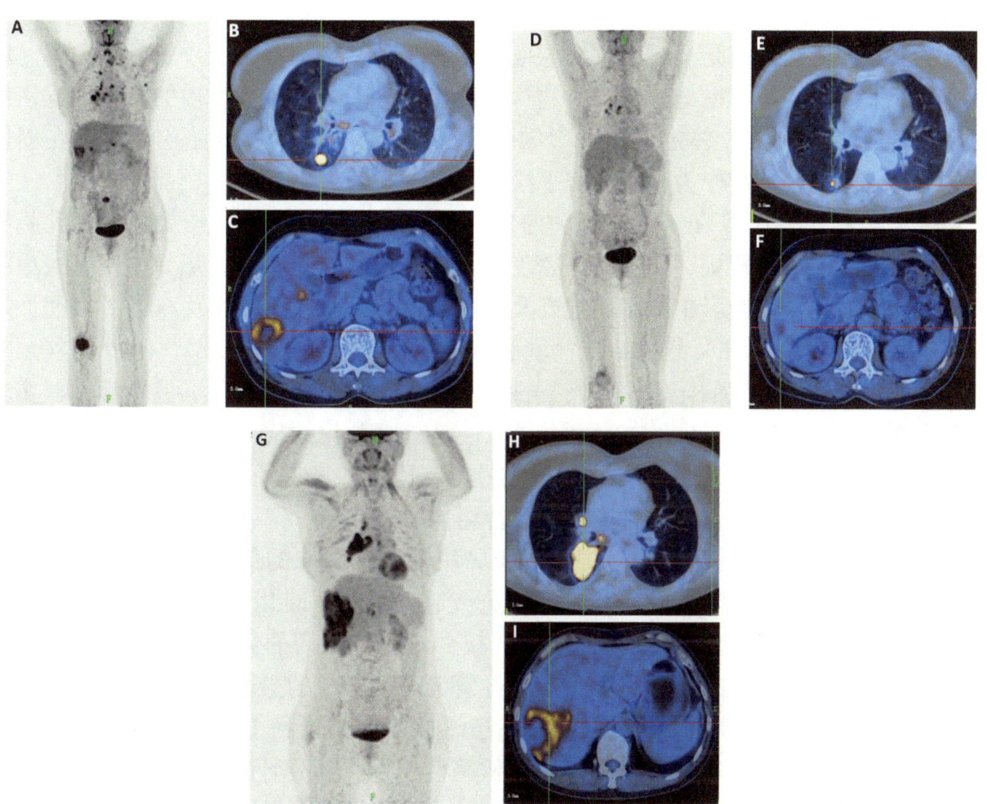

图 17-1　^{18}F-FDG PET/CT 对肺癌的诊断、治疗效果及复发的评价

A~C.^{18}F-FDG PET/CT 提示右肺下叶周围型肺癌伴肺门多发淋巴结转移及肝转移；D~F. 该患者口服易瑞沙［吉非替尼，一种选择性表皮生长因子受体（EGFR）酪氨酸激酶抑制剂］两个月后复查 ^{18}F-FDG PET/CT，所见肺部原发病灶较前片明显缩小，转移病灶基本消失；G~I. 易瑞沙治疗两年后肺癌复发，^{18}F-FDG PET/CT 提示肺内病灶扩大伴肺门多发淋巴结转移及肝转移

17.2.1.2　乳腺癌

乳腺癌是女性最常见的恶性肿瘤。每年全球新发女性乳腺癌病例达 1150 000 例，占全部女性恶性肿瘤发病的 23%；死亡 410 000 例，占所有女性恶性肿瘤死亡的 14%。中国每年女性乳腺癌新发病例 12.6 万，位居女性恶性肿瘤第一位；中国每年女性乳腺癌死亡 3.7 万，是仅次于肺癌的第二位癌症死亡原因。

乳腺癌的组织发生是乳腺癌分类的基础。主要分为原位癌和浸润性癌。浸润性导管癌在乳腺浸润性癌中占 75% 以上。肿瘤可以扪及，浸润整个乳房，甚至浸润皮肤和胸肌。浸润性小叶癌占乳腺浸润性癌的 7%~20%。肿瘤可弥漫性生长，被发现时其临床级别常较晚。黏液癌占 2%~3%。预后较好，仅 2%~4% 有淋巴结转移。髓样癌占 5% 以下，预后较好。

乳腺癌的治疗手段主要包括对局部病灶行手术治疗、放疗或两者联合治疗。对全身性疾病进行细胞毒化疗、内分泌治疗或以上手段的联合应用。治疗方案选择和预后与肿瘤临床分期密切相关。目前临床分期主要参照2003年AJCC发布的新TNM分类与分期方案。统计资料显示，Ⅰ期乳腺癌的20年生存率达75%以上，Ⅲ期仅8%。

1）乳腺肿块的鉴别

判断乳腺肿块的性质是早期发现乳腺癌的关键步骤，是提高乳腺癌患者治愈率、增加乳腺癌患者生存率的关键措施。乳腺肿物病理活检是诊断乳腺肿块性质的直接证据，最常用的是超声成像及X线立体定位两种影像引导下的介入方法。其缺陷主要是存在创伤性和假阴性率高，并不适宜作为早期筛查手段。

乳腺X线摄影是筛查和诊断乳腺肿瘤最有效也是应用最广泛的影像技术。乳腺癌X线摄影常表现为形态不规则，有毛刺，密度高且不均匀，簇状钙化，影像中所见大小明显小于触诊大小。乳导管造影中导管不规则及充盈缺损。90%的原位癌及60%的浸润性癌均可以表现出微钙化。乳腺X线摄影探测乳腺癌的敏感性可达60%~90%，但由于80%的钙化表现为良性改变，导致假阳性高，特异性低。超声成像经济、简便，鉴别囊性、实性的诊断准确率达98%~100%。但存在的最大局限性是微小钙化的检出率低，常难以检出导管内原位癌和以导管内原位癌为主的微小浸润性癌，因此一般并不适合作为乳腺癌的筛查，而主要作为乳腺摄影术最重要的补充和排除性影像方法。

^{18}F-FDG PET/CT显像可以通过提供乳腺肿块葡萄糖摄取的信息，帮助诊断和鉴别诊断乳腺肿块（图17-2）。特别是对经X线检查或超声检查仍难以确诊的疑似乳腺癌病灶，^{18}F-FDG PET/CT可提供有价值的代谢信息，减少或避免无谓的创伤性组织活检。大部分乳腺癌均表现为局灶性^{18}F-FDG摄取增高。导管癌^{18}F-FDG的摄取明显高于小叶癌；恶性程度较高的Ⅲ级乳腺癌^{18}F-FDG摄取明显高于恶性程度稍低的Ⅰ、Ⅱ级乳腺癌。原位癌、分化良好的癌及浸润性小叶癌等可能会出现假阴性结果。部分乳腺纤维瘤及乳腺小叶增生也可以高摄取^{18}F-FDG，呈现假阳性结果。因此，对于临床鉴别困难、^{18}F-FDG摄取增高的孤立性乳腺肿块仍应进行组织活检。资料显示，^{18}F-FDG PET/CT探测乳腺肿块的敏感性可达89.5%~96%，特异性75%~100%。

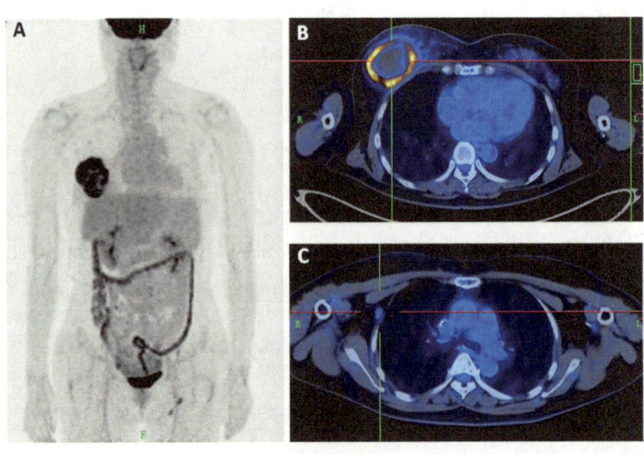

图17-2 ^{18}F-FDG PET/CT对乳腺癌的诊断

全身^{18}F-FDG PET/CT显像提示右侧乳腺恶性病变伴腋窝淋巴结转移

A. 全身PET显像；B. 乳腺病灶的PET/CT融合成像；C. 腋下淋巴结

2）临床分期

^{18}F-FDG PET 探测腋窝淋巴结转移的敏感性、特异性和准确性分别为 94.4%、86.3% 和 89.8%。另一资料也显示，^{18}F-FDG PET 诊断腋窝淋巴结转移的敏感性、特异性和准确性分别为 85%、91% 和 89%。其中 0 期患者中，其敏感性、特异性和准确性分别为 70%、92% 和 86%；N1a：85.5%、100% 和 95%；N1b-N2 中，敏感性、特异性和准确性分别为 100%、67% 和 87%。

3）乳腺癌局部复发

乳腺癌术后局部复发率为 5%~30%，而Ⅲ期乳腺癌术后局部复发率较高，约为 20%，是乳腺癌治疗失败的重要因素。局部复发往往是发生远处转移的征兆，局部复发后的 5 年生存率仅为 42%~49%。复发肿瘤多位于原发灶附近，以胸壁复发最高，锁骨上次之，腋窝最低。乳腺造影术是早期筛查发现乳腺癌术后局部复发的常规手段；MRI 对于乳腺治疗后瘢痕及复发的鉴别也具有重要临床价值。然而，这些诊断常因为乳房植入物影响判断。

^{18}F-FDG PET/CT 显像在鉴别乳腺癌患者手术或放疗后局部瘢痕形成与局部复发方面具有很高的临床应用价值。资料显示，通过全身 ^{18}F-FDG PET/CT 显像对 27 例乳腺癌术后怀疑复发和转移的患者共 61 个病灶进行探测研究。以患者基础，^{18}F-FDG PET 准确发现了 17 例患者中 16 例具有复发和转移性病灶，探测敏感性、特异性和精确性分别为 94%、80% 和 89%，以探测病灶为基础，^{18}F-FDG PET 准确发现了 48 个病灶中 46 个确认为复发和转移的病灶，其敏感性、特异性和精确性分别为 96%、85% 和 93%。另一份与 MRI 相对照的资料也显示，^{18}F-FDG PET/CT 鉴别乳腺癌患者手术或放疗后局部瘢痕形成与复发的特异性（94% vs. 72%）、准确性（88% vs. 84%）均较 MRI 要高，而灵敏性（79% vs. 100%）较 MRI 稍低。因此，鉴于 ^{18}F-FDG PET/CT 显像在局部瘢痕形成与复发的鉴别能力，^{18}F-FDG PET/CT 可以很好地作为乳腺造影术不能鉴别或仍怀疑局部存在复发的进一步鉴别手段。仁济医院黄钢团队（Wang et al. 2012）通过对 1995 年 1 月至 2008 年 8 月权威性杂志发表的 42 篇关于评价 US（超声）、CT、MR（核磁共振）、SMM（乳腺核素显像）、PET 在可疑复发或转移的乳腺癌价值的文献汇总发现，US 和 MRI 特异性最高（分别为 0.962 和 0.929）；MRI 和 PET（伴或不伴 CT）敏感性最高（分别为 0.9500 和 0.9530）。US、CT、MRI、SMM 和 PET 的 AUC（曲线下面积）分别为 0.9251、0.8596、0.9718、0.9386 和 0.9604。而 MRI 和 PET（伴或不伴 CT）两者间的敏感性、特异性及 AUC 均无统计学差异。对各检查方法的 AUC 进行两两对比，结果显示 MRI 及 PET（伴或不伴 CT）的 AUC 均高于 US 和 CT（$P < 0.05$）。研究结果显示：对于可疑复发或转移的乳腺癌患者而言，MRI 和 PET/CT 均为有效的辅助检测手段，考虑经济原因，MRI 优于 PET/CT，但当 MRI 无法确诊或存在禁忌证的情况下（如起搏器），则可以使用 PET/CT 作进一步检查。

17.2.1.3 恶性淋巴瘤

恶性淋巴瘤是一组起源于淋巴结或其他淋巴组织的恶性肿瘤，可分为霍奇金病（Hodgkin's disease，HD）和非霍奇金淋巴瘤（non-Hodgkin's lymphoma，NHL）两大类。组织学可见淋巴细胞和（或）组织细胞的肿瘤性增生，临床以无痛性淋巴结肿大最为典型，肝脾常肿大，晚期有恶病质、发热及贫血。恶性淋巴瘤的治疗主要是以化疗、放疗及生物靶向治疗为主的综合治疗。治疗方案选择和预后与淋巴瘤病理类型及临床分期密切相关。临床分期是最重要的预后因素。

^{18}F-FDG PET/CT 目前已经被建议作为恶性淋巴瘤的初始分期、再分期及疗效随访的标准影像技术。^{18}F-FDG PET/CT 可以通过"一站式"显像发现全身几乎所有被侵犯的淋巴结和结外器官，包括小于 1cm 而具有高摄取 ^{18}F-FDG 的受侵犯淋巴结。临床资料显示，^{18}F-FDG PET/CT 对恶性淋巴瘤分期的准确性较 CT 可以增加 10%~20%，改变 10%~20% 的治疗计划。^{18}F-FDG PET/CT 也可以通过"一站式"显像灵敏地探测到局灶性的骨髓侵犯。Adams 等的一项基于 955 例 HD 患者的荟萃分析发现，FDG PET/CT 对 HD 患者骨髓浸润判断的综合敏感度为 96.9%（95% CI 93.0%~99.0%）、特异度 99.7%（95% CI 98.9%~100%），结果显示 PET/CT 基本能替代骨髓活检的作用。

17.2.1.4 结直肠癌

结直肠癌是人类常见的消化道肿瘤，居癌症死因第三位。在美国，2007 年估计有 112 340 例新发结肠癌。同年，估计有 52 180 例患者死于结肠癌和直肠癌。在我国，结直肠癌居恶性肿瘤发病率第四位，且呈明显上升趋势。结直肠癌发病与生活方式的改变及膳食结构不合理密切相关。

结肠癌的治疗手段包括手术、化疗及其他综合治疗。选择的依据主要参考 AJCC/UICC 临床分期。资料显示，结直肠癌各分期的 5 年生存率分别为：Ⅰ期为 93.2%，ⅡA 期为 84.7%，ⅡB 期为 72.2%，ⅢA 期为 83.4%，ⅢB 期为 64.1%，ⅢC 期为 44.3%，Ⅳ期为 8.1%。

^{18}F-FDG PET 最重要的应用在于早期发现结直肠癌的复发。由于 CT、MRI 等结构成像技术容易受到外科手术后结构改变的影响，基于代谢显像的 ^{18}F-FDG PET 在鉴别结直肠癌复发方面具有更大的优势。上海仁济医院黄钢团队（Zhang et al. 2012）荟萃分析了公开的国内外权威杂志发表的关于 PET/CT 对结直肠癌术后复发评估的所有中英文文献共 27 篇，结果显示 PET/CT 评价结直肠癌全身复发及转移的综合灵敏度为 0.91（95% CI 0.88~0.92），特异度为 0.83（95% CI 0.79~0.87）；评价肝转移的综合灵敏度为 0.97（95% CI 0.95~0.98），特异度为 0.98（95% CI 0.97~0.99）；评价局部复发或盆腔内转移的灵敏度为 0.94（95% CI 0.91~0.97），特异度为 0.94（95% CI 0.92~0.96）；综合灵敏度 SROC 曲线下面积和 Q 值分别为 0.937 和 0.9260。

癌胚抗原（CEA）是结直肠癌术后可靠而价廉的监测指标，CEA 升高是肿瘤复发的重要标志之一，其特异性可达到 70%~84%。CEA 水平升高伴有阴性的传统影像检查结果，常导致第 2 次探腹手术。尽管第 2 次探腹发现肿瘤复发的概率接近 90%，但由于时间原因这些患者中适合再行根治性手术的仅为 12%~60%。资料显示，^{18}F-FDG PET 对 CEA 增高的结直肠癌复发具有更高的敏感性和特异性。其阳性预测值为 89%，阴性预测值为 100%。另一份研究也显示，PET 对 CEA 升高的结直肠癌患者复发的敏感度可达 94%，见图 17-3。

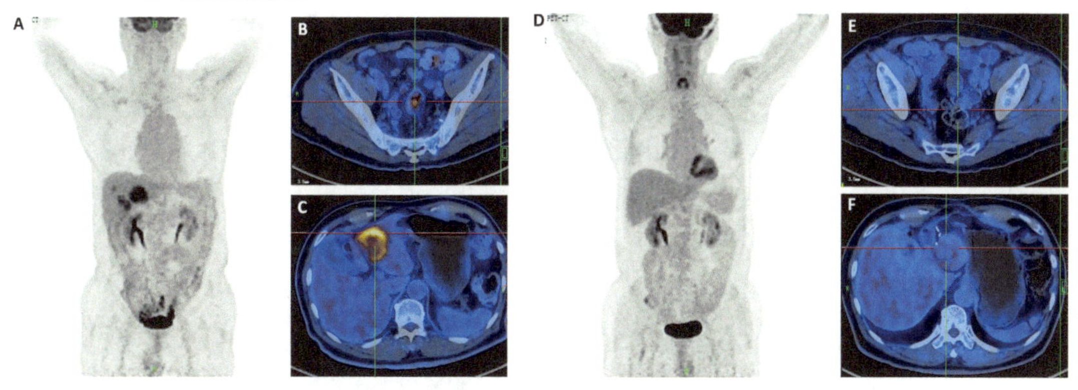

图 17-3　^{18}F-FDG PET/CT 对直肠癌患者术前、术后原发灶及转移灶的评价

A~C. ^{18}F-FDG PET/CT 提示直肠恶性病变伴肝转移；D~F. 该患者行直肠癌 + 肝肿瘤切除术后及化疗后一年半，复查 ^{18}F-FDG PET/CT，所见直肠吻合口处 FDG 代谢未见异常，肝内转移灶肿瘤活性明显被抑制

17.2.1.5　头颈部肿瘤

头颈部肿瘤是我国常见的恶性肿瘤，年发病率为 15.22/10 万，占全身肿瘤的 16.4%~39.5%，5 年生存率为 35%~60%。其原发部位和病理类型之多，居全身肿瘤之首，主要有鼻咽癌、喉癌、上颌窦癌、口腔癌、涎腺癌、甲状腺癌及视网膜母细胞瘤等。其中耳鼻喉部以鼻咽癌最多见，颈部以甲状腺肿瘤居多，口腔颌面部肿瘤则以口腔黏膜上皮及涎腺上皮肿瘤多见。头颈部肿瘤病理类型非常复杂，以鳞状细胞癌居多，占 70%~80%；近年来头颈部恶性淋巴瘤的患者有增加趋势。

PET/CT 和常规影像学检查对头颈部鳞癌的诊断效率结果显示，PET/CT 的综合敏感度 89.3%（95% CI 83.4%~93.2%）、特异度 89.5%（95% CI 82.9%~93.7%），明显高于常规影像学检查 [敏感度 71.6%（95% CI：44.3%~88.9%）、特异度 78.0%（95% CI：30.2%~96.7%）]。

^{18}F-FDG PET 显像在转移性淋巴结探测方面具有独到优势。例如，Yongkui 等通过一项对 14 篇文献（共含 742 例患者）的荟萃分析，发现 PET/CT 对探测头颈部肿瘤淋巴结是否转移存在较高的临床价值，其基于每一个淋巴结分析的敏感度、特异度分别为 0.84（0.78~0.88）、0.96（0.94~0.98）。Adams 等也报道，通过对 1284 个淋巴结组化检测的结果比较，^{18}F-FDG PET 探测的灵敏度可达 90%，特异性可达 94%，而 MR 探测的灵敏度和特异性分别为 80% 和 79%，CT 分别为 82% 和 85%。而随着 PET/CT 的应用，通过精确显示转移淋巴结的位置，对头颈部肿瘤淋巴结分期的诊断更为准确，为选择性颈淋巴清扫提供了一个强有力的诊断根据，目前的观点认为 PET/CT 已经成为头颈部肿瘤术前分期的必要手段。

肿瘤复发。头颈部肿瘤的治疗往往会对其局部周围组织结构造成损伤，以致黏膜增厚、软组织肿胀、纤维化或瘢痕组织形成等。以反映解剖结构和组织密度等形态改变为主要依据的影像技术鉴别局部纤维化、瘢痕组织与肿瘤复发有一定局限性。^{18}F-FDG PET 通过显示组织的代谢活性，对肿瘤放化疗后形成瘢痕还是复发具有很高的鉴别能力。上海仁济医院黄钢团队荟萃分析了关于 PET/CT 对鼻咽癌局部残余和复发评估的相关文献 21 篇。PET/CT 检测复发的综合灵敏度（95%）远远高于 CT（76%）（$P < 0.001$）和 MRI（78%）（P

< 0.001)；PET/CT 的综合特异性（90%）远远高于 CT（59%）（$P < 0.001$）和 MRI（77%）（$P < 0.001$）；PET/CT 的综合 DOR（96.51）远远高于 CT（7.01）（$P < 0.001$）和 MRI（8.68）（$P < 0.001$）。Isles 等荟萃分析了 27 篇文献（共 1871 例患者），研究 PET 在探测头颈部原发鳞癌放疗、化疗后复发中的临床价值，其综合敏感度、特异度分别为 94%（95% CI 87%~97%）、82%（95% CI 76%~86%）、阳性及阴性预测值分别为 75%（95% CI 68%~82%）、95%（95% CI 92%~97%）（图 17-4）。

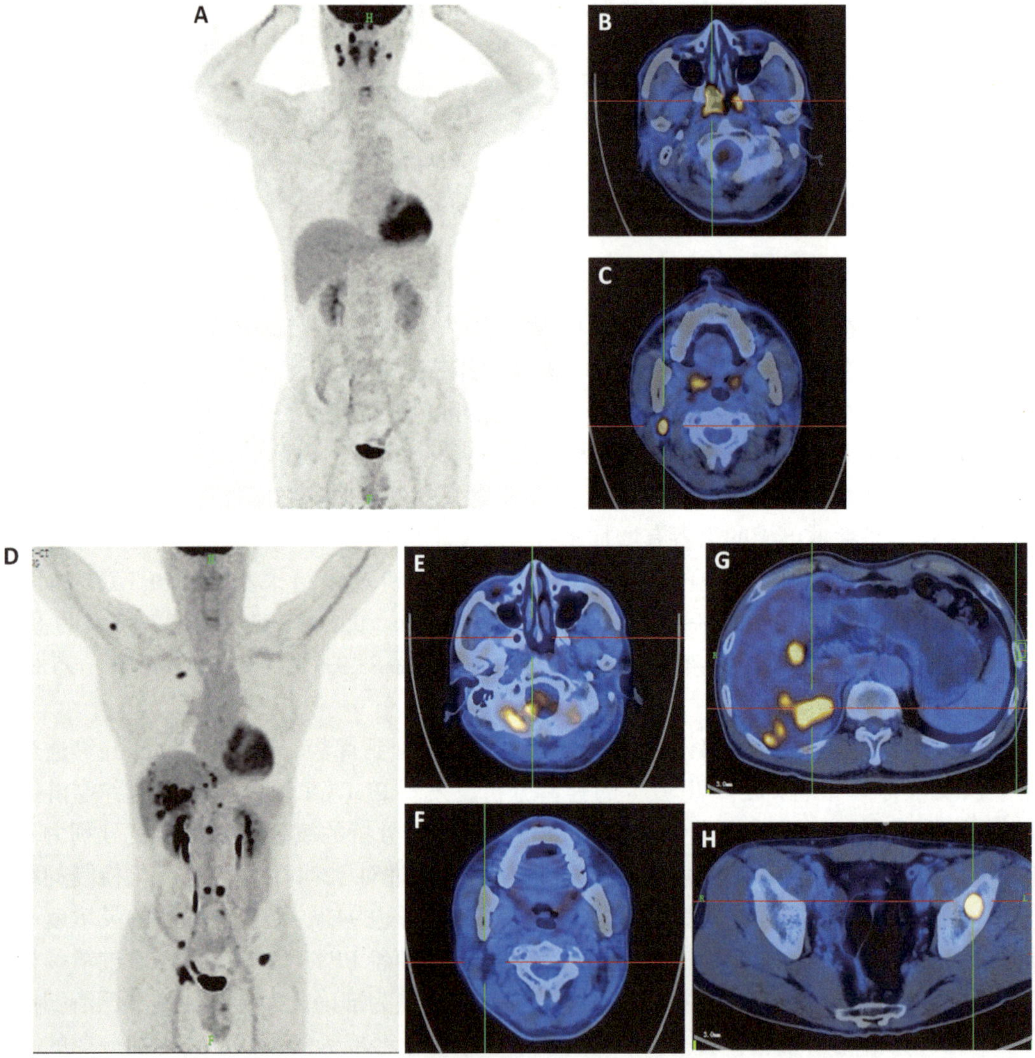

图 17-4 ^{18}F-FDG PET/CT 对鼻咽癌的诊断及治疗后复发、转移的评价

A~C. ^{18}F-FDG PET/CT 提示鼻咽部恶性肿瘤伴颈部淋巴结转移；D~H. 该患者经放疗后 4 个月，复查 ^{18}F-FDG PET/CT，所见鼻咽部及颈部原病灶处 FDG 代谢未见异常，但肝、骨盆及全身多处骨骼出现转移灶

17.3 PET 与肿瘤生物调强和适形放疗

放射治疗、手术治疗和化学药物治疗组成了肿瘤治疗的三大主要手段。根据国内外有关资料统计，60%~75% 的肿瘤患者在治疗过程中采用过放射治疗（单纯放疗或与手术、药物联合治疗）。据世界卫生组织估计，在全部恶性肿瘤中，45% 的患者可以被目前的治疗方法治愈，其中 22% 被手术治愈，18% 可被放射治疗治愈，余下 5% 被药物治愈。然而，肿瘤的立体形态是不规则的，而且往往和周围正常组织互相交错。因此，要使放射高剂量区的立体形状符合肿瘤的形态，才能使周围的正常组织受到最低剂量的照射，而创造高度适形性的放疗技术也成为放射肿瘤学家追求的目标。1959 年，日本学者 Takahashi 首次提出并阐明了适形放射治疗（conformal radiotherapy，CRT）的基本概念及实施的方法，Ewski 等在 20 世纪 70 年代提出调强适形放射治疗（intensity modulated radiotherapy，IMRT）。90 年代，由于 MLC（三维适形放疗）和计算机控制技术的发展和成熟，初步的临床实践已证明三维适形放射治疗（three dimensional conformal radiotherapy，3D CRT），特别是 IMRT 基本可满足放疗的“四最”要求：即靶区的受照剂量最大，靶区周围正常组织受照剂量最小，靶区的定位和照射最准及靶区内的剂量分布最均匀。由于肿瘤放射剂量的提高，正常组织剂量减少，因而肿瘤的局控率改善，急性和后期的放射并发症减轻。例如，常规放疗技术照射局部中晚期非小细胞肺癌，最大总剂量只能达到 60Gy，放疗后 2 年生存率为 15%~20%，而采用 3D CRT，能使肿瘤剂量提高到 70Gy 以上，2 年生存率提高到 40% 左右，而放射急性和后期并发症未明显增加。因此，IMRT 技术被公认是放疗 100 余年历史中的一次革命性进步，是 21 世纪前 10~20 年放射肿瘤学研究的一个重要发展方向。

17.3.1 PET 与放射治疗计划

放射治疗计划的制订最重要和基础性的步骤是靶区的确定，对精确放射治疗更是如此，准确的靶区勾画的重要性仅次于治疗实施的准确性。而 PET 对于放疗靶区的精确定义可发挥重要的作用。例如，利用 ^{18}F-FDG、FLT 等显像剂行 PET 显像可以获得组织的增殖代谢情况；通过乏氧显像剂如 ^{18}F-FMISO 可以对肿瘤乏氧进行体外测定；通过 MET 可检测肿瘤蛋白质代谢；通过 FLT 可检测肿瘤核酸代谢等。放疗计划采用各种影像学信息可真实全面地反映肿瘤和正常组织的解剖和病理生理状态，并做到动态观测。然而迄今为止，^{18}F-FDG PET 是肿瘤显像中最为成熟、应用最为广泛的功能性影像技术。但由于 PET 分辨率的限制，单纯 PET 图像往往不能用于 3D CRT 计划的制订，而需要与 CT、MR 等融合，因此图像采集的后处理尤为重要。随着 PET 影像三维数据的重建和显示，以及图像融合技术（同机和异机）的完善，以及新型显影剂的开发应用，PET 在肿瘤放疗中的应用将不只限于整体治疗方案的确定，而将融入上述三维计划的全过程，形成以 CT 模拟为基础、多种影像手段为辅助的技术。目前融合显像在放疗计划中的主要应用仅包括肺癌、脑肿瘤和头颈部肿瘤等，研究的例数与规模也相当有限，但根据这些资料，已经可以充分预见生物学显像在放疗中的前景和价值。相比非功能性的解剖靶区，生物学显像可以区别出生物靶区体积，可以得到更好的治疗效益。虽然在临床应用中涉及图像处理和融合技术的质量保证问题，但其在决定放疗计划靶区中的重要作用已不容忽视，这也要求我们在以后的研究中进行更进一步的探索和发展，真正实现物理适形和生物适形的结合。

大量资料证实，^{18}F-FDG PET 可以改变放疗计划中的靶体积。Yusuf 等使用 PET/CT 融合技术，对 11 个非小细胞肺癌患者进行研究，发现 64% 的患者 PTV（肿瘤计划靶区）增加了 19%，有 36% 的患者 PTV 减少了 18%，全部患者改变了临床决策。最近综合 6 份 PET/CT 的研究报道，与以 CT 计划为基础放疗相比较，有包括 26%~100% 的 NSCLC 患者改变了放疗决策，15%~64% 的 PTV 增加，21%~36% 的 PTV 减少。而与单独 CT 勾画靶区相比较，基于 PET/CT 勾画靶区的变异也较小，Caldwel 等的研究发现，单独使用 CT 和 PET/CT 对 GTV（大体肿瘤靶体积）勾画的最大与最小的均值分别为 2.31 和 1.56，基于 PET/CT 的平均变异系数明显小于 CT。

通过 PET/CT 显像还可以减少正常肺组织接受较高的辐射吸收剂量，从而降低放射性肺炎的发生率。V20 是指肺组织至少接受 20Gy 的体积，与放射性肺炎的发生具有直接相关性。Graham 等曾报道相对 V20 分别为 $<$ 22%、22%~31%、32%~40% 和 $>$ 40% 时，发生 2 级肺炎的概率分别为 0、7%、13% 和 36%。Vanuytsel 等使用 PET/CT 研究了 72 例非小细胞癌患者，相比 CT 计划 V20 减少了 27%；Schmuecking 的研究结果显示 V20 减少了 17%。

PET/CT 显像在肿瘤伴有肺不张的临床决策中也具有重要价值，因为肺不张在 CT 中很难与肺癌相鉴别，所以很难在适形放疗中准确勾画合适的靶体积。Inestle 等的研究报道发现，通过 PET/CT 改变了 53% 的具有肺不张肿瘤患者的靶体积。但目前是否使用 PET 确定伴有肺不张的肿瘤患者的靶体积还是个值得争议的问题，因为显像融合的质量保证，包括调节 PET 图像中合适的窗水平还需要作进一步研究。

17.3.2 PET 与放射治疗疗效随访

PET 一直被用于评价放射治疗的反应。^{18}F-FDG 可以鉴别出放射治疗后葡萄糖代谢的变化，并认为其是肿瘤具有反应性的一个最好指标之一。但在放疗过程中对疗效进行随访的资料目前报道相当少。主要认为放疗可能引起早期急性炎症，从而与肿瘤高代谢不能相鉴别；但也有资料认为早期快速的代谢抑制可能指示肿瘤具有较强的反应性。因此，目前仍需要进一步的资料对肿瘤放疗过程中代谢的变化进行更为详细的研究。

然而，在放疗结束后利用 PET 进行评价中，如何区别葡萄糖摄取减少和葡萄糖摄取缺乏在疗效评价过程中至为重要。一些研究者认为仅仅是 ^{18}F-FDG 减少并不能提示预后；而且认为葡萄糖代谢减少可能反映由于治疗损伤敏感细胞后的部分反应，而耐受细胞仍然维持着细胞活性，认为葡萄糖代谢变化部分反映肿瘤放疗后的疗效。

17.4 PET 与肿瘤早期治疗反应监测

随着对肿瘤生物学行为及其分子机制的研究深入，新的抗肿瘤药物不断被发现，除传统的化疗药物外，新涌现出许多针对肿瘤靶向治疗的药物，如针对端粒酶、EGFR、CD20 分子核苷酸还原酶等抗肿瘤靶向药物也已经成功用于临床。但由于恶性肿瘤的异质性，临床上常发现患同种类型肿瘤的不同患者对同一化疗药物敏感度常不相同，甚至同一个体在

不同的阶段，化疗效果差别都很大。因此，对于患者化疗药物的敏感性筛查，早期的疗效预测和评估，以及是否存在化疗药物的耐药等问题就显得尤其重要。

肿瘤组织病理学的反应是评价治疗有效的“金标准”。组织病理学对肿瘤治疗反应的定义为有活力肿瘤与治疗导致的纤维化的百分比。这一百分比现在主要用回归评分来表示。

测量治疗前后的体积大小是目前对治疗反应进行评估的常规方法。肿瘤体积缩小也一直被认为是评价治疗有效的一个标准。WHO 公布的治疗有反应的标准是：测量肿瘤两个垂直的径线，在两个径线治疗前后都减少 50% 时认为有效。最近公布的实体瘤治疗反应评价标准（response evaluation criteria for solid tumor，RECIST），认为肿瘤在最大长径上减少 30% 为有反应。对于球状肿瘤病灶，相当于最后减少 50%。而根据 WHO 或者 RECIST 的标准在大量Ⅱ期和Ⅲ期肿瘤患者的荟萃分析研究也表明：肿瘤反应性与患者的生存率直接相关。但有些肿瘤在治疗时特别是生物靶向治疗时体积并不会明显缩小，而是在治疗几个疗程后甚至是几个月后肿瘤体积才会出现明显的改变，因此单纯通过测量肿瘤大小的方法存在明显不足。

^{18}F-FDG PET/CT 能够在机体无创情况下灵敏地反映出肿瘤组织葡萄糖代谢的摄取程度，往往在解剖结构出现变化之前就能准确反映肿瘤治疗后的效果，可以作为肿瘤在体监测化疗敏感性与耐药性的影像标志物，预测肿瘤化疗反应性，指导个体化用药方案的选择。目前在临床上已经成为早期评价治疗疗效、鉴别复发与残余组织，以及预测预后的一种重要手段。对放化疗有反应的肿瘤组织对 ^{18}F-FDG 的摄取明显减少。大量的研究也表明：肿瘤治疗后 ^{18}F-FDG 摄取的变化与肿瘤的病理组织学变化、患者生存率紧密相关。

目前，应用 ^{18}F-FDG PET/CT 评价肿瘤治疗疗效的临床实践主要包括两类：第一类是在肿瘤治疗方案完成后，应用 ^{18}F-FDG PET/CT 进行疗效评价，判断残余肿瘤组织是否仍存在活性。第二类是在肿瘤治疗方案进行中，应用 ^{18}F-FDG PET/CT 进行评价，通过治疗前后肿瘤组织对显像剂 ^{18}F-FDG 的摄取变化程度，预测肿瘤治疗方案是否有效。

食管腺癌的新辅助放化疗能改善总体的生存期。但是，仅有 40%~50% 的患者对治疗敏感。而对治疗不敏感的患者可能受制于毒性不良反应、无效化疗或放化疗导致的延迟及潜在的更具生物学侵袭性的肿瘤。因而，研究人员非常希望有一种诊断试验能无创地预测疗效，能在治疗早期鉴别疗效的有无，有可能对于无效患者实行个体化治疗。上海仁济医院黄钢团队关于 ^{18}FDG PET 评价食管癌新辅助治疗疗效的 Meta 分析显示，其综合敏感度 70.3%（95% CI 64.4%~75.8%）、综合特异度 70.1%（95% CI 65.1%~74.8%）、综合诊断优势比 9.389（95% CI 3.482~25.319）；SROC 曲线下面积 0.8244，Q^* 值 0.7575。Brucher 等报道了 27 例食管鳞癌患者，在放化疗前后行 ^{18}F-FDG PET 显像。发现病灶平均 SUV 降低 52%，不仅是一个重要的预后因素而且能鉴别组织病理学有无反应。平均 SUV 减少率低于 52% 的患者其中位生存期显著短于超过 52% 的患者（8.8 个月比 22.5 个月，$P < 0.0001$）。Swissher 等报道了 103 例组织病理学诊断的食管癌患者新辅助放化疗结束后 ^{18}F-FDG 的预后结果。最大 SUV 大于等于 4 是长期生存的最佳预测值。放化疗后 SUV 小于 4 的患者中 18 个月生存期达到 77%，大于等于 4 的患者仅 34%。对于组织病理学无反应的预测准确性是 76%，相关灵敏度及特异性分别为 62%、84%。但是作者也表示 PET 难以排除残余微小病变，对于无残余活性肿瘤细胞的患者及有大约 10% 活性细胞患者

^{18}F-FDG 的摄取难以分辨。

另外，也有许多研究报道应用 ^{18}F-FDG PET 在评价食管癌早期疗效中的价值。Weber 等最初报道了 40 例（37 例可评估疗效）局部晚期食管胃交界处腺癌患者，分别应用 ^{18}F-FDG PET 在治疗早期指导疗效。作者发现在顺铂化疗开始后 2 周，^{18}F-FDG PET 就能通过代谢改变预测组织病理学改变，平均 SUV 降低率超过 35%，预测疗效的灵敏度和特异性分别为 93% 和 95%。以平均 SUV 降低率超过 35% 为阈值，MUNICON 研究中心对 110 例食管癌患者代谢改变的评估结果也发现，代谢改变者（化疗开始后 2 周）在术前继续接受最长 12 周的化疗，而代谢无反应者 2 周后不再化疗直接手术。110 例患者中 104 例接受了切除，49% 代谢有改变，代谢改变者中 58% 有组织病理学改变。中位随访 2.3 年后，代谢改变组与无改变组中位总体生存期不一致。前者中位无病生存期 29.7 个月，后者 14.1 个月（危险比 2.18；P=0.002）。这些研究均显示了应用 ^{18}F-FDG PET 能在第一次化疗开始后 2 周评估肿瘤的反应。术前化疗后 2 周代谢无改变的患者可以在术前化疗开始后尽早改变治疗方案。

对于有局部晚期非小细胞肺癌尤其是有纵隔淋巴结侵犯的患者（ⅢB、Ⅳ期），一般不考虑手术治疗。新辅助化疗或放化疗被认为是这些患者的希望所在，如果成功清除了涉及淋巴结的活性肿瘤细胞，这些治疗将有助于患者通过手术得到治愈。尽管目前可治愈的局部晚期非小细胞肺癌患者相对少，但可以预测生存期的诊断方法仍是重要的疗效评估措施。

新近诊断的原发乳腺癌行化疗与转移性乳腺癌行化疗的治疗目的大不相同。一般来说，一些化疗方案应用于初次全身治疗，而更多的姑息性治疗措施被应用于转移性病灶。评价初次化疗疗效通常使用病理学组织切片结果，而转移性病灶的治疗疗效通常不用病理来评价。上海仁济医院黄钢团队一项含 19 项临床研究共 920 例乳腺癌患者的荟萃分析显示，^{18}F-FDG PET 在预测乳腺癌原发灶新辅助治疗后反应的敏感度、特异度、阳性预测值、阴性预测值及诊断 Odd 率分别为 84%（95% CI 78%~88%）、66%（95% CI 62%~70%）、50%（95% CI 44%~55%）、91%（95% CI 87%~94%）、11.90%（95% CI 6.33%~22.36%）；^{18}F-FDG PET 预测区域淋巴结治疗后反应的敏感度、阴性预测值分别为 92%（95% CI 83%~97%）、88%（95% CI 76%~95%）。研究还显示在化疗早期（即化疗 1 或 2 周期）行 PET 检查的诊断准确率（76%）明显高于化疗晚期（65%），同时采用标准摄取值降低阈值为 55% 和 65%，其预测效率最高。^{18}F-FDG PET 在所有患者完成第 1 疗程化疗后能准确地预测患者的预后，并且在化疗第 3 疗程以后预测患者预后的能力明显高于传统影像手段。如前所述，早期发现无效治疗能使患者获益，尤其是有转移病灶的乳腺癌患者，如果有其他可供选择的治疗方式，可使这部分患者免于无效治疗带来的不良反应。

17.5 PET 与临床决策

作为临床医师每天都要面对临床症状体征各异的患者，针对具体情况应用不同的诊疗方法，提出适合其病情的治疗方案，采用相应的护理措施，对其预后进行分析判断，甚至对其所需费用也要作出必要的考虑，所有上述问题可称为临床决策。而我们为了提高临床决策的科学性，必须以各种概率数量为依据，以策略论和概率论的理论为指导，经过一定的分析、计算，使复杂的临床问题数量化，才有可能选择最佳的行动方案，这就是临床决

策分析。临床决策分析通常用于改进疾病的诊断、帮助临床医师选择合理的治疗方案、对疾病的预后进行评价、对个人患病风险进行评估等。

现行的医学临床决策过程是基于如下假设：非系统的个人临床经验积累是构建医师个人知识的重要方式，基于这些个人经验所采取的关于预后、诊断、治疗等临床措施是合理的。研究并熟知疾病的基本机制及病理生理学原则足以作为临床推理依据。传统的临床训练与临床常识相结合足以使医师对新的临床诊断治疗方法作出准确评价。总之，临床专业知识和临床实践经验足以使医师在临床实践中作出正确的决策。然而，研究和明确疾病的机制并不足以作为指导临床实践的充分依据。基于基本的病理生理学原理所作出的诊断、治疗推理，事实上很难保证其正确性，有可能导致对诊断或治疗效果的不正确预测。充分了解评价所获证据的某些规则，对正确解释医学文献关于因果关系、预后、诊断及治疗的结论是必要的。各种临床研究所得到的结论是否符合实际，其所采用的研究方法是否为决定性因素，这是评价其结论合乎实际与否的重要依据，直接关系到据其所作出的临床决策是否正确，也即是否为患者提供了最佳的诊断和治疗措施。

PET 作为一种功能性显像设备，由于其可无创性地研究人体生理、生化、受体及基因改变，通过定量测定 ^{11}C、^{13}N、^{15}O、^{18}F 等正电子核素标记的人体代谢底物及生物活性分子，达到活体分子断层成像的目的。在肿瘤的应用研究中，PET 不仅能鉴别良恶性肿瘤，而且能判定肿瘤的恶性程度和疗效，尤其在肿瘤治疗方案的确定与及时修正中显示出独特价值。研究证实，约 50% 的肿瘤患者在 PET 检查后修改了原有的治疗方案。而随着 PET/CT 的临床应用，将 PET 的分子功能代谢信息与 CT 的精确解剖定位结合起来，从根本上解决了 PET 定位不准的缺陷，从而成为目前肿瘤诊断最有发展前景的新技术之一。

17.5.1 PET 与临床分期

目前，肿瘤的治疗仍以手术、放疗及化疗为主，手术和化疗主要控制局部病变或局限性的转移，仅化疗可应用于控制广泛的转移。因此，治疗前如何准确地评价肿瘤分期是临床决策的重要根据。肿瘤分期实际上是对恶性肿瘤累及范围的缩写，其建立在肿瘤累及的范围不同，有不同的生存期的基础上。人体恶性肿瘤的 TNM 临床分期价值包括有助于临床医师制订治疗计划；了解患者的预后；帮助评价疗效。TNM 分期的规则仅限于有组织学证据及组织学分型的恶性肿瘤。分期系统描述的解剖范畴有以下三个基本评价指标：① T 指原发瘤的大小；② N 指有无区域淋巴结转移；③ M 指有无远处转移。而 PET 由于其对区域性转移淋巴结及远处转移探测的优势，在肿瘤临床分期中的价值愈来愈显得重要。例如，德国埃森大学医院 Antoch 等报道，前瞻性对比研究 98 例肿瘤患者（年龄 27~94 岁），先后采用全身 ^{18}F-FDG PET/CT 和全身 MRI 进行肿瘤分期。结果显示，77% 的患者 ^{18}F-FDG PET/CT 分期（TNM 分期）正确，11 例患者分期过高，12 例患者分期过低。相比之下，54% 的患者 MRI 分期正确，19 例患者分期过高，26 例患者分期过低，在有病理分期资料的 46 例患者中，^{18}F-FDG PET/CT 正确分期 37 例；MRI 正确分期 24 例。^{18}F-FDG PET/CT 诊断区域淋巴结转移的正确率为 93%，而 MRI 只有 79%。两种方法诊断远处转移率的正确率相似，分别为 94% 和 93%。

在肺癌方面，PET 研究大多集中在由传统模式诊断的 Ⅰ 期和 Ⅱ 期肺癌未发生转移的

^{18}F-FDG 探测显像的价值上。这些患者仍可避免不必要的手术治疗。Tuker 等报道，相对于常规显像，附加 ^{18}F-FDG PET 信息，取消了 30% 患者的手术，19% 的患者允许手术。12 份统一的研究分析显示，约 70% 的患者临床决策改变，17% 的患者附加化疗或放疗，8% 的化疗和放疗被取消。最近研究还显示根据不同显像分期后进行放疗，其预后也不同，使用 PET 分期的中位生存率为 31 个月，而非 PET 的中位生存率为 16 个月，反映 FDG PET 发现那些具有远处转移的患者，避免进行放疗的价值。而 Hicks 等发表的论文着重报道了肺癌Ⅲ、Ⅳ期的患者将被免于接受过分的放疗。在 167 例中 32 例（占 19%）通过 PET 证实有远处转移。1999 年 Meta 分析 146 例直结肠癌患者，^{18}F-FDG PET 发现多于 40% 的结直肠癌患者在临床发病期与主要治疗期差别的证据，使预期需要手术治疗的 41% 的患者免于手术。

17.5.2　PET 的成本效益分析

PET 在孤立性肺结节（SPN）方面进行了最早的成本效益分析。早在 1996 年，Valk 等在美国作了病例追踪后得出结论，即因为避免开胸手术或活检术，每例患者节省将近 2200 美元。随后其他学者也均得到同样的结论。而 PET 对 NSCLC 非小细胞肺癌的术前分期的成本效益分析在国际上仍有分歧。Gambhir 在早期用模型法进行的分析中认为，PET 相对于 CT 来讲生存率每增加 2.96 天节省 1154 美元。上海仁济医院黄钢团队（Wang and Huang 2012）的一项关于在中国使用 FDG PET/CT 行肺癌术前分期的经济效益分析研究结果也发现，与常规 CT 相比，所有患者行 PET/CT 的增量成本 - 效益比（ICER）为每一生命年 23 800 元人民币，ICER 会由于 PET 特异度的降低而明显增加。因此 PET/CT 被推荐用于肺癌术前分期检查，CT 图像显示淋巴结肿大的患者也应加行 PET/CT 检查。

PET 可以在早期发现较小的而其他检查手段不易发现的结直肠肿瘤，或者在明确原发肿瘤病灶的同时发现较小的转移灶或者多发的远处转移，多发的远处转移是手术的禁忌证，而孤立的转移灶实施切除已被证实有助于肿瘤预后。Valk 等对一组肿瘤标志物增高和准备切除孤立转移灶的患者行病例追踪后发现，其中 25% 的人不能进行手术，这样 PET 平均为每名患者节省了 2618 美元。Miles 利用一组澳大利亚本国患者进行的研究得出的数据是 1723 澳元。因此，多数学者认为 PET 在结直肠癌方面有着较高的性价比，这主要是因为 PET 诊断准确率较高，从而能较好地把握手术指征，迅速寻找出可切除的原发灶和孤立转移灶，另外可避免不必要的手术。

PET 在其他肿瘤方面的成本效益分析也有报道。Valk 等对黑色素瘤的病例追踪报道认为，PET 通过避免不必要的手术（包括确定诊断为手术禁忌和确定为良性病灶），以及较高的诊断效率，为每例患者节省了 2175 美元。而在乳腺癌腋窝淋巴结分期方面，美国和澳大利亚的研究人员分别得出 PET 为每例患者节省了 2300 美元和 550 澳元。

17.6　结　束　语

肿瘤核医学作为临床核医学的最重要分支之一。通过应用 PET/CT 技术和相关显像剂对肿瘤组织葡萄糖代谢、氨基酸代谢、氧代谢、DNA 合成等各种特征性生物学过程进行显像，目前已经成为核医学技术在临床应用中最有价值的项目。尤其是显示肿瘤组织葡萄

糖摄取和磷酸化过程的分子影像技术——^{18}F-FDG PET/CT，在恶性肿瘤的临床分期、疗效评价和良、恶性鉴别诊断中具有重要价值，目前已成为肿瘤核医学中应用最为广泛而明确的分子影像检查项目。熟悉和掌握 ^{18}F-FDG PET/CT 显像的基本原理、适应证和图像评价，对于我们正确开展 ^{18}F-FDG PET/CT 显像技术和深刻领会 ^{18}F-FDG PET/CT 显像在各种肿瘤中的临床应用价值具有重要意义。熟悉和了解 ^{18}F-FDG PET/CT 在肿瘤生物调强适行放射治疗、放化疗疗效的早期预测和评价，以及对于肿瘤临床决策的影响等方面显示的独特价值，对我们如何合理应用 ^{18}F-FDG PET/CT 显像技术和发挥 ^{18}F-FDG PET/CT 显像在肿瘤应用中的优势具有重要指导意义。而随着分子探针研发的发展，放射性免疫显像、放射受体显像及基因显像等特异性肿瘤显像技术目前也逐步从研究进入临床，并获得良好的临床效果，如生长抑素受体显像在神经内分泌肿瘤中的应用、间碘苄胍显像在嗜铬细胞瘤中的应用等。了解这些显像技术及其特点，将有助于我们从不同视角理解肿瘤组织的内在特征，对了解肿瘤分子核医学的应用发展前景具有重要意义。

肿瘤核医学的另一个组成部分——肿瘤非特异性显像，主要包括 ^{67}Ga、^{99m}Tc-MIBI 等显像。这些显像技术主要采用单光子发射计算机断层显像（SPECT）技术，应用较为方便，价格也相对低廉。了解这些显像技术在具体肿瘤中的应用价值，如 ^{67}Ga 显像在淋巴瘤中的应用、^{99m}Tc-MIBI 在甲状腺肿瘤中的应用等，对于推广核医学进入基层医院和丰富肿瘤核医学的临床应用具有重要意义。

参考文献

黄钢，赵军，刘建军，等. 2007. 客观评价 ^{18}F-FDG PET/CT 肿瘤显像误诊现象. 中华核医学杂志，27：129-130.

Barger R L，Nandalur K R. 2012. Diagnostic performance of dual-time ^{18}F-FDG PET in the diagnosis of pulmonary nodules：a meta-analysis. Acad Radiol，19（2）：153-158.

Berghmans T，Dusart M，Paesmans M，et al. 2008. Primary tumor standardized uptake value（SUVmax）measured on fluorodeoxyglucose positron emission tomography（FDG-PET）is of prognostic value for survival in non-small cell lung cancer（NSCLC）：a systematic review and meta-analysis（MA）by the European Lung Cancer Working Party for the IASLC Lung Cancer Staging Project. J Thorac Oncol，3（1）：6-12.

Birim Ö，Kappetein A P，Stijnen T，et al. 2005. Meta-analysis of positron emission tomographic and computed tomographic imaging in detecting mediastinal lymph node metastases in nonsmall cell lung cancer. Ann Thorac Surg，79（1）：375-382.

Christian P E，Waterstram-Rich K M. 2011. Nuclear Medicine and PET/CT，7th Edition. Missouri：Elsevier.

Delbeke D，Coleman R E，Guiberteau M J，et al. 2006. Procedure guideline for tumor imaging with ^{18}F-FDG PET/CT 1.0. J Nucl Med，47（5）：885-895.

Santiago J F Y. 2014. Positron Emission Tomography with Computed Tomography（PET/CT）.Taguig：Springer.

Wang Y T，Huang G. 2012. Is FDG PET/CT cost-effective for pre-operation staging of potentially operative non-small cell lung cancer？ –from Chinese healthcare system perspective. Eur J Radiol，81（8）：E903-E909.

Wang Y，Zhang C，Liu J，et al. 2012. Is ^{18}F-FDG PET accurate to predict neoadjuvant therapy response in breast cancer？ A meta-analysis. Breast Cancer Res Treat，131（2）：357-369.

Zhang C，Tong J，Sun X，et al. 2012. ^{18}F-FDG-PET evaluation of treatment response to neo-adjuvant therapy in patients with locally advanced rectal cancer：a meta-analysis. Int J Cancer，131（11）：2604-2611.

（黄　钢）

18

Hedgehog 信号转导通路中的重要蛋白 Sufu 的晶体结构研究及 Sufu-Gli1 复合物的晶体结构研究

蛋白质三维结构的掌握将会为理解它们的生物学功能和其下游应用（如新药的设计）提供理论基础。有两种方法被广泛用于大分子原子分辨率的结构测定：晶体 X 射线衍射和核磁共振（NMR）。NMR 不需要晶体，可以捕捉到溶液中分子动态变化的信息。但是 NMR 受分子大小的限制，一般小于 30kDa 的蛋白质可以选择 NMR。X 射线晶体学是一种测定生物大分子三维结构更常用的手段。在蛋白质结构数据库（protein data bank）中有超过 85% 的大分子结构是由 X 射线晶体学方法解析出来的。但是在结构测定的过程中，一个最大的瓶颈之处就是获得高质量的晶体的过程。

尽管在这一领域的方法和技术（同步辐射光源、高通量结晶技术和自动化衍射数据分析）有了很大的进步，但是晶体生长仍然是一个经验性和烦琐的过程。生长较好的晶体却不适合做衍射实验，是晶体学研究中经常发生的情况。结晶过程中，可想而知，分子的柔性将不利于高度有序的晶体的形成。而对于蛋白质，这种柔性可以使蛋白质发生结构域之间或者蛋白质表面 loop 环及末端多肽链的运动。分子排列松散和高含水量通常是导致晶体低分辨率和弱衍射质量的原因。

为了改善晶体衍射质量比较差的问题，选择的策略分为两大类。第一类是放弃已有的晶体：①重新筛选其他的结晶条件；②从其他物种中选择同源蛋白结晶；③利用限制性酶切的方法将蛋白质消化，结晶生成的蛋白质片段；④重新设计蛋白质片段如蛋白质的截短形式或者突变蛋白表面的氨基酸使其易于结晶。第二类是优化现有的晶体，如尝试相似的沉淀剂、缓冲液、添加剂的成分和浓度等。

18.1 Hedgehog 信号通路、Gli/Ci、Sufu 蛋白

Hedgehog 信号通路的发现是因为其在果蝇胚胎形态发生过程中的作用，随着研究的深入，发现其在调控多细胞生物的发育中起着关键的作用。脊椎动物的多数器官系统的发育，如神经管和四肢的形态发生、肺的形态发生及毛囊的形成，都需要该信号通路的调控。作为发育中非常重要的信号通路，Hedgehog 信号调控着细胞分化、增殖、组织极性并且与干细胞维持和癌症的发生密切相关。在 1996 年，两个独立研究的团队研究发现癌症 Gorlin 综合征与 Hedgehog 信号通路有联系。后续的研究表明：Hedgehog 信号可能与多

种癌症的发生有关，如皮肤癌、白血病、肺癌、脑癌、胃肠道癌等。

Hedgehog 信号通路主要通过 Gli/Ci 转录因子蛋白家族来调控，其在脊椎动物中包括三种：Gli1、Gli2 和 Gli3。Gli1 和 Gli2 主要起转录激活的作用，而 Gli3 主要起转录抑制的作用。*Gli1* 也是 Hedgehog 信号通路转录激活的靶基因，它在人神经胶质瘤中被检测到发生了突变。在非脊椎动物，如果蝇中，只有一个 Gli 家族蛋白 Ci，调控着整个果蝇的 Hedgehog 信号通路。

Sufu 是 Hedgehog 信号通路的负调控因子，其在体细胞中的突变将会导致癌症等疾病发生。人 Sufu（hSufu）的突变与多种癌症相关，包括：成神经管细胞瘤（发生率较高的恶性小儿脑瘤）及基底细胞癌综合征。直接的人类基因组研究和小鼠模型的“基因敲除”分析都明显地指出 Hedgehog 信号通路与常见的小儿脑肿瘤 [髓母细胞瘤（medulloblastoma）] 相关。

Sufu 是一个含两个结构域的蛋白质，在原核中只有单独的 N 端结构域作为 Sufu 的同源类似物，而 C 端结构域是一个独特的只在真核中存在的一个增加的区域，并有报道其参与 Sufu 与 Gli/Ci 的相互作用。2004 年 hSufu 的 N 端结构域（NTD）被解析出来，并指出 hSufu 的 N 端结构域中的酸性氨基酸 D159 对于其调控 Gli 起着关键的作用。但是单独的 hSufu-NTD 仍不能够使我们清晰地分析 Sufu 功能及其如何调控 Gli/Ci 转录活性，因此我们选取了两个物种（人和果蝇）的全长 Sufu 及中间删除突变的 Sufu 作为研究对象，通过解析全长 Sufu 的晶体结构，从而阐述该蛋白质的结构特征，并分析其调控 Gli/Ci 的生物学功能。

18.2 蛋白质晶体生长

晶体生长主要是用气相扩散的方法。气相扩散又分为两种，坐滴法和悬滴法。我们实验中主要使用的是悬滴气相扩散法，具体方法为：取浓度为 10~15mg/mL 的纯度大于 95% 的蛋白质溶液，14 000r/min 离心 5~10min 去除沉淀，吸取上清液用于结晶。晶体生长是在 48 或者 24 孔板上进行，先在孔中加入结晶缓冲液即下槽液，然后在玻片上点 1μL 蛋白质原液，再在液滴上加等体积的下槽液，将玻片小心沿着一侧慢慢扣紧到池子上，使其形成一个密闭的环境，14℃或者 4℃恒温培养。此时，下槽液的沉淀剂浓度是蛋白质液滴的两倍，所以在密封的环境中，液滴进行缓慢的脱水，使蛋白质溶液中蛋白质从不饱和状态向过饱和状态转变，蛋白质发生聚集先形成晶核，逐步形成晶体。晶体点完后，静置培养，1 天后可观察，长得较快的很快就有晶体析出，而较慢的可能要到一个月或以上。

蛋白质进行尝试结晶后，观察晶体生长板，记录液滴的情况及能够长出晶体的条件，对于生长出但不适合衍射实验的晶体进行优化。优化主要是对结晶缓冲液中的沉淀剂种类、浓度，盐的种类浓度进行替换和浓度调整，对 pH 条件进行替换。添加添加剂，也可以用来改变晶体的形状和衍射能力，该方法就是点晶的时候，在玻片上已加好蛋白质和结晶缓冲液的液滴后再加入 10% 的 additive 试剂。而在我们实验中，全长的 hSufu 和 dSufu 在尝试上述这些优化方式后，其孪晶体和衍射能力弱的情况一直未能有所改善。

我们结晶初筛所使用的试剂盒：Hampton Research 公司各种试剂盒，如 Crystal Screen、Crystal Screen Lite、Index Screen、PEG/Ion、PEGRx 等，以及 Emerald Bio 公司

的 Wizard Ⅰ、Ⅱ、Ⅲ、Ⅳ，另外还有自己实验室配置的一些结晶试剂盒。优化晶体时使用的试剂：部分液体如不同的 pH 缓冲范围的缓冲液、盐、沉淀剂等试剂来自于 Hampton Research 公司；粉末购买自 Sigma 公司；以及添加剂试剂盒（Additive Screen 等）也购自 Hampton Research 公司。

蛋白质甲基化是一种常规的改善蛋白质结晶的策略。主要是为了改善蛋白质表面的性质，它特异性地在蛋白质表面的赖氨酸残基的亲水基团氨基及蛋白质 N 端的氨基上加上两个甲基。步骤如下：先将蛋白质所处的溶液换成不含 Tris 等游离氨基（—NH_2）的缓冲液：25mmol/L HEPES pH 7.5、100mmol/L NaCl，蛋白质浓度控制在 1~1.5mg/mL。每 1mL 蛋白质加入 20μL 1mol/L 二甲胺基硼烷（dimethylamine-borane，DMAB；现配现用），40μL 1mol/L 甲醛（formaldehyde）（37% 的母液配置），在 4℃温和地混匀，反应 2h 后，再次加入 20μl 1mol/L 二甲胺基硼烷和 40μL 1mol/L 甲醛，反应 2h 后，加入 10μL 1mol/L 二甲胺基硼烷，4℃反应过夜。第二天离心去除反应中部分沉淀的蛋白质，过分子筛终止反应，并换成结晶所用的缓冲液：10mmol/L Tris-HCl pH 8.0、100mmol/L NaCl、5mmol/L 二氯二苯三氯乙烷（DTT）、1mmol/L 乙二胺四乙酸（EDTA）。可以利用质谱检测蛋白质是否发生分子质量的增加，一个赖氨酸被甲基化，分子质量增加 30Da。该方法的好处是：①不需要重新构建重组质粒表达蛋白；②而这个修饰作用发生在蛋白质已经在体内表达折叠成熟后，避免了破坏蛋白质合成初期突变造成的错误折叠；③这个方法只会对暴露在蛋白质表面的氨基酸修饰，不影响蛋白质核心结构。

晶体形成之处，首先蛋白质要聚集形成晶核，孪晶的形成可能是由于蛋白质以不同的方向聚集成核，这样可以形成好的分子堆积，但破坏了晶体的对称性，从而产生了孪晶。所以，之后我们采取了另外一种能够有效改善孪晶的晶体优化方式：微接种，即人为地加入晶种，使得结晶的过程跳过自发成核的步骤，除了可以改善孪晶，还可以加速晶体长成的速度。microseeding 的方法如下：晶种母液的制备，挑取几颗新鲜生长的晶体，转移到 1.5mL 的离心管中，加入 100μL 该结晶缓冲液，14 000 r/min，4℃离心 5min，晶体沉到底部，用与离心管顶端匹配的工具碾碎晶体，再高速离心去除大的晶体颗粒，上清即晶种溶液。或者利用 Hampton Research 公司的 Seed Bead Kit，即将晶体挑到含有一颗珠子的离心管中，利用漩涡振荡仪使得大晶体裂成小晶体，制成晶种溶液。该溶液可以继续进行梯度稀释，形成不同浓度的晶种溶液。挑选适合晶种的结晶条件，可以选择晶体能够生长的最低沉淀剂和盐浓度的条件。在和原始晶体生长同样温度或更低的温度条件下，点晶，静置培养平衡 2h。平衡好后，打开要进行 microseeding 的孔的玻片，用猫胡子（或其他动物的毛发）从晶种溶液中蘸一点液体划过蛋白质液滴，再将玻片盖回去，放回培养箱继续静置培养即可，几天后观察晶板，经接种的液滴，长晶体的速度会加快。

水在维持溶液或者晶体形式的蛋白质分子的结构和活性中起着关键的作用。晶体学家已经详细研究了在蛋白质晶体中，水起到中间介导作用，并且降低溶剂含量，将会形成蛋白质分子排列更紧密更规则的晶体，从而提高晶体的 X 射线衍射分辨率和质量。晶体脱水的方法就是将晶体转移到一个可以使晶体脱水的溶液中作用一段时间，该溶液可以是比晶体生长的原始母液中沉淀剂浓度更高一些的溶液，也可以是原始的母液加上防冻剂如聚乙二醇（PEG）400、PEG600、甘油或者甲基戊二醇（MPD）等。在实验中 hSufu 的晶体由于分辨率一直无法提高，我们一直尝试用这种方法提高晶体的衍射质量。具体方法：选

择防冻剂甘油作为脱水剂，在冻晶体之前，将晶体转移到晶体生长母液加10%甘油的溶液中，依次再转到加20%甘油和加25%甘油的溶液中，每个脱水条件下，作用5min，转移到下一个，最后快速冻到液氮中，也可以将长晶体液滴的玻片转移至含脱水溶液的下槽液的孔上，密封培养一段时间后，使晶体缓慢脱水，之后将晶体挑出。

18.3 晶体衍射与结构解析

我们纯化了原核和昆虫系统表达的全长人hSufu和果蝇dSufu蛋白，以及5种中间删除突变的hSufu蛋白，这些蛋白质都用于晶体生长实验，经初筛实验后，昆虫系统表达的全长hSufu和dSufu蛋白可以得到形态不太好的孪晶，而几种突变体hSufu中，hSufu Δ 20、hSufu Δ 40和hSufu Δ 60得到了外形比较好的晶体。图18-1中是最终我们优化出适合衍射并解析出结构的三个不同hSufu片段及dSufu全长蛋白。

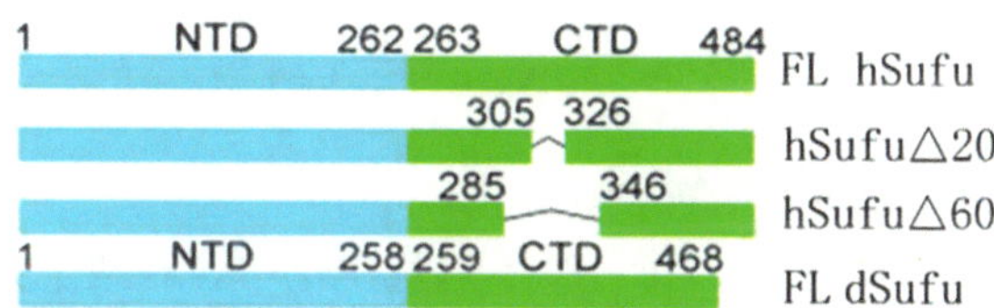

图18-1 实验中我们用来优化晶体并解析出结构的Sufu蛋白

由于Sufu晶体比较小、衍射能力较差，我们首先在室内X射线衍射仪上初步筛选质量较好的晶体，然后在上海同步辐射光源（SSRF）收集数据，可根据晶体的质量和空间群设置数据收集的起始和终止角度、曝光时间、光强度和距离等参数。数据收集后，利用HKL2000软件包对数据进行处理和整合，然后根据数据处理的结果判断最高分辨率，一般以最外圈Rmerge值小于50%、信噪比（I/σ）大于2来确定最外圈的分辨率，处理完的一套数据完整度需大于90%。结构解析的第一步就是先确定蛋白质结构的相位，具体可以利用多同晶置换（MIR）、分子置换（MR）、单波长反常散射（SAD）或者多波长反常散射（MAD）等方法实现。Sufu蛋白的N端结构已经被解析出来，所以我们直接用MR的方法就可以解决相位的问题，解析过程中主要用到CCP4i和Coot等软件。

18.4 hSufu结构

我们冻存了大量的晶体，先进行室内X射线衍射，较好的晶体回收冻存，带去上海同步辐射光源（SSRF）收集数据（图18-2），经HKL2000处理，我们分别收集了2.25Å的hSufu Δ 60、3.1Å的hSufu Δ 20、3.2Å的hSufu及2.7Å的dSufu数据各一套。

收集的数据经过HKL2000软件包进行处理归一化。hSufu Δ 60晶体的空间群为C2221，一个不对称单位中含有一个分子。我们利用CCP4i软件包中的分子置换程序Phaser，以hSufu-NTD（蛋白质数据库号：1M1L）结构为模型进行相位解析，搭建初始的模型。其余没有模型的部分我们利用Coot手动建模，并利用CCP4i软件包中的Refmac反复修正。最终解析出的模型中包括hSufu残基：1~6、22~279、362~450和457~481，其

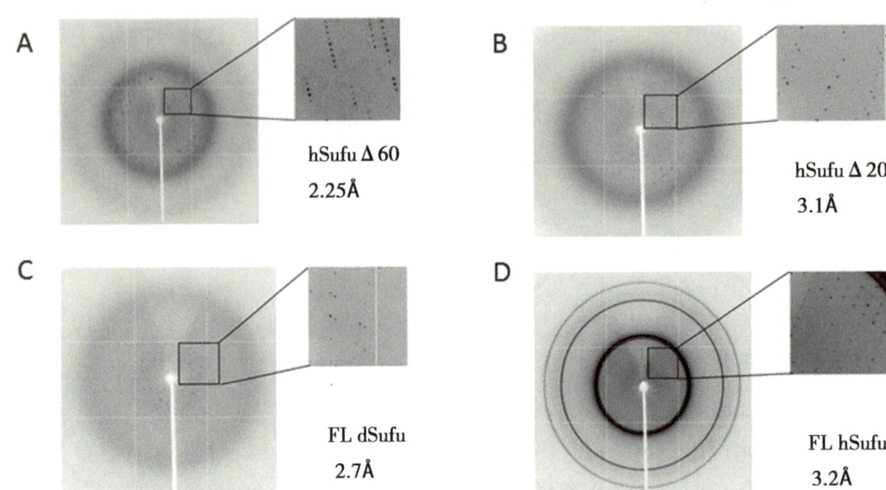

图 18-2 hSufu Δ 60、hSufu Δ 20、dSufu、hSufu 的晶体衍射图，其最高分辨率分别为 2.25Å、3.1Å、2.7Å、3.2Å

中处于蛋白质表面的第 59 位的赖氨酸被甲基化。

hSufu Δ 20 晶体的空间群是 C2，每一个不对称单位中含有两个分子。我们利用已解析的 hSufu Δ 60 的结构作为分子置换的模型。最终解析出的结构中包括 hSufu 的氨基酸的一个分子是：1~3、20~279、362~450 和 455~481；另一个分子是：1~5、20~280、361~450 和 456~481。

全长 hSufu 晶体的空间群为 C2221，一个不对称单位中包括一个分子。解析方法与 hSufu Δ 20 一样，最终解析的结构中包括 hSufu 的氨基酸为：21~280、356~452 和 457~481。

全长的 hSufu 结构显示它包括两个球形结构域和中间一段小的连接区（hSufu 上对应的氨基酸编号为 263~267）。hSufu 的 N 端结构域和 C 端结构域都是以 α/β 折叠类型形成的球形结构域，即几个 α 螺旋包围着中间多个 β 折叠片组成的疏水核心 β-sheet 结构，如图 18-3A 所示。其中在 hSufu 的 C 端结构域中有两个区域在解析结构的时候，缺少相应的电子密度，不能完全搭建出模型，在 hSufu 上的氨基酸编号为 281~355 和 453~456，这两段没有清晰电子密度的无规区域用虚线将断开的两端连接起来。这两个区域的氨基酸由于其存在于蛋白质表面，游离、柔性较大，没有稳定的二级结构，因此在衍射时，没有得到相应的位置信息。

将解析的三个不同片段的 hSufu 结构进行比对，如图 18-3B 所示，分别用蓝色（FL hSufu）、紫红色（hSufu Δ 20）和黄色（hSufu Δ 60）表示。其中对 FL hSufu 与 hSufu Δ 20 的 334 个 Cα 进行比对，它们之间的均方根差（RMSD）值为 0.334；FL hSufu 与 hSufu Δ 60 的 329 个 Cα 比对之间的 RMSD 值是 0.379；hSufu Δ 20 与 hSufu Δ 60 的 339 个 Cα 比对之间的 RMSD 值是 0.254。这说明两个突变体和野生型的 hSufu 蛋白结构整体上没有太明显的差别，也就是删除了部分氨基酸的 hSufu，其结构并没有受到破坏。这与我们所猜测的一致，删除的部分处于蛋白质的表面，结构较松散，没有稳定结构的 loop 区，删除对 hSufu 整体的核心结构几乎没有产生影响。

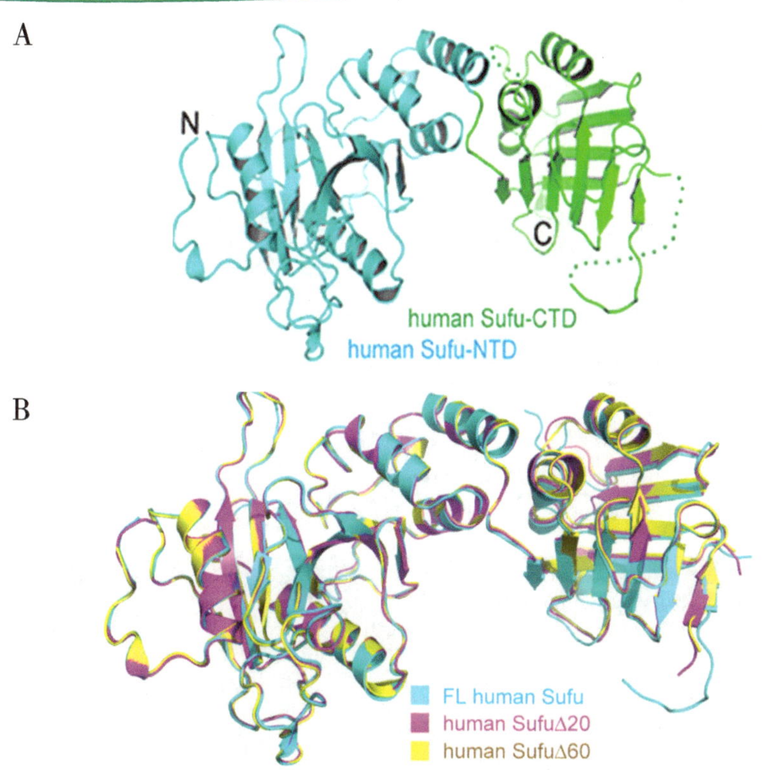

图 18-3 各种不同片段的 hSufu 晶体结构

A. 全长 hSufu 的晶体结构；B. 三个不同片段的 hSufu 蛋白结构比对。FL hSufu、hSufu Δ 20 和 hSufu Δ 60 分别用蓝色、紫红色和黄色表示

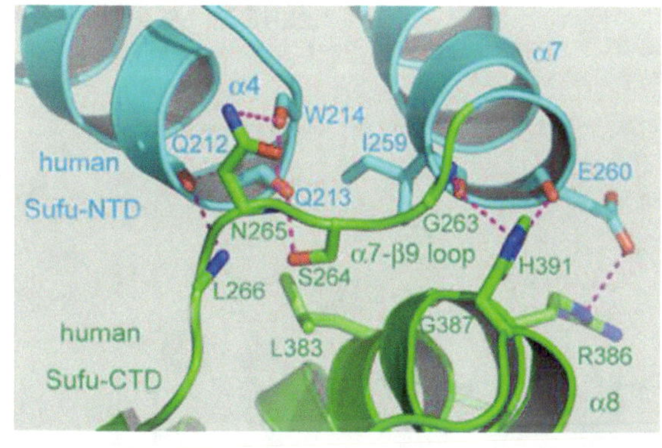

图 18-4 hSufu 的 NTD 和 CTD 之间的相互作用

hSufu 的晶体结构呈现哑铃状，N 端结构域（NTD）和 C 端结构域（CTD）中间以很短的肽链 Gly-Ser-Asn-Leu 相连。hSufu 的 NTD 和 CTD 之间排列比较松散，仅有很少的相互作用，如图 18-4 所示，蓝色表示 Sufu-NTD，绿色表示 Sufu-CTD，氢键用紫红色虚线表示。其中 hSufu-NTD 的 Q212、W214、I259 和 E260 分别与 hSufu-CTD 的 G263、S264、N265、L266、R386 和 H391 发生氢键相互作用。

hSufu 是由两个结构单独的球形结构域所组成，并且之间没有过多的相互作用。我们利用简正模式（normal mode，NM）分析 hSufu 可能存在的内在运动模式。计算出的结果显示 hSufu 的两个结构域之间会发生介于“关闭、致密”和“开放、松散”状态之间的构象变化。如图 18-5 所示，我们选取前三个主要的振动模式进行分析，其中每个模式中选取三种状态（我们选择每个振动模式计算出 31 个模型，图中为计算所给出的每个运动中的第 1、15、31 个模型，分别用黄色、蓝色和紫红色表示）分别与 hSufu 的 NTD 作结构比对，叠加到一起。从图中可以看出，这三个振动模式的共性都是 Sufu 两个结构域之间的相对运动，只是运动的方向稍有不同。简正模式其实是将 Sufu 整体的运动分解成多种简单的运动，如前面所讲的软件计算出的若干种振动模式，而实际上 Sufu 的运动应为这些运动之和，只是某些方向的运动占据的分量较多。

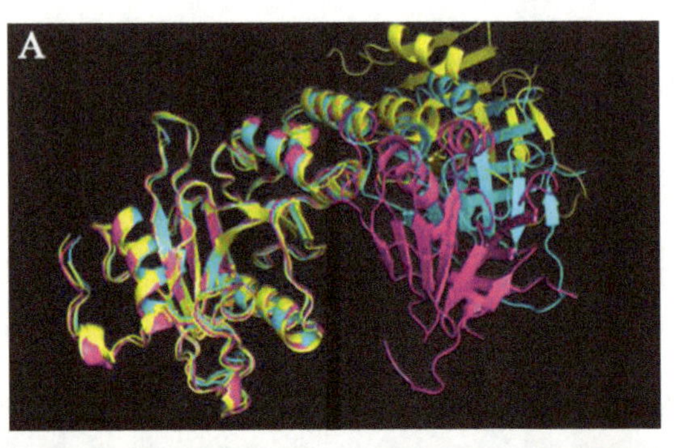

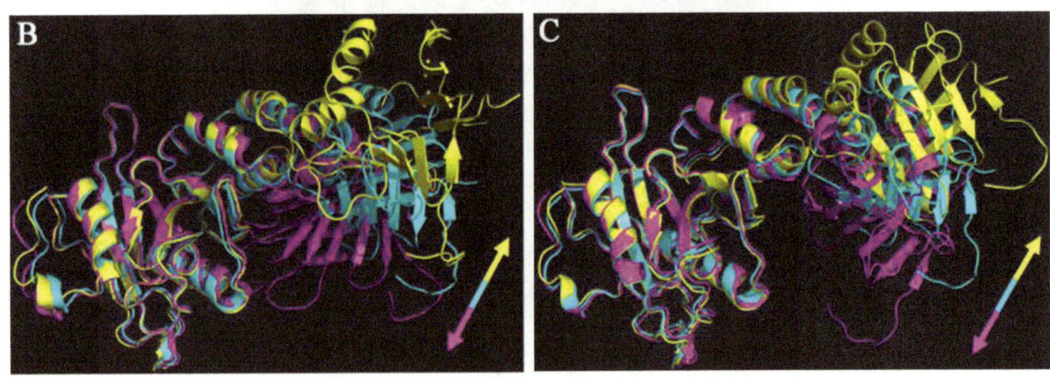

图 18-5 hSufu 的简正模式分析出的前三种振动模式

A. 第一种；B. 第二种；C. 第三种

18.5 果蝇 dSufu 晶体结构

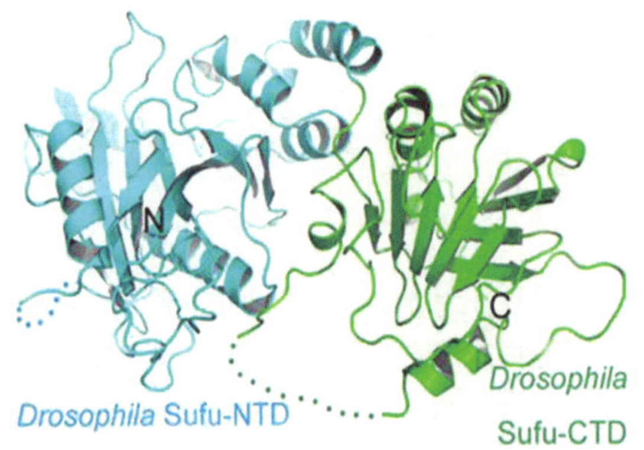

图 18-6 dSufu 的晶体结构

在解析了 hSufu 晶体结构的同时，我们也通过不断地摸索和优化，最终获得了 dSufu 蛋白的晶体结构，如图 18-6 所示。dSufu 也是由两个球形结构域所组成，并且其 C 端结构域中伸出一段 loop 与它的 N 端结构域相接触，图中淡蓝色和绿色分别表示 dSufu-NTD 和 dSufu-CTD，用虚线将 dSufu 中由于没有相应电子密度而未搭建出模型的氨基酸断开处的末端（297~307）连接起来。

18.6 hSufu与dSufu的晶体结构比较

将全长hSufu和dSufu的结构作比对，比较两个全长Sufu结构上的区别，如图18-7所示，发现与hSufu相比较，dSufu的CTD与NTD之间的距离更近、更紧密，其处于稍关闭的状态。

同样的，将简正模式分析计算出的处于关闭状态的hSufu与hSufu的晶体结构作比较，我们发现这个比对的结果与hSufu和dSufu晶体结构比对的结果相似，也就是相比较于hSufu的开放状态，dSufu处于关闭的状态，如图18-7所示。

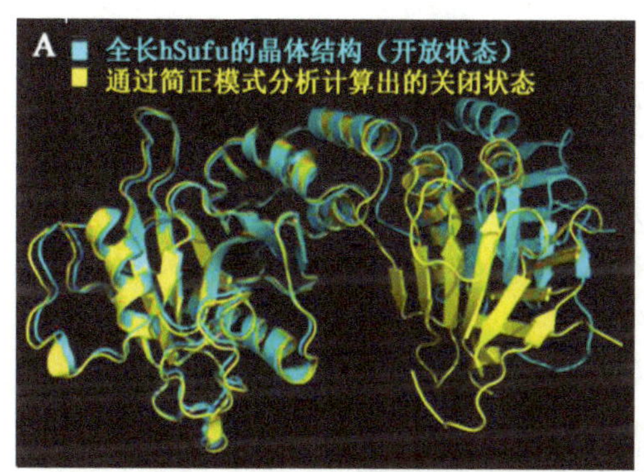

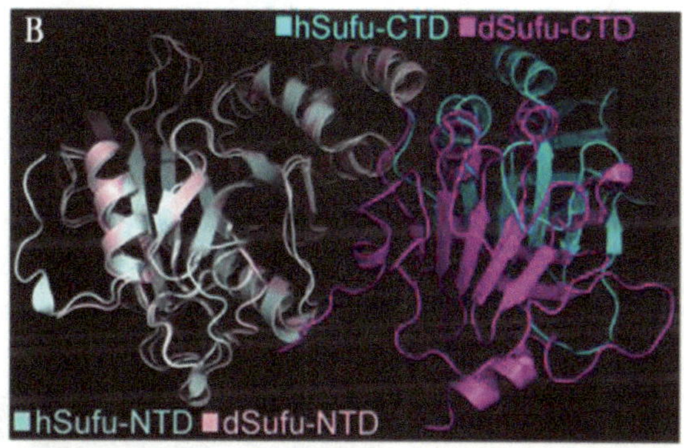

图18-7 A. hSufu自身与简正模式分析计算出的hSufu关闭构象进行结构比对；B. hSufu与dSufu的晶体结构进行比对

这可能是由于两个Sufu晶体结晶条件不同，使得其晶体堆积方式不同，而最终结构中的构象不一致；也有可能是dSufu的CTD与NTD之间有相互作用，而hSufu的CTD与NTD之间没有相互作用，而使hSufu和dSufu的晶体结构状态不同。

18.7 dSufu的NTD和CTD之间的相互作用

dSufu和hSufu都是由两个结构域所组成。dSufu的CTD中间有段在hSufu结构中没有对应结构的区域，这段区域参与dSufu的CTD和NTD的相互作用，如图18-8所示。dSufu的NTD中的Phe144、Thr146、Asn148、Gly149和Asp154与dSufu的CTD中的Arg309、Ser313和Gln316有氢键相互作用，图中用紫红色虚线表示。而且参与这些相互作用中的氨基酸Thr146、Gly149、Ser313和Gln316在hSufu中也不保守。dSufu的这一区域的相互作用，可能在溶液或者生理状态中并不稳定，其本身具有较大的柔性，在结晶过程中，可能由于晶体堆积作用，而稳定在该状态。

由于dSufu的晶体结构中CTD的那段长的loop区和NTD有弱的相互作用，该区域的存在会干扰简正模式分析，我们将这一段部分氨基酸（308~322）删除，并将氨基酸都突变成丙氨酸后进行简正模式分析，发现dSufu也同样存在介于“开放”和“关闭”状态的振动模式，图18-9A所示为简正模式分析计算出的三个中间状态结构比对结果。

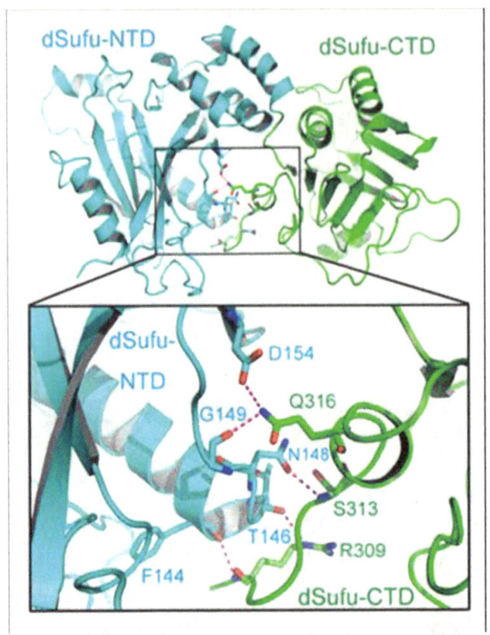

图 18-8 dSufu 的 NTD 和 CTD 之间的相互作用

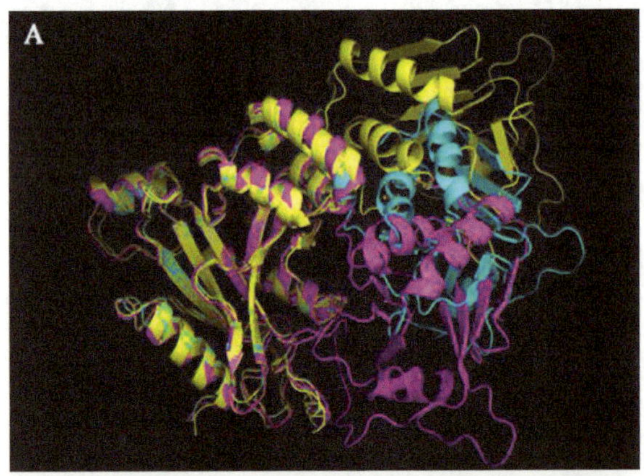

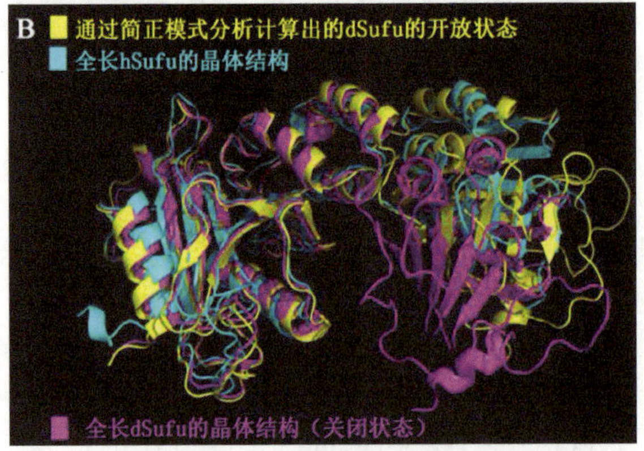

图 18-9 dSufu 结构的简正模式分析

A. 简正模式分析计算出的第一种振动模式中第 1、16、31 三个结构与其 NTD 比对结果；

B. 将 dSufu 计算出的“开放”状态与 hSufu 比较，处于比较接近的位置

同样将简正模式分析计算出的 dSufu 开放状态的结构与 hSufu 的晶体结构进行结构比对，发现它们之间只有一点偏移，如图 18-9B 所示，用黄色和蓝色分别表示 dSufu 的开放状态和 hSufu 晶体结构。上述简正模式分析计算说明，Sufu 的 NTD 和 CTD 两个结构域之间的构象变化存在于不同物种中，其在进化上是保守的。

18.8　Sufu-Gli 复合物的结晶

Sufu 在体内的关键作用是调节 Gli/Ci 蛋白的转录活性，两者之间相互作用的功能得到了越来越多的阐释，但是 Sufu 如何利用它的两个结构域识别 Gli/Ci，以及 Sufu 上结合 Gli/Ci 的关键位点一直存在争议。单从 Sufu 的结构上来看，我们并不能得到其与 Gli 结合的精确信息，只能通过比较和生物信息学的方法分析得出 Sufu 蛋白的构象变化，并且这种构象变化可能与体内调控 Gli/Ci 的转录活性有关。所以我们希望能够继续通过结构生物学的方法解析 hSufu/Gli 或者 dSufu/Ci 的复合物结构，从而给出更多的结构证据，从原子水平阐释两者之间的相互识别及调控机制。

我们选择 FL hSufu 和 hSufu Δ 60 两种蛋白分别与不同的 Gli 多肽进行晶体生长实验，其中 11 个氨基酸的多肽，虽然未检出相互作用，但有的时候晶体生长弱的相互作用也会因晶体堆积的作用而长出复合物的晶体，我们也用于晶体生长实验。将两种 hSufu 蛋白浓缩至 10mg/mL，按 hSufu : hGli 肽摩尔比 1∶1.5 向 hSufu 蛋白中加入 Gli 多肽，仍用悬滴法在 4℃和 14℃进行晶体生长条件筛选。最终我们得到了 hSufu Δ 60 和 17 个氨基酸多肽 hGli1（112~128）复合物的块状晶体，晶体生长的条件为 20% PEG3350 和 0.2mol/L $MgSO_4$，在 4℃和 14℃均可以长出外形较好的晶体，如图 18-10 所示。

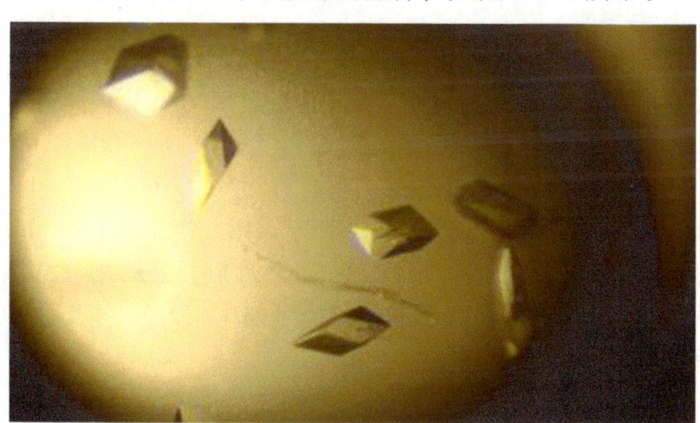

图 18-10　hSufu Δ 60-hGli1（112~128）复合物晶体，4℃，生长条件为 20% PEG3350 和 0.2mol/L $MgSO_4$

18.9　Sufu-Gli 复合物的晶体衍射数据收集与结构解析

将 hSufu Δ 60-hGli1（112~128）复合物的晶体转移至含 25% 甘油的晶体生长母液的防冻剂中，在液氮中保存。在上海光源 BL17U 工作站收集衍射数据，并经 HKL2000 处理，最终收集到一套分辨率为 1.7Å 的数据，如图 18-11 所示。该晶体的空间群为 C2221，一个不对称单位中含有一个分子。

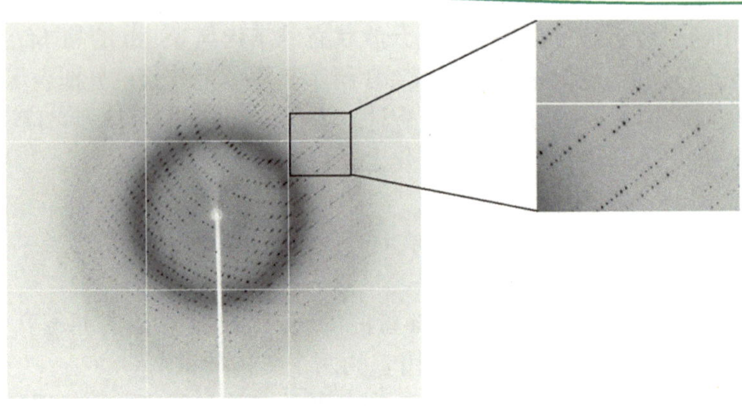

图 18-11 hSufu Δ 60-hGli1（112~128）复合物晶体衍射图，其最高分辨率为 1.7Å

以我们已经解析的 hSufu-NTD（22~260）和 hSufu-CTD（267~481）作为 CCP4i-phaser 分子置换的两个模型，分子置换后，首先利用 Coot 手动搭建好 NTD 和 CTD 之间的区域，将它们连接起来，Refmac 反复修正没有错误后，可以看到，在 Sufu 的 NTD 和 CTD 有一团很大的电子密度，我们猜测可能是 Gli 多肽所处的位置，为 Gli 多肽的电子密度，利用 Coot 手动搭建模型，Refmac 修正，搭建好初始模型，然后按照 Gli 肽上的氨基酸序列手动修正 Gli1 多肽模型，最终解析的结构中包括 hSufu 的氨基酸序列为 28~278、359~450 和 457~480，以及 Gli1 多肽上的氨基酸 119~128，其余氨基酸序列没有清晰的电子密度图，无法搭建。最终结构模型的 Rwork 值为 19.46%，Rfree 值为 22.21%，在拉氏构象图中，97.6% 的氨基酸的二面角位于最适区域，2.4% 的序列位于允许区域，无氨基酸残基的序列处于不允许区域。

我们最终解析该复合物的结构如图 18-12 所示，A 图为 hSufu Δ 60-hGli1（112~128）的整体结构。B 图为 hSufu Δ 60 在 hSufu Δ 60-hGli1（112~128）复合物晶体结构的二级结构元件，α 螺旋、β 折叠和 loop 各用红色、黄色和绿色表示。hSufu Δ 60 的二级结构单元的名称分别用 α1~α10 及 β1~β18 来表示。在解析的复合物结构中，hGli（112~128）多肽形成了一个 β 片，并与 hSufu 以 β 片叠加的方式相互作用。hSufu-NTD 和 hSufu-CTD 各提供一个 β 片，即 β5 和 β9，与 Gli（112~128）形成合并的 β 片层结构。Sufu 将 Gli 包围在中间，从而掩盖了 Gli/Ci 上 N 端的核定位序列（NLS），使得 Gli/Ci 不能进入细胞核内，行使转录因子的活性。

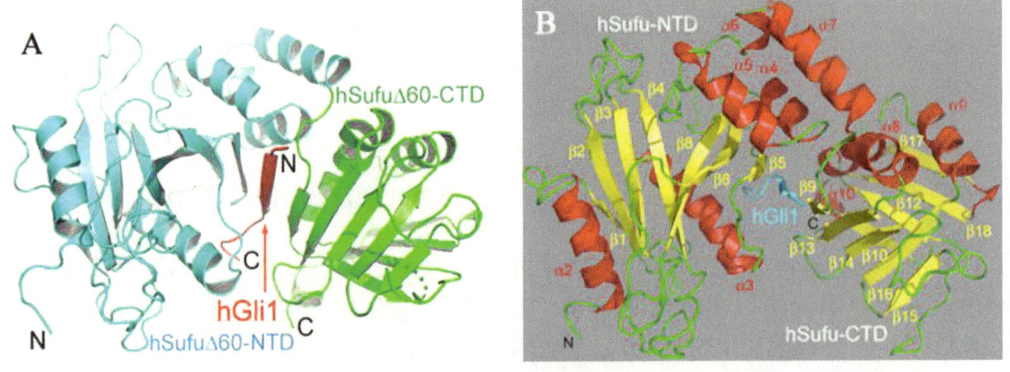

图 18-12 hSufu Δ 60-hGli1（112~128）复合物晶体结构

将复合物中 hSufuΔ60 的两个结构域分别与未结合 Gli 多肽的 hSufuΔ60 的两个结构域相比，N 端和 C 端结构域中除了 loop 处，以及 N 端的最后一个 α 螺旋 α7 结构有偏移外，其余基本上一致。将 N 端结构域的 205 个 Cα 进行比对，RMSD 值为 0.421，将 C 端结构域的 105 个 Cα 进行比对，RMSD 值为 0.401。而将 hSufuΔ60-hGli1（112~128）复合物中的 hSufuΔ60 与自身未结合 Gli 多肽的结构整体进行比较，如图 18-13 所示，相比较未结合 Gli 的 hSufuΔ60，复合物结构中，Sufu 的两个结构域分别与 Gli 结合，并将两个结构域拉在一起，使其处于构象关闭的状态。

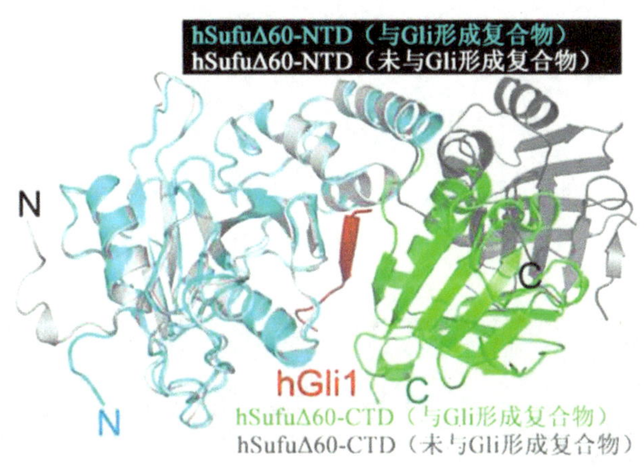

图 18-13 hSufuΔ60-hGli1（112~128）复合物中 hSufuΔ60 与自身未结合 Gli 多肽的结构比较，其中灰色表示 hSufuΔ60；蓝色和绿色分别表示复合物中 hSufuΔ60 的 N 端结构域和 C 端结构域；红色表示 hGli1（112~128）多肽

我们所解析的 hSufu、dSufu 和 hSufuΔ60-hGli1（112~128）三个不同的结构，Sufu 两个结构域的相对位置都不太一样，这也证实 Sufu 确实存在不同的构象。Gli1（112~128）形成的 β 片像胶水一样将 Sufu-NTD 和 CTD 粘在一起，也就是 Gli 与 Sufu 的两个结构域相结合，使得 Sufu 稳定处于“关闭”状态，而 dSufu 和 hSufu 未结合 Gli/Ci 时，由于晶体形成时的堆积作用或者蛋白质本身溶液中最稳定的构象状态不同，因此我们得到了三种不同构象的 Sufu 蛋白结构。

18.10 Sufu 与 Gli 的相互作用界面

hSufuΔ60-hGli1（112~128）的晶体结构揭示了 hGli 通过主链和侧链与 hSufu 发生相互作用。如图 18-14 所示，电子密度图及我们解析出的模型显示，hGli 多肽完全被 hSufu 上的氨基酸所包围。

如图 18-15 所示，hGli1 的 6 个氨基酸残基 Ser120-Tyr121-Gly122-His123-Leu124-Ser125 形成一个 β 片，与 hSufu-NTD 的 β5 和 hSufu-CTD 的 β9 组成同向平行的 β 片层结构（图 18-15A）。另外，hGli1 也通过其主链与侧链或者侧链之间形成氢键及范德瓦耳斯力与 hSufu 特异性地识别。在这个相互作用网络的中心，hGli1-His123 与 hSufu-Asp159 及 hSufu-Tyr147 形成氢键，hGli1-Leu124 与 hSufu-Leu380、hSufu-Val269 及 hSufu-Ala271

形成疏水相互作用。在 Sufu-Gli 相互作用界面的外围，hGli1-Ser120 和 hGli1-Ser125 与 hSufu 上的极性 / 带电荷的氨基酸形成氢键，同时，hGli1-Tyr121、hGli1-Gly122、hGli1-Ile126 和 hGli1-Gly127 与 hSufu 上的非极性氨基酸形成疏水相互作用（图 18-15B）。

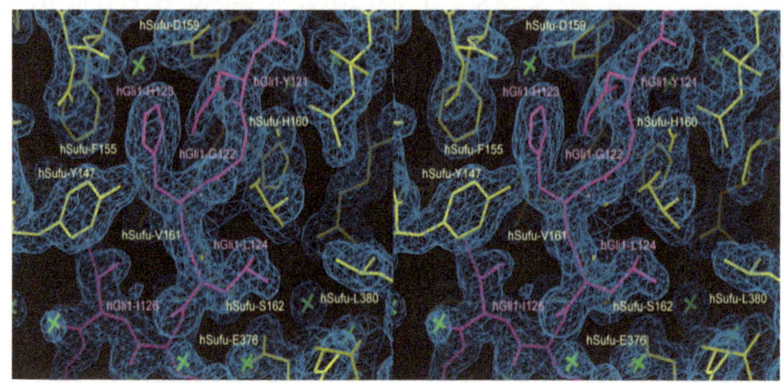

图 18-14　hSufu-hGli1 相互作用界面的 2F0-FC 电子密度立体图

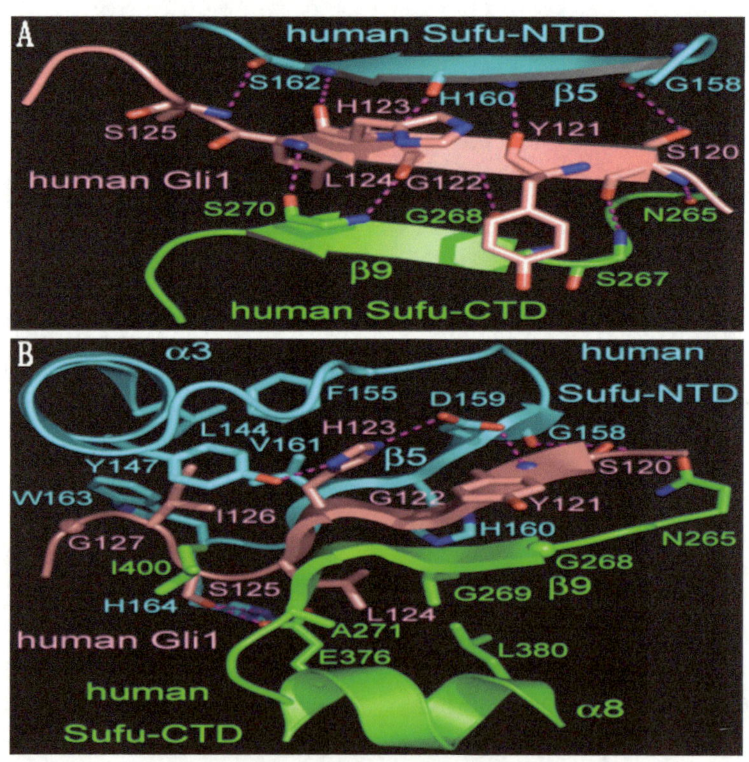

图 18-15　hGli1 和 hSufu 之间的相互作用界面

A. 主链相互作用；B. 侧链相互作用。hGli1、hSufu-NTD 和 hSufu-CTD 分别用粉红色、蓝色和绿色显示。氮原子和氧原子分别用蓝色和红色显示，氢键用紫红色虚线表示

18.11 Gli/Ci 上关键氨基酸残基的突变破坏其与 Sufu 的结合

在结构中 hGli1 的 Gly122、His123 和 Leu124 是 hSufu-hGli1 的相互作用界面 hGli 上处于中心位置的氨基酸。由于 Gli 上有两个 Sufu 的结合位点，一个在锌指结构域之前，也就是我们结晶的多肽所处的位置，另一个是在锌指结构域之后，因此为了防止 Gli 的 C 端 Sufu 结合位点对检测结合的影响，选取了不含 Gli 的 C 端 Sufu 结合位点的 mGli2（1~633）片段与 hSufu 进行免疫共沉淀的实验。另外，从结构中已知 Gli 利用主链和 Sufu 发生相互作用，简单的单突变可能不足以打破它们之间的结合，所以我们构建了两种 mGli2（1~633）的三突变分别为：G122A/H271A/L272D（GHL/AAD 或者 AAD），G270V/H271E/L272D（GHL/VED 或者 VED），改变相互作用界面处氨基酸的带电性质和侧链大小。

如图 18-16A 所示，在 293T 细胞中过表达 hSufu 和 mGli2（1~633）两种蛋白质，免疫共沉淀（Co-IP）实验分析，相比较于野生型 Myc-mGli2（1~633），Myc-mGli2（1~633）AAD 和 Myc-mGli2（1~633）VED 两种三突变能够结合的 hSufu 的量要少很多，即突变型与野生型相比，其与hSufu的结合能力明显减弱，不过两种突变体并没有太大差别。另外，我们还合成 hGli1（97~143）上的 G122A/H123A/L124D（GHL/AAD）三突变的多肽，用来在体外检测其与 hSufu 的结合情况。如图 18-16B 和图 18-16C 所示：等温滴定量热（ITC）分析结果显示，突变的 hGli（97~143）GHL/AAD 与野生型 hSufu 和 hSufu Δ 60 的 K_d 值分别为 19.9μmol/L 和 10.7μmol/L，相比较未突变的 hGli（97~143）多肽，分别为 95.2nmol/L 和 61.3nmol/L，它们之间的亲和力强度降低了接近三个数量级。根据上述 Co-IP 和 ITC 分析实验，显示 Gli 上突变三个氨基酸并未完全打破它们的结合能力。这可能是因为这两者之

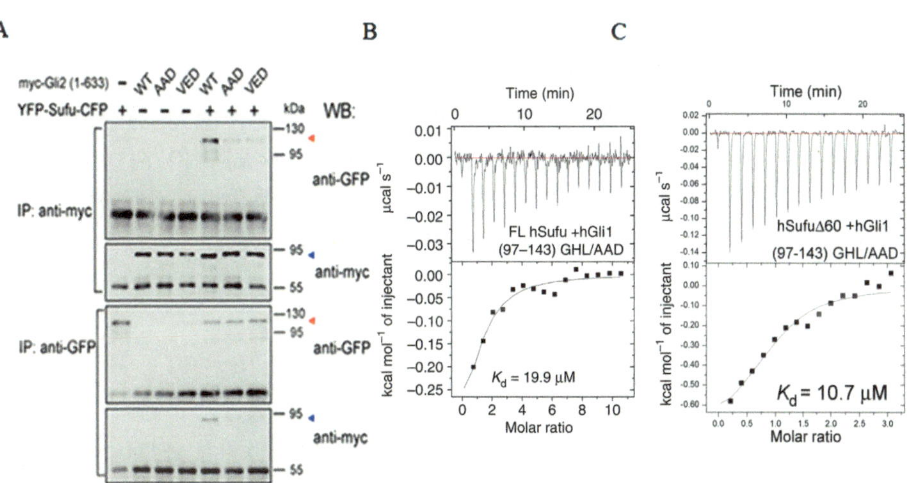

图 18-16 Gli 上关键位点氨基酸残基的突变破坏 Sufu-Gli 之间的结合

A. 免疫共沉淀（Co-IP）分别为 myc-mGli2（1~633）野生型和突变型 GHL/AAD 或者 GHL/VED 与 YFP-hSufu-CFP 之间的分析；B，C. 分别为突变 hGli（97~143）GHL/AAD 分别与 FL hSufu 和 hSufu Δ 60 之间的 ITC 分析

间是通过β片叠加主链与主链相互作用的方式来结合，改变氨基酸的种类，无法达到完全消除结合的效果。

在果蝇 Sufu-Ci 复合物的研究中，我们也同样利用 ITC 检测 dSufu 与 Ci（230~272）之间的相互作用，如图 18-17A 所示，ITC 测得的 K_d 值为 7.41μmol/L，比 hSufu-Gli 之间的值要大得多，显示 dSufu-Ci 要比 hSufu-Gli 之间的亲和力弱得多，并且整个反应为吸热反应。用 ITC 检测 Ci（230~272）上的三突变 G257A/H258A/I259D 与 dSufu 的相互作用时，如图 18-17B 所示，ITC 滴定中没有热量的变化，也就是检测不到它们之间的相互作用，这有可能是它们之间亲和力本身较弱，故而较容易完全消除它们之间的相互作用。

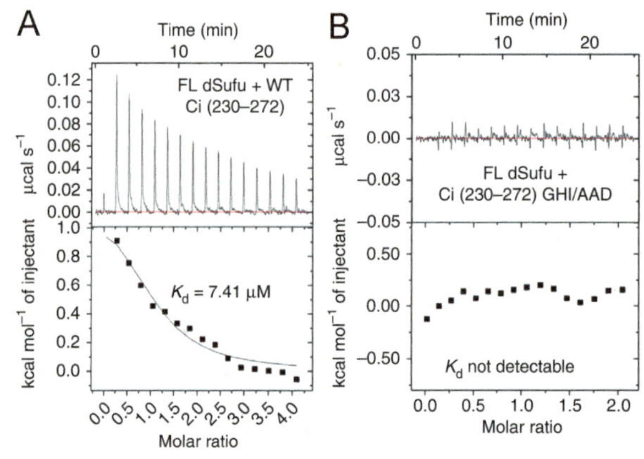

图 18-17 ITC 实验分析 dSufu 与 Ci 之间的亲和力

在使用 ITC 检测 hSufu 或者 dSufu 与 Gli/Ci 多肽相互作用的时候，表现出来的热量变化不同，hSufu 为放热反应，dSufu 为吸热反应。这有可能是 hSufu、dSufu 在溶液中所处状态本身不一致，hSufu 处于易结合 Gli 的稍开放的状态，dSufu 处于不易结合 Ci 的稍关闭的状态。在与 Gli/Ci 发生相互作用时，hSufu 和 Gli 直接结合，而表现为放热反应，而 dSufu 和 Ci 反应时，首先要将 dSufu 关闭的构象打开，使其易于与 Ci 结合，在这个过程中，构象的打开需要吸收大量的热量，使得整个反应最终表现为吸热反应。而且我们在晶体结构中还发现，dSufu 的 N 端和 C 端之间还存在一些弱的相互作用，可能是晶体堆积的原因，也有可能确实存在，如果存在，除了构象的变化，还需要打开这些弱的相互作用，同样也需要吸收热量，使吸收的热量大于释放的热量，最终检测到的也是吸热反应。

18.12 Sufu 上关键氨基酸的突变将会破坏其与 Gli 的结合

在 hSufu 与 Gli 的相互作用界面，Sufu 上有较多的氨基酸残基参与该相互作用，除了主链之间的氢键相互作用，还存在侧链之间氢键、离子相互作用及疏水相互作用等。由于涉及的氨基酸较多，因此我们选取了其中 4 个氨基酸残基，分别为 Y147、D159、F155 和 L380，进行单突变和组合突变分析。

突变体和 Gli 之间的结合仍利用 Ni^{2+} 柱 pull-down、Co-IP 及 ITC 来检测。与我们进

行结构分析一致，在hSufu上引入点突变Y147R、F155A、D159R、D159A和L380R，以及这些突变的组合，可以破坏hSufu和hGli1的相互作用，如图18-18所示，利用Ni^{2+}柱pull-down分析，突变的hSufu相比较于hSufuΔ60都不能够检测到与hGli1（97~143）的结合。另外，在293T细胞中进行的免疫共沉淀分析证实在体内hSufu的D159R单突变、L380R单突变和Y147R/D159R/L380R三突变确实破坏了Sufu对于Myc-mGli2（1~633）的识别。而利用ITC分析hSufu突变体和hGli1（97~143）的亲和力显示hSufu的Y147R/F155A双突变有较弱的解离常数，约5μmol/L，而D159R单突变则完全检测不到结合，Y147R/D159R双突变、Y147R/D159R/L380R三突变和Y147R/F155A/D159A/L380R或者Y147R/F155A/D159R/L380R四突变也都检测不到与Gli的结合。

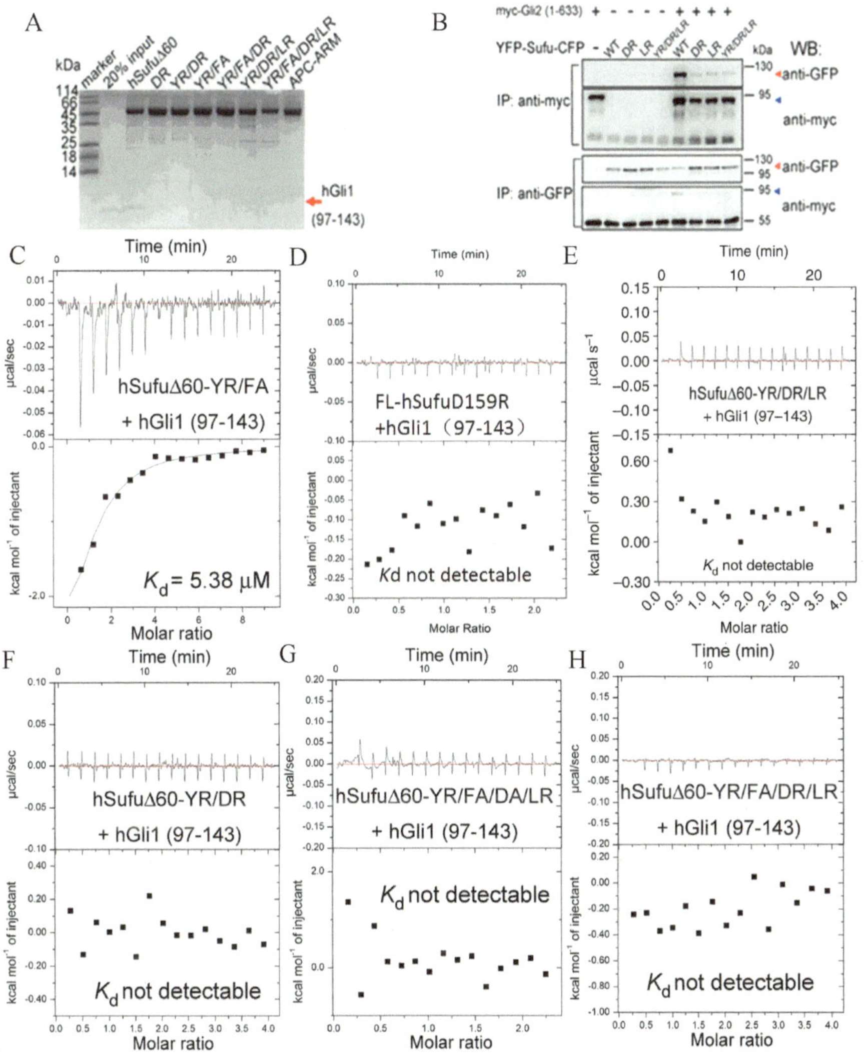

图18-18　hSufu上关键位点的突变影响其与Gli的相互作用

A. Ni^{2+}柱pull-down；B. Co-IP实验；C~H. ITC检测hGli1（97~143）与不同的hSufu突变体之间的相互作用

参考文献

Zhang Y, Fu L, Qi X L, et al. 2013. Structural insight into the mutual recognition and regulation between Suppressor of Fused and Gli/Ci. Nature Communication, 4: 2608.

（吴　更）

19

精神疾病动物模型研究进展

在生命科学和医药学研究领域，常用一些结构简单、生命周期短、操作简便的实验动物来进行实验研究。这些实验动物在生命活动中与人类具有相似的生理和病理过程，常用于揭示疾病发生机制和认识生命现象的普遍规律。为了保证这些动物实验更科学、准确和可重复性，科学家通过各种方法将所需研究的生理或病理特征稳定地体现在标准化的实验动物上，供研究所用，这些标准化的实验动物就称为模式动物。常见的模式动物包括：果蝇、小鼠、大鼠、斑马鱼等，其中小鼠在人类疾病研究中应用最为广泛，成为生物医学领域最为常用的模式动物之一，其原因在于小鼠繁殖能力强，生理和病理表现与人类相似，并且小鼠基因组与人类基因组相似性高达 90% 以上。

精神疾病的定义有很多，但是没有一个确定性的。从传统意义上说，精神疾病是指严重的心理障碍，是在各种生物学、心理学及社会环境因素的共同影响下，大脑功能失调，导致行为人的各种精神活动均出现一定程度障碍的特殊性疾病（李海霞和叶新梅 2013）。精神疾病，也称为精神障碍，主要分为轻型精神疾病与重型精神疾病两大类。常见的轻型精神疾病有神经衰弱、焦虑症、强迫症、抑郁症等，常见的重型精神疾病有精神分裂症、双相情感障碍等。长期研究表明，部分精神疾病如孤独症（autism）和精神分裂症（schizophrenia）的发生是由于遗传变异的存在。通过连锁分析、候选基因关联分析和全基因组关联分析（genome-wide association study，GWAS）等遗传学手段，科学家对精神疾病患者人群和正常对照组人群进行比对和筛选发现精神疾病的发生与某个基因或多个基因存在相关性。而小鼠基因组与人类基因组同源性很高，在随后的疾病机理研究中通常可以在小鼠中调控这些相应基因表达获得具有疾病表型的小鼠模型。此外，部分精神疾病如抑郁症（depression）除了遗传因素还有可能是由于多种环境因素应激造成的，因此也可以通过模拟人类精神疾病遭受的环境应激构建小鼠模型。目前在全球各地的神经生物学实验室，通常利用遗传工程（genetic engineering）、环境操作（environmental manipulation）获取相关的精神疾病小鼠模型，此外还有选择性繁殖（selective breeding）、脑部损伤（brain lesion）等方法（Nestler and Hyman 2010）。一个良好的精神疾病小鼠模型通常需要满足以下三个方面：首先，其行为学表型与精神疾病患者相似，如表现为社交障碍、焦虑、抑郁、注意力缺陷等表型中一个或者几个；其次，小鼠模型与人类精神疾病有相似的致病机理，如多种神经递质功能的紊乱和脑部结构异常等；最后，小鼠模型还应具备相似的药理机制，可以用于精神疾病药物的筛选和评估。本章将主要介绍两种常见精神疾病模型的制备，以及行为学检测方法。此外，随着近年来脑计划研究的推广，大脑连接组学成为神经科学领域的研究热点，本章还将介绍几种最新的研究神经环路的方法。

19.1 精神分裂症小鼠模型

精神分裂症（schizophrenia）是一种以患者的基本个性改变，思维、情感、行为的分裂，精神活动与环境的不协调为特征的严重的精神疾病（李涛 2012）。精神分裂症影响了全球 1%~1.5% 的人口，我国精神分裂症人数已经超过 1600 万。精神分裂症的临床症状形式多样，患者表现出幻觉、妄想、说话不着边际、行为异样等症状。许多基础研究中提出了一系列理论和假设解释精神分裂症的病因、发病机理、临床现象，包括分子遗传理论、神经生化假说和神经发育异常假说。以下主要介绍通过遗传筛选出易感基因相关精神分裂症小鼠模型的建立。

disrupted-in-schizophrenia-1（*DISC1*）基因被认为是当今最有价值的精神分裂症及抑郁症等精神疾病的易感基因之一，2000 年，Millar 等研究了一个庞大的苏格兰家系，这个家族中绝大多数成员患有严重的精神疾病，其中包括精神分裂症、情感分裂型精神障碍、双相情感障碍（bipolar affective disorder，BP）、单极性情感障碍（unipolar affective disorder）和青少年品行障碍（adolescent conduct disorder）。研究发现，此家族中成员的第 1 号和第 11 号染色体发生了遗传性的平衡易位（1；11）（q42.1；q14.3）。由于染色体易位，阻断了其中 2 个基因的功能，这 2 个基因当即被命名为 *DISC1* 和 *DISC2*（disrupted-in-schizophrenia 1 and 2）。其中，*DISC1* 可编码蛋白质的可读框（open reading frame，ORF），*DISC2* 则特异性地调控 *DISC1* 的表达（Millar et al. 2000）。随后的研究表明 *DISC1* 基因是一个在精神分裂症和情感障碍中都非常普遍的易感基因（Ishizuka et al. 2006；Tomppo et al. 2012；Brandon and Sawa 2011；Ross et al. 2006），成为迄今被发现的第一个明确与精神疾病关联的变异基因。

自 *DISC1* 基因被发现后，对其功能的研究在短短几年内便取得了重大突破，然而却都是在细胞模型上进行分子层面的分析，没有真正进入活体模型的研究。目前，许多实验室都已经成功构建了小鼠 *DISC1* 动物模型（表 19-1），以此来研究 *DISC1* 与相关精神疾病之间的关系（李涛 2012）。下面将代表性地介绍在早期发育阶段和成年阶段的 *DISC1* 小鼠模型。

表 19-1 *DISC1* 基因修饰小鼠模型（Duan et al. 2007）

小鼠品系名称	行为表型			参考文献
	感觉-运动	情绪	认知	
CaMK-DN-DISC1 tg	嗅球损伤，亢奋	强迫游泳中静止时间增加	前脉冲抑制测试表现缺陷；Y-迷宫和水迷宫分别测试工作记忆和空间记忆表现正常	Hikida et al. 2007
CaMK-DISC1-cc-tg at PND 7	正常	社交能力减退；强迫游泳中静止时间增加	延迟非匹配样本测试表现出工作记忆缺陷	Li et al. 2007

续表

小鼠品系名称	行为表型			参考文献
	感觉-运动	情绪	认知	
DN-DISC1 tg	亢奋	高度攻击性	水迷宫测试表现出空间记忆缺陷	Pletnikov et al. 2008
Pre-and post-natal Tet-off DN-DISC1 tg	正常	社交能力减退；攻击性增强；悬尾实验中不动行为增加	正常	Ayhan et al. 2011
DISC1 KD transient knockdown in the cortical neurons in utero	正常	正常	前脉冲抑制测试表现缺陷；长期定位损伤，短期定位正常；T-迷宫测试工作记忆正常	Niwa et al. 2010
DISC1tr	正常	悬尾和强迫游泳测试中静止时间增加；雄性应激响应次数减少	恐惧记忆缺陷	Shen et al. 2008
DISC1-129	正常	正常	前脉冲抑制、水迷宫和物体识别能力正常；工作和恐惧记忆缺陷	Koike et al. 2006；Kvajo et al. 2008
DISC1-Q31L	正常	强迫游泳静止时间增加；社交能力下降；社交兴趣缺失	水迷宫空间记忆正常；前脉冲抑制和潜在抑制缺陷；T-迷宫表现工作记忆轻微缺陷	Clapcote et al. 2007；Lipina et al. 2013
DISC1-L100P	亢奋	正常	前脉冲抑制和潜在抑制缺陷；T-迷宫表现工作记忆缺陷；水迷宫和恐惧记忆正常	Clapcote et al. 2007；Lipina et al. 2013
DISC1-stop codon before exon 2	低度焦虑，高度冲动	正常	正常	Kuroda et al. 2011
DISC1 × 环境模型				
DN-DISC1 tg × polyI: C at E9	亢奋	高度焦虑，强迫游泳中静止表现增加，社交行为减退	无影响	Abazyan et al. 2010
DN-DISC1 tg × polyI: C at PND 2-6	无影响	社交能力减退	工作记忆、定位能力和恐惧记忆缺陷；幻觉敏感性增加；前脉冲抑制无影响	Ibi et al. 2010
DISC1- L100P+/- × polyI: C	后肢站立次数减少	社交能力减弱	空间定位能力减弱，潜在抑制和前脉冲抑制缺陷	Lipina et al. 2013
DISC1- Q31L+/- × polyI: C	无影响	无影响	无影响	Lipina et al. 2013

续表

小鼠品系名称	行为表型			参考文献
	感觉-运动	情绪	认知	
DISC1- L100P+/- × social defeat	运动能力减弱	焦虑增加	无影响	Haque et al. 2012
DISC1-Q31L+/- × social defeat	无影响	无影响	无影响	Haque et al. 2012
DN-DISC1-Tg- PrP × social isolation	亢奋	强迫游泳中静止时间增加	前脉冲抑制测试表现缺陷	Niwa et al. 2013
DN-DISC1 tg × Pb^{2+}	亢奋；雄性后肢站立次数减少，雌性后肢站立次数增加	无影响	雌性表现为前脉冲抑制缺陷；Y-迷宫测试工作记忆无影响；恐惧记忆和惊恐反应无影响	Abazyan et al. 2014

19.1.1 早期发育阶段

Li 等（2007）利用可诱导和可逆转基因体系（inducible and reversible transgenic system）构建了一种 *DISC1* 模型小鼠。这种模型鼠在出生后特定时间特异性表达截断的 *DISC1*，可以用于早期神经发育异常导致精神分裂症的研究。例如，在出生 7 天后诱导截断的 *DISC1*，在成年后行为学的实验检测表明，这些小鼠表现出工作记忆（working memory）上的缺陷，此外还表现出抑郁表型和社交障碍。在形态学结构上，模型鼠树突的复杂度减少，并且海马中突触的传递性也相应减弱。因此小鼠模型表明在神经发育早期，小鼠 *DISC1* 功能障碍可导致认知行为异常，有力地强化了精神分裂症是一种早期神经发育疾病的假说。

19.1.2 成年阶段

有文献报道利用 *DISC1* shRNA knockdown 反转录病毒载体海马定位注射技术，成年期动物海马齿状回新生神经元中 *DISC1* 基因特异敲减，可以导致新生神经元形态、迁移位置、电生理特性等异常（Kim et al. 2009；Duan et al. 2007）。这提示成年期 *DISC1* 基因异常表达是否也能诱发精神疾病。Li 等利用 *DISC1* shRNA 反转录病毒载体定位注射到成年小鼠海马齿状回（dentate gyrus，DG）区特异性敲减 *DISC1* 基因，发现 2 周后大约有 500 个成年海马 DG 新生神经元被感染并且存活（约只占成年 C57BL/6N 小鼠海马齿状回颗粒细胞总数的 2‰）。这些新生神经元过度兴奋，出现神经形态学缺陷。引人注目的是，这一基因操作仅影响到极小比例的神经元（约 500 个新生神经元），却导致了空间学习记忆、新物体位置辨识等记忆障碍，以及焦虑、抑郁等情感异常，如图 19-1 所示。这一令人惊讶的发现使我们认识到与精神分裂症相关的某些行为与认知障碍，是完全可以由少量的成年期新生神经元异常造成的（Zhou et al. 2013）。

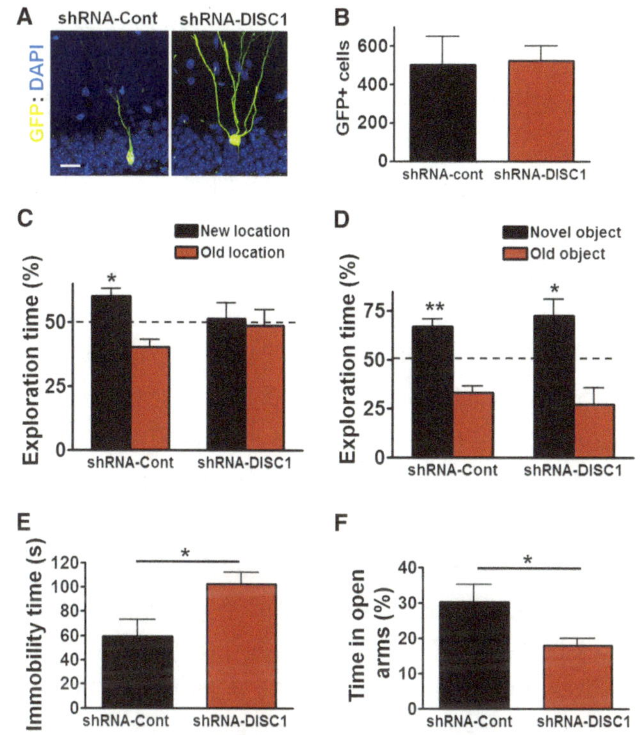

图 19-1　敲减 *DISC1* 对神经元形态和小鼠行为学影响

GFP. 绿色荧光蛋白；DAPI. 4′，6- 二脒基 -2- 苯基吲哚；shRNA-Cont. 反转录病毒伪敲减对照组；

shRNA-DISC1. 反转录病毒敲减 DISC1 组。

$*P < 0.05$；$**P < 0.01$，结果有显著性差异

此外，研究还表明在成年小鼠 DG 区敲减 *DISC1* 会影响新生颗粒细胞的形态发生，如胞体增大、异位树突、树突长度和分支增加，以及加速内在兴奋性的获取和突触的形成等（Duan et al. 2007）。有趣的是，mTOR 信号通路的抑制剂雷帕霉素可以修复 *DISC1* 的表达下调所产生的效应，而 GSK3β 却不能产生相同的效果（Kim et al. 2009；Zhou et al. 2013）。因此，这一小鼠模型也为精神分裂症的治疗提供了可能的药物靶点。

19.2　抑郁症模型

抑郁症是一类以情绪低落为主要临床表现，影响患者的工作、睡眠、饮食和快感体验等行为的精神疾病，国际上权威的精神疾病操作手册（*The Fourth Edition of the Diagnostic and Statistical Manual of Mental Disorders*，DSM-IV）中，对人类抑郁的主要症状进行了表述，主要有以下几点：①抑郁或烦躁的心情；②对日常的活动缺乏兴趣；③体重发生巨大变化；④失眠或嗜睡；⑤精神异常（易激动或失落）；⑥容易感到疲劳；⑦自我怀疑；⑧注意力不集中；⑨周期性的自杀表现。存在上述至少 5 种症状长达 14 天以上就可以诊断为抑郁症。但是对动物模型来说仅仅部分表现能被观测到并作为抑郁的表征，如身体状态（homeostatic symptom）、快感缺乏（anhedonia）和精神运动行为（psychomotor behavior）。现代社会人们精神、环境压力越来越大，抑郁症患者的人数逐年增加，动物模型能帮助人

们更好地认识抑郁症的发病机理，同时对抑郁症治疗的药物开发评估都起到很好的促进作用。

给予啮齿类动物以长期的难以预料的各种不威胁生存的应激，可以引起类似人类的抑郁和焦虑样行为，这是国际上通行的建立抑郁动物模型的方法之一，即“慢性不可预期温和应激（chronic unpredictable mild stress，CUMS）”抑郁模型。其原理主要是根据人类抑郁症发生和发展过程中经历长期慢性低水平的应激。CUMS 模型的制备是将动物长期接触一系列温和的但不可预知的刺激，包括悬尾、电击足底、冰水游泳、热应激、禁食、禁水、频闪照明、噪声等，动物会表现出类似快感缺乏的症状。例如，模型小鼠在糖水偏好测试中，糖水摄取水平显著低于对照组，这一症状也是重型抑郁症的主要表现。此外模型小鼠还出现运动和社交能力的下降和探索行为的减少等（Detanico et al. 2009；Maeng et al. 2008；Gross and Pinhasov 2015；Rygula et al. 2006）。慢性不可预知性抑郁模型已经在抑郁症研究中获得广泛的使用，但是其存在操作过程复杂、时间长的不足。

另外，社会因素也是造成人类罹患抑郁症的主要原因，当工作压力大时其患抑郁症的概率明显上升。同样将小鼠放入不同社会环境中，也会表现出不同的应激状态。例如，慢性社会失败应激模型（chronic social defeat stress）是将小鼠经受多次从属关系较量的失败经验。因为人类的精神压力主要来自社交活动，社会挫败感是所有高等动物在生存过程中都要面对的一种慢性重复性刺激。人经历社会挫败后，容易产生孤独感，逃避社交，失去自尊感，严重时会引发抑郁症，所以研究社交挫败刺激的影响对我们进一步认识和理解抑郁症的发病机理有重要作用。因雄性动物天生具有领地意识，造模时，一般将雄性啮齿动物作为入侵者引入其他雄性啮齿动物的饲养笼里，它会被原住动物观察，攻击并战败而受到挫折，入侵小鼠会表现出一系列类似抑郁的症状，包括快感缺乏、社会退缩（social withdrawal），体重减轻。并且长期服用抗抑郁药可以改善这个模型的抑郁表型（Hollis and Kabbaj 2014；李浩等 2012）。

目前，束缚模型是一种简单而有效的抑郁模型，主要模拟人由于短期急性刺激事件或长期慢性事件刺激诱发抑郁症的发生。造模过程是将小鼠置于透明有机玻璃管中，管壁上开有小孔确保通风良好，限制其在管内的活动，禁食禁水。短期束缚一般为 12~24h，长期慢性束缚一般为每天 6h，持续 2 周以上。文献报道在束缚后小鼠血液中主要的糖皮质激素皮质醇明显上升，这与在抑郁症患者中观察到的现象相同。研究证实这是由下丘脑 - 垂体 - 肾上腺轴（hypothalamic-pituitary-adrenal axis，HPA axis）功能改变导致的，这也是抑郁症发生的主要机制（Lupien et al. 2009；Buynitsky and Mostofsky 2009）。

习得性无助动物模型也是一种常用的抑郁动物模型。通过经历无法预测、控制和逃避的压力刺激（如足底电击）而产生的绝望感会使得其表现出抑郁表型，造成绝望的动物出现食欲减退、体重减轻、活动量减少、回避或逃避能力欠缺等表型。该模型的有效性已经得到验证，重复性很好，对抗抑郁药物高度敏感，是作为筛选抗抑郁药物的一个有效模型（Porsolt 2000；Henn and Vollmayr 2005；Yan et al. 2010）。

近年来的研究表明，孕期的压力刺激及幼年的一些创伤记忆和不幸经历会增加成年后对外界环境压力的敏感度，增加罹患抑郁症的风险。幼年生活应激模型就是建立在这个基础之上，主要应用在啮齿类动物和非人类灵长类动物身上。其中，母婴隔离是该种模型的一种常用方法。幼仔出生后，每天人为和母亲分离数小时，持续数周甚至数月，会造成幼仔产生抑郁表型（Oomen et al. 2011；Pryce et al. 2005；Lucassen et al. 2013）。

脑损伤模型，如嗅球切除模型、卒中后抑郁模型，是用于研究抑郁症导致的退行性变化的有效模型。对啮齿类动物来说，嗅球是一个十分重要的脑区，嗅球与海马和杏仁核等边缘系统之间形成神经网络，对情绪和认知功能起到一定作用。双侧嗅球被破坏的大鼠不仅会丧失嗅觉，还会造成皮层 - 海马 - 杏仁核回路的功能障碍，导致突触变细或突触棘减少，引发一些相关的行为改变。而在重度抑郁症患者这些区域中也观察到相似的改变（Song and Leonard 2005）。

此外，还有一些药理学动物模型，都是根据抑郁症患者脑部相关代谢产物的变化而建立的模型。主要基于抑郁症患者脑内单胺类代谢产物的减少，说明单胺类递质可能参与抑郁症的发病过程，利用相关药物，如利血平、苯丙胺、可卡因等减少脑内单胺类递质的产生来诱发抑郁症（O'Neil and Moore 2003；Barr and Markou 2005）。

19.3 行为学检测方法

小动物行为学检测包括旷场实验、高架十字迷宫、强迫游泳、社交能力测试和水迷宫等，这些测试可以反映动物的活动度、焦虑、社交和学习记忆能力，也是判断精神疾病模型是否成功的主要指标。以下将详细介绍各类小动物行为学检测的原理和步骤（图 19-2）。

旷场行为（open field）是使用最为广泛的啮齿类动物的一般行为学评价。主要检查小鼠或者大鼠的自发活动、探索行为和刻板运动等。将动物放入一个正方形的盒子中，观测其运动、站立等活动，获得运动轨迹并统计总运动距离、运动轨迹空间分布（周围与中央

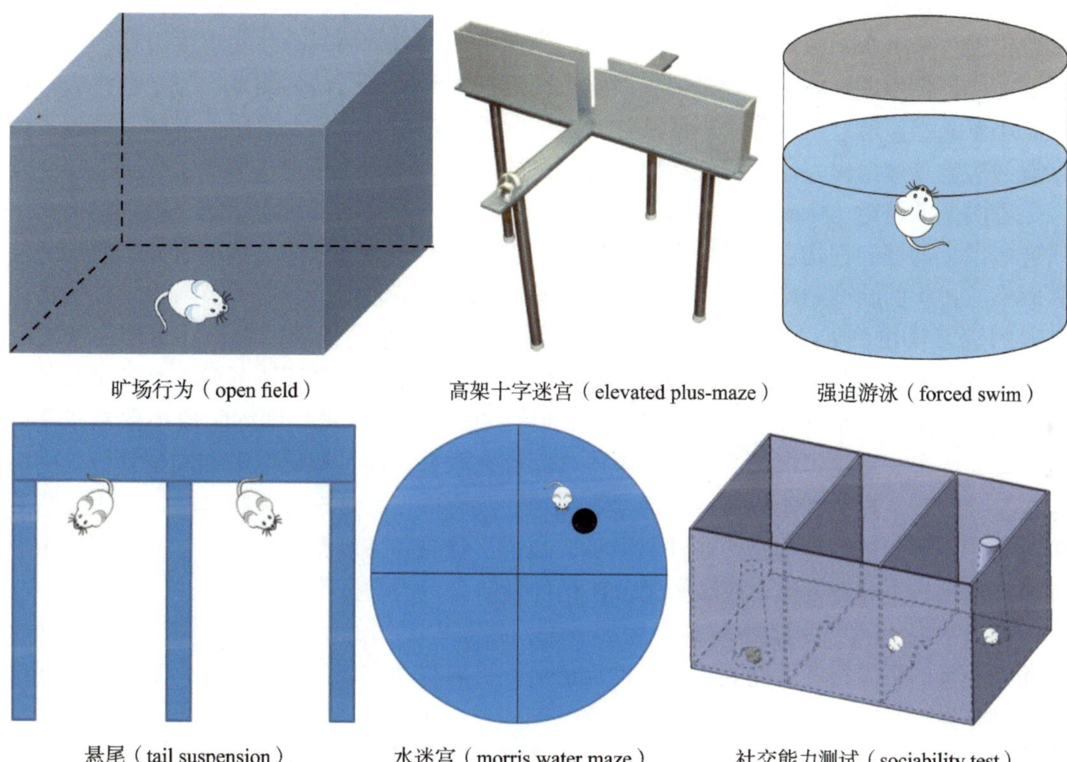

图 19-2 小鼠行为学检测方法

的活动比例）、运动与停止的时间比例等数据。

高架十字迷宫（elevated plus-maze）主要用于研究焦虑模型，利用动物对新环境的探究和对开放臂的恐惧形成矛盾冲突行为来考察动物的焦虑状态。高架十字迷宫放置在离地面 50~70cm 高度，有两个封闭和两个开放的臂，交叉成十字形。啮齿类动物有恐高行为，在上面的动物由于恐惧和焦虑的情绪，会倾向于在封闭的两个臂内进行探索。实验时将小鼠放入十字中央，面向一个封闭的臂，让其自由行动一段时间。统计动物第一次进入任何一个臂的潜伏期、进入两种臂的次数、在两种臂内停留的时间等数据，进入开放臂次数和停留时间与小鼠的焦虑情绪呈负相关关系。

强迫游泳（forced swim）是一种小鼠抑郁表型的检测手段，广泛地被用于筛选抗抑郁症药物和新药的药效指标测试。强迫游泳实验根据大小鼠选用合适高度和直径的玻璃缸作为仪器，加一定高度的水，水温控制在（25 ± 1）℃。在实验中一开始小鼠会因生存的驱使而不断挣扎，很快会变成漂浮不动的状态，说明挣扎无效后放弃了逃脱的希望。通常统计 5~7min 小鼠静止不动的时间，衡量动物抑郁状态或鉴定某种药物抗抑郁药效的指标。

悬尾（tail suspension）实验与强迫游泳功能类似，也是一种经典而有效的评价抑郁症药物的方法。利用小鼠悬尾后企图逃脱却无法成功，进而放弃挣扎进入不动状态的现象，衡量小鼠的抑郁状态。实验中将小鼠尾部固定，记录 5~7min 小鼠活动时间和静止时间。

水迷宫（morris water maze）被广泛应用于研究基于海马功能依赖性的空间学习记忆机制。水迷宫由直径为 1.0~2.5m 的圆形水池、水池中隐藏的逃生平台、水池周围的环境线索和自动轨迹跟踪系统组成。在学习记忆任务模型中，小鼠会为了逃生而寻找并记住平台的位置。在学习或记忆形成阶段，从不同方位训练小鼠入水，使其自发寻找或引导其到平台位置。从下水到游到平台的时间称为逃生潜伏期，潜伏期与游泳距离皆可作为空间学习能力或记忆形成好坏的定量指标。而随后间隔一段时间进行记忆测试，将平台移去，再次放小鼠入水，通过软件获取小鼠到达平台的时间、留在平台所在象限的时间、跨过平台位置的次数等数据作为定量评价动物长时记忆的指标。

恐惧条件反射（fear conditioning）是基于巴普洛夫条件反射而建立的，被广泛地用于研究焦虑、抑郁和创伤后应激障碍（PTSD），也被应用于学习记忆的基础研究。参与条件关联学习过程的脑部结构主要为杏仁核和海马。前者调节恐惧，后者调节与恐惧性事物相关联的学习认知。所以这一模型主要用于研究杏仁核和海马依赖的记忆。常用声音或光暗示作为条件刺激（conditioning stimulus，CS），以电击作为非条件刺激（unconditioning stimulus，US），二者配对出现。实验包括训练阶段和测试阶段，训练阶段小鼠在条件刺激后接受电击，动物不仅学会声音和电击之间存在联系，而且知道电击和周围环境之间也存在某种联系。在测试阶段（一般为 24h 以后）没有电击，可选择关联测试、变更关联测试及条件刺激测试。动物经历条件恐惧后，当再次接触条件刺激时，会产生一系列的生理反应，包括自主神经紧张、应激激素分泌增加及防御行为增多等。

凝滞（freezing）是动物防御行为的一种，指僵立不动的状态，它被认为是评价啮齿类动物恐惧的可靠指标。建立恐惧条件反射后，可以将动物放回操作箱中，观测其表现出的凝滞行为。

社交能力测试（sociability test）是评估孤独症的常用方法。一般使用三箱社交测试方法，由一个封闭的箱子构成，将其分割成三个均等的隔间并且在隔板底部留有一个圆洞可

以方便测试小鼠在其间自由穿梭。实验分为两个阶段：第一阶段小鼠熟悉了实验箱；第二阶段在实验箱一侧金属笼内放入一只陌生小鼠，另一侧仅放金属笼，通过统计原小鼠靠近新小鼠的时间来判断其社交能力。也有加入第三阶段，即在另一个金属笼中放入第二只陌生老鼠，记录实验鼠在熟悉老鼠和陌生老鼠之间接触次数和时间的差异，评价其社交偏好。

前脉冲抑制测试（prepulse inhibition，PPI）被广泛应用于精神疾病研究的啮齿类动物模型，前脉冲抑制是一种感觉运动门控现象，而精神分裂症的感觉门控假说认为，感觉门控障碍使感觉信息负荷超载，导致认知功能损伤和思维的支离破碎。前脉冲抑制的原理是声音惊跳反射，惊跳反射是一种由突然的相对强的声音刺激导致的躯体肌肉收缩反射，而刺激前 30~500ms 给一次相对低的声音，可抑制惊跳反射。实验过程中，给予前脉冲声音刺激强度为 85dB，持续 20ms，声音刺激强度为 115dB，持续 40ms，两者之间存在一定时间差。每次惊跳反射间隔 5min，先进行只有声音的刺激，而后进行前脉冲刺激 - 惊跳反射刺激，PPI 值即前脉冲导致惊跳反射减小的百分率。

19.4 精神疾病神经环路研究的新方法

脑内精密而复杂的神经环路和神经网络为攻克精神疾病发病机制设置了重重挑战。精神疾病往往是由多个脑区、不同类型神经元细胞的异常调节而引起的，存在各种各样的连接方式和多种多样的作用形式。因此该领域研究的发展需要更多先进的技术来解开复杂神经连接的奥秘。1989 年，Blanton 将脑切片电生理记录与细胞的膜片钳记录结合起来，建立了脑片膜片钳记录技术，这为在细胞水平研究神经环路及其作用机制提供了更多可能。1996 年，Yamamoto 和 McIlwain 首次在脑片上记录了电生理活动，证实了脑组织在体外也能存活，并保持了良好的活性状态。实验者可以按不同的实验目的改变人工脑脊液的成分和条件对脑片进行灌流，观察温度、渗透压、pH、含氧量、阻断剂等对神经活动的影响。除此以外，科技的进步使实验的手段和方法越来越多样化，可以在脑片、成像及行为水平开展神经环路的研究。

19.4.1 电压敏感染料成像

电压敏感染料成像（voltage sensitive dye imaging，VSDI）利用特异性结合在神经元膜上的电压敏感染料（voltage sensitive dye，VSD，又称为分子探针或光学探针），将激发膜电位所产生的电压变化转化为荧光强度变化或光吸收信号变化（图 19-3）（Miller et al. 2012）。这种光学的记录手段能使单神经元或特定神经元类型的放电活动线性化（von Wolff et al. 2011）。

促肾上腺皮质激素释放激素（corticotropin releasing hormone，CRH）在压力相关的抑郁症、创伤后应激综合征等疾病的病理生理过程中扮演重要的角色。研究者利用 VSDI 技术，观察 CRH 对小鼠海马神经网络的影响，发现 CRH 明显增强了神经元 DG 区到 CA1 区的信息传递（图 19-4），而在 CRH 受体 1 敲除小鼠海马区没有发现类似的现象，结果说明 CRH 是通过 CRH1 受体增强海马区域的神经元信息传递的（Miller et al. 2012）。CRH 的这种功能可能参与了抑郁症和创伤后应激综合征的记忆形成，并且影响海马对下丘脑 - 垂体 - 肾上腺皮质轴的调控。

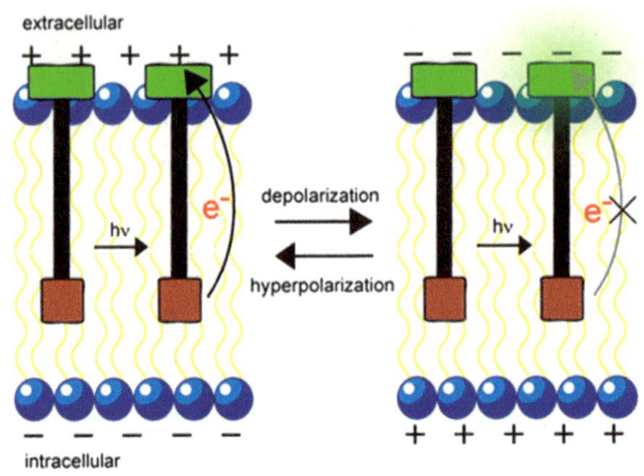

图 19-3 电压敏感染料的原理

extracellular. 细胞外；intracellular. 细胞内；depolazation. 去极化；hyperpolarization. 超极化；*hν*. 光子能量；*h* 为普朗克常量；*ν* 是光频率

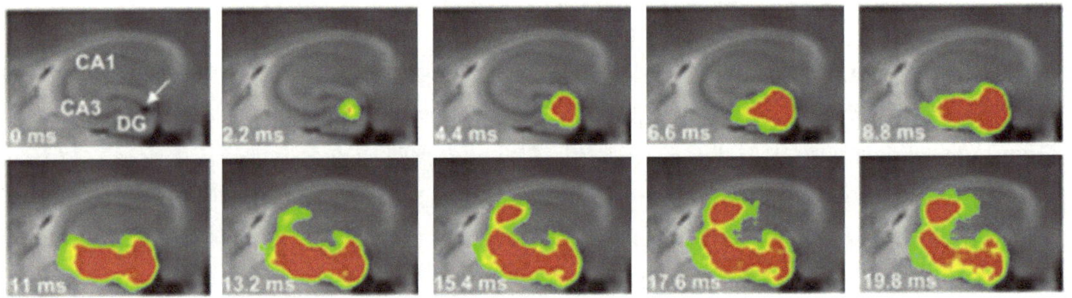

图 19-4 CRH 增强了神经元从 DG 区到 CA1 区的信息传递

19.4.2 显微光学切片断层成像技术

众多神经精神疾病的发生是由脑部网络异常造成的。通过获得完整脑部神经细胞结构、网络连接将有助于科学家更精确地理解精神疾病发生的机理。华中科技大学武汉光电国家实验室自主研发的显微切片断层成像系统（micro-optical sectioning tomography, MOST）（Li et al. 2010）和荧光显微光学切片断层成像系统（fluorescence micro-optical sectioning tomography，fMOST）（Gong et al. 2013），能对样本进行完整地三维成像，数据无损失，而且成像精度能达到 1μm 水平，提供了大脑跨层次的信息，完整描述了大脑的结构和功能。

MOST/fMOST 技术结合了组织学超薄切片及光学成像方法，为了提高系统的成像通量，切片的同时进行成像。MOST 采用了宽场正置显微镜作为光学成像装置，物镜对准刀片刀刃，对每次刀片切下的样品薄片进行成像，如图 19-5 所示。而对于 fMOST，由于是对荧光蛋白进行成像，因此使用了正置共聚焦显微镜，光源与 MOST 相比有所不同，但在其他构造方面近似。

由于需要对样品进行长时间的连续成像，因此样品也需要特殊的包埋方式，使组织具有一定的硬度及切片韧度。MOST 成像样品需要利用高尔基染色、尼氏染色等方法进

行全脑染色，然后进行 Spurr 树脂包埋。而对于 fMOST 样品需要进行 GMA 树脂包埋固定。

染色、包埋固定后的组织经过连续切片，数据三维重建，不仅获得了全脑水平的神经元连接，还能对感兴趣的单个神经元进行长程追踪，观察不同脑区之间的相互作用（Li et al. 2010），如图 19-6 所示。

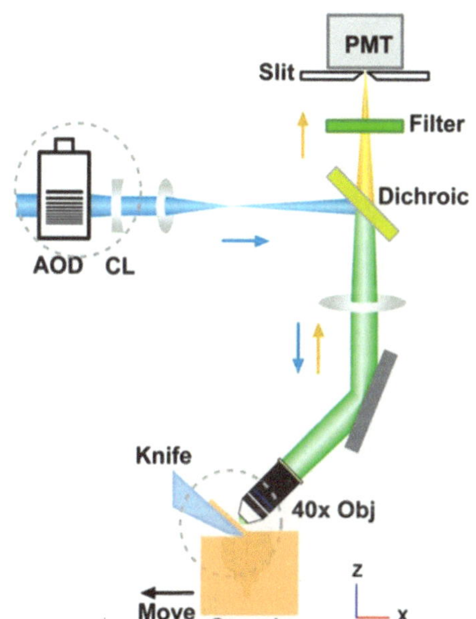

图 19-5 fMOST 构造

AOD：acousto-optical deflector，声光偏转器；CL：cylindrical lens，柱面透镜；PMT：photomultiplier tube，光电倍增管；Slit：裂缝；Filter：滤光器；Dichroic：二向色；Knife：刀片

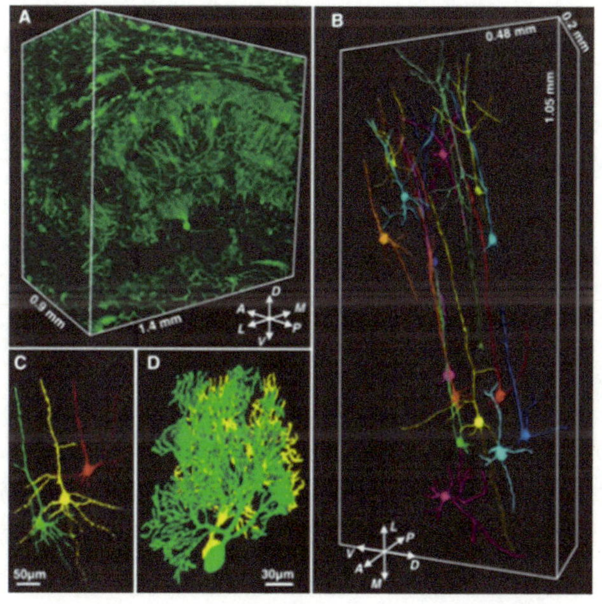

图 19-6 MOST 的应用——三维成像和神经追踪

19.4.3 光遗传学技术

为了使人类能够更好地理解意识的神经生物学基础，Francis Crick 于 1979 年成功地对大脑的某一区域进行电调控，仅使某一类型的神经元激活，而其他神经元没有活性或者活性很低。然而这一技术只是在胞外水平进行控制，很难达到真正的激活或抑制，而且缺乏空间和时间上的精度（Yizhar et al. 2011）。直到 21 世纪，斯坦福大学的 Karl Deisseroth 加快了这一技术的发展速度，发明了光遗传学技术。经过多年的努力，科学家能够在自由移动的动物内对特定类型的神经元进行激活或抑制。

我们已经知道，神经细胞的膜电位是由胞内外的离子浓度差来控制的。处于静息电位的细胞，胞内处于高钾、低钠、低氯的环境。细胞静息期主要的离子流为钾离子外流，而氯离子的浓度不会发生太大变化，因此细胞处于外正内负的状态。而光遗传学技术的发明可以将来自于微生物的视蛋白特异性地结合到所要调控的神经元细胞膜上，利用激光等控制视蛋白的活性，进而控制神经元内外离子的流动，使细胞去极化或者超极化，从而兴奋或抑制神经元。

常用的视蛋白主要有 ChR2（channelrhodopsin-2）和 NpHR（halorhodopsin）。ChR2 来源于蓝藻，在 488nm 蓝光下激活，促进 Na^+、Ca^{2+}、H^+ 等阳离子内流，使神经元去极化，从而达到兴奋的状态。NpHR 在古细菌（archaebacterium）中被发现，被 594nm 黄光激活后介导 Cl^- 内流，从而使神经元超极化，抑制神经元活性（图 19-7）。目前，可以利用病毒注射或者转基因鼠的方法将这些光敏蛋白导入感兴趣的脑区或者某一类型神经元，植入光纤，就可以人为地利用激光来控制神经元的兴奋或抑制。研究者还发现，这种技术能使神经元在毫米级时间内发射信号或停止信号，而且所使用的激光强度对细胞没有负面作用，关闭激光后细胞恢复正常功能。

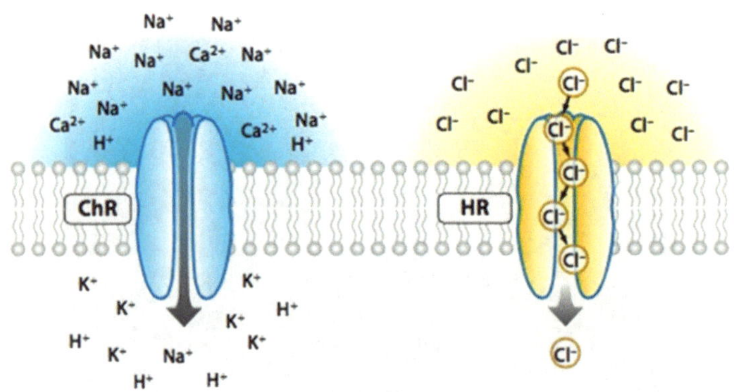

图 19-7 视蛋白通道原理

在焦虑症的研究中，杏仁核（amygdala）是科学家关注的焦点。已有研究表明，杏仁核在焦虑的发生中发挥重要的作用，但是对其中的神经环路机制尚没有研究清楚。Karl Deisseroth 等通过脑定位注射的方法将装载有 ChR2 或 NpHR 的病毒注射到基底外侧杏仁核（basolateral amygdala，BLA）中，利用激光精确地调控 BLA 投射到中央杏仁核（central amygdaloid nucleus，CeA）的神经连接。通过高架十字迷宫检测焦虑行为的研究发现，激

活 BLA 投射到 CeA 的神经连接，实验小鼠表现出抗焦虑的行为表型（Tye et al.，2011）（图 19-8），即在开放臂和闭合臂的时间相当。而抑制 BLA 投射到 CeA 的神经连接，则表现出明显的焦虑症状，即在闭合臂的时间明显长于开放臂的时间。这些研究表明，BLA 到 CeA 的投射是控制焦虑行为的重要通路。

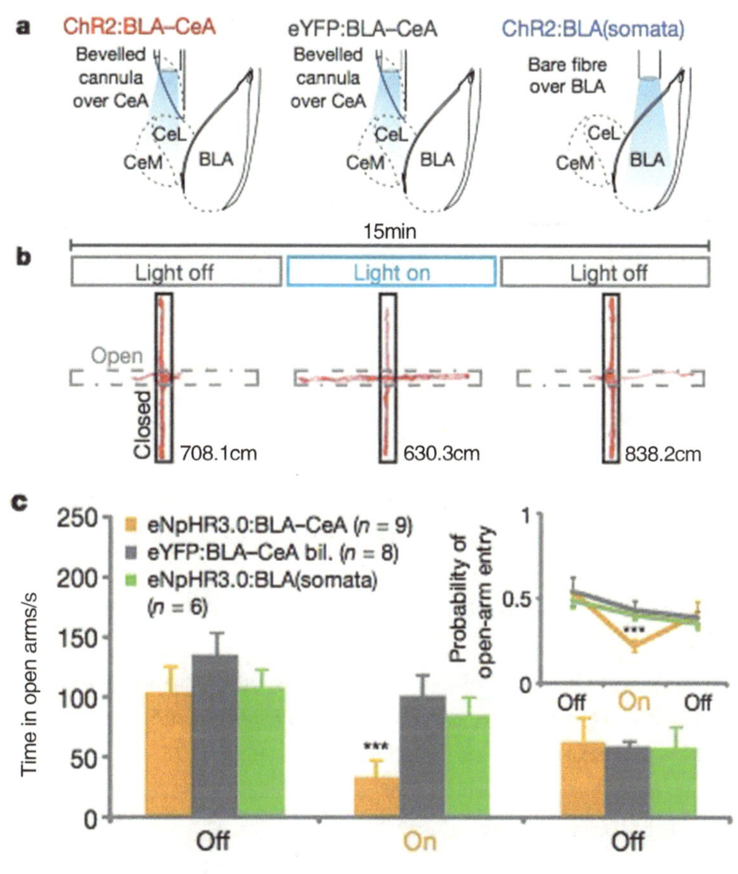

图 19-8　控制通路对行为学的影响

eNpHR3.0/ChR2. BLA-CeA，激光控制在 BLA-CeA 表达的光遗传元件；eYFP. BLA-CeA，无光遗传元件表达；eNpHR3.0/ChR2. BLA（somata），激光控制在 BLA 胞体表达的光遗传元件

参 考 文 献

李海霞，叶新梅 . 2013. 社会压力与精神疾病之论 . 心理医生月刊，2012（12）：29-30.

李浩，梁永利，李兰波，等 . 2012. 几种抑郁症动物模型建立方法的比较 . 华东地区第十二届实验动物科学学术交流会，宁波 .

李涛 . 2012. 基于大样本的精神疾病遗传易感性研究 . 上海：上海交通大学博士学位论文 .

Abazyan B，Nomura J，Kannan G，et al. 2010. Prenatal inter- action of mutant DISC1 and immune activation produces adult psychopathology. Biol Psychiatry，68（12）：1172-1181.

Ayhan Y，Abazyan B，Nomura J，et al. 2011. Differential effects of prenatal and postnatal expressions of mutant human DISC1 on neurobehavioral phenotypes in transgenic mice：evidence for neurode- velopmental origin of major psychiatric disorders. Mol Psychiatry，16（3）：293--306.

Abazyan B, Dziedzic J, Hua K, et al. 2014. Chronic exposure of mutant DISC1 mice to lead produces sex-dependent abnormalities consistent with schizophrenia and related mental disorders: a gene-environment interaction study. Schizophr Bull, 40 (3): 575-584.

Barr A M, Markou A. 2005. Psychostimulant withdrawal as an inducing condition in animal models of depression. Neurosci Biobehav Rev, 29 (4): 675-706.

Brandon N J, Sawa A. 2011. Linking neurodevelopmental and synaptic theories of mental illness through DISC1. Nat Rev Neurosci, 12 (12): 707-722.

Buynitsky T, Mostofsky D I. 2009. Restraint stress in biobehavioral research: recent developments. Neurosci Biobehav Rev, 33 (7): 1089-1098.

Clapcote S J, Lipina T V, Millar J K, et al. 2007. Behavioral phenotypes of Disc1 missense mutations in mice. Neuron, 54 (3): 387-402.

Detanico B C, Piato Â L, Freitas J J, et al. 2009. Antidepressant-like effects of melatonin in the mouse chronic mild stress model. Eur J Pharmacol, 607 (1): 121-125.

Duan X, Chang J H, Ge S, et al. 2007. Disrupted-in-schizophrenia 1 regulates integration of newly generated neurons in the adult brain. Cell, 130 (6): 1146-1158.

Gong H, Zeng S, Yan C, et al. 2013. Continuously tracing brain-wide long-distance axonal projections in mice at a one-micron voxel resolution. Neuroimage, 74: 87-98.

Gross M, Pinhasov A. 2015. Chronic mild stress in submissive mice: marked polydipsia and social avoidance without hedonic deficit in the sucrose preference test. Behav Brain Res, 298: 25-34.

Haque F N, Lipina T V, Roder J C, et al. 2012. Social defeat interacts with Disc1 mutations in the mouse to affect behavior. Behav Brain Res, 233 (2): 337-344.

Henn F A, Vollmayr B. 2005. Stress models of depression: forming genetically vulnerable strains. Neurosci Biobehav Rev, 29 (4): 799-804.

Hikida T, Jaaro-Peled H, Seshadri S, et al. 2007. Dominant-negative DISC1 transgenic mice dis- play schizophrenia-associated phenotypes detected by measures translatable to humans. Proc Natl Acad Sci USA, 104 (36): 14501-21456.

Hollis F, Kabbaj M. 2014. Social defeat as an animal model for depression. ILAR J, 55 (2): 221-232.

Ibi D, Nagai T, Koike H, et al. 2010. Combined effect of neonatal immune activation and mutant DISC1 on phenotypic changes in adulthood. Behav Brain Res, 206 (1): 32-37.

Ishizuka K, Paek M, Kamiya A, et al. 2006. A review of disrupted-in-schizophrenia-1 (DISC1): neurodevelopment, cognition, and mental conditions. Biol Psychiatry, 59 (12): 1189-1197.

Kim J Y, Duan X, Liu C Y, et al. 2009. DISC1 regulates new neuron development in the adult brain via modulation of AKT-mTOR signaling through KIAA1212. Neuron, 63 (6): 761-773.

Koike H, Arguello P A, Kvajo M, et al. 2006. Disc1 is mutated in the 129S6/SvEv strain and modulates working memory in mice. Proc Natl Acad Sci USA, 103 (10): 3693-3697.

Kuroda K, Yamada S, Tanaka M, et al. 2011. Behavioral alterations associated with targeted disruption of exons 2 and 3 of the Disc1 gene in the mouse. Hum Mol Genet, 20 (23): 4666-4683.

Kvajo M, McKellar H, Arguello P A, et al. 2008. A mutation in mouse Disc1 that models a schizophrenia risk allele leads to specific alterations in neuronal architecture and cognition. Proc Natl Acad Sci USA, 105 (19): 7076-7081.

Li A, Gong H, Zhang B, et al. 2010. Micro-optical sectioning tomography to obtain a high-resolution atlas of the mouse brain. Science, 330 (6009): 1404-1408.

Li W, Zhou Y, Jentsch J D, et al. 2007. Specific developmental disruption of disrupted-in-schizophrenia-1 function results in schizophrenia-related phenotypes in mice. Proc Proc Natl Acad Sci USA, 104 (46): 18280-18285.

Lipina T V, Fletcher P J, Lee F H, et al. 2013. Disrupted-in- schizophrenia-1 Gln31Leu polymorphism results in social anhedonia associated with monoaminergic imbalance and reduction of CREB and -arrestin-1,2 in the nucleus accumbens

in a mouse model of depression. Neuropsychopharmacology, 38 (3): 423-436.

Lipina T V, Niwa M, Jaaro-Peled H, et al. 2010. Enhanced dopamine function in DISC1-L100P mutant mice: implications for schizophrenia. Genes Brain Behav, 9 (7): 777-789.

Lipina T V, Palomo V, Gil C, et al. 2013. Dual inhibitor of PDE7 and GSK-3-VP1.15 acts as antipsychotic and cognitive enhancer in C57BL/6J mice. Neuropharmacology, 64: 205-214.

Lipina T V, Roder J C. 2014. Disrupted-In-Schizophrenia-1 (DISC1) interactome and mental disorders: impact of mouse models. Neurosci Biobehav Rev, 45: 271-294.

Lucassen P J, Naninck E F, van Goudoever J B, et al. 2013. Perinatal programming of adult hippocampal structure and function; emerging roles of stress, nutrition and epigenetics. Trends Neurosci, 36 (11): 621-631.

Lupien S J, Mcewen B S, Gunnar M R, et al. 2009. Effects of stress throughout the lifespan on the brain, behaviour and cognition. Nat Rev Neurosci, 10 (6): 434-445.

Maeng S, Zarate C A, Du J, et al. 2008. Cellular mechanisms underlying the antidepressant effects of ketamine: role of α-amino-3-hydroxy-5-methylisoxazole-4-propionic acid receptors. Biol Psychiatry, 63 (4): 349-352.

Millar J K, Wilson-Annan J C, Anderson S, et al. 2000. Disruption of two novel genes by a translocation co-segregating with schizophrenia. Hum Mol Genet, 9 (9): 1415-1423.

Miller E W, Lin J Y, Frady E P, et al. 2012. Optically monitoring voltage in neurons by photo-induced electron transfer through molecular wires. Proc Natl Acad Sci USA, 109 (6): 2114-2119.

Nestler E J, Hyman S E. 2010. Animal models of neuropsychiatric disorders. Nat Neurosci, 13 (10): 1161-1169.

Niwa M, Kamiya A, Murai R, et al. 2010. Knockdown of DISC1 by in utero gene transfer disturbs postnatal dopaminergic maturation in the frontal cortex and leads to adult behavioral deficits. Neuron, 65 (4): 480-489.

Niwa M, Jaaro-Peled H, Tankou S, et al. 2013. Adolescent stress-induced epigenetic control of dopaminergic neurons via glucocorticoids. Science, 339 (6117): 335-339.

Oomen C A, Soeters H, Audureau N, et al. 2011. Early maternal deprivation affects dentate gyrus structure and emotional learning in adult female rats. Psychopharmacology, 214 (1): 249-260.

O'Neil M F, Moore N A. 2003. Animal models of depression: Are there any? Human Psychopharmacology-Clinical and Experimental, 18 (4): 239-254.

Pletnikov M V, Ayhan Y, Nikolskaia O, et al. 2008. Inducible expression of mutant human DISC1 in mice is associated with brain and behavioral abnormalities reminiscent of schizophrenia. Mol Psychiatry, 13 (2): 173-186.

Porsolt R D. 2000. Animal models of depression: utility for transgenic research. Rev Neurosci, 11 (1): 53-58.

Pryce C R, Rüedi-Bettschen D, Dettling A C, et al. 2005. Long-term effects of early-life environmental manipulations in rodents and primates: potential animal models in depression research. Neurosci Biobehav Rev, 29 (4): 649-674.

Ross C A, Margolis R L, Reading S A, et al. 2006. Neurobiology of schizophrenia. Neuron, 52 (1): 139-153.

Rygula R, Abumaria N, Domenici E, et al. 2006. Effects of fluoxetine on behavioral deficits evoked by chronic social stress in rats. Behav Brain Res, 174 (1): 188-192.

Shen S, Lang B, Nakamoto C, et al. 2008. Schizophrenia-related neural and behavioral phenotypes in transgenic mice expressing truncated Disc1. J Neurosci, 28 (43): 10893-10904.

Song C, Leonard B E. 2005. The olfactory bulbectomised rat as a model of depression. Neurosci Biobehav Rev, 29 (4): 627-647.

Tomppo L, Ekelund J, Lichtermann D, et al. 2012. DISC1 conditioned GWAS for psychosis proneness in a large Finnish birth cohort. PLoS One, 7 (2): e30643.

Tye K M, Prakash R, Kim S, et al. 2011. Amygdala circuitry mediating reversible and bidirectional control of anxiety. Nature, 471 (7338): 358-362.

von Wolff G, Avrabos C, Stepan J, et al. 2011. Voltage-sensitive dye imaging demonstrates an enhancing effect of corticotropin-releasing hormone on neuronal activity propagation through the hippocampal formation. J Psychiatr Res, 45

(2): 256-261.

Yan H C, Cao X, Das M. 2010, Behavioral animal models of depression. Neurosci Bull, 26 (4): 327-337.

Yizhar O, Fenno L E, Davidson T J, et al. 2011. Optogenetics in neural systems. Neuron, 71 (1): 9-34.

Zhou M, Li W, Huang S, et al. 2013. mTOR Inhibition ameliorates cognitive and affective deficits caused by Disc1 knockdown in adult-born dentate granule neurons. Neuron, 77 (4): 647-654.

（李卫东　周　颖　储锡霞　张　旭）

第三篇

现代生物技术在医学领域中的应用

20

遗传病基因诊断技术的发展与现状

20.1 遗传病基因诊断技术的发展概况

基因诊断是在重组 DNA 的基础上迅速发展起来的一项技术。它运用分子生物学的技术来检测致病基因或疾病相关基因的改变，并以此作为疾病诊断的指标。由于它是对产生疾病的基因或核苷酸序列进行直接的检测，因此是最准确的一种诊断方法。它的问世标志着疾病的诊断从传统的表型诊断步入了分子诊断的新阶段，是诊断学领域的一次革命。

基因诊断技术最基本的原理是核酸分子杂交，也就是具有一定互补序列的两种核酸单链在液相或固相体系中按碱基互补配对原则结合成异质双链的过程。杂交可以在 DNA 与 DNA、DNA 与 RNA 或 RNA 与 RNA 之间进行。经过 30 多年的发展，基因诊断技术获得了突飞猛进的发展，各种技术如雨后春笋般地出现，但是究其原理而言，仍然是建立在各种形式的核酸分子杂交的基础上（曾溢滔 1999）。

1976 年美国加利福尼亚大学旧金山分校教授简悦威（Y. W. Kan）应用液相分子杂交技术在世界上首次完成了 α 地中海贫血的产前基因诊断（Kan et al. 1976）。此后，基因诊断技术得到了快速的发展（Cooper and Schmidtke 1993），先后发展出了 DNA 液相杂交和点杂交、基因酶谱分析、限制性片段多态性分析（RFLP）、寡核苷酸探针杂交等多种基因诊断技术方法。1985 年 Mullis 发明了 PCR 技术（Mullis et al. 1986），该技术的发明和应用是基因诊断历史上具有里程碑意义的事件，随后 PCR 及相关技术得到了快速的发展和广泛的应用，在短短数年时间内就相继完成了数十种遗传性疾病的基因诊断（Boehm 1989）。90 年代初人类基因组计划的启动，推动并在发达国家催熟了一个新兴的临床诊断技术——基因诊断。1999 年 11 月，美国研究病理学会和分子病理学协会创刊出版了 *The Journal of Molecular Diagnostics* 杂志，标志着这种在分子生物学理论和技术基础上建立起来的诊断技术已经发展成为一个成熟的学科——基因诊断学。

近年来，以生物芯片（biochip）和高通量测序（next generation sequencing，NGS）技术为代表的高通量检测技术得到了空前迅速的发展，这些技术由于其工作原理和结果处理过程突破了传统的检测方法，不仅具有样品处理能力强、检测通量高、用途广泛、自动化程度高等特点，而且具有广阔的应用前景和商业价值，因此成为基因诊断技术领域的一大热点（Boyd 2013；Hernandez-Ferrer et al. 2015；Liu et al. 2012；McDonnell et al. 2013；Seewoster et al. 1997；Soon et al. 2013；Voelkerding et al. 2009）。

基因诊断经过 30 多年的发展已经取得了引人注目的成就。一方面，由于基因诊断方法不断更新，不仅在 DNA 水平上揭示了大量遗传病的分子缺陷，而且可以在转录和翻译

水平上对遗传病进行诊断。另一方面，基因诊断的实用性也不断被提高，不仅能对有遗传风险的胎儿在妊娠中期、早期甚至胚胎着床前进行诊断，以及新生儿筛查，而且可以通过母体外周血中胎儿游离 DNA 进行常见染色体非整倍体（如 21 三体、13 三体、18 三体）无创产前筛查，成为提高人口素质的有效手段（Gregg et al. 2014）。可以说，基因诊断技术的发展是分子生物学和分子遗传学的理论、技术与临床医学结合的典范，开创了转化医学研究的新纪元。

20.2 遗传病基因诊断技术的最新进展

20.2.1 基因芯片技术

基因芯片（gene chip），又称 DNA 微阵列（DNA microarray），是一种高通量基因检测技术。通常在硅芯片、玻片和尼龙膜等固体支持物上按特定的排列方式固定有大量基因探针（常为已知寡核苷酸探针）或基因片段的微阵列。而后按照核酸分子杂交原理，将单链 DNA 样品标记后与基因芯片上排列的基因探针或基因片段杂交，并通过信号检测对靶序列进行定性与定量分析。

基因芯片技术能够在同一时间内平行分析大量的基因，进行高通量的筛选与检测分析。基因芯片的技术流程主要包括探针设计与芯片制备、靶基因的扩增与标记、芯片杂交与杂交信号检测及数据的处理与分析等几个环节。基因芯片具有通量高、速度快和成本低的特点，因此，该技术已被广泛用于生物医学领域，在基因表达分析、表观遗传研究、多态性检测、基因诊断、药物筛选等方面发挥重要的作用（Seewoster et al. 1997）。

对于遗传病的基因诊断来说，目前市场上主要采用安捷伦公司和 Nimblegen 公司的比较基因组杂交芯片和 Affymetrix 和 Illumina 公司的 SNP 芯片。

比较基因组杂交（comparative genomic hybridization，CGH）是检测基因组 DNA 的片段扩增或缺失的有效方法，而基于微阵列技术的比较基因组杂交（array-CGH，aCGH）就是通过在一张芯片上用标记不同荧光素的样品（如疾病样品和对照样品）同时进行杂交，可检测样本基因组和对照基因组间 DNA 拷贝数变化（copy number variation，CNV），常用于遗传病及肿瘤的全基因组 CNV 检测（McDonnell et al. 2013）。它可以非常直观地检出疾病基因组 DNA 的缺失或扩增，这对于遗传病尤其是发病原因不明的遗传病基因诊断具有重要的意义。目前安捷伦公司陆续推出了 44~400kb 的多款 aCGH 芯片，其探针数量从几万到几十万，可用于不同通量的检测。

SNP 芯片的原理是将患者的探针信号和人群的平均值进行比较，从而找出其中的差异。例如，Affymetrix 公司针对人类基因组中存在的大量单核苷酸多态性（single nucleotide polymorphism，SNP）及 CNV 位点先后推出了多种 SNP 芯片和 Cytoscan 芯片。其中 SNP6.0 芯片含有超过 90 万个 SNP 探针及超过 94 万个用于检测 CNV 的探针。而 Affymetrix 公司随后又推出的 Cytoscan 芯片，其中高密度的 HD 芯片含有超过 270 万种探针，同时具备 CNV 探针和 SNP 探针，包括 75 万个 SNP 探针和 195 万个 CNV 探针，与 SNP 芯片相比检测的灵敏度又有大幅提高（Hernandez-Ferrer et al. 2015）。

当然芯片上探针的密度也不是越高越好，所得的数据如果不能得到很好的分析，那么更多的数据只能带来更大的困扰，给结果的判断造成障碍。因此，采用何种类型的芯片进行遗传病的基因诊断，应该根据疾病的类型、实验室的分析能力等多种因素来进行综合分析和慎重的选择。

20.2.2 MLPA-微阵列芯片技术

多重连接探针扩增（MLPA）是2002年由Schouten等发明的一种新技术，可在一次反应中检测45个核苷酸序列拷贝数的改变。该技术在多种疾病的基因诊断中得到了广泛的应用（Baudhuin et al. 2005；Cabrera et al. 2011；Gatta et al. 2005；Kooper et al. 2009；Martínez-Glez et al. 2007；Slater et al. 2004；van Opstal et al. 2011）。传统的MLPA技术虽然具有很多优点，但它最终要通过毛细管电泳分辨长度差异来鉴别不同的探针，因此每一个反应最多只能整合40~45对探针，检测通量有限。而且，由于不同探针长度不同，造成PCR扩增效率也有一定的差异，这会带来一定的检测误差。解决这个问题的最好方法就是将MLPA与芯片技术相结合，可以大大提高MLPA的检测通量，并减少其固有的检测误差（van Beuningen et al. 2001；Wu et al. 2004）。

基因芯片因其具有高通量、微型化和自动化等特点，正在成为最具发展前景的新型诊断技术。目前国际上研制出来的第一代基因芯片绝大多数是研究基因表达的芯片，少数已问世的基因诊断芯片对疾病诊断的兼容性也很差，即一种芯片只能对一种或一类疾病进行诊断，而且这些芯片是二维空间结构，灵敏性和准确性都还存在较大的问题，所以具有很大的局限性。近几年来，上海医学遗传研究所与荷兰Pamgene公司合作，将MLPA与基因芯片技术结合起来，发展了MLPA-微阵列芯片技术（Zeng et al. 2008）。它是将MLPA和第二代多孔渗透通用芯片技术相结合，使其成为高通量的基因检测平台。与先前的第一代基因芯片技术相比，MLPA-微阵列芯片技术具有灵敏度高、成本低、实用性强等独特的优点。特别值得一提的是，由于点样在芯片上是通用序列，因此该芯片可用于多种基因突变的检测，无须特殊的设计和生产，只要改变MLPA探针的设计即可用于诊断不同的疾病。因此与以前的芯片相比成本大幅度降低。该技术不仅可对遗传病，而且可对肿瘤等其他疾病进行早期基因诊断，具有很广阔的应用前景（图20-1，图20-2）。

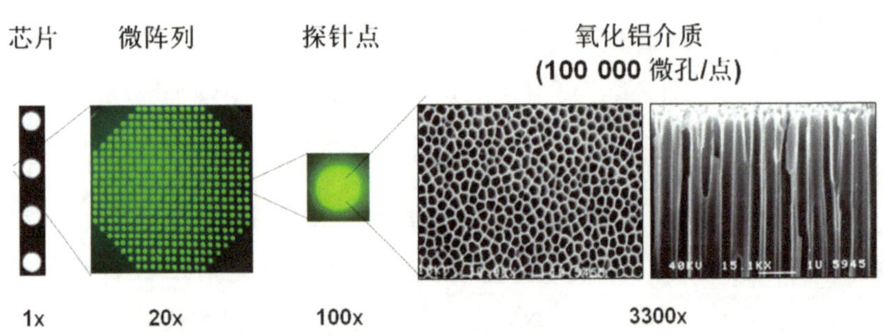

图20-1 第二代通用芯片结构示意图（Zeng et al. 2008）

每张芯片上有4个微阵列，可以进行4个样本的检测。每个微阵列上标记了124对通用靶序列，最多可点制248条探针。每条探针仅由三个不同的随机碱基组成，GC含量约55%，这样可以最大限度地降低与基因组的非特异结合

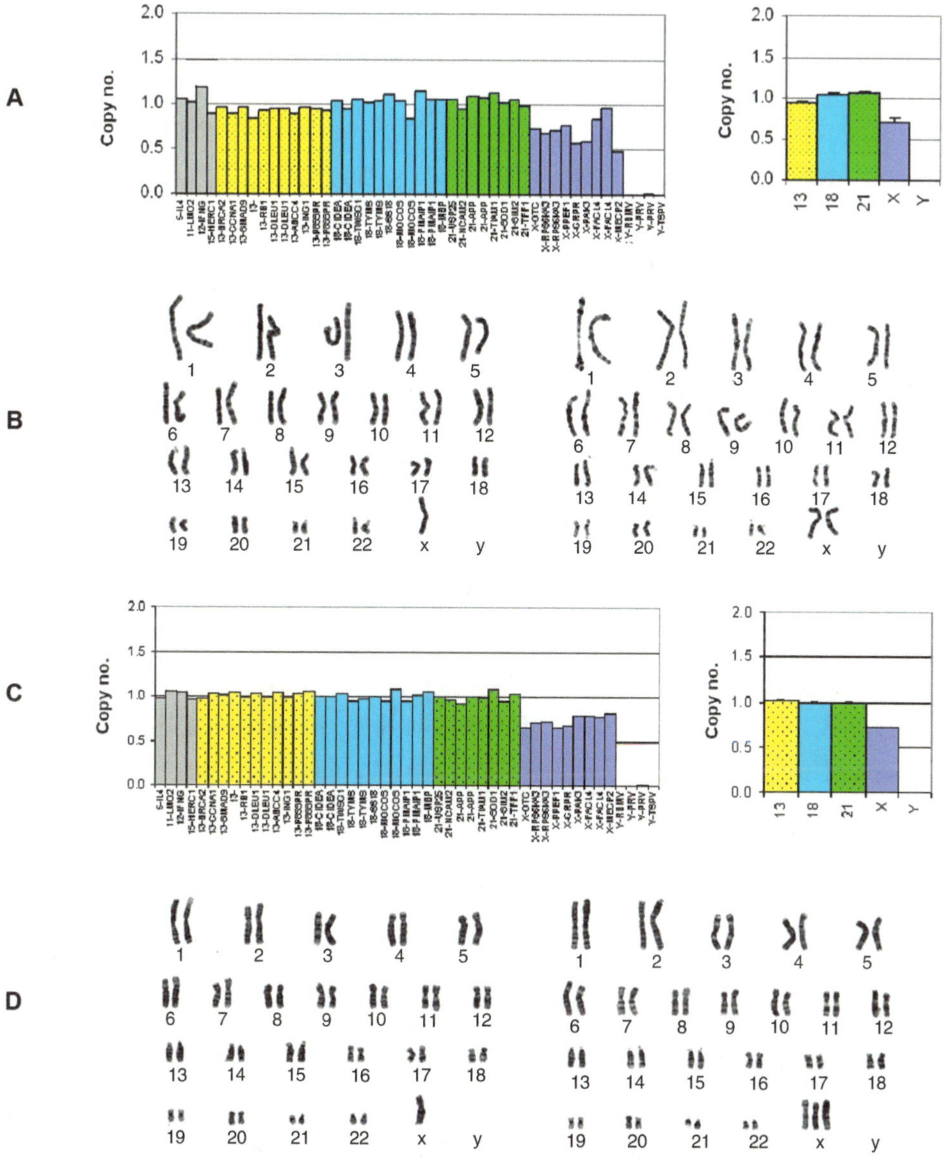

图 20-2　应用 MLPA- 微阵列芯片检测嵌合型染色体病（Yan et al. 2011）

A，B. 一例女性性染色体异常患者的 MLPA- 微阵列芯片和染色体核型分析结果。MLPA- 微阵列芯片结果显示，13、18 和 21 号染色体均正常，X 染色体则介于 1~2 个拷贝。染色体核型分析证实其核型为 45, X/46, X, i（X）（q10）；C, D. 另一例女性性染色体异常患者的 MLPA- 微阵列芯片和染色体核型分析结果。MLPA- 微阵列芯片结果显示，13、18 和 21 号染色体均正常，X 染色体则介于 1~2 个拷贝。染色体核型分析证实其核型为 45, X（70%）/47, XXX（30%）

目前，该技术已经先后被应用于杜氏肌营养不良（DMD）和多种染色体病的基因诊断和产前诊断，取得了很好的效果（Yan et al. 2011；Zeng et al. 2008）。例如，在对 173 例染色体病样本的诊断中，不仅可以检出标准型的 21 三体、XO、XXY 等染色体异常，还检出了用传统基因诊断方法难以检测的嵌合型 21 三体及不明来源的标记染色体，诊断准确性明显提高。

20.2.3 高通量测序技术

高通量测序技术（NGS）又称下一代测序技术，它通过原理和技术手段上的创新实现了一次可以对几十万到几百万条 DNA 分子进行同时测序的目标。高通量测序技术的诞生，使得对一个物种的转录组和基因组进行全序列分析成为可能，因此又被称为深度测序（deep sequencing）（Voelkerding et al. 2009）。

高通量测序技术起源于 2005 年 454 Life Sciences 公司推出的 454 FLX 焦磷酸测序平台，该平台开启了边合成边测序的先河。在实验过程中，待测 DNA 样品被随机打断成 300~800bp 的片段，然后在 3′端和 5′端分别加上接头，这些接头会使 DNA 片段结合到微珠上，而测序过程中的 PCR 反应就发生在固相微珠上。更为巧妙的是，它首次采用了油包水的技术，通过特殊的处理后每个油滴系统只包含一个 DNA 模板和 PCR 反应相关的酶，而整个 PCR 反应就在包裹的液滴中完成。这样每个 DNA 分子均可以经过扩增而得到富集，而每个微珠只能形成一个克隆。测序过程中，依照 T、A、C、G 的顺序加入一个碱基。如果发生碱基配对，就会释放一个焦磷酸。这个焦磷酸在各种酶的作用下，经过一个合成反应和一个化学发光反应，最终将荧光素氧化成氧化荧光素，同时释放出光信号。此反应释放出的光信号实时被仪器配置的高灵敏度电荷耦合元件（CCD）捕获到。一个碱基和测序模板的配对与一分子的光信号对应，这样就可以准确地测定待测样本的序列。与 Sanger 测序相比，454 测序的效率有显著提高，与其他高通量测序相比，它的读长较长，适合 *de novo* 测序、转录组测序等研究工作，但是 454 平台测序的价格较高（Voelkerding et al. 2009）。

Illumina 公司是继 454 平台后开发的另一种独具特色的高通量测序系统，现在以 Hiseq 系列和 Miseq 系列为代表。Hiseq 是一种基于单分子簇的边合成边测序技术，该技术基于可逆终止化学反应原理。测序时将基因组 DNA 的随机片段附着到光学透明的玻璃表面，这些 DNA 片段经过延伸和桥式扩增后，在玻璃表面上形成了数以亿计的分子簇。然后利用带荧光基团的 4 种特殊脱氧核糖核苷酸，通过可逆性终止的边合成边测序技术对待测的模板 DNA 进行测序（Liu et al. 2012）。

Ion 半导体测序技术是 454 测序技术创始人 Jonathan Rothberg 发明的基于半导体技术的高通量测序技术。它的核心技术是使用半导体技术在化学和数字信息之间建立直接的联系。在半导体芯片的微孔中固定 DNA 链，随后依次掺入 A、C、G、T 4 种不同碱基。随着每个碱基的掺入，释放出氢离子，在它们穿过每个孔底部时能被检测到，通过对氢离子的检测，把化学信号直接转化为数字信号，从而读出 DNA 序列。与其他高通量测序仪相比，它不需要激发光、CCD 成像仪或荧光标记，能直接并快速“读”出 DNA 序列（Liu et al. 2012）。

虽然现在已有多种不同原理的高通量测序技术，但是它们总体上都是按照样本准备、文库构建、测序反应和数据分析等 4 个步骤来进行测序，高通量的序列分析和拼接是 NGS 成功的关键因素之一。

从原理上讲，高通量测序与 Sanger 测序技术不同，它是通过对随机片段大通量、高密度的测序及数据分析来实现同一区域 DNA 序列的反复测定，从而达到很高的灵敏度和准确度。同时，在技术手段上，由于自动化程度的提高我们可以在短时间内完成成千上万

条 DNA 序列的测定，极大地提高了测序的效率并降低了测序的费用。2003 年完成的人类基因组计划用时近 15 年，耗资 30 亿美元，仅测定了一个人的序列。而现在利用高通量测序技术完成一个人基因组的测定只需 1000 美元左右，耗时也仅有几周时间。因此，高通量测序技术的诞生可以说是基因组学研究领域一个具有里程碑意义的事件。低廉的测序成本使得我们可以解密更多生物物种的基因组遗传密码。同时在已完成基因组序列测定的物种中，也使对物种中不同品系的样本进行全基因组重测序成为可能。这些均为生物学和医学的研究开辟了一片崭新的领域（Boyd 2013；Soon et al. 2013）。

20.3　国内遗传病基因诊断的发展及应用示例

国内的一些科研机构从 20 世纪 80 年代早期陆续开展了遗传病基因诊断和产前基因诊断的研究，建立了适合我国国情的基因诊断技术平台，同时对一些严重危害我国人民身体健康的常见遗传病，如地中海贫血、苯丙酮尿症、血友病、杜氏肌营养不良等进行了基因诊断和产前诊断。

20.3.1 "谢上海"的诞生

上海市儿童医院上海医学遗传研究所早在 20 世纪 80 年代初期，就结合我国实际情况，在国际上首创了 α- 珠蛋白基因快速、微量 DNA 固相点杂交技术，并在国内首次开展了 Hb Bart's 水肿胎儿综合征的产前基因诊断，成功地对 7 个有 Hb Bart's 水肿胎儿综合征家族史的或疑似者的家系进行了产前诊断。论文发表在国际权威医学杂志《柳叶刀》（*Lancet*），受到国际同行高度评价，著名学者 J. G. Hall 在 1985 年 10 月国际权威医学杂志 *JAMA* 上评述国际医学遗传学进展时，将这一成果引为遗传病基因诊断的代表性文献之一。

在 α- 地贫产前诊断的过程中还发生了一段有趣的故事。在广东省英德县（现英德市）人民医院工作的谢医生夫妇是加拿大华侨，他们第一胎生了一个患有血红蛋白 H 病（HbH 病）的女儿（正常人有 4 个 α- 珠蛋白基因，而 H 病患者仅有 1 个正常的 α- 珠蛋白基因），他们想去加拿大生二胎。当地计生部门得知消息后提出，如果他们能够找到一个单位给他们做产前基因诊断，就可以允许他们生育二胎。谢医生就慕名找到上海医学遗传研究所的曾溢滔教授，曾教授团队在最短时间内采用微量 DNA 固相点杂交技术给他们腹中的胎儿进行了产前诊断，很幸运，结果显示胎儿 α- 珠蛋白基因是正常的，不会罹患 HbH 病或 Hb Bart's 水肿胎儿综合征。当健康的男婴出生后，谢医生夫妇万分感激，将小孩取名"谢上海"。从此，产前诊断历史上留下了一段动人的佳话（图 20-3）。

此外，他们还率先在国内攻克了 Hb Bart's 水肿胎儿、HbH 病、β 地中海贫血、血友病、苯丙酮尿症、杜氏肌萎缩症、异常血红蛋白病、性分化异常和亨廷顿舞蹈病等主要遗传病的基因诊断和产前诊断技术（Huang et al. 1987；Zeng et al. 1992；Zeng et al. 1987，1988，1989，1991，1992，1993；曾溢滔和陈美珏 1995），在国内 20 多个省（区、市）推广，获得了比较好的效果。

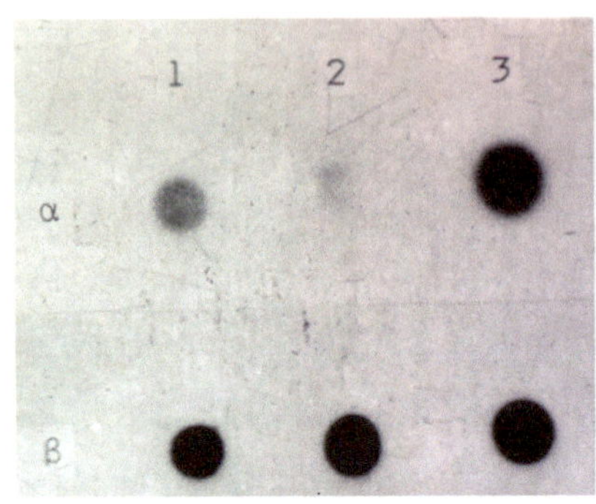

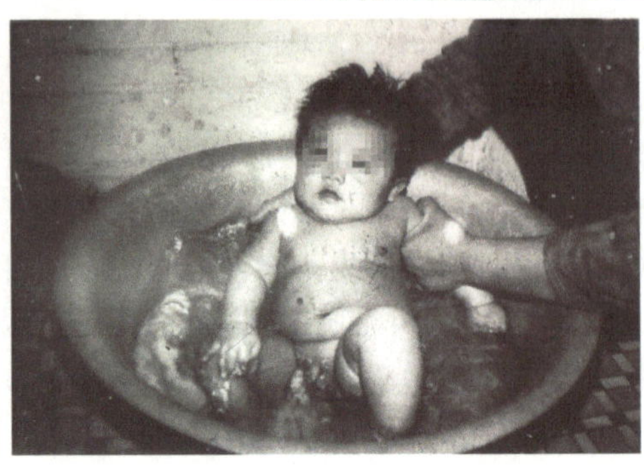

图 20-3 应用微量 DNA 固相点杂交技术开展 α- 地贫的产前基因诊断（Zeng et al. 1985）
将胎儿 DNA 样本分别与点在硝酸纤维膜上的 α- 珠蛋白基因和 β- 珠蛋白基因进行杂交。由于待检样本中 β- 珠蛋白基因肯定没有异常，因此均可杂交。A. 3 号样本为“谢上海”；1 号样本为“谢上海”的姐姐，是一个 HbH 病患者；2 号样本为 Hb Bart's 水肿胎儿。杂交结果显示“谢上海”的 α- 珠蛋白基因是正常的。B. 健康出生的婴儿“谢上海”

20.3.2 首例苯丙酮尿症的产前基因诊断

苯丙酮尿症（PKU）是一种常见的常染色体隐性遗传病，是由于苯丙氨酸羟化酶（PAH）基因缺陷，导致苯丙氨酸不能转变成为酪氨酸，使得苯丙氨酸及其酮酸蓄积，并从尿中大量排出。上海医学遗传研究所从 1984 年开始应用限制性片段长度多态性（RFLP）分析技术对无亲缘关系的 50 名正常人和 10 名经典型 PKU 家系 *PAH* 基因的 6 个多态性位点进行了分析，填补了国内 *PAH* 基因多态性位点频率的空白。并于 1985 年初成功完成了国内首例 PKU 胎儿的产前基因诊断，此后，应用先前研究中发现的中国人 RFLP 位点，进行了 PKU 的产前诊断，婴儿出生后的基因诊断和生化检测均证实产前诊断是完全正确的（Huang et al. 1990；Zeng et al. 1988）。

20.3.3 首例血友病 B 的产前基因诊断

血友病 B，即因子Ⅸ缺乏症，是一种 X 连锁隐性遗传病。患者由于凝血因子Ⅸ基因缺陷导致凝血酶生成障碍，凝血时间延长，终身具有轻微创伤后出血倾向，目前主要靠替代治疗，尚无理想的根治方法。上海医学遗传研究所应用凝血因子Ⅸ基因探针对 50 名正常人进行 RFLP 分析，获得了中国人群多态性资料，并于 1986 年完成了 1 例孕 8 周血友病 B 胎儿绒毛的产前诊断，鉴定出胎儿为血友病 B 患儿，及时中止了妊娠。该病例是国内首次完成的血友病 B 产前基因诊断病例（Zeng et al. 1987）。

20.3.4 不同时期杜氏肌营养不良的基因诊断

杜氏肌营养不良（DMD）是一种 X 染色体隐性遗传病。患儿由于 *DMD* 基因缺陷导致进行性的肌肉无力或萎缩，一般于 20 岁左右死于心肌病或呼吸衰竭。*DMD* 基因是目前人类已知的最大基因，位于 X 染色体 Xp21 区，共有 79 个外显子，基因全长达 2400kb，这给基因诊断带来了诸多困难。正是因为 *DMD* 基因诊断非常困难，国内外的科学家为了解决这个难题付出了极大的努力，发展了一系列创新性的技术，成为基因诊断技术发展的范例。

20 世纪 80 年代，上海医学遗传研究所就在国内最早采用 X 染色体 Xp21 区的 9 种探针分析了 100 例正常人和 38 例 DMD 患者的 14 个 RFLP 位点，取得了中国人群的相关资料，这为后续的基因诊断奠定了良好的基础。在此基础上，他们于 1987 年在国内率先应用 RFLP 连锁分析完成了 2 例 DMD 高危妊娠的产前诊断，结果与胎儿流产或分娩后的检测结果一致（Zeng et al. 1991）。

随着技术的发展，上海医学遗传研究所的研究人员应用 cDNA 探针直接检测中国人 *DMD* 基因缺失位点和热点，将 DMD 的基因诊断由 RFLP 连锁分析的间接诊断推进到了针对 *DMD* 基因的直接诊断。此后，又应用多重 PCR（共 11 对引物）技术快速鉴定了中国人 *DMD* 基因的缺失位点和热点（Zeng et al. 1992）。

进入 21 世纪后，随着 MLPA 技术的发展，DMD 的基因诊断效率得到了进一步的发展。研究人员充分利用 MLPA- 微阵列芯片技术通量远远高于传统 MLPA 的优势，针对 *DMD* 基因全部 79 个外显子设计和合成 MLPA 探针，每个外显子各设计两条探针，用以提高诊断的精确性；同时设计多对特异于 X、Y 等染色体上基因的探针作为内参照。通过检测 *DMD* 基因中每一个外显子的拷贝数来确定患者是否有基因片段缺失或 / 和重复。在对 249 例 DMD 样本的诊断中，缺失和重复的总检出率由常规基因诊断方法的 46% 提高到 73%，还在 5 个样本中检出了既有外显子缺失又有外显子重复的复杂重排（Zeng et al. 2008）（图 20-4）。

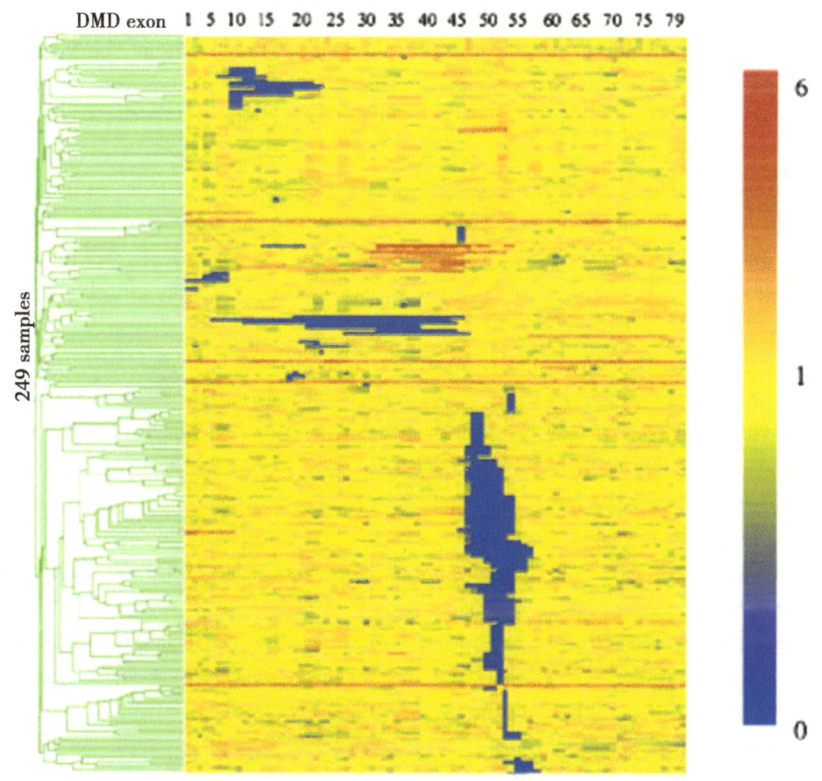

图 20-4　应用 MLPA- 微阵列芯片技术开展 DMD 的基因诊断（Zeng et al. 2008）

在 244 个患者和 5 个携带者样本中有 73% 检测到了 *DMD* 基因中部分区域的拷贝数发生变化，其中缺失占 92%，重复为 8%。缺失的样本中 2 个外显子以上的缺失占 73%，单个外显子缺失占 27%。最主要的缺失和重复发生在 44 和 52 号外显子之间，与其他研究一致从上海医学遗传研究所近30年来在DMD的基因诊断和产前基因诊断的研究实践可以发现，我们必须紧跟国际上基因诊断技术发展的前沿，不断探索和建立新的最有效的技术来开展遗传病的基因诊断，这样才能在实际工作中不断取得显著的成效。

20.4 结 束 语

近年来，由于技术进步的步伐日益加快，基因诊断手段越来越丰富。技术的快速发展在给我们提供了更多选择的同时，也对基因诊断的研究提出了新的问题和挑战，那就是如何更好地综合应用这些新技术来提高基因诊断的效率、降低成本。每项技术均既有其优点也存在缺陷和不足，作为一名优秀的基因诊断工作者必须弄清各种技术的原理、摸清其“脾气”，综合应用不同的技术和手段，把遗传病的基因诊断提高到一个新的水平。

参 考 文 献

曾溢滔 . 1999. 遗传病的基因诊断和基因治疗 . 上海：上海科学技术出版社：54-153.

曾溢滔，陈美珏 . 1995. 亨廷顿病的基因诊断及家系分析 . 中华医学杂志，75（11）：689-693.

Baudhuin L M，Mai M，French A J，et al. 2005. Analysis of *hMLH1* and *hMSH2* gene dosage alterations in hereditary nonpolyposis colorectal cancer patients by novel methods. J Mol Diagn，7（2）：226-235.

Boehm C D. 1989. Use of polymerase chain reaction for diagnosis of inherited disorders. Clin Chem，35（9）：1843-1848.

Boyd S D. 2013. Diagnostic applications of high-throughput DNA sequencing. Annu Rev Pathol，8：381-410.

Cabrera N，Casaña P，Cid A R，et al. 2011. First application of MLPA method in severe von Willebrand disease. Confirmation of a new large *VWF* gene deletion and identification of heterozygous carriers. Br J Haematol，152（2）：240-242.

Cooper D N，Schmidtke J. 1993. Diagnosis of human genetic disease using recombinant DNA. Hum Genet，92（3）：211-236.

Gatta V，Scarciolla O，Gaspari A R，et al. 2005. Identification of deletions and duplications of the *DMD* gene in affected males and carrier females by multiple ligation probe amplification（MLPA）. Hum Genet，117（1）：92-98.

Gregg A R，van den Veyver I B，Gross S J，et al. 2014. Noninvasive prenatal screening by next-generation sequencing. Annu Rev Genomics Hum Genet，15：327-347.

Hernandez-Ferrer C，Garcia I Q，Danielski K，et al. 2015. affy2svaffy2sv：an R package to pre-process Affymetrix CytoScan HD and 750K arrays for SNP，CNV，inversion and mosaicism calling. BMC Bioinformatics，16（1）：167.

Huang S Z，Zhou X D，Ren Z R，et al. 1990. Prenatal detection of an Arg → Ter mutation at codon 111 of the *pah* gene using DNA amplification. Prenat Diagn，10（5）：289-293.

Kan Y W，Golbus M S，Dozy A M. 1976. Prenatal diagnosis of α-thalassemia：clinical application of molecular hybridization. N Engl J Med，295（21）：1165-1167.

Kooper A J，Faas B H，Feuth T，et al. 2009. Detection of chromosome aneuploidies in chorionic villus samples by multiplex ligation-dependent probe amplification. J Mol Diagn，11（1）：17-24.

Liu L，Li Y，Li S，et al. 2012. Comparison of next-generation sequencing systems. J Biomed Biotechnol，2012：251364.

Martínez-Glez V，Franco-Hernández C，Lomas J，et al. 2007. Multiplex ligation-dependent probe amplification（MLPA）screening in meningioma. Cancer Genet Cytogenet，173（2）：170-172.

McDonnell S K，Riska S M，Klee E W，et al. 2013. Experimental designs for array comparative genomic hybridization technology. Cytogenet Genome Res，139（4）：250-257.

Mullis K，Faloona F，Scharf S，et al. 1986. Specific enzymatic amplification of DNA *in vitro*：the polymerase chain reaction. Cold Spring Harb Symp Quant Biol，1：263-273.

Schouten J P，McElgunn C J，Waaijer R，et al. 2002. Relative quantification of 40 nucleic acid sequences by multiplex ligation-dependent probe amplification. Nucleic Acids Res，30（12）：e57.

Seewoster T, Wilmsmann S, Werner A, et al. 1997. The biochip. A new membrane bioreactor system for the cultivation of animal cells in defined tissue-like cell densities. Ann N Y Acad Sci, 831: 244-248.

Slater H, Bruno D, Ren H, et al. 2004. Improved testing for CMT1A and HNPP using multiplex ligation - dependent probe amplification（MLPA）with rapid DNA preparations：comparison with the interphase FISH Method. Hum Mutat, 24（2）: 164-171.

Soon W W, Hariharan M, Snyder M P. 2013. High - throughput sequencing for biology and medicine. Mol Syst Biol, 9（1）: 640.

van Beuningen R, van Damme H, Boender P, et al. 2001. Fast and specific hybridization using flow-through microarrays on porous metal oxide. Clin Chem, 47（10）: 1931-1933.

van Opstal D, Boter M, Noomen P, et al. 2011. Multiplex ligation dependent probe amplification（MLPA）for rapid distinction between unique sequence positive and negative marker chromosomes in prenatal diagnosis. Mol Cytogenet, 4: 2.

Voelkerding K V, Dames S A, Durtschi J D. 2009. Next-generation sequencing：from basic research to diagnostics. Clin Chem, 55（4）: 641-658.

Wu Y, de Kievit P, Vahlkamp L, et al. 2004. Quantitative assessment of a novel flow-through porous microarray for the rapid analysis of gene expression profiles. Nucleic Acids Res, 32（15）: e123.

Yan J B, Xu M, Xiong C, et al. 2011. Rapid screening for chromosomal aneuploidies using array-MLPA. BMC Med Genet, 12（1）: 68.

Zeng F, Chen M, Baldwin D A. et al. 2006. Multiorgan engraftment and differentiaticn of human cord blood CD34+ Lin-cells in goats assessed by gene expression profiling. Proc Natl Acad Sci USA, 103（20）: 7801-7806.

Zeng F, Huang S, Gong Z, et al. 2013. Long-term deregulated human hematopoiesis in goats transplanted in utero with BCR-ABL-transduced Lin-CD34+ cord blood cells. Cell Res. 23（6）: 859-862.

Zeng F, Ren Z R, Huang S Z, et al. 2008. Array - MLPA：comprehensive detection of deletions and duplications and its application to DMD patients. Hum Mutat, 29（1）: 190-197.

Zeng Y, Chen M, Ren Z, et al. 1991. Analysis of RFLPs and DNA deletions in the Chinese Duchenne muscular dystrophy gene. J Med Genet, 28（3）: 167-170.

Zeng Y, Huang S, Chen M, et al. 1988. A study on Chinese phenylalanine hydroxylase gene restriction site polymorphism. Scientia Sinica. Sci Sin B, 31（12）: 1447-1453.

Zeng Y, Huang S, Ren Z, et al. 1989. Identification of Hb D-Punjab gene：application of DNA amplification in the study of abnormal hemoglobins. Am J Hum Genet, 44（6）: 886.

Zeng Y, Ren Z, Zhang M, et al. 1993. A new *de novo* mutation（A113T）in HMG box of the SRY gene leads to XY gonadal dysgenesis. J Med Genet, 30（8）: 655-657.

Zeng Y, Zhang M, Ren Z, et al. 1987. Prenatal diagnosis of haemophilia B in the first trimester. J Med Genet, 24（10）: 632.

Zeng Y T, Chen M J, Ren Z R, et al. 1992. Detection of molecular deletions in the Chinese DMD patients using two amplified dystrophin sequences. Biochemical and Molecular Medicine, 47（2）: 195-197.

Zeng Y T, Huang S Z. 1985. α-globin gene organisation and prenatal diagnosis of α-thalassaemia in Chinese. Lancet, 325（8424）: 304-307.

（曾溢滔　颜景斌）

21

全基因组关联分析在复杂疾病遗传机制研究的应用

人类基因组计划（human genome project，HGP）和人类单体型计划（the international haplotype map project，HapMap）的完成，使我们能更加完整、深入和正确地认识我们自己，认识自然界的奥秘，揭示生命的本质。HGP 完成了对人类基因组由 30 亿个碱基对组成的核苷酸序列的测定，绘制了人类基因组图谱，为解读生命遗传密码提供了研究基础（Lander et al. 2001；Venter et al. 2001）。HapMap 分析了不同人群中的基因组中常见遗传变异的等位基因和基因型频率及单倍型形式，构建了人类基因组差异的公众数据库（http：//hapmap.ncbi.nlm.nih.gov/），为人们确定对人类健康和疾病，以及对药物和环境反应有影响的遗传多态位点的研究提供了关键信息（Altshuler et al. 2005；Frazer et al. 2007；Gibbs et al. 2003）。伴随着 HGP 和 HapMap 的完成，对于人类各种疾病的遗传学研究如雨后春笋般层出不穷，人类对于疾病的认识进入了一个崭新的阶段。

复杂疾病一般是由众多对表型影响微小的基因及其与环境因素交互作用所致，具有明显的遗传异质性、表型复杂性及种族差异性等特征。对于复杂疾病遗传机制的解析一直是遗传学研究领域的难点和热点。基因连锁分析（linkage analysis）与连锁不平衡分析（又称关联分析，association analysis）是目前定位复杂疾病相关基因的主要研究方法，两种方法都是利用遗传性质的重组率与连锁不平衡系数信息来进行基因定位。连锁分析适用于对致病性高、数量少的遗传变异进行分析，因此连锁分析在单基因疾病的遗传研究中可靠有效，但在对于复杂疾病的研究中，存在很大的局限性。对于复杂疾病而言，由于疾病外显率很低，需要大量的可用信息才能检测到连锁，也很容易错失效应较弱的基因。即使通过家系研究找到了候选区域，在不同人群中也存在难以重复的情况。关联分析在确定复杂疾病的易感基因研究中更加高效。早在 1996 年，Risch 和 Merikangas 的研究就阐明了这一观点，并提出全基因组关联研究（genome-wide association study，GWAS）的概念（Risch and Merikangas 1996）。关于复杂疾病遗传机理的“常见疾病 - 常见变异”（common disease/common variant，CD/CV）理论假说（Reich and Lander 2001）是关联分析的重要理论基础。CD/CV 假说认为，常见疾病的遗传风险是由基因组中的常见变异引起的，常见疾病的发生是多个等位基因共同作用的结果（Morton 2005；Reich and Lander 2001；Smith and Lusis 2002）。全基因组关联分析可同时分析数十万甚至上千万的基因变异与疾病或性状之间的关系，可在人类全基因组范围上筛选出与疾病相关的遗传标记。全基因组关联分析已成为发现复杂疾病易感基因的最重要工具之一。

全基因组关联分析是应用基因组中数以百万计的单核苷酸多态性（single nucleotide polymorphism，SNP）为分子遗传标记，比较病例组和对照组之间每个遗传变异及其频率的差异，统计分析每个变异与疾病之间的关联性大小，选出最相关的遗传变异进行验证，

并根据验证结果最终确认其与疾病之间的相关性。全基因组关联方法首先在人类医学领域的研究中得到了极大的重视和应用，尤其是其在复杂疾病研究领域中的应用，使许多重要的复杂疾病的研究取得了突破性进展。

2005 年，*Science* 杂志首次报道了有关人类年龄相关性黄斑变性（age-related macular degeneration，AMD）的全基因组关联研究（Klein et al. 2005）。在此后的 10 年时间里，全基因组关联分析成为报道最为广泛的遗传学方法（Girard et al. 2012）。科学家相继在多种复杂疾病和性状中开展了大量的全基因组关联研究（GWAS），对肿瘤、心血管系统疾病、内分泌系统疾病、胃肠道疾病、肝疾病、精神类疾病、风湿病、皮肤病及感染性疾病等复杂疾病，以及一些常见性状（如身高、体重、血压等）的遗传易感基因研究取得了重大成果。截至 2015 年 5 月，超过 2100 个全基因组关联研究报道了涵盖人类的 17 大类、数百种疾病或性状的遗传易感或关联位点（图 21-1）（Welter et al. 2014）。

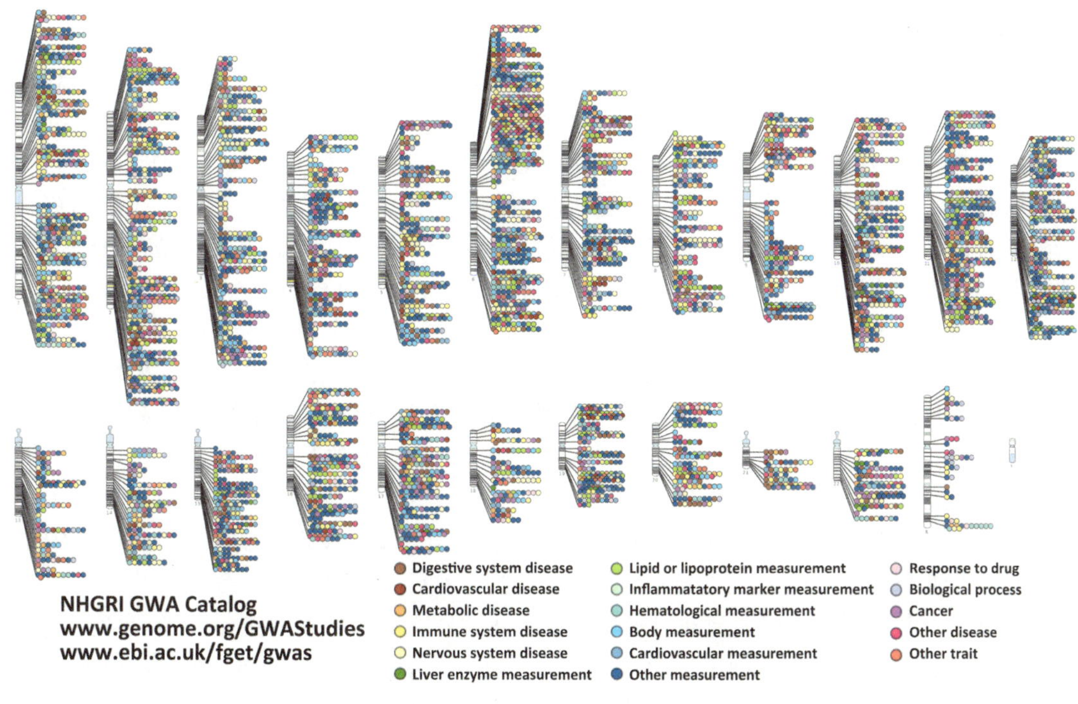

图 21-1 全基因组关联研究报道图

截至 2015 年 5 月美国国家人类基因组研究所–欧洲生物信息研究所全基因组关联研究目录（NHGRI–EBI GWAS Catalog，http://www.ebi.ac.uk/gwas）收录的已发表全基因组关联研究，显示的位点为 17 大类疾病或性状的全基因组阳性位点（$P < 5 \times 10^{-8}$）

我国在全基因组关联研究这一领域虽起步较晚，但我国科学家通过不懈努力，也取得了多项重要的成果。目前我国科学家广泛运用全基因组关联研究对数十种疾病进行了疾病遗传易感性的研究，涉及的疾病有精神类疾病（如精神分裂症）、肿瘤性疾病（如肝癌、胃癌、肺癌等）、代谢类疾病（如多囊卵巢综合征、2 型糖尿病、痛风等）、心血管疾病（如冠心病、高血压病）、自身免疫性疾病（如 Graves 病、IgA 肾病等）、眼科疾病（如高度近视）、皮肤复杂性疾病（如银屑病、麻风、系统性红斑狼疮等），这些研究成果大大拓宽了人们对于常见疾病在遗传学发病机理方面的理解。一方面筛选得到的不同种群间（包含中国种群）共有易感位点可能在疾病发病中发挥更为重要的作用，另一方面不同种群研究揭示的特异性易感位点还突出了不同种群间的遗传异质性。作者所在实验室通过开展国际和国内合作，长期致力于复杂疾病的遗传学研究，并取得一些可喜的研究成果。

精神分裂症（schizophrenia）是一种以情感反应与思维过程发生深度混乱为主要特征的严重精神障碍性疾病，它在全世界人群中的发病率约为 1%。遗传因素在精神分裂症的发展中起重要作用，而我们对精神分裂症病因的了解仍然有限。2008 年，上海交通大学与卡迪夫大学、牛津大学、剑桥大学等多家学术机构合作，开展对精神分裂症的全基因组关联研究，分析发现了 *ZNF804A* 与精神分裂症存在强关联（O'Donovan et al. 2008）。这个关联后来在多个独立验证实验中得到重复（Li et al. 2011a；Riley et al. 2010；Steinberg et al. 2011；Zhang et al. 2011）。此外，上海交通大学 Bio-X 研究院还对分别来自中国北方、中部和南方的 10 218 名受试者（3750 个精神分裂症病例和 6468 个正常对照）进行了全基因组关联分析。在随后的研究中进一步对另一组 8922 名受试者（4383 个病例和 4539 个对照）进行了验证，鉴别出了 2 个与精神分裂症相关的风险位点 8p12 和 1q24.2（Shi et al. 2011b）。为了进一步验证新发现的精神分裂症易感位点（8p12 和 1q24.2），进一步的研究发现 8p12 在欧洲人群里（SGENE-plus 项目）与精神分裂症的关联达到显著水平，而且关联的方向和中国汉族人群里的结果一致。尽管现阶段很难明确指出其中哪些基因是精神分裂症的致病基因，有待进一步的精细定位研究和功能研究才能做出明确判断。但是这些精神分裂症易感区域的新发现还是值得肯定的，是我们了解精神分裂症病因过程中令人鼓舞的第一步。

银屑病（psoriasis）是一种常见的反复发作、以表皮增殖和炎症为特征的免疫相关性皮肤病，严重影响患者健康和生活质量，遗传因素在其发病中起重要作用。2009 年，安徽医科大学皮肤病研究所完成了国内首个中国人银屑病的全基因组关联研究（Zhang et al. 2009b），研究人员共分析了 6860 个银屑病病例和 8472 个正常对照，发现了位于染色体 1q21 上的编码晚期角质化包膜（late cornified envelope，LCE）基因簇与银屑病的遗传关联性，还证实了此前报道的银屑病易感基因 *MHC* 和 *IL2B*。新的发现在欧洲人种的研究中得到了进一步验证（de Cid et al. 2009）。研究成果提示在银屑病的发生、发展过程中一种非免疫机制——表皮角质形成细胞的终末分化在疾病发病机制中的重要作用。2010 年，安徽医科大学皮肤病研究所领导中国、德国和美国多家科研单位进一步开展银屑病的全基因组关联研究联合分析，又发现 6 个新的银屑病易感基因（*ERAP1*、*PTTG1*、*CSMD1*、*GJB2*、*SERPINB8* 和 *ZNF816A*），同时提示了银屑病的遗传异质性（Sun et al. 2010）。此后，研究人员利用全基因组外显子测序和靶向基因测序，确定了全基因组关联研究中鉴定的银屑病易感基因中 7 个基因存在编码变异（Tang et al. 2014）。这一系列研究极大地推动了银屑病病因学研究进程，阐释了银屑病发病的遗传机制，为银屑病的预防提供了依据，为风险预测提供了生物学标记，为治疗提供了新的靶点，具有明显的应用前景，产生了重要的国际影响。

安徽医科大学皮肤病研究所陆续完成对系统性红斑狼疮（systemic lupus erythematosus）、麻风（leprosy）、白癜风（vitiligo）等多种复杂疾病的全基因组关联研究。研究人员通过对中国汉族开展全基因组关联研究，发现了 9 个新的系统性红斑狼疮易感基因 / 位点：2p22.3（*RASGRP3*）、5q33.1（*TNIP1*）、7p12.2（*IKZF1*）、11q24.3（*ETS1*）、12q24.32

（*SLC15A4*）、7q11.23、10q11.22（*WDFY4-LRRC18*）、11q23.3 和 16p11.2，并同时验证了此前报道的 7 个易感基因 / 位点（Han et al. 2009）。这些易感基因中的 5 个基因（*RASGRP3*、*TNIP1*、*IKZF1*、*ETS1* 和 *SLC15A4*）在基因功能上与抗原呈递、免疫反应、免疫调节、淋巴细胞活化等过程密切相关。其中部分易感基因在欧洲人群和亚洲人群中得到了进一步验证（Gateva et al. 2009；Yang et al. 2010）。研究人员在麻风的全基因组关联研究中发现 7 个新的易感基因：*CCDC122*、*C13orf31*、*NOD2*、*TNFSF15*、*HLA-DR*、*RIPK2* 和 *LRRK2*，其中 5 个易感基因位于 NOD2 介导的信号通路上，提示该信号通路在麻风发病中具有重要作用，为揭示疾病发病机制提供了重要线索（Zhang et al. 2009a）。研究人员通过全基因组关联研究发现了与白癜风发病密切相关的基因，包括人类白细胞抗原（HLA）的 2 个等位基因和 6 号染色体的 *RNASET2*、*FGFR1OP* 和 *CCR6*（Quan et al. 2010）。研究以强有力的证据明确由遗传因素导致的自身免疫异常是白癜风发病的主要原因，这为全面揭示白癜风的发病机制提供了新的证据。同时为确定白癜风的发病机制，进行疾病预警、临床诊断、新药开发及个体化治疗提供了直接依据。

多囊卵巢综合征（polycystic ovary syndrome，PCOS）是一种临床表现复杂、以稀发 / 无排卵、高雄激素和卵巢多囊样改变为主要特征的内分泌及生殖功能障碍性疾病（Fauser et al. 2004）。我国多囊卵巢综合征的发病率高达 5.64%（Li et al. 2013），给育龄妇女的健康带来很大威胁，严重影响人类繁衍，给国家医疗卫生健康体系带来极大负担。除影响患者生育健康外，多囊卵巢综合征患者也经常合并肥胖、胰岛素抵抗、血脂异常等代谢问题（Legro et al. 1999）。多囊卵巢综合征的发病机制受多个致病基因调控网络和环境因素的交互作用影响（Abbott et al. 2002；Franks and McCarthy 2004），同时具有明显的家族聚集性（Escobar-Morreale 2014）。明确其致病原因不仅有助于疾病本身的早期诊断和治疗，也有助于解释疾病及并发症的关系。对实现合理诊疗、解决多囊卵巢综合征患者的困扰、优化医疗资源应用意义深远。上海交通大学 Bio-X 研究院联合山东大学省立医院等国内多家研究机构在国际上率先完成了多囊卵巢综合征的全基因组关联研究工作（Chen et al. 2011；Shi et al. 2012）。2009~2011 年研究人员对山东地区收集的 744 份多囊卵巢综合征患者的 DNA 和 895 份正常女性的 DNA 样品开展了基因芯片分型实验和全基因组阳性 SNP 位点初筛，然后对山东地区收集的独立的 2840 份多囊卵巢综合征患者 DNA 和 5012 份正常对照 DNA 样品开展了第一阶段重复验证实验，继而对来自南方汉族的 498 份多囊卵巢综合征患者 DNA 和 780 份正常对照 DNA 样品开展了第二阶段重复验证实验，最终发现染色体 2p16.3（*LHCGR*；*STON1-GTF2A1L*）、2p21（*THADA*）和 9q33.3（*DENND1A*）区域与多囊卵巢综合征的发病机制密切相关。相关论文于 2011 年发表于 *Nature Genetics* 杂志（Chen et al. 2011）。上述基因与多囊卵巢综合征的相关性在其他种族的人群中也得到了验证。Goodarzi 等（2012）在美国人群中证实了 *DENND1A*、*THADA* 基因与多囊卵巢综合征易感性相关，Welt 等（2012）也在欧洲人群中发现 *DENND1A* 基因相同位点等位基因频率在病例和对照间存在显著差异，Mutharasan 等（2013）也验证了 *LHCGR* 基因另外两个位点与多囊卵巢综合征的相关性。为进一步完善对多囊卵巢综合征遗传因素的认识，2012~2013 年研究人员通过分析另外 1510 个病例及 2016 个对照的数据，并结合此前第一次全基因组关联研究的结果，进行了多项随访调查，以及基因分析。进一步确认了之前发现的 3 个易感位点，还发现了 8 个新的多囊卵巢综合征关联信号——9q22.32、11q22.1、

12q13.2、12q14.3、16q12.1、19p13.3、20q13.2 和 2p16.3（*FSHR* 基因）。这些关联信号指向了一些与胰岛素信号、性激素功能，以及Ⅱ型糖尿病有关的候选基因，还有一些候选基因则与钙信号和内吞作用有关。这一研究成果公布在 *Nature Genetics* 杂志上（Shi et al. 2012）。在这两项研究中研究人员共报道了 11 个达到全局阳性的基因组易感区域，以及 *INSR*、*HMGA2*、*RAB5B*、*SUOX*、*TOX3*、*SUMO1P1*、*YAP1*、*C9orf3*、*FSHR*、*THADA*、*DENND1A*、*LHCGR* 等 10 余个易感基因，这些发现对揭示多囊卵巢综合征的发病机理有很大的科学意义，为多囊卵巢综合征疾病病理分析和治疗提供了理论依据。*Nature China* 媒体对这些发现给予了 Highlight 评述，而著名内分泌杂志 *The Journal of Clinical Endocrinology & Metabolism* 更把这项成果评价为 PCOS 遗传学研究领域中的"里程碑"（Strauss et al. 2012）。然而，多囊卵巢综合征作为一个复杂疾病，仅得到 10 余个易感基因的研究结果是远远不够解释其遗传机制的。总体上我们对多囊卵巢综合征遗传机制的认识还停留在"冰山一角"的水平。仅仅基于目前已经被发现的这些多囊卵巢综合征易感基因，只能够解释多囊卵巢综合征 2%~3% 的遗传风险，且难以看出这些基因在多囊卵巢综合征发病机制中的作用，也难以了解其对多囊卵巢综合征临床诊疗的具体价值。

肿瘤是人类面临的最重大疾病威胁，是机体在内外因素作用下，细胞的生长失去了控制，出现异常增生所形成的新生物。根据肿瘤生物学特性及其对机体危害性的不同，可分为良性和恶性肿瘤两大类。人体任何部位、任何组织、任何器官几乎都可发生肿瘤，一般根据其组织来源命名。在全球范围，肿瘤对于个人、经济和社会负担方面都是一个花费非常昂贵的常见疾病。如何有效预防和治疗肿瘤已成为一个亟待解决的世界性的公共卫生和社会问题。了解肿瘤的病因对诊断、治疗和预防该疾病会有很大帮助。关于肿瘤的病因，全世界的研究人员进行了广泛的研究，至今尚未完全阐明。目前科学界普遍认可肿瘤的病因由多种因素组成，其中涉及多基因和多环境因素的共同作用。不可否认的是，遗传学因素在肿瘤的发生发展中发挥着十分重要的作用。在肿瘤全基因组关联研究领域，中国科研工作者开展了许多具有开创性的工作，取得了丰硕的原创性成果，其中包括作者所在课题组在汇集了本单位和协作单位的优势资源基础上完成的部分工作。

肺癌（lung cancer）是当今全球范围内危害性最大的疾病之一，具有高发病率和高致死率。在环境污染因素的诱导下，我国肺癌的发病率和死亡率呈持续走高态势。据统计，我国肺癌发病率每年增长 26.9%，肺癌已成为我国首个恶性肿瘤死亡原因。2011 年上海交通大学 Bio-X 研究院联合南京医科大学等国内多所研究机构的研究团队开展了肺癌的全基因组关联研究（Hu et al. 2011），研究人员首先对 5408 名受试者（2331 名肺癌患者和 3077 名对照个体）进行了全基因组关联分析。在随后的研究中进一步对另一组 12 722 名受试者（6313 名肺癌患者和 6409 名对照个体）进行了验证，共鉴定出了 4 个与肺癌相关联的风险位点，不仅验证了两个前期报道的肺癌易感区域（3q28 和 5p15.33 区域），还发现了 2 个新的中国汉族人群的肺癌易感区域（13q12.12 和 22q12.2 区域）。吸烟是肺癌的主要危险因素，但在相同的烟草暴露下，仅不到 20% 的吸烟者发展为肺癌，提示不同个体对肺癌存在遗传易感性。研究人员在此前研究的基础上，扩大研究样本量，同时结合吸烟等环境危险因素，探讨基因 - 环境交互作用在肺癌发生中的方式与强度。研究人员在中国汉族人群中发现了 3 个与中国人群肺癌相关的新易感位点（10p14、5q32 和 20q13.2），其中有两个位点（20q13.2 和 5q31.1）与吸烟量存在倍增性相互作用，影响了肺癌的风险（Dong

et al. 2012)。这些研究发现是我国 2015 年在肺癌研究领域取得的重要成果之一，将帮助我们更深入地了解汉族人群肺癌发生的分子机制，探索肺癌风险预测和预防，对肺癌临床诊断、个体化治疗、肺癌新药研发具有重要意义。

胃癌是起源于胃黏膜上皮的恶性肿瘤，是危害我国人民健康的重大疾病之一。据统计，每年我国新发和死亡均占全世界胃癌病例的 40%。胃癌的发生是多因素参与的复杂病理过程，涉及生活饮食因素、遗传基因、感染因素和环境因素等及其相互作用。通常把见于胃下部的癌症称为非贲门癌，而把见于胃上部的癌症称为贲门癌。上海交通大学 Bio-X 研究院联合南京医科大学、中国医学科学院和北京协和医学院等国内多所研究机构的研究团队开展了一项非贲门胃癌的全基因组关联研究（Shi et al. 2011a），对 3279 名汉族受试者（1006 名非贲门癌症患者和 2273 名对照个体）进行了全基因组关联分析，并进一步对一组由 6987 名受试者（3288 名患者和 3699 名对照个体）组成的独立样本进行验证，鉴别出了两个非贲门胃癌的新易感位点 5p13.1 和 q13.31。这一研究为揭示非贲门胃癌发病机制，发现并保护易感个体从而预防胃癌提供了可能。

肝癌是全世界致死率高居第三的恶性肿瘤，也是中国常见的一种恶性疾病。统计数据显示，我国每年有 40 万左右的肝癌新发病例，占全世界肝癌患者总数的一半以上。慢性乙型肝炎病毒（HBV）感染是肝癌的主要病因之一。病史调查表明，我国的肝癌患者中 80% 以上都有乙肝病史。乙肝癌变的关键风险基因对控制乙肝癌变、降低肝癌发病风险具有重要意义。上海交通大学 Bio-X 研究院联合中山大学癌症中心、复旦大学、第二军医大学等国内多所研究机构的研究团队开展了 HBV 相关肝癌的全基因组关联研究（Li et al. 2012），首先对 1538 名 HBV 相关肝癌病例和 1465 名未患肝癌的 HBV 携带者作为对照进行全基因组关联分析，并在 3133 名 HBV 相关肝癌病例和 3699 名未患肝癌的 HBV 携带者的独立样本中进行验证，最终确定了两个 HBV 相关肝癌易感区域 6p21.32（*HLA-DQA1/DRB1*）和 21q21.3（*GRIK1*）。宿主的天然免疫在机体抵抗 HBV 感染的过程中至关重要，机体遗传因素即宿主对 HBV 的遗传易感性在乙型肝炎发病和预后等方面起着关键作用。因而，上海交通大学 Bio-X 研究院还联合南京医科大学、江苏省疾病预防控制中心等多家机构的研究人员，通过全基因组关联研究鉴别出了中国汉族人群 HBV 感染相关的两个全新易感基因（Hu et al. 2013a）。在这项研究中，首先对 951 名 HBV 携带者和 937 名已自然清除 HBV 感染的对照个体进行了分析，随后对来自一般人群的一组 4230 名 HBV 携带者和 5673 名对照个体进行了关联验证，找到了与慢性 HBV 感染相关的两个新位点：6p21.33（*HLA-C*）和 22q11.21（*UBE2L3*）。这些新研究结果表明 *HLA-C* 和 *UBE2L3* 在 HBV 感染清除中发挥着重要的作用，为乙肝的遗传病因提供了新的见解，对于乙肝的预防和治疗可能具有重要的意义。

在发展中国家，宫颈癌是导致妇女死亡的最主要的恶性肿瘤之一。大量的流行病学和临床证据表明，高危型人乳头瘤病毒（HPV）的持续感染是主要的风险因素，99.7% 的宫颈癌病例中检测到 HPV 感染。然而，单纯的 HPV 感染却不足以引起肿瘤发展，大部分 HPV 感染可自行消退，只有不到 4% 的个体会发展成持续感染，进而有可能发展成癌前病变或癌症。研究表明宫颈癌与遗传因素和外部环境因素存在着复杂的相关关系。为了鉴定宫颈癌的遗传风险因素，上海交通大学 Bio-X 研究院联合华中科技大学同济医学院等多家机构的研究人员在汉族人群中开展了全基因组关联研究。研究人员在汉族人群中开展了大规模的 GWAS 研究（Shi et al. 2013），首先在发现阶段利用高通量芯片对 1364 个病例和 3028 名女性对照进行了基因分型。之后在两个独立的样本组中进行验证，共分析了 4167 个病例和 7196 个对照。综合三个阶段的结果发现了 2 个染色体区域 4q12（*EXOC1*）和 17q12（*GSDMB*）是宫颈癌的易感区域，表明 T 淋巴细胞介导的免疫反应或肿瘤细胞增殖可能发挥了重要的作用。这些遗传因素可能影响 HPV 持续感染和整合的机制，从而与宫颈癌风险相关。这一发现为宫颈癌的遗传病因提供了新的见解，对癌症的预防和治疗具有重要意义。

垂体是人体重要的内分泌腺体，它在维持代谢稳态中起到了重要作用。垂体瘤是发生在垂体上的肿瘤，是常见的神经内分泌肿瘤之一。垂体腺瘤在自然人群中的患病率为 8.4%~22.5%，约占所有颅内肿瘤的 15%，在青年人中居颅内肿瘤发病率的第二位。其中大多数为散发病例，目前对于它的遗传基础仍知之甚少。揭示垂体瘤的发病机制，发现和验证若干具有临床转化潜能的诊断和干预新靶点，对于脑垂体瘤的临床诊断、耐药分析和预后判断具有重要意义。为了鉴别出散发性垂体腺瘤的遗传易感位点，上海交通大学 Bio-X 研究院联合华山医院等机构的研究人员对汉族人群展开了散发垂体瘤的全基因组关联研究（Ye et al. 2015）。首先分析了 771 个垂体腺瘤病例和 2788 名对照人群中全基因组 SNP 数据，随后对 2542 个垂体腺瘤病例和 3620 名对照进行了重复验证，共鉴别出了三个散发性垂体腺瘤的易感位点：10p12.31、10q21.1 和 13q12.13。这是世界上首个针对散发性垂体腺瘤的全基因组关联研究，研究结果提供了有关这一疾病遗传基础的一些新见解。

冠心病（coronary heart disease）是目前世界上导致人类死亡的头号杀手，极大地影响人们的身体健康、生活品质及寿命。冠心病是指由于脂肪沉着堆积在冠状动脉内膜细胞内并导致血流阻塞的疾病。所有人在更年期后都会有患上该种疾病的风险。为了阐明冠状动脉病发生发展的内在原因，寻找早期检测和诊断的生物标记，上海交通大学 Bio-X 研究院联合中国医学科学院北京协和医学院等多家机构的研究人员首先对 6534 名受试者（1515 名冠状动脉病患者和 5019 名对照）进行了全基因组遗传变异关联分析，在随后的研究中进一步对 26 932 名受试者（15 460 名冠状动脉病患者和 11 472 名对照）进行了验证。通过这项研究发现了 4 个全新的冠状动脉病易感位点（*TTC32-WDR35*、*GUCY1A3*、*C6orf10-BTNL2* 和 *ATP2B1*）。新的研究发现有助于人们对冠状动脉发生发展机制的认识，同时也为冠状动脉病的预防和治疗提供了潜在的靶点。

先天性心脏病（congenital heart malformation）是人类最常见的出生缺陷之一，先天性心脏病在我国活产婴儿中的发生率为 1%，在胎儿尸检中的发生率达 5%~10%，居国内儿童出生重大缺陷之首。先天性心脏病是导致 5 岁以下儿童致残、致死的主要原因之一。目前公认先天性心脏病可由环境因素和遗传因素或两者共同作用而引起，约 90% 的先天性心脏病是由遗传加环境相互作用共同造成的。上海交通大学 Bio-X 研究院联合南京医科大学等机构的研究人员对“散发性的非综合征”先天性心脏畸形进行了基因组关联研究（Hu et al. 2013b）。研究人员针对 4225 名先天性心脏畸形病例和 5112 名对照开展了多阶段全基因组关联分析，鉴别出 2 个先天性心脏畸形相关的新遗传区域染色体 1p12（*TBX15*）和 4q31.1（*MAML3*）。这些结果对于帮助科学家更深入地了解汉族人群先天性心脏畸形发生的分子机制，对先天性心脏畸形风险预测和预防，以及先天性心脏畸形临床诊断、个体化治疗、先天性心脏畸形新药研发具有重要意义。

痛风（gout）是由于单钠尿酸盐的结晶沉积在关节囊、滑囊、软骨、骨质和其他组织中而引起的病损及炎性反应。血清尿酸水平升高是痛风发病的一个重要风险因素。但只有大约 10% 的高尿酸血症患者会形成临床痛风，表明仅高尿酸血症不足以导致痛风性关节炎发病。尽管以往的全基因组关联研究已鉴别出了数十个与血尿酸水平升高相关的位点，但对于单钠尿酸盐结晶引发炎症反应的遗传病因学仍不是很清楚。对大规模确诊的痛风病例及无痛风高尿酸血症病例开展研究，是鉴别控制从高尿酸血症至炎性痛风的遗传位点的必要条件。为了扩展对于痛风遗传基础的认识，上海交通大学 Bio-X 研究院联合青岛大学附属医院、山东省痛风病临床医学中心等机构的研究人员利用 4275 名临床上确诊的男性痛风患者和 6272 名健康男性对照人群，以及 215 名女性患者及 541 位健康女性对照，在中国汉族人群中进行了全基因组关联研究（Li et al. 2015）。此外，研究人员分析了 1644 名长期罹患高尿酸血症但未发展为痛风的样本，来判断他们新发现的遗传位点与血尿酸水平升高相关，或是只与炎性痛风相关。研究人员发现了与痛风性关节炎显著相关的三个新的易感位点 17q23.2、9p24.2 和 11p15.5，这些位点可能与高尿酸血症进展至炎性痛风有关联，新鉴别的这些新的常见遗传风险变异将有可能为我们提供一些有关痛风关节炎发病机制的新认识。

除开展上述各类疾病的全基因组关联研究外，上海交通大学 Bio-X 研究院还主导或参与了其他一系列的复杂疾病或性状的全基因组关联分析，包括高度近视（Li et al. 2011b）、卵巢早衰（Li et al. 2011b）、严重型皮肤药物过敏反应（Chung et al. 2014）、端粒长度（Liu et al. 2014）、身高（Hao et al. 2013）等。由于篇幅限制，这里不再详述。此外，上海交通大学 Bio-X 研究院的研究人员结合自身的遗传学研究工作经验与需求，创建了一个多功能数据分析平台，能同时进行连锁不平衡计算、位点等位基因及基因型关联分析和单倍型关联分析等（Shi and He 2005）。上海交通大学 Bio-X 研究院还不断开发新的算法，增加和改进数据分析平台的功能。例如，增加了多重检验 P 值矫正功能（能同时矫正等位基因、基因型及单倍型分析的 P 值）；创建了单倍型的 PL-CSEM 推断方法（Li et al. 2009）；探索性地提出了基因 - 基因相互作用的算法，并不断优化和改善，同时引入新的运行环境运算，提高了运算速度和效率，创建了全基因组基因互作分析平台 SHEsisEpi（Hu et al. 2010）。还开发了全基因组关联研究中的控制人群层化混杂因素的主成分分析软件 SHEsisPCA（Shen et al. 2015）。这一系列工作为复杂疾病遗传机制研究领域的其他研究人员提供了一个强大的分析平台。

总而言之，全基因组关联分析在复杂疾病遗传学研究中取得的成果，加深了人们对这些复杂疾病遗传学基础的认识，为上述各类疾病发病机制的后续研究提供了许多启示，也为将来的基因诊断和个体化治疗奠定了理论基础。但是这并不表示我们对复杂疾病遗传易感性的探索旅程到了终点。对于绝大部分复杂疾病，目前已发现的关联位点对其病症性状变异量的解释比例都很小，仍有很大一部分遗传因素有待进一步探索。需要在现有的全基因组分型数据基础上继续扩大样本量、提高统计效能，以确定更多的易感基因。我们有理由相信随着越来越多的易感基因的确定，会有更多的复杂疾病相关通路被确定，这将大大增加我们对这些疾病的认识，有望开拓新的治疗方法。此外，在已发现关联位点中也有很大一部分没有有力的证据指出其确切的关联基因及其背后的分子机制，这就要求我们要投入更多的精力对疾病易感基因位点进行精细定位和功能学研究。应用高通量测序技术进行全基因组关联研究可以加速找到更多的风险等位基因，也可以为全基因组关联研究的结果提供进一步的精细定位补充。对具体的复杂疾病关联突变或基因进行后续的功能研究是研究其相关的分子发病机制并探索针对性的治疗方法的重要基础。对越来越多与复杂疾病密切相关的基因开展功能研究是我们彻底了解这些复杂疾病病因的必经之路。

同时，在已有的全基因组数据中仍然存在很多有价值的信息，尚需采用新的分析方法，结合基因组学、表观遗传学、转录组学、蛋白质组学和代谢组学等研究策略深入挖掘那些全基因组关联分析遗漏的疾病遗传易感信息，构建复杂疾病的关键生物学通路及调控网络，并找出该网络中的关键因子，进行分子机制研究，有望进一步揭示疾病的形成机制。同时基于临床需求，从转化医学的角度出发，对调控网络与临床信息进行集成，研究药物作用机理，发现和验证网络中若干具有临床转化潜能的诊断生物标志物和干预新靶点，实现其临床前转化。这些研究不但有助于科学家深入解析该病的发病机制，而且为其风险预测、早期防治及新型高效药物的筛选提供了理论依据和生物靶标。

虽然目前我们对大多数复杂疾病的病因和治疗方法的了解仍然有限，对于寻求超越复杂疾病未来还有很长的路要走，但目前所取得的成果依然非常值得肯定。这些研究结果表明在诸如疾病的高异质性、无法进行诊断的有效验证及不确定的生物有效性等多个不利因素下，遗传学研究依然有足够力量对复杂疾病进行分析。我们确定了在很多复杂疾病的病因中包括很多效应小的常见基因和一些效应大的罕见基因，还有未知的环境因素，以及它们之间的相互作用。此外，对一些复杂疾病病因的进一步了解已经催生了具针对性的强有力的新手段，如精神分裂症早期阶段的预防方法和以新药靶及可塑性治疗为基础的早期干预（Haller et al. 2014）。

参考文献

Abbott D H，Dumesic D A，Franks S. 2002. Developmental origin of polycystic ovary syndrome—a hypothesis. J Endocrinol，174（1）：1-5.

Altshuler D，Brooks L D，Chakravarti A，et al. 2005. A haplotype map of the human genome. Nature，437（7063）：1299-1320.

Chen Z J，Zhao H，He L，et al. 2011. Genome-wide association study identifies susceptibility loci for polycystic ovary syndrome on chromosome 2p16.3，2p21 and 9q33.3. Nat Genet，43（1）：55-59.

Chung W H，Chang W C，Lee Y S，et al. 2014. Genetic variants associated with phenytoin-related severe cutaneous adverse reactions. JAMA，312（5）：525-534.

de Cid R，Riveira-Munoz E，Zeeuwen P L J M，et al. 2009. Deletion of the late cornified envelope *LCE3B* and *LCE3C* genes as a susceptibility factor for psoriasis. Nat Genet，41（2）：211-215.

Dong J，Hu Z，Wu C，et al. 2012. Association analyses identify multiple new lung cancer susceptibility loci and their interactions with smoking in the Chinese population. Nat Genet，44（8）：895-899.

Escobar-Morreale H F. 2014. Menstrual dysfunction-a proxy for insulin resistance in PCOS? Nat Rev Endocrinol，10（1）：10-11.

Fauser B，Chang J，Azziz R，et al. 2004. Revised 2003 consensus on diagnostic criteria and long-term health risks related to polycystic ovary syndrome（PCOS）. Hum Reprod，19（1）：41-47.

Franks S，McCarthy M. 2004. Genetics of ovarian disorders：polycystic ovary syndrome. Rev Endocr Metab Disord，5（1）：69-76.

Frazer K A，Ballinger D G，Cox D R，et al. 2007. A second generation human haplotype map of over 3.1 million SNPs. Nature，449（7164）：851-861.

Gateva V，Sandling J K，Hom G，et al. 2009. A large-scale replication study identifies TNIP1，PRDM1，JAZF1，

UHRF1BP1 and IL10 as risk loci for systemic lupus erythematosus. Nat Genet，41（11）：1228-1233.

Gibbs R A，Belmont J W，Hardenbol P，et al. 2003. The International HapMap Project. Nature，426（6968）：789-796.

Girard S L，Dion P A，Rouleau G A. 2012. Schizophrenia genetics：putting all the pieces together. Curr Neurol Neurosci Rep，12（3）：261-266.

Goodarzi M O，Jones M R，Li X，et al. 2012. Replication of association of DENND1A and THADA variants with polycystic ovary syndrome in European cohorts. J Med Genet，49（2）：90-95.

Haller C S，Padmanabhan J L，Lizano P，et al. 2014. Recent advances in understanding schizophrenia. F1000prime Reports，6：57.

Han J W，Zheng H F，Cui Y，et al. 2009. Genome-wide association study in a Chinese Han population identifies nine new susceptibility loci for systemic lupus erythematosus. Nat Genet，41（11）：1234-1237.

Hao Y，Liu X，Lu X，et al. 2013. Genome-wide association study in Han Chinese identifies three novel loci for human height. Hum Genet，132（6）：681-689.

Hu X，Liu Q，Zhang Z，et al. 2010. SHEsisEpi，a GPU-enhanced genome-wide SNP-SNP interaction scanning algorithm，efficiently reveals the risk genetic epistasis in bipolar disorder. Cell Res，20（7）：854-857.

Hu Z，Liu Y，Zhai X，et al. 2013a. New loci associated with chronic hepatitis B virus infection in Han Chinese. Nat Genet，45（12）：1499-1503.

Hu Z，Shi Y，Mo X，et al. 2013b. A genome-wide association study identifies two risk loci for congenital heart malformations in Han Chinese populations. Nature Genetics，45（7）：818-821.

Hu Z，Wu C，Shi Y，et al. 2011. A genome-wide association study identifies two new lung cancer susceptibility loci at 13q12.12 and 22q12.2 in Han Chinese. Nat Genet，43（8）：792-803.

Klein R J，Zeiss C，Chew E Y，et al. 2005. Complement factor H polymorphism in age-related macular degeneration. Science，308（5720）：385-389.

Lander E S，Sequencing C，Linton L M，et al. 2001. Initial sequencing and analysis of the human genome. Nature，409（6822）：860-921.

Legro R S，Kunselman A R，Dodson W C，et al. 1999. Prevalence and predictors of risk for type 2 diabetes mellitus and impaired glucose tolerance in polycystic ovary syndrome：a prospective，controlled study in 254 affected women. J Clin Endocrinol Metab，84（1）：165-169.

Li C，Li Z，Liu S，et al. 2015. Genome-wide association analysis identifies three new risk loci for gout arthritis in Han Chinese. Nat Commun：6.

Li M，Luo X J，Xiao X，et al. 2011a. Allelic differences between Han Chinese and Europeans for functional variants in ZNF804A and their association with schizophrenia. Am J Psychiatry，168（12）：1318-1325.

Li R，Zhang Q，Yang D，et al. 2013. Prevalence of polycystic ovary syndrome in women in China：a large community-based study. Hum Reprod，28（9）：2562-2569.

Li S，Qian J，Yang Y，et al. 2012. GWAS identifies novel susceptibility loci on 6p21.32 and 21q21.3 for hepatocellular carcinoma in chronic hepatitis B virus carriers. PLoS Genet，8（7）：e1002791.

Li Z，Qu J，Xu X，et al. 2011b. A genome-wide association study reveals association between common variants in an intergenic region of 4q25 and high-grade myopia in the Chinese Han population. Hum Mol Genet，20（14）：2861-2868.

Li Z，Zhang Z，He Z，et al. 2009. A partition-ligation-combination-subdivision EM algorithm for haplotype inference with multiallelic markers：update of the SHEsis（http：//analysis.bio-x.cn）. Cell Res，19（4）：519-523.

Liu Y，Cao L，Li Z，et al. 2014. A genome-wide association study identifies a locus on TERT for mean telomere length in Han Chinese. PLoS One，9（1）：e85043.

Morton N E. 2005. Linkage disequilibrium maps and association mapping. J Clin Invest，115（6）：1425-1430.

Mutharasan P，Galdones E，Bernabe B P，et al. 2013. Evidence for chromosome 2p16.3 polycystic ovary syndrome susceptibility locus in affected women of European ancestry. J Clin Endocrinol Metab，98（1）：e185-e190.

O'Donovan M C，Craddock N，Norton N，et al. 2008. Identification of loci associated with schizophrenia by genome-wide association and follow-up. Nat Genet，40（9）：1053-1055.

Quan C，Ren Y Q，Xiang L H，et al. 2010. Genome-wide association study for vitiligo identifies susceptibility loci at 6q27 and the MHC. Nat Genet，42（7）：614-618.

Reich D E，Lander E S. 2001. On the allelic spectrum of human disease. Trends Genet，17（9）：502-510.

Riley B，Thiselton D，Maher B S，et al. 2010. Replication of association between schizophrenia and ZNF804A in the Irish case-control study of schizophrenia sample. Mol Psychiatry，15（1）：29-37.

Risch N，Merikangas K. 1996. The future of genetic studies of complex human diseases. Science（Washington D C），273（5281）：1516-1517.

Shen J，Li Z，Shi Y. 2015. SHEsisPCA：a GPU-based software to correct for population stratification that efficiently accelerates the process for handling genome-wide datasets. J Genet Genomics，42（8）：445-453.

Shi Y，Hu Z，Wu C，et al. 2011a. A genome-wide association study identifies new susceptibility loci for non-cardia gastric cancer at 3q13.31 and 5p13.1. Nature Genetics，43（12）：1215-1266.

Shi Y，Li L，Hu Z，et al. 2013. A genome-wide association study identifies two new cervical cancer susceptibility loci at 4q12 and 17q12. Nat Genet，45（8）：918-922.

Shi Y，Li Z，Xu Q，et al. 2011b. Common variants on 8p12 and 1q24.2 confer risk of schizophrenia. Nat Genet，43（12）：1224-1279.

Shi Y，Zhao H，Shi Y，et al. 2012. Genome-wide association study identifies eight new risk loci for polycystic ovary syndrome. Nat Genet，44（9）：1020-1025.

Shi Y Y，He L. 2005. SHEsis，a powerful software platform for analyses of linkage disequilibrium，haplotype construction，and genetic association at polymorphism loci. Cell Res，15（2）：97-98.

Smith D J，Lusis A J. 2002. The allelic structure of common disease. Hum Mol Genet，11（20）：2455-2461.

Steinberg S，Mors O，Borglum A D，et al. 2011. Expanding the range of ZNF804A variants conferring risk of psychosis. Mol Psychiatry，16（1）：59-66.

Strauss J F，McAllister J M，Urbanek M. 2012. Persistence pays off for *PCOS* gene prospectors. J Clin Endocrinol Metab，97（7）：2286-2288.

Sun L D，Cheng H，Wang Z X，et al. 2010. Association analyses identify six new psoriasis susceptibility loci in the Chinese population. Nat Genet，42（11）：1005-1132.

Tang H，Jin X，Li Y，et al. 2014. A large-scale screen for coding variants predisposing to psoriasis. Nat Genet，46（1）：45-50.

Venter J C，Adams M D，Myers E W，et al. 2001. The sequence of the human genome. Science，291（5507）：1304-1351.

Welt C K，Styrkarsdottir U，Ehrmann D A，et al. 2012. Variants in DENND1A are associated with polycystic ovary syndrome in women of European Ancestry. J Clin Endocrinol Metab，97（7）：e1342-e1347.

Welter D，MacArthur J，Morales J，et al. 2014. The NHGRI GWAS Catalog，a curated resource of SNP-trait associations. Nucleic Acids Res，42（D1）：d1001-d1006.

Yang W，Shen N，Ye D Q，et al. 2010. Genome-wide association study in Asian populations identifies variants in ETS1 and WDFY4 associated with systemic lupus erythematosus. PLoS Genet，6（2）：e1000841.

Ye Z，Li Z，Wang Y，et al. 2015. Common variants at 10p12.31，10q21.1 and 13q12.13 are associated with sporadic pituitary adenoma. Nat Genet，47（7）：793-797.

Zhang F R，Huang W，Chen S M，et al. 2009a. Genomewide Association Study of Leprosy. N Engl J Med，361（27）：2609-2618.

Zhang R，Lu S M，Qiu C，et al. 2011. Population-based and family-based association studies of ZNF804A locus and schizophrenia. Mol Psychiatry，16（4）：360-361.

Zhang X J，Huang W，Yang S，et al. 2009b. Psoriasis genome-wide association study identifies susceptibility variants within *LCE* gene cluster at 1q21. Nat Genet，41（2）：205-210.

（师咏勇　李志强）

22

高通量测序技术的临床应用

双螺旋结构的发现、遗传密码的破解、第一个完整基因组图谱的绘制让科学家越来越多地认识到测序及相应的生物信息技术在生物学研究中的重要作用。从 1977 年 Sanger 关于快速测序技术论文的首次发表，到近年来高通量测序技术的快速发展和广泛应用，海量的遗传信息相继被揭秘。从人类基因组计划，到人类基因组单倍体计划，再到人类癌症基因组及个体基因组计划（精准医疗：precision medicine），人类对于自身的研究也日趋深入，促使高通量测序技术也慢慢地从实验室进入临床检验，展现了蓬勃的生机及广阔的想象空间，同时也展现了生物信息分析技术在临床检验中的重要性。

本章简要描述了高通量测序的发展历史，重点介绍当前高通量测序技术相关的数据分析及疾病相关数据库，以及在此基础上发展起来的三种临床检测应用（无创产前检测、胚胎植入前遗传学筛查、单基因遗传病检测）。

22.1　高通量测序简介

基因测序，也称 DNA 测序，是现代生物学研究中的重要手段之一，自 20 世纪 70 年代第一代测序技术问世以来，经过三十几年的发展，基因测序技术已经过了三个发展阶段。

第一代 DNA 测序技术是 1975 年由桑格（Sanger）和考尔森（Coulson）提出的经典的链终止法。20 世纪 90 年代中期发明了第一台基于此法的全自动 DNA 测序仪，并采用荧光染料代替同位素标记，用集束化的毛细管电泳代替凝胶电泳，通过计算机进行图像识别，由应用生物系统公司（Applied Biosystems Inc.，后与 Invitrogen 合并为 Life Technologies 公司）推上市场。第一代测序技术准确率高，读取长，是至今唯一可以进行“从头至尾”测序的方法，新的测序技术仍然依赖于 Sanger 技术的协助作用，但其存在成本高、速度慢等方面的不足，并不是最理想的测序方法。使用第一代 Sanger 测序技术完成的人类基因组计划，花费了 30 亿美元，用了 13 年的时间。

随后产生的二三代测序技术以高通量为共同特征，也被称为“新一代测序技术（next generation sequencing，NGS）。以 Roche 公司的 454 测序平台、Illumina 公司的 Solexa 测序系统及 ABI 公司的 SOLiD 测序系统标志着第二代测序技术的诞生。这种“大规模平行测序”，主要基于连接测序（SOLiD 技术），或者合成测序（454 和 Solexa 技术）。这些方法与第一代测序技术相比增加了通量，尽管各系统在高通量水平、测序准确度、存储格式、技术方法上各有差异，但共同特征是大大降低了测序成本并极大地提高了测序速度，完成一个人的基因组测序现在只需要一周左右。然而第二代测序技术在测序前要通过 PCR 手段对待测片段进行扩增，增加了测序的错误率。而且第二代测序产生的测序结果长度较短，需要对测序结果进行人工拼接，因此比较适合于对已知序列的基因组进行重新测序，而在对全新的基因组进行测序时还需要结合第一代测序技术。

Life Technologies 公司的半导体测序仪 Ion Torrent 在半导体芯片的微孔中固定 DNA，不需激光、照相或标记，成本低，速度快，被认为是 2.5 代测序技术。

近期出现的 Helicos 公司的 Heliscope 单分子测序仪、Pacific Biosciences 公司的 SMRT 技术和 Oxford Nanopore Technologies 公司正在研究的纳米孔单分子技术，被认为是第三代测序技术。与前两代技术相比，它们最大的特点是单分子测序。第三代测序技术解决了错误率的问题，通过增加荧光的信号强度及提高仪器的灵敏度等方法，使测序不再需要 PCR 扩增这个环节，实现了单分子测序并继承了高通量测序（high trough-out sequencing）的优点（图 22-1）。

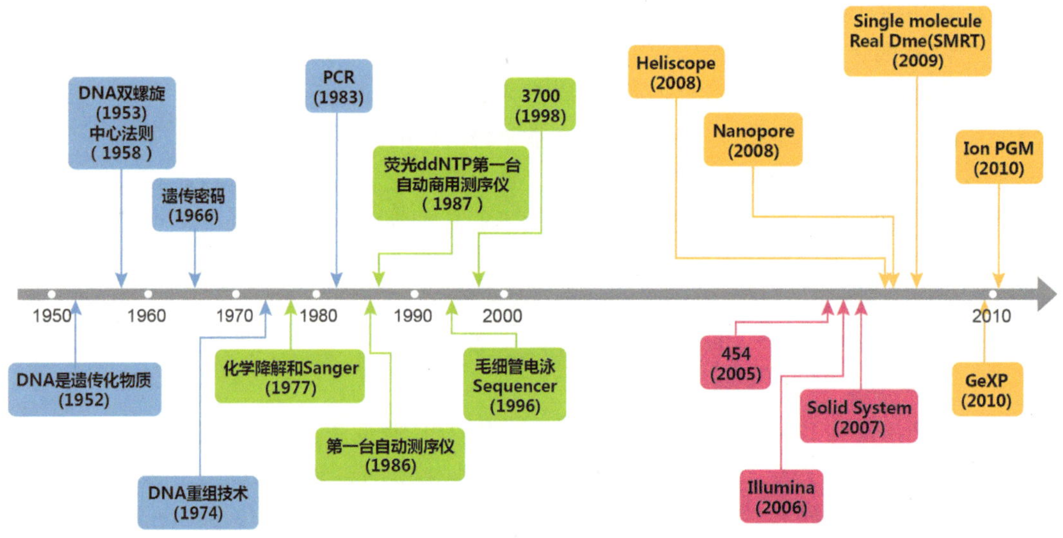

图 22-1　测序技术发展历程

高通量测序技术可以一次性检测大量基因，并且速度更快，成本更低。根据 NIH 的统计，自 2001 年起尤其是 2006 年新一代测序技术推出以来，DNA 测序成本以超“摩尔定律”的速度不断降低，从每个基因组 1 亿美元下降到 2013 年的 5000 美元。2014 年 Illumina 宣布其新产品 HiSeq X Ten 可以实现单基因组测序成本降到 1000 美元以下。尽管其计算方法与美国国立卫生研究院（National Institutes of Health，NIH）的成本定义有所差异，但它预示着测序成本不断降低的趋势仍会继续。这将使得在生命科学领域的研究可以进行广泛的实验，也使得高通量测序技术在临床上得到越来越广泛的使用（图 22-2）。

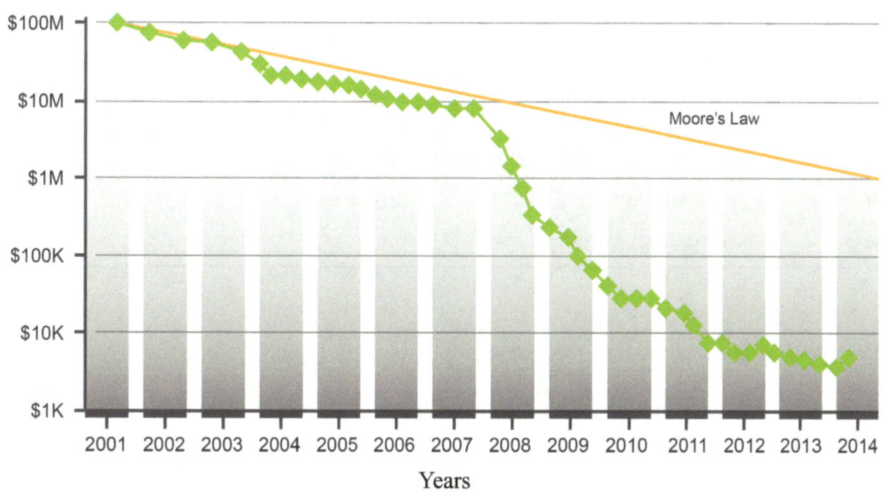

图 22-2　基因测序技术成本迅速下降（每基因组）

22.2　高通量测序的数据分析原理

通常，基因组高通量测序的目的是检测个体基因组范围内的遗传变异，包括单碱基变异（single nucleotide variation，SNV）、小的插入/缺失变异（small InDel）、拷贝数变异（copy number variation，CNV）和结构变异（structural variation，SV），并最终筛选出与疾病相关的变异信息。

近年来，基因组高通量测序开始逐步应用于临床分子诊断，不仅能帮助医生明确患者的遗传学病因，指导治疗及判断预后，更重要的是可为遗传咨询提供明确的指导。基因组的高通量测序技术与传统的分子检测技术不同，可以同时对大规模基因组进行检测，一次性获得海量的数据，因此构建一个疾病诊断需要的基因组高通量测序分析流程，以期能够从众多的测序信息中筛选出潜在的致病变异，显得尤为重要。

基因组高通量测序的数据分析流程包括质量控制（quality control）、比对（mapping）、突变检测（call variant）、突变注释（annotation）。针对不同数据要求，已有较多的开源分析软件得以开发（表 22-1），目前广泛使用的分析流程为“BWA+GATK+ANNOVAR”（图 22-3）。

表 22-1　基因组数据分析常用软件

功能	常用软件
质量控制	Trim galore，NGS QC Toolkit，HTQC，NGSQC，FastQC
比对	BWA，Bowtie，SOAP
检测单个核苷酸变异或插入缺失（SNV/InDel）	GATK，SAMtools，VarScan，SOAPsnp
检测拷贝数变异（CNV）	SegSeq，CNVnator，ReadDepth，CNAseg
检测结构变异（SV）	BreakDancer，LUMPY，CREST，GASV，SVDetect
检测新发突变	RandomForest，DNMFilter，PolyMutt，DeNovoGear
注释	ANNOVAR，GAMES

续表

功能	常用软件
功能预测	SIFT, Polyphen2_hvar, Polyphen2_hdiv, MutationTaster, MutationAssessor, LRT, FATHMM
保守性预测	GERP++, PhyloP, SiPhy, RadialSVM, MetaLR
公共数据库	OMIM, MGI, Cosmic, ClinVar, HGMD
非编码区注释	FunSeq, ENCODE

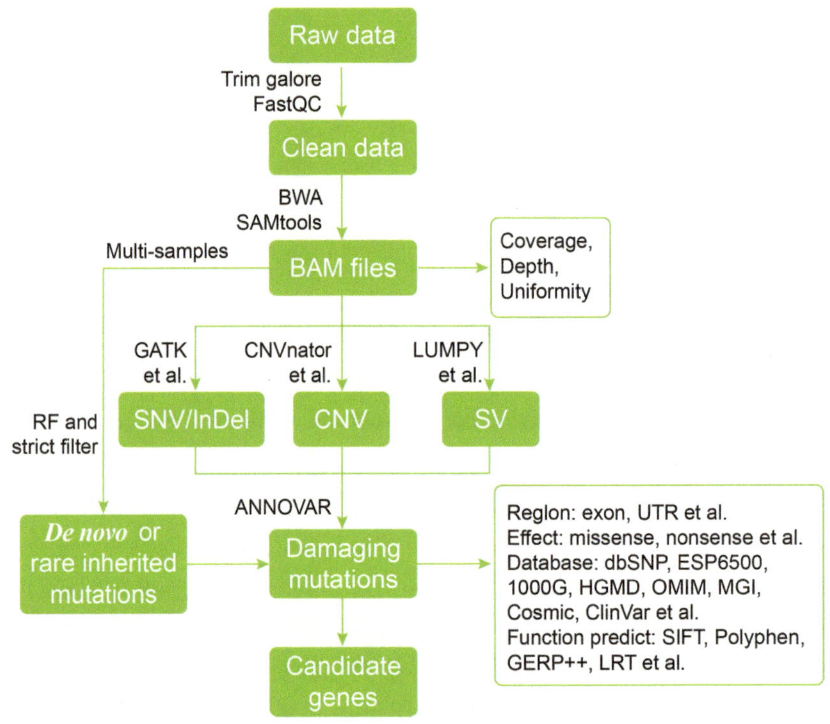

图 22-3 高通量测序的数据分析流程

1）质量控制

对测序产生的原始数据（raw data）进行去接头、过滤低质量处理，得到高质量数据（clean data）的过程称为质量控制。质量控制能除去部分测序效果较差的序列，提高后续分析的准确性。经过该步骤通常会过滤掉 5%~15% 低质量的序列。

2）比对到参考基因组

将质量控制后的 clean data 比对到参考基因组上，得到每条序列的比对位置、比对质量值等信息。目前最主流的比对软件 BWA（Burrows-Wheeler Aligner），它能将短序列准确快速地比对到参考基因组上，生成通用的 SAM 格式的文件。自 2013 年起 BWA 发布了新算法 BWA MEM，可以比对 70bp~1Mb 的序列，比原来的算法更加准确，运行速度也更快。

3）突变检测

比对好的 SAM 文件通常会被转换成 BAM 文件并去除重复序列，然后进行突变检测。目前主流检测 SNV 和 InDel 的软件为 Genome Analysis Toolkit（GATK），GATK 准确度非常高，它会对 BAM 文件进行两次校正过程以提高突变检测的准确率，但是速度比较慢。2014 年 3 月，Broad 宣布最新版 GATK（version3.1）在突变检测速度上将比原来快 3~5 倍，使全基因组的分析时间从 3 天缩短到 1 天。由于全基因组测序具有较好的均一性和覆盖度，因此在 CNV 的检测方面具有众多优势。目前已经发表了多种 CNV 的检测方法与软件，可以分为两大类别：①基于深度差异的检测方法受测序局部不均一性的影响，往往假阳性率比较高；②基于读段对之间的距离检测 CNV 的方法能相对准确地找到断点。若读段对之间的距离明显超过正常大小，就可以认为这对读段之间存在 CNV。另外，有些比对不上的读段拆成两条读段后能分别比对到染色体上的不同位置，这两个位置之间也可能存在 CNV。广义上的 SV 包括 CNV 和倒位、易位等多种类别，因此 SV 的检测比 CNV 更为复杂，往往需要多款软件结合使用，才能更准确地找到可能的 SV。

最近，越来越多的研究表明新生突变（*de novo* mutation）在散发性疾病中扮演着重要角色，特别是在神经精神疾病中鉴定到一系列的致病基因。因此，具有核心家系（患者及患者的父亲与母亲）的全基因组测序也开始得到广泛应用。目前已经开发出了一系列的软件与工具，这些软件同时对多个样品鉴定突变，并筛选出仅在患者中出现的突变。新生突变通常都是极端稀有的，对散发性疾病具有重要作用。

4）注释突变及预测致病基因

每一个全基因组的样品，平均可以检测到大约 3 000 000 个突变。为了筛选致病的候选突变并用于后续功能验证，需要通过诸如 ANNOVAR 等软件对其进行注释。一方面，利用已知突变数据库（如 dbSNP139、ESP6500、1000 Genome 等），去除在数据库中出现频率较高的突变，并将剩下的突变注释到基因组上的各个基因区间（如外显子区、内含子区、5′-UTR 区或 3′-UTR 区），并注释突变对蛋白质编码的改变情况（如错义突变、无义突变或移码突变）；另一方面，通过多个疾病数据库（OMIM、MGI、Cosmic、ClinVar、HGMD 等）将部分已知突变与疾病表型联系起来，并利用多款预测软件（如 SIFT、Polyphen、GERP++、LRT 等）对这些突变进行有害性和保守型预测，最终鉴定导致疾病发生的相关基因及突变。

随着科研人员对遗传性疾病的进一步研究，发现在非编码区域，特别是一些位于高度保守区域、启动子区域及重要调控区域的突变对疾病的发生仍然具有不可替代的作用。非编码区的功能分析常用 FunSeq 软件进行。FunSeq 过滤掉 1000 Genome 中的突变后，根据突变是否在某些功能元件上、是否在敏感区域、是否中断转录因子模体、靶标基因是否已知及靶标基因是否在网络中心等对剩下的突变进行打分，筛选出可能有害的突变。如果对多个样本一起分析，FunSeq 还可以判断一个突变是否是频发突变（recurrent mutation）。另外，还需要充分利用 ENCODE 数据库（http：//genome.ucsc.edu/ENCODE/），其包含了多种细胞系不同功能元件的注释信息（如启动子、增强子、转录因子等），可以为非编码的研究提供参考。

22.3 临床应用

1986 年 3 月，诺贝尔生理学或医学奖获得者 Renato Dulbecco 在 *Science* 杂志上发表论文 *A turning point in cancer research*：*sequencing the human genome*，提出癌症和其他疾病的发生都与基因相关，人类只有立足在整体水平上，分析和解读基因组的特征，才有可能正确认识这些疾病的发生机理。

自 2010 年以来，高通量测序技术的临床应用水平有大幅度的提高，这些临床应用的最终目的都是发现致病的遗传异常，并且根据这些异常来指导临床诊疗工作。本节着重介绍高通量测序在临床上三个方面的应用：①无创产前检测；②胚胎植入前遗传学筛查；③单基因遗传病检测。

22.3.1 无创产前检测

产前筛查技术出现在 20 世纪 80 年代末期，主要针对几种常见的染色体疾病进行筛查，包括早孕和中孕的母体血清筛查试验，以及早孕和中孕的超声检查。1997 年 Lo 等发现在孕妇血浆中存在胎儿游离 DNA（cell-free fetal DNA，cffDNA），使得利用母血中游离 DNA 进行产前筛查和诊断成为了可能（图 22-4）。2010 年，Lo 等又在 *Science Translational Medicine* 杂志上发表文章，第一次证明母血外周血浆中存在胎儿的全基因组 cffDNA 序列，使得从理论上可以利用母体外周血浆进行针对胎儿的几乎全部染色体非整倍体的无创产前检测。近年来随着高通量测序技术的不断发展，这一技术逐渐趋于成熟，并且具有准确性高、假阳性低、无创伤及快速的特点，成为了在临床上产前诊断发展的里程碑。

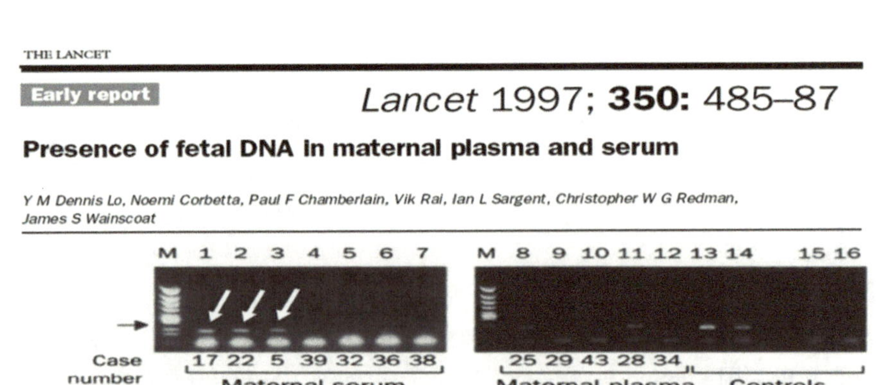

图 22-4　孕妇血浆中存在胎儿游离 DNA 文献结果展示

无创产前检测是通过高通量测序技术，分析孕妇血中游离的胎儿 DNA 来检测胎儿的常见染色体非整倍体，该技术不依赖特定目标区域，不依赖多态性位点，对所取的母体外周血样本中所有游离的 DNA 进行高通量测序，基于生物统计学对测序结果进行分析，根据分析结果判断胎儿患染色体非整倍性疾病的风险。

T21、T13 和 T18 是目前临床上发病率最高的染色体疾病，研究显示基于高通量测序

无创产前筛查诊断技术能够准确检测出T21、T18和T13等相对常见的染色体非整倍体，研究表明，T21、T18和T13检测的准确率分别达到99.4%、97.4%和92.5%，而假阳性率则分别为0.2%、0.5%和0.8%。影响检测结果准确性和成功率的主要因素是孕妇外周血中胎儿游离DNA的浓度。如果胎儿游离DNA浓度低于3%，则检测结果的准确性将受到影响。

22.3.1.1 检测原理

母体外周血中含有胎儿游离DNA，当胎儿存在染色体异常的情况时，会导致母体外周血中的游离DNA含量发生微量变化。对母体外周血中所有的游离DNA进行高通量测序，通过序列比对分析测序产生的DNA片段，可以发现异常染色体含量有所增加。即使该含量增加范围很小，也可以被检测出来。

以出生缺陷中最常见的染色体非整倍体病唐氏综合征为例来说明无创染色体整倍体产前检测的科学原理（图22-5）。正常胎儿和正常母亲的21号染色体均为二倍体，患有唐氏综合征的胎儿其21号染色体为三倍体。假定目前外周血中cffDNA的含量为20%，母亲自身游离DNA占80%，为了简便表示，假定共有10份DNA拷贝。对于怀有正常胎儿的孕妇来说，其外周血浆的21号染色体游离DNA就是10份，2份来源于胎儿，8份来源于母亲。对于怀有唐氏综合征胎儿的孕妇来说，可以容易算出其外周血浆的21号染色体游离DNA有11份，3份来源于胎儿，8份来源于母亲。

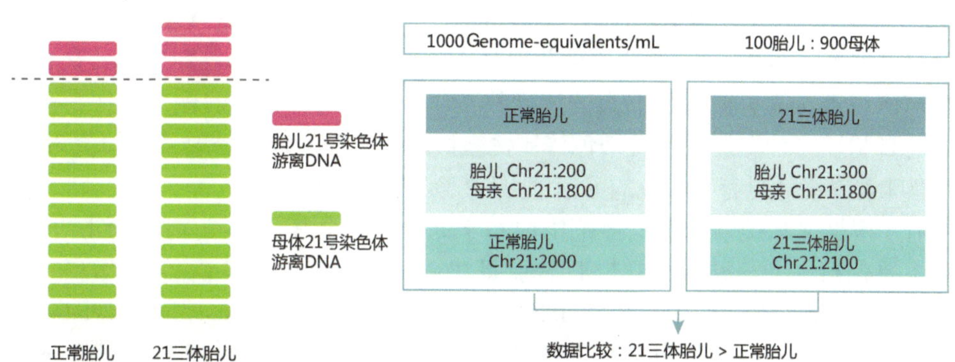

图22-5 无创产前检测原理

对于cffDNA的含量为20%的情况而言，怀有唐氏综合征胎儿和正常胎儿的母体外周血浆21号染色体游离DNA比例是11∶10。同样，对于cffDNA的含量为5%的情况而言，怀有唐氏综合征胎儿和正常胎儿的母体外周血浆21号染色体游离DNA比例是10.25∶10。可以看到，不需要进行胎儿来源和母体来源游离DNA的分离，怀有唐氏综合征胎儿的孕妇外周血浆21号染色体游离DNA的总含量有很小比例的升高；同时可以确定影响检测结果准确性和成功率的主要因素是孕妇外周血中胎儿游离DNA的浓度，所以当胎儿游离DNA含量越高时，其染色体异倍性越容易被检测到，图22-6给出了胎儿游离DNA含量与21三体比例的变化。

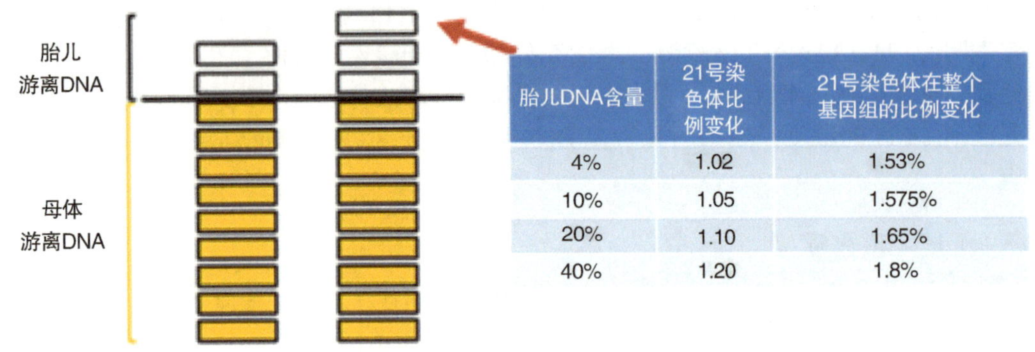

胎儿DNA含量	21号染色体比例变化	21号染色体在整个基因组的比例变化
4%	1.02	1.53%
10%	1.05	1.575%
20%	1.10	1.65%
40%	1.20	1.8%

图 22-6 胎儿浓度与 21 三体比例变化关系

22.3.1.2 检测算法

首先，利用高通量测序技术平台对每个检测样本测定 500 万条血浆游离 DNA 序列，然后将这 500 万条序列通过生物信息比对的方法定位到标准的人类基因组参考图谱上。每条序列都有唯一的一个对应位置，这个位置包含了染色体、基因、核酸起始点等多种综合信息。对于每条序列我们只需要提取出相对应的染色体信息，计算出在这个样本中测定的 500 万条序列被分配到每条染色体的具体比例数值。

在每个检测样本测定的 500 万条序列的基础上，其每条染色体的比例数值都在一个非常固定的范围，一般来说其变异系数（coefficient of variation，CV）不会超过 1%；因此我们只要观察到测定的 21 号染色体比例数值是否偏离标准量就可以推断出胎儿是否是染色体非整倍体患者。为了获得足够大的统计效力，一般设定为 3 倍的标准差作为阳性的阈值，通过 U 检验来计算测定出的染色体比例数值的偏移量，也就是说 Z 的阈值为 3，Z 大于 3 就意味着在统计上有 99.9% 的可信度可以确定为阳性样本。

目前，根据文献统计，全世界范围内基于低覆盖度全基因组测序的无创产前检测分析算法主要包括以下三种：①常规 U 检验算法（Chiu et al. 2008）；② NCV（normalized chromosome value）算法（Sehnert et al. 2011）；③ MAD（median absolute deviation）算法（Palomaki et al. 2011）。这三种算法的基本统计学原理都是基于 U 检验，三者的主要差异在于使用了不同的方法构建参考数据库。

1）常规 U 检验算法

Chiu 等在 2008 年 *PNAS* 杂志上首次发表了基于高通量测序的无创产前检测的方法和生物信息分析流程。该文章共对 28 个孕妇外周血样本进行了测序，后续通过 U 检验算法成功检测出 14 个 T21 阳性样本和 14 个阴性样本。

该文献介绍的具体分析流程如下：①选取正常样本构建参考数据库，并对其进行高通量测序操作；②计算参考数据库中每条染色体比例的平均值（mean）和标准方差（standard deviation，SD）；③利用 U 检验计算公式，根据参考数据库计算得到的 mean 和 SD 对待检测的样本进行 Z 值计算，根据 Z 值大小判断样本是否正常。利用 U 检验计算每条染色体的 Z 值，如 Z 值超过 ± 3，即可判断存在胎儿染色体异常的可能。

具体使用的计算方法如下：

$$\text{染色体百分比：}\%chrN=\frac{\text{Unique count for chr}N}{\text{Total unique count}} \quad (22\text{-}1)$$

式中，分子为染色体 N 的唯一匹配序列；分母为全部常染色体的唯一匹配序列。

$$Z\text{ 值计算：chr}N\ Z\ \text{Score}=\frac{\%chrN_{sample}-\text{mean }\%chrN_{reference}}{\text{SD }\%chrN_{reference}} \quad (22\text{-}2)$$

式中，$\%chrN_{sample}$ 表示样本中染色体 N 的比例；mean $\%chrN_{reference}$ 表示参考数据库中染色体 N 比例的平均值；SD $\%chrN_{reference}$ 表示参考数据库中染色体 N 比例的标准方差。

2）NCV 算法

Verinata Health 公司于 2011 年在 *Clinical Chemistry* 杂志上首次公布了 NCV 算法，该算法在 119 例临床样本中成功检测出 13 例 T21 和 8 例 T18。

该文献介绍的具体分析流程如下：①选取正常样本构建参考数据库，并对其进行高通量测序操作；②选取合适的染色体（表 22-2）作为 21、18、13、X、Y 的参考染色体，计算它们之间的比值；③计算每条染色体对应的参考染色体的 mean 和 SD；④利用 U 检验计算公式，根据参考数据库计算得到的 mean 和 SD 对待检测的样本进行 Z 值计算；⑤根据 Z 值大小判断样本是否正常。

具体使用的计算方法如下：

$$\text{染色体百分比：}\%chrN=\frac{\text{chr}N\text{ unique reads}}{\text{Reference chromosome unique reads}} \quad (22\text{-}3)$$

式中，分子为染色体 N 的唯一匹配序列；分母为所对应的参考染色体的唯一匹配序列。

$$Z\text{ 值计算：NCV}=\frac{\%chrN-\text{mean}}{\text{SD}} \quad (22\text{-}4)$$

式中，$\%chrN$ 表示样本中染色体 N 的比例；mean 表示参考数据库中染色体 N 比例的平均值；SD 表示参考数据库中染色体 N 比例的标准方差。

表 22-2　对应计算染色体的参考染色体编号

所需计算的染色体编号	分子: 唯一匹配序列(所需计算的染色体编号)	分母: 唯一匹配序列(参考染色体编号)
21	21	9
18	18	8
13	13	Sum(2~6)
X	X	6
Y	Y	Sum(2~6)

注: Sum(2~6)为2~6号染色体的唯一匹配序列数目之和

3）MAD 算法

Sequenom 公司于 2011 年在 *Genetics in Medicine* 杂志上首次公布了 MAD 算法，该算法在该文献中对 1696 例临床样本进行了测试，其结果显示对于 T21 的检测灵敏度为 98.60%、特异性为 99.80%。

该文献介绍的具体分析流程如下：①无需选取正常样本构建参考数据库；②利用

测序仪当次运行产生的所有样本作为参考数据库；③计算参考数据中每条染色体的中值（median）和中位数绝对偏差值（median absolute deviation，MAD）；④利用U检验计算公式，根据参考数据库计算得到的median和MAD对待检测的样本进行Z值计算；⑤根据Z值大小来判断样本是否正常。

具体使用的计算方法如下：

$$Z\text{值计算：}Z_N=\frac{\%\mathrm{chr}N_{\mathrm{sample}}-\mathrm{median}\left(\%\mathrm{chr}N_{\mathrm{reference}}\right)}{\mathrm{MAD}\left(\%\mathrm{chr}N_{\mathrm{reference}}\right)} \tag{22-5}$$

式中，$\%\mathrm{chr}N_{\mathrm{sample}}$表示样本中染色体$N$的比例；median（$\%\mathrm{chr}N_{\mathrm{reference}}$）表示参考数据库中染色体$N$比例的中值；MAD（$\%\mathrm{chr}N_{\mathrm{reference}}$）表示参考数据库中染色体$N$的中位数绝对偏差值。

$$\text{中位数绝对偏差值计算：}\mathrm{MAD}(X)=\frac{1}{\Phi^{-1}\left(\frac{3}{4}\right)}\times\mathrm{median}\left(\left|X-\mathrm{median}(X)\right|\right) \tag{22-6}$$

式中，$\frac{1}{\Phi^{-1}\left(\frac{3}{4}\right)}$为常数1.4826；$X$为参考数据库中当前样本的染色体$X$的比例；median（$X$）为参考数据库中所有样本的染色体$X$的中值。

该算法的染色体比例计算公式与常规U检验一致[公式（22-1）染色体比例计算公式]。

22.3.1.3　算法比较总结

三种算法各有其优缺点，在使用时应该根据实际情况来选择合适的算法，以提高准确性，通过对三种算法的使用和性能作比较，我们列出了三种算法在性能上的优缺点（表22-3）；同时也总结了三种算法在结果上的区别（表22-4），算法的比较结果来源于对多篇文献的总结（Bianchi et al. 2012；Chen et al. 2011；Chiu et al. 2011；Palomaki et al. 2012；Sehnert et al. 2011）。

表22-3　算法性能比较

算法	参考数据库	样本量/Run	优势	劣势
常规U检验	需要(正常样本)	无要求	简单,方便	不能避免Run与Run之间的误差
NCV	需要(正常样本)	无要求	避免了Run内部和Run与Run之间的误差	只能检测21/18/13/X/Y染色体
MAD	不需要	大量样本	避免了Run与Run之间的误差	必须同时运行大量样本

注：Run表示一次测序；MAD算法每个RUN需满足最少30个样本以上

表22-4　算法结果比较

算法	发表年份	杂志名称	样本量	检测项目	灵敏度	特异性
常规U检验	2011	*BMJ*	753	T21	100%	97.9%
	2011	*PLoS One*	392	T13/T18	T13：100% T18：91.9%	T13：98.9% T18：98%

续表

算法	发表年份	杂志名称	样本量	检测项目	灵敏度	特异性
NCV	2011	*Clin Chem*	119	T21/T18	100%	100%
	2012	*Obstet Gynecol*	532	T21/T18/T13/X/Y	T21：100% T13：78.6% T18：97.2% 45X：93.8%	T21：100% T13：100% T18：100% 45X：99.8%
MAD	2011	*Genet Med*	1696	T21	98.60%	99.80%
	2012	*Genet Med*	1971	T18/T13	T18：100% T13：91.7%	T18：100% T13：99.1%

22.3.2 胚胎植入前遗传学筛查

胚胎植入前遗传学筛查（preimplantation genetic screening，PGS）是辅助生殖技术与遗传学分析技术相结合的一种植入前诊断技术，被广泛应用于胚胎染色体数目异常（非整倍体）的筛查。胚胎植入前遗传学检查是在人类辅助生殖技术的基础上，对配子和胚胎进行遗传学分析，诊断配子或胚胎是否有遗传缺陷，然后选择未见异常的胚胎植入子宫。该检查包括胚胎植入前遗传学诊断（preimplantation genetic diagnosis，PGD）和 PGS。PGD 适用于携带遗传性疾病、遗传风险或者染色体重排的患者。PGS 主要用于无已知遗传学异常，但存在高度胚胎非整倍体风险的夫妇，可以提高体外受精 - 胚胎移植的着床率和活产率，降低流产率。

与传统依赖显微镜技术，挑选形态学等级高的胚胎进行移植的胚胎形态学相比，PGS 可直接对胚胎的遗传物质进行分析，准确判断胚胎是否存在染色体异常，筛选出真正健康的胚胎。有临床试验数据显示，PGS 可使接受辅助生殖治疗、反复流产人群的流产率从 33.5% 降低至 6.9%（Hodes-Wertz et al. 2012），同时将临床妊娠率从依赖形态学的 45.8% 提高至 70.9%（Yang et al. 2012）。Keltz 等（2013）最新发布的研究结果显示，PGS 可以显著改善体外受精（IVF）的各项指标（表 22-5）。

表 22-5　形态学与 PGS 筛选的胚胎移植后多项指标对比（%）

方法	移植率	临床妊娠率	持续妊娠率	多胎妊娠率	流产率
IVF（-PGS）	19.15	43.91~45.8	32.49~41.7	34.38	26.01~33.5
IVF（+PGS）	45~52.63	55~70.9	61.54~92	8.33	6.9~11.11

进行 PGS 检测时，其检测流程（图 22-7）分为以下三个步骤：①胚胎体外发育至第 3 天 8 细胞期或第 5 天囊胚期时，取卵裂球单细胞或囊胚滋养层细胞提取 DNA 并进行单细胞全基因组扩增（WGA）；②对质检合格的 WGA 产物进行文库制备并在高通量测序仪上进行测序，测序所得的 Read 通过序列比对与人类基因组进行匹配；③利用 CNV 分析算法，根据匹配结果判读待测胚胎的微缺失 / 微重复区域，进而判断胚胎染色体情况，为选择正常胚胎移植提供遗传学信息参考。

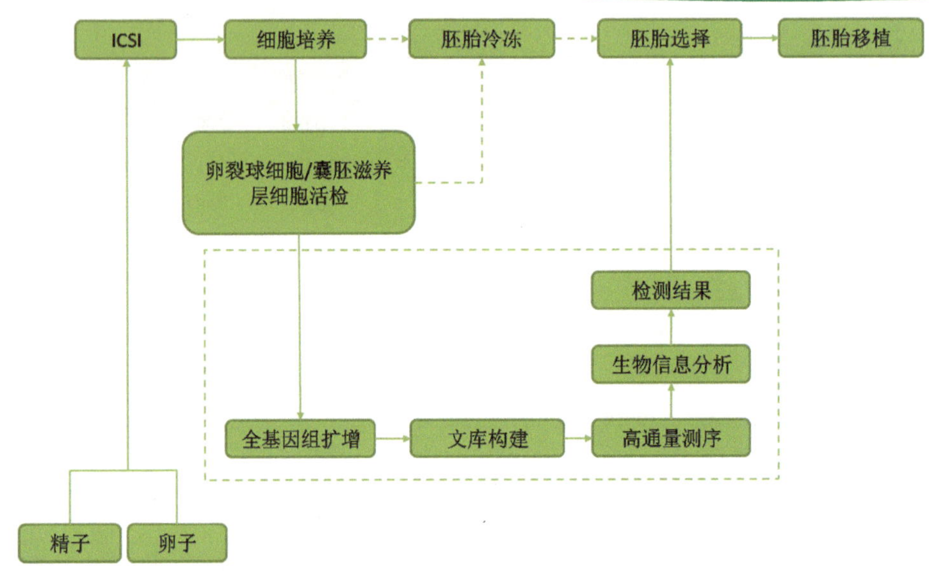

图 22-7　PGS 检测流程

22.3.2.1　CNV 分析算法

拷贝数变异（copy number variation，CNV）是由基因组发生重排而导致的，一般指长度为 1kb 以上的基因组大片段的拷贝数增加或者减少，主要表现为亚显微水平的缺失和重复。CNV 是人类疾病的重要致病因素之一（图 22-8）。

通过低覆盖度的高通量测序后，CNV 分析的一个重要问题就是统计分析。目前已经发展了多种在全基因组水平上分析 CNV 的算法模型，其中比较常用的算法是隐马尔科夫模型（hidden Markov model，HMM）、环状二元分割（circular binary segmentation，CBS）、分段算法（segmentation algorithm）、核平滑算法（kernel smoothing algorithm）等，以下重点介绍 CBS 算法的原理。

环状二元算法（Olshen et al. 2004）是冷泉港实验室于 2004 年开发的一种 CNV 分析技术，它是对二元分割方法的修改，以提高 CNV 的检测效果。在二元分割中，使用 *Z*-test 公式检查出断点所在的位置，然后确定断点所做的分割区域。其基本过程为：在片段中根据 *Z*-test 公式 1 查找其最大断点，而后根据 *Z*-test 公式 2 判断此断点分成的 2 个片段差异度是否大于片段阈值，以确定是否为显著断点。在显著断点分割形成的两侧片段中，再次查找出所有显著断点，最后根据显著断点所划分的变异区域计算其 CNV 值。由于染色体上基因位点个数在数万个以上，因此使用 *Z*-test 算法进行计算，易发生小数被大数吞没而无法检测出隐藏在大片段中的小片段变异，有失准确性。为解决该问题，CBS 算法将染色体两端连接起来形成环状分割，通过生成重置排列的方法比较非正常数据片段，可有效地检测出小片段区域变异。

Z-test 检验公式 1：如果检验一个已知样本平均数 X 与一个已知的总体平均数（μ）的差异是否显著，Z 值计算公式如下：

$$Z=\frac{X-\mu}{\frac{S}{\sqrt{n}}} \tag{22-7}$$

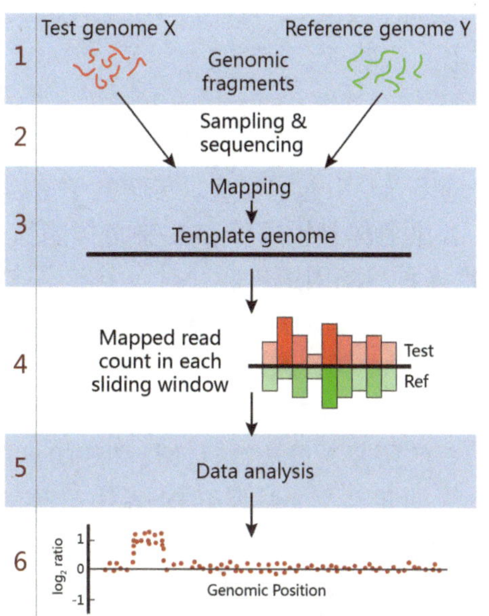

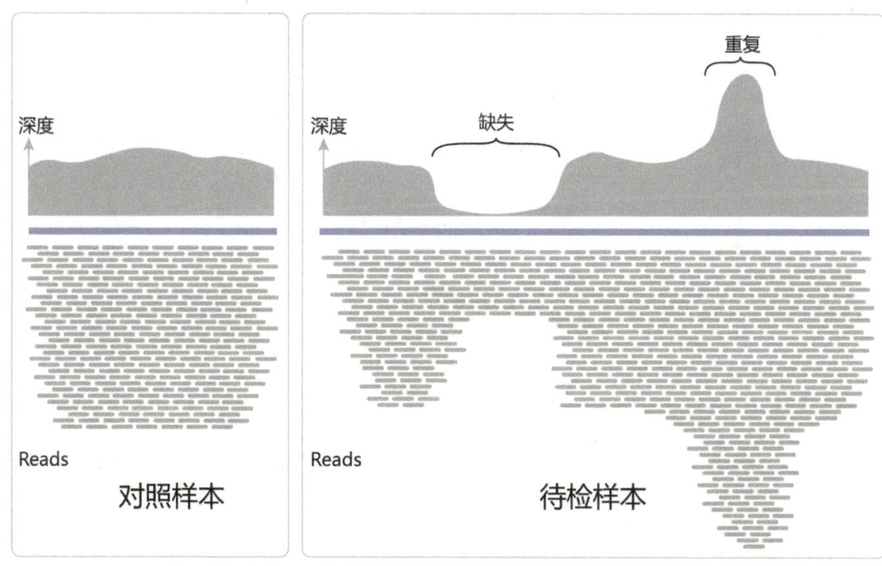

图 22-8 CNV 分析原理

式中，X为检验样本的平均数；μ为已知总体的平均数；S为样本的标准差；n为样本容量。

Z-test 检验公式 2：如果检测两组样本平均数的差异性，从而判断它们各自代表的总体差异是否显著。Z值计算公式如下：

$$Z=\frac{X_1-X_2}{\sqrt{\frac{S_1^2}{n_1}+\frac{S_2^2}{n_2}}} \tag{22-8}$$

式中，X_1 和 X_2 分别为样本 1 和样本 2 的平均数；S_1 和 S_2 分别为样本 1 和样本 2 的标准差；n_1 和 n_2 分别为样本 1 和样本 2 的容量。

断点说明：假设 X_1，X_2，…，X_n 是一组随机变量，若 X_1，X_2，…，X_v 符合分布函数

F1，而 X_v，…，X_n 符合另一分布函数 F2，且经过 Z-test 检验公式 2 计算，得出 F1 和 F2 存在显著差异，则索引位置 V 点为断点。

22.3.3　单基因遗传病检测

单基因遗传病是由单个基因异常引起的疾病。传统的单基因遗传病分为常染色体显性遗传、常染色体隐性遗传、X 染色体显性遗传和 X 染色体隐性遗传，它们均符合孟德尔遗传定律。目前已知有 6000 多种单基因遗传病，对人类健康造成了极大的危害。因此对于有些目前尚无治疗手段的单基因疾病进行产前诊断可以指导终止妊娠，从而提高新生人口的质量。因此，单基因遗传病的产前诊断已经成为当前临床上的重要应用。

目前，利用高通量测序技术进行遗传病检测，首先需要从基因组 DNA 中靶向获得遗传病相关基因。因此越来越多的研究人员选择目前最高效的多重 PCR 靶向捕获技术（基于扩增子），可以简单快速地从微量新生儿基因组 DNA 中扩增获取遗传病相关基因。使用遗传病检测试剂盒，仅需 30ng 起始 DNA，即可获得与 700 种遗传病相关的 328 个基因信息，包括苯丙酮尿症、先天性耳聋、镰状细胞贫血、丙种球蛋白血症、血友病等疾病相关基因；进而利用测序仪对靶向捕获的基因片段进行快速测序，而后通过数据分析得到新生儿是否携带疾病相关基因的结果。

高通量测序技术一次性同时对大量的基因进行检测，获得海量的数据，这就需要一个完善可靠的单基因遗传病检测数据分析流程，数据的分析难点在于分析结果的注释和解读（图 22-9）。

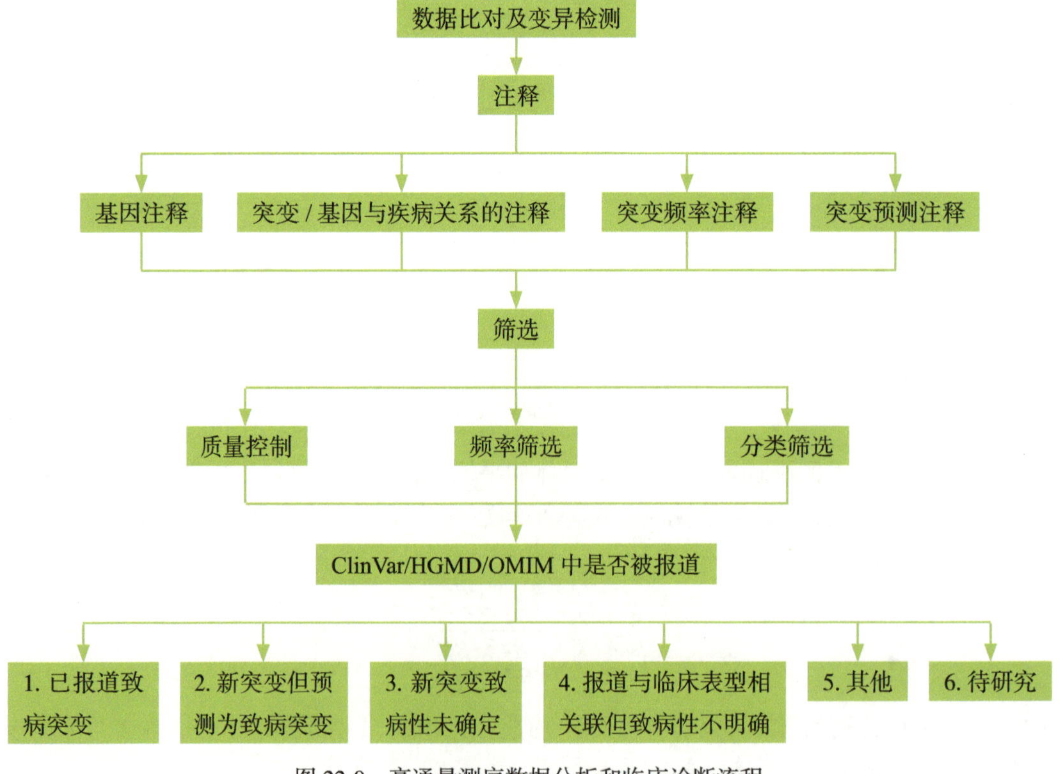

图 22-9　高通量测序数据分析和临床诊断流程

22.3.3.1 分析结果的注释

基因组高通量测序技术产生了大量的遗传变异数据，其中仅少数变异具有功能意义。为了从众多变异中锁定可能的致病突变，需要从不同层面对变异进行注释。注释过程主要通过 ANNOVAR 软件（Wang et al. 2010）及自行添加进行注释。

ANNOVAR 是第一个对遗传变异进行注释的软件。经过 ANNOVAR 的注释，可对变异有多层面的了解，便于对其进行后续筛选。ANNOVAR 对变异的注释包括以下三个方面：①基因的注释，注释信息包括变异类型、引起蛋白质一级结构改变的情况等。可以灵活地使用 *RefSeq* 基因、*UCSC* 基因、*ENSEMBL* 基因、*GENCODE* 基因或其他基因定义系统进行位点 - 基因定位注释。②区域的注释，对变异位点所处的基因组环境进行注释，位点的基因组环境包括位点的保守性、转录因子、非转录 RNA 结合强弱和表观遗传标记物靶向性等信息。③过滤的注释，其注释结果可对变异进行后续筛选，包括变异在不同群体频率的注释、变异位点在 dbSNP 的注释、位点对蛋白质三维结构影响预测的注释、位点与疾病关联的注释。

除使用 ANNOVAR 软件进行注释外，还有诸如蛋白质序列数据库（Swiss-Prot）、人类基因组突变数据库（HGMD）等提供的重要参考信息需要人工添加进行注释。

22.3.3.2 分析结果的解读

通过参阅美国医学遗传学与基因组学学会（American College of Medical Genetics，ACMG）对变异的分类标准（Richards et al. 2008），并结合实际研究经验，基于基因是否在 OMIM/HGMD 中被报道为致病基因，同时考虑突变频率和类型、既往报道和临床表现，根据变异的临床可信度将变异分为六大类。

已报道致病突变位点：已经被报道为致病突变，并且既往报道该变异导致疾病的表型谱和患者的临床表型相符。

新突变但预测为致病突变：包括无义突变、终止密码子突变、起始密码子（ATG）突变、移码突变和剪接供体 / 受体突变。

新突变致病性不明确：包括剪接共有序列突变、错义突变和整码突变。

报道与临床表型相关联但致病性不明确：即通过全基因组关联分析（GWAS）得到的与复杂疾病易感性相关的变异。

其他：不满足上述 4 类的变异，如尚不认为能导致疾病的新变异、新发的同义突变；已报道为中性突变的变异；在公共数据库中有一定突变频率的罕见变异，这类罕见变异部分可构成常染色体隐性遗传模式而致病。

待研究：目前未在 OMIM/HGMD 中报道的疾病基因，在国内外临床分子诊断的报告中均未涉及，基于已有的知识尚不能认为这些基因的突变能导致孟德尔遗传病。对许多孟德尔遗传病而言，其致病基因仍不明确，因此“待研究”类别的基因有很大的科研价值。

针对以上结果获得的候选致病突变，应当进一步具体结合相关疾病的遗传模式及患者实际的临床表现进行综合判断。就单基因病的常染色体遗传模式而言，如果疾病为常染色体显性遗传模式，则其致病基因一般仅发生单个位点的严重突变，且该突变在正常人群中极有可能为新发突变。如果疾病为常染色体隐性遗传模式，则其致病基因上将发生至少 2 个严重突变。符合这种遗传模式的突变，可在正常人群中有一定的突变频率，但一般情况下不会出现纯合子。若在致病基因上发生的突变不符合相关疾病的遗传模式（如疾病为常染色体隐性遗传模式，但在该疾病相关基因上仅发生单位点杂合突变），则该突变位点应当被滞后考虑。对于患者的潜在致病突变，必须将其临床表型与突变基因对应的表型谱进行比对。收集诸如患者病历、家族史等信息，必将有助于明确患者的致病成因。

22.4 数据库介绍

22.4.1 突变数据库

22.4.1.1 dbSNP 数据库

Database of SNP 单核苷酸多态性数据库（http://www.ncbi.nlm.nih.gov/SNP/）是由美国国家生物技术信息中心（NCBI）与人类基因组研究所（National Human Genome Research Institute）合作建立的，它是关于单个碱基替换，以及短插入、删除多态性的资源库。dbSNP 是为了补充和辅助 GenBank，因为它包含了来自任何生物体的核苷酸序列（图 22-10）。

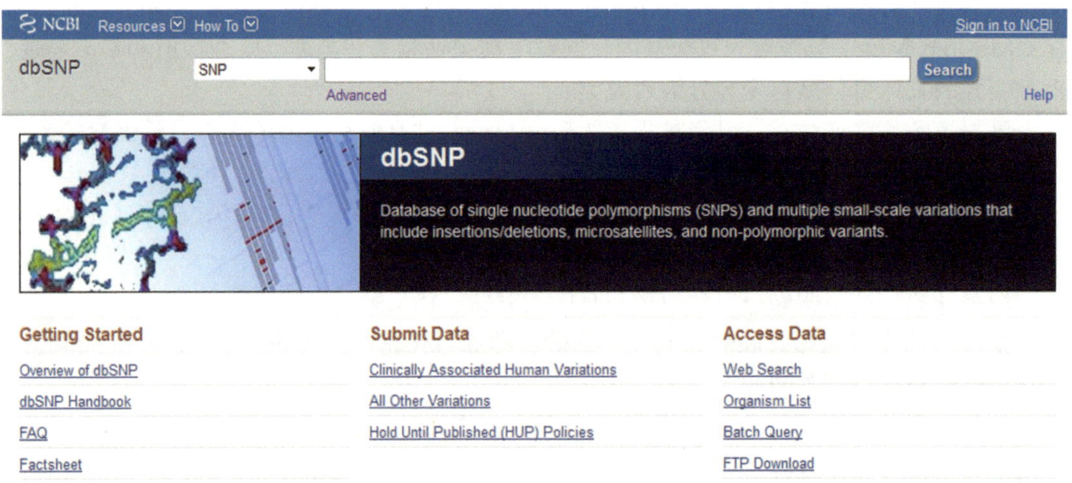

图 22-10 dbSNP 数据库主页面

dbSNP 数据库中检索到的页面中含有关于这个 SNP 的全部信息，可以从中获取 SNP 的位置、其上下游的核苷酸侧翼序列信息、多群体报道的情况、SNP 提交情况、不同群体的杂合度报道参考信息等（图 22-11）。

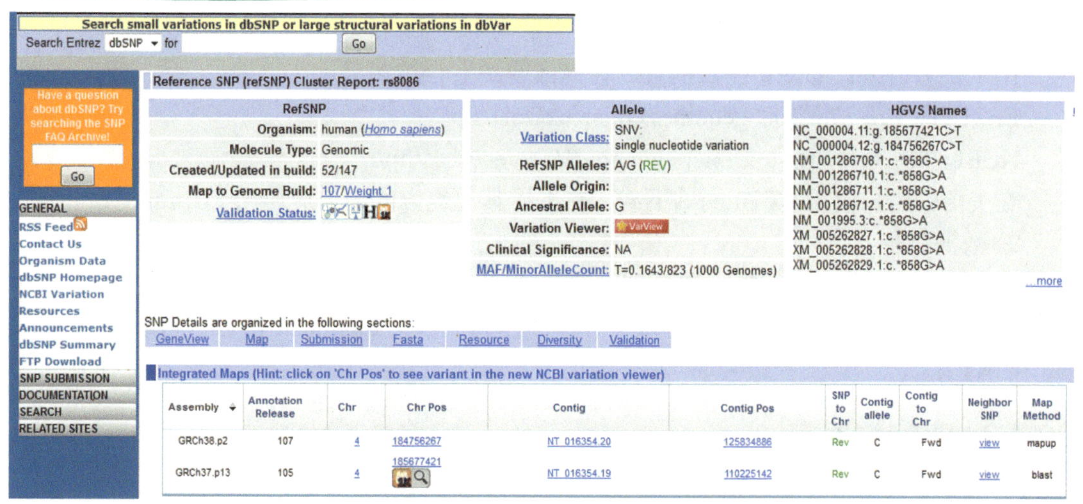

图 22-11 dbSNP 检索到的数据页面

22.4.1.2 1000 Genome

1000 Genome 数据库（http：//browser.1000genomes.org/index.html）中的数据由千人基因组项目发布，千人基因组旨在对全球各地的 2500 个人的 DNA 进行比较和排序。千人基因组的结论表明我们每个人平均发生 75 种与遗传有关的变异。发表在《自然》封面的这一图谱，将有助于人们进一步了解各种疾病并寻找新的治疗方法（图 22-12）。

图 22-12 1000 Genome 数据库页面

1）获取 1000 Genome 数据

由千人基因组计划公布的数据可以在镜像网站上直接下载。

EBI FTP：ftp：//ftp.1000genomes.ebi.ac.uk/vol1/ftp/

NCBI FTP：ftp：//ftp-trace.ncbi.nih.gov/1000genomes/ftp/

在美国的用户应用 NCBI 网站下载，在世界其他地方的用户应使用 EBI ftp 网站。

2）数据目录

在数据目录下有每一个个体序列，分别命名为 NAXXXXX。每一个 NAXXXXX 含有许多子目录，sequence_read 含有每个个体的序列数据；alignment 含有不同个体的 bam、bai 和 bas 文件。

22.4.2 疾病数据库

22.4.2.1 ClinVar 数据库

美国国家生物技术信息中心（NCBI）于 2012 年 11 月宣布、2013 年 4 月正式启动的 ClinVar（http：//www.ncbi.nlm.nih.gov/clinvar/）公共、免费数据库。作为核心数据库，ClinVar 数据库整合了 10 多个不同类型数据库，通过标准的命名法来描述疾病，同时支持科研人员将数据下载到本地，开展更为个性化的研究，相信随着数据量的激增，基于网络的“直接针对消费者（direct to consumer）的遗传检测”将成为可能。

到目前为止，在遗传变异和临床表型方面，NCBI 和不同的研究组已经建立了各种各样的数据库，数据信息相对比较分散，ClinVar 数据库的目的在于整合这些分散的数据，将变异、临床表型、实证数据，以及功能注解与分析等 4 个方面的信息，通过专家评审，逐步形成一个标准的、可信的、稳定的遗传变异 - 临床表型相关的数据库（图 22-13，表 22-6）。

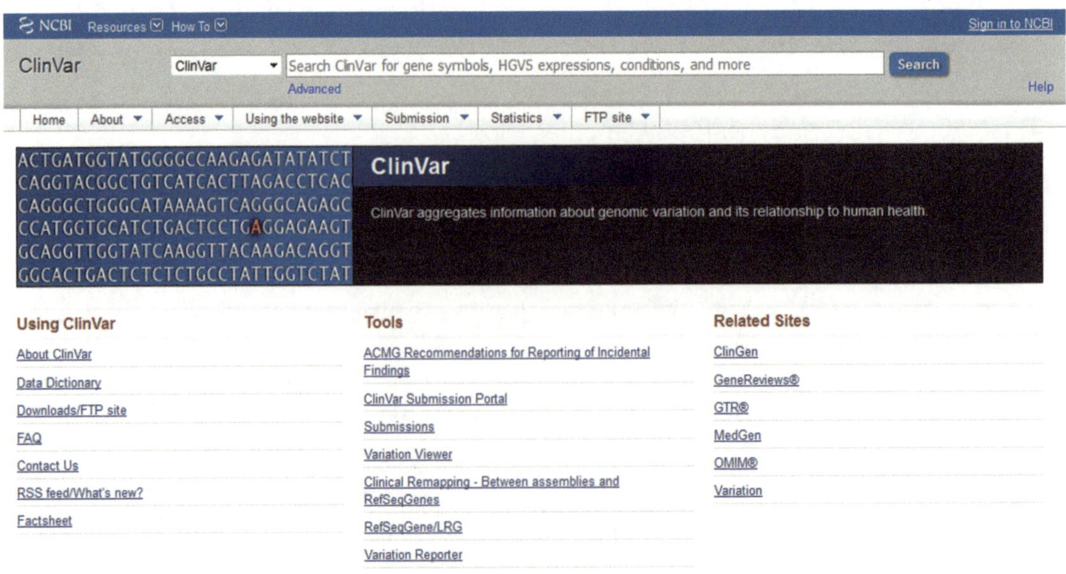

图 22-13 ClinVar 数据库页面

表 22-6 ClinVar 主页界面的三个功能

功能	信息介绍
1. 使用数据库	数据库介绍、数据词典、数据下载、常见问题、订阅源、使用说明等
2. 工具	ACMG遗传风险告知患者建议、临床基因组再比对分析、参考基因序列分析、变异分析、上传数据等工具
3. 相关资源	dbGaP、GTR、ICCG、MedGen、Variation、GeneReviews等数据库或书籍

22.4.2.2 OMIM 数据库

OMIM（Online Mendelian Inheritance in Man，http://www.omim.org）是分子遗传学领域最重要的生物信息学数据库之一，该数据库是人类基因和遗传性疾病的电子目录，提供疾病与基因、文献、序列记录、染色体定位及相关数据库的链接。该数据库可以通过 Entrez 进行搜索，并且利用 limit 选项限制所搜索的染色体或类别等（图 22-14）。

Home About Statistics ▾ Downloads ▾ Help ▾ External Links Terms of Use ▾ Contact Us MIMmatch Donate ▾

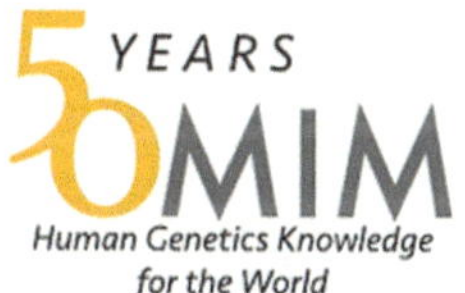

OMIM® Online Mendelian Inheritance in Man®
An Online Catalog of Human Genes and Genetic Disorders
Updated 25 July 2016

Search OMIM... Search

Advanced Search : OMIM, Clinical Synopses, Gene Map

Need help? : Example Searches, OMIM Search Help, OMIM Tutorial

Mirror site : mirror.omim.org

图 22-14 OMIM 数据库主页面

OMIM 数据库检索类型如下。

（1）基本检索（basic），是 OMIM 默认的查询方式，直接在搜索引擎内填入需要查询的关键词，不必指明搜索范围、限制或者布尔算子。

（2）高级检索（advanced），是指使用指定字段或组配检索。

（3）布尔逻辑检索（complex Boolean），是查找 OMIM 最有效的方法，用户可以通过命令语言将检索限制在特定字段而无需选择字段。

OMIM 数据库提供了大量孟德尔遗传病的 Clinical Feature（临床特征）、Diagnosis（诊断）、Clinical Management（临床治疗方案）和 Gene Therapy（基因治疗）等方面的信息，为临床和遗传工作者提供了一个功能强大的专家系统。

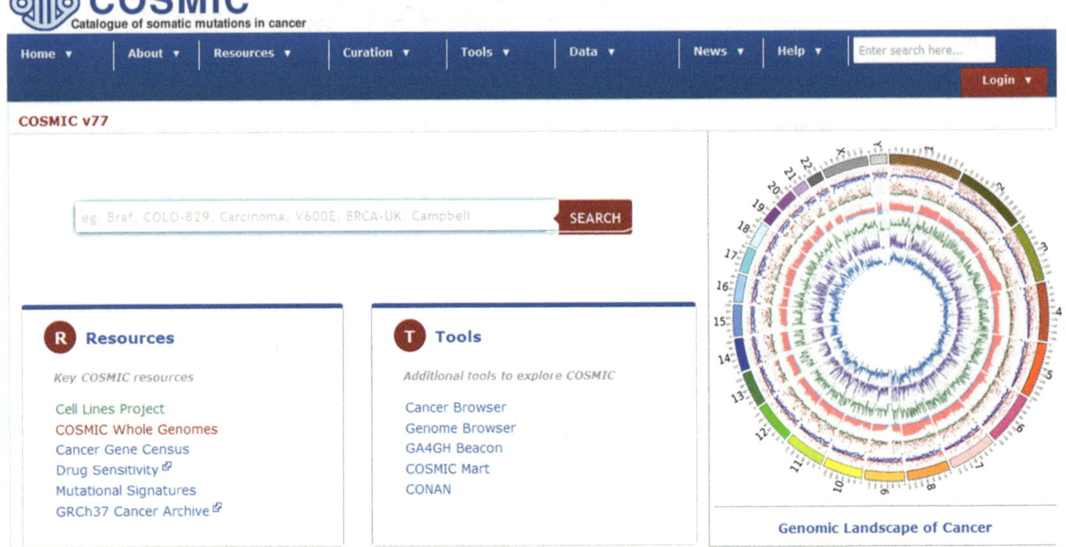

图 22-15　COSMIC 数据库主页

22.4.2.3　COSMIC 数据库

COSMIC（http：//www.sanger.ac.uk/genetics/CGP/cosmic）数据库主要记录与人类各种类型癌症相关的体细胞突变信息。该数据库的特点如下：①对于突变位点的信息记录较为详细，包括文献出处、样品名称、组织类型、涉及的癌症种类和具体的突变内容；②数据库中包含了处于不同时期的肿瘤组织体细胞突变数据和处于不同时期的肿瘤细胞系突变数据；③数据库中既有某一基因突变现象的综合统计；也有针对某一肿瘤组织或癌症细胞系的所有突变信息统计；④数据库中还保存有融合基因信息（图 22-15）。

COSMIC 数据检索方式如下。

通过 Browse by Gene link 选项获取数据，这个选项提供了对一个或多个基因的突变数据的即时浏览。

通过 Browse by Tissue link 选项可以进行更加复杂的查询，用户可以选择一个或多个组织，然后可以选择一种或多种组织学细胞，最后可以选择一种或多种基因。

22.4.2.4　HGMD 数据库

HGMD 人类基因突变数据库（http：//www.hgmd.cf.ac.uk/ac/index.php）是一个收集、整理与人类遗传病相关的基因突变的数据库。到 2008 年 12 月，该数据库包含了在 3253 个不同基因中检测到的超过 85 000 个不同的突变，当前新条目以每年超过 9000 条的速度在积累。尽管该数据库最初是为人类基因中突变机制的科学研究而建立的，但是 HGMD 后来成为了一个面向研究者、医师、临床医生和遗传顾问，以及专攻生物药品、生物信息学和个体化基因组学的研究人员的数据库（图 22-16）。

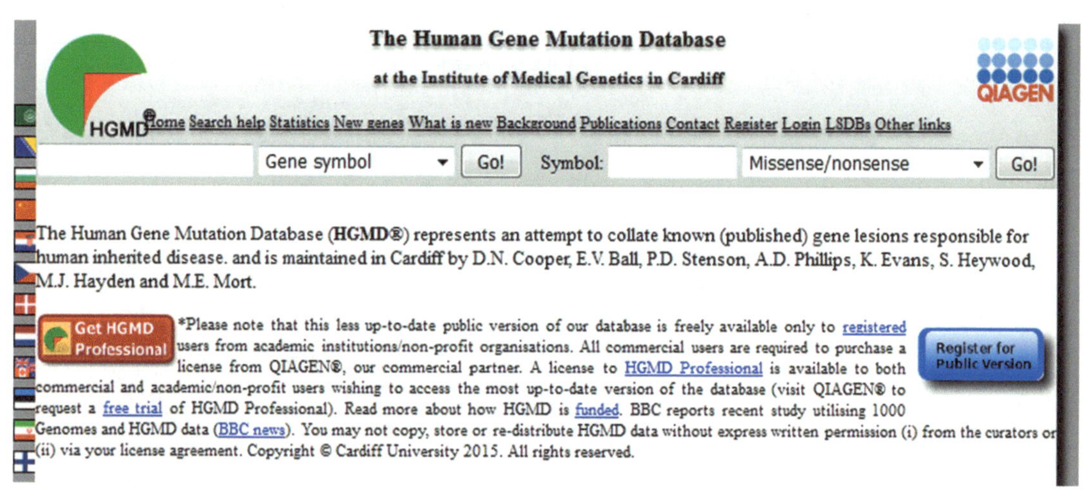

图 22-16　HGMD 数据库主页

HGMD 接受来自研究者提交的资料，但是大多数记录直接来自超过 250 种期刊中的突变报道和有广泛链接的 LSDB（链路状态数据库）。HGMD 中所有突变的记录都是一种精简的形式，没有包含所有构成突变簇的其他多余突变。HGMD 检索界面主要以文本为基础，目标检索依赖的基因以 HUGO 命名。

22.4.3　药物靶点数据库

22.4.3.1　PharmGKB

药物遗传学和药物基因组学知识库（The Pharmacogenomics Knowledgebase，PharmGKB）是研究者研究遗传变异如何影响药物反应的一个交互式工具。PharmGKB 网站（http://www.pharmgkb.org）显示与文献、通路表征、实验方案信息整合的基因型、分子和临床原始数据，以及相关的外部资源链接。用户能够基于基因、药物、疾病和通路搜索并浏览该知识库。整个研究社区的注册都是免费的，但是需要遵守一款尊重其信息包含在数据库中个体的权利和隐私的协议。注册用户能够访问并下载原始数据以辅助未来的药物遗传学和药物基因组学研究的设计（图 22-17）。

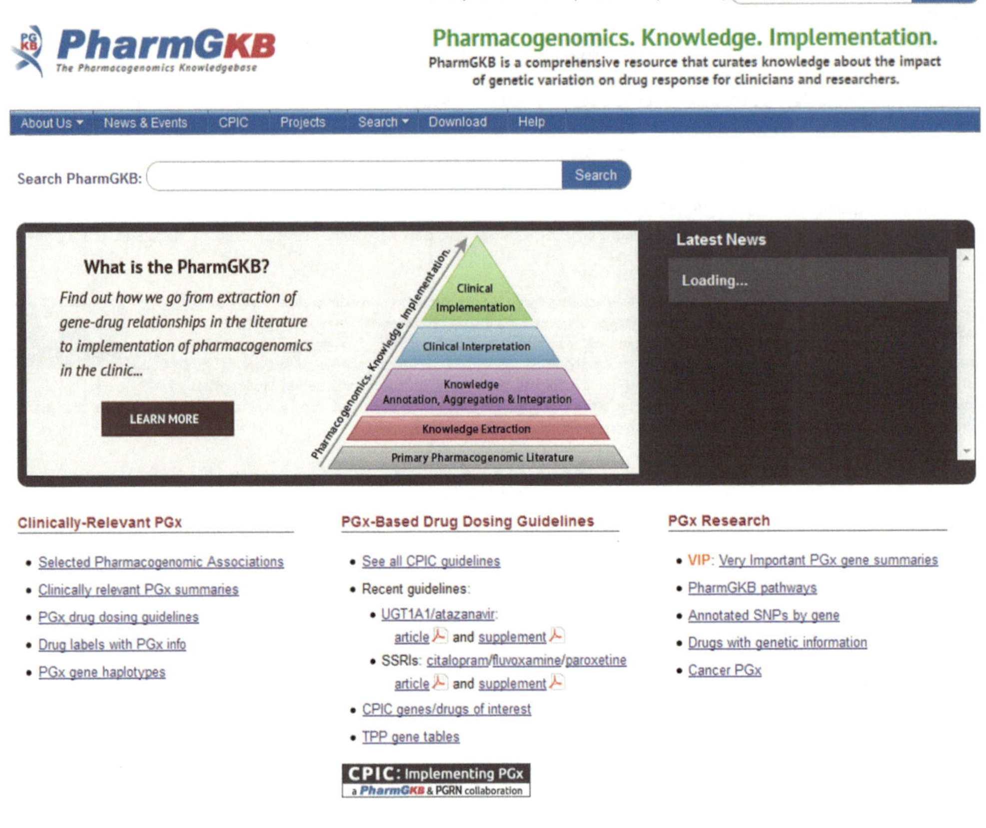

图 22-17 PharmGKB 数据库主页

22.4.3.2 DrugBank 数据库

DrugBank（http://www.drugbank.ca）是药物研发芯片数据库。它被认为是目前世界上最大的药物数据库，包含 3000 多种药物靶标详细的化学、药理学、医学及分子生物学信息，还包括 4100 种已经获准或正在试验中的药物产品。DrugBank 为每一种药品提供了 80 多个方面的信息，包括品牌名、化学结构、蛋白质和 DNA 序列、互联网上的相关链接、特征描述及详细的病理信息（图 22-18）。

DrugBank 最大的特色是它支持全面而复杂的搜索，结合 DrugBank 可视化软件，这些工具能让科学家非常容易地检索到新的药物靶标，比较药物结构，研究药物机制及探索新型药物。

用户可以通过多种方式检索 DrugBank 数据库，最简单的方式是使用普通文本对数据库的所有字段进行检索。通过浏览选项按钮可以以表格的形式浏览该数据库的内容。DrugCard 选项允许用户查看特定药物的所有信息。通过特定链接可以链接到外部相关的数据，如通过 pathway 链接可以链接到 KEGG 数据库的药物代谢通路和生理通路信息。

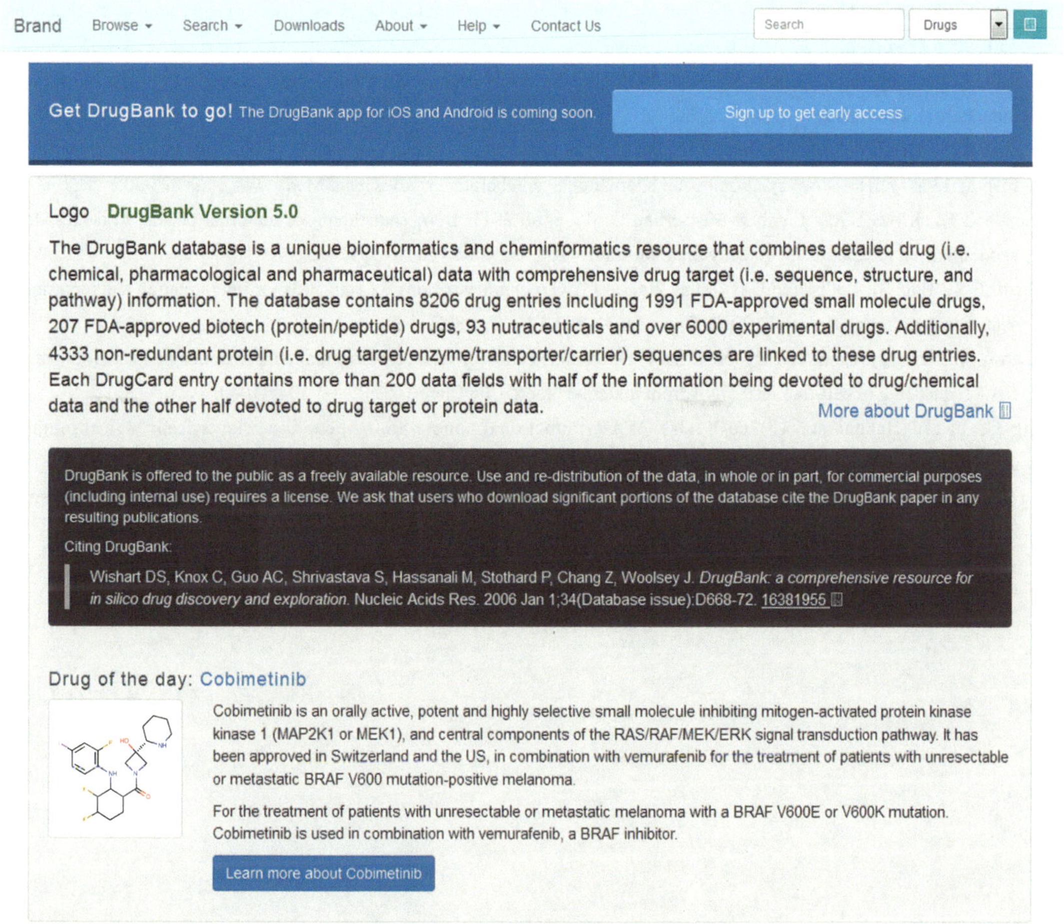

Brand Browse Search Downloads About Help Contact Us Search Drugs

Get DrugBank to go! The DrugBank app for iOS and Android is coming soon. Sign up to get early access

Logo **DrugBank Version 5.0**

The DrugBank database is a unique bioinformatics and cheminformatics resource that combines detailed drug (i.e. chemical, pharmacological and pharmaceutical) data with comprehensive drug target (i.e. sequence, structure, and pathway) information. The database contains 8206 drug entries including 1991 FDA-approved small molecule drugs, 207 FDA-approved biotech (protein/peptide) drugs, 93 nutraceuticals and over 6000 experimental drugs. Additionally, 4333 non-redundant protein (i.e. drug target/enzyme/transporter/carrier) sequences are linked to these drug entries. Each DrugCard entry contains more than 200 data fields with half of the information being devoted to drug/chemical data and the other half devoted to drug target or protein data. More about DrugBank

DrugBank is offered to the public as a freely available resource. Use and re-distribution of the data, in whole or in part, for commercial purposes (including internal use) requires a license. We ask that users who download significant portions of the database cite the DrugBank paper in any resulting publications.

Citing DrugBank:

Wishart DS, Knox C, Guo AC, Shrivastava S, Hassanali M, Stothard P, Chang Z, Woolsey J. *DrugBank: a comprehensive resource for in silico drug discovery and exploration.* Nucleic Acids Res. 2006 Jan 1;34(Database issue):D668-72. 16381955

Drug of the day: Cobimetinib

Cobimetinib is an orally active, potent and highly selective small molecule inhibiting mitogen-activated protein kinase kinase 1 (MAP2K1 or MEK1), and central components of the RAS/RAF/MEK/ERK signal transduction pathway. It has been approved in Switzerland and the US, in combination with vemurafenib for the treatment of patients with unresectable or metastatic BRAF V600 mutation-positive melanoma.

For the treatment of patients with unresectable or metastatic melanoma with a BRAF V600E or V600K mutation. Cobimetinib is used in combination with vemurafenib, a BRAF inhibitor.

Learn more about Cobimetinib

图 22-18 DrugBank 数据库主页

参 考 文 献

Bianchi D W，Platt L D，Goldberg J D，et al. 2012. Genome-wide fetal aneuploidy detection by maternal plasma DNA sequencing. Obstet Gynecol，119(5)：890-901.

Chen E Z，Chiu R，Sun H，et al. 2011. Noninvasive prenatal diagnosis of fetal trisomy 18 and trisomy 13 by maternal plasma DNA sequencing. PLoS One，6(7)：e21791.

Chiu R W，Akolekar R，Zheng Y W，et al. 2011. Non-invasive prenatal assessment of trisomy 21 by multiplexed maternal plasma DNA sequencing：large scale validity study. BMJ，342：401.

Chiu R W，Chan K A，Gao Y，et al. 2008. Noninvasive prenatal diagnosis of fetal chromosomal aneuploidy by massively parallel genomic sequencing of DNA in maternal plasma. Proc Natl Acad Sci USA，105(51)：20458-20463.

Hodes-Wertz B，Grifo J，Ghadir S，et al. 2012. Idiopathic recurrent miscarriage is caused mostly by aneuploid embryos. Fertil Steril，98(3)：675-680.

Keltz M D，Vega M，Sirota I，et al. 2013. Preimplantation Genetic Screening (PGS) with Comparative Genomic Hybridization (CGH) following day 3 single cell blastomere biopsy markedly improves IVF outcomes while lowering multiple pregnancies and miscarriages. J Assist Reprod Genet，30(10)：1333-1339.

Lo Y D，Chan K A，Sun H，et al. 2010. Maternal plasma DNA sequencing reveals the genome-wide genetic and mutational profile of the fetus. Sci Transl Med，2(61)：61ra91.

Lo Y D，Corbetta N，Chamberlain P F，et al. 1997. Presencc of fetal DNA in maternal plasma and serum. Lancet，350(9076)：485-487.

Olshen A B，Venkatraman E，Lucito R，et al. 2004. Circular binary segmentation for the analysis of array—based DNA copy number data. Biostatistics，5(4)：557-572.

Palomaki G E，Deciu C，Kloza E M，et al. 2012. DNA sequencing of maternal plasma reliably identifies trisomy 18 and trisomy 13 as well as Down syndrome：an international collaborative study. Genet Med，14(3)：296-305.

Palomaki G E，Kloza E M，Lambert-Messerlian G M，et al. 2011. DNA sequencing of maternal plasma to detect Down syndrome：an international clinical validation study. Genet Med，13(11)：913-920.

Richards C S，Bale S，Bellissimo D B，et al. 2008. ACMG recommendations for standards for interpretation and reporting of sequence variations：Revisions 2007. Genet Med，10(4)：294-300.

Sehnert A J，Rhees B，Comstock D，et al. 2011. Optimal detection of fetal chromosomal abnormalities by massively parallel DNA sequencing of cell-free fetal DNA from maternal blood. Clin Chem，57(7)：1042-1049.

Wang K，Li M，Hakonarson H. 2010. ANNOVAR：functional annotation of genetic variants from high-throughput sequencing data. Nucleic Acids Res，38(16)：e164.

Yang Z，Liu J，Collins G S，et al. 2012. Selection of single blastocysts for fresh transfer via standard morphology assessment alone and with array CGH for good prognosis IVF patients：results from a randomized pilot study. Mol Cytogenet，5(1)：1-8.

（梁 波 王 磊 宣黎明）

23

精准医学与个体化医学

23.1　什么是精准医学及个体化医学?

精准医学（precision medicine）区别于传统医学，旨在为个人提供更精确有效的定制化的医学治疗方案。由于每个人都有独一无二的遗传背景，传统药物并不是对每个人都能发挥最好的效果。运用基因组、蛋白质组等组学技术，结合临床资料，对特定疾病的生物标志物进行分析与鉴定，将患者分成不同的亚群，这些亚群对不同疾病有不同的易感性，从而针对每个患者制订出个性化的治疗方案（Misra 2011）。相对于个体化医学来说，精准医学更强调“精准”的重要性，更重视“病”的深度特征（细分为不同亚型）和“药”的高度精准性（不同亚型给药不同），是不同于旧医学的新的医学模式，即精确、准时、共享、个体化（赵晓宇 2015；杨焕明 2015）。

相对于精准医学，个体化治疗的理念则由来已久，公元前 510 年希腊哲学家毕达哥拉斯在他的著作里记录了一小部分人食用蚕豆后会出现严重的溶血反应，现代科学研究发现这是由葡萄糖 -6- 磷酸脱氢酶（G-6-PD）缺陷导致的（Relling and Evans 2015；Alving et al. 1956）。在古代中国，中医的“因人、因时、因地制宜的宏观辩证治疗体系”可以看作个体化医学的一种（侯灿 2003）。西方在 19 世纪末就有了个体化医学的思想，如 1892 年英国医生 Willim Osler 在其笔记里记录“如果个体间不是有着巨大的遗传差异，医学就不是一门艺术而是一门科学了”的遗传决定病因的思想。1956 年 Williams 教授提出了基于生物化学的个体化医学严格来说还不是现代意义上的个体化医学。1997 年 3 月马里兰大学举办了一个以“基因组医学（genomic medicine）”命名的专题讨论会，会后不久美国人类遗传学会主席做了“让基因组医学成为现实”的报告，这应该是最早提出的类似于个性化医学的概念（侯灿 2003；Beaudet 1999；Doyle and Quackenbush 1997）。1999 年，Robert Langreth 和 Michael Waldholz 在 *The Oncologist* 杂志上发表了题为 *New era of personalized medicine* 的文章，第一次提出了针对患者遗传信息开发靶向药物的思想并认为这一新的医疗方式是未来发展的方向。2003 年人类基因组计划的完成及高通量测序技术的发展大大促进了个体化医学的进步，其中由美国、日本、中国、加拿大、尼日利亚和英国共同参与的人类单倍体型计划（HapMap）将数以百万计的单核苷酸多态性（SNP）进行了归类，发现了大量具有显著相关性的“基因型 - 药物表型”（周宏灏 2011；Crawford and Niekerson 2005）。2005 年，美国食品药品监督管理局（FDA）颁布了《药物基因组学数据报送——新药开发行业指南》，“要求新药申报时提供药物基因组学诊断资料”，该文件首次从源头上将药物的个体化应用纳入医药企业的开发体系中（周宏灏 2011；Little 2005）。2008 年，由美国国立卫生研究院（NIH）和“比尔盖茨基金”资助成立了“国际药物基因组学倡导组织（PGENI）”，旨在资助不同人种的个体化医学发展（Marsh 2008）。2011 年美国医学院（The Institutes of Medicine）发表了《向着精准医学迈进》的报告，首次对精准医学做了全面、详细的描述，强调了精准医学的要点是将疾病细分为不同的亚型，在此基础上对症用药（Academies 2011）。2015 年以来美国总统奥巴马将精准医学上升到国家战略层面，提出了“精准医学计划”，计划分为五部分：启动“百万人基因组计划”、寻找引发癌症的遗传因素、建立评估基因检测的新方法、制定一系列的相关标准和政策及公私合作。联邦政府希望通过此项计划开创新的医学模式及经济增长点，从而代替现有的千篇一律的治疗方式。从以上个体化医学及精准医学的发展历程不难看出，精准医学与个体化医学一脉相承，贺林院士诠释了二者的关联，即精准医学是标准，个体化医学是目标（贺林 2015）。图 23-1 展示了传统医学到精准医学的发展历程。

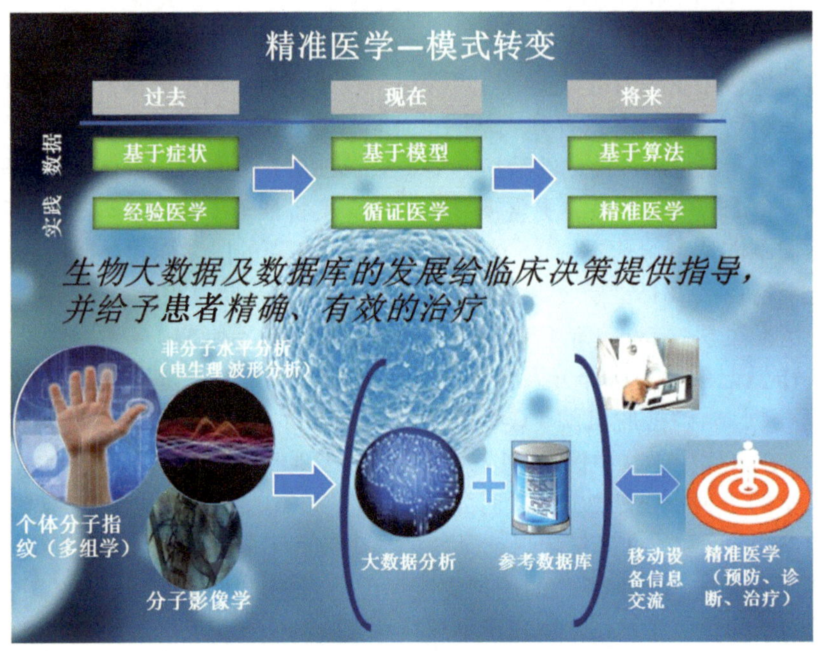

图 23-1　传统医学到精准医学的发展历程（Wilckens 2014）

日本和欧洲一些发达国家也对个体化医学高度重视。2006 年英国生物银行项目获得批准，计划经费 6100 万英镑（Colin 2009）；日本在 2003 年 4 月至 2008 年 3 月已经完成了“个体化医疗现实化项目”的一期工程，目前已经开始了以“代谢综合征与癌症”为目的的二期工程（河野修己 2009）；德国联邦教研部（BMBF）也在 2013 年 4 月启动“个体化医学行动计划”，该计划将在未来 3 年里投入 3.6 亿欧元支持“从个体化医学基础研究、临床前研究、临床研究到健康经济整个创新链的研发活动”，并制定了 1~5 年的中短期目标和 6~10 年的长期目标（赵清华 2014）；欧盟计划投入 500 亿欧元建立“泛欧洲生物体样本库与生物分子资源研究基础网”，以期为个体化医学的发展打下更好的基础（杨渊和高柳滨 2010）。

最近几年，虽然我国的个体化医学研究取得了喜人的成果，包括心血管疾病、神经精神疾病及肿瘤疾病等各方面，但是总体科研水平与发达国家相比还有不小的差距（王琪

2011）。由于我国各界如政府、科研机构、医院、企业、医生及患者对个体化医学意义的认识严重不足，因此科研、医疗机构和产业界都缺乏个体化医学发展的良好条件（杨渊和高柳滨 2010）。但是随着我国医患关系的紧张和医疗资源稀缺等社会问题的不断涌现，以个体化医学为基础的“新医学”（老医学＋组学＋遗传咨询）将会发挥越来越大的作用，也必然将其上升到国家战略层面上（贺林 2015）。

23.2 精准医学与个体化医学研究及应用进展

最近 10 年来，由于基因组学、蛋白质组学、代谢组学等各类组学及系统生物医学的迅猛发展，心血管疾病、肿瘤疾病、神经精神疾病、严重药物不良反应等相关领域的精准医学与个体化医学研究及应用方面均取得了快速的发展。

23.2.1 心血管疾病领域研究及应用进展

据世界卫生组织（WHO）统计，2012 年非传染性疾病占全球死亡总数的 68%，其中心血管疾病使近 1750 万人丧命，已经成为全世界第一大死因（WHO 2015）。目前心血管病治疗和预防措施仍以“均一化医疗”的模式发展，即同一类型的心血管病所用治疗方案和药物基本相同（赵龙廷等 2014）。但是据美国个体化医疗促进协会（PMC）统计，“10% ~30% 的高血压患者服用血管紧张素转换酶抑制剂（ACEI）不能有效地降低血压，15% ~25% 的心力衰竭患者服用 β 受体阻滞剂毫无效果”（张远等 2014）。因此，在治疗心血管疾病的过程中，医生应该考虑药物反应的个体化差异。

心血管疾病的个体化治疗药物包括三方面：抗血小板药物及口服抗凝药、调血脂药物及抗高血压药物。氯吡格雷和阿司匹林联用作为抗血小板药物在临床上应用十分广泛，但其抗血小板反应性和疗效存在显著的个体差异，研究表明基因多态性在其中起了重要作用。氯吡格雷是药物前体，在小肠的吸收受到 *ABCB1*（*MDR1*）基因编码的质子泵 P- 糖蛋白调控，然后在肝中经两级氧化反应转化为含巯基的活性代谢产物，其中细胞色素酶 CYP2C19 参加了两级氧化反应（Sc et al. 2006）。研究表明 CYP2C19 至少存在 25 种变异型，“CYP2C19*1 为野生型，酶功能正常，属于快代谢型；CYP2C19*17 酶表达量增高，属于超快代谢型；CYP2C19*2、CYP2C19*3、CYP2C19*4、CYP2C19*5、CYP2C19*6、CYP2C19*7、CYP2C19*8 酶功能缺失，属于慢代谢型。”CYP2C19*2 亚洲人群携带率高达 30%，CYP2C19*3 亚洲人群携带率为 5%~10%，而其他酶的人群携带率均＜ 1%（Man et al. 2010）。研究表明，携带任何两个慢代谢等位基因的患者服用氯吡格雷后其代谢产物在血浆中的浓度较低，主要心血管药物反应不良事件发生率显著增加。因此，对于基因检测结果为氯吡格雷慢代谢的患者，可以用替卡格雷或普拉格雷来代替氯吡格雷（张远等 2014）。

华法林（warfarin）是一种在世界范围内被广泛运用的抗凝血药，它能高效地阻断维生素 K 依赖的凝血途径。但是其治疗窗窄，个体差异极大。大量临床研究表明华法林的用量差异与其靶蛋白维生素 K 环氧化物还原酶复合物 1 基因（*VKORC1*）和其代谢酶细胞色素酶基因（*P450CYP2C9*）的变异有关（牛国平和魏园园 2014）。*VKORC1* 的一个 SNP rs9923231（−1639G ＞ A）的变异会导致蛋白质的表达量降低，对华法林的敏感性增加，出血风险相应增大（张远等 2014）。Yang 等（2010）的研究显示 −1639GG 和 −1639GA

型患者的平均每日华法林维持剂量（MDWD）比 -1639AA 型患者分别高 102% 和 52%。另外一个细胞色素酶基因 *CYP2C9* 的两个常见 SNP rs1799853（*CYP2C19*2*）和 rs1057910（*CYP2C19*3*）均可导致酶活性降低。其中携带至少 1 个 *2 和 1 个 *3 等位基因的患者华法林的平均日剂量分别减少 17.5% ~19.0% 和 28% ~33%（张远等 2014）。作者所在课题组对中国汉族人群华法林重要药物代谢酶基因 *CYP2C9* 进行了系统性的多态性扫描及功能研究并建立了数据库，同时基于此对华法林药物作用途径相关基因与药物反应进行了多基因系统性的关联研究，对其药效相关基因变异位点进行了较为全面的评价（Xiong et al. 2011）。

他汀类药物是羟甲基戊二酸单酰辅酶 A 还原酶（HMG-CoA）抑制剂，被广泛用于临床调节血脂，其代谢涉及最重要的酶是细胞色素 P450 酶（安瑗等 2011）。CYP3A4/5 是辛伐他汀的主要代谢酶，可以将辛伐他汀转化为辛伐他汀酸从而阻碍胆固醇合成。辛伐他汀又是肠道转运体 P-gp 的底物，P-gp 是多药耐药相关蛋白成员之一，由 *MDR* 基因编码（高一鹭等 2011）。国外研究表明辛伐他汀调脂疗效与 *CYP3A4/5* 及 *MDR* 基因多态性显著相关，*CYP3A4*（*CYP3A4*18B*）、*CYP3A5*（*CYP3A5*1/*3*）及 *MDR*（*C3435T*）等位基因突变可影响其调脂疗效（Willer et al. 2008）。国内也有研究表明 *CYP3A5*3* 可增加辛伐他汀的降脂疗效，而 *CYP3A4*（*CYP3A4*18B*）和 *MDR*（*C3435T*）还没有发现与其药效有显著关系（Mangravite 2008）。另外有机阴离子转运蛋白 1B1（OATP1B1）涉及他汀类药物的转运，由 *SLO1B1* 基因编码，其多态性对辛伐他汀血药浓度有显著影响。*SLO1B1* 外显子 6 的一个 SNP 突变 rs4149056（T > C）会导致蛋白质 174 位缬氨酸被丙氨酸代替（Val174Ala），临床研究表明服用高剂量辛伐他汀（> 80mg/ 天）的患者由于这种变异更容易发生肌痛（张远等 2014）。一项关于韩国人群的调查也显示 *OATPlB1*15* 突变可能增加他汀类药物的降脂作用（邓建伟 2007）。

23.2.2 肿瘤疾病领域研究及应用进展

据最新版的《世界癌症报告》披露，中国每年新发肿瘤病例估计约 312 万例，平均每天 8550 人，全国每分钟有 6 人被诊断为恶性肿瘤；2012 年中国新增 307 万癌症患者并造成约 220 万人死亡，分别占全球总量的 21.9% 和 26.8%（全球癌症报告 2014）。在世界范围内，仅 2008 年一年就大约有 1270 万人被诊断为癌症，死亡人数高达 760 万以上，预计到 2030 年肿瘤导致的死亡人数将超过 1100 万人（Center 2011）。过去的几十年中，癌症主要依靠传统方法如临床症状及医学影像学诊断被发现，然而这些检查方法很难在早期发现恶性肿瘤。目前肿瘤的治疗手段主要包括化疗、放疗和手术治疗，同一种肿瘤的患者治疗模式几乎完全相同，这种治疗被称为“一刀切”模式（李丹和詹启敏 2011）。但是医生在临床实践中发现，对于同一分期、同一病理类型的患者，即使采用相同的治疗方案，其疗效也存在明显差异。随着人类基因组计划、单核苷酸多态性（SNP）计划、国际人类基因组单体型图（HapMap）计划和肿瘤基因组图谱计划的完成，人们逐渐认识到同一类型肿瘤的细胞分子学差异可能是导致疾病个体化差异的主要原因。因此建立个体化的肿瘤预防、诊断、治疗和预后方法是十分必要的。

肿瘤个体化医学在肿瘤的预防和诊断中发挥着重要的作用，它可以评估一个人患上肿瘤的风险并通过后续的干预来降低这种风险（李丹和詹启敏 2011）。最著名的例子是好莱坞女星安吉丽娜·朱莉由于 *BRCA1* 和 *BRCA2* 基因的突变选择进行“乳腺切除手术”。据

评估手术前朱莉有 87% 的概率患乳腺癌，50% 的概率患卵巢癌，术后其患癌的概率大大降低（Narod and Foulkes 2004）。目前通过基因检测技术鉴定出了多个与患癌风险相关的单核苷酸多态性（SNP）位点，如果基因检测信息预测某人有罹患某种特定肿瘤的风险较高，这个人就可通过改变生活方式或者使用药物预防从而使患病的风险大大降低，达到个体化治疗的目的（Lindstrom et al. 2011；Zhang et al. 2011）。

靶向治疗作为传统肿瘤治疗手段的补充大大延长了患者的生存期。靶向治疗是指针对在某些肿瘤细胞的生存、生长及转移中起到关键作用的生物大分子而设计药物，这些药物具有靶向杀灭肿瘤细胞并且不伤及正常细胞的能力（李丹和詹启敏 2011）。目前的靶向治疗主要集中在表皮生长因子受体（epidermal growth factor receptor，EGFR）信号通路和血管内皮细胞生长因子（vascular endothelial growth factor，VEGF）信号通路两方面（Rs et al. 2008）。位于 EGF 信号通路上游的细胞膜表面受体主要是 EGFR 和 EGFR2（也就是 HER2）。EGFR 在人类许多上皮性肿瘤（如脑胶质瘤、结肠肿瘤、肺部肿瘤等）中异常表达，研究表明这种超量表达与肿瘤细胞的增殖、新生血管形成、侵袭、转移及抗凋亡等有关。EGFR 的拮抗剂根据其作用机制可以分为两大类，一类是表皮生长因子受体 - 酪氨酸激酶抑制剂（EGFR-TKI），包括埃罗替尼（erlotinib）和吉非替尼（gefitinib），另一类是单克隆抗体（mAbs），包括马妥珠单抗（matuzumab）和泰欣生（尼妥珠单抗，nimotuzumab）等（李丹和詹启敏 2011）。以埃罗替尼和吉非替尼为代表的表皮生长因子受体 - 酪氨酸激酶抑制剂（EGFR-TKI）在治疗晚期非小细胞肺癌（NSCLC）方面取得了显著的疗效。同时临床研究表明，靶向药物作用靶点基因上的变异位点对药物反应具有较大的影响，根据患者基因型的差异实施个体化用药已越来越受到重视。曲妥珠单抗（trastuzumab，herceptin，商品名：赫赛汀）为一种重组 DNA 人源化 IgG 单克隆抗体，转移性乳腺癌临床研究表明赫赛汀与化疗药物去甲长春花碱（诺维本）（NVB）、紫杉醇（Taxol）等联用可明显提高 *HER-2* 阳性患者的有效率（由 56% 提高到 79%），延长中位生存期（由 12.7 个月延长到 17 个月）（王燕和孙燕 2005）。临床上用药前需要对 *HER-2* 基因表达进行检测，这已成为临床肿瘤个体化诊疗的典型案例。另外 *ABCB*（ATP-binding cassette，sub-family B，member）基因编码的 P- 糖蛋白（Pgp，ABCB）作为一种重要的药物转运蛋白在抗肿瘤药物代谢方面发挥着重要的作用。*ABCB* 基因有多个多态性位点，并且在不同种族中其多态性分布也不同。*ABCG2 C421A* 杂合型患者应用抗肿瘤药物二氟替康治疗时，其血液中药物浓度会比其他类型人群高 300%（Sparreboom et al. 2004）。因此运用二氟替康治疗时，明确患者的 *ABCG2* 基因型可以指导个性化用药。

血管内皮细胞生长因子（VEGF）和血小板衍生生长因子（PDGF）可以显著诱导血管生长，与受体结合后诱导内皮细胞增生、转移和管状形成，是血管生成过程中的重要关卡，在大多数实体肿瘤中均可检测到 VEGF 和 PDGF 的过表达（李梦菲等 2014）。伊马替尼（imatinib）属于苯胺嘧啶衍生物，通过抑制 c-Kit 子集的突变和 PDGFRA 而产生抗肿瘤细胞增殖的效应，是第一个针对慢性髓系白血病（CML）致病原因的小分子靶向药物（周励等 2012）。舒尼替尼（sunitinib）通过抑制血小板生长因子受体（PDGFR-α 和 PDGFR-β）和内皮生长因子受体（VEGFR1~3）从而抑制新生血管形成，因此被推荐为治疗晚期转移性肾癌的一线方案（吴翔等 2011）。索拉菲尼（sorafenib）是一种口服的多靶点多激酶抑制剂，可以阻断肿瘤血管的生成和转移，已经被美国食品药品监督管理局（FDA）批准用于治疗晚期肾细胞癌，对肝癌和非小细胞肺癌的治疗也有明显的疗效（李梦菲等 2014）。

近年来的研究发现许多生物标志物，可以作为肿瘤预后复发的标志。Cescon 等（2009）发现在重要的抑癌基因 *p53* 及它的泛素化连接酶 *MDM2* 基因中有两个 SNP 位点的突变与不良预后相关，"在食管癌中携带 *p53* 基因 *Ar972Pro Pro/Pro* 基因型的死亡风险升高了 2 倍，而在食管鳞癌中，携带 *MDM2* 基因 *T309G G/G* 基因型的死亡风险则升高了 7 倍"（李丹和詹启敏 2011）。Permuth-Wey 等（2011）发现在 miR-146a 前体序列上的一个 G > C 的基因多态性（rs2910164）与成人胶质瘤的预后相关。在结肠癌中易感性位点 rs10795668 可以作为生物标志物鉴定可能在化疗后复发的高危患者（李丹和詹启敏 2011）。另外的研究表明 miRNA 参与了肿瘤发生发展的各个阶段，miRNA 的表达可以判断患者对某种药物的敏感性，从而作为个体化治疗的分子靶标（刘冰等 2015）。例如，在乳腺癌中发现 miR-328 能够调控 ABCG2 的表达，导致机体对化疗药物米托蒽醌敏感性增加（Pan 2009）。在慢性淋巴细胞白血病的治疗过程中发现 miR-34a 在白血病细胞中表达量降低，这种现象说明 miR-34a 与凋亡抑制和化疗抵抗密切相关（Zenz 2009）。在肝癌细胞中发现 miR-122 的低表达与化疗药阿霉素的低敏感性有一定联系，因此 miR-122 可以作为阿霉素用量的一个参考（Fornari et al. 2009）。最近的研究表明甲基化与癌基因的表达也有密切的关系，它已经成为了新的具有吸引力的药物靶点。5- 阿扎胞苷是迄今最早上市的 DNA 甲基化靶向药物，它可以使肿瘤细胞的胞嘧啶甲基化数量大大减少从而抑制肿瘤生长，因此成为治疗骨髓增生异常综合征（myelodysplastic syndrome，MDS）的一线治疗药物（Pa and Sm 1980）。

23.2.3 精神及神经疾病领域研究及应用进展

精神分裂症（schizophrenia）是一种全球范围内普遍存在的慢性复杂疾病，发病率在 1% 左右。研究表明遗传是精神分裂症的主要病因，遗传率高达 80%（Hor and Taylor 2010）。第二代抗精神病药物利培酮、奥氮平等是临床治疗精神分裂症的一线用药。近些年的药物基因组学研究发现，个体间的遗传多态性与利培酮、奥氮平等的药物反应之间存在着显著关联。例如，目前已发现多个参与利培酮药代动力学和药效动力学的药物代谢酶、药物转运体和药物作用受体的基因多态性影响了利培酮的治疗效果或介导了不良反应的发生。利培酮最重要的代谢通路是由利培酮羟基化生成 9- 羟利培酮的过程，这个过程主要由 CYP2D6 来完成。研究表明 CYP2D6 酶功能存在缺陷的患者发生由利培酮诱导的不良反应的风险显著增加，*CYP2D6* 基因是影响利培酮血药浓度的因素，CYP2D6 的慢代谢型更容易发生不良反应（Xiang 2010）。另外，*CYP2D6* 基因多态性也影响了许多三环类抗抑郁药、文拉法辛，以及典型的精神类药物氟哌啶醇和氯丙嗪的代谢。作者的课题组在一项对中国大陆汉族群体的研究中发现了新的非同义突变位点（Arg-His）（Qin et al. 2008）。另外作者所在课题组对利培酮药物反应相关基因标记进行了深入研究。Xiong 等（2014）发现 CC 趋化因子配体 2 基因（*CCL2*）多态性与利培酮疗效之间存在显著关联（rs 4795893：$P=1.66\times10^{-4}$。rs4586：$P=0.001$。rs2857657：$P=0.004$）。Wei 等（2012）发现组胺 H3 受体（*HRH3*）基因的两个多态性位点（rs3787429、rs3787430）可以作为利培酮治疗精神类疾病的潜在药效相关标志物。Xu 等（2015）新发现 *TNIK*、*RELN*、*NOTCH4* 和 *SLC6A2* 基因多态性与抗精神病药物如利培酮、喹硫平、氯氮平和氯丙嗪药效之间存在

显著关联，并且指出 *COMT*（rs6269）和 *HTR2C*（rs3813929）基因多态性是抗精神疾病药物治疗的潜在药效相关标志物。

抑郁症是另外一种现代人常患的精神类疾病，我国发病率为 3%~5%，其中 10%~15% 的患者可能死于自杀（肖志芳等 2011）。*ABCB1* 基因又称为多药耐药基因（*MDR1*），编码 P- 糖蛋白，其主要功能是阻止药物及外来物质进入机体组织内部，如抗抑郁药物、抗肿瘤药、糖皮质激素和淀粉样蛋白等（Fujii et al. 2012）。Dong 等（2009）发现 *ABCB1* 基因多态性位点 rs4728697、rs2032583、rs58898486 与抑郁症疗效均有相关性，rs17064 与地昔帕明疗效反应有很强的相关性。西酞普兰和艾司西酞普兰是两种常用于治疗抗抑郁的药物，研究表明这两种药物的代谢受 *CYP2C19* 基因型的影响。已经报道了 *CYP2C19* 基因 20 多种基因多态性；*CYP2C19**2*、*CYP2C19**3* 基因型是慢代谢类型，*CYP2C19**17* 基因型是超快代谢型（Ma and Lu 2011）。Fudio 等（2010）的一项研究表明 *CYP2C19* 杂合突变型和纯合突变型人群对西酞普兰的吸收比野生纯合子分别高 44% 和 118%。

苯妥英用于治疗全身性强直 - 阵挛性发作、复杂部分性发作（精神运动性发作、颞叶癫痫）和癫痫持续状态；常见的不良反应有行为改变、笨拙或步态不稳、思维混乱、持续性眼球震颤、发作次数增多等。苯妥英通过 CYP2C19 代谢成为无药理活性的羟基苯妥英。大约 1% 和 0.4% 的白种人分别是 *CYP2C9**2* 和 *CYP2C9**3* 的纯合型。在中国人和日本人群体中，*CYP2C9**2* 和 *CYP2C9**3* 纯合型、*CYP2C9**1/-*2* 杂合型都是非常罕见的，而 *CYP2C9**1/-*3* 杂合型占了人群中 4% 的比例，*CYP2C9**2*、*CYP2C9**3* 突变可导致酶活性降低（张远等 2015；Ma and Lu 2011）。临床上将 CYP2C9 与人白细胞抗原 HLA-B * 1502 结合用于检测苯妥英导致的 Steven-Johnson 综合征（SJS）。

23.2.4 药物不良反应领域研究及应用进展

药物不良反应是指在正常用法用量的情况下，合格药品出现了与用药目的无关的而又不利于患者的各种反应，包括不良反应、毒性反应、变态反应、继发反应和特异质反应等。临床中发现对同样的病症，不同患者间药效差异可以达到百倍以上。传统治疗方式基本不考虑个体间的差异，有时会导致严重的毒性作用。据报道我国每年 5000 多万住院患者中，至少有 250 万与药物不良反应有关，引起死亡人数达 19 万人之多（陈锋和杨世民 2006）。美国住院患者中有 6.7%的人会有药物不良反应，每年由于严重药物不良反应会导致约 10 万人死亡，已成为美国第 4 至第 6 位的死亡原因（Meyer 2000）。

药物不良反应通常按其与药理作用有无关联而分为两类：A 型和 B 型。A 型不良反应与药理作用相关，因此具有剂量依赖性，其特点是可以预测，停药或减量后症状减轻或消失，一般发生率高，死亡率低，如抗凝血药所致的出血等。B 型不良反应与药品本身药理作用无关，因此与使用剂量无关，一般难以预测，发生率低，死亡率高，而且时间关系明确，如由红细胞葡萄糖 -6- 磷酸脱氢酶缺乏所致的溶血性贫血等（杜文民等 2004）。在药物不良反应中，最常见的不良反应、毒性反应等属于 A 型不良反应，如皮肤及其附件的毒性反应、肝毒性反应、全身性损害、消化系统的毒性反应、泌尿系统反应、神经系统反应、造血系统反应、循环系统反应等。药物不良反应的机理有多种，其中遗传多态性占很大的比例。下面对精准医疗在这几类毒性不良反应中的研究及应用进展进行简要概述。

据报道皮肤性药物不良反应占总药物不良反应的1/4~1/3，故有皮肤药物反应（cutaneous drug reaction，CDR）之称（王侠生和廖康煌 2005）。赵敏和施和建（2013）等统计住院患者皮肤不良反应发现严重的CDR涉及抗菌药物、磺胺类药物、抗癫痫药物、非甾体抗炎药及抑制尿酸合成药（别嘌呤醇）等，引起的皮肤不良反应也多种多样，如荨麻疹型、固定型、多型红斑型、猩红热型、剥脱性皮炎型、紫癜型、急性泛发性发疹性脓疱病型及Steven-Johnson综合征（SJS）等。研究表明抗癫痫药物如卡马西平、苯巴比妥引起的CDR个体差异较大。卡马西平是一种钠通道阻滞药，临床上常用于治疗周围神经痛、癫痫、精神性疾病。卡马西平主要由CYP450酶系中的CYP3A4/3A5亚家族代谢，它会将卡马西平代谢为活性物质10，11-环氧化卡马西平，因此基因多态性与卡马西平的吸收、分布、代谢有着重要的联系（何晓静等 2013）。何晓静等（2013）研究表明 *CYP3A4*18B*（G-A）的突变导致CYP3A4酶活增强，其血药浓度大大降低。王剑虹等（2012）调查了177例卡马西平单药治疗的中国汉族癫痫患者的稳态药物浓度与基因的关系，发现 *CYP3A5*3 AA* 等位基因型患者较 *CYP3A5*3 GG* 型患者血药浓度更低，因此 *GG* 型患者起始给药量应该比 *AA* 型少，方可避免药物不良反应。另外Chung等（2004）报道了中国台湾地区汉族人中白细胞抗原HLA-B*1502与Stevens-Johnson综合征（SJS）之间有很强的相关性，但在欧洲人中未发现SJS与HLA-B*1502有相关性，推测SJS的基因易感性是有种族特异性的。孙丹等（2010）建立了一套HLA-B*1502分型检测方法，发现大陆汉族人群儿童苯巴比妥、卡马西平引起的皮肤不良反应和 *HLA-B*1502* 基因型高度相关。另一种可以引起大疱性表皮松解型药疹（TEN）等严重皮肤不良反应的是抑制尿酸合成药别嘌呤醇，它在临床上被广泛用于痛风、高尿酸血症及其并发症等的治疗（赵敏和施和建 2013）。Lonjou等（2008）发现别嘌呤醇导致的SJS/TEN等与 *HLA-B*5801* 基因多态性具有很强的相关性，欧洲人携带该变异的概率高达55%。熊艳（2014）等分析结果表明中国人群 *HLA-B*5801* 等位基因携带率约为8.9%，并且发现了与 *HLA-B* 相邻的 *PSORS1C1* 基因一个单核苷酸多态性rs9263726位点等位基因 *A* 可以作为中国人群中预测别嘌呤醇所致的SJS/TEN的遗传标志物。

肝在药物代谢过程中起着重要的作用，药物主要经过肝聚集、转化、代谢，在肝内的浓度比血液及其他器官高，因此临床中经常观察到药源性肝损伤（drug-induced liver injury，DILI）。药物在肝内主要依靠细胞色素P450（cytochrome P450，CYP）家族成员代谢。例如，CYP2D6的遗传多态性导致不同人种中药物代谢速率不同，亚裔人种表现为快代谢速率，而白种人为慢代谢速率；慢代谢速率为 *CYP2D6*4*（1846G＞A）基因型，其编码的酶活性大大降低（Shimada et al. 2001）。Morgon等（1984）报道了CYP2D6多态性与抗心绞痛药物哌克昔林有关，CYP2D6*4的缺陷可使哌克昔林堆积在肝细胞中引起肝毒性和酒精肝（马葵芬等 2013）。CYP2C9代谢了临床约16%的药物，如甲苯磺丁脲、苯妥英、阿米替林、托拉塞米等。研究发现 *CYP2C9*3*（1075A＞C）基因型是突变率最高的一种，这种突变导致了第359位氨基酸由异亮氨酸变成亮氨酸，从而导致药物代谢速率降低，如来氟米特介导的严重肝毒性就与 *CYP2C9*3* 基因型相关（Johnson et al. 2011）。*CYP1A2* 基因位于第15号染色体，全长约7.8kb，主要存在于肝中，其有功能意义的基因型为 *CYP1A2*1C* 和 *CYP1A2*1F*，分别使CYP1A2酶活降低和升高（马葵芬等 2013）。Grabar等（2008）的研究表明 *CYP1A2*1F* 基因型也与来氟米特介导的肝毒

性有关。CYP2C19 参与了约 10% 的临床药物的代谢，*CYP2C19*2*（681G ＞ A）为慢代谢类型突变，导致其产生无功能的蛋白质。研究发现慢代谢患者使用苯巴比妥与非巴氨酯联用时很容易引发 DILI（Larrey and Pageaux 1997）。研究表明尿苷二磷酸葡萄糖醛酸转移酶（UDP-glucuronosyltransferase，UGT）基因多态性与抗结核药物性肝损伤具有高度相关性，抗结核治疗主要采用异烟肼、利福平和吡嗪酰胺等药物联用的方案，其引起的肝损伤占据 DILI 的大部分（史哲等 2014）。郝金奇等（2012）研究表明携带 *UGT1A6*、*UGT1A7* 基因多态性的个体接受抗结核治疗后其肝损伤风险增加。Chang 等（2012）发现 *UGT1A1*27* 和 *UGT1A1*28* 位点基因变异可使抗结核药物引发肝毒性的危险增加。作者所在课题组在药物性肝损伤研究中发现了 *UGT1A9* 基因调控区多态性（rs2741045）与药源性肝损伤具有显著关联（Jiang et al. 2015）。氟氯西林临床上主要用于葡萄球菌所致的各种感染，研究表明它引起的 DILI 与人类白细胞抗原（HLA）多态性之间有很强的遗传相关性（毛俊俊等 2014）。Daly 等（2009）分析了 51 例因氟氯西林引起的 DILI 患者和 282 例对照，发现 *HLA-B*5701* 与 DILI 的发生高度相关（$P=9\times10^{-19}$）。这是迄今为止发现的与 DILI 关联性最强的等位基因，具有里程碑式意义（毛俊俊等 2014）。

许多药物导致的不良反应不只是局限于一种器官，而是全身性反应。阿巴卡韦超敏反应（ABCHSR）是一种多器官综合征，会出现两种或两种以上的不良反应症状，甚至可以导致偶发的致死性超敏反应，如 80% 的病例会出现发热，70% 的病例出现皮疹，其他还包括恶心、呕吐、疲劳、肌肉痛或关节痛、头痛、低血压和各种呼吸系统症状（靳廷丽 2013）。阿巴卡韦（ziagen）作为艾滋病治疗首先抗病毒药物之一，在临床上应用非常广泛。但是据统计 5%~8% 的患者服用阿巴卡韦后会出现 ABCHSR，给患者造成了巨大的痛苦（Hetherington et al. 2001）。研究表明人类白细胞抗原（HLA）的基因编码的蛋白质参与了 ABCHSR。2001 年 Hetherington 等通过 GWAS 分析发现 ABCHSR 患者 *HLA-B57* 阳性基因变异体占 46% 而阴性者仅为 4%，这预示着 ABCHSR 患者与 *HLA-B57* 基因多态性显著相关。之后进行了一项 PREDICT-1 研究，即随机从欧洲地区和澳大利亚共 265 个地区抽取 1956 名患者进行 ABCHSR 和阿巴卡韦关联性研究，结果发现临床诊断 *HLA-B*5701* 试验阳性率为 0%，阴性预测率为 100%，证明此基因可以用于 ABCHSR 的预测（Marsh 2008）。目前，欧美一些国家已经将 *HLA-B*5701* 等位基因筛查应用于阿巴卡韦治疗前的临床常规检测，检测为阳性的患者会选择其他药物代替（靳廷丽 2013）。但是 *HLA-B* 5701* 等位基因与 ABCHSR 的关系在亚洲人的研究中还比较少见。无论如何，*HLA-B* 5701* 等位基因筛查已经成为精准医学在临床上应用的一个经典案例。

作者所在课题组于 2011 年加入了严重药物不良反应国际联盟（iSAEC），该联盟是由全球制药巨头（如雅培、安进、阿斯利康、葛兰素史克、默克、诺华、辉瑞等）、美国 FDA 和全球不同的学术机构（哈佛大学、哥伦比亚大学、利物浦大学等）共同组建而成，主要目的是鉴定和验证能帮助预测药物严重不良反应的遗传标记。作者作为中国区课题总负责人开展中国人群药物不良反应遗传机制研究并且在中国建立了严重药物不良反应样本收集网络。基于此样本库对药物不良反应相关基因进行了深入研究并取得了一定成果。这些针对中国人群的药物不良反应基因多态性研究填补了国内的空白，对指导中国人群个性化用药有重要的意义。

23.3 结 束 语

2015 年是精准医学蓬勃发展的一年，从英国前首相卡梅伦的“十万人基因组测序计划”到奥巴马的“百万美国人基因组计划”，精准医学已经成为未来医学发展的新方向（杨欣 2015）。精准医学致力于针对患者的基因来制订治疗方案，其本质上是对现行的以药物治疗为主体的医疗方式进行根本变革，因而将会影响和改变未来的医疗、药物研发和临床应用。精准医学的目标之一是提供患者个体化诊断、监测、治疗；其基本思想是将临床信息、患者表型与基因蛋白谱进行整合，从而为患者量身制订精准诊断、预后及治疗策略。

在医疗行业，基因组信息将成为临床诊断及治疗方面最重要的参考信息。医生可根据基因图谱为患者设计个性化的诊疗方案，做到因人施药。与此同时，医生甚至可以给新生婴儿建立“基因档案”，根据基因信息对以后的疾病风险进行评估，使其尽早调整生活环境、生活习惯，主动避免疾病的诱发因素，从而避免疾病的发生，真正达到“上医治未病”的目的。在医药方面，未来的药物将会针对每个个体或一小群人进行定制，目前这种一类药物大批量生产及患相同病症后所有人都服用同一种药物的局面将逐渐被淘汰。制药公司由于巨额的药物研发费用将会重组它们的研发系统，基于基因组的研究而开发新药逐渐成为常态。在遗传疾病的治疗方面，因为遗传疾病往往具有家族聚集性的特点，同一姓氏人群更有可能携带相似的遗传信息，通过将某一姓氏成员的基因信息结合其疾病类型集中分析，可以大大简化药物基因组学的研究难度，针对姓氏开发“百家药”将成为可能（贺林 2000）。图 23-2 预测了 2020 年运用精准医学给患者诊疗的过程。

图 23-2 2020 年精准医学诊疗过程（Paranjape 2015）

1. 采集患者影像学、基因组学等信息进行初步分析；2. 进一步分析引起患者疾病的基因及其代谢通路；3. 设计针对基因或者靶标蛋白的靶向药物对患者精准治疗

将精准医学广泛应用到临床还需要很多努力。精准医学的关键之一是将描述性的患者信息表型与大规模的组学数字化信息进行整合；目前急需制定患者信息的管理系统、标准、计算程序 / 软件、分析系统及相关政策。其二，单一基因的靶向治疗还不能有效治疗存在多种遗传变异的复杂性疾病，复杂的遗传变异可能成为精准医学成功实施的巨大障碍。其三，精准医学的发展主要依据基因突变、表观遗传和变异等，迫切需要建立特异性生物标志物库。疾病标志物反映了疾病相关的特异性、动态性、敏感性、可追踪性、稳定性、重复性及可靠性，所以对候选标志物进行验证还需要有清晰的标准，如标志物的人体组织特异性、疾病亚型和级别特异性、临床表型特异性、成效特异性、靶向机制特异性等；另外目前关于分子标记物的研究缺乏大规模的证据和临床试验，一些管理单位可能不认可相关的研究成果（王向东 2015；Relling and Evans 2015）。因此，建立完善的诊疗生物标志物网络还需要很长一段时间。其四，健全的法律法规对精准医学的发展是必要的。个人基因信息作为隐私如何使用，数据的收集、分类、储存、分析、整合的标准如何设立都是亟待解决的问题。其五，广大患者、临床工作者、政府各级领导、社会各界对精准医学的认识还处于初级阶段，还面临着对医生和患者的宣传和再教育问题（周宏灏 2011）。

尽管面临诸多挑战，但精准医学的历史潮流不可逆转。以早期预测、预防和治疗一些重大疾病发生为目的的个体化医学方案已经得以实施，相关分子诊断技术也在快速发展。针对特异性和不良反应相关基因的新药也在临床中开始应用并显露出良好的效果。未来的药物治疗将会更加安全有效，针对个人的点对点的新医疗服务模式必将取代目前的“一刀切”式医疗模式。

参 考 文 献

安瑗，王慧媛，赵志刚，等 . 2011. 他汀类药物的临床合理应用 . 实用药物与临床，14（5）：408-411.

陈锋，杨世民 . 2006. 我国药物不良反应监测体系建设现状与存在的问题 . 医药导报，25（5）：486-488.

邓建伟 . 2007. 他汀类药物转运体的遗传药理学研究 . 长沙：中南大学博士学位论文 .

杜文民，王永铭，程能能 . 2004. 药物不良反应的判定与其研究方法（续一）. 中国药物警戒，1（2）：17-20.

高一鹭，张拥波，李继梅 . 2011. 氯吡格雷、华法林及他汀类药物治疗缺血性卒中的遗传药理学研究 . 中国卒中杂志，06（11）：915-921.

郝金奇，陈怡，李世明，等 . 2012. 尿苷二磷酸葡萄糖醛酸转移酶 1A7 基因多态性与抗结核药致肝损伤易感性的关系 . 中华传染病杂志，30（003）：174-178.

何晓静，汝继玲，肇丽梅 . 2013. *CYP3A4*18B* 基因多态性与卡马西平的疗效和不良反应的相关性 . 中国临床药理学杂志，29（1）：12-14.

河野修己 . 2009. 日本启动“个体化医疗现实化项目”二期工程 . 生物产业技术，4：8-9.

贺林 . 2000. 解码生命：人类基因组计划和后基因组计划 . 北京：科学出版社：283-284.

贺林 . 2015. 新医学是解决人类健康问题的真正钥匙——需“精准”理解奥巴马的“精准医学计划”. 遗传，37（6）：613-614.

侯灿 . 2003. 从层次涌现性展望中西医结合后现代个体化医学 . 中西医结合学报，1（1）：5-8.

靳廷丽 . 2013. *HLA-B*5701* 基因筛选阿巴卡韦药物过敏反应研究进展 . 中国优生与遗传杂志，21（3）：128-129.

李丹，詹启敏 . 2011. 肿瘤个体化医学研究的需求和挑战 . 转化医学研究（电子版），1（1）：69-79.

李梦菲，唐秋莎，陈道桢 . 2014. 肿瘤靶向治疗的研究进展 . 中国医药导报，11（25）：165-168.

刘冰，张智晓，刘钢 . 2015. 微小 RNA 作为感染性疾病标志物的研究进展 . 中国感染与化疗杂志，15（4）：391-394.

刘也良 . 2015. 精准医学时代来临 . 中国卫生，6：64-66.

马葵芬，谢先吉，刘莹，等 . 2013. 细胞色素 P450 酶基因多态性及其介导的药物性肝损伤研究进展 . 中国药理学与毒理学杂志，27（5）：889-892.

毛俊俊，焦正，钟明康，等 . 2014. 药源性肝损害与 HLA 基因多态性的相关性研究进展 . 中国药学杂志，10：806-811.

牛国平，魏园园 . 2014. *CYP2C9* 和 *VKORC1* 基因多态性与华法林剂量关系的研究 . 检验医学，(6)：635-639.

全球癌症报告 . 2014：中国新增和死亡病例世界第一发病率低于发达国家 . http：//www.guancha.cn/life/2014_02_08_204407.shtml[2016-1-25].

史哲，贺蕾，高丽，等 . 2014. *UGT2B7* 基因多态性与抗结核药物性肝损伤的相关性分析 . 中国抗生素杂志，39 (11)：856-860.

孙丹，石奕武，刘智胜 . 2010. 抗癫痫药高敏综合征临床特点与 *HLA-B*1502* 基因的相关性 . 中华医学杂志，90 (39)：2763-2766.

王剑虹，吴洵昳，朱国行，等 . 2012. 中国汉族癫痫患者 *CYP3A5*3* 基因多态性与卡马西平药物浓度的相关性研究 . 中国临床神经科学，20 (6)：638-642.

王琪 . 2011. 个体化医学——从"疾病医学"向"健康医学"转化的必经之路 . 实用检验医师杂志，3 (2)：65-67.

王侠生，廖康煌 . 2005. 杨国亮皮肤病学 . 上海：上海科学技术文献出版社 .

王向东 . 2015. 精准医学：离临床实践有多远 . http：//www.knowgene.com/question/7861[2016-1-20].

王燕，孙燕 . 2005. 肿瘤靶向治疗现状和发展前景 . 中华肿瘤杂志，27 (10)：638-640.

吴翔，李学松，黄立华 . 2011. 舒尼替尼治疗转移性肾癌的疗效和安全性分析：单中心 37 例总结 . 中华泌尿外科杂志，32 (4)：278-281.

肖志芳，毕丽丽，邹伟 . 2011. 脑源性神经营养因子与抑郁症关系的研究进展 . 中国现代医药杂志，13 (10)：117-119.

熊艳 . 2014. 中国人群别嘌呤醇致严重皮肤不良反应的遗传标志物研究 . 长沙：中南大学硕士学位论文 .

杨焕明 . 2015. 奥巴马版"精准医学"的"精准"解读 . 中国医药生物技术，(03)：193-195.

杨欣 . 2015. 精准医学的意义 . 百科知识，(07)：4-6.

杨渊，高柳滨 . 2010. 从文献计量看个性化医学国际发展态势 . 生命科学，22 (10)：1074-1079.

张远，何霞，李刚，等 . 2014. 心血管病药物基因组学研究现状 . 临床心血管病杂志，(08)：657-661.

张远，何霞，喻冬柯 . 2015. 精神类药物的药物基因组学研究进展与临床应用 . 实用药物与临床，18 (6)：729-733.

赵龙廷，赵晟，杨水祥 . 2014. 心血管疾病个体化医学展望 . 中华临床医师杂志（电子版），(06)：1143-1146.

赵敏，施和建 . 2013. 81 例住院患者严重皮肤药物不良反应 / 不良事件分析 . 中国医院药学杂志，33 (16)：1373-1376.

赵清华 . 2014. 德国实施个体化医学研究行动计划 . 全球科技经济瞭望，29 (4)：36-39.

赵晓宇 . 2015. 美国"精准医学计划"解读与思考 . 军事医学，39 (4)：241-244.

周宏灏 . 2011. 个体化医学的现状、挑战与对策 . 中华检验医学杂志，34 (4)：289-292.

周励，孟凡义，金洁 . 2012. 我国慢性髓系白血病患者服用伊马替尼血药浓度的初步分析 . 中华血液学杂志，33 (3)：183-186.

Academies T N. 2011. Toward Precision Medicine：Building a Knowledge Network for Biomedical Research and a New Taxonomy of Disease. US：National Academies Press.

Alving A S，Carson P E，Flanagan C L，et al. 1956. Enzymatic deficiency in primaquine-sensitive erythrocytes. Science，124 (3220)：484-485.

Aranjape K. 2015. Intel precision medicine apr 2015.http：//www.slideshare.net/kparanja/intel-precision-medicine-apr-2015[2015-12-2].

Beaudet. 1999. Making genomic medicine a reality. Am J Hum Genet，64 (1)：1-13.

Center M M，Me J F. 2011. Global cancer statistics. CA：a Cancer Journal for Clinicians，61 (2)：69.

Cescon D W，Bradbury P A，Kofi A，et al. 2009. p53 Arg72Pro and MDM2 T309G polymorphisms，histology，and esophageal cancer prognosis. Clin Cancer Res，15 (9)：3103-3109.

Chang J C，Liu E H，Lee C N，et al. 2012. UGT1A1 polymorphisms associated with risk of induced liver disorders by anti-tuberculosis medications. Int J Tuberc Lung Dis，16 (3)：376-378.

Chung W H，Hung S I，Hong H S，et al. 2004. A marker for Stevens-Johnson syndrom. Nature，428 (6982)：486.

Colin B. 2009. 17m Pound (sterling) Initiative to Evaluate Biomarkers the Medical Tool of the Future，UK.http：//www.medicalnewstoday.com/medicalnews.php？newsid=72439[2016-1-25].

Crawford D C，Nickerson D A. 2005. Definition and clinical importance of haplotypes. Annu Rev Med，56：303-320.

Daly A K，Donaldson P T，Bhatnagar P，et al. 2009. *HLA-B*5701* genotype is a major determinant of drug-induced liver

injury due to flucloxacillin. Nature Genetics，41（7）：816-819.

Dong C，Wong M L，Licinio J. 2009. Sequence variations of ABCB1，SLC6A2，SLC6A3，SLC6A4，CREB1，CRHR1 and NTRK2：association with major depression and antidepressant response in Mexican-Americans. Mol Psychiatry，14（12）：1105-1118.

Doyle D J，Quackenbush J. 1997. Symposium on genomic medicine，University of Maryland. Micro Comp Genomics，2（2）：99-102.

Fornari F，Gramantieri L，Giovannini C. 2009. MiR-122/cyclin G1 interaction modulates p53 activity and affects doxorubicin sensitivity of human hepatocarcinoma cells. Cancer Res，（69）：5761-5767.

Francesca F，Laura G，Catia G，et al. 2009. MiR-122/cyclin G1 interaction modulates p53 activity and affects doxorubicin sensitivity of human hepatocarcinoma cells. Cancer Res，69（14）：5761-5767.

Fudio S，Borobia A M，Piñana E，et al. 2010. Evaluation of the influence of sex and CYP2C19 and CYP2D6 polymorphisms in the disposition of citalopram. Eur J Pharmacol，626（2）：200-204.

Fujii T，Ota M，Hori H，et al. 2012. Association between the functional polymorphism（C3435T）of the gene encoding P-glycoprotein（ABCB1）and major depressive disorder in the Japanese population. J Psychiatr Res，46（4）：555-559.

Grahar B P，Rozman B，Tomšič M，et al. 2008. Genetic polymorphism of CYP1A2 and the toxicity of leflunomide treament in rheumatoid arthritis patients. Eur J Clin Pharmacol，9（64）：871-876.

Hetherington S，McGuirk S，Powell G，et al. 2001. Hypersensitivity reactions during therapy with the nucleoside reverse transcriptase inhibitor abacavir. Clin Ther，23（10）：1603-1614.

Hor K，Taylor M. 2010. Suicide and schizophrenia：a systematic review of rates and risk factors. Journal of psychopharmacology，（24）：81-90.

Jemal A，Bray F，Center M M，et al. 2011. Global cancer Statistic. CA Cancer J Clin，61（2）：69-90.

Jiang J，Zhang X，Huo R，2015. Association study of UGT1A9 promoter polymorphisms with DILI based on systematically regional variation screen in Chinese population. Pharmacogenomics J，15：326-331.

Johnson J A，Gong L，Whirl-Carrillo M，et al. 2011. Clinical pharmacogenetics implementation consortium guidelines for *CYP2C9* and *VKORC1* genotypes and warfarin dosing. Clinical Pharmacology & Therapeutics，90（4）：625-629.

Julia K，Jürgen B. 2005. Clinical consequences of cytochrome P4502C9 polymorphisms. Clin Pharmacol Ther，77（1）：1-16.

Kahyee H，Mark T. 2010. Suicide and schizophrenia：a systematic review of rates and risk factors. J Psychopharmacol，24（4 suppl）：81-90.

Larrey D，Pageaux G P. 1997. Genetic predisposition to drug-induced hepatotoxicity. J Hepatol，26：12-21.

Lindstrom S，Schumacher F，Siddiq A，et al. 2011. Characterizing associations and SNP-environment interactions for GWAS-identified prostate cancer risk markers-results from BPC3. PLoS One，6（2）：e17142.

Little S. 2005. The impact of FDA guidance on pharmacogenomic data submissions on drug development. IDrugs，8（8）：648-650.

Lonjou C，Borot N，Sekula P，et al. 2008. A European study of HLA-B in Stevens-Johnson syndrome and toxic epidermal necrolysis related to five high-risk drugs. Pharmacogenet Genomics，18（2）：99-107.

Ma Q，Lu A Y. 2011. Pharmacogenetics，pharmacogenomics，and individualized medicine. Pharmacol Rev，63（2）：437-459.

Man D M，Farmen D M，Dr M S，et al. 2010. Genetic variation in metabolizing enzyme and transporter genes：comprehensive assessment in 3 major East Asian subpopulations with comparison to Caucasians and Africans. J Clin Pharmacol，50（8）：929-940.

Mangravite L M，Wilke R A，Zhang J，et al. 2008. Pharmacogenomics of statin response. Curr Opin Mol Ther，10（6）：555-561.

Marsh S. 2008. Pharmacogenetics：global clinical markers. Pharmacogenomics，9（4）：371-373.

Meyer U A. 2000. Pharmacogenetics and adverse drug reactions. Lancet，356（9242）：1667-1671.

Misra P A. 2011. Personalized medicine：from concept to reality. http：//www.pharmabiz.com/ArticleDetails.aspx？aid=66621&sid=21[2016-1-25].

Morgan M Y，Reshef R，Shah R R，et al. 1984. Imparied oxidation of debrisoquine in patients with perhexiline liver injury. Gut，25（10）：1057-1064.

Narod S A，Foulkes W D. 2004. BRCA1 and BRCA2：1994 and beyond. Nat Rev Cancer，4（9）：665-676.

Obama. 2015. FACT SHEET：President Obama's Precision Medicine Initiative.https：//www.whitehouse.gov/the-press-office/2015/01/30/fact-sheet-president-obama-s-precision-medicine-initiative[2015-1-30].

Osler W. 1892. The Principles and Practice of Medicine. New York：Appleton and Company.

Pa J，Sm T. 1980. Cellular differentiation，cytidine analogs and DNA methylation. Cell，20（1）：85-93.

Pan Y Z，Morris M E，Yu A M. 2009. MicroRNA-328 negatively regulates the expression of breast cancer resistance protein（BCRP/ABCG2）in human cancer cells. Mol Pharmacol，75（6）：1374-1379.

Paranjape K. 2015. Intel precision medicine apr http：//www.slideshare.net/kparanja/intel-precision-medicine-apr-2015[2015-4-10].

Permuth-Wey J，Thompson R C，Nabors L B，et al. 2011. A functional polymorphism in the pre-miK-146a gene is associated with risk and prognosis in adult glioma. J Neurooncol，105（3）：639-646.

Qin S，Shen L，Zhang A，et al. 2008. Systematic polymorphism analysis of the CYP2D6 gene in four different geographical Han populations in mainland China. Genomics，92（3）：152-158.

Relling M V，Evans W E. 2015. Pharmacogenomics in the clinic. Nature，526（7573）：343-350.

Rs H，Jv H，Sm L. 2008. Molecular origins of cancer：lung cancer. N Engl J Med，359（13）：1367-1380.

Saag M，Balu R，Phillips E，et al. 2008. High sensitivity of human leukocyte antigen-B*5701 as a marker for immunologically confirmed abacavir hypersensitivity in white and black patients. Clin Infect Dis，46（7）：1111-1118.

Shimada T，Tsumura F，Yamazaki H. 2001. Characterization of（+/-）-bufuralol hydroxylation activities in liver microsomes of Japanese and Caucasian subjects genotyped for *CYP2D6*. Pharmacogenetics，11（2）：143-156.

Sim S C，Risinger C，Dahl M L，et al. 2006. A common novel *CYP2C19* gene variant causes ultrarapid drug metabolism relevant for the drug response to proton pump inhibitors and antidepressants. Clin Pharmacol Ther，79（1）：103-113.

Sparreboom A，Gelderblom H，Marsh S，et al. 2004. Diflomotecan pharmacokinetics in relation to *ABCG2* 421C > A genotype. Clin Pharmacol Ther，76（1）：38-44.

Wei Z，Wang L，Zhang M，et al. 2012. A pharmacogenetic study of risperidone on histamine H3 receptor gene（*HRH3*）in Chinese Han schizophrenia patients. J Psychopharmacol，26（6）：813-818.

Wilckens T. 2014. Precision medicine 2014. http：//www.slideshare.net/TWilckens/inn-ventis-precision-medicine2014. [2015-8-11].

Willer C J，Sanna S，Jackson A U，et al. 2008. Newly identified loci that influence lipid concentrations and risk of coronary artery disease. Nat Genet，40（2）：161-169.

Williams R J. 1956. Biochemical Individuality–The Basis for the Genetotrophic Concept. New York：John wiley & Sons.

Xiang Q，Zhao X，Zhou Y et al. 2010. Effect of *CYP2D6*，*CYP3A5*，and *MDR1* genetic polymorphisms on the pharmacokinetics of risperidone and its active moiety. J Psychopharmacol，50（6）：659-666.

Xiong Y，Wang M，Fang K，et al. 2011. A systematic genetic polymorphism analysis of the *CYP2C9* gene in four different geographical Han populations in mainland China. Genomics，97（5）：277-281.

Xiong Y，Wei Z，Huo R，et al. 2014. A pharmacogenetic study of risperidone on chemokine（C—C motif）ligand 2（CCL2）in Chinese Han schizophrenia patients. Prog Neuropsychoph，51：153-158.

Xu Q，Wu X，Li M，et al. 2015. Association studies of genomic variants with treatment response to risperidone，clozapine，quetiapine and chlorpromazine in the Chinese Han population. Pharmacogenomics J. doi：10.1038.

Yang L，Ge W，Yu F，et al. 2010. Impact of *VKORC1* gene polymorphism on interindividual and interethnic warfarin dosage requirement-a systematic review and meta analysis. Thromb Res，125（4）：e159-e166.

Zenz T，Mohr J，Eldering E. 2009. miR-34a as part of the resistance net work in chronic lymphocytic leukemi. Blood，113（16）：3801-3808.

Zhang L，Liu Y，Song F，et al. 2011. Functional SNP in the microRNA-367 binding site in the 3′ UTR of the calcium channel ryanodine receptor gene 3（*RYR3*）affects breast cancer risk and calcification. Proc Natl Acad Sci USA，108（33）：13653-13658.

（秦胜营　周　伟　吴　茜　赵　藜）

24

生殖干细胞研究进展

生殖干细胞（germline stem cell，GSC）是存在于睾丸或卵巢中的一类成体干细胞，它们在自我更新的同时保存分化为精子或卵子的能力，同时具有其他成体干细胞不具备的特性，即将遗传信息传递给后代。它包括位于睾丸曲细精管的精原干细胞（spermatogonial stem cell，SSC）和位于卵巢皮质的雌性生殖干细胞（female germline stem cell，FGSC）或卵原干细胞（oogonial stem cell，OSC）。

在多细胞生物中，生殖细胞特化的方式主要有两种：一种是先成论，即通过母系遗传获得生殖质从而决定生殖细胞，如线虫和果蝇等模式动物；另一种是后成论，即胚胎发育过程中多能性的上胚层细胞获得特定的信号被诱导形成生殖细胞，包括人类在内的几乎所有哺乳动物都采用这种生殖细胞特化的方式。在哺乳动物中，生殖细胞起源于胚胎发育时期形成的原始生殖细胞（primordial germ cell，PGC）。在小鼠中，胚外组织产生的 BMP（bone morphogenetic protein）信号对于 PGC 的形成是必需的，PGC 的出现最早发生在小鼠胚胎发育的 7~7.25dpc（days *post coitum*）（Lawson et al. 1999；Ying et al. 2000，2001；Ying and Zhao 2001）。

随着原肠作用的进行，PGC 开始迁移。在小鼠胚胎发育 8dpc 时，PGC 通过尿囊迁移到后肠中；随后在胚胎发育的 9~11dpc，PGC 经背侧肠系膜迁移到正在发育的生殖嵴中（Richardson and Lehmann 2010）。在迁移过程中 PGC 不断增殖，到 E13.5 时，生殖嵴中 PGC 的数目可达到 25 000 个，并发生全基因组 DNA 的去甲基化、父本及母本印迹的擦除等表观遗传变化。最近，通过单细胞测序技术研究发现，人类的 PGC 也经历着相似的表观遗传变化（Gkountela et al. 2015；Guo et al. 2015；Tang et al. 2015）。

24.1 精原干细胞研究进展

24.1.1 精原干细胞的起源与定位

PGC 到达生殖嵴后，开始转化为性原细胞（gonocyte，在雄性中又称为前体精原细胞），此时的性原细胞停滞于 G0/G1 期，且这种状态会维持至出生后 2 天左右。Yasuda 等于 1986 年根据性原细胞增殖或静息的状态提出 M- 前体精原细胞（mitotic-prospermatogonia）、T1- 前体精原细胞（transitional 1- prospermatogonia）和 T2- 前体精原细胞的概念来描述性原细胞一系列的发育时期。M- 前体精原细胞是一类具有增殖活性的生殖细胞，于小鼠 16.5dpc 左右能转换成 T1- 前体精原细胞并发生停滞。出生后，T1- 前体精原细胞转换为 T2- 前体精原细胞，并获得增殖能力。M- 前体精原细胞远离基底膜，定位于睾丸索中央，而T2-前体精原细胞则已经迁移到曲细精管基底膜处并形成A型精原细胞（Culty 2013；Yoshida et al. 2007）。在啮齿类动物中，可将A型精原细胞细分为A_s、A_{pr}、A_{al}和$A_{1\text{-}4}$型。分化的精原细胞包括中间型（In）和B型精原细胞。B型精原细胞发生减数分裂，通常会形成初级精母细胞、次级精母细胞和精子细胞，并最终形成成熟的精子（de Rooij and Russell 2000）。A_s型精原细胞具有对称和不对称分裂的特征，通常被认为是SSC。Nakagawa等（2010）对上述理论进行了补充，他们研究发现部分A_{pr}和A_{al}型精原细胞能够重新转换为A_s型精原细胞。

SSC定位于曲细精管基底膜处，被Sertoli细胞（支持细胞）包围形成微环境或“龛”调控SSC的自我更新与分化（Brinster 2002）。Yoshida等使用实时观察和三维重构技术发现未分化的精原细胞在曲细精管中更倾向于分布在脉管系统丰富并毗邻睾丸间质（Leydig）细胞和其他间质细胞的曲细精管基膜上，而分化的精原细胞会离开这些微环境并消失在整个基膜中（Yoshida et al. 2007）。SSC数量极少，只占睾丸总细胞数的0.02%~0.03%（Tagelenbosch and de Rooij 1993），制约着SSC自我更新和分化的分子机制的研究。

24.1.2 精原干细胞的培养建系

24.1.2.1 精原干细胞的分离纯化

根据睾丸的结构特性，在分离SSC时，研究者一般会采用机械解离法与酶消化法相结合，较为经典的解离方法是Bellvé在1977年所采用的顺序酶解离法（Bellvé et al. 1977）。顺序酶解离法主要包括三个步骤：机械去除睾丸白膜，反复吹打冲洗去除大部分Leydig细胞，获取曲细精管；单一酶或组合酶消化曲细精管，去除管周细胞和残余的Leydig细胞，获取较为纯净的生精上皮；单一酶或组合酶将生精上皮消化为单细胞悬液。酶解离法得到的细胞悬液主要包含了精原细胞、Leydig细胞和Sertoli细胞，想要得到纯度较高的SSC，还要进一步对其进行纯化。根据细胞大小、比重、表面标记物和贴壁速度的不同，纯化SSC的方法主要有以2%~4% BSA连续梯度作为介质的自然重力沉降法（Bellvé et al. 1977）、单位重力速度沉降法、Percoll密度梯度离心法（de Barros et al. 2012）、流式细胞技术（FACS）、免疫磁珠细胞分离法（MACS）和差异贴壁法（Kanatsu-Shinohara et al. 2003；Ogawa et al. 2004）等。

24.1.2.2 精原干细胞的培养

1998年，Nagano等报道采用STO细胞（来自SIM小鼠胚胎对硫代鸟嘌呤和乌本苷有抗性的成纤维细胞系）作为饲养层对来源于C57BL/6小鼠品系的SSC进行体外培养，培养基是含10% FBS（胎牛血清）的DMEM，部分SSC存活超过132天，将这些SSC移植到受体雄鼠时，能够获得供体细胞来源的生精作用（Nagano and Brinster 1998）。然而这一培养体系并不适用于其他小鼠品系SSC的培养（Nagano et al. 2003）。Shinohara等报道了在体外长期增殖DBA/2小鼠SSC的方法（Shinohara et al. 1999）。基础液是StemPro-34 SFM，培养液中添加多种化学成分和生长因子（包括EGF、FGF2、LIF、GDNF等），血清浓度为1%。在这样的培养体系下，DBA/2小鼠SSC体外维持增殖超过160天，同时保持了干细胞的形态和功能。然而这个培养体系只适用于有DBA/2遗传背景的小鼠，不适

用于其他遗传背景的小鼠如 C57BL/6 或 129/Sv。Kubota 等研究了不同培养条件和单一生长因子对 SSC 的命运决定作用。培养体系结合体内移植实验发现 GDNF 对 SSC 增殖的影响最明显（Kubota et al. 2004a）。随后发现可溶性的 GFRα1（GDNF 受体）和 FGF2 起协同作用促进 SSC 体外增殖（Kubota et al. 2004b）。我们研究团队成功建立了 C57BL/6 小鼠品系的 SSC 系。培养液是含有 10% FBS 的 MEMα，其中添加 LIF 和 EGF 等多种生长因子和化学试剂。此 SSC 系能够体外培养 14 个月，其功能通过移植实验加以确认（Yuan et al. 2009）。一般情况下，SSC 的体外培养需要饲养层细胞，常用到的有 MEF（胚胎成纤维细胞）、STO 和 SNL（转染了白血病抑制因子和抗新霉素基因的 STO 细胞，具有分泌 LIF 和抗 G418 筛选的能力）。不同的饲养层细胞对 SSC 培养有不同的结果，但它们均能有效地促进 SSC 的增殖、维持其未分化的状态和分化潜能。

24.1.2.3 精原干细胞的鉴定

1）形态学特征

前体精原细胞位于出生后 1~4 日龄小鼠的曲细精管中央，直径 20~24μm，具有均质染色质和中央纤维状核仁的圆形核；出生后 3~6 天，SSC 已附着在生精上皮基膜上，形态类似于前体精原细胞，直径 14~15μm，核内有松散的异染色质，核仁内有一明显的网状核仁线（Bellvé et al. 1977，2008）；随后 SSC 紧贴曲细精管基膜，呈圆形或卵圆形，细胞具有较高的核质比，直径 9~12μm，细胞核大，核呈圆形或卵圆形，胞质内除核糖体、线粒体外，其他细胞器均不发达。SSC 在睾丸曲细精管内通常会沿着曲细精管基膜出现成群或者成簇的生长，而这些细胞群落的大小不是很一致，通常由数个细胞组成，细胞间由胞质桥相连（de Rooij and Russell 2000）。在 SSC 分裂时，这些胞质桥在分裂末期不完全结束时，会留下这个明显的胞质连接区域（Chiarini-Garcia and Russell 2001）。体外培养的 SSC 能形成 8~100 个细胞组成的细胞团。这些细胞克隆形态不规则，细胞轮廓不清楚，细胞间由胞质桥相连（Ogawa et al. 2004）。在培养的开始几天，SSC 形成 2~16 个由胞质桥相连的链状细胞串，随着培养的继续，细胞克隆逐渐增大，呈现不规则的大小不等的克隆（Kanatsu-Shinohara et al. 2004，2005；Ogawa et al. 2004）。

2）精原干细胞标志物

科研人员利用 SSC 移植、FACS 及 MACS 等手段，鉴定了一些 SSC 的标志物。Shinohara 等（1999）使用 FACS 筛选到了 SSC 的两个表面标志物 β1- 整合素和 α6- 整合素。Kubota 等（2004a）用 FACS 结合 SSC 移植技术，分析了小鼠的生精上皮细胞，发现 SSC 表面表达高水平的 Thy-1（CD90）。Shinohara 等利用抗 CD9 的抗体将小鼠和大鼠 SSC 富集到了 5~7 倍，因此确定了 CD9 也可作为小鼠和大鼠 SSC 的表面标志物（Kanatsu-Shinohara et al. 2004）。另外，GFRα1 和 c-Ret 作为 GDNF 因子的受体，在 SSC 上丰富表达（Buageaw et al. 2005；He et al. 2007；Hofmann et al. 2005；Naughton et al. 2006）。Yoshida 等（2004）利用转基因和条件敲除的方法，找到了早期未分化的精原细胞的标志物 Ngn3。Sada 等（2009）发现 Nanos2 在精原细胞中表达并能够维持 SSC 的自我更新。利用 SSC 转基因模型，科研人员证明了 Stra8 在未分化的精原细胞中高表达（Giuili et al. 2002；Guan et al. 2006；Sadate-Ngatchou et al. 2008）。除此之外，SSC 具有较弱的碱性磷酸酶活性（Kanatsu-Shinohara et al. 2004），还表达 *Oct4*（Dann et al. 2008）、*CD24*（Kubota et al.

2003）、*Plzf*（*Zbtb16*）（Costoya et al. 2004）、*ID4*（Chan et al. 2014）、*CDH1*（Tokuda et al. 2007）和 *Utf1*（van Bragt et al. 2008）等基因，以上这些分子可以用来鉴定 SSC。

3）精原干细胞的自我更新

与其他干细胞一样，SSC 也具有自我更新能力。SSC 受到外源性和内源性因子的调控，维持其自我更新。

在 SSC 培养体系中经常添加 GDNF（胶质细胞源神经营养因子）来维持 SSC 的增殖。小鼠睾丸中的 GDNF 由 Sertoli 细胞、周肌样细胞及 Leydig 细胞分泌（Meng et al. 2000；Yu et al. 2003），它通过与 SSC 膜上的 GFRα1 和 C-Ret 受体复合物结合，启动细胞内多条信号通路（包括 PI3K/AKT、SFK 和 MAPK 等），实现对 SSC 的调控（Mei et al. 2015）。FGF2 是另外一种维持 SSC 自我更新的因子。GDNF 和 FGF2 都能激活 MAPK 信号通路，但 FGF2 发挥了更大的作用。在培养液中添加 MAPK 的激活成分能替代 FGF2，从而验证了 FGF2 通过激活 MAPK 信号通路发挥作用。同时 FGF2 也能通过 MEK 信号通路实现 SSC 的自我更新（Mei et al. 2015）。由 Leydig 细胞分泌的 CSF1（集落刺激因子 1）是 SSC 微环境的重要组成成分。Oatley 等发现 CSF1 受体基因（*Csf1r*）高量表达在 $THY1^{+}$ 细胞中，暗示它在未分化的精原细胞中发挥重要作用。在培养液中添加 CSF1 能显著增加 SSC 的数目，并通过移植实验加以确认（Oatley et al. 2009）。Wnt5a 由 Sertoli 细胞分泌，其受体表达在未分化的精原细胞膜上。在培养液中添加 Wnt5a 可以显著增加 SSC 的数目，说明 Wnt5a 对 SSC 的自我更新和增殖起促进作用（Yeh et al. 2011）。我们团队发现 STPB-C（短型 PB 钙黏蛋白）通过启动 JAK-STAT 信号通路，抑制前体精原细胞的凋亡，从而促进其存活与增殖（Wu et al. 2005），以及通过调控多个信号通路促进 SSC 自我更新（Wu et al. 2008）。此外，活性氧（Morimoto et al. 2013，2015）也参与了 SSC 的自我更新。

Oatley 等（2006）使用 DNA 芯片技术发现 6 个受 GDNF 调控的内源性因子（Bcl6b、Etv5（又名 Erm）、Lhx1、Egr2/3 和 Tspan8）。使用靶向 siRNA 转染技术并结合移植实验发现降低 Bcl6b 的转录水平能显著减少 SSC 集落的形成，促进生殖细胞凋亡；而 *Bcl6b* 基因敲除小鼠呈现曲细精管中仅有 Sertoli 细胞的表型，说明 Bcl6b 对维持 SSC 的存活发挥着重要作用（Oatley et al. 2006）。*Etv5* 敲除小鼠经历第一波生精周期后，曲细精管内只有 Sertoli 细胞存在，如将敲除该基因的小鼠的生殖细胞植入 W/W^{V} 小鼠后，则没有细胞克隆和精子的形成，从而说明 Etv5 对 SSC 的存活和数量稳定具有重要作用（Chen et al. 2005）。基因表达谱芯片发现，通过 RNAi 干扰 *Etv5* 的表达会下调影响 SSC 增殖的三个重要因子 Bcl6b、Lhx1 和 Brachyury（Wu et al. 2011）的表达水平。*Id4*（淋巴瘤细胞 DNA 结合抑制因子 4）特异性地表达于小鼠部分 A_s 型精原细胞中。*Id4* 敲除小鼠表现出年龄依赖性的生殖细胞缺失，用 siRNA 转染技术结合移植实验发现，降低 *Id4* 的转录水平能显著抑制 SSC 增殖，但不影响生殖细胞数目的增加，说明 ID4 在 SSC 维持中发挥重要作用（Oatley et al. 2011）。Pou3f1 在小鼠精原细胞中表达，受 GDNF 介导的 PI3K/AKT 信号通路调控。siRNA 转染技术和移植实验表明，降低 Pou3f1 的表达水平导致 SSC 数量显著减少，生殖细胞凋亡增加（Wu et al. 2010）。

除了依赖于 GDNF 和 FGF2 等的外源性因子，还有一些独立于上述系统的内源性因子参与 SSC 的自我更新。Plzf（早幼粒细胞白血病锌指蛋白）是一种具有序列特异性 DNA

结合活性的转录抑制因子，表达于未分化的精原细胞中，是维持 SSC 自我更新过程中所必需的转录因子。Plzf 突变会使 SSC 无法维持自我更新，导致 SSC 在睾丸内逐渐消亡（Buaas et al. 2004）。Filipponi 等（2007）发现 Plzf 直接与 C-kit（精原细胞分化的标志物）的启动子区域结合从而抑制 C-kit 的表达。而 Sall4 能拮抗 Plzf，增加 Sall4 的表达会上调 C-kit 的表达（Hobbs et al. 2012）。Sall4 和 Plzf 的相对水平和相互影响决定了 SSC 的状态。Taf4b 在精原细胞和 Sertoli 细胞中均有表达，在 SSC 的维持方面发挥重要作用。Taf4b 缺失的小鼠随着年龄的增加而出现生殖细胞缺失，将正常 SSC 移植到 Taf4b 缺失的小鼠睾丸中出现正常的精子发生（Falender et al. 2005），可见 Taf4b 对 SSC 生存的维持也是至关重要的。除此之外，Nanos2（Sada et al. 2009）、Oct4（Dann et al. 2008）和 Foxo1（Goertz et al. 2011）等都参与了 SSC 的自我更新。虽然调控 SSC 自我更新的因子很多，但对这些因子的相互作用知之甚少。我们团队基于 23 个维持 SSC 自我更新的关键因子构建了一个蛋白质互作网络，发现这 23 个关键基因可通过另外 94 个基因连接起来组建蛋白质互作网络（Xie et al. 2015）。

4）精原干细胞的体内移植

SSC 移植是指将供体动物的 SSC 移植到雄性受体曲细精管内。移植的 SSC 能够与宿主的 Sertoli 细胞相互作用，使之定位于基膜上并开始自我更新，分化产生有功能的精子。Brinster 等于 1994 年建立了 SSC 的移植技术，以 *LacZ* 作为报告基因，利用显微注射技术将正常小鼠 SSC 移植到化疗（白消安处理）后的或遗传缺陷的小鼠曲细精管中，SSC 在受体内出现自我更新和分化，并产生成熟精子，报告基因 *LacZ* 也可遗传到子代中（Brinster and Avarbock 1994）。SSC 移植技术除了睾丸曲细精管注射，还有睾丸网注射与睾丸输出管注射。睾丸曲细精管注射法和睾丸输出管注射法不适用于大型动物，而睾丸网注射法适用于大型动物。睾丸输出管注射法是将细胞悬液从睾丸输出管注入受体睾丸，因睾丸输出管与睾丸网、曲细精管相连，所以此注射方法能使供体 SSC 悬液迅速分布到曲细精管。睾丸网注射是直接将注射针插入睾丸网中注射细胞悬液，使供体细胞悬液流向各条曲细精管。Ogawa 等（1997）详细描述了睾丸输出管注射法和睾丸网注射法，并与曲细精管注射法进行了比较。

24.1.2.4 精原干细胞的体外诱导分化

精子发生是一个有序的发育过程，任何一个环节出现问题都会导致雄 / 男性不育。SSC 体外诱导分化能帮助我们理解精子发生的机制。Hikim 等使用曲细精管培养体系结合重组人促卵泡素成功诱导大鼠初级精母细胞生成包含顶体的精子细胞（Hikim and Swerdloff 1995）。Feng 等建立了端粒酶永生化的 A 型精原细胞系，在培养液中加入 SCF（由 Sertoli 细胞分泌，能调控精子发生），这些细胞能分化为精母细胞和精细胞（Feng et al. 2002）。另外，Bmp4、Activin A 及 Sertoli 细胞都能诱导 SSC 的体外分化（de Rooij 2009）。Yang 等联合使用 RA 和 SCF，成功将来自于隐睾症患者的 SSC 体外诱导分化为单倍体的生殖细胞，实施圆形精子显微注射（round spermatid injection，ROSI）后，这些细胞能使小鼠卵母细胞进入胚胎发育阶段（Yang et al. 2014）。Lee 等从非梗阻性无精子症患者睾丸中分离得到 SSC 样细胞（OCT4，β1 整合素双阳性），诱导分化后，他们得到了能激活人类卵母细胞的单倍体生殖细胞。

器官培养是诱导 SSC 体外分化的另一个策略。早在 1937 年，就有科研团队致力于体外诱导精子的研究，Martinovitch（1937）将新生小鼠的睾丸组织块体外培养 11 天，曲细精管内出现了发生减数分裂的精母细胞。Sato 等发现在器官培养液中使用血清替代物比胎牛血清更容易促进培养的睾丸组织完成减数分裂并形成精细胞和精子（Sato et al. 2011a）。该课题组随后将 SSC 注射到曲细精管中并实施器官培养，他们发现 SSC 能形成单倍体的配子，且这些细胞是可育的，显微注射后能产生后代（Sato et al. 2011b）。该课题组也证明了他们的器官培养体系能够体外矫正精子发育缺陷的小鼠。在培养体系中添加 CSF-1 和 SCF，Sl/Sld 小鼠来源的睾丸组织能够完成精子发生（Sato et al. 2012）。

24.1.2.5 精原干细胞的转分化与去分化

转分化是指在某些理化因素作用下，一种类型的细胞或组织通过转变，会形成另一种类型的正常细胞或组织的情况（Eguchi and Okada 1973）。SSC 在特定环境下能转分化为非生殖系细胞。Boulanger 等（2007）将乳腺细胞与 SSC 混合，然后将其移植到小鼠乳房脂肪垫中，数周后发现 SSC 可以直接转变成乳腺上皮祖细胞，并分化为有功能的乳腺上皮细胞。Simon 等（2009）证明当精原干 / 祖细胞与合适的间充质细胞混合并移植到体内后，精原细胞能直接转分化为包括前列腺上皮、子宫上皮和皮肤上皮在内的所有胚层的细胞。Ning 等（2010）在骨髓中植入 SSC（$CD49^+$），能够形成具有造血细胞形态和功能特性的细胞。Zhang 等（2013）开发了体外直接诱导 SSC 为肝样细胞的方法，这些肝样细胞从形态、表型和功能上与正常肝细胞类似。因此，当 SSC 处于一个特定分化的微环境中时，可以通过转分化形成一些非生殖细胞类型的细胞。

SSC 具有分化为精子的单向分化潜能，然而，越来越多的实验证实 SSC 在特定培养条件下能转换为多潜能干细胞。Kanatsu-Shinohara 等（2004）研究发现新生小鼠睾丸中的 SSC 能够转换为胚胎干细胞（ESC）样细胞，这些细胞能够分化成多种细胞类型，同时也能形成畸胎瘤和嵌合小鼠。这些发现充分证明 SSC 在特定培养条件下能够获得多潜能性。随后，成年小鼠的 SSC 也被证明能够转换成为 ESC 样细胞（Guan et al. 2006）。这些 ESC 样细胞与幼年 SSC 转换来的 ESC 样细胞具有相似的表型和基因表达谱。2007 年，研究证实 $GPR125^+$ 生殖祖细胞也能被诱导获得多潜能性，同样具有分化为三个胚层细胞和产生嵌合胚胎的能力（Seandel et al. 2007）。然而，由于缺乏 SSC 特异性的标志物，无法判断这些 ESC 样细胞的来源。Kim 等（2010）鉴定了 SSC 转换为 ESC 的三个阶段，即 SSC 时期、转换间期和 ESC 样时期。这一研究或许能帮助我们研究上述转换过程中的机制。

24.2 雌性生殖干细胞研究进展

24.2.1 雌性生殖干细胞的研究历史

19 世纪之前，科学界一般认为出生后的哺乳动物卵巢中卵母细胞的数目是固定不变的，且随着年龄的增加其数目不断下降（Tilly et al. 2009）。1870 年，Waldeyer 最早提出“固定的卵泡池”理论，他认为雌性哺乳动物在出生时或出生后不久即停止卵子发生，卵泡池

固定不再更新。然而，此后人们对出生后雌性哺乳动物卵巢中是否有新的卵子发生进行了激烈的争论。1923 年，Allen 等发表论文指出卵母细胞在整个生育期中都在不断再生，发情期的成年小鼠卵巢中有 400~500 个新的卵母细胞生成。1932 年，Evans 等认为卵巢生殖上皮的增殖产生新的卵母细胞（Evans and Swezy 1932）。

Zuckerman（1951）试图通过对 1900~1950 年发表的关于卵子发生的文献资料的研究来确定是否有足够的证据来支持出生后哺乳动物卵巢中有新的卵母细胞再生。他发现对多个物种（大鼠、恒河猴、兔子、狗、几内亚猪和人）不同年龄阶段的卵巢中卵母细胞计数，卵母细胞的数目随着年龄的增加而减少。因此，他认为没有实验证据支持出生后的哺乳动物卵巢中存在卵子的重新生成。1951 年，Zuckerman 发表的这篇总结性论文使学术界广泛接受了哺乳动物“固定的卵泡池”理论。此后该理论一直雄踞生殖生物学领域，成为生殖生物学领域的“中心法则”。“固定的卵泡池”理论似乎很容易解释雌性哺乳动物存在绝经期这一卵巢衰退较早的自然现象。然而，果蝇（Spradling et al. 2011）、线虫（Kershner et al. 2013）等低等无脊椎动物，青鳉鱼（Nakamura et al. 2010）、斑马鱼（Draper et al. 2007）等硬骨鱼类的卵巢中都存在 GSC，在雄性哺乳动物的睾丸中（Brinster 2007）也存在 GSC。GSC 能够进行自我更新和分化，从而形成新的配子。从进化生物学的角度来看，此理论很难解释为什么雌性哺乳动物不利用 GSC 产生新的配子，而要用含有更多遗传突变的陈旧配子繁衍后代。

2004 年，Johnson 等通过对幼年及成年小鼠卵巢中闭锁和未闭锁的卵泡数目进行计数，发现卵泡闭锁的发生率高于未闭锁卵泡数目的减少率，并且据他们观察，成年小鼠卵巢中未成熟卵泡闭锁的发生率高达 33%，按照“固定的卵泡池理论”，卵泡应该很快消失殆尽，然而事实并非如此。上述实验结果提示出生后的哺乳动物卵巢中卵泡和卵子在不断更新。然而，次年同一实验室即 Johnson 等将健康小鼠的骨髓或外周血移植到经化学药物处理导致卵巢功能衰退的小鼠中，发现在受体小鼠卵巢内产生了供体来源的卵母细胞样细胞。据此，他们推断上述出生后哺乳动物卵巢的增殖活动（即卵泡和卵子在不断更新）来源于骨髓或外周血的类 GSC（Johnson et al. 2005）。但很快 Eggan 等（2006）通过对循环系统相连的小鼠进行研究，推翻了此结论。此时，关于哺乳动物雌性生殖细胞再生的研究偏离了正确方向，一些研究人员试图从卵巢外（Johnson et al. 2005）或者卵巢上皮细胞（Bukovsky et al. 2005；Virant-Klun et al. 2008）中寻找雌性生殖细胞再生的来源。

直到 2009 年，我们团队率先获得了直接的实验证据，揭示成年雌性哺乳动物卵巢中存在能够进行卵子再生的 FGSC，此研究结果不仅对“固定的卵泡池”理论发出了强有力的挑战，而且将哺乳动物卵巢中雌性生殖细胞再生的研究引入正确航道。我们利用两步酶消化法结合 Mvh（生殖细胞的标志物）免疫磁珠从新生及成年小鼠的卵巢中分离与纯化出一类表达 Mvh 的细胞。免疫细胞化学显示此类细胞大部分为 BrdU（DNA 复制能力的标记）和 Mvh 双阳性，说明出生后的哺乳动物卵巢中存在具有有丝分裂活性的生殖细胞，并定位该类细胞至卵巢皮质近表面。按照传统的“固定的卵泡池”理论，出生后卵巢中所有的生殖细胞已发育到第一次减数分裂前期的双线期，不可能存在进行 DNA 复制的生殖细胞。此双阳性细胞可在体外长期培养建系，具备高端粒酶活性，表达生殖细胞特异的标记基因，也表达干细胞和部分 PGC 特异的标记基因，但不表达减数分裂和卵母细胞的标记基因。将其移植到经药物处理的不育小鼠卵巢内能使受体小鼠恢复生育能力（Zou et al. 2009）。因此，这种细胞为FGSC（图24-1）。

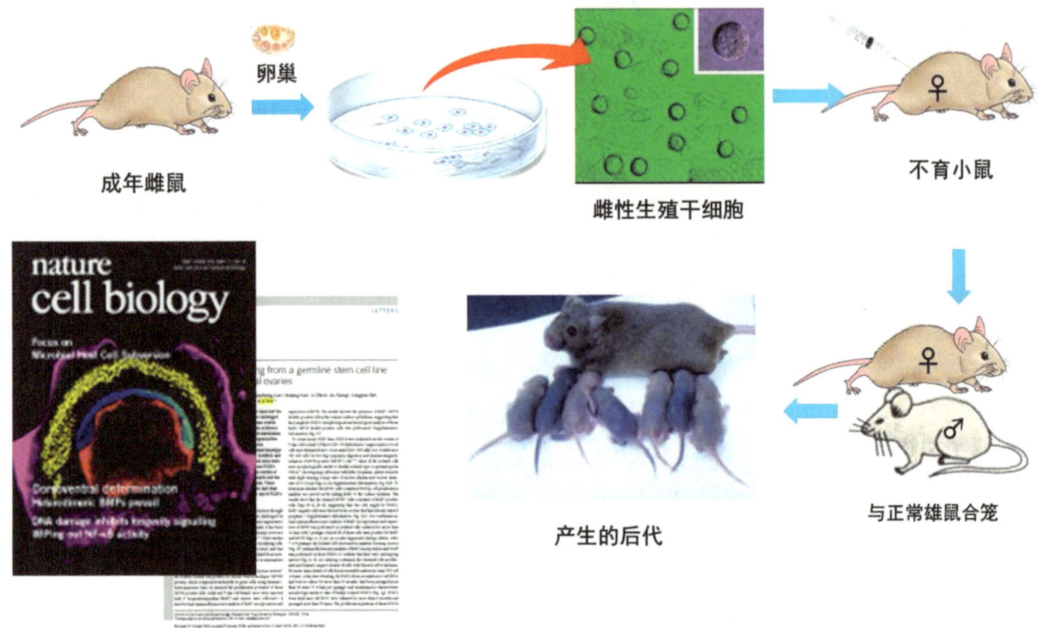

图24-1　雌性生殖干细胞的研究过程及特征

2010年，Pacchiarotti等验证了我们的实验结果，在体外建立了出生后小鼠的FGSC系，并对其体外分化能力进行初步研究。为提高FGSC纯化效率，我们研究团队又尝试从大量的生殖系特异标志物中筛选出膜蛋白标志物Fragilis用于FGSC的免疫磁珠纯化。结果发现，基于Fragilis蛋白的免疫磁珠分选能够显著提高FGSC的纯化效率（Zou et al. 2011）。2011年，我们又通过FGSC快速高效地建立了多个转基因小鼠模型（Zhang et al. 2011）。2012年，White等基于DDX4（在小鼠中又名Mvh）抗体的FACS重复证实了我们团队在小鼠中的研究结果，并且他们从育龄妇女的卵巢皮质中分离到了有丝分裂活跃的GSC。2013年，Park等研究表明Bmp4能够通过Smad1/5/8信号通路促进小鼠FGSC体外分化。2014年，我们团队从大鼠的卵巢中分离出FGSC，并基于大鼠的FGSC系得到了*fat-1*转基因大鼠（Zhou et al. 2014）。随后，我们团队对FGSC和SSC进行比较，发现FGSC在形态学和基因表达谱等方面与SSC具有相似性（Xie et al. 2014）。另外，我们团队还发现，FGSC能够像SSC一样，在特定的体外培养条件下转换为FGSC源性多潜能干细胞（Wang et al. 2014）。

研究人员已经从小鼠、大鼠和育龄期妇女的卵巢中发现FGSC。相信，不久的将来会有更多哺乳动物物种的FGSC被发现。这表明，出生后的卵子再生现象普遍存在于雌性哺乳动物和人类中。虽然近来也有反对“卵子再生理论”的研究结果发表（Lei and Spradling 2013；Zhang et al. 2012），但是越来越多的证据表明出生后的雌性哺乳动物卵巢中存在GSC。或许这两种研究结果不存在根本的对立，而是卵巢较为复杂的生物学特征及FGSC的稀少性（FGSC在小鼠卵巢细胞中所占的比例仅为0.014%±0.002%）（White

et al. 2012）所致。另外反对卵子再生理论的研究并未根据我们报道的实验方法分离纯化 FGSC，以及并未对每个生殖细胞进行追踪等原因导致不同的结果。因此，对于哺乳动物卵巢内 FGSC 的研究任重而道远，我们需要更多的研究去进一步揭开 FGSC 的神秘面纱。

24.2.2 雌性生殖干细胞的分离培养和生物学特征

免疫组织化学研究表明，FGSC 定位于卵巢皮质近表面，为 BrdU 和 Mvh 双阳性的细胞（Zou et al. 2009）。研究人员相继从小鼠（Zou et al. 2009）、育龄期妇女（White et al. 2012）和大鼠（Zhou et al. 2014）的卵巢中分离出 FGSC。下面以小鼠为例，简要介绍 FGSC 的分离、纯化、培养和生物学特征。FGSC 的分离方法为首先通过机械的方法将卵巢组织尽量剪碎，然后对组织碎片进行胶原酶和胰酶两步酶消化。随后将分离得到的细胞通过抗 Mvh 的 C 端基序抗体经 MACS 或 FACS 的方法进行 FGSC 纯化（Woods and Tilly 2013；Zou et al. 2009），或者基于 Fragilis 抗体进行免疫磁珠纯化。后者可提高 FGSC 纯化效率进而提高建系成功率（Zou et al. 2011）。

分离纯化的 FGSC 具有与 SSC 相似的形态学特征，细胞呈圆形或卵圆形，直径 12~20μm，细胞核和细胞质界限明显，具有较大的核质比（Xie et al. 2014；Zou et al. 2009）。体外，FGSC 可在添加有 LIF、GDNF、EGF 和 FGF2 等细胞因子的培养液中，以经丝裂霉素 C 处理过的无有丝分裂活性的小鼠胚胎成纤维细胞（MEF 或 STO）作为饲养层进行培养。体外培养两天后，FGSC 快速增殖，由于胞质分裂不完全，其呈串珠状生长，细胞之间以胞质间桥相连，这与 SSC 的生长特征类似（图 24-2，图 24-3）。经数次传代后，FGSC 形成不同于胚胎干细胞样克隆的细胞边界模糊的集落。分离自新生小鼠卵巢中的 FGSC 可以在体外长期培养达 15 个月，分离自成年小鼠卵巢中的 FGSC 可在体外培养 6 个月以上（Zou et al. 2009）。

基因表达谱芯片研究表明，FGSC 与 SSC 具有相似的表达谱特征（Xie et al. 2014）。新分及体外培养的 FGSC 稳定地表达 *Mvh*、*Oct4*、*Fragilis*、*Stella*、*Rex1*、*Dazl*、*Blimp-1* 等生殖系细胞特异的标志物，不表达 *Nanog* 和 *Sox2* 等多潜能性的标志物，且不表达干细胞分化或减数分裂的标志物 *C-Kit*、*Scp1-3* 及卵母细胞的标志物 *Zp3* 等。FGSC 呈碱性磷酸酶弱阳性。长期培养的 FGSC 仍然保持 40，XX 的正常核型及高端粒酶活性（Zou et al. 2009）。这些都与 FGSC 成体干细胞的身份相一致。通过对 FGSC 基因组 DNA 进行重亚硫酸盐限制性内切酶分析，发现其母源性印记区域部分甲基化，父源性印记区域去甲基化，表明 FGSC 基因组 DNA 的印记模式为母本印记（Zou et al. 2009）。另外，与 SSC 类似，FGSC 可以在体外特定条件下转换为 ESC 样细胞，这些 FGSC 来源的 ESC 样细胞在基因组印记模式、分化潜能及嵌合体形成等方面具有与 ESC 相似的特征（Wang et al. 2014）。

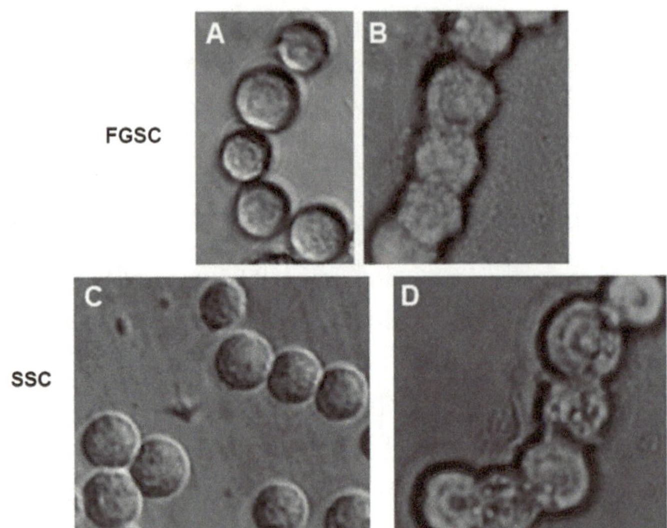

图 24-2 雌性生殖干细胞具有与精原干细胞相似的形状和生长方式（Xie et al. 2014）
A. 刚分离的雌性生殖干细胞形状；B. 雌性生殖干细胞呈串珠状生长；C. 刚分离的精原干细胞形状；D. 精原干细胞呈串珠状生长

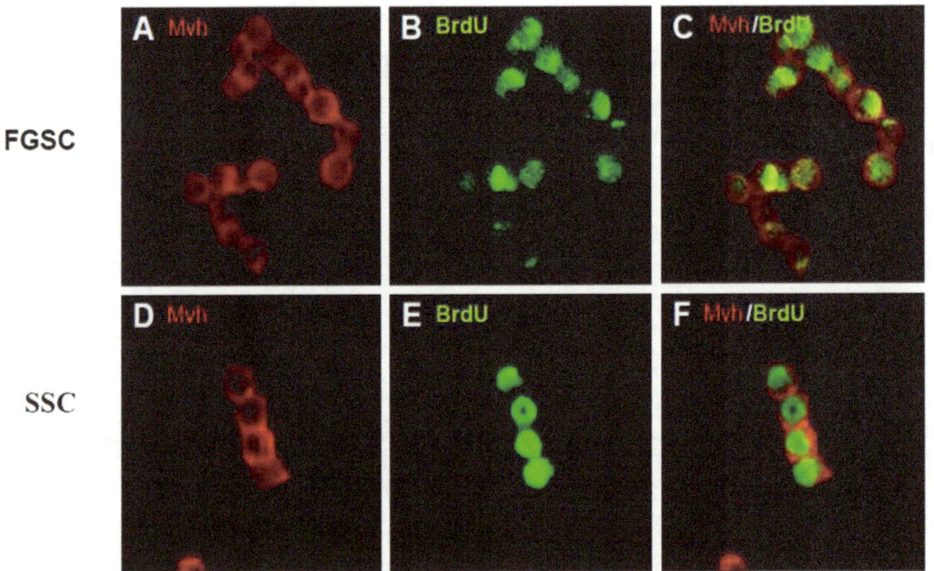

图 24-3 雌性生殖干细胞具有与精原干细胞相似的增殖能力（Xie et al. 2014）
A. 雌性生殖干细胞表达 Mvh；B. 雌性生殖干细胞表达 BrdU；C. Mvh 与 BrdU 在雌性生殖干细胞中的共表达；D. 精原干细胞表达 Mvh；E. 精原干细胞表达 BrdU；F. Mvh 与 BrdU 在精原干细胞中的共表达

24.2.3 雌性生殖干细胞的衰老

按照传统的“固定的卵泡池”理论，随着时间的推移、年龄的增长，卵巢中的卵泡耗尽，雌性哺乳动物或女性人群进入绝经期而失去生育能力。然而，越来越多的研究结果

表明，出生后的雌性哺乳动物卵巢中存在能够进行卵子再生的 FGSC。既然出生后的哺乳动物卵巢能够进行新的卵子发生，那么雌性哺乳动物为什么还会有绝经期？这一看似矛盾的问题可以通过 FGSC 的衰老进行解释。随着年龄的增长，一方面可能是衰老的 FGSC 卵子发生的速率减慢甚至失去卵子发生的能力，另一方面可能是构成 FGSC 微环境的卵巢体细胞的衰老，不能支持 FGSC 的卵子发生。事实上，哺乳动物机体的衰老在很大程度上与干细胞的衰老有关，造血干细胞、神经干细胞、肌肉干细胞等都会随着衰老而功能衰退（Signer et al. 2013）。与其他类型的干细胞一样，哺乳动物卵巢中的 FGSC 可能同样经历着衰老的过程，逐渐失去自我更新和分化的潜能。果蝇 FGSC 的衰老已经有比较明确的研究结果，伴随着 FGSC 分裂速率的下降及发育中的卵母细胞凋亡的增加，老年果蝇的卵母细胞产生明显减少。并且，GSC 微环境中的某个衰老相关的信号通路可能影响 FGSC 的再生能力（Zhao et al. 2008）。GSC 微环境产生的 BMP 信号分子的减少、E- 钙黏蛋白介导的 GSC 微环境细胞的黏附降低及有害活性氧种类的增加都可能是导致衰老相关卵子发生减少的因素，对这些因素的操控能够延长果蝇 FGSC 的生命周期（Pan et al. 2007）。Pacchiarotti 等（2010）研究发现，从小鼠卵巢中分离出的 FGSC 的数目随着小鼠年龄的增加而减少。并且，有研究发现，老年小鼠卵巢中的 FGSC 必须移植到年轻小鼠的卵巢中才能进行卵子发生，提示 FGSC 所处的卵巢环境影响 FGSC 的卵子发生能力（Niikura et al. 2009）。因此，绝经期的存在和哺乳动物卵巢中存在能够进行卵子再生的 FGSC 并不矛盾。事实上，绝经和出生后的哺乳动物卵巢进行新的卵子发生共存，绝经可能是由 FGSC 及构成 FGSC 所处的微环境的卵巢体细胞衰老所致。

24.3 展　望

24.3.1 生殖干细胞自我更新和分化机制研究

虽然对 SSC 自我更新和分化机制研究得比较多，但由于缺乏 SSC 特异性的分选标记及 SSC 体外建系比较困难，制约着 SSC 的体外研究。精子发生是一个受到高度调控的有序过程，如何在体外高效地分化出有功能的精细胞或精子，也是未来研究的一个方向。与 SSC 的研究相比，FGSC 是一个新的研究领域，其自我更新和分化机制还是一块处女地。探讨 FGSC 自我更新与分化的分子机制是我们目前与未来最重要的研究方向。

24.3.2 生殖干细胞在转基因动物构建方面的研究

由于 GSC 具有将遗传信息遗传给后代的特性，因此在转基因动物制备方面更具优势。将外源基因转入体外培养的 GSC，使之整合在细胞染色体上，传代培养后再移植到动物的睾丸曲细精管或卵巢中，受体动物产生的精子或卵子就有可能携带外源基因的信息，其子代动物就可以携带该外源基因。从原理上讲，这项技术有着比传统转基因包括原核注射和基因转入 ESC 更为简便的优点，所以备受人们的关注，使用 SSC 已经构建了多种转基因动物（Hamra et al. 2005，2002；Nagano et al. 2001，2000）。与 SSC 相比，基于 FGSC 能更加快速高效地得到转基因动物。我们团队用携带有 *GFP* 报告基因的反转录病毒感染 FGSC，移植到化学药物处理后的不育雌鼠卵巢中，与野生型雄鼠交配后，得到

GFP 转基因后代（Zou et al. 2009）。随后，我们团队用携带有 *GFP*、*Oocyte-G1* 和 *Dnaic2* 等的重组反转录病毒载体颗粒感染 FGSC，以及用 *Oocyte-G1* 特异的 shRNA 表达载体转染 FGSC，得到相应的转基因或基因沉默小鼠（Zhang et al. 2011）。另外，我们团队用类似的方法成功得到 *fat-1* 转基因大鼠（Zhou et al. 2014）。最近，基因编辑技术与 SSC 相结合催生出了更广阔的应用前景。我国科研人员在 SSC 中通过 CRISPR-Cas9 技术修复遗传缺陷从而获得完全修复的小鼠。他们从白内障小鼠的睾丸中分离 SSC 并建立了 SSC 系，该细胞携带了纯合的遗传突变。使用 CRISPR-Cas9 技术修复遗传缺陷的 SSC，然后移植到雄性不育受体睾丸中，通过球形精子注射获得了白内障修复的小鼠（Wu et al. 2015）。随后，美国和日本科研人员将基因编辑技术应用于 SSC 并产生转基因动物（Chapman et al. 2015; Sato et al. 2015）。CRISPR-Cas9 技术应用于 FGSC 将丰富转基因动物的制备技术。

24.3.3 生殖干细胞的临床应用

男性不育主要以精子发生障碍引起的无精子症和少精子症为主。SSC 的飞速发展在治疗男性不育方面有着广阔的临床应用前景。对于少精子症患者可以使用辅助生殖技术进行治疗。对于严重的精子缺失和精子成熟停滞的患者，可以考虑将患者的 SSC 进行异体移植或体外器官培养获取单倍体生殖细胞。另外，对于需要进行放疗或化疗的患者而言，治疗前富集 SSC，进行体外扩增，治疗后自体移植可以重新恢复患者的生育力（Brinster 2007）。FGSC 也能通过相同的方式保存女性的生育力。同时，FGSC 能给年龄相关的不孕不育及卵巢早衰的患者带来希望。研究表明，老年小鼠的卵巢中仍然具有少量的 FGSC，将这些 FGSC 移植到年轻小鼠的卵巢中仍能够进行卵子发生（Niikura et al. 2009）。因此，围绝经期的女性或者卵巢早衰的女性卵巢中可能会有少量的 FGSC。虽然这些 FGSC 在自身衰老的卵巢环境中可能无法进行卵子发生，但是其体外培养和分化可以为 IVF 提供卵母细胞来源。毫无疑问，如果 FGSC 能够在体外发育成为成熟的、基因组印记正确的卵母细胞，其临床应用价值将是非常巨大的。然而，受目前技术水平和伦理等的限制，GSC 真正走向临床尚需时日。

24.3.4 生殖干细胞在再生医学方面的研究

由于 SSC 和 FGSC 在体外特定培养条件下都能够转换为多潜能干细胞，在体外诱导下可向三个胚层分化，因此在再生医学方面有着广阔的应用前景。与 iPSC（诱导的多能干细胞）（Junying 2007；Takahashi et al. 2007；Kazutoshi and Shinya 2006）相比，前者不需要外源基因的转入和病毒的介导；与 ESC（Evans and Kaufman 1981；Martin 1981；Thomson et al. 1998）相比，前者亦不会受到伦理学和免疫学等方面的限制，应用前景广阔。然而，去分化的效率需要进一步提高，去分化过程中表观遗传学变化，如印记基因的改变、X 染色体失活等及其分子机制，需要作进一步研究。

参考文献

Allen E. 1923. Ovogenesis during sexual maturity. Am J Anat，31（5）：439-481.

Bellvé A R，Millette C F，Bhatnagar Y M，et al. 2008. Dissociation of the mouse testis and characterization of isolated spermatogenic cells. J Histochem Cytochem，25（7）：480-494.

Bellvé A, Cavicchia J, Millette C, et al. 1977. Spermatogenic cells of the prepuberal mouse: isolation and morphological characterization. J Cell Biol, 74 (1): 68-85.

Boulanger C A, Mack D L, Booth B W, et al. 2007. Interaction with the mammary microenvironment redirects spermatogenic cell fate *in vivo*. Proc Natl Acad Sci USA, 104 (10): 3871-3876.

Brinster R L. 2002. Germline stem cell transplantation and transgenesis. Science, 296 (5576): 2174-2176.

Brinster R L. 2007. Male germline stem cells: from mice to men. Science, 316 (5823): 404-405.

Brinster R L, Avarbock M R. 1994. Germline transmission of donor haplotype following spermatogonial transplantation. Proc Natl Acad Sci USA, 91 (24): 11303-11307.

Buaas F W, Kirsh A L, Sharma M, et al. 2004. Plzf is required in adult male germ cells for stem cell self-renewal. Nat Genet, 36 (6): 647-652.

Buageaw A, Sukhwani M, Ben-Yehudah A, et al. 2005. GDNF family receptor alpha1 phenotype of spermatogonial stem cells in immature mouse testes. Biol Reprod, 73 (5): 1011-1016.

Bukovsky A, Svetlikova M, Caudle M R. 2005. Oogenesis in cultures derived from adult human ovaries. Reprod Biol Endocrinol, 3 (1): 17-29.

Chan F, Oatley M J, Kaucher A V, et al. 2014. Functional and molecular features of the Id4+ germline stem cell population in mouse testes. Genes Dev, 28 (12): 1351-1362.

Chapman K, Medrano G, Jaichander P, et al. 2015. Targeted germline modifications in rats using CRISPR/Cas9 and spermatogonial stem cells. Cell Rep, 10 (11): 1828-1835.

Chen C, Ouyang W, Grigura V, et al. 2005. ERM is required for transcriptional control of the spermatogonial stem cell niche. Nature, 436 (7053): 1030-1034.

Chiarini-Garcia H, Russell L D. 2001. High-resolution light microscopic characterization of mouse spermatogonia. Biol Reprod, 65 (4): 1170-1178.

Costoya J A, Hobbs R M, Barna M, et al. 2004. Essential role of Plzf in maintenance of spermatogonial stem cells. Nat Genet, 36 (6): 653-659.

Culty M. 2013. Gonocytes, from the fifties to the present: is there a reason to change the name? Biol Reprod, 89 (2): 46: 41-46.

Dann C T, Alvarado A L, Molyneux L A, et al. 2008. Spermatogonial stem cell self-renewal requires OCT4, a factor downregulated during retinoic acid-induced differentiation. Stem Cells, 26 (11): 2928-2937.

de Barros F R O, Worst R A, Saurin G C P, et al. 2012. α-6 integrin expression in bovine spermatogonial cells purified by discontinuous percoll density gradient. Reprod Domest Anim, 47 (6): 887-890.

de Rooij D G. 2009. The spermatogonial stem cell niche. Microsc Res Tech, 72 (8): 580-585.

de Rooij D G, Russell L D. 2000. All you wanted to know about spermatogonia but were afraid to ask. J Androl, 21 (6): 776-798.

Draper B W, McCallum C M, Moens C B. 2007. nanos1 is required to maintain oocyte production in adult zebrafish. Dev Biol, 305 (2): 589-598.

Eggan K, Jurga S, Gosden R, et al. 2006. Ovulated oocytes in adult mice derive from non-circulating germ cells. Nature, 441 (7097): 1109-1114.

Eguchi G, Okada T S. 1973. Differentiation of lens tissue from the progeny of chick retinal pigment cells cultured *in vitro*: a demonstration of a switch of cell types in clonal cell culture. Proc Natl Acad Sci USA, 70 (5): 1495-1499.

Evans H M, Swezy O. 1932. Ovogenesis and the normal follicular cycle in adult mammalia. Calif Wst Med, 36 (1): 60.

Evans M J, Kaufman M H. 1981. Establishment in culture of pluripotential cells from mouse embryos. Nature, 292 (5819): 154-156.

Falender A E, Freiman R N, Geles K G, et al. 2005. Maintenance of spermatogenesis requires TAF4b, a gonad-specific subunit of TFIID. Genes Dev, 19 (7): 794-803.

Feng L X, Chen Y, Dettin L, et al. 2002. Generation and *in vitro* differentiation of a spermatogonial cell line. Science, 297 (5580): 392-395.

Filipponi D, Hobbs R M, Ottolenghi S, et al. 2007. Repression of kit expression by Plzf in germ cells. Mol Cell Biol, 27 (19): 6770-6781.

Giuili G, Tomljenovic A, Labrecque N, et al. 2002. Murine spermatogonial stem cells: targeted transgene expression and purification in an active state. EMBO Rep, 3 (8): 753-759.

Gkountela S, Zhang K, Shafiq T, et al. 2015. DNA demethylation dynamics in the human prenatal germline. Cell, 161 (6): 1425-1436.

Goertz M J, Wu Z, Gallardo T D, et al. 2011. Foxo1 is required in mouse spermatogonial stem cells for their maintenance and the initiation of spermatogenesis. J Clin Invest, 121 (9): 3456-3466.

Guan K, Nayernia K, Maier L S, et al. 2006. Pluripotency of spermatogonial stem cells from adult mouse testis. Nature, 440 (7088): 1199-1203.

Guo F, Yan L, Guo H, et al. 2015. The transcriptome and DNA methylome landscapes of human primordial germ cells. Cell, 161 (6): 1437-1452.

Hamra F K, Chapman K M, Nguyen D M, et al. 2005. Self renewal, expansion, and transfection of rat spermatogonial stem cells in culture. Proc Natl Acad Sci USA, 102 (48): 17430-17435.

Hamra F K, Gatlin J, Chapman K M, et al. 2002. Production of transgenic rats by lentiviral transduction of male germ-line stem cells. Proc Natl Acad Sci USA, 99 (23): 14931-14936.

He Z, Jiang J, Hofmann M C, et al. 2007. Gfra1 silencing in mouse spermatogonial stem cells results in their differentiation via the inactivation of RET tyrosine Kinase. Biol Reprod, 77 (4): 723-733.

Hikim A P S, Swerdloff R S. 1995. Temporal stage-specific effects of recombinant human follicle-stimulating hormone on the maintenance of spermatogenesis in gonadotropin-releasing hormone antagonist-treated rat. Endocrinology, 136 (1): 253-261.

Hobbs R, Fagoonee S, Papa A, et al. 2012. Functional antagonism between Sall4 and Plzf defines germline progenitors. Cell Stem Cell, 10 (3): 284-298.

Hofmann M C, Braydich-Stolle L, Dym M. 2005. Isolation of male germ-line stem cells; influence of GDNF. Dev Biol, 279 (1): 114-124.

Johnson J, Bagley J, Skaznik-Wikiel M, et al. 2005. Oocyte generation in adult mammalian ovaries by putative germ cells in bone marrow and peripheral blood. Cell, 122 (2): 303-315.

Johnson J, Canning J, Kaneko T, et al. 2004. Germline stem cells and follicular renewal in the postnatal mammalian ovary. Nature, 428 (6979): 145-150.

Junying Y, Vodyanik M A, Kim S O, et al. 2007. Induced pluripotent stem cell lines derived from human somatic cells. Science, 318 (5858): 1917-1920.

Kanatsu-Shinohara M, Inoue K, Lee J, et al. 2004. Generation of pluripotent stem cells from neonatal mouse testis. Cell, 119 (7): 1001-1012.

Kanatsu-Shinohara M, Miki H, Inoue K, et al. 2005. Long-term culture of mouse male germline stem cells under serum- or feeder-free conditions. Biol Reprod, 72 (4): 985-991.

Kanatsu-Shinohara M, Ogonuki N, Inoue K, et al. 2003. Long-term proliferation in culture and germline transmission of mouse male germline stem cells. Biol Reprod, 69 (2): 612-616.

Kazutoshi T, Shinya Y. 2006. Induction of pluripotent stem cells from mouse embryonic and adult fibroblast cultures by defined factors. Cell, 126 (4): 663-676.

Kershner A, Crittenden S, Friend K, et al. 2013. Germline stem cells and their regulation in the Nematode *Caenorhabditis elegans*. *In*: Hime G, Abud H (eds). Transcriptional and Translational Regulation of Stem Cells, Netherlands: Springer: 29-46.

Kim H J, Lee H J, Lim J J, et al. 2010. Identification of an intermediate state as spermatogonial stem cells reprogram to multipotent cells. Mol Cells, 29 (5): 519-526.

Kubota H, Avarbock M R, Brinster R L. 2003. Spermatogonial stem cells share some, but not all, phenotypic and functional characteristics with other stem cells. Proc Natl Acad Sci USA, 100 (11): 6487-6492.

Kubota H, Avarbock M R, Brinster R L. 2004a. Culture conditions and single growth factors affect fate determination of mouse spermatogonial stem cells. Biol Reprod, 71 (3): 722-731.

Kubota H, Avarbock M R, Brinster R L. 2004b. Growth factors essential for self-renewal and expansion of mouse

spermatogonial stem cells. Proc Natl Acad Sci USA, 101 (47): 16489-16494.

Lawson K A, Dunn N R, Roelen B A J, et al. 1999. Bmp4 is required for the generation of primordial germ cells in the mouse embryo. Genes Dev, 13 (4): 424-436.

Lei L, Spradling A C. 2013. Female mice lack adult germ-line stem cells but sustain oogenesis using stable primordial follicles. Proc Natl Acad Sci USA, 110 (21): 8585-8590.

Martin G R. 1981. Isolation of a pluripotent cell line from early mouse embryos cultured in medium conditioned by teratocarcinoma stem cells. Proc Natl Acad Sci USA, 78 (12): 7634-7638.

Martinovitch P N. 1937. Development *in vitro* of the mammalian gonad. Nature, 139 (3514): 413.

Mei X X, Wang J, Wu J. 2015. Extrinsic and intrinsic factors controlling spermatogonial stem cell self-renewal and differentiation. Asian J Androl, 17 (3): 347-354.

Meng X, Lindahl M, Hyvönen M E, et al. 2000. Regulation of cell fate decision of undifferentiated spermatogonia by GDNF. Science, 287 (5457): 1489-1493.

Morimoto H, Iwata K, Ogonuki N, et al. 2013. ROS are required for mouse spermatogonial stem cell self-renewal. Cell Stem Cell, 12 (6): 774-786.

Morimoto H, Kanatsu-Shinohara M, Shinohara T. 2015. ROS-generating oxidase Nox3 regulates the self-renewal of mouse spermatogonial stem cells. Biol Reprod, 92 (6): 147.

Nagano M, Brinster C J, Orwig K E, et al. 2001. Transgenic mice produced by retroviral transduction of male germ-line stem cells. Proc Natl Acad Sci USA, 98 (23): 13090-13095.

Nagano M, Brinster R L. 1998. Spermatogonial transplantation and reconstitution of donor cell spermatogenesis in recipient mice. APMIS, 106 (1): 47-57.

Nagano M, Ryu B Y, Brinster C J, et al. 2003. Maintenance of mouse male germ line stem cells *in vitro*. Biol Reprod, 68 (6): 2207-2214.

Nagano M, Shinohara T, Avarbock M R, et al. 2000. Retrovirus-mediated gene delivery into male germ line stem cells. FEBS Lett, 475 (1): 7-10.

Nakagawa T, Sharma M, Nabeshima Y I, et al. 2010. Functional hierarchy and reversibility within the murine spermatogenic stem cell compartment. Science, 328 (5974): 62-67.

Nakamura S, Kobayashi K, Nishimura T, et al. 2010. Identification of germline stem cells in the ovary of the teleost medaka. Science, 328 (5985): 1561-1563.

Naughton C K, Jain S, Strickland A M, et al. 2006. Glial cell-line derived neurotrophic factor-mediated RET signaling regulates spermatogonial stem cell fate. Biol Reprod, 74 (2): 314-321.

Niikura Y, Niikura T, Tilly J L. 2009. Aged mouse ovaries possess rare premeiotic germ cells that can generate oocytes following transplantation into a young host environment. Aging (Albany NY), 1 (12): 971-978.

Ning L, Goossens E, Geens M, et al. 2010. Mouse spermatogonial stem cells obtain morphologic and functional characteristics of hematopoietic cells *in vivo*. Hum Reprod, 25 (12): 3101-3109.

Oatley J M, Avarbock M R, Telaranta A I, et al. 2006. Identifying genes important for spermatogonial stem cell self-renewal and survival. Proc Natl Acad Sci USA, 103 (25): 9524-9529.

Oatley J M, Oatley M J, Avarbock M R, et al. 2009. Colony stimulating factor 1 is an extrinsic stimulator of mouse spermatogonial stem cell self-renewal. Development, 136 (7): 1191-1199.

Oatley M J, Kaucher A V, Racicot K E, et al. 2011. Inhibitor of DNA Binding 4 is expressed selectively by single spermatogonia in the male germline and regulates the self-renewal of spermatogonial stem cells in mice. Biol Reprod, 85 (2): 347-356.

Ogawa T, Aréchaga J M, Avarbock M R, et al. 1997. Transplantation of testis germinal cells into mouse seminiferous tubules. Int J Dev Biol, 41 (1): 111-122.

Ogawa T, Ohmura M, Tamura Y, et al. 2004. Derivation and morphological characterization of mouse spermatogonial stem cell lines. Arch Histol Cytol, 67 (4): 297-306.

Pacchiarotti J, Maki C, Ramos T, et al. 2010. Differentiation potential of germ line stem cells derived from the postnatal mouse ovary. Differentiation, 79 (3): 159-170.

Pan L, Chen S, Weng C, et al. 2007. Stem cell aging is controlled both intrinsically and extrinsically in the drosophila ovary. Cell Stem Cell, 1（4）: 458-469.

Park E S, Woods D C, Tilly J L. 2013. Bone morphogenetic protein 4 promotes mammalian oogonial stem cell differentiation via Smad1/5/8 signaling. Fertil Steril, 100（5）: 1468-1475, e1462.

Richardson B E, Lehmann R. 2010. Mechanisms guiding primordial germ cell migration: strategies from different organisms. Nat Rev Mol Cell Biol, 11（1）: 37-49.

Sada A, Suzuki A, Suzuki H, et al. 2009. The RNA-binding protein NANOS2 is required to maintain murine spermatogonial stem cells. Science, 325（5946）: 1394-1398.

Sadate-Ngatchou P I, Payne C J, Dearth A T, et al. 2008. Cre recombinase activity specific to postnatal, premeiotic male germ cells in transgenic mice. Genesis（New York, N.Y.: 2000）, 46（12）: 738-742.

Sato T, Katagiri K, Gohbara A, et al. 2011a. *In vitro* production of functional sperm in cultured neonatal mouse testes. Nature, 471（7339）: 504-507.

Sato T, Katagiri K, Yokonishi T, et al. 2011b. *In vitro* production of fertile sperm from murine spermatogonial stem cell lines. Nat Commun, 2: 472.

Sato T, Sakuma T, Yokonishi T, et al. 2015. Genome editing in mouse spermatogonial stem cell lines using TALEN and double-nicking CRISPR/Cas9. Stem Cell Rep, 5（1）: 75-82.

Sato T, Yokonishi T, Komeya M, et al. 2012. Testis tissue explantation cures spermatogenic failure in c-Kit ligand mutant mice. Proc Natl Acad Sci USA, 109（42）: 16934-16938.

Seandel M, James D, Shmelkov S V, et al. 2007. Generation of functional multipotent adult stem cells from GPR125+germline progenitors. Nature, 449（7160）: 346-350.

Shinohara T, Avarbock M R, Brinster R L. 1999. β1- and α6-integrin are surface markers on mouse spermatogonial stem cells. Proc Natl Acad Sci USA, 96（10）: 5504-5509.

Signer R J, Morrison S. 2013. Mechanisms that regulate stem cell aging and life span. Cell Stem Cell, 12（2）: 152-165.

Simon L, Ekman G C, Kostereva N, et al. 2009. Direct transdifferentiation of stem/progenitor spermatogonia into reproductive and nonreproductive tissues of all germ layers. Stem Cells, 27（7）: 1666-1675.

Spradling A, Fuller M T, Braun R E, et al. 2011. Germline stem cells. Cold Spring Harb Perspect Biol, 3（11）: a002642.

Tagelenbosch R A J, de Rooij D G. 1993. A quantitative study of spermatogonial multiplication and stem cell renewal in the C3H/101 F1 hybrid mouse. Mutat Res-Fund MolL M, 290（2）: 193-200.

Takahashi K, Tanabe K, Ohnuki M, et al. 2007. Induction of pluripotent stem cells from adult human fibroblasts by defined factors. Cell, 131（5）: 861-872.

Tang W C, Dietmann S, Irie N, et al. 2015. A unique gene regulatory network resets the human germline epigenome for development. Cell, 161（6）: 1453-1467.

Thomson J A, Itskovitz-Eldor J, Shapiro S S, et al. 1998. Embryonic stem cell lines derived from human blastocysts. Science, 282（5395）: 1827.

Tilly J L, Niikura Y, Rueda B R. 2009. The current status of evidence for and against postnatal oogenesis in mammals: a case of ovarian optimism versus pessimism? Biol Reprod, 80（1）: 2-12.

Tokuda M, Kadokawa Y, Kurahashi H, et al. 2007. CDH1 is a specific marker for undifferentiated spermatogonia in mouse testes. Biol Reprod, 76（1）: 130-141.

van Bragt M P A, Roepers-Gajadien H L, Korver C M, et al. 2008. Expression of the pluripotency marker UTF1 is restricted to a subpopulation of early a spermatogonia in rat testis. Reproduction, 136（1）: 33-40.

Virant-Klun I, Zech N, Rožman P, et al. 2008. Putative stem cells with an embryonic character isolated from the ovarian surface epithelium of women with no naturally present follicles and oocytes. Differentiation, 76（8）: 843-856.

Waldeyer W. 1870. Eierstock und Ei: ein Beitrag zur Anatomie und Entwicklungsgeschichte der Sexualorgane. Leipzig: Engelmann.

Wang H, Jiang M, Bi H, et al. 2014. Conversion of female germline stem cells from neonatal and prepubertal mice into pluripotent stem cells. J Mol Cell Biol, 6（2）: 164-171.

White Y A R, Woods D C, Takai Y, et al. 2012. Oocyte formation by mitotically active germ cells purified from ovaries of

reproductive-age women. Nat Med，18（3）：413-421.

Woods D C，Tilly J L. 2013. Isolation，characterization and propagation of mitotically active germ cells from adult mouse and human ovaries. Nat Protoc，8（5）：966-988.

Wu J，Jester Jr W F，Orth J M. 2005. Short-type PB-cadherin promotes survival of gonocytes and activates JAK-STAT signalling. Dev Biol，284（2）：437-450.

Wu J，Zhang Y，Tian G G，et al. 2008. Short-type PB-cadherin promotes self-renewal of spermatogonial stem cells via multiple signaling pathways. Cell Signal，20（6）：1052-1060.

Wu X，Goodyear S M，Tobias J W，et al. 2011. Spermatogonial stem cell self-renewal requires ETV5-mediated downstream activation of brachyury in mice. Biol Reprod，85（6）：1114-1123.

Wu X，Oatley J M，Oatley M J，et al. 2010. The POU domain transcription factor POU3F1 is an important intrinsic regulator of GDNF-induced survival and self-renewal of mouse spermatogonial Stem Cells. Biol Reprod，82（6）：1103-1111.

Wu Y，Zhou H，Fan X，et al. 2015. Correction of a genetic disease by CRISPR-Cas9-mediated gene editing in mouse spermatogonial stem cells. Cell Res，25（1）：67-79.

Xie W，Sun J，Wu J. 2015. Construction and analysis of a protein-protein interaction network related to self-renewal of mouse spermatogonial stem cells. Mol Biosyst，11（3）：835-843.

Xie W，Wang H，Wu J. 2014. Similar morphological and molecular signatures shared by female and male germline stem cells. Sci Rep，4：5580.

Yang S，Ping P，Ma M，et al. 2014. Generation of haploid spermatids with fertilization and development capacity from human spermatogonial stem cells of cryptorchid patients. Stem Cell Rep，3（4）：663-675.

Yasuda Y，Konishi H，Matuso T，et al. 1986. Accelerated differentiation in seminiferous tubules of fetal mice prenatally exposed to ethinyl estradiol. Anat Embryol，174（3）：289-299.

Yeh J R，Zhang X，Nagano M C. 2011. Wnt5a is a cell-extrinsic factor that supports self-renewal of mouse spermatogonial stem cells. J Cell Sci，124（14）：2357-2366.

Ying Y，Liu X M，Marble A，et al. 2000. Requirement of Bmp8b for the generation of primordial germ cells in the mouse. Mol Endocrinol，14（7）：1053-1063.

Ying Y，Qi X X，Zhao G Q. 2001. Induction of primordial germ cells from murine epiblasts by synergistic action of BMP4 and BMP8B signaling pathways. Proc Natl Acad Sci USA，98（14）：7858-7862.

Ying Y，Zhao G Q. 2001. Cooperation of endoderm-derived BMP2 and extraembryonic ectoderm-derived BMP4 in primordial germ cell generation in the mouse. Developmental Biology，232（2）：484-492.

Yoshida S，Sukeno M，Nabeshima Y I. 2007. A vasculature-associated Niche for undifferentiated spermatogonia in the mouse testis. Science，317（5845）：1722-1726.

Yoshida S，Takakura A，Ohbo K，et al. 2004. Neurogenin3 delineates the earliest stages of spermatogenesis in the mouse testis. Dev Biol，269（2）：447-458.

Yu Z，Guo R，Ge Y，et al. 2003. Gene expression profiles in different stages of mouse spermatogenic cells during spermatogenesis. Biol Reprod，69（1）：37-47.

Yuan Z，Hou R，Wu J. 2009. Generation of mice by transplantation of an adult spermatogonial cell line after cryopreservation. Cell Prolif，42（2）：123-131.

Zhang H，Zheng W，Shen Y，et al. 2012. Experimental evidence showing that no mitotically active female germline progenitors exist in postnatal mouse ovaries. Proc Natl Acad Sci USA，109（31）：12580-12585.

Zhang Y，Yang Z，Yang Y，et al. 2011. Production of transgenic mice by random recombination of targeted genes in female germline stem cells. J Mol Cell Biol，3（2）：132-141.

Zhang Z，Gong Y，Guo Y，et al. 2013. Direct transdifferentiation of spermatogonial stem cells to morphological，phenotypic and functional hepatocyte-like cells via the ERK1/2 and Smad2/3 signaling pathways and the inactivation of cyclin A，cyclin B and cyclin E. Cell Commun Signal，11：67.

Zhao R，Xuan Y，Li X，et al. 2008. Age-related changes of germline stem cell activity，niche signaling activity and egg production in *Drosophila*. Aging Cell，7（3）：344-354.

Zhou L，Wang L，Kang J X，et al. 2014. Production of fat-1 transgenic rats using a post-natal female germline stem cell line.

Mol Hum Reprod，20（3）：271-281.

Zou K，Hou L，Sun K，et al. 2011. Improved efficiency of female germline stem cell purification using Fragilis-based magnetic bead sorting. Stem Cells Dev，20（12）：2197-2204.

Zou K，Yuan Z，Yang Z，et al. 2009. Production of offspring from a germline stem cell line derived from neonatal ovaries. Nat Cell Biol，11（5）：631-636.

Zuckerman S. 1951. The number of oocytes in the mature ovary. Recent Prog Horm Res，6：63-109.

（吴　际　丁新保　王　戬）

25

干细胞宫内移植动物模型

干细胞（stem cell）是一类具有自我复制能力（self-renewing）的多潜能细胞。在一定条件下，它可以分化成多种功能细胞（Weissman 2000）。根据干细胞所处的发育阶段分为胚胎干细胞（embryonic stem cell，ES 细胞）（Evans and Kaufman 1981）和成体干细胞（somatic stem cell）。造血干细胞是我们最熟知的成体干细胞之一，存在于人的骨髓及血液中，在我们的整个生命过程中，造血干细胞不断地向人体补充各种血细胞。有些疾病由于缺乏某些血细胞，如重症联合免疫缺陷病（severe combined immunodeficiency disease，SCID），由于淋巴样干细胞先天性分化异常，婴儿出生后缺乏 T 淋巴细胞和 B 淋巴细胞，故其体液免疫和细胞免疫均发生缺陷。通过骨髓移植来植入功能正常的造血干细胞是治疗该种疾病的有效方法之一。在胎儿期经子宫进行造血干细胞移植，称为宫内造血干细胞移植（in utero hematopoietic stem cell transplantation，IUHSCT），也是治疗该病的有效方法。IUHSCT 的优势有：①在子宫内移植干细胞可以在胎儿期发挥作用，对一些在胎儿期或出生后早期已造成不可逆损害的疾病显示了潜在的治疗前景；②胎儿期迅速增长的造血空间、免疫系统不成熟，都有利于移植细胞的生存；③通过 IUHSCT 诱导供体特异性的移植物免疫耐受，出生后进行无毒性（或低毒性）的骨髓移植，是目前有临床前景的治疗策略。但 IUHSCT 仍存在很多有待解决的问题：IUHSCT 后宿主造血区的容受性、宿主造血细胞的竞争、植入移植物的免疫屏障等。因此，建立干细胞宫内移植动物模型将有助于上述问题的研究。干细胞宫内移植动物模型，是指经子宫内移植同种或者异种的干细胞到怀孕期的动物胎儿体内，来研究干细胞的归巢、分化和增殖等行为。目前建立的人造血干细胞嵌合体模型有小鼠模型（Zanjani et al. 1997）和包括绵羊、猪、山羊等在内的大动物模型（Zeng et al. 2005；Fujiki et al. 2003；Zanjani et al. 1992），这些模型为临床的产前治疗和干细胞的基础研究提供了有效的工具和研究载体。

25.1　造血干细胞及宫内移植

造血干细胞（hematopoietic stem cell，HSC）是一小群具有高度的自我复制和多向分化潜能的最原始的造血细胞。其两个基本功能是：①在体内终生存在，数量和质量保持相对稳定，移植后可重建造血；②兼向髓系和淋巴系多向分化潜能，即重建造血的同时重建免疫（裴雪涛 2003）。造血干细胞的发现可追溯到 1961 年，Till 等将受体小鼠致死剂量照射破坏全部造血细胞，24h 后将供体鼠的骨髓或脾有核细胞输入受体小鼠，8~14 天后在脾中发现有造血细胞所组成的结节即脾集落形成单位，同一个脾结节中有红系、粒系及巨核系细胞，从而证明造血干细胞的存在（Till and McCulloch 1961）。

骨髓（bone marrow，BM）造血干细胞移植是迄今为止最为成熟的干细胞移植技术。目前骨髓移植已经成为治疗某些血液系统功能障碍和恶性肿瘤（如白血病）的首选和最有效的疗法，同时骨髓细胞也是成体干细胞研究的主要细胞来源。动物模型是研究造血干细胞在体内行为的良好工具。将外源的造血干细胞移植到受体动物体内研究时，首先要克服受体免疫系统的排斥效应。解决方案通常是在造血干细胞移植前通过放射线照射破坏免疫系统，或采用免疫缺陷动物。然而，放射线会对动物的其他脏器造成损伤并可诱发基因突变，产生肿瘤（Sasaki and Fukuda 1999）。免疫缺陷动物以小鼠模型为主，最常用的是NOD-SCID小鼠，其缺陷是抵抗力差，寿命显著短，饲养要求很高，从而严重限制了对移植后外源细胞行为的长期观察（Prochazka et al. 1992）。更为重要的是，免疫系统破坏或缺陷的个体不能完全代表健康的生理状态，因而也不能完全反映健康状态下外源干细胞的体内行为。所以用来研究干细胞在正常机体内的行为有其局限性。宫内移植动物模型则利用胎儿在免疫不成熟状态接受外源细胞而形成嵌合，为成体干细胞的体内研究提供了良好的载体。

关于宫内移植的可行性，来自于对双胞胎小牛形成的天然嵌合体的观察。早在1945年，Owen等就观察到，某些双胞胎的小牛，由于在母体子宫内胎盘血液循环相互流通，出生后彼此都含有对方的细胞，并且可以特异地耐受对方的皮肤和器官移植而不发生免疫排斥反应。人们在一些动物模型上也对宫内造血干细胞移植进行了研究。Fleischman等研究发现，通过向胎盘注射正常的供体造血干细胞，可以纠正W/Wv遗传性贫血小鼠的贫血症状，证实了通过宫内移植可以重建干细胞功能缺陷小鼠的造血微环境（Fleischman and Mintz 1979）。这些实验结果提示我们，在某些特殊的疾病状态下，移植的供体细胞能够有效地与受体细胞竞争，获得稳定的嵌合，这对于很多人类先天性和遗传性疾病（如地中海贫血等）都有着重要的意义。

宫内移植的基础在于胎儿免疫系统的不成熟，处于幼稚阶段，排斥外来物质的能力较弱，此时进入的外源细胞可能逃避机体对外源抗原的识别，导致外源细胞的长期滞留。此外胎儿所处的子宫是一个天然的无菌环境，在这个封闭的环境中外源细胞可避免伤害和细菌污染（Flake and Zanjani 1999）。同时，快速生长的胎儿给移植后的供体细胞扩增提供了有利的生长环境，外源细胞增殖的同时可发挥治疗作用，对供体细胞免疫耐受的形成更成为出生后进一步移植治疗的基础。这也是宫内移植的优势所在（Muench and Bárcena 2004）。建立宫内移植的嵌合模型，对研究移植后干细胞的归巢、分化和增殖等特性，研究干细胞可塑性的发生机制，探究产前治疗的可行性和广泛开展的可能性，都具有非常重要的意义。对进一步开展宫内治疗，扩大宫内治疗的范围，提高宫内治疗的疗效，利用免疫正常的动物建立宫内移植模型也是非常必要的。

25.2 造血干细胞宫内移植小鼠模型

25.2.1 造血干细胞宫内移植小鼠模型的建立

宫内造血干细胞移植（IUHSCT）是目前宫内移植的主要选择，小鼠因其独特的优势也是宫内移植小动物模型的首选。根据供体细胞遗传学分类，目前已有的宫内移植

小鼠模型主要有两大类：同种异体移植模型和异种异体移植模型。建立同种的移植模型，供体细胞必须带有一定的检测标记，否则无法区分外源细胞。性别差异是最常用的鉴别标记，以雄鼠作为供体来检测雌性受体内的Y染色体的存在。另外，利用整合有外源基因的转基因小鼠为供体，以普通小鼠为受体进行移植，检测受体内的外源基因也是一种准确有效的鉴别手段。绿色荧光蛋白（green fluorescent protein，GFP）是常用的一种报告蛋白，不需要附加外来蛋白、底物或辅因子的激活作用，只需在一定波长光的激发下，即可发出明亮的绿色荧光，现进一步发展出多种突变体，在荧光强度、光谱特性、稳定性和溶解性上均有不同程度的改变，适用于不同目的的研究（Alberti et al. 2000；Chalfie et al. 1994）。上海交通大学医学遗传研究所自行构建了整合有增强型绿色荧光蛋白（*EGFP*）基因的转基因小鼠，可在红系高效表达绿色荧光蛋白（贾春平等 2003），以此作为供体可以直观地观察到受体鼠的外源细胞，是进行同种移植的良好供体。

上海交通大学医学遗传研究所黄淑帧教授研究组首先以骨髓作为干细胞来源，将整合有绿色荧光蛋白基因的转基因雄鼠的骨髓 Sca-1$^+$细胞注射到胎鼠腹腔内，建立同种异体的嵌合小鼠模型。也用人脐带血 HSC 作为供体细胞建立了异种异体的小鼠模型（Qian et al. 2006）。由于胎鼠比较小，进行宫内移植需要精细及熟练的手术技术，课题组通过改善宫内注射的工具（Chen et al. 2009），并分别在小鼠交配后 11.5 天、12.5 天、13.5 天进行宫内注射，在受体鼠出生后不同时间采用定量 PCR、荧光显微镜观察及流式细胞仪分析受体小鼠体内外源 EGFP 阳性细胞，观察受体鼠的嵌合情况。目的是摸索供体细胞移植量、合适的移植时间和宫内注射的准确率，为进一步提高移植嵌合率和成功率积累数据，并确定该方法的可行性和效率，从而为开展异种异体干细胞宫内移植奠定基础。

结果证明在以上述方法建立的小鼠模型中，宫内移植的外源细胞存在并能向各脏器归巢分化，为进一步长期观察研究干细胞在体内的行为建立了一个有效的动物模型。

25.2.2　宫内干细胞移植治疗β地贫小鼠

25.2.2.1　小鼠骨髓造血干细胞宫内移植治疗β地贫模型小鼠（同种异体模型）

β地中海贫血是最常见的单基因遗传病之一，全世界大约有 8000 万携带者。β地贫主要是由于β珠蛋白基因的点突变或缺失致使β珠蛋白链合成减少或完全缺乏所致的遗传性血液病，广泛流行于地中海地区、中东、东南亚和非洲（Rund and Rachmilewitz 2005），在我国南部省份发病率较高（Zeng and Huang 2001）。严重的β地贫表现为无效的红细胞生成（ineffective erythropoiesis）和严重的贫血，患者需要终生输血以维持生命。贫血促进肠道吸收铁，加之输血及体内铁不能充分利用，而使得心脏、肝、脾、骨髓等组织中铁大量累积，造成心肌损害、肝功能不全等，最终危及患者生命。

当前，治疗β地贫最为有效的手段是进行造血干细胞移植（Krishnamurti et al. 2008），骨髓造血干细胞移植（简称骨髓移植）是迄今为止最为成熟的移植技术，但是出生后的异体骨髓移植面临着两大困难：①寻找合适的 HLA 抗原（human leukocyte antigen，人类白细胞抗原）相匹配的供体；②移植物抗宿主病（graft versus host disease，GVHD）的发生，大大限制了其在临床上的应用（Attar R and Attar E 2008；Tisdale and Sadelain 2001；

Luzzatto and Goodfellow 1989）。近年来的研究表明，进行 IUHSCT 是克服移植免疫排斥反应的一种有效途径，通过在胎儿的免疫系统发育不成熟时输入外源造血干细胞，可以有效地克服免疫排斥反应的发生，并且可以在早期对疾病起到治疗作用，避免主要脏器的损伤（Surbek et al. 2008；Muench and Bárcena 2004）。

到目前为止人类已经开展宫内治疗多种疾病，但是成功的极为有限，且主要限于对伴有严重免疫缺陷的少数疾病的治疗，而对于免疫功能正常的胎儿则疗效甚微。建立宫内移植的嵌合模型，对研究产前治疗具有重要的意义。β654 地中海贫血是导致中国人 β 地贫特有的、也是最常见的突变型之一，占中国人 β 地贫的 18%~36%。黄淑帧教授课题组采用的 β654 模型小鼠（Lewis et al. 1998）是利用基因打靶技术，用人 *βIVS-II-654* 等位基因代替小鼠的 β 珠蛋白基因（*β-major* 和 *β-minor*）而构建的。杂合子小鼠细胞中有一条编码人的异常剪接 β 珠蛋白肽链和一条编码小鼠的正常 β 珠蛋白肽链基因，表现出类似人类 β654 地贫的症状，如贫血、肝脾肿大和血液形态学的改变等，是研究 β654 地贫的良好的动物模型。

利用上述 β654 地贫模型小鼠，课题组通过磁性分选技术将红系特异表达 EGFP 的转基因雄鼠骨髓的 $Sca\text{-}1^+$细胞分选出来，经过宫内移植建立同种异体宫内移植嵌合模型。小鼠血红蛋白从胚胎期向成年型的转变发生在孕 11~15 天（Brotherton et al. 1979），IUHSCT 的时机锁定在孕 12~13 天，此时 *β654* 基因尚未表达或还未对胎鼠的发育产生致命的损害，若在这一时期或更早期进行 IUHSCT，就很有可能使实验获得成功，并得到较好的治疗效果。受体小鼠出生后通过检测外源细胞的存在确定阳性嵌合 β654 地贫小鼠，通过分析 β654 地贫小鼠嵌合体的血液学指标和病理学变化，来观察宫内移植造血干细胞对 β654 地贫的改善作用。

在移植了外源造血干细胞的 β654 地贫小鼠外周血中，红细胞的数目和血红蛋白水平显著提高，外周血中网织红细胞和靶形细胞，以及异形细胞的比例明显下降。长期疗效分析发现，脾的体积明显减小，重量降低。由于脾是清除衰老和破坏红细胞的场所，因此脾的体积大小可以反映红细胞的破坏情况。移植组的 β654 地贫小鼠脾体积的减小说明红细胞破坏的减少。在脾的组织切片中，未移植的 β654 地贫小鼠的红髓明显扩大，红髓中存在原始的造血细胞，白髓和红髓的边界模糊，而在移植组的 β654 地贫小鼠中，红髓和白髓之间的边界较为清晰，红髓中较少出现早期的造血细胞。说明脾中被破坏的红细胞减少，并且髓外造血情况减轻。在肝中，移植组 β654 地贫小鼠肝组织切片中，血窦数目减少，铁离子沉积减轻。此外，在骨髓中增生程度也较未移植组的 β654 地贫小鼠减轻。说明在移植了造血干细胞后，可以有效地改善转 *β654* 基因小鼠的贫血症状。

上述实验还发现，β654 地贫受体小鼠体内的外源细胞可以长期存在，FACS 检测移植组小鼠的外周血中供体细胞稳定存在 10 个月以上。而且，移植组小鼠骨髓的间期荧光原位杂交（FISH）结果显示，其中有供体细胞的 GFP 杂交信号出现，说明供体细胞已经归巢至受体小鼠的骨髓并且稳定存在。为了观察长期的治疗效果，我们定期检测移植组 β654 地贫小鼠的血液学常规达 10 个月以上，结果发现红细胞数目和血红蛋白水平明显改善，并且疗效稳定。Hayashi 等（2003）也曾做过血液系统疾病小鼠的宫内移植治疗，但是血液指标的改善并不持久，他们认为可能是由于外源干细胞没有发生稳定嵌合，随着时间的流逝逐渐被耗竭。

20 世纪 90 年代以来，临床造血干细胞移植技术得到了飞速发展，是治疗血液系统疾病、先天性遗传疾病及自身免疫性疾病的最有效方法，还有望治愈某些肿瘤和其他一些疾病。为此，开展有关人 HSC 移植研究可为临床治疗积累实验数据和提供实验依据。在同种异体宫内移植嵌合模型建立的基础上，我们随后开展了异种异体宫内移植模型的构建和相关的研究。

25.2.2.2 人脐带血造血干细胞宫内移植治疗 β 地贫小鼠模型（异种异体模型）

β 地中海贫血是目前世界上最常见的单基因遗传病之一，β 珠蛋白基因定位、结构明确，对其相应的调控基因了解较清楚，故理论上讲基因治疗是根治重症 β 地贫最理想的方法。当这种理论上最佳的治疗方法距临床应用尚远时，造血干细胞移植成为目前根治 β 地贫的唯一方法（Quek and Thein 2007）。然而，造血干细胞移植面临的困难主要是异种抗原的免疫反应问题，要克服这一困境的一种有效途径就是进行宫内造血干细胞移植。怀孕早期的胚胎是一种免疫幼稚的环境，在胚胎发育的早期机体对于接触的抗原获得了免疫耐受的能力，这种耐受的机制是在胸腺发育成熟的过程中引入外来抗原，导致供体抗原在胸腺内递呈而使得胸腺克隆删除自身反应性的 T 淋巴细胞，可以避免出生后存在的免疫屏障（Peranteau and Flake 2006）。

除了骨髓外，用于移植的造血干细胞来源不断扩大，可来自于外周血动员和脐血。然而，无论是自体还是异体造血干细胞移植，均存在着目前尚无法克服的诸多弊端。近十几年来，脐血干细胞以其独特的生物学特性、资源优势及广泛的移植适应性等优势弥补了骨髓及外周血干细胞移植的某些不足，而成为造血干细胞移植领域最诱人的重大进展。脐血（umbilical cord blood，UCB）是指新生婴儿脐带被结扎后由脐带流出的血。虽然每个婴儿脐血量并不多，但这些血液中含有大量的干细胞，是成体干细胞的主要来源之一。与骨髓干细胞和外周血干细胞相比，新生儿脐血干细胞的数量更多，且更原始、幼稚，有更强的增殖能力，再生能力和速度是前两者的 10~20 倍，有利于各谱系造血细胞的全面重建。脐血干细胞移植的优势在于无来源的限制，免疫原性相对较弱、移植后 GVHD 的发生率相对较低、能耐受部分组织相容性抗原差异、对 HLA 配型要求不高、不易受病毒或肿瘤的污染等（Tse et al. 2008）。

脐血中富含造血干细胞 / 祖细胞（Broxmeyer et al. 1990）已成为一种极具潜力的造血干 / 祖细胞移植的来源，与传统的骨髓相比，具有一定的优势：①脐血的采集过程简单，母婴无任何痛苦及不良反应；②脐血富含造血干 / 祖细胞，且其增殖分化能力、体外集落形成能力、刺激后进入细胞周期的速度及自分泌生长因子的能力均强于骨髓和外周血造血干细胞，因而移植后成功的概率更大；③脐血中更加幼稚的 T 淋巴细胞产生的 Th1 相关的细胞因子少于成年者，且 NK 细胞活性较弱，因而 GVHD 发生率低且程度较轻；④脐血中病毒（包括巨细胞病毒、EB 病毒、肝炎病毒等）的感染率低等（裴雪涛 2003）。

然而在利用脐血干细胞进行宫内移植治疗疾病时还需要得到更多基础研究和实验证据的支持。在完成同种异体宫内造血干细胞移植小鼠的基础上，进一步探讨人造血干细胞异种异体宫内移植具有十分重要的临床应用价值。在干细胞移植领域，将人类干细胞进行跨种系移植到动物体内，一方面可以研究人干细胞在生物体内的行为，如分化、归巢、可塑性等；另一方面可以使人的细胞在受体动物体内得到有效保存和扩增，并用于在受体中生产人的细胞，合成有正常功能的蛋白质，从而达到治疗某些疾病的目的（Almeida-Porada et al. 2001；Flake and Zanjani 1999）。为此，黄淑帧教授以脐血造血干细胞作为供体，通过宫内移植 β654 地贫模型小鼠，建立了异种异体的宫内移植嵌合模型。通过分析嵌合 β654 小鼠的血液学指标和病理学变化，为人脐血干细胞治疗地中海贫血的体内研究提供合适的动物模型和实验数据。

目前普遍认为人造血干细胞的主要标记为 $CD34^+$、c-Kit^+、$CD38^-$、Lin^-，但也有发现在 $CD34^-$ 的细胞群里存在更加原始的造血干细胞（Engelhardt et al. 2002；Surbek et al. 2001），所以分子标记的研究也在不断地发展和完善。因此，课题组采用了两种供体细胞：人脐血来源的单个核细胞（MNC）和 $CD34^+$细胞，淋巴细胞是造成 GVHD 的主要细胞类型，为避免 Ficoll 分离得到的单个核细胞中所含的淋巴细胞较高，故在分离后通过与 CD3 单克隆抗体孵育而去除部分 T 淋巴细胞，减少 GVHD 的发生。

移植后的小鼠定期 FACS 检测显示，宫内移植 β654 小鼠嵌合体的外周血中有不同比例的人 CD34、CD14、GPA 和 CD45 阳性细胞存在，提示植入的干细胞能在受体中向多系分化。宫内移植的人源 HSC 向红系分化为有正常功能的红细胞，导致嵌合 β654 小鼠的各项血液学指标和病理学得到改善。红细胞和血红蛋白水平得到不同程度的改善，网织红细胞和靶形细胞、异形细胞的比例下降。移植后 6 个月和 9 个月时分别对嵌合小鼠进行了病理学检测，发现髓外造血减轻，在脾的病理切片中，红髓范围减少，原始的造血细胞数量减少；在肝的病理切片中，髓外造血的血窦数目减少，含铁血黄素沉积减轻。

目前对血红蛋白疾病的基因治疗仍然存在不少困难，安全性和伦理学问题使其受到了极大的挑战，上述研究进一步拓展了造血干细胞产前基因治疗的领域，为遗传病的产前治疗开拓了新的思路。

25.2.3 宫内移植治疗小鼠肝损伤

25.2.3.1 鼠骨髓造血干细胞宫内移植治疗 HSVtk 肝损伤小鼠模型（同种异体模型）

肝疾病是人类最常见的疾病之一，严重威胁着人类健康。从 1999 年起，有研究报道骨髓干细胞移植后能产生供体来源的肝细胞，提出了改善或治疗肝疾病的新思路（Lagasse et al. 2000；Petersen et al. 1999）。通过遗传工程得到有效的肝疾病动物模型是研究肝疾病病理机制及治疗方法的有效手段。但是，现有的转基因小鼠并不能完全满足实验的要求，或者由于在肝中表达有毒性的蛋白质而导致模型动物过早死亡；或者如同 *alb-uPA* 基因敲除小鼠，需要持续给药才能维持小鼠的生存（Braun et al. 2003；Grompe et al. 1995）。

上海交通大学医学遗传研究所自行研制的单纯疱疹病毒胸苷激酶（herpes simplex virus thymidine kinase，HSVtk）转基因小鼠，是利用肝细胞特异的白蛋白（albumin，alb）启动 HSVtk 的表达，该小鼠给予抗病毒药更昔洛韦（GCV），可以诱导肝细胞损伤，使小鼠产生肝炎的症状（Zhang et al. 2005，2004）。其作用机理是：*HSVtk* 基因编码的胸苷激酶，可将无毒性的 GCV 代谢为二磷酸化合物，后者在细胞内酶的作用下转变为三磷酸 GCV。三磷酸 GCV 对细胞有毒性，可明显抑制 DNA 聚合酶活性，从而抑制蛋白质的合成，导致细胞死亡。HSVtk 或者 GCV 单独使用对机体基本无影响，通过 GCV 给药时间

和剂量能够控制细胞损伤的时间与严重程度。Kawasaki 等（2003）利用肝特异性的启动子产生肝表达 HSVtk 的转基因大鼠，GCV 处理后产生了慢性肝炎症状。HSVtk 转基因肝病动物模型的建立，为探讨肝病的发病机制、病理生理过程、病理形态改变及药物防治开拓了广阔的前景，也为肝疾病治疗提供了良好的动物模型。

黄淑帧教授课题组利用医学遗传研究所自行研制的慢病毒载体制备了全身各脏器均表达 GFP 的 FUGW 转基因小鼠（张敬之等 2006），分离其骨髓的造血干细胞，作为宫内移植的供体细胞，HSVtk 转基因小鼠作为受体小鼠，建立同种异体宫内移植嵌合模型。受体鼠出生后通过检测外源细胞的存在确定 HSVtk 转基因嵌合鼠，以此作为深入研究肝损伤修复的基础。课题组在成功建立了高嵌合比例的宫内移植 HSVtk 转基因鼠后，借助 HSVtk 转基因嵌合小鼠进行肝损伤及修复的研究，并观察这种损伤条件下外源干细胞的体内行为和分化。利用 GCV 诱导高嵌合比例的宫内移植转 HSVtk 基因鼠特异肝损伤，损伤后通过血液生化、肝免疫组织化学、分子检测等观察外源干细胞在受体肝的增殖，以及对肝损伤的修复情况，为宫内移植 HSC 治疗肝疾病提供了新的思路与实验研究材料。

实验结果显示，大部分宫内移植嵌合鼠在 GCV 处理后，血清生化学指标，如谷草转氨酶（或天冬氨酸氨基转移酶）（AST）、谷丙转氨酶（丙氨酸氨基转移酶）（ALT）和碱性磷酸酶（ALP）等没有明显增加，损伤 27 天后通过肝病理学分析也证实移植的嵌合 HSVtk 鼠肝结构基本正常，未见灶性坏死、炎性细胞浸润增生等肝损伤组织病理形态学变化，PCR 结果表明肝存在含有慢病毒载体的细胞，RT-PCR 结果也显示有载体上 GFP 的 mRNA 表达，提示宫内注射的供体细胞在损伤条件下可能归巢到肝并在肝中增殖，从而对肝损伤有一定的修复和保护效果。

25.2.3.2　人脐带血造血干细胞宫内移植治疗 CCl_4 及 HSVtk 肝损伤小鼠模型（异种异体模型）

近年来有关干细胞分化机制的研究日益受到人们的重视和关注。由于机体内具有十分复杂的调节机制和微环境，体外实验往往不能有效地模拟干细胞在体内增殖、分化的真实过程，因此建立活体模型成为研究人 HSC 扩增、分化及移植后归巢的有效途径。

在先前的研究中，黄淑帧教授研究组经宫内移植途径将雄性小鼠的骨髓 HSC 移植到雌性胎鼠腹腔，以及将人脐血来源的 HSC 移植入胎鼠腹腔，成功建立了小鼠同种异体及人 / 鼠 HSC 嵌合模型（Qian et al. 2006；Wang et al. 2003），为研究人 HSC 在体内的增殖、分化等一系列变化提供了一个很好的平台。在此基础上，课题组还利用 $CC1_4$ 诱发肝损伤，检测小鼠血清生化学指标、肝形态学和病理学的结果显示，未移植干细胞的对照组小鼠肝损伤严重，而宫内移植 HSC 的嵌合鼠在同样损伤条件下，无显著的异常表现，提示植入的干细胞可能参与 CCl_4 损伤后鼠肝的修复与保护。RT-PCR 结果发现，嵌合鼠的肝具有 *hALB*、*hHNF4* 和 *hTDO* 基因的转录活性，而这些基因皆是人肝表达的特异性标记蛋白。免疫组化结果也显示有人白蛋白、甲胎蛋白和肝细胞特异抗原的存在。这些结果均提示，人脐血来源的 HSC 在此特定损伤环境中，迁移到肝并分化为成熟的肝细胞，这些有功能的人源肝样细胞参与了肝的损伤修复，从而使 CCl_4 所致的损伤状态有所缓解，病理形态学上趋于正常（图 25-1），为 HSC 跨胚层分化提供了实验证据，这些结果与已有的一些实验报告相一致（Tanabe et al. 2004；Wang et al. 2003a）。接下来的问题是，HSC 这种横向分化现象是否仅发生在 CCl_4 损伤条件下？其他肝损伤状态下 HSC 又会怎样？作为一种经典的肝毒素，CCl_4 毒性较大，动物成活率不高，模型缺乏稳定性，实验可重复性较低，注射剂量也不易掌握，在实验中就曾遇到过同等剂量条件下注射后，个别实验小鼠会突然死亡的问题。

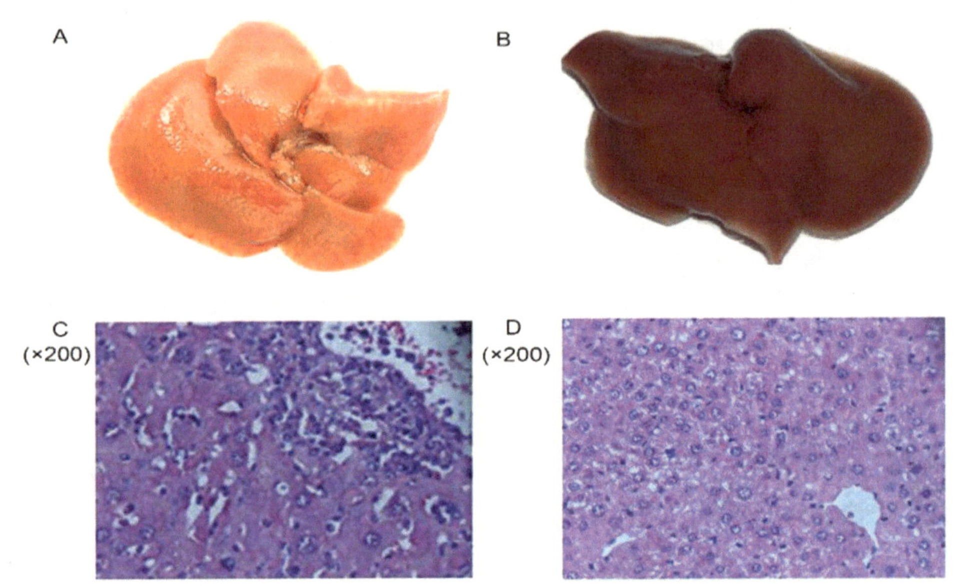

图 25-1　宫内移植干细胞对 CCl_4 损伤肝的修复作用

A. 对照组小鼠 CCl_4 处理后的肝形态；B. 宫内移植干细胞组小鼠 CCl_4 处理后的肝形态；C. 对照组小鼠 CCl_4 处理后的肝病理分析；D. 宫内移植干细胞组小鼠 CCl_4 处理后的肝病理分析

为此，课题组利用自行制备的肝特异表达 *HSVtk* 基因的转基因小鼠为受体，以人脐血分离的造血干细胞为供体，开展宫内移植实验，获得移植嵌合鼠后，进一步通过 GCV 诱导特异肝损伤，观察此条件下植入的人源细胞的体内生物学表现，从而更好地积累数据和资料，为临床产前治疗肝疾病提供依据。

在前期工作的基础上，课题组成功建立了宫内注射人脐血干细胞的 HSVtk 小鼠嵌合模型，嵌合比例达 86%以上。之所以能获得这一较高的嵌合比例，一方面在于宫内注射的干细胞数量有所增加，另一方面在于宫内注射操作的日趋完善，手术准确性也得到了提升。

在获得 HSVtk 小鼠嵌合体模型的基础上，通过 GCV 诱导肝损伤，观察 HSC 向肝的横向分化。结果证实，在 GCV 所诱导的特异环境中，宫内注射入受体的 HSC 能迁移至肝，间期 FISH 就直观地证实了这一点。此外，在肝的人源细胞还能分化为肝样的细胞，表达肝特异的蛋白质而发挥作用，减缓肝的损伤状态而起一定的保护和修复作用。研究证实，这些人源样的肝细胞能表达多种肝特异蛋白，不仅能分泌人 ALB，还能产生 CK8、CK18、HNF-1 蛋白并发挥作用。

上述研究进一步拓展了造血干细胞产前基因治疗的领域和病种，为肝疾病的产前治疗开拓了新的思路。此外，将宫内干细胞移植和基因治疗更密切地结合起来，将有利于干细胞的生物学及分化机制研究，也有望为临床产前治疗的发展提供平台。

25.3 人 / 山羊嵌合体模型

25.3.1 人 / 山羊嵌合体模型的建立

HSC 移植能够补偿由多种原因造成的组织异常，包括恶性肿瘤及遗传性疾病（Hongeng et al. 2004；Elfenbein and Sackstein 2004；Orofino et al. 2003；McDonough et al. 2003；Buckner et al. 1970）。但是由于生物学和技术问题，HSC 移植的临床应用受到限制。例如，异体 HSC 移植需要免疫抑制治疗，这可能会增加感染的危险。通过宫内移植产生嵌合体有望成为治疗这些疾病的新途径（Surbek et al. 2001；Zanjani and Anderson 1999）。目前，通过宫内移植已经产生了人与小鼠、绵羊、猪及山羊等多种动物的异种干细胞移植嵌合体及猴的同种嵌合体（Harrison et al. 1989）。但是关于植入这些嵌合体动物体内的 HSC 的归巢、分化及在各组织中的外源细胞的基因表达谱，移植的细胞是否同宿主细胞融合而产生不必要的改变或者杂交细胞等问题均有待研究。黄淑帧教授课题组将人脐血 $CD34^+Lin^-$ 细胞由反转录病毒载体转染 GFP，然后用人脐血 $CD34^+Lin^-GFP^+$ 细胞宫内移植来制备人 / 山羊嵌合体模型，成功开展了宫内干细胞移植山羊的研究，获得了嵌合型肝。人造血干细胞在受体羊肝组织中生长和扩增，分化成人的肝细胞，并具备了人肝细胞特异性的转录活性，同时建立了嵌合模型分子检测的一系列方法（肖艳萍和陈美珏 2003；肖艳萍等 2003；陈美珏等 2002；黄淑帧等 2002）。

研究发现，尽管在嵌合体模型的外周血中 GFP^+ 细胞含量相对较低，在肝、脾、肾、肺、心脏和肌肉中都存在 GFP^+ 细胞，经 FACS 检测，嵌合率为 1.3%~36%（Zeng et al. 2006）（图 25-2）。这表明移植的外源细胞可以植入受体羊体内。为避免非肝细胞的影响，对肝灌流后，检测出大量 GFP^+ 细胞，用免疫组化和 Southern blot 进一步证实人供体细胞在山羊多种组织中存活。高水平的移植出现在组织器官中而不是血液，这与经静脉内（i.v.）给予细胞不同，宫内移植是将细胞注射入免疫发育不成熟的胎儿腹腔，我们假设移植的人 HSC 为了生存，经历了由受体胎羊的腹腔内微环境引发的适应性过程。尽管这些细胞是脐带血来源的，但很明显适应了山羊的微环境使其在组织中较血液可更有效的扩增。即使在某个器官中，植入细胞的分布也是不均匀的。是否观察到的外源细胞分布情况可以反映祖细胞的分布模式，是否存在微环境龛（niche）有利于移植或者是其他机制的作用，都值得进一步研究。转基因标签和族系跟踪（lineage tracking）实验可以用来验证是否聚集的植入细胞属于同一克隆，来源于单一外源祖细胞；或者是在胎儿器官的很多外来祖细胞中，仅有某些亚系在有利于其生存的龛中存活。

很多研究表明成体干细胞具有“可塑性”（plasticity），也就是转分化到其他组织类型（Almeida-Porada et al. 2002；Krause et al. 2001；Jackson et al. 1999），尽管分化的机制存在争议（Dalakas et al. 2005）。有报道认为干细胞的可塑性是由于细胞融合机制（Wang et al. 2003a；Vassilopoulos et al. 2003），而最近的研究表明 HSC 能够产生非造血组织的细胞，不是由于细胞融合（Jang et al. 2004；Wurmser et al. 2004；Harris et al. 2004；Newsome et al. 2003）。以上的研究都是成体干细胞转移至成体的受体，缺乏胚胎或胎儿期特有的发育诱导机制，是否脐血来源的 HSC 可以在胎儿期转分化为其他组织细胞尚无报道。Wang 等

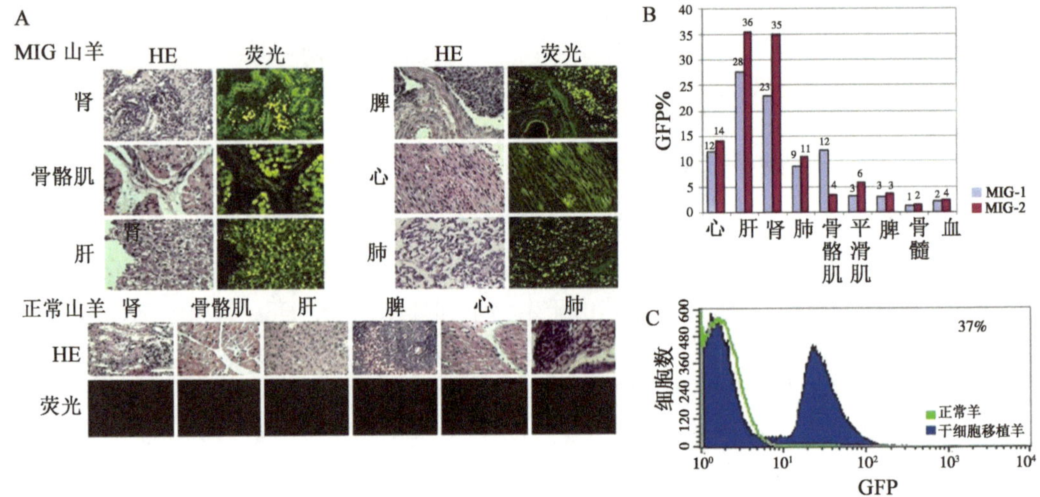

图 25-2 宫内移植造血干细胞的山羊各脏器中人源细胞嵌合情况分析

A. 山羊各脏器中表达绿色荧光蛋白的人源细胞嵌合情况；B，C. 流式细胞仪分析山羊脏器中人源细胞的嵌合比例

（2003b）在 CCl_4 诱导损伤的免疫缺陷的鼠移植人 HSC 后，发现人白蛋白（ALB）表达的肝样细胞，表明人 HSC 应对肝损伤的微环境产生白蛋白。最近的报道表明人 HSC 在人 / 绵羊嵌合体中，可以高效（20%）地产生功能性肝细胞（Almeida-Porada et al. 2004）。我们的研究显示植入的 $CD34^+Lin^-$ 细胞具有可塑性，可以在肝组织中检测到人肝样细胞，表达造血组织以外的标志，包括人 ALB、肝特异性抗原、肝细胞核因子 3β 等。用流式细胞仪检测 DNA 的含量，未见融合导致的多倍体的峰，表明可塑性不是由细胞融合而来。该研究支持了人 HSC 在适当的诱因下可以达到临床意义上的转分化，而无需器官损伤，提供了研究人成体干细胞分化潜能的体内研究系统。

用芯片分析方法研究了移植羊体内的人基因的表达谱。RNA 转录表达谱分析有两个目的：确定有利于 HSC 生存的人源细胞标志；该方法是否可以用于研究人基因在山羊体内的表达和调控。本研究分析了移植山羊、正常山羊、人的血液标本及肝组织的基因表达谱。研究表明，在血和肝中，仅有 5 个转录本是相同的，这表明，人供体细胞在不同组织中的生存与不同的表达谱相关。人转录本包括信号转导、膜蛋白及受体和转录因子等各种功能。这一结果提供了检测有活力的人 HSC 来源细胞的新的特异性标志。

通过 DNA、RNA 和蛋白质分析研究表明人的细胞可以移植到山羊肝内和其他组织，表达人的蛋白质。因此，人 / 山羊嵌合体可以潜在地用于生物反应器来产生用于治疗或者其他临床用途的人蛋白。异种的嵌合体为产前治疗人类遗传疾病、细胞或组织修复和异种器官移植等提供了临床评估体系。人 / 山羊嵌合体为非损伤情况下研究免疫耐受、干细胞移植的动力学、归巢、分化、基因表达和可塑性提供了独一无二的系统。

25.3.2 人 / 山羊嵌合体疾病模型

慢性粒细胞白血病（chronic myeloid leukemia，CML）是一种造血干细胞克隆异常，特征是具有 *BCR-ABL* 融合基因，伴随 ABL 酪氨酸激酶（TK）活性增加（Goldman and Melo 2003）。在造血干细胞中转入 *BCR-ABL* 融合基因，产生的细胞与 CML 患者体内的

$BCR-ABL^+$ 细胞有许多相似之处（Chalandon et al. 2005）。用小分子抑制物如甲磺酸伊马替尼（IM）、达沙替尼、尼罗替尼等抑制 TK 酶的活性，在 CML 患者体内获得了显著疗效（Druker et al. 1996），然而也存在对该药无反应、晚期出现 IM 抵抗等问题，特别是 CML 干细胞对 IM 及其他小分子抑制剂不敏感，难以被现有的制剂去除（Jiang et al. 2007; Goldman and Melo 2003）。所以了解 CML 干 / 祖细胞在体内的生物学特性，对于研制出治愈 CML 的疗法尤其重要。CML 的大动物模型相对于小鼠模型而言有以下优势：① CML 的山羊模型同人类大小相近；②作为大的、长寿的动物（8~12 年），山羊动物模型可以解决长期的效用及安全性这一关键问题；③山羊相对小鼠具较长的孕期（145 天），可提供足够的时间分辨率来将山羊的实验参数应用于人体。

黄淑帧教授课题组在完成人 / 山羊大动物嵌合体模型构建的基础上，首次通过宫内注射 GFP-BCR-ABL cDNA 的反转录病毒转导的人脐血干细胞（lin^-CD34^+）或编码对照 GFP 反转录病毒载体转导的人脐血干细胞（MIG）至胎羊体内，制备了人 / 山羊嵌合体 BCR-ABL 疾病模型及对照 MIG 模型。课题组分析了 6 头出生后存活的 BCR-ABL 嵌合体山羊，发现在各脏器均有 $GFP^+BCR-ABL^+$ 细胞，并具有早期 CML 特征。注射 $GFP^+BCR-ABL^+$ 细胞的嵌合体羊的白细胞数量是注射 GFP^+ 对照细胞的嵌合体羊的 3~5 倍（Zeng et al. 2013）（图 25-3）。这种差异从嵌合体山羊出生后 6 个月持续到两年半。胎羊在宫内接受相对较少数量的人 BCR-ABL 转染的脐血细胞后，外源造血干细胞即可大量增殖并长期存在于胎羊体内，包括过量产生的 $CD34^+$ 髓系和淋巴系的细胞，与慢性阶段的 CML 患者体内的细胞具有很多相似之处。

课题组在嵌合羊出生后 3 周，以 3 头 BCR-ABL 羊及 2 头 MIG 羊为研究对象，荧光显微镜和激光共聚焦检测 BCR-ABL 羊，发现在肝、肾、肺中有大量 GFP^+（$BCR-ABL^+$）细胞，从各脏器制备的细胞悬液经 FACS 分析也证实以上的实验结果。在 BCR-ABL 羊的骨髓中用人特异性 P17H8 探针也检测到人源细胞。免疫组化分析 BCR-ABL 肝组织，可见 GFP 阳性及人增殖细胞核抗原（PCNA）阳性的外源细胞。

定量 PCR（qPCR）分析 BCR-ABL 羊的各组织 DNA，在 3 周时可见在脾中转基因（BCR-ABL）的拷贝最高，可达 8×10^4 拷贝。10 个月以后在骨髓中检测到（5~7）$\times10^4$ 拷贝的外源基因，并检测到人的 CD34 和血型糖蛋白 A（GPA）序列的拷贝。用已经建立的嵌合体芯片分析方法（Zeng et al. 2006），获得嵌合羊的表达谱数据，分析表明在 MIG、BCR-ABL 羊体内存在人源细胞，而在正常羊中没有。在不同的组织包括外周血、肝，以及不同的嵌合体羊（MIG、BCR-ABL）中具有不同的基因表达模式，在 BCR-ABL 中表达与细胞周期控制或激酶活性相关的基因。前面的研究表明，lin^-CD34^+ 细胞代表正常的 $CD34^+CD38^-$ 造血干细胞亚系，可以在免疫缺陷鼠中长期重建造血（Glimm et al. 2001），与 CML 患者体内维持慢性阶段的细胞具有很多相似性。上述山羊大动物嵌合体模型提供了细胞长期生长和扩增的机会，这在其他嵌合体 [如在非肥胖糖尿病 / 重症联合免疫缺陷（NOD/SCID）鼠中] 中则可能无法实现。

有趣的是，$BCR-ABL^+$ 嵌合羊体内的髓系细胞数量并未比对照嵌合体羊的高，表明由于生血作用的下调，限制了终末期粒系细胞的产生。我们发现在 BCR-ABL 羊体内红系产生增加，这与在移植了 BCR-ABL 转导细胞的 SCID 鼠中的结果一致（Chalandon et al. 2005），也与在很多 CML 慢性阶段的患者样本中发现红系祖细胞增加相似（Eaves and Eaves 2001）。因此，在小鼠和山羊体内异种模型得到的 CML 的特征同进展期 CML 相似，可以检测到高表达的 BCR-ABL（Jiang et al. 2007），细胞分化受到更大的影响。然而分析表明，没有白血病克隆的增加、肝脾肿大、体重减轻等疾病进展的过程（Chalandon et al. 2005；Zhao et al. 2001），山羊嵌合体中这种不活跃的白血病细胞群体，同人的早期慢性阶段的白血病比较相近。

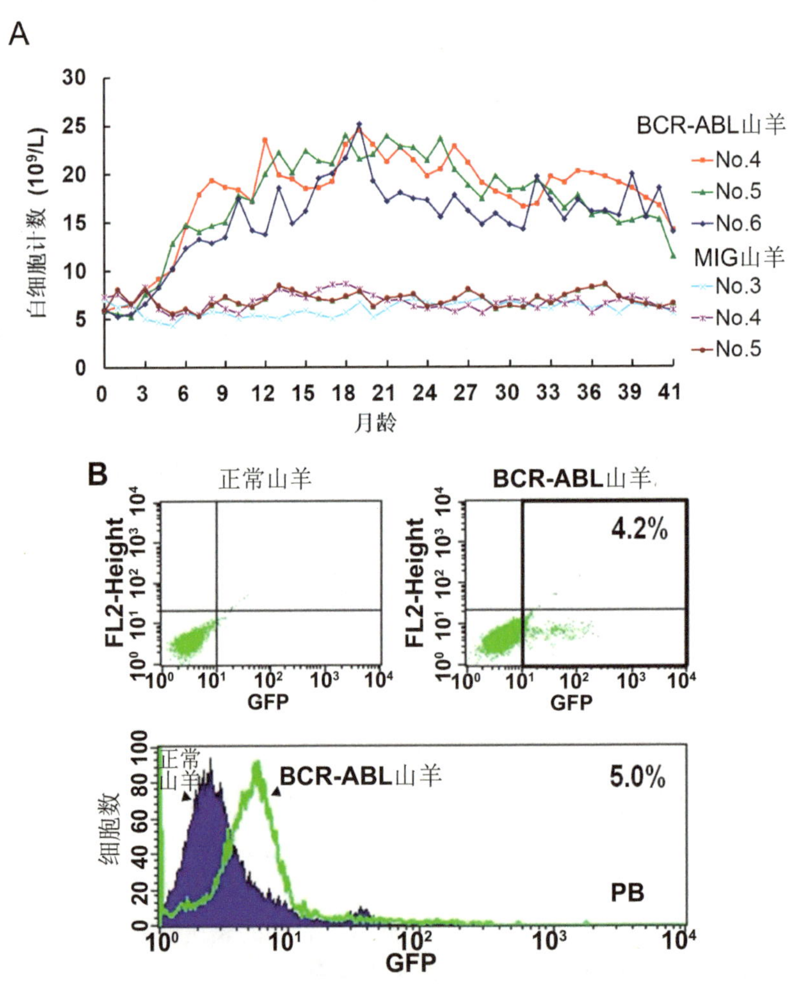

图 25-3　慢性粒细胞白血病山羊嵌合体模型分析

A. 嵌合体山羊和对照组山羊外周血血象长期追踪分析；B. 流式细胞仪分析嵌合体山羊外周血中 BCR-ABL 细胞的比例

25.4　宫内移植治疗疾病

IUHSCT 为许多可以产前诊断的遗传性造血、免疫及代谢方面的疾病提供了移植异体来源细胞至早期胎儿中，纠正疾病的机会（Vrecenak and Flake 2013）。IUHSCT 在胎儿早期即可预防疾病的发生，使出生健康胎儿成为可能。这种疗法具有治疗优势，胎儿迅速生长的骨髓环境及免疫发育早期容易接受不相匹配的异体来源供体细胞，而无须执行预处理方案。Touraine 等在 1989 年首次成功地进行裸淋巴细胞综合征（bare lymphocyte syndrome）

患病胎儿的宫内移植治疗。1996 年，Flake 及 Wengler 等多个研究组对 SCID 患儿宫内移植治疗取得成功（Flake et al. 1996；Wengler et al. 1996）。对于其他免疫缺陷病如慢性肉芽肿病、先天性白细胞颗粒异常综合征（Chediak-Higashi syndrome），则没有治疗效果，也没有得到出生后具有嵌合的胎儿（Muench et al. 2001；Flake and Zanjani 1999）。

有报道的接近 20 例巴氏血红素（Hb Bart's）病例进行了宫内移植治疗，治疗效果总体上是有效的。但是有些胎儿仍然需要输血治疗。此外，在怀孕早期宫内移植可以减少新生胎儿的并发症包括认知障碍和肢体短小的缺陷。对于不需要输血治疗存活至出生的胎儿，25%~50% 具有神经和发育缺陷，可能是胎儿宫内缺氧所致（Dwinnell et al. 2011；Weisz et al. 2009；Joanna et al. 2009；Singer et al. 2000；Carr et al. 1995）。

尽管代谢贮积症是一类具有吸引力的宫内移植治疗的目标疾病，但在 7 个报道的病例中（Touraine et al. 2004；Shields et al. 2002；Bambach et al. 1997），只有 2 例成功地植入了外源细胞，其中一例有临床改善，另一例则没有。其他的在出生前死亡，可能是由于 GVHD。

在过去的 25 年间，有报道的接近 50 例 IUHSCT，针对不同疾病，应用不同的供体细胞及移植方法。有些宫内移植在怀孕的晚期进行，或用未经纯化的供体细胞，以及低水平的移植物嵌合起不到治疗作用。其中至少 10 例 SCID 宫内移植成功。虽然临床上 IUHSCT 成功地应用于 SCID 患者，但是在非 SCID 患者体内移植效率较低。经统计，SCID 患者成功率为 92%（11/12），而非 SCID 患者仅为 35%（7/20）（de Santis et al. 2011）。这表明受体胎儿环境是具有竞争性的环境（除少数患者如 SCID 外），需要采取策略提高移植的供体细胞在受体内的竞争优势。

IUHSCT 小鼠模型为研究提供了有用的数据，缺乏某些免疫细胞的小鼠模型更容易接受供体细胞，如小鼠贫血和 SCID 模型比正常小鼠更容易接受移植的细胞，这同在 SCID 患者体内观察到的供体细胞比受体细胞更具有生长优势一致（Blazar et al. 1995a，1995b）。但是，IUHSCT 移植人细胞至免疫正常的小鼠（Milner et al. 1999）或绵羊（Narayan et al. 2006；Zanjani et al. 1997）中，在受体内仅得到较低的移植率，这也是目前临床应用 IUHSCT 面临的问题。这些限制是许多研究组研究母胎免疫系统中影响宫内移植的障碍。最近确认这些障碍包括母体抗体、母体 T 淋巴细胞及受体的 NK 细胞（Nijagal et al. 2011；Merianos et al. 2009；Durkin et al. 2008）。在没有经过移植前处理的受体中，外源细胞到达胎儿骨髓 HSC 龛，同受体 HSC 细胞竞争有限的龛内空间（Stewart et al. 1998；Rao et al. 1997），没有显著的竞争优势可能也是宫内移植障碍之一。

2014 年 4 月在旧金山召开了基础和转化科学与临床会议（basic and translational scientists and clinicians convened in San Francisco）（MacKenzie et al. 2015）。会议主要内容包括确定 IUHCT 的目标、回顾宫内移植需要克服的障碍、发展在胎儿体内达到治疗水平的新的移植方法、安全地将这些方法转化到临床上并进行更广泛的应用等方面。会议达成一致意见：由于母体免疫可以限制胎儿体内的移植物，因此临床上可以通过移植与母体 HLA 相配的 HSC。不同于传统的腹腔注射，移植物的嵌合水平可以通过移植高剂量的 $CD34^+$ 细胞及经血管内注射的方法来提高。在提高植入细胞竞争能力方面，研究人员进一步采取措施，在造血干细胞龛内增加植入细胞可存在的空间，如 Derderian 等（2014）用抗 c-Kit 受体的抗体（ACK2）选择性地在宫内去除受体 HSC，在刚出生的小鼠体内的嵌合体细胞即达到了治疗水平，为宫内移植需要在胎儿期采取措施提供了证据。该种方法也避免了传统的应用白消安（busulfan）来抑制骨髓在宫内产生的毒性。最后，在循环T淋巴细胞发育之前进行宫内移植是非常关键的，也需要采取进一步的措施促进胎儿耐受的诱导，如与调节T淋巴细胞共同移植也需要作进一步研究。

参考文献

陈美珏，颜景斌，方彧聃，等. 2002. 人/山羊造血干细胞嵌合模型的分子检测. 中华血液学杂志，23（12）：634-637.

黄淑帧，任显辉，彭智培，等. 2002. 移植人造血干细胞的山羊肝组织中人特异蛋白的表达. 中华医学杂志，82（13）：894-898.

贾春平，颜景斌，肖艳萍，等. 2003. 红系特异表达载体在转基因小鼠中表达的研究. 自然科学进展，13（7）：703-708.

裴雪涛. 2003. 干细胞生物学. 北京：科学出版社.

肖艳萍，陈美珏. 2003. 间期荧光原位杂交技术检测人/山羊嵌合模型. 中华医学遗传学杂志，20（2）：147-150.

肖艳萍，陈美珏，盛敏，等. 2003. 应用荧光原位杂交分析移植山羊体内的人源细胞. 中国医学科学院学报，25（2）：129-133.

张敬之，郭歆冰，谢书阳，等. 2006. 用慢病毒载体介导产生绿色荧光蛋白（GFP）转基因小鼠. 自然科学进展，16（5）：571-577.

Alberti S，Sacchetti A，Ciccocioppo R. 2000. The molecular determinants of the efficiency of green fluorescent protein mutants. Histol Histopathol，15（1）：101-107.

Almeida-Porada G，El-Shabrawy D，Porada C，et al. 2002. Differentiative potential of human metanephric mesenchymal cells. Exp Hematol，30（12）：1454-1462.

Almeida-Porada G，Porada C，Zanjani E D. 2001. Adult stem cell plasticity and methods of detection. Rev Clin Exp Hematol，5（1）：26-41.

Almeida-Porada G，Porada C D，Chamberlain J，et al. 2004. Formation of human hepatocytes by human hematopoietic stem cells in sheep. Blood，104（8）：2582-2590.

Attar R，Attar E. 2008. Use of hematopoietic stem cells in obstetrics and gynecology. Transfus Apher Sci，38（3）：245-251.

Bambach B J，Moser H W，Blakemore K，et al. 1997. Engraftment following in utero bone marrow transplantation for globoid cell leukodystrophy. Bone Marrow Transplant，19（4）：399-402.

Blazar B R，Taylor P A，Vallera D A. 1995a. Adult bone marrow-derived pluripotent hematopoietic stem cells are engraftable when transferred in utero into moderately anemic fetal recipients. Blood，85（3）：833-841.

Blazar B R，Taylor P A，Vallera D A. 1995b. In utero transfer of adult bone marrow cells into recipients with severe combined immunodeficiency disorder yields lymphoid progeny with T-and B-cell functional capabilities. Blood，86（11）：4353-4366.

Braun K M，Thompson A W，Sandgren E P. 2003. Hepatic microenvironment affects oval cell localization in albumin-urokinase-type plasminogen activator transgenic mice. Am J Pathol，162（1）：195-202.

Brotherton T W，Chui D H，Gauldie J，et al. 1979. Hemoglobin ontogeny during normal mouse fetal development. Proc Natl Acad Sci USA，76（6）：2853-2857.

Broxmeyer H E，Kurtzberg J，Gluckman E，et al. 1990. Umbilical cord blood hematopoietic stem and repopulating cells in human clinical transplantation. Blood Cells，17（2）：313-329.

Buckner C D，Epstein R B，Rudolph R H，et al. 1970. Allogeneic marrow engraftment following whole body irradiation in a patient with leukemia. Blood，35（6）：741-750.

Carr S，Rubin L，Dixon D，et al. 1995. Intrauterine therapy for homozygous thalassemia. Obstet Gynecol. 85（5，Part 2）：876-879.

Chalandon Y，Jiang X，Christ O，et al. 2005. BCR-ABL-transduced human cord blood cells produce abnormal populations in immunodeficient mice. Leukemia，19（3）：442-448.

Chalfie M，Tu Y，Euskirchen G，et al. 1994. Green fluorescent protein as a marker for gene expression. Science，263（5148）：802-805.

Chen X, Gong X, Katsumata M, et al. 2009. Hematopoietic stem cell engraftment by early-stage in utero transplantation in a mouse model. Exp Mol Pathol, 87 (3): 173-177.

Dalakas E, Newsome P N, Harrison D J, et al. 2005. Hematopoietic stem cell trafficking in liver injury. FASEB J, 19 (10): 1225-1231.

de Santis M, de Luca C, Mappa I, et al. 2011. In-utero stem cell transplantation: clinical use and therapeutic potential. Minerva Ginecol, 63 (4): 387-398.

Derderian S C, Togarrati P P, King C, et al. 2014. In utero depletion of fetal hematopoietic stem cells improves engraftment after neonatal transplantation in mice. Blood, 124 (6): 973-980.

Druker B J, Tamura S, Buchdunger E, et al. 1996. Effects of a selective inhibitor of the Abl tyrosine kinase on the growth of Bcr-Abl positive cells. Nat Med, 2 (5): 561-566.

Durkin E T, Jones K A, Rajesh D, et al. 2008. Early chimerism threshold predicts sustained engraftment and NK-cell tolerance in prenatal allogeneic chimeras. Blood, 112 (13): 5245-5253.

Dwinnell S J, Coad S, Butler B, et al. 2011. In utero diagnosis and management of a fetus with homozygous α-thalassemia in the second trimester: a case report and literature review. J Pediatr Hematol Oncol, 33 (8): e358-e360.

Eaves C J, Eaves A C. 2001. Progenitor cell dynamics. Chronic myeloid leukaemia: biology and treatment. London: Martin Dunitz: 73-100.

Elfenbein G J, Sackstein R. 2004. Primed marrow for autologous and allogeneic transplantation: a review comparing primed marrow to mobilized blood and steady-state marrow. Exp Hematol, 32 (4): 327-339.

Engelhardt M, Lübbert M, Guo Y. 2002. CD34 (+) or CD34 (−): which is the more primitive? Leukemia, 16 (9): 1603-1608.

Evans M J, Kaufman M H. 1981. Establishment in culture of pluripotential cells from mouse embryos. Nature, 292 (5819): 154-156.

Flake A W, Roncarolo M, Puck J M, et al. 1996. Treatment of X-linked severe combined immunodeficiency by in utero transplantation of paternal bone marrow. N Engl J Med, 335 (24): 1806-1810.

Flake A W, Zanjani E D. 1999. In utero hematopoietic stem cell transplantation: ontogenic opportunities and biologic barriers. Blood, 94 (7): 2179-2191.

Fleischman R A, Mintz B. 1979. Prevention of genetic anemias in mice by microinjection of normal hematopoietic stem cells into the fetal placenta. Proc Natl Acad Sci USA, 76 (11): 5736-5740.

Fujiki Y, Fukawa K, Kameyama K, et al. 2003. Successful multilineage engraftment of human cord blood cells in pigs after in utero transplantation. Transplantation, 75 (7): 916-922.

Glimm H, Eisterer W, Lee K, et al. 2001. Previously undetected human hematopoietic cell populations with short-term repopulating activity selectively engraft NOD/SCID-β2 microglobulin-null mice. J Clin Invest, 107 (2): 199.

Goldman J M, Melo J V. 2003. Chronic myeloid leukemia—advances in biology and new approaches to treatment. N Engl J Med, 349 (15): 1451-1464.

Grompe M, Lindstedt S, Al-Dhalimy M, et al. 1995. Pharmacological correction of neonatal lethal hepatic dysfunction in a murine model of hereditary tyrosinaemia type I. Nat Genet, 10 (4): 453-460.

Harris R G, Herzog E L, Bruscia E M, et al. 2004. Lack of a fusion requirement for development of bone marrow-derived epithelia. Science, 305 (5680): 90-93.

Harrison M, Crombleholme T, Tarantal A, et al. 1989. In-uthro transplantation of fetal liver haemopoietic stem cells in monkeys. Lancet, 334 (8677): 1425-1427.

Hayashi S, Abdulmalik O, Peranteau W H, et al. 2003. Mixed chimerism following in utero hematopoietic stem cell transplantation in murine models of hemoglobinopathy. Exp Hematol, 31 (2): 176-184.

Hongeng S, Pakakasama S, Chaisiripoomkere W, et al. 2004. Outcome of transplantation with unrelated donor bone marrow in children with severe thalassaemia. Bone Marrow Transplant, 33 (4): 377-379.

Jackson K A, Mi T, Goodell M A. 1999. Hematopoietic potential of stem cells isolated from murine skeletal muscle. Proc Natl Acad Sci USA, 96 (25): 14482-14486.

Jang Y, Collector M I, Baylin S B, et al. 2004. Hematopoietic stem cells convert into liver cells within days without fusion.

Nat Cell Biol，6（6）：532-539.

Jiang X，Zhao Y，Smith C，et al. 2007. Chronic myeloid leukemia stem cells possess multiple unique features of resistance to BCR-ABL targeted therapies. Leukemia，21（5）：926-935.

Joanna S Y，Moertel C L，Baker K S. 2009. Homozygous α-thalassemia treated with intrauterine transfusions and unrelated donor hematopoietic cell transplantation. J Pediatr，154（5）：766-768.

Kawasaki M，Fujino M，Li X，et al. 2003. Inducible liver injury in the transgenic rat by expressing liver-specific suicide gene. Biochem Biophys Res Commun，311（4）：920-928.

Krause D S，Theise N D，Collector M I，et al. 2001. Multi-organ，multi-lineage engraftment by a single bone marrow-derived stem cell. Cell，105（3）：369-377.

Krishnamurti L，Bunn H F，Williams A M，et al. 2008. Hematopoietic cell transplantation for hemoglobinopathies. Curr Probl Pediatr Adolesc Health Care，38（1）：6-18.

Lagasse E，Connors H，Al-Dhalimy M，et al. 2000. Purified hematopoietic stem cells can differentiate into hepatocytes *in vivo*. Nat Med，6（11）：1229-1234.

Lewis J，Yang B，Kim R，et al. 1998. A common human β globin splicing mutation modeled in mice. Blood，91（6）：2152-2156.

Luzzatto L，Goodfellow P. 1989. Sickle cell anaemia. A simple disease with no cure. Nature，337（6202）：17-18.

Mackenzie T C，David A L，Flake A W，et al. 2015. Consensus statement from the first international conference for in utero stem cell transplantation and gene therapy. Front Pharmacol，6：15. doi：10.3389.

McDonoughC H，Jacobsohn D A，Vogelsang G B，et al. 2003. High incidence of graft failure in children receiving $CD34^+$ augmented elutriated allografts for nonmalignant diseases. Bone Marrow Transplant，31（12）：1073-1080.

Merianos D J，Tiblad E，Santore M T，et al. 2009. Maternal alloantibodies induce a postnatal immune response that limits engraftment following in utero hematopoietic cell transplantation in mice. J Clin Invest，119（9）：2590.

Milner R，Shaaban A，Kim H B，et al. 1999. Postnatal booster injections increase engraftment after in utero stem cell transplantation. J Surg Res，83（1）：44-47.

Muench M O，Bárcena A. 2004. Stem cell transplantation in the fetus. Cancer Control，11（2）：105-118.

Muench M O，Rae J，Bárcena A，et al. 2001. Fetal transplantation—transplantation of a fetus with paternal $Thy\text{-}1^+ CD34^+$ cells for chronic granulomatous disease. Bone Marrow Transplant，27（4）：355-364.

Narayan A D，Chase J L，Lewis R L，et al. 2006. Human embryonic stem cell—derived hematopoietic cells are capable of engrafting primary as well as secondary fetal sheep recipients. Blood，107（5）：2180-2183.

Newsome P N，Johannessen I，Boyle S，et al. 2003. Human cord blood-derived cells can differentiate into hepatocytes in the mouse liver with no evidence of cellular fusion. Gastroenterology，124（7）：1891-1900.

Nijagal A，Wegorzewska M，Jarvis E，et al. 2011. Maternal T cells limit engraftment after in utero hematopoietic cell transplantation in mice. J Clin Invest，121（2）：582.

Orofino M G，Argiolu F，Sanna M A，et al. 2003. Fetal HLA typing in β thalassaemia：Implications for haemopoietic stem-cell transplantation. Lancet，362（9377）：41-42.

Owen R. 1945. Immunologic consequences of vascular anastomoses between bovine twins. Science，102（2651）：400-401.

Peranteau W H，Flake A W. 2006. In-utero tolerance. Curr Opin Organ Transplant，11（4）：353-359.

Petersen B E，Bowen W C，Patrene K D，et al. 1999. Bone marrow as a potential source of hepatic oval cells. Science，284（5417）：1168-1170.

Prochazka M，Gaskins H R，Shultz L D，et al. 1992. The nonobese diabetic scid mouse：model for spontaneous thymomagenesis associated with immunodeficiency. Proc Natl Acad Sci USA，89（8）：3290-3294.

Qian H，Wang J，Wang S，et al. 2006. In utero transplantation of human hematopoietic stem/progenitor cells partially repairs injured liver in mice. International Journal of Molecular Medicine，18（4）：633-642.

Quek L，Thein S L. 2007. Molecular therapies in β-thalassaemia. Br J Haematol，136（3）：353-365.

Rao S S，Peters S O，Crittenden R B，et al. 1997. Stem cell transplantation in the normal nonmyeloablated host：relationship between cell dose，schedule，and engraftment. Exp Hematol，25（2）：114-121.

Rund D，Rachmilewitz E. 2005. β-Thalassemia. N Engl J Med，353（11）：1135-1146.

Sasaki S, Fukuda N. 1999. Dose-response relationship for induction of solid tumors in female B6C3F1 mice irradiated neonatally with a single dose of gamma rays. J Radiat Res, 40（3）: 229-241.

Shields L E, Lindton B, Andrews R G, et al. 2002. Fetal hematopoietic stem cell transplantation: a challenge for the twenty-first century. J Hematother Stem Cell Res, 11（4）: 617-631.

Singer S T, Styles L, Bojanowski J, et al. 2000. Changing outcome of homozygous α-thalassemia: cautious optimism. J Pediatr Hematol Oncol, 22（6）: 539-542.

Stewart F M, Zhong S, Wuu J, et al. 1998. Lymphohematopoietic engraftment in minimally myeloablated hosts. Blood, 91（10）: 3681-3687.

Surbek D, Schoeberlein A, Wagner A. 2008. Perinatal stem-cell and gene therapy for hemoglobinopathies. Elsevier: 282-290.

Surbek D V, Holzgreve W, Nicolaides K H. 2001. Haematopoietic stem cell transplantation and gene therapy in the fetus: ready for clinical use？ Hum Reprod Update, 7（1）: 85-91.

Tanabe Y, Tajima F, Nakamura Y, et al. 2004. Analyses to clarify rich fractions in hepatic progenitor cells from human umbilical cord blood and cell fusion. Biochem Biophys Res Commun, 324（2）: 711-718.

Till J E, McCulloch E A. 1961. A direct measurement of the radiation sensitivity of normal mouse bone marrow cells. Radiat Res, 14（2）: 213-222.

Tisdale J, Sadelain M. 2001. Toward gene therapy for disorders of globin synthesis. Elsevier: 382-392.

Touraine J L, Raudrant D, Golfier F C O, et al. 2004. Reappraisal of in utero stem cell transplantation based on long-term results. Fetal Diagn Ther, 19（4）: 305-312.

Touraine J L, Raudrant D, Royo C, et al. 1989. In-utero transplantation of stem cells in bare lymphocyte syndrome. Lancet, 333（8651）: 1382.

Tse W, Bunting K D, Laughlin M J. 2008. New insights into cord blood stem cell transplantation. Curr Opin Hematol, 15（4）: 279-284.

Vassilopoulos G, Wang P, Russell D W. 2003. Transplanted bone marrow regenerates liver by cell fusion. Nature, 422（6934）: 901-904.

Vrecenak J D, Flake A W. 2013. In utero hematopoietic cell transplantation—recent progress and the potential for clinical application. Cytotherapy, 15（5）: 525-535.

Wang X, Willenbring H, Akkari Y, et al. 2003a. Cell fusion is the principal source of bone-marrow-derived hepatocytes. Nature, 422（6934）: 897-901.

Wang X, Ge S, Mcnamara G, et al. 2003b. Albumin-expressing hepatocyte-like cells develop in the livers of immune-deficient mice that received transplants of highly purified human hematopoietic stem cells. Blood, 101（10）: 4201-4208.

Wang M, Yan J, Xiao Y, et al. 2003. A chimeric mouse model established by allogenic in utero transplantation. Yi Chuan Xue Bao, 30（4）: 289-294.

Weissman I L. 2000. Stem cells: units of development, units of regeneration, and units in evolution. Cell, 100（1）: 157-168.

Weisz B, Rosenbaum O, Chayen B, et al. 2009. Outcome of severely anaemic fetuses treated by intrauterine transfusions. Arch Dis Child Fetal Neonatal Ed, 94（3）: F201-F204.

Wengler G S, Lanfranchi A, Frusca T, et al. 1996. In-utero transplantation of parental CD34 haematopoietic progenitor cells in a patient with X-linked severe combined immunodeficiency（SCIDX1）. Lancet, 348（9040）: 1484-1487.

Wurmser A E, Nakashima K, Summers R G, et al. 2004. Cell fusion-independent differentiation of neural stem cells to the endothelial lineage. Nature, 430（6997）: 350-356.

Zanjani E D, Almeida-Porada G, Ascensao J L, et al. 1997. Transplantation of hematopoietic stem cells in utero. Stem Cells, 15（S2）: 79-93.

Zanjani E D, Anderson W F. 1999. Prospects for in utero human gene therapy. Science, 285（5436）: 2084-2088.

Zanjani E D, Pallavicini M G, Ascensao J L, et al. 1992. Engraftment and long-term expression of human fetal hemopoietic stem cells in sheep following transplantation in utero. J Clin Invest, 89（4）: 1178.

Zeng F, Chen M, Baldwin D A, et al. 2006. Multiorgan engraftment and differentiation of human cord blood $CD34^+$ Lin- cells in goats assessed by gene expression profiling. Proc Natl Acad Sci USA, 103（20）: 7801-7806.

Zeng F, Chen M, Katsumata M, et al. 2005. Identification and characterization of engrafted human cells in human/goat xenogeneic transplantation chimerism. DNA Cell Biol，24（7）：403-409.

Zeng Y，Huang S. 2001. The studies of hemoglobinopathies and thalassemia in China—the experiences in Shanghai Institute of Medical Genetics. Clin Chim Acta，313（1）：107-111.

Zeng F，Huang S，Gong Z，et al. 2013. Long-term deregulated human hematopoiesis in goats transplanted in utero with BCR-ABL-transduced lin- $CD34^+$ cord blood cells. Cell Res，23（6）：859-862.

Zhang Y，Huang S Z，Wang S，et al. 2005. Development of an HSV-tk transgenic mouse model for study of liver damage. FEBS J，272（9）：2207-2215.

Zhang Y，Huang S Z，Zeng Y T. 2004. The effect of HSV-tk/GCV on hepatic specific damage driven by murine ALB promoter/enhancer. Yi Chuan Xue Bao，31（10）：1053-1060.

Zhao R C，Jiang Y，Verfaillie C M. 2001. A model of human p210bcr/ABL-mediated chronic myelogenous leukemia by transduction of primary normal human $CD34^+$ cells with a BCR/ABL-containing retroviral vector. Blood，97（8）：2406-2412.

（曾凡一　巩芷娟　马晴雯）

26

A1 型短指 / 趾症的研究

26.1 A1 型短指 / 趾症的历史

1865 年 2 月 8 日，奥地利神父孟德尔（Gregor Johann Mendel，1822~1884 年）在现捷克 Bron 市的自然科学协会上提出并发表了题为《植物杂交实验》的论文，这就是遗传史上著名的豌豆实验。他的工作彻底改变了整个遗传学的发展，建立了后来被称为孟德尔定律（Mendel's laws）的遗传学两大定律：分离法则与自由组合法则，并涉及了有关遗传因子的基本概念。然而，这一重要发现直至 35 年后的 1900 年才分别被 Correns、Tschermak 和 deVries 三位学者重新认识和发现。自此，孟德尔的定律启动了现代遗传学（包括人类遗传学）的发展。

在 20 世纪初，哈佛大学的 Bussey 研究所可以说是最早从事人类遗传学工作的地方，它的所长 William Castle 是全美最杰出的遗传学家之一。1903 年，Castle 的一个研究生 William Curtis Farabee（1865~1925 年）在他的博士毕业论文中分析了一个人类手部畸形的遗传家系（图 26-1），此家系患者表型为 brachydactyly（短指）。brachydactyly 一词源于希腊文 βραχί-δακτίλος，其中 βραχί- 意为“短”而 δακτίλος 代表“指”，医学上特指一类手足骨骼畸形。这个家系的 5 代人中大概有一半超过 30 人是患者，在男性和女性中概率均等。Farabee（1903）推断在植物和动物中发现的孟德尔法则在人类中同样适用，此疾病看起来像是一个显性遗传的模式（the present case demonstrates that the law operates in man as in plants and lower animals. The abnormality is shown here to be a dominant character）。这个短指家系是人类遗传史上第一个有记录的孟德尔常染色体显性遗传病家系，是人类遗传史上的里程碑之一（表 26-1），许多遗传学教科书都把它作为一个经典例子加以引用。

Drinkwater（1908，1912，1915）对 Farabee 型的短指家系进行了全面的分析，后来这种类型的短指被 Bell（1951）归类为 A1 型短指 / 趾。1963 年 Haws 和 McKusick 对 Farabee 当初发现的短指家系后代进行了研究，从那以后越来越多的短指 / 趾家系或个体被报道（Armour et al. 2000；Byrnes et al. 2010；Degenkolbe et al. 2013；Den Hollander et al. 2001；Fukushima et al. 1995；Gao et al. 2001；Giordano et al. 2003；Jang et al. 2015；Lacombe et al. 2010；Laporte et al. 1979；Liu et al. 2006；Lodder et al. 2008；Mastrobattista et al. 1995；Piussan et al. 1983；Racacho et al. 2015；Raff et al. 1998；Slavotinek and Donnai 1998；Stattin et al. 2009；Temtamy and McKusick 1977；Tsukahara et al. 1989；Utine et al. 2010；Yang et al. 2000；Zhu et al. 2007）。

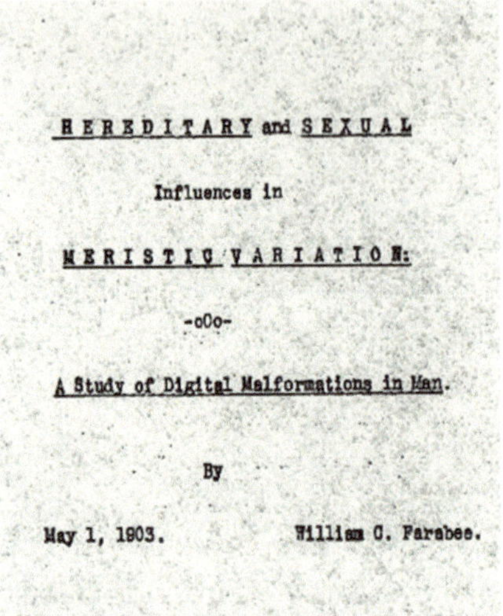

HEREDITARY and SEXUAL

Influences in

MERISTIC VARIATION:

-oOo-

A Study of Digital Malformations in Man.

By

May 1, 1903.　　William C. Farabee.

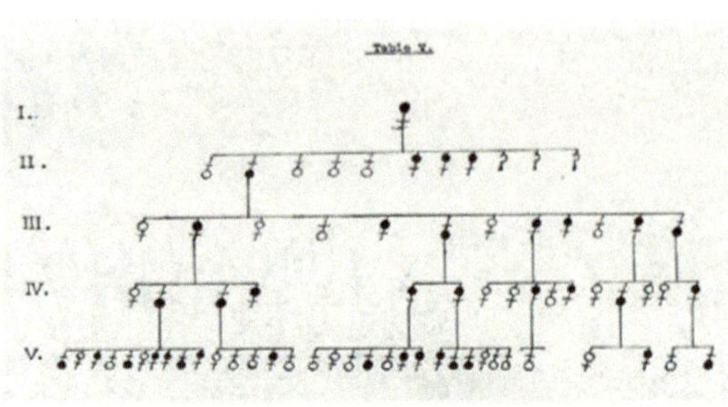

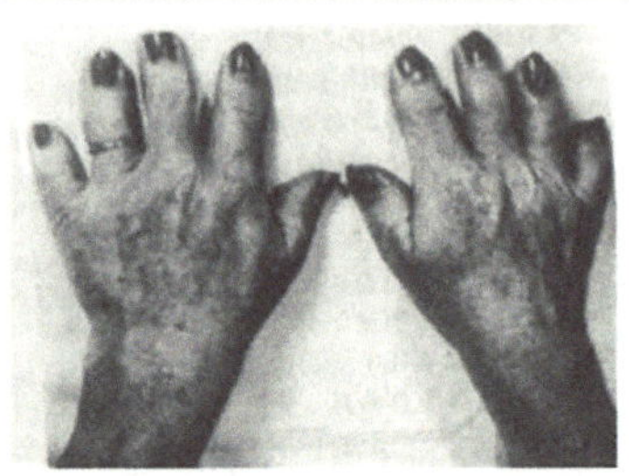

图 26-1　Farabee 博士毕业论文封面及其研究的家系（Farabee 1903）

表 26-1　20 世纪早期人类遗传学的里程碑 *

1900 年	de Vries、Correns 和 Tschermak 重新发现了孟德尔遗传法则
1901 年	Landsteiner 发现人类具有 ABO 血型
1903 年	**Farabee 从一个具有短指特征的多代谱系中推断出该疾病为常染色体显性遗传模式**
1908 年	Garrod 发展出“先天性代谢缺陷”的理论，假定人体生化失调症（如白化病、黑尿症、戊糖尿、胱氨酸尿）以孟德尔定律遗传，并且是由缺陷型的酶导致
1908 年	Hardy 和 Weinberg 分别证实在理想状态下，在大规模杂交人群中，其基因和基因型频率在从一代传递到下一代的过程中保持稳定不变
1909 年	Johanssen 引入了基因这一术语并将其作为基本遗传单位，创造了基因型和表型这两个名词用来区分基因组成和体态特征这两个概念
1910 年	Weinberg 开发了从小谱系中确定孟德尔遗传定律的方法
1910 年	Dungern 和 Hirszfeld 证实 ABO 血型符合孟德尔遗传定律
1919 年	Haldane 用公式表明了重组率和连锁图中距离之间的关系，并创造了遗传图距单位——厘摩（centimorgan，cM）

*Jack J. Pasternak. An Introduction To Human Molecular Genetics

到目前为止已经有过百的病例在医学和遗传学杂志中被报道，涵盖了各类人群（高加索白种人、非裔美国人、中国人等种族）。

26.2　A 型短指 / 趾症的表型分类

Farabee 型短指的主要特征包括所有手和脚的指 / 趾骨的中间指 / 趾节缩短，大拇指的近端指 / 趾节缩短，有时中间指 / 趾节会同远端指 / 趾节发生融合。在一些个体中，掌骨也会变短。患者的身高通常会表现得比家系中正常人要矮。

伦敦大学学院 Galton 实验室的人类遗传学家 Bell（1951）根据指 / 趾头的畸形特征把遗传性短指 / 趾分为了 A、B、C、D、E 5 个类型，A 型被进一步分为了 A1、A2 和 A3 三个亚型，其中 A2 和 A3 型的中间指 / 趾骨的缩短分别局限于食指和小拇指。McKusick（1975）提出了 A4 型和 A5 型，在 A4 型里食指和小指的中间指 / 趾节变短，而 A5 型是中间指 / 趾节缺失。但 Fitch（1979）认为 A4 和 A5 都应该归到 A1 型。Fitch 对 A1 型短指 / 趾的描述更为全面：手变得更宽，大部分的指 / 趾都成比例的缩短；所有的手骨都比正常的要短些，但是中间指 / 趾骨和大拇指的近端指 / 趾骨呈现不成比例的严重缩短；不管中间指 / 趾骨是缩短还是缺失，远端指 / 趾节关节不会形成。其他类型的短指 / 趾表型描述可参见表 26-2 和图 26-2。根据表型，Farabee 型短指 / 趾应该属于 A1 型短指 / 趾。

表 26-2　目前存在的各亚型短指症临床特征和致病基因一览

亚型	OMIM	致病基因	位点	注明
Type A1（BDA1）	#112500	*Indian hedgehog*	5p13.3~p13.2，2q33q35	又称 farabee-type，所有中指（趾）节受影响
Type A2（BDA2）	#112600	*Gdf5*，*Bmp2*，*Bmpr1b*	20p12.3 20q11.2，4q23~q24	又称 brachymesophalangy II 或 mohr-wriedt type，第二手指和脚趾中指节受影响
Type A3（BDA3）	%112700	N/A	N/A	又称 brachymesophalangy V 或 brachydactyly-clinodactyly，第五指中指节受影响
Type A4（BDA4）	%112800	N/A	N/A	又称 brachymesophalangy II 和 V 或 temtamy type，主要影响第二指和第五指
Type B（BDB）	#113000	*ROR2*	9q22	又称 BDB type 1（BDB1），远端指节受影响，指甲发育不全
Type B2（BDB2）	#611377	*NOG*	17q22	远端指节发育不全并伴有并指、掌骨融合
Type C（BDC）	#113100	*Gdf5*	20q11.2	又称 haws type，第二指和第三指中指节缩短，第五指中指节变成三角形，并可能出现多指、指关节融合及手掌、脚掌骨缩短
Type D（BDD）	#113200	*HOXD13*	2q31~q32	又称 stub thumb，大拇指和大脚趾缩短并变宽
Type E（BDE）	#113300	*HOXD13*	2q31~q32	手掌骨和脚掌骨受影响
Type B and E	%112440	N/A	N/A	又称 pitt-williams 或 ballard type，尺骨一侧手指远端指节发育不全，一根或多根掌骨缩短
Type A1，B	%607004	N/A	5p13.3~p13.2	一种轻微的 A1 型短指

注：来源于 http://www.ncbi.nlm.nih.gov/sites/entrez？ db=OMIM。# 表示基因已知；% 表示基因未知；N/A 表示不适用

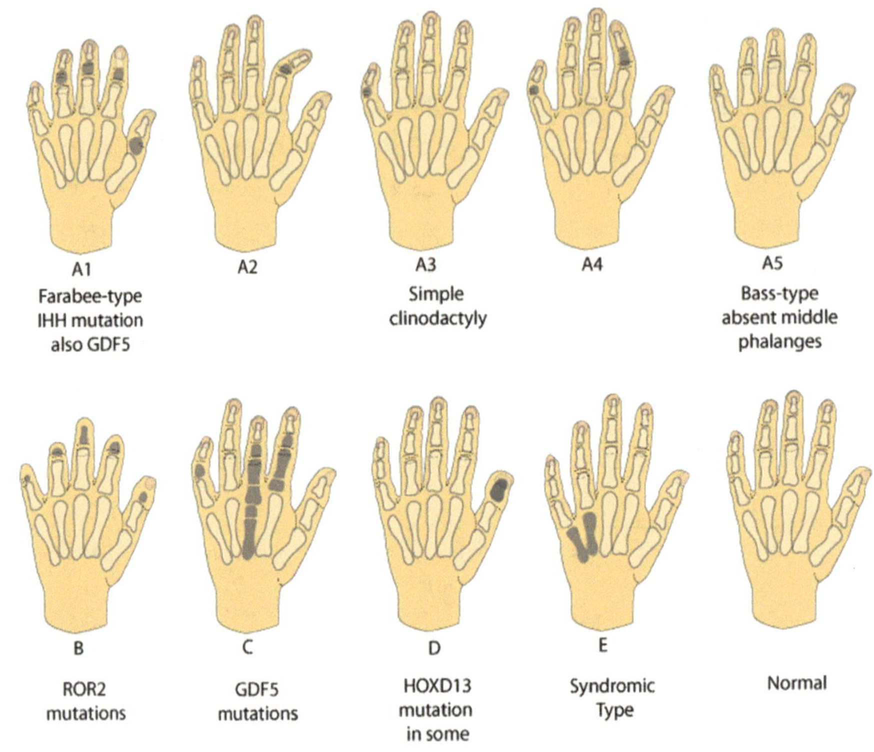

图 26-2 各种短指亚型的分类图

（图片来源：http: //www.peds.ufl.edu/PEDS2/divisions/genetics/caw/resources_other_malfor mations.htm）

暗色的区域显示最易受影响的指节。注意对于某些亚型，如 A5、B 及 A1，存在指节（中指节）缺失的情况，未用暗色标记

26.3 A1 型短指 / 趾症病例

19 世纪 50 年代 Haws 和 McKusick 重新拜访了三个当时仍在世的 Farabee 所报道家系的成员（Haws and McKusick 1963）。除了短指表型以外，其中两个患者被发现有广泛的骨骼异常，而另一个患病儿童的中间指节没有骨骺。

Drinkwater 在 1908 年和 1915 年所报道的两个家系的后代又分别被 Slavotinek 和 Donnai（1998）及 McCready 等（2002）所研究。这两个家系都具有 Farabee 家系的典型特征，但存在一定的家族间和家族内异质性。一些个体的表型仅局限为 A1 型短指 / 趾，而另外一些个体同时伴随肌肉骨骼异常、脊柱侧弯、眼球震颤和发育延迟等症状，但身高偏矮的表型并不一致。Drinkwater 推测这两个家系具有一定的联系，最近的单倍型分析也确认了这一点。人们猜测 Drinkwater 的家系实际上是来源于 Farabee 最初报道的家系。Farabee 研究的家系祖先可能是从英格兰移民到美国宾夕法尼亚，而 Drinkwater 研究的则是留在英格兰的一支，但他们之间的关系并没有被证明，Hawes 和 McKusick 也持怀疑态度。

1978 年 Temtamy 报道了一个黑色人种 A1 型短指 / 趾家系；一年后，Laporte 报道了有 5 个患者的一个典型 A1 型短指 / 趾家系；Piussan 在 1983 年描述了一个家族中几位带有 A1 型短指 / 趾表型的女性，但她们同时表现出其他症状，如拇指僵硬、智力迟缓和偏矮的身材。

在 6 年后的另一份报道中，Tsukahara 也描述了一个 A1 型短指 / 趾患者带有畸形和智力迟缓的表型。一个 A1 型短指 / 趾特征和 Klippel-Feil 异常组合的患者在 1995 年被 Fukushima 所报道；同年，Mastrobattista 则报道了两个典型的 A1 型短指 / 趾家系，一个来自斯堪的纳维亚半岛，另一个来自墨西哥；Raff 在 1998 报道了一个三代家族，患有 A1 型短指 / 趾、半月板异常和脊柱侧弯。Den Hollander 在 2001 年曾经为孕妇做了首次的 A1 型短指 / 趾产前诊断。2003 年 Giordano 描绘了一个三代三个患者的意大利家系。此后随着 A1 型短指致病基因的发现，更多的家系和患者被报道。

Armour 在 2000 年对一个带有温和 A1 型短指 / 趾表型的加拿大家系做了整体评估。这个家系患者的主要特征是中间及远端指 / 趾节、大拇指近端指 / 趾节和第 5 号掌骨缩短，没有发现中间及远端指 / 趾节融合。在患病孩童中，中间指 / 趾节出现锥形骨骺或者说生长板提前融合非常普遍（图 26-3）。同时患者的身材也偏矮。

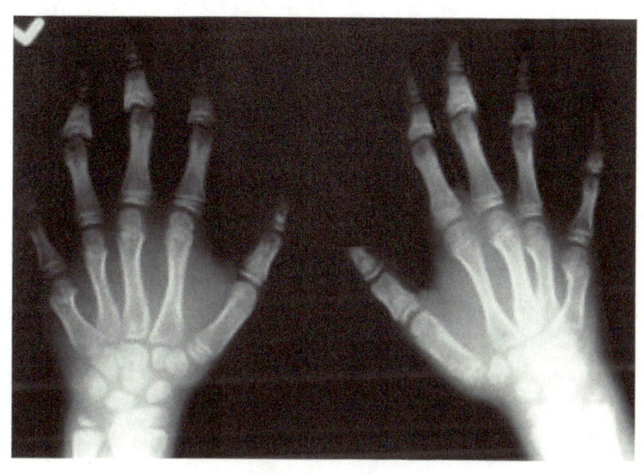

图 26-3 温和 A1 型短指 / 趾症患病孩童有短和圆锥形的中间指 / 趾节（Armour et al. 2000）

2000 年，上海交通大学贺林实验室的杨新平博士等报道了在中国人群中的 A1 型短指病例。患者分别来自湖南（家系 Ⅰ）和贵州（家系 Ⅱ）的两个不同家系。家系 Ⅰ 显示了 Fitch 在 1979 年描述的几乎所有特征（图 26-4），但是部分患者的某些特征是之前的文献所没有报道的，包括远端指 / 趾节、掌骨和小拇指的近端指 / 趾节缩短。而家系 Ⅱ 的表型同家系 Ⅰ 是相似的，但是更为严重，大部分患者的中间指 / 趾节缺失或者融合到远端指 / 趾节。

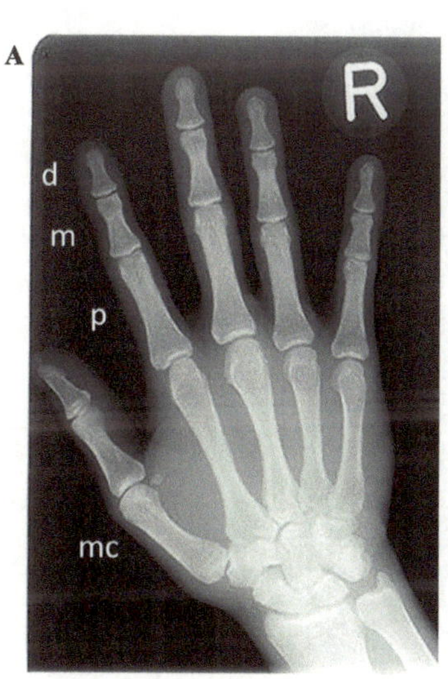

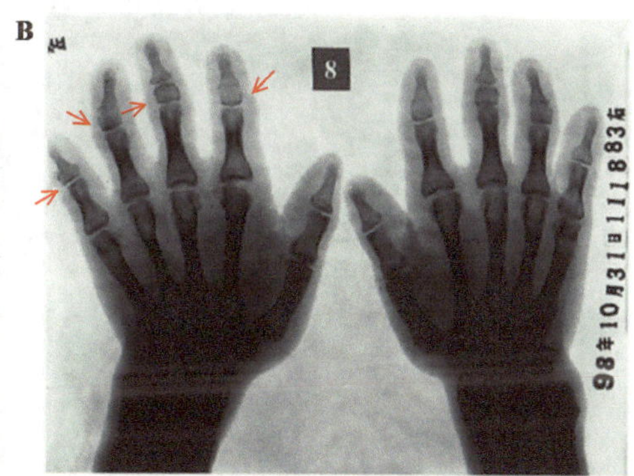

图 26-4 典型 A1 型短指 / 趾症患者的表型

A. 显示的是正常人的指头（http: //www.med.uwo.ca/ume/radiology/year3/bone4/bone4c2.htm）；B. 显示了患者中间指 / 趾节的缩短，缺失或融合到远端（Yang et al. 2000）；d. 远端指骨；m. 中间指骨；p. 近端指骨；mc. 掌骨

2001 年，同样来自上海交通大学贺林实验室的高波博士报道了另外一个中国人 A1 型短指 / 趾症家系Ⅲ，X 线片分析显示患者的表型与杨新平博士所报道的类似，但身材明显偏矮（图 26-5）。

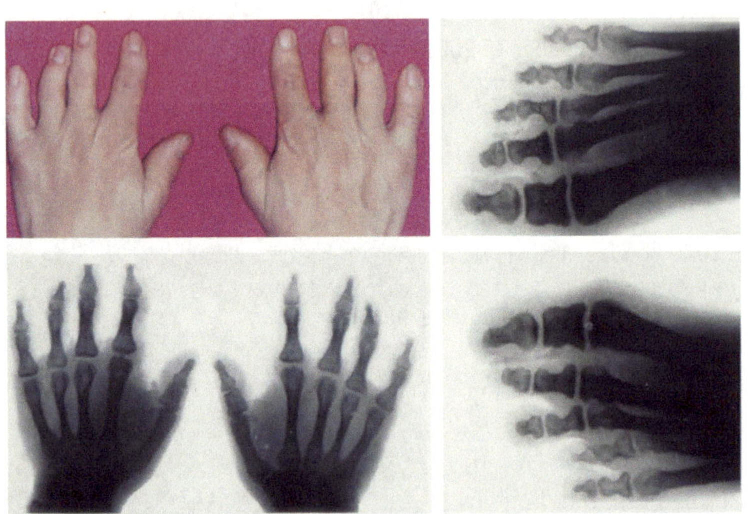

图 26-5　家系Ⅲ患者手指及脚趾的临床症状（Gao et al. 2001）
部分患者中指节完全缺失，另有部分患者伴随有身材矮小的现象

上面所述的 A1 型短指 / 趾家系都是常染色体显性遗传模式。有趣的是，一种常染色体隐性遗传病，尖头股骨发育不良（acrocapitofemoral dysplasia，ACFD）也具有 BDA1 的表型（Mortier et al. 2003）。临床诊断表现为：身材矮小，四肢短小，短指（趾），相对偏大的头部，胸腔偏窄等异常。患病孩童的手指指骨，特别是中间指节缩短（图 26-6）。但患者父母中间指 / 趾骨缩短的程度比较温和。

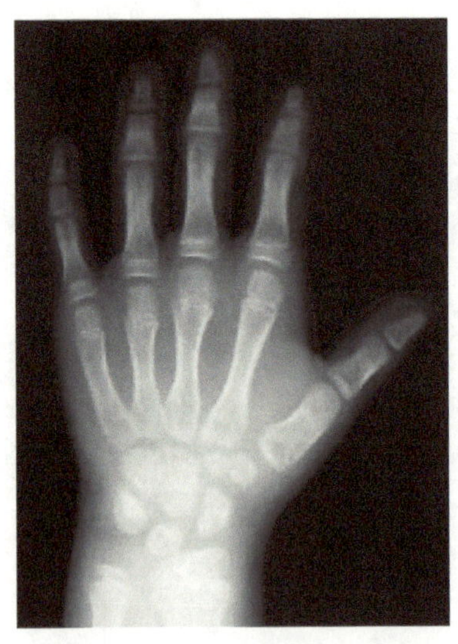

图 26-6　在 ACFD 的患者缩短的中间指 / 趾节中，可以观察到圆锥形的骨骺（Mortier et al. 2003）

26.4 A1 型短指 / 趾症致病基因 *IHH* 的发现

在过去的 100 多年里，由于 Farabee 短指在人类遗传学上的历史地位，它出现在许多遗传学教科书中，对其致病基因的寻找工作却一直没有取得突破性进展。解开此疾病的分子机理在人类遗传史上似乎有着特别的意义。随着分子生物学技术的迅速发展，研究者得以深入探索遗传病的分子机理，人类遗传学的发展可以说是突飞猛进，上千种人类遗传病的突变基因已经被确定。

Mastrobattista 等（1995）利用家系研究了 *HOXD*、*MSX1*、*MSX2*、*FGF1* 及 *FGF2* 等数个基因与 A1 型短指 / 趾的关系，但没有证据表明这些基因与 A1 型短指 / 趾之间存在连锁关联。上海交通大学贺林实验室也参与了这个领域的竞争，杨新平博士等（Yang et al. 2000）通过对 2 个大家系的研究 [一个是来自湖南省的布依族家系（图 26-7），另一个是来自贵州省的苗族家系（图 26-8），总共 33 个患者，均符合 Fitch 界定的 BDA1 表型特征，图 26-4]，首次将 A1 型短指 / 趾症致病基因定位在 2q35~q36 大约 8.1cM 的区域（最大 LOD 值为 6.59，LOD 值反映该区域与疾病的关联度，大于 3 即意味着高度关联，图 26-9）。

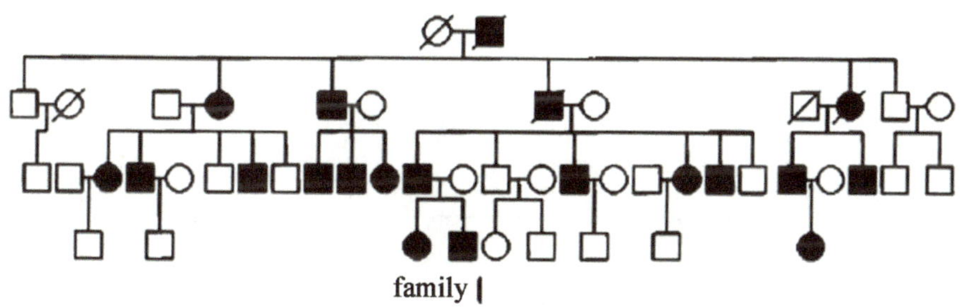

图 26-7 湖南布依族家系图谱（Yang et al. 2000）

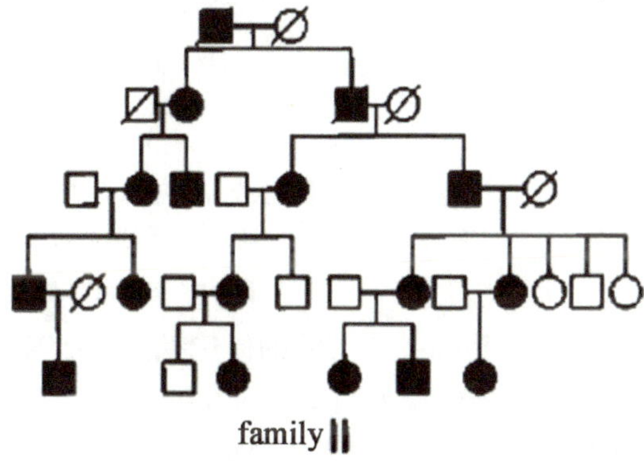

图 26-8 贵州苗族家系图谱（Yang et al. 2000）

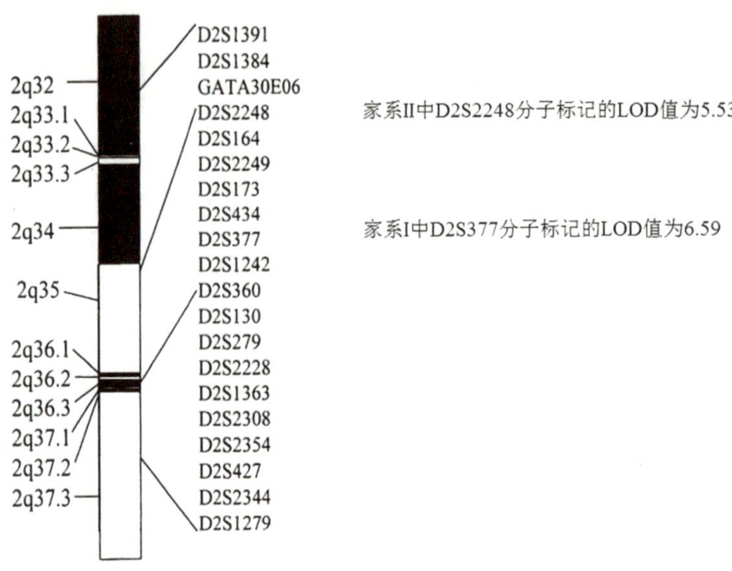

图 26-9 微卫星标记与细胞遗传学图谱（Yang et al. 2000）

随后对该区域内的一些可能的候选基因进行了突变扫描。而且在原来 2 个家系的基础上，高波博士等又在湖南省的汉族人群中采集到了具有典型 A1 型短指 / 趾表型的第三个家系（图 26-5，图 26-10）。

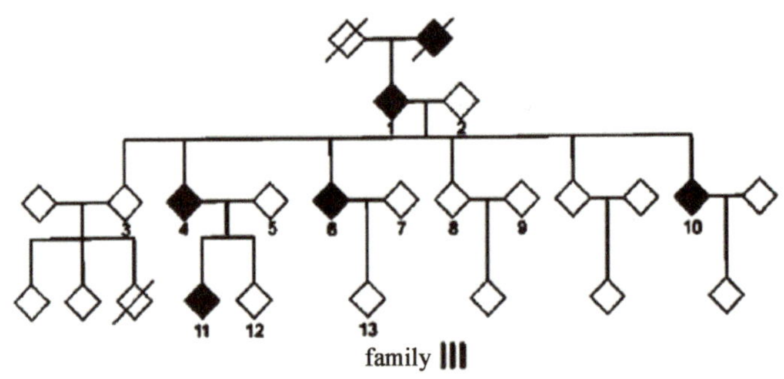

图 26-10 湖南汉族家系图谱（Gao et al. 2001）

最初的猜测认为是 *PAX3*（paired box homeotic gene 3）基因的突变导致了 BDA1，因为该基因位于染色体的 2q35~q36 区域，而且有证据表明该基因受损会导致一些肢体尤其是前肢的畸形，该基因还在小鼠胚胎早期发育过程的多个组织包括肢芽（limb bud）中高度表达。但随后高波博士等（Gao et al. 2001）在对这三个独立家系的进一步研究中排除了关于 *PAX3* 的猜测，并将目标转向另外一个可能的候选基因 *IHH*（*Indian hedgehog*）。该基因虽然也位于上述的 A1 型短指 / 趾致病基因定位所在的 2q35~q36 区域，但非常靠近该区域的边缘。此前的研究表明该基因与软骨细胞的聚集、生长和分化有关，该基因的缺失会导致前肢的缩短、长骨发育不能正常钙化等骨骼发育缺陷。随后高波博士等在 *IHH* 基因的编码区域，在三个家系中分别发现了具有家系遗传特性的三个单碱基突变，即 G283A、C300A 和 G391A（图 26-11），从而确定了 A1 型短指 / 趾症的致病基因。

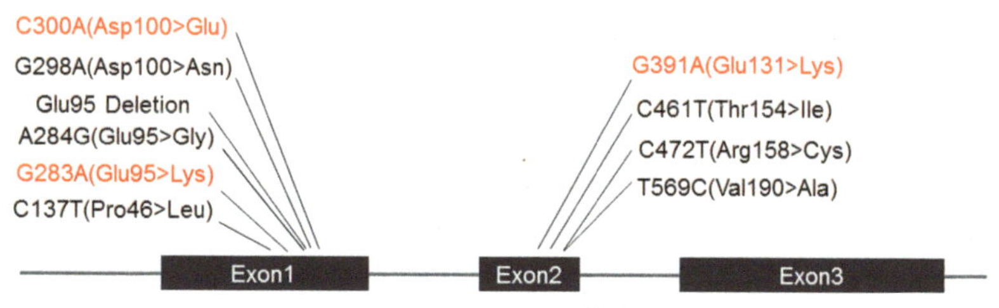

图 26-11 *IHH* 基因的突变位点，红色字体表示的是高波博士等发现的三个突变（截至 2016 年 1 月）（Gao and He 2004）

继 A1 型短指 / 趾致病基因 *IHH* 被发现之后，更多的有关其他 A1 型短指 / 趾症患者或者家系的 *IHH* 突变被报道（Giordano et al. 2003；Kirkpatrick et al. 2003；McCready et al. 2005），详细介绍见图 26-11 和表 26-3。在其中一项研究中，McCready 发现了 1903 年报道的 Farabee 家系也携带 *IHH* 突变。McCready 首先对 Drinkwater 在 1908 年和 1915 年所报道的两个家系的后代进行了研究，并发现了一个新的 *IHH* 基因的突变位点，即 G298A。随后，McCready 将最早的 Farabee 家系也进行了突变扫描，最终发现 Farabee 家系的致病突变也是 G298A，在进行了单倍型分析之后，McCready 认为这三个家系应该是来自同一个起源。值得注意的是，虽然有多个错义杂合突变在多个不相关的家系中被发现，但它们所影响的氨基酸有限（图 26-11，表 26-3）。例如，①一个中国布依族家系的 G283A 错义杂合突变导致 Glu95Lys 氨基酸的改变；②一个墨西哥家系的 A284G 错义杂合突变导致 Glu95Gly 氨基酸的改变；③一个加拿大家系和一个意大利家系同为 G298A 错义杂合突变导致 Asp100Asn 氨基酸改变；④一个中国汉族家系 C300A 错义杂合突变导致 Asp100Glu 氨基酸改变；⑤一个中国苗族 G391A 错义杂合突变导致 Glu131Lys 氨基酸改变。被影响的这几个氨基酸在各种生物种类中的 *IHH* 同源基因中非常保守（包括人类、小鼠、鸡、非洲爪蟾、斑马鱼、日本蝾螈、果蝇等），因此这些高度保守的氨基酸很可能对 *IHH* 的功能起到了非常重要的作用，而它们的突变直接导致了 A1 型短指 / 趾的表型。

表 26-3 导致 A1 型短指 / 趾症的 *IHH* 基因突变一览（截至 2016 年 1 月）

突变型	种族本源	临床特征	参考文献
c.283G > A（p. E95K）	中国	中间指 / 趾节缺失或与远端指 / 趾骨融合；第 1 指 / 趾近端指 / 趾节缩短；1~3 个指 / 趾出现指 / 趾骨缺失或融合现象	Gao et al. 2001
c.284A > G（p. E95G）	墨西哥	无详细临床特征描述	Kirkpatrick et al. 2003
c.298G > A（p. D100N）	英国	双侧腕骨、掌骨、指骨发育不良；指节缩短变宽；第 2、3、5 根手指中间指节缺失；大多角骨骨刺；多种骨骼肌系统问题；膝盖和臀部疼痛	McCready et al. 2002
c.298G > A（p. D100N）	意大利	所有手指 / 足趾成比例缩短；多数是中间指 / 趾节严重缩短	Giordano et al. 2003
c.298G > A（p. D100N）	英国	第 1~4 根手指 / 足趾中间指 / 趾节双侧缩短；第 5 指 / 趾的中间指 / 趾节与末端指 / 趾节融合	McCready et al. 2005
c.300C > A（p. D100E）	中国	与 E95K 突变型临床特征相似；身材短小	Gao et al. 2001
c.391G > A（p. E131K）	中国	与 E95K 突变型临床特征相似	Gao et al. 2001

续表

突变型	种族本源	临床特征	参考文献
c.461C ＞ T（p. T154I）	中国	双手第 2~4 根手指中间指节双侧缩短；第 5 根手指中间指节和末端指节融合；双手第 1 根手指近端指节正常；脚部正常；同质表型	Liu et al. 2006
c.298G ＞ A（p. D100N）	中国	患者的手部变宽，且全部手指 / 脚趾缩短。X 射线检查显示手部和脚部的骨骼发育异常，但主要局限于中间指 / 趾节和掌骨	Zhu et al. 2007
p. E95 缺失	荷兰	手部中间指节缩短及双脚第 4 根脚趾中间趾节的骨化节点缺失	Lodder et al. 2008
c.472C ＞ T（p. R158C）	瑞典	患者表现出尺骨茎突发育不良、小尺骨、骨关节炎等，所有远端指 / 趾节长度正常但中间指 / 趾节缩短或缺失	Stattin et al. 2009
c.391G ＞ A（p. E131K）	韩国	双手双脚手指 / 足趾缩短；第 2~5 根手指 / 足趾中间指 / 趾节缺失和近端指 / 趾节发育不良	Jang et al. 2015

此外，在不久前的另一个报道中，Hellemans（2003）发现了尖头股骨发育不良症（ACFD）也是由 *IHH* 基因的两个纯合错义突变（C137T 和 T569C）所引起的，这两个突变的氨基酸在不同物种中也是高度保守的。

26.5 Hedgehog 信号通路及其与骨发育的关系

Hedgehog（*HH*）基因最早是在果蝇中被发现的。20 世纪 70 年代末 80 年代初，德国遗传学家 C. Nusslein-Volhard 和美国遗传学家 E. Wieschaus 用饱和突变的方法发现了许多影响发育的基因（Jürgens et al. 1984；Nüsslein-Volhard et al. 1984），后来在其他动物的研究中发现这些基因具有普遍的重要性。果蝇 *HH* 基因是美国霍普金斯大学 Philip Beachy 实验室在 90 年代初克隆的。最初发现其功能与果蝇的体节极性有关，正常发育的果蝇幼虫只在前侧条纹中布满刚毛，*HH* 基因突变以后则导致果蝇幼虫无毛部分变成有毛，酷似刺猬（hedgehog），因而被形象地命名为 *Hedgehog*（*HH*）（Bale 2002；Peifer and Bejsovec 1992）。后来其他科学家陆续在别的物种发现了与 *HH* 同源的基因。与在果蝇中只存在一种 *HH* 基因不同，在高等脊椎动物里至少存在三种与果蝇 *HH* 同源的基因，它们分别是：*Sonic Hedgehog*（*SHH*）、*Indian Hedgehog*（*IHH*）和 *Desert Hedgehog*（*DHH*），它们相互之间的氨基酸序列全长同源性达到 60%，N 端则高达 80%，其中 *DHH* 的序列与果蝇的 *HH* 序列最接近（McMahon et al. 2003）。

Hedgehog（Hh）家族蛋白是一种分泌型蛋白，在脊椎动物及非脊椎动物的发育过程中都起到了非常重要的作用。每一种 *HH* 基因根据它们的表达区域的不同，在脊椎动物发育过程中所起的主导作用也截然不同。*Dhh* 表达于睾丸细胞，在精细胞的增殖及精子发生的后期发育当中起作用。有研究表明，敲除了 *Dhh* 基因的小鼠在精子发生上存在严重缺陷（Bitgood and McMahon 1995）。*DHH* 被认为是与果蝇的 *HH* 基因最为接近的一个，而 *SHH* 与 *IHH* 则是相互同源性很高的另外一组，甚至某些时候在功能上可以相互替代（Ingham

and McMahon 2001)。*SHH* 是这三个成员中研究得最为广泛和清楚的，也是功能最为重要的。该基因在鸡胚的发育过程中，尤其是早期的 left-right（L-R）左右轴线的建立中起重要的决定作用；在中枢神经系统（CNS）发育过程中调节神经元细胞的最终命运；在肢芽（limb bud）的发育中，决定了 anterior-posterior（A-P）轴线的走向等（Fuse et al. 1999）。并且 Shh 还常与其他因子一起协同作用，如 Wnt 和 Fgf 等。例如，在牙齿的发育中，Shh 就与 Fgf4 等其他因子聚集在牙尖形成的区域相互作用（Cobourne and Sharpe 2005）。Ihh 在部分软骨细胞中高度表达，对骨骼发育有非常重要的作用。人类 *IHH* 基因包含了 3 个外显子，一共翻译成 411 个氨基酸。它被认为参与调节四肢骨骼的软骨发生过程，对正在增殖的软骨细胞的分化起着负调控作用。大量研究表明，Hedgehog 家族在脊椎动物和某些非脊椎动物中是很保守的信号家族，介导生物体的基本发育过程，调控多个区域的生长和分化。但是过量的通路信号也会导致严重的病理反应，据估测人类肿瘤的发生大约有 25%与该类通路失控有关（Berman et al. 2003；Goetz et al. 2002；Watkins et al. 2003）。目前研究得比较多的是 Shh，其次是 Ihh。总的来说，Shh 与大脑、脊索、骨骼轴向及肢体的发育有关（Chiang et al. 1996）；Ihh 则主要与骨骼尤其是软骨的发育有关，在长骨生长中调节软骨的分化（Lanske et al. 1996）；而 Dhh 主要对精子的发育及周围神经系统的神经膜细胞（Schwann cell）施加影响（Bitgood et al. 1996；Mirsky et al. 1999）。

无论是脊椎类还是非脊椎类的 Hedgehog 活性蛋白都由一个前体蛋白剪切而来（Bumcrot et al. 1995；Lee et al. 1994）。剪切后的 N 端部分（19kDa）将经过胆固醇和棕榈酸的双重脂修饰（图 26-12）。一般认为只有 Hedgehog 前体的 N 端部分具有配体活性，而 C 端部分负责催化前体自剪切过程的进行。

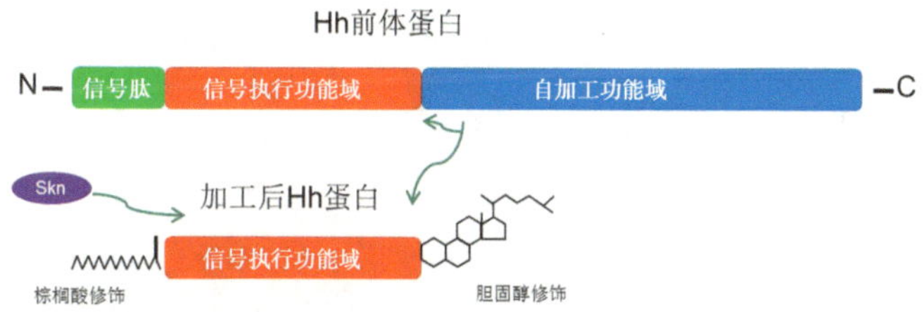

图 26-12 Hedgehog 前体的剪切与修饰（图片来源：http: //upload.wikimedia.org/wikipedia/commons/archive/5/55/20070124120537！Shh_processing.png）

新合成的 Hedgehog 前体蛋白为 45kDa，在其 N 端有一段信号肽引导其转运至内质网。在内质网中，Hedgehog 前体蛋白经历由其 C 端功能域催化的自剪切过程，形成 20kDa 的 N 端（Hedgehog 信号蛋白）和 25kDa 的 C 端蛋白。在自剪切过程中，N-Hh 的 C 端被胆固醇修饰。之后，在 Skn（Skinny Hedgehog）的催化下，N-Hh 的 N 端被棕榈酸修饰

一旦 Hedgehog 蛋白前体被剪切，N 端信号功能域部分会形成一个多聚体来包埋疏水结构部分以此推动自己的迁移和运动，到达目标细胞后，N 端信号蛋白将与它的受体 Patched 结合。这个结合作用会释放 Pacthed 对于 Smoothened 蛋白的抑制作用，而 Smoothened 被认为会通过下游的 *Gli* 转录因子家族激活一个级联反应，如激活 Pacthed 的转录（Goetz et al. 2002）。*Gli* 转录因子家族一共有三个成员，包括 *Gli1*、*Gli2* 和 *Gli3*。其中 *Gli1* 是 Hedgehog 信号途径直接的下游转录因子，而对 *Gli3* 来说，如果存在 Hedgehog 蛋白的话，*Gli3* 就以激活状态（*Gli3A*）存在，如果不存在 Hedgehog 蛋白的话，*Gli3* 就

以抑制形式（*Gli3R*）存在。像 *Patched* 一样，*Hip*（*hedgehog-interacting protein*）也是 hedgehog 的一个受体基因，也会在 Hedgehog 信号的作用下被转录激活。功能获得和基因敲除（gain-of-function and loss-of-function）实验显示 Hedgehog 与 *Hip* 的结合会削弱 Hedgehog 信号通络的激活（Chuang et al. 2003；Chuang and McMahon 1999）。

过去 30 年对 Hedgehog 信号通路的研究已经鉴定出了此通路的许多基本组成部分（Lum and Beachy 2004）。例如，在果蝇中的研究表明果蝇基因 *ttv*（*tout-velu*，一个哺乳动物 *EXT* 基因家族的果蝇同源体）编码一个黏多糖转移酶，主要涉及硫酸类肝素多糖蛋白（heparan sulphate proteoglycan，HSPG）的合成。人们发现 HSPG 的主要作用是介导分泌后的 hedgheog 信号功能域蛋白的扩散和稳定（Bellaiche et al. 1998）。另外，*Dispatched* 基因的敲除实验证明了 Dispatched 对于 Hedgehog 蛋白从它的合成位点扩散和运输是必需的（Kawakami et al. 2002；Ma et al. 2002）。*Hip* 编码一类与 Hedgehog 相结合的膜表面糖蛋白（Chuang and McMahon 1999），主要在 Hedgehog 表达区域邻近的细胞中表达，并可以被 Hedgehog 信号通路诱导表达，而在 Hedgehog 缺失后停止表达。它的作用一般被认为是负向调控 Hedgehog 浓度梯度。Cdo 和 Boc 是两个相互联系的细胞表面蛋白。无论在果蝇或者是在脊椎类中，这两个基因所编码的产物与 Hedgehog 直接结合并正向调控 Hedgehog 信号通路，它们在与 Hedgehog 结合之后，可能通过某种与 Ptc 的协同作用提高 Hedgehog 信号通路的活性（Tenzen et al. 2006；Yao et al. 2006；Zhang et al. 2006）。

总的来说，Hedgehog 蛋白在经历蛋白质翻译、剪切、释放及聚合体形成后，在组织细胞间隙扩散运输，到达目标细胞，结合受体，激活 Hedgehog 信号通路，促使下游靶基因的表达。整个 Hedgehog 信号的概图可见图 26-13。

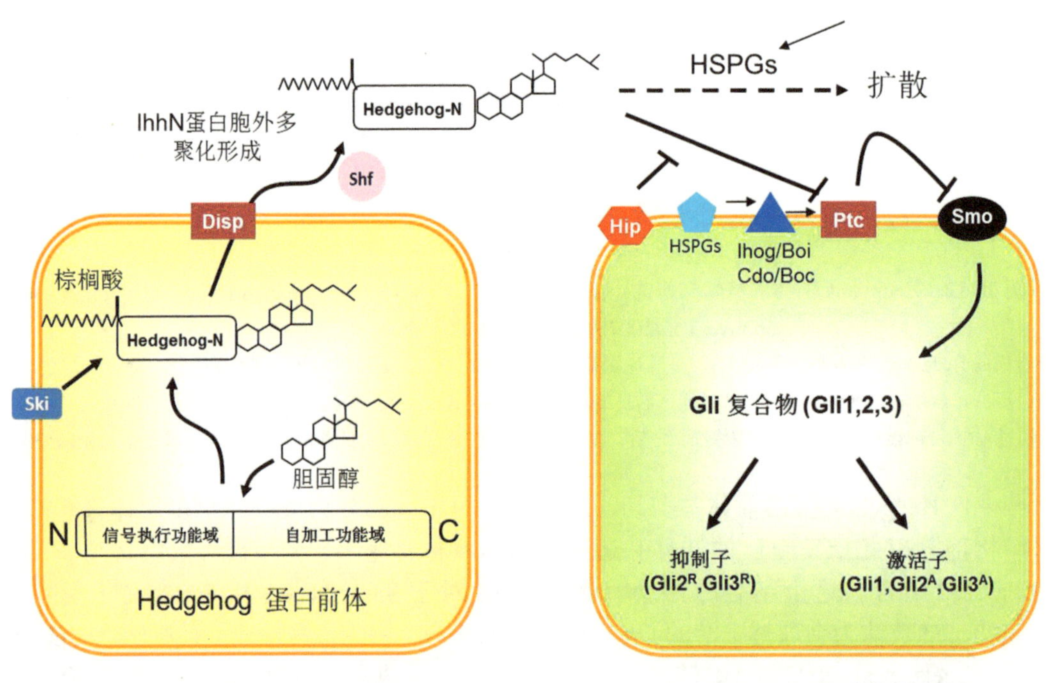

图 26-13　Hedgehog 信号通路概图（Gao and He 2004）

通过 *Ihh* 敲除小鼠及其和其他基因的组合敲除小鼠等精细的遗传工程技术分析，人们已经普遍认为 *Ihh* 对于协调软骨细胞繁殖、软骨细胞分化和骨细胞分化等软骨内骨发育过程（endochondral ossification）是极为重要及必需的（Chung et al. 2001；Karp et al. 2000；Long et al. 2001；St-Jacques et al. 1999）。*Ihh* 主要表达在预肥大（prehypertrophic）及早期的肥大（hypertrophic）软骨细胞区域，被认为会直接扩散出去，刺激软骨细胞的繁殖、控制绕软骨的骨细胞分化以刺激骨环（bone collar）形成。而表达在绕关节区域软骨细胞的甲状旁腺内分泌相关蛋白（parathyroid hormone-related protein，PTHrP）被认为介导了 *Ihh* 的作用从而形成了一个控制软骨细胞分化的负反馈途径（Chung et al. 1998；Lanske et al. 1996；Vortkamp et al. 1996）（图 26-14）。研究证实 Ihh 与 PTHrp 的相互作用对软骨细胞的增生与分化至关重要。通过一个至今仍未被确定的机制，Ihh 能够上调 PTHrP 的表达，PTHrP 将信号传给它的受体 PPR（PTHrP receptor）从而阻止软骨细胞从繁殖状态转化到肥大状态。Ihh 如何调控 PTHrP 的表达，有两种观点：一种是通过绕软骨的骨膜区域的分子传递 Ihh 的信号到绕关节区域软骨细胞去调控 PTHrP（Alvarez et al. 2002）；另一种是 Ihh 自己扩散（diffuse）到 PTHrP 表达的区域去调控。Kozeil 研究小组的一个基于 Ext1 突变小鼠的分析数据使人们更倾向于第二种可能性（Koziel et al. 2004）。该反馈环显然对于软骨的正常发育十分重要，因为任何一个成员的缺失都会导致肢体畸形。PTHrp 单敲除（PTHrp–/–），以及 IHH 和 PTHrp 双敲除（IHH–/– PTHrp–/–）的小鼠表型与 IHH–/– 相似。而 Kobayashi 等（2002）的工作提示在 PPR 受到抑制后，IHH 的表达上调并且能诱导外围的储备软骨细胞分化为快速增殖型软骨细胞。这些均表明 IHH 与 PTHrp 相互配合在多个阶段调控软骨内成骨的发育过程。

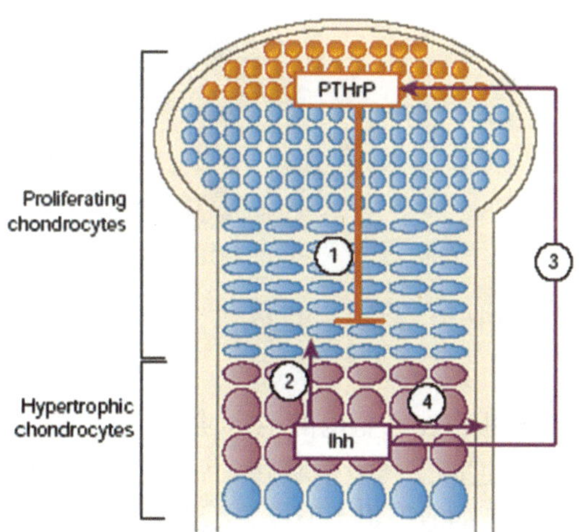

图 26-14　Ihh（Indian hedgehog）-PthrP（parathyroid hormone-related protein）负反馈环（Kronenberg 2003）

1．PthrP 在软骨膜及长骨末端被合成。PthrP 作用于增殖软骨细胞表面的受体以保持其增殖状态并延缓 Ihh 的合成。当 PthrP 的合成位置距离够远时，Ihh 便可以被合成。2．Ihh 作用于软骨细胞并促进其增殖。3．Ihh 通过一种尚不清楚的机制刺激骨末端的 PthrP 合成。4．Ihh 作用于软骨膜细胞以促使其分化为骨领内的造骨细胞

26.6　A1 型短指 / 趾症致病机理的发现

通过遗传学分析，我们在三个大家系中分别确定了 *IHH* 基因的三个杂合错义突变，即

G283A（E95K）、C300A（D100E）和 G391A（E131K），它们是导致 A1 型短指 / 趾症的原因。为了进一步研究 *IHH* 基因突变导致 A1 型短指 / 趾症的致病机理，我们从构建该疾病的动物模型和信号通路生化分析两个方面进行了功能研究。Hedgehog 蛋白具有许多独特的生化特性，包括它的合成、加工、分泌运输及与受体的结合（图 26-13）。Hedgehog 蛋白刚合成时是以前体形式存在，随后自裂解形成 IhhN 蛋白和 IhhC 蛋白，同时 IhhN 蛋白的 C 端被胆固醇修饰，随后在 N 端又被棕榈酸修饰，脂修饰的 IhhN 蛋白以某种未知的机制在膜上形成多聚体并分泌到胞间质，这种多聚体形式的 IhhN 蛋白在胞间质和细胞膜上的 HSPG，以及其他未知小分子的协助下向远端靶细胞运输，与靶细胞上 Ptc 受体结合形成聚合物并发生细胞内吞、降解，再以某种未知机制激活 Smo，进而激活下游信号。在这个过程中，如果 Hedgehog 蛋白发生突变，有可能直接影响 Hedgehog 蛋白的生化性质并使得信号通路发生改变。

首先，我们解析了野生型和突变型 Zhh 蛋白的三维晶体结构，发现 Zhh 蛋白在整体结构上存在一个比较集中的负电荷区域（图 26-15）。而我们所发现的三个突变氨基酸均位于此区域，该区域 Zhh 蛋白的结构及 Ihh 可能与受体蛋白和 HSPG 的结合有关。晶体结构分析发现三个突变并没有导致 IHH 蛋白的整体结构有大的改变，但是局部的电荷分布发生了变化（图 26-16）。

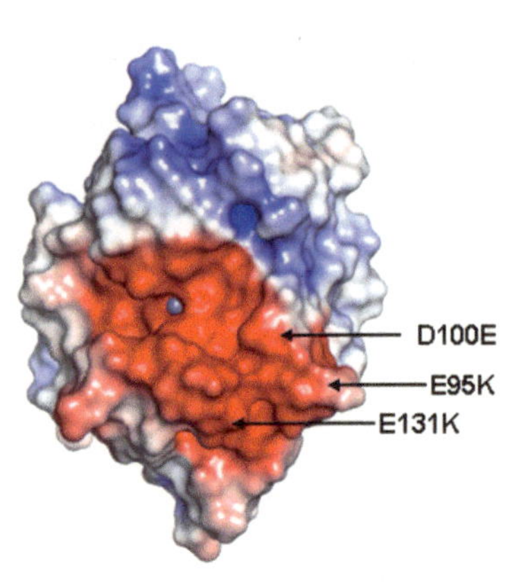

图 26-15　三个点突变在负电荷集中区域（Ma et al. 2011）

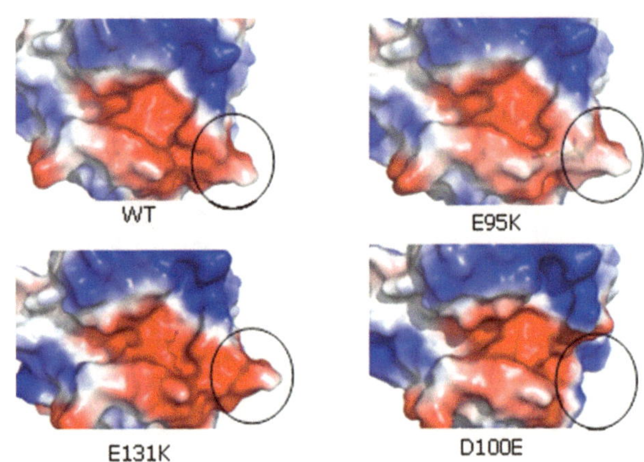

图 26-16　点突变导致 IHH 蛋白局部电荷分布变化（Ma et al. 2011）

进一步的研究发现，突变蛋白在细胞内的稳定性也发生了很大的改变。E95K 和 D100E 蛋白在胞内极不稳定，容易通过溶酶体发生降解，而且这种降解特性与温度和钙离子的浓度密切相关。这种不稳定性产生的原因很可能就是蛋白质表面电荷分布发生了变化。

受体结合试验发现突变 IHH 蛋白与靶细胞上的两个关键受体蛋白 PTC 和 HIP 的结合均减弱。同时突变蛋白在间充质细胞 C3H10T1/2 中诱导 HH 信号的能力明显降低。这些结果表明，突变蛋白在体内组织间隙扩散时，细胞膜上受体蛋白对其扩散的阻碍会比较弱，从而使突变蛋白可能扩散到更远的地方，而同时由于突变蛋白自身信号能力降低，其在近端的信号必定会减弱，但远端的信号有可能变强。

IHH 蛋白在体内的运输还与蛋白质的脂修饰状态和多聚体的形成有关。我们的研究显示突变蛋白的多聚体形成是正常的，这也充分说明蛋白质的脂修饰是正常的（HH 蛋白的胆固醇修饰和棕榈酸修饰的任何异常都会导致多聚体形成异常）。但我们发现 E95K 突变

蛋白与 HSPG 的结合能力异常增强，这可能会促进其向远端运输。综合以上研究结果（Ma et al. 2011），表 26-4 总结了突变蛋白的一系列生化特性的改变。

表 26-4　突变蛋白生化特性的改变（Ma et al. 2011）

Protein	Autopro-cessing	Stability	Cholesterol modification	Palmitoy-lation	Multimer formation	Relative AP inductive activity at 500nmol/L（750nmol/L）in C3H10T1/2 assay	Dissociation constant（Kd）for Ptc-CTD, nmol/L*	Heparin-binding affinity, salt elution concen-tration, mol/L
WT	+	+++	+	+	+	1.0（1.0）	20.6	0.32-0.49
E95K	+	+	+	+	+	0.47（0.5）	40.6	0.32-0.66
E131K	+	+++	+	+	+	0.50（0.52）	30.5	0.32-0.49
D100E	+	–	+	ND	ND	0.44（0.38）	＞100	ND

ND, not determined.

*Minimum concentration required.

为了从发育生物学角度真正了解 A1 型短指 / 趾症的致病机理，我们首先构建了携带有 E95K IHH 突变的 A1 型短指 / 趾症小鼠模型（BDA1 小鼠）（Gao et al. 2009）。杂合（$Ihh^{E95K/+}$）和纯合（$Ihh^{E95K/E95K}$）小鼠不仅能够存活且生育能力正常。从外观上看，*E95K* 纯合突变小鼠表现出个体矮小和典型的 A1 型短指 / 趾症表型——第二至第四指中指节严重缩短，第五指中指节缺失。同时，携带 *E95K* 突变的杂合子小鼠也表现出轻微的短指表型（图 26-17）。由于 *Ihh* 基因敲除的杂合子小鼠（$Ihh^{+/-}$）没有明显的表型，因此我们可以排除 *E95K* 突变在小鼠中属于失活突变的可能，短指表型的出现更应该是 *E95K* 等位基因在小鼠发育过程中发生了某种显性作用（dominant effect）。另外，我们发现 $Ihh^{E95K/E95K}$ 小鼠的指骨异常程度比 $Ihh^{-/E95K}$ 小鼠更为严重，这个现象进一步说明 *E95K* 突变造成的显性作用，而非简单的失活。

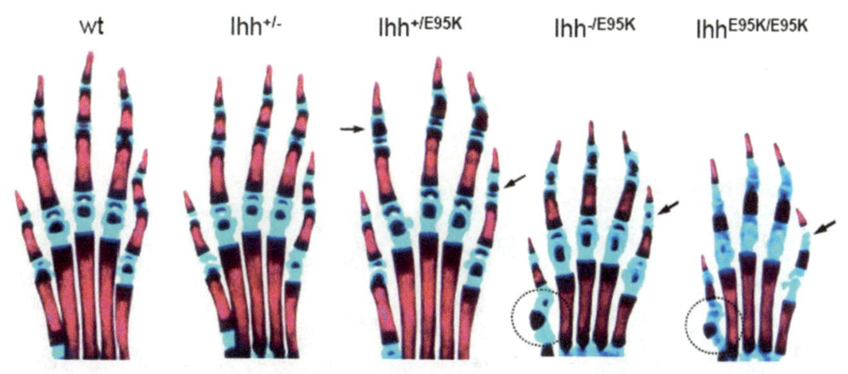

图 26-17　出生后 10 天（P10）的野生型小鼠与各种 *Ihh* 突变体小鼠后肢指骨表型比较（Gao et al. 2009）

$Ihh^{+/-}$ 小鼠指骨与野生型的相同，而 $Ihh^{+/E95K}$ 小鼠第二指到第五指的第二指节都受到了不同程度的影响。在野生型等位基因不存在的情况下，$Ihh^{-/E95K}$ 和 $Ihh^{E95K/E95K}$ 小鼠的指骨钙化过程发生延迟，并影响了指骨（黑色箭头）和对应第一指的掌骨（虚线圈）

为了清楚地知道突变 *Ihh* 对肢体及指 / 趾发育影响的分子机制，我们用多个分子标记对 $Ihh^{E95K/E95K}$ 小鼠进行了切片原位杂交分析。我们利用 *Ihh* 作为预肥大软骨细胞，也就是肥大发生的标记基因，而用 *Col10a1* 作为肥大软骨细胞的标记基因。在胚胎期 14.5 天（E14.5）的野生型小鼠中，尺骨和桡骨中 *Col10a1* 和 *Ihh* 的表达区域被一小段骨化区域分隔开

（图 26-18）。但在同时期的 *E95K* 纯合子小鼠（$Ihh^{E95K/E95K}$）中，这两个分子标记的表达范围仍然局限于软骨前体中央的一小块初级骨化中心区域。初级骨化中心的发育在 *E95K* 杂合子小鼠（$Ihh^{+/E95K}$）中也被轻微影响。这些结果支持了骨骼染色结果中观察到的骨化延迟现象，并进一步证明软骨内骨化和软骨细胞成熟过程在 BDA1 小鼠中发生了延迟。

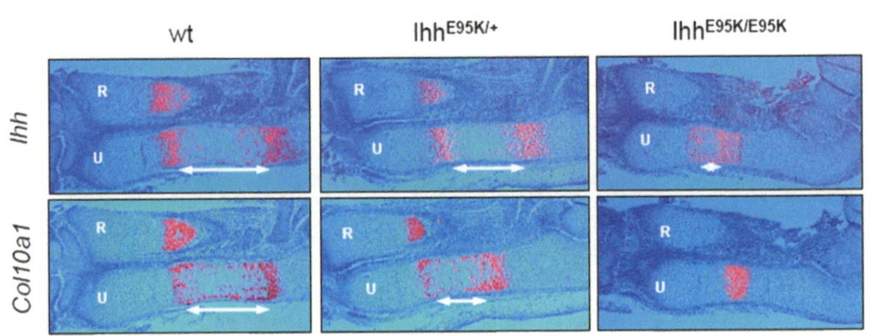

图 26-18 胚胎期 14.5 天野生型和突变小鼠前肢纵向切片上的原位杂交结果（Gao et al. 2009）
$Ihh^{E95K/+}$ 小鼠和 $Ihh^{E95K/E95K}$ 小鼠初级骨化中心的发育过程（白色双箭头）分别有轻微的和严重的延迟。R. 桡骨；U. 尺骨

为了深入研究 BDA1 小鼠软骨内骨化延迟的现象，我们仔细地检查了胚胎期 14.5 天、15.5 天和 16.5 天 BDA1 小鼠前肢骨骼生长板中的 Ihh 信号能力和信号作用距离（检测 Ihh 和 Hedgehog 信号通路的直接靶基因 *Ptc1*）。一般认为 Hedgehog 蛋白以成形素梯度（morphogen gradient）的方式发生作用，主要体现在其靶基因 *Ptc1* 的表达水平恰好以表达 *Ihh* 的预肥大细胞区域为起点，向远处的环关节（periarticular）区域递减，形成了一种梯度形的表达模式（图 26-19）。我们在 $Ihh^{E95K/E95K}$ 小鼠中则观察到了不同的 *Ptc1* 表达模式。在靠近 *Ihh* 表达位置的区域，*Ptc1* 的表达未受显著影响。但在距离 *Ihh* 表达源稍远的软骨细胞增殖区和休眠区，*Ptc1* 表达水平显著下降。有趣的是，*Ptc1* 在 $Ihh^{E95K/E95K}$ 小鼠环关节区域的表达水平并没有下降，反而比野生型还要高。因此，在 $Ihh^{E95K/E95K}$ 小鼠的生长板中，*Ihh* 的动态作用距离或者说信号作用范围发生了改变。

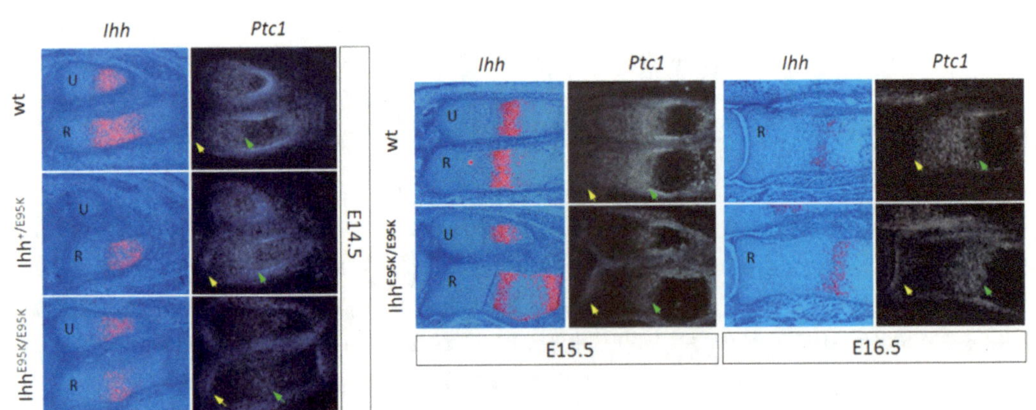

图 26-19 BDA1 小鼠骨骼生长板中 Ihh 信号的改变（Gao et al. 2009）
检测从胚胎期 14.5~16.5 天 *Ihh* 和 *Ptc1* 表达情况的原位杂交结果。在野生型小鼠中，*Ptc1* 的表达水平从 *Ihh* 表达位置开始，向远处递减，形成一种梯度表达模式。相比之下，在 $Ihh^{E95K/E95K}$ 小鼠中，*Ptc1* 的表达水平从 *Ihh* 表达位置开始迅速下降（绿色箭头），而在距离 *Ihh* 表达位置相当远的环关节区域维持甚至升高（黄色箭头）。*Ptc1* 表达水平在 $Ihh^{+/E95K}$ 小鼠中没有显著下降。R. 桡骨；U. 尺骨

中指节（P2）的缩短甚至消失是 A1 型短指症的特征表型。这很可能是一种在指骨发育过程中发生异常分节而造成的发育缺陷。从这个假设出发，我们利用 *Gdf5* 的表达作为标记，仔细研究了野生型和突变小鼠的指骨分节过程。与野生型比较，$Ihh^{E95K/E95K}$ 小鼠的 M~P1 关节形成和 P1/P2 关节形成都比较正常（图 26-21A）。但在胚胎期 13.5 天我们注意到 $Ihh^{E95K/E95K}$ 小鼠手指生长速度似乎有轻微的减缓。这种生长速度减缓的现象在胚胎期 14.0 天表现得更为显著。在胚胎期 14.0 天的野生型小鼠中，M~P1 和 P1/P2 关节处的 *Gdf5* 表达区域逐渐变得狭窄，而远端的间叶细胞聚集体（包含未来的 P2 和 P3）比前一个时期（E13.5）有了明显的延长（图 26-20A）。而在 $Ihh^{E95K/E95K}$ 小鼠中，远端间叶细胞聚集体延长的长度比野生型明显减少。到了胚胎期 14.5 天，野生型小鼠的指分节已经完毕，三条明显的 *Gdf5* 表达区域把不同的指节分开。而在 $Ihh^{E95K/E95K}$ 小鼠中，P2/P3 关节仅刚刚开始形成，并处于距离 P1/P2 关节相当近的位置。手指生长迟缓的现象被 *Col2a1* 表达进一步证实（图 26-20B）。在胚胎期 13.0 天，$Ihh^{E95K/E95K}$ 小鼠指放线中的 *Col2a1* 表达基本正常。而在胚胎期 13.5 天，我们可以观察到远端间叶细胞聚集体的缩短。这种缩短在胚胎期 14.0 天和 14.5 天表现得更为明显。综上所述，在小鼠发育过程中，A1 型短指表型大约起始于胚胎期 14.0 天，而且我们认为这种表型的产生与 P2/P3 关节形成之前远端间叶细胞聚集体尺寸的缩小有关。

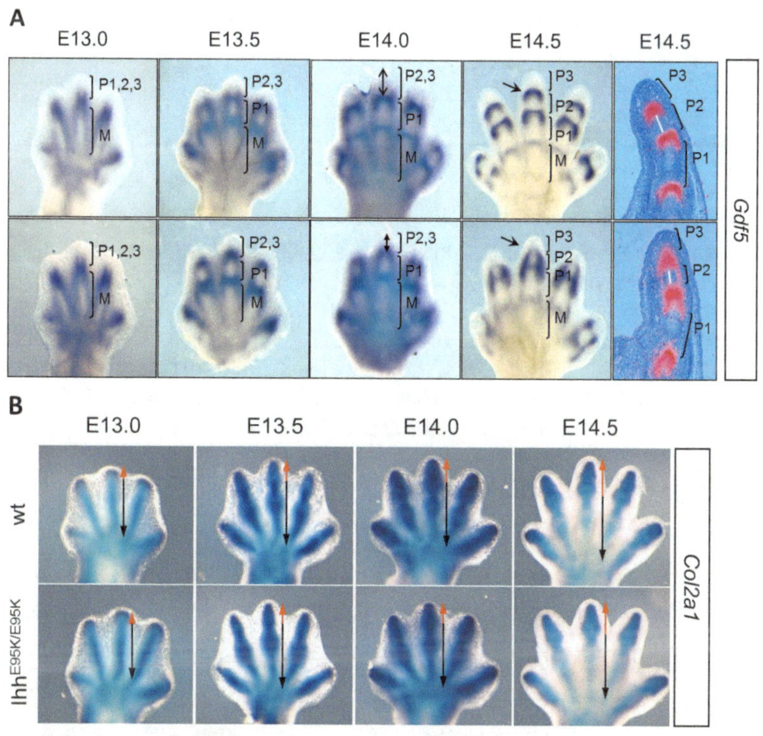

图 26-20 $Ihh^{E95K/E95K}$ 小鼠指骨分节的发育生物学分析（Gao et al. 2009）

利用整体原位杂交获得中间区（A）和软骨元件（B）的特异基因标记表达情况。A. 从 E13.0~E14.5，*Gdf5* 在发育中的后肢指的表达。在第三指中标记了不同的指骨（M. 掌骨；P1. 近端指骨；P2. 中指骨；P3. 远端指骨）。在 E13.0，野生型与 $Ihh^{E95K/E95K}$ 没有显著差异。从 E13.5 开始，可以发现 $Ihh^{E95K/E95K}$ 后肢指的远端生长减缓。而这种生长减缓在 E14.0 表现得更为明显（双箭头标示）。在 E14.5 则表现为缩短的中指骨和远端指骨。图中同时给出了后肢第三指纵向切片的放射原位杂交结果，以显示缩短的指骨（白色双箭头）。B. 利用 *Col2a1* 表达显示出的 E13.0~E14.5 的指骨发育情况。远端骨骼元件（黑括弧）的尺寸在 E13.0 时仍正常，而随着时间推移在 $Ihh^{E95K/E95K}$ 小鼠中显著缩短为了找出与生长减缓相关的细胞水平变化，我们利用溴脱氧尿苷（BrdU）标记试验检测了E13.5远端指节的细胞增殖情况。令人惊讶的是，2h BrdU标记试验显示，手指远端的细胞增殖速率在野生型和 *Ihh*$^{E95K/E95K}$ 小鼠之间没有显著差异（图 26-21A，图 26-21D）。另外，我们注意到BrdU阳性细胞基本上限于不表达 *Col2a1* 的预软骨化聚集体周围的区域。这意味着此阶段聚集体中的细胞没有或者只有很少的增殖能力，而手指向远端的生长可能主要依赖于从周围和远端的行进区（progress zone）中吸纳间叶细胞。为证实这个假设，我们进行了标记 - 跟踪（pulse-chase）的BrdU标记实验。结果显示，对于 *Col2a1* 表达的软骨化区域，我们能够在野生型小鼠中清楚地观察到软骨化聚集体活跃地从周围吸纳BrdU阳性的间叶细胞（图 26-21B）。而在 *Ihh*$^{E95K/E95K}$ 小鼠中，此间叶细胞吸纳过程严重减弱。统计学分析显示吸纳细胞数量大约有60%的下降，$P < 0.001$（图 26-21C）。

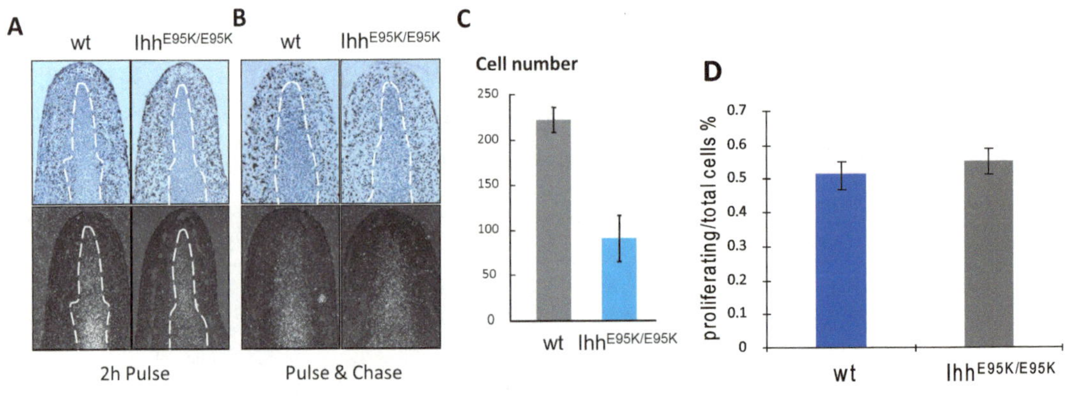

图 26-21 胚胎期 13.5 天发育中的指尖 BrdU 标记试验（Gao et al. 2009）

A. 2h BrdU标记试验。在第三指的连续切片上，用特异抗体通过免疫组化方法检测BrdU标记。图中显示了围绕在软骨化聚集体（白色虚线包围的区域，标示毗邻切片上 *Col2a1* 的表达区域，见下方图）周围的增殖间叶细胞。间叶细胞增殖速率在野生型与 *Ihh*$^{E95K/E95K}$ 小鼠之间没有显著差异。B. 2h标记 /10h追踪BrdU试验。在10h的追踪之后，BrdU阳性的细胞可以在远端的 *Col2a1* 表达区域中被检测到。而进入 *Col2a1* 的细胞数目在 *Ihh*$^{E95K/E95K}$ 小鼠中较少，此结果暗示突变小鼠远端指尖区域间叶细胞吸纳 / 软骨化速率的降低。C. BrdU阳性细胞数目定量分析显示间叶细胞吸纳数目在 *Ihh*$^{E95K/E95K}$ 小鼠中有显著下降（n=5，$P < 0.0001$）。D. BrdU阳性细胞数目定量分析显示增殖间叶细胞数目在 *Ihh*$^{E95K/E95K}$ 小鼠中没有显著变化（n=5）

基于生长板中得到的结果，BDA1小鼠异常的指发育可能源于Ihh信号强度和距离的改变。因此，我们研究了指发育过程中 *Ihh* 及其下游靶基因 *Gli1* 的表达情况，以及负反馈循环中的 *Pthrp* 的表达。我们发现，正常情况下在中间区表达的 *PthrP*，在突变小鼠中表达量显著上升。而且，*Ihh*$^{E95K/E95K}$ 小鼠中 *Ihh* 在各指节的表达量都低于野生型（图 26-22A）。这种 *Ihh* 表达水平的下降有可能与前文提到的中间区 *PthrP* 表达上升有关。*PthrP* 可能通过此阶段与 *Ihh* 具有同样表达模式的 *PthrP* 受体——Ppr，抑制 *Ihh* 的表达。因此，中间区接收到的过量Ihh信号可能具备控制毗邻指节中 *Ihh* 表达的潜在效应。*Gli1* 的表达与 *Ihh* 的表达模式吻合（图 26-22B）。这些发现暗示了指尖处Ihh信号水平的降低与指尖向远端生长的延缓之间的关系。

根据这些结果，我们提出了由E95K点突变导致的A1型短指的致病机理（图 26-23）。A1型短指实际上始于指骨早期发育过程的紊乱，其结果是远端指骨排列模式的异常。另外，在小鼠中，由E95K突变导致的A1型短指症也包括长骨发育的延迟和个体矮小。这两种表型都可以解释为E95K点突变所导致的Ihh信号梯度的改变。从发育生物学的角度

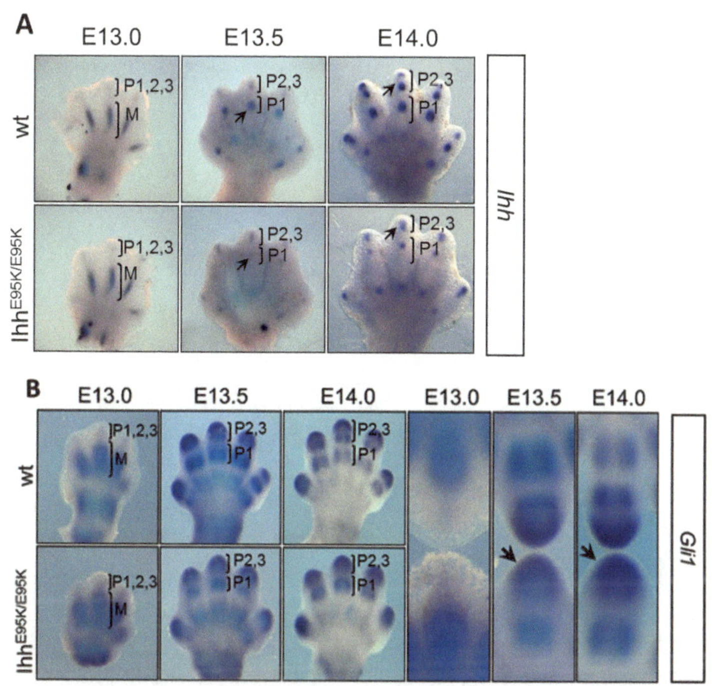

图 26-22 *Ihh*$^{E95K/E95K}$ 小鼠指骨前体中的 *Ihh* 表达和 Ihh 信号（Gao et al. 2009）

从胚胎期 13.0~14.0 天利用整体原位杂交得到的后肢指骨前体中 *Ihh*（A）及其转录目标基因 *Gli1*（B）的表达情况。A. 在胚胎期 13.0 天，*Ihh*$^{E95K/E95K}$ 小鼠指骨前体中 *Ihh* 的表达与野生型中的类似。但是 *Ihh* 的表达在胚胎期 13.5 天和 14.0 天下降（黑色箭头）。在胚胎期 14.0 天，P2 和 P3 中 *Ihh* 表达区域的分离在 *Ihh*$^{E95K/E95K}$ 小鼠中延迟。B. 对应于 *Ihh*，胚胎期 13.0~14.0 天在指尖处的 *Gli1* 表达下降。为了更好地比较 *Gli1* 的表达水平，右图给出了野生型和 *Ihh*$^{E95K/E95K}$ 小鼠第三指头对头放置的放大图（黑色箭头区域）。P1. 近端指节；P2. 中指节；P3. 远端指节

看，Ihh 在调控指骨前体生长和指骨前体分节方面扮演着重要的角色。从胚胎期 12.5 天开始，*Ihh* 在掌骨前体中表达。在胚胎期 13.0 天，当 *Ihh* 的表达在 P1+P2+P3 前体的中心出现之后，*Ihh* 开始作用于指尖处的间叶细胞区域，并协同来自 AER 的 Fgf 信号调控间叶细胞迁移并分化进入软骨化的间叶细胞聚集体中，从而促进指骨前体向远端的生长。由于在胚胎期 13.0 天之前，远端间叶细胞内没有 Ihh 信号的存在，因此此时的远端间叶细胞聚集体尺寸不受 Ihh 信号改变的影响，而 P1/P2 分节也未受影响。在 BDA1 小鼠的 P1/P2 分节完成之后，来自于 P1 的 Ihh 信号过量地进入 P1/P2 中间区，从而提高了 *PthrP* 的表达。高水平的 *PthrP* 可能通过类似生长板中的负反馈环作用于远端的间叶细胞，阻碍其软骨化分化并间接抑制了 *Ihh* 的表达。而 E95K-Ihh 信号能力的下降进一步损害了 Ihh 的正常功能，造成间叶细胞吸纳速度的减缓和指骨前体向远端生长速度的下降。对于第二到第四指来说，P2+P3 前体在分节前尺寸减小，导致分节之后产生的 P2 和 P3 前体尺寸显著下降。对于第五指来说，P2+P3 前体尺寸严重受损以至于 P2/P3 分节无法发生。值得注意的是在此阶段 P2 和 P3 同时受影响，而在出生后 P3 的长度没有显著降低。解释这种情况的一种可能性是哺乳动物指尖组织残留的再生能力在之后的发育过程中调整了 P3 的长度（Bo and Lin 2004；St-Jacques et al. 1999）。这个模型提供了一种对 A1 型短指症中指骨排列缺陷发生原因的解释，并揭示了远端指节发育的独特机制（Gao et al. 2009）。

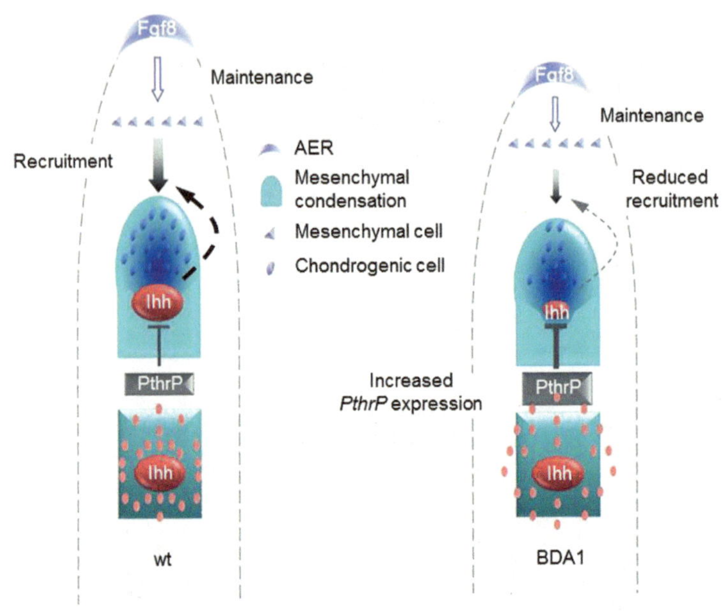

图 26-23 小鼠 BDA1 的致病机理，以及 Ihh 在指远端生长和关节形成过程中的功能（Gao et al. 2009）
野生型（A）与 $Ihh^{E95K/E95K}$ 小鼠（B）指发育过程的图解比较。正常情况下，在胚胎期 13.0 天左右 *Ihh* 开始在指骨前体中表达。在 Fgf 信号的帮助下，Ihh 信号将促进远端未分化的增殖间叶细胞向指骨前体迁移和软骨化分化，从而推动指骨前体向远端的生长。另外，在远端指骨前体中的 *Ihh* 表达受到来自于毗邻的近端中间区信号的调控。而这种信号很可能是 PthrP。如同生长板中的 Ihh-PthrP 负反馈环一样，PthrP 通过阻抑间叶细胞的软骨化分化间接调控 *Ihh* 的表达。如图所示，在 BDA1 小鼠中，近端 Ihh 信号的作用距离由于 E95K 突变的影响而增加。Ihh 作用距离的增加提高了中间区的下游信号水平，从而刺激了包括 *PthrP* 在内的下游基因表达。高水平的 *PthrP* 则反过来作用于更远端的间叶细胞，抑制 *Ihh* 表达。远端 Ihh 信号的下降影响了增殖间叶细胞向指骨前体的吸纳，并减小了远端指骨前体的尺寸。因此，当 P2/P3 分节开始时，作为分节模板的远端指骨前体尺寸不足，从而导致中指节前体尺寸受损

26.7 结 束 语

“遗传学之父”孟德尔的著名豌豆实验（1865 年）启动了现代遗传学的发展，而家族性 A1 型短指 / 趾症则是人类遗传史上第一例被记载的（1903 年）符合孟德尔遗传规律的常染色体显性遗传病。从此以后，世界上大量遗传学和生物学教科书把这一遗传病作为一个经典的范例加以引用，因此备受世人尤其是遗传学家的关注。随着时间的推移和现代科学的进步，越来越多的患有该疾病的家系被发现，世界上许多研究机构都拥有该遗传病的大家系，由于它的特殊历史地位，科学家们对寻找该疾病致病基因的竞争一直十分激烈。但是直到 20 世纪末，几乎整整一个世纪，人们始终未能给出答案，这就是 A1 型短指 / 趾症给世人留下的一个遗传学的百年之谜，一个源自教科书的问号。

在这一背景下，来自上海交通大学的贺林实验室总结分析了前人失败的经验教训，从湖南和贵州的偏远山区采集到了三个处于相对隔离的不同民族的 A1 型短指 / 趾症家系，开始参与到这个竞争行列中来。通过连锁分析和候选克隆的方法，他们成功地将 A1 型短指 / 趾症的致病基因定位到了 2 号染色体长臂的某个区域，并最终在这一广阔区域内发现一个名为 *IHH* 基因的数个单碱基突变分别是导致上述三个家系 A1 型短指 / 趾症的直接原

因，同时发现该基因与身高相关。这些研究成果得到了同行的充分认可和高度评价，多个拥有 A1 型短指 / 趾症家系的国际国内实验室先后验证了此项研究结果，并发现了一些 *IHH* 基因的不同碱基突变。最终，通过对 1903 年 Farabee 所记录家系后代的分析，确认 *IHH* 基因的突变也是其致病原因。而利用小鼠模型的研究工作不仅清晰地阐述了 A1 型短指 / 趾症发生的分子机制，而且发现 *IHH* 基因可能参与指骨关节的早期发育调控，开拓了 *IHH* 基因在骨骼生长发育中新的角色，为现代遗传发育生物学增添新的内容，对肢体和骨骼发育生物学有着重要的意义。同时，这也为相关骨骼疾病的科学研究和临床诊断提供了有力的依据。*IHH* 基因与人类身高相关的推论也得到了人类群体遗传学研究的充分验证。*IHH* 是 *Hedgehog* 基因家族的成员之一。该家族的基因不仅有发育调节功能，而且在肿瘤生物学中也有重要的作用。这些发现对于了解与 *Hedgehog* 基因有关的其他疾病包括肿瘤的病因，也有启发意义。

A1 型短指 / 趾症的研究经历了最初致病基因的定位、克隆，到最后致病机理得到阐述，完整地解答了一个在人类遗传史上具有重要意义的遗传疾病的百年之谜，为今后新版教科书中中国人对这段研究历史的贡献增添了新的内容，在人类遗传学上极具历史意义和价值，同时也证实了我国遗传资源的价值。国际著名的《自然医学》和《自然》杂志对这项研究工作先后进行了报道和评价。事实上这也是我国第一例完全依靠本土中国人完成的疾病基因克隆、机制分析和功能研究的系统性、原创性工作，反映出了目前我国在研究前沿科学的能力。

这是一个来自教科书，又最终回到教科书中的经典研究工作。

参 考 文 献

Alvarez J，Sohn P，Zeng X，et al. 2002. TGFβ2 mediates the effects of Hedgehog on hypertrophic differentiation and PTHrP expression. Development，129（8）：1913-1924.

Armour C M，Bulman D E，Hunter A G W. 2000. Clinical and radiological assessment of a family with mild brachydactyly type A1：the usefulness of metacarpophalangeal profiles. J Med Genet，37：292-296.

Bale A E. 2002. Hedgehog signaling and human disease. Annu Rev Genomics Hum Genet，3：47-65.

Bell J. 1951. On brachydactyly and symphalangism. *Treasury of Human Inheritance*. Cambridge：Cambridge University Press.

Bellaiche Y，The I，Perrimon N，et al. 1998. Tout-velu is a Drosophila homologue of the putative tumour suppressor EXT-1 and is needed for Hh diffusion. Nature，394：85-88.

Berman D M，Karhadkar S S，Maitra A，et al. 2003. Widespread requirement for Hedgehog ligand stimulation in growth of digestive tract tumours. Nature，425：846-851.

Bitgood M J，McMahon A P. 1995. Hedgehog and Bmp Genes Are Coexpressed at Many Diverse Sites of Cell-Cell Interaction in the Mouse Embryo. Dev Biol，172：126-138.

Bitgood M J，Shen L，McMahon A P. 1996. Sertoli cell signaling by Desert hedgehog regulates the male germline. Curr Biol，6：298-304.

Bo G，Lin H. 2004. Answering a century old riddle：brachydactyly type A1. Cell Res，14（3）：179-187.

Bumcrot D A，Takada R，McMahon A P. 1995. Proteolytic processing yields two secreted forms of sonic hedgehog. Mol Cell Biol，15：2294-2303.

Byrnes A M，Racacho L，Nikkel S M，et al. 2010. Mutations in GDF5 presenting as semidominant brachydactyly A1. Hum Mutat，31：1155-1162.

Chiang C，Litingtung Y，Lee E，et al. 1996. Cyclopia and defective axial patterning in mice lacking Sonic hedgehog gene function. Nature，383：407-413.

Chuang P T, Kawcak T N, McMahon A P. 2003. Feedback control of mammalian Hedgehog signaling by the Hedgehog-binding protein, Hip1, modulates Fgf signaling during branching morphogenesis of the lung. Genes Dev, 17: 342-347.

Chuang P T, McMahon A P. 1999. Vertebrate Hedgehog signalling modulated by induction of a Hedgehog-binding protein. Nature, 397: 617-621.

Chung U I, Lanske B, Lee K, et al. 1998. The parathyroid hormone/parathyroid hormone-related peptide receptor coordinates endochondral bone development by directly controlling chondrocyte differentiation. Proc Natl Acad Sci USA, 95 (22): 13030-13035.

Chung U I, Schipani E, McMahon A P, et al. 2001. Indian hedgehog couples chondrogenesis to osteogenesis in endochondral bone development. J Clin Invest, 107 (3): 295.

Cobourne M T, Sharpe P T. 2005. Sonic hedgehog signaling and the developing tooth. Curr Top Dev Biol, 65: 255-287.

Degenkolbe E, Konig J, Zimmer J, et al. 2013. A GDF5 point mutation strikes twice—causing BDA1 and SYNS2. PLoS Genet, 9: e1003846.

Den Hollander N S, Hoogeboom A J M, Niermeijer M F, et al. 2001. Prenatal diagnosis of type A1 brachydactyly. Ultrasound Obstet Gynecol, 17: 529-530.

Drinkwater H. 1908. IV.—An account of a brachydactylous family. Proc R Soc Edinb Biol, 28: 35-57.

Drinkwater H. 1912. Account of a family showing minor brachydactyly. J Genet, 2: 21-40.

Drinkwater H. 1915. A second braohydaotylous family. Harvard university: 323-340.

Farabee W C. 1903. Hereditary and Sexual Influences in Meristic Variation: A Study of Digital Malformations in Man. Harvard University.

Fitch N. 1979. Classification and identification of inherited brachydactylies. J Med Genet, 16: 36-44.

Fukushima Y, Ohashi H, Wakui K, et al. 1995. *De novo* apparently balanced reciprocal translocation between 5q11. 2 and 17q23 associated with Klippel-Feil anomaly and type A1 brachydactyly. Am J Med Genet, 57: 447-449.

Fuse N, Maiti T, Wang B, et al. 1999. Sonic hedgehog protein signals not as a hydrolytic enzyme but as an apparent ligand for patched. Proc Natl Acad Sci USA, 96: 10992-10999.

Gao B, Guo J, She C, et al. 2001. Mutations in IHH, encoding Indian hedgehog, cause brachydactyly type A-1. Nat Genet, 28: 386-388.

Gao B, He L. 2004. Answering a century old riddle: brachydactyly type A1. Cell Res, 14: 179-187.

Gao B, Hu J, Stricker S, et al. 2009. A mutation in Ihh that causes digit abnormalities alters its signalling capacity and range. Nature, 458 (7242): 1196-1200.

Giordano N, Gennari L, Bruttini M, et al. 2003. Mild brachydactyly type A1 maps to chromosome 2q35—q36 and is caused by a novel IHH mutation in a three generation family. J Med Genet, 40: 132-135.

Goetz J A, Suber L M, Zeng X, et al. 2002. Sonic Hedgehog as a mediator of long-range signaling*. Bioessays, 24: 157-165.

Haws D V, McKusick V A. 1963. Farabee's brachydactylous kindred revisited. Bull Johns Hopkins Hosp, 113: 20.

Hellemans J, Coucke P J, Giedion A, et al. 2003. Homozygous mutations in IHH cause acrocapitofemoral dysplasia, an autosomal recessive disorder with cone-shaped epiphyses in hands and hips. Am J Hum Genet, 72: 1040-1046.

Ingham P W, McMahon A P. 2001. Hedgehog signaling in animal development: paradigms and principles. Genes Dev, 15: 3059-3087.

Jang M, Kim O H, Kim S W, et al. 2015. Identification of p. Glu131Lys mutation in the *IHH* gene in a Korean patient with brachydactyly type A1. Ann Lab Med, 35: 387-389.

Jürgens G, Wieschaus E, Nüsslein-Volhard C, et al. 1984. Mutations affecting the pattern of the larval cuticle inDrosophila melanogaster. Wilhelm Roux's Archives of Developmental Biology, 193: 283-295.

Karp S J, Schipani E, St-Jacques B, et al. 2000. Indian hedgehog coordinates endochondral bone growth and morphogenesis via parathyroid hormone related-protein-dependent and-independent pathways. Development, 127 (3): 543-548.

Kawakami T, Kawcak T N, Li Y J, et al. 2002. Mouse dispatched mutants fail to distribute hedgehog proteins and are defective in hedgehog signaling. Development, 129: 5753-5765.

Kirkpatrick T J, Au K S, Mastrobattista J M, et al. 2003. Identification of a mutation in the Indian Hedgehog (*IHH*) gene causing brachydactyly type A1 and evidence for a third locus. J Med Genet, 40: 42-44.

Kobayashi T, Chung U I, Schipani E, et al. 2002. PTHrP and Indian hedgehog control differentiation of growth plate chondrocytes at multiple steps. Development, 129（12）: 2977-2986.

Koziel L, Kunath M, Kelly O G, et al. 2004. Ext1-dependent heparan sulfate regulates the range of Ihh signaling during endochondral ossification. Dev Cell, 6（6）: 801-813.

Kronenberg H M. 2003. Developmental regulation of the growth plate. Nature, 423（6937）: 332-336.

Lacombe D, Delrue M A, Rooryck C, et al. 2010. Brachydactyly type A1 with short humerus and associated skeletal features. Am J Med Genet A, 152: 3016-3021.

Lanske B, Karaplis A C, Lee K, et al. 1996. PTH/PTHrP receptor in early development and Indian hedgehog-regulated bone growth. Science, 273（5275）: 663-666.

Laporte G, Serville F, Peant J. 1979. Type A1 branchydactyly. Study of one family（author' s transl）. Nouv Presse Med, 8: 4095-4097.

Lee J J, Ekker S C, von Kessler D P, et al. 1994. Autoproteolysis in hedgehog protein biogenesis. Science, 266: 1528-1537.

Liu M, Wang X, Cai Z, et al. 2006. A novel heterozygous mutation in the Indian hedgehog gene（*IHH*）is associated with brachydactyly type A1 in a Chinese family. Am J Hum Genet, 51: 727-731.

Lodder E M, Hoogeboom A J M, Coert J H, et al. 2008. Deletion of 1 amino acid in Indian hedgehog leads to brachydactylyA1. Am J Med Genet A, 146: 2152-2154.

Long F, Zhang X M, Karp S, et al. 2001. Genetic manipulation of hedgehog signaling in the endochondral skeleton reveals a direct role in the regulation of chondrocyte proliferation. Development, 128（24）: 5099-5108.

Lum L, Beachy P A. 2004. The Hedgehog response network: sensors, switches, and routers. Science, 304: 1755-1759.

Ma G, Yu J, Xiao Y, et al. 2011. Indian hedgehog mutations causing brachydactyly type A1 impair Hedgehog signal transduction at multiple levels. Cell Res, 21（9）: 1343-1357.

Ma Y, Erkner A, Gong R, et al. 2002. Hedgehog-mediated patterning of the mammalian embryo requires transporter-like function of dispatched. Cell, 111: 63-75.

Mastrobattista J M, Dolle P, Blanton S H, et al. 1995. Evaluation of candidate genes for familial brachydactyly. J Med Genet, 32: 851-854.

McCready M E, Grimsey A, Styer T, et al. 2005. A century later Farabee has his mutation. Hum Genet, 117: 285-287.

McCready M E, Sweeney E, Fryer A E, et al. 2002.A novel mutation in the *IHH* gene causes brachydactyly type A1: a 95-year-old mystery resolved. Hum Genet, 111: 368-375.

McKusick V A. 1975. Mendelian Inheritance in Man: A Catalog of Human Genes and Genetic Disorders. Baltimore: JHU Press.

McMahon A P, Ingham P W, Tabin C J. 2003. Developmental roles and clinical significance of Hedgehog signaling. Curr Top Dev Biol, 53: 1-114.

Mirsky R, Parmantier E, McMahon A P, et al. 1999. Schwann cell-derived desert hedgehog signals nerve sheath formation. Ann N Y Acad Sci, 883: 196-202.

Mortier G R, Kramer P P G, Giedion A, et al. 2003. Acrocapitofemoral dysplasia: an autosomal recessive skeletal dysplasia with cone shaped epiphyses in the hands and hips. J Med Genet, 40: 201-207.

Nüsslein-Volhard C, Wieschaus E, Kluding H. 1984. Mutations affecting the pattern of the larval cuticle in *Drosophila melanogaster*. Wilhelm Roux's Archives of Developmental Biology, 193: 267-282.

Peifer M, Bejsovec A. 1992. Knowing your neighbors: cell interactions determine intrasegmental patterning in *Drosophila*. Trends Genet, 8: 243-249.

Piussan C, Lenaerts C, Mathieu M, et al. 1983. Regular dominance of thumb ankylosis with mental retardation transmitted over 3 generations. J Genet Hum, 31: 107-114.

Racacho L, Byrnes A M, MacDonald H, et al. 2015. Two novel disease-causing variants in BMPR1B are associated with brachydactyly type A1. Eur J Hum Genet, 23（12）: 1640-1645.

Raff M L, Leppig K A, Rutledge J C, et al. 1998. Brachydactyly type A1 with abnormal menisci and scoliosis in three generations. Clin Dysmorphol, 7: 29-34.

Slavotinek A, Donnai D. 1998. A boy with severe manifestations of type A1 brachydactyly. Clin Dysmorphol, 7: 21-27.

Stattin E L, Lindén B, Lönnerholm T, et al. 2009. Brachydactyly type A1 associated with unusual radiological findings and a novel Arg158Cys mutation in the Indian hedgehog (*IHH*) gene. Eur J Med Genet, 52: 297-302.

St-Jacques B, Hammerschmidt M, McMahon A P. 1999. Indian hedgehog signaling regulates proliferation and differentiation of chondrocytes and is essential for bone formation. Genes Dev, 13 (16): 2072-2086.

Temtamy S A, McKusick V A. 1977. The genetics of hand malformations. Birth Defects Orig Artic Ser, 14: i-xviii.

Tenzen T, Allen B L, Cole F, et al. 2006. The cell surface membrane proteins Cdo and Boc are components and targets of the Hedgehog signaling pathway and feedback network in mice. Dev Cell, 10: 647-656.

Tsukahara M, Azuno Y, Kajii T. 1989. Type A1 brachydactyly, dwarfism, ptosis, mixed partial hearing loss, microcephaly, and mental retardation. Am J Med Genet, 33: 7-9.

Utine G E, Breckpot J, Thienpont B, et al. 2010. A second patient with Tsukahara syndrome: type A1 brachydactyly, short stature, hearing loss, microcephaly, mental retardation and ptosis. Am J Med Genet A, 152: 947-949.

Vortkamp A, Lee K, Lanske B, et al. 1996. Regulation of rate of cartilage differentiation by Indian hedgehog and PTH-related protein. Science, 273 (5275): 613-622.

Watkins D N, Berman D M, Burkholder S G, et al. 2003. Hedgehog signalling within airway epithelial progenitors and in small-cell lung cancer. Nature, 422: 313-317.

Yang X, She C, Guo J, et al. 2000. A locus for brachydactyly type A-1 maps to chromosome 2q35—q36. Am J Med Genet, 66: 892-903.

Yao S, Lum L, Beachy P. 2006. The ihog cell-surface proteins bind Hedgehog and mediate pathway activation. Cell, 125: 343-357.

Zhang W, Kang J S, Cole F, et al. 2006. Cdo functions at multiple points in the Sonic Hedgehog pathway, and Cdo-deficient mice accurately model human holoprosencephaly. Dev Cell, 10 (5): 657-665.

Zhu G, Ke X, Liu Q, et al. 2007. Recurrence of the D100N mutation in a Chinese family with brachydactyly type A1: evidence for a mutational hot spot in the Indian hedgehog gene. Am J Med Genet A, 143: 1246-1248.

（高 波 马 钢 贺 林）

27

从人类基因组到大脑发育：原钙黏蛋白在脑发育中的调控与功能研究

细胞是生物体的基本结构单元。我们的大脑是人体结构和功能最为复杂的器官，它对我们的感知、情感、思维、学习和记忆至关重要，影响着我们的人格魅力，并控制着我们体内的其他器官。这么复杂的人类大脑是由包含约30亿碱基对的人类基因组“编码”的，人类基因组包含的遗传信息决定了组织器官发育和大脑功能，但是我们对人类基因组30亿碱基对序列中蕴藏的遗传信息的认识还远远不够。神经细胞是大脑组织的基本单元，又称为神经元，人类大脑包含大约1000亿个神经元，每个神经元又与其他神经元建立成千上万的特异性突触连接，形成几十万亿的神经元突触连接，这些突触连接通过神经元相互作用组成复杂而有序的神经网络。神经元是多种多样的，神经元的多样性与大脑处理和储存信息的能力密切相关。科学家通过分子遗传学和神经生物学实验发现神经元的多样性与一种称为原钙黏蛋白（protocadherin，Pcdh）的膜蛋白分子相关。原钙黏蛋白多种多样，具有复杂的分子多样性，不同的原钙黏蛋白分子在神经元上随机组合表达，赋予每个神经元自己的特征和身份。本章主要以原钙黏蛋白等基因作为模式基因介绍基因组表达调控机理和原钙黏蛋白在脑发育中的功能及其与神经元多样性之间的关系。本章不是全面综述这个领域的所有文献，主要通过介绍作者的研究结果，以期建立基因组表达调控与脑发育的关系，难免以偏概全，希望能抛砖引玉。

27.1 基因组结构

27.1.1 一维基因组（1D genome）

十几年前人类基因组计划测序的工作就已全部完成，我们的基因组包含22对常染色体和一对性染色体，每一条染色体的序列图谱都已被绘制，但是我们对于人类基因组编码机制的认识还远没有完成。具体地说我们还没有能力完全理解基因组中每一条染色体的编码能力和编码方式，不能准确预测每一个基因及其调控机理，所以我们仍将长期探讨人类基因组的编码奥秘。

人类基因组包含2万多个蛋白质编码基因，很多相关基因会形成基因簇。需要强调的是人类基因组除了编码蛋白质之外，还包含了可能更多的RNA基因（只转录成RNA不翻译成蛋白质），其编码的RNA包括在剪接中起到关键作用的snRNA、在核酸修饰中起到作用的snoRNA、在翻译中起作用的转运RNA（tRNA）和核糖体RNA（rRNA）、基因调控的 miRNA 和 lncRNA、生殖细胞发育的 piRNA 等。

一个典型的蛋白质编码基因通常有一个启动子（promoter）经过增强子（enhancer）激活并在转录因子驱动下从转录起始位点（transcriptional start site，TSS）开始转录。在人类基因组中，转录出的 mRNA 前体通常包含很多比较小的外显子（exon），大部分外显子是能够编码蛋白质的。在两个相邻的外显子中间的非编码序列称为内含子（intron），人类基因组中内含子通常非常大。细胞核内的 mRNA 前体经过剪接体（spliceosome）剪接去除内含子后形成成熟的 mRNA，成熟 mRNA 的起始处加有帽子（cap），结尾处加有 Poly（A）尾巴。mRNA 通过细胞核孔转运到细胞质内，在核糖体的作用下按照氨基酸遗传密码规则编码蛋白质，起始密码子 AUG 编码甲硫氨酸，依照顺序每三个核苷酸编码一个氨基酸残基，一直到遇到终止密码子停止。所编码的蛋白质多肽的氨基酸一级序列也称为蛋白质一级结构（primary structure），蛋白质一级结构经过折叠通过氢键形成二级结构（secondary structure），主要是 α 螺旋、β 折叠和 β 转角等，蛋白质的二级结构再经过进一步折叠形成具有一定规律的三级结构（tertiary structure），蛋白质三级立体结构多种多样，蛋白质被运输到特定的位置后完成千差万别的生物学功能。例如，原钙黏蛋白就是在细胞膜上发挥作用，具体讲主要在神经元突触连接处起作用。

原钙黏蛋白是一类主要分布于神经细胞膜上的黏附分子，该家族共有 80 多个成员分子，根据它们的基因结构可以分成两个大类：成簇的原钙黏蛋白（clustered Pcdh）和非成簇的原钙黏蛋白（non-clustered Pcdh）。编码前者的多个基因在基因组上紧密成簇串联排列并位于染色体上的特定区域，编码后者的基因则各自独立分布于不同染色体上或同一染色体的不同区域。目前，在小鼠和人类的基因组中共发现 50 多个成簇的原钙黏蛋白基因和 20 多个非成簇的原钙黏蛋白基因。

哺乳动物成簇原钙黏蛋白基因座包含 50 多个基因，它们在同一染色体上成簇串联排列，形成三个相连的 α、β 和 γ 基因簇，位于基因组的同一个区域。例如，人类原钙黏蛋白 α、β 和 γ 基因簇位于第 5 号染色体的 5q31 区域（图 27-1）（Wu and Maniatis 1999）。原钙黏蛋白 α 基因簇的可变区（variable region）一共包含 15 个可变区外显子，由 13 个大小一样、高度相似、成串排列的可变区外显子（α1~α13）和另外两个相似性稍微低一些的可变区外显子（αc1、αc2）构成（图 27-1）。在这 15 个外显子构成的原钙黏蛋白可变区的下游，有三个非常小的恒定区外显子，构成原钙黏蛋白 α 基因簇的恒定区（constant region）（图 27-1）。原钙黏蛋白 α 基因簇的长度一共大约 23 万碱基对。

原钙黏蛋白 γ 基因簇的一维基因组结构与原钙黏蛋白 α 基因簇很像，同样由可变区和恒定区组成，原钙黏蛋白 γ 基因簇的可变区由 22 个外显子构成，包含 12 个 A 型、7 个 B 型和 3 个 C 型可变区外显子；原钙黏蛋白 γ 基因簇的恒定区也像 α 基因簇一样是由三个很小的恒定区外显子构成（图 27-1）。所以原钙黏蛋白基因簇具有像免疫球蛋白抗体和 T 淋巴细胞受体，以及药物代谢 UGT 尿苷二磷酸葡醛酸转移酶（UGT1）基因簇一样的一维基因组结构（Wu and Maniatis 1999，2000；Zhang et al. 2004）。因为原钙黏蛋白 α 和 γ 基因簇恒定区第一个外显子都是 59bp（base pairs）长，第二个外显子都是 89bp 长，加上原钙黏蛋白 α 和 γ 基因簇总体结构的相似性，所以它们可能是由于基因簇重复而产生的（Wu 2005）。原钙黏蛋白 β 基因簇位于原钙黏蛋白 α 和 γ 基因簇中间，但是原钙黏蛋白 β 基因簇只有可变区而没有恒定区（图 27-1）（Wu and Maniatis 1999；Wu et al. 2001）。

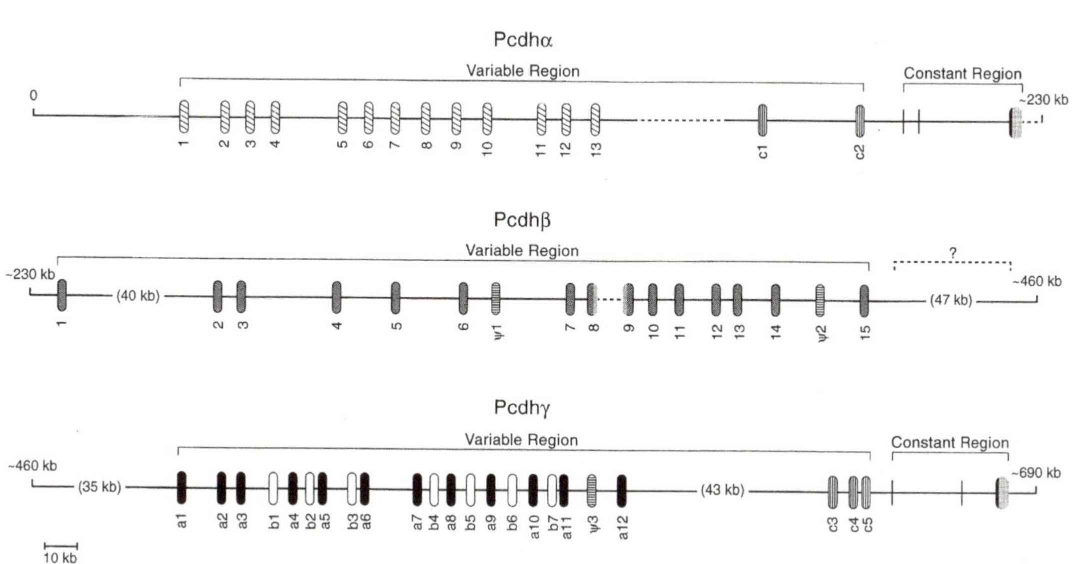

图 27-1 人类原钙黏蛋白（Pcdh）基因座的一维基因组结构（Wu and Maniatis 1999）

原钙黏蛋白基因座有三个相连的基因簇（Pcdhα、Pcdhβ 和 Pcdhγ）组成。原钙黏蛋白 α 和 γ 基因簇包含可变区（variable region）和恒定区（constant region）。原钙黏蛋白 β 基因簇只有可变区没有恒定区。每个可变区包含成串排列（arrayed in tandem）、高度相似（highly similar）、不寻常大（unusually large）的可变区外显子（Wu and Maniatis 1999，2000）。原钙黏蛋白基因簇的恒定区包含三个很小的外显子

原钙黏蛋白 α 和 γ 基因簇的细胞特异性表达谱是通过启动子选择和可变剪接来实现的。即原钙黏蛋白 α 和 γ 基因簇的每一个可变区外显子都有一个它自己的启动子（Tasic et al. 2002；Wu et al. 2001），启动子激活后就会转录出很长的 mRNA 前体包括其下游所有的可变区外显子和三个恒定区外显子，但是只有最靠近 5′ 端的可变区外显子剪接到三个恒定区外显子上，形成成熟的 mRNA 再翻译成原钙黏蛋白（Tasic et al. 2002；Wang et al. 2002）。原钙黏蛋白 β 基因簇不含恒定区外显子，原钙黏蛋白 β 基因簇的每一个可变区外显子也都有一个它自己的启动子，所以原钙黏蛋白 β 基因簇的每一个可变区外显子就是一个原钙黏蛋白基因（Wu et al. 2001）。

成簇原钙黏蛋白基因的表达受到位于每个可变外显子上游的启动子控制，启动子中包含有结合 CTCF 的保守序列元件（conserved sequence element，CSE）（图 27-2）（Wu et al. 2001），进一步研究发现 CSE 是绝缘子结合蛋白 CTCF 的结合位点（CTCF-binding site，CBS）（Guo et al. 2012；Monahan et al. 2012）。原钙黏蛋白 α、β 和 γ 基因簇的每一个可变区外显子都有一个自己的启动子，除 Pcdhαc2、β1、γc4 和 γc5 外的每一个原钙黏蛋白启动子都包含一个 CBS 位点（图 27-3）（Guo et al. 2012；Guo et al. 2015）。另外，在每一个原钙黏蛋白 α2~α13 的可变区外显子编码区也有一个 CBS 位点，称为 eCBS 位点（exonic CBS）（Guo et al. 2012；Monahan et al. 2012）。在原钙黏蛋白 α 基因簇恒定区外显子的下游，以及位于最后 2 个恒定区外显子之间的内含子中有 2 个增强子，分别命名为 HS5-1 和 HS7，这 2 个增强子能够促进原钙黏蛋白 α 基因的表达（Ribich et al. 2006）。增强子 HS5-1 包含两个 CBS 位点，分别称为 HS5-1a 和 HS5-1b 位点（图 27-3）（Guo et al. 2012；Monahan et al. 2012）。

A

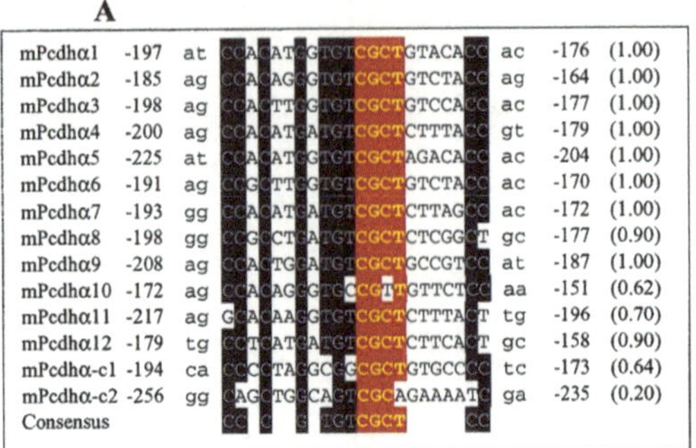

D

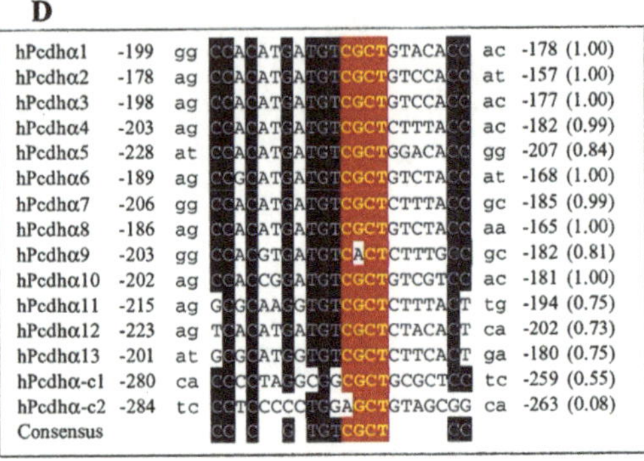

B

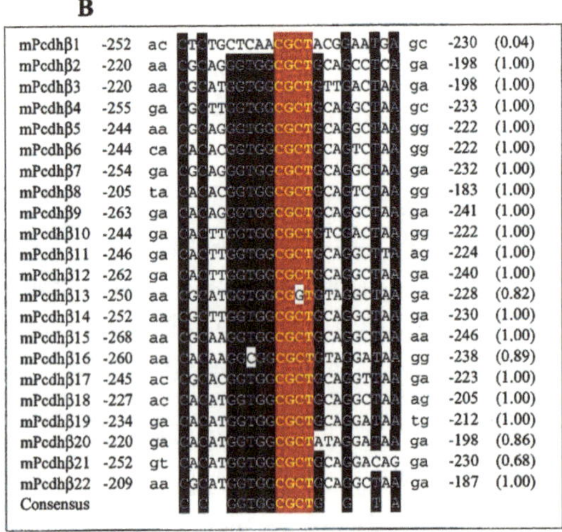

E

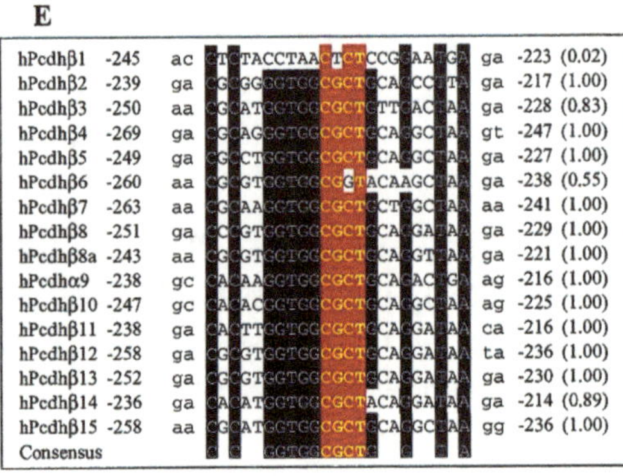

C

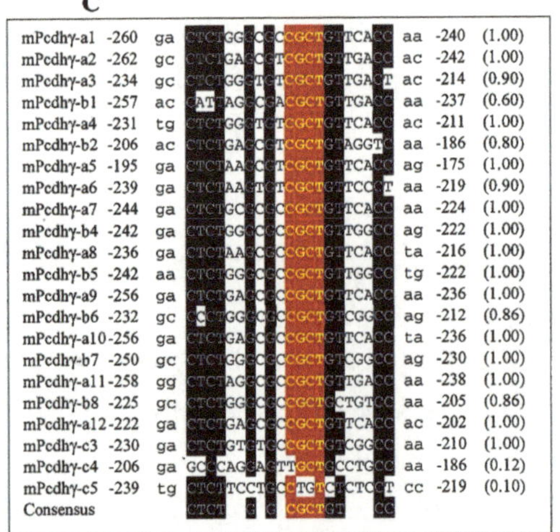

F

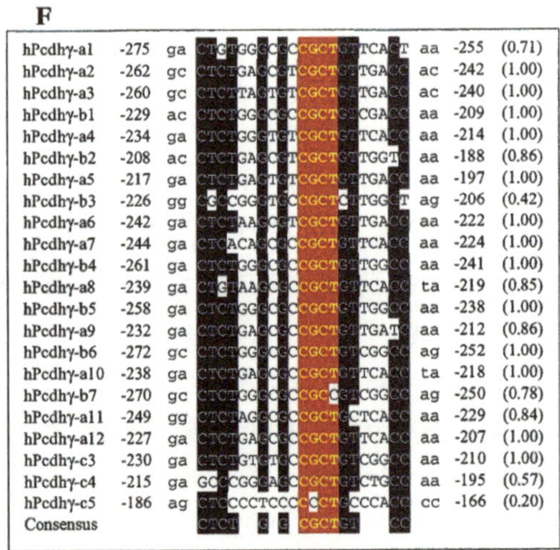

图 27-2　原钙黏蛋白基因簇中除了 Pcdhαc2、β1、γc4 和 γc5 以外每一个可变区外显子的启动子都包含一个保守序列元件（CSE：conserved sequence element）（Wu et al. 2001）这个保守序列元件结合一种称为 CTCF 的染色体架构蛋白（chromosome architectural protein）。图片显示的是小鼠（mPcdh）或人类（hPcdh）原钙黏蛋白启动子中的保守序列元件及其相对于翻译起始密码子（AUG）的位置。负号代表它们都位于起始密码子上游

在一维基因组中一个重要的发现是：原钙黏蛋白 α 基因的每一个启动子的 CBS 和 eCBS 位点（Pcdhα1~α13、αc1）的方向都是正向的（朝右的），而增强子中两个（HS5-1a 和 HS5-1b）CBS 位点的方向都是反向的（朝左的）（图 27-3）（Guo et al. 2012）。同样，所有原钙黏蛋白 β 和 γ 基因的启动子的 CBS 位点（Pcdhβ2~β16、Pcdhγa1~γa12、γb1~γb7、γc3）的方向都是朝右的，而下游增强子中 CBS 位点（a~e）的方向是朝左的（图 27-3）（Guo et al. 2012）。也就是说启动子和增强子中 CBS 位点的方向是相反的（图 27-3）（Guo et al. 2012）。

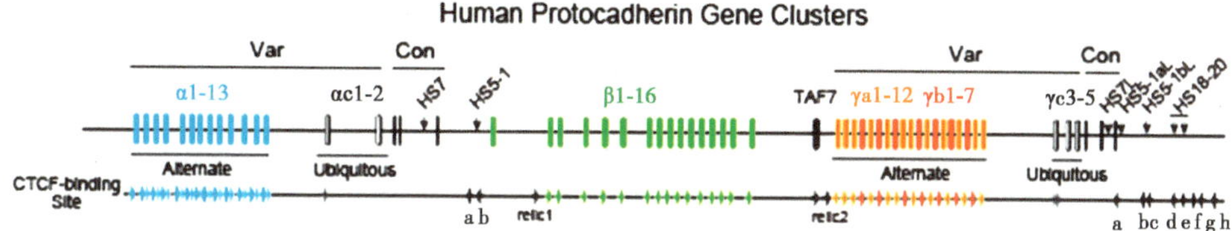

图 27-3　原钙黏蛋白启动子和增强子中 CBS 位点的方向是相反的：启动子中 CBS 位点（Pcdhα1~α13、αc1 和 Pcdhβ2~Pcdhβ16、Pcdhγa1~γa12、γb1~γb7、γc3）是朝右的，而下游增强子（Pcdhα 的增强子 CBS 位点 HS5~1a、HS5-1b 和 Pcdhβ 和 γ 的增强子 CBS 位点 a~e）中 CBS 位点是朝左的。原钙黏蛋白 α 基因的每一个 eCBS 位点（Pcdhα2~α13）的方向也都是正向的（朝右的）。注意 Pcdhα1 没有 eCBS 位点

27.1.2　二维基因组（2D genome）

人类基因组的 30 亿碱基对大约有 2 米长，但是线性的染色质可以形成复杂的高级结构。例如，相距很远的两个 DNA 调控单元可能在细胞核内物理空间上比较接近，形成染色质接触（chromatin contact），也就是说形成染色质环（chromatin loop），基因组中成千上万的染色质环构成基因组的二维结构，也即二维基因组。染色体构象捕获 3C（chromosome conformation capture）技术的发明是研究两个 DNA 单元物理空间环化接触（looping contact）的重要突破。例如，这个方法可以用来研究某个基因的启动子和相距较远的增强子是否在物理空间上比较接近，增强子是否通过环化靠近启动子从而激活其转录 mRNA 前体。

绝缘子结合蛋白 CTCF 和染色体粘连蛋白 cohesin 均可与具有转录活性的原钙黏蛋白启动子和增强子结合（Guo et al. 2012；Monahan et al. 2012），3C 实验证明 CTCF 和相关联的 cohesin 蛋白复合体介导了原钙黏蛋白 α 增强子（HS5-1）和启动子之间的长距离染色质成环（long-range chromatin looping）（Guo et al. 2012）。最近研究表明，位于原钙黏蛋白 γ 基因簇下游的增强子（HS5-1aL、HS5-1bL 和 HS16-20）等通过类似的方式调节原钙黏蛋白 β 和 γ 成员基因的表达（Guo et al. 2015；Yokota et al. 2011）。3C 实验和 shRNA 敲低实验证明 CTCF 和 cohesin 在原钙黏蛋白启动子和增强子环化中起到关键作用（图 27-4）。在人类神经起源的 SK-N-SH 细胞中，原钙黏蛋白 α 基因簇的 α4、α8、α12、αc1 和 αc2 启动子被激活表达出这 5 种 mRNA，以 HS5-1 为锚定位点（锚点，anchor）可以发现这 5 个原钙黏蛋白 α 基因启动子在物理空间上靠近增强子，即下游增强子中反向的 CBS 位点环化到上游启动子中正向的 CBS 位点，环化强度随着 CTCF 或 cohesin 的敲低而减弱（图 27-4）。

CTCF 结合原钙黏蛋白 α 启动子区域两个正向 CBS 位点（CSE 和 eCBS）和位于下游增强子中两个反向 CBS 位点（HS5-1a 和 HS5-1b），CTCF 招募 cohesin 并且通过染色质环化使增强子和启动子相互靠近，也就是说一维基因组中正向 CBS 位点和反向 CBS 位点（相

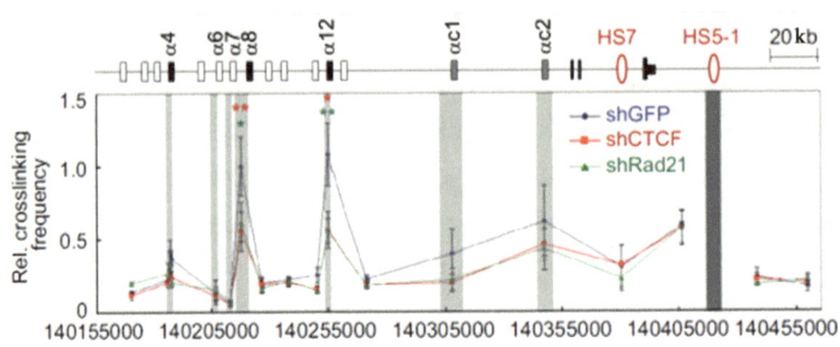

图 27-4 绝缘子结合蛋白 CTCF 和染色体粘连蛋白 cohesin 在原钙黏蛋白增强子与启动子环化中起到关键作用（Guo et al. 2012）

图片横坐标显示的是原钙黏蛋白在人类第 5 号染色体中的碱基对位置，纵坐标显示的是各个原钙黏蛋白启动子靠近 HS5-1 增强子的程度（以 HS5-1 为锚定位点的 3C 实验）。shCTCF 和 shRad21 是分别敲低 CTCF 和 cohesin 的 Rad21 亚基，shGFP 为对照实验

反方向 CBS 位点）能决定它们作为锚点在 CTCF/cohesin 作用下形成二维基因组的染色质环化。例如，CTCF 结合到 α4、α8、α12 和 αc1 启动子的 CBS 位点上并招募 cohesin 复合物（图 27-5）（Guo et al. 2012），CTCF 和其招募的 cohesin 复合物介导 HS5-1 增强子与选择的启动子长距离成环，形成活性转录枢纽（active transcription hub）。因此 CTCF 和 cohesin 通过结合方向相反的 CBS 锚点在增强子和启动子之间形成桥梁，从而把启动子拉到增强子所在的活性转录枢纽，最后激活基因的启动子，促使其转录表达（图 27-5），这个活性转录枢纽揭示了大脑中神经元单细胞原钙黏蛋白组合表达的启动子选择机制（Guo et al. 2012）。

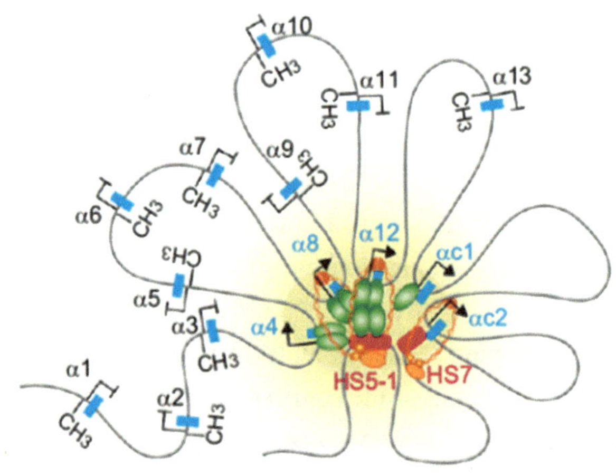

图 27-5 原钙黏蛋白启动子选择的活性转录枢纽模型（Guo et al. 2012）

CTCF 结合启动子和增强子中方向相反的非甲基化 CBS 位点，通过招募 cohesin 复合体把远距离的启动子拉到增强子所在的活性转录枢纽，这样增强子和启动子长距离成环并激活 α4、α8、α12、αc1 和 αc2 启动子

27.1.3 三维基因组（3D genome）

近年的研究表明每一个染色体在细胞核中占据着自己的染色体领地（chromosome territory）（Cremer T and Cremer C 2001），在染色体领地内有着相对稳定的拓扑染色质结构域（topological chromatin domain），又称为拓扑关联结构域（topologically associating

domain，TAD）(Dixon et al. 2012；Nora et al. 2012)。例如，在成簇的原钙黏蛋白基因座中，有两个 CTCF/cohesin 介导的染色质结构域（CTCF/cohesin-mediated chromatin domain，CCD），称为 PcdhαCCD 和 PcdhβγCCD，每一个 CCD 结构域由很多重叠的二维染色质环构成（图 27-6）。

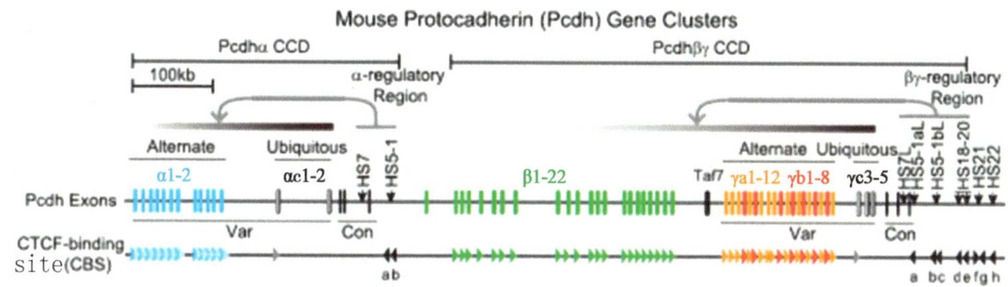

图 27-6　三个原钙黏蛋白基因簇形成两个 CTCF/cohesin 介导的染色质结构域 CCD（CTCF/cohesin-mediated chromatin domain）：PcdhαCCD 和 PcdhβγCCD（Guo et al. 2015）

小鼠 PcdhαCCD 包含很多由 Pcdhα 启动子正向 CBS 位点和增强子（HS5-1）反向 CBS 位点（HS5-1a 和 HS5-1b）之间相互重叠的染色质环；PcdhβγCCD 包含很多由 Pcdhβγ 启动子正向 CBS 位点（Pcdhβ2~22，Pcdhγa1~a12、γb1~γb8、γc3）和增强子（HS5-1aL、HS5-1bL 和 HS16~20）反向 CBS 位点（a~e）之间相互重叠的染色质环

3C 技术只能检测两个已知 DNA 元件在物理空间的相互作用，而 4C（circularized 3C）技术可以检测到与一个已知 DNA 元件相互作用的所有 DNA 元件，具体地讲，4C 技术能够以一个 DNA 元件作为锚点，把物理空间远近转换成大规模测序，通过深度测序（deep sequencing）得到所有与这个锚点相互作用的 DNA 元件。进一步发展的 Hi-C 技术则能够检测全基因组所有 DNA 元件的相互作用。

如果用原钙黏蛋白 α 增强子作为锚点，利用 4C 技术可以发现原钙黏蛋白 α 基因的启动子与增强子形成很多染色质接触（chromatin contact）(Guo et al. 2015)。同样如果用各个原钙黏蛋白 α 基因的启动子作为锚点，也发现增强子与它们有染色质接触（Guo et al. 2015）。也就是说，同一个原钙黏蛋白 α 增强子与各个原钙黏蛋白 α 基因的启动子在 CTCF/cohesin 介导下形成很多重叠的染色质环，这些重叠的 CTCF/cohesin 介导染色质环形成 PcdhαCCD（图 27-6）(Guo et al. 2015)。

如果用原钙黏蛋白 γ 基因簇下游的增强子作为锚点，我们发现不但原钙黏蛋白 γ 基因启动子与其形成很多重叠的 CTCF/cohesin 介导的染色质环，而且原钙黏蛋白 β 基因启动子也与这个增强子形成很多重叠的染色质环（Guo et al. 2015）。所以，在原钙黏蛋白 γ 基因簇下游的增强子与原钙黏蛋白 β 和 γ 的启动子在 CTCF/cohesin 介导下形成很多重叠的染色质环，这些重叠的 CTCF/cohesin 介导染色质环形成 PcdhβγCCD（图 27-6）(Guo et al. 2015)。总之，三个原钙黏蛋白基因簇形成两个 CTCF/cohesin 介导的染色质拓扑结构域：PcdhαCCD 和 PcdhβγCCD（图 27-6）(Guo et al. 2015)。

利用 Cas9 核酸内切酶加上两个靶向 sgRNA 的 DNA 片段 CRISPR（clustered regularly interspaced short palindromic repeat sequence）编辑技术（图 27-7）(Guo et al. 2015；Li et al. 2015)，通过反转位于原钙黏蛋白 α 基因簇 CCD 拓扑结构域边界的包含 CBS 位点的增强子，证明 CBS 的位置及其方向性决定增强子和启动子之间长距离环化的特异性（图 27-7）

（Guo et al. 2015）。所以，正向 - 反向构型（forward-reverse configuration）的 CBS 位点能够在 CTCF 和其招募的 cohesin 复合体介导下而相互作用形成染色质环。另外，CTCF 结合到 CBS 位点上具有特定的方向性（Guo et al. 2015）。CBS 位点由 4 个模块（module）组成，其模块 1 到模块 4 结合 11 个 CTCF 锌指结构（zinc finger，ZF）的顺序是从 ZF11 到 ZF1（Guo et al. 2015）。所以，CTCF 能够方向性地结合到正向和反向 CBS 位点，通过招募 cohesin 形成正向 CBS 位点与反向 CBS 位点之间的长距离染色质环化，重叠的染色质环相互作用进一步形成高级拓扑染色质结构域 CCD（CTCF/cohesin-mediated chromatin domain）。

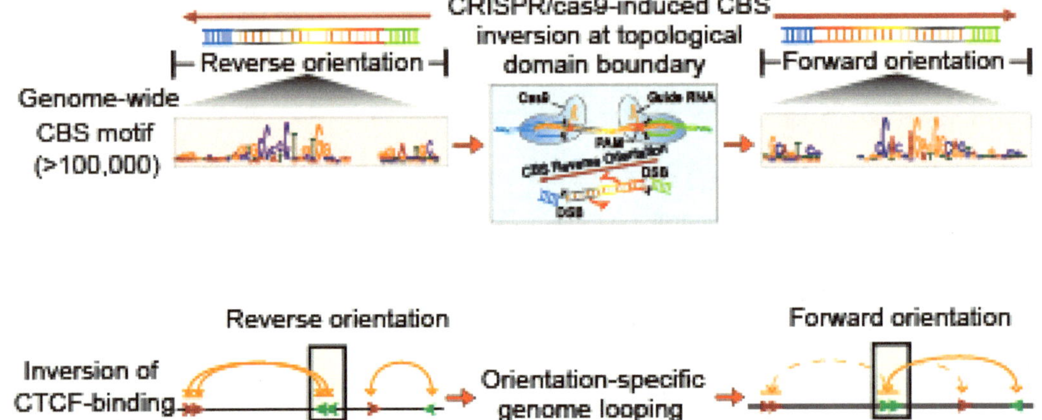

图 27-7　利用 CRISPR-Cas9 系统反转 CBS 位点能够改变染色质环化的方向（Guo et al. 2015）

人类基因组中存在着十几万个 CBS 位点（genome-wide CBS motif），每一个 CBS 位点都具有特定的方向，也就是说 CBS 位点具有方向性。利用 Cas9 核酸内切酶和一对 sgRNA 可以反转 DNA 片段。这一新型 DNA 片段编辑技术（Li et al. 2015），把包含 CBS 位点的 DNA 片段反转后，能够引起染色质环化方向的改变，此结果说明 DNA 一级序列能够决定 DNA 高级结构（Guo et al. 2015）

全基因组的大数据计算生物学分析，以及在 β 珠蛋白区域反转 CBS 位点证明了同样的染色质折叠机理（Guo et al. 2015）。所以，正向 - 反向 CBS 位点之间在 CTCF 和 cohesin 作用下形成染色质环，重叠的染色质环构成 CCD 高级拓扑结构域（图 27-8）（Guo et al. 2015）。这样，位于相邻的两个高级拓扑结构域边界的 CBS 位点是反向 - 正向构型（reverse-forward CBS configuration），这样构型的 CBS 位点具有绝缘子的功能，它们产生相反方向的染色质环化（图 27-8）（Guo et al. 2015）

所以位于两个相邻染色质 CCD 拓扑结构域边界的反向 - 正向 CBS 位点能够形成相反的染色质环，造成相反方向的染色质环化，不但在形成两个相邻的 CCD 拓扑结构域过程中起到关键作用，而且对于基因调控具有重要意义，起到绝缘子的作用（图 27-8）。增强子通过染色质环化能够在细胞核内物理空间上靠近位于同一个 CCD 拓扑结构域的启动子并激活其转录，但不能靠近位于不同的 CCD 拓扑结构域中的启动子，因此不能激活位于相邻 CCD 拓扑结构域中的启动子，所以增强子对于启动子具有特异性（图 27-8）（Guo et al. 2015）。这一规律在小鼠和人类的基因组中普遍存在，这一发现解决了近年来三维基因组领域始终未能解决的一个重要科学问题，即基因组中由 CTCF 介导形成的染色质三维拓扑结构域的形成机制。

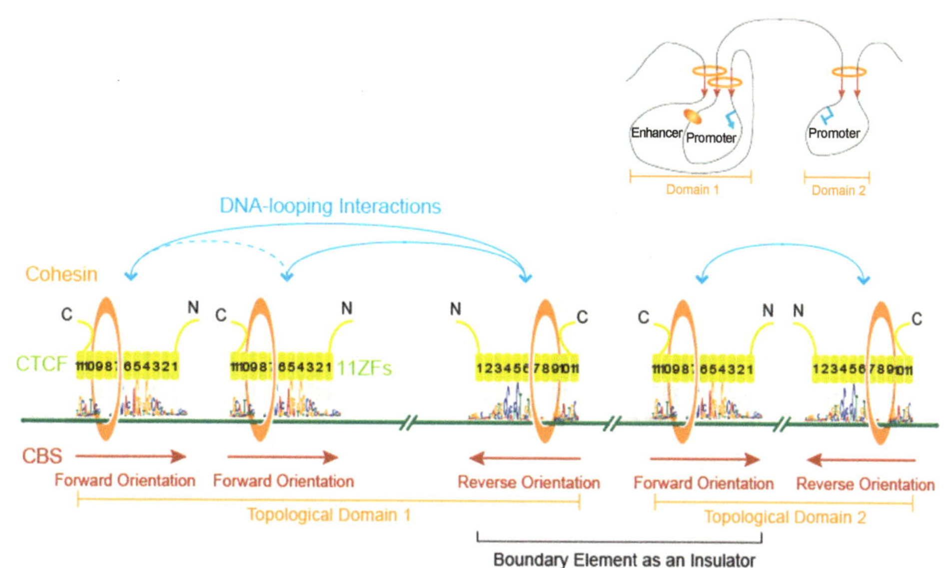

图 27-8　CTCF 和 cohesin 复合物介导的三维基因组染色质拓扑折叠和基因调控的 CCD 模型（Guo et al. 2015）
由于 CTCF 结合其 CBS 位点具有特定的方向性（Guo et al. 2015），结合正向-反向构型的 CTCF 通过不对称的招募 cohesin 复合物（Xiao et al. 2011）能够形成特异性染色质环化。重叠的染色质环形成 CCD 拓扑结构域。相邻的 CCD 拓扑结构域边界的 CBS 位点具有反向-正向构型，在基因调控中起到绝缘子的功能（Guo et al. 2015）

27.1.4　四维基因组（4D genome）或四维细胞核组（4D nucleome）

细胞的三维基因组不是一成不变的，例如，随着细胞分化和组织发育，三维基因组是不断变化的。尽管我们对三维基因组的调控还知之甚少，但三维基因组随着时间的推移是有着精细调控的，基因组三维时空调控构成了四维基因组（三维空间再加上第四维时间）。由于很长的 DNA 双链在细胞核内折叠过程中总是结合各种各样的蛋白质，在细胞核内有序折叠又精细调控的重要生物学过程（像 DNA 复制和基因表达等）的三维动态变化又称四维细胞核组（4D nucleome）。

人类对四维细胞核组的功能和调控研究刚刚起步，但已知三维基因组染色质拓扑结构域与基因表达调控息息相关。例如，通过反转原钙黏蛋白基因簇中含有 CBS 位点的增强子 HS5-1 能够改变染色质拓扑结构，减弱其与原钙黏蛋白 α 启动子的环化，增加其与原钙黏蛋白 β 和 γ 启动子的环化（Guo et al. 2015）。也就是说，反转位于原钙黏蛋白 αCCD 边界的 CBS 方向（图 27-6，图 27-7）（Li et al. 2015），改变了原钙黏蛋白 αCCD 和 βγCCD 的三维染色质高级结构，从而造成原钙黏蛋白基因表达的改变（图 27-9）（Guo et al. 2015）。这些研究是认识四维基因组（4D genome）和四维细胞核组（4D nucleome）的第一步，所以我们对四维细胞核组的理解还有很长的路要走。

人类基因组计划测序工作完成以后，原先预测的基因组中可能大约有 10 万个编码蛋白质的基因数目被大打折扣，事实上人类基因组只包含约 2 万个基因。但是，很多基因有两个或两个以上启动子（Zhang et al. 2004），启动子又受增强子（enhancer）、沉默子（silencer）、绝缘子（insulator）和基因座控制区（locus control region）等调控。最近几年的研究发现增强子的数量远远超过启动子，不同的增强子往往调控一个基因在发育中的组

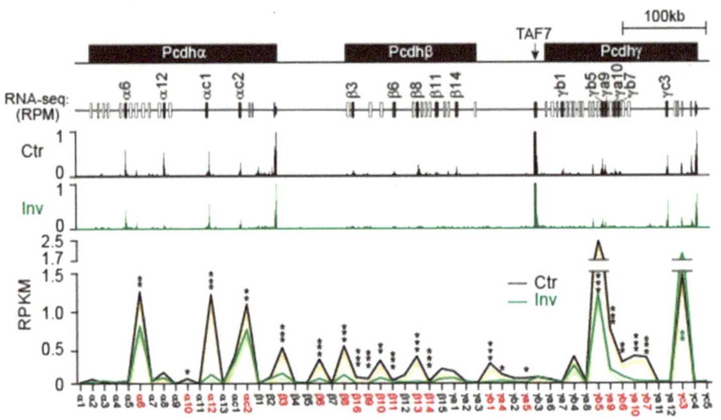

图 27-9　反转原钙黏蛋白基因簇中含有两个 CBS 位点的 HS5-1 增强子可以转换染色质成环的方向并改变原钙黏蛋白基因的表达（Guo et al. 2015）

RNA 测序（RNA-seq）实验发现 HS5-1 增强子反转后除 Pcdhγc3 之外所有表达的原钙黏蛋白 α、β 和 γ 基因簇成员的 mRNA 数量均呈现下调。Inv. 增强子反转；Ctr. 对照组实验

织或细胞特异性表达（Levine et al. 2014）。

对于增强子的研究起步于 20 世纪 80 年代初（Banerji et al. 1981）。增强子最初是在研究病毒基因表达调控中被发现的，增强子可能位于基因的上游、基因内部或基因下游。很多增强子受到外部信号转导的调控，通常远距离激活启动子转录，近年的研究认为远距离增强子对启动子的激活是通过染色质环化实现的（Levine et al. 2014），CTCF 在增强子与启动子环化过程中起到重要的桥梁作用（Guo et al. 2012）。

教科书中对增强子的描述是增强子不具有方向性，其功能与其 DNA 序列的方向和位置无关，即不论增强子是正向或者反向都能增强启动子的活性，增强子在正、反两个方向上都具有增强启动子活性的功能。但是通过 CRISPR/Cas9 遗传学的 DNA 片段编辑技术把包含两个 CBS 位点的原钙黏蛋白 α 增强子在原来染色体位置上反转（*In situ* inversion）后，发现增强子对启动子增强作用的功能改变了（图 27-9）（Guo et al. 2015）。具体地讲，把原钙黏蛋白 α 基因簇的增强子反转后，原钙黏蛋白 α 基因的表达降低了，也就是说增强子反转后，其激活启动子的能力改变了，所以至少有些包含 CBS 位点的增强子是有方向性的。

27.2　基因组表达

真核生物中启动子在增强子作用下激活后开始转录 mRNA 前体仅仅是四维基因组的“基因表达工厂（gene transcription factory）”的一部分，高效而特异的基因表达过程包括 mRNA 转录、剪接和转运出细胞核等步骤，这些步骤都是紧密相连和精密调控的（Maniatis and Reed 2002）。在低等真核生物中，内含子通常比较小，剪接体（spliceosome）能直接识别位于内含子 5′ 端的剪接位点 GUAAGU 和位于内含子 3′ 端的剪接位点 AG，这种情形可以称为内含子定义机制（intron definition mechanism）。在高等生物中，基因的外显子（除去末端的第一个和最后一个外显子以外）通常都很小，平均只有大约 134 个

碱基对，相反内含子却很大，甚至可以大到上百万个碱基对。在这种情形下，外显子定义模型（exon definition model）认为剪接体首先识别外显子，当外显子定义好以后，相邻的外显子之间的内含子才从mRNA前体中被剪接掉（Berget 1995；Robberson et al. 1990）。

真核生物的绝大多数内含子具有5′端的剪接位点GT和3′端的剪接位点AG，即内含子的GT-AG规则，因此内含子主要是通过主要剪接通路（major splicing pathway）从mRNA前体中被剪接掉的，这种主要剪接通路的剪接体可以称为GT-AG剪接体（GT-AG spliceosome）或U2剪接体（图27-10），其包含U1、U2、U4、U5和U6等5个富含尿嘧啶（U）的小RNA和上百种蛋白质。真核生物的极少数内含子具有5′端的剪接位点AT和3′端的剪接位点AC，因此最初被称为AT-AC内含子，这种内含子是通过次要剪接通路（minor splicing pathway）从mRNA前体中被剪接掉的，次要剪接通路的剪接体也称为AT-AC剪接体（AT-AC spliceosome）或U12剪接体（图27-10），其包含相对应的U11、U12、U4atac、U5和U6atac等5个富含尿嘧啶（U）的小RNA和很多种蛋白质（Patel and Steitz 2003；Wu and Krainer 1999）。例如，在神经系统起关键作用的离子通道基因中就包含在进化中非常保守的AT-AC内含子（Wu and Krainer 1996，1999）。

包含AT-AC内含子的基因通常也包含传统的GT-AG内含子，而且这两种不同类型的内含子通常是相邻的，那么两种不同类型的剪接体（AT-AC剪接体和GT-AG剪接体）能否通过外显子定义机制（exon definition mechanism）相互作用呢？研究发现位于外显子下游的5′端GT剪接位点能够促进上游AT-AC内含子的剪接，而且U1在这种促进作用中具有关键功能（图27-10）（Wu and Krainer 1996），因此两种不同类型的剪接体能够通过外显子定义机制协同作用提高剪接效率（图27-10）。也就是说，两种不同的剪接通路能够协同作用顺利完成包含不同类型的所有内含子的高效剪接（图27-10）。

与转录增强子能够促进启动子的转录一样，位于外显子或者内含子的某些序列也对剪接有促进作用，这些序列被称为剪接增强子（Watakabe et al. 1993；Wu and Krainer 1999）。增强子不但能够增加传统的GT-AG剪接体的剪接效率，而且能够增加AT-AC剪接体的剪接效率（Wu and Krainer 1998）。也就是说，两种不同的剪接通路中都有增强子起作用（Wu and Krainer 1999）。这些研究揭示了两种不同剪接通路的相似性。进一步研究发现有些具有5′端的剪接位点GTATCCTT和3′端的剪接位点AG的内含子也是通过次要剪接通路从mRNA前体中被剪接掉的（Burge et al. 1998；Wu and Krainer 1997），所以这些内含子统称为次要内含子或U12内含子（minor intron）。

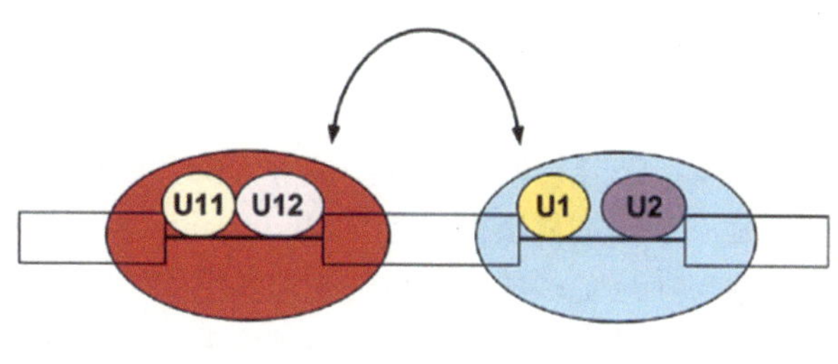

图 27-10 AT-AC或U12剪接体（minor AT-AC spliceosome）和GT-AG或U2剪接体（major GT-AG spliceosome）通过外显子定义相互作用（exon definition interaction）（Wu and Krainer 1999）

结合于相邻两个内含子上的包含U11和U12的AT-AC剪接体与包含U1和U2的GT-AG剪接体通过外显子定义相互作用，这样结合于下游5′端剪接位点GT的U1能够在蛋白质的作用下跨过中间的外显子来促进AT-AC剪接体对上游AT-AC内含子的剪接

27.3 原钙黏蛋白在脑发育中的功能

27.3.1 原钙黏蛋白特征

大脑是所有脊椎动物和大部分无脊椎动物的神经中枢。它是人类实现感知、情感、思维、记忆和控制其他器官活动等高级功能的中枢器官。大脑主要由位于表层的皮质和位于深部的髓质组成，皮质主要由神经元的细胞体构成，髓质主要由神经元发出的神经纤维和由特定神经元的细胞体聚集在一起形成的核团构成。大脑是脊椎动物体内结构最为复杂的器官，成熟的人类大脑包含很多神经元，一个人的脑皮质就包含 150 亿 ~300 亿个神经元，不同的神经元之间通过突触形成特别有序但非常复杂的信号通信网络。简单说来，突触就是神经元之间相互发生联系的接点，由于每个神经元可以和多达 20 000 个其他神经元发生联系，估计成年人的大脑中含有多于 6×10^{13} 个突触。

鉴于大脑结构和功能的复杂性，科学家建立了专门研究神经系统发育、神经元组成、神经元间信息通信环路，以及分子作用机理的学科 - 神经生物学。如前所述，神经元是构成神经系统的核心功能单元。那么什么是神经元？神经元又称为神经细胞，是神经系统特有的一种能够被电信号激发，且能通过电信号或化学信号处理和传递信息的细胞。典型的神经元由细胞体及由它伸出的丝状突起组成，突起分为轴突和树突。轴突通常只有一根，树突可以有若干根；轴突比较长，通常到末端才会分叉；树突比较短，但分叉多如树枝状。通常情况下，轴突负责向外传输由神经元发出的信息，而树突负责接收由其他神经元传来的信息。来自不同神经元的轴突和树突之间通过突触形成复杂的神经网络，这些神经网络杂而不乱，从而保证了各种信号高效而有序的传输。

神经元根据大小、形态和功能的不同可进一步分成若干种类型。有趣的是，科学研究发现即使同种类型的神经元之间在感知信号和产生反应方面也各不相同，事实上每一个神经元都有其特异性，也即其独特的身份密码。因此神经元具有非常巨大的多样性，这种神经元的多样性是构成复杂而功能各异的神经环路和神经网络的物质基础。神经元多样性的产生是一个非常复杂的过程（Muotri and Gage 2006）。近年的研究发现原钙黏蛋白分子的多样性与神经元多样性存在着密切关系。

原钙黏蛋白属于钙黏蛋白超级家族（cadherin superfamily），是其中的一个最大的亚家族。钙黏蛋白是一类依赖于钙离子的细胞表面跨膜蛋白，在动物的细胞与细胞之间的粘连中起到关键作用（Sotomayor et al. 2014）。自从 20 世纪 80 年代初第一个钙黏蛋白基因被克隆以来，已经发现超过 100 种不同的钙黏蛋白（Sotomayor et al. 2014；Takeichi 1990）。钙黏蛋白在胚胎发育和组织器官生成的特异细胞粘连中起到重要作用。除细胞粘连功能以外，钙黏蛋白也是一类非常重要的信号转导蛋白，钙黏蛋白的胞内结构域通过结合细胞质蛋白发挥信号转导功能，如经典钙黏蛋白（classic cadherin）通过结合 β- 连环蛋白（β-catenin）起作用（Sotomayor et al. 2014；Takeichi 1990）。

尽管钙黏蛋白结构多种多样，功能不尽相同，但所有钙黏蛋白超级家族成员的胞外区都含有所谓的外结构域（cadherin ectodomain，EC）（图 27-11）。很多外结构域串联排列构成钙黏蛋白的胞外域（图 27-11，图 27-12）。这些外结构域虽然在一级氨基酸序列中的

相似度不高（＜30%），但是在特定位置的氨基酸残基是高度保守的（图 27-11）。所以外结构域的蛋白质一级结构具有一定的相似性，这就决定了外结构域的三维立体结构高度相似（图 27-11）。

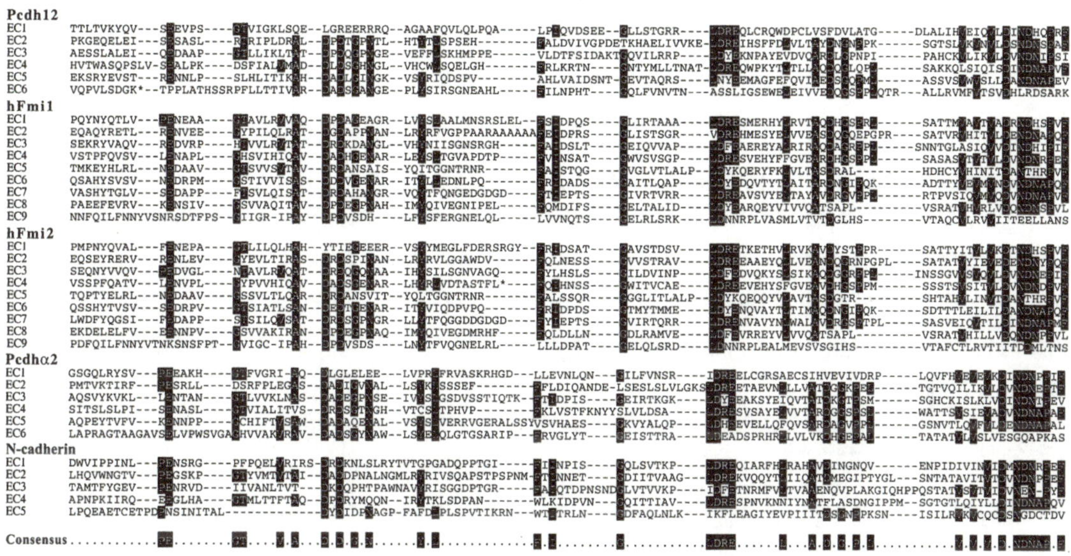

图 27-11　原钙黏蛋白与经典钙黏蛋白的外结构域（EC）序列比对（Wu and Maniatis 2000）

显示的是人类原钙黏蛋白 12（Pcdh12）、Flamingo1（Fmi1）、Flamingo2（Fmi2）、Pcdhα2 和神经钙黏蛋白 2（N-cadherin）串联排列的外结构域序列比对。神经钙黏蛋白有 5 个串联排列的外结构域，Pcdh12 和 Pcdhα2 有 6 个串联排列的外结构域，Fmi1 和 Fmi2 有 9 个串联排列的外结构域

原钙黏蛋白是钙黏蛋白超级家族中最大的亚家族（protocadherin subfamily），他们的蛋白质结构不同于经典钙黏蛋白，它们的外结构域的个数也不一样。经典钙黏蛋白（如神经钙黏蛋白）胞外区通常由 5 个外结构域串联排列组成（图 27-11）。原钙黏蛋白胞外区通常由 5 个以上的外结构域串联排列组成。例如，原钙黏蛋白 Flamingo/Celsr 的胞外区由 9 个串联排列的外结构域组成（图 27-11），而原钙黏蛋白 15（Pcdh15）的胞外区由 11 个串联排列的外结构域组成。不同的经典钙黏蛋白胞内区氨基酸残基序列也有相似性，这些相似的一级结构决定经典钙黏蛋白胞内区具有相似的三级立体结构，所以它们都可以通过结合 β- 连环蛋白来把细胞外的信号转导到细胞质和细胞核内。原钙黏蛋白的胞内区与经典钙黏蛋白的胞内区不相似，也不结合 β- 连环蛋白，不同的原钙黏蛋白胞内区也没有明显的同源性，它们的胞内结合蛋白未知。

原钙黏蛋白和经典钙黏蛋白的另一个显著区别是编码它们的基因结构不一样（Wu and Maniatis 2000）。经典钙黏蛋白基因通常包含很多外显子，经典钙黏蛋白的每一个外结构域的编码区都被两个内含子隔断。但是很多原钙黏蛋白外结构域通常由一个较大的外显子编码（Wu and Maniatis 2000）。例如，成簇的原钙黏蛋白（Wu 2005；Wu and Maniatis 1999）及原钙黏蛋白 12 的 6 个串联排列的外结构域是由一个很大的外显子编码的（图 27-12）。

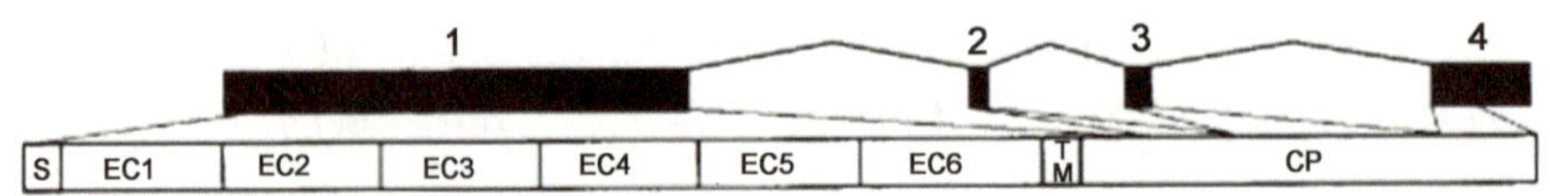

图 27-12　原钙黏蛋白 12（Pcdh12）的基因组结构（Wu and Maniatis 2000）

原钙黏蛋白 12 是一个单跨膜蛋白，其胞外由 6 个串联排列的外结构域（EC1~EC6）组成，这 6 个外结构域由一个很大的外显子编码。原钙黏蛋白 12 的胞内域（cytoplasmic domain，CP）由三个外显子编码。S 代表信号肽

目前已知的原钙黏蛋白有 70 多种，根据原钙黏蛋白的基因结构可以将其分为成簇的原钙黏蛋白和非成簇的原钙黏蛋白（Morishita and Yagi 2007）。非成簇的原钙黏蛋白作为单个基因存在，根据氨基酸序列在进化树上的同源性关系可以分为原钙黏蛋白亚家族 δ 和其他非成簇的原钙黏蛋白（Kim et al. 2011）。广义上，Fat 家族和 Flamingo/Celsr 家族也被归类为原钙黏蛋白亚家族，FAT 家族成员的胞外区含有 34 个重复的外结构域（Wu and Maniatis 2000），Flamingo/Celsr 家族的显著特征则是每个成员都含有 7 个跨膜区（Wu and Maniatis 2000）。

27.3.2　神经元迁移

神经细胞区别于其他细胞的一个显著特征是神经细胞通常是产生于很远的细胞生发区，然后再通过长距离迁移到达最终的位置（Marin and Rubenstein 2003）。例如，大脑皮质（pallium）的中间神经元（interneuron）是产生于下皮质（subpallium）的脑室区 / 下脑室区（ventricular zone/subventricular zone，VZ/SVZ），然后经过长距离的切线状迁移而到达大脑皮质（Anderson et al. 1997）。我们实验室通过对原钙黏蛋白 Celsr3 敲除小鼠的遗传学和神经生物学研究，发现原钙黏蛋白 Celsr3 的基因敲除可以导致小鼠前脑发育过程中中间神经元的切向和径向迁移发生障碍（Ying et al. 2009），因此原钙黏蛋白 Celsr3 在大脑发育的神经元迁移中起到关键作用。进一步研究发现原钙黏蛋白 Celsr3 基因敲除小鼠的苍白球（globus pallidus，GB）发育也出现异常，同时由于内囊（internal capsule）路标细胞（guide cell）缺失引起苍白球与纹状体、丘脑底核、中缝核之间的轴突联系受损（Jia et al. 2014）。苍白球作为运动调节环路中的关键核团，参与抑制非随意（nonvolitional movement）运动，苍白球中多巴胺的缺失导致该抑制作用受限，从而产生帕金森综合征的震颤等症状，所以原钙黏蛋白敲除小鼠为帕金森综合征等神经退行性疾病的研究提供了重要动物模型（Jia et al. 2014）。

27.3.3　神经元树突发育

近年研究发现成簇原钙黏蛋白的组合表达（combinatorial expression）是产生神经元多样性的重要分子基础。成簇的原钙黏蛋白表达在大脑皮层、海马、小脑、嗅球和脊髓等部位，并且每一个原钙黏蛋白只表达在神经元的亚群体中（Zou et al. 2007）。位于突触表面的原钙黏蛋白可能形成确定神经元间联系的密码（Wu 2005；Wu and Maniatis 1999）。成簇的原钙黏蛋白分子可以通过同源反式相互作用介导细胞间的粘连，它们之间的相互作用是通过细胞外的 EC2 和 EC3 结构域实现的（Schreiner and Weiner 2010；Thu et al. 2014）。原钙黏蛋白顺式多聚体之间可能通过同种蛋白质间的反式相互作用为接触依赖性的神经突起

自我回避提供了分子基础。原钙黏蛋白分子还介导细胞内的信号转导，不同的原钙黏蛋白基因簇编码的胞内氨基酸一级序列各不相同，因此形成不同的胞内结构域参与特异的胞内信号转导。

以小鼠为模型的研究已经揭示了原钙黏蛋白基因簇在脑发育中的多种生物学功能。我们团队发现原钙黏蛋白 α 基因簇的小鼠能够正常存活和繁殖，但这些小鼠的海马神经元出现树突分枝和树突棘形态发生的缺陷（Suo et al. 2012）。敲低原钙黏蛋白 γ 基因簇也造成神经元树突发育和树突棘形态生成异常（Suo et al. 2012）。进一步研究发现原钙黏蛋白基因簇是通过细胞粘连激酶 PYK2 和小 G 蛋白 Rac1 来调控肌动蛋白（actin）聚合从而影响神经元树突发育和树突棘形态发生的（Suo et al. 2012）。小鼠遗传学研究也证明原钙黏蛋白 γ 基因簇在树突发育中起到重要作用（Chen et al. 2012；Garrett et al. 2012；Lefebvre et al. 2012；Suo et al. 2012）。因为树突形态和树突棘形态发生在学习、记忆等脑认知中至关重要，这些结果说明研究原钙黏蛋白表达调控和生理功能将有助于人类认识脑发育脑认知的机理。

27.4　结　束　语

大脑是哺乳动体内最为复杂的器官，大脑包括数量庞大且种类繁多的神经元。作为全身生理活动的指挥中枢，神经元的多样性和神经突触联系构成的有组织的神经网络及多种信号环路决定了大脑功能的复杂性。近年来，神经生物学的研究已经揭示出原钙黏蛋白在中枢神经系统构成的基本功能单元——神经元的结构和功能多样性形成中的关键作用。通过分子细胞生物学、表观遗传学的研究，调控神经元中成簇原钙黏蛋白基因随机和组合表达的分子机制已基本得到阐明。通过遗传学操作制造的基因敲除小鼠为研究原钙黏蛋白在中枢神经系统发育中的功能提供了重要的实验模型。近年研究发现三个原钙黏蛋白基因簇在树突发育、突触形成和神经网络的形成方面发挥着重要功能。动物行为学和神经生理学研究也正不断揭示出原钙黏蛋白在学习记忆、对外界刺激的反应和对环境的适应过程中发挥着独特作用。从发现原钙黏蛋白基因簇至今的十几年中，在成簇的原钙黏蛋白家族成员如何产生单个神经元的多样性，以及这种多样性如何在神经环路的组装中发挥作用等方面也已经取得了很多研究进展。

我们团队不仅成功建立了小鼠在体 DNA 大片段定向敲除技术，而且利用基因敲除小鼠模型对原钙黏蛋白基因簇和非成簇原钙黏蛋白 Celsr3 在大脑发育中的功能开展了系列研究。相关研究结果表明原钙黏蛋白 α 和 γ 基因簇是正常树突发育和突触形成所必需的，原钙黏蛋白是通过影响细胞的骨架来发挥上述生物学功能的；我们还发现 Celsr3 在胚胎期前脑中间神经元的迁移和苍白球的发育中具有重要功能。我们团队还利用染色质免疫沉淀和染色体构象捕获技术，成功揭示了成簇原钙黏蛋白基因单细胞选择性表达的分子机制。上述成果引起了国内外同行的广泛关注。目前，我们课题组已利用 CRISPR-Cas9 基因组编辑技术成功地对原钙黏蛋白基因簇的调控元件进行了改造，利用在体动物模型研究 CTCF/cohesin 介导的增强子和启动子之间长距离拓扑成环进而调控原钙黏蛋白基因表达的工作也取得了重要进展。

应当看到，迄今为止我们对于原钙黏蛋白基因簇的调控和功能的了解还不够透彻，许多基本的问题还有待进一步阐明。例如，随机的单等位基因表达和组成型的双等位基因表达的调控模型；细胞表面原钙黏蛋白多聚体之间的顺式和反式相互作用的种类和复杂性；这些蛋白质复合物的结构及它们在物理空间和生物功能上与各信号通路之间的关系。总之，目前有关成簇原钙黏蛋白成员表达组合多样性与神经元多样性的相互关系仍是神经生物学研究的热点领域之一，相关进展将为我们最终认识人类大脑复杂而有序的神经网络和信息传输通路打开大门。

参考文献

Anderson S A，Eisenstat D D，Shi L，et al. 1997. Interneuron migration from basal forebrain to neocortex：dependence on *Dlx* genes. Science，278（5337）：474-476.

Banerji J，Rusconi S，Schaffner W. 1981. Expression of a beta-globin gene is enhanced by remote SV40 DNA sequences. Cell，27（2）：299-308.

Berget S M. 1995. Exon recognition in vertebrate splicing. J Biol Chem，270（6）：2411-2414.

Burge C B，Padgett R A，Sharp P A. 1998. Evolutionary fates and origins of U12-type introns. Mol Cell，2（6）：773-785.

Chen W V，Alvarez F J，Lefebvre J L，et al. 2012. Functional significance of isoform diversification in the protocadherin gamma gene cluster. Neuron，75（3）：402-409.

Cremer T，Cremer C. 2001. Chromosome territories，nuclear architecture and gene regulation in mammalian cells. Nat Rev Genet，2（4）：292-301.

Dixon J R，Selvaraj S，Yue F，et al. 2012. Topological domains in mammalian genomes identified by analysis of chromatin interactions. Nature，485（7398）：376-380.

Garrett A M，Schreiner D，Lobas M A，et al. 2012. Gamma-protocadherins control cortical dendrite arborization by regulating the activity of a FAK/PKC/MARCKS signaling pathway. Neuron，74（2）：269-276.

Guo Y，Monahan K，Wu H，et al. 2012. CTCF/cohesin-mediated DNA looping is required for protocadherin alpha promoter choice. Proc Natl Acad Sci USA，109（51）：21081-21086.

Guo Y，Xu Q，Canzio D，et al. 2015. CRISPR inversion of CTCF sites alters genome topology and enhancer/promoter function. Cell，162（4）：900-910.

Jia Z，Guo Y，Tang Y，et al. 2014. Regulation of the protocadherin Celsr3 gene and its role in globus pallidus development and connectivity. Mol Cell Biol，34（20）：3895-3910.

Kim S Y，Yasuda S，Tanaka H，et al. 2011. Non-clustered protocadherin. Cell Adh Migr，5（2）：97-105.

Lefebvre J L，Kostadinov D，Chen W V，et al. 2012. Protocadherins mediate dendritic self-avoidance in the mammalian nervous system. Nature，488（7412）：517-521.

Levine M，Cattoglio C，Tjian R. 2014. Looping back to leap forward：transcription enters a new era. Cell，157（1）：13-25.

Li J，Shou J，Guo Y，et al. 2015. Efficient inversions and duplications of mammalian regulatory DNA elements and gene clusters by CRISPR/Cas9. J Mol Cell Biol，7（4）：284-298.

Maniatis T，Reed R. 2002. An extensive network of coupling among gene expression machines. Nature，416（6880）：499-506.

Marin O，Rubenstein J L. 2003. Cell migration in the forebrain. Annu Rev Neurosci，26：441-483.

Monahan K，Rudnick N D，Kehayova P D，et al. 2012. Role of CCCTC binding factor（CTCF）and cohesin in the generation of single-cell diversity of protocadherin-alpha gene expression. Proc Natl Acad Sci USA，109（23）：9125-9130.

Morishita H，Yagi T. 2007. Protocadherin family：diversity，structure，and function. Curr Opin Cell Biol，19（5）：584-592.

Muotri A R，Gage F H. 2006. Generation of neuronal variability and complexity. Nature，441（7097）：1087-1093.

Nora E P，Lajoie B R，Schulz E G，et al. 2012. Spatial partitioning of the regulatory landscape of the X-inactivation centre. Nature，485（7398）：381-385.

Patel A A，Steitz J A. 2003. Splicing double：insights from the second spliceosome. Nat Rev Mol Cell Biol，4（12）：960-970.

Ribich S，Tasic B，Maniatis T. 2006. Identification of long-range regulatory elements in the protocadherin-alpha gene cluster. Proc Natl Acad Sci USA，103（52）：19719-19724.

Robberson B L，Cote G J，Berget S M. 1990. Exon definition may facilitate splice site selection in RNAs with multiple exons. Mol Cell Biol，10（1）：84-94.

Schreiner D，Weiner J A. 2010. Combinatorial homophilic interaction between gamma-protocadherin multimers greatly expands the molecular diversity of cell adhesion. Proc Natl Acad Sci USA，107（33）：14893-14898.

Sotomayor M，Gaudet R，Corey D P. 2014. Sorting out a promiscuous superfamily：towards cadherin connectomics. Trends Cell Biol，24（9）：524-536.

Suo L，Lu H，Ying G，et al. 2012. Protocadherin clusters and cell adhesion kinase regulate dendrite complexity through Rho GTPase. J Mol Cell Biol，4（6）：362-376.

Takeichi M. 1990. Cadherins：a molecular family important in selective cell-cell adhesion. Annu Rev Biochem，59：237-252.

Tasic B，Nabholz C E，Baldwin K K，et al. 2002. Promoter choice determines splice site selection in protocadherin alpha and gamma pre-mRNA splicing. Mol Cell，10（1）：21-33.

Thu C A，Chen W V，Rubinstein R，et al. 2014. Single-cell identity generated by combinatorial homophilic interactions between alpha，beta，and gamma protocadherins. Cell，158（5）：1045-1059.

Wang X，Su H，Bradley A. 2002. Molecular mechanisms governing Pcdh-gamma gene expression：evidence for a multiple promoter and cis-alternative splicing model. Genes Dev，16（15）：1890-1905.

Watakabe A，Tanaka K，Shimura Y. 1993. The role of exon sequences in splice site selection. Genes Dev，7（3）：407-418.

Wu Q. 2005. Comparative genomics and diversifying selection of the clustered vertebrate protocadherin genes. Genetics，169（4）：2179-2188.

Wu Q，Krainer A R. 1996. U1-mediated exon definition interactions between AT-AC and GT-AG introns. Science，274（5289）：1005-1008.

Wu Q，Krainer A R. 1997. Splicing of a divergent subclass of AT-AC introns requires the major spliceosomal snRNAs. RNA，3（6）：586-601.

Wu Q，Krainer A R. 1998. Purine-rich enhancers function in the AT-AC pre-mRNA splicing pathway and do so independently of intact U1 snRNP. RNA，4（12）：1664-1673.

Wu Q，Krainer A R. 1999. AT-AC pre-mRNA splicing mechanisms and conservation of minor introns in voltage-gated ion channel genes. Mol Cell Biol，19（5）：3225-3236.

Wu Q，Maniatis T. 1999. A striking organization of a large family of human neural cadherin-like cell adhesion genes. Cell，97（6）：779-790.

Wu Q，Maniatis T. 2000. Large exons encoding multiple ectodomains are a characteristic feature of protocadherin genes. Proc Natl Acad Sci USA，97（7）：3124-3129.

Wu Q，Zhang T，Cheng J F，et al. 2001. Comparative DNA sequence analysis of mouse and human protocadherin gene clusters. Genome Res，11（3）：389-404.

Xiao T，Wallace J，Felsenfeld G. 2011. Specific sites in the C terminus of CTCF interact with the SA2 subunit of the cohesin complex and are required for cohesin-dependent insulation activity. Mol Cell Biol，31（11）：2174-2183.

Ying G，Wu S，Hou R，et al. 2009. The protocadherin gene Celsr3 is required for interneuron migration in the mouse forebrain. Mol Cell Biol，29（11）：3045-3061.

Yokota S，Hirayama T，Hirano K，et al. 2011. Identification of the cluster control region for the protocadherin-beta genes located beyond the protocadherin-gamma cluster. J Biol Chem，286（36）：31885-31895.

Zhang T，Haws P，Wu Q. 2004. Multiple variable first exons：a mechanism for cell- and tissue-specific gene regulation. Genome Res，14（1）：79-89.

Zou C，Huang W，Ying G，et al. 2007. Sequence analysis and expression mapping of the rat clustered protocadherin gene repertoires. Neuroscience，144（2）：579-603.

（吴 强 李 伟）

28

microRNA 与神经发育和神经系统疾病

人类和小鼠大脑皮层的正常发育，依赖于神经干细胞（neural stem cell，NSC）和神经祖细胞（neural progenitor）的精确增殖、分化及神经元的生成。在大脑皮层胚胎发育早期，神经上皮细胞（neuroepithelial cell，NP），也就是神经干细胞（NSC），转化成放射状神经胶质细胞（radial glial cell，RGC）（Chenn and McConnell 1995）。RGC 位于皮层脑室区（ventricular zone，VZ），它们一方面按对称性分裂（symmetric division）扩增自身数量，另一方面按不对称性分裂（asymmetric division）生成间期神经祖细胞（intermediate progenitor，IP）和分化的神经元（Aguirre et al. 2010；Dehay and Kennedy 2007；Guillemot 2005；Kriegstein et al. 2006；Mizutani et al. 2007；Molnar 2011；Molyneaux et al. 2007；Shen et al. 2006）。IP 迁移至脑室下区（subventricular zone，SVZ）继续分裂并进一步分化成神经元（Hevner et al. 2006；Noctor et al. 2004）。分化的神经元迁移至皮层板（cortical plate，CP）区域。较早生成的神经元停留在深层皮层（deep layer）中，而较后生成的神经元则迁移至上层皮层（upper layer）中（Guillemot 2005；Molyneaux et al. 2007）。神经干细胞、祖细胞的增殖、存活、分化需要精确的调控，然而对于其分子机理依然不清楚。

非编码 RNA（noncoding RNA，ncRNA）是一类不编码蛋白质的功能性 RNA。非编码 RNA 可以分为核糖体 RNA（rRNA）、转运 RNA（tRNA）、piwi 交互 RNA（piRNA）、微型 RNA（microRNA、miRNA）和长链非编码 RNA（long noncoding RNA，lncRNA）等。研究表明，这些 RNA 在无脊椎动物和脊椎动物的正常发育过程和病理病变过程中起着多种作用，而且这些作用在物种间较为保守。很多 lncRNA 和 miRNA 特异性表达在中枢神经系统中（Kapsimali et al. 2007；Mercer et al. 2008），在这里，我们主要讨论 miRNA 在神经系统发育和神经系统疾病中的作用。

miRNA 是一类长约 22 个核苷酸的非编码小 RNA，miRNA 高度保守地表达在几乎所有真核细胞中。根据在基因组中的不同位置，miRNA 可以分为基因间 miRNA 和基因内 miRNA。基因间 miRNA 位于两个基因之间，转录需要独立的启动子；而基因内 miRNA 通常位于特定宿主基因的内含子区域，随宿主基因的转录而转录（Bian and Sun 2011）。

绝大多数 miRNA 由 RNA 聚合酶Ⅱ转录成长链的初级 miRNA（primary miRNA，pri-miRNA），只有少部分由 RNA 聚合酶Ⅲ转录。之后，初级 miRNA 被 Drosha 酶（第 2 类核糖核酸酶Ⅲ，RNase Ⅲ）剪切成短链的具有发夹茎环（stem and loop）结构的 miRNA 前体（precursor miRNA，pre-miRNA），再经 Dicer 酶（核糖核酸酶Ⅲ）处理，miRNA 前体就被剪切成一段长 20~25 核苷酸的双链成熟 miRNA（图 28-1）。之后，双链 miRNA 的 5′ 端解开，并与 Dicer 酶和其他相关蛋白结合，通过形成一个有活性的 RNA 诱导沉默复合物（RNA-induced silencing complex，RISC），以识别靶位点。miRNA 通常利用不完全碱

基互补配对，识别信使 RNA（messenger RNA，mRNA）的 3′ 端非编码区（Ha and Kim 2014）。一旦识别，miRNA 和 RNA 诱导沉默复合物引起信使 RNA（mRNA）降解或抑制信使 RNA 翻译，从而使沉默靶基因表达（Ha and Kim 2014）（图 28-1）。一个 miRNA 可以与多个信使 RNA 靶基因结合，所以 miRNA 对基因表达的调节功能非常广泛。

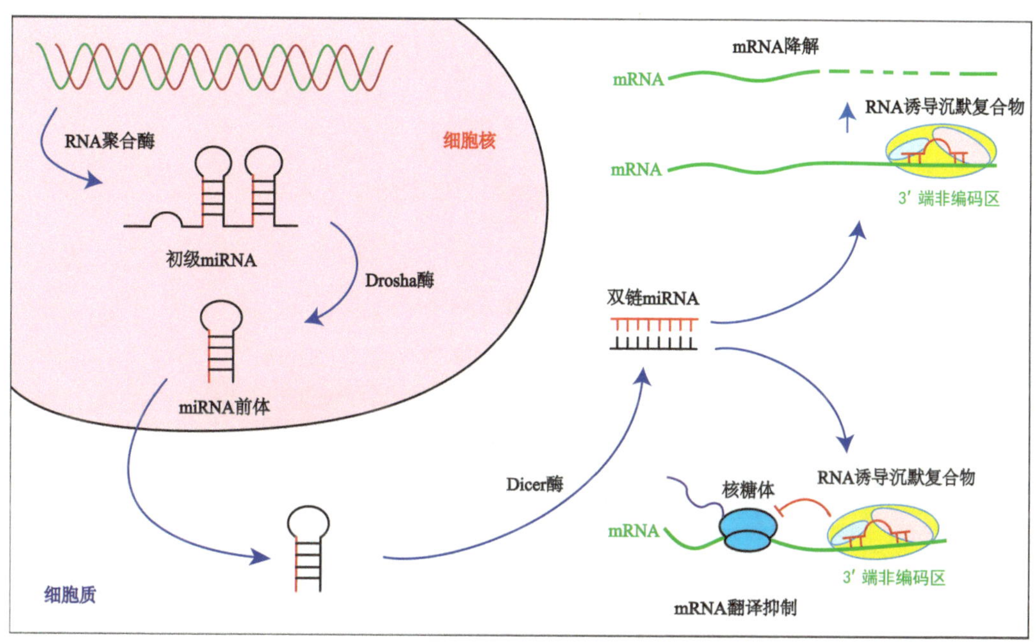

图 28-1　miRNA 的生成及作用机制

在细胞核内，RNA 聚合酶合成初级 miRNA（primary miRNA，pri-miRNA），在 Drosha 酶作用下，初级 miRNA 被剪切形成具有茎环结构的 miRNA 前体（precursor miRNA，pre-miRNA）。miRNA 前体被转运至细胞质内后，在 Dicer 酶作用下形成成熟的双链 miRNA。之后，双链解开并与 RNA 诱导沉默复合物（RNA-induced silencing complex，RISC）结合，通过不完全碱基配对识别靶位点（通常位于 mRNA 的 3′ 端非编码区）。miRNA 通过阻止 mRNA 的翻译或引起 mRNA 降解，从而使沉默靶基因表达

28.1　miRNA 在中枢神经系统发育过程中的作用——Dicer 酶敲除实验

Dicer 酶是 miRNA 成熟过程中的关键酶，Dicer 酶的缺失将阻断成熟 miRNA 的生成（图 28-1）。Dicer 敲除鼠在胚胎发育早期死亡，说明成熟 miRNA 的正常生成是胚胎发育所必需的。为了研究 miRNA 在特异组织中的功能，许多实验室建立了 Dicer 条件性敲除小鼠。在 *Dicer* 基因的两端插入 *loxP* 位点，通过与组织特异性表达的 Cre 品系交配，可以敲除 *Dicer* 基因，阻碍特定组织或特定发育时期成熟 miRNA 的生成，从而阻断 miRNA 的沉默作用（图 28-2）。

与 Emx1-Cre 交配可以特异性地敲除 Dicer 在小鼠大脑皮层内的表达，阻断 miRNA 的生成，从而条件性地在大脑皮层中阻断 miRNA 对靶基因的沉默作用。大脑皮层内敲除

Dicer 引起神经干细胞和神经祖细胞库的减少，细胞凋亡增加，细胞分化受损，从而使大脑皮层显著变小（Kawase-Koga et al. 2009）（图 28-2）。与 Nestin-Cre 交配可引起皮层发育缺陷，脊髓内少突细胞扩增和分化异常（Kawase-Koga et al. 2009）。另外，与钙调蛋白激酶Ⅱ启动子驱动的 Cre 转基因小鼠交配可导致大脑皮层变小，皮层细胞凋亡增加，海马内轴突延伸和树突分支受损（Davis et al. 2008）。与多巴胺受体 1（DR-1）-Cre 小鼠交配可特异性敲除基底神经节多巴胺神经元内的 miRNA，导致大脑体积变小，重量减轻，纹状体内尖刺状神经元变小（Cuellar et al. 2008）。

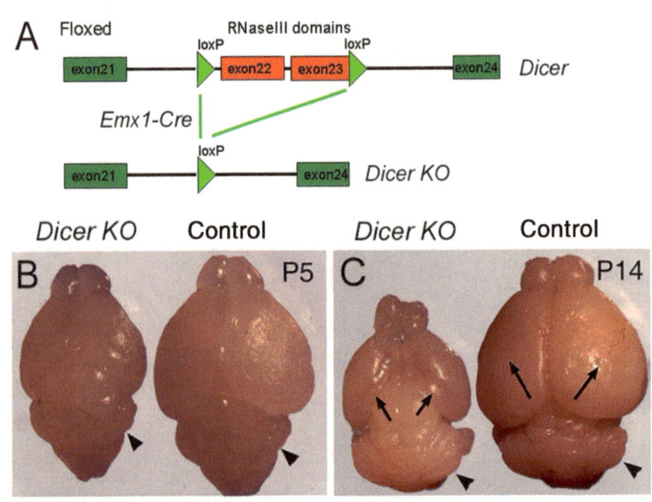

图 28-2　在小鼠大脑皮层中特异性敲除 Dicer 酶引起小脑症

A. 通过与 Emx1-Cre 小鼠交配，条件性剪切小鼠 *Dicer* 基因的第 22 个和第 23 个外显子（exon），从而只在大脑皮层中敲除 Dicer 酶活性。删除区域为 RNA 酶Ⅲ区域（RNase Ⅲ domain）；B. 出生后第 5 天（P5），Dicer 大脑皮层特异性敲除鼠（*Dicer KO*）呈现较小的大脑。和对照野生型小鼠（Control）比较，小脑（箭头）大小没有改变；C. 出生后第 14 天（P14），Dicer 大脑皮层特异性敲除鼠，大脑减少更为明显（箭头）

进一步与 Wnt1-Cre 交配可以敲除神经嵴细胞内的 miRNA，导致细胞凋亡，最终引起肠神经元、感觉神经元和交感神经元的消失；同时也阻碍中脑、小脑及背侧根神经节的形成，导致多巴胺神经元分化减少（Huang et al. 2010）。与 Olig1-Cre 交配可减少脊髓中的星形胶质细胞祖细胞和少突细胞祖细胞，但不影响运动神经元的发育；还会导致大脑内成熟少突细胞数量大幅减少，阻碍髓鞘形成（Zhao et al. 2010b；Zheng et al. 2010）。与 Cnp-Cre 交配可特异性敲除少突细胞内的 miRNA，大幅降低少突细胞祖细胞和成熟少突细胞的数量（Budde et al. 2010）。

敲除特异性中枢神经组织或细胞系中 *Dicer* 基因的实验证明 miRNA 参与了中枢神经系统和细胞系的发育和分化。然而，Dicer 也有可能通过 RNA 干扰途径调节异染色质的装配。因此，Dicer 敲除实验对神经系统的精确作用有待进一步研究，而探讨特异的 miRNA 的作用有助于更准确地理解 miRNA 的功能。

28.1.1　miRNA 在神经干细胞和神经祖细胞发育中的作用

神经干细胞和神经祖细胞存在于胚胎期和成年期的哺乳动物大脑中。神经干细胞可以

自我更新，分化形成神经元、星形胶质细胞和少突细胞等多种细胞系。在神经干细胞自我更新和分化的过程中，内在转录因子、表观遗传学调节因子和转录后调节因子等都起着重要作用。最近的体内和体外研究发现，miRNA 在调节神经干细胞和神经祖细胞的发育过程中至关重要（图 28-3）。

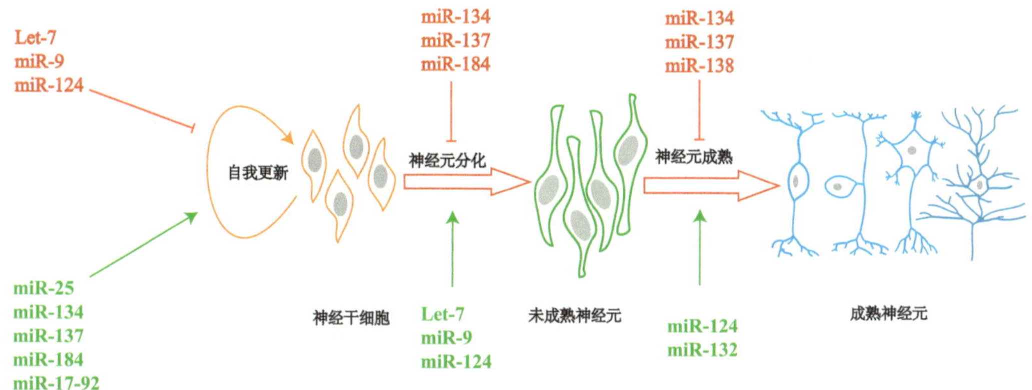

图 28-3　miRNA 对神经干细胞的自我更新、神经元分化及神经元成熟过程的调节作用

目前研究已经确定了一些 miRNA（如 miR-17-92 和 miR-134）促进神经干细胞的自我更新，另一些 miRNA（如 miR-9）则抑制神经干细胞的扩增。神经元的分化及神经元发育成熟为不同类型的神经元也受到不同 miRNA 的调控。

研究表明，过表达 *let-7b* 抑制神经干细胞的增殖，并促进其分化；相应地，敲除 *let-7b* 促进神经干细胞的增殖。Let-7 通过靶向调节核受体 TLX 和细胞周期蛋白 D1 从而调节神经干细胞的增殖和分化（Zhao et al. 2010a）。实验还发现，神经干细胞中 let-7 的表达受多能性调节因子 Lin-28 的反馈调节，Lin-28 可以与 *let-7* 前体结合，阻碍 Dicer 酶对其加工形成成熟的 let-7。同时，let-7 和 miR-125 又可以抑制 Lin-28 的表达，从而促进 let-7 的成熟（Rybak et al. 2008）。这些研究表明 miRNA 通过反馈调节环路，精确地调控神经干细胞发育（图 28-4）。

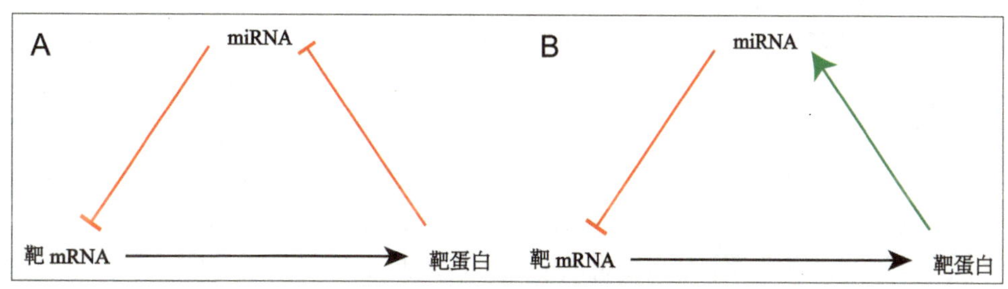

图 28-4　miRNA 与靶基因的反馈调节作用

miRNA 通过碱基互补配对，特异性抑制靶基因 mRNA 的翻译或促进其降解，而靶基因 mRNA 合成的蛋白质又可以形成反馈环路，抑制（A）或促进（B）miRNA 的生成

miR-124 在脑部表达丰富，并且在神经元分化期间表达水平继续升高（Lagos-Quintana et al. 2002）。通过慢病毒载体法在神经干细胞中过表达 *miR-124* 可以促进神经发生，通

过胚胎电转法在大脑皮层内过表达 *miR-124* 可以促进皮层神经祖细胞的迁移（Maiorano and Mallamaci 2009）。这些实验表明 miR-124 的主要功能是促进神经干细胞的神经发生和神经祖细胞的细胞迁移。在鼠的成年大脑内，神经干细胞分布在室管膜下区。体内和体外实验表明，敲除室管膜下区细胞内的 miR-124 促进神经干细胞分裂但抑制神经元分化，而过表达 *miR-124* 可以促进神经元分化（Cheng et al. 2009）。在成年神经干细胞内，miR-124 抑制 Sox9 或 Ephrin-B1 表达从而促进神经元分化（Arvanitis et al. 2010；Cheng et al. 2009）。另外，miR-124 可以抑制 mRNA 前体拼接抑制蛋白 PTBP1 的表达，从而特异性调节神经系统内 mRNA 的选择性拼接（Makeyev et al. 2007）。总之，除了调节神经干细胞和神经祖细胞的分化，miR-124 可以作用于多个靶位点从而行使不同的功能（图 28-3）。

miR-9 也是在中枢神经系统内大量表达的 miRNA。研究发现 miR-9 通过沉默核受体 TLX 从而抑制神经干细胞增殖并促进其分化（Zhao et al. 2009）。在人胚胎干细胞诱导的神经祖细胞中，除了促进增殖，miR-9 还抑制微管去稳蛋白 Stmn1 的表达从而促进细胞的迁移（Delaloy et al. 2010）。miR-9 对增殖和分化截然相反的作用可能与其在不同细胞中靶基因和结合位点的特异性相关。在爪蟾的前脑中，*miR-9* 的敲除会导致细胞凋亡并影响细胞周期（Bonev et al. 2011）。在斑马鱼中，miR-9 通过抑制成纤维细胞生长因子 Fgf 以调节中后脑边界的形成，并促进中后脑内神经祖细胞分化成神经元（Leucht et al. 2008）。在鸡胚胎的脊髓中，miR-9 通过特异性抑制 FoxP1 从而决定投射到中轴肌的运动神经元的命运（Otaegi et al. 2011）。在小鼠脑内，*miR-9* 的敲除使大脑皮层变薄，中间神经元迁移紊乱，丘脑皮层轴突和离皮层轴突定向错位（Shibata et al. 2011）。这些结果表明在神经发育过程中，miR-9 对神经祖细胞增殖、分化和迁移都有重要作用。另外，miR-9 也可以抑制 *Foxg1*、*Pax6*、*Gsh2* 等多个早期基因的表达而调节皮层发育（Shibata et al. 2011）。因此，miR-9 在发育过程中通过调控不同的靶基因发挥多种作用。

Let-7、miR-124 和 miR-9 主要促进神经干细胞和祖细胞的分化，而另一些 miRNA 主要促进细胞的增殖。研究发现 miR-134 通过抑制 Dcx 和 Chrdl-1 促进大脑皮层神经祖细胞的增殖（Gaughwin et al. 2011a）。miR-25 也可以促进祖细胞增殖并且还受干细胞增殖因子 FoxO3 调节（Renault et al. 2009）。

在神经发育过程中，miRNA 自身也受表观调节因子的调节。miR-137 的表达可以被 MeCP2 和 Sox2 调节。同时，miR-137 通过调控 Ezh2 和多梳蛋白家族而调节神经干细胞的增殖和分化。在成年机体神经干细胞内，*miR-137* 的过表达促进细胞增殖，它的敲除促进分化（Szulwach et al. 2010）。另外，miR-184 的表达被 CpG 甲基化结合蛋白抑制，同时它又可以抑制 Numbl 的表达从而促进神经干细胞增殖（Liu et al. 2010）。

蛋白质编码基因和非编码 RNA 组成的调控网络调节神经干细胞和神经祖细胞的自我更新、增殖和分化（图 28-3）。在细胞的增殖和分化过程中，一个 miRNA 可以抑制多个靶基因，它与靶基因的物理接触和结合力决定了它对靶基因的抑制效果。miRNA 和靶基因的相互作用将一些发育关键因子的表达调节到一个合适的水平，这些因子的合理表达控制了中枢神经系统不同区域内多种细胞准确的特异性分化，从而实现中枢神经系统精确的生理功能。

28.1.2 miRNA 对神经元成熟和突触形成的调节

神经元的成熟、神经突的生长、神经突触的形成为中枢神经系统调节复杂的行为活动提供了可能，而 miRNA 在这些过程中起了重要作用（图 28-3）。

miR-124 不仅促进神经元分化，也促进神经突的生长和突触的形成。miR-124 在大脑皮层神经元过表达促进神经突的生长。在小鼠 P19 胚胎瘤细胞中，miR-124 可以抑制 Cdc42 的表达，改变 Rac1 的表达位点，从而调节神经突的生长（Yu et al. 2008）。在海兔神经系统中，miR-124 特异性表达在感觉运动神经元的突触中，它的过表达减弱突触的长时程易化，而 *miR-124* 的敲除有相反的作用。miR-124 主要通过调节 CAMP 应答元件结合蛋白（CREB）的水平从而调节突触的长时程可塑性（Rajasethupathy et al. 2009）。另外，miR-124 也通过抑制 Lhx2 的表达调节海马神经元突触的发生（Sanuki et al. 2011）。

除了促进神经干细胞的增殖，miR-137 也抑制神经元的成熟。在小鼠脑内或体外培养的海马神经元中，*miR-137* 的过表达抑制神经元成熟、树突发生和脊髓发育。相反，*miR-137* 的敲除促进神经元的成熟。Mib1 是一个泛素连接酶，它的表达可以促进树突的延伸，抑制神经元的成熟。研究发现 miR-137 通过抑制 Mib1 的表达促进神经元的成熟（Smrt et al. 2010）。

miR-133b 特异性表达在中脑多巴胺神经元内，中脑多巴胺神经元的退行性凋亡是帕金森病的主要原因。研究发现，在帕金森病患者的中脑内，miR-133b 表达缺失。进一步的研究指出，miR-133b 通过沉默 Pitx3 的表达从而抑制多巴胺神经元的成熟和功能。在 *Pitx3* 敲除小鼠的多巴胺神经元内，miR-133b 的表达水平显著降低，暗示 Pitx3 可以促进 miR-133b 的表达。Pitx3 与 miR-133b 形成的负反馈调节环路在多巴胺神经元成熟及功能形成中起重要作用（Kim et al. 2007；Nunes et al. 2003）（图 28-4）。

miRNA 在突触形成过程中也起重要作用。miR-132/miR-212 簇可以介导树突的生长和神经刺的形成（Magill et al. 2010）。条件性敲除 *miR-132/miR-212* 抑制树突的延伸，减少神经刺的密度；而 *miR-132* 的过表达也减少神经刺密度，损害与新事物识别相关的记忆（Hansen et al. 2010）。另外，miR-132 还参与调节 FMRP 蛋白的表达，影响神经元形态的发生和突触的修饰（Edbauer et al. 2010）。

miR-134 特异性表达在大鼠海马神经元的突触 - 树突间隙中。miR-134 通过抑制 LIM 域激酶 1 的表达抑制兴奋性突触的突触后树突刺的大小（Schratt et al. 2006）。miR-138 大量表达在负责突触蛋白合成和储存的突触体中。抑制 *miR-138* 的表达增加了神经刺的体积但不影响突触的数量。miR-138 对突触的发育和传导功能的调节可能与促神经刺蛋白酰基蛋白硫酯酶（acyl-protein thioesterase 1）有关（Siegel et al. 2009）。

miRNA 通过调节神经突生长和突触形成的关键蛋白的表达，调控这些发育过程。但是，miRNA 是如何转运并定位在神经突或突触中的呢？这个问题有待进一步探讨。

28.2 神经系统疾病中的 miRNA

人类多种神经系统疾病包括神经发育疾病、神经精神类疾病和神经退行性疾病都与 miRNA 的表达失调相关。

28.2.1 小脑症

在哺乳动物脑内，大脑皮层的大小与认知功能密切相关。小脑症（microcephaly）患者的大脑皮层较正常人小，临床发病率在 1.3~150/10 万。一些小脑症患者 13 号染色体长臂缺失，从而引起 miR-17-92 基因簇表达的缺失。miR-17-92 簇包括 miR-17、miR-18a、miR-19a、miR-19b、miR-20a 和 miR-92a，这些 miRNA 同时被转录出来后经剪接形成成熟的 miRNA。研究显示，通过转基因小鼠遗传手段，与 *Emx1-Cre* 小鼠交配可特异性敲除发育时期大脑皮层内的 *miR-17-92* 基因簇，敲除鼠大脑皮层明显变小（Bian et al. 2013）。miR-17-92 可以抑制放射状胶质细胞的增殖并促进其转变为中间祖细胞；这样在 *miR-17-92* 簇特异性敲除小鼠大脑皮层发育的早期，放射状胶质细胞的数量减少，中间祖细胞的数量瞬时增多而后减少，相应地，神经元数目也瞬时增加而后减少，最终引起小脑症（Bian et al. 2013）。放射状胶质细胞的异常增殖和中间祖细胞的异常转变起因于 miR-19 特异性抑制 Pten 蛋白表达，以及 miR-92a 特异性抑制 Tbr2 的表达水平（Bian et al. 2013）。

另有研究发现，miR-92 通过抑制 Tis21 的表达保证小鼠正常的脑体积。顶端神经祖细胞（apical neural progenitor）可以进行对称分裂而形成两个顶端神经祖细胞，也可以进行不对称分裂而形成一个顶端神经祖细胞和一个基底神经祖细胞（basal neural progenitor）。Tis 蛋白表达在顶端祖细胞中，通过抑制增殖、增进分化而促进顶端祖细胞进行不对称分裂。Tis 蛋白也表达在基底细胞中，促进基底细胞分化为两个神经元。研究发现，特异性敲除发育时期大脑皮层内的 Dicer 酶，*Tis21* 的 mRNA 水平升高，这暗示 miRNA 可以抑制 Tis 的表达（Fei et al. 2014）。Tis21 的 3′ 端非编码区敲除小鼠缺失了 miRNA 的结合位点，其脑内 Tis21 的表达升高，抑制顶端祖细胞的不对称分裂从而阻碍祖细胞的自我更新，使得顶端祖细胞和基底祖细胞的数目减少，神经元生成数目降低，最终呈现小脑畸形、脑容积小和皮层变薄（Fei et al. 2014）。

通过 *Emx1-Cre* 小鼠特异性敲除发育时期大脑皮层内的 *miR-7*，放射状胶质细胞转变为中间神经祖细胞的过程受阻，从而使神经元发生受阻，最终导致小鼠的皮层变薄，呈现小脑畸形的特征（Pollock et al. 2014）。这暗示 miR-7 对小鼠大脑正常发育起着重要作用。miR-7 可以靶向抑制 p53 通路中 Ak1 和 p21 的表达，从而维持神经元的正常发生及脑的正常发育（Pollock et al. 2014）。

28.2.2 妥瑞综合征

妥瑞综合征（Tourette's syndrome）是一种发育性神经精神类疾病，它的发生与 *SLITRK1* 基因突变有关。研究发现，miR-189 可以与这个基因的 3′ 端非编码区结合（Abelson et al. 2005）。另外，脆性 X 染色体综合征（fragile X syndrome）患者天生智力低下，已经发现这与 RNA 结合蛋白 FMRP 的缺失有关，这种蛋白质参与 miRNA 的加工处理过程（Jin et al. 2004）。进一步的研究发现 miR-19b、miR-302b 和 miR-323-3p 抑制 FMRP 的表达，表明 miRNA 在脆性 X 染色体综合征的发生中起重要作用（Yi et al. 2010）。双链 RNA 结合蛋白 DGCR8 是 Drosha 酶的必要结合因子之一，同样也参与 miRNA 的加工处理过程。DiGeorge 综合征患者呈现头小畸形并伴随精神分裂症状，在分子水平常发现 DGCR8 蛋白在患者体内缺失，这暗示 DiGeorge 综合征可能与 miRNA 合成异常相关（Stark et al. 2008）。

28.2.3 精神分裂症

精神分裂症（schizophrenia）是一种涉及思维方式、情感、意志和认知与现实分离的综合征。一些 miRNA 在精神分裂症患者的前额叶皮质过量表达（Perkins et al. 2007）。例如，miR-181b 在精神分裂症患者的颞上回表达较正常人高，而它的靶基因 *VSNL1* 和 *GRIA2* 在精神分裂症患者的颞上回的表达常较正常人低，这可能与 miR-181 抑制这些靶基因的表达相关（Beveridge et al. 2008）。另外，谷氨酸 N- 甲基 -D- 天冬氨酸（NMDA）受体信号参与调节神经传导和突触可塑性，从而调节多种脑功能。这个信号途径的紊乱可以引起多种认知功能障碍，包括精神分裂症和孤独症（autism）。miR-219 可以特异性抑制 NMDA 信号途径中的钙调蛋白激酶 IIγ 亚基的表达。在小鼠脑内 *miR-219* 的敲除引起 NMDA 受体信号的紊乱，导致精神分裂样症状的产生（Kocerha et al. 2009）。孤独症也是一种神经发育紊乱综合征，伴随着社交和交流障碍及刻板行为。对孤独症患者的 miRNA 表达谱的分析将有助于探讨 miRNA 对孤独症病理发生的作用（Seno et al. 2011）。

28.2.4 阿尔茨海默病

阿尔茨海默病（Alzheimer's disease）是一种神经退行性疾病，也是老年痴呆的最常见病因，涉及记忆障碍、海马功能减退。研究发现，阿尔茨海默病患者海马内的一些 miRNA 表达上调，如 miR-9 和 miR-128（Lukiw 2007）。对阿尔茨海默病患者大脑内 miRNA 表达的尸检分析也发现其颞叶内 miR-9、miR-125b 和 miR-146a 的表达较正常人高（Sethi and Lukiw 2009）。

而另一些 miRNA 在阿尔茨海默病患者脑内的表达较正常人低（Hebert et al. 2010），如 miR-15a、miR-107 和 miR-29a/b-1 基因簇。脑内 β 淀粉样蛋白的沉积是阿尔茨海默病的典型病理特征，而 β 淀粉样前体蛋白裂解酶（BACE1）会加速 β 淀粉样蛋白的沉积，它是阿尔茨海默病病理发生的重要分子。在阿尔茨海默病的早期，miR-107 的表达非常低。研究发现，miR-107 可以靶向抑制 BACE1 的表达。在阿尔茨海默病恶化的进程中，BACE1 的表达上调，miR-107 和 miR-129a/b-1 的表达下调（Wang et al. 2008b）。体外研究发现，miR-129a/b-1 也可以抑制 BACE1 的表达，从而促进 β 淀粉样蛋白的沉积（Hebert et al. 2008）。还有研究指出，miR-298 和 miR-328 也可以抑制 BACE1 的表达（Boissonneault et al. 2009）。在培养的海马神经元中，miR-101 抑制淀粉样前体蛋白的表达和 β 淀粉样蛋白的沉积，这暗示了 miR-101 也参与阿尔茨海默病恶化的进程（Vilardo et al. 2010）。miR-146a 在阿尔茨海默病患者脑内的表达上调，它靶向抑制补体因子 H（CFH），调节 NF-κB 信号途径，从而抑制阿尔茨海默病患者脑内的免疫反应（Lukiw et al. 2008）。

28.2.5 亨廷顿舞蹈病

亨廷顿舞蹈病（Huntington's disease）是一种神经系统遗传性疾病，患者身体出现不自主动作，运动失调，智力减退并最终导致痴呆。对亨廷顿舞蹈病转基因小鼠模型的 miRNA 表达谱分析发现，miR-22、miR-29c 和 miR-128 的表达下调（Lee et al. 2011）。在亨廷顿舞蹈病患者体内，miR-9/9*、miR-29b 和 miR-124a 的表达较正常人低，而 miR-132 的表达较正常人高（Johnson and Buckley 2009）。另外，神经元限制性沉默因子 REST

的分布异常是亨廷顿舞蹈病发病的一个分子机理。REST 抑制复合物 mSin3、CoREST 和 MeCP 都可以调节 miR-9/9*、miR-124a 和 miR-132 的表达（Conaco et al. 2006）。而 miR-9 和 miR-9* 可以反过来靶向抑制 REST 和 CoREST 的表达，这暗示 REST 沉默复合物和 miR-9/9* 形成一个反馈调节环路调控亨廷顿舞蹈病的发生（Packer et al. 2008）。另外，血浆内 miR-34b 在亨廷顿舞蹈病发病后的水平较发病前高，这暗示 miR-34b 有望成为诊断亨廷顿舞蹈病发生的分子标记（Gaughwin et al. 2011b）。

28.2.6 帕金森病

帕金森病（Parkinson's disease）患者常常伴随运动障碍，感觉和认知障碍，以及精神异常，其病理特征主要表现为中脑黑质致密部多巴胺神经元减少。α- 突触蛋白的聚集与帕金森病的发生密切相关。研究发现，miR-7 和 miR-153 抑制初级神经元内 α- 突触蛋白的表达（Doxakis 2010）。在 1- 甲基 -4- 苯基 -1，2，3，6- 四氢吡啶诱导的帕金森病小鼠模型中，miR-7 表达下调，表明 miR-7 可能参与保护细胞免受氧化应激损伤的过程（Junn et al. 2009）。另一项研究发现，FGF20 的 3′ 端非编码区的单核苷酸多态性会影响 miR-433 的结合靶位点，暗示 miR-433 可能通过间接上调 α- 突触蛋白的表达而与帕金森病的发病风险相关（Wang et al. 2008a）。

28.2.7 唐氏综合征

唐氏综合征（Down's syndrome）又被称为 21 三体综合征，由多了一条或部分 21 号染色体所致。患者通常身材矮小，智力偏低，并伴有心脏病或白血病，如果活至成年期还会出现老年痴呆症状。由于多了一条染色体，唐氏综合征中多个基因表达上调。而位于此染色体上的 miRNA 表达上调，有可能通过抑制靶基因表达，在唐氏综合征的发病进程中起作用。事实上，let-7c、miR-99a、miR-125b-2、miR-155 和 miR-802 都位于 21 号染色体上，并且在胚胎期唐氏综合征患儿的大脑海马区和心脏内表达升高（Kuhn et al. 2008）。相应地，它们的靶基因表达下降。MeCP2 蛋白在唐氏综合征患者脑内表达下调，而 miR-155 和 miR-802 特异性抑制 MeCP2 的表达（Kuhn et al. 2010）。另外，在帕金森病和唐氏综合征的早期，脑内 miR-125b 的表达上调，其靶基因 *CDKN2A* 表达下调（Pogue et al. 2010）。

28.2.8 脑卒中

脑卒中（stroke）与脑部血液供应的失调相关。对青年脑卒中患者的 miRNA 表达谱分析发现 138 个 miRNA 表达上调，19 个 miRNA 表达下调（Tan et al. 2009）。在脑卒中模型大鼠的脑内，缺血边界区域的神经元内 miR-21 的表达上调。在剥夺氧气和葡萄糖后，miR-21 通过抑制细胞凋亡诱导蛋白 FASLG 的表达从而保护神经元，防止其凋亡（Buller et al. 2010）。另外，脑卒中后，室管膜下区神经祖细胞内的 miR-124a 表达下调。miR-124a 通过抑制 Notch 信号配体 JAG1 的表达，阻碍神经祖细胞增殖并促进神经元的分化（Liu et al. 2011）。

28.2.9 颞叶癫痫

在颞叶癫痫（temporal lobe epilepsy）患者及大鼠模型中，miR-146a 的表达上调，并

且 miR-146a 主要表达在海马活性胶质细胞内，尤其是神经元退行、胶质细胞增生的区域。这些结果表明在颞叶癫痫发生的过程中，miR-146a 可以介导星形胶质细胞炎症反应，这为颞叶癫痫的治疗提供了潜在的靶位点（Aronica et al. 2010）。

28.2.10 抑郁症

抑郁症（depression）是一类精神性情感障碍，患者常常情绪低落、兴趣丧失，有时伴有认知障碍。研究显示，miR-182 的过表达引起靶基因 *ADCY6*、节律基因 *CLOCK* 和 *DSIP* 的表达下调。这些基因都参与分子节律的调节，这暗示 miR-182 参与调节重症抑郁症患者的节律及失眠症状（Saus et al. 2010）。另外，pre-miR-30e 与重症抑郁症的患病风险相关（Xu et al. 2010）。

双极性抑郁症（bipolar disorder）也称为躁郁症。对躁郁症患者前额叶皮质内 miRNA 的表达谱分析发现有多种 miRNA 表达异常。对双极性患者治愈前后的 miRNA 表达水平的分析显示 miR-134 是一个潜在的躁郁症标记分子（Rong et al. 2011）。另外，长期服用选择性血清素再吸收抑制剂氟西汀的小鼠体内 miR-16 表达上调，其靶基因 *SERT* 表达下调，表明 miRNA 参与选择性 -5- 羟色胺重吸收抑制剂（SSRI）的治疗作用（Baudry et al. 2010）。在锂和丙戊酸治疗抑郁症后，一些 miRNA 表达失调。例如，miR-34a 表达下调，同时它的靶基因 *GRM7* 表达上调，表明 miRNA 在抗抑郁的临床治疗过程中起重要作用（Zhou et al. 2009）。

综上所述，这些研究表明，和编码基因相似，miRNA 表达的失调也会影响精神类疾病和神经退行性疾病的病理发生过程。对这些疾病患者的 miRNA 表达谱分析发现许多 miRNA 的表达水平发生改变。找到和神经系统疾病的发生和恶化直接相关的 miRNA 仍然任重而道远，因为神经系统疾病可能是编码基因和非编码基因组成的表达调节网络改变的结果。

28.3 结 束 语

非编码 RNA 尤其是 miRNA 在神经发育和功能中起重要作用。miRNA 在神经系统内组织或细胞特异性的表达决定了不同 miRNA 在神经系统发育中扮演不同的角色。通过揭示 miRNA 的启动子和与之结合的转录因子有助于理解在神经发育过程中 miRNA 的特异性表达是如何被调节的，从而深入理解 miRNA 和神经系统疾病之间的因果关系。由于一个 miRNA 有多个调节靶位点，完全理解 miRNA 与调节靶位点间形成的发育调控网络仍是一个挑战。

miRNA 和人类神经系统疾病之间的关系仍需要作进一步探讨。为了更好地理解 miRNA 介导的人类神经系统疾病病因，我们需要发展新的动物模型并特异性改变 miRNA 的表达。随着 miRNA 的合成和释放技术的迅速发展，miRNA 有可能成为诊断标记或治疗神经系统疾病的有效工具。

参 考 文 献

Abelson J F，Kwan K Y，O' Roak B J，et al. 2005. Sequence variants in SLITRK1 are associated with Tourette' s syndrome. Science，310（5746）：317-320.

Aguirre A，Rubio M E，Gallo V. 2010. Notch and EGFR pathway interaction regulates neural stem cell number and self-renewal. Nature，467（7313）：323-327.

Aronica E，Fluiter K，Iyer A，et al. 2010. Expression pattern of miR-146a，an inflammation-associated microRNA，in experimental and human temporal lobe epilepsy. Eur J Neurosci，31（6）：1100-1107.

Arvanitis D N，Jungas T，Behar A，et al. 2010. Ephrin-B1 reverse signaling controls a posttranscriptional feedback mechanism via miR-124. Mol Cell Biol，30（10）：2508-2517.

Baudry A，Mouillet-Richard S，Schneider B，et al. 2010. miR-16 targets the serotonin transporter：a new facet for adaptive responses to antidepressants. Science，329（5998）：1537-1541.

Beveridge N J，Tooney P A，Carroll A P，et al. 2008. Dysregulation of miRNA 181b in the temporal cortex in schizophrenia. Hum Mol Genet，17（8）：1156-1168.

Bian S，Hong J，Li Q，et al. 2013. MicroRNA cluster miR-17-92 regulates neural stem cell expansion and transition to intermediate progenitors in the developing mouse neocortex. Cell Rep，3（5）：1398-1406.

Bian S，Sun T. 2011. Functions of noncoding RNAs in neural development and neurological diseases. Mol Neurobiol，44（3）：359-373.

Boissonneault V，Plante I，Rivest S，et al. 2009. MicroRNA-298 and microRNA-328 regulate expression of mouse beta-amyloid precursor protein-converting enzyme 1. J Biol Chem，284（4）：1971-1981.

Bonev B，Pisco A，Papalopulu N. 2011. MicroRNA-9 reveals regional diversity of neural progenitors along the anterior-posterior axis. Dev Cell，20（1）：19-32.

Budde H，Schmitt S，Fitzner D，et al. 2010. Control of oligodendroglial cell number by the miR-17-92 cluster. Development，137（13）：2127-2132.

Buller B，Liu X，Wang X，et al. 2010. MicroRNA-21 protects neurons from ischemic death. FEBS J，277（20）：4299-4307.

Cheng L C，Pastrana E，Tavazoie M，et al. 2009. miR-124 regulates adult neurogenesis in the subventricular zone stem cell niche. Nat Neurosci，12（4）：399-408.

Chenn A，McConnell S K. 1995. Cleavage orientation and the asymmetric inheritance of Notch1 immunoreactivity in mammalian neurogenesis. Cell，82（4）：631-641.

Conaco C，Otto S，Han J J，et al. 2006. Reciprocal actions of REST and a microRNA promote neuronal identity. Proc Natl Acad Sci USA，103（7）：2422-2427.

Cuellar T L，Davis T H，Nelson P T，et al. 2008. Dicer loss in striatal neurons produces behavioral and neuroanatomical phenotypes in the absence of neurodegeneration. Proc Natl Acad Sci USA，105（14）：5614-5619.

Davis T H，Cuellar T L，Koch S M，et al. 2008. Conditional loss of Dicer disrupts cellular and tissue morphogenesis in the cortex and hippocampus. J Neurosci，28（17）：4322-4330.

Dehay C，Kennedy H. 2007. Cell-cycle control and cortical development. Nat Rev Neurosci，8（6）：438-450.

Delaloy C，Liu L，Lee J A，et al. 2010. MicroRNA-9 coordinates proliferation and migration of human embryonic stem cell-derived neural progenitors. Cell Stem Cell，6（4）：323-335.

Doxakis E. 2010. Post-transcriptional regulation of alpha-synuclein expression by mir-7 and mir-153. J Biol Chem，285（17）：12726-12734.

Edbauer D，Neilson J R，Foster K A，et al. 2010. Regulation of synaptic structure and function by FMRP-associated microRNAs miR-125b and miR-132. Neuron，65（3）：373-384.

Fei J F，Haffner C，Huttner W B. 2014. 3′ UTR-dependent，miR-92-mediated restriction of Tis21 expression maintains asymmetric neural stem cell division to ensure proper neocortex size. Cell Rep，7（2）：398-411.

Gaughwin P M，Ciesla M，Lahiri N，et al. 2011b. Hsa-miR-34b is a plasma-stable microRNA that is elevated in pre-manifest Huntington's disease. Hum Mol Genet，20（11）：2225-2237.

Gaughwin P，Ciesla M，Yang H，et al. 2011a. Stage-Specific Modulation of Cortical Neuronal Development by Mmu-miR-134. Cerebral Cortex，21（8）：1857-1869.

Guillemot F. 2005. Cellular and molecular control of neurogenesis in the mammalian telencephalon. Curr Opin Cell Biol，17（6）：639-647.

Ha M，Kim V N. 2014. Regulation of microRNA biogenesis. Nat Rev Mol Cell Biol，15（8）：509-524.

Hansen K F, Sakamoto K, Wayman G A, et al. 2010. Transgenic miR132 alters neuronal spine density and impairs novel object recognition memory. PLoS One, 5 (11): e15497.

Hebert S S, Horre K, Nicolai L, et al. 2008. Loss of microRNA cluster miR-29a/b-1 in sporadic Alzheimer's disease correlates with increased BACE1/beta-secretase expression. Proc Natl Acad Sci USA, 105 (17): 6415-6420.

Hebert S S, Papadopoulou A S, Smith P, et al. 2010. Genetic ablation of Dicer in adult forebrain neurons results in abnormal tau hyperphosphorylation and neurodegeneration. Hum Mol Genet, 19 (20): 3959-3969.

Hevner R F, Hodge R D, Daza R A, et al. 2006. Transcription factors in glutamatergic neurogenesis: conserved programs in neocortex, cerebellum, and adult hippocampus. Neurosci Res, 55 (3): 223-233.

Huang T W, Liu Y G, Huang M G, et al. 2010. Wnt1-cre-mediated conditional loss of Dicer results in malformation of the midbrain and cerebellum and failure of neural crest and dopaminergic differentiation in mice. J Mol Cell Biol, 2 (3): 152-163.

Jin P, Zarnescu D C, Ceman S, et al. 2004. Biochemical and genetic interaction between the fragile X mental retardation protein and the microRNA pathway. Nat Neurosci, 7 (2): 113-117.

Johnson R, Buckley N J. 2009. Gene dysregulation in Huntington's disease: REST, microRNAs and beyond. Neuromolecular Med, 11 (3): 183-199.

Junn E, Lee K W, Jeong B S, et al. 2009. Repression of alpha-synuclein expression and toxicity by microRNA-7. Proc Natl Acad Sci USA, 106 (31): 13052-13057.

Kapsimali M, Kloosterman W P, de Bruijn E, et al. 2007. MicroRNAs show a wide diversity of expression profiles in the developing and mature central nervous system. Genome Biol, 8 (8): R173.

Kawase-Koga Y, Otaegi G, Sun T. 2009. Different timings of dicer deletion affect neurogenesis and gliogenesis in the developing mouse central nervous system. Dev Dyn, 238 (11): 2800-2812.

Kim J, Inoue K, Ishii J, et al. 2007. A microRNA feedback circuit in midbrain dopamine neurons. Science, 317 (5842): 1220-1224.

Kocerha J, Faghihi M A, Lopez-Toledano M A, et al. 2009. MicroRNA-219 modulates NMDA receptor-mediated neurobehavioral dysfunction. Proc Natl Acad Sci USA, 106 (9): 3507-3512.

Kriegstein A, Noctor S, Martinez-Cerdeno V. 2006. Patterns of neural stem and progenitor cell division may underlie evolutionary cortical expansion. Nat Rev Neurosci, 7 (11): 883-890.

Kuhn D E, Nuovo G J, Martin M M, et al. 2008. Human chromosome 21-derived miRNAs are overexpressed in down syndrome brains and hearts. Biochem Biophys Res Commun, 370 (3): 473-477.

Kuhn D E, Nuovo G J, Terry A V Jr, et al. 2010. Chromosome 21-derived microRNAs provide an etiological basis for aberrant protein expression in human down syndrome brains. J Biol Chem, 285 (2): 1529-1543.

Lagos-Quintana M, Rauhut R, Yalcin A, et al. 2002. Identification of tissue-specific microRNAs from mouse. Current Biology, 12 (9): 735-739.

Lee S T, Chu K, Im W S, et al. 2011. Altered microRNA regulation in Huntington's disease models. Exp Neurol, 227 (1): 172-179.

Leucht C, Stigloher C, Wizenmann A, et al. 2008. MicroRNA-9 directs late organizer activity of the midbrain-hindbrain boundary. Nat Neurosci, 11 (6): 641-648.

Liu C M, Teng Z Q, Santistevan N J, et al. 2010. Epigenetic regulation of miR-184 by MBD1 governs neural stem cell proliferation and differentiation. Cell Stem Cell, 6 (5): 433-444.

Liu X S, Chopp M, Zhang R L, et al. 2011. MicroRNA profiling in subventricular zone after stroke: MiR-124a regulates proliferation of neural progenitor cells through Notch signaling pathway. PLoS One, 6 (8): e23461.

Lukiw W J, Zhao Y, Cui J G. 2008. An NF-kappaB-sensitive micro RNA-146a-mediated inflammatory circuit in Alzheimer disease and in stressed human brain cells. J Biol Chem, 283 (46): 31315-31322.

Lukiw W J. 2007. Micro-RNA speciation in fetal, adult and Alzheimer's disease hippocampus. Neuroreport, 18 (3): 297-300.

Magill S T, Cambronne X A, Luikart B W, et al. 2010. microRNA-132 regulates dendritic growth and arborization of newborn neurons in the adult hippocampus. Proc Natl Acad Sci USA, 107 (47): 20382-20387.

Maiorano N A, Mallamaci A. 2009. Promotion of embryonic cortico-cerebral neuronogenesis by miR-124. Neural Dev, 4: 8104.

Makeyev E V, Zhang J W, Carrasco M A, et al. 2007. The MicroRNA miR-124 promotes neuronal differentiation by triggering brain-specific alternative Pre-mRNA splicing. Mol Cell, 27（3）: 435-448.

Mercer T R, Dinger M E, Sunkin S M, et al. 2008. Specific expression of long noncoding RNAs in the mouse brain. Proc Natl Acad Sci USA, 105（2）: 716-721.

Mizutani K, Yoon K, Dang L, et al. 2007. Differential Notch signalling distinguishes neural stem cells from intermediate progenitors. Nature, 449（7160）: 351-355.

Molnar Z. 2011. Evolution of cerebral cortical development. Brain Behav Evol, 78（1）: 94-107.

Molyneaux B J, Arlotta P, Menezes J R, et al. 2007. Neuronal subtype specification in the cerebral cortex. Nat Rev Neurosci, 8（6）: 427-437.

Noctor S C, Martinez-Cerdeno V, Ivic L, et al. 2004. Cortical neurons arise in symmetric and asymmetric division zones and migrate through specific phases. Nat Neurosci, 7（2）: 136-144.

Nunes I, Tovmasian L T, Silva R M, et al. 2003. Pitx3 is required for development of substantia nigra dopaminergic neurons. Proc Natl Acad Sci USA, 100（7）: 4245-4250.

Otaegi G, Pollock A, Hong J, et al. 2011. MicroRNA miR-9 modifies motor neuron columns by a tuning regulation of FoxP1 levels in developing spinal cords. J Neurosci, 31（3）: 809-818.

Packer A N, Xing Y, Harper S Q, et al. 2008. The bifunctional microRNA miR-9/miR-9* regulates REST and CoREST and is downregulated in Huntington's disease. J Neurosci, 28（53）: 14341-14346.

Perkins D O, Jeffries C D, Jarskog L F, et al. 2007. microRNA expression in the prefrontal cortex of individuals with schizophrenia and schizoaffective disorder. Genome Biol, 8（2）: R27.

Pogue A I, Cui J G, Li Y Y, et al. 2010. Micro RNA-125b（miRNA-125b）function in astrogliosis and glial cell proliferation. Neurosci Lett, 476（1）: 18-22.

Pollock A, Bian S, Zhang C, et al. 2014. Growth of the developing cerebral cortex is controlled by microRNA-7 through the p53 pathway. Cell Rep, 7（4）: 1184-1196.

Rajasethupathy P, Fiumara F, Sheridan R, et al. 2009. Characterization of small RNAs in *Aplysia* Reveals a Role for miR-124 in constraining synaptic plasticity through CREB. Neuron, 63（6）: 803-817.

Renault V M, Rafalski V A, Morgan A A, et al. 2009. FoxO3 regulates neural stem cell homeostasis. Cell Stem Cell, 5（5）: 527-539.

Rong H, Liu T B, Yang K J, et al. 2011. MicroRNA-134 plasma levels before and after treatment for bipolar mania. J Psychiatr Res, 45（1）: 92-95.

Rybak A, Fuchs H, Smirnova L, et al. 2008. A feedback loop comprising lin-28 and let-7 controls pre-let-7 maturation during neural stem-cell commitment. Nat Cell Biol, 10（8）: 987-993.

Sanuki R, Onishi A, Koike C, et al. 2011. miR-124a is required for hippocampal axogenesis and retinal cone survival through Lhx2 suppression. Nat Neurosci, 14（9）: 1125-1177.

Saus E, Soria V, Escaramis G, et al. 2010. Genetic variants and abnormal processing of pre-miR-182, a circadian clock modulator, in major depression patients with late insomnia. Hum Mol Genet, 19（20）: 4017-4025.

Schratt G M, Tuebing F, Nigh E A, et al. 2006. A brain-specific microRNA regulates dendritic spine development. Nature, 439（7074）: 283-289.

Seno M M G, Hu P, Gwadry F G, et al. 2011. Gene and miRNA expression profiles in autism spectrum disorders. Brain Res, 1380: 85-97.

Sethi P, Lukiw W J. 2009. Micro-RNA abundance and stability in human brain: specific alterations in Alzheimer's disease temporal lobe neocortex. Neurosci Lett, 459（2）: 100-104.

Shen Q, Wang Y, Dimos J T, et al. 2006. The timing of cortical neurogenesis is encoded within lineages of individual progenitor cells. Nat Neurosci, 9（6）: 743-751.

Shibata M, Nakao H, Kiyonari H, et al. 2011. MicroRNA-9 regulates neurogenesis in mouse telencephalon by targeting multiple transcription factors. J Neurosci, 31（9）: 3407-3422.

Siegel G, Obernosterer G, Fiore R, et al. 2009. A functional screen implicates microRNA-138-dependent regulation of the depalmitoylation enzyme APT1 in dendritic spine morphogenesis. Nat Cell Biol, 11（6）: 705-716.

Smrt R D, Szulwach K E, Pfeiffer R L, et al. 2010. MicroRNA miR-137 regulates neuronal maturation by targeting ubiquitin ligase mind bomb-1. Stem Cells, 28 (6): 1060-1070.

Stark K L, Xu B, Bagchi A, et al. 2008. Altered brain microRNA biogenesis contributes to phenotypic deficits in a 22q11-deletion mouse model. Nat Genet, 40 (6): 751-760.

Szulwach K E, Li X, Smrt R D, et al. 2010. Cross talk between microRNA and epigenetic regulation in adult neurogenesis. J Cell Biol, 189 (1): 127-141.

Tan K S, Armugam A, Sepramaniam S, et al. 2009. Expression profile of MicroRNAs in young stroke patients. PLoS One, 4 (11): e7689.

Vilardo E, Barbato C, Ciotti M, et al. 2010. MicroRNA-101 regulates amyloid precursor protein expression in hippocampal neurons. J Biol Chem, 285 (24): 18344-18351.

Wang G, van der Walt J M, Mayhew G, et al. 2008a. Variation in the miRNA-433 binding site of FGF20 confers risk for Parkinson disease by overexpression of alpha-synuclein. Am J Hum Genet, 82 (2): 283-289.

Wang W X, Rajeev B W, Stromberg A J, et al. 2008b. The expression of microRNA miR-107 decreases early in Alzheimer's disease and may accelerate disease progression through regulation of beta-site amyloid precursor protein-cleaving enzyme 1. J Neurosci, 28 (5): 1213-1223.

Xu Y, Liu H, Li F, et al. 2010. A polymorphism in the microRNA-30e precursor associated with major depressive disorder risk and P300 waveform. J Affect Disord, 127 (1-3): 332-336.

Yi Y H, Sun X S, Qin J M, et al. 2010. Experimental identification of microRNA targets on the 3′ untranslated region of human FMR1 gene. J Neurosci Methods, 190 (1): 34-38.

Yu J Y, Chung K H, Deo M, et al. 2008. MicroRNA miR-124 regulates neurite outgrowth during neuronal differentiation. Exp Cell Res, 314 (14): 2618-2633.

Zhao C, Sun G Q, Li S X, et al. 2009. A feedback regulatory loop involving microRNA-9 and nuclear receptor TLX in neural stem cell fate determination. Nat Struct Mol Biol, 16 (4): 365-371.

Zhao C, Sun G, Li S, et al. 2010a. MicroRNA let-7b regulates neural stem cell proliferation and differentiation by targeting nuclear receptor TLX signaling. Proc Natl Acad Sci USA, 107 (5): 1876-1881.

Zhao X, He X, Han X, et al. 2010b. MicroRNA-mediated control of oligodendrocyte differentiation. Neuron, 65 (5): 612-626.

Zheng K, Li H, Zhu Y, et al. 2010. MicroRNAs are essential for the developmental switch from neurogenesis to gliogenesis in the developing spinal cord. J Neurosci, 30 (24): 8245-8250.

Zhou R, Yuan P, Wang Y, et al. 2009. Evidence for selective microRNAs and their effectors as common long-term targets for the actions of mood stabilizers. Neuropsychopharmacology, 34 (6): 1395-1405.

（孙 涛 高艳霞）

29

基因工程是实现人类梦想的新途径

我是20世纪80年代末至90年代初在德国学习分子生物学的。听课的时候，老师们都会给我们讲，20世纪是物理学的时代，由于物理学的发展，极大地改变了我们的生活。由于物理学和工程技术的发展，飞机、火车、轮船这些交通工具的发达，距离不再是问题了。现在我们如果要到世界上任何一个角落去见一个朋友，24小时总能到达你想去的地方。由于电信技术和计算机技术的发展，我们现在足不出户，就可以和远在天边的朋友、亲人视频聊天。那种生离死别的感觉再也不会出现了。科学家、社会学家还说，21世纪将是生命科学的时代，以基因工程为代表的生命科学的发展，将会极大地改变我们的生存环境和生活质量，让我们在更好的环境中健康、长寿、快乐地生活着。哈佛大学教授、著名的化学家、社会活动家Westheimer于1992年在*Science*撰文说道："在过去40年中，智力上最伟大的革命就发生在生物学，今天，假如有人说他对分子生物学知之甚少的话，人们就会认为他没有受过教育。"这句话虽然有些偏颇，但说明了生物学，特别是以基因工程为代表的分子生物学的发展已经渗透到了我们的日常生活中了。当今的新闻，生物学的新发现已经占据了很大的版面。

那么什么是基因工程呢？基因工程又称DNA重组技术，它是在体外将目的基因与载体DNA拼接在一起，然后将重组DNA转染宿主细胞，以实现目的基因在宿主细胞中的扩增和表达，以达到克隆生物、改造生物和诊断治疗疾病的目的。基因工程的诞生实际上是遗传学、分子生物学、细胞生物学等学科发展到一定阶段的成果。它是分子遗传学的一门工具性学科。

29.1 基因工程的发展史

自从1910年的诺贝尔生理学或医学奖授予了德国科学家Albrecht Kossel，以表彰他从脓细胞核中分离出腺嘌呤、胸腺嘧啶、胸腺核苷酸等物质以来，生物化学和分子生物学就得到了迅速的发展。1941年，美国科学家Oswald Avery通过肺炎双球菌转化实验，证明了核酸是遗传物质，使人们对遗传物质研究步入了正确的轨道。1953年，James Watson和Francis Crick提出的DNA右手双螺旋模型，解决了遗传物质的遗传方式和机制，从而使分子生物学进入了新的历史时期。1959年西班牙裔美国科学家Severo Ochoa因其在RNA合成方面的工作与在试管内实现了DNA合成的美国科学家Arthur Kornberg共同分享了1959年的诺贝尔生理学或医学奖。1970年美国科学家Howard Martin Temin和David Baltimore因其分别发现了反转录酶而获得诺贝尔生理学或医学奖。反转录酶的发现让我们认识到，遗传信息的流向除了可以由DNA转录为RNA外，RNA也可以反转录为

DNA，完善了中心法则；反转录酶的发现，使我们可以将正在表达的基因反转录为互补DNA（complementary DNA，cDNA），以研究基因的功能，还可以以cDNA为探针研究基因在基因组中的位置；反转录酶的发现开创了反向遗传学的新时代，使我们在研究基因的功能时，一开始就从基因的结构来研究基因的功能。20世纪60年代，美国科学家Daniel Nathans、Hamilton O. Smith和瑞士科学家Werner Arber发现了限制性内切核酸酶，他们因此分享了1978年的诺贝尔生理学或医学奖。限制性内切酶的发现，使我们可以在特定的位置将DNA切割开来，我们拥有了精确切割DNA的手术刀。同时，很多实验室也发现了DNA连接酶，这样，科学家就可以将不同的DNA连接起来了。至此，科学家已经掌握了基因重组的各种工具。基因重组的新时代诞生了！

最早提出重组DNA（recombinant DNA）技术的是美国斯坦福大学医学院生物化学系Dale Kaiser教授的研究生Peter Lobban。Lobban将重组的过程分为7个步骤：①选择宿主细胞和载体病毒；②制备载体DNA；③目的基因的制备；④重组DNA；⑤将重组DNA导入宿主细胞中；⑥挑选含重组DNA的细胞；⑦筛选目的基因（图29-1）。1972年，美国斯坦福大学的Paul Berg在体外将猿猴病毒SV40的DNA和λ噬菌体的DNA分别进行了限制性内切酶的酶切消化，然后再用T4 DNA连接酶将两种消化片段连接起来，结果获得了包括SV40和λDNA的重组的杂交DNA分子。这个重组体的意义在于他将具有真核基因组特征的病毒SV40与具有原核特征的大肠杆菌的病毒λDNA重组到了一起。这就预示着任何来源的DNA都可以相互重组。由于Berg的开拓性的工作，他与发明DNA测序技术的Walter Gilbert和Frederick Sanger分享了1980年的诺贝尔化学奖。1973年，Berg在斯坦福大学的同事Stanley N. Cohen等将编码有卡那霉素抗性基因的质粒与编码有四环素抗性基因的另一种大肠杆菌质粒重组后，得到了既抗卡那霉素又抗四环素的重组体。

这之后，重组DNA技术风起云涌。很快，重组DNA技术或基因工程技术在遗传学研究、基因功能的研究、药用蛋白的开发、疾病的基因诊断和基因治疗等方面得到了迅猛发展。

29.2 基因工程药物

1981年，我在内分泌科参加临床实习的时候，面对糖尿病患者，医生一般都建议其控制饮食、使用一些提高胰岛素敏感性的药物，很少建议患者使用胰岛素。在那个时候，胰岛素是一个非常稀缺的药物，临床医生不敢、也不愿意过早地给患者使用胰岛素。除了经济的原因之外，更主要的是因为猪源或牛源胰岛素作为异源蛋白，具有较强的免疫原性，一旦在人体中产生抗体，将没有更好的治疗糖尿病的替代办法。随着基因工程技术的发展，人们可以通过设计和修饰基因，将编码人胰岛素的DNA序列插入含有细菌调控元件的病毒中，再转化至大肠杆菌，让大肠杆菌中表达人工重组的人胰岛素。这样的胰岛素经过纯化和恢复活性以后，就可以用于治疗糖尿病患者了。1982年，人工重组人胰岛素（hrInsulin）成为美国食品药品监督管理局批准的第一个药用的基因工程产品。现在医生普遍认为，不仅是Ⅰ型糖尿病患者需要补充外源性胰岛素，Ⅱ型糖尿病患者体内同样缺乏胰岛素。Ⅱ型糖尿病的病理基础是胰岛素抵抗和分泌缺陷。只有早期使用胰岛素治疗才能使Ⅱ型糖尿病患者分泌胰岛素的细胞得到休息，使其更好地恢复和维持胰岛素分泌功能。这种变

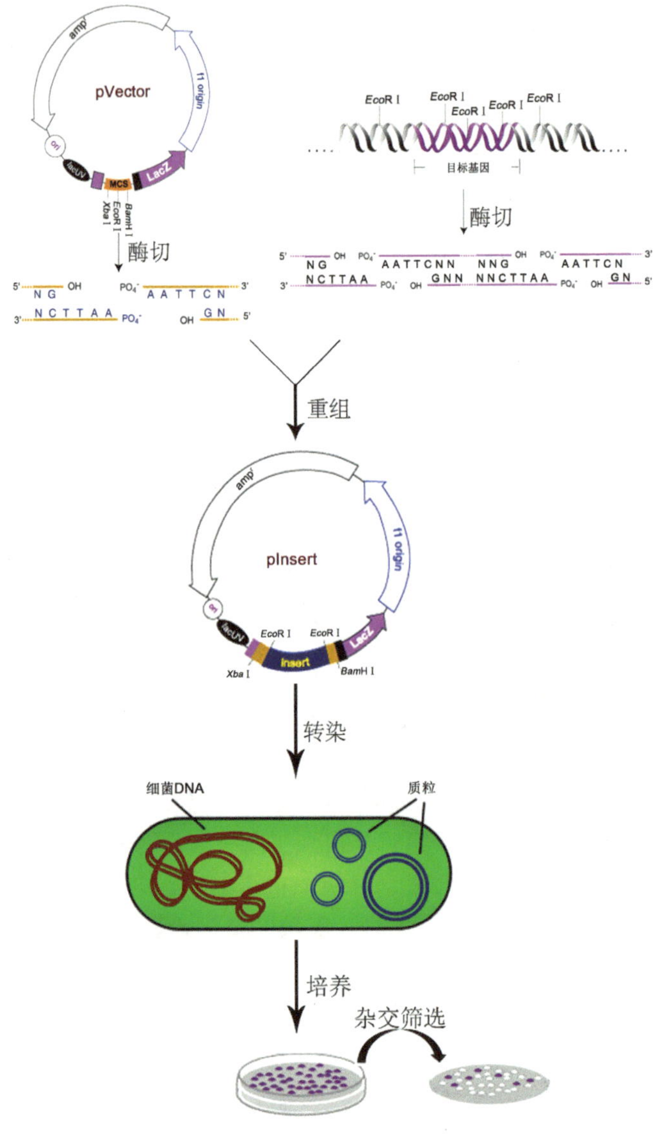

图 29-1　Peter Lobban 提出的 DNA 重组的步骤

化，不仅打消了医生害怕使用胰岛素产生抗体的疑虑，而且通过早期使用胰岛素，也减少了糖尿病患者罹患并发症的风险。这种观念的转变，正是得益于基因工程技术的开展和普及。

在重组的人生长因子使用之前，医生从死尸的脑垂体中提取生长因子，用于治疗侏儒症。这样做的结果增加了疯牛病的传播机会，而重组的人生长因子排除了这些问题。血友病的治疗也曾面临着类似的风险。血友病是因为凝血因子Ⅷ或者Ⅸ缺乏而导致的凝血功能障碍，因编码在凝血因子的基因存在于 X 染色体上，其发生突变以后不能产生有功能的凝血因子，所以患者多为男性。一般的治疗方法是给患者输入新鲜血液或者从血液中纯化的凝血因子，但是对于血友病患者来说则面临着血液传播性疾病，如艾滋病、乙型肝炎等的危险。而重组的凝血因子则使患者避免了这样的风险。

自从弗莱明爵士在 1928 年发现青霉素以来，由微生物产生的抗生素在疾病治疗和人类健康等方面发挥着重要作用。但是，随着抗生素的过度滥用，病原菌的抗药性不断增加，发现具有新结构、新活性的抗生素及大量生产是医生面临的紧迫问题。传统的生产抗生素的方法是在环境中大量筛选具有高表达抗生素的细菌。但是，从自然界直接筛选新抗生素的难度在增加。基因编码酶，酶又催化抗生素小分子的生物合成，因此遗传信息间接地决定了抗生素的结构和生理活性。抗生素中生物合成基因往往成簇排列，尤其是红霉素等聚酮类抗生素编码基因以模块和结构域的形式存在着，形成抗生素装配的生产线。不同的模块负责不同二碳单位（乙酸、丙酸或丁酸）的掺入，不同的还原结构域的存在与否决定了 β- 酮基的修饰状态，而硫酯酶结构域的位置决定了聚酮链的长度。微生物学家邓子新根据抗生素生物合成的这一特性，通过基因工程等手段，替换、缺失、添加各种结构域编码基因，定向改变链长、基团、立体结构等，而且其他多种聚酮合成后修饰基因的引入，进一步增加了新结构衍生物的多样性，成为新结构新活性抗生素的重要来源。

流行病学调查显示，我国的乙型肝炎病毒的携带者和乙肝患者占总人口的 10% 左右，乙型肝炎及其并发症是严重危害我国人民健康的传染病之一。预防乙型肝炎最有效的方法就是乙肝疫苗的注射。由于乙肝病毒在体外不能复制，因此不能制备传统意义上的、像脊髓灰质炎疫苗一样的减毒或灭活疫苗。基因工程为我们提供了生产仅含有乙肝病毒表面抗原或表面抗原亚单位的疫苗。从 20 世纪 80 年代开始，这种人工重组的疫苗在我国大量使用，乙肝的发病率及乙肝病毒的携带者数量均有了明显的下降。

29.3 疾病病因的研究

遗传性疾病的发生一般都是由基因突变造成的。传统的遗传学研究，则是根据患病表型、家系分析来确定这些疾病是否为遗传性疾病。但是对于致病基因的确立则困难重重。A1 短指（趾）畸形早在 1903 年就被发现，长期作为典型案例出现在各国遗传学和生物学教科书中，其患者的中间指（趾）节缩短，甚至与远端指（趾）节融合，尽管世界各国科学家都在根据自己掌握的病例家系来寻找致病基因，但屡遭失败，被称为百年遗传之谜。2001 年，遗传学家贺林教授领导的团队，利用基因工程的手段，对三个 A1 短指（趾）畸形大家族系进行了分子遗传学分析，结果发现正是由于患者体内的 *Indian hedgehog* 基因突变，导致这一基因功能的丧失，从而引发了指节的缺失，成功揭示了 A1 型短指（趾）症的致病机理。

29.4 基 因 诊 断

在疾病的诊断方面，医生应用探针杂交技术、反转录聚合酶链反应（RT-PCR）、芯片技术等方法，对各种感染性疾病、遗传病性疾病进行诊断。例如，应用抗重组的 HIV 蛋白的抗体可以进行 ELISA 或者 Western-blot 以检测血清中是否有艾滋病病毒的存在。用 RT-PCR 可以检测到艾滋病的病毒核酸，而这些检测都是通过对 HIV 基因组的克隆和序列分析发展而来的。

β 地中海贫血是世界范围内广为流行的遗传性血液病，主要分布在地中海沿岸和东南亚地区，在我国南方，特别是两广和云贵等地区也很常见。该病是第 11 号染色体上的 β 珠蛋白基因发生突变所致，使 β 珠蛋白肽链合成的缺乏或减少携带一个突变 β 珠蛋白基因的杂合子虽有血液学和血红蛋白合成异常，但没有临床症状。当两个 β 地中海贫血杂合子婚配时，每次妊娠均有 1/4 的机会生育出携带两个突变 β 珠蛋白基因的 β 地中海贫血重型患儿。他们具有严重的溶血性贫血的临床表现，目前没有有效的治疗手段，只能依赖输血维持生命，但过多的输血将带来体内铁沉积，导致心力衰竭而死亡。广东的一对医生夫妇，在忍受了失去一个女儿的悲痛后，迫切盼望能生育一个健康的孩子，于 1980 年，在怀孕 17 周时，来上海请曾溢滔教授为腹中的胎儿进行产前诊断。通过血液学、血红蛋白和珠蛋白基因分析，确认夫妇俩均是 β 地中海贫血杂合子，经过遗传咨询后，夫妇双方都同意通过羊水细胞的 DNA 分析对胎儿作产前基因诊断。非常幸运的是，羊水细胞 DNA 分析结果显示胎儿没有遗传到父母的突变基因，也就是说没有罹患 β 地中海贫血，继续妊娠直到分娩出健康的胎儿。孩子的父母万分喜悦，即将新生儿取名为“上海”，以示对上海，以及曾溢滔教授和他的同事们的感激之情。这一例产前基因诊断的成功，也揭开了我国将基因工程技术应用于临床实践的新篇章。

伴随着人类基因组计划的完成，人们对非编码序列的解读也成了科学家研究的热点问题。基因芯片技术，特别是新一代测序技术的发展，使我们可以对个体和群体染色体中单核苷酸多态性从全基因组水平上考虑疾病发生的原因。进而，在 2015 年年初，美国科学家提出了精准医学的概念。这是在人类基因组计划完成之后，科学家可以利用海量的基因组的数据，对个体进行基因诊断，从而为实现个性化治疗做出了前瞻性的贡献。

29.5 转基因动物和基因治疗

转基因动物是指将特定的外源基因导入动物受精卵或胚胎，使其稳定整合于动物的染色体基因组并能遗传给后代的一类动物。导入的外源基因可以是完整的、有功能的，也可以是突变的、没有功能的。假如导入的基因是有功能的完整基因，则可以纠正已有的基因缺陷，或者在动物体内大量生产这种蛋白质。通过这种方法，人们试图利用动物的乳腺作为生物反应器，生产药用蛋白。在上海交通大学医学遗传研究所曾溢滔院士的领导下，先后获得了乳汁中表达人凝血因子Ⅸ蛋白的转基因山羊和整合了人血清白蛋白基因的转基因牛，为建立“动物药厂”迈出了重要的一步。假如导入的基因是突变的，则可通过定点打靶技术将原有的正常基因屏蔽掉，用以观察在该基因缺失的情况下会出现哪些异常的表型。这种方法又称为基因敲除。上海交通大学医学院“长江学者”王铸钢教授通过对 PML 基因敲除小鼠和 PML/RARa 转基因鼠的表型分析，阐明了 PML 和 PML/RARa 融合蛋白在 APL 发病机制中的作用，并在整体动物水平证明此融合蛋白对 PML 蛋白功能的显性负效应作用；发现 PML 具有细胞生长抑制和肿瘤抑制活性，PML 可以抑制细胞周期调节蛋白的表达而使细胞周期延长。上海交通大学系统生物学医学研究院的特聘教授吴强，通过 DNA 片段原位编辑方法，成功地反转了增强子的位点，并发现这种反转改变了染色质的拓扑异构现象，从而影响了增强子与启动子之间的相互作用（图 29-2）。

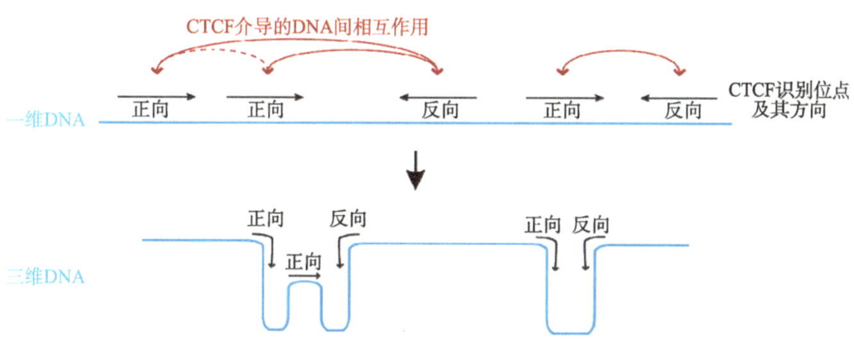

图 29-2　基因组范围内 CTCF 结合位点（CBS）的一维 DNA 序列信息参与决定三维 DNA 结构
CBS 位点的方向性决定 DNA 元件的染色质环化方向，在 CTCF 和 cohesin 作用下形成特异的染色质高级拓扑结构域，在染色体架构（chromosome architecture）中起着关键作用

基因工程技术在疾病的基因治疗中也展现了巨大的作用。基因治疗是针对有缺陷基因进行的一种治本的治疗方式。其具体方法是利用基因工程的手段，在体外将可以编码正常的、有功能的蛋白质的基因克隆出来，再通过打靶载体，替换掉有突变的基因，从而纠正因基因突变所导致的遗传学疾病、肿瘤等对身体造成的伤害。

基因治疗概念的提出是在 1972 年，但是真正在人身上开始基因治疗则是在近 20 年后的 1990 年。第一个接受基因治疗的是一个 4 岁的、罹患腺苷脱氨酶缺乏症、叫 Ashanti DeSilva 的美国小女孩。腺苷脱氨酶缺乏症是一种 X 染色体连锁的遗传性免疫缺陷症。由于患者胸腺发育不良，而导致缺乏有功能的 T 淋巴细胞，从而不能对抗原进行呈递。因此，患者只能生活在过滤过的空气中，假如外出，需要将自己装在一个大气球中。任何轻微的感染都会因为患者的免疫缺陷而导致严重的后果。美国国立卫生研究院的科学家用反转录病毒载体将腺苷脱氨酶的基因在体外直接导入了患者的 T 淋巴细胞，然后再将这些 T 淋巴细胞回输给患者，这样就恢复了患者的免疫功能。目前，已经有超过 1700 例患者接受了这样的治疗。

我国是第 2 个进行基因治疗的国家。1991 年，复旦大学遗传学研究所与第二军医大学附属长海医院血液科合作，对乙型血友病患者刘氏两兄弟在经过 6 年治疗后，未发现与基因治疗相关的不良反应或并发症。这是迄今为止世界上唯一进行基因治疗的血友病病例。过去，乙型血友病只能通过频繁输血或血制品补充血液中的凝血成分，但疗效短，费用高，且面临输血引起肝炎等病毒感染的威胁。科学家和血液病专家首先对取自患者皮肤的成纤维细胞进行体外培养，同时把能够产生凝血因子的正常基因装入载体，再将载体转入培养的细胞，使之大量繁殖。最后，在人体内用胶原包埋这些细胞，使其不断产生凝血因子，形成正常的凝血功能。迄今为止，先后有 4 位 4~15 岁的男孩在长海医院接受此项治疗，病情得到了很大的改善。

现在，转基因动物的研究和基因治疗已经获得了巨大的突破，2012 年 6 月 27 日美国科学家宣布：历经三年的研究，他们利用基因修改技术，成功培育出了 30 个婴儿。其中两个婴儿含有来自三位不同成人的基因。转基因人的出生，虽然面临极大的伦理学障碍，但是，它可以从根本上让有基因缺陷的人生育出正常的后代。我们有理由相信，随着科学技术的进步，在不远的将来，我们会看到很多经过基因设计和基因修改出生的婴儿，这些孩子可能体格健壮、面容姣好、智力超群。

29.6 转基因植物

转基因植物（transgenic plant）也可以称为遗传修饰过的植物（genetically modified plant），是通过基因工程，将这种植物原本不存在的基因导入，以产生新的性状，改善其营养价值，直接对天敌昆虫具有毒性，提高其对疾病的抵抗力，从而提高农作物的产量，或者产生新的花卉品种。

第一个转基因植物是1986年在法国和美国大面积种植的转基因烟草，转入的基因是抗除草剂基因。第一个成立转基因公司的是比利时人孟山都等，他们致力于推广抗虫基因苏云金杆菌毒蛋白（Bt）的转基因，用以防治作物害虫对农作物的侵害，以及减少杀虫剂的使用。1992年，我国成为了第一个容许抗病毒烟草商业化种植的国家。第一个上市的农作物是转基因番茄，它可以长久保存。1994年，欧盟批准了抗除草剂转基因烟草在市场流通。1995年，美国环境保护协会证明转基因Bt的土豆是安全的，从而使其成为第一种被出售的农作物。到2011年，包括中国、美国等在内的29个国家的3.9亿公顷的土地上种植了超过11种不同的转基因植物。

人们将β胡萝卜素的生物合成体系导入水稻的基因组中，生产出了金黄的黄金水稻，提高了水稻的营养价值。得克萨斯大学休斯敦医学分校的生物化学家通过调整拟南芥内的丙二烯氧化物和过氧化氢酶的比值，成功地决定了植物果实的口味。通过对它的有效控制，我们将可以改变蔬菜和水果的味道。将来有一天，我们可能会吃到柠檬味或香蕉味的西瓜或番茄。上海交通大学农业与生物学院“长江学者”唐克轩教授，用基因工程的手段，将乙肝疫苗导入番茄中，番茄就会高效表达乙肝疫苗。假如可以让这些疫苗在消化道中不被消化的话，我们将可以通过吃番茄来免疫，而不需要再忍受注射疫苗的痛苦。

RNA干扰是一种新发现的基因调控机制。在体内一些双链RNA（dsRNA）分子经加工形成小分子干扰RNA（siRNA），它可以在转录或转录后水平上高效、特异地抑制体内特定基因的表达。棉酚对昆虫是有毒的，但是在棉铃虫体内强大的解毒能力可以将棉酚降解，从而成为棉花种植的最大危害。根据这一特性，植物学家陈晓亚和他的同事，将包含正向和反向的解毒酶P450基因序列导入棉花内，在棉花中表达形成了dsRNA，当昆虫在取食了转基因植物后，体内的靶基因通过RNA干扰途径被抑制，从而使棉铃虫的生长发育受到抑制（图29-3）。这一技术为开发更有效更安全的转基因抗虫植物开辟了新方向。

虽然，有很多人在问，转基因植物是否对人体有害？是否可以影响生殖健康？是否可以将被转的基因传入杂草中？虽然也曾有一些研究表明转基因食品对周围环境和动物生理造成了伤害，但是，很快这些结论就被推翻了。

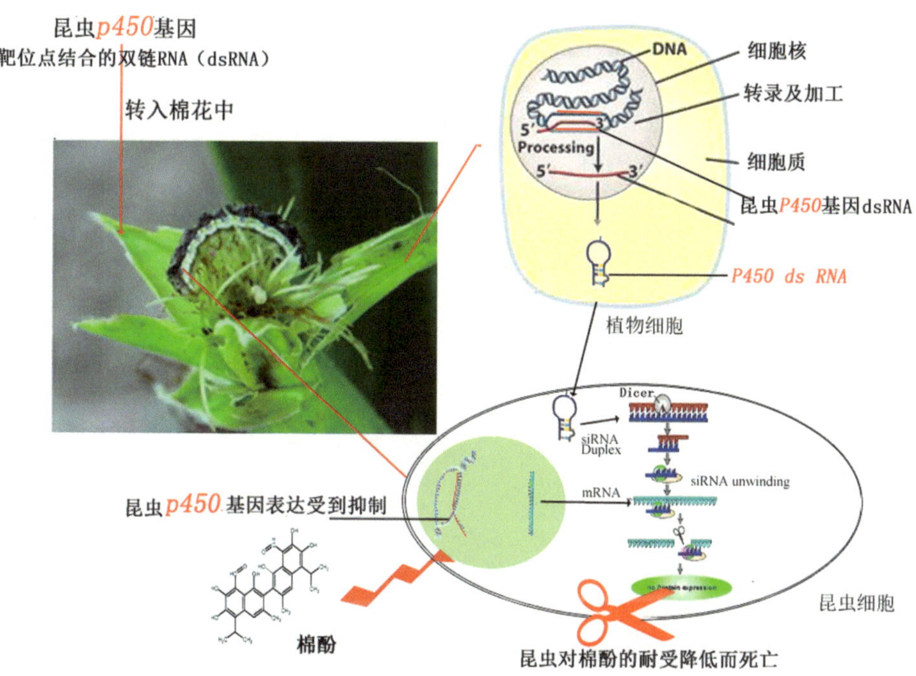

图 29-3　双链 RNA 转染棉花后的抗虫机制

29.7　结　束　语

诚然，由于转基因技术的不成熟和伦理学的限制，基因工程的成果现在还面临着一些瓶颈。但是，我们有理由相信，随着时间的推移、科学的进步，转基因农作物的安全问题一定会得到解决。总有一天，转基因食品会不可抗拒地走到我们的餐桌上，更加缤纷的花卉会装点我们的城市。基因诊断和基因治疗也将更加普遍，人类的健康也将会得到更大的改善。我们期待着，基因工程更加丰硕的成果！

（乔中东）

第四篇

新 药 研 发

30

生物信息与药物创新

自古以来，疾病，特别是各种传染病，始终是人类生存面临的最主要的威胁之一，随着时代的前进，人类所面临的健康威胁也呈现着多样化和复杂化的趋势。随着人类对原始自然环境和动植物栖息地的破坏，一些原本只在动物间传播的疾病有了更大的机会跨越物种屏障而得以传染给人类；交通工具的便捷和基础设施的进步使得人口更大范围、更大规模和更快速地流动，一些原本只在局部流行的传染病得以迅速扩散至世界各地；城镇化的发展和科技的进步又使得人们的生活方式产生巨大的改变，很多所谓的“富贵病”应运而生。如今，很多人都有这样的感觉，各种疾病的新名词越来越多了，事实上也正是如此，20 世纪 70 年代发现的埃博拉病毒，80 年代发现的艾滋病病毒，21 世纪初发现的 SARS 病毒，包括最近出现的中东呼吸综合征（MERS）病毒，各种新型的恶性传染病正以前所未有的速度出现着，而一些传统的流行病诸如流感亦“阴魂不散”，每隔几年就要流行一次，肺结核死灰复燃，牢牢占据我国传染病发病率的首位。除此之外，糖尿病等代谢性疾病和让人谈之色变的癌症的发病率均连年上升。面对这一系列的威胁，科学始终是我们手中最强大的武器，正因为有了科学的进步，特别是 20 世纪以来生物学和医学的快速发展，才使得我们面对各类未知的疾病始终可以从容应对，通过科学家的不懈努力，我们攻克了一个又一个疾病的堡垒，使得一些曾经毁灭一个民族的恶性传染病销声匿迹，同时也必将不断前进，不断改善人类的医疗条件和健康状况，抵御影响人类生存的重大威胁。

药物是抵御疾病的最终手段，药物创新则是一项漫长而艰苦的科学探索过程，它依赖于我们对人体、对疾病和对药物本身的充分认识，但是显然这些认识在现阶段都是相当有限的。依靠这些有限的认识和大量的实践经验，药学家提出了许多药物开发的基本理论，如免疫学的抗原 - 抗体理论、中医的阴阳理论等，而其中应用最广泛的莫过于药物 - 靶标理论：通过药物对某一靶标的作用，抑制或激活其活性，从而带来治疗疾病的作用，这里所谓的靶标，通常都是具有某些重要功能的蛋白质。于是，基于这一理论的药物创新过程就可以被归纳为：寻找在某一疾病中具有关键作用的蛋白质，抑制或激活这一蛋白质可以起到治疗疾病的效果→寻找可以抑制或激活这一蛋白质的先导化合物→优化先导化合物的结构，使其具有更强的活性、更小的毒性、更稳定的结构，更好地吸收、分布、代谢、排泄属性等→实际检验这一化合物的安全和疗效。这里的先导化合物是指对某一靶标具有明确药理活性的化合物，可以从天然动植物或微生物的活性成分中获得，可以从药物的代谢产物中获得，可以根据现有药物进行结构修饰获得……广泛的先导化合物来源对于药物创新至关重要（图 30-1）。

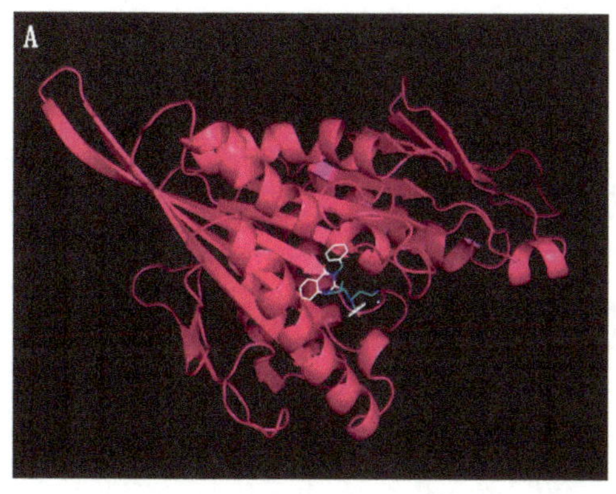

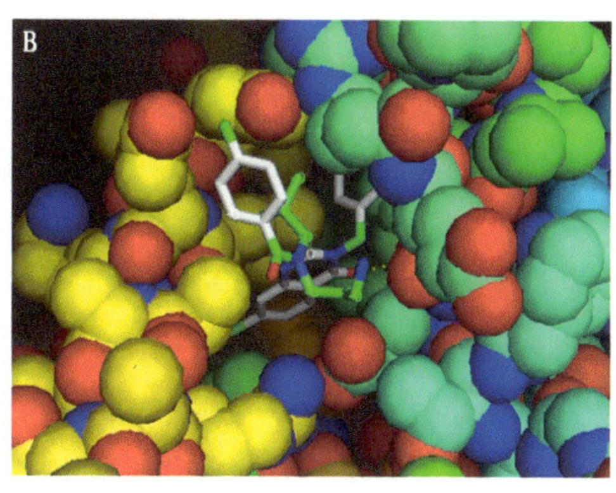

图 30-1　药物 - 靶标相互作用

图 A 中的粉色部分和图 B 中的球形部分是 Kinesin-like protein KIF11 蛋白质，一种细胞骨架蛋白，可能作为抗肿瘤药物的靶点。两图中棒状部分均是 G7X 小分子，是一种潜在的抑制剂

生物信息学通过对生物大数据和生物分子结构的分析可以极大地帮助我们认识药物 - 靶标相互作用。传统的药物发现多基于经验和尝试，具有很大的偶然性，而用生物信息学方法建立虚拟模型，对于锁定研究目标、减少盲目性、增加针对性的药物研发和节约早期研究成本具有重要意义。事实上，多年来，随着计算机硬件和软件的不断发展，许多研究者在药物 - 靶标关系确定和预测方面做了努力，至今这仍然是一个热门的研究问题。这些预测方法大致可以归为 4 类：基于配体的预测方法，基于靶标的预测方法，机器学习方法和网络信息学方法。

30.1　基于配体的预测方法

在药物 - 靶标相互作用关系预测方法中，最基本的方法就是基于配体（指药物、小分子化合物、离子等）的化学相似性的预测方法（图 30-2）。这一方法是利用配体相似性，整理靶标蛋白之间的药理学特征和关联性，而不是基于靶标蛋白的序列信息或结构信息。它的基础假设是，具有化学相似性的配体，也具有相似的生物学活性，即可以结合相似的靶标。基于配体的预测方法具有很强的生命力，至今仍有不少研究文章基于此方法的核心思想进行各种演化和改良，取得了很好的预测效果。

基于配体的预测方法中，首要的也是核心的一步，是计算配体小分子的化学相似性，通常是利用化学描述符，将配体小分子的结构或其他信息数学化，用一串可比较的数字，即分子指纹，描绘一个配体小分子。现在，有不少分子描述符（分子指纹）可用于计算两个配体分子之间的化学相似性，如 Daylight、MACCS key、GpiDAPH3 等。

研究者利用配体相似性方法，基于配体化学信息及配体 - 靶标的相互作用关系，筛选新的药物 - 靶标相互作用对，取得了很好的效果。G 蛋白偶联受体（G protein-coupled receptor，GPCR）是一类在疾病治疗上非常有效的药物作用靶点，许多研究者建立了支持向量机（support vector machine，SVM）模型，并分析了与 G 蛋白偶联受体结合的配体小分子的子结构特征，展示了利用配体化学基因组学研究 G 蛋白偶联受体的前景（van der Horst et al. 2010）。

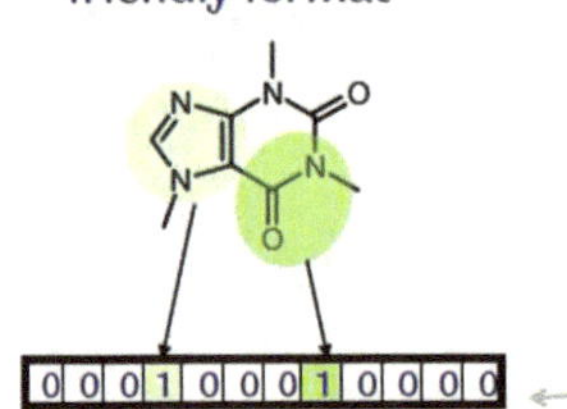

图 30-2 化学相似性计算。用一串二进制数描述一个配体小分子具备哪些和不具备哪些特殊结构，通过比较两个小分子的二进制序列得到其化学相似性

在科研及工业领域的药物 - 靶标研究中，配体相似性的预测方法成为了初筛过程中必不可少的辅助工具，常用于大规模快速寻找和发现新的药物作用靶点及药物先导化合物。但是由于精准度不够高，不能成为定性定量的依据，也使这一方法的独立应用一度受到限制。近年来，化学基因组学的兴起，使人们认识到配体小分子化学信息的重要性，并且多年来累积的药物 - 靶标相互作用信息，也为预测新的药物 - 靶标关系奠定了很好的基础。研究者的目光又从蛋白 - 配体微观结构的解析转到配体化学信息的挖掘上，并取得了重要的成绩。化学相似性系综法（similarity ensemble approach，SEA）就是在这时产生的。

化学相似性系综法基于比较蛋白质所有配体组成集合的相似性，这种方法最开始应用于比较两个蛋白质的相关性，后来成功延伸到预测已知药物的多靶点问题。其中，二维的分子指纹 Daylight 和相似性系数 TC 用于计算和比较两个配体化合物（药物）的相似性。一系列相似性系数经过一定的数学变换得到 Z-score 和 E-value，用以评价配体集合之间的相似性，即靶标蛋白之间的相关性。

化学相似性系综法后来被继续挖掘其应用价值，延伸到预测已知药物的多靶点问题。作者一共调查了 3000 多个 FDA 认证的药物与 200 多个药物靶标之间的关系，新发现了 23 个药物 - 靶标相互作用关系（Zhao et al. 2013）。在体外实验中，其中 5 个药物 - 靶标相互作用关系得到证实，亲和力小于 100nM。此外，化学相似性系综法也被用于研究商业药物和靶标蛋白法尼基转移酶（farnesyltransferase，PFTase）的脱靶效应，新发现了两个药物氯雷他定（loratadine）和咪康唑（miconazole）也是法尼基转移酶的抑制剂（DeGraw et al. 2010）。

药效团模型或许是应用化学小分子三维结构最广泛的代表性方法了。所谓药效团，指的是符合某一受体对配体分子识别所提出的主要三维空间性质要求的分子结构要素。具有某一特定药效团的分子，也就具有了与某一特定受体结合的主要性质，就会显现出某种生理活性。药效团是基于药效特征元素建立的模型。药效特征元素主要分为 7 种，包括：氢键供体、氢键受体、正负电荷中心、芳环中心、疏水基团、亲水基团及几何构象体积冲撞。一个有效的药效团模型，一般包含 3~5 个有效的药效团元素。如果模型中含有的药效团元素数目过多，就可能导致在药效团模型应用过程中无法产生结果。

尽管起初发展缓慢，但是从 20 世纪 90 年代开始，药效团模型就逐步被广泛用于药物 -

靶标的虚拟筛选阶段。自此，各种基于药效团理论开发的药物筛选模型就大量产生了。近年来，药效团模型成功地用于间质细胞增生抑制剂的发现和多种药物靶点的潜在配体化合物筛选，如烟碱型乙酰胆碱受体 α7 nAChR 激动剂的筛选（Arias et al. 2010）等。在三维药效团模型中，分子的空间位阻代表了小分子配体化合物与蛋白质受体之间的一种本质相互作用。2005 年，Wolber 等基于一套明确定义的 6 类化学结构信息，尝试从蛋白质口袋中提取配体的药效团，进而发展了一系列算法，用于配体药效团的提取和解析，以及多种靶标的药效团模型构建（Wolber and Langer 2005）。

相对于分子对接技术，药效团筛选模型只考虑了那些与已知配体直接模仿的化合物，因而药效团模型可能会忽略掉其他一些有用的配体 - 受体结合模式。换句话说，药效团模型受限于只有单一作用模式的小分子化合物。然而，通过联合使用多种药效团模型，可以突破这种限制。这种称为虚拟平行筛选的方法，已经成功地被用于确定天然产物的生物学活性。在作者的工作中，基于 PDB 数据库的药效团信息首次被用于在中药（Traditional Chinese Medicine，TCM）中筛选有效成分锚定靶点，结果显示中药芸香（*Ruta graveolens*）中的 16 种成分具有很好的药用潜力，与相对应的半数抑制浓度（IC_{50}）结果一致（Zhao et al. 2013）。

定量构效关系模型（quantitative structure-activity relationship，QSAR）是另一种基于配体的预测方法，最早建立于 20 世纪 60 年代，当时首次将计算方法用于定量描述生物体系及药物分子化学结构对药效学及药代动力学的影响。总的来说，任何数学模型及统计学方法，用于建立分子结构与生物学性质的关系，都可以认为是定量构效关系模型。QSAR 模型的理论基础是简单的，然而训练和应用 QSAR 模型是复杂的，因为相似的化学结构有时可能作用于完全不同的靶点，这是缘于生物体系的多样性和复杂性。此外，数据中的固有噪声对于描述化学空间和生物学性质产生影响，进而干扰准确建模。尽管存在这些困难，极少量异常值的存在不可避免，但是依然可以获得大量而稳定的生物学数据，因此在过去 40 年中，成千上万个 QSAR 模型诞生并存储在相关数据库中。

30.2 基于靶标的预测方法

基于靶标的预测方法高度依赖靶标结构信息的完整性和准确性，靶标结构信息可以通过实验或者计算模拟来获取。目前基于靶标的预测方法的开发致力于两方面的努力：一是，预测配体在蛋白质口袋中的构象和空间取向；二是，模拟配体和蛋白质靶标之间的亲和力的打分函数。

经过 20 多年的发展，分子对接（molecular docking）方法在预测配体 - 蛋白质相互作用方面取得了重要进展。分子对接是依据配体与受体（蛋白质）作用的“锁 - 钥原理”，模拟小分子配体与受体生物大分子相互作用。配体与受体相互作用是分子识别的过程，主要包括静电作用、氢键作用、疏水作用、范德华作用等。通过计算，可以预测两者间的结合模式和亲和力，从而进行药物的虚拟筛选。分子对接首先产生一个填充受体分子表面的口袋或凹槽的球集，然后生成一系列假定的结合位点。依据受体表面的这些结合点与配体分子的距离匹配原则，将配体分子投映到受体分子表面，计算其结合模式和亲和力，并对计算结果进行打分，评判配体与受体的结合程度。分子对接方法不能应用到三维结构不明确的蛋白质靶标中，高分辨率的蛋白质靶标结构一般可以从 X 射线晶体衍射实验或者核磁共振光谱实验中获得。然而，将近半数的药物靶标属于膜蛋白类别，而这一类别的蛋白质结构极难从实验中获得。一种可以替代实验的计算学方法就是同源建模（Tomology Modeling），通常用于为蛋白质靶标建立一个推测的几何结构和对接口袋。同源建模的基本假设是：如果未知结构蛋白 A 与已知结构蛋白 B 之间的序列相同程度超过 30%，则蛋白 A 可以以蛋白 B 为模板来构建其全原子三维结构。此外，结合分子动力学和蒙特卡罗模拟的从头计算方法也被用于预测蛋白质靶标的三维结构。但是，同源建模和从头计算方法都面临着蛋白质结构保真度的质疑。分子对接的另一个难点是蛋白质的动态行为、大量的自由度及势能面的复杂性。这些都决定了分子对接的预测能力和应用范围高度依赖于靶标结构信息的完整性和准确性。

相反，反向对接（reverse docking）用于小分子配体潜在结合蛋白的搜寻，在虚拟筛选中发挥了重要作用。这种方法首先被用于搜索与同一个小分子化合物结合程度不同的多个结合蛋白。例如，中药化合物的活性已经确认，但对它潜在的作用模式仍然不清楚。2001 年开发出来的 INVDOCK 方法（Chen and Zhi 2001），首先进行了中药组成成分的多靶点搜索，使用了来自 PDB 数据库的蛋白质口袋结构数据库。为了减少对接方法对蛋白质靶标性质的依赖，采用多重活性位点用于弥补配体依赖产生的偏差，并且采用共识得分（Consensus Scoring）用于降低虚拟筛选的假阳性率。打分函数亦是对接方法的主要弱点，采用蛋白质绑定配体下的蛋白质构象信息，用来克服现有打分函数的局限性，并能够预测配体在蛋白质口袋中的空间取向。

尽管存在一些局限性，但在过去 10 年间，基于分子对接的虚拟筛选方法被成功地应用于预测和确认新的生物活性化合物（图 30-3）。使用组合的小分子增长算法（combinatorial small molecule growth algorithm），Grzybowski 等（2002）应用分子对接方法设计了专门针对人类碳酸酐酶Ⅱ的配体。使用多异构体的形状匹配校准法（multiple-conformer shape-matching alignment）进行反向对接，结果显示 50% 的计算机预测到的潜在蛋白质靶标是相关的或已得到实验证实。同样的方法还被用于在药物研发早期阶段确认潜在的药物毒性和不良反应，结果显示 83% 的实验已知的毒性和不良反应能够被预测到。Zahler 等（2007）应用反向对接方法寻找三个靛玉红衍生物的潜在激酶靶点，一共发现了 84 个独特的蛋白激酶。现在已经发现了一个靛玉红衍生物对粒细胞性白血病具有很好的治疗价值。此外，分子动力学辅助下的对接方法也被应用在虚拟筛选中，成功地筛选了 HIV 病毒的多靶点药物，其中 KNI-765 是具有潜在价值的抑制剂。

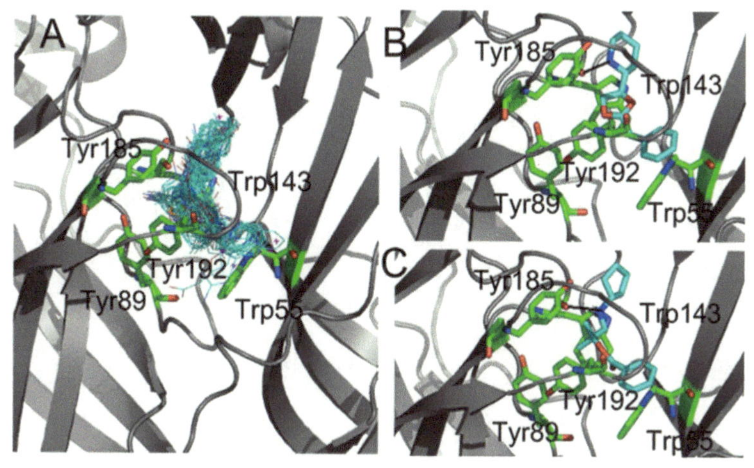

图 30-3 分子对接示意图

图中灰色部分是烟碱型乙酰胆碱受体 α7 nAChR 的活性位点，绿色、蓝色部分是不同小分子在活性位点中的构象

30.3 机器学习方法

上述基于配体的预测方法和基于靶标的预测方法分别是利用化学相似性和蛋白质三维结构预测配体 - 靶标的相互作用关系。尽管越来越多的潜在药物靶标和配体被发现，针对不同的靶标从数百万的小分子化合物中筛选合适的活性配体，仍然是一个巨大的挑战。

机器学习是依据现有数据，使用机器，自动实现模拟人类学习活动的一门学科。这里所说的“机器”，指的是计算机，现在是电子计算机，以后还可能是中子计算机、光子计算机或神经计算机等。随着数据库技术的发展和因特网的广泛应用，人类积累的数据资料已经有了爆炸性的增长。激增的数据背后隐藏着许多重要的信息知识。通过机器学习的手段可以对积累的大量数据进行分析、提炼，以挖掘、发现有用的信息知识。现在，机器学习方法已经被应用到生命科学的很多领域，药物 - 靶标相互关系预测就是其中之一，研究者在这方面已经积累了丰厚的研究成果。

基于数据的机器学习主要可以分为监督学习（supervised learning）、非监督学习（unsupervised learning）和半监督学习（semi-supervised learning）。监督学习是通过已知的一部分输入数据与输出数据之间的对应关系，生成函数，并将新的输入映射到合适的输出，如分类。非监督学习是直接对输入数据集进行建模，如聚类。半监督学习是综合利用有类标的数据和没有类标的数据，来生成合适的分类函数。机器学习常用的分类方法包括：决策树（decision tree）、K 最近邻法（K-nearest neighbor，KNN 法）、支持向量机（support vector machine，SVM）法、向量空间模型（vector space model，VSM）法、贝叶斯（Bayes）方法、人工神经网络（artificial neutral network，ANN or NN）等，以及衍生出来的各种方法（图 30-4）。

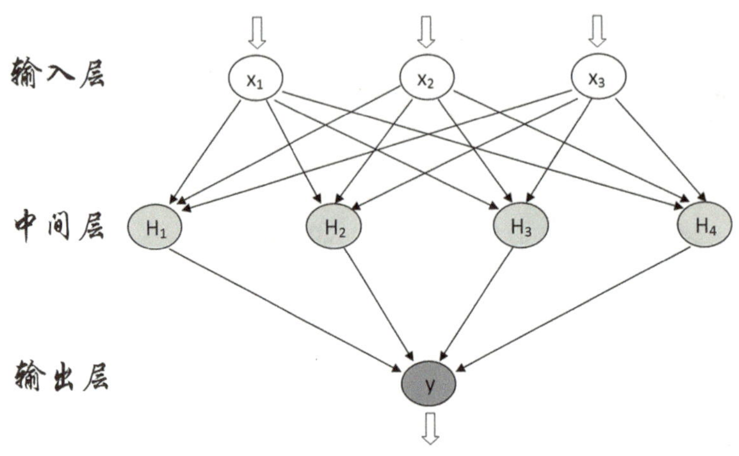

图 30-4 人工神经网络结构示意图

通常人工神经网络的结构可以被分成三层，输入层，中间层和输出层，每一层均包含若干个节点。图中 x, H, y 分别代表输入节点、中间节点和输出节点

近年来，机器学习方法吸引了大量注意力，成为预测药物 - 靶标相互关系领域中的一种高通量的预测方法。各种各样的监督学习模型在药物 - 靶标相互关系预测中得到应用。Nidhi 等从 WOMBAT 数据库的 964 个靶标类别中训练了一个多分类的经拉普拉斯算子修正的朴素贝叶斯模型，并预测了 MDDR 数据库中前三个最具潜力的化合物靶标（Nidhi et al. 2006）。根据已知的化合物 - 靶标关系，该模型的平均预测准确率可以达到 77%。贝叶斯分类器早期多被用于构建药物 - 靶标预测模型，此外，Winnow 算法也逐渐地被用于预测模型的构建。即使使用相同的数据集，不同的预测方法得到的预测结果也有所不同，这说明使用不同方法构建药物 - 靶标预测模型并比较结果的必要性。

用高斯交互核函数代表药物 - 靶标相互作用关系，用正则最小二乘法结合药物的化学空间和靶标的遗传学空间，构建预测模型，精度 - 召回曲线（precision-recall curve）下面积达到了 92.7。从蛋白质序列中提取的简单物理化学性质发现，潜在的药物靶标与已知的药物靶标是相互关联的，这在几个预测模型中都得到了相似的结论。监督学习下的二分图推理法用于代表药物相互作用网络，结合化学空间和遗传学空间，能够单独预测新的药物相互作用。此外，半监督学习方法——拉普拉斯算子正则最小二乘法（FLapRLS）整合化学空间和遗传学空间，也是探索药物 - 靶标相互作用关系的有效预测方法。

线性回归模型（linear regression model）也常被用于预测化合物 - 靶标相互作用关系。Zhao 等开发了一个计算框架——DrugCipher，基于药理学和遗传学空间，推测药物 - 靶标相互作用关系（Zhao and Li 2009）。在这个框架下，基于蛋白质相互作用网络，作者创建了三个线性回归模型，分别用来连接药物的治疗学相似性、化学相似性及靶标相似性。其 ROC 曲线下面积在训练集中可以达到 0.988，在测试集中可达 0.935。基于此方法新发现了 501 个药物 - 靶标相互作用关系，提示了潜在的新的药物应用或者不良反应的可能（Zhao et al. 2014）。

支持向量机和随机森林（random forest）模型在解决不同问题时，包括预测药物 - 靶标相互作用关系，都显示出了很好的预测效果。最普遍的方法是将预测问题转变成为一个二

分类问题，这样可以很容易地用支持向量机等工具建模。在这类模型中，一个合适的核函数是解决问题的关键之一，可以轻松地将数据空间映射到高维空间而不增加计算的复杂度。

不同的支持向量机模型对预测配体 - 靶标相互关系显示出不同的预测效果。Wale 等比较了贝叶斯分类器、二分类 SVM 模型、级联 SVM 模型、基于排名的 SVM 模型、排名感知器及结合 SVM 和排名感知器的模型，分别考察了它们对小分子化合物靶标的预测能力（Wale and Karypis 2009）。作者发现，级联 SVM 模型预测效果好于贝叶斯模型，对于所用数据集，结合 SVM 和排名感知器的模型显示出了最佳的预测效果（Li and Wei 2015；Yao et al. 2011）。这说明，在测试其他机器学习方法时，与传统的贝叶斯方法比较是十分重要的。

随机森林是多决策树的一种形式，近年来被用于筛选中药数据库，寻找几个重要的治疗学靶点的潜在抑制剂。作者使用了来自其他数据库的药物 - 靶标亲和力信息，在非平衡的数据集上采用随机森林方法，从 240 味中草药的 8264 个化合物中寻找到多个有用的中药成分。在所有的预测结果中，83 个中药 - 靶点对应的预测结果在文献中得到佐证。结合使用随机森林和分子对接方法筛选三种人类芳香化酶（CYP19）——杨梅素（myricetin）、甘草素（liquiritigenin）和棉花素（gossypetin）的潜在抑制剂，虚拟筛选结果随后被体外实验所证实（Zhao et al. 2014）。

然而，尽管机器学习方法在解决配体 - 蛋白质相互关系的分类问题中具有不错的预测效果，但它的弊端也是显而易见的。机器学习的建模过程是盲目而隐式的，从中很难直观地发现蛋白质与配体之间的生物学或生理学相关性。SVM 将分类问题映射到高维空间，增加了计算的复杂度，从而获得较好的预测效果。机器学习方法可获得好的预测效果，同时又不可避免地存在弱点，即很难明确建立蛋白质与配体之间的相互作用关系。所以，即使用最强大的预测工具，我们也很难在配体 - 蛋白质相互作用的理论创新上获得突破。

30.4 网络信息学方法

利用分子网络协助药物开发，是一个新兴的、蓬勃发展的领域。有研究表明，亲和力较弱的多靶标抑制剂，相比传统药物开发中的单靶标强抑制剂，具有更好的疗效和安全性。网络药理学正是探索用一种系统的、整体的思维方式，全面考虑药物在分子网络中的作用，从而理解药物的行为。新的实验技术、数据分析策略及建模方法逐步发展，用于预测药物 - 靶标的相互关系（Gao et al. 2012）。

高通量蛋白质组测定技术的进步已经带来了蛋白质 - 蛋白质相互作用信息的激增。即使存在某些数据上的缺失和矛盾，仍然很有价值用来探索药物 - 靶标的相互关系。研究发现，已知的药物靶标倾向于出现在中网络度或低网络度的节点上，也就是那些具有较低连通度的节点。以这类蛋白质为靶点，预示着药物具有更小的不良反应。在人类蛋白质互作网络中，蛋白质以拓扑性质的排序是研究药物 - 靶标相互作用的一种策略。Yildirim 等（2007）建立了一个二分图模型，用来连接药物与蛋白质，并研究了网络拓扑性质。例如，网络图中的枢纽点是与许多药物连接的靶标蛋白，二分图中的分支点是病因治疗药物或舒缓治疗药物。Mestres 等（2009）整合了 7 个数据库，构建了药物 - 靶标网络，这个网络共包含 802 个药物、480 个靶标和 4767 条相互作用的边。

细胞通过信号转导途径接收来自生长因子、营养物、毒性化合物或其他外部变化的信息。实验手段和计算生物学方法已经研究了大量的人类信号转导途径，如 EGFR、Wnt、Jak/STAT、TGFb 和 NFkB 通路等。应用信号转导通路模型，有助于理解网络的体系结构和动力学，并有助于将不同类型的离散数据整合成相互联系的数据。信号转导通路模型已经用于解释正反馈或负反馈调控影响下的动力学特性和不同通路之间的相互串扰。ErbB3 是 ErbB 网络中配体响应的一个关键节点，作者测试了 8 个 ErbB3 配体激活下游通路蛋白质磷酸化的能力，并比较了最有效配体随时间和浓度变化下的早期信号动态与靶标磷酸化之间的关联。另一个例子是逻辑建模，分派给每个蛋白质相互作用激活或失活的状态，这样构建起全面描述 EGFR/ErbB 信号网络的模型，能够预测各种配体（化合物）刺激下的影响。布尔建模，分派 1 或 0 分别给激活或失活的蛋白质，这种模型可以随时间更新蛋白质的调控状态。Sahin 等（2009）对 ErbB 受体调控的 G1/S 期转变进行了布尔建模，揭示了乳腺癌治疗药物曲妥单抗（trastuzumab）抗性潜在的替代靶标。

代谢网络在活细胞中的复杂性，要求设计的计算模型能够分析和理解细胞的代谢行为。不同的方法被用于辅助药物 - 靶标关系的确认。在动力学参数缺失的情况下，一般使用化学计量网络分析。或者是针对子系统进行计算，使其达到一种稳定状态，进而维持一个潜在的活系统；或者是利用一些目标函数，计算网络流，进而实现一些边界条件下的最优产出。后者被称为流平衡分析，已被应用到药物 - 靶标关系的研究中。基于动力学参数和方程，更多精细而优秀的动力学模型被建立起来。这些动力学模型通常被建模为常微分方程组，用于评价目标系统的时间变化特性。例如，针对前列腺素 H 合成酶 I（prostaglandin H synthase-1，COX-1）建立模型，预测了非甾类抗炎药物的抑制作用，以及针对细菌的甲氧西林（methicillin）抗性作用建立模型（Autiero et al. 2009）。

在过去的十几年里，识别蛋白质和小分子相互作用是药物创新领域的一个热门课题，也获得了深入的研究。但生物信息学在药物创新方面的应用远不止如此（Lian et al. 2013; Gu et al. 2013，2011；Wang et al. 2012；Zhang et al. 2012），分子动力学模拟可以帮助我们了解药物小分子与靶蛋白的相互作用机制，基因组表达谱分析可以帮助我们了解药物对全基因组的影响，进而分析其疗效和安全性。除此之外，先导化合物的结构优化，药物吸收、分布、代谢、排泄性质的预测等都是生物信息学研究领域的热门课题。随着生物技术分析手段的不断提高，生物数据的快速积累，计算机运算能力的日益提升，生物信息学的研究也就愈发全面和深入，对药物创新的贡献也将会越来越大，并最终为其带来革命性的发展。

参考文献

Arias H R，Gu R，Feuerbach D，et al. 2010. Different interaction between the agonist JN403 and the competitive antagonist methyllycaconitine with the human α7 nicotinic acetylcholine receptor. Biochemistry，49（19）：4169-4180.

Autiero I，Costantini S，Colonna G. 2009. Modeling of the bacterial mechanism of methicillin-resistance by a systems biology approach. PLoS One，4（7）：e6226.

Chen Y Z，Zhi D G. 2001. Ligand-protein inverse docking and its potential use in the computer search of protein targets of a small molecule. Proteins，43（2）：217-226.

Degraw A J，Keiser M J，Ochocki J D，et al. 2010. Prediction and evaluation of protein farnesyltransferase inhibition by commercial drugs. J Med Chem，53（6）：2464-2471.

Gao J，Li L，Wu X，et al. 2012. BioNetSim：a Petri net-based modeling tool for simulations of biochemical processes. Protein Cell，3（3）：225-229.

Grzybowski B A, Ishchenko A V, Kim C, et al. 2002. Combinatorial computational method gives new picomolar ligands for a known enzyme. Proc Natl Acad Sci USA, 99 (3): 1270-1273.

Gu R, Liu L A, Wang Y, et al. 2013. Structural comparison of the wild-type and drug-resistant mutants of the influenza A M2 proton channel by molecular dynamics simulations. J Phys Chem B, 117 (20): 6042-6051.

Gu R, Liu L A, Wei D, et al. 2011. Free energy calculations on the two drug binding sites in the M2 proton channel. J Am Chem Soc, 133 (28): 10817-10825.

Li L, Wei D. 2015. Bioinformatics tools for discovery and functional analysis of single nucleotide polymorphisms. Springer: 287-310.

Lian P, Li J, Wang D, et al. 2013. Car-Parrinello molecular dynamics/molecular mechanics (CPMD/MM) simulation study of coupling and uncoupling mechanisms of cytochrome P450cam. J Phys Chem B, 117 (26): 7849-7856.

Mestres J, Gregori-Puigjané E, Valverde S, et al. 2009. The topology of drug-target interaction networks: implicit dependence on drug properties and target families. Mol Biosyst, 5 (9): 1051-1057.

Nidhi N, Glick M, Davies J W, et al. 2006. Prediction of biological targets for compounds using multiple-category Bayesian models trained on chemogenomics databases. J Chem Inf Model, 46 (3): 1124-1133.

Sahin Ö, Fröhlich H, Löbke C, et al. 2009. Modeling ERBB receptor-regulated G1/S transition to find novel targets for *de novo* trastuzumab resistance. BMC Syst Biol, 3 (1): 1.

van der Horst E, Peironcely J E, Ijzerman A P, et al. 2010. A novel chemogenomics analysis of G protein-coupled receptors (GPCRs) and their ligands: a potential strategy for receptor de-orphanization. BMC Bioinformatics, 11 (1): 1-12.

Wale N, Karypis G. 2009. Target fishing for chemical compounds using target-ligand activity data and ranking based methods. J Chem Inf Model, 49 (10): 2190-2201.

Wang Y, Zhou Q, Dai H, et al. 2012. Prediction of the functional consequences of single amino acid substitution in human cytochrome P450. Mol Simul, 38 (14-15): 1297-1307.

Wolber G, Langer T. 2005. LigandScout: 3-D pharmacophores derived from protein-bound ligands and their use as virtual screening filters. J Chem Inf Model, 45 (1): 160-169.

Yao Y, Zhang T, Xiong Y, et al. 2011. Mutation probability of cytochrome P450 based on a genetic algorithm and support vector machine. Biotechnol J, 6 (11): 1367-1376.

Yildırım M A, Goh K, Cusick M E, et al. 2007. Drug-target network. Nat Biotechnol, 25 (10): 1119-1126.

Zahler S, Tietze S, Totzke F, et al. 2007. Inverse in silico screening for identification of kinase inhibitor targets. Chem Biol, 14 (11): 1207.

Zhang T, Zhao M, Pang Y, et al. 2012. Recent progress on bioinformatics, functional genomics, and metabolomics research of cytochrome P450 and its impact on drug discovery. Curr Top Med Chem, 12 (12): 1346-1355.

Zhao M, Chang H, Zhou Q, et al. 2014. Predicting protein-ligand interactions based on chemical preference features with its application to new D-amino acid oxidase inhibitor discovery. Curr Pharm Des, 20 (32): 5202-5211.

Zhao M, Zhou Q, Ma W, et al. 2013. Exploring the ligand-protein networks in traditional chinese medicine: current databases, methods, and applications. Evid Based Complement Alternat Med, 827: 227-257.

Zhao S, Li S. 2009. Network-based relating pharmacological and genomic spaces for drug target identification. PLoS One, 5 (7): e11764.

（魏冬青　戴　昊　张永红）

31

新药研发过程、面临的挑战及其思考

药物是指能影响机体生理、生化和病理生理学过程，用于预防、诊断、治疗疾病和计划生育的化学物质。中国人应用药物有悠久的历史，最早的一部药物学著作《神农本草经》成书于约公元前 1 世纪。该书系统地总结了古代劳动人民积累的药物知识，共收载 365 种植物、动物和矿物药材及其用法，其中大部分药物至今仍广为应用，如大黄导泻、麻黄止喘、海藻治瘿、常山截疟等。唐代（公元 659 年）的《新修本草》也称《唐本草》，是世界上第一部由政府颁布的药典。《新修本草》收载药物 844 种，比西方最早的《纽伦堡药典》约早 883 年。至明代（公元 1596 年），湖北蕲春人李时珍通过长期从事医药实践：行医、采药、考证、调查、总结用药经验等，写成巨著《本草纲目》，分 52 卷，收载药物 1892 种，约 190 万字。他提出了科学的药物分类法，叙述药物的生态、形态、性味和功能，促进了祖国医药学的发展。该书此前受到国际医药界的广泛重视，被译成英、日、韩、德、法、俄、拉丁等文字，对药物学的发展做出了很大贡献。但不可否认的是，由于当时人们的认识受限，这些早期的药物书籍记载的内容难免带有一定的糟粕。用历史的、发展的眼光看，这是不奇怪的，古今中外概莫能外。

作为有几千年历史的文明古国，中国有文字记载的用“药”历史很久远。我们的祖先发明的“藥”字，属于“草”字头，下面一个“樂（乐）”，意即我们的“快乐”必须置于“草”的“保护”之下。英文的药物“drug”则源自希腊字“drogen”，有干草之意。由此可见，古代世界各地人们用药大多以植物来源的药为主。此种趋势一直延续到现在，据统计，近 20 多年在美国上市的药物里约有 40% 药物的源头来自于天然物质。

随着近代、现代化学的发展，已经知道药物的本质是化学实体。20 世纪中叶开始崛起的遗传学、分子生物学，以及近 20 年来基因组学、蛋白组学、生物信息学等的发展，加上计算机辅助药物设计等的应用，使得药物研发不断被赋予新的内容。现代药物不仅来自于天然来源药物的分离提取及化学合成，还包含基因药物、抗体药物和蛋白质类药物等。

不管是来自于自然界的天然产物及其改造物，还是用化学方法制备的合成化合物，或是用生物工程技术获得的产品，如要使其成为药物，最终能安全有效地用于临床，首先必须经过大量的、极其严格的临床前和临床研究。这个特定的新药研发过程，英语称为“drug research and development pipeline”，耗时长、开支大、失败率高。整个过程的不同阶段，候选化合物都可能因各种各样的原因面临淘汰，因此成功率很低。

31.1 药物研究简史

药物研究、发展大致可以概括为 5 个阶段。

第一阶段，远古时代到 19 世纪末。这个阶段人们主要将天然来源的物质当作药物，如植物（占大多数）、动物、矿物等，通常都为混合物，而非单体。德国化学家 Friedrich Sertürner 于 1804 年从鸦片中提取分离出一个化学单体——吗啡，以狗为实验对象证明其镇痛活性是鸦片的 10 倍。这个发现推动了从天然来源植物提取分离单体化合物的探索，一直延续到现在，因此这项工作被认为是现代药物发展的一个里程碑。

第二阶段，19 世纪末到 20 世纪 50 年代。这个阶段药物发展的标志主要为许多合成的化合物被用作药物，开创了化学药物的应用时代。例如，20 世纪初巴比妥类镇静催眠药的问世等。20 世纪 40 年代初期，第二次世界大战对控制战伤感染药物产生了非常迫切的需求。在微生物学家 Fleming 发现青霉素的基础上，病理学家 Flory、生化学家 Chain 带领的大型团队齐聚美国，实现了青霉素的大规模发酵、分离和生产，是药物发展史上的第一次飞跃。该项工作的进展带来了 20 世纪四五十年代抗生素发展的黄金时期。此三人也因青霉素的发现及其工业化而共获诺贝尔生理学或医学奖。

第三阶段，20 世纪五六十年代。生物化学等的发展，推动了激素、维生素的分离、鉴定和用于临床；对体内代谢的研究，发展出了一系列酶的抑制剂、受体激动剂和拮抗剂，如 β 受体拮抗剂普萘洛尔用于心血管疾病的治疗，也是里程碑式的进展之一。

第四阶段，20 世纪 70 年代至目前（21 世纪前期）。基因工程、细胞工程、发酵工程等的发展，推动了蛋白质类药物的研发和应用。1977 年第一个基因工程药物生长抑素问世，其后干扰素、促红细胞生成素、集落细胞刺激因子等陆续被用于临床；1975 年第一个单克隆抗体问世，近年来该领域发展极其迅速。

第五阶段，始于目前。全球范围的新药研发面临投入越来越大、成功率越来越低的极大挑战，系统生物学及在此基础上派生的系统生物医学的发展使得人们对疾病发生网络机制的认识有了飞速的突破，促使人们对新药研发形成了新的思路——在系统生物医学对疾病发病机制认识基础上的多靶点新药研发策略；近年来分子生物学、遗传学等的进一步发展，从遗传及表观遗传角度利用广义的核酸及其衍生物，或通过影响和操纵这些核酸类遗传物质来防治疾病，成为创新药物发展的新途径。虽然道路崎岖曲折，但前景光明。

31.2 新药研发过程

大约从 20 世纪 50 年代开始的半个世纪里，新药研发及审批经历了快速发展的阶段。在此过程中，根据药物之所以称其为药物的“有效、安全、质量可控”三大基本原则，国际范围内对新药研发形成了一个从临床前到临床研究的流程模式（图 31-1）（朱依谆和殷明 2011）。从一个新药的发现到被应用于临床，广义的药理学（含毒理学、临床药理学）研究起了很重要的作用，也是成药性研究里最关键的组成步骤。所有新药都必须经过临床前药理试验和临床药理研究，在确认其安全性和有效性的基础上，经过国家食品药品监督管理局严格审查、批准后方可上市。

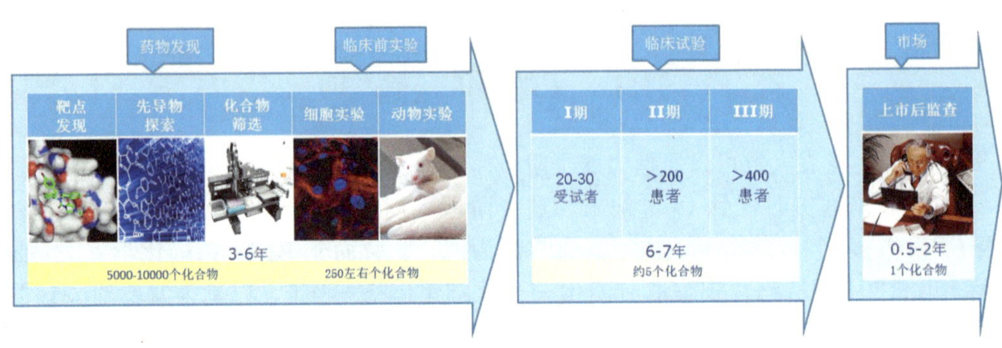

图 31-1 新药研发过程（朱依谆和殷明 2011）

31.2.1 新药的临床前研究

新药临床前研究阶段还可以细分。最初阶段——靶点发现及确证。20 世纪中叶开始的分子生物学的发展，在研究生命现象及疾病发病机制方面，还原论占主导地位。对某种特定疾病的研究，往往产生一个可能对疾病发生发展比较关键的“靶点”——酶、受体、离子通道、特定蛋白等（现在看来有点瞎子摸象的性质，虽然这是疾病发病机制认识阶段必不可少的步骤）。此时分子药理学家与生物信息学专家等一起工作，参加到对靶点的确证工作中。如能确认该靶点对疾病发生发展确有作用，则进行靶点的构建、表达，以便用于建立高通量筛选方法。

在建立高通量或一定通量筛选方法的基础上，对合成来源或分离提取来源的批量化合物进行筛选，得到需要的具有某种活性的苗头化合物（hit）。这个筛选过程需要定量药理学家提供的有关化合物量效关系的评价数据，同时与提供化合物的化学家保持密切的联系，以便进行化合物构 - 效关系的优化和改造，得到一些具有研发潜力的化合物——先导化合物（lead）。

药理学家对先导化合物首先进行体外（*in vitro*）实验，评价先导化合物的选择性和活性；整合药理学家（integrative pharmacologist）进行一系列基于疾病动物模型为主的体内（*in vivo*）实验。这些系列实验将可能得到具有进一步研发潜力的候选化合物（candidate drug）。这些研究称为药效学研究（pharmacodynamic study）。新药的主要药效学应在体内、体外两种以上实验方法获得证明，其中一种必须是整体的正常或病理动物模型。同时，实验模型必须能反映药物作用的本质及与治疗指证的相关性。药效学研究是指进行与该候选新药防治作用有关的主要药理作用研究，应根据该新药的分类及药理作用特点进行，以证明受试品的作用强度、特点，以及与老药相比的优点等。

除了体内外药效学研究外，精通药物代谢和药动学模型的药理学家还将对候选化合物进行以整体动物实验为主的研究（药代动力学研究，pharmacokinetic study）。临床前药代动力学研究的目的在于了解候选新药在动物体内的动态变化规律和特点。其研究内容包括药物在动物体内的吸收、分布、生物转化（代谢）和排泄，根据数学模型，计算出重要的药代动力学参数。该项实验可为临床合理用药提供参考的依据，对新药的给药方案设计、剂型确定、药效提高或毒性降低等，均具有指导意义和参考价值。同时，也可为药效学研究和毒理学解释提供借鉴；也是新药申报临床试验必备的资料。

有些情况下，转化药理学家还将利用此候选化合物进行相应实验，以鉴定临床上能够获取的生物标志物，为临床诊断提供有价值的参考资料。

在具备了良好药效学特性和较好的药动学特性基础上，药理学家需要进行该候选化合物的广泛生物作用的研究，以了解这个化合物在发挥需要的药效学作用之外，对机体的神经系统、呼吸系统、心血管系统等是否还有作用。这些实验称为一般药理学研究。通过一般药理学研究，除了可以较全面地了解新药对机体重要生理功能的影响外，还可能对发现药物的新用途、探讨药物的作用机制及毒理学研究有所帮助。因此，试验的观察指标应尽可能广泛些。

得到了上述数据后，系统的安全评价——毒理学研究就是必须进行的工作。毒理学（toxicology）是研究外源物质对机体损害作用的科学。毒理学研究的内容和试验方法是新药安全性评价的主要内容和手段。尽管随着时代的发展，对新药临床前研究过程要求进行的毒性试验的类别越来越多，要求检测的指标越来越广，试验质量的要求越来越高，但就其试验项目而言，无非是包括：全身性用药的毒性试验、局部用药的毒性试验、特殊毒性试验和药物依赖性试验。由于新药毒理学研究的目的是保证临床用药的安全有效，因此在实验中应努力去发现候选化合物的毒性靶器官、毒性表现的可恢复性和防治措施。通过这种安全性评价，可以了解新药引起毒性反应的特点，测出该药的最大耐受剂量，以便为临床试验确定推荐剂量及对患者可能产生何种潜在毒性有比较清楚的了解。

在临床前研究过程中，还需进行的工作有：剂型研究，根据药物的理化性质及临床需要，将药物制成一定的剂型，如片剂、注射剂等；药物制备工艺研究，将实验室研究参数变成大规模生产的条件、降低成本、提高质量、提高稳定性等；制定质量标准，摸索和建立候选化合物分析测定方法和定量标准等。

除化学合成药物以外，中药制剂还需要对原药材的来源、加工、炮制做出规定；生物制品需要对菌种、细胞株、生物组织等起始材料的质量标准、保藏条件、遗传稳定性、免疫原性等做出说明。

31.2.2　新药临床试验

在大多数国家，新药临床试验（clinical trial）分为 4 期，即Ⅰ、Ⅱ、Ⅲ、Ⅳ期临床试验，并且对每期临床试验均提出了基本的准则和技术要求。

31.2.2.1　Ⅰ期临床试验

Ⅰ期临床试验也称临床药理和毒性作用试验。对已经通过了临床前安全性和有效性评价的研究性新药（investigational new drug，IND），在人体首先观察的是该药物的安全性，而不是药效。试验通常在健康志愿者上实施，根据预先规定的剂量，在双盲情况下（试验者和志愿受试者都不知道受试者应用的是受试药还是赋形剂，也不知道受试药的剂量），从安全的初始剂量开始，逐步增加剂量，观察人体对受试新药的耐受性，以确定可以接受而又不致引起毒副反应的剂量。然后进行多次给药试验，以确定适合于Ⅱ期临床试验所要应用的剂量和程序。在Ⅰ期临床试验中，还必须对健康志愿者进行人体的单剂量与多剂量的药动学研究，以便为Ⅱ期临床试验提供合理的治疗方案。Ⅰ期临床试验视需要也可以在少数患者中进行初步试验，如抗癌药的研究。一般规定Ⅰ期临床试验所需的总例数为 20~30 人。

31.2.2.2 Ⅱ期临床试验

Ⅱ期临床试验也称临床治疗效果的初步探索性试验。在选定的适应证患者中，用较小规模的病例数对药物的疗效和安全性进行临床研究。在Ⅱ期临床试验中，通常规定要观察的病例数为200例。视病种情况，有时病例数需增加至300人。此期临床试验还需要进行药代动力学和生物利用度的研究，以观察患者与健康人的药代动力学差异。Ⅱ期临床试验主要是为Ⅲ期临床试验作准备，以确定初步的临床适应证和治疗方案。

31.2.2.3 Ⅲ期临床试验

Ⅲ期临床试验也称治疗的全面评价临床试验。研究性新药在Ⅱ期临床试验初步被确定有较好的疗效以后，在符合伦理道德的情况下，Ⅲ期临床试验须用相当数量的同种病例，与现有的已知活性药物（阳性对照药），或是无药理活性的安慰剂（placebo）进行对比试验。该期要求完成药品试验的病例数通常在400例以上。对照病例数一般无具体规定，但需要符合统计学上显著性比较的要求。此期试验必须有严格的标准，合格者才可进入临床治疗，还必须有明确的疗效标准和安全性评价标准。经过严格的对比试验，全面评价新药的疗效和安全性，以判断新药有无治疗学和安全性的特征，决定是否值得批准生产上市。

31.2.2.4 Ⅳ期临床试验

Ⅳ期临床试验也称销售后的临床监视。在新药物批准上市后，通过对大量患者的实际应用和临床调查，监视不良反应的发生率，特别要了解是否有Ⅰ期和Ⅱ期临床试验没有观察到的不良反应发生及其发生率和严重程度。如果发现疗效不理想，不良反应发生率高而严重，即使新药已上市仍然可被淘汰。Ⅳ期临床试验的目的，还在于可使更多的临床医生了解新药、认识新药，合理地应用新药。

31.3 新药研发面临的挑战及其思考

31.3.1 新药研发面临的挑战——投入增加，产出减少

尽管全球范围内新药研发的投入持续高涨，投入产出比却持续下降。有资料预计至2018年，世界范围内整个制药业的研发投入将由2004年的879亿美元上升到1494亿美元。但新药批准数长期徘徊在一个较低水平上（见后述）。

近年的研究资料估计，国际上一种新药的研发时间平均需要花费10~15年，平均成本超过13亿美元。以美国为例，5000~10 000个筛选过的化合物，仅有250个能进入临床前研究，5个进入临床试验，最后仅有1个能获得美国食品药品监督管理局（FDA）批准而上市。

因此，新药研发界的一个共识是：药物开发风险正不断增加。汤姆森公司（Thomson）旗下子公司药物研究中心（Centre for Medicines Research International Ltd，CMR）分析表明，新开发项目的药物Ⅱ期临床试验成功率已经从28%（2006~2007年）下降到18%（2008~2009年）。近年来，新药Ⅲ期临床试验和新药申报的平均成功率已经降至50%左右。非常具有全球代表性的数据显示，1996~2010年美国FDA批准的新药数除1996年以外，

其他年份基本都在一个较低水平上徘徊（图 31-2）（Trist and Davies 2011）。此后的 2011 年批准了 30 个；2012 年批准了 39 个；2013 年批准了 28 个；2014 年批准了 41 个，创 20 年来新高。总的趋势是尽管研发经费每年大幅度增加，但新药批准的绝对数目不大。

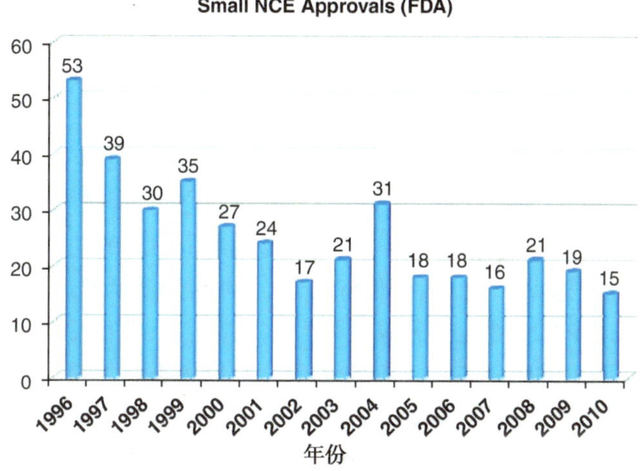

图 31-2　美国 FDA 自 1996 年以来小分子化学实体批准为新药的数目（Trist and Davies 2011）

更极端的例子为，虽然全球药业公司、政府、研究机构、大学和风险投资机构都投入了大量的人力物力资源，截至 2008 年，全球 172 种治疗阿尔茨海默病（AD）的药物研发一半失败，其他的都停止了临床试验；2013~2014 年又有人系统地总结了近年来处于不同研发阶段的 100 多种 AD 候选药物的进展情况，其间不断有退出临床试验或无效的报道，没有成功的例子（殷明 2014）。因此，自 2003 年以来的 10 多年中，FDA 没有批准一个 AD 药物上市。失败的原因主要是安全性不好、疗效不理想等。

31.3.2　新药研发面临挑战的原因及其思考

31.3.2.1　新药研发热使得多方人士参与其中，有些人经验不足

近年来新药开发领域炙手可热，大量不同背景的研究人员蜂拥涌入。他们当中很多人缺乏应有的经验和引导，新药研发思路欠缺。10 多年前，药物筛选工作主要由各大制药公司完成，这些公司往往由经验丰富的化学家提供技术支持。而现在，学校、学术研究机构、民间等，都参与到了新药研发的热潮中。

当生物学家发现一个与疾病相关的靶点蛋白时，他们通常会想方设法地寻找能够与这个蛋白质分子结合并影响其活性的化合物，这些有苗头的化合物被称为“活性化合物”。一次典型的药物筛选流程能够找到数千种活性化合物，它们是寻找新药的基础。但有活性的化合物要变成具有开发潜力的候选新药，需要面临“成药性”（druggability）的严格检验。许多人缺乏对成药性概念的了解，对要进行的工作和步骤更不清楚。

31.3.2.2　应客观看待化合物的活性研究结果

以往药物化学家、天然药物化学家，当然也包括生命科学家在得到一些化合物后，通常进行初步的生物活性的检测，发表文章及 / 或申请专利。这在很大程度上是这些化合物

“作用谱”的记录，如果要进行进一步的、向不同目的的研发推进，需要符合成药性检测的相应标准、条件。成药性标准带有许多刚性条件，可以从有关文献、专业书籍查阅得知。

借助于高通量技术的发展，人们可以针对建立的相应靶点进行快速筛选。但是这项工作有一些值得注意的地方。例如，一个典型的学术性药物筛选数据库中往往有 5%~12% 的化合物属于干扰化合物，而且这些“冒牌货”还能被重复的实验验证。大部分实验室青睐的“标配”数据库情况相似，如大牌试剂公司 Sigma-Aldrich 提供的药理活性化合物数据库（LOPAC）及美国国立卫生研究院（NIH）提供的分子库 - 小分子存储项目（MLSMR）等。

需要知道的是，在筛选试验中很多化合物展现出来的“活性”仅仅是一种假阳性结果——它们的“活性”并不是基于化合物分子与蛋白质之间特异性的作用。真正的药物能够精确作用于特定蛋白质的结合位点，从而抑制或激活蛋白质的功能。

国际上，科学家把这些干扰活性研究的化合物称为泛筛选干扰化合物（pan-assay interference compound，PAINS）。这个缩写可谓物如其名，它们真是研究人员的心头痛。泛筛选干扰化合物有明确的化学结构，横跨多个化合物种类。但是，很多生物学家和缺乏经验的化学家不易一眼认出它们。相反，经常有论文把它们错当成有潜力的“候选药物”。为了优化泛筛选干扰化合物的活性，把大把时间和研究经费都花在无效劳动上（Baell and Walters 2014）。

干扰化合物在假装自己“有潜力”方面常常表现得堪称完美。澳大利亚药物化学家 Baell 在自己的实验室因为假阳性物质白白浪费了两年时间后，于 2010 年发表了一篇关于识别干扰化合物的指南（Baell and Holloway 2010），提出了结构中具有哪些基团即不必考虑继续研究，以及通常具有成药性潜力的化合物应该具备的结构等，颇具参考价值。

31.3.2.3 对文献资料及数据库资料也应客观分析

令人沮丧的是，像这样对多种蛋白质有反应、看上去大有前景的干扰化合物常被研究人员反复报道，相关数据充斥于不少文献库中。这些论文再三地将假阳性分子错认为有效的“新药”，带动一轮又一轮的“筛选 - 发表 - 穷折腾”的恶性循环；化学试剂公司将这些假阳性化合物放进产品目录，号称是有发表论文支持的工具药，导致其他生物学家也开始在自己的研究中使用这些化合物。这里可以举出大家已经熟知没有开发前途的化合物的一些例子，如姜黄素、表没食子儿茶素没食子酸酯、染料木黄酮（如槲皮素）、白藜芦醇等。尽管前人的研究已经全面揭示了这些化合物及其类似物不具成药性，但仍有源源不断的新研究将它们用作实验性新药和“阳性”对照品。

即使已经有论文指出某种化合物没有开发前景，关于该化合物的系统研究仍可能会继续下去（殷明等 2014）。原因可能是多方面的：①有些研究人员没有仔细、及时、全面地检索相关文献，而检索工作不管是对于基础研究还是对于应用开发人员来说都是非常重要的。②一个大致约定俗成的事实是：如果一个或一类化合物没有继续向新药研发推进的潜力，通常会被整理成论文发表。这个情况提醒其他研究人员：要慎重看待别人论文中报告的化合物结构和数据。③以往药物筛选工作主要由各大制药公司完成，这些公司往往有经验丰富的化学家与药理学家的互动和支持。现在越来越多的学术机构也开始进行药物筛选，同样水准的技术支持却未必存在。④从事生命科学或基础药理研究人员的研究思路与新药研发思路有很大不同。这些人员在发现一个化合物有了一些初步的体外活性后，往往

会去研究这个化合物对信号通路、细胞凋亡、自噬、蛋白质或基因表达等所谓“机制”的影响（实际上这些指标不是机制，而是生物学上不同层面观察和记录到的效应）。这些实验对研究资源的消耗很大，得到的数据对发表论文、学生毕业可能有用，但基本没有理论和实际意义，因为绝大多数化合物不太可能继续向新药研发推进。

1）如何看待化合物的“机制”研究

2015 年 10 月在中文电子期刊数据库以篇名“白藜芦醇”和“机制”进行检索，出现 360 多篇文章。需要这么多人对这个前景未卜的白藜芦醇进行机制研究吗？肯定不需要！细看这些文章，所报告的机制研究为：减少自由基产生、减少神经元死亡；调控癌基因和抑癌基因；诱导细胞周期停滞和细胞凋亡……这些列出的指标中，都不是机制，而是不同层面上对白藜芦醇的药理学效应的观察、记录。

什么是药物的机制（mechanism）？教科书上对药物作用“机制”有比较明确的定义：药物分子与体内相关靶分子（通常称为靶点或靶标，target）结合，进而对后续的信号转导或代谢产生影响。这些靶点通常为：受体、离子通道、酶、转运体、结构或功能蛋白、DNA 或 RNA 等。根据这个定义，如果要想研究一个化合物的机制，需要弄清楚进入体内后与哪个或哪些靶分子结合，进而产生相应的效应，现代分子生物学、生物化学、遗传学和高端分析检测仪器的发展，使得人们比较容易达到目的。以往对一些经典药物的认识通常限于对一种受体、一种酶或一种离子通道起作用，如果是这样，则认为这个药物作用的选择性比较好。由于现代分析方法、技术的进步，对这些经典药物作用机制的进一步研究发现，其中大多数药物在治疗浓度范围内往往可以作用于两种或两种以上的靶点。这可以解释药物的多种药理作用及为何可以扩大临床应用范围或出现不良反应。这方面的研究是药物重定位（repurposing）的组成部分。基于这样的认识，国际上对白藜芦醇的分子机制研究，确实有人进行了不少的研究，也有人进行了总结归纳。到目前为止，该化合物直接作用的靶点达 20 多个，如环氧合酶 -1、环氧合酶 -2、脂肪酸合成酶、沉默调节蛋白等（Britton et al. 2015）。

对新药作用机制的研究是需要的，但通常要在该化合物具有比较明确的开发前景之后才进行。例如，阿司匹林是根据德国化学家费利克斯·霍夫曼在 1897 年 10 月 10 日实验描述的一个化学过程发展而来的，其后不久被用于临床，声誉卓著，经久不衰。而对其作用机制则是约 70 年后的 20 世纪 70 年代英国科学家 Jane Vane 发现的。因为这个发现，他于 1982 年与瑞典两位科学家共同获得诺贝尔生理学或医学奖。总之，进行药物作用机制研究前需要考虑为何要进行机制研究，因为进行机制研究是费钱费力的工作。如果一个化合物没有开发前景，花费大量的资源来研究作用机制是没有意义的。

2）化合物向新药研发的推进考虑

一个化合物准备向新药研发推进还是仅凭兴趣进行一些基础意义上的探索，是研究之前必须要明确的事情。如果要进行新药研发，新的活性化合物被筛选出来后，下一步往往要在细胞水平上进行检验，进而进行以整体动物实验为主的药效学、药动学实验等。在决定是否继续向前推进时，这个化合物的结构类型可以而且应该与人们总结出的大约 400 类不具成药性的化合物结构进行比较。有人分析总结后发现活性化合物的结构一大半落在 16 类容易辨识的结构类型中（Baell 2010；Baell and Holloway 2010）。

在细胞学实验阶段，干扰化合物同样有多种“花招”扰乱人们的视线。它们能够让细胞表现出预期中的结果，“背地里的”机制却可能完全是另外一套。研究人员通常是盲目乐观的，愿意相信自己手头的化合物有潜力与某种或某些靶点发生反应。他们从化学试剂供应商那里买来类似的化合物，随后又花费大量经费，改造出更多的类似物并一一检验。有些化合物甚至要等到专利申请或动物实验后才“露出马脚”。2013 年的一项研究发现了 7 种干扰化合物在筛选时能够与超过 1/3 的靶点蛋白发生作用，但是这篇论文并未得到应有的关注（Hu and Bajorath 2013）。相反，真的活性化合物——也就是能够与选定的目标靶蛋白发生特异性作用的分子——在细胞实验中往往一开始并不一定表现出明显的活性，只有在修饰过分子结构，使其与靶蛋白结合效率提升或是更容易进入细胞后，才显现出真正的实力。

化合物向新药研发推进的另一个重要方面是整体动物的药效学、药动学研究。现在大致形成的共识为：先药代后药效。大致是说，化合物具有初步的活性和药效学数据后，需要及时进行初步的药动学研究，以确定是否需要继续做下去，免得花“冤枉钱”。

药效学研究中经常遇到的问题是：待试化合物与阳性对照药比较时，效果最多是和对照药差不多，继续开发意义不大。但有时还可以看到人们出于某种原因，继续向前推进，但往往结局不容乐观；再有就是化合物的效能不高。比较典型的例子是抗肿瘤化合物的抑瘤率在高剂量下只能达到 50% 左右，继续开发就需要认真考虑；再者，时效关系是检验一个化合物是否能成药的关键指标之一。经常碰到对缺血性脑卒中进行药效学研究时，预先给药一段时间或造模后仅给药一次或最多一天，就忙着取材进行各种“表达”、细胞学、形态学等实验，企图得到所谓“机制”的数据（再次强调：这些数据、指标不是机制，而是效应）。而药物治疗最关注的是在整体生物上是否有效果的终末指标（end-point indice），也即动物延迟死亡的时间或关键生命指标的改善程度等。脑缺血药效学实验在用药后数周或数月时，如果能够提供药物治疗组在功能恢复方面好于对照组的数据，会比那些“表达”数据更有说服力。如果研究人员注意到 10 多年前就有人总结过用现有的脑缺血模型发现的化合物在以后的临床试验中无一成功，那么他们的试验设计就不会照葫芦画瓢了。

3）系统生物医学的发展呼唤多靶点新药发现策略的实施

过去 30 多年中，“一种药物作用于一个靶点治疗一种疾病”（one drug for one target for one disease）的思路一直影响着药物发现策略、靶点确定、新药筛选、药物设计、临床试验设计等的许多方面，也是迄今为止全球新药研发的主流模式。因此，许多制药公司依据上述思路，建立单一靶点的高通量筛选（high-throughput screening）方法，取得初步结果后就主要在细胞培养系统进行功能研究，整合药理学（整体动物实验）尽管也做一些，但不多，将许多候选化合物推到早期临床研究，带来了不可避免的候选药研发的高耗损率（high attrition rate）。

基于基因组学、转录组学、蛋白质组学、代谢组学等技术发展起来的系统生物学医学研究，人们能够全面了解细胞内蛋白质分子间精确的相互联系、相互作用图，最终能够帮助人们阐明疾病机制及表型（Bhat et al. 2015）。由此，诞生了疾病网络的概念。简而言之，一种疾病的发生发展过程中，细胞内蛋白质网络经历了复杂的相互作用及变化，也可能呈现模块化倾向。这个过程涉及的蛋白质分子通常不止一个，因此对许多复杂疾病的治疗，不可能由对单一靶标的干预而得到有效治疗（Hopkins 2007）。这样，系统药理学概念就

应运而生了。这个理论认为，在建立疾病病理生理学机制网络的基础上，应该选择推定的两个或以上药物作用靶点，这些靶点对发生疾病是关键的，且同时能避开中和药物作用的备份环路。将针对性很好的化合物应用到这个网络体系中，对多个靶点发生作用，“系统”地改变疾病的进程，达到“治愈”疾病的目的（Zhao and Iyengar 2012）。这种基于系统生物医学的多靶点药理学理论，应该是新时期创新药物研发的基础。

31.4 结 束 语

近几十年来对新药研发形成了一个国际上比较通行的临床前和临床研究分阶段模式，有比较具体的判定标准和要求。由于对复杂、迁延性疾病提高治疗效果的要求及控制、减少不良反应发生的需要，新药研发投入不断增加而成功率不断降低。鉴于这种挑战，对新药研发过程及研发思路需要有新的认识和审视。对化学合成或源于自然界的化合物分子进行作用谱的观察记录，是代表人类认识自然界的过程；在药物活性试验中表现出最强活性的化合物未必是最合适的研究对象。要将其中的一些化合物向新药研发推进，需要在结构类型、新药成药性标准上符合相应的要求；如果一个化合物没有明确的成药性前景，进行机制研究往往是无效劳动；系统生物医学的发展衍生出系统药理学或多靶点药理学概念，创新药物的研发突破可能建立在针对疾病网络的多个靶点，用两种以上化合物影响疾病网络的关键节点，从而达到提高疾病治疗效果的目的。

参 考 文 献

殷明 . 2014. 阿尔茨海默病治疗药物研发全面受挫及其思考 . 药学学报，49（6）：757-763.

殷明，王泽剑，赵文娟 . 2014. 从姜黄素向阿尔茨海默病药物的研发谈活性化合物向新药发现的推进 . 神经药理学报，4（2）：1-7.

朱依谆，殷明 . 2011. 药理学 . 7 版 . 北京：人民卫生出版社 .

Baell J，Walters M A. 2014. Chemical con artists foil drug discovery. Nature，513（7519）：481-483.

Baell J B. 2010. Observations on screening-based research and some concerning trends in the literature. Future Med Chem，2（10）：1529-1546.

Baell J B，Holloway G A. 2010. New substructure filters for removal of pan assay interference compounds（PAINS）from screening libraries and for their exclusion in bioassays. J Med Chem，53（7）：2719-2740.

Bhat A，Dakna M，Mischak H. 2015. Integrating proteomics profiling data sets：a network perspective. Methods Mol Biol，1243：237-253.

Britton R G，Kovoor C，Brown K. 2015. Direct molecular targets of resveratrol：identifying key interactions to unlock complex mechanisms. Ann N Y Acad Sci，1348（1）：124-133.

Hopkins A L. 2007. Network pharmacology. Nat Biotechnol，25（10）：1110-1111.

Hu Y，Bajorath J. 2013. What is the likelihood of an active compound to be promiscuous? Systematic assessment of compound promiscuity on the basis of PubChem confirmatory bioassay data. AAPS J，15（3）：808-815.

Trist D G，Davies C H. 2011. How technology can aid the pharmacologist in carrying out drug discovery. Curr Opin Pharmacol，11（5）：494-495.

Zhao S，Iyengar R. 2012. Systems pharmacology：network analysis to identify multiscale mechanisms of drug action. Annu Rev Pharmacol Toxicol，52：505.

（殷　明）

32

以肠道菌群为靶点防治代谢综合征的研究：膳食、肠道菌群与代谢综合征

近年来，中国的肥胖和糖尿病的发病率激增，慢性病呈现大流行的趋势。根据最新的流行病学调查，在18岁以上的中国人群中，11.6%（总人数达到1.14亿）是糖尿病患者，50.1%（总人数达到5亿）是糖尿病前期患者（Xu et al. 2013），这成为公共卫生的巨大危机。近30年来，中国国民的饮食结构发生了很大的变化，对来源于植物的食物成分——包括碳水化合物和植物化学物（phytochemical）的摄入量显著下降，对来源于动物的脂肪和蛋白质的摄入量显著上升，这与中国人糖尿病发病率的快速提高紧密相关（Hu 2011）。为了发展出有效预防/治疗代谢性疾病的新方法，我们需要对这些疾病的发病机制有新的认识。

诺贝尔生理学或医学奖获得者Joshua Lederberg在2000年提出了人体是超级生物体（supra-organism）的概念。我们的身体中90%的细胞是与我们共生的微生物细胞，这些微生物基因组的总和被称为人体微生物组（microbiome）。肠道是细菌定植最为密集的部位之一，含有1000多种不同的细菌种类，细菌细胞的总数达到10^{14}个，而且，庞大的肠道菌群编码了300万个不同的基因，这个数量是人自身基因组编码基因数量的100倍（Qin et al. 2010）。肠道是一个连续培养系统。人体不能消化的食物成分，以及肠道表皮产生的黏液和脱落的表皮细胞是肠道细菌的营养来源，持续地支持细菌的生长；而肠道细菌在生长代谢过程中产生了很多具有生物活性的物质，这些物质被人体细胞吸收、进入血液（Payne et al. 2012）。一项最近的研究表明，我们血液中大约1/3的小分子化合物是肠道细菌的代谢产物（Wikoff et al. 2009）。一些细菌代谢物对于人体是有益的，具有抗炎（Sokol et al. 2008）、镇痛（Rousseaux et al. 2007）、抗氧化（Ozcan et al. 2006）或者加强肠屏障功能（Cani et al. 2007b）的效果。但也有一些细菌代谢物具有细胞毒性、遗传毒性或者免疫毒性，这些毒素可能在抑郁症（Sandler et al. 2000）、癌症（Klinder et al. 2004）或糖尿病（Cani et al. 2007a）的发生发展中起到作用。人体摄入的任何物质，包括食物和药物成分，都由人体和肠道微生物共同代谢和转化，所以肠道菌群可以影响人体的健康（McFall-Ngai 2008）。

饮食是决定肠道菌群结构和代谢的最重要因素（Zhang et al. 2012a）。膳食的成分（de Filippo et al. 2010）或者摄入量（Zhang et al. 2013）的变化都能改变肠道菌群的细菌种类组成和代谢，并且改变不同细菌之间的生态关系。在中国，一直有通过摄入中医药食同源食物来保持健康、预防疾病的传统。唐代著名的中医孙思邈认为，“食当细嚼，使米脂入

腹，勿使酒脂入肠”，“每食不用重肉，……常须少食肉，多食饭”。翻译成现代语言，即只有让植物来源的碳水合化物和植物化学物而不是动物来源的脂肪和蛋白质进入大肠，才能保持人体健康。而且，以植物性食物为主，碳水化合物和植物化学物含量高，而动物蛋白和脂肪含量低的传统中国膳食确实能够预防肥胖和糖尿病。那么，膳食是否是通过调节肠道菌群来影响我们的代谢健康呢？

在这一章中，我们首先列举肠道菌群在肥胖和糖尿病中起到致病作用的证据，然后介绍利用膳食营养干预调节肠道菌群、改善代谢综合征的研究。

32.1 失调的肠道菌群是肥胖和糖尿病的病因学因子

2004 年，美国华盛顿大学的 Jeff Gordon 教授课题组发表了一系列论文，首次在小鼠中证明，肠道菌群作为一个环境因子，可以调节宿主的脂肪存储功能。相比于定植有正常肠道菌群的小鼠，无菌（germ-free）小鼠摄入更多的普通饲料，但身体脂肪的含量较低（Backhed et al. 2004）；而且，在模拟西方膳食的高脂高糖饲料的喂养下，有正常菌群的小鼠会发胖，而无菌小鼠却不出现肥胖和胰岛素抵抗（Backhed et al. 2007）。这说明肠道菌群是引起肥胖和胰岛素抵抗的必要因素。将正常小鼠的肠道菌群接入无菌小鼠 14 天后，受体小鼠尽管食量下降，但身体脂肪含量会增加 60%，而且出现胰岛素抵抗，说明肠道菌群可以影响宿主的能量平衡（Backhed et al. 2004）。分别将瘦人和胖人的肠道菌群接入无菌小鼠，接受“胖菌群”的受体小鼠会积累更多的脂肪（Turnbaugh et al. 2006），说明肥胖表型可以随肠道菌群在个体间转移（Turnbaugh et al. 2008）。这些具有开创性的研究吸引了更多的研究者进入这个领域，肠道菌群与代谢性疾病的关系得到了很多关注。

2007 年，比利时 Patrice Cani 教授的研究指出肠道中革兰氏阴性细菌产生的脂多糖（lipopolysaccharide，LPS）内毒素（endotoxin）是肥胖和胰岛素抵抗的关键致病因子，成为证明肠道菌群在肥胖和胰岛素抵抗中的致病作用的另一方面的证据。食用高脂饲料的小鼠在发生肥胖和胰岛素抵抗的同时，血液中脂多糖的浓度也升高 2~3 倍，即发生内毒素血症，但是这种情况下，血液中脂多糖浓度比败血症或者细菌感染情况下的血液中脂多糖内毒素浓度低很多，仅为后者的 2%~10%，所以被称为代谢性内毒素血症。代谢性内毒素血症引起宿主体内的长期低度的系统炎症，炎症因子通过破坏胰岛素受体的信号转导降低宿主的胰岛素敏感性，引起肥胖和胰岛素抵抗。给食用低脂饲料的野生型小鼠皮下注射从大肠杆菌提取的 LPS 内毒素 4 周，小鼠发生高血糖和高胰岛素血症，体重和脂肪组织的重量增加，肝和脂肪组织中出现炎症反应，说明代谢性内毒素血症是引发肥胖和胰岛素抵抗的关键因素。把小鼠中负责识别 LPS、引发下游炎症反应的 CD14 蛋白的编码基因敲除，可以延缓甚至预防高脂饮食和 LPS 注射引起的代谢综合征的多数症状的出现。这些结果都说明肠道细菌产生的 LPS 通过引起代谢性内毒素血症和慢性低度的系统性炎症导致肥胖和胰岛素抵抗（Cani et al. 2007a）。

随后，很多研究发现肥胖和健康个体的肠道菌群的组成差异，并鉴定出与肥胖和胰岛素抵抗显著相关的关键肠道细菌（Shen et al. 2013），但是，我们不清楚这些菌群结构的差异到底是代谢失调的原因还是结果，这个问题成为肠道微生物组与疾病关系研究领域的最大挑战（Zhao 2013）。

最近，我们根据科赫法则提出了解析肠道细菌在肥胖和糖尿病中致病作用的策略（Evans 1976）。首先，通过相关分析识别出与肥胖和胰岛素抵抗的发生、发展紧密相关的关键肠道细菌种类。然后，将疾病个体的菌群移植给无菌小鼠，观察受体小鼠是否出现相同的疾病症状；或者分离培养关键细菌，接入无菌小鼠肠道内，观察单个细菌是否使受体小鼠出现肥胖或者胰岛素抵抗。在监测受体动物疾病表型的同时，需要测定肥胖和胰岛素抵抗的病理学因子的水平，最终，确定肠道菌群 / 细菌引起疾病的因果链（Zhao 2013）。

根据这个策略，我们从一个肥胖患者的肠道菌群中鉴定出一株能够引起肥胖和胰岛素抵抗的细菌。我们给一位患有致残性肥胖（初始体重和 BMI 分别为 174.8kg 和 58.8kg/m^2）、2 型糖尿病、高血压、高血脂等一系列肥胖相关代谢性疾病的 26 岁男性患者进行饮食干预，干预食品包括全粮、传统的中国药食同源食物，以及益生元（简称 WTP 膳食）。9 周的干预使患者减重 30.1kg，截至 23 周，患者总共减重 51.4kg。干预后的血糖、血压和血脂的临床指标数值进入正常范围，肝中脂肪的含量显著降低、血液中炎症因子的水平显著下降。利用基于粪便菌群的 16S rRNA 基因的变性梯度凝胶电泳（DGGE）和克隆文库技术监测该患者干预前、中、后的肠道菌群组成，发现肠杆菌属（*Enterobacter*）的数量在干预前占整个菌群的 35%，但在干预 4 周后便降低到检测不到的水平。肠杆菌属主要包括革兰氏阴性、能够产生 LPS 脂多糖内毒素的条件致病菌，这些细菌的减少与肥胖及相关代谢性疾病的改善相关。同时，粪便元基因组测序的结果也显示，肠道菌群中参与 LPS 合成的各种相关基因的数量也显著降低。通过“序列引导下的分离”，我们分离得到 200 多株肠杆菌菌株，其中大多数是阴沟肠杆菌（*Enterobacter cloacae*），最占优势的是阴沟肠杆菌 B29 株。B29 株被灌胃给无菌小鼠，并且定植在小鼠肠道内，数量达到 10^{12} 个细菌细胞 /g 粪便。在高脂饲料喂养的情况下，无菌小鼠不发胖，而肠道内定植着 B29 一种细菌的小鼠则发生了肥胖、胰岛素抵抗、脂肪肝，以及肝脏和脂肪组织的炎症（图 32-1）。同时，B29 显著提高了小鼠血液中 LPS 内毒素及炎症因子的水平，降低了促进脂肪氧化的 *fiaf* 基因在肠道组织中的表达水平，提高了肝中负责合成脂肪的 acetyl-CoA carboxylase 1（*acc1*）、fatty acid synthase（*fas*），以及 peroxisome proliferator-activated receptor-gamma（*PPAR-γ*）基因的表达，说明 B29 通过引起炎症反应、调节脂肪代谢相关基因，导致肥胖及相关代谢性疾病。有意思的是，将一株双歧杆菌接入高脂饲料喂养的无菌小鼠，受体小鼠的体重相比于无菌小鼠反而下降，说明并不是所有的肠道细菌都可以引起肥胖。以上这些结果说明，该名肥胖患者肠道中的肠杆菌的丰度异常升高是肥胖和糖尿病的原因，而不是结果（Fei and Zhao 2013）。这个研究的策略提供了很好的范例，可以用于鉴定更多的影响肥胖和慢性病的关键肠道细菌并阐明这些细菌影响代谢的机制。

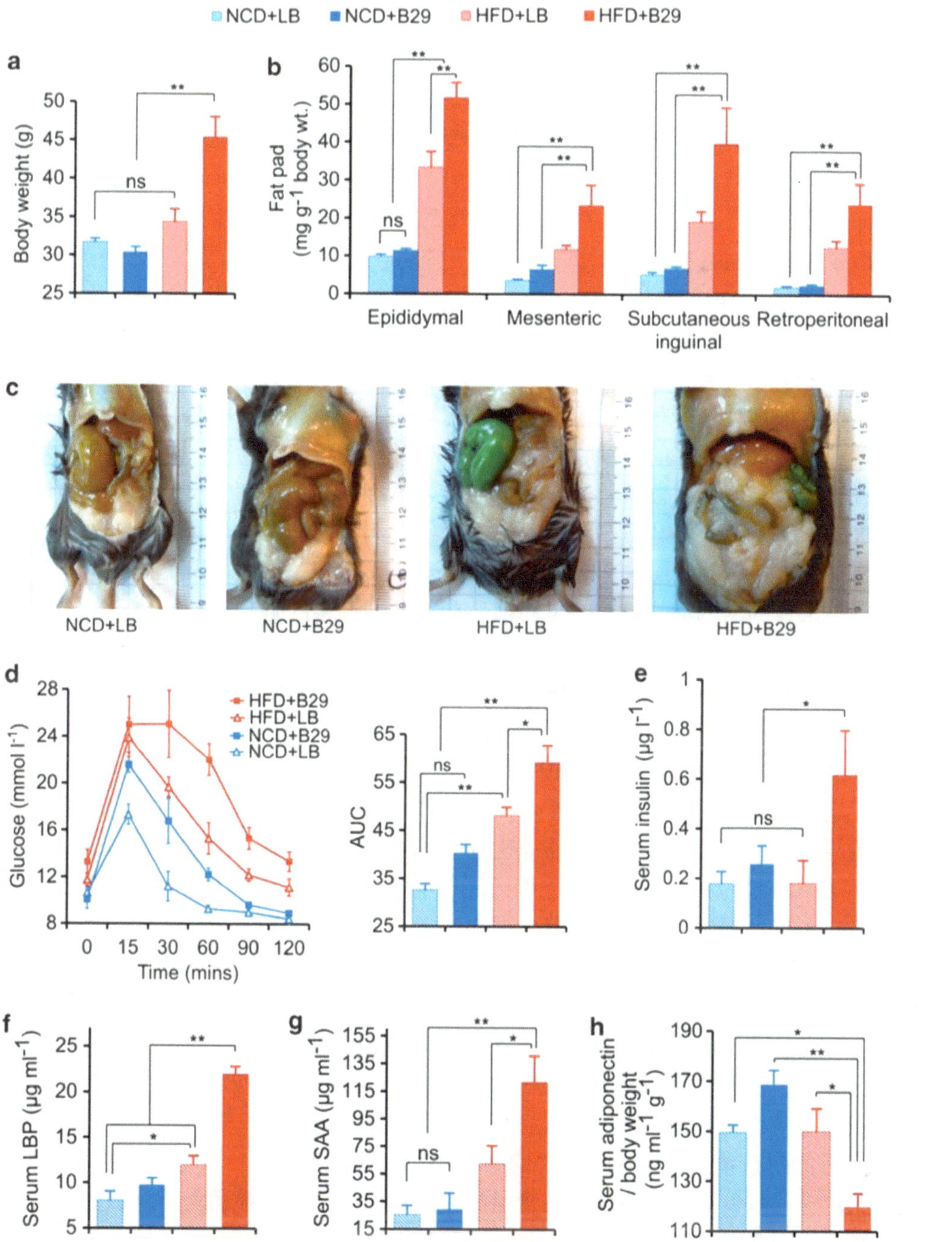

图 32-1 肠道内定植阴沟肠杆菌（*Enterobacter cloacae*）B29 株的悉生小鼠在高脂饮食喂养下发生了内毒素血症、系统炎症反应，以及肥胖和胰岛素抵抗（所有数据采集自灌胃 B29 后饲养 16 周的悉生小鼠）

（a）体重；（b）附睾脂肪、肠系膜脂肪、腹股沟皮下脂肪、肾周脂肪与体重的比例；（c）腹腔照片；（d）口服糖耐量测试（OGTT）血糖曲线、以及曲线下面积；（e）OGTT 测试 2h 胰岛素；（f）血清中脂多糖（LPS）结合蛋白 LBP 含量（ELISA 测定）；（g）血清淀粉样蛋白 A（SAA）；（h）血清中脂联素（adiponectin）浓度（经过体重矫正）。ANOVA 检验表明，饮食（普通和高脂饲料）、B29，以及 B29 和饮食之间的相互作用都显著影响受体小鼠的体重、各种脂肪垫的重量和血清 LBP 浓度（P 值均小于 0.01），饮食（普通和高脂饲料）和 B29 分别显著影响 OGTT 血糖曲线下面积（P 值均小于 0.01），B29 显著影响 OGTT 测试 2h 胰岛素（$P < 0.05$）。数据显示为 means ± sem。n=6/ 组动物。NS. 无显著差异；* $P < 0.05$；** $P < 0.01$。本图摘自费娜和赵立平 2013 年发表于 *The ISME Journal* 的文章（Fei and Zhao 2013）

32.2 膳食和中药通过改变肠道菌群影响代谢综合征

我们跟中国科学院上海生命科学研究院营养科学研究所（中科院上海营养所）的陈雁教授课题组合作，以 *Apoa-I* 基因敲除小鼠和野生型小鼠为模型，分别饲喂高脂饲料或低脂饲料，评价宿主基因和膳食结构在改变肠道菌群组成和调控代谢综合征相关表型中的相对贡献。血液中高密度脂蛋白（HDL）的水平下降是代谢综合征的重要特征，而载脂蛋白 a-I（Apoa-I）是 HDL 的重要结构蛋白，与代谢综合征有重要的相关性，特别是动脉粥样硬化和糖尿病的风险因子。*Apoa-I* 基因敲除可以使食用普通饲料的小鼠出现胰岛素抵抗。6 个月的高脂饲料喂养使 *Apoa-I* 敲除鼠和野生型小鼠都出现了脂肪过度积累和胰岛素抵抗的症状，但是代谢综合征症状最严重的并不是既有基因缺陷又食用高脂饲料的小鼠，而是基因是野生型、单纯高脂饲料喂养的小鼠，因为野生型小鼠对高脂饲料的摄入量显著高于基因敲除小鼠，说明饮食对代谢综合征的影响高于 *Apoa-I* 基因缺陷。对所有小鼠的粪便菌群进行基于 16S rRNA 基因的变性梯度凝胶电泳、末端限制性片段长度多态性（T-RFLP）和 454 高通量测序分析，结果表明，所有表现出糖耐量失调（impaired glucose tolerance，IGT）的三组动物的肠道菌群的结构都与表型健康的饲喂普通基础饲料的野生型动物的肠道菌群有显著差异；膳食结构的不同能够解释 57% 的肠道菌群的结构变化，高脂饲料显著改变了 *Apoa-I* 基因敲除小鼠和野生型小鼠肠道内优势细菌的组成；宿主基因型的不同对肠道菌群的贡献不足 12%，而且由 *Apoa-I* 基因敲除引起的肠道细菌的组成变化在高脂饲料喂养的基因敲除小鼠中观察不到。这些结果说明，相比于基因缺陷，饮食对肠道菌群组成的塑造作用更强。利用多变量统计分析，我们识别出 65 个被高脂饲料或者 *Apoa-I* 基因敲除改变的细菌种类。无论小鼠是何种基因型，摄入高脂饲料会使得具有保护肠屏障功能的 *Bifidobacterium* spp. 丰度下降。Desulfovibrionaceae 是一类能够还原硫酸盐并且产生内毒素的菌，一个属于该科的细菌类群在表现出糖耐量失调的动物中增加，特别是在高脂饲料摄入最多、代谢综合征最严重的饲喂高脂饲料的野生型小鼠肠道中丰度最高。这个研究说明，膳食结构对决定肠道菌群结构具有最重要的作用，高脂膳食会引起特定细菌类群的改变（有益菌 *Bifidobacterium* spp. 丰度下降，以及内毒素产生菌 Desulfovibrionaceae 丰度上升），即使动物拥有正常的基因组，也会由于肠道菌群失调发展成为代谢综合征（Zhang et al. 2010）。

既然肠道菌群失调是高脂膳食引起代谢综合征的机制之一，那么是否可以通过将高脂膳食转变为低脂膳食来逆转肠道菌群的失调和宿主代谢的紊乱？我们先给小鼠饲喂 12 周的高脂饲料，小鼠的体重和身体脂肪含量显著增加，并出现了糖耐量异常；然后，将高脂饲料转换为正常饲料，维持 10 周，动物的体重和身体脂肪含量显著降低，胰岛素抵抗明显减轻。粪便样品 16S rRNA 基因 V3 区的 454 测序结合基于 UniFrac 的 PCoA 分析的结果表明，肠道菌群结构的转变与宿主饮食和代谢变化高度相关。高脂饮食饲喂 2 周就使菌群结构发生了深刻的变化，而且随着高脂饲料饲喂时间的增加，动物肠道菌群的细菌组成与食用普通饲料的对照组小鼠的差别逐渐增大，菌群多样性也显著降低，由肠道菌群产生的、进入动物血液的抗原量也逐渐增加；将高脂饲料转换为正常饲料后，失调的肠道菌群逐步恢复到对照组健康动物的菌群组成，动物血液中的抗原载荷量逐步降低。对粪便菌群的冗余分析（redundancy analysis）鉴定出 77 个细菌类群与膳食中碳水化合物或脂肪的摄

入量相关。这个研究说明，不当膳食引起的肠道菌群结构失调和宿主代谢紊乱是可以通过膳食干预的方法被逆转的。这个结论在人群中具有应用潜力，为在临床上开展以肠道菌群为靶点的膳食干预、防治肥胖及相关代谢失调提供了理论依据（Zhang et al. 2012a）。

前面两个研究说明了膳食成分组成的变化对肠道菌群结构具有决定性作用，而高脂饮食通过引起菌群失调导致代谢综合征。我们与中科院上海营养所刘勇教授课题组合作，研究了摄食量的变化——70% 节食（calorie restriction）对肠道菌群结构的影响，以及肠道菌群结构的变化与节食对小鼠寿命的延长效果之间的关系。在小鼠断奶后，分别饲喂高脂和低脂的正常饲料，将食用每种饲料的小鼠分为三组，分别为自由进食组、70% 节食组、自由进食 + 运动组，动物实验持续到所有动物自然死亡（约 4 年）。不论在正常和高脂饲料的喂养下，与自由取食相比，70% 节食组都显著延长了小鼠的寿命。食用正常饲料的 70% 节食小鼠的寿命最长，达到 3.5 年；而自由进食高脂饲料的小鼠的寿命最短，只有 2.5 年。对所有小鼠的粪便进行 16S rRNA 基因的 454 高通量测序，统计分析的结果表明，衰老（ageing）、膳食的成分组成（高脂饲料和正常饲料），以及膳食的摄入量（自由取食和 70% 节食）都显著影响肠道菌群的结构，而寿命最长的、食用正常饲料的 70% 节食小鼠的肠道菌群结构无论在中年还是老年都与其他组小鼠显著不同。通过对中年小鼠的肠道菌群与寿命的相关分析（correlation analysis），我们找出了与寿命显著正相关和负相关的肠道细菌。有意思的是，70% 节食提高了与寿命正相关的肠道细菌的丰度，降低了与寿命负相关的肠道细菌的数量。值得注意的是，相关分析识别出 8 株乳酸杆菌（*Lactobacillus*）与寿命正相关，而它们的数量在 70% 节食小鼠肠道内被显著提高。乳酸杆菌可以加强肠屏障功能，相应的，70% 节食小鼠血液中由肠道细菌产生的抗原的浓度（由血液中脂多糖结合蛋白 LBP 的浓度反映）也大大降低。这个研究表明，70% 节食可能就是通过改善肠道菌群结构，减少引起慢性炎症的内毒素进入血液来延长寿命的（Zhang et al. 2013）。

中国传统饮食中含有大量来自植物的草药和蔬菜。传统中医理论认为，草药和蔬菜中一些苦味的化合物可以化解膳食中的蛋白质和脂肪成分对人体健康的不利影响，但是机理并不明确。小檗碱是中药黄连中的主要药效成分，具有苦味，下面的一个动物实验和一个临床试验研究说明了小檗碱和含有小檗碱的中药复方预防 / 治疗糖尿病的机制之一是改善肠道菌群结构。

小檗碱在传统中医中一直被用于治疗细菌感染性腹泻，但是在 2004 年，人们发现小檗碱还可以有效地降低血脂，而且其机制与传统的他汀类（statin）降脂药物的机制不同（Kong et al. 2004）。之后，临床试验又表明小檗碱可以治疗 2 型糖尿病（Zhang et al. 2008）。但是目前关于小檗碱降糖降脂的机制有很大的争议。在体外细胞模型中，浓度高达 2.5μg/mL 的小檗碱才能引起细胞基因表达的变化；但药代动力学的结果表明，小檗碱的生物利用度很低，小檗碱血药浓度均在 10ng/mL 以下，96% 以上口服的小檗碱经过胃肠道，以原药的形式通过粪便排出体外。我们设计了动物实验，研究肠道菌群是否是小檗碱治疗代谢综合征的作用靶点。给饲喂高脂饲料的 Wistar 大鼠每天灌胃 100mg/kg 的小檗碱，同时设立只食用高脂饲料的代谢综合征模型大鼠对照，以及食用正常饲料的健康大鼠对照。8 周干预后，单纯高脂饲料喂养的大鼠出现了明显的肥胖和胰岛素抵抗的症状，但接受小檗碱治疗的高脂饲料喂养的动物的脂肪积累和胰岛素抵抗则保持在食用正常饲料的健康动物的水平。同时，基于粪便 16S rRNA 基因 V3 区的 454 焦磷酸测序及基于 UniFrac 距离的主坐标分析的结果表明，小檗碱显著改变了高脂饲料喂养的大鼠的肠道菌群结构，使其既不同于单纯高脂饲料喂养的动物的菌群，也不同于食用正常饲料的动物菌群。冗余分析识别出 268 个与小檗碱作用密切相关的操作分类单元（OTU），其中 175 个被显著抑制甚至清除，另外 93 个被选择性地富集。偏最小二乘回归分析（PLS regression）表明，被小檗碱显著改变了的肠道细菌类群可以有效地预报宿主代谢表型的变化，尤其是脂肪指数、体重、瘦素及脂联素，说明这些小檗碱改变的肠道细菌与宿主代谢表型之间密切的关系。一些可以产生短链脂肪酸（SCFA）的细菌，如 *Blautia* 和 *Allobaculum* 等，被小檗碱显著富集。气相色谱分析表明，小檗碱可以显著增加高脂饮食大鼠肠道中乙酸和丙酸 SCFA 的含量。已有的研究表明，乙酸和丙酸可以抗炎、改善代谢综合征。确实，小檗碱降低了高脂饲料喂养的大鼠血液中的抗原载荷量、炎症因子的浓度。这些结果表明，小檗碱的作用机制之一，可能是通过调节肠道菌群的结构，特别是富集短链脂肪酸产生菌，增加肠道中 SCFA 的水平，从而降低血液中肠源性抗原载荷与宿主系统炎症水平，最终预防高脂饮食诱导的肥胖、胰岛素抵抗等代谢性疾病的发生与发展（Zhang et al. 2012b）。

我们与中国中医科学研究院的仝小林教授合作，进行了随机、双盲的临床试验，研究了含有小檗碱的中药复方——葛根芩连汤治疗 2 型糖尿病的疗效与肠道菌群的关系。我们招募了 187 个 2 型糖尿病患者，随机分为 4 组，分别连续服用 12 周高、中、低剂量的葛根芩连汤，以及安慰剂，在干预前、干预 4 周、8 周和 12 周时监测每位患者的临床指标并收集粪便样品。试验结束时，中剂量和高剂量治疗组患者的空腹血糖和糖化血红蛋白的水平显著低于低剂量和安慰剂组，而且，只有高剂量组患者的胰岛 β 细胞功能得到显著改善，说明葛根芩连汤对糖尿病的治疗效果具有剂量依赖性。同时，葛根芩连汤干预引起的肠道菌群结构的变化程度也呈现剂量依赖性，高剂量组患者的肠道菌群的变化最大，变化程度远远高于低剂量和安慰剂组。值得注意的是，高剂量组患者的肠道菌群结构早在干预 4 周时就发生了显著的变化，之后基本保持稳定，而它们的代谢指标是在 4 周之后才有改善，说明葛根芩连汤引起的菌群变化发生在糖尿病症状改善之前。利用冗余分析，我们找出 146 种被葛根芩连汤改变的细菌，47 种被提高，99 种被降低。但并不是所有被改变的肠道细菌都与葛根芩连汤对糖尿病的改善有关。所以利用相关分析，我们从被改变的肠道细菌中鉴定出与患者空腹血糖和糖化血红蛋白水平变化显著相关的细菌，这些细菌可能在葛根芩连汤对糖尿病的治疗中起到关键作用。在那些被葛根芩连汤降低、并且与空腹血糖和糖化血红蛋白正相关的细菌中，多数是潜在病原菌。*Feacalibacterium prausnitzii* 是被葛根芩连汤提高并且与空腹血糖和糖化血红蛋白负相关的细菌，这种细菌已经被发现具有产丁酸、氢气及抗炎的特性，属于促进宿主健康的有益菌，而且已有研究发现 *F. prausnitizzi* 在 2 型糖尿病患者肠道内数量减少；另外，葛根芩连汤对 *F. prausnitizzi* 的提高作用也具有剂量依赖性，高剂量组患者肠道内这种菌的提高程度最大，暗示 *F. prausnitizzi* 可能介导了葛根芩连汤对糖尿病的治疗作用。这个研究在国际上第一次用随机、双盲、安慰剂对照的临床试验证明了中药通过调节肠道菌群结构治疗 2 型糖尿病的机制（Xu et al. 2015）。

基于“饮食通过改变肠道菌群影响宿主的代谢健康”，以及“膳食成分的变化是决定肠道菌群组成的重要因素”的结论，我们设计了一套由全粮、中医药食同源食品和益生元组成的膳食配方（简称 WTP 膳食），目的是在满足人体自身营养需求的基础上，改善肠道菌群的组成。通过临床试验，我们发现 WTP 膳食可以平衡肠道菌群结构，显著改善肥胖成人、单纯性肥胖儿童和 Prader-Willi 综合征遗传性肥胖儿童的代谢失

调，减轻他们的体重。首先，我们招募了123名中心性肥胖的成年志愿者（身体质量指数BMI ≥ 30kg/m^2），进行自身对照的WTP膳食干预实验，其中93名完成了为期23周（0~9周为严格干预期，10~23周为观察维持期）的干预。9周严格干预结束时，志愿者肠道内革兰氏阴性、能产生脂多糖内毒素的肠杆菌科（Enterobacteriaceae）和脱硫弧菌科（Desulfovibrionaceae）细菌的数量显著下降，而能加强肠屏障功能、阻止内毒素入血的双歧杆菌科（Bifidobacteriaceae）细菌的数量显著上升。患者粪便的遗传毒性、细胞毒性也显著减轻。随着菌群结构和代谢的改善，从菌群失调到代谢综合征的因果链上的所有指标也有好转：肠道通透性下降，血液中抗原载荷量和炎症因子的浓度降低，胰岛素敏感性上升，脂代谢、肝功能显著改善，血压下降，体重减轻（Xiao et al. 2014）。Prader-Willi综合征（PWS）是人群中比较常见的遗传性肥胖。患者来自父亲的15号染色体的一段区域的基因缺失或者不表达。在幼年，PWS患者就会出现暴食症，持续感觉到饥饿，因此从儿童期开始就出现致残性肥胖，如果不控制体重，PWS患者在年轻时就死于肥胖的并发症。我们招募了17名PWS综合征肥胖儿童和21名单纯肥胖儿童，分别接受了三个月和一个月的WTP膳食干预。在我们的研究中，WTP膳食提高了PWS肥胖儿童和单纯肥胖儿童肠道内的有益菌双歧杆菌属数量，降低了产生吲哚硫酸盐、三甲胺等有害化合物（损害肠屏障功能、促进心血管疾病发生发展）的细菌的数量。同时，这些肥胖儿童体内的抗原载荷量、炎症水平、糖代谢、脂代谢也得到明显的改善，体重显著降低。将PWS患者干预前后的粪便菌群移植到无菌小鼠肠道内，接受干预后菌群的受体小鼠的体脂含量显著低于接受干预前菌群的小鼠，说明WTP膳食引起的菌群结构改善是患者代谢改善的原因，而非单纯膳食干预的结果（Zhang et al. 2015）。这些研究说明，WTP膳食可以改变肠道菌群结构、增强肠屏障功能、减轻血液中的抗原载荷量和炎症反应水平，从而显著改善普通肥胖，以及Prader-Willi综合征遗传性肥胖患者的代谢失调。

32.3　结　束　语

肠道菌群对人体的代谢和免疫都有深刻的影响，所以，在预防或者治疗代谢性疾病中，肠道菌群的作用是不可忽视的。人的饮食不仅为人体自身细胞提供营养，还是肠道内的各种细菌的代谢底物。不同种类的肠道细菌对营养的需求有差异，因此，菌群中是能产生有益物质的有益菌占优势还是产生毒素的有害菌占优势，取决于饮食的成分构成，以及细菌对这些食物成分的生物利用度。在设计合理的饮食方案时，必须精细控制食物成分的种类和含量，使肠道菌群的组成以有益菌为主，使菌群的代谢以产生促进人体健康的物质为主，从而在最大程度上促进人体健康。传统的中医药食同源食品是一个巨大的功能食品库，可以开发出很多平衡肠道菌结构、有益健康的食物成分。

参 考 文 献

Backhed F，Ding H，Wang T，et al. 2004. The gut microbiota as an environmental factor that regulates fat storage. Proc Natl Acad Sci USA，101（44）：15718-15723.

Backhed F，Manchester J K，Semenkovich C F，et al. 2007. Mechanisms underlying the resistance to diet-induced obesity in germ-free mice. Proc Natl Acad Sci USA，104（3）：979-984.

Cani P D，Amar J，Iglesias M A，et al. 2007a. Metabolic endotoxemia initiates obesity and insulin resistance. Diabetes，56（7）：1761-1772.

Cani P D，Neyrinck A M，Fava F，et al. 2007b. Selective increases of bifidobacteria in gut microflora improve high-fat-diet-induced diabetes in mice through a mechanism associated with endotoxaemia. Diabetologia，50（11）：2374-2383.

de Filippo C，Cavalieri D，di Paola M，et al. 2010. Impact of diet in shaping gut microbiota revealed by a comparative study in children from Europe and rural Africa. Proc Natl Acad Sci USA，107（33）：14691-14696.

Evans A S. 1976. Causation and disease：the Henle-Koch postulates revisited. Yale J Biol Med，49（2）：175-195.

Fei N，Zhao L. 2013. An opportunistic pathogen isolated from the gut of an obese human causes obesity in germfree mice. ISME J，7（4）：880-884.

Hu F B. 2011. Globalization of diabetes：the role of diet，lifestyle，and genes. Diabetes Care，34（6）：1249-1257.

Klinder A，Forster A，Caderni G，et al. 2004. Fecal water genotoxicity is predictive of tumor-preventive activities by inulin-like oligofructoses，probiotics（Lactobacillus rhamnosus and Bifidobacterium lactis），and their synbiotic combination. Nutr Cancer，49（2）：144-155.

Kong W，Wei J，Abidi P，et al. 2004. Berberine is a novel cholesterol-lowering drug working through a unique mechanism distinct from statins. Nat Med，10（12）：1344-1351.

Lederberg J. 2000. Infectious history. Science，288（5464）：287-293.

McFall-Ngai M. 2008. Are biologists in 'future shock'？ Symbiosis integrates biology across domains. Nat Rev Microbiol，6（10）：789-792.

Ozcan U，Yilmaz E，Özcan L，et al. 2006，Chemical chaperones reduce ER stress and restore glucose homeostasis in a mouse model of type 2 diabetes. Science，313（5790）：1137-1140.

Payne A N，Zihler A，Chassard C，et al. 2012. Advances and perspectives in *in vitro* human gut fermentation modeling. Trends Biotechnol，30（1）：17-25.

Qin J，Li R，Raes J，et al. 2010. A human gut microbial gene catalogue established by metagenomic sequencing. Nature，464（7285）：59-65.

Rousseaux C，Thuru X，Gelot A，et al. 2007. Lactobacillus acidophilus modulates intestinal pain and induces opioid and cannabinoid receptors. Nat Med，13（1）：35-37.

Sandler R H，Finegold S M，Bolte E R，et al. 2000. Short-term benefit from oral vancomycin treatment of regressive-onset autism. J Child Neurol，15（7）：429-435.

Shen J，Obin M S，Zhao L. 2013. The gut microbiota，obesity and insulin resistance. Mol Aspects Med，34（1）：39-58.

Sokol H，Pigneur B，Watterlot L，et al. 2008. *Faecalibacterium prausnitzii* is an anti-inflammatory commensal bacterium identified by gut microbiota analysis of Crohn disease patients. Proc Natl Acad Sci USA，105（43）：16731-16736.

Turnbaugh P J，Backhed F，Fulton L，et al. 2008. Diet-induced obesity is linked to marked but reversible alterations in the mouse distal gut microbiome. Cell Host Microbe，3（4）：213-223.

Turnbaugh P J，Ley R E，Mahowald M A，et al. 2006. An obesity-associated gut microbiome with increased capacity for energy harvest. Nature，444（7122）：1027-1031.

Wikoff W R，Anfora A T，Liu J，et al. 2009. Metabolomics analysis reveals large effects of gut microflora on mammalian blood metabolites. Proc Natl Acad Sci USA，106（10）：3698-3703.

Xiao S，Fei N，Pang X，et al. 2014. A gut microbiota-targeted dietary intervention for amelioration of chronic inflammation underlying metabolic syndrome. FEMS Microbiol Ecol，87（2）：357-367.

Xu J，Lian F，Zhao L，et al. 2015. Structural modulation of gut microbiota during alleviation of type 2 diabetes with a Chinese herbal formula. ISME J，9（3）：552-562.

Xu Y，Wang L，He J，et al. 2013. Prevalence and control of diabetes in Chinese adults. JAMA，310（9）：948-959.

Zhang C，Li S，Yang L，et al. 2013. Structural modulation of gut microbiota in life-long calorie-restricted mice. Nat Commun，4：2163.

Zhang C，Yin A，Li H，et al. 2015. Dietary modulation of gut microbiota contributes to alleviation of both genetic and simple obesity in children. Ebiomedicine，2（8）：966-982.

Zhang C，Zhang M，Pang X，et al. 2012a. Structural resilience of the gut microbiota in adult mice under high-fat dietary perturbations. ISME J，6（10）：1848-1857.

Zhang C, Zhang M, Wang S, et al. 2010. Interactions between gut microbiota, host genetics and diet relevant to development of metabolic syndromes in mice. ISME J, 4（2）: 232-241.

Zhang X, Zhao Y, Zhang M, et al. 2012b. Structural changes of gut microbiota during berberine-mediated prevention of obesity and insulin resistance in high-fat diet-fed rats. PLoS One, 7（8）: e42529.

Zhang Y, Li X, Zou D, et al. 2008. Treatment of type 2 diabetes and dyslipidemia with the natural plant alkaloid berberine. J Clin Endocrinol Metab, 93（7）: 2559-2565.

Zhao L. 2013. The gut microbiota and obesity: from correlation to causality. Nat Rev Microbiol, 11（9）: 639-647.

（申 剑 赵立平）

33

微生物药物：从筛选到合成生物学

大自然以其独特的魅力和博大的情怀孕育了丰富的动物、植物和微生物，这些物种不仅源源不断地供给了人类赖以生存的物质所需，而且为人类的医疗健康和繁衍生息提供了丰富的活性天然物质（bioactive natural product）。其中，微生物物种繁多、形态迥异、资源多样，涵盖了原核和真核生物，遍布全球的生物圈、大气圈、水圈、岩石圈和冰雪圈，甚至在一些极端的高盐、高 pH、温差变化较大和强辐射等场所（刘志恒 2002）。除此之外，微生物还大量共生于动物和人的消化系统，以及植物的多种组织中，它们与宿主之间互利共生，协同进化。在微生物的生命活动过程中，为了抵御外部生物和非生物的胁迫压力，需要合成一系列结构多样的功能性次生代谢产物及其衍生物（Lu and Shen 2004）。这些物质的合成是以特定的基础代谢产物（primary metabolite）为前体，通过相应的生物合成途径（biosynthetic pathway）所合成，它们为人类药物的筛选提供了非常好的物质基础。

在天然产物来源的药物资源中，微生物药物不仅结构和生物活性丰富多样，而且最具有新药开发的潜力。自从 20 世纪 20 年代末，Alexander Fleming 从微生物中发现了青霉素（penicillin）以来，微生物药物的发现及相关的各种研究也随之蓬勃发展起来，并且在五六十年代达到了高潮（Berdy 2005）。一般来说，微生物药物的化学结构类型非常丰富，涵盖了碳青霉烯类（carbapenem）、大环内酯类（macrolide）、安莎类（ansamycin）、多烯类（polyene）、聚醚类（polyether）、多肽类（polypeptide）、氨基糖苷类（aminoglycoside）、氨基香豆素（aminocoumarin）、蒽环类（ anthracycline ）等。微生物药物的生物活性包括了抗肿瘤、抗感染、抗病毒、抗炎、杀虫、免疫调节、酶抑制剂等，现已经有 100 多种微生物生产的药物成功用于临床和农业生产。目前，微生物药物的发酵产业已经是生物技术产业中的重要组成部分，约占我国整个发酵产业产值的 1/10。在 2010 年，微生物药物的国际市场产值就已达到近 320 亿美元，在人类的医疗卫生事业及各种农林牧渔业活动中具有不可替代的作用（顾觉奋 2010）。

随着科学技术的不断进步，世界各国不断吸收新理论、新方法和新技术，努力拓宽和丰富微生物药物的研究范畴。目前，在微生物天然药物化学、药理学、分子生物学、生物化学、药物分析、遗传学等多个学科领域交叉融合的基础上，伴随现代生物技术的迅猛发展和基因组测序技术的便捷，一系列新的微生物筛选、生物合成、代谢工程、组合生物合成和合成生物学等技术和理论体系不断完善和快速发展，这些技术理论的有效应用不仅提高了临床上所使用的微生物药物的品质，大幅度降低了用药成本，而且大大促进了新的微生物药物的发现和创制。

33.1 微生物药物的筛选

微生物药物筛选（microbial drug screening）是指在微生物发酵的天然产物中对可能具有开发成药物的有机物分子进行系统的生物活性试验和检测，进而发现具有特定高效生理活性的新药物或者先导化合物。在此基础之上，通过一些生物学或者化学手段对其进行结构改造或修饰，以开发成具有更新颖结构、更低毒或不良反应和更强药理作用的新药（司书毅和张月琴 2007）。由于自然界微生物资源丰硕，分布最为广泛，所产生的天然产物的类型和生理活性也多种多样，因此，微生物药物的筛选是药物筛选的重要组成部分。迄今已从微生物的天然代谢产物中发现了 16 000 多种生物活性物质，以及数万种结构衍生物与结构修饰优化的产物，已经成功用于临床的微生物药物有 200 余种。在目前国内外药品市场中的微生物药物中，有 2/3 由放线菌产生，放线菌中又以链霉菌属的菌株产生的活性物质最多，生物活性也较为丰富（Hopwood 2007），因此，关于放线菌药物的筛选、代谢工程、生物合成及合成生物学方面的研究最为活跃。

真菌也是微生物药物的重要来源，丝状真菌中的青霉属和曲霉属来源的菌株产生的活性产物较多，青霉菌属产生的活性化合物已有 400 多种，曲霉菌属产生了 100 多种，在已经上市的微生物药物中占 21%，在非抗生素类活性物质产生菌中，真菌占 51%（Kettering et al. 2004；司书毅和张月琴 2007）。

一般来说，微生物药物的筛选包括了微生物菌株样品的采集、微生物菌株的纯化分离、微生物样品的发酵制备、微生物发酵样品的活性初筛或高通量筛选、微生物样品中生物活性物质的分离纯化和结构鉴定、活性化合物的药理活性和安全性评价、活性先导化合物的深入研发和结构优化，以及系统的临床前研究（图 33-1）。现在研究者普遍认为，新的或稀有的微生物物种产生新的生物活性物质的可能性较大（司书毅和张月琴 2007）。鉴于此，许多研究者不断拓展新的微生物样品采集场所，建立和优化新的菌株分离、培养和发酵方法，系

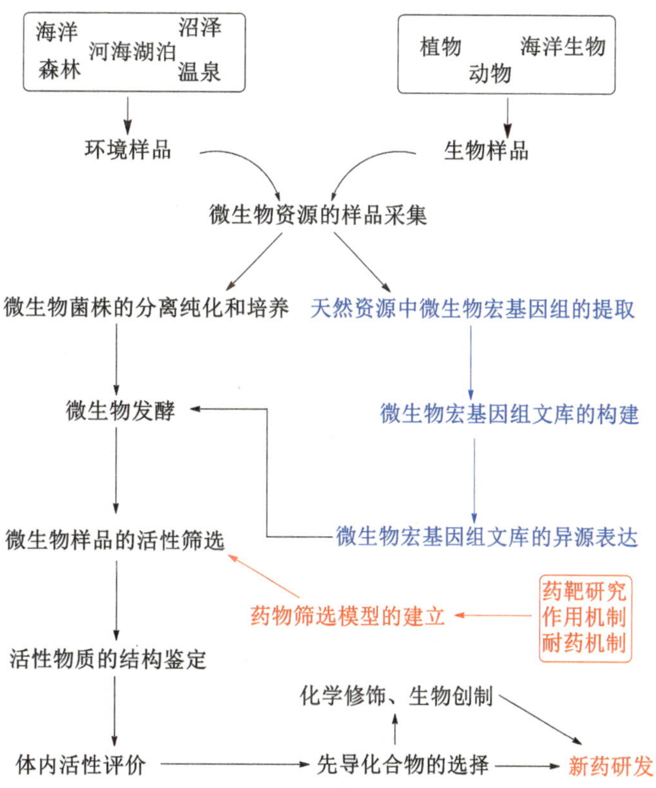

图 33-1　从天然微生物样品中寻找生物活性先导化合物的一般流程（司书毅和张月琴 2007）

统挖掘微生物的代谢组潜能（Peric-Concha and Long 2003），发展不依赖于菌株纯培养的宏基因组异源表达策略（Daniel 2004；Li et al. 2009），以实现挖掘更多可以药用的微生物菌株或基因组资源，更大可能地发现更多新结构和新活性的微生物药物的先导化合物。

33.2 微生物药物合成生物学的遗传和生化基础——微生物药物的生物合成途径解析

微生物天然产物的生物合成是在微生物生长的后期才开始形成的，尽管与基本的生命现象无关，但是与微生物间的信号传递、竞争拮抗和抵御胁迫等方面具有重要的相关性（Demain 2000）。该类物质的生物合成是利用初级代谢生成的小分子前体，经过特定顺序协作的酶催化反应形成不同的化学结构，整个过程不仅包括了多步骤的生物合成途径，而且需要对整个合成途径进行精确调控（白林泉和邓子新 2006）。从微生物产生的天然产物中发现和发展新型药物是漫长而复杂的过程，而且伴随着微生物药物的大量发现，采用传统的筛选方法从自然界纯分离的菌株中发现新颖结构和新生理活性的化合物越来越难，已知化合物的重新发现频率也在不断增加。

微生物天然产物的生物合成研究是从分子遗传学和生物化学水平，对化合物在生物体形成过程的认识；是挖掘微生物生物体中负责催化重要生物化学反应的酶系及其作用机制的过程；是了解不同的酶如何通过顺序协作的方式联系在一起，催化形成复杂化学结构的天然产物的手段；是解析微生物天然产物的生物合成途径的必要策略。目前，通过全世界科学家的不懈努力，对来源于放线菌中的聚酮、聚肽、聚酮聚肽杂合、氨基糖苷和核苷等类型结构的天然产物的生物合成的解析已经较为透彻，在整个研究过程中发现和储备了大量的具有新颖催化、修饰和调控功能的酶系。

鉴于微生物药物发掘难度的不断增加，如何在认识已有的微生物药物生物合成途径的基础上，有效利用已有的微生物药物生物合成的相关合成途径、修饰酶资源，定向改造或者设计具有较好生理活性的微生物药物迫在眉睫。因此，各国的研究者在认识微生物药物生物合成基因信息和相关酶学催化特征的基础上，利用成熟的遗传操作及基因重组技术，对原有的微生物药物生物合成的功能基因进行改造或者替换，成功地合成了一系列具有特定生物活性的“非天然”的天然产物（Baltz 2006；Deng and Bai 2006；刘文和唐功利 2005）。同时，也实现了一些通过化学方法很难操作的复杂化合物的结构修饰或改造，为结构复杂的微生物天然产物的药物开发提供了新的思路和策略。

33.2.1 聚酮类微生物药物的生物合成

聚酮类（polyketide，PK）化合物是由聚酮合酶（polyketide synthases，PKS）负责催化形成的化合物总称，其催化的过程与脂肪酸合酶（fatty acid synthase，FAS）催化脂

肪酸的形成较为类似（Hopwood and Sherman 1990；Wong and Khosla 2012）。聚酮化合物的结构和特性十分丰富，聚酮来源的药物每年的销售额达 80 亿美元，是微生物药物中十分重要的组成部分。其结构类型涵盖了大环内酯/内酰胺类、聚醚类、安莎类、四环素类、蒽环类等。它们的生物合成是以酰基辅酶 A 活化的羧酸为底物，经过一系列重复的醇醛缩合反应形成具有特定长度的聚酮链骨架，成熟的聚酮链经过水解、环化和芳香化等过程进行释放（Wong and Khosla 2012；孙宇辉和邓子新 2006），最后，再经过相关的后修饰（包括甲基化、酰基化、糖基化、氯代和氧化等）形成最终的功能性产物。

根据聚酮类化合物的结构特征，可以将该类化合物分为复合聚酮类和芳香聚酮类。复合聚酮生物合成的底物较为多样，主要包括丙二酰辅酶 A、甲基丙二酰辅酶 A、乙基丙二酰辅酶 A 等，聚酮链的合成由不同模块化的蛋白质催化形成，每个模块中含有相应的修饰结构域，在聚酮链的延伸过程中，每个模块只使用一次装配线模式合成，聚酮链上的 β- 酮基在聚酮链的延伸过程中根据对应模块中的修饰结构域不同而不同，聚酮链合成结束后经过分子内的亲核反应成内酯（内酰胺）或者分子间的亲和水解成线性分子。芳香聚酮的生物合成是以丙二酰辅酶 A（起始单元除外）为底物，经过醇醛缩合反应形成的聚酮链上的 β- 酮基在聚酮链的延伸和组装成熟后大部分都保持着非还原的状态，然后经过折叠、醇醛缩合和脱水形成六元芳香环。聚酮类化合物的生物合成途径主要分为Ⅰ、Ⅱ和Ⅲ型三种，其中对Ⅰ型聚酮类化合物的生物合成的认识较为深刻（孙宇辉和邓子新 2006）。此外，由于聚酮类化合物的生物合成模块具有较大的可塑性，通过研究聚酮合酶催化特征及交叉组合而发展起来的组合生物合成（Carreras and Santi 1998）和合成生物学技术得到了很大的发展，成为定向获取新的结构衍生物的重要手段。

33.2.1.1 Ⅰ型聚酮类微生物药物的生物合成

Ⅰ型聚酮类化合物的结构较为丰富多样，从分子结构来说主要包括了大环内酯（红霉素）、大环内酰胺（利福霉素）、聚醚（盐霉素）和多烯（两性霉素）等重要的化合物类型。Ⅰ型聚酮类化合物的生物合成是由几个不同的多功能的延伸模块（module）组成，每一个模块上都分别携带有参与聚酮链延伸所需要的各种酶的结构域（domain），每个结构域只参与整个聚酮碳链构建中的一步生化反应。Ⅰ型聚酮合酶以酰基辅酶 A 活化的不同类型的羧酸为底物，通过一系列的醇醛缩合反应（克莱森缩合反应）而形成有特定长度的聚酮链，每个模块只使用一次的装配线形式合成，成熟的聚酮链经过硫脂酶结构域的催化进行分子内的环化或分子间的水解，然后经过一系列后修饰，形成最终的活性产物（孙宇辉和邓子新 2006）。

在Ⅰ型模块化结构的聚酮合酶中，每个模块中的酰基转移酶（acyl transferase，AT）负责识别和加载酰基辅酶 A 活化的不同类型的羧酸底物；酮基合成酶（ketosynthase，KS）对不同的羧酸底物进行组装，催化克莱森缩合反应形成 C—C 键；被磷酸泛酰巯基乙胺转移酶（phosphopantetheinyl transferase，PPTase）活化的酰基载体蛋白（acyl carrier protein，ACP）是聚酮链发生缩合和一系列修饰的停靠站。随着不同模块的顺序催化，聚酮链得到不同程度的延伸，一些模块中的酮基还原酶（keto reductase，KR）、脱水酶（dehydratase，DH）、烯醇还原酶（enoyl reductase，ER）结构域，可以将聚酮链延伸到该位置的底物进行相应还原（形成β-羟基）或脱水（形成 C_α-C_β 烯醇）或进一步还原（形成饱和的亚甲基），直至完成聚酮链的组装，成熟的聚酮链在硫酯酶（thioesterase，TE）的催化下，从 PKS 上释放下来形成内酯（内酰胺）或者线性分子骨架。聚酮合酶模块中至少含有 KS、AT 和 ACP 三个结构域才能催化 C—C 键的形成，发挥聚酮链延伸的功能，聚酮链的长度取决于延伸模块的多少；模块中的酰基转移酶决定了聚酮链延伸到该位置所利用的底物，该结构域的底物宽泛性会直接导致聚酮骨架结构形成的多样性；模块中的一些修饰结构域（KR、DH 和 ER）的多少，以及是否发挥功能可以将β-酮基特异性地还原至羟基、反式烯基或完全饱和的状态，最终导致化合物的多样性（Rawlings 2001a，2001b）。

Ⅰ型聚酮类化合物的生物合成以 DEBS 催化红霉素 6-脱氧红霉内酯的聚酮链组装的研究最为典型和完善（Khosla et al. 2007）（图 33-2）。安莎类化合物的聚酮链组装尽管也遵循了Ⅰ型聚酮链的线性组装形式，但聚酮链的释放由独立存在的酰胺合酶负责催化形成（Kang et al. 2011a）。一般情况下硫酯酶结构域均是镶嵌在聚酮合酶的末端，但在聚醚类化合物的合成中也出现了独立存在的情况（Liu et al. 2008，2006）。在Ⅰ型聚酮类化合物的生物合成中也出现了聚酮延伸模块共用一个反式酰基转移酶 *trans*-AT 的情况，如噁唑霉素的生物合成（Zhao et al. 2006），以及共用一个酮基还原酶 *trans*-KR 的情况，如 SIA724 的生物合成（Zou et al. 2013）。

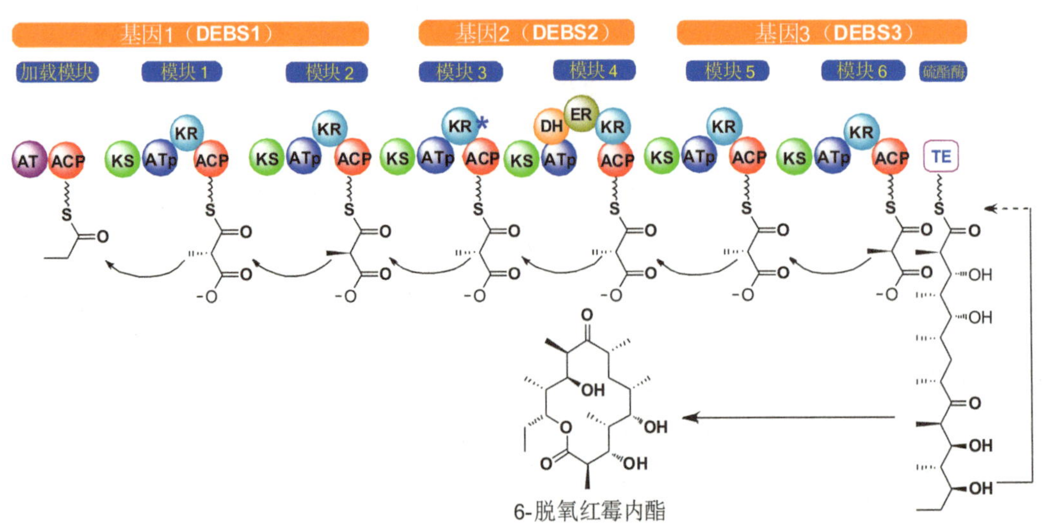

图 33-2 6-脱氧红霉内酯的聚酮链组装机制（Khosla et al. 2007）

AT. 酰基转移酶结构域（p 表示以甲基丙二酰 CoA 为底物）；KS. 酮基合成酶结构域；KR. 酮基还原酶结构域；ER. 烯醇还原酶结构域；DH. 脱水酶结构域；ACP. 酰基载体蛋白结构域；* 表示没有发挥功能的结构域

33.2.1.2 Ⅱ型聚酮类微生物药物的生物合成

Ⅱ型芳香聚酮类化合物包括了四环素类（tetracycline）、蒽环类（anthracycline）、角蒽环类（angucycline）、xanthone类化合物和金霉酸类（aureolic acid）等（Hertweck et al. 2007），主要来源于土壤中的放线菌。

Ⅱ型芳香聚酮类化合物的生物合成研究于1984年以放线菌紫红素的研究打开了序幕（Malpartida and Hopwood 1984，1992）。Ⅱ型聚酮合酶是由多个独立的酶复合而成，与来自于植物及细菌的Ⅱ型脂肪酸合成酶较为相似，每个酶可以重复催化相关的反应，含有酮基合成酶（ketosynthase，KSα）、一个链长决定因子（chain length factor，CLF/KSβ）和一个酰基载体蛋白（acyl carrier protein，ACP），这三个亚基组成了最小聚酮合酶单元（minimal PKS unit）（图33-3）。聚酮链在合成过程中与ACP共价结合，重复催化起始单元和丙二酰单酰辅酶A的醇醛缩合反应，聚酮链不断地在酶复合体上延伸，成熟的聚酮链由硫酯酶从ACP上进行释放，形成芳香化合物的基本骨架，再经过相关的后修饰形成最终的产物。其中KSα和KSβ的序列相似度较高，KSα主要负责催化活化的酰基与丙二酰辅酶A延伸单元的醇醛缩合，实现聚酮链的不断延伸，但在KSβ中催化发生醇醛缩合反应形成C—C键的关键活性位点的氨基酸半胱氨酸被谷氨酰胺所代替，在聚酮碳链延伸过程中对链长的大小起着决定性的作用。通常情况下，芳香聚酮类化合物的生物合成基因簇中还包含了芳香化酶（aromatase）、环化酶（cyclase）等，聚酮链最终在这些酶的作用下形成多个并环的芳香环骨架（Das and Khosla 2009；Rawlings 1999）（图33-4）。最后，在经过一系列相关的后修饰基因，形成最终的具有重要生理活性的产物。

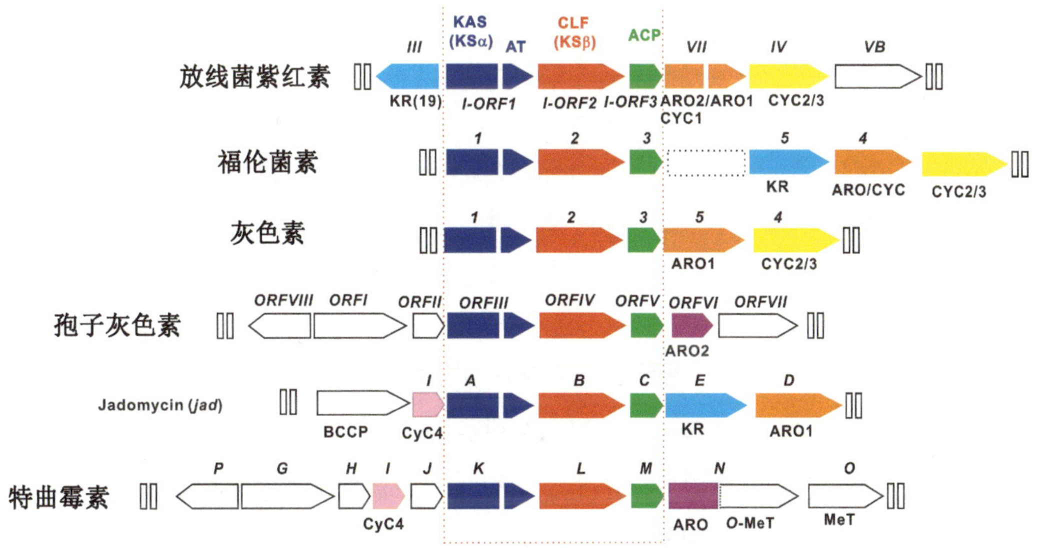

图33-3 Ⅱ型聚酮类微生物药物的生物合成基因簇组成特征（Rawlings 1999）

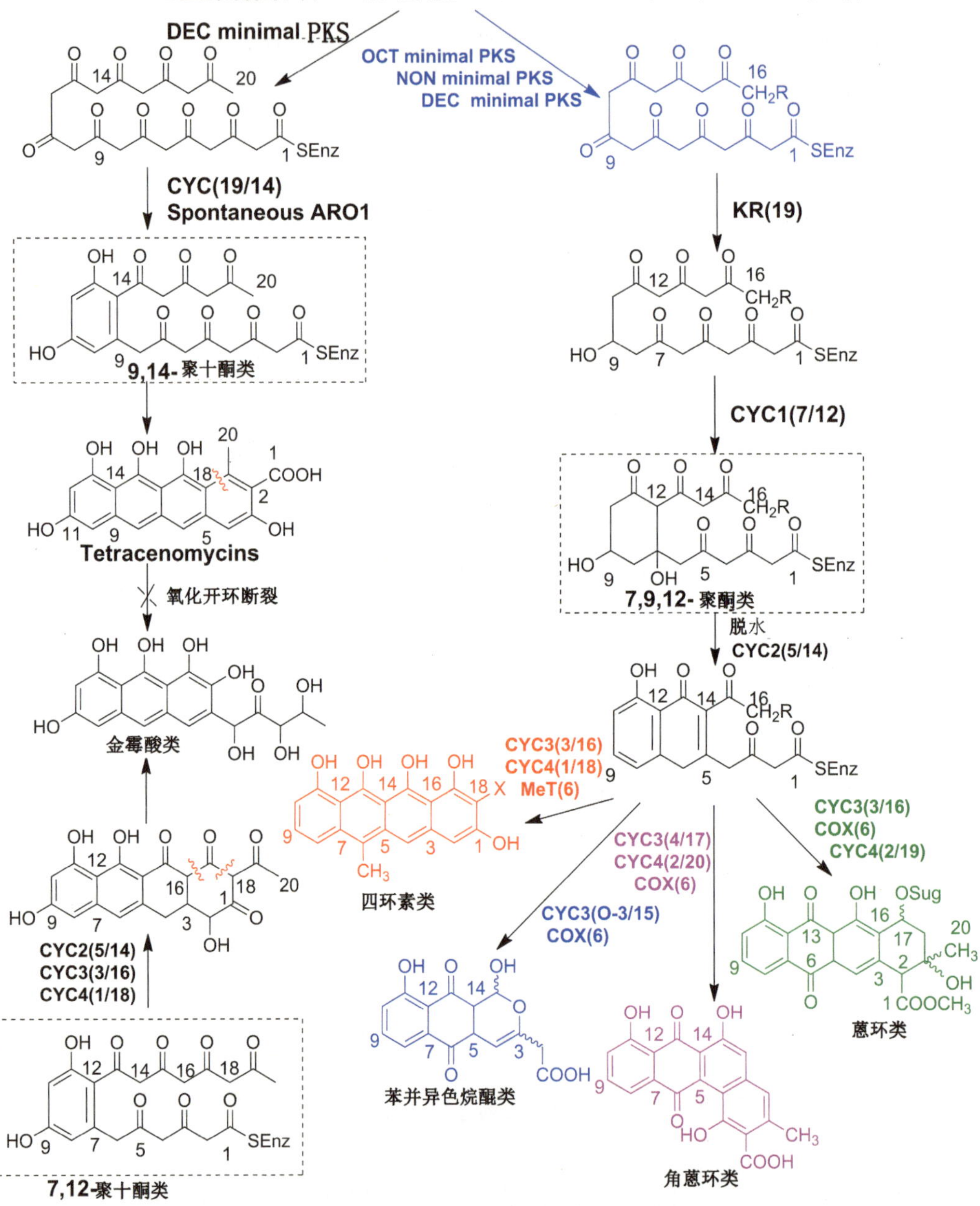

图 33-4 Ⅱ型聚酮类化合物的生物合成机制（Rawlings 1999）

33.2.1.3 Ⅲ型聚酮类微生物药物的生物合成

在变铅青链霉菌、灰色链霉菌和抗生素链霉素中的类似于苯基苯乙烯酮合成酶 RppA，以及植物中的查尔酮合酶（CHS），均属于Ⅲ型聚酮合酶，该类酶天然状态下是一个较小分子质量的同型二聚体（Shen 2003）。与其他两类 PKS 不同的是：聚酮链的延伸不依赖 ACP，直接利用相应的起始单元，以丙二酰单酰辅酶 A 为聚酮链延伸的底物，形成最终的产物。目前已经发现的Ⅲ型聚酮合酶介导的聚酮合成有三种方式：① RppA 催化的 1，3，

6, 8- 四羟基萘（THN）的生物合成，是以丙二酰单酰辅酶 A 为聚酮链的起始单位，然后进行 4 次醇醛缩合反应实现聚酮链的延伸，最后进行 β- 酮酸酯缩合并伴随脱羧和芳香化，生成 THN，再经氧化形成淡黄霉素（Funa et al. 1999）。② CHS 是以 *p*- 香豆酰单酰辅酶 A 为起始单位，三个以丙二酰单酰辅酶 A 为聚酮延伸的底物，以醇醛缩合的形式形成四聚酮中间体，最后进行闭环缩合形成最终产物（Austin and Noel 2003）。③ PS 为吡喃酮合酶，可以以乙酰辅酶 A 为起始单元，再与 2 个以丙二酰单酰辅酶 A 进行顺序缩合，形成三乙酸内酯（Austin and Noel 2003）（图 33-5）。

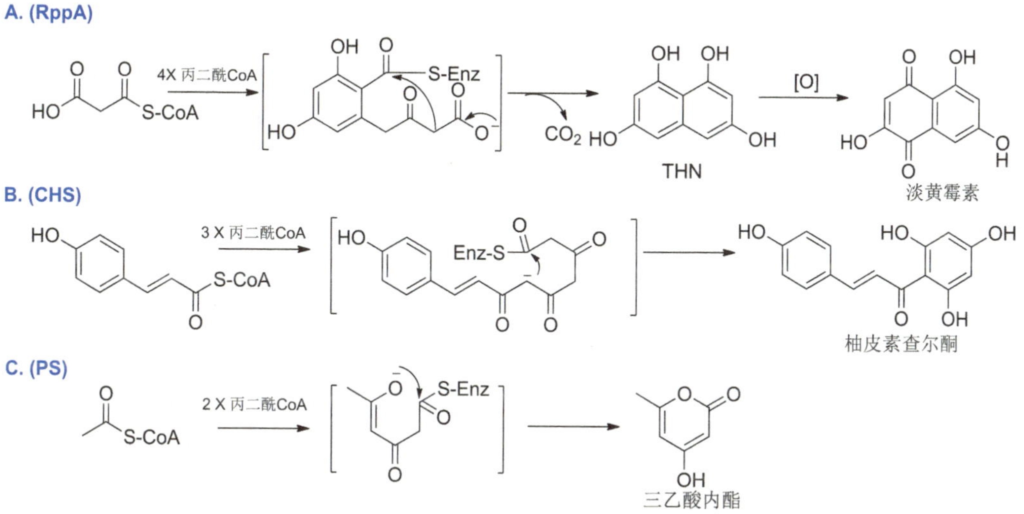

A. (RppA)

B. (CHS)

C. (PS)

图 33-5　Ⅲ型聚酮类微生物药物的生物合成机制（Austin and Noel 2003）

33.2.2　非核糖体聚肽类微生物药物的生物合成

自 1939 年发现第一个肽类抗生素——短杆菌素以来，对多肽类抗生素的研究就十分活跃。微生物所产生的众多具有生物活性的多肽类化合物中，大部分是由非核糖体编码的聚肽合酶（non-ribosomal peptide synthase，NRPS）所催化形成的，还有一部分为核糖体肽（ribosomal polypeptide）直接被修饰而成。该家族的化合物结构变化多样，生物活性广泛，包括抗肿瘤、抗病毒、抗感染、免疫抑制作用和免疫调节作用等（Nishizawa et al. 2000；Schwarzer et al. 2003）。非核糖体编码的肽类合酶与Ⅰ型聚酮合酶的结构较为类似，也是由一类含有一个或多个具有催化聚肽链延伸的模块所组成，每一个模块负责催化一个氨基酸的加载形成一个肽键。每一个模块最小的功能单元至少需要单个结构域组成，分别为腺苷化结构域（adenylation domain，A）、缩合结构域（condensation domain，C）和肽酰载体蛋白结构域（peptidyl carrier protein domain，PCP）。A 结构域在 ATP 的协助下特异性地识别和激活特定的氨基酸底物，将其转移至被磷酸泛酰巯基乙胺活化的 PCP 结构域上，然后 C 结构域通过氨基基团上的孤对电子亲核进攻偶联在上游模块 PCP 上肽链的 α- 羰基碳原子，形成一个肽键完成一个氨基酸残基的加载。

此外，在一个 NRPS 的模块中还可能含有一些其他的修饰结构域，在肽链的延伸过程中进行在线修饰（online tailoring），如异构化结构域（epimerization domain，E），负责将连接在 PCP 上的氨基酸残基由 L 构型转变为 D 构型；甲基化结构域（N-methylation domain，N-Mt）可以催化所延伸的氨基酸残基发生 N 位或 C 位上的甲基化修饰；杂环化结构域（heterocyclization domain，Cy）可以替代 C 结构域的缩合功能，同时将肽链延伸的半胱氨酸、丝氨酸或苏氨酸残基脱水芳构化，形成噻唑啉或咪唑啉的杂环结构。聚肽链延伸完成后，由聚肽末端的硫酯酶结构域根据亲核试剂的不同，进行水解、环化成酯键或肽键。此外，有些 NRPS 末端的 C 或还原酶（reductase，R）结构域也可以行使肽链从聚肽合酶上解离的功能。在非核糖体编码的肽类化合物的合成过程中，A 结构域对于氨基酸识别的宽泛性、修饰结构域的变化可以使化合物的结构更加多样化（Schwarzer et al. 2003；Sieber and Marahiel 2005）。Polyoxypeptin 是从菌株 *Streptomyces* sp. MK498-98 F14 的发酵液中获得的，具有较好的诱导细胞凋亡的生理活性，该化合物的聚肽骨架是按照 NRPS 的组装机制所形成的（Du et al. 2015）（图 33-6）。

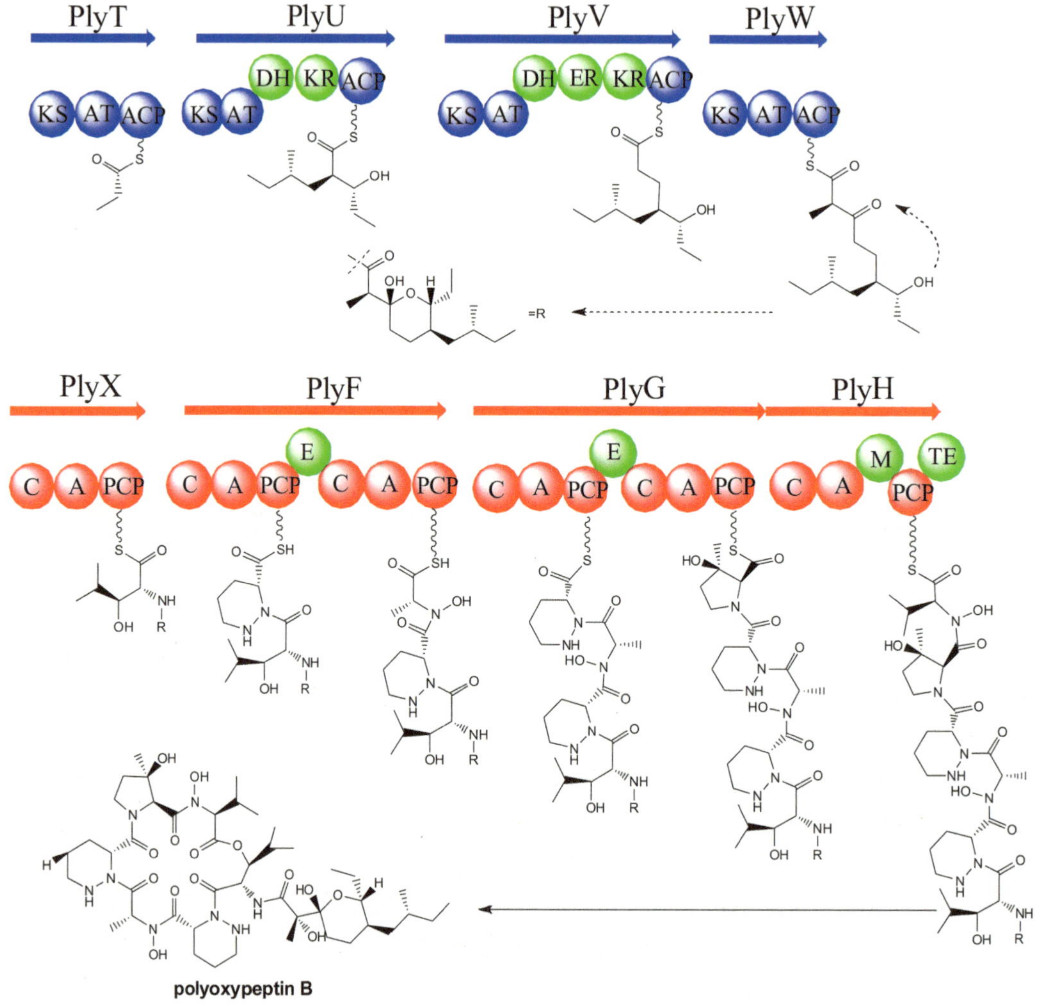

图 33-6　polyoxypeptin 聚肽骨架组装机制（Du et al. 2015）

33.2.3 核糖体肽类微生物药物的生物合成

核糖体肽类化合物的生物合成是由核糖体直接编码的多肽，经过转录后的修饰所合成（ribosomally synthesized and post-translationally modified peptide，RiPP）。该类天然产物在微生物中较为常见，包括 lanthipeptide、硫肽类（thiopeptide）、microcins、lasso peptide 和 sactipeptide 等，该类化合物也具有较好的抗细菌、抗病毒和抗肿瘤等活性。

RiPP 类化合物的生物合成是以一个比较长的前体肽（precursor peptide，一般 20~110 个氨基酸残基）的修饰开始，在前体肽的 N 端是前导肽部分（leader peptide，在真核生物中常含有信号肽序列），C 端为中心肽部分（core peptide），有的还含有负责肽链环化的识别序列（recognition sequence）。中心肽部分的氨基酸与化合物骨架的氨基酸组成一致，该部分经过一系列修饰形成最终化合物的骨架结构。前体肽基因转录翻译成蛋白质以后一般会经过磷酸化、脱氨、脱氢、脱水等复杂的修饰，然后经过环化或相应的后修饰形成最后复杂的功能性产物（Arnison et al. 2013）。其中，硫肽类化合物在 RiPP 化合物家族中的生物合成和后修饰较为复杂和丰富（图 33-7），近年来该类化合物相关的生物合成研究受到了广泛关注（Liao et al. 2009）（图 33-7）。

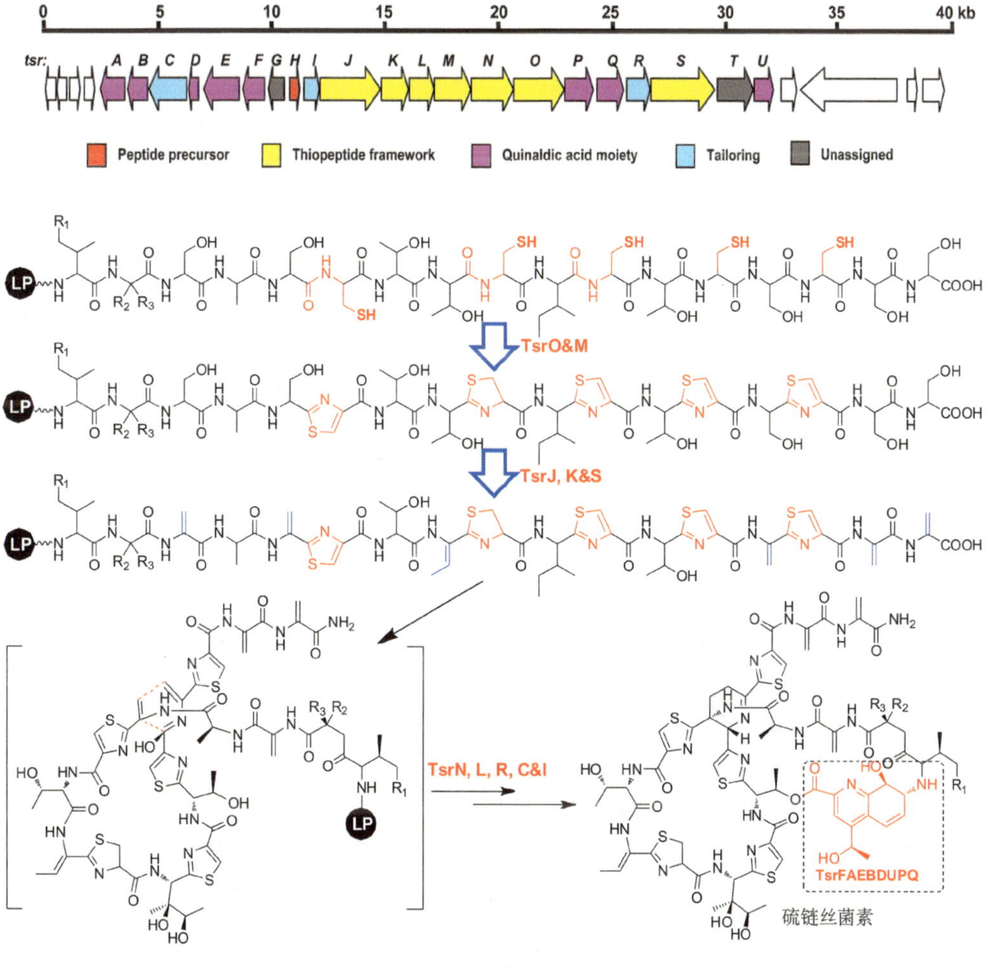

图 33-7 硫链丝菌素的生物合成基因簇及生物合成机制（Liao et al. 2009）

33.2.4 氨基糖苷类微生物药物的生物合成

氨基糖苷类（氨基环醇类）天然产物是一大类在结构上含有氨基糖和氨基环醇的苷类化合物，是人们通过抗菌活性筛选得到的第一类抗菌天然药物。大多数该类化合物是通过和细菌核糖体的30S亚基相互作用，而达到抑制细菌蛋白合成的目的，导致细菌的死亡，对革兰氏阴性菌的感染具有较好的效果。目前，已经发现天然的和通过化学方法半合成的氨基糖苷类化合物超过3000种，常见的一些重要抗生素如井冈霉素、阿卡波糖、链霉素、春雷霉素、妥布霉素、庆大霉素、新霉素、壮观霉素（大观霉素）等均属于该家族（Berkman 1981；Hermann 2007）。氨基糖苷类抗生素的氨基糖和氨基环醇均源自于葡萄糖和其他单糖，参与该类抗生素生物合成的酶主要有磷酸化酶、异构酶、核苷转移酶、糖基转移酶和氧化酶等（Berkman 1981）。

井冈霉素是从我国井冈山分离到的吸水链霉菌井冈变种5008（*Streptomyces hygroscopicus* var. *jinggangensis* 5008）中发现的，是一种较强的海藻糖酶抑制剂，具有较好的抗真菌和杀虫活性，广泛用于治疗由真菌引起的水稻叶鞘枯萎病（Xia and Jiao 1986）。该化合物是由一分子的有效烯醇、有效胺和葡萄糖组成，其生物合成基因簇于2005年被报道，并实现了在变铅青链霉菌（*Streptomyces lividans* 1326）中的异源表达。负责井冈霉素生物合成的必需结构基因分别位于 *valABCD*、*valKLMN* 和 *valG* 三个操纵子中（Bai et al. 2006）（图33-8）。ValA 催化7-磷酸景天庚酮糖环化生成2-表-5-表-有效酮是井冈霉素生物合成的第一步。ValD 以二聚体的形式存在，属于邻位氧螯化物（vicinal oxygen chelate，VOC）超家族的蛋白质，它是目前发现的最大的VOC蛋白，催化了2-表-5-表-有效酮异构化生成5-表-有效酮（Xu et al. 2009）。ValK 是一个可能的脱水酶，将5-表-有效酮催化形成有效烯酮，或者将7-磷酸-有效烯酮催化形成7-磷酸-有效烯醇。ValC 是一种环醇激酶，可以磷酸化有效烯酮，生成7-磷酸-有效烯酮。ValN 是环醇还原酶，可以将7-磷酸-有效烯酮还原为7-磷酸-有效酮。ValM 为氨基转移酶，推测其可能以谷氨酸为氨基供体，将7-磷酸-有效酮转化为7-磷酸-有效胺。ValB 为核苷酸转移酶，负责催化核苷酸加载到（1-表-）1-磷酸-有效烯醇分子中生成GDP-有效烯醇（Yang et al. 2010）。ValL 是7-磷酸-有效氧胺合成酶，催化GDP-有效烯酮和7-磷酸-有效胺生成7-磷酸-有效氧胺，随后7-磷酸-有效氧胺在磷酸酶 ValO 的作用下生成有效氧胺（Asamizu et al. 2011）。ValG 是一种糖基转移酶，以UDP-葡萄糖作为糖基供体，有效氧胺为糖基受体，形成有效霉素（图33-8）。此外，ValG 还可以利用非天然糖基供体UDP-半乳糖生成一种新的衍生物4″-*epi*-有效霉素A（Xu et al. 2008）。

33.2.5 核苷类微生物药物的生物合成

核苷类抗生素是一类结构上含有核苷或者核苷酸的化合物总称，在分子的组装合成过程中，伴随着多样化的生物合成或者修饰过程，产生了多样化的结构类型。由于核苷和核苷酸在基础代谢中常扮演着一些重要的角色，如能量供给、代谢载体、多种辅酶及次级信使等，核苷类抗生素具有重要的研究价值和广谱的生物学活性（抗感染、抗病毒、抗肿瘤、免疫调节、杀虫等）。核苷类抗生素自被发现以来一直具有广泛的应用，如多氧霉素（polyoxin）、米多霉素（midiomycin）、尼可霉素（nikkomycin）、杀稻瘟菌素（blasticidin）

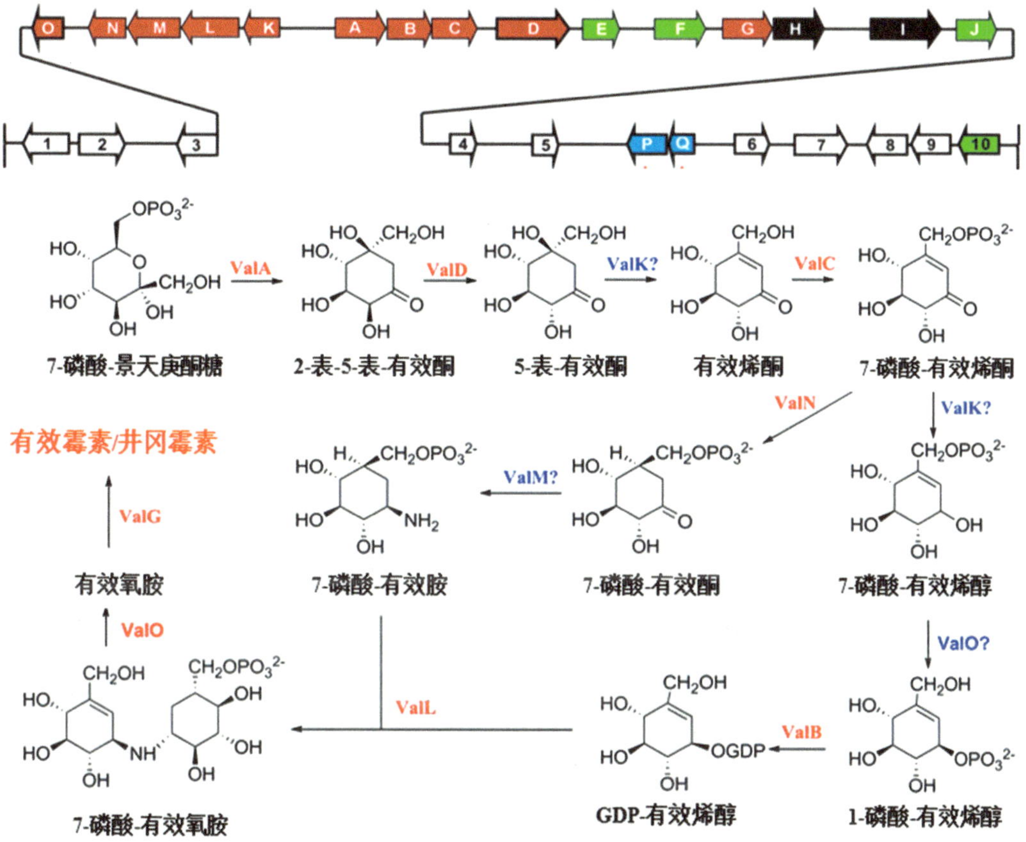

图 33-8　井冈霉素生物合成基因簇和生物合成途径（Bai et al. 2006；Xu et al. 2009）

等，在农业上用于植物的病虫害防治（Isono 1988，1991）。

在核苷类抗生素的生物合成方面，根据分子结构的不同差异也较大，相关的研究也较为活跃。在该化合物家族中，多氧霉素的生物合成研究较为详细，该分子的结构由三部分组成：分别为 C-5 修饰的核苷骨架（nucleoside skeleton）、氨甲酰多聚草氨酸（carbamoylpolyoxamic acid，CPOAA）和聚肟酸（polyoximic acid，POIA）。在从 *Streptomyces cacaoi* 克隆的多氧霉素生物合成基因簇中，有 16 个结构基因负责了多氧霉素的生物合成（Chen et al. 2009）。多氧霉素核苷骨架的生物合成过程如下：首先，PolB 负责核苷上 C-5 位置的甲基化；PolA 参与了磷酸烯醇式丙酮酸（PEP）加载到单磷酸尿苷（UMP）的 3′ 位置上形成 3′ - 烯醇式丙酮酸基单磷酸尿苷（3′ -EUMP）；然后 PolJ 催化 3′ -EUMP 的去磷酸化，同时将烯醇式丙酮酸（enolpyruvyl）基团转位到 6′ 位，形成 octofuranuloseuronic acid；PolH 属于 *S*- 腺苷甲硫氨酸自由基（Radical SAM）家族的蛋白质，可能将 PolJ 催化后的产物进行环化形成 octosyl acid；最后该产物在 PolI 和 PolK 的用下发生氧化消除及转氨作用形成最终的核苷骨架。聚肟酸部分是由 PolC、PolE 和 PolF 以 L-异亮氨酸为底物进行催化形成的。氨甲酰多聚草氨酸的生物合成是以谷氨酸作为起始底物，PolN 首先进行乙酰化生成 *N*- 乙酰谷氨酸，PolP 对其进行磷酸化，然后 PolM 在磷酸化的位点进行氧化成醛基，PolN 再行驶去磷酸化的功能生成 2- 氨基 -5- 羟基戊酸（AHV），最后经过 PolO 的氨甲酰化和 PolL 的羟基化形成氨甲酰多聚草氨酸（CPOAA）。PolG 负责将聚肟酸（POIA）和 CPOAA 加载到核苷骨架上，形成了多氧霉素的最终结构（Chen et al. 2013，2009）（图 33-9）。

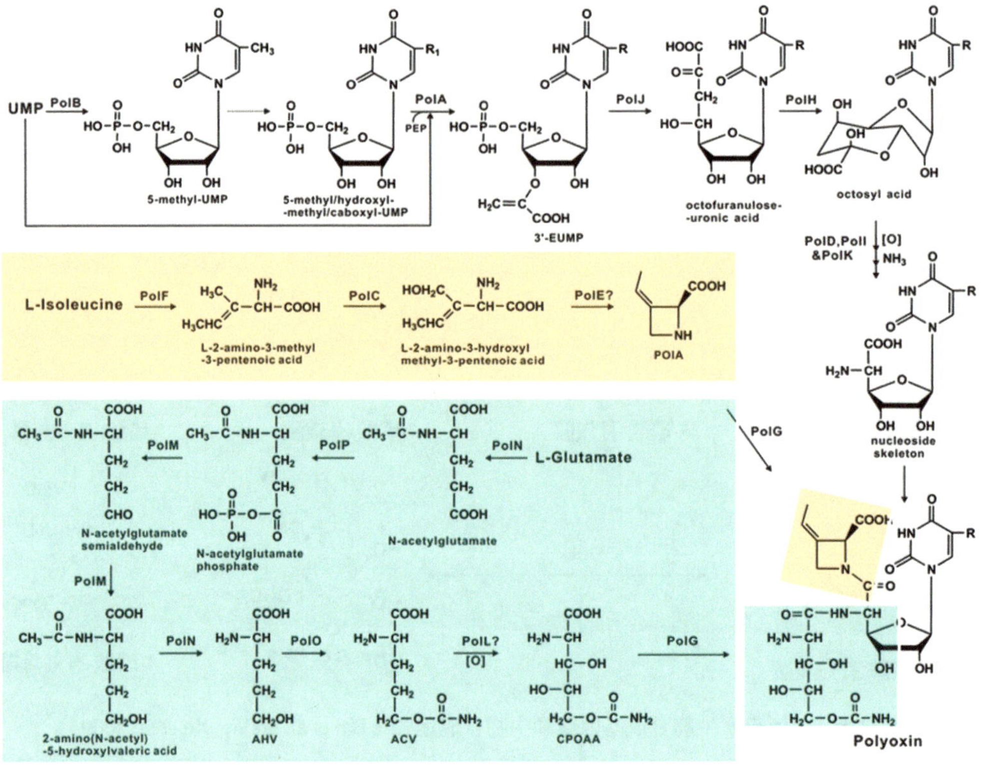

图 33-9 多氧霉素的生物合成机制（Chen et al. 2009）

33.3 微生物药物的合成生物学

随着人类对生命科学的探索不断深入，微生物分子生物学、遗传学、基因组学、代谢工程等技术得到了全面快速的发展，基因重组技术、基因测序及 DNA 合成技术与工具的开发也得到了突破性的进步。科学家将生物学、工程学和数学紧密结合，在药物、能源、环境监测和疾病治疗与防御方面，以工程化的理念开启了人工设计和构建自然界中不存在的生物系统，即合成生物学的研究。B. Hobom 最早于 1980 年提出“合成生物学”的概念，是为了描述通过工程化基因重组技术而得到的细菌可以正常存活。2000 年以后，在众多研究者的推动下，合成生物学作为一门崭新的学科得到了迅猛的发展，而且逐渐应用到了许多重要的研究领域（宋凯 2010）。

微生物来源的天然产物一直被认为是与疾病斗争的绝好武器，新结构或者新活性的微生物药物的发现和开发依然是一个重要的研究领域。微生物药物的生物合成途径的解析，使科学家不仅对微生物天然药物生物合成的一般规律进行了系统的认识，而且在这个过程

中积累了大量的基因、酶和生物合成模块的元件，为设计和建造新的基因线路和元件，优化和改变药物分子的生物合成途径提供了重要的保障。以合成生物学的方法和理念，利用蛋白质组织结构和催化功能的对应逻辑关系，重新设计已有的微生物药物生物合成途径，以基因重组技术建造新的生物合成途径，产生新的微生物药物分子或者提高其生物合成效率，已经成为微生物新药发现和发展的重要策略。合成生物学技术在微生物药物研发中的应用，可以获得结构更多样化的“非天然”的天然产物。此外，所设计的生物合成途径也可以在通用的微生物底盘细胞中进行异源高效合成，进而使天然产物的生物合成或生产打破了物种的界限。合成生物学技术的出现使得微生物天然产物的研究、开发、生产都得到了有效拓展和延伸。

33.3.1 微生物药物生物合成途径的优化设计

通过系统地对微生物药物生物合成途径的研究发现，微生物药物的生物合成由多酶体系参与，许多酶系是由单个分离并具有独立催化功能的结构域组成的。为了获得多样化的微生物药物的分子或者改善目标药物分子的结构，定向地对生物合成基因簇中的目标基因进行阻断、重组或替换来改变酶的催化特征，使代谢途径发生变化，从而使产生新的代谢分支或新的化合物成为了现实（Winter and Tang 2012；司书毅和张月琴 2007）。合成生物学技术方法的介入，为微生物药物生物合成途径的改造提供了更加理性的设计，为目标基因元件的标准化和适配性的监测提供了理论基础，在实践上不断加快人们利用现有的生物合成途径进行新药的创制。

33.3.1.1 基于合成生物学方法对聚酮合成单位的优化设计

阿维菌素是由阿维链霉菌（*Streptomyces avermitilis*）产生的一组十六元大环内酯类抗生素，具有很好的杀虫活性，在农牧业和医药卫生方面均具有广泛的应用。多拉菌素是阿维菌素的结构类似物，有着更优越的杀虫活性。阿维菌素碳链骨架的生物合成是由Ⅰ型聚酮合酶负责组装，起始单元主要是α-甲基丁酸和异丁酸；而多拉菌素聚酮链的起始合成是以环己烷羧酸（cyclohexanecarboxylic acid，CHC）为底物。在*Streptomyces platensis*中phoslactomycin B的聚酮骨架合成，可以特异性地使用CHC作为起始单元。将phoslactomycin B的聚酮合成起始的模块替换为阿维菌素生物合成的起始单元以后，再将负责CHC合成的4个基因（*pnp1*、*pnp2*、*pnp3*和*pnp4*）串联组装在一个载体中，并处在红霉素强启动子的控制下，然后利用结合转移的策略导入*S. avermitilis*中，新得到的基因重组菌株就可以产生多拉菌素（Wang et al. 2011）（图 33-10）。

33.3.2 利用合成生物学方法创制新结构的肽核苷类抗生素

在核苷类抗生素中多氧霉素与尼可霉素在化学结构上具有很大的相似性，且二者都具有较好的生理活性和广泛的应用。从结构上分析，二者都是由一个核苷骨架与一个或两个肽基组合而成。多氧霉素和尼可霉素都可以使用尿嘧啶作为核苷骨架的碱基部分，此外尼可霉素的核苷部分还可以使用4-甲酰-4-咪唑-2-酮。对于取代的肽基部分来说，两者的结构相似点较少，多氧霉素的肽基是POIA和CPOAA，而尼可霉素的是谷氨酸和羟基吡啶同型苏氨酸（HPHT），这些结构上的差异为进行组合设计新的核苷类抗生素提供了可能（图 33-11）。

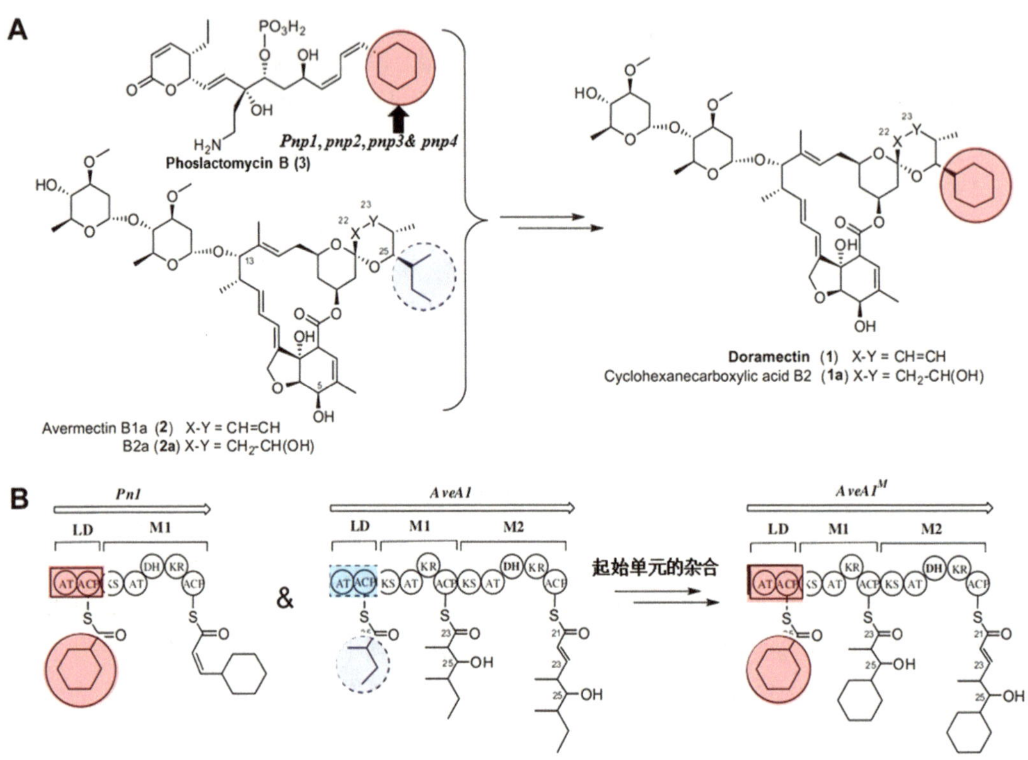

图 33-10 阿维菌素生物合成起始单元替换示意图（Wang et al. 2011）

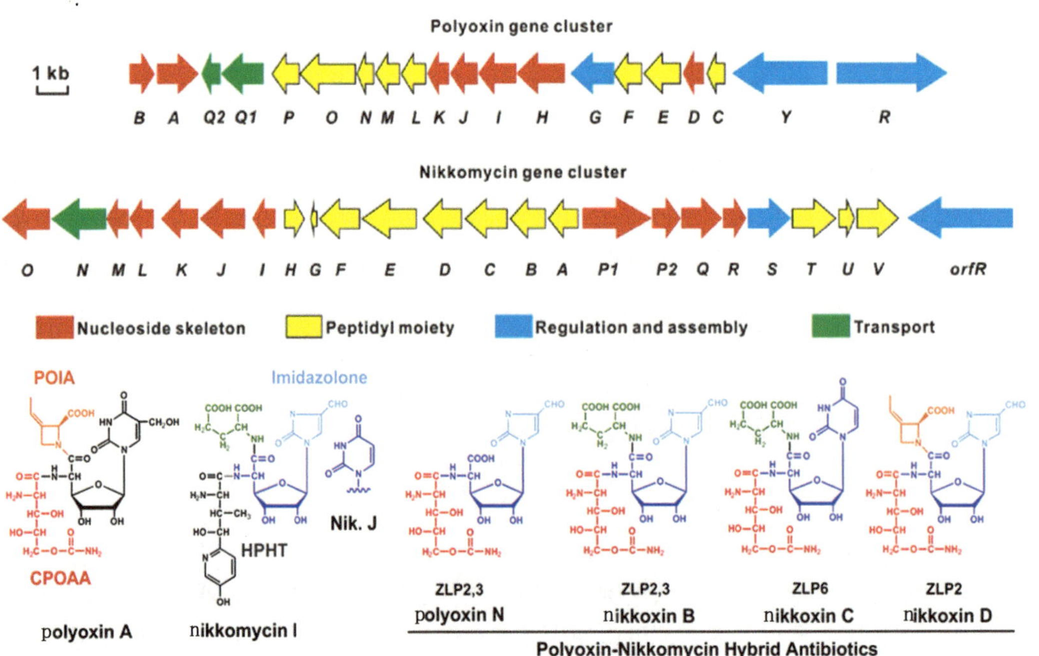

图 33-11 多氧霉素与尼可霉素生物合成基因簇及骨架结构单元的重设计（Zhai et al. 2012）

在多氧霉素的工业生产菌株 *Streptomyces aureochromogenes* YB172 中，首先将多氧霉素负责核苷和 POIA 部分的基因分别失活，再将尼可霉素中负责 4- 甲酰 -4- 咪唑 -2- 酮和 HPHT 的基因克隆到整合型载体中，最后利用结合转移的办法导入多氧霉素的突变株中。结果从基因重组菌株的发酵产物中得到了 polyoxin N、nikkoxin B、nikkoxin C 和 nikkoxin D 4 个杂合的肽核苷类抗生素（图 33-11），且这 4 个杂合抗生素对多数人类或植物病原真菌均具有良好的抑制作用。其中，nikkoxin D 对于条件致病菌皮状丝孢酵母的抗菌活性与天然抗生素相比有显著提高，具有重要的开发潜力（Zhai et al. 2012；Qi et al. 2015）。

33.4　微生物药物生物合成后修饰的合成生物学基础

微生物药物在生物合成过程中经过碳骨架组装以后，大部分都经历了一些后修饰才形成最终的产物。一般来说，后修饰主要包括：糖基化、甲基化、酰基化、卤代和氧化等（Rix et al. 2002；司书毅和张月琴 2007）。糖基化修饰一般发生在微生物药物生物合成的后期，糖基以 dNDP- 活化的形式被相应的糖基转移酶加载到糖基配体上，糖基化修饰对微生物代谢产物的生物活性起着重要的作用。通过对大量含有不同糖基微生物抗生素生物合成的研究，许多参与不同糖基合成的基因功能及相应的蛋白质的生化特征得以阐明。糖基的修饰一般以葡萄糖 -1- 磷酸（glucose-1-phosphate）为底物，其多样化的修饰包括 2- 脱氧化（2-deoxygenation）、4- 脱氧化（4-deoxygenation）、氨基化（transamination）、*N*，*N*-双甲基化（*N*，*N*-dimethylation）、酰基化（acylation）、*C*- 甲基化（*C*-methylation）和异构化（epimerization）等（Thibodeaux et al. 2007；Wohlleben and Muller-Tiemann 2005；司书毅和张月琴 2007）（图 33-12）。大量不同取代和脱氧糖的生物合成途径的研究，为在目标微生物宿主中重组糖基的合成途径，产生新结构的糖基化活性产物奠定了坚实的基础。为了便捷地使宿主微生物具有产生结构多样的脱氧糖的能力，Rodriguez 等（2002）构建了一套“即插即用（plug and play）”的工具质粒系统，可以方便迅速地剔除或导入各种目标糖基合成基因，实现构建不同的糖基合成途径的目标。

糖基转移酶是负责将不同糖基供体上的糖基加载到相应的苷元上，形成糖基化的产物。实现便捷地将各种脱氧糖连接到不同的苷元结构上，需要糖基转移酶对糖基供体具有较好的底物宽泛性，能够识别和转移各种活化的取代或脱氧糖（Thibodeaux et al. 2007）。为了满足这一需求，Bechthold 等（2005）从多个天然产物生物合成基因途径中收集了 35 种糖基转移酶的编码基因，建立了可供应用多种糖基转移所需的基因元件工具盒（tool box）。从目前已有的糖基加载的途径中，寻找具有底物普适性的糖基转移酶也是一种可行的办法，研究发现埃罗霉素（elloramycin）生物合成途径中的糖基转移酶 ElmGT 能够识别不同的 D- 脱氧糖基和 L- 脱氧糖基（Mendez and Salas 2005），为糖基的加载提供了较好的研究材料。此外，通过糖基转移酶的结构域替换或者定向进化（Hoffmeister et al. 2002），增加目标底物的特异性或者宽泛性也是一个可以选择的策略。

此外，微生物药物生物合成的其他后修饰过程，如甲基化、卤代和氧化等，也可能对抗生素的生物活性具有重要的贡献。利用不同的修饰酶或者将不同功能的修饰酶进行有效组合，可能会创造结构更多样且又具有较好生物活性的药物先导化合物。

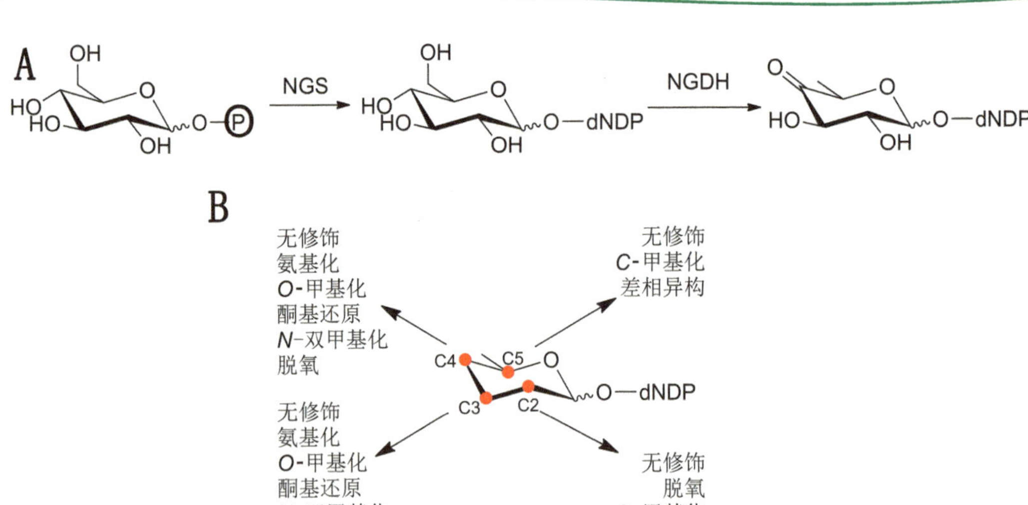

图 33-12 脱氧糖基的生物合成途径及不同位置的取代形式（司书毅和张月琴 2007）

A. 脱氧糖基早期生物合成的共同途径；B. 脱氧糖基不同位置可能发生的化学修饰

33.5 微生物药物的异源合成

通过微生物功能基因组的研究发现，微生物中许多次级代谢生物合成的基因簇均是沉默的，究其原因主要是：在实验室的培养条件不合适；另外，有可能该基因簇的表达受到了一些调控因子或者网络的限制；或者一些关键功能基因的缺失或者突变。为了解除一些因素的限制，随着对微生物基因组的了解逐步加深，人们可以采取更为高效和直接的策略，通过次级代谢产物生物合成基因簇的异源表达来实现目标产物的高效生产。此外，微生物的异源合成技术还可以适用于不可培养微生物次生代谢产物的挖掘、可培养但是培养条件苛刻或遗传改造困难的微生物天然产物的生产（Galm and Shen 2006）。

常见的可以用于异源合成微生物药物的模式微生物底盘细胞主要有：大肠杆菌、酿酒酵母、天蓝色链霉菌、枯草芽孢杆菌、假单胞菌等，它们基本上具备了遗传背景比较清楚、生长特性良好、基因修饰容易和对人与环境安全等优点（杜东霞 2012）。然而，由于生物元件来源的物种多样性，为了保证所表达的微生物药物生物合成基因簇可以比较好的工作，在选择异源表达宿主时一般要考虑遗传的一致性和互补性。目前，不同种属来源的基因或宿主还无法方便的“即插即用”地进行交互使用。克隆的外源基因在异源宿主中表达时，一般需要进行密码子优化、表达调控元件替换、前体物供给途径优化等操作来消除种属差异和弥补宿主的缺陷（Galm and Shen 2006）。

33.5.1 链霉菌作为微生物细胞工厂生产微生物药物

放线菌中的链霉菌属的菌株是产生具有生物活性物质最多的物种，可以合成结构复杂多样的次生代谢产物，而且发酵方法比较容易建立，因而链霉菌作为次级代谢产物异源表达的宿主也是一个比较理想的选择。因此，许多研究者利用各种合成生物学研究策略，开

发了许多链霉菌的异源表达宿主，比较常用的链霉菌宿主有：天蓝色链霉菌（*Streptomyces coelicolor*）、变铅青链霉菌（*S. lividans*）、白色链霉菌（*S. albus*）和阿维链霉菌（*S. avermitilis*）等（白超弦等 2012）。英国 John Innes 研究中心的 Mervyn Bibb 课题组以 *S. coelicolor* 作为出发菌株，利用基因失活的方法连续将其中的 4 个次生代谢产物生物合成的基因簇（actinorhodin、prodiginine、CPK 和 CDA）进行了消除，构建了链霉菌的表达宿主。经过基因操作以后的菌株不仅消除了这些背景产物的干扰，而且减少了聚酮和聚肽类化合物生物合成的底物消耗。同时，为了增加所改造的菌株对一些抗生素的耐受性，将宿主菌种的 *rpoB* 和 *rpsL* 基因进行了点突变（Gomez-Escribano and Bibb 2011）。目前，优化的天蓝色链霉素宿主，已经成功地用于大量抗生素生物合成基因簇的异源表达和代谢产物的挖掘。日本研究者 Ikeda 课题组，通过基因组简化来减少菌株负担的策略，以阿维链霉菌为出发菌株，通过 *loxP*/CreE 介导的大片段基因删除技术，构建了一系列用于次级代谢产物表达的通用宿主。基因组简化后的菌株只保留了原始染色体的 80% 左右，生长速率明显提高。最终，他们成功地将 20 多个次级代谢产物在优化的阿维链霉菌宿主中进行了表达，有些次级代谢产物的产量甚至要高于原始产生菌株（Komatsu et al. 2013）。尽管目前利用链霉菌作为微生物药物的异源表达宿主已经取得了较大的进展，但是由于每个菌株的生理生化形态、调控网络和代谢网络差异较大，每个菌株合成次生代谢物质的潜能和结构类型也有着较大不同，如何针对化合物的结构类型开发出个性化的异源表达宿主，依然是摆在研究者面前的一个重要问题。

33.5.2 大肠杆菌作为微生物细胞工厂生产微生物药物

一直以来，大肠杆菌都被认为是具有生长快、遗传操作简单、发酵简单的优良工具菌株。为了实现 6- 脱氧红霉内酯（6-DEB）在大肠杆菌中的异源表达，Pfeifer 等（2001）根据聚酮类化合物生物合成的特点，有针对性地对大肠杆菌进行了改造，主要包括：目标聚酮化合物生物合成所需要的丙酸盐底物供给途径的补偿；引入了来自枯草芽孢杆菌（*Bacillus subtilis*）的磷酸泛酰巯基乙胺转移酶基因（*sfp*），插入大肠杆菌染色体的 *prp* 操纵子中，以保证所翻译出来的聚酮合酶上的 ACP 处于活化的工作状态；验证聚酮合酶在大肠杆菌中的通畅表达和正确折叠。将目标生物合成基因簇转化到改造好的大肠杆菌中以后，成功地实现了红霉素前体 6-DEB 异源的合成，随后将红霉素生物合成基因簇中其他修饰基因导入改造后的大肠杆菌中，最终实现了红霉素的异源表达（Zhang et al. 2010；黄伟等 2011）（图 33-13）。埃博霉素（epothilone）是由纤维堆囊菌（*Sorangium cellulosum*）产生的大环内酯类化合物，对多重耐药肿瘤细胞和耐紫杉醇的肿瘤细胞均表现出了强大的抗癌活性，但该抗生素的发酵产量较低，而且发酵周期较长，严重阻碍了该药物的大量开发。Kosan 公司的科研人员根据大肠杆菌密码子的偏好性，将埃博霉素的生物合成基因簇进行了重新设计和全基因合成，在大肠杆菌中成功地实现了埃博霉素生物合成基因簇的异源表达，为后续的代谢工程改造和发酵条件的优化提供了较好的研究基础（Muller 2009；黄伟等 2011）（图 33-13）。此外，大肠杆菌还可以用于合成植物来源的重要药物，Keasling 课题组将酵母来源的甲羟戊酸途径引入大肠杆菌中，同时对黄花蒿来源的 amorphadiene 合成酶进行了密码子偏好性的优化，大幅度提升了青蒿素前体物质 amorphadiene 的合成能力，amorphadiene 通过化学方法进行改造，可以方便地生成青蒿素

（Martin et al. 2003），这一突破性的研究成果很快引起了全世界的广泛关注。

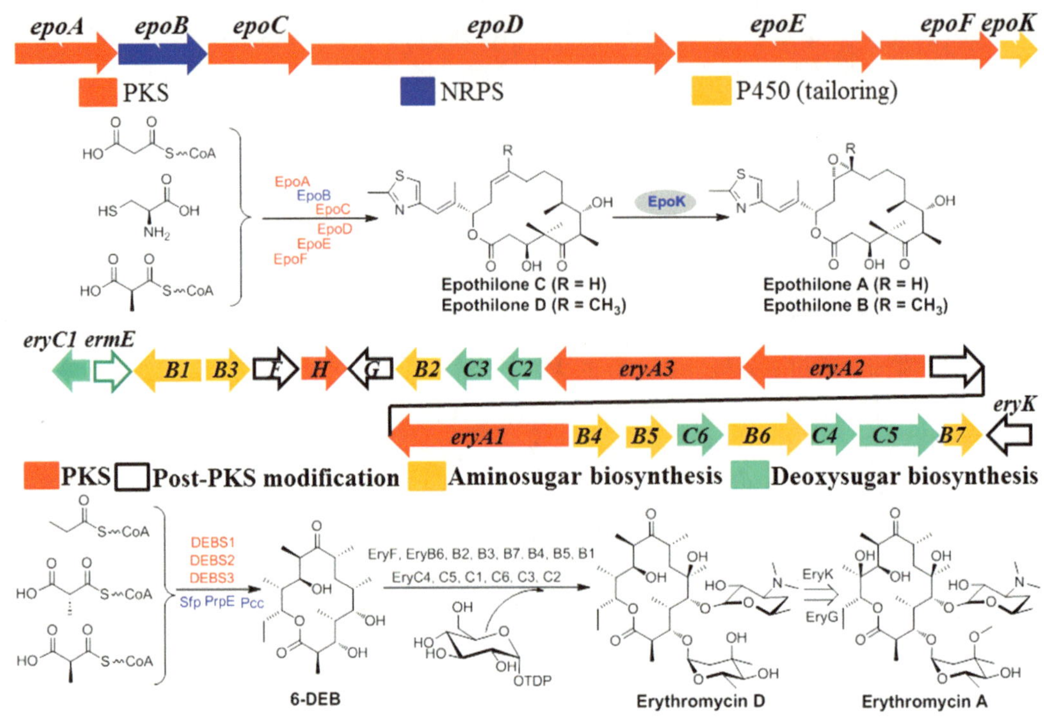

图 33-13 在大肠杆菌中成功实现异源表达的埃博霉素和红霉素（黄伟等 2011）

33.5.3 酵母作为微生物细胞工厂生产微生物药物

酵母在真核生物中属于较低等的单细胞生物，它具有原核生物培养简单、生长快、遗传背景清晰、基因工程操作便捷等优点。此外，酵母还有真核生物所具有的蛋白质加工、翻译后修饰等功能，因而许多酵母也是天然产物异源合成宿主的较好选择。现已成功用于异源合成宿主的酵母主要有：酿酒酵母（*Saccharomyces cerevisia*）、毕赤酵母（*Pichia pastoris*）等（杜东霞 2012）。酿酒酵母由于其遗传背景比较清晰及基因操作比较标准化，是最早发展起来的真核表达系统，现已完成该菌株的全基因组测序，广泛用于基因操作技术和天然产物异源合成的工具菌株。以酿酒酵母作为宿主，将来源于真菌的聚酮类化合物十二元大环内酯（间苯二酚类）lasiodiplodin 和 resorcylide 的生物合成基因簇进行了克隆，将其转入酿酒酵母中后成功地获得了异源宿主的生产（Xu et al. 2014）。为了便于研究抗生素生物合成途径，以酿酒酵母作为宿主进行异源重构真菌来源的聚酮类化合物 rubrofusarin 也获得了成功（Rugbjerg et al. 2013）。

此外，酿酒酵母作为遗传操作成熟的真核表达系统，含有比较高效的甲羟戊酸代谢途径，可以为萜类化合物的异源合成提供直接的前体，具有高效生产萜类化合物的潜力。Keasling 研究组以酿酒酵母为出发的宿主菌，成功构建了表达青蒿素前体物青蒿二烯的工程菌株（Ro et al. 2006），通过一系列的优化和相关基因的表达水平控制，获得了较大的突破，最终青蒿酸产量高达 40g/L。阿片类药物是最强大的一种用于治疗疼痛的物质，近来美

国斯坦福大学 Smolke 研究小组，根据吗啡结构的组成单元设计其有效的生物合成途径，然后通过将来自于酵母本身、细菌、植物和啮齿类动物的 20 多个基因进行组装，导入酵母的工程菌株中以后，成功地实现了蒂巴因和氢可酮的合成（Galanie et al. 2015）（图 33-14），引起了广泛的关注。

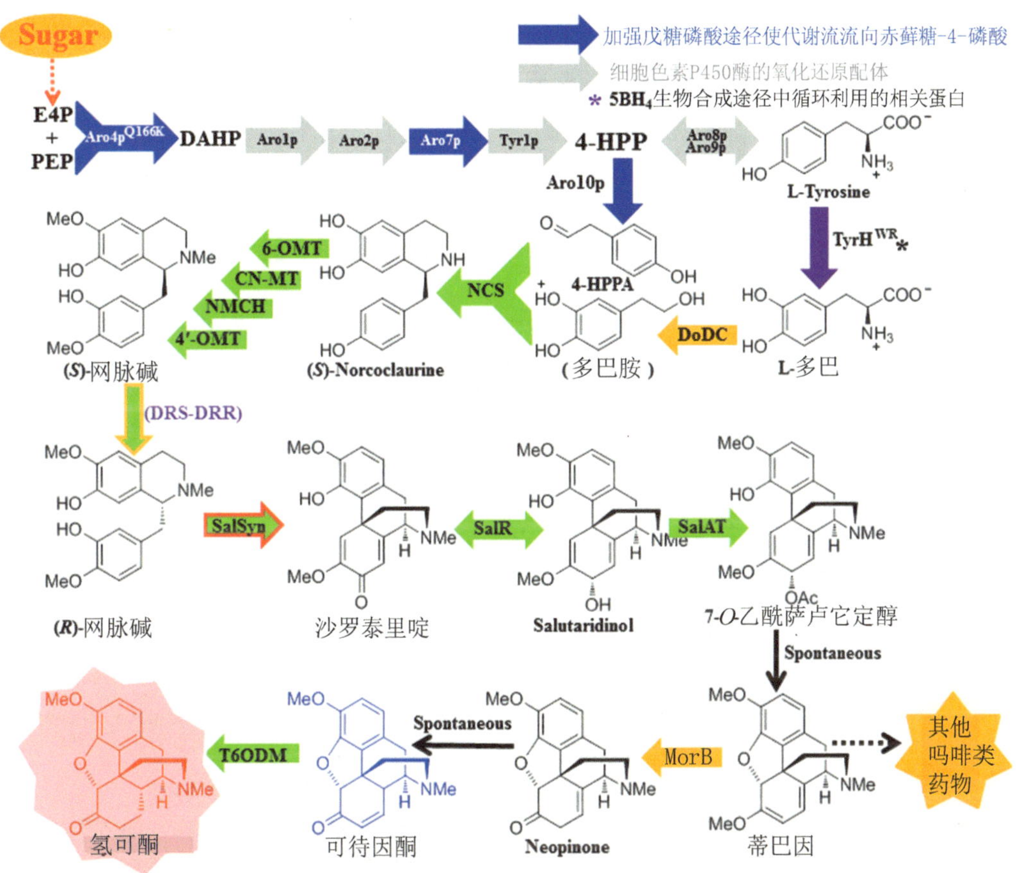

图 33-14　在酿酒酵母中成功重构的吗啡类镇痛药的生物合成途径（Galanie et al. 2015）

人类社会在不断发展，一些威胁人类健康的重大疾病依然存在，而且新的疾病，如 SARS、艾滋病、埃博拉病毒和不断变异的禽流感病毒，依然对人类的健康造成了巨大的威胁。因此，新的药物分子的发现和新药的创制，显得尤其迫切和重要。近年来，人类基因组、蛋白质组、信息科学、计算机、分子生物学和合成生物学等生命科学技术领域的迅速发展，为药物的筛选提供了新的思路和方法。微生物药物的筛选也经历了从系统的活性追踪到高通量的快速筛查，或者针对特定的疾病、药理模型和药物靶点的定向研究。微生物新药物分子的发现，为其生物合成的研究提供了重要的研究材料。系统的微生物药物的生物合成工作，丰富了人们对于微生物药物生物合成基因簇组成特征、底物供给、合成调控和转运等方面的认识。为进一步避开菌株纯培养，构建宏基因组文库，挖掘不可培养微生物中的次生代谢生物合成潜能提供了思路。微生物药物生物合成途径的大量解析，为利用组合生物合成和合成生物学技术创制多样化的“非天然”天然药物分子库，积累了丰富的基因和酶学元件，以及工具载体和菌株。

我国微生物药物产业发展面临着药物创新、品质提高和规模化生产等诸方面的难题和机遇。国际上对微生物药物源头资源的重视程度与日俱增，触角延伸到各个角落。我国幅员辽阔、生境多样、生物资源丰富，具有生物药物发现和创新得天独厚的优势。我国微生物药物产业的发展具有较好的基础，在微生物药物的资源挖掘、生物合成基因信息的克隆、代谢途经改造和生产工艺优化等研究方面处于国际前列（Kang et al. 2011b）。因此，充分认识我国生物资源的分布和特色，推动丰富资源挖掘与先进技术应用的对接，大力发展生物技术支撑产业的创新性可持续发展，合理利用边远地区生物资源和努力提升相关的科研水平，建立我国从上游到下游、从源头到产品的系统性和可持续性的研发体系至关重要。

参考文献

白超弦，卓英，张立新 . 2012. 利用合成生物学技术深入挖掘放线菌中活性次级代谢产物 . 微生物学通报，40（10）：1885-1895.

白林泉，邓子新 . 2006. 微生物次级代谢产生生物合成基因簇及药物创新 . 中国抗生素杂志，31（2）：80-86，99.

杜东霞 . 2012. 微生物次级代谢产物生物合成基因簇异源表达研究进展 . 中国抗生素杂志，37（8）：568-574.

顾觉奋 .2010. 国内外微生物药物生产状况及市场分析 . 北京：化学工业出版社：1-272.

黄伟，王健博，唐功利 . 2011. 天然产物类药物的合成生物学研究 . 生命科学，23（9）：891-899.

刘文，唐功利 . 2005. 以生物合成为基础的代谢工程和组和生物合成 . 中国生物工程杂志，25（1）：1-5.

刘志恒 .2002. 现代微生物学 . 北京：科学出版社 .

司书毅，张月琴 . 2007. 药物筛选——方法与实践 . 北京：化学工业出版社 .

宋凯 . 2010. 合成生物学导论 . 北京：科学出版社 .

孙宇辉，邓子新 . 2006. 聚酮化合物及其组合生物合成 . 中国抗生素杂志，31（1）：6-14，18.

Arnison P G，Bibb M J，Bierbaum G，et al. 2013. Ribosomally synthesized and post-translationally modified peptide natural products：overview and recommendations for a universal nomenclature. Nat Prod Rep，30（1）：108-160.

Asamizu S，Yang J，Almabruk K H，et al. 2011. Pseudoglycosyltransferase catalyzes nonglycosidic C-N coupling in validamycin a biosynthesis. J Am Chem Soc，133（31）：12124-12135.

Austin M B，Noel J P. 2003. The chalcone synthase superfamily of type III polyketide synthases. Nat Prod Rep，20（1）：79-110.

Bai L，Li L，Xu H，et al. 2006. Functional analysis of the validamycin biosynthetic gene cluster and engineered production of validoxylamine A. Chem Biol（Cambridge，MA，U. S.），13（4）：387-397.

Baltz R H. 2006. Molecular engineering approaches to peptide，polyketide and other antibiotics. Nat Biotechnol，24（12）：1533-1540.

Bechthold A，Weitnauer G，Luzhetskyy A，et al. 2005. Glycosyltransferases and other tailoring enzymes as tools for the generation of novel compounds. Ernst Schering Res Found Workshop：147-163.

Berdy J. 2005. Bioactive microbial metabolites：a personal view. J Antibiot，58（1）：1-26.

Berkman E. 1981. Aminoglycoside antibiotics：chemistry，modifying enzymes，present therapeutic values and recent developments. Mikrobiyol Bul，15（3-4）：189-206.

Carreras C W，Santi D V. 1998. Engineering of modular polyketide synthases to produce novel polyketides. Curr Opin Biotechnol，9（4）：403-411.

Chen W，Dai D，Wang C，et al. 2013. Genetic dissection of the polyoxin building block-carbamoylpolyoxamic acid biosynthesis revealing the “pathway redundancy” in metabolic networks. Microb Cell Fact，12：121.

Chen W，Huang T，He X，et al. 2009. Characterization of the polyoxin biosynthetic gene cluster from *Streptomyces cacaoi* and engineered production of polyoxin H. J Biol Chem，284（16）：10627-10638.

Daniel R. 2004. The soil metagenome–a rich resource for the discovery of novel natural products. Curr Opin Biotechnol，15（3）：199-204.

Das A，Khosla C. 2009. Biosynthesis of aromatic polyketides in bacteria. Acc Chem Res，42（5）：631-639.

Demain A L，Fang A. 2000. The natural function of secondary metabolites. Adv Biochem Eng Biotechnol，69：1-39.

Deng Z，Bai L. 2006. Antibiotic biosynthetic pathways and pathway engineering–a growing research field in China. Nat Prod Rep，23（5）：811-827.

Du Y，Wang Y，Huang T，et al. 2015. Identification and characterization of the biosynthetic gene cluster of polyoxypeptin A，a potent apoptosis inducer. BMC Microbiol，14（1）：30.

Funa N，Ohnishi Y，Fujii I，et al. 1999. A new pathway for polyketide synthesis in microorganisms. Nature，400（6747）：897-899.

Galanie S，Thodey K，Trenchard I J，et al. 2015. Complete biosynthesis of opioids in yeast. Science，349（6252）：1095-1100.

Galm U，Shen B. 2006. Expression of biosynthetic gene clusters in heterologous hosts for natural product production and combinatorial biosynthesis. Expert Opin Drug Discov，1（5）：409-437.

Gomez-Escribano J P，Bibb M J. 2011. Engineering *Streptomyces coelicolor* for heterologous expression of secondary metabolite gene clusters. Microb Biotechnol，4（2）：207-215.

Hermann T. 2007. Aminoglycoside antibiotics：old drugs and new therapeutic approaches. Cell Mol Life Sci，64（14）：1841-1852.

Hertweck C，Luzhetskyy A，Rebets Y，et al. 2007. Type II polyketide synthases：gaining a deeper insight into enzymatic teamwork. Nat Prod Rep，24（1）：162-190.

Hoffmeister D，Wilkinson B，Foster G，et al. 2002. Engineered urdamycin glycosyltransferases are broadened and altered in substrate specificity. Chem Biol，9（3）：287-295.

Hopwood D A. 2007. Streptomyces in Nature and Medicine. Oxford：Oxford University Press.

Hopwood D A，Sherman D H. 1990. Molecular genetics of polyketides and its comparison to fatty acid biosynthesis. Annu Rev Genet，24：37-66.

Isono K. 1988. Nucleoside antibiotics：structure，biological activity，and biosynthesis. J Antibiot，41（12）：1711-1739.

Isono K. 1991. Current progress on nucleoside antibiotics. Pharmacol Ther，52（3）：269-286.

Kang Q，Bai L，Deng Z. 2011b. Toward steadfast growth of antibiotic research in China：from natural products to engineered biosynthesis. Biotechnol Adv，30（6）：1228-1241.

Kang Q，Shen Y，Bai L. 2011a. Biosynthesis of 3，5-AHBA-derived natural products. Nat Prod Rep，29（2）：243-263.

Kettering M，Weber D，Sterner O，et al. 2004. Secondary metabolites of fungi—functions and uses. BIOspektrum，10（2）：147-149.

Khosla C，Tang Y，Chen A Y，et al. 2007. Structure and mechanism of the 6-deoxyerythronolide B synthase. Annu Rev Biochem，76：195-221.

Komatsu M，Komatsu K，Koiwai H，et al. 2013. Engineered *Streptomyces avermitilis* host for heterologous expression of biosynthetic gene cluster for secondary metabolites. ACS Synth Biol，2（7）：384-396.

Li X，Guo J，Dai S，et al. 2009. Exploring and exploiting microbial diversity through metagenomics for natural product drug discovery. Curr Top Med Chem，9（16）：1525-1535.

Liao R，Duan L，Lei C，et al. 2009. Thiopeptide biosynthesis featuring ribosomally synthesized precursor peptides and conserved posttranslational modifications. Chem Biol，16（2）：141-147.

Liu T，Lin X，Zhou X，et al. 2008. Mechanism of thioesterase-catalyzed chain release in the biosynthesis of the polyether antibiotic nanchangmycin. Chem Biol（Cambridge，MA，U. S.），15（5）：449-458.

Liu T，You D，Valenzano C，et al. 2006. Identification of NanE as the thioesterase for polyether chain release in nanchangmycin biosynthesis. Chem Biol（Cambridge，MA，U. S.），13（9）：945-955.

Lu C，Shen Y. 2004. Harnessing the potential of chemical defenses from antimicrobial activities. Bioessays，26（7）：808-813.

Malpartida F，Hopwood D A. 1984. Molecular cloning of the whole biosynthetic pathway of a *Streptomyces antibiotic* and its expression in a heterologous host. Nature，309（5967）：462-464.

Malpartida F，Hopwood D A. 1992. Molecular cloning of the whole biosynthetic pathway of a *Streptomyces antibiotic* and its expression in a heterologous host. Biotechnology，24：342-343.

Martin V J J，Pitera D J，Withers S T，et al. 2003. Engineering a mevalonate pathway in *Escherichia coli* for production of terpenoids. Nat Biotechnol，21（7）：796-802.

Mendez C, Salas J A. 2005. Engineering glycosylation in bioactive compounds by combinatorial biosynthesis. Ernst Schering Res Found Workshop: 127-146.

Muller R. 2009. Biosynthesis and heterologous production of epothilones. Fortschr Chem Org Naturst, 90: 29-53.

Nishizawa T, Ueda A, Asayama M, et al. 2000. Polyketide synthase gene coupled to the peptide synthetase module involved in the biosynthesis of the cyclic heptapeptide microcystin. J Biochem, 127 (5): 779-789.

Peric-Concha N, Long P F. 2003. Mining the microbial metabolome: a new frontier for natural product lead discovery. Drug Discov Today, 8 (23): 1078-1084.

Pfeifer B A, Admiraal S J, Gramajo H, et al. 2001. Biosynthesis of complex polyketides in a metabolically engineered strain of *E. coli.* Science, 291 (5509): 1790-1792.

Qi J, Liu J, Wan D, et al. 2015. Metabolic engineering of an industrial polyoxin producer for the targeted overproduction of designer nucleoside antibiotics. Biotechnol Bioeng, 112 (9): 1865-1871.

Rawlings B J. 1999. Biosynthesis of polyketides (other than actinomycete macrolides). Nat Prod Rep, 16 (4): 425-484.

Rawlings B J. 2001a. Type I polyketide biosynthesis in bacteria (Part A–erythromycin biosynthesis). Nat Prod Rep, 18 (2): 190-227.

Rawlings B J. 2001b. Type I polyketide biosynthesis in bacteria (part B). Nat Prod Rep, 18 (3): 231-281.

Rix U, Fischer C, Remsing L L, et al. 2002. Modification of post-PKS tailoring steps through combinatorial biosynthesis. Nat Prod Rep, 19 (5): 542-580.

Ro D K, Paradise E M, Ouellet M, et al. 2006. Production of the antimalarial drug precursor artemisinic acid in engineered yeast. Nature, 440 (7086): 940-943.

Rodriguez L, Aguirrezabalaga I, Allende N, et al. 2002. Engineering deoxysugar biosynthetic pathways from antibiotic-producing microorganisms. A tool to produce novel glycosylated bioactive compounds. Chem Biol, 9 (6): 721-729.

Rugbjerg P, Naesby M, Mortensen U H, et al. 2013. Reconstruction of the biosynthetic pathway for the core fungal polyketide scaffold rubrofusarin in *Saccharomyces cerevisiae.* Microb Cell Fact, 12: 31.

Schwarzer D, Finking R, Marahiel M A. 2003. Nonribosomal peptides: from genes to products. Nat Prod Rep, 20 (3): 275-287.

Shen B. 2003. Polyketide biosynthesis beyond the type I, II and III polyketide synthase paradigms. Curr Opin Chem Biol, 7 (2): 285-295.

Sieber S A, Marahiel M A. 2005. Molecular mechanisms underlying nonribosomal peptide synthesis: approaches to new antibiotics. Chem Rev, 105 (2): 715-738.

Thibodeaux C J, Melancon C E, Liu H W. 2007. Unusual sugar biosynthesis and natural product glycodiversification. Nature, 446 (7139): 1008-1016.

Wang J B, Pan H X, Tang G L. 2011. Production of doramectin by rational engineering of the avermectin biosynthetic pathway. Bioorg Med Chem Lett, 21 (11): 3320-3323.

Winter J M, Tang Y. 2012. Synthetic biological approaches to natural product biosynthesis. Curr Opin Biotechnol, 23 (5): 736-743.

Wohlleben W S T, Muller T. 2005. Biocombinatorial Approaches for Drug Discovery. New York : Springer Brlin Heidelberg.

Wong F T, Khosla C. 2012. Combinatorial biosynthesis of polyketides–a perspective. Curr Opin Chem Biol, 16 (1-2): 117-123.

Xia T H, Jiao R S. 1986. Studies on glutamine synthetase from *Streptomyces hygroscopicus* var. *jinggangensis.* Sci Sin B, 29 (4): 379-388.

Xu H, Minagawa K, Bai L, et al. 2008. Catalytic analysis of the validamycin glycosyltransferase (ValG) and enzymatic production of 4″-epi-validamycin A. J Nat Prod, 71 (7): 1233-1236.

Xu H, Zhang Y, Yang J, et al. 2009. Alternative epimerization in C (7) N-aminocyclitol biosynthesis is catalyzed by ValD, a large protein of the vicinal oxygen chelate superfamily. Chem Biol, 16 (5): 567-576.

Xu Y, Zhou T, Espinosa-Artiles P, et al. 2014. Insights into the Biosynthesis of 12-Membered Resorcylic Acid Lactones from Heterologous Production in *Saccharomyces cerevisiae.* ACS Chem Biol, 9 (5): 1119-1127.

Yang J, Xu H, Zhang Y, et al. 2010. Nucleotidylation of unsaturated carbasugar in validamycin biosynthesis. Org Biomol Chem, 9 (2): 438-449.

Yang L，Chen J，Huang C，et al. 2005. Validation of a cotton-specific gene，Sad1，used as an endogenous reference gene in qualitative and real-time quantitative PCR detection of transgenic cottons. Plant Cell Reports，24(4)：237-245.

Zhai L，Lin S，Qu D，et al. 2012. Engineering of an industrial polyoxin producer for the rational production of hybrid peptidyl nucleoside antibiotics，Metab Eng，14（4）：388-393.

Zhang H，Wang Y，Wu J，et al. 2010. Complete biosynthesis of erythromycin A and designed analogs using *E. coli* as a heterologous host. Chem Biol，17（11）：1232-1240.

Zhao C，Ju J，Christenson S D，et al. 2006. Utilization of the methoxymalonyl-acyl carrier protein biosynthesis locus for cloning the oxazolomycin biosynthetic gene cluster from *Streptomyces albus* JA3453. J Bacteriol，188（11）：4142-4147.

Zou Y，Yin H，Kong D，et al. 2013. A trans-acting ketoreductase in biosynthesis of a symmetric polyketide dimer SIA7248. Chembiochem，14（6）：679-683.

（康前进　邓子新）

34

微生物药物的高产工程菌株构建与发酵优化

微生物能够产生一系列具有药理活性的次级代谢产物，统称为微生物药物。这些微生物药物包括：具有抗微生物感染和抗肿瘤作用的抗生素、特异性酶抑制剂、免疫调节剂、受体拮抗剂、抗氧化剂等（陈代杰 2008）。微生物次级代谢产物尽管具有不同的化学结构和生物活性，但在生物合成机制、筛选研究过程、高产工程菌株筛选与构建、发酵生产工艺等方面都有许多共同的特点。微生物制药工业具有操作条件温和、原料来源丰富且廉价、环境污染小的优点，受到人们重视。微生物药物的工业化生产起源于 20 世纪 40 年代的青霉素生产，青霉素由青霉菌分泌，它的化学结构、发酵生产工艺流程图如图 34-1 和图 34-2 所示（胡洪波等 2006；陈代杰 2008）。

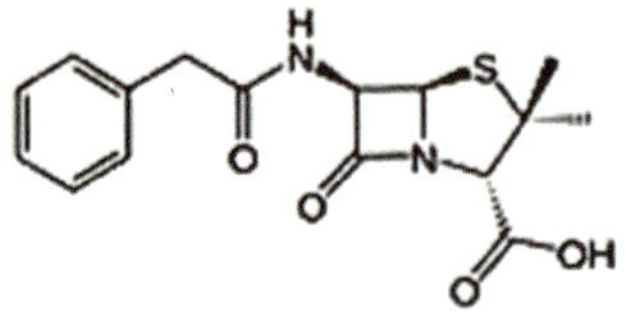

图 34-1　青霉素的化学结构图

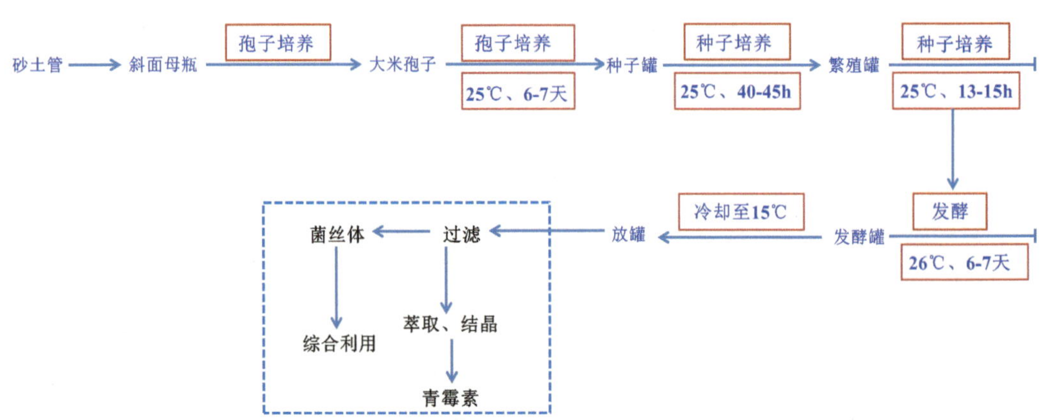

图 34-2　青霉素发酵生产工艺流程图

微生物发酵法工业生产药品的工艺过程大体和图 34-2 相似，一般的工艺程序为：生产菌株→种子制备→发酵→发酵液预处理→过滤提取及精制→成品→检验→包装→出厂检验。一般来说，从生产菌株制备到发酵属于“生物合成”范围，从发酵液预处理到提取精制属于“化学工程”范围。本章主要介绍微生物药物的生物合成方面的内容，即其高产菌株构建与发酵优化，而药物高产菌株是微生物药物生产的源头和核心。

34.1 高产菌株的选育

产微生物药物的原始菌株一般是从自然界（如土壤、海洋、极端环境、共生植物等）通过生物活性（或药理特性）在混杂的多种微生物中筛选获得的，包括放线菌、真菌、细菌等，筛选由取样、增殖、分离和测定 4 个步骤组成。由于原始菌株合成药物的效价普遍较低，通常在毫克每升水平，远远不能满足工业生产（克每升水平）的需求，需要大幅度提升其发酵效价。在获得能够合成某药物的原始菌株后，必须对生产菌种进行选育和优化以获取优良菌株，提高目标药物在发酵液中的含量，从而提高产品的质量和收率，确保药物生产的经济效益，这是微生物药物发酵最重要的内容。药物生物合成的工艺过程不同于化学反应过程，既涉及微生物细胞的生长、生理和繁殖等生命活动过程，又涉及微生物细胞分泌的各种酶所催化的生化反应，其对产品质量的影响因素非常多，而且影响过程复杂。因此，从药物的生物合成源头上，获得一株高产目标药物的工程菌株是药物生产的先决条件。

34.1.1 诱变育种

从出发菌（多为原始菌株或野生菌株）到生产用工程菌，一般要经过一系列的诱变、选育过程。菌种选育的目的是人为地使目标代谢产物过量积累，把生物合成的代谢途径朝着人类所希望的方向加以引导，获得所需要的高产、优质和低耗的菌种。通过改良菌种的特性，能够使菌株及药物符合商业化生产的要求，如优化药物组分、提高产品质量、提高菌株的遗传稳定性和生产稳定性、简化发酵生产工艺、提高药物收率、降低生产成本等。菌种选育的方法包括经典的自然选育、诱变育种、原生质体融合、基因工程等。目前诱变育种和基因工程改造是获得生产菌株选育最常用的方法（施巧琴和松刚 2003；宋安东等 2011；汪杏莉等 2007）。

微生物菌种诱变技术简单高效、定向稳定，结合快速、有效的高通量筛选方法在微生物菌种选育中被广泛使用。微生物诱变处理一般采取物理诱变方法，如紫外线（UV）、X 射线等和化学诱变方法，如碱基类似物、烷化剂甲基磺酸乙酯（EMS）等。原理是通过物理或化学方法引起微生物染色体的畸变，导致 DNA 链碱基的损伤、变化、断裂，最终导致遗传物质的永久改变，进而从变异菌株中选育优良菌株。下面以绿针假单胞菌 HT66 的菌种诱变为例，以提高合成抗真菌物质吩嗪化合物的合成能力（Mavrodi et al. 2013；张平原等 2015）。

34.1.1.1 绿针假单胞菌 HT66 与吩嗪化合物

天然吩嗪化合物具有广谱的抑制植物病原真菌的作用（Mavrodi et al. 2013），可用于农作物病害防治，如吩嗪 -1- 甲酰胺（phenazine-1-carboxamide，PCN，化学结构如图 34-3 所示）对番茄枯萎病等病原菌有显著的抑制作用（Chin-A-Woeng et al. 1998）。在 KB 平板上培养时，分泌吩嗪化合物的假单胞菌菌落呈现多种颜色，这是由于吩嗪环在紫外光区和可见光区均有较大的吸收峰，最大吸收峰的位置因取代基和杂环的不同而略有变化，如吩嗪 -1- 羧酸（phenazine-1-carboxylic acid，PCA）通常为浅黄色晶体，PCN 为绿色晶体（Mavrodi et al. 2001）。

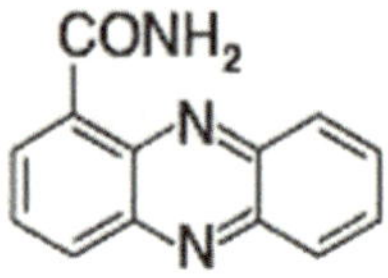

图 34-3 吩嗪 -1- 甲酰胺化学结构图

绿针假单胞菌 HT66 是本实验室以吩嗪合成基因簇中的保守序列为探针，从水稻根际土壤样品中分离获得的。在 KB 培养基中发酵时，PCN 产量可达到 425mg/L，是目前国际上报道的吩嗪化合物产量最高的假单胞菌野生菌株。同时，该菌株在 KB 固体培养基上能高效分泌 PCN 到菌落表面并形成绿色结晶，不仅可以降低 PCN 生物合成的反馈抑制，而且可实现高产菌株的高通量筛选。

我们以 HT66 菌株作为出发菌株，建立 PCN 高产菌株的高通量筛选方法，并轮流使用亚硝基胍（NTG）和 UV 进行诱变育种；然后对诱变获得的高产 PCN 菌株进行吩嗪合成负调控基因的敲除，使 PCN 的产量进一步提升，为加快 PCN 推广应用打下基础。

34.1.1.2 诱变方法

1）培养基

KB 培养基。

2）PCN 发酵与浓度检测

充分活化 HT66 菌株并接种于 KB 培养基中，28℃，180r/min 培养至对数期，将上述菌液按一定比例，加入含有 60mL 无菌 KB 培养基的 250mL 凹角锥形瓶中，使初始 OD 为 0.02，然后于 28℃，180r/min 进行振荡培养，每隔 12h 取一次样，制备分析样品。

发酵液中 PCN 以乙酸乙酯进行萃取，采用高效液相色谱分析。

3）NTG 诱变致死率测定

配制浓度为 10g/L 的 NTG 母液，使用时按比例稀释。吸取 1mL 对数期菌悬液，用无菌 0.01mol/L 的 PBS 缓冲液（pH7.4）洗涤菌体两次；加入 1mL PBS 缓冲液重悬菌体和适量的 NTG 母液，使 NTG 终浓度分别为 0g/L、0.05g/L、0.1g/L、0.2g/L、0.5g/L、1.0g/L，28℃处理 20min；使用无菌 KB 培养基洗涤菌体 3 次，彻底去除残留 NTG，适量稀释后涂布平板，24h 后计数平板上的菌落数，经计算得到致死率。

4）紫外诱变致死率测定

采用 30W 的紫外灯，照射距离 30cm。将培养至对数期的菌液用新鲜 KB 培养基洗涤 3 次，按比例稀释至 OD 为 0.1（约每毫升含 10^8 个菌体）；取 3mL 菌悬液加到直径 5cm 的无菌培养皿中，以磁力搅拌器低速搅拌；紫外灯照射时间分别为 0s、10s、15s、30s、60s、100s，适当稀释菌液涂布平板，将平板包裹在锡箔纸中避光培养；24h 后统计菌落数，计算致死率。为了避免光修复，紫外诱变操作均在暗室进行。

5）诱变高产株的筛选

挑选固体平板上菌落表面绿色结晶最多的 8 个菌落，接种到液体 KB 培养基中培养至对数生长期后在固体平板上稀释涂布，传代 3 次，筛选遗传性状稳定的突变菌株。以 HT66 野生菌株及诱变出发菌株为对照，通过摇瓶发酵分析突变菌株的 PCN 产量，选取产

量最高的菌株作为下一轮诱变的出发菌株，继续进行诱变。

34.1.1.3 诱变结果

1）诱变初筛方法

绿针假单胞菌 HT66 菌株在 KB 平板上培养 72h 或更长时间后，菌落表面会形成绿色结晶，此绿色结晶为分泌到胞外的 PCN 晶体。图 34-4 为诱变过后平板上的菌落形态，经过诱变处理后，PCN 的产量会有上升或下降，图中箭头所指菌落表面绿色结晶最多，经发酵实验分析其 PCN 产量也更高。

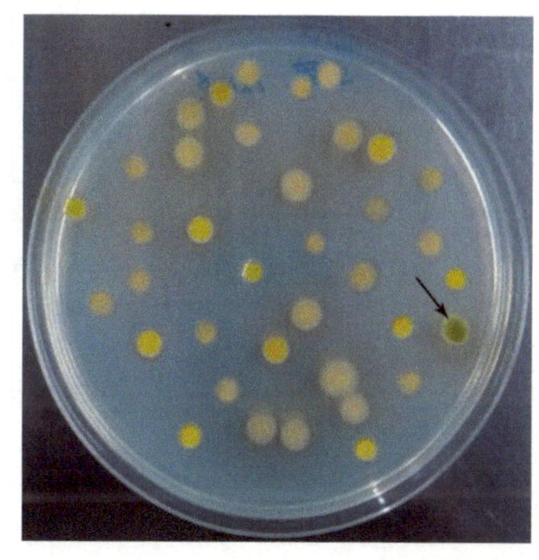

图 34-4 绿针假单胞菌 HT66 诱变筛选平板

2）NTG 和紫外诱变条件的确定

NTG 处理微生物时，其致死率主要与 NTG 的剂量、处理时间及温度有关，本研究中采用的诱变时间为 20min，温度为 28℃；紫外线照射的致死率与紫外灯功率、照射距离、照射时间密切相关，本研究使用 30W 紫外灯，照射距离 30cm。研究表明，当诱变致死率为 75% 左右时正突变率最高。对比研究不同诱变处理强度对绿针假单胞菌 HT66 生长的影响（表 34-1），当 NTG 处理剂量为 0.1g/L、紫外线照射时间为 15s 时，HT66 菌株的致死率约为 75%。因此，首次诱变使用的 NTG 处理浓度为 0.1g/L，紫外线照射时间为 15s，后续诱变时交替使用两种诱变方法。

表 34-1 诱变剂量与菌株死亡率的关系

诱变剂	诱变剂量	致死率 /%
NTG	0.05g/L	54.2 ± 2.3
NTG	0.1g/L	74.4 ± 1.6
NTG	0.2g/L	87.2 ± 0.5
NTG	0.5g/L	98.5 ± 0.6
NTG	1.0g/L	99.6 ± 0.1
UV	10s	64.2 ± 2.2
UV	15s	73.4 ± 1.8
UV	30s	82.2 ± 0.8
UV	60s	98.1 ± 0.6
UV	100s	99.9 ± 0.1

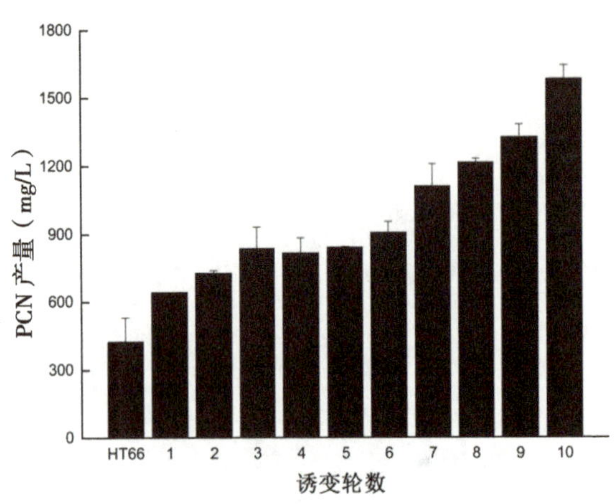

图 34-5 逐轮诱变 PCN 产量曲线图

34.1.1.4 诱变株特性

1）PCN 产量变化

随着诱变轮数的增加，菌株对诱变剂耐受性越来越强，故在实际诱变时应逐渐增大诱变剂量，保证最好的诱变效果。图 34-5 为每轮诱变获得的最高 PCN 产量。经过 10 轮的诱变筛选，突变株中 PCN 产量得以稳步提升，最终获得的高产菌株 P3 中 PCN 产量达到 1697mg/L，与野生株的 425mg/L 相比提高了 3.99 倍。由此可见本研究建立的诱变方法与筛选方法在获取 PCN 高产菌株上的可行性。

2）菌落形态变化

与野生株相比，突变菌株的菌落形态也发生了较大变化。图 34-6A 为 P3 菌株的菌落形态，与相同培养时间的 HT66 野生菌株（图 34-6B）相比，菌落直径较大。但是两株菌在液体培养时，细胞浓度差异较小，可能是由 P3 菌株的运动性增强引起的。此外，P3 菌株的菌落表面绿色结晶出现时间由野生型的 72h 以上提前到 24~36h，且 PCN 产量大幅度提升。

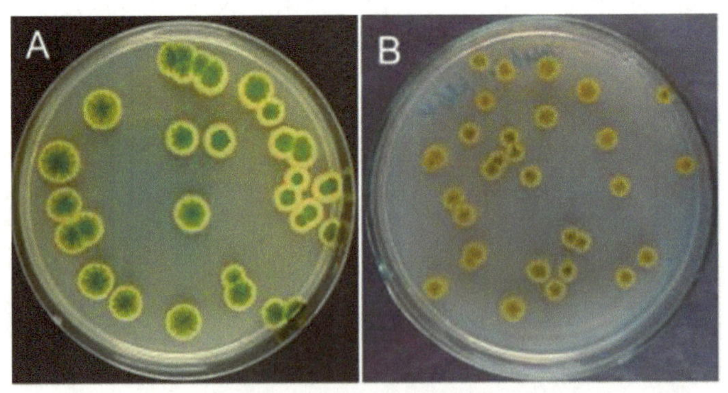

图 34-6 相同培养时间下 P3（A）与 HT66（B）菌落形态（96h）

34.1.2 基因工程育种

诱变育种方法有时耗时、费力、工作量大，特别在缺乏高通量筛选方法时存在诱变结果定向性较差等缺点。随着生命科学技术的发展及学科交叉的深入，基因工程技术、代谢工程技术和生物信息学等的应用日益广泛，使菌种改良技术得到新的发展，从而为迅速筛选得到更多优质、高效菌种提供了技术上的可能和便利。基因工程育种可以克服传统育种技术的随机性和盲目性，在分子水平上进行定向变异和育种。随着对微生物代谢机理认识的不断加深，利用基因敲除技术可阻断微生物细胞的代谢旁路；或通过引入突变位点降低或阻断副产物的合成，提高产物的纯度，提高目的产物的产量或质量；或通过调控基因的

改造，大幅度增加目标产物的合成能力，减少副产物的合成，从而改良工业生产菌株，达到微生物育种的目的。基因工程育种在微生物菌种改良方面具有广阔的应用前景。本部分仍以绿针假单胞菌 HT66 的遗传改造为例。

34.1.2.1 RpeA/RpeB

因吩嗪化合物的合成途径已基本清晰，其合成过程如图 34-7 所示（Mentel et al. 2009）。本研究采用调控基因改造以提高目标菌株 PCN 的产量。RpeA/RpeB 是已报道的吩嗪合成双组分调控系统。在绿针假单胞菌 30-84 菌株中，当 *rpeA* 基因被敲除时，*phzR* 基因的表达量会上升，从而使吩嗪产量增加（Whistler and Pierson 2003）。在绿针假单胞菌 GP72 中也报道了 *rpeA* 的功能，其负调控 PCA 和 2- 羟基吩嗪的合成（Huang et al. 2011）。同时，绿针假单胞菌中 *rpeA* 基因具有高度保守性，因而推测在 HT66 菌株中 *rpeA* 基因也为负调控基因（Shen et al. 2013）。

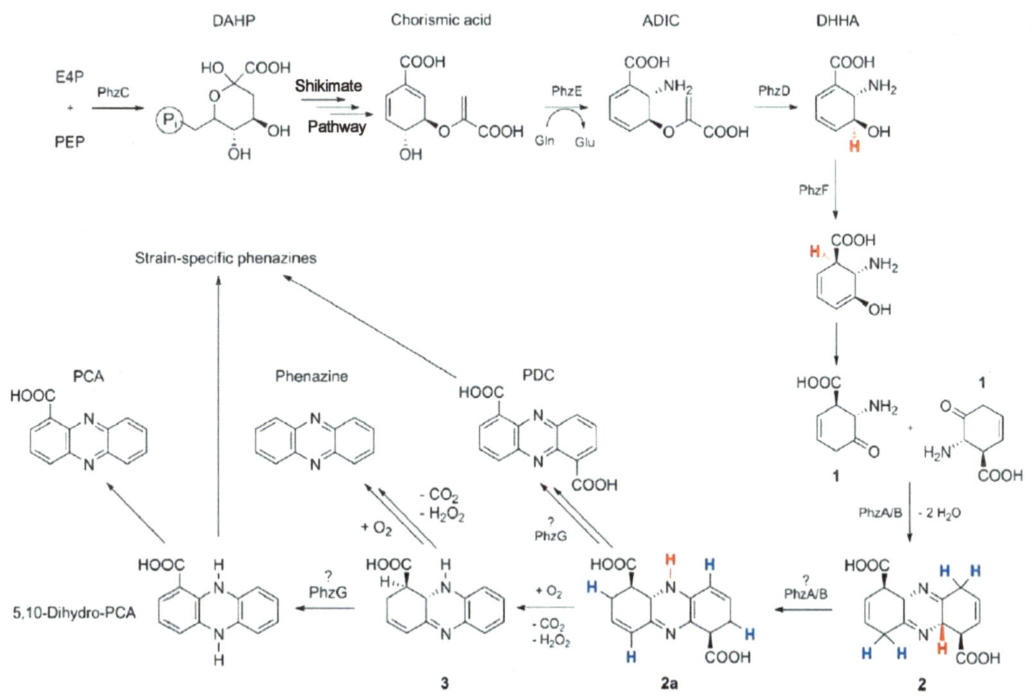

图 34-7 假单胞菌中吩嗪的合成途径

34.1.2.2 实验方法：P3 菌株的 *rpeA* 基因敲除

使用本实验室构建的绿针假单胞菌 GP72 *rpeA* 基因体外突变重组质粒对诱变获得的 P3 菌株进行 *rpeA* 基因敲除，该 *rpeA* 基因已在阅读框中插入 0.9kb 庆大霉素抗性基因，并连接到 pEX18Tc 穿梭质粒上，转入大肠杆菌 SM10 中。将含有重组质粒 pEX18TcAG 的 SM10 菌株活化，与 P3 菌株进行双亲杂交，筛选能在庆大霉素抗性平板上生长，但不能在四环素抗性平板上生长的阳性克隆，提取基因组，进行 PCR 验证并测序。

34.1.2.3 实验结果

1）PCN 高产株 P3Δ*rpeA* 的构建

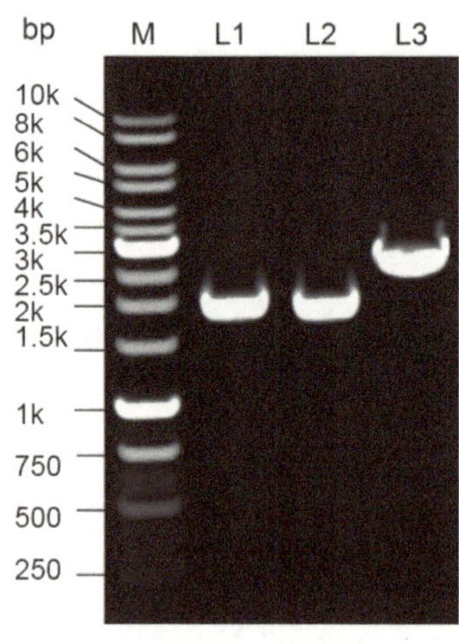

图 34-8 不同菌株中 *rpeA* 基因 PCR 扩增电泳图

M. GeneRuler DNA Ladder Mix；L1. HT66 菌株的 *rpeA* 片段；L2. P3 菌株的 *rpeA* 片段；L3. P3Δ*rpeA* 菌株的 *rpeA* 片段

通过 PCR 实验扩增了 HT66 和 GP72 菌株的 *rpeA* 基因并测序，两者相似性在 98.8% 以上。以同样手段分析 P3 菌株的 *rpeA* 基因，结果表明 *rpeA* 基因序列并未发生突变，可以进行同源重组。通过双亲杂交后获得突变株 P3Δ*rpeA*，经 1% 琼脂糖凝胶电泳验证，庆大霉素抗性基因成功插入 *rpeA* 基因中（图 34-8）。*rpeA* 基因及其同源臂共 1735bp，庆大霉素抗性基因 867bp，突变后 *rpeA* 基因总长 2702bp。泳道 L1 和 L2 在 1500~2000bp 处有明显亮带，泳道 L3 亮带则在 2500~3000bp 处，所有条带位置均与预期一致。

2）突变株中 PCN 产量与生长曲线分析

PCA 是假单胞菌中 PCN 合成的中间代谢产物。通过液体摇瓶发酵实验，我们对比了野生株、P3 株与 P3Δ*rpeA* 株的生长曲线及 PCA、PCN 产量变化（图 34-9A）。结果表明，接种后菌体很快进入对数生长期，12h 时已经接近对数生长中期，三株菌中 PCA 开始快速合成并迅速转化为 PCN；24h 时 HT66 菌株发酵液中已检测不到 PCA，而 P3 和 P3Δ*rpeA* 菌株 36h 后发酵进入稳定期，在 P3 菌株的培养液也未检测到 PCA，仅 P3Δ*rpeA* 菌株发酵液中存在少量的 PCA，直到 48h 以后 PCA 才完全转化为 PCN。三株菌的最高 PCN 产量均在 48h 左右，P3Δ*rpeA* 菌株中 PCN 产量达到 2167mg/L，是 HT66 菌株的 5.13 倍，P3 菌株的 1.28 倍。

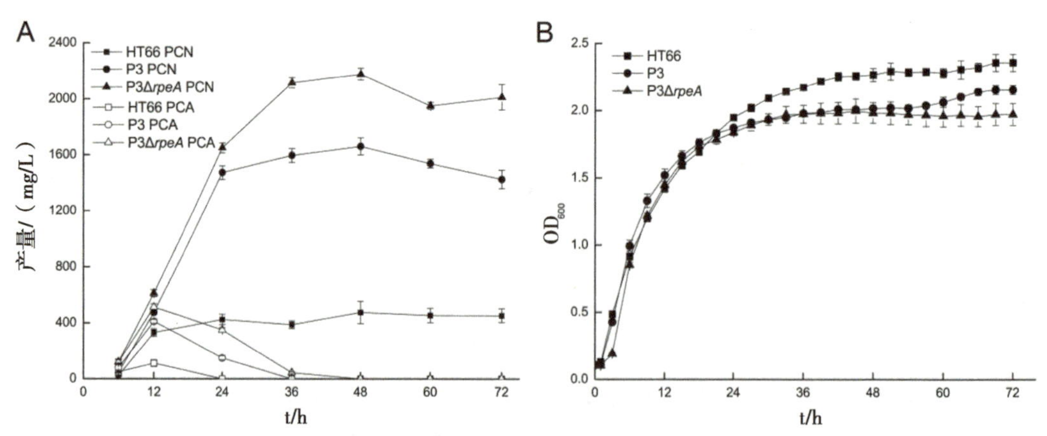

图 34-9 不同菌株中 PCN 的产量（A）和生长曲线（B）对比

诱变处理及基因敲除后，P3 和 P3Δ*rpeA* 菌株与 HT66 菌株生长速率差异并不大（图 34-9B），HT66 菌株的生长速率略高一点，可能是 PCN 产量提高后代谢流发生变化，对菌体生长有一定影响。因此，P3 和 P3Δ*rpeA* 菌株中 PCN 的产率比 HT66 菌株更高。

34.1.3　工程菌株选育小结

吩嗪化合物是一类含氮的杂环化合物，具有广谱的抑制植物病原真菌的作用，可以用作生物农药。已报道的假单胞菌菌株合成的PCN产量均远低于工业生产要求，过低的产量是限制PCN推广应用的主要因素。要实现PCN产业化，必须首先进行高产菌株的选育。目前微生物育种主要依靠两种方法：①传统的诱变育种诱发随机突变，结合高通量正向突变筛选方法，选育出具有稳定遗传优良性状的可商业化的微生物菌株，其多位点同时突变的特性仍然具有重要应用价值，但在产量增高的同时负向突变也越来越多，诱变效价逐步降低；②基因工程育种依靠重组DNA技术实现定点突变，可减轻反馈抑制，阻断代谢旁路，减少代谢副产物，甚至改变代谢产物合成途径等，是一种可预先设计的理性选育，其结果具有一定的可预测性，但前期需要大量的代谢产物调控网络的研究作为基础。

把传统诱变育种与基因工程育种结合起来则可以发挥两种育种方法的优点。通过对野生型菌株进行传统诱变育种，在高通量筛选方法的前提下，代谢产物产量可显著提高；再用基因工程的手段敲除产物的反馈抑制基因等，可使产量进一步提高。本研究结合传统诱变方法和吩嗪化合物代谢调控网络的研究成果，进行高产PCN的绿针假单胞菌菌种选育。从HT66野生型出发，建立起高通量筛选方法，通过10轮的诱变选育获得了一株高产PCN的P3株，细胞的生长速率保持稳定，PCN的产量为1697mg/L，是野生株的3.99倍。在诱变株P3上使用基因工程手段敲除*rpeA*基因后，PCN的产量进一步提高1.28倍，达到2167mg/L，是目前已报道的最高产量。结果充分证明了诱变育种与基因工程育种结合的潜在价值和广阔的开发前景，也为其他假单胞菌及工业微生物的育种提供了借鉴。

目前微生物基因组学数据激增，微生物合成药物的机理与调控机制愈加明确，随着代谢工程与合成生物学技术的发展，采用合成生物学技术对次级代谢通路中的酶（系）活性进行有针对性的精细调节，甚至重构代谢途径，可以理性化提高微生物药物产生菌的发酵效价及改善产品品质，这将是未来工业微生物育种的发展趋势。

34.2　发酵条件优化

微生物发酵过程相当复杂，影响因素多。微生物发酵可分为分批、补料分批、连续发酵等几种方式（胡洪波等 2006）。优化发酵过程是使生产菌的代谢变化按照人们需要的方向进行，达到预期目的。实现微生物药品生产的过程控制较化学合成反应的控制更复杂，由于微生物细胞在发酵过程中要进行上百个酶反应，包括初级代谢和次级代谢，并受到各种调控机制的影响，各反应之间还会相互制约，个别反应的变化有可能影响整个代谢的变化，而且外界环境因素的变化也对目标物的合成产生显著影响，因此要实现各个反应的优化目前仍没有可能。目前常用的发酵优化方法仍是以宏观发酵反应动力学优化为主，通过对发酵过程影响最大的参数（培养基组成、温度、pH、溶解氧浓度、微生物生长密度、主要产物浓度等）控制加以实现，保证生产过程的稳定高产，保证目标药物的品质和产量。也有学者提出多尺度微生物过程优化，通过调控与发酵条件和微生物细胞代谢变化有关的各项参数，包括分子水平、细胞水平、工程水平的各个参数来有效控制发酵过程，但难度较大（谭剑 2015）。

34.2.1 重要的发酵过程参数

1）培养基组成

培养基是人工配制的适于微生物生长、繁殖和积累代谢产物的营养基质，主要有碳、氮元素及微量金属元素。不同微生物对培养基的要求有所不同，同一微生物在不同阶段也有不同的营养要求，需根据需要设计不同的培养基组成。培养基按用途一般可分为种子培养基和发酵培养基，在分批补料发酵中，为延长发酵周期，提高产物合成水平，并使工艺条件稳定，维持生产菌生长和代谢，通常还要加入补料培养基。培养基组成是影响发酵水平的关键因素之一，如何确定一种合适的培养基目前尚无准确方法。经验上可根据细胞的营养与能量需求，参照同类菌种的培养基配方，结合具体菌种和目标物的特点，采用小型发酵设备，对碳源、氮源、无机盐及前体等进行逐个单因子试验，或采用正交设计、均匀设计等数学模型考察各因子之间的交互作用，优化培养基的组成和比例，在此基础上综合考虑各因素的影响，得到较为合适的培养基组成。

2）温度

发酵的整个过程或不同阶段中所维持的温度，与生物合成的酶反应速率、氧在培养液中的溶解度和传质速率、菌体生长速率及目标物的合成速率等密切相关。发酵过程中的温度，不仅影响菌体生长，还影响到代谢产物（目标产物）的合成速率和方向。而且菌体的最适生长温度与目标物的最适生产温度往往不一致，因此需要综合权衡，选择适宜的发酵温度。

3）发酵液 pH

发酵液 pH 是发酵过程中各种产酸和产碱生化反应的综合结果，与菌体生长和发酵中的各种酶活及目标物的稳定性密切相关，对发酵过程和产物合成影响重大，是控制发酵的重要参数之一。不同微生物发酵有各自的最适生长 pH 和最适生产 pH，需通过不断研究确定合适的 pH 及变化规律。

4）溶氧量

溶氧量是好氧菌和兼性好氧菌发酵的必备条件和重要参数，以满足菌体生长需要。溶氧量大小对菌体生长和目标产物的性质和产量都会产生不同影响。溶氧量是表征发酵过程异常情况和设备供氧能力的重要中控参数，通过发酵液中溶氧量的变化，可以了解微生物生长代谢是否正常、工艺控制是否合理及设备供氧能力是否正常等，因此溶氧量是产品质量过程控制的重要参数。在发酵过程中，微生物都有满足生长的临界氧浓度和最适生长的氧浓度。在保证供氧方面，主要由通气量和搅拌来进行控制。

34.2.2 响应面方法优化 P3Δlon 菌株发酵培养基

下面以绿针假单胞菌 HT66 的工程菌株 P3Δlon 菌株发酵生产 PCN 为例，以响应面方法（RSM）在摇瓶中优化培养基组成（张嗣良和储炬 2003）。首先通过单因素实验研究菌株发酵过程中碳源、氮源、微量元素等营养成分对其次级代谢产物 PCN 合成的影响。然后采用 PB 设计 6 种影响 PCN 合成的关键因子进行初筛，确定其中有利于 PCN 合成的有效成分。

最终通过响应面方法建立二次回归方程对有效成分的添加量进行优化分析。PB 设计与响应面方法的组合使用可同时优化所有影响因子，避免了单因子实验费时费力等问题，是目前广泛应用于抗生素发酵培养基和发酵条件优化领域的常用方法（He et al. 2008）。

34.2.2.1 实验方法

1）单因素实验

碳源：在 KB 培养基中，以等摩尔碳原子数为基准，分别以甘油、乙醇、葡萄糖和可溶性淀粉作为碳源进行摇瓶发酵，并设置无碳源空白组对照。

氮源：根据含氮量，在 KB 培养基中分别加入有机氮源 [胰蛋白胨、蛋白胨（食品级）、大豆蛋白胨、黄豆粉] 和无机氮源 [KNO_3、NH_4Cl、$(NH_4)_2SO_4$]，并设无氮源空白对照组。

无机盐：根据环境中的矿物质成分分别添加 6mmol/L 的 PO_4^{3-}、Fe^{3+}、Mg^{2+}、Zn^{2+} 和 Ca^{2+} 离子，并设空白对照组。

2）PB 实验设计

PB 设计是一种两水平的实验设计方法，能够用最少的试验次数精确估计各因素的主效应，从众多试验因素中快速筛选出最为重要的因素。本实验根据单因素实验的结果，挑选了 6 个因素进行考察，如表 34-2 所示，每个因素取两个水平：高水平（+）和低水平（–），共 12 个组合进行试验。试验结果使用统计学软件 Minitab 16（TechMax Information Technical Co., Ltd）进行分析，每个变量通过 t 检验，回归方程拟合模型通过调整相关系数 R^2，变量置信区间设为 80%，即 $P < 0.2$ 的因子对 PCA 产量有显著影响。

3）响应面统计分析

通过 RSM 设计法对显著性因子进行优化，以中心组合试验（CCD）为基础，由 PB 试验筛选的因子作为变量。本研究采用三因素、四水平（–1.682，–1，0，1，1.682）、20 个试验组合的方法，三个变量实际值与编码值的关系如公式（34-1）所示：

$$x_i = \frac{X_i - X_0}{\Delta X_i},\quad i=1,\ 2,\ \cdots,\ k \tag{34-1}$$

式中，X_i 和 x_i 分别为实际值和编码值，X_0 表示变量中心的值，ΔX_i 为变化的步长。

拟合各变量的响应值得到二次方程，如公式（34-2）所示：

$$Y=\beta_0+\sum\beta_i x_i+\sum\beta_{ij}x_i x_j+\sum\beta_{ii}x_i^2 \tag{34-2}$$

式中，Y 为预测的响应值，x_i 和 x_j 为输入的变量值，β_0 为方程的截距，β_i 代表 x_i 的线性系数，β_{ij} 代表 x_i 和 x_j 的交互作用，β_{ii} 代表 x_i 的平方系数。数据拟合及分析由统计分析软件 Design Expert 8.0 完成，通过相关系数和方差分析检验回归方程的拟合效果，显著性通过 Fisher's F 检验，并绘制响应面曲线和等值线。

34.2.2.2 实验结果

1）PB 试验

根据单因素实验的结果（数据略），从众多的碳源、氮源、无机盐中选择确定了 6 种营养成分甘油、胰蛋白胨、大豆蛋白胨、KNO_3、$FeCl_3$ 和 K_2HPO_4，并作为 PB 设计试验筛选的变量（表 34-2）。

表 34-2 PB 设计变量

因素	变量	低水平（-1）	高水平（+1）
甘油 /（mL/L）	x_1	6	18
胰蛋白胨 /（g/L）	x_2	6	16
大豆蛋白胨 /（g/L）	x_3	6	16
KNO_3/（g/L）	x_4	0	5
$FeCl_3$/（g/L）	x_5	0	0.3
K_2HPO_4/（g/L）	x_6	0	1

PB 设计矩阵及 20 组试验的对应响应值如表 34-3 所示，由 6 个因子，高低两水平组成的 20 组不同的发酵培养基对 PCN 产量具有较大影响。其中，第 2 组产量最高，达 5670mg/L，第 5 组产量最低，只有 885mg/L，说明所选考察因子中有些对 PCN 的合成有促进作用，而有些则有抑制作用。表 34-4 为统计分析各变量影响的显著水平。设置置信区间为 80%（$P < 0.2$），Minitab 16 分析结果表明，三个因素甘油（x_1）（P=0.021）、胰蛋白胨（x_2）（P=0.161）和大豆蛋白胨（x_3）（P=0.071）对 PCN 产量有显著促进作用，其对 PCN 产量的影响顺序依次为：甘油＞大豆蛋白胨＞胰蛋白胨。KNO_3 和 $FeCl_3$ 对 PCN 产量有抑制作用，而 K_2HPO_4 对产量无明显影响。通过 PB 设计试验，考查了各营养因子间的相互影响，弥补了单因素实验的不足，筛选出三个营养因子甘油、大豆蛋白胨和胰蛋白胨作为关键组分进一步优化。

表 34-3 PB 设计变量

试验组合	编码值						实际值						PCN /(mg/L)
	x_1	x_2	x_3	x_4	x_5	x_6	甘油 /（mL/L）	胰蛋白胨 /（g/L）	大豆蛋白胨 /（g/L）	KNO_3 /（g/L）	$FeCl_3$ /（g/L）	K_2HPO_4 /（g/L）	
1	−1	+1	+1	−1	+1	−1	6	16	16	0	0.3	0	3078
2	+1	−1	+1	−1	−1	−1	18	6	16	0	0	0	5670
3	−1	−1	−1	−1	−1	−1	6	6	6	0	0	0	2117
4	−1	+1	−1	−1	−1	+1	6	16	6	0	0	1	2366
5	−1	−1	+1	+1	+1	−1	6	6	16	5	0.3	0	885
6	+1	−1	−1	−1	+1	+1	18	6	6	0	0.3	1	2314
7	−1	+1	+1	+1	−1	+1	6	16	16	5	0	1	2674
8	+1	+1	−1	+1	+1	−1	18	16	6	5	0.3	0	2482
9	+1	+1	+1	−1	+1	+1	18	16	16	0	0.3	1	6748
10	+1	+1	−1	+1	−1	−1	18	16	6	5	0	0	3668
11	+1	−1	+1	+1	−1	+1	18	6	16	5	0	1	3102
12	−1	−1	−1	+1	+1	+1	6	6	6	5	0	1	1087

表 34-4 变量影响显著性分析

参数	响应值	系数	标准差	T 值	P 值
常数		3015.9	296.0	10.19	0.000
x_1	1962.8	981.4	296.0	3.32	0.021[a]
x_2	973.5	486.8	296.0	1.64	0.161[a]
x_3	1353.8	676.9	296.0	2.29	0.071[a]
x_4	−1399.2	−699.6	296.0	−2.36	0.065[a]
x_5	−500.5	−250.3	296.0	−0.85	0.437
x_6	65.2	32.6	296.0	0.11	0.917

注：R^2（predicted）=83.46%；R^2（adjust）=63.61%；a. 20% 显著性水平

2）响应面实验优化培养基组分

基于响应面实验方法，通过中心组合设计对三个显著因子甘油（x_1）、胰蛋白胨（x_2）和大豆蛋白胨（x_3）作进一步优化。三个营养因子的编码值和实际值见表 34-5，其中各因素的零点由最陡爬坡实验决定，三因素五水平的中心组合试验共有 20 个试验组合，每个组合设三个平行取平均值。由 30 次试验结果通过多元回归分析，建立回归方程，如公式（34-3）所示：

$$Y=9001.50-275.55x_1-434.12x_2-597.99x_3+435.25x_1x_2+166.75x_1x_3-761.75x_2x_3-949.99x_1^2-292.91x_2^2-477.64x_3^2 \quad (34\text{-}3)$$

表 34-5 中心组合设计和结果

试验组合	编码值			实际值			PCN/(mg/L)	
	x_1	x_2	x_3	甘油 /（mL/L）	胰蛋白胨 /（g/L）	大豆蛋白胨 /（g/L）	真实值	预测值
1	−1	−1	−1	32	20	20	8428	8429
2	+1	−1	−1	48	20	20	6439	6674
3	−1	+1	−1	32	30	20	7750	8214
4	+1	+1	−1	48	30	20	8424	8200
5	−1	−1	+1	32	20	30	8050	8423
6	+1	−1	+1	48	20	30	7650	7335
7	−1	+1	+1	32	30	30	5247	5161
8	+1	+1	+1	48	30	30	5666	5814
9	−1.682	0	0	26.5	25	25	7153	6777
10	+1.682	0	0	53.5	25	25	5686	5850
11	0	−1.682	0	40	16.6	25	9006	8903
12	0	+1.682	0	40	33.4	25	7550	7443

续表

试验组合	编码值			实际值			PCN/(mg/L)	
	x_1	x_2	x_3	甘油 /（mL/L）	胰蛋白胨 /（g/L）	大豆蛋白胨 /（g/L）	真实值	预测值
13	0	0	−1.682	40	25	16.6	8867	8656
14	0	0	+1.682	40	25	33.4	6644	6644
15	0	0	0	40	25	25	9173	9002
16	0	0	0	40	25	25	8496	9002
17	0	0	0	40	25	25	8985	9002
18	0	0	0	40	25	25	9108	9002
19	0	0	0	40	25	25	9174	9002
20	0	0	0	40	25	25	9037	9002

表 34-5 中每组试验结果的真实值与由回归方程得到的预测值有很好的一致性，回归方程相关系数 R^2=0.9636。通过对回归系数和显著性的分析表明，胰蛋白胨（x_2）和大豆蛋白胨（x_3）对 PCN 产量有极显著影响（$P < 0.01$），甘油（x_1）的影响显著（$P < 0.05$）。各营养因子之间也具有显著的影响关系，其中 x_1x_2 和 x_2x_3 两两之间影响极为显著（数据略）。

以此回归模型为基础，进一步得到以各营养因子之间的相互作用为自变量，PCN 产量为因变量的 3D 曲面图和对应的平面等值线图，即一个变量编码值为中心零点水平时，另两个变量在实验设定值上的变化。图 34-10 中椭圆形的曲线说明甘油与胰蛋白胨之间存在着显著的相互影响关系，随着胰蛋白胨浓度降低，PCN 产量逐渐增大并在甘油浓度的中间水平达到最大响应值；同样的相互关系也存在于甘油和大豆蛋白胨之间，以及胰蛋白胨和大豆蛋白胨之间。

综上所述，以甘油、胰蛋白胨和大豆蛋白胨作为发酵培养基组分，可大大提高 PCN 产量。应用 Design Expert 8.0 进行预测，得到最优培养基的组分为：甘油 37.08mL/L，胰蛋白胨 20.00g/L，大豆蛋白胨 25.03g/L，对应 PCN 产量预测值为 9281mg/L。对优化培养基进行发酵验证，并对比了野生型 HT66 与高产突变株 P3Δlon 在优化培养基中的生长情况及 PCN 产量。

如图 34-11 所示，在优化培养基中，高产突变株 P3Δlon 的生长情况明显好于野生株 HT66，且晚于 HT66 进入生长稳定期，最大 OD_{600} 值约为野生株的两倍。在次级代谢产物积累方面，野生型 HT66 的 PCN 产量在培养基优化后有了一定的提高，为 902mg/L，为优化前的 2.12 倍；而 P3Δlon 在优化培养基中发酵培养后，其 48h 的 PCN 产量可达 9415mg/L，为优化前的 2.60 倍，证明了用响应面模型预测的科学性和有效性。

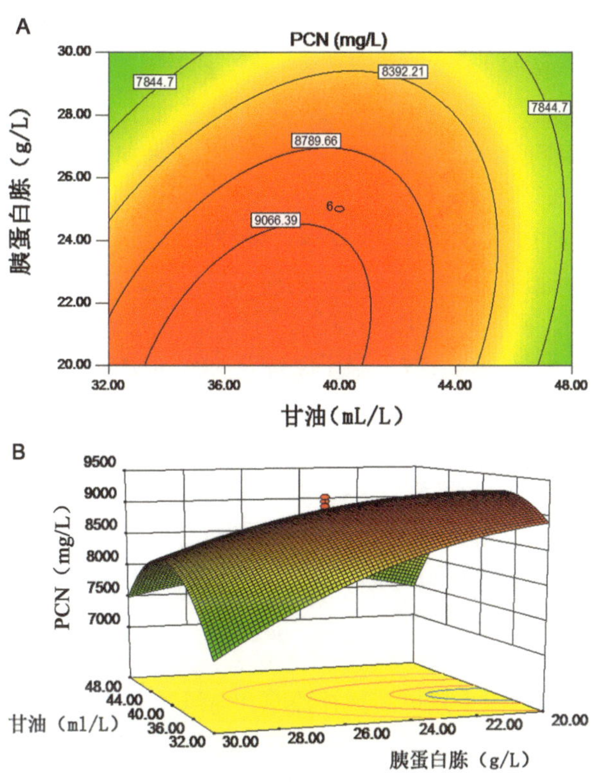

图 34-10　甘油和胰蛋白胨的影响和相互关系
A. 等值线图；B. 3D 响应面图

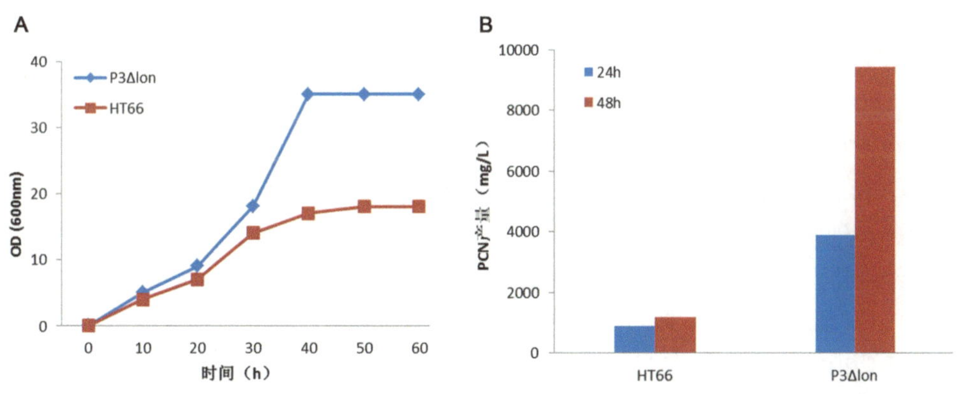

图 34-11　野生型 HT66 和 P3Δlon 在优化培养基中的生长曲线（A）和 PCN 产量（B）

34.2.3　发酵过程调控

在发酵培养基优化的基础上，对生产菌株分批发酵过程中菌体数量、菌体生长速率、药物合成产量、药物合成速率、基质中葡萄糖的消耗等参数进行进一步的研究，可以建立合适的发酵动力学模型，进而逐级放大发酵过程，实现药物的工业化生产。本研究以假单胞菌 M18G 发酵生产吩嗪 -1- 羧酸（PCA）为例，在 10L 发酵罐中说明发酵过程常用的调控手段（李雅乾 2009；Li et al. 2010）。

1）培养条件

菌种活化16~18h。菌种在28℃振荡培养10h。培养基是以葡萄糖为主要碳源的优化培养基。发酵罐装液量6L，接种量3%，温度28℃，流加NaOH控制pH，通气量620L/h（1.7vvm），搅拌转速根据所需的要求定。

2）发酵罐发酵

采用上海SY-3000E 10L小型自动发酵罐。发酵控制系统可以对发酵培养温度、溶氧系数（DO）、pH、搅拌速度，以及酸、碱、消泡剂进行在线的自动监测控制和记录，便于及时观察、分析与调整，确保发酵生产过程稳定运行。发酵罐发酵过程中，在线监控方法控制温度、转速、通气量等发酵参数，罐压保持为0.04~0.05MPa。

（1）溶氧浓度（DO）控制。通过设定发酵罐转速和DO相关联，在发酵后期DO值上升时自动调节转速使DO维持在20%和50%的溶氧水平。监测DO值的变化曲线，定期取样分析PCA产量和比生成速率。

（2）过程参数测定。发酵液中残糖的测定采用3,5-二硝基水杨酸比色定糖法；菌体生长量测定采用OD_{600}比浊法；样品中PCA的测定采用高效液相色谱仪（HPLC）测定。

3）实验结果

（1）转速和溶氧的影响。采用提高搅拌速率和通风量是改善溶氧的通用方法。体积溶氧系数控制是维持细胞生长、产物形成和最大转化率的关键。而转速是影响体积溶氧系数的主要因素，因此在M18G分批发酵产PCA的过程中，选择合适的转速既保证菌体前期快速大量繁殖，又保证一定菌体浓度下PCA大量积累，同时尽可能抑制代谢副产物生成致使后期PCA产量下降（图34-12）。

结果表明转速高，溶氧系数太大不利于产物合成。结合菌体生长和产物合成的曲线分析，最适合M18G菌体生长的转速为270r/min，可以使细菌以高的比生长速率生长，但维持时间短。而对于适合产物合成的转速250r/min，菌体生长维持中等比生长速率，但维持时间长，更多营养和能量用于维持次级代谢的产生，这可能也是导致PCA合成产量高的原因之一。和DO变化趋势一致，随着碳源和氮源的消耗和利用，pH开始下降，当细胞内碳源耗尽，细胞为维持生命和代谢能量，被迫分解使用胞内的有机酸和其他物质，从而使pH急剧上升。DO和pH变化作为菌体生长和代谢的重要指标，发酵过程监测DO和pH变化可以实现反馈控制，通过流加方式实现产物最大合成量。

（2）底物消耗影响。分批发酵的目的是使基质消耗最大程度地转化为产物，根据前面不同转速对PCA产量的影响，确定了在通气660h/L、转速250r/min的条件下，M18G发酵合成PCA最大产率达39mg/（L·h）。图34-13表示最适条件下分批发酵过程中底物消耗、菌体浓度、pH和PCA产量随时间变化的动力学曲线。从发酵动力学曲线图可知，对于菌体生长而言，0~12h为菌体迟滞期，12h后进入对数生长期，24h后菌体生长减慢，36h进入稳定期；对于底物（葡萄糖）消耗，发酵前期与菌体生长相适应，0~12h几乎不耗糖，从第12h开始耗糖加快，直到36h后耗糖速率有所降低，直至48h底物糖浓度基本消耗完。对于产物形成，0~12h基本不产PCA，12~36h产量迅速增加，36h后PCA合成速率减慢，48h后基本停止合成。PCA积累量在60h达到最大1980mg/L。从菌体生长和产物形成的关系看，菌体生长的比速度开始较大，随后明显下降；产物合成的速度随菌体合成速度增

加而增加，但是菌体合成速度下降时，产物继续合成。PCA 的发酵属于菌体生长和产物形成部分偶联型，产物的形成和菌体的生长有一定程度的相关性。发酵前期以细胞生长为主，随着细胞生长，PCA 不断合成，中后期细胞生长缓慢，但产物继续合成直到营养基质消耗完，发酵液中 pH 和溶氧等条件不适应 PCA 的积累时，PCA 合成停止并有下降的趋势，说明代谢后期 PCA 可能被发酵液中产生的某种酶降解，或者 PCA 进一步转化为吩嗪的其他衍生物。

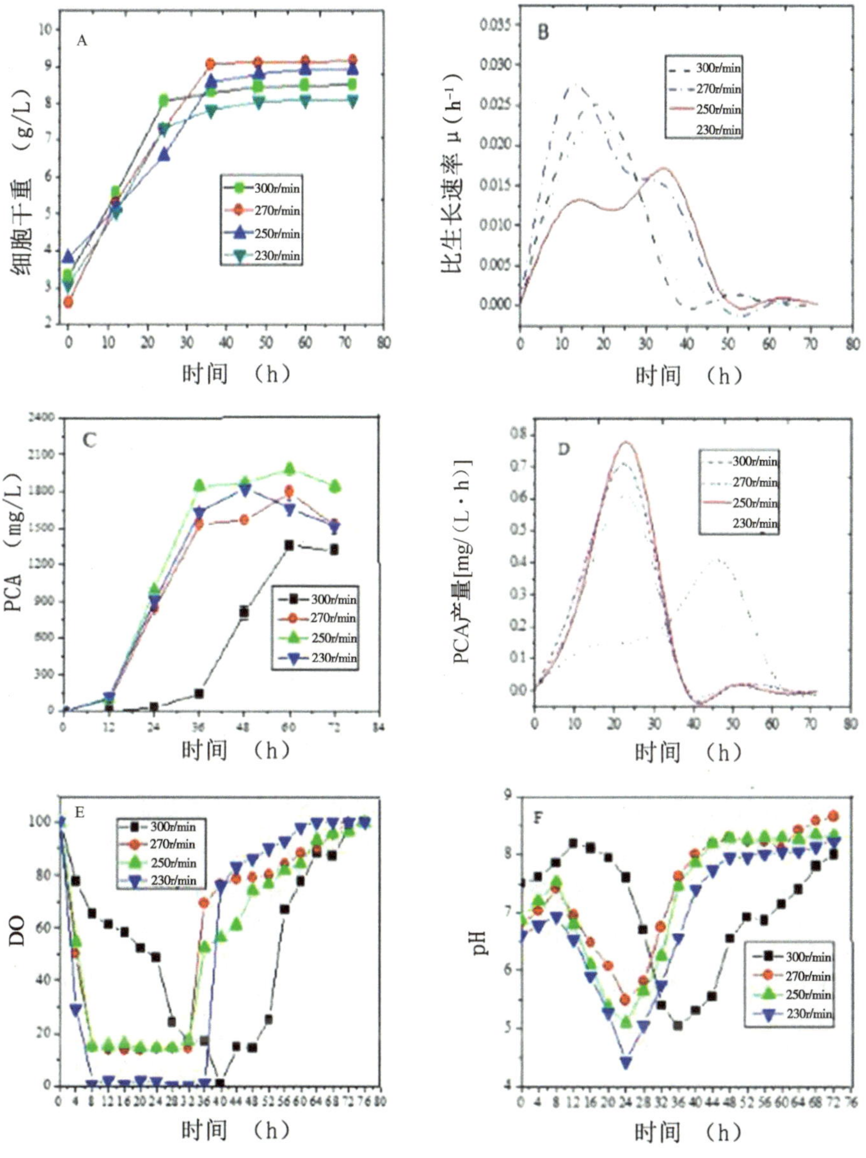

图 34-12　不同转速下 M18G 分批发酵菌体生长量、比生长速率、PCA 产量、产率和 DO、pH 变化曲线

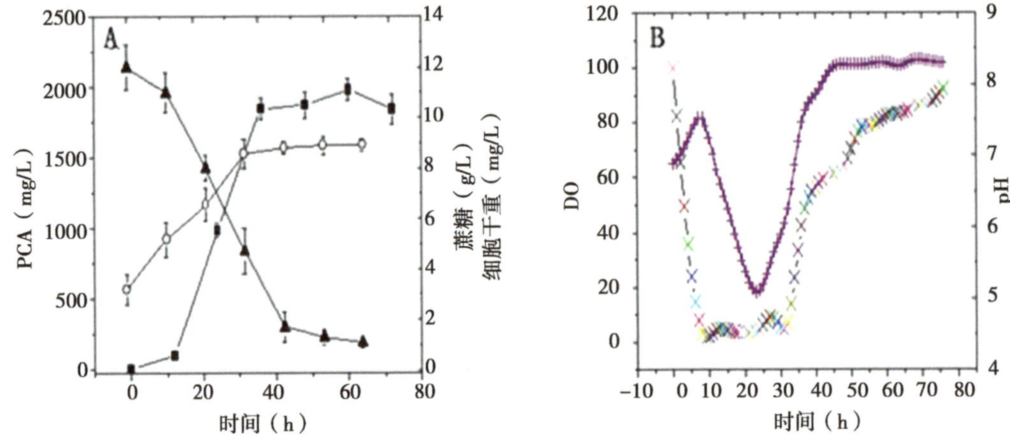

图 34-13 假单胞菌 M18G 分批发酵

A. PCA 产量（■）、蔗糖（▲）、菌体浓度（○）变化曲线；B. 溶氧浓度（+）和 pH（×）变化曲线

从发酵过程中的溶氧和 pH 变化可知：发酵前期溶氧浓度开始下降，从 100%一直下降到 0，随后随着菌体的生长，一直维持在最低水平，直到 36h，菌体生长能力下降，培养基中营养基质基本耗尽，溶氧开始回升。pH 的变化水平和菌体生理状态变化、代谢产物中酸碱性物质量直接相关。pH 前期较低，随着细胞比生长速率下降，pH 开始上升，碳源耗尽，pH 水平急剧上升。

4）分批补料发酵

在上述 10L 发酵罐分批发酵 PCA 优化的基础上，进行分批补料发酵优化，稳定发酵过程的溶氧和 pH，可以延长发酵周期，提高发酵产量。实验中依靠葡萄糖流加维持细菌的生长和发酵液中 DO 浓度与 pH，发酵周期延长至 72h，之后发酵液中氮源耗尽，单独流加葡萄糖已经不能促进细胞生长，因此 PCA 产量下降（图 34-14）。

表 34-6 比较了两种流加方式和分批发酵 PCA 各个参数的差异。流加方式 2 的平均 PCA 产量最大为 2597mg/L，合成速率高达 36.1mg/（L·h），其 PCA 对葡萄糖的产率达 170.4mg/g，对菌体的产率为 0.25g/g，而两种流加方式下菌体对葡萄糖的产率低于分批发酵的结果，说明低速流加葡萄糖除了用于维持菌体的活力，更多地用于转化为 PCA，这一结果与流加方式 PCA 对葡萄糖的产率高于分批发酵的结果一致。流加发酵中菌体浓度并没有很大的提高，但通过 DO 变化指导的葡萄糖间歇式流加，既避免了高葡萄糖浓度引起的 Crabtree 效应，带来毒副产物积累，又保证一定的葡萄糖供给维持菌体的活力，促进 PCA 连续不断合成。

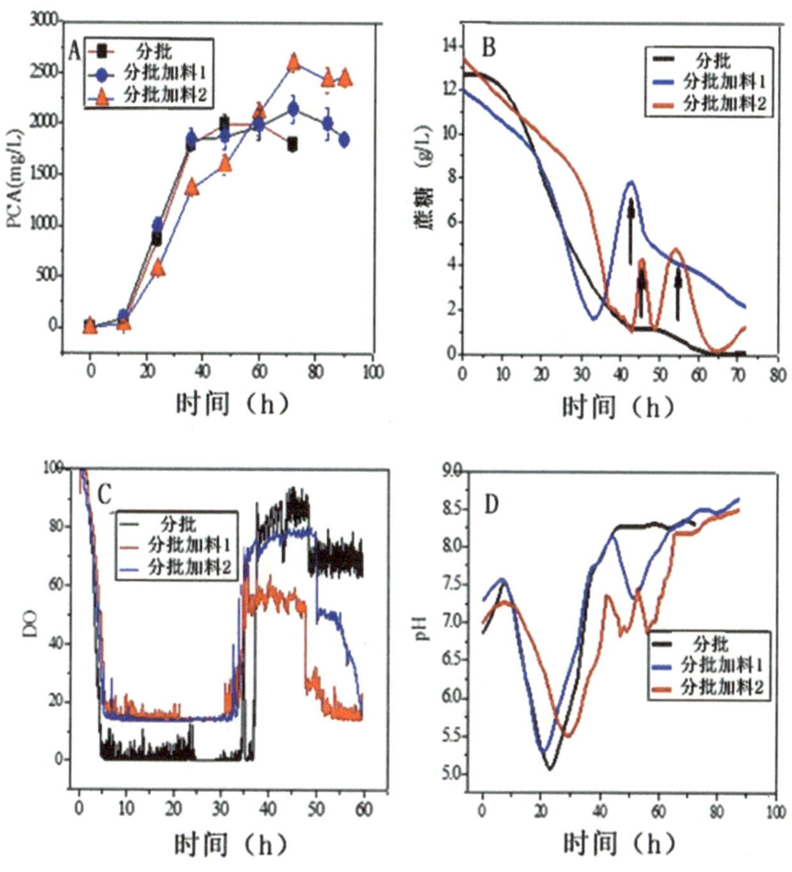

图 34-14　以溶氧浓度（DO）变化为指示的反馈流加，两种不同流加葡萄糖的方式下，PCA 产量（A）、蔗糖浓度（B）、DO 值（C）、pH（D）参数随时间的变化曲线

表 34-6　两种不同流加方式发酵 PCA 各参数比较

发酵参数	不同的流加方式		分批发酵
	流加 1（一次流加）	流加 2（两次流加）	
初糖浓度 /（g/L）	12.00	12.6	12.7
残糖量 /（g/L）	0	0	0
耗糖量 /（g/L）	18.6	19.20	12.7
最大 PCA 量 /（mg/L）	1996.2	2597	1980
最大细胞干重/（g/L）	9.7	10.3	9.2
达到最大 PCA 量时间 /（h）	60	72	60
平均 PCA 合成速率 /[mg/（L · h）]	33.2	36.1	33
PCA 对葡萄糖的产率（Yp/s）/（mg/g）	166.3	170.4	156.6
PCA 对菌体的产率（Yp/x）/（g/g）	0.21	0.25	0.22
菌体对葡萄糖的产率（Yx/s）/（mg/g）	0.52	0.52	0.72

综上，通过监测溶氧浓度进行间歇式补充碳源葡萄糖，延长了细胞呼吸代谢时间，使PCA发酵产量在分批发酵的基础上提高了31.7%。发酵72h后，仅仅靠葡萄糖单一基质不能继续维持菌体活力和PCA合成，超过72h，PCA产量再次下降，未来可以考虑连续补料的方式尝试进一步提高PCA合成。可以发现，通过发酵优化调控能够进一步提高目标产物的产量及产率。

参考文献

陈代杰 . 2008. 微生物药物学 . 北京：化学工业出版社 .

胡洪波，彭华松，张雪洪 . 2006. 生物工程产品工艺学 . 北京：高等教育出版社 .

李雅乾 . 2009. 假单胞菌株 M18 吩嗪合成基因簇表达调控及其产物发酵优化研究 . 上海：上海交通大学博士学位论文 .

施巧琴，松刚 . 2003. 工业微生物育种学 . 北京：科学出版社 .

宋安东，张沙沙，王风芹，等 . 2011. 基因敲除在工业微生物育种方面的应用 . 生物学杂志，28（6）：68-72.

谭剑 . 2015. 一株高产吩嗪 -1- 甲酰胺绿针假单胞菌工程菌株的构建及其发酵条件的优化研究 . 上海：上海交通大学硕士学位论文 .

汪杏莉，李宗伟，陈林海，等 . 2007. 工业微生物物理诱变育种技术的新进展 . 生物技术通报，（2）：114-118.

张平原，彭华松，沈雪梅，等 . 2015. 高产吩嗪 -1- 甲酰胺的绿针假单胞菌的诱变与基因工程育种 . 上海交通大学学报：农业科学版，33（2）：90-94.

张嗣良，储炬 . 2003. 多尺度微生物过程优化 . 北京：化学工业出版社 .

Chin-A-Woeng T F，Bloemberg G V，van der Bij A J，et al. 1998. Biocontrol by phenazine-1-carboxamide-producing *Pseudomonas chlororaphis* PCL1391 of tomato root rot caused by *Fusarium oxysporum* f. sp. *radicis-lycopersici*. Mol Plant Microbe Interact，11（11）：1069-1077.

He L，Xu Y Q，Zhang X H. 2008. Medium factor optimization and fermentation kinetics for phenazine - 1 - carboxylic acid production by *Pseudomonas* sp. M18G. Biotechnol Bioeng，100（2）：250-259.

Huang L，Chen M M，Wang W，et al. 2011. Enhanced production of 2-hydroxyphenazine in *Pseudomonas chlororaphis* GP72. Appl Microbiol Biotechnol，89（1）：169-177.

Li Y，Jiang H，Du X，et al. 2010. Enhancement of phenazine-1-carboxylic acid production using batch and fed-batch culture of gacA inactivated *Pseudomonas* sp. M18G. Bioresour Technol，101（10）：3649-3656.

Mavrodi D V，Bonsall R F，Delaney S M，et al. 2001. Functional analysis of genes for biosynthesis of pyocyanin and phenazine-1-carboxamide from *Pseudomonas aeruginosa* PAO1. J Bacteriol，183（21）：6454-6465.

Mavrodi D V，Parejko J A，Mavrodi O V，et al. 2013. Recent insights into the diversity，frequency and ecological roles of phenazines in fluorescent *Pseudomonas* spp. Environ Microbiol，15（3）：675-686.

Mentel M，Ahuja E G，Mavrodi D V，et al. 2009. Of two make one：the biosynthesis of phenazines. Chembiochem，10（14）：2295-2304.

Shen X，Hu H，Peng H，et al. 2013. Comparative genomic analysis of four representative plant growth-promoting rhizobacteria in *Pseudomonas*. BMC Genomics，14（1）：271.

Whistler C A，Pierson III L S. 2003. Repression of phenazine antibiotic production in *Pseudomonas aureofaciens* strain 30-84 by RpeA. J Bacteriol，185（13）：3718-3725.

（张雪洪　彭华松）

第五篇

现代生物技术在农业中的应用

35

植物光信号转导

光是自然界中影响植物生长发育的重要的环境因子。对于高等植物而言，它不仅是光合作用的能量来源，同时也是调节植物重要生理活动包括光形态建成、光周期调控的开花时间、气孔开放、气孔发育及内在生物节律性的信号来源。

黑暗条件下双子叶植物幼苗的下胚轴充分伸长、子叶呈勾状弯曲且折叠不扩展、叶绿素和花色素苷（anthocyanin）没有积累。这种在黑暗下长成的小苗就是我们俗称的“黄化苗”。在黑暗条件下导致这种黄化苗形成的生理过程称为“暗形态建成”（skotomorphogenesis）。这样的植株形态可以减少种子在土壤中发芽后出土过程中的阻力。光条件下双子叶植物幼苗的形态与在黑暗条件下的幼苗的形态迥然不同，其下胚轴伸长受到抑制，子叶充分扩展，叶绿素和花色素苷大量积累。由光促进导致的这种植株形态形成的过程称为“光形态建成”（photomorphogenesis），也称为“去黄化”（de-etiolation，图 35-1）。植物的这种光形态建成的过程有利于幼苗出土后充分接受阳光，并有效地进行光合作用，对于植物的生长和发育至关重要。

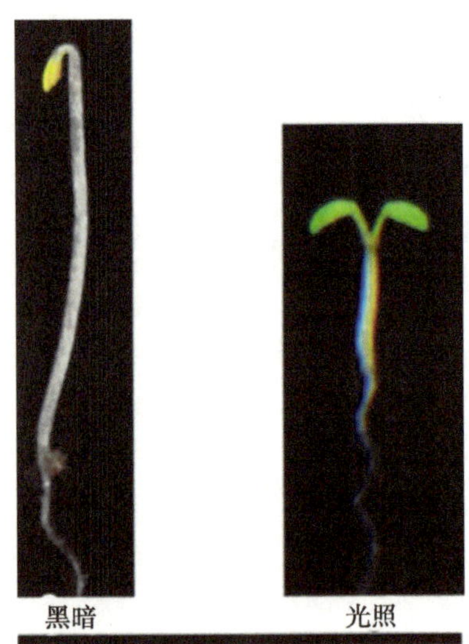

图 35-1　去黄化

调控植物生长发育最为有效的太阳光谱主要包括蓝光（400~500nm）、红光（600~700nm）和远红光（700~800nm）。随着以拟南芥（*Arabidopsis thaliana*）为模式植物的分子生物学研究手段的突破性进展，研究人员发现植物主要依赖不同的光受体感知这些光谱信号，包括感知蓝光的光受体隐花色素（cryptochrome，CRY）和向光素（phototropin，PHOT）（Briggs et al. 2001；Cashmore et al. 1999），感知红光和远红光的光受体光敏色素（phytochrome，PHY）（Quail 2002）。最近还发现了感受紫外线 B 的光受体 UVR8（Heijde and Ulm 2012），它介导紫外线下调控植物的光形态建成（Huang et al. 2014）；CRY 与 PHY 则共同调控光形态建成（Casal and Mazzella 1998；Neff and Chory 1998）、光周期控制的开花时间（Guo et al. 1998；Mockler et al. 1999）、生物节律性（Somers et al. 1998），以及气孔发育（Kang et al. 2009）；而 CRY 与 PHOT 协同作用，主要调控蓝光诱导的气孔开放（Kinoshita et al. 2001；Mao et al. 2005）。目前已经有大量的文献介绍这方面的进展（图 35-2）。本章主要通过介绍蓝光、红光和远红光信号的光受体及其下游信号传导因子来阐述植物光信号转导。

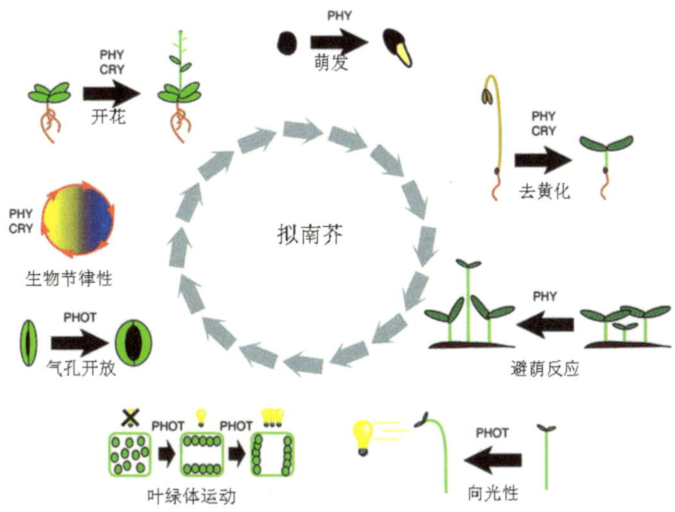

图 35-2　光参与的植物发育过程（Sullivan and Deng 2003）

35.1　拟南芥的主要光受体

35.1.1　蓝光受体隐花色素 CRY

拟南芥 CRY 主要包括 CRY1 和 CRY2，CRY1 和 CRY2 蛋白分别含有 681 个和 612 个氨基酸，分子质量分别为 75kDa 和 67kDa。CRY1 和 CRY2 蛋白的 N 端功能区（cryptochrome N terminal domain，CNT）与光裂解酶（photolyase）在氨基酸序列上具有很高的同源性，所以 CNT 也称为 PHR 功能域（photolyase-related domain）。但 CRY 有一个光裂解酶没有的 C 端延伸区，常称为 C 端功能区（cryptochrome C terminal domain，CCT1 和 CCT2 分别表示 CRY1 和 CRY2 的 C 端功能区）（Cashmore et al. 1999；Yang et al. 2000）。通过获得表达 GUS-CCT1 和 GUS-CCT2 融合蛋白的转基因植株，发现在黑暗条件下它们呈组成型光形态建成的表型（constitutive photomorphogenic，COP 表型），表明 CRY 通过其 C 端功能区传递光信号（Yang et al. 2000）。将拟南芥 CRY1 的基因导入大肠杆菌光裂解酶的突变体后大肠杆菌不能在 UV 照射下存活，证明 CRY 不具有光裂解酶的活性。同时光裂解酶是单体蛋白，而拟南芥 CRY 蛋白是二聚体，并通过 CNT 发生二聚化。通过昆虫细胞和酵母细胞蛋白质表达系统，分离纯化出有光吸收活力的 CRY1 和 CRY2 蛋白质，其光谱吸收范围为 300~500nm，最大吸收值为 470nm。FAD 是 CRY 的生色团，其结合部位位于 CNT。CRY 的 N 端和 C 端功能区的分工为：CNT 介导二聚化，并通过与之以非共价结合的 FAD 吸收光信号；CCT 传递光信号。CCT2 含有核定位信号，通过 CCT2 组成性地将 CRY2 定位在细胞核，即无论在光照下还是黑暗下，CRY2 都被定位在细胞核。尽管 CCT1 不含有典型的进核定位信号，但 CRY1 也可以组成性地被定位在细胞核。CCT 存在功能上对 CNT 的依赖关系，蓝光对 CNT 的激发可以导致其结构性质的改变，从而激活 CCT，启动 CRY 的信号传递途径。

通过对 *cry1* 突变体表型的分析，发现其在蓝光下呈现暗形态建成的表型（与野生型

图 35-3 CRY1 在蓝光下调控的表型

相比，其下胚轴明显伸长，子叶闭合，图 35-3），而过量表达 CRY1 的转基因植株 CRY1-OVX 则在蓝光下表现为增强的光形态建成表型（与野生型相比，其下胚轴长度明显变矮，并大量积累花色素苷，图 35-3）（Lin et al. 1996）。因此，CRY1 分别负调控和正调控依赖于蓝光的下胚轴的伸长和花色素苷的积累。

通过对 *cry2* 突变体在不同蓝光强度下的表型分析，发现在高光强的蓝光下，其下胚轴长度与野生型没有明显差别，而在弱蓝光下，其下胚轴与野生型相比明显变长。CRY2 在较强的蓝光下对下胚轴的抑制作用只有在 *cry1* 突变体背景下才表现出来，因为 *cry1cry2* 双突变体的下胚轴比 *cry1* 单突变体的长（Lin et al. 1998; Mockler et al. 1999）。CRY 还参与对子叶发育的调控：在蓝光条件下，*cry1* 和 *cry2* 单突变体的子叶面积比野生型的小，而 *cry1 cry2* 双突变体的子叶面积比单突变体的小，表明 CRY1 和 CRY2 协同参与对子叶扩展的调控。*cry2* 突变体具有开花时间延迟的表型，这种表型在长日照条件下比在短日照条件下更明显（Guo et al. 1998）。CRY1 对开花时间的促进作用只有在 *cry2* 突变体背景下才表现出来，因为 *cry1cry2* 双突变体比 *cry2* 单突变体开花时间要晚（Liu et al. 2008）。

最近的研究工作表明，CRY1 和 CRY2 不但参与介导蓝光诱导的气孔开放（Mao et al. 2005），而且参与蓝光诱导的气孔发育过程（Kang et al. 2009）。气孔是二氧化碳和水分进出植物体的主要通道，叶片表面气孔的多少及开放和关闭程度直接决定植物水分蒸腾速率和光合作用效率，蓝光正调控气孔发育和气孔开放过程。随着蓝光强度的增强，气孔开度会增大。*cry1cry2* 双突变体的气孔发育明显受到抑制，同时随着蓝光强度的增强，气孔开度增加不大；而 CRY1 过表达植株的气孔表型对蓝光呈超敏感反应，即在一定蓝光强度范围内，其气孔密度和气孔开度均高于野生型。

35.1.2 蓝光受体向光素 PHOT

蓝光对植物生长发育的影响在 200 多年前就有人开始研究了，植物的向光性是植物对紫外 / 蓝光特异的植物反应，为研究者研究植物感受蓝光及植物蓝光信号转导提供了很好的实验系统（Iino 2006；Whippo and Hangarter 2003）。一般来说，植物的茎显示正的向光性反应，即茎会向光的方向弯曲生长；而植物的根则显示负的向光性反应，即根会向着远离光的方向生长。

在 1988 年，Briggs 实验室从豌豆黄化苗上胚轴生长区分离了一个膜结合蛋白，这个蛋白质在蓝光刺激下能发生磷酸化（Gallagher et al. 1988）。对这个蛋白质进行的光化学和生物化学实验证明，该蛋白质光诱导的磷酸化和植物的向光性有关，猜测该蛋白质可能是在蓝光的诱导下发生自主磷酸化进而促进植物向光性反应的光受体（Hager 1996；Hager and Brich 1993；Kubasek et al. 1992；Millar et al. 1992；Palmer et al. 1993）。通过筛选没有向光性反应的模式植物拟南芥，分离了 *nph1*（*nonphototropic hypocotyl1*）突变体，在 1997 年分离到了这个基因（Huala et al. 1997），这个基因编码的蛋白质在蓝光的诱导下发生自主磷酸化，在后续的实验中证实了该蛋白质就是调控植物向光性反应的蓝光受体，后来

NPH1 被命名为 phototropin1（PHOT1）（Christie et al. 1999；Kubasek et al. 1992；Liscum and Hangarter 1991）。

拟南芥 PHOT 主要包括 PHOT1 和 PHOT2。其蛋白质结构可以分成两部分，N 端的感光结构域和 C 端的丝氨酸 / 苏氨酸蛋白激酶结构域。N 端的感光结构域有 2 个相似的约 110 个氨基酸组成的结构域，即 LOV1 和 LOV2，LOV 结构域是 PAS 结构域超家族中的一个亚家族。LOV 结构域能结合黄素单核苷酸（FMN），作为蓝光的感受器（Christie et al. 1999；Salomon et al. 2000）。因为 LOV 结构域能结合 FMN，所以在大肠杆菌中表达、纯化出的 LOV 是黄色的，并且紫外线照射后在黑暗中能发出绿色荧光。在蓝光照射后，LOV 结构域会发生变化，这种变化能通过吸收光谱或者发射光谱来测定（Sakai et al. 2001；Salomon et al. 2000）。在黑暗中，LOV 结构域非共价结合 FMN，能吸收最大值在 447nm 左右的光谱，命名为 LOV_{447}，在光照后，FMN 和 LOV 结构域上的半胱氨酸共价结合（Christie et al. 1999；Sakai et al. 2001；Salomon et al. 2000）。FMN 和 LOV 结构域的共价结合形成以后，能吸收最大值在 390nm 左右的光谱，命名为 LOV_{390}。对 PHOT 的 LOV 结构域来说，LOV_{390} 在黑暗中是可逆的（Sakai et al. 2001；Salomon et al. 2000）。因此，在不同的光条件下，LOV 结构域在活化形式（LOV_{390}）和失活形式（LOV_{447}）之间变化。

向光素是植物向光性反应的主要光受体。通过在弱蓝光和强蓝光条件下对 *phot1*、*phot2* 单突变体和 *phot1phot2* 双突变体进行向光性分析，发现 *phot1* 突变体对弱蓝光没有反应，却对强蓝光有明显的向光性反应。*phot2* 突变体无论对弱蓝光，还是强蓝光，都具有正常的向光性反应。然而，*phot1phot2* 双突变体对弱蓝光和强蓝光都失去了向光性反应能力。因此，PHOT1 和 PHOT2 都参与调节向光性反应（图 35-4A）。PHOT1 在弱蓝光和强蓝光下都发挥作用，而 PHOT2 主要在强蓝光下发挥作用。

植物叶片中的叶绿体会随着光照方向和光照强度而改变其在叶肉细胞中的位置：在强光下叶绿体从叶肉细胞表面移动到细胞侧壁，叶绿体扁平面与光照方向平行，以减少强光的伤害，称为躲避反应；而在弱光下叶绿体会移动并聚集到叶肉细胞的表面，其扁平面与光照方向垂直，以增加光能的吸收，称为聚集反应。通过在弱蓝光和强蓝光条件下对 *phot1*、*phot2* 单突变体和 *phot1 phot2* 双突变体叶绿体运动的比较分析，发现 *phot1* 突变体的叶绿体具有正常的躲避反应，却部分丧失了聚集反应能力，即在弱光下只有部分叶绿体沿光源方向横向排列。*phot2* 突变体叶绿体虽然丧失了躲避反应能力，但聚集反应正常。然而 *phot1 phot2* 双突变体同时丧失了聚集反应和躲避反应的能力，在弱蓝光和强蓝光下其排列都呈无序状态（图 35-4B）。因此，PHOT1 和 PHOT2 都参与对弱蓝光的聚集反应的调控，只是 PHOT1 比 PHOT2 的贡献更大。

气孔为植物与环境进行二氧化碳和水分交换提供了通道，从而参与调控植物光合作用、蒸腾作用及全球性的二氧化碳与水循环。植物的气孔在白天张开以进行气体的交换和水分的蒸腾，在晚上气孔则关闭以减少水分的散失。PHOT1 和 PHOT2 的协同作用还体现在对蓝光诱导的气孔开放的调节上：*phot1* 和 *phot2* 单突变体的气孔对蓝光的反应与野生型相比稍有减弱，即随着光强度的增强，气孔开度增加量低于野生型。但 *phot1 phot2* 双突变体的气孔开度与野生型相比，对蓝光反应的能力大大降低，即随着蓝光强度的增强，气孔开度增量减小（图 35-4C）。

因此，PHOT 的主要功能包括下胚轴的向光性反应、叶绿体的弱蓝光累积反应和强蓝光躲避反应，以及介导蓝光促进的气孔开放。

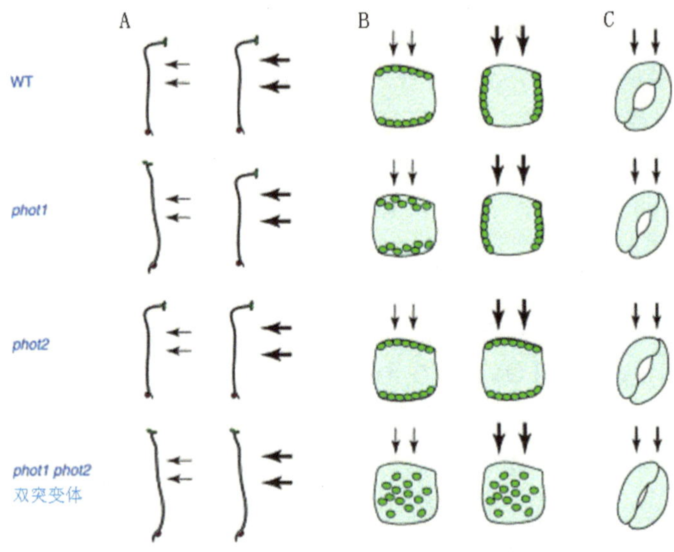

图 35-4　蓝光诱导的向光性，叶绿体运动和气孔开放（Briggs and Christie 2002）

35.1.3　远红光 / 红光受体光敏色素 PHY

拟南芥光敏色素 PHY（phytochrome）能感知红光和远红光，目前在拟南芥中共发现 5 个成员：phyA、phyB、phyC、phyD 和 phyE（Franklin et al. 2003；Rockwell et al. 2006），其中对 phyA 和 phyB 的研究最为深入。phyA 主要接收波长 700~800nm 的远红光，而 phyB 主要接收波长 600~700nm 的红光；进一步通过表型分析发现，*phyA* 突变体特异地在远红光下呈现暗形态建成的表型，而 *phyB* 突变体特异地在红光条件下呈现暗形态建成的表型，这表明 phyA 是感知远红光的光受体，而 phyB 是主要感知红光的光受体（Rockwell et al. 2006；Whitelam et al. 1993）。

光敏色素 PHY 包括具有明显分工的 N 端和 C 端功能区。生色团通过共价键结合在光敏色素的 N 端功能区，而 C 端是 PHY 二聚化的发生部位，对于 PHY 进入细胞核起重要作用（Bae and Choi 2008；Muller et al. 2009）。

光敏色素在体内以两种形式存在，在最初合成时和黑暗下以红光吸收型 Pr 形式存在；在接受红光照射后转变为远红光吸收型 Pfr 形式，再经过远红光照射后 Pfr 形式又能逆转到原来的 Pr 形式（图 35-5）（Rockwell et al. 2006）。其中 Pfr 形式的光敏色素具有生物活性，Pr 形式不具有生物活性（Rockwell et al. 2006）。光敏色素主要有三种光反应方式，即极低辐照度反应（VLFR）、低辐照度反应（LFR）和高辐照度反应（HIR）（Mathews 2006）。

红光
Pr ⇄ Pfr ⟶ Action
非活性形式　远红光　活性形式　发挥作用

图 35-5　光敏色素在植物体内的两种形式

极低辐照度反应由 10^{-4}~10^{-1}μmol/（s·m^2）的红光或远红光诱导，不足 0.1% 的光敏素转化为 Pfr 形式，该反应主要由 phyA 介导（Shinomura et al. 1996）。由短暂的光能量为 1~1000μmol/（s·m^2）诱导的光反应为低辐照度光反应，该反应中有 1%~87% 的光敏素转化为 Pfr 形式，主要由 phyB 介导（Reed et al. 1994，1993；Takano et al. 2005），是经典的红光 / 远红光逆转反应。高辐照度反应不同于极低辐照度和低辐照度的反应，它要求长时间持续的光照，主要分为红光高辐照度反应（R-HIR）和远红光高辐照度反应（FR-HIR）（Chen et al. 2003），此种光反应下 Pr 和 Pfr 形式不能相互逆转。红光高辐照度反应主要由 phyB 介导（Neff et al. 2000），远红光高辐照度反应主要由 phyA 介导（Dehesh et al. 1993；Nagatani et al. 1993；Whitelam et al. 1993）。虽然在持续的远红光下，仅存在 3% 的 Pfr 形式的 phyA，但这足以保证其发挥最佳的功能（Hennig et al. 1999；Kim et al. 2000；Nagatani 2004）。

在黑暗条件下，拟南芥 PHY 以非活性的 Pr 形式存在于细胞质中，用适当波长的光照射后可以诱导拟南芥中的 PHY 从细胞质转移到细胞核中，并以活性的 Pfr 形式存在。phyB（包括 phyC 和 phyE）只有在红光下才转移到细胞核内，而 phyA 在远红光和红光下均能转移到细胞核内（Kircher et al. 2002）。phyA 和 phyB 除了促进光形态建成外，还促进种子的萌发、调控开花时间、生物节律性、避荫反应和气孔发育（Kang et al. 2009；Reed et al. 1994；Somers et al. 1998）。

光照是种子萌发的重要环境因子。已有研究表明在拟南芥中 phyB 参与调节红光 / 远红光逆转的种子萌发，而 phyA 参与调节高强度的远红光及低强度的红光所诱导的种子萌发（Botto et al. 1996；Shinomura et al. 1996）。光敏色素可以促进非活性形式的赤霉素向其活性形式的转变，从而促进种子的萌发（Ogawa et al. 2003；Toyomasu et al. 1998）。脱落酸 ABA 对于维持种子的休眠状态是必需的，光敏色素则促进活性形式的 ABA 的分解（Seo et al. 2006）。

远红光是促进长日照植物开花最有效的光质，phyA 是调节此反应的最主要的受体。phyA 主要是通过光周期途径来调控开花的，在短日照条件下其突变体开花时间与野生型没有差别。phyB 则延迟植物开花，*phyB* 突变体在长日照及短日照条件下均比野生型开花早（Reed et al. 1994）。

R∶FR 效应是指光敏色素接受入射光中的 R 和 FR 光量子比例时引发的反应。光敏色素感受 R∶RF 变化的能力使其能检测出周围植物的生长状态。绿色组织因为含有叶绿素总是吸收红光，透过或反射远红光，所以当植物被浓密的绿色组织遮蔽时会感受到低 R∶FR 比例的光环境，并增加茎的延长生长速度及加快开花来有效地获取阳光，这种反应就称为避荫反应（shade avoidance response）。*phyB* 突变体表现为组成型的避荫反应，因此 phyB 是调控此反应的主要光受体（Halliday et al. 1994）。

气孔的发育和气孔开放受到红光和远红光的调节，这种调节是通过其光受体来完成的。在红光下，*phyB* 的功能缺失突变体气孔发育受到了抑制；在远红光下 *phyA* 功能缺失突变体子叶的气孔几乎没有发育（Kang et al. 2009）。拟南芥 *phyB* 突变体的气孔开放表现出减弱的红光反应，*phyB* 过表达转基因植株 PHYB-ovx 的气孔开放表现出超敏感的红光反应（Wang et al. 2010）。

35.2 不同光受体互作调控植物的不同发育过程

35.2.1 CRY 和 PHY 协同调控光形态建成

CRY1、phyA 和 phyB 分别在蓝光、远红光和红光条件下抑制下胚轴的伸长。在白光下，通过对 *cry1*、*phyA* 和 *phyB* 单突变体，*cry1phyA*、*cry1phyB* 和 *phyAphyB* 双突变体，以及 *cry1phyAphyB* 三突变体的分析，发现 *cry1phyA*、*cry1phyB* 和 *phyA phyB* 双突变体的下胚轴都明显高于 *cry1*、*phyA* 和 *phyB* 单突变体，而 *cry1phyAphyB* 三突变体的下胚轴又明显高于 *cry1phyA*、*cry1phyB* 和 *phyAphyB* 双突变体。因此，植物在正常的自然光照射条件下，这些光受体都被各自的光波激活而同时发挥作用，协同完成对下胚轴伸长的抑制作用。这些光受体对子叶发育的调控作用也有相同的趋势。在白光下，*cry1phyA*、*cry1phyB* 和 *phyAphyB* 双突变体的子叶面积都明显小于 *cry1*、*phyA* 和 *phyB* 单突变体，而 *cry1phyAphyB* 三突变体的子叶面积又明显小于 *cry1phyA*、*cry1phyB* 和 *phyAphyB* 双突变体。因此 CRY1、*phyA* 和 *phyB* 协同完成对子叶扩展的促进作用（Casal and Mazzella 1998; Mas et al. 2000; Neff and Chory 1998）。高等植物存在的这些分别能够感应接受蓝光、红光和远红光的光受体对其生长发育具有重要的意义。在各种光波都存在时，这些光受体同时发挥作用，高效促进光形态建成，为光合作用打下基础。但在特殊的生长条件下，当缺少某些光波时，如生长在灌木下面的植物可能接受到的短波光较少，由于存在长波光的感应系统，该系统的启动保证了这些植物的发育。

35.2.2 CRY 和 PHY 协同调控生物节律性

生物节律指的是生物体在连续条件下仍然能够以大约 24h 为一个周期自由运转的现象。连续条件包括连续光照、连续黑暗等。生物体的生命活动，尤其是植物，与光照密切相关。植物利用太阳光进行光合作用，为了这一根本需要形成了以地球自转时间为周期的波动性。生理活动正常的生物钟能提高光合作用效率、促进生长、增强植物的生存能力和竞争优势。

生物钟包括三个基本组成部分：①信号输入途径（input pathway）；②产生节律的中央振荡器；③信号输出途径（output pathway）。3 可以根据环境变化调适中央振荡器（central oscillator），决定生物的节律变化。拟南芥中生物钟的宏观表型包括叶片的上下运动（叶片在一天中不同时间与茎的夹角有所变化）、幼苗的下胚轴的伸长、光周期导致的成株开花时间，以及气孔的运动等。目前已知拟南芥生物钟的中心振荡器元件包括 TOC1（timing of cab expression 1）、CCA1（circadian clock associated 1）和 LHY（late elongated hypocotyl）。LHY 与 CCA1 有 46% 的同源性，两者都是 MYB 转录因子家族的一员，它们可特异地与 TOC1 启动子区域的顺式作用元件——AAAATATCT（cis-acting evening element）结合，抑制 TOC1 的表达。TOC1 促进 CCA1 和 LHY 的转录，CCA1 和 LHY 增多后，TOC1 就会减少，CCA1 和 LHY 的积累随之减少，TOC1 的转录随后又从被 CCA1 和 LHY 的抑制中解脱出来，积累开始增加，这样三者形成了负反馈调节循环（negative feedback regulatory loop）。

phyA、phyB、CRY1 和 CRY2 通过输入途径参与对生物钟的调控。phyA 具有光不稳定性，能够接受低强度的红光和蓝光信号，并依赖 CRY1 参与生物钟的信号传递。只有在相当低强度的红光条件下，*phyA* 的突变才会导致生物钟周期的延长。而在高强度的红光条件下，与野生型相比，*phyB* 的突变导致生物钟周期延长 1.5~2h，*phyB* 的过量表达则导致生物钟周期缩短 1~3h；相应地，*CRY1* 的突变导致在蓝光条件下生物钟周期明显延长，而 *CRY1* 的过量表达导致生物钟周期明显缩短。*CRY2* 的突变导致在光强范围较窄的弱蓝光条件下生物钟周期的小幅度延长。在蓝光下，CRY1 和 CRY2 对生物钟的调控功能可能是冗余的。无论在弱蓝光下还是强蓝光下，*cry1cry2* 双突变体的生物钟周期都可能明显长于 *cry1* 单突变体。因为 *phyB*、*CRY1* 和 *CRY2* 本身的转录也受生物钟的调控，所以它们既是生物钟的输入信号，又是生物钟的输出结果（Somers et al. 1998）。

35.2.3 CRY2 和 phyB 调控开花时间的拮抗作用

CRY1、CRY2 和 phyB 都参与调控开花时间（Mockler et al. 1999）。在长日照条件下，*cry2phyB* 双突变体的开花时间大大早于 *cry2* 单突变体；而在短日照条件下该双突变体与 *phyB* 单突变体几乎同时开花，但它们都明显早于野生型。在单色红光条件下，*cry2phyB* 双突变体与 *phyB* 单突变体开花时间一致，表明在红光条件下 *CRY2* 的突变不抑制 *phyB* 突变体的早开花表型。在蓝光同时附加红光的条件下，*cry2phyB* 双突变体开花时间同样与 *phyB* 单突变体一致，但明显早于 *cry2* 单突变体。因此，在蓝光和补充红光的条件下，phyB 的突变抑制了 *cry2* 突变体的晚开花表型，或者在该条件下，*phyB* 突变体背景下 *CRY2* 的突变不再导致晚开花。这些发现表明了 CRY2 和 phyB 在调控开花时间上具有拮抗作用（antagonistic action），因此，phyB 介导红光依赖性的对开花诱导的抑制，CRY2 介导蓝光依赖性的对 phyB 延迟开花功能的抑制。

35.2.4 CRY 和 PHOT 在调控光形态建成和光诱导的运动反应中的协同作用

尽管 CRY 的主要功能是调控光形态建成（下胚轴伸长的抑制和子叶扩展的促进），PHOT 的主要功能是调控光诱导的运动反应（黄化苗的向光性反应和叶绿体对强弱蓝光的反应），但 CRY 也部分具有 PHOT 调控光诱导的运动反应的功能，即 CRY1 和 CRY2 参与了调控蓝光依赖的随机性的下胚轴向光性弯曲；同样，PHOT 也部分具有 CRY 调控光形态建成的功能，即 PHOT1 和 PHOT2 参与了不依赖于 CRY1 和 CRY2 在强蓝光下对子叶扩展的促进作用。

35.2.5 CRY、PHOT 和 PHY 在调控气孔发育和气孔开放中的叠加效应

高等植物的气孔是植物吸收二氧化碳进行光合作用及蒸腾作用的重要器官。蓝光和红光都可以促进气孔的发育及气孔开度变大。在蓝光和红光下，*CRY* 及 *phyB* 的功能缺失突变体气孔发育分别受到了抑制（Mao et al. 2005；Wang et al. 2010）；而在远红光下 *phyA* 功能缺失突变体子叶的气孔几乎没有发育（Kang et al. 2009）；在蓝光下，*cry1cry2* 和 *phot1phot2* 双突变体的气孔开度均变小，过量表达 *CRY1* 的转基因植株的气孔明显增大，而 *cry1cry2phot1phot2* 四突变体的气孔表型与 *cry1cry2* 和 *phot1phot2* 相比，其气孔开度进一步减小。在红光下，拟南芥 *phyB* 突变体的气孔发育和开度减弱，而且 *phyB* 过表达转基因植

株 PHYB-ovx 的气孔表型对红光呈超敏感反应。在白光下，*cry1cry2phyB*、*phot1phot2phyB* 及 *cry1phyAphyB* 多突变体与其单突变或双突变相比，其气孔开度变小，这表明 phyB 与 phyA、CRY、PHOT 共同调控气孔的开放（Kang et al. 2009；Wang et al. 2010）。

35.3 光信号传递过程中的重要关键因子

35.3.1 光信号传递过程中关键负调控因子 COP1

通过在黑暗条件下筛选具有在光照条件下形态建成的突变体，获得了具有组成型光形态建成（constitutive photomorphogenic）的 *cop1* 突变体。该突变体在黑暗条件下子叶充分扩展、下胚轴短而粗，同时花色素苷大量积累。这种表型对于野生型植株来说只有在光照条件下才能被观察到。根据 *cop1* 突变体的表型和它的隐性突变（recessive mutation）性质，表明该位点编码的 COP1 蛋白为光形态建成的负调控因子。近年来的研究发现：COP1 除了是光形态建成的抑制子之外，还是开花、气孔发育和气孔开放的抑制因子。

COP1 蛋白具有三个功能结构域：N 端具有单体 E3 典型的环形锌指结构域（ring finger zinc binding domain）和盘状线圈结构域（coiled coil region），以及位于 C 端的 WD40 结构区域。COP1 的细胞核和细胞质定位信号都位于 N 端功能区。盘状线圈结构域介导 COP1 蛋白的二聚化和蛋白质的相互作用，而重复 7 次的 WD40 结构域赋予了 COP1 与其上游因子和下游信号传递因子直接发生蛋白质相互作用的能力。COP1 作为单体 E3 连接酶，在 E1 和 E2 帮助下使其底物发生泛素化，泛素化的底物随后被 26S 蛋白酶体降解。

COP1 的亚细胞定位受到光的调控。在黑暗条件下，它主要定位在细胞核；而在光照条件下，COP1 则从细胞核重新定位至细胞质。COP1 必须在细胞核内才能完成对光形态建成的负调控作用。

35.3.2 光信号传递过程中关键负调控因子：SPA1

在筛选 *phyA* 突变体的抑制突变时，筛选到了一个命名为 *spa1*（suppressor of phyA）的突变体。SPA1 蛋白除了在 N 端具有类似激酶的结构域，在 C 端还有一个卷曲螺旋结构域（coiled-coil domain）和 WD40 重复结构域，其 WD40 重复结构域与 COP1 的 WD40 重复结构域高度同源（Heijde and Ulm 2012）。在拟南芥中，有 4 个同源的 *SPA* 基因 *SPA1-SPA4*，突变的 *SPA* 越多，表型越严重，*spa1 spa2 spa3 spa4* 四突变在黑暗下表现出组成性光形态建成表型，暗示 SPA 冗余地负调控光形态建成（Zhu et al. 2008）。研究发现 4 个 SPA 既能各自同源二聚化又能彼此两两相互作用，而且都能与 COP1 相互作用，进一步研究证实 SPA 与 COP1 能够形成核心四聚体，在四聚体中有两个 COP1 分子和两个 SPA 分子，在同一个四聚体中的两个 SPA 分子可以是同一个 SPA 也可以是不同的 SPA，暗示体内可能有很多种 COP1-SPA 复合体存在。进一步对 COP1-SPA 复合体的生化性质的研究发现 SPA1 能增强 COP1 对其底物 LAF1 的泛素化，暗示 SPA 的主要功能很可能是增强 COP1 对其底物的泛素化活性，或者 COP1-SPA 复合体在体内是一个活性 E3 复合体（Seo et al. 2003）。

35.3.3 光信号传递过程中的关键正调控因子：HY5 和 HYH

HY5 是第一个被发现的光形态建成的正调控因子（Oyama et al. 1997）。*hy5* 突变体的下胚轴在蓝光、红光和远红光条件下都明显长于野生型，表明 HY5 的作用是促进光形态建成。表型分析表明 HY5 可能位于 CRY1、phyA 和 phyB 信号转导途径共同的下游，即这些光受体所介导的信号都要经过 HY5。*HY5* 发生突变的后果是各光受体所传导的信号都会在此终止，因此在蓝光、红光和远红光条件下分别表现出类似 *cry1*、*phyB* 和 *phyA* 突变体的表型，即下胚轴伸长不被各种光质所抑制。HY5 是一个 bZIP 转录因子，定位于细胞核，它的蛋白质水平与下胚轴长度呈现出显著的正相关关系，即 HY5 蛋白越多，下胚轴越短，反之则下胚轴越长。在黑暗条件下，HY5 蛋白发生降解；而在光照条件下，HY5 蛋白迅速积累。但在 *cop1* 突变体背景下，无论在黑暗，还是在光照条件下，HY5 都同样表现出稳定状态。因此，在黑暗条件下，定位在细胞核的 COP1 具有导致 HY5 降解的功能；而在光照条件下，COP1 重新定位于细胞质，这样，HY5 被 COP1 介导的降解作用得到解除。因此光对植物生长发育的调控在机理上涉及光对 COP1 的细胞定位和 HY5 的蛋白质稳定性的调控。后来的研究发现 HY5 与 COP1 和 SPA1 有直接的互作，互作的结果是 HY5 被泛素化并进一步被 26S 蛋白酶体降解（Ang et al. 1998；Osterlund et al. 2000）。

HYH 是 HY5 的同源蛋白，也与 COP1 互作，并在黑暗下被 COP1 泛素化后降解。HYH 和 HY5 相互作用并共同调控大量基因的表达。*hyh* 突变体下胚轴只在蓝光下比野生型高，暗示 HYH 可能特异地参与蓝光信号转导。*hy5hyh* 双突变体的下胚轴比两个单突变更高，暗示两者具协同作用。

35.3.4 光信号传递过程中的关键正调控因子：HFR1、LAF1 和 PIL1

HFR1、LAF1 和 PIL1 是一类功能相关的转录因子。*laf1* 突变体在远红光下比野生型下胚轴高。*hfr1* 和 *pil1* 突变体下胚轴在蓝光、红光和远红光下都比野生型的高。这些结果暗示 LAF1 可能只调控远红光信号转导，而 HFR1 和 PIL1 在三种单色光下都发挥功能从而抑制下胚轴伸长。它们都和 COP1 相互作用，作为 COP1 的底物被其泛素化并进一步被 26S 蛋白酶体降解。体外泛素化实验显示 COP1 能够泛素化 HFR1 和 LAF1，而且 SPA1 卷曲螺旋结构域能够促进 COP1 对 LAF1 的泛素化（Seo et al. 2003）。有趣的是，LAF1 与 HFR1 相互作用，并抑制 COP1 对 HFR1 的泛素化作用，它们的互作使得二者变得相对稳定。*laf1hfr1* 双突变体比各自的单突变在远红光下有更高的下胚轴表型，暗示它们在调控下胚轴伸长方面有协同作用（Jang et al. 2007）。最近的研究发现 *pil1hfr1* 双突变体比各自的单突变在三种单色光下有更高的下胚轴表型，且遗传上位于 COP1，暗示 PIL1 和 HFR1 可能协同发挥功能，在 COP1 下游抑制下胚轴伸长；同时 PIL1 和 HFR1 也可通过抑制 PIF 转录活性以促进光形态建成（Luo et al. 2014）。

35.4 主要的光信号转导相关机理

通过对 *cry1cop1*、*phyAcop1* 和 *phyBcop1* 突变体的表型分析，证明 *cop1* 突变性状对于各光受体的突变性状都是遗传上位性的，表明 COP1 位于各光受体介导的信号转导途径共同的下游。而通过分别构建 *hy5* 与强 COP 表型的 *cop1* 突变体（strong allele）和致死的 *cop1* 突变体（lethal allele）的双突变体，并进行表型分析，表明 *hy5* 突变体的突变性状能够抑制强COP表型的*cop1*突变体的突变性状，但不能抑制致死的*cop1*突变体的突变性状。相反，致死的 *cop1* 突变体的突变性状能够完全抑制 *hy5* 的突变体性状。这些遗传关系表明，COP1 和 HY5 位点编码的蛋白质很可能通过直接的相互作用调控光形态建成。后来的研究结果证实 COP1 通过 WD40 结构域与 HY5 发生直接的蛋白质相互作用，并且这种相互作用对于 COP1 促进 HY5 的降解作用是必需的。

35.4.1 CRY 信号转导机理

通过蛋白质相互作用分析发现，CRY 的信号转导通过其 C 端功能区与 COP1 直接的蛋白质相互作用来实现（Wang et al. 2001；Yang et al. 2000）。HY5 是正调控光形态建成的关键转录因子，其蛋白质在黑暗下降解，而在光下积累。COP1 是光形态建成的负调控因子，它是导致 HY5 泛素化的 E3 泛素连接酶（Osterlund et al. 2000）。CRY 调控光形态建成主要的分子机理是，CRY 通过与 COP1 发生直接的蛋白质相互作用，抑制了 COP1 对 HY5 的 E3 泛素连接酶的活性，结果使 HY5 的泛素化被抑制，HY5 蛋白稳定性增强并发生积累，从而促进光形态建成（Yang et al. 2001）。

同样，CRY 正调控开花时间（Guo et al. 1998；Mockler et al. 1999），而光形态建成的负调控因子 COP1 负调控开花时间（McNellis et al. 1994）。一个关键的转录调控因子 CONSTANS（CO）被证明正调控开花时间（Putterill et al. 1995）。在长日条件下，通过生物钟的调控，CO 的 mRNA 在下午达到高峰，蓝光的照射使 CO 蛋白稳定表达，激活成花素 FLOERING LOCUS T（FT）的表达，从而促进开花（Corbesier et al. 2007；Samach et al. 2000；Suarez-Lopez et al. 2001）。研究表明，CO 蛋白在黑暗条件下降解，而在蓝光条件下该蛋白质稳定并得到积累（Valverde et al.，2004）。首先，蓝光激活的 CRY 通过直接相互作用负调控 COP1 的活性，然后导致 COP1 蛋白从细胞核转移到细胞质，解除了 COP1 对 CO 的 E3 泛素连接酶活性，这样 CO 蛋白稳定性增加并获得积累，激活 FT 的转录从而促进开花（Liu et al. 2008b）。

近年的研究还发现了两类新的 CRY 互作蛋白：SPA（suppressor of phytochrome A）和 CIB（cryptochrome-interacting basic-helix-loop-helix）。CRY 通过与 SPA 发生依赖于蓝光的互作，导致 COP1 功能受到抑制，促进 HY5 和 CO 的积累，从而促进光形态建成和开花（Lian et al. 2011；Liu et al. 2008a；Zuo et al. 2011）；而蓝光依赖性的 CRY2-CIB 相互作用，导致 CIB 转录活性的增强，促进 FT 的表达而促进开花（Liu et al. 2008a）。

35.4.2 PHY 信号转导机理

在对拟南芥 PHY 信号转导机理的研究过程中，通过筛选 PHY 互作蛋白和 phyA 的抑制子（suppressor），成功获得了 PHY 信号转导途径中的关键因子，包括 PIF（phytochrome interacting factor）、COP1、SPA1、HFR1（long hypocotyl in far-red 1）和 LAF1（long after far-red light 1）等。

PIF 家族属于 bHLH 型转录因子大家族的十五亚家族，通过 APB/APA 基序（active phytochromeB/A binding motif）分别与 phyB 和 phyA 的 Pfr 活性形式相互作用，是 PHY

信号通路中对下胚轴伸长起抑制作用的重要负调控因子（Leivar and Quail 2011）。红光处理使光激活后的 Pfr 形式 phyB 二聚体转运入核与 PIF 二聚体结合而导致 PIF 迅速磷酸化、泛素化，进而发生蛋白质降解，导致被 PIF 抑制的促进光形态建成的基因表达上调，从而促进光形态建成（Al-Sady et al. 2006；Castillon et al. 2007；Shen et al. 2008）。

PIF 家族中最早被发现的是 PIF3（Ni et al. 1998）。通过体外蛋白质的结合实验，证明在红光条件下 phyB 能够与 PIF3 结合，而在远红光条件下二者不能结合（Ni et al. 1999）。最近发现 PIF3 的相似蛋白 PIL1（PIF3-LIKE 1）也直接参与 phyB 的信号转导（Luo et al. 2014）。一方面，COP1 和 PIL1 存在直接的蛋白质相互作用，该互作促进 PIL1 在黑暗下发生依赖于 26S 蛋白酶体的降解；另一方面，phyB 和 PIL1 存在直接的依赖于红光的蛋白质相互作用，并且该相互作用促进 PIL1 和 COP1 在红光下的解离，从而增强 PIL1 蛋白在红光下的稳定性。

35.5 结 束 语

光调控高等植物自种子萌发到开花的整个发育过程，而光控发育通过光受体 CRY、PHY 和 PHOT 介导的信号转导途径来实现。种子的萌发主要依赖 PHY，而去黄化的完成和光对生物节律性的调节主要依赖于 CRY 和 PHY 的共同作用。黄化苗向光性弯曲和蓝光调控的叶绿体运动主要依赖于 PHOT，而蓝光对气孔发育和开放的调控依赖于 CRY、PHY 和 PHOT 的共同作用。各光受体参与调控的生理过程是通过复杂的信号转导途径来实现的：CRY 和 PHY 对光形态建成的调控涉及对 COP1 细胞定位和 HY5 蛋白稳定性的调控。然而，本章的内容未能包括 CRY、PHY 和 PHOT 信号转导机理研究进展的所有方面，特别是对 PHOT 下游信号因子的介绍有限。同时，由于植物的生长发育除了受光调控外，还受到其他因子（如植物激素）的调控。因此，从分子水平上认识光信号转导途径如何与其他信号因子介导的信号转导途径发生交叉（cross-talk），来整合信号以协调对植物生长发育的调控是该领域的重要方向。

参 考 文 献

Al-Sady B，Ni W，Kircher S，et al. 2006. Photoactivated phytochrome induces rapid PIF3 phosphorylation prior to proteasome-mediated degradation. Mol Cell，23：439-446.

Ang L H，Chattopadhyay S，Wei N，et al. 1998. Molecular interaction between COP1 and HY5 defines a regulatory switch for light control of Arabidopsis development. Mol Cell，1：213-222.

Bae G，Choi G. 2008. Decoding of light signals by plant phytochromes and their interacting proteins. Annu Rev Plant Biol，59：281-311.

Botto J F，Sanchez R A，Whitelam G C，et al. 1996. Phytochrome A mediates the promotion of seed germination by very low fluences of light and canopy shade light in *Arabidopsis*. Plant Physiol，110：439-444.

Briggs W R，Christie J M. 2002. Phototropins 1 and 2：versatile plant blue-light receptors. Trends Plant Sci，7：204-210.

Briggs W R，Christie J M，Salomon M. 2001. Phototropins：a new family of flavin-binding blue light receptors in plants. Antioxidants & Redox Signaling，3：775-788.

Casal J J，Mazzella M A. 1998. Conditional synergism between cryptochrome 1 and phytochrome B is shown by the analysis of phyA，phyB，and hy4 simple，double，and triple mutants in Arabidopsis. Plant Physiol，118：19-25.

Cashmore A R，Jarillo J A，Wu Y J，et al. 1999. Cryptochromes：blue light receptors for plants and animals. Science，284：760-765.

Castillon A，Shen H，Huq E. 2007. Phytochrome interacting factors：central players in phytochrome-mediated light signaling networks. Trends in Plant Science, 12: 514-521.

Chen M, Schwab R, Chory J. 2003. Characterization of the requirements for localization of phytochrome B to nuclear bodies. Proc Natl Acad Sci USA, 100: 14493-14498.

Christie J M, Salomon M, Nozue K, et al. 1999. LOV (light, oxygen, or voltage) domains of the blue-light photoreceptor phototropin (nph1): binding sites for the chromophore flavin mononucleotide. Proc Natl Acad Sci USA, 96: 8779-8783.

Corbesier L, Vincent C, Jang S, et al. 2007. FT protein movement contributes to long-distance signaling in floral induction of Arabidopsis. Science, 316: 1030-1033.

Dehesh K, Franci C, Parks B M, et al. 1993. Arabidopsis HY8 locus encodes phytochrome A. Plant Cell, 5: 1081-1088.

Franklin K A, Davis S J, Stoddart W M, et al. 2003. Mutant analyses define multiple roles for phytochrome C in *Arabidopsis* photomorphogenesis. Plant Cell, 15: 1981-1989.

Gallagher S, Short T W, Ray P M, et al. 1988. Light-mediated changes in two proteins found associated with plasma membrane fractions from pea stem sections. Proc Natl Acad Sci USA, 85: 8003-8007.

Guo H, Yang H, Mockler T C, et al. 1998. Regulation of flowering time by *Arabidopsis* photoreceptors. Science, 279: 1360-1363.

Hager A. 1996. Properties of a blue-light-absorbing photoreceptor kinase localized in the plasma membrane of the coleoptile tip region. Planta, 198: 294-299.

Hager A, Brich M. 1993. Blue-light-induced phosphorylation of plasma-membrane protein from phototropically sensitive tips of maize coleoptiles. Planta, 189: 567-576.

Halliday K J, Koornneef M, Whitelam G C. 1994. Phytochrome B and at least one other phytochrome mediate the accelerated flowering response of *Arabidopsis thaliana* L. to low red/far-red ratio. Plant Physiol, 104: 1311-1315.

Heijde M, Ulm R. 2012. UV-B photoreceptor-mediated signalling in plants. Trends in Plant Science, 17: 230-237.

Hennig L, Buche C, Eichenberg K, et al. 1999. Dynamic properties of endogenous phytochrome A in *Arabidopsis* seedlings. Plant Physiol, 121: 571-577.

Huala E, Oeller P W, Liscum E, et al. 1997. Arabidopsis NPH1: a protein kinase with a putative redox-sensing domain. Science, 278: 2120-2123.

Huang X, Yang P, Ouyang X, et al. 2014. Photoactivated UVR8-COP1 module determines photomorphogenic UV-B signaling output in Arabidopsis. PLoS Genetics, 10: e1004218.

Iino M. 2006. Toward understanding the ecological functions of tropisms: interactions among and effects of light on tropisms. Curr Opin Plant Biol, 9: 89-93.

Jang I C, Yang S W, Yang J Y, et al. 2007. Independent and interdependent functions of LAF1 and HFR1 in phytochrome A signaling. Genes Dev, 21: 2100-2111.

Kang C Y, Lian H L, Wang F F, et al. 2009. Cryptochromes, phytochromes, and COP1 regulate light-controlled stomatal development in *Arabidopsis*. Plant Cell, 21: 2624-2641.

Kim L, Kircher S, Toth R, et al. 2000. Light-induced nuclear import of phytochrome-A: GFP fusion proteins is differentially regulated in transgenic tobacco and *Arabidopsis*. Plant J, 22: 125-133.

Kinoshita T, Doi M, Suetsugu N, et al. 2001. Phot1 and phot2 mediate blue light regulation of stomatal opening. Nature, 414: 656-660.

Kircher S, Gil P, Kozma-Bognar L, et al. 2002. Nucleocytoplasmic partitioning of the plant photoreceptors phytochrome A, B, C, D, and E is regulated differentially by light and exhibits a diurnal rhythm. Plant Cell, 14: 1541-1555.

Kubasek W L, Shirley B W, McKillop A, et al. 1992. Regulation of flavonoid biosynthetic genes in germinating *Arabidopsis* seedlings. Plant Cell, 4: 1229-1236.

Leivar P, Quail P H. 2011. PIFs: pivotal components in a cellular signaling hub. Trends in Plant Science, 16: 19-28.

Lian H L, He S B, Zhang Y C, et al. 2011. Blue-light-dependent interaction of cryptochrome 1 with SPA1 defines a dynamic signaling mechanism. Genes Dev, 25: 1023-1028.

Lin C, Ahmad M, Cashmore A R. 1996. Arabidopsis cryptochrome 1 is a soluble protein mediating blue light-dependent regulation of plant growth and development. Plant J, 10: 893-902.

Lin C, Yang H, Guo H, et al. 1998. Enhancement of blue-light sensitivity of *Arabidopsis* seedlings by a blue light receptor

cryptochrome 2. Proc Natl Acad Sci USA，95：2686-2690.

Liscum E，Hangarter R P. 1991. *Arabidopsis* mutants lacking blue light-dependent inhibition of hypocotyl elongation. Plant Cell，3：685-694.

Liu H，Yu X，Li K，et al. 2008a. Photoexcited CRY2 interacts with CIB1 to regulate transcription and floral initiation in *Arabidopsis*. Science，322：1535-1539.

Liu L J，Zhang Y C，Li Q H，et al. 2008b. COP1-mediated ubiquitination of CONSTANS is implicated in cryptochrome regulation of flowering in *Arabidopsis*. The Plant Cell 10.1105/tpc.107.057281.

Luo Q，Lian H L，He S B，et al. 2014. COP1 and phyB physically interact with PIL1 to regulate its stability and photomorphogenic development in *Arabidopsis*. Plant Cell，26：2441-2456.

Mao J，Zhang Y C，Sang Y，et al. 2005. From the cover：a role for *Arabidopsis* cryptochromes and COP1 in the regulation of stomatal opening. Proc Natl Acad Sci USA，102：12270-12275.

Mas P，Devlin P F，Panda S，et al. 2000. Functional interaction of phytochrome B and cryptochrome 2. Nature，408：207-211.

Mathews S. 2006. Phytochrome-mediated development in land plants：red light sensing evolves to meet the challenges of changing light environments. Mol Ecol，15：3483-3503.

McNellis T W，von Arnim A G，AraRi T，et al. 1994. Genetic and molecular analysis of an allelic series of cop1 mutants suggests functional roles for the multiple protein domains. Plant Cell，6：487-500.

Millar A J，Short S R，Chua N H，et al. 1992. A novel circadian phenotype based on firefly luciferase expression in transgenic plants. Plant Cell，4：1075-1087.

Mockler T C，Guo H，Yang H，et al. 1999. Antagonistic actions of Arabidopsis cryptochromes and phytochrome B in the regulation of floral induction. Development，126：2073-2082.

Muller R，Fernandez A P，Hiltbrunner A，et al. 2009. The histidine kinase-related domain of *Arabidopsis* phytochrome a controls the spectral sensitivity and the subcellular distribution of the photoreceptor. Plant Physiol，150：1297-1309.

Nagatani A. 2004. Light-regulated nuclear localization of phytochromes. Curr Opin Plant Biol，7：708-711.

Nagatani A，Reed J W，Chory J. 1993. Isolation and initial characterization of *Arabidopsis* mutants that are deficient in phytochrome A. Plant Physiol，102：269-277.

Neff M M，Chory J. 1998. Genetic interactions between phytochrome A，phytochrome B，and cryptochrome 1 during *Arabidopsis* development. Plant Physiol，118：27-35.

Neff M M，Fankhauser C，Chory J. 2000. Light：an indicator of time and place. Genes Dev，14：257-271.

Ni M，Tepperman J M，Quail P H. 1998. PIF3，a phytochrome-interacting factor necessary for normal photoinduced signal transduction，is a novel basic helix-loop-helix protein. Cell，95：657-667.

Ni M，Tepperman J M，Quail P H. 1999. Binding of phytochrome B to its nuclear signalling partner PIF3 is reversibly induced by light. Nature，400：781-784.

Ogawa M，Hanada A，Yamauchi Y，et al. 2003. Gibberellin biosynthesis and response during *Arabidopsis* seed germination. Plant Cell，15：1591-1604.

Osterlund M T，Hardtke C S，Wei N，et al. 2000. Targeted destabilization of HY5 during light-regulated development of *Arabidopsis*. Nature，405：462-466.

Oyama T，Shimura Y，Okada K. 1997. The *Arabidopsis* HY5 gene encodes a bZIP protein that regulates stimulus-induced development of root and hypocotyl. Genes Dev，11：2983-2995.

Palmer J，Short T，Briggs W. 1993. Correlation of blue light-induced phosphorylation to phototropism in Zea mays L. Plant Physiol，102：1219-1225.

Putterill J，Robson F，Lee K，et al. 1995. The CONSTANS gene of *Arabidopsis* promotes flowering and encodes a protein showing similarities to zinc finger transcription factors. Cell，80：847-857.

Quail P H. 2002. Phytochrome photosensory signalling networks. Nat Rev Mol Cell Biol，3：85-93.

Reed J W，Nagatani A，Elich T D，et al. 1994. Phytochrome A and phytochrome B have overlapping but distinct functions in *Arabidopsis* development. Plant Physiol，104：1139-1149.

Reed J W，Nagpal P，Poole D S，et al. 1993. Mutations in the gene for the red/far-red light receptor phytochrome B alter cell elongation and physiological responses throughout *Arabidopsis* development. Plant Cell，5：147-157.

Rockwell N C, Su Y S, Lagarias J C. 2006. Phytochrome structure and signaling mechanisms. Annu Rev Plant Biol, 57: 837-858.

Sakai T, Kagawa T, Kasahara M, et al. 2001. Arabidopsis nph1 and npl1: blue light receptors that mediate both phototropism and chloroplast relocation. Proc Natl Acad Sci USA, 98: 6969-6974.

Salomon M, Christie J M, Knieb E, et al. 2000. Photochemical and mutational analysis of the FMN-binding domains of the plant blue light receptor, phototropin. Biochemistry, 39: 9401-9410.

Samach A, Onouchi H, Gold S E, et al. 2000. Distinct roles of CONSTANS target genes in reproductive development of *Arabidopsis*. Science, 288: 1613-1616.

Seo H S, Yang J Y, Ishikawa M, et al. 2003. LAF1 ubiquitination by COP1 controls photomorphogenesis and is stimulated by SPA1. Nature, 423: 995-999.

Seo M, Hanada A, Kuwahara A, et al. 2006. Regulation of hormone metabolism in *Arabidopsis* seeds: phytochrome regulation of abscisic acid metabolism and abscisic acid regulation of gibberellin metabolism. Plant J, 48: 354-366.

Shen H, Zhu L, Castillon A, et al. 2008. Light-induced phosphorylation and degradation of the negative regulator PHYTOCHROME-INTERACTING FACTOR1 from *Arabidopsis* depend upon its direct physical interactions with photoactivated phytochromes. Plant Cell, 20: 1586-1602.

Shinomura T, Nagatani A, Hanzawa H, et al. 1996. Action spectra for phytochrome A- and B-specific photoinduction of seed germination in *Arabidopsis thaliana.* Proc Natl Acad Sci USA, 93: 8129-8133.

Somers D E, Devlin P F, Kay S A. 1998. Phytochromes and cryptochromes in the entrainment of the *Arabidopsis* circadian clock. Science, 282: 1488-1490.

Suarez-Lopez P, Wheatley K, Robson F, et al. 2001. CONSTANS mediates between the circadian clock and the control of flowering in *Arabidopsis.* Nature, 410: 1116-1120.

Sullivan J A, Deng X W. 2003. From seed to seed: the role of photoreceptors in *Arabidopsis* development. Dev Biol, 260: 289-297.

Takano M, Inagaki N, Xie X, et al. 2005. Distinct and cooperative functions of phytochromes A, B, and C in the control of deetiolation and flowering in rice. Plant Cell, 17: 3311-3325.

Toyomasu T, Kawaide H, Mitsuhashi W, et al. 1998. Phytochrome regulates gibberellin biosynthesis during germination of photoblastic lettuce seeds. Plant Physiol, 118: 1517-1523.

Valverde F, Mouradov A, Soppe W, et al. 2014. Photoreceptor regulation of CONSTANS protein and the mechanism of photoperiodic flowering. Science, 303: 1003-1006.

Wang F F, Lian H L, Kang C Y, et al. 2010. Phytochrome B is involved in mediating red light-induced stomatal opening in *Arabidopsis thaliana.* Molecular Plant, 3: 246-259.

Wang H, Ma L G, Li J M, et al. 2001. Direct interaction of *Arabidopsis* cryptochromes with COP1 in light control development. Science, 294: 154-158.

Whippo C W, Hangarter R P. 2003. Second positive phototropism results from coordinated co-action of the phototropins and cryptochromes. Plant Physiol, 132: 1499-1507.

Whitelam G C, Johnson E, Peng J, et al. 1993. Phytochrome A null mutants of *Arabidopsis* display a wild-type phenotype in white light. Plant Cell, 5: 757-768.

Yang H Q, Tang R H, Cashmore A R. 2001. The signaling mechanism of *Arabidopsis* CRY1 involves direct interaction with COP1. Plant Cell, 13: 2573-2587.

Yang H Q, Wu Y J, Tang R H, et al. 2000. The C termini of *Arabidopsis* cryptochromes mediate a constitutive light response. Cell, 103: 815-827.

Zhu D, Maier A, Lee J H, et al. 2008. Biochemical characterization of *Arabidopsis* complexes containing CONSTITUTIVELY PHOTOMORPHOGENIC1 and SUPPRESSOR OF PHYA proteins in light control of plant development. Plant Cell, 20: 2307-2323.

Zuo Z, Liu H, Liu B, et al. 2011. Blue light-dependent interaction of CRY2 with SPA1 regulates COP1 activity and floral initiation in *Arabidopsis.* Curr Biol, 21: 841-847.

（杨洪全　连红莉）

36

转基因植物与植物代谢

什么是基因、转基因和转基因植物?

基因（gene）是位于染色体上的念珠状 DNA 分子。它通过编码和控制蛋白质的合成，直接参与生物形态形成，形成千姿百态的世界。转基因是指将基因片段转入特定生物中，使其与该生物体基因组进行重组，再从重组体中进行数代的人工选育，从而获得能稳定表现特定遗传性状个体的一种生物技术。

植物和我们人类一样，会生病，知饥渴，有时还要遭受害虫的袭击。有些逆境是植物本身能够忍受的，有些是无法克服的。人类为了使它们生活得更好，也为了得到足够和更为精美的食物，需要采取包括转基因在内的各种手段对它们进行改造，帮助它们对抗不利的环境。转基因技术作为现代生物技术的一种，主要用于提高植物抗逆（抗冻、耐干旱等）、抗病害、抗虫害能力，改善营养品质和生产用于治疗和预防人类疾病的生物药等。目前，转基因已在数百种植物上获得成功。通过基因转移植入了新基因的植物称为转基因植物（genetically modified plant），即将某一特定功能的基因（抗病、抗虫等）从 DNA 分子上切割下来，装在运输工具（DNA 载体）上，导入植物体内，并使该基因在植物体内稳定遗传，表达出特定的蛋白质，赋予植物新的特性。如果这个基因编码的蛋白质具有杀虫能力，那么它们被转移到玉米中，玉米就具有了抗虫性。因此，转基因植物在改善植物抗性、提高植物品质、创造新种质或品种、人类保健和医药等方面具有巨大的应用前景。

36.1　转基因植物国内外发展现状

转基因植物突破了物种间不能杂交的局限，在现代农业发展中占据了突出的地位。20 世纪 80 年代初，世界上第一例转基因植物诞生。迄今为止，已有 35 科 120 多种植物转基因获得成功。从 1986 年首批转基因植物被批准进入田间试验，至今国际上已有 30 个国家批准转基因植物进入田间试验，50 多类转基因植物被批准投入商品化生产，涉及 40 多种植物种类，其中抗除草剂、抗虫等转基因大豆、玉米、棉花、油菜等多种植物已进行大面积商业化种植。根据国际农业生物技术应用服务组织发布的一份报告，2014 年全球转基因作物种植面积达到创纪录的 1.815 亿 hm^2，比 2013 年增加了 600 万 hm^2。随着孟加拉国的加入，共有 28 个国家种植转基因作物。种植转基因作物的 20 个发展中国家和 8 个发达国家占全球人口的 60% 以上。种植面积最大的 5 个国家分别是美国（7310 万 hm^2）、巴西（4220 万 hm^2）、阿根廷（2430 万 hm^2）、印度和加拿大（1160 万 hm^2）。中国排第六位，种植面积约为美国的 1/19（390 万 hm^2）。从 1994 年到 2014 年 10 月，共计 38 个国家批准转基因作物用作粮食和饲料或被释放到环境中，涉及 27 种转基因作物和 357 个转基因事件的 3083 项监管审批。其中 1458 项审批是关于转基因作物用于食品（直接使用或进行加工处理），958 项审批是关于转基因作物用于饲料（直接使用或进行加工处理），667 项审批是关于转基因作物种植或被释放到环境中。美国转基因作物包括玉米、大豆、棉花、油菜、甜菜、苜蓿、木瓜、南瓜。2015 年美国转基因玉米、大豆和棉花的种植比例分别为 92%、94% 和 94%。调查结果表明，美国 2015 年种植的转基因玉米和棉花均以既抗除草剂又抗虫的品种为主，占总面积的比例分别为 77% 和 79%；其次是单一抗除草剂品种，占总面积的比例分别为 12% 和 10%；单一抗虫品种占总面积的比例仅分别为 4% 和 5%。由此可见，抗虫转基因玉米和棉花均超过 80%，分别为 81% 和 84%；抗除草剂转基因玉米和棉花均为 89%。美国玉米、大豆、棉花已全面普及转基因品种。

我国目前攻克了基因克隆、转基因操作与生物安全评价等核心技术，获得抗虫、抗除草剂、优质和高产等关键基因 96 个，打破了发达国家长期的技术垄断（万建民 2011）。培育出‘中棉 70’等转基因抗虫棉新品种，使国产抗虫棉市场份额达到 95%。研制出转基因抗虫水稻、高植酸酶玉米并获得安全证书。转基因抗虫玉米、抗病小麦等产品进入或完成了安全评价的生产性试验阶段。我国转基因植物种植面积达 390 万 hm^2，种植了包括棉花、木瓜、白杨、番茄、甜椒等转基因农副产品。

20 世纪 90 年代棉铃虫大暴发，导致全国出现“棉荒”。原本在棉花生育期只需喷洒 1~3 次农药就能治住的棉铃虫，喷药 20 多次依然无济于事，人畜中毒数量不断增加，棉田几乎无法再种。1991 年国家“863”计划启动抗虫棉研制工作后，我国科学家于 1992 年年底研制成功具有自主知识产权的 GFM CRY1A 融合 Bt 杀虫基因，转入棉花创造出单价转基因抗虫棉。1996 年又研制成功双价抗虫棉（Bt+CPT1）。在多方力量的共同努力下，我国育成了拥有自主知识产权的系列国产转基因抗虫棉品种 70 个，在河北、山东、河南等主产棉省大面积推广应用。2006 年，国产抗虫棉的种植面积已经占全国抗虫棉面积的 82%，以绝对优势占据了国内抗虫棉市场。我国育种专家利用抗虫棉种质累计培育国审、省审品种 300 多个，至 2013 年，累计推广 5.4 亿多亩①，减少农药用量 9 万多吨，为国家和棉农累计增收 900 多亿元。自从推广抗虫棉以来，全国再未大面积暴发棉铃虫危害。我国抗虫棉的问世使中国成为继美国之后第二个拥有自主知识产权抗虫棉的国家，不仅打破了国外的垄断，保护了民族利益，而且为我国农业高新技术在国际竞争中争得了一席之地。

1998~2003 年，因稻飞虱造成中国水稻减产 50 万 t 以上。其中，在褐飞虱暴发的年份，部分水稻种植地区甚至颗粒无收。化学农药使用不仅污染环境，且提高了生产成本、危害身体健康。如何让水稻不受褐飞虱的侵害，如何寻找新的抗性基因，成为全世界相关科学家致力研究的方向。2009 年，武汉大学教授何光存应用图位克隆法分离得到第一例水稻抗虫基因 *BPh14*。根据这项研究发现，朱英国院士团队经过反复试验，将抗虫基因带到水稻中，‘珞红 4A’由此诞生。中国科学院院士谢华安等专家鉴定认为，‘珞红 4A’选育结合了抗褐飞虱基因，苗期集团筛选法和成株田间抗虫性鉴定均为抗褐飞虱。‘珞红 4A’抗虫性尤为突出，兼具以往‘红莲’品种米质优、产量高、熟期短的特点。此项技术目前处于世界领先水平，具有较强的生产优势和推广应用价值。

对大豆的转基因研究在品质性状方面也获得了一些抗虫、抗除草剂的转基因大豆品系

① 1 亩≈667m^2

和株系。将两种抗除草剂基因（*EPSPS* 和 *bar*）的叶绿体载体转化大豆，获得了抗除草剂的转基因株系 1651 个、品系 12 个，选育抗除草剂不育系 2 个，并且有 8 份转基因大豆材料完成安全评价及田间释放。

在抗病转基因植物方面，我国已成功地改造了来自天蚕蛾的抗菌肽基因，将其转入马铃薯，获得了抗病性提高的抗病转基因马铃薯。目前利用相同的技术进行抗水稻白叶枯病、马铃薯软腐病、花生和番茄的青枯病等抗细菌病基因工程研究。我国还开展了抗病毒基因工程研究，研制成功了抗黄瓜花叶病毒的甜椒和番茄。此外，我国也研制出一批抗病虫、抗旱、耐盐碱和品质改良的转基因牧草（狗牙根、柱花草、冰草、苜蓿、高羊茅等）、花卉（康乃馨、菊花、郁金香等）和果树（柑橘等）。

总的来说，通过 863 计划、973 计划和“国家转基因植物研究与产业化专项”等国家高新技术计划的实施，我国在转基因植物领域内的研究与开发有了长足进步，大大缩短了与世界先进国家水平的差距，推动了我国生物、农业、医学等领域的经济发展，带动了科技进步。2014 年转基因棉花在中国的采用率从 90% 提高到 93%，抗病毒木瓜的种植面积增加了约 50%。中国 700 多万小农户继续受益于转基因作物。最新的经济数据表明，中国农民自 1996 年引入转基因技术以来获益 162 亿美元。

36.2 转基因植物安全性评价

转基因植物的安全性一直以来都是社会争议的热点。转基因植物安全性是指防范转基因农副产品对人类、动植物、微生物及生态系统构成危险的潜在风险。目前转基因植物的安全性主要涉及两个方面：食用安全性和环境安全性。

食用安全性主要针对以转基因植物为材料的食品或食用加工品（许文涛等 2011），是否对人体造成潜在危害有以下几方面的考虑：①转基因植物中的外源 DNA 是否会转移；②外源基因编码的蛋白质是否有毒性；③外源基因中的抗生素标记基因是否会引起人体的抗药性；④转基因植物制成的食品是否含有过敏源；⑤转基因植物中外源基因所带来的非期望效应等。到目前为止，没有证据表明转基因植物中的外源 DNA 会转移至人体内，外源基因一般约占该植物总 DNA 的 1/25 万，被人体摄入后整合至人体基因组的可能性十分微小，并且只在可能同源重组的情况下才有可能发生一个完好的基因从植物体向细菌转移，植物 DNA 被哺乳动物吸收则不同于细菌，实验已表明 DNA 不通过种子传递。因此，从基因修饰植物向哺乳动物细胞发生基因转移的可能性极低，对人类健康构成危害的可能性不大。各国政府在审批转基因植物的程序中，对外源基因编译蛋白的毒性评价都有极其严格的标准，目前被批准生产的转基因植物中外源基因编译的蛋白对人体均没有直接毒性。外源基因中的抗生素标记基因本身并不存在安全性问题，人们食用转基因植物制成的食品后，其中绝大多数 DNA 被降解失活，并且没有证据表明抗性基因在人体肠道内发生转移（杨英军和周鹏 2005）。对于那些在临床上具有重要作用的抗生素（如用于治疗葡萄球菌感染的万古霉素）则不应该被应用于转基因植物中，但被用于植物转基因中，在完成基因转移后也可以将这些抗生素基因删除或替代（李文凤等 2010；魏毅东等 2010）。在更多的情况下，人们最终食用的转基因植物中不含新增基因，就像抗除草剂转基因大豆一样，在精炼过程中新增基因已被完全去除。而植物中最常用的卡那霉素抗性基因 *Npt II* 和除草剂草甘膦抗性基因 *EPSPS* 在北欧部长理事会出版的刊物中已被列为可安全使用的标记基因。已被批准可作为食物商业化生产的转基因植物中外源基因编译蛋白的过敏性均已经过相关审查。许多研究希望利用转基因技术生产更理想的营养组成型转基因农副产品，如含 β 胡萝卜素的黄金水稻。但也出现了一些非预期效应，如利于酿造的低谷蛋白水稻的谷蛋白虽然降低了，却意外地使醇溶谷蛋白含量升高，增加了食用后发生过敏反应的风险。这种意外效果不仅是转基因植物的专利，同样也存在于通过传统育种获得的植物中。因此，对于转基因植物都必须进行代谢产物和关键营养成分的评价，如质谱法、核磁共振法、电泳法等，必要时进行动物饲喂实验。这些实验都能对转基因植物进行更为全面的监测和评估（杨冬燕等 2010）。

环境安全性主要是考虑到转基因植物对生物群落的影响、转基因的逃逸、病毒的重组协生，以及“超级杂草”的产生（郭建英等 2008；廖慧敏 2010）。抗虫类转基因植物可能对非靶标生物产生影响（王园园等 2011）。大规模种植转基因植物是否影响农业生态系统中有益天敌生物的种类和种群数已成为全球科学家研究的热点。此外，转基因植物对土壤生态系统、土壤肥力和土壤生物多样性的影响近年来也已经引起越来越多的关注（李孝刚等 2008）。转基因的逃逸通过花粉传播和种子扩散两种途径达成（卢宝荣和夏辉 2011）。转基因若在野生群中留存下来可能会导致野生型等位基因的丢失从而造成遗传多样性的缺失。对此，《生物多样性公约》缔约国于 2001 年通过了《生物安全协定书》，确认了预先防范原则，允许各国采取措施禁止生产、使用或进口活的转基因产品。目前也已采取减少抗病毒转基因植物重组产生新病毒的措施。在已进行的田间试验中，尚未发现因转基因植物中的抗病毒基因协生作用而加重其他病毒症状的情况。抗除草剂是转基因植物中发展最快的转基因性状，种植面积已占世界转基因植物总种植面积的 70% 以上，如果抗除草剂基因流入相关杂草中，有可能使杂草具有抵抗所有除草剂的特性，从而成为“超级杂草”。对如向日葵、油菜等异交率较高的某些植物需特别谨慎及关注。一种转基因植物产品的商业化生产的批准程序至少需要 4 年，经过中间试验（1 亩）、环境释放（4 亩）及生产性试验（30 亩以上）之后，才有可能进行商品化生产。

至今，中国为 7 种转基因植物批准发放了农业转基因生物安全证书，这 7 种作物分别是耐贮藏番茄、抗虫棉花、改变花色矮牵牛、抗病辣椒（甜椒、线辣椒）、转基因抗病番木瓜、转基因抗虫水稻和转植酸酶玉米。此外，还批准了转基因棉花、大豆、玉米、油菜等 4 种作物的进口安全证书。据了解，2010 年中国转基因棉花种植面积为 5000 多万亩，转基因番木瓜有少量种植，其余已发放安全证书的转基因植物尚未大面积应用。除批准了棉花的种植外，进口的转基因大豆、玉米、油菜等仅限于加工原料使用。

36.3　植物代谢及代谢工程

代谢是生命的基本特征。植物的新陈代谢分为初生代谢和次生代谢。初生代谢产物（如糖类、脂类和核酸）存在于所有植物中，是维持细胞生命活动所必需的。次生代谢产物是植物细胞生命活动或正常生长发育非必需的小分子有机化合物，其产生和分布具有种属、组织器官和生长发育特异性。植物次生代谢产物种类繁多，超过 10 万种，其中已知结构的约有 5 万种。生物技术的崛起为利用基因工程改造植物次生代谢途径提供了一种新

方式。作为植物科学前沿的基因工程育种发展更是迅速，已经进入了一个全新的时代——代谢工程时代（于志晶等 2010）。

植物代谢工程是近年来新兴的交叉学科，它是采用分子生物学、生物化学、功能基因组学和代谢组学等方法阐明植物代谢产物生物合成的分子代谢机理，获得途径上相关功能基因或调节基因，用于在分子水平上改造代谢途径，并通过转基因技术和其他方法在植物细胞、组织或完整的植株中表达这些目的基因，从而达到改造代谢途径并进一步控制代谢流向目标途径流动，获取人们所需的代谢产物（Dellapenna 2001；Ohlrogge 1999）。植物代谢工程的基本目标在于提高特定代谢物产量、降低有害代谢物的含量及合成全新代谢产物。所采取的经典策略主要有三种：① Breaking，打破限速反应步骤；② Blocking，阻断相关代谢途径；③ Building，重建相关代谢途径（图 36-1）。这三种策略一般通过以下 7 种方式达到目的：①降低或阻碍目标化合物的分解代谢；②增强关键酶的表达或活性；③阻止关键酶的反馈抑制；④降低竞争途径的代谢流向；⑤增强途径中多个基因的表达或活性；⑥目的产物的分区；⑦将存在的产物转变成新产物。采用代谢工程策略对植物的种质进行人为改造，可以获得种类丰富多样、满足人类不同需求的转基因植物产品。

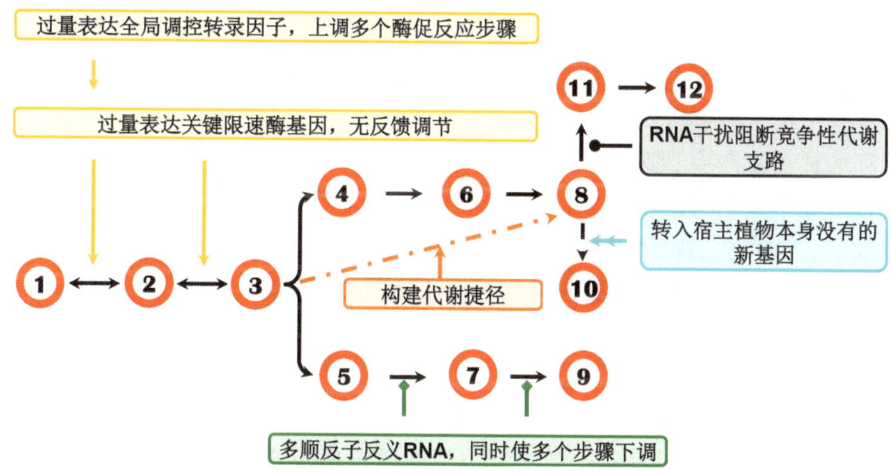

图 36-1　植物代谢工程常用策略

1~12 代表代谢生物合成途径中的关键限速步骤

36.3.1　维生素代谢工程

维生素在植物中的生物合成途径已经阐明，相关酶的基因也已被克隆，这为利用基因工程的方法来改良植物中维生素的含量打下了基础。维生素种类丰富多样，针对不同的维生素采取的代谢工程策略也不尽相同。

36.3.1.1　维生素 A

绿色植物中的类胡萝卜素是维生素 A 的来源之一。类胡萝卜素作为一类广泛分布于自然界的橙色、红色和黄色色素，其生物合成来自质体内的甲基赤藓糖磷酸（methylerythritol-4-phosphate, MEP）途径形成的异戊烯基二磷酸（isopentenyl diphosphate, IPP）和二甲基丙烯基二磷酸（dimethylallyl diphosphate, DMAPP）。目前类胡萝卜素生物合成途径已基本阐明，参与其代谢的关键酶基因也得到了克隆和功能鉴定。针对维生素 A 的代谢工程策略是通过导入合成途径的关键酶基因提高类胡萝卜素的含量，代表性案例是黄金水稻（陈中媛等 2011）。2000 年，第一代黄金水稻问世，在水稻中导入了由水稻胚乳特异表达的谷蛋白启动子驱动的两个基因：来自洋水仙的八氢番茄红素合成酶（phytoene synthase, PSY）和来自噬夏孢欧文氏菌的 CrtI（carotene desaturase），获得了胚乳中含有 1.6μg/g 类胡萝卜素的转基因株系（Ye et al. 2000）。之后进一步研究发现来自玉米的 PSY 同源基因具有最高的酶促活力，将第二代黄金稻米（Golden Rice 2）的类胡萝卜素含量提高到 37μg/g，其中 β-胡萝卜素为 31μg/g（Paine et al. 2005）。对 1~3 岁幼儿的维生素 A 每日建议用量为 300μg，其中一半用量即可维持身体所需正常的维生素 A 的水平。根据类胡萝卜素与维生素 A 的换算，72g 的第二代黄金稻米即可满足一名儿童一天的需求。对于以稻米为主粮的地区，儿童稻米的日食用量在 100~200g。因此，只需在膳食中加入部分黄金稻米就可以解决维生素 A 的缺乏问题。

36.3.1.2 维生素 B

核黄素（维生素 B_2）为天然水溶性的 B 族维生素，是维持机体代谢所必需的营养物质。目前，微生物发酵法以生产工艺简单、原料廉价、环境友好及资源可再生等优点而备受世界核黄素生产商的青睐，是核黄素工业化生产的主要手段之一。其中，为进一步提高核黄素产量，通过代谢工程手段构建出了核黄素高产菌株，其中尤以枯草芽孢杆菌最为成功。要得到较高的核黄素产率，必须保证碳架、能量等价物，以及氧化还原辅（酶）因子在细胞代谢过程中处于适当的比率。以枯草芽孢杆菌进行核黄素生产为例，主要从增强碳源和能源利用效率、核黄素生物合成途径代谢流及解除核黄素生物合成过程中的反馈调节来达到提高核黄素产量的目的（李晓静和段云霞 2011）。

36.3.1.3 维生素 C

目前研究表明，Wheeler 等提出的半乳糖途径在植物维生素 C（ascorbic acid, AsA）的生物合成中占主导地位，同时存在糖醛酸衍生物可转化为 AsA 的支路途径。对于调控植物中 AsA 的积累，可利用代谢工程技术调节 AsA 生物合成和分解代谢相关酶的表达水平和活性来实现。目前对植物 AsA 产量的改良主要通过三条代谢工程策略来实现：①提高合成途径关键酶基因的表达水平；②促进 AsA 的再生循环，提高 AsA 与 DHA 的比例；③抑制 AsA 的降解代谢（张桂云 2012）。

36.3.1.4 维生素 E

维生素 E（VE）生物合成途径主要由 4-羟苯丙酮酸双加氧酶（HPPD）、尿黑酸植基转移酶（HPT）、甲基植基苯醌甲基转移酶（MPBQMT）、生育酚环化酶（TC）、γ-生育酚甲基转移酶（γ-TMT）等 5 个关键酶催化。随着维生素 E 合成代谢关键酶基因的分离与功能研究的深入，利用代谢工程方法提高植物维生素产量和活性具有极大优势，是目前的研究热点（钱文成等 2006）。VE 活性与 VE 总含量及组成有密切关系，利用代谢工程技术提高 VE 活性可借助两种途径来实现。一是通过上调上游相关酶基因的表达（如 TyrA、HPPD 及 GGH）提高 VE 合成前体的水平，进而间接提高 VE 含量；或者通过提高合成代谢关

键酶（如 HPT、HGGT）基因的表达直接提高 VE 含量，从而借由植物体内 VE 总量的增加最终提高 VE 活性。另一条途径是将 VE 转变为活性最高的 α- 生育酚形式，从而提高 VE 活性，这主要通过提高 VTE3 的活性来实现，而 VTE3 基因（维生素 E 合成关键酶基因 2- 甲基 -6- 植基 -1,4- 苯醌甲基转移酶基因）的表达也在一定程度上影响 α- 生育酚的含量。目前在这两方面均有不少研究报告。国内外团队正在设计并培育“超级生菜”（lettuce）。

36.3.2 青蒿素代谢工程

疟疾是人类史上导致死亡人数最多的疾病。每年 3.5 亿 ~5 亿人感染疟疾，62.5 万人死亡。全世界 107 个国家和地区大约 32 亿人口受到疟疾的威胁。疟疾每分钟就杀死一名非洲儿童，在非洲已成为头号杀手。青蒿素对治疗疟疾具有特效，有着重要经济价值。中国科学家屠呦呦因为发现青蒿素这一种用于治疗疟疾的药物，挽救了全球特别是发展中国家数百万人的生命，获得 2011 年度拉斯克临床医学奖，这也是至今为止中国生物医学界获得的世界级最高大奖。

青蒿素（artemisinin）是从青蒿中提取的含过氧桥的倍半萜内酯。以青蒿素为基础的联合治疗药物（ACT）是目前世界上最有效的疟疾治疗药物。青蒿素是中国对世界医药卫生的最大贡献，在中国对非政策上具有重要战略地位。目前，全球抗疟市场达到 15 亿美元的规模，青蒿素需求量为 200t/a，但在接受治疗的儿童中只有 68% 能用上青蒿素类药物，实际需求量更大。疟疾预防和治疗经费每年需要 51 亿美元，实际可用经费只有 25 亿美元。但是，青蒿植株中青蒿素的含量低（仅为叶片干重的 0.01%~1%），青蒿素在毛状根和不定芽中含量更低，无法满足市场需求，并且生产成本昂贵。为使更多的人用上青蒿素类药物，大幅降低青蒿素生产成本是最有效的方法。对青蒿素的代谢途径进行调控改造，是提高植株中青蒿素含量的有效方法。运用代谢工程策略和技术，能获得高产青蒿素的青蒿品系。

青蒿素生产方式主要有两种，一种是通过植物合成系统（植物系统）生成，然后人工提取；另一种是通过微生物中的合成生物学系统（酵母系统）生产。目前，青蒿素的来源是以传统青蒿种植提取为主，酵母发酵生产为辅。全球 90% 以上的青蒿素生产市场在中国，目前种植青蒿是中国工业生产上获取青蒿素的唯一来源。

利用微生物酵母系统合成生产青蒿素是近几年发展起来的一项新兴技术，也是合成生物学上的一个里程碑。如果酵母生产体系发展成熟并完善，那么据估算利用转基因酵母生产青蒿素的成本将是 350~400 美元 /kg，低于利用种植现有青蒿品种（0.8% 含量）生产青蒿素的成本（370~420 美元 /kg）。这使得传统种植法面临严峻挑战。虽然酵母生产青蒿素还未进入产业化，但新闻发布后已引起了全球青蒿素价格的巨大波动。目前，青蒿素价格仅为 2000 元 /kg，而国内生产成本为 2300 元 /kg（高于酵母的平均 2200 元 /kg），导致青蒿种植面积大幅减少（仅为去年的 40%），预计 2016~2017 年将出现青蒿素短缺。令人担忧的是，现在利用酵母系统生产青蒿素的理论产量是 50~60t/a，而全球青蒿素的需求是 200t/a。如果农民不愿意再种植青蒿，仅依靠酵母系统生产青蒿素将难以满足全球对青蒿素的需求。并且在实际生产上，酵母系统仍然存在不足：通过酵母生产的青蒿素还未获得 WHO 认证，而酵母生产系统所需的前期投入大，且规模有限。因此，酵母系统目前只能作为青蒿素生产的补充来源，还难以满足全球需求。

当前我国青蒿素行业问题，一是现有青蒿品种中青蒿素含量低（0.7%~0.8%）；二是生产模式落后，以采集野生和农户零散种植为主，主产区为山地，不适合规模化和机械化种植；三是对青蒿资源利用率低，仅分离了叶片中的青蒿素，植株主体被废弃，导致亩产效益低，农民种植积极性小。因此，如何保住我国在青蒿素生产产业上的龙头地位是我们面临的重大严峻课题和挑战。

针对此现象，有效对策是立足于我国现有的青蒿素产业基础，充分发挥我国在青蒿的种植、品种选育、提取技术等全产业链的现有优势，通过代谢工程技术的突破最大限度地降低青蒿素生产成本，重塑中国龙头地位。目前有四大支撑策略：①青蒿代谢工程策略，具有巨大的潜力；②青蒿叶面肥策略（提高青蒿素含量），特点是简便、快捷、有效；③青蒿杂交育种策略，特点是实用、高效、易推广；④盐碱地种植、秸秆综合利用策略。

36.3.2.1 青蒿代谢工程策略

上海交通大学唐克轩教授团队建立了完善的青蒿代谢工程技术平台，形成了涵盖青蒿素合成关键酶过表达、代谢支路阻断、间接调控、转录调控、调控腺毛密度等完整的专利技术网，并最终培育出了青蒿素含量大幅提高的转基因青蒿品系，该技术体系的应用将使青蒿素的生产成本远低于国外酵母技术，在该领域已拥有授权发明专利 10 项，申请发明专利 11 项。

青蒿代谢工程策略构建了五大核心技术：打破技术、阻断技术、间接调控技术、转录因子调控技术及增加腺毛密度技术。技术一：打破技术，旨在打破合成瓶颈。通过过量表达青蒿素合成途径关键酶基因，从而大幅度提高青蒿素含量。所采用的基因有 *FPS*、*ADS*、*CYP71AV1* 和 *CPR* 等，首次被报道的过表达基因分别是 *ADS*、*DXR*、*DBR2*、*ALDH1*（Zhu et al. 2014；Lu et al. 2013a；Chen et al. 2013）。同时，首次发明多基因共转化策略，如双基因共转（*HMGR+FPS*、*FPS+DBR2*）、三基因共转（*FPS+CYP71AV1+CPR*、*ADS+CYP71AV1+CPR*），甚至是四基因共转（*ADS+CYP+CPR+ALDH1*）等，大幅提高了青蒿素含量（达到 2.8%），获得了 2 项专利（Tang et al. 2014）。技术二：阻断技术，目的在于阻断竞争支路。基于阻断的代谢工程策略，应用 RNAi 干扰作用抑制青蒿素合成途径竞争支路关键酶鲨烯合酶 SQS（Zhang et al. 2009）。技术三：间接调控技术。通过过表达茉莉酸合成途径关键酶 AOC、AOS，增加青蒿内源茉莉酸物质的含量从而间接地提高青蒿中青蒿素的含量（Lu et al. 2012，2011）。技术四：转录因子调控技术。通过过量表达调控青蒿素合成途径重要基因的转录因子 AaORA、AaMYC2 等基因，大幅提高转基因青蒿中青蒿素含量，同时还提高了青蒿的抗病性（Lu et al. 2013b；沈乾等 2012）。技术五：增加腺毛密度技术。基于青蒿素在青蒿腺毛中特异合成与积累的特点，开展了青蒿腺毛特异启动子研究。在植物腺毛特异表达的 *DBR2* 基因启动子被克隆并验证了其功能（Jiang et al. 2014）。研究发现通过负调控转录因子 AaMYBL1 的表达提高了青蒿腺毛数量，大幅提高了青蒿素含量。

通过利用建立的植物代谢工程核心技术培育出了‘S159’、‘GYR32’、‘沪蒿 A1’等一大批青蒿素含量大幅提高、具有国际竞争力的转基因青蒿品系。获得了国际首例转基因青蒿环境释放证书并完成了安全性评价，证明了转基因青蒿的安全性，动物实验证明转与非转基因青蒿中提取的青蒿素在化学结构、药效、毒理方面均无差异，证明了转基因青蒿素产品的安全性。

36.3.2.2 基于植物代谢调控策略——青蒿叶面肥技术

叶面施肥，又称根外追肥或叶面喷肥，是生产上经常采用的一种施肥方法。根据其作用和功能，叶面肥可以概括为以下四类：营养型、调节型、生物型和复合型。青蒿中的青蒿素合成途径受多种植物激素调控，同时也受外界环境的影响。其中，脱落酸能诱导青蒿素的合成，提高其含量；同样，对青蒿进行盐处理也能增加青蒿素在植株体内的积累（Jing et al. 2009）。由此，开发出了分别利用脱落酸和盐处理青蒿叶片从而提高青蒿素含量的叶面肥技术，仅需收割前喷施 1 次，含量可以提高 20%，成本下降 10%~30%。这两项技术已获授权专利，并应用于 2 万亩青蒿种植田中，增加经济效益 2400 多万元。

36.3.2.3 青蒿杂交育种技术

对数十份不同来源地的青蒿栽培种及高产青蒿素的转基因青蒿品系进行了连续 4 年的杂交选育和含量测定，育成了青蒿素含量达到 1.5%~2% 的青蒿杂交种。

36.3.2.4 盐碱地种植、秸秆综合利用

建立青蒿在盐碱地高产种植的技术体系，使盐碱地大规模机械化种植青蒿成为可能。目前，应用青蒿秸秆生产功能木塑材料的技术已被发明，解决了青蒿种植过程中大量废弃的秸秆造成的环保问题。开发了青蒿素类药物治疗高血脂的新用途，拓展了青蒿素类药物的应用范围。

上述以青蒿代谢工程技术为核心并结合其他三种技术的生物学技术可大幅度降低青蒿素的生产成本，配合盐碱地规模化种植，将有望满足国际市场对青蒿素低价、稳定供应的需求，重新确立我国在青蒿素领域的领先地位。由 40 余项专利组成的专利技术网已建立起来，涵盖了从青蒿代谢工程育种（包括单基因转化、多基因转化、支路抑制、转录调控、间接调控、腺毛特异启动子）、种植（盐碱地种植、叶面肥）到产品开发（秸秆再利用、青蒿素新用途）的整个产业链，使其具有自主知识产权。并且我国的转基因青蒿品系在国际上率先获得了转基因植物的“环境释放”证书，完成了“环境释放”安全性评价和生物学功能评价，有望实现国际首例转基因药用植物的商业化生产。

转基因青蒿的推广是确保我国在国际抗疟市场龙头地位的重要策略，否则，中国在青蒿素产业的龙头地位极有可能被打破，并使我国在对非政策上陷于极度不利的地位。通过代谢工程策略提高青蒿素的产量，对青蒿素的生产和国际市场格局将产生巨大影响。根据预测，三年后种植转基因青蒿的青蒿素生产量为 150t/a，销售价为 1200~1500 元 /kg，占市场的 3/4。而酵母发酵生产青蒿素的生产量为 50t/a，销售价为 2000 元 /kg，占市场的 1/4。中国将有望保住国际青蒿素生产的龙头地位。

2006 年 11 月 8 日，据新华社讯，由商务部主办的“中非抗疟宣传展”5 日上午在北京开幕，中国主要青蒿素类抗疟药品生产商齐聚会展。时任国家主席胡锦涛在中非合作论坛北京峰会上提出加大援非抗疟力度的建议，成为企业家们关注的焦点。胡锦涛提出，中国将在未来三年内为非洲援助 30 所医院，并提供 3 亿元人民币无偿援助非洲防治疟疾，用于提供青蒿素药品及设立 30 个抗疟中心。两个多月后，胡锦涛主席出访非洲八国，并出席了中国 - 利比里亚疟疾防治中心揭牌仪式，这是中国政府兑现承诺的开端。

36.3.3 长春花萜类吲哚生物碱代谢工程

长春花是能够治疗癌症的生命之花。长春花植株中的萜类吲哚生物碱长春碱（vinblastine）及其半合成衍生物长春瑞滨（vinorelbine，新一代抗肿瘤药物）是治疗非小细胞性肺癌、乳腺癌、睾丸癌和卵巢上皮细胞癌等的天然植物特效药和首选药物，已被纳入我国医保目录。1kg 长春碱或长春瑞滨原料药价格均超过 100 万元人民币。通过代谢工程改进长春花细胞中萜类吲哚生物碱（terpenoid indole alkaloid, TIA）的合成将带来巨大的经济和医学价值。长春花的转基因技术已取得长足进展，TIA 代谢途径的许多关键酶和转录因子基因已经通过不同的遗传转化方法得到深入研究。目前常用的转化方法主要有三种：基因枪转化法、发根农杆菌介导的转化法及根癌农杆菌介导的转化法。我国率先建立了农杆菌介导的长春花遗传转化系统，在国际上率先培育出了转基因长春花植株（Wang et al. 2012），证明了通过转录因子与关键酶共同作用可以打破合成瓶颈。

通过过量表达长春花萜类吲哚生物碱合成途径中的关键酶（G10H）和转录调控因子（ORCA3），获得了长春花类生物碱含量大幅提高的长春花。其中，文朵灵（Vindoline）和长春质碱的含量达到叶片干重的 2.5‰~5‰，比对照提高了 1 倍以上，长春碱含量也比对照提高了 1 倍（Pan et al. 2012）。该研究相关成果已获得了多项国家发明专利，具有完全的自主知识产权。这些研究为在国际上率先实现以长春花为代表的药用植物代谢工程产品的商品化生产奠定了基础。通过技术突破和产学研结合，我国有望使长春瑞滨注射剂的价格从目前的平均 220 元 / 针下降到 100 元 / 针，实现生物技术为民造福、拯救更多癌症患者的目标，并形成战略性新兴产业。

参考文献

陈中媛，卢山，黄继荣 . 2011. 植物类胡萝卜素代谢工程与应用 . 生命科学，（02）：205-211.

郭建英，万方浩，韩召军 . 2008. 转基因植物的生态安全性风险 . 中国生态农业学报，（02）：515-522.

李文凤，季静，王罡，等 . 2010. 提高转基因植物标记基因安全性策略的研究进展 . 中国农业科学，（09）：1761-1770.

李晓静，段云霞 . 2011. 代谢工程在核黄素生产上的应用 . 中国生物工程杂志，（02）：130-138.

李孝刚，刘标，韩正敏，等 . 2008. 转基因植物对土壤生态系统的影响 . 安徽农业科学，（05）：1957-1960.

廖慧敏 . 2010. 转基因植物的生态环境风险分析与安全评价方法研究 . 长沙：中南大学博士学位论文 .

卢宝荣，夏辉 . 2011. 转基因植物的环境生物安全：转基因逃逸及其潜在生态风险的研究和评价 . 生命科学，（02）：186-194.

钱文成，陶苏丹，陈德富，等 . 2006. 植物维生素 E 代谢工程研究 . 生物学通报，（12）：13-15.

沈乾，陆续，张凌，等 . 2012. 植物中 MYC2 转录因子功能研究进展 . 上海交通大学学报（农业科学版），（06）：51-57.

万建民 . 2011. 我国转基因植物研发形势及发展战略 . 生命科学，（02）：157-167.

王园园，李云河，陈秀萍，等 . 2011. 抗虫转基因植物对非靶标节肢动物生态影响的研究进展 . 生物安全学报，（02）：100-107.

魏毅东，许惠滨，张建福，等 . 2010. 转基因植物选择标记基因删除技术 . 分子植物育种，（04）：804-809.

许文涛，贺晓云，黄昆仑，等 . 2011. 转基因植物的食品安全性问题及评价策略 . 生命科学，（02）：179-185.

杨冬燕，邓平建，周向阳，等 . 2010. 转基因植物非预期效应及其评价 . 中国热带医学，（01）：123-124.

杨英军，周鹏 . 2005. 转基因植物中的标记基因研究新进展 . 遗传，（03）：499-504.

于志晶，李淑芳，孙立影，等 . 2010. 植物代谢工程研究进展 . 吉林农业科学，（04）：13-18.

张桂云 . 2012. 水稻维生素 E、C 代谢调控研究 . 扬州：扬州大学博士学位论文 .

Chen Y，Shen Q，Wang Y，et al. 2013. The stacked over-expression of *FPS*，*CYP71AV1* and *CPR* genes leads to the increase of artemisinin level in *Artemisia annua* L. Plant Biotechnol Rep，7（3）：287-295.

Dellapenna D. 2001. Plant metabolic engineering. Plant Physiol，125（1）：160-163.

Jiang W，Lu X，Qiu B，et al. 2014. Molecular cloning and characterization of a trichome-specific promoter of artemisinic aldehyde Δ11（13）reductase（DBR2）in *Artemisia annua*. Plant Mol Biol Rep，32（1）：82-91.

Jing F，Zhang L，Li M，et al. 2009. Abscisic acid（ABA）treatment increases artemisinin content in *Artemisia annua* by enhancing the expression of genes in artemisinin biosynthetic pathway. Biologia，64（2）：319-323.

Lu X，Lin X，Shen Q，et al. 2011. Characterization of the jasmonate biosynthetic gene allene oxide cyclase in *Artemisia annua* L.，source of the antimalarial drug artemisinin. Plant Mol Biol Rep，29（2）：489-497.

Lu X，Shen Q，Zhang L，et al. 2013a. Promotion of artemisinin biosynthesis in transgenic *Artemisia annua* by overexpressing *ADS*，*CYP71AV1* and *CPR* genes. Ind Crops Prod，49：380-385.

Lu X，Zhang F，Jiang W，et al. 2012. Characterization of the first specific jasmonate biosynthetic pathway gene allene oxide synthase from *Artemisia annua*. Mol Biol Rep，39（3）：2267-2274.

Lu X，Zhang L，Zhang F，et al. 2013b. AaORA，a trichome-specific AP2/ERF transcription factor of *Artemisia annua*，is a positive regulator in the artemisinin biosynthetic pathway and in disease resistance to *Botrytis cinerea*. New Phytol，198（4）：1191-1202.

Ohlrogge J. 1999. Plant metabolic engineering：Are we ready for phase two? Editorial overview. Curr Opin Plant Biol，2（2）：121-122.

Paine J A，Shipton C A，Sunandha C，et al. 2005. Improving the nutritional value of Golden Rice through increased pro-vitamin A content. Nat Biotechnol，23（4）：482-487.

Pan Q，Wang Q，Yuan F，et al. 2012. Overexpression of *ORCA3* and *G10H* in *Catharanthus roseus* plants regulated alkaloid biosynthesis and metabolism revealed by NMR-metabolomics. PLoS One，7（8）：e43038.

Tang K，Shen Q，Yan T，et al. 2014. Transgenic approach to increase artemisinin content in *Artemisia annua* L. Plant Cell Rep，33（4）：605-615.

Wang Q，Xing S，Pan Q，et al. 2012. Development of efficient catharanthus roseus regeneration and transformation system using agrobacterium tumefaciens and hypocotyls as explants. BMC Biotechnol，12（1）：34.

Ye X，Al-Babili S，Kloti A，et al. 2000. Engineering the provitamin A（beta-carotene）biosynthetic pathway into（carotenoid-free）rice endosperm. Science，287（5451）：303-305.

Zhang L，Jing F，Li F，et al. 2009. Development of transgenic *Artemisia annua*（Chinese wormwood）plants with an enhanced content of artemisinin，an effective anti-malarial drug，by hairpin-RNA-mediated gene silencing. Biotechnol Appl Biochem，52（3）：199-207.

Zhu M，Zhang F，Lv Z，et al. 2014. Characterization of the promoter of *Artemisia annua* Amorpha-4，11-diene synthase（ADS）gene using homologous and heterologous expression as well as deletion analysis. Plant Mol Biol Rep，32（2）：406-418.

（唐克轩　潘琪芳）

37

转基因植物安全评价与检测

37.1 转基因植物的概念

转基因技术，指运用重组 DNA 技术手段从某种生物中克隆所需要的基因，将其转入另一种生物中，与另一种生物的基因进行重组，从而产生具有特定的遗传性状的物质（周云龙 2014）。利用转基因技术可以改变动植物性状，培育新品种，也可以利用其他生物体培育出人类所需要的生物制品，用于医药、食品等方面。转基因植物是指将源于其他物种的基因通过转基因技术整合到植物基因组上，从而产生新的遗传性状，如高产、优质、抗病毒、抗虫、抗寒、抗旱、抗涝、抗盐碱、抗除草剂等性状（Ronald 2011）。同时，也可以利用转基因植物作为生物反应器生产外源基因的表达产物，如人的生长激素、胰岛素、干扰素、白介素 2、表皮生长因子等（Ronald 2011）。

随着分子生物学技术的快速发展，新基因编辑和重组技术不断涌现并用于转基因植物的研发，产生新的转基因植物材料。但是，人们对于转基因植物的分类和定义也随着这些新技术的出现产生了一定的争议。例如，Intragenesis 和 Cisgenesis 等同源基因和元件通过基因重组整合形成的新的植物是否定义为转基因植物，它与传统的通过杂交选育获得的品种更加接近（Holme et al. 2013）。基于 TALEN、Crispr-Cas9 基因编辑技术形成的新的植物是否定义为转基因植物目前也没有明确的结论（Breyer et al. 2009）。因此，本章内容主要是针对利用传统转基因技术获得的转基因植物及其产品，阐述转基因植物安全评价与检测技术方法。

37.2 转基因植物研究与产业化现状

自 1994 年美国批准了全球首例转基因番茄 FLAV SAVR 的商业化生产应用以来，转基因植物商业化种植面积和转基因植物品种数量在过去 20 年内持续快速增长。全球转基因植物的研发和田间实验数量持续走高，到 2014 年年底开展的转基因生物田间试验已经超过 22 000 余项。

截至 2014 年年底，全球批准种植的转基因植物面积达到了 1.815 亿 hm^2，较 2013 年增长 630 万 hm^2，较 1996 年的 1700 万 hm^2 增加了 100 多倍，见图 37-1（James 2014）。目前，全球批准种植的转基因植物主要涉及 11 种植物（玉米、大豆、棉花、油菜、甜菜、苜蓿、木瓜、南瓜、番木瓜、白杨和甜椒），约 319 个转化体。全球有 28 个国家种植了转基因作物，其中包括 20 个发展中国家和 8 个发达国家，主要种植的国家是美国、巴

西、阿根廷、印度、中国、巴拉圭、巴基斯坦、南非、乌拉圭、玻利维亚等。2014 年美国批准了两种新的转基因作物（Innate™ 马铃薯和 HarvXtra™ 苜蓿），于 2015 年开始种植（James 2014）。Innate™ 马铃薯的主要性状是天冬酰胺含量较低，在加工过程中使对人类潜在致癌的丙烯酰胺生成减少，去皮后不会褪色，挫伤时斑点较少，易贮藏，减少了浪费从而有利于粮食安全。HarvXtra™ 苜蓿的性状是木质素含量减少，增强了可消化性，拓宽了收获期，即每磅饲料将有更多肉和奶的产出，以及更少的动物肥料。印度尼西亚批准了耐旱甘蔗并计划于 2015 年种植，巴西也有两种产品即 HTT 大豆 Cultivance™ 和抗病毒大豆于 2016 年开始商业化。另外，越南首次批准了转基因玉米（Ht 与 IR）于 2015 年的商业化计划。尽管欧盟对于转基因植物种植和安全评价比较严苛，仍有 5 个欧盟国家（西班牙、捷克、葡萄牙、罗马尼亚和斯洛伐克）种植了 14.3 万 hm^2 抗虫玉米。其中，西班牙是最大的抗虫玉米种植国，占欧盟抗虫玉米总种植面积的 92%（James 2014）（图 37-1）。

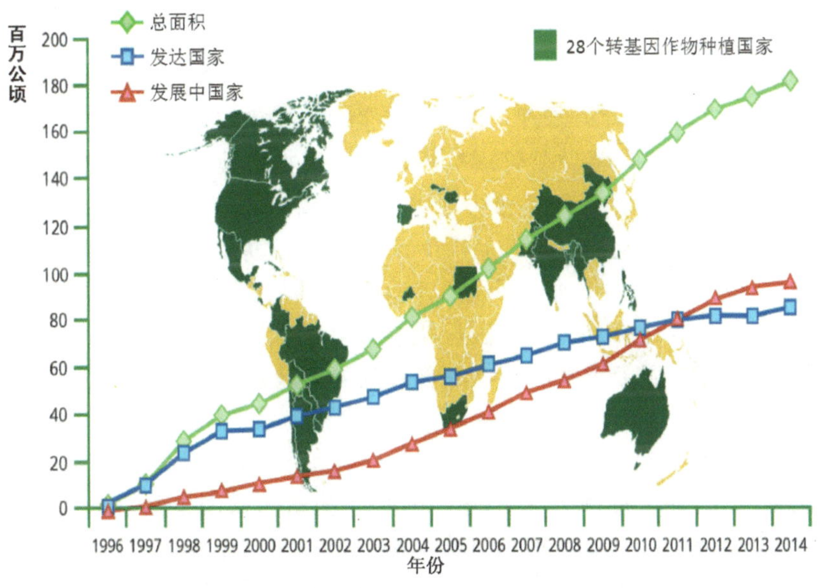

图 37-1 全球转基因植物商业化种植面积示意图（James 2014）

我国自 1996 年以来，已经批准了番茄、甜椒、矮牵牛、棉花、白杨、番木瓜、水稻和玉米共计 8 种植物的商业化生产（Du and Rachul 2012），但种植的转基因植物主要是棉花，还有少量的番木瓜和杨树。我国约有 710 万小农户种植了 390 万 hm^2 转基因棉花。广东、海南和广西种植了约 8500hm^2 抗病毒木瓜，我国北方种植了 543hm^2 抗虫白杨。我国对于转基因植物的研发和商业化始终坚持大力发展、谨慎推广的原则。在过去 10 年时间里，我国投入了 200 多亿元加强转基因生物的研发，已经取得了良好效果，涌现出了一大批具有良好产业化前景和巨大经济价值的转基因动植物产品，涉及水稻、玉米、棉花、牛、羊 5 种生物。同时，我国也明确了以玉米、大豆等转基因作物为产业化主要方向，水稻、小麦等粮食作物为技术储备的发展方向（康乐和陈明 2013）。

Klumper 和 Qaim（2014）依据世界各地进行的农场调查或者田间试验得出的原始数据，

对过去 20 年 147 项已知转基因作物研究进行了综合分析，评估了转基因大豆、玉米、棉花在作物产量、农药的使用和农民利润方面的影响，认为转基因技术的采用使化学农药使用减少了 37%，作物产量增加了 22%，农民利润增加了 68%。

37.3　转基因植物安全管理

转基因技术作为一种体外重组 DNA 技术，自诞生以来，公众十分关注其可能产生的潜在威胁。转基因植物及其产品的安全性同样也引起了全球的关注，为此世界主要组织和国家纷纷制定和实施了系列转基因生物安全管理法律法规，规范转基因技术的研究和应用。目前已有 50 多个国家和地区制定实施了转基因产品标识制度，对转基因产品进行明确标识，加强转基因产品在加工流通过程中的溯源性，确保消费者的知情权（王荣谈等 2013）。

美国：美国作为全球转基因技术研发和应用的领头羊，自 1976 年重组 DNA 分子技术出现以来，就开始重视转基因技术研究和应用的安全性管理。其生物安全管理分为研发和生产应用两个阶段。转基因生物研发阶段，由国立卫生研究院依据 1976 年制定的《重组 DNA 分子研究指南》管理。转基因生物的释放和应用阶段由农业部、国家环境保护局（环保局）和食品药品监督管理局根据白宫科技政策办公室颁布的《生物技术管理协调框架》分别制订的管理程序和法规进行安全管理（李宁等 2006）。在《生物技术管理协调框架》下，所有生物技术产品在上市前都要经过至少一个联邦政府机构的安全评价。农业部分别于 1987 年、1993 年、1997 年颁布《7CFR340 法规草案》、《通知管理程序》、《简化要求与程序》和《转基因药用与工业用植物田间试验管理公告》；食品药品监督管理局颁布了《源于转基因植物的食品的管理政策》、《转基因食品自愿标识指导性文件》、《转基因食品上市前通告的提议》和《源于转基因植物并用于人类和动物的药品、生物制剂、医药设备的管理指南》；环保局颁布了《转基因植物产生农药的管理》、《植物内置式农药（PIP）管理》（Richard 2014）。美国转基因生物安全管理以风险分析为基础，包括风险评价、风险管理和风险交流三部分（刘培磊等 2009）。农业部建立了针对不同风险类别的安全评价制度，对风险较低的转基因生物的释放实施通知程序，对风险较高的转基因生物的释放实施许可程序。环保局按照农药的方式评价转基因生物是否具有不合理的风险。环保局主要对植物内置式农药的登记、试验使用许可和残留限量进行安全评价。食品药品监督管理局主要评价外源非杀虫蛋白质和转基因植物的食用安全，包括新表达外源非杀虫蛋白质的早期咨询和转基因植物上市前的咨询。美国联邦政府负责转基因生物的安全监管，州政府一般不具有监管职责。公众交流是美国生物技术管理的重要组成部分，主要由联邦政府和公共研究机构开展，联邦政府鼓励公众参与政府决策。

欧盟：欧盟明确主张对转基因产品应采取谨慎预防的态度。欧盟是邦联制国家联盟，对于转基因生物的安全管理从体制上分为欧盟和各成员国两个层面（Miraglia et al. 2004）。欧盟层面，主要由欧洲食品安全局（EFSA）及欧洲委员会（EC）负责进行所有新推出的生物技术产品的安全性评价，决定是否允许该产品进入欧盟市场。欧盟各成员

国层面，欧盟允许各国卫生部或农业部所属的国家食品安全相关机构制定自己的法律进行管理，避免转基因生物及其种子的转移。欧盟转基因生物安全管理法规框架主要由两个层次构成：一是“水平”立法，主要针对基因工程微生物在封闭设施内的使用、转基因产品的有目的释放和接触生物试剂工作人员的职业安全等方面（Tencalla 2006）。1990年《转基因生物有意环境释放》90/220号指令，后被2002年10月生效的2001/18号指令替代，规范了任何可能导致转基因生物与环境接触的行为，包括转基因生物及产品田间试验、商业化种植、进口和上市销售；二是“垂直”立法（对产品的立法），针对医药产品、动物饲料添加剂、植保产品、新食品和种子等。欧盟发布了转基因食品管理法规（220/90号指令）和新食品管理条例（258/97），确立了转基因食品标识管理的框架。2003年11月17日修订发布了《转基因食品和饲料管理条例》（1829/2003/EC）和《转基因生物追溯性及标识办法以及含转基因成分的食品及饲料产品的追溯性管理条例》（1830/2003/EC）。前者建立了欧盟转基因食品统一的审批和执行制度，后者规定了转基因食品追踪和标识制度。所有转基因食品（包括转基因物质含量超过0.9%的动物饲料、植物油、种子和副产品等），都要有转基因成分标识，加强转基因食品加工、运输和销售环节中的追溯管理，使执法监察机构可以对转基因食品从生产到出售的全过程进行跟踪和管理。

中国：我国于1993年12月发布了《基因工程安全管理办法》。在此基础上，农业部于1996年7月发布了《农业生物基因工程安全管理实施办法》，将农业转基因生物研究和生产应用纳入安全管理范围（汪其怀 2006）。2001年5月国务院颁布了《农业转基因生物安全管理条例》，将农业转基因生物安全管理从研究试验延伸到生产、加工、经营和进出口各环节。农业部负责全国农业转基因生物安全的监督管理工作，先后发布了与《农业转基因生物安全管理条例》配套的4个管理办法，即《农业转基因生物安全评价管理办法》、《农业转基因生物进口安全管理办法》、《农业转基因生物标识管理办法》和《农业转基因生物加工审批办法》。为确保《农业转基因生物安全管理条例》及其配套管理办法顺利而有效的实施，建立了6种管理制度，即安全评价制度、生产许可证制度、经营许可证制度、标识制度、进出口管理制度和加工审批制度。我国规定了五大类17种转基因产品必须进行标识，未设定标识阈值（汪其怀 2006）。我国建立了农业部、中华人民共和国国家发展和改革委员会（国家发改委）、商务部、科技部、卫生部、中华人民共和国国家质量监督检验检疫总局（国家质检总局）、环保部等11个部门负责人组成的部际联席会议制度，对涉及转基因生物安全的重大问题进行评价管理；组建了国家农业转基因生物安全委员会，负责农业转基因生物评价工作及转基因安全重大问题的决策；组建了国家农业转基因生物安全标准委员会，负责农业转基因生物评价标准的制定。农业部作为全国农业转基因生物安全监督管理部门成立了转基因全管理小组及安全管理办公室，设立了县级以上农业行政主管部门的转基因生物安全管理办公室，负责各行政地区各级农业转基因生物评价日常管理工作（康乐和陈明 2013）。

37.4 转基因植物的安全评价

转基因植物的安全评价主要基于“实质等同性”原则。利用现有的分子生物学、遗传学、营养学、毒理学、植保学及生态学等技术手段对其分子特征、环境安全性和食用安全性进行检测、分析评价，从而综合得出科学可靠的结论（Sparrow 2009）。

37.4.1 分子特征及遗传稳定性

转基因植物分子特征及其遗传稳定性主要是从基因水平、转录水平和翻译水平描述，考察外源插入 DNA 片段的整合和表达情况，以及在代际间遗传的稳定性。基因组水平上主要是指将外源基因及其表达载体的序列整合到受体植物基因组上的位点和旁侧序列，整合后受体基因组序列的重排和缺失、插入整合的拷贝数等。转录水平主要评估外源基因整合后其在时间和空间是否表达、表达水平高低等。翻译水平主要考察外源基因整合后能否正常表达、翻译成目的蛋白，并产生预期的生物学性状（Sparrow 2009）。在转基因生物分子特征评价中，转录水平和翻译水平比较容易分析和检测，主要利用反转录 PCR（RT-PCR）、实时荧光定量 PCR（qRT-PCR）、Western blotting 等技术方法进行。基因水平上的分子特征分析最为复杂，也是转基因生物安全评价的难点之一。

由于目前常用的转基因技术（基因枪轰击法、农杆菌介导转化法、花粉管通道法等）在转基因过程中，外源基因的整合是随机的，且整合机制不清楚，因此外源基因可能随机地被整合到受体基因组上的任意位点，这就为后期分析整合位点设置了障碍。目前，基于转基因生物分子特征的研究，主要是指基因水平的分子特征。在国际上对于转基因生物的分子特征描述也主要集中在外源基因及其表达载体序列、整合位点、旁侧序列、插入拷贝数 4 个方面。用于分子特征分析的常规技术主要有改进的 PCR 克隆技术（TAIL-PCR、Inverse PCR、Genomic Walking 等 ）、Southern blotting 和 real-time PCR 等（CropLife Biotech Committee 2003）。其中改进的 PCR 克隆技术主要用于插入位点旁侧序列的分离，Southern blotting 主要用于拷贝数和外源表达载体在受体基因组中整合拷贝数的分析，real-time PCR 主要分析外源基因整合的拷贝数。例如，Yang 等利用 TAIL-PCR 方法成果分析获得了转基因玉米 MON863、转基因大豆 A2704-12 和 A5547-127，以及转基因油菜 OXY235 等外源基因整合位点及旁侧序列（Li et al. 2011；Yang et al. 2008a，2005e）。孟山都公司对其研发的转基因大豆、玉米、棉花等转化体都成功利用 Southern 杂交技术证明了外源基因的整合拷贝数和是否发生外源插入载体骨架序列的残留等（Monsanto Company 1996，2001）。Yang 等（2005b）成功建立了基于 real-time PCR 技术的转基因水稻外源基因拷贝数分析方法，并用于转基因水稻的外源基因拷贝数分析，分析结果较 Southern 杂交结果更加准确。随着重测序技术的发展，Yang 等（2013）提出了基于双端重测序策略的转基因生物分子特征分析方法，并建立了自动化的分析工具 TranSeq，TranSeq 的技术原理如图 37-2 所示。利用 TranSeq，成功分析了我国获得安全生产证书的转基因水稻 TT51-1 的分子特征，发现了一个新的非预期插入的位点。

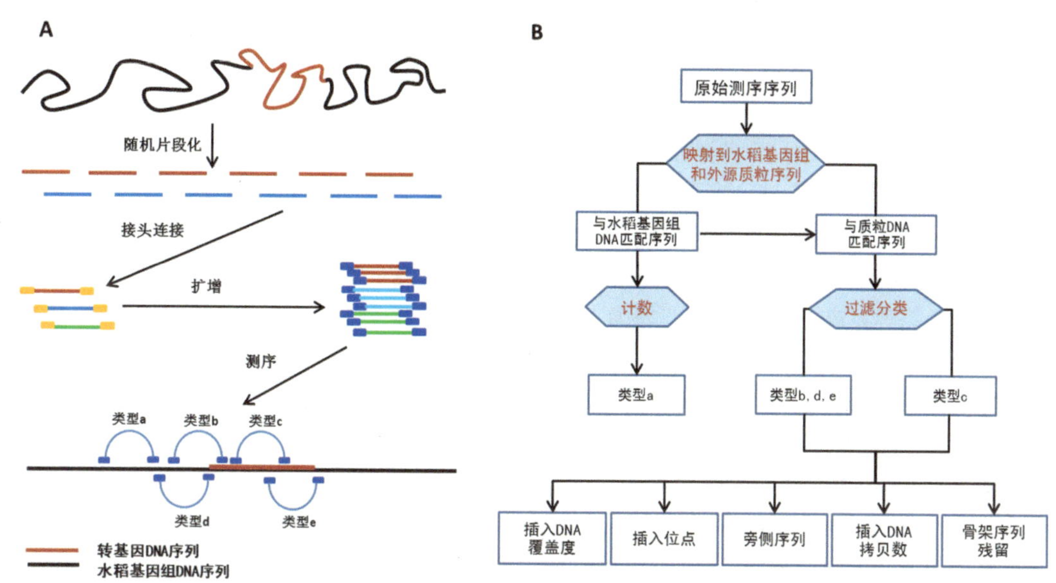

图 37-2　基于重测序的转基因植物分子特征分析方法 TranSeq 原理示意图（Yang et al. 2013）

A. 对端重测序的技术流程和原理；B. 双端序列的数据分析算法

37.4.2　环境安全

转基因植物环境安全性评价主要内容是：①生存竞争能力，一般包括转基因植物与受体关于种子活力、种子休眠特性、越冬越夏能力、抗病虫能力、生长势、生育期、产量、落粒性等适合度变化，以及杂草化风险评估等的试验数据和结论。转基因植物的生存竞争能力是否比非转基因对照增强，如未显著增强则表明外源基因和转化操作过程并未增加转化受体的生存竞争力，转化体具有生物入侵性的可能性较低。②外源基因水平转移，最受关注的是抗性基因（*Bar*、*Pat* 等）向杂草漂移的情况。通常情况下，由花粉介导的外源基因向非转基因品种、野生近源种、野生种及杂草漂移（或逃逸）的频率非常低，不会带来明显的环境和其他生物安全问题。大量的研究结果表明，水稻不同品种之间的基因漂移频率很低，研究还进一步表明，即使在近距离（＜1m）的情况下，抗虫转基因水稻中的外源基因（Bt 或 *CpTI*）逃逸到非转基因水稻亲本品种的频率也均在 0.9% 以下（Rong et al. 2007，2005；卢宝荣 2008）。如果在转基因水稻和非转基因水稻品种之间设立 5~10m 的空间隔离距离，抗虫转基因（*BdCpTI*）逃逸到非转基因水稻品种的频率将会迅速衰减至 0.001%~0.01%（Rong et al. 2005）。在无选择压的自然环境中，带有抗性基因的杂草经几代稀释后就会自然消失，产生“超级杂草”的可能性极低。③抗病 / 虫 / 除草剂转基因植物是否对非靶标生物产生影响。对植物生态系统群落结构是否产生影响，抗病 / 虫 / 除草剂转基因植物是否引起靶标生物的抗性增强等方面，只要转基因作物与非转基因对照无显著差异，都可以认为和传统植物一样安全。以抗虫棉为例，经过 10 年的调查研究，我国抗虫棉不仅没有给生态带来负面影响，而且有利于总体生物多样性的恢复和增加（Wu et al. 2002；Wu 2007）。对抗虫转基因水稻（Bt、*CpTI*）的环境安全实验表明在种植抗虫转基因水稻的稻田生态系统中，并没有发现对非靶标生物产生明显负面影响（Liu et al. 2006）。

37.4.3　食用安全

转基因植物及产品从农田走向餐桌，食用安全性问题引起全球广泛关注。主要国际组织如世界卫生组织（WHO）、世界粮食及农业组织（FAO）、国际生命科学学会（ILSI）及国际经济合作发展组织（OECD）等纷纷制定相关文件引导食用安全评价（许文涛等 2011）。国际食品法典委员会（CAC）于 2003 年 7 月 1 日，通过了有关转基因植物安全检测的标准性文件《CAC/GL 45-2003 重组 DNA 植物及其食品安全性评价指南》，明确对转基因植物的食用安全性评价需要从营养成分、抗营养因子、毒性、过敏性、抗生素抗性等方面进行评估（许文涛等 2011）。我国依据 CAC 的指导原则制订了详细的食用安全性评价体系，主要包括关键成分分析和营养学评价、毒理学评价、致敏性评价及肠道微生物健康评价等。

营养学评价主要针对蛋白质、淀粉、纤维素、脂肪、氨基酸、脂肪酸、碳水化合物、维生素、矿物元素等与人类健康营养密切相关的物质，以及抗营养因子（植酸、蛋白酶抑制剂、单宁等）。若与传统食物相比产生了统计学差异，应该充分考虑这种差异是否在这一类食品的参考范围内。另外，可以通过观察动物对转基因食品的采食量和消化率等进行营养学评价（宋欢等 2014）。毒理学评价主要包括对外源基因表达产物的评价和全食品的毒理学检测。对外源基因表达产物的评价主要通过生物信息学分析，与已知的毒性蛋白的氨基酸序列进行比对，查看其同源性，随后进行模拟胃肠液消化和热稳定性试验，以及急性毒性啮齿动物试验（Delaney et al. 2008；Hammond 2008）。根据外源基因产生的表达产物的情况，必要时可以对其急性毒性、亚慢性毒性及慢性毒性、免疫毒性等进行试验。对全食品的毒理学评价主要采用 90 天动物喂养试验考察转基因食品对人类健康的长期影响。目前所用到的动物一般有大鼠、小鼠、猪、鸡、猴等。1998 年，国际食品生物技术委员会建立了包括致敏性在内的转基因食品安全性的评估标准和程序。目前，国际上公认的转基因食品中外源基因表达产物的过敏性评价策略是 2001 年 FAO/WHO 颁布的过敏评价程序和方法。致敏性评价的主要方法包括与已知过敏原氨基酸序列同源性的比较、血清筛选试验、模拟胃肠液消化试验和动物模型试验等。通过上述实验最后综合判定外源蛋白的潜在致敏性。

37.5　转基因植物检测技术

转基因植物检测技术贯穿转基因植物的研究、生产、经营、贸易、消费、安全评价和管理的各个环节。从转化植株的鉴定、育种后代筛选、外源基因插入分析、外源基因向相关物种漂移的评价检测、转基因植物在自然及农业生态系统中存活和演替研究，到转基因产品的市场监管、知识产权保护等。在实际检测工作中，依据检测目的及检测样品的差异，一般针对特定核酸序列和外源基因表达蛋白进行分子检测。特定情况下，还可针对转基因操作引起的代谢物变化特征进行代谢物检测。

37.5.1　DNA 检测

37.5.1.1　检测策略

转基因植物外源 DNA 片段一般包括通用元件、目的基因、表达载体序列等。根据检

测的外源 DNA 片段的性质，转基因植物检测策略可以分为 4 种，即通用元件筛选检测、基因特异性检测、构建特异性检测、转化体特异性检测（Holst-Jensen et al. 2003）。图 37-3 说明了 4 种转基因产品检测策略的重点和每种策略的特异性。

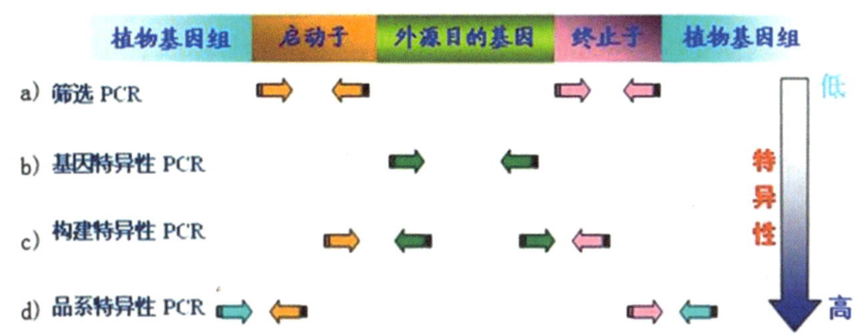

图 37-3 转基因产品 PCR 检测策略示意图及特异性（杨立桃 2006）

通用元件筛选检测主要以转基因产品的通用元件和标记基因为特异性扩增片段，如 CaMV35S 启动子、FMV35S 启动子、NOS 终止子、7S 3′终止子等调控元件，以及 *Npt Ⅱ*、*Hpt*、*Pat*、*GUS*、*aad* 等标记基因（段武德等 2009）。通常情况下，相同的调控元件和标记基因经常被用于多种不同转基因植物的研究与生产，因此其主要用于转基因植物的初步筛选。基因特异性检测以插入外源基因的特异性 DNA 片段作为目的检测片段，如 *Cry1Ac*、*Cry1Ab*、*Cry3A* 和 *CP4-EPSPS* 等基因（段武德等 2009）。由于相同的外源基因可能在多种不同的植物中表达，形成相同目标性状的转化体，因此基因特异性检测方法不能特异性地区分具有相同目标性状的转基因植物转化体。构建特异性检测主要针对外源插入载体中两个元件连接区的 DNA 序列，具有相对较高的特异性，在转基因产品检测中使用较多。转化体特异性检测是通过检测外源插入载体与植物基因组的连接区序列实现的。因为每一个转基因植物转化体，都具有特异的外源插入载体与植物基因组的连接区序列，并且连接区序列是单拷贝的，所以转化体特异性检测方法具有非常高的特异性和准确性。转化体特异性检测已经成为目前转基因产品检测的主要方法。到目前为止，商业化的转基因植物转化体特异性检测方法都已经建立，并用于实际检测工作，如转基因大豆 MON89788、转基因玉米 MON863、转基因棉花 MON531、转基因油菜 T45 和转基因水稻 TT51-1 等（Liu et al. 2009；Pan et al. 2006；Wu et al. 2013；Yang et al. 2005a，2006）。在转基因植物及其产品检测时，一般首先选择通用元件筛选检测 PCR 方法，对样品进行初步分析。然后在筛选检测获得阳性结果的前提下，选择构建特异性或转化体特异性的检测方法，对样品进行进一步检测，从而判断样品中的转基因成分源于具体的某种转基因性状的植物或某个转基因植物转化体。

37.5.1.2 植物内标准基因

内标准基因是指植物中具有种间特异性、种内非特异性、低拷贝数特征的一类基因。在转基因植物核酸检测中，内标准基因能用来判断植物种类来源和测定植物基因组 DNA 质量，是建立转基因植物 PCR 检测方法的必要前提。目前报道的转基因植物检测内标准基因数目繁多且不统一，如玉米的 *Zein*、*Invertase*、*HMG* 和 *zSSIIb* 基因，大豆的 *Lectin* 基因，油菜的*HMG I/Y*、*Bnaccg8*和*cruciferin*基因，水稻的*SPS*、*GOS*、*PLD*基因等（段武德等 2009）。上海交通大学张大兵教授团队系统建立了植物内标准基因挖掘和验证体系，报道了水稻、番茄、棉花、番木瓜等内标准基因，用于转基因植物定性和定量PCR检测（Ding et al. 2004；Guo et al. 2009；Jiang et al. 2009；Weng et al. 2005；Yang et al. 2005a，2005c，2008b）。为了减少内标准基因检测的差异，详细比较了同一物种的多个内标准基因及其检测方法，并最终确定了1或2个适合单一物种检测的内标准基因（Papazova et al. 2010）。例如，Wang等（2010）在多个水稻品种中发现了存在于内标准基因序列中的SNP位点，证明了其对于定量检测结果的影响，并最终确定*SPS*基因是比较适合用于转基因水稻的内标准基因。Huang等（2013）确认了*Waxy*基因适合用作小麦检测的内标准基因等。

1）定性PCR方法

聚合酶链反应（PCR）是一种体外选择性扩增特定DNA片段的核酸合成技术，由美国Kary Mullis等于1985年发明。目前基于4种转基因植物检测策略的定性PCR检测方法已经成为转基因植物检测的主要技术方法，主要用于转基因植物研发过程中的转基因材料筛选、田间试验筛选、日常检测监测等。特别是在我国未设定转基因产品标识阈值时，定性PCR检测方法已经成为我国检测机构进行日常监测工作的必要技术手段。利用该技术已经建立了系列转基因植物通用元件筛选PCR检测（CaMV35s启动子、FMV35s启动子、Actin启动子、Ubiqutin启动子、NOS终止子、T9终止子等）、基因特异性PCR检测（*Pat*、*Bar*、*EPSPS*、*Cry1Ab*、*Cry1Ac*、*Cry3A*、*Cry9c*等）、构建特异性PCR检测（35s-Cry1Ac、Actin-Cry1Ac、35s-EPSPES等）、转化体特异性PCR检测方法（MON810、Bt176、Bt11、T25、GA21、MON863、TC1507、MIR604、MIR162、LY308、Starlink、Bt10、GTS40-3-2、A2704-127、A5547-12、MON89788、MON531、MON1445、MON15985、MON88913、Ms1、Ms3、Rf1、Rf8、T45、Oxy235、TT51-1、KMD、KF6、Hufan No.1、Huanong No.1等）（王荣谈等 2013）。一般基于定性PCR检测技术的转基因植物检测方法的灵敏度可以达到0.1%，基本满足世界各国对于转基因产品标识的检测，甚至是低水平混杂（LLP）管理的阈值要求（Huang et al. 2013）。因此，定性PCR方法仍将作为一种主要的检测技术广泛用于转基因植物及其产品检测。

2）实时荧光定量PCR方法

20世纪90年代，出现了基于荧光能量传递原理的实时荧光定量PCR技术。在PCR反应体系中加入荧光基团，利用荧光信号累积实时监测PCR进程中每个循环的产物数量，通过绘制标准曲线对初始模板进行定量分析（Heid et al. 1996）。实时荧光定量PCR与定性PCR最大的差异在于对扩增产物的定量分析。在实时荧光定量PCR反应中，会实时记录每个PCR反应循环扩增产物的量，通过统计计算分析，依据扩增产物量的变化来确定初始反应的模板数。定性PCR主要反映的是PCR扩增进入平台期之后的产物量，两种方法的差异见图37-4。

转基因植物的定量PCR检测，可以分为两种方法：一种是绝对定量法，另一种是相对定量法（段武德等 2009）。绝对定量法指的是利用定量PCR反应及构建的标准曲线，获得检测样品中的转基因植物基因组或外源目的基因的质量或拷贝数。相对定量法是指利用定量PCR反应和构建的标准曲线，分析获得检测样品中转基因植物基因组或外源目的基因在样品基因组DNA中的百分含量，结果可以用转基因基因组DNA和样品基因组DNA

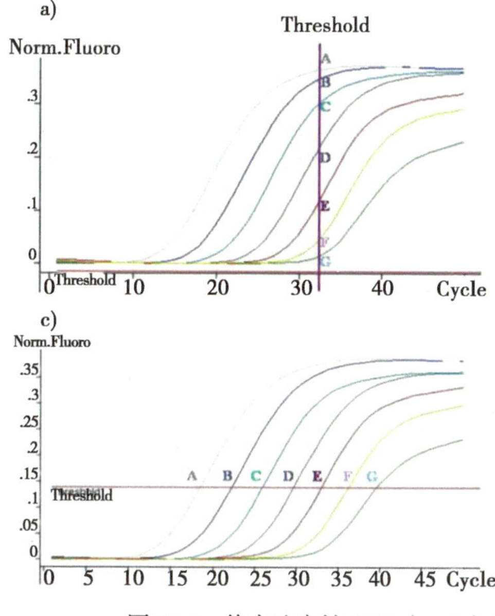

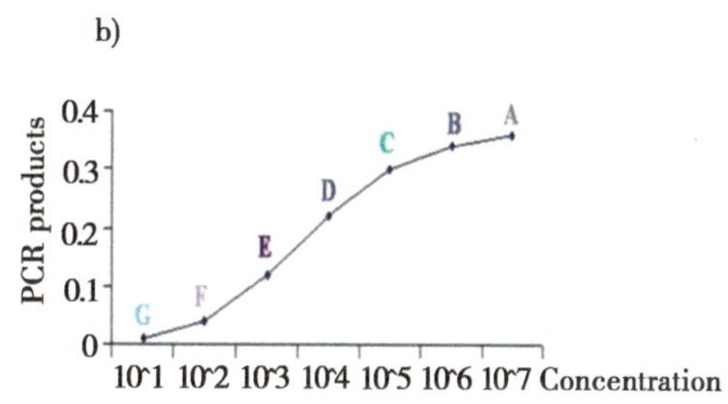

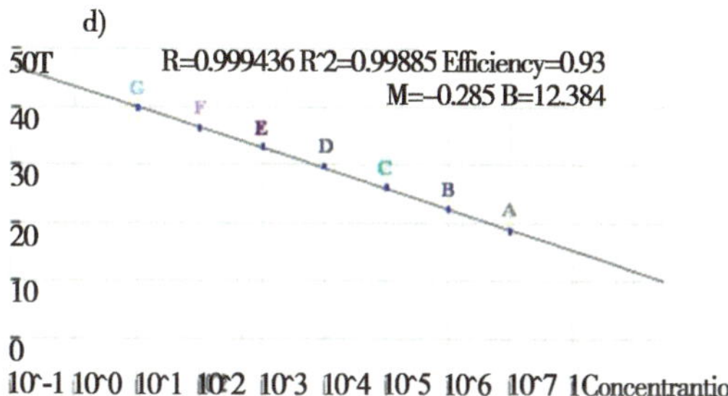

图 37-4　终点法定性 PCR（a、b）和实时荧光定量 PCR（c、d）检测原理及差异

的质量比或者转基因植物和样品的质量比表示。在转基因植物实际检测和各国标签制度实施时，需要的是样品中的具体转基因含量，必须通过相对定量法分析获得，而绝对定量法在实际检测中只能作为其中的一个定量分析过程。检测样品的转基因含量可以通过下面的公式表示：

样品转基因含量（%）= 转基因植物基因组或外源目的基因的质量或拷贝数 ×100/ 样品基因组质量或拷贝数　（37-1）

定量 PCR 检测方法在转基因植物检测领域得到了迅速发展和应用，现在已经作为国际上认可的一种转基因植物定量分析方法，并已成为转基因植物检测的国家标准方法。欧盟联合研究中心特别制订了定量 PCR 检测方法在转基因生物检测应用中的参数标准，明确规定可接受的转基因生物定量 PCR 方法参数，具体参数见表 37-1。

表 37-1　转基因生物检测可接受定量 PCR 方法参数表

特异性	转化体特异性
动态范围	包括 5 个梯度，每个梯度 10 倍稀释
准确度	参考值的 25% 以内
线性相关系数	大于等于 0.98
反应效率	斜率小于等于 -3.1，大于等于 -3.6
重复性标准偏差	整个动态范围内小于 25%
定量极限	不低于检测目标浓度的 1/10，且重复性标准偏差小于等于 25%
检测极限	不低于检测目标浓度的 1/20
鲁棒性	偏差不能超出 30% 的范围
重演性标准偏差	重演性标准偏差小于 35%；在靶标浓度低于 0.2% 时，重演性标准偏差小于 50%
精度	在整个范围内与参考值偏差小于 25%

常用于转基因植物中通用元件的定量 PCR 检测方法（CaMV35S 启动子、NOS 终止子和 *Npt Ⅱ*基因等）已经被 ISO 标准采纳，并推广使用。几乎全部商业化应用的转基因植物转化体特异性定量 PCR 检测方法都已经开始应用。例如，转基因大豆（GTS40-3-2、A2704-127、A5547-12 和 MON89788 等）、转基因玉米（MON810、Bt176、Bt11、T25、GA21、MON863、TC1507、MIR604、MIR162、LY308、Starlink 和 Bt10 等）、转基因油菜（Ms1、Ms3、Rf1、Rf8、T45 和 Oxy235）和转基因棉花（MON531、MON1445、MON15985 和 MON88913 等）（Liu et al. 2009；Pan et al. 2006；Wu et al. 2013；Yang et al. 2005a，2005d，2006；Dong et al. 2008）。

3）数字 PCR 方法

数字 PCR（digital PCR）是近几年新发展的一种核酸分子精确定量技术，该技术是将微量样品大倍数稀释和细分，直至每个细分试样中所含有的待测分子数不超过 1 个后，再将所有细分试样同时在相同条件下进行 PCR 扩增，之后对细分试样逐个进行计数，根据泊松原理统计推算样品的起始数量（Pohl and Shih 2004）。数字 PCR 是一种绝对测量方法，无需建立标准曲线，并且检测的灵敏度高达 1.85 拷贝 /μL（Pinheiro et al. 2011）。目前，数字 PCR 主要有三类平台，分别是基于集成流体通路（IFC）芯片技术的数字 PCR（chamber 数字 PCR）、微滴式数字 PCR，基于亲疏水芯片和通道技术的 3D PCR（图 37-5）。数字 PCR 已经被应用于转基因生物检测，特别是转基因标准物质的量值测定（Brod et al. 2014）。例如，Corbisier 等（2010）使用数字 PCR 技术对转基因玉米 MON810 制备的欧盟标准物质的内、外源基因进行了绝对定量分析，其结果和欧盟的定值结果一致；Morisset 等（2013）比较系统地建立了基于微滴式数字 PCR 平台的转基因产品定量检测方法，并与传统定量 PCR 方法进行了比较；Burns 等（2010）分析了数字 PCR 在转基因检测中的应用，认为该技术非常适用于极低拷贝转基因样品定量和标准物质的定量。

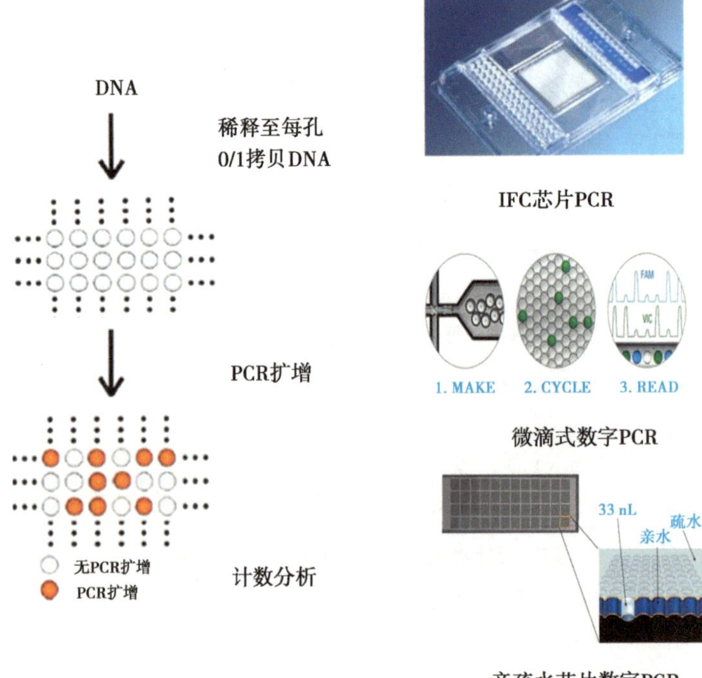

图 37-5 数字 PCR 原理和三大平台

37.5.2 蛋白质检测

外源目的蛋白的表达式决定了转基因植物所产生的新性状，也是转基因植物与非转基因植物在蛋白质水平上最直接的差异，因此可以通过直接检测和鉴定特异性的外源目的蛋白进行转基因植物检测，如常用的酶联免疫吸附法（enzyme-linked immunosorbent assay，ELISA）、侧向流动免疫测定法、Western 杂交等方法。转基因植物蛋白质检测过程一般是从待测试样品中抽提含有目的蛋白的基质，利用抗体与目的蛋白（抗原）特异性结合的特性，通过偶联抗体与抗原抗体复合物的作用产生可检测识别的信号。目前常用的蛋白质检测方法是 ELISA 和侧向流动免疫测定法。近年来，针对商业化的转基因植物外源目的蛋白已经建立了比较完善的转基因植物 ELISA 检测方法，Kim 等（2010）建立了一种 ELISA 方法检测转基因辣椒 Subicho 不同组织中 *bar* 基因编码的乙酰转移酶和 *Npt Ⅱ* 基因编码的新霉素磷酸转移酶；Tan 等（2013）发明了转基因棉花胰蛋白酶抑制因子 CpT Ⅰ检测方法。Zhu 等发明了基于量子点标记技术的转基因植物 Cry1Ac 蛋白检测方法（Zhu et al. 2011）。侧向流动免疫测定法同样基于抗原抗体特异性结合的原理，以硝化纤维为固相载体，在抗体上联结显色剂并固定在试纸条内，将试纸条一端放入含有外源蛋白的组织提取液中，通过毛细管作用使提取液向上流动，抗体与外源蛋白结合则会呈现颜色反应，一般 5~10min 可以获得结果（Lipp et al. 2000）。目前已将多种抗体固定在试纸条上，实现对多靶标蛋白快速检测。Liu 等（2013）发明了转基因牛牛乳中的人乳铁蛋白的检测方法。多种商业化转基因植物检测试纸条已经被用于田间、港口的快速检测。例如，检测转基因玉米的 Cry1A（b）蛋白的试纸条，检测转基因大豆、油菜、棉花和甜菜中的 CP4 EPSPS 蛋白的试纸条，Cry9C、PAT 和 BAR 检测试纸条等。蛋白质检测方法与核酸检测法相比，前期准备时间较长，且特异性识别的抗体制备比较困难，但后期操作简单快速，很容易实现田间快速检测。侧向流动免疫测定法具有快速、简便、经济的优点，无需特殊仪器。但因其检测灵敏度较低、适用范围窄、无法定量等缺点，主要用于转基因植物的田间、口岸原材料的快速检测。

37.5.3 标准物质与检测方法标准化

37.5.3.1 标准物质

在保证转基因检测结果的可比性、溯源性，推进检测方法标准化等方面，转基因生物标准物质发挥着十分重要的作用。转基因生物标准物质（GMO-reference material，GMO-RM）是具有一种或多种足够均匀和很好地确定了的特性（转基因成分和含量），用以校准测量装置、评价测量方法或给材料赋值的一种材料或物质。目前，国内外研制和商业化应用的转基因生物标准物质主要有 4 种形式：基体标准物质（matrix reference material）、基因组 DNA 标准物质（genomic DNA reference material）、质粒 DNA 标准物质（plasmid DNA reference material）和蛋白质标准物质（protein reference material）（Jiang et al. 2015）。

基体标准物质是与被测样品具有相同或相近基体的实物标准，由原始转基因植物和其受体材料混合制备而成。原则上，基体标准物质是由纯合的转基因植物种子材料和受体种子材料按特定的质量比例混合配置而成，是应用最广泛的一类标准物质。目前，商业化的基体标准物质主要有种子标准物质和种子粉末标准物质。基体标准物质制备阶段主要包括：①候选物的种植与鉴定，包括典型性鉴定、基因型鉴定和纯度鉴定等，其中候选物的纯度鉴定非常关键，直接关系到转基因成分含量的准确性；②候选物研磨、颗粒粒径分布、含水量分析；③转基因和非转基因候选物 DNA 抽提效率比较；④称重和配比混合；⑤分装；⑥均匀性分析；⑦稳定性测试，包括短期稳定性和长期稳定性测试；⑧量值测量和不确定性评估；⑨应用评价（周云龙等 2014）。基体标准物质应用范围广，既可以用于基于蛋白质的检测方法，也可以用于基于核酸的检测方法。商业化的转基因植物基体标准物质由不同转基因含量组成（一般由 0~10%，少部分标准物质提供含量 100% 的产品），赋值方式大部分采用质量百分比的形式，有少量基体标准物质同时提供了质量百分比和拷贝数百分比。目前 IRMM（欧盟检测物质与测量研究所）和 AOCS（美国油脂化学家协会）是主要的基体标准物质生产机构。我国于 2013 年研制了第一例转基因生物基体有证标准物质（转基因水稻 Bt63 种子粉末基体标准物质），是由中国计量科学研究院、上海交通大学、农业部科技发展中心、中国农业科学院油料作物研究所共同研制完成。

转基因生物基因组 DNA 标准物质是以从转基因材料和非转基因材料的组织（如种子、叶片）中提取的基因组 DNA 为原料，制备用于转基因植物定性和定量检测的标准物质。基因组 DNA 标准物质的制备阶段包括：①候选物的种植与鉴定，纯合度鉴定与在基体标准物质研制中一样关键，因为纯合度直接决定了量值的准确性；②基因组 DNA 提取与纯化，基因组 DNA 的纯化至关重要，基因组 DNA 质量是基因组 DNA 标准物质的核心，决定着标准物质的稳定性和量值准确性，影响待测样品的赋值；③基因组 DNA 质量评价；④标准物质分装；⑤均匀性检验；⑥稳定性检验；⑦量值测量和不确定性评估；⑧应用评价（周云龙等 2014）。目前，基因组 DNA 有证标准物质大部分由 AOCS 生产，多为叶片基因组 DNA，含量接近为 100%。

质粒 DNA 标准物质是指一种含有转基因检测目的外源基因和内标准基因的特异性序列片段的线性化或环状质粒 DNA 分子（Kuribara et al. 2002；Taverniers et al. 2004）。质粒 DNA 标准物质的研制包括三个过程：一是质粒分子构建；二是质粒 DNA 制备；三是质量评价。质粒分子构建主要包括：①选择合适的构建策略和方法；②选择合适的载体、目的基因序列和内标准基因序列，并将选择好的外源基因和内标准基因序列通过酶切连接的方式整合到质粒载体中；③将各序列与选用载体连接，构建重组质粒 DNA 分子；④质粒 DNA 标准分子的鉴定。质粒 DNA 制备阶段包括：①质粒 DNA 的繁殖；②质粒 DNA 的提取和纯化；③质粒 DNA 的质量评估；④可替代性分析；⑤质粒 DNA 的分装、保存。质粒 DNA 标准物质的质量评价阶段包括：①均匀性检验；②稳定性检验；③量值测量和不确定性评估；④应用评价（周云龙等 2014）。质粒 DNA 标准物质的优点是繁殖简便、生产成本较低、均匀性好、纯度高（Kuribara et al. 2002；Taverniers et al. 2004）。目前，国际上已经有 7 个转基因作物的 20 多个品系的质粒 DNA 标准物质成功构建，包括转基因玉米、大豆、棉花、马铃薯、油菜、水稻和番茄（Kuribara et al. 2002；Li et al. 2009；Wang et al. 2009；Yang et al. 2007；Zhang et al. 2008）。通过 IRMM 认证可以商业化的质粒 DNA 标准物质有 4 种：ERM-AD413、ERM-AD415、ERM-AD425、ERM-AD42。

蛋白质标准物质在蛋白质量值溯源传递体系中起着“承上启下”的重要作用。转基因生物蛋白质标准物质主要用于蛋白质的检测方法。以抗原、抗体为基础的免疫学方法，可

通过检测外源基因表达的蛋白质来定性、定量检测样品的转基因成分含量。目前，国际上还没有关于转基因生物蛋白质标准物质研制的报道，在实际检测中主要使用一些实验室内部制备的标准蛋白作为参照标准品。由于外源蛋白在生物体内经常会有翻译后修饰等，因此体外表达的外源蛋白和体内表达的蛋白在性质或活性上可能会有比较大的差异，这也导致了转基因生物蛋白质标准物质研究进展较慢。表 37-2 总结了 4 类标准物质的优缺点及其适用范围。

表 37-2 不同类型转基因生物检测物质的比较（周云龙等 2014）

类型	基体标准物质	基因组 DNA	质粒 DNA	蛋白质标准物质
特征	由纯合的转基因植物材料和非转基因植物材料按一定质量比例配置而成的粉末	从转基因材料和非转基因材料的组织中提取的基因组 DNA	含有转基因检测目的外源基因和内标准基因的特异性片段的线性化重组质粒 DNA	来自于纯合转基因作物提取的总蛋白
优点	特性与被检样品接近；量值范围较广；结果不需校正；稳定性好；适用性较广	候选物鉴定较容易；特性与样品接近；制备较容易；质量高；不确定度可忽略；稳定性较好	研制简单，容易扩繁；成本低；均匀性好、纯度高；使用简单；可实现高通量检验	稳定性较好；定值方法准确度和精度较高
缺点	原材料要求严格，鉴定复杂；量值表示与实际含量有差异；不能繁殖；制备过程烦琐；制备成本高；一种基体标准物质只能用于一种作物	原材料要求严格；不能繁殖	DNA 结构与被检样品不一致，需要校正；相对不稳定；容易造成污染	只能用于检验外源表达的蛋白质；不能进行特异性检验；定值较复杂
适用性	用于转基因生物的核酸、蛋白质检验	用于转基因生物的核酸检验	用于转基因生物的核酸检验	用于转基因生物的蛋白质检验

37.5.3.2 检测方法标准化

为实施转基因产品标识管理，世界各国非常注重转基因植物检测方法及其标准化，已经建立了比较完善的转基因植物检测技术方法和平台，并形成比较完善的检测技术标准体系。

国际标准化组织（International Organization for Standardization，ISO）制定了一套较为完善的转基因食品检测标准体系，该体系以《通用要求和原则》为指导，分别对基于蛋白质和核酸的检测方法制定了系列标准。其中，基于核酸的检测方法标准涵盖核酸检测的各个环节，如核酸提取方法、定性和定量核酸检测方法（ISO 21098—2005；ISO 21569:2005—2005；ISO 21570—2005；ISO 21571—2005；ISO 24276—2006；ISO 21572—2013）。目前，ISO 已经正式颁布了 6 项转基因食品检测标准，包括 1 项《通用要求和原则》标准（ISO 24276）、4 项检测方法标准（ISO 21569、ISO 21570、ISO 21571、ISO 21572）和 1 项《检测方法增补原则》（ISO 21098）。欧盟也建立了一套转基因产品检测标准化体系，包括信息收集、检测技术研究、检测方法验证与标准制备、实验室水平测试与认证等。已循环认证的方法有 51 种转基因品系事件特异性定量 PCR 检测方法，涉及转基因玉米、大豆、棉花、油菜、水稻、马铃薯和甜菜等作物（http: //gmo-crl.jrc.ec.europa.eu/

gmomethods)。

我国转基因生物检测技术标准化进程较快。目前，我国农业部已制定转基因生物安全农业行业标准和国家标准 116 项，主要包括环境安全评价、实用安全评价和产品成分检测三类标准（http://www.stee.agri.gov.cn）。我国的产品成分标准主要依据我国现行的转基因产品标识管理制度建立，重点以定性 PCR 检测方法为主，每种转基因成分检测方法制定为一个单一标准，提高标准的针对性。

参考文献

段武德，周云龙，刘信，等 .2009. 转基因植物检测 . 北京：中国农业出版社 .

康乐，陈明 . 2013. 我国转基因作物安全管理体系介绍，发展建议及生物技术舆论导向 . 植物生理学报，49（7）：637-644.

李宁，汪其怀，付仲文 . 2006. 美国转基因生物安全管理考察报告 . 农业科技管理，24（5）：12-17.

刘培磊，李宁，周云龙 . 2009. 美国转基因生物安全管理体系及其对我国的启示 . 中国农业科技导报，11（5）：49-53.

卢宝荣 . 2008. 我国转基因水稻的环境生物安全评价及其关键问题分析 . 农业生物技术学报，16（4）：547-554.

宋欢，王坤立，许文涛，等 . 2014. 转基因食品安全性评价研究进展 . 食品科学，35（15）：295-303.

汪其怀 . 2006. 中国农业转基因生物安全管理回顾与展望 . 世界农业，（6）：18-20.

王荣谈，姜羽，韦娇君，等 . 2013. 转基因生物及其产品的标识与检测 . 植物生理学报，49（7）：645-654.

许文涛，贺晓云，黄昆仑，等 . 2011. 转基因植物的食品安全性问题及评价策略 . 生命科学，23（2）：179-185.

杨立桃 .2006. 主要转基因植物及其产品的 PCR 检测方法研究 . 南京：南京大学博士学位论文 .

周云龙 . 2014. 转基因生物标准物质研制与应用 . 北京：中国质检出版社 .

Breyer D，Herman P，Brandenburger A，et al. 2009. Commentary：genetic modification through oligonucleotide-mediated mutagenesis. A GMO regulatory challenge？ Environ Biosafety Res，8（02）：57-64.

Brod F C A，van Dijk J P，Voorhuijzen M M，et al. 2014. A high-throughput method for GMO multi-detection using a microfluidic dynamic array. Anal Bioanal Chem，406（5）：1397-1410.

Burns M，Burrell A，Foy C. 2010. The applicability of digital PCR for the assessment of detection limits in GMO analysis. European Food Research and Technology，231（3）：353-362.

Corbisier P，Bhat S，Partis L，et al. 2010. Absolute quantification of genetically modified MON810 maize（*Zea mays* L.）by digital polymerase chain reaction. Anal Bioanal Chem，396（6）：2143-2150.

CropLife Biotech Committee. 2003.Guidelines for Molecular Characterization of Genetically Modified Higher Plants to be Placed on the Market. http://www.biosafety.be/gmcropff/EN/TP/partC/GuidePartC.pdf [2015-12-10].

Delaney B，Astwood J D，Cunny H，et al. 2008. Evaluation of protein safety in the context of agricultural biotechnology. Food Chem Toxicol，46：S71-S97.

Ding J，Jia J，Yang L，et al. 2004. Validation of a rice specific gene，sucrose phosphate synthase，used as the endogenous reference gene for qualitative and real-time quantitative PCR detection of transgenes. J Agric Food Chem，52（11）：3372-3377.

Dong W，Yang L，Shen K，et al. 2008. GMDD：a database of GMO detection methods. BMC Bioinformatics，9（1）：260.

Du L，Rachul C. 2012. Chinese newspaper coverage of genetically modified organisms. BMC Public Health，12（1）：326.

FAO/WHO. 2001. Evaluation of allergenicity of genetically modified foods. Report of A Joint FAO/WHO Expert Cousultutiou ou Allergeuicity of Foods Derived from Biotechnology. Rome，Italy.

Guo J，Yang L，Liu X，et al. 2009. Applicability of the chymopapain gene used as endogenous reference gene for transgenic huanong no. 1 papaya detection. J Agric Food Chem，57（15）：6502-6509.

Hammond B. 2008. Food Safety of Proteins in Agricultural Biotechnology. New York：CRC Press：237-258.

Heid C A，Stevens J，Livak K J，et al. 1996. Real time quantitative PCR. Genome Res，6（10）：986-994.

Holme I B，Wendt T，Holm P B. 2013. Intragenesis and cisgenesis as alternatives to transgenic crop development. Plant Biotechnol J，11（4）：395-407.

Holst-Jensen A，Rønning S B，Løvseth A，et al. 2003. PCR technology for screening and quantification of genetically

modified organisms（GMOs）. Anal Bioanal Chem，375（8）：985-993.

Huang H，Cheng F，Wang R，et al. 2013. Evaluation of four endogenous reference genes and their real-time PCR assays for common wheat quantification in GMOs detection. PLoS One，8（9）：1-e75850.

ISO 21098：2005 Foodstuffs–Nucleic acid based methods of analysis of genetically modified organisms and derived products–Information to be supplied and procedure for the addition of methods to ISO 21569，ISO 21570 or ISO 21571.

ISO 21569：2005 Foodstuffs–Methods of analysis for the detection of genetically modifiedorganisms and derived products–Qualitative nucleic acid based methods.

ISO 21570：2005 Foodstuffs–Methods of analysis for the detection of genetically modified organisms and derived products–Quantitative nucleic acid based methods.

ISO 21571：2005 Foodstuffs–Methods of analysis for the detection of genetically modified organisms and derived products–Nucleic acid extraction.

ISO 21572：2013 Foodstuffs–Molecular biomarker analysis–Protein-based methods.

ISO 24276：2006 Foodstuffs–Methods of analysis for the detection of genetically modified organisms and derived products–General requirements and definitions.

ISO 21572：2013 Foodstuffs–Molecular biomarker analysis–Protein-based methods.

James C. 2014. Global status of commercialized biotech/GM crops：2014. ISAAA Brief No. 49.

Jiang L，Yang L，Zhang H，et al. 2009. International collaborative study of the endogenous reference gene，sucrose phosphate synthase（SPS），used for qualitative and quantitative analysis of genetically modified rice. J Agric Food Chem，57（9）：3525-3532.

Jiang Y，Yang H，Quan S，et al. 2015. Development of certified matrix-based reference material of genetically modified rice event TT51-1 for real-time PCR quantification. Anal Bioanal Chem，407（22）：6731-6739.

Kim H J，Lee S M，Kim J K，et al. 2010. Expression of PAT and NPT Ⅱ proteins during the developmental stages of a genetically modified pepper developed in Korea. J Agric Food Chem，58（20）：10906-10910.

Klümper W，Qaim M. 2014. A meta-analysis of the impacts of genetically modified crops. PLoS One，9（11）：e111629.

Kuribara H，Shindo Y，Matsuoka T，et al. 2002. Novel reference molecules for quantitation of genetically modified maize and soybean. J AOAC Int，85（5）：1077-1089.

Li X，Pan L，Li J，et al. 2011. Establishment and application of event-specific polymerase chain reaction methods for two genetically modified soybean events，A2704-12 and A5547-127. J Agric Food Chem，59（24）：13188-13194.

Li X，Yang L，Zhang J，et al. 2009. Simplex and duplex polymerase chain reaction analysis of Herculex® RW（59122）maize based on one reference molecule including separated fragments of 5 integration site and endogenous gene. J AOAC Int，92（5）：1472-1483.

Lipp M，Anklam E，Stave J. 2000. Validation of an immunoassay for the detection and quantification of Roundup-Ready® soybeans in food and food fractions by the use of reference materials. J AOAC Int，83：99-127.

Liu C，Zhai S，Zhang Q，et al. 2013. Immunochromatrography detection of human lactoferrin protein in milk from transgenic cattle. J AOAC Int，96（1）：116-120.

Liu J，Guo J，Zhang H，et al. 2009. Development and in-house validation of the event-specific polymerase chain reaction detection methods for genetically modified soybean MON89788 based on the cloned integration flanking sequence. J AOAC Int，57（22）：10524-10530.

Liu Y F，He L，Wig Q，et al. 2006. Impact of transgenic indica rice with a fused gene of *cryIAb/cryIAc* on the rice paddy arthropod community. Acta Entomologica Sinica，49：955-962.

Miraglia M，Berdal K，Brera C，et al. 2004. Detection and traceability of genetically modified organisms in the food production chain. Food Chem Toxicol，42（7）：1157-1180.

Monsanto Company. 1996. Molecular characterization of GTS 40-3-2 Roundup Ready Soybean.

Monsanto Company. 2001.Updated molecular characterization and safety assessment of Roundup Ready soybean event 40-3-2.

Morisset D，Štebih D，Milavec M，et al. 2013. Quantitative analysis of food and feed samples with droplet digital PCR. PLoS One，8（5）：e62583.

Pan A，Yang L，Xu S，et al. 2006. Event-specific qualitative and quantitative PCR detection of MON863 maize based upon the 3′ -transgene integration sequence. J Cereal Sci，43（2）：250-257.

Papazova N，Zhang D，Gruden K，et al. 2010. Evaluation of the reliability of maize reference assays for GMO quantification. Anal Bioanal Chem，396（6）：2189-2201.

Pinheiro L B，Coleman V A，Hindson C M，et al. 2011. Evaluation of a droplet digital polymerase chain reaction format for DNA copy number quantification. Anal Chem，84（2）：1003-1011.

Pohl G，Shih I M. 2004. Principle and applications of digital PCR. J Mol Diagn，4（1）：41-47.

Richard G. 2014. Biosafety：evaluation and regulation of genetically modified（GM）crops in the United States. J Huazhong Agricultural University，33（6）：83-109.

Ronald P. 2011. Plant genetics，sustainable agriculture and global food security. Genetics，188（1）：11-20.

Rong J，Lu B R，Song Z，et al. 2007. Dramatic reduction of crop-to-crop gene flow within a short distance from transgenic rice fields. New Phytol，173（2）：346-353.

Rong J，Song Z，Su J，et al. 2005. Low frequency of transgene flow from Bt/CpTI rice to its nontransgenic counterparts planted at close spacing. New Phytol，168（3）：559-566.

Sparrow P A. 2009. GM Risk Assessment. Methods Mol Biol，478：315-330.

Tan G，Nan T，Gao W，et al. 2013. Development of monoclonal antibody-based sensitive sandwich ELISA for the detection of antinutritional factor cowpea trypsin inhibitor. Food Anal Methods，6（2）：614-620.

Taverniers I，van Bockstaele E，de Loose M. 2004. Cloned plasmid DNA fragments as calibrators for controlling GMOs：different real-time duplex quantitative PCR methods. Anal Bioanal Chem，378（5）：1198-1207.

Tencalla F. 2006. Science，politics，and the GM debate in Europe. Regul Toxicol Pharmacol，44（1）：43-48.

Wang C，Jiang L，Rao J，et al. 2010. Evaluation of four genes in rice for their suitability as endogenous reference standards in quantitative PCR. J Agric Food Chem，58（22）：11543-11547.

Wang S，Li X，Yang L，et al. 2009. Development and in-house validation of a reference molecule pMIR604 for simplex and duplex event-specific identification and quantification of GM maize MIR604. European Food Research and Technology，230（2）：239-248.

Weng H，Yang L，Liu Z，et al. 2005. Novel reference gene，high-mobility-group protein I/Y，used in qualitative and real-time quantitative polymerase chain reaction detection of transgenic rapeseed cultivars. J AOAC Int，88（2）：577-584.

Wu K. 2007. Monitoring and management strategy for Helicoverpa armigera resistance to Bt cotton in China. J Invertebr Pathol，95（3）：220-223.

Wu K M，Li W，Feng H，et al. 2002. Seasonal abundance of the minds，*Lygus lucorum* and *Adelphocoris* spp.（Hemiptera：Miridae）on Bt cotton in North China. Crop Prot，21：997-1002.

Wu Y，Yang L，Cao Y，et al. 2013. Collaborative validation of an event-specific quantitative real-time PCR method for genetically modified rice event TT51-1 detection. J Agric Food Chem，61（25）：5953-5960.

Yang L，Chen J，Huang C，et al. 2005a. Validation of a cotton-specific gene，Sad1，used as an endogenous reference gene in qualitative and real-time quantitative PCR detection of transgenic cottons. Plant Cell Rep，24（4）：237-245.

Yang L，Ding J，Zhang C，et al. 2005b. Estimating the copy number of transgenes in transformed rice by real-time quantitative PCR. Plant Cell Rep，23（10-11）：759-763.

Yang L，Guo J，Pan A，et al. 2007. Event-specific quantitative detection of nine genetically modified maizes using one novel standard reference molecule. J Agric Food Chem，55（1）：15-24.

Yang L，Guo J，Zhang H，et al. 2008a. Qualitative and quantitative event-specific PCR detection methods for oxy-235 canola based on the 3′ integration flanking sequence. J Agric Food Chem，56（6）：1804-1809.

Yang L，Pan A，Jia J，et al. 2005c. Validation of a tomato-specific gene，LAT52，used as an endogenous reference gene in qualitative and real-time quantitative PCR detection of transgenic tomatoes. J Agric Food Chem，53（2）：183-190.

Yang L，Pan A，Zhang H，et al. 2006. Event-Specific qualitative and quantitative polymerase chain reaction analysis for genetically modified canola T45. J Agric Food Chem，54（26）：9735-9740.

Yang L，Pan A，Zhang K，et al. 2005d. Qualitative and quantitative PCR methods for event-specific detection of genetically modified cotton Mon1445 and Mon531. Transgenic Res，14（6）：817-831.

Yang L，Wang C，Holst-Jensen A，et al. 2013. Characterization of GM events by insert knowledge adapted re-sequencing

approaches. Sci Rep：3.

Yang L，Xu S，Pan A，et al. 2005e. Event specific qualitative and quantitative polymerase chain reaction detection of genetically modified MON863 maize based on the 5′-transgene integration sequence. J Agric Food Chem，53（24）：9312-9318.

Yang L，Zhang H，Guo J，et al. 2008b. International collaborative study of the endogenous reference gene *LAT 52* used for qualitative and quantitative analyses of genetically modified tomato. J Agric Food Chem，56（10）：3438-3443.

Zhang H，Yang L，Guo J，et al. 2008. Development of one novel multiple-target plasmid for duplex quantitative PCR analysis of roundup ready soybean. J Agric Food Chem，56（14）：5514-5520.

Zhu X，Chen L，Shen P，et al. 2011. High sensitive detection of Cry1Ab protein using a quantum dot-based fluorescence-linked immunosorbent assay. J Agric Food Chem，59（6）：2184-2189.

（张大兵　杨立桃）

38

农业生态环境的安全与控制

38.1 引　　言

38.1.1 农业环境污染现状

因含重金属水源和淤泥的污灌、农药化肥等农用化学品的大量施用及工农业生产过程中各种废弃物的不当处置等，农业生境污染日益严重，并且在多重因素的叠加影响下，我国农业生境污染在整体上已表现出多源、复合、量大、面广、持久、毒害的新特征，除了常规有毒有害重金属、农药及其代谢产物，抗生素、激素等各种新型污染物层出不穷。

环境保护部和国土资源部 2014 年发布的《全国土壤污染状况调查公报》数据表明，耕地土壤环境质量堪忧，点位超标率高达 19.4%。土壤污染以无机型污染为主，占全部超标点位的 82.8%，镉、汞、砷、铜、铅、铬、锌、镍等重金属污染形势严峻。此外，六六六、滴滴涕、多环芳烃等有机污染物也多有检出。据不完全统计，在过去的几十年中，全球范围内至少有 2.2 万 t 镉、7.83 万 t 铅、93.9 万 t 铜、135 万 t 锌因人为原因被释放进入各环境介质中（Singh et al. 2003）。以重金属镉污染为例，我国镉污染的土壤面积在 1998 年已达 2000 万 km^2，约占总耕地面积的 1/5，涉及全国 11 个省（市）的 25 个地区（曾咏梅等 2005）。目前，全球化学农药年产量近 200 万 t，而我国每年农药使用量就高达 30 多万 t（原药量），并且仍以每年 10% 的速度递增；施用的农药以杀虫剂为主（占农药总用量的 78%），其中甲胺磷、敌敌畏等毒性较高的品种使用最多（颜景辰和雷海章 2005）。但施用的农药中被农作物吸收的仅占 30%~40%，大部分的农药都进入了土壤、水体及农产品中，令人忧心。农业化肥中的氮、磷污染已是造成河湖水质不断恶化的一个重要原因。我国化肥年施用量占世界化肥施用总量的 35%，每公顷化肥的施用量达到美国的 4 倍，是发达国家化肥安全施用上限（225kg/hm^2）的 2 倍（贾蕊等 2006）。抗生素被广泛应用于畜牧业和水产养殖业，高剂量的抗生素被用来治疗各种疾病，低剂量的抗生素则作为饲料添加剂使用，最终有 50%~80% 的药物会随尿液或粪便排出进入污水系统或被土壤吸附，造成环境污染和生态破坏。养殖场动物尿样和饲料样品中各种抗生素的检出率为 3.3%~50%，青霉素、四环素类、磺胺类、硝基呋喃类代谢产物等残留均有检出（王云鹏和马越 2008）。

作为一个设施栽培大国，我国的设施农业发展迅猛。2014 年，仅设施蔬菜一项，面积已达 5793 万亩，全国设施蔬菜瓜类产量达 2.6 亿多 t。设施栽培在产生巨大社会经济效益的同时，也带来一系列的环境问题，折射出农产品生境污染的严峻态势。设施生境土壤酸化、土壤次生盐渍化、土壤板结极具普遍性。通常土壤 pH 低于 5.5 就可造成栽种作物

生理障碍。针对沈阳郊区温室大棚土壤的研究表明，具有代表性的 100 多个大棚土壤样品中，pH 小于 6.5 的土壤样本高达样本总数的 71%，最低土壤 pH 为 4.1（史桂芳等 2003）。长期过量施用化肥和有机肥（如猪粪等）可导致土壤氮元素污染。调查表明，设施大棚内的施肥量高达普通农用土壤的 10 倍（李文庆等 2002），而设施栽培作物对氮肥的利用率较低（低于 10%），土壤中积聚的氮元素可转化为硝酸盐。过量硝酸盐的积累是导致设施土壤次生盐渍化的主要原因。作为一个半封闭式的特殊系统，设施生境表层土壤含盐量随着种植年限的增加而逐渐升高，种植年限超过 3 年，则大部分的表层土壤含盐量大于 2.1g/kg，超过土壤出现次生盐渍化现象的临界值 1.5g/kg，导致土壤板结（胡克伟等 2002）。土壤中累积的硝酸盐可进一步经灌溉或降水进入地表和地下水体，造成水体污染。2002 年国家环境保护总局测定结果表明，因农业化肥污染带入滇池的总磷和总氮已分别高达入湖总量的 64% 和 52.7%（贾蕊等 2006）。此外，以 NOx 形式挥发至大气中的氮元素，是导致酸雨、加剧温室效应的罪魁祸首之一。

38.1.2　污染的生境威胁着人类健康

土壤中积聚的各种污染物可改变农业生境的生态系统结构和功能，导致农产品产量和品质下降、土地枯竭，并进一步被反复释放到大气循环和水循环中，影响整个生物圈的安全。我国的土壤镉污染区每年可生产镉米 5.1×10^9kg，如成都某污灌区生产的大米中镉含量高达 1.65mg/kg，超过 WHO/FAO 标准约 7 倍（黄进 2001）。2001~2006 年，我国华中某农业大省的蔬菜、水果中农残检出率分别为 21.0%、17.8%；2009~2011 年，对我国中部某市蔬菜、水果的农残现状调查发现，191 种水果蔬菜样品中，总阳性率达到 38.22%，并呈现逐年递增的趋势（陈苏芳等 2012；李永利等 2007）。我国超市食用动物内脏产品、生乳样品中，各种抗生素及其代谢产物残留均有检出（覃志英等 2006；李喜仙等 2006）。取自我国 10 个省份的 199 份牛奶样品中，经检测发现约有 0.5% 的样品四环素类抗生素残留量超过欧盟和中国的最高限量标准（0.1mg/kg）（Zheng et al. 2013）。

2010 年，含有新德里金属 β- 内酰胺酶（NDM-1）基因的超级细菌在 *The Lancet Infectious Diseases* 上首次被报道，该超级细菌对多种抗生素均有耐药性。日本、美国、加拿大等耐药性监测数据表明禽类病原菌对四环素类药物的耐药率高达 60% 以上，有的甚至达到了 100%（郝海红等 2013）。超级细菌的出现与抗生素污染密不可分。农产品生境中的抗生素随着食物链不断被富集到生物体内（富集系数可达 5~2700 倍），最终进入人体，低抗的反复刺激，增强了体内细菌的耐药性，使耐药菌群大量繁殖，给临床治疗带来极大的困难。此外，抗生素会引发人体产生各种过敏症状，引起腹痛、腹泻、呕吐甚至休克或死亡；诱发人体急性或慢性中毒，影响肝和肾等人体器官的正常功能；抑制白细胞吞噬细胞的能力，影响人体免疫系统（Margolis et al. 2010；Boleas et al. 2005）。

因农药超标导致的食品安全问题屡见不鲜。进入人体内的农药约 90% 来源于被污染的食物。农药对人体的危害，因种类和摄入量的不同而各有差异，总体上可概括为急性（神经和胃肠道功能的紊乱，甚至危及生命）、慢性（影响酶的活性，造成肝、肾等脏器和神经、内分泌、免疫、生殖系统的损伤）及特殊毒性（致癌、致畸和致突变）。

与抗生素、农药等有机污染物相比，重金属更难于分解或降解，农产品生境中的重金属污染物会进入一个土壤—土壤动物—土壤微生物—植物—粮食动物—家养动物—人类的循环，引发更为长期的潜在危害（孙铁珩等 2001）。重金属可经食道、呼吸道和皮肤三个途径被吸收进入人体，在体内蓄积，与蛋白质、核酸等发生化学反应，导致这些生物大分子原有生理生化功能的改变甚至完全丧失，并与体内的酶结合或置换辅酶中的重金属，使酶失去活性，对机体产生毒性，引发病变。以重金属镉为例，人肾皮质镉的半衰期可长达 20~35 年，长期摄入会造成肝、肾等人体器官损伤，影响造血、神经、消化、呼吸等系统，具有致癌、致畸和致突变作用，严重影响人类健康（Waisberg et al. 2003）。

38.2 农业环境污染物的生物检测新技术

如何解决污染物过量释放造成的农业生境污染一直是个世界难题，困扰学术界多年。要想及时、有效地监控和治理农业生境污染造成的危害，检测方法是关键。传统检测方法通常需要依赖价格昂贵的大型仪器和熟练的操作人员，无法满足现场快速检测的需求。因此，开发新的污染物快速检测方法成为了食品安全与环境保护工作的重要内容。近年来，针对农业生境污染物快速检测技术的发展方向，主要包括生物化学传感器方法、免疫分析方法、电化学分析方法、试纸法、指示生物法等，检测方法的灵敏度和准确性都在不断提高。

生物传感器通常由生物识别元件和信号转换器件两部分构成，相关研究始于 20 世纪 60 年代。生物识别单元具有专一的选择性，灵敏度高，依据识别受体的不同，生物传感器可分为核酸传感器、酶传感器、细胞传感器、组织传感器、微生物传感器和免疫传感器等。而信号转换器通常是一个独立的化学或物理敏感元件，可利用电化学、光学、热学、压电等多种不同原理工作，由此衍生出电化学生物传感器、光生物传感器、半导体生物传感器、热生物传感器和压电晶体生物传感器等（杨海朋等 2009）。

核酸传感器作为一种新兴的生物传感器，识别分子为核酸（DNA 核酶或核酸适配体）。DNA 核酶一般包含一条底物链和一条具有催化功能的酶链，加入靶分子后，就会发生催化剪切作用。核酸适配体是一类由 25~80 个 RNA 或 DNA 碱基组成的单链寡核苷酸片段，可高度特异性地识别各种靶分子。核酸与靶分子特异性结合后，识别分子的空间构象会发生变化，经合适的信号输出技术就可实现对靶分子的检测。适用于核酸传感器的信号输出方法主要是光学和电化学技术，具体有荧光法、比色法、共振散射法、电化学法等。其中，荧光法是核酸传感器最常用的信号输出技术之一，通常需要在核酸末端标记荧光分子，通过适配体与靶分子作用后，导致荧光增强或淬灭。比色信号核酸适配体传感体系主要是利用纳米金颗粒分散和聚集，过氧化物酶等酶活性催化，以及水溶胶结构变化导致的颜色变化来实现信号输出。电化学信号核酸传感体系的通常做法是先将核酸的一端固定在金电极表面，另外一端标记亚甲蓝、二茂铁、量子点等报告分子，核酸序列会与靶标发生特异性作用，从而促使报告分子远离或靠近金电极表面，整个体系的电化学信号发生显著变化。共振散射信号核酸适配体传感体系的基本原理是通过适配体与靶标的专一性作用，改变体系中粒子的粒径大小，从而导致共振散射信号显著变化（体系的共振散射强度与粒子的粒径成 6 次方正比）。此外，一些特殊的信号输出方式，如质量敏感型、电荷转移型、表面声波型等也逐渐被开发。

作为核酸传感器的重要成员之一，核酸适配体具有分子质量较小、可化学合成、稳定性好、没有毒性等优点，在生物分析和诊断方面显示出无可比拟的优势，成为当前分析化学领域内的前沿方向和研究热点。国家自然基金委早在 2011 年 7 月就发布了“核酸适配

体的分析化学基础研究”重大项目指南。核酸适配体主要通过指数富集配体系统进化的体外筛选技术（SELEX）从核酸分子库中筛选得到。核酸适配体的单链随机寡核苷酸片段结构灵活易变，三维构象复杂，很容易形成与靶标结合的口袋结构，理论上能与各种靶标分子结合。从 SELEX 技术问世至今，各国科研人员已经筛选出各种蛋白质、核酸、小肽、氨基酸、有机物、金属离子，甚至是整个细胞的核酸适配体。

与其他农业生境污染物相比，重金属具长期性、隐蔽性、生物不可降解性等特点，可能引发的食品安全和生态问题更加严重，最终威胁人类健康。将核酸适配体固定在金电极表面，通过核酸功能化修饰的纳米金放大信号，开发出一种电化学信号适配体传感体系，实现对 Hg^{2+} 的有效检测，最低检测限为 0.5nmol/L（Kong et al. 2010）；将纳米金与核酸适配体有效整合，构建共振散射信号传感体系，对 Hg^{2+} 的最低检测限可达 0.1nmol/L（Jiang et al. 2010，2009）。南开大学 Kong 团队将银离子核酸适配体与 G- 四联体序列相连（Zhou et al. 2010），或者配合辅助序列使用（Kong et al. 2010），或者直接将 C 插入 G- 四联体序列的特定位置（Zhou et al. 2009），开发出一系列过氧化物酶催化比色检测 Ag^{+} 技术，最低检测限可达 6.3nmol/L；开发出的一种荧光信号适配体传感体系，通过将三苯甲烷染料插入响应 Ag^{+} 的 G- 四联体中，对 Ag^{+} 的最低检测限为 80nmol/L（Guo et al. 2010）。Ellington 团队通过一种新的筛选方法，得到 Zn^{2+} 的核酸适配体，并开发成荧光适配体传感器，对 Zn^{2+} 的最低检测限为 5μmol/L，遗憾的是 Cd^{2+} 对该检测体系有较大干扰。目前核酸适配体传感技术在重金属检测的应用范围有限，主要集中在 Hg^{2+} 和 Ag^{+} 等，相应的信号输出方法还需要进一步改进。

SELEX 的基本原理是利用分子生物学技术，构建人工合成的单链随机寡核苷酸库（随机序列长度在 20~60 个碱基）。将随机寡核苷酸库与靶分子相互作用，保留结合的寡核苷酸序列，经反复扩增、筛选数个循环后，即得到富集的可与靶分子特异结合的寡核苷酸序列（图 38-1）。但现有的核酸适配体筛选技术还不够完善，尤其是对金属离子等无固定化点靶标的适配体筛选而言。上海交通大学周培教授团队对指数富集配体系统进化的体外筛选进行改进，将随机 ssDNA 库代替靶标固定在介质上，建立了一种适用于无固定化点靶标的核酸适配体 SELEX 筛选方法（图 38-2），高效筛选出重金属、青霉素类抗生素等典型有害污染物的高亲和核酸适配体；通过研究比色、荧光、散射、电化学等信号与核酸适配体的构象变化，形成多种适用于现场检测的信号表达技术。由于目前还很少有核酸传感器检测砷、镉、铬的报道，因此该团队开发的基于核酸适配体检测 As^{3+} 信号的表达技术，有助于填补这一空白。应用阳离子聚合物和表面活性剂高效聚集纳米金高效显色技术，用阳离子聚合物聚二烯丙基二甲基氯化铵（PDDA）代替常规盐离子来聚集纳米金，可实现 As^{3+} 的特异性检测，最低检测限为 5.3ppb；后续将阳离子表面活性剂十六烷基三甲基溴化铵（CTAB）进一步拓展到纳米金高效聚集比色检测 As^{3+}，通过肉眼即可判定 40ppb 以上的 As^{3+}，结合仪器分析后对 As^{3+} 的最低检测限可达 0.6ppb（Wu et al. 2012a）。此外，在核酸适配体调节 Hemin 催化活性的比色信号技术、氧化石墨烯（GO）高效淬灭荧光的信号输出技术、TPM 染料分子的共振瑞利散射信号技术的基础上分别建立基于适配体的 As^{3+} 检测新方法，对 As^{3+} 的最低检测限分别为 6.0ppb、0.37ppb、0.2ppb，远低于美国国家环境保护局（EPA）及世界卫生组织（WHO）规定的饮用水中 As^{3+} 最高限量浓度（10ppb）（Wu et al. 2013，2012a，2012b）。无固定点靶标的核酸适配体 SELEX 筛选方法的应用，同样促进 Cd^{2+} 检测方法的研究，最终筛选获得空间构象基本以茎环结构为主的 Cd^{2+} 亲和性适配体序列，采用阳离子聚合物高效聚集纳米金作为比色信号，建立基于核酸适配体的 Cd^{2+} 检测新方法，对 Cd^{2+} 的最低检测限为 4.6nmol/L（≈0.22μg/L），低于美国 EPA 规定的饮用水中最高镉限量浓度（5μg/L）；后续结合使用一定量的螯合剂，可进一步提高对镉离子检测的特异性（Wu et al. 2014）。同时，该团队通过改进的 SELEX 筛选方法获得的青霉素类抗生素母核 6-APA 高亲和核酸适配体，开发了结合核酸适配体和 4 个新信号表达技术的传感器，各方法检测下限为 13.5~92.2nmol/L（He et al. 2013a，2012）。实际应用于市场中乳制品的四环素残留量的检测结果表明，尽管准确度方面还不能与 HPLC 法相比，但灵敏度优于 HPLC 和 TTC 法，为后续青霉素类抗生素传感器的研究与开发提供了一定的参考价值（He et al. 2013b）。

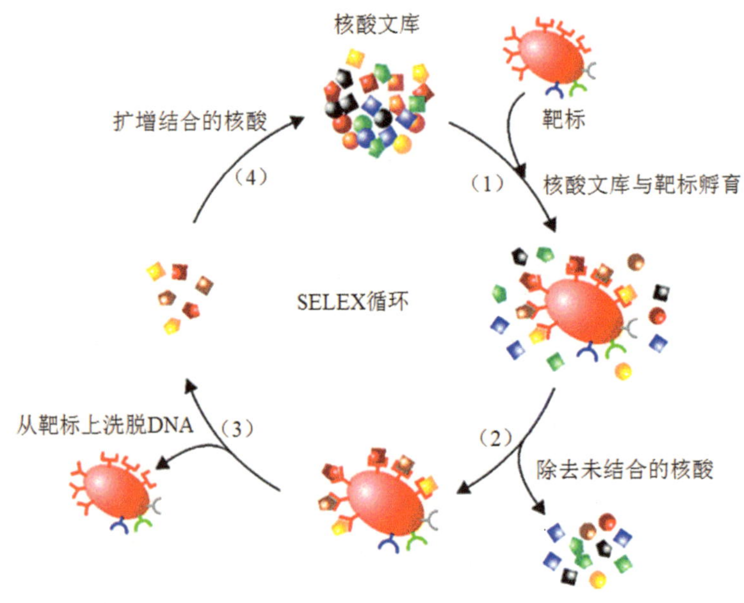

图 38-1　常规 SELEX

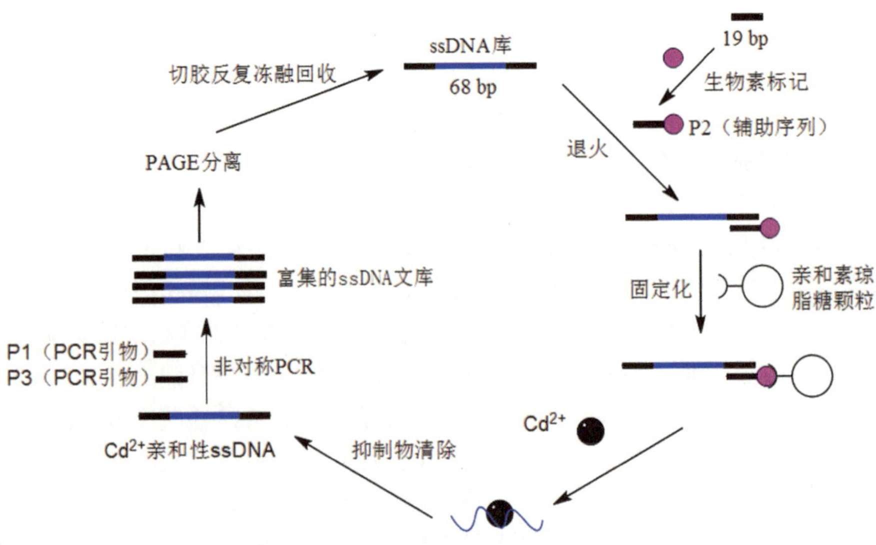

图 38-2　无固定化点靶标 SELEX 技术

38.3 设施农业生境污染控制与修复

自首次被发现至今的300多年间，微生物直接推动了很多悬而未决的重大理论问题的突破，对生物学的发展做出了巨大贡献。1944年，Avery等以微生物为研究模型，实现生物学的重大突破，证实核酸是遗传物质的基础，为后续DNA双螺旋结构的提出奠定了基础。基因的概念、基因结构的分析、基因组测序及基因表达调控机制的阐明都和微生物学息息相关。纵观20世纪科学发展史，有近1/3的诺贝尔奖获得者主要从事微生物研究。微生物学在实现多学科交叉、促进生物学发展的同时，也被推上生命科学的前沿，开启崭新的篇章。基因组学的研究为认识微生物自身，利用、改造微生物提供了无限可能。微生物的研究方法经历了传统微生物平板纯培养法的粗略估计、基于PCR的变性梯度凝胶电泳（denaturing gradient gel electrophoresis，DGGE）的定性研究、荧光定量PCR的定量分析，以及微生物芯片技术的多因素深入研究等发展。21世纪微生物学的一大发展趋势是以基因组信息为基础，与各种环境问题相结合，为环境安全和人类健康保驾护航。

38.3.1 设施农业次生盐渍化土壤的修复改良

早在20世纪五六十年代，专家就提出了都市农业这一概念，意指将农业生产、生活、生态功能融为一体，满足城市多方面需求的农业模式。其中，设施栽培就是一种典型的都市农业模式，能够突显都市农业高度集约化的经营方式特征。因高度依赖化肥和追求高复种指数而导致的次生盐渍化已成为制约都市农区设施农业发展的主要障碍，并且问题日益突出。土壤含盐量高、表层盐分积聚是设施土壤次生盐渍化的主要特征。已经证实硝酸盐积累是导致设施土壤次生盐渍化的关键因素。应用Biolog Eco微平板技术和DGGE方法对硝酸盐型次生盐渍化大棚和露地的土壤微生物群落结构及多样性研究发现，随着硝酸盐型次生盐渍化的增强，大棚土壤微生物功能多样性指数减小，微生物群落结构发生变化。对不同类碳源利用能力分析发现，大棚土壤微生物对糖类、氨基酸类、聚合物类和羧酸类物质的利用率比胺类和多种化合物高。土壤微生物的代谢活性及利用碳源的能力随着大棚种植年限的增加而降低，最终致使土壤微生物群落功能结构多样性发生变化，杆菌门（Bacillia）逐渐转为优势种群，并出现了新的优势种群酸杆菌门（Acidobacteria），取代原露地土壤中的优势菌群γ-变形菌门（Gammproteobacteria）。

目前，传统的设施土壤次生盐渍化修复措施主要有灌水洗盐法、半腐熟有机肥法、土壤改良剂法等，均存在一定的局限性。微生物作为土壤中的重要组分，对土壤中硝酸盐的化学行为和生物有效性都会产生深刻的影响。土壤中的硝酸盐可通过同化硝酸盐还原（同化作用）和异化硝酸盐还原（异化作用）参与氮循环，其中异化作用又可分为发酵性硝酸盐还原和呼吸性硝酸盐还原。与异化作用不同，硝酸盐的同化作用过程中不存在致癌物亚硝酸盐的积累，也没有温室气体的排放，硝酸盐最终被同化为蛋白质和氨基酸等大分子有机氮化物，实现氮素的高效利用。此外，利用微生物对环境进行修复，还具有成本低、无二次污染、可大面积应用等独特优点。因此，以硝酸盐的同化途径作为切入点，构建典型设施栽培次生盐渍化高效修复功能菌群，利用微生物菌剂技术处理次生盐渍化土壤有着广阔的应用和产业化前景。

上海交通大学周培教授研究团队采用富集培养方法，从设施大棚高度次生盐渍化的土壤中，筛选到能高效同化硝酸盐的菌株，其中一株被命名为NCT-2。经形态特征观察、生理生化鉴定、Biolog分析和16S rDNA分子鉴定，确定NCT-2为巨大芽孢杆菌（*Bacillus megaterium*）。该菌株在pH5.0条件下仍具有较高同化硝酸盐的能力。在硝态氮浓度高达300mg/L的条件下，NCT-2仍能在48h内完全同化硝酸盐。随着基因组学研究的全面开展，微生物基因组的序列测定，为深入探索巨大芽孢杆菌NCT-2对硝酸盐的同化作用机理提供了科学依据。通过文库构建和Solexa测序，获得巨大芽孢杆菌NCT-2的基因组草图，得到NCT-2对硝酸盐同化过程的三个关键酶（硝酸盐还原酶电子转移亚基NasB和催化亚基NasC、亚硝酸盐还原酶大亚基NasD和小亚基NasE、谷氨酰胺合成酶GlnA）的基因序列，并进行了基因克隆。荧光定量PCR结果表明硝酸盐能诱导*nasC*、*nasD*和*glnA*基因的表达，且NasC、NasD和GlnA这三种酶的活性变化与基因表达呈现相似的趋势，验证了巨大芽孢杆菌NCT-2中硝酸盐同化通路的存在（Shi et al. 2014，2013）。

基于巨大芽孢杆菌NCT-2的生长特性，研发了与该菌株复配使用的次生盐渍化土壤专用修复菌剂，利用微生物实现氮素的有效调控。施用该菌剂后，土壤EC值和硝态氮含量大大降低，同时土壤有机质含量有所增加，减轻土壤次生盐渍化程度。在硝态氮含量为262mg/kg的土壤中，施入该菌剂后，与对照相比，土壤EC值下降了31.0%，硝态氮降低了24.6%，有机质提高了29.7%。此外，该菌剂可有效提高土壤中微生物对碳源的利用，增加微生物数量，从而提高土壤微生物活性，丰富了微生物多样性，有助于提高次生盐渍化大棚土壤的恢复能力。施用菌肥后，土壤中细菌、放线菌总数分别增加了56.82%、9.26%；真菌总数降低了8.37%，土壤中微生物的丰富度和均匀度得到显著提高。

将巨大芽孢杆菌NCT-2菌种与载体配方混合制成的固体菌剂已在一定规模的设施土壤中进行推广应用。应用改良菌剂后，次生盐渍化严重的设施大棚土壤中硝态氮含量可降低约50%，同时还可减少约60%的化肥使用量，节约生产成本30%左右。该菌剂能从整体上缓解次生盐渍化造成的负面效应，改变土壤微生物群落结构，有效转化土壤硝酸根离子并适当降低异化硝酸盐还原的趋势，从而提高氮素的生物利用率，减少氮肥的使用，从源头上减少污染，为解决我国大面积设施农业土壤次生盐渍化问题，保障农产品生境安全提供新的途径。

38.3.2 农业废弃物的清洁化收集与资源化循环利用

随着农业生产技术的提高和集约化、规模化经营模式的发展，以植物纤维性废弃物秸秆和畜禽粪便为主的农业废弃物大量产生，处理不当就成为了影响农业环境的一个重要污染源。目前秸秆资源化技术方向主要有发酵生产沼气，经气化、炭化技术用作生物质能源，经热处理、氨化等技术转化为饲料，通过直接还田、堆肥等方式生产肥料等。其中，基于微生物菌剂的发酵技术，通过节能环保的装备产品的研发，实现农业废弃物的清洁化循环利用，对农业可持续发展具有非常重要的战略意义。

秸秆好氧发酵菌剂的研究从单一微生物菌株向复合微生物菌剂逐步发展。已报道的发酵菌由细菌、真菌、放线菌等多种微生物组成，利用这些微生物代谢过程中产生的大量木质纤维素酶等活性物质，能快速分解木质纤维素，加速对秸秆的降解。但已有的秸秆降解微生物主要集中在细菌和真菌上，最新研究表明，放线菌具有更为全面的木质纤维素酶系，

且能定向地破坏秸秆木质纤维素交联结构（Feng et al. 2014；Xu and Yang 2010）。尤其是放线菌中的链霉菌，对多数大分子物质具有很强的分解能力，在极端条件下能形成抗逆性极强的孢子，对高温和碱性环境耐受能力更强。研究证实，放线菌属的灰略红链霉菌 C-5（徐杰和杨谦 2009）、灰略红链霉菌 ssr38（García-Fruitós et al. 2012）可分泌多种木质纤维素酶，实现秸秆的快速降解。上海交通大学周培教授实验室从腐烂的秸秆堆底部分离筛选到多种秸秆降解微生物，其中，灰略红链霉菌 JSD-1 对秸秆具有高降解率，同时具有显著的耐高温特性，最高耐受温度可达 70℃。利用全基因组鸟枪（WGS）技术和 Illumina MiSeq 高通量测序平台，获得该菌株的基因组草图，初步探索了该菌株降解木质纤维素的分子机制，明确外切 -β-1, 4- 葡聚糖酶、内切 -β-1, 4- 葡聚糖酶、β-1, 4- 葡萄糖苷酶、内切 -β-1, 4- 木聚糖酶、β-1, 4- 木糖苷酶、漆酶、木质素过氧化物酶和锰过氧化物酶均参与该菌株的木质纤维素腐解过程，该菌株对秸秆的降解能力显著高于目前已报道的其他链霉菌，如灰略红链霉菌 C-5（Xu and Yang 2010）。通过优化基因序列和诱导条件，实现三种主要木质纤维素酶（漆酶、内切 -β-1, 4- 葡聚糖酶和内切 -β-1, 4- 木聚糖酶）的体外高效表达，探究不同温度、pH、重金属离子及酶活性抑制剂对上述三种重组蛋白活性的影响。其中，漆酶、内切 -β-1, 4- 葡聚糖酶和内切 -β-1, 4- 木聚糖酶在高温（50~60℃）和碱性环境（pH 为 8.0~10.0）下均可维持较高的酶学活性，为该微生物菌剂的施用提供了科学依据。

堆肥可用作肥料改良土壤性质，提高农作物产量。堆肥的制作需经历中温、高温、腐熟三个阶段，微生物群落需不断进行自我调整来适应堆肥过程中环境的变化，最终实现堆肥内微生物种群生态系统的复杂演变。高效秸秆降解菌剂及应用处理工艺的研发是秸秆有机发酵利用技术的关键。灰略红链霉菌 JSD-1 及其主要的三种木质纤维素酶（漆酶、内切 -β-1, 4- 葡聚糖酶和内切 -β-1, 4- 木聚糖酶）的耐高温特性，为后续菌剂研制过程中添加其他高温菌、提高发酵温度创造了可能性。基于微生物功能多样性和基因多样性的研究结果，充分利用微生物之间的互利共生作用，开发出多种复合微生物菌株配方和高效纤维素降解复合菌剂。由于这些微生物在降解中分泌的酶具有互补性且协同作用明显，对秸秆具有高降解率，同时具有显著的生防特性。实际使用结果表明整套技术可显著缩短堆肥时间 30% 以上，田间施用后可明显提高土壤中有机质、全氮、微生物的水平，提高土壤微生物对碳源的利用能力，改善土壤微生态并影响土壤微生物优势种群的演变，促进作物生长。

可移动性和发酵过程密封性能的实现，使农作物秸秆收集、发酵集于一体成为可能。研制可移动式秸秆废弃物高通氧发酵技术与装备作为清洁化农业废弃物收集发酵系统创新技术，可进一步提升发酵温度，加速发酵进程，提高发酵效率 22.4%~26.2%，使发酵周期缩短为 8~11 天，并有效杀灭各种病虫等有害生物，明显提高基质的营养物质含量。装置主体部分包括发酵间、控制间、移动平台和传输带，涉及秸秆预处理设备、发酵场地、菌剂接种设备、检测设备、翻堆机械等成套技术。应用不同的发酵菌剂和处理方法，可发酵生产出不同用途的产物，主要包括食用菌栽培料和生物有机肥。全套装备自动化程度高，自动检测、监测发酵过程，能实现发酵设备的位置控制并满足发酵过程的密封性需求，可移动，占地面积小，无臭无污染，可用于村镇及园区农作物秸秆等废弃物的清洁化处理，有效防止农业废弃物不当处置造成的环境问题。

参考文献

陈苏芳，唐朗，张光涛，等. 2012. 2009~2011 年武汉市某市场果蔬农药残留状况调查及预防对策. 职业与健康，28（10）：1229-1231.

郝海红，王玉莲，黄玲利，等. 2013. 国外禽用抗菌药的耐药性监测与控制. 中国兽药杂志，47（1）：60-63.

胡克伟，贾冬艳，王东升. 2002. 保护地土壤次生盐渍化及其调控措施. 北方园艺，1：12-13.

黄进. 2001. 土壤中镉污染研究进展. 交流平台，（22）：230-231.

贾蕊，陆迁，何学松. 2006. 我国农业污染现状、原因及对策研究. 中国农业科技导报，8（1）：59-63.

李文庆，张民，李海峰，等. 2002. 大棚土壤硝酸盐状况研究. 土壤学报，39（2）：283-287.

李喜仙，吕全军，侯玉泽. 2006. 鲜牛乳、消毒牛乳中抗菌类兽药残留对比研究. 医药论坛杂志，27（21）：58-59.

李永利，刘红丽，王爱月，等. 2007. 河南省 2001~2005 年各类食品化学污染物监测分析. 现代预防医学，34（19）：3776-3777.

史桂芳，毕军，夏光利，等. 2003. 保护地蔬菜土壤障碍指标界定及应用研究. 耕作与栽培，（03）：49-50.

孙铁珩，周启星，李培军. 2001. 污染生态学. 北京：科学出版社.

覃志英，苏小川，黎军，等. 2006. 动物性食品中 3 种药物残留状况调查及分析. 广西医科大学学报，23（3）：503-504.

王云鹏，马越. 2008. 养殖业抗生素的使用及其潜在危害. 中国抗生素杂志，33（9）：519-523.

徐杰，杨谦. 2009. 一株高活力纤维素酶产生菌——链霉菌 C-5 产酶研究. 太阳能学报，30（5）：682-685.

颜景辰，雷海章. 2005. 世界生态农业的发展趋势和启示. 世界农业，（1）：7-10.

杨海朋，陈仕国，李春辉，等. 2009. 纳米电化学生物传感器. 化学进展，21（1）：210-216.

曾咏梅，毛昆明，李永梅. 2005. 土壤中镉污染的危害及其防治对策. 云南农业大学学报，20（3）：360-365.

Boleas S，Alonso C，Pro J，et al. 2005. Toxicity of the antimicrobial oxytetracycline to soil organisms in a multi-species-soil system（MS · 3）and influence of manure co-addition. J Hazard Mater，122：233-241.

Feng H，Zhi Y，Sun Y，et al. 2014. Draft genome sequence of a novel *Streptomyces griseorubens* strain，JSD-1，active in carbon and nitrogen recycling. Genome Announc，2：e00650-e00614.

García-Fruitós E，Vázquez E，Díez-Gil C，et al. 2012. Bacterial inclusion bodies：making gold from waste. Trends Biotechnol，30：65-70.

Guo J H，Kong D M，Shen H X. 2010. Design of a fluorescent DNA implication logic gate and detection of Ag^+ and cysteine with triphenylmethane dye/G-quadruplex complexes. Biosensors Bioelectron，26：327-332.

He L，Luo Y，Zhi W，et al. 2013a. A colorimetric aptamer biosensor based on gold nanoparticles for the ultrasensitive and specific detection of tetracycline in milk. Aust J Chem，66：485-490.

He L，Luo Y，Zhi W，et al. 2013b. Colorimetric sensing of tetracyclines in milk based on the assembly of cationic conjugated polymer-aggregated gold nanoparticles. Food Anal Methods，6：1704-1711.

He L，Zhi W，Wu Y，et al. 2012. A highly sensitive resonance scattering based sensor using unmodified gold nanoparticles for daunomycin detection in aqueous solution. Anal Methods，4：2266-2271.

Jiang Z，Fan Y，Chen M，et al. 2009. Resonance scattering spectral detection of trace Hg^{2+} using aptamer-modified nanogold as probe and nanocatalyst. Anal Chem，81：5439-5445.

Jiang Z，Wen G，Fan Y，et al. 2010. A highly selective nanogold-aptamer catalytic resonance scattering spectral assay for trace Hg^{2+} using HAuCl 4-ascorbic acid as indicator reaction. Talanta，80：1287-1291.

Kong D M，Cai L L，Shen H X. 2010. Quantitative detection of Ag^+ and cysteine using G-quadruplex–hemin DNAzymes. Analyst，135：1253-1258.

Margolis D J，Fanelli M，Hoffstad O，et al. 2010. Potential association between the oral tetracycline class of antimicrobials used to treat acne and inflammatory bowel disease. Am J Gastroenterol，105：2610-2616.

NSFC. 2011. "核酸适配体的分析化学基础研究"重大项目指南. http：//www.nsfc.gov.cn/Portal0/[2015-10-12].

Shi W W，Huang H Y，Wang N，et al. 2013. Characterization of a nitrate-uptake bacterial strain *Bacillus megaterium* NCT-2. Fresenius Environ Bull，22：412-417.

Shi W，Lu W，Liu Q，et al. 2014. The identification of the nitrate assimilation related genes in the novel *Bacillus megaterium* NCT-2 accounts for its ability to use nitrate as its only source of nitrogen. Funct Integr Genomics，14：219-227.